全面 ● 专业 ● 实用 ● 经典 ● 艺术 ● 厚重 ● 超值

中文版

AutoCAD 2009 机械设计完全自学手册

孙启善　白英　编著

技术手册　全面系统地讲解AutoCAD机[illegible]

行业典范　针对行业的需求和应用，[illegible]

操作技巧　丰富简练的操作练习，学[illegible]

DVD　包括书中100多个案例的源文件、[illegible]分钟的多媒体语音视频教学，赠送近60个常见技巧及疑难解答、200多个常用命令速查以及常用快捷键、常用系统变量的电子手册

兵器工业出版社

北京希望电子出版社
Beijing Hope Electronic Press
www.bhp.com.cn

内 容 简 介

本书以作者多年的培训经验和讲义为蓝本，结合实际的设计经验，以实际应用为主线，由浅入深、循序渐进地介绍了使用AutoCAD 2009进行机械设计的方法、经验和操作技能，并在实战演练的过程中融入AutoCAD 2009知识的精髓。

本书共分为24章。第1~11章主要是结合众多大小实例，详细而又系统地讲解二维绘图、三维建模、图形标注与输出等必备知识；第12~13章精选了20个极具代表性的典型实例，全方位对软件基本制图知识进行综合巩固和技能提高；第14~24章全面讲述了AutoCAD在机械制图领域内的实际应用技术，将软件与专业有效地结合在一起，这是本书的重点。

本书结构严谨、内容丰富、图文结合、通俗易懂，实用性、操作性和技巧性等特点贯穿全书，具有极强的实用价值和操作价值。

本书不仅可以作为高等学校、高职高专院校的培训教材，还可以作为急于投身到机械制图领域的广大读者和广大机械技术人员的学习参考用书。

在配套光盘中不仅提供了书中实例的部分素材文件及源文件，同时还提供了实例视频教学。

图书在版编目（CIP）数据

中文版 AutoCAD 2009 机械设计完全自学手册 / 孙启善，白英编著. —北京：兵器工业出版社；北京希望电子出版社，2009.5

ISBN 978-7-80248-333-0

I. 中… II.①孙…②白…III. 机械设计：计算机辅助设计—应用软件，AutoCAD 2009—技术手册 IV. TH122-62

中国版本图书馆 CIP 数据核字（2009）第 038477 号

出版发行：兵器工业出版社　北京希望电子出版社
邮编社址：100089　北京市海淀区车道沟 10 号
100085　北京市海淀区上地三街 9 号
嘉华大厦 C 座 611
电　　话：（010）62978181（总机）转发行
（010）82702675（邮购）（010）82702698（传真）
经　　销：各地新华书店　软件连锁店
印　　刷：北京双青印刷厂
版　　次：2009 年 5 月第 1 版第 1 次印刷

封面设计：潘海波
责任编辑：郭春临　宋丽华　韩宜波
责任校对：小　亚
开　　本：787×1092　1/16
印　　张：34.875（彩插 8 页）
印　　数：1−3000
字　　数：799 千字
定　　价：59.80 元（配 1 张 DVD）

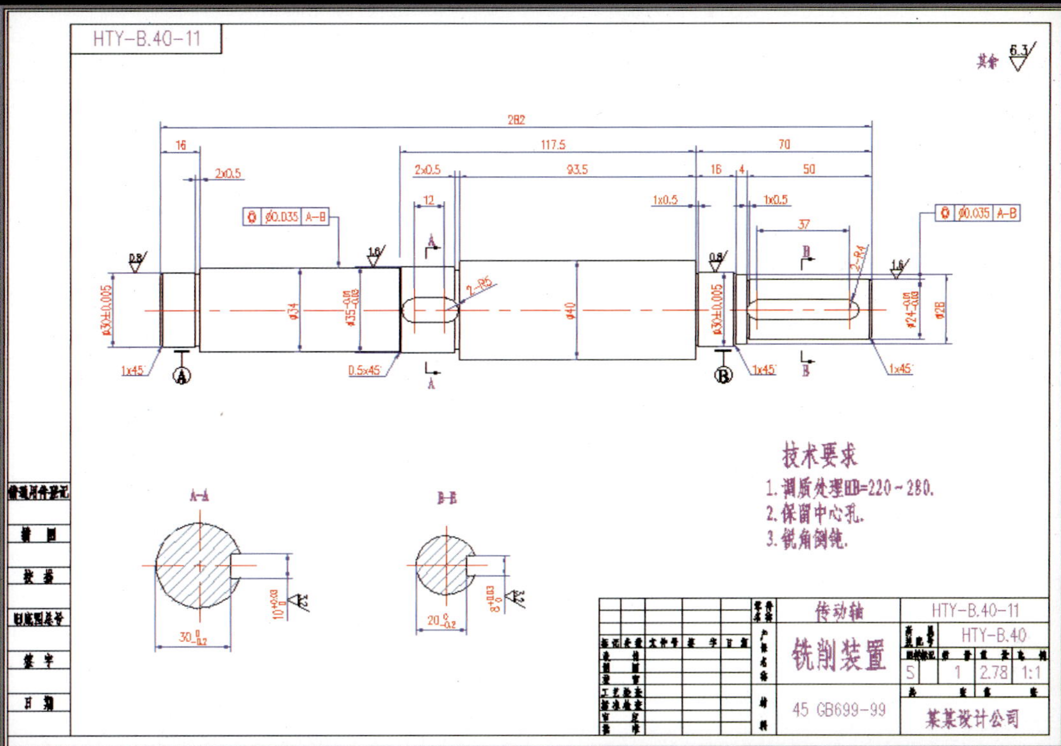
HTY-B.40-11
技术要求
1. 调质处理HB=220~280.
2. 保留中心孔.
3. 锐角倒钝.
A-A
B-B
传动轴
铣削装置
HTY-B.40
45 GB699-99
某某设计公司

模型打印

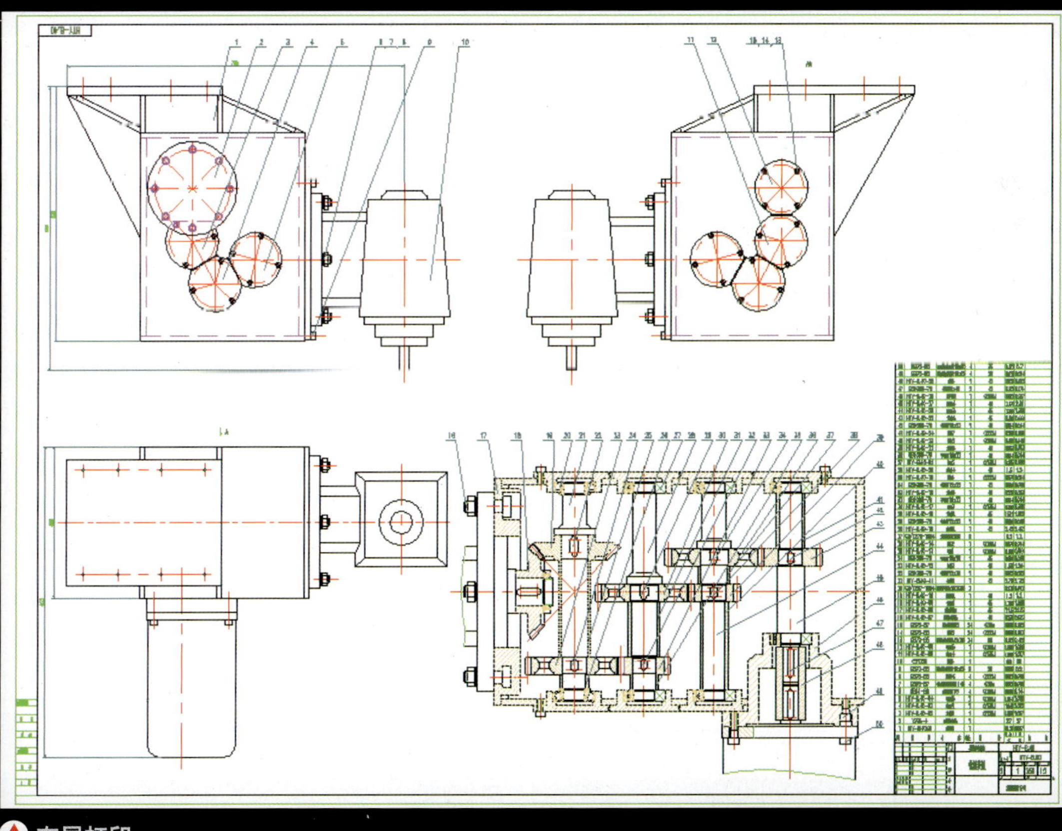

布局打印

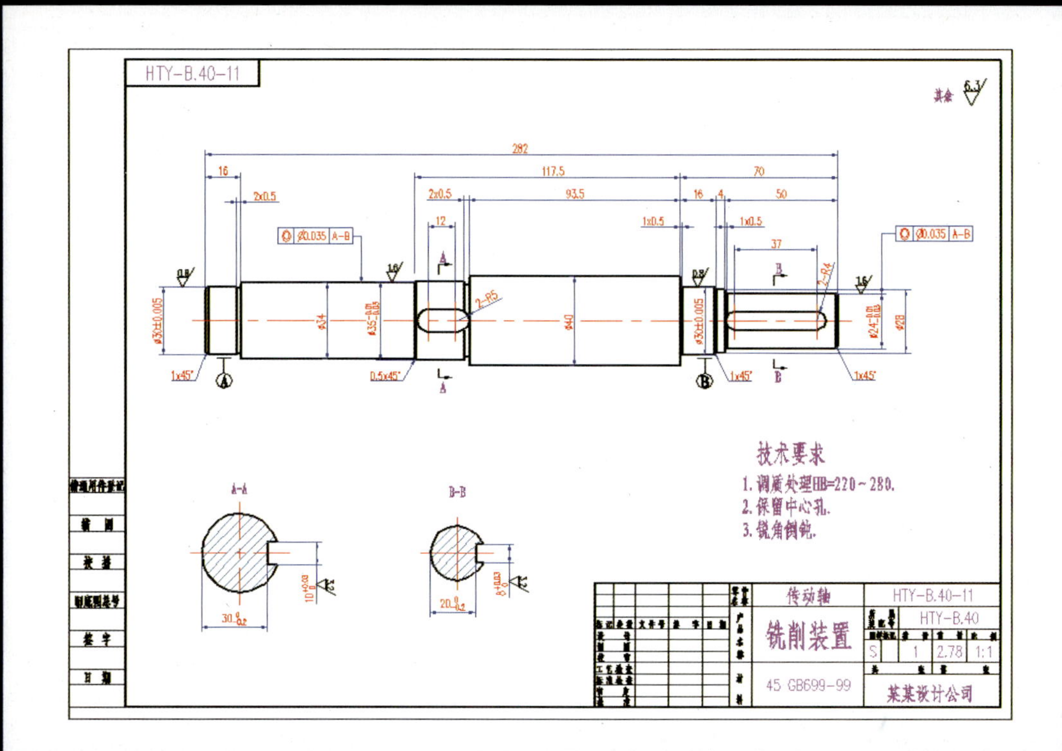

▲ 标注符号与技术要求

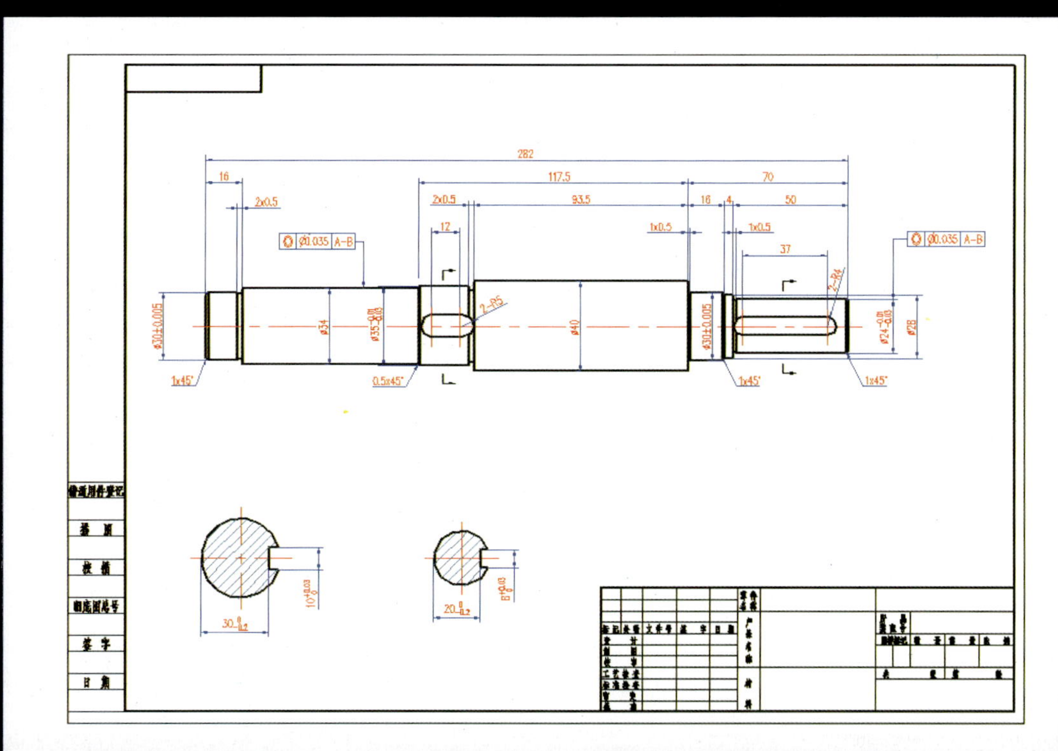

▲ 标注尺寸和公差

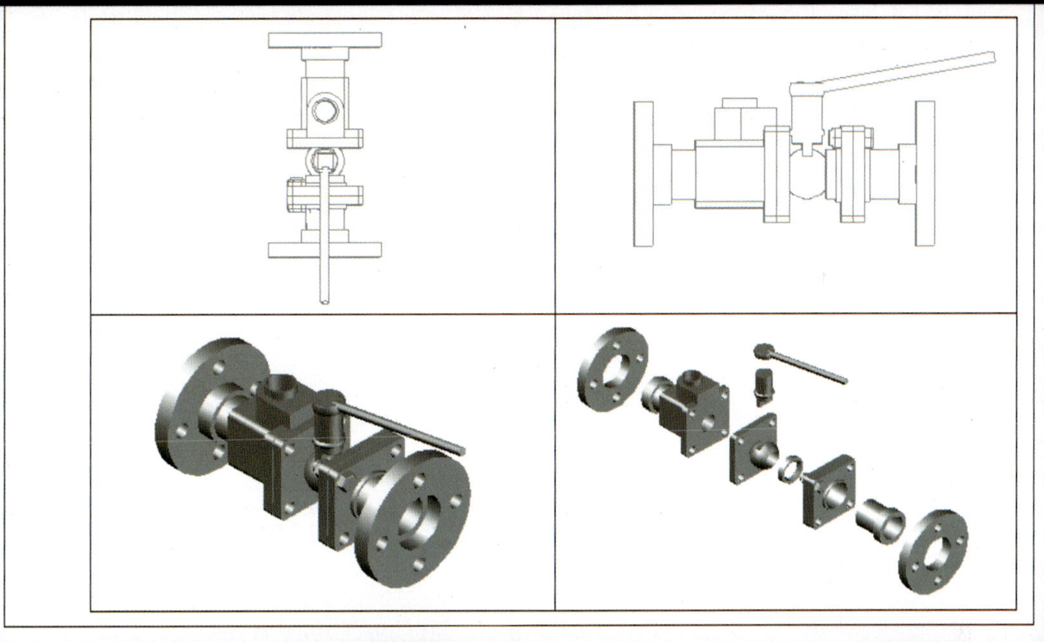

多视口

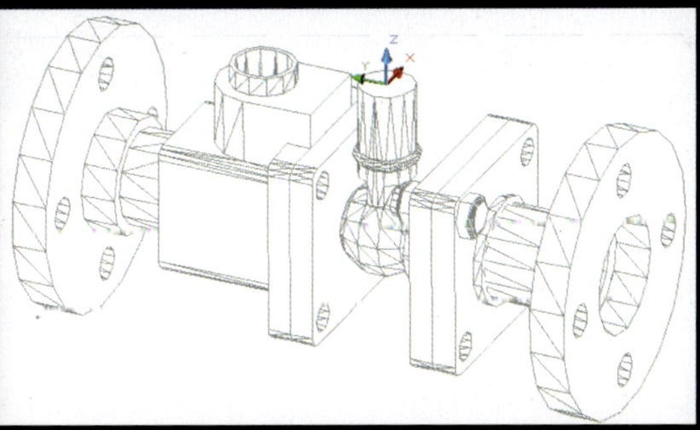

连接件模型

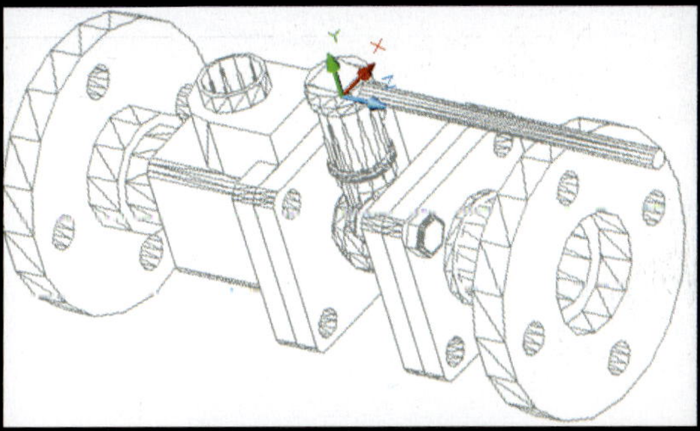

螺杆模型

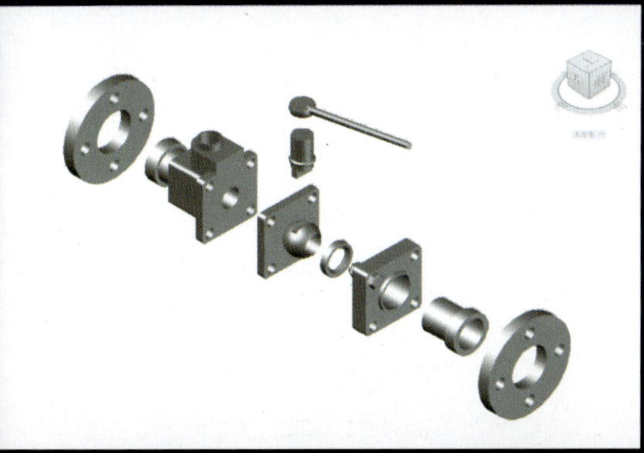

三维分解图

三维装配图

作品欣赏

螺母

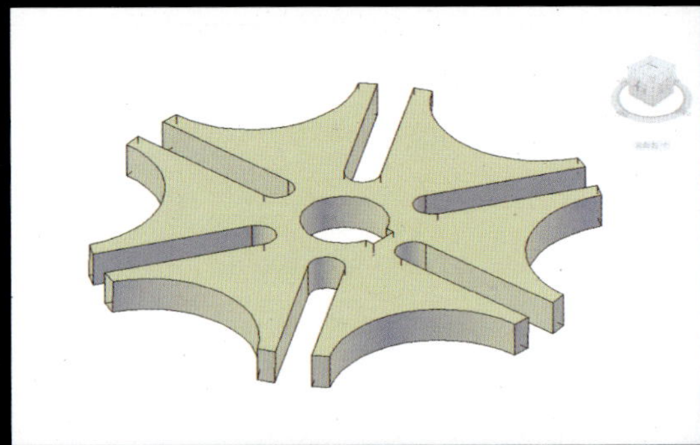

拔叉轮

轴杆零件

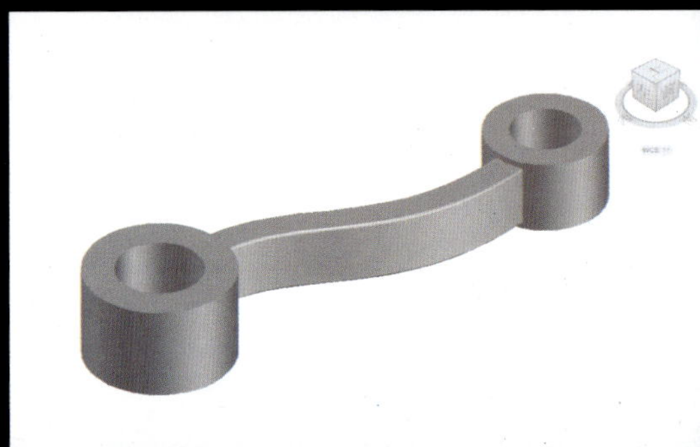

曲连杆

柱齿轮

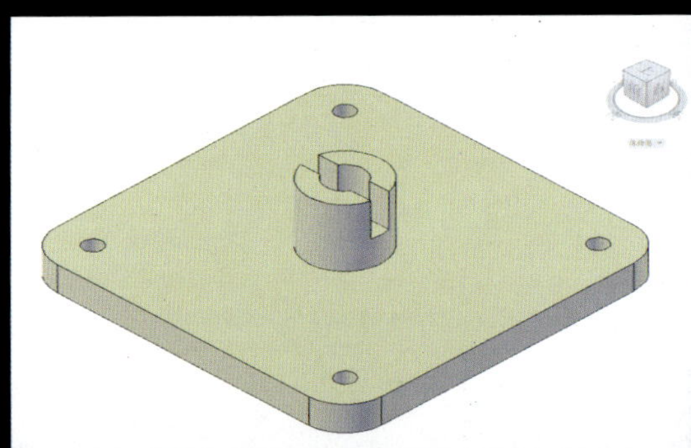

轴底座

连动转轮

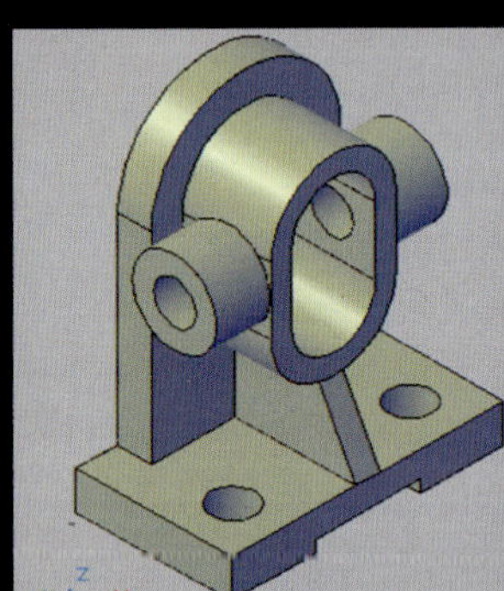

三通泵体

三通泵件

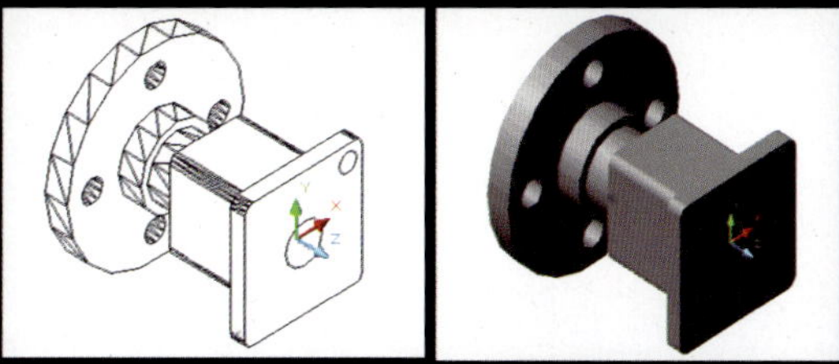

主体造型

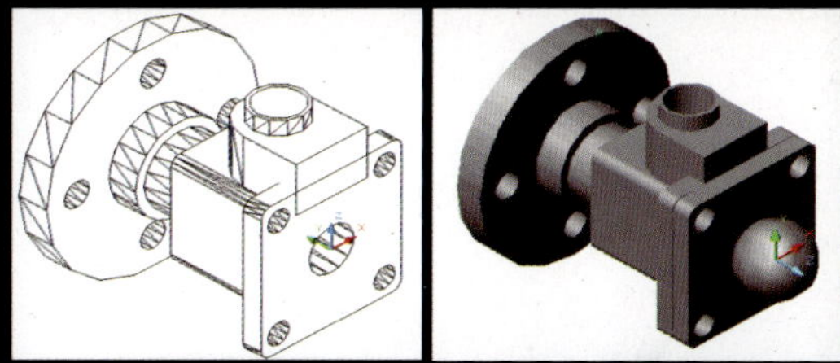

球心造型

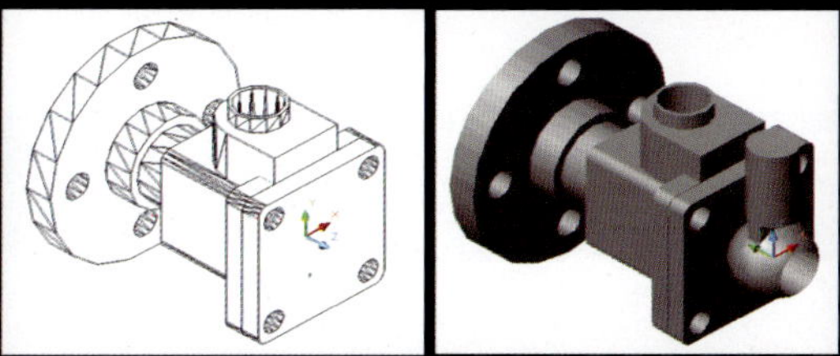

密封圈模型

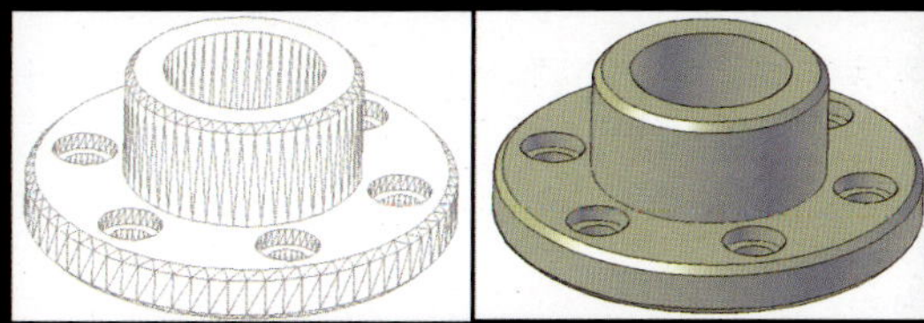

法兰盘

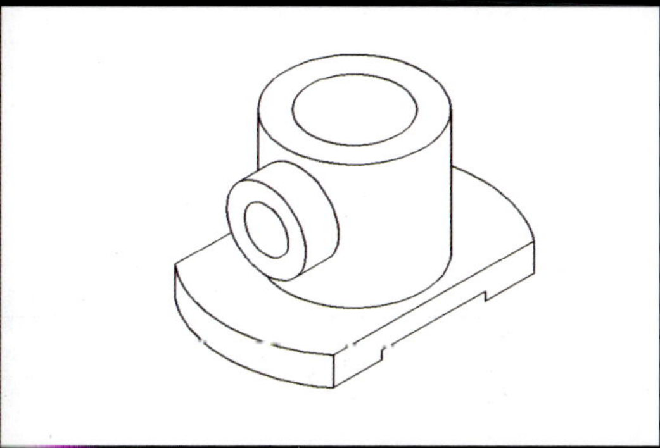

三通零件结构图

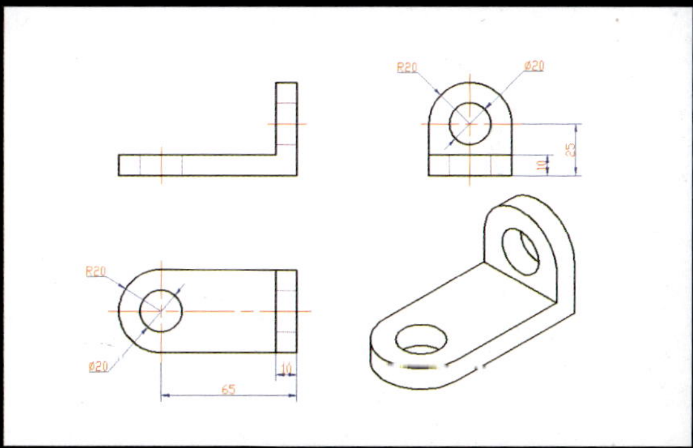

零件三视图

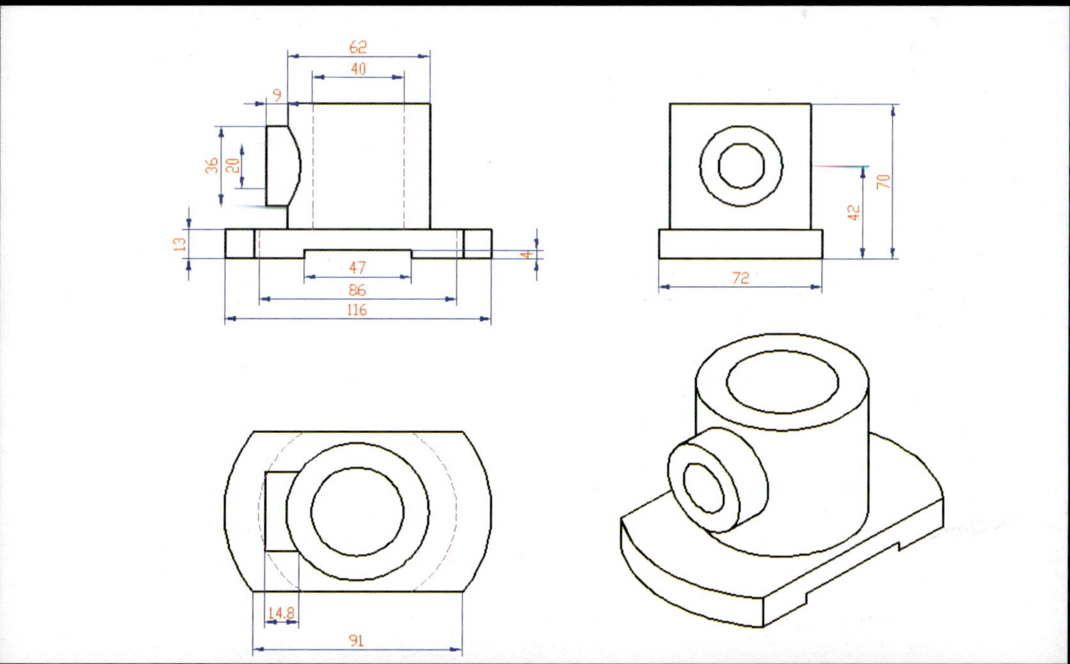

三通件及其等轴图

作品欣赏

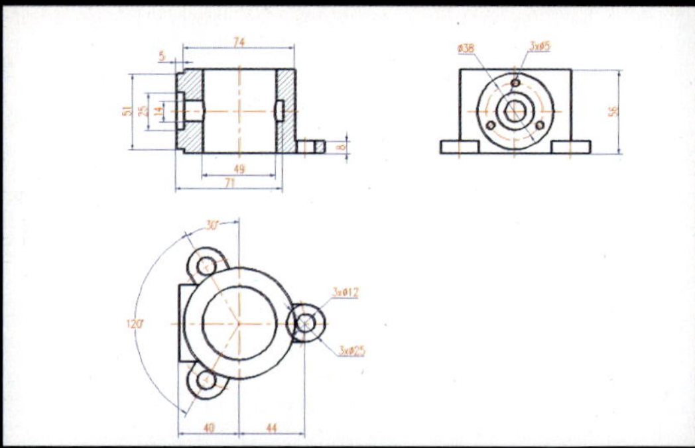

箱体三视图

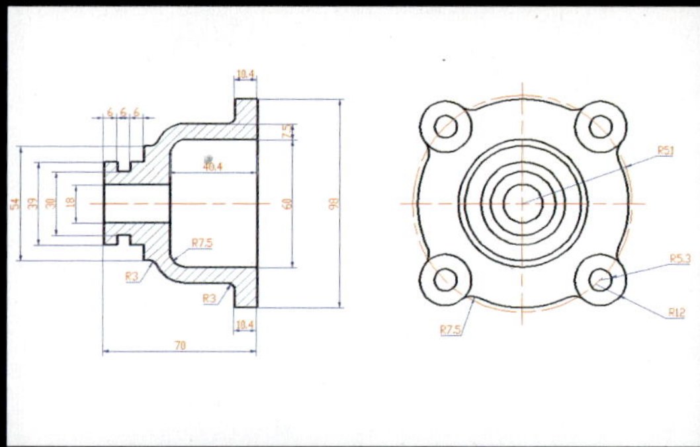

阀盖零件

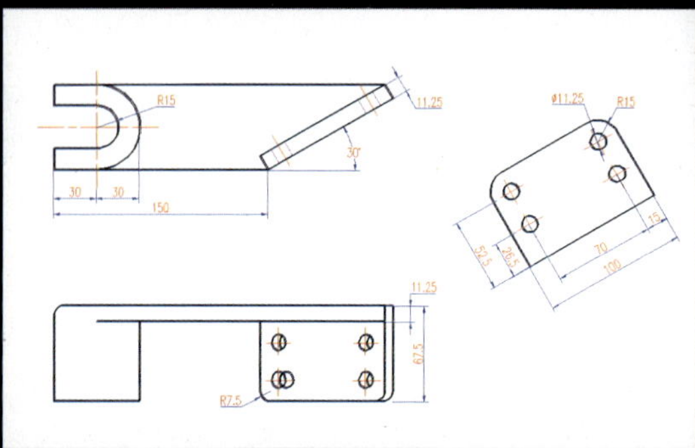

拔叉零件

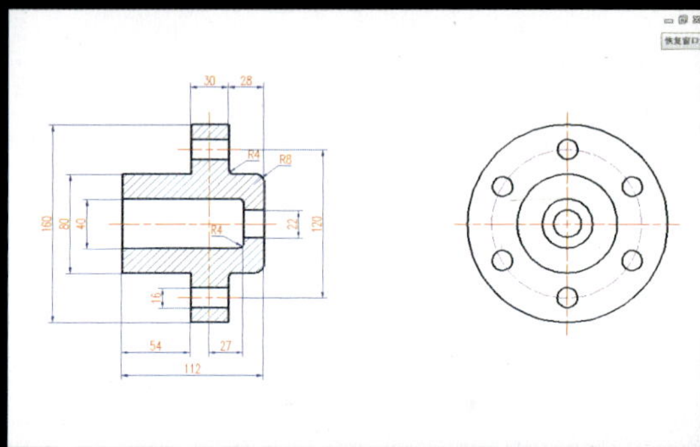

盘类零件

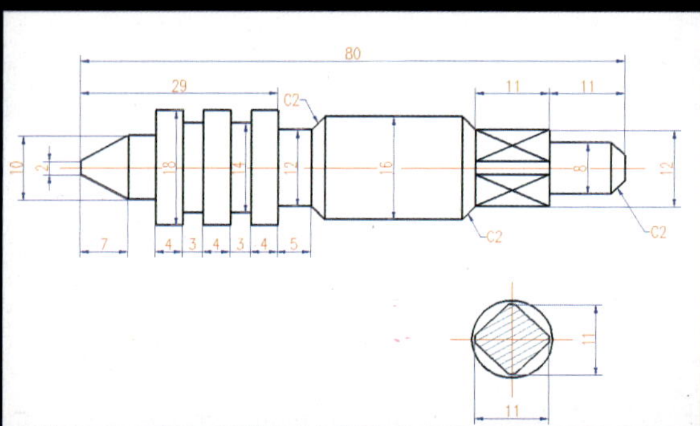

阀杆零件

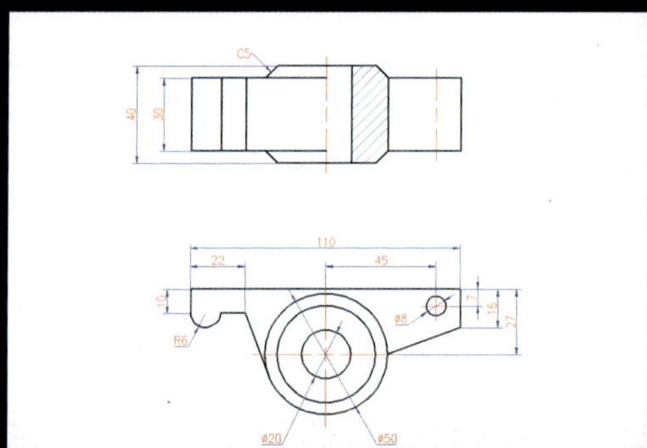

插套二视图

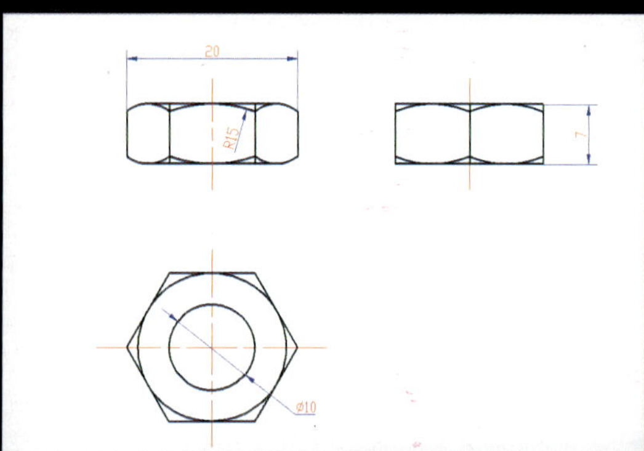

螺母设计

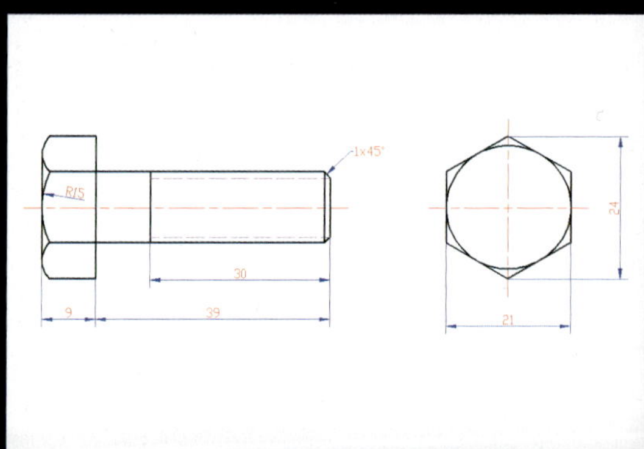

螺栓设计

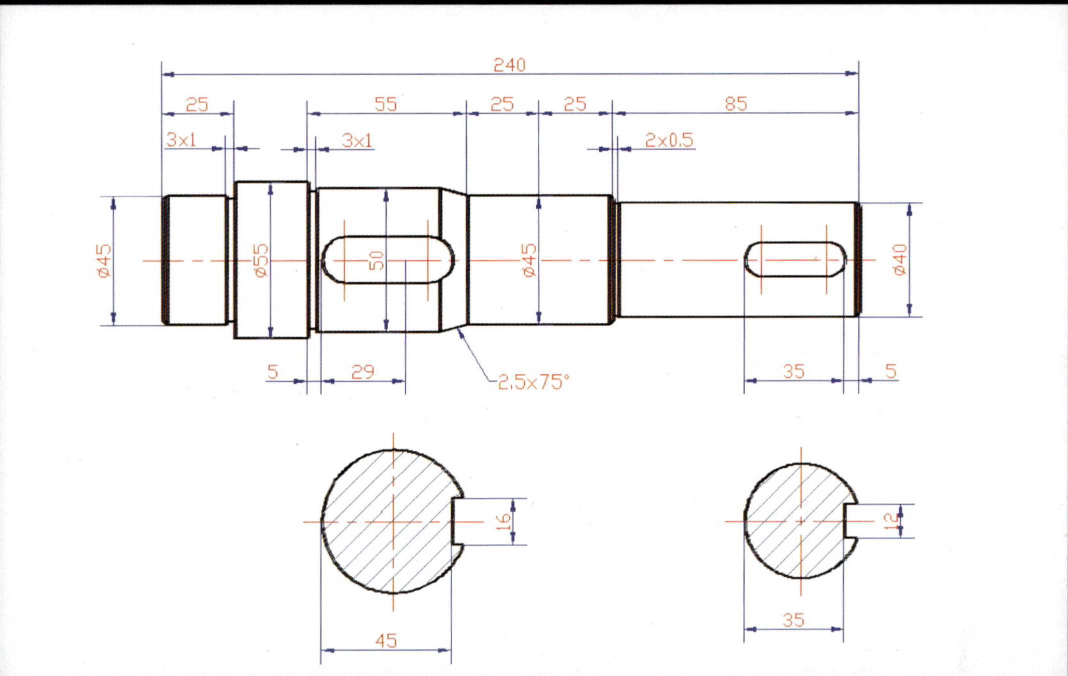

轴类零件图

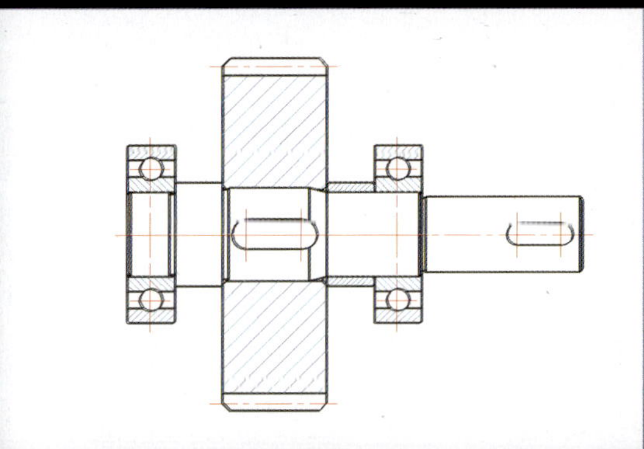

二维装配图

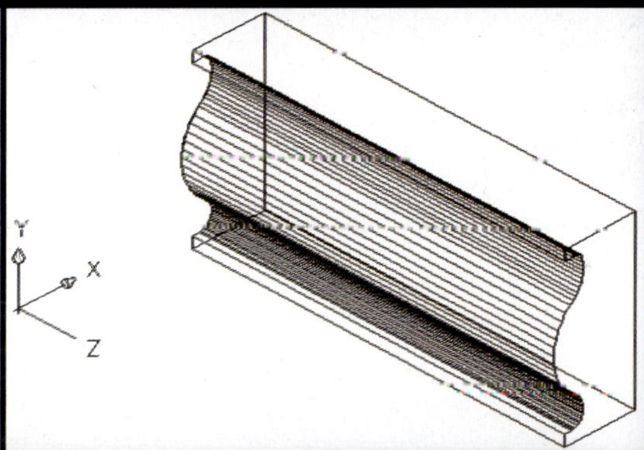

平移网格

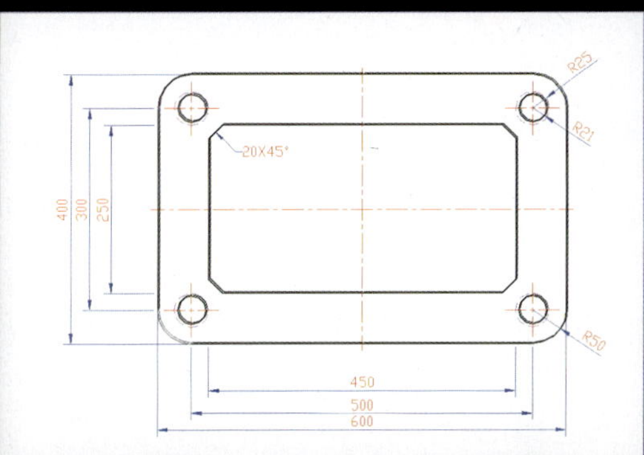

垫片尺寸

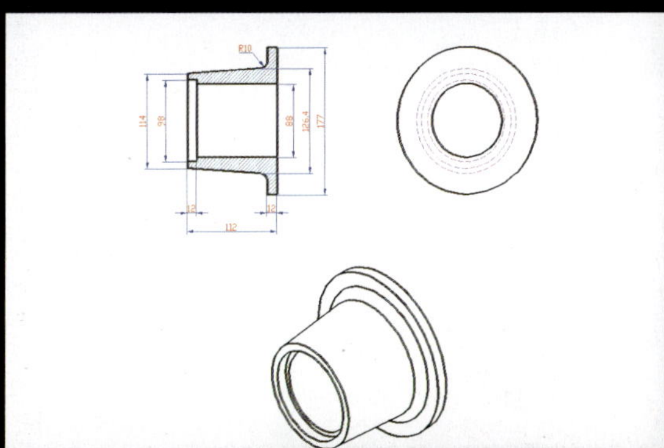

零件及其等轴图

作品欣赏

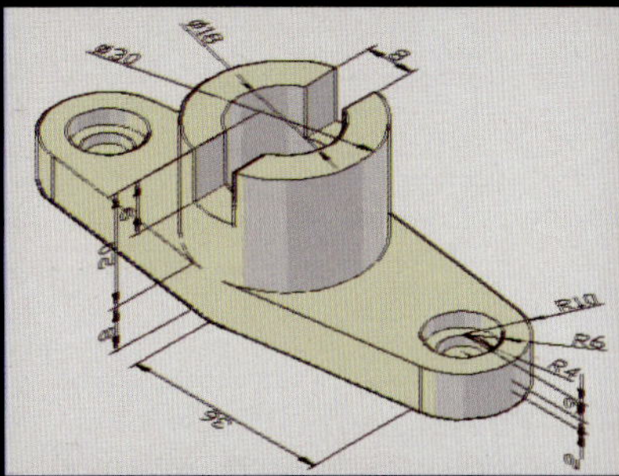

锁固零件

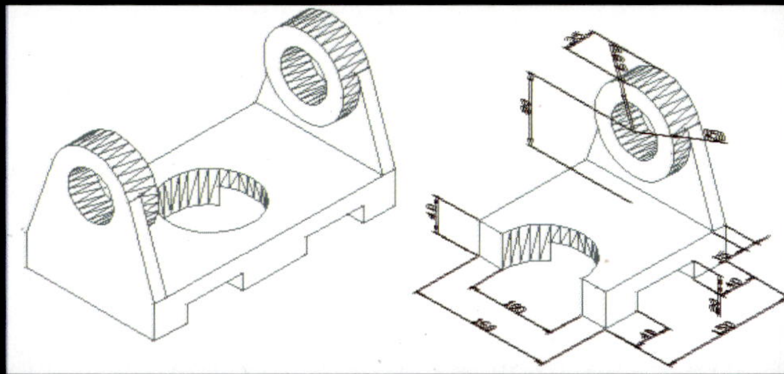

钳卡固件

起重机

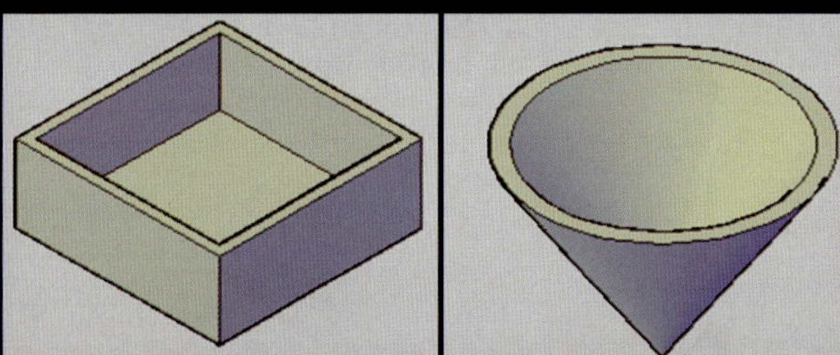

抽壳实体

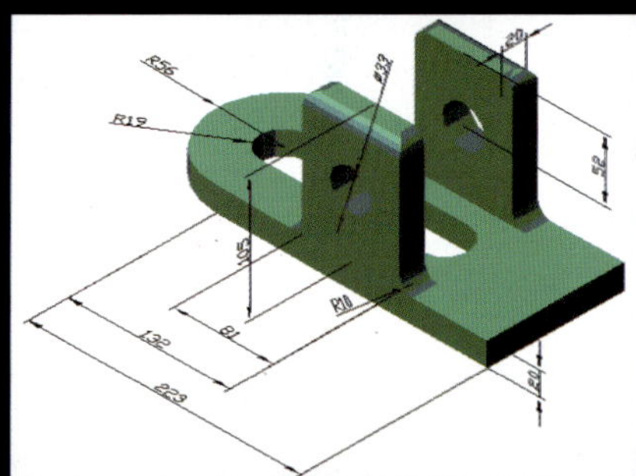

支架零件实体

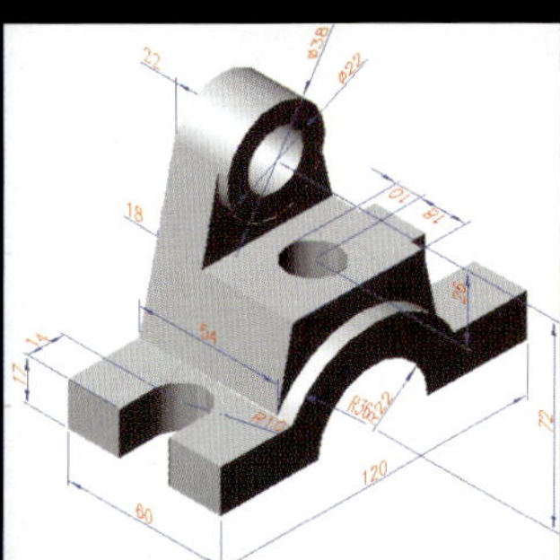

零件立体模型

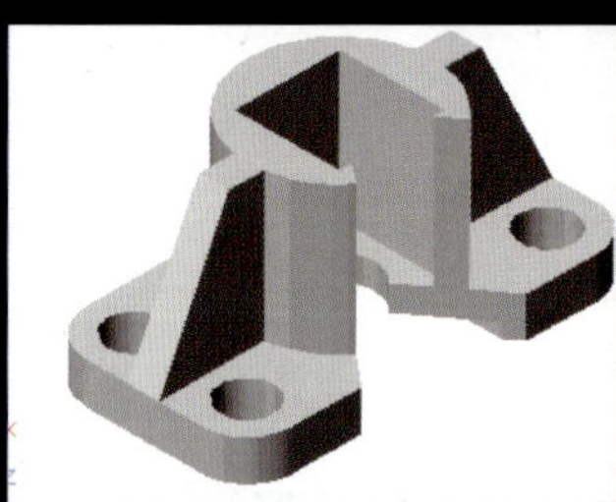

侧筋板模型

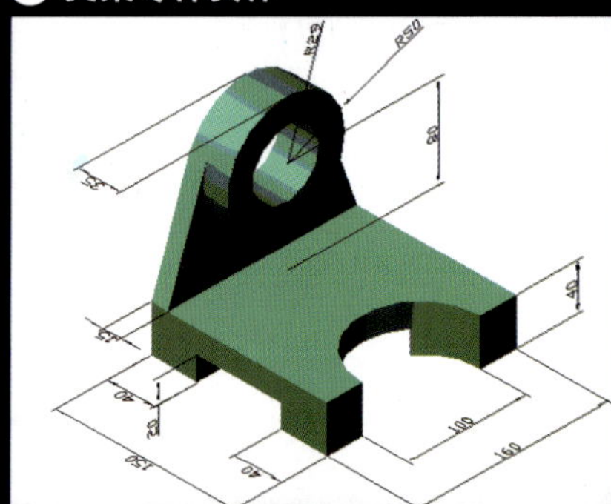

零件模型

前 言

本书以 AutoCAD 2009 为基础，主要针对机械设计领域，全面系统地讲述了使用 AutoCAD 进行机械设计的基本方法和操作技巧，能使读者全面掌握 AutoCAD 的常用命令及作图技巧，还可以使读者学会使用 AutoCAD 进行机械图样的设计，领悟绘制机械图样的精髓。

全书共分为 24 章。第 1～11 章主要是引导读者学习和掌握 AutoCAD 2009 绘图软件的基础知识和常用操作技能，具体有二维功能、三维功能以及辅助功能等。通过本部分的学习，读者可以快速掌握 AutoCAD 软件的各种常用技能，能独立完成某些图纸的绘图工作。第 12～13 章主要目的是让读者通过各种小型的实例，熟练掌握软件的各项基本功能，这些作品可以基本覆盖软件的主要功能。第 14～24 章主要目的是让读者能熟悉行业的规范，能应用前面学习的知识，做出行业的作品，培养行业的素养，给出实例，讲解行业的规范以及技术知识点，给出制作效果以及思路，给出实现步骤。在实例讲解的过程中给出与行业结合要注意的知识点、技巧，以及容易出现错误的提示。实例按行业分类。

本书在章节编排方面一改其他同类电脑图书手册形式的编写方式，充分考虑培训教学的特点，以及个人自学的方式，始终与实际应用相结合，学以致用的原则贯穿全书，有利于培养读者应用 AutoCAD 基本工具完成设计绘图的能力。

本书的所有实例及在制作实例时所用到的图块、图形源文件等内容都存放在随书光盘中。光盘内容主要有以下几部分。

- “效果文件”文件夹：书中所有大小实例的效果图文件都按章存放在随书光盘中的“效果文件”文件夹下，光盘中的图形文件的名称与书中的名称相同，读者可随时查阅。
- “图块文件”文件夹：书中的所有案例所使用的图块都存放在随书光盘中的“图块文件”文件夹下。
- “样板文件”文件夹：书中所使用的工程制图样板文件都存放在随书光盘中的“样板文件”文件夹下，读者在使用此样板文件时，最好是将其拷贝到“AutoCAD 2009\Template”文件夹下。
- “素材文件”文件夹：书中实例所使用到的部分图形源文件都存放在随书光盘中的“素材文件”文件夹下，以供读者随时调用。
- “绘图样式”文件夹：书中所使用到的尺寸标注样式和文字标注样式等，都存放在随书光盘中的“绘图样式”文件夹下，读者可直接调用。
- “视频教学”文件夹：书中所有案例的动态演示和声音解说在随书光盘中的“视频教学”文件夹下，以供读者学习。

本书由起点工作室策划，由具有多年教学和绘制经验的资深设计师编写。在编写的过程中承蒙广大业内同仁的不吝赐教，使得本书的编写在内容上更贴近实际，在此一并表示由衷的感谢。如果读者对本书有何意见和建议，请通过邮箱（qdqishan@sina.com）与我们联系。

编　者

目 录

第1章

轻松步入 AutoCAD 2009

通过本章的学习，认识和了解 AutoCAD 2009 的用户界面及界面设置；掌握一些基本的软件操作技能；掌握 AutoCAD 文件的创建、保存、应用等基础知识。除此之外，还需要了解和掌握图形界限和绘图单位的设置。通过本章的学习，用户可以获得一些基本的操作技能，能够绘制一些简单的图形。

1.1 AutoCAD 2009 概述

AutoCAD 2009 是由美国 Autodesk 公司开发研制的计算机辅助设计绘图软件，它凭借其精确的数据运算能力和高效的图形处理能力，被广泛应用于机械、建筑、园林、模具、服装等诸多设计领域，使广大设计人员能够轻松高效地进行图形的设计。

"Auto"是英语 Automation 单词的词头，意思是"自动化"；"CAD"是英语 Computer-Aided-Design 的缩写，意思是"计算机辅助设计"；而"2009"则表示 AutoCAD 软件的版本号，表示 2009 年的意思。

AutoCAD 2009 是一款高精度的计算机辅助设计绘图软件，其对计算机系统的硬件和软件的最低配置需求如下。

1. 操作系统

Windows Vista Enterprise、Windows Vista Business、Windows Vista Ultimate、Windows Vista Home Premium、Windows XP Professional Service Pack 2、Windows XP Home Service Pack 2。

2. Web 浏览器

Internet Explore 6.0 SP1 或更高版本。

3. 处理器

Intel® Pentium® 4 处理器或 AMD® Athlon，2.2 GHz 或更高；Intel 或 AMD 双核处理器，1.6 GHz 或更高。

4. RAM

对于 Windows XP SP2 系统而言，需要 1GB 内存；而对于 Windows

Vista 系统而言，则需要 2 GB 内存或更大内存。

5. 图形卡

1280×1024，32 位彩色视频显示适配器（真彩色），具有 128MB 或更大显存，且支持 OpenGL®或 Direct 3D®的工作站级图形卡。

对于 Windows Vista，需要具有 128MB 或更大显存且支持 Direct 3D 的工作站级图形卡以及 1024×768 真彩色（最低要求）。

6. 硬盘

除 750 MB 的安装空间外，可用空间为 2GB（Windows Vista）。

7. 定点设备

- 鼠标、轨迹球或其他设备。
- DVD-ROM 或 CD-ROM。
- 任意速度（仅用于安装）。

1.2 启动 AutoCAD 2009

当用户成功地将 AutoCAD 2009 安装到计算机上之后，双击桌面上的图标，或者单击桌面任务栏【开始】|【程序】|【Autodesk】|【AutoCAD 2009】中的 AutoCAD 2009 选项，即可启动该软件，进入如图 1-1 所示的“AutoCAD 经典”工作空间，同时自动打开一个名为“Drawing1.dwg”的默认绘图文件。

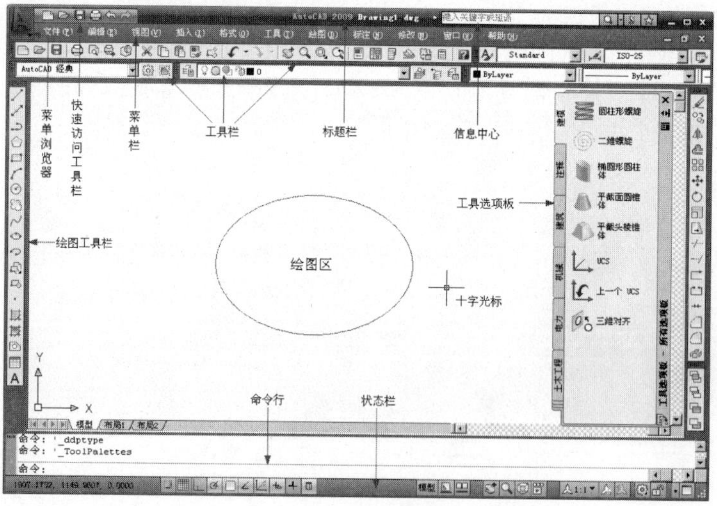

图 1-1 “AutoCAD 经典”工作空间

如果用户为 AutoCAD 的初始用户，那么当启动 AutoCAD 2009 软件后，则会进入如图 1-2 所示的“二维草图与注释”工作空间，此种工作空间是 AutoCAD 2009 新增的一个工作空间，在绘制二维图形与标注二维图形方面，比较方便快捷。

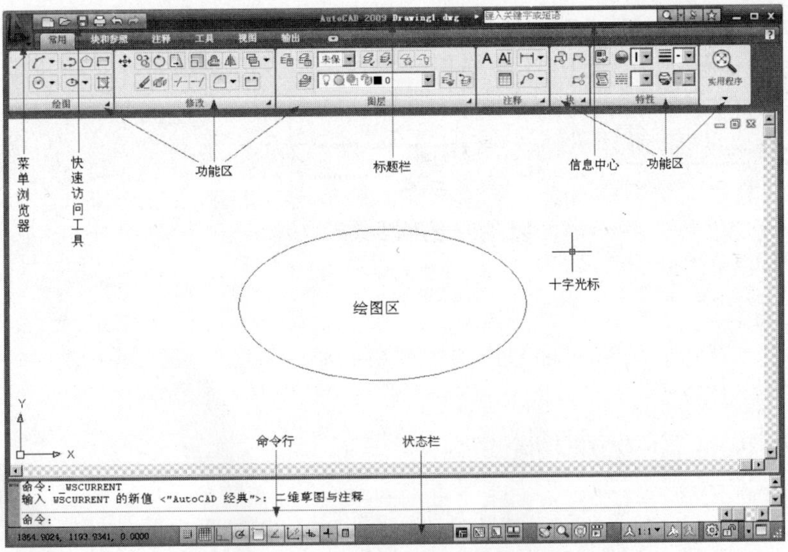

图 1-2 “二维草图与注释”工作空间

除上述两种工作空间外，AutoCAD 2009 还为用户提供了如图 1-3 所示的“三维建模”工作空间。在此工作空间内，用户可以非常方便地访问新的三维功能，而且新窗口中的绘图区可以显示出渐变背景色、地平面或工作平面（UCS 的 XY 平面）以及新的矩形栅格，这将增强三维效果和三维模型的构造。

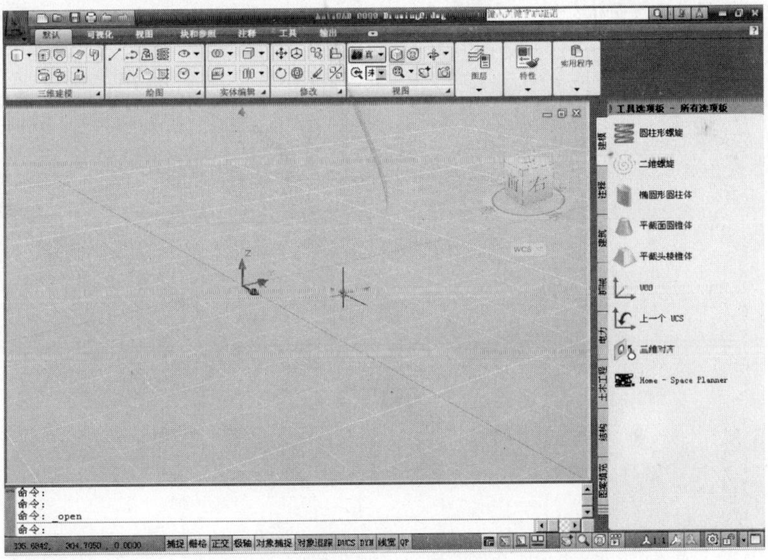

图 1-3 “三维建模”工作空间

另外，用户可以根据自己的作图习惯和需要，进行选择或自定义工作空间。切换工作空间主要有以下 3 种方式。

- 单击“菜单浏览器”按钮，选择菜单【工具】|【工作空间】下一级菜单命令，如图 1-4 所示。
- 展开【工作空间】工具栏上的【工作空间控制】下拉列表，进行选用工作空间，如图 1-5 所示。

- 单击状态栏上的“切换工作空间”按钮⚙，从弹出的按钮菜单中选择所需工作空间，如图 1-6 所示。

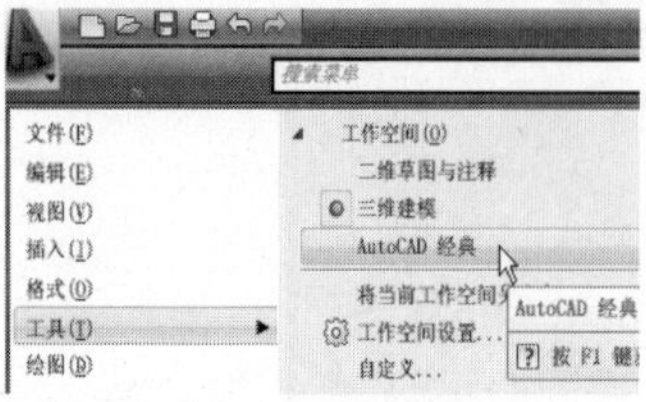

图 1-4　菜单浏览器

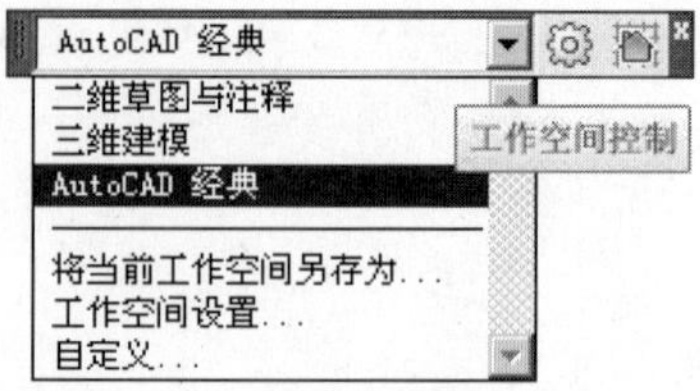

图 1-5　【工作空间控制】下拉列表

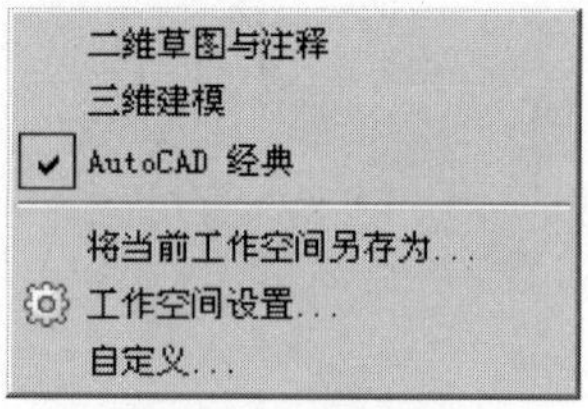

图 1-6　按钮菜单

1.3　AutoCAD 2009 操作界面

从图 1-1 和图 1-2 所示中可以看出，AutoCAD 2009 界面主要包括标题栏、菜单栏、工具栏、绘图区、命令行、状态栏、功能区等。下面将简单讲述各部分的功能及其操作。

1.3.1　标题栏

如图 1-7 所示的标题栏，位于 AutoCAD 操作界面的最顶部，主要包括菜单浏览器、快速访问工具栏、程序名称显示区、信息中心和窗口控制按钮等 5 部分内容。

图 1-7　标题栏

“菜单浏览器”按钮位于标题栏最左端，此功能将所有菜单命令都集中在一个位置，用户可以选择、搜索各菜单命令，也可以标记常用命令以便日后查找，如图 1-8 所示。

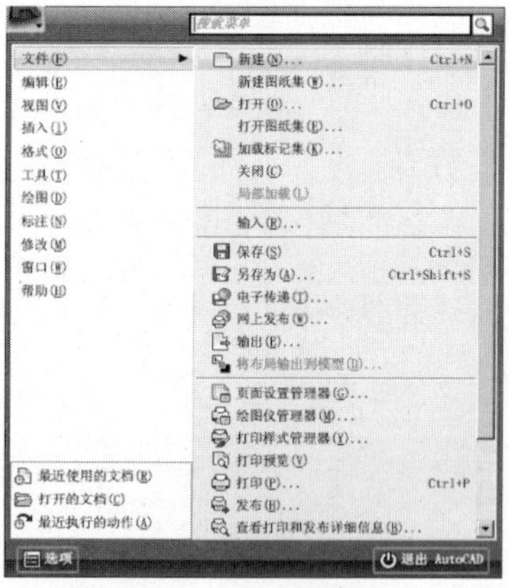

图 1-8　菜单浏览器

“快速访问工具栏”不但可以快速访问某些命令，而且还可以添加常用命令按钮到工具栏、控制菜单栏的显示以及各工具栏的开关状态等。

> **技巧**
>
> 在“快速访问工具栏”上右击，从弹出的快捷菜单中就可以实现上述操作。

“程序名称显示区”主要用于显示当前正在运行的程序名和当前被激活的图形文件名称。

“信息中心”可以快速获取所需信息、搜索所需资源等。

“窗口控制按钮”位于标题栏最右端，主要有“最小化”、“恢复 / 最大化”、“关闭”，分别用于控制 AutoCAD 窗口的大小和关闭。

1.3.2 菜单栏

如图 1-9 所示的菜单栏，位于标题栏的下方，AutoCAD 的常用制图工具和管理编辑等工具都分门别类地排列在这些主菜单中，用户可以非常方便地启动各主菜单中的相关菜单项，进行必要的图形绘图工作。具体操作就是在主菜单项上单击，展开此主菜单，然后将光标移至需要启动的命令选项上，单击即可。

图 1-9　菜单栏

技巧

AutoCAD 2009 版本为用户提供了“菜单浏览器”功能，所有的菜单命令可以通过“菜单浏览器”执行，因此默认设置下，“菜单栏”是隐藏的，当变量 MENUBAR 的值为 1 时，显示菜单栏；为 0 时，隐藏菜单栏。

AutoCAD 为用户提供了【文件】、【编辑】、【视图】、【插入】、【格式】、【工具】、【绘图】、【标注】、【修改】、【窗口】、【帮助】11 个菜单。各菜单的主要功能如下。

- 【文件】菜单：主要用于对图形文件进行设置、管理和打印发布等。
- 【编辑】菜单：主要用于对图形进行一些常规的编辑，包括复制、粘贴、链接等命令。
- 【视图】菜单：主要用于调整和管理视图，以方便视图内图形的显示等。
- 【插入】菜单：用于向当前文件中引用外部资源，如块、参照、图像等。
- 【格式】菜单：用于设置与绘图环境有关的参数和样式等，如绘图单位、颜色、型及文字、尺寸样式等。
- 【工具】菜单：为用户设置了一些辅助工具和常规的资源组织管理工具。
- 【绘图】菜单：该菜单是一个二维和三维图元的绘制菜单，几乎所有的绘图和建模工具都组织在此菜单内。
- 【标注】菜单：该菜单是一个专用于为图形标注尺寸的菜单，它包含了所有与尺寸标注相关的工具。
- 【修改】菜单：该菜单是一个很重要的菜单，用于对图形进行修整、编辑和完善。
- 【窗口】菜单：用于对 AutoCAD 文档窗口和工具栏状态进行控制。
- 【帮助】菜单：主要用于为用户提供一些帮助性的信息。

菜单栏左端的图标就是“菜单浏览器”图标，菜单栏最右边图标按钮是 AutoCAD 文件的窗口控制按钮，如“最小化”、“还原 / 最大化”、“关闭”，用于控制图形文件窗口的显示。

1.3.3 工具栏

位于绘图窗口的两侧和上侧，以图标按钮的形式出现的工具条，则为 AutoCAD 的工具栏。使用工具栏执行命令，是最常用的一种方式。用户只需要将光标移至工具按钮上稍一停留，光标指针的下侧就会出现此图标所代表的命令名称，在按钮上单击，即可快速激活该命令。

默认设置下，AutoCAD 2009 为用户提供了 38 种工具栏，如图 1-10 所示。在任一工具栏上右击，即可打开此菜单，然后在所需打开的选项上单击，即可打开相应的工具栏。

在工具栏右键快捷菜单上选择【锁定位置】|【固定的工具栏/面板】命令，可以将绘图区四周的工具栏固定，如图 1-11 所示。工具栏一旦被固定后，是不可以被拖动的。

另外，用户也可以单击状态栏上的按钮，从弹出的按钮菜单中进行控制工具栏和窗口的固定状态，如图 1-12 所示。

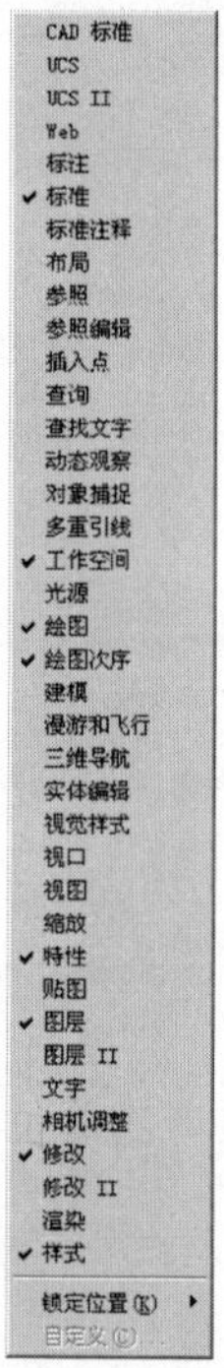

图 1-10 工具栏菜单

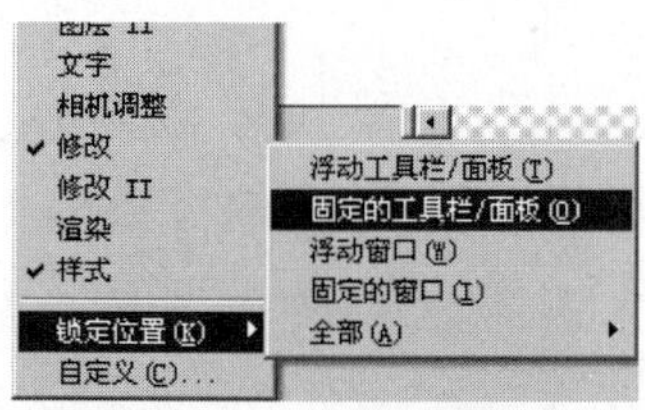

图 1-11 固定工具栏

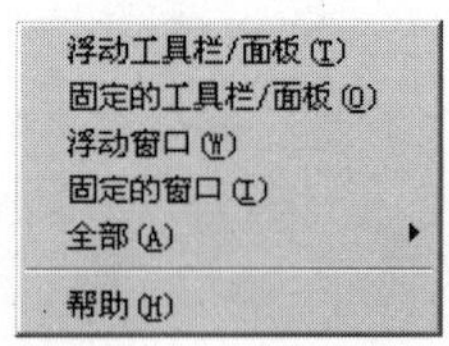

图 1-12 按钮菜单

技巧

带有勾号的表示当前已经打开的工具栏，不带有勾号的表示当前没有打开的工具栏。为了增大绘图空间，通常只将几种常用的工具栏放在用户界面上，而将其他工具栏隐藏，需要时再调出。

1.3.4 绘图区

绘图区位于用户界面的正中央，即被工具栏和命令行所包围的整个区域，此区域是用户的工作区域，图形的设计与修改工作就是在此区域内进行操作的。缺省状态下，绘图区是一个无限大的电子屏幕，无论尺寸多大或多小的图形都可以在绘图区中绘制和灵活显示。

当移动鼠标时，绘图区会出现一个随光标移动的十字符号，此符号为“十字光标”，它由“拾取点光标”和“选择光标”叠加而成，其中“拾取点光标”是点的坐标拾取器，当执行绘图命令时，显示为拾点光标；“选择光标”是对象拾取器，当选择对象时，显示为选择光标；当没有任何命令执行的前提下，显示为十字光标，如图 1-13 所示。

图 1-13　光标的 3 种状态

在绘图区左下部有 3 个标签，即模型、布局 1、布局 2，分别代表了两种绘图空间，即模型空间和布局空间。“模型”标签代表了当前绘图区窗口是处于模型空间，通常在模型空间进行绘图。“布局 1”和“布局 2”标签是缺省设置下的布局空间，主要用于图形的打印输出。用户可以通过单击标签，在这两种操作空间中进行切换。

1.3.5　命令行

命令行位于绘图区的下方，它是用户与 AutoCAD 软件进行数据交流的平台，主要功能就是用于提示和显示用户当前的操作步骤，如图 1-14 所示。

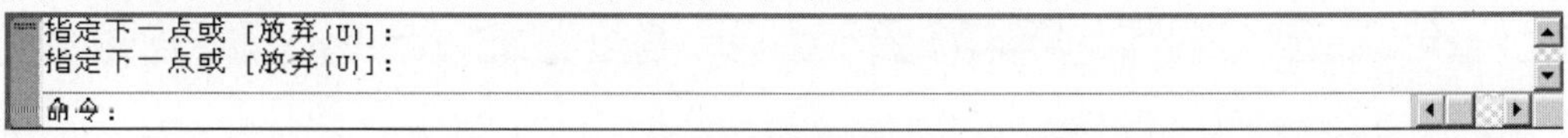

图 1-14　命令行

命令行可以分为“命令输入窗口”和“命令历史窗口”两部分，上面两行则为“命令历史窗口”，用于记录执行过的操作信息；下面一行是“命令输入窗口”，用于提示用户输入命令或命令选项。

技巧

通过按 F2 功能键，系统则会以“文本窗口”的形式显示更多的历史信息，如图 1-15 所示。再次按 F2 功能键，即可关闭文本窗口。

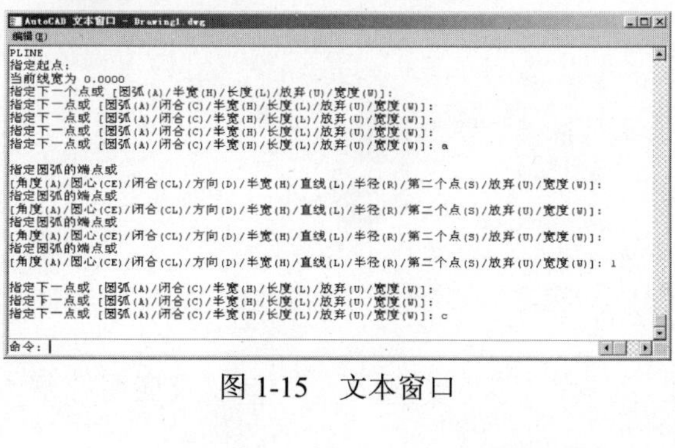

图 1-15　文本窗口

1.3.6　状态栏

如图 1-16 所示的状态栏，位于 AutoCAD 操作界面的最底部，它由坐标读数器、辅助功能区、状态栏菜单等 3 部分组成。

图 1-16　状态栏

状态栏左端为坐标读数器，用于显示十字光标所处位置的坐标值；在辅助功能区左端的按钮，是一些重要的辅助绘图功能按钮，主要用于控制点的精确定位和追踪；中间的按钮主要用于快速查看布局、查看图形、定位视点、注释比例等；右端的按钮主要用于对工具栏、窗口等固定、工作空间切换以及绘图区的全屏显示等，都是一些辅助绘图的功能。

单击状态栏右侧的小三角，将打开如图 1-17 所示的状态栏快捷菜单，菜单中的各命令与状态栏上的各按钮功能一致，用户也可以通过各菜单项以及菜单中的各功能键进行控制各辅助按钮的开关状态。

图 1-17　状态栏菜单

1.3.7　功能区

功能区是 AutoCAD 2009 新增的一项功能，它代替了 AutoCAD 众多的工具栏，以面板的形式将各工具按钮分门别类地集合在选项卡中，如图 1-18 所示。

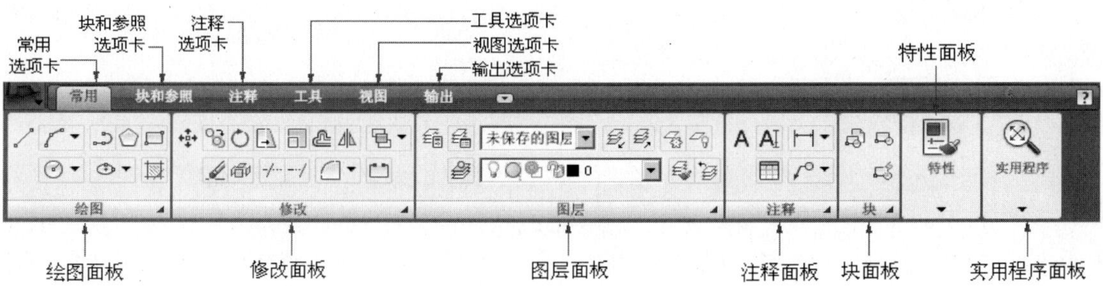

图 1-18　功能区

用户在调用工具时，只需在功能区中展开相应选项卡，然后在所需面板上单击工具按钮即可。由于在使用功能区时，无需再显示 AutoCAD 的工具栏，因此，使得应用程序窗口变得单一、简洁有序。通过这单一简洁的界面，功能区还可以将可用的工作区域最大化。

技巧

默认设置下，功能区仅显示在“二维草图与注释”和“三维建模”两种工作空间内。

1.4　文件基础操作

接下来将学习 AutoCAD 绘图文件的新建、存储以及应用等基本操作功能。

1.4.1　新建绘图文件

默认设置下，【新建】命令主要用于以预置样板文件作为基础样板，新建空白的绘图文件。执行【新建】命令主要有以下 4 种方式。

- 菜单栏：选择菜单【文件】|【新建】命令。
- 工具栏：单击【标准】工具栏上的按钮。
- 命令行：在命令行中输入 New。
- 组合键：Ctrl+N。

技巧

在命令行中输入命令后，要按 Enter 键，才可以激活该命令，以下不再提示。

激活【新建】命令后，打开如图 1-19 所示的【选择样板】对话框。在此对话框中，选择“acadISO-Named Plot Styles”或“acadiso”样板文件后单击 打开(O) 按钮，即可创建一张公制单位的空白文件，进入 AutoCAD 缺省设置的二维操作界面。

如果用户需要创建一张三维操作空间的公制单位绘图文件，则可以启动【新建】命令，在打开的【选择样板】对话框中，选择“acadISO-Named Plot Styles3D”或“acadiso3D”样板文件作为基础样板，如图 1-20 所示，即可创建三维绘图文件，进入三维工作空间。

图 1-19 【选择样板】对话框

图 1-20 选择 3D 样板

1.4.2 保存绘图文件

1. 【保存】命令的启动

【保存】命令用于将绘制的图形以文件的形式进行存盘，存盘的目的就是为了方便以后查看、使用或修改编辑等。执行【保存】命令主要有以下 4 种方式。

- 菜单栏：选择菜单【文件】|【保存】命令。
- 工具栏：单击【标准】工具栏上的按钮。
- 命令行：在命令行中输入 Save。
- 组合键：Ctrl+S。

激活【保存】命令后，可打开如图 1-21 所示的【图形另存为】对话框，在此对话框中设置存盘路径、文件名和文件格式后单击 保存(S) 按钮，即可将当前文件存盘。

技巧

默认的存储类型为“AutoCAD 2007 图形（*.dwg）”，使用此种格式将文件存盘后，只能被 AutoCAD 2007 及其以后的版本所打开，如果用户需要在 AutoCAD 早期版本中打开此文件，必须使用低版本的文件格式进行存盘。

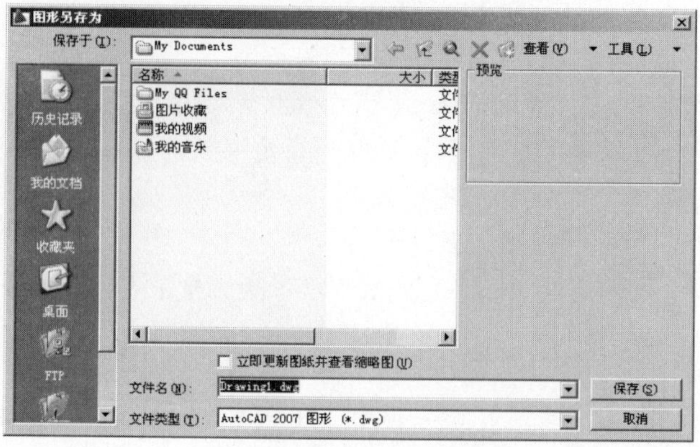

图 1-21 【图形另存为】对话框

当用户在已存盘图形的基础上进行了其他的修改工作，又不想将原来的图形覆盖，可以使用【另存为】命令，将修改后的图形以不同的路径或不同的文件名进行存盘。

2.【另存为】命令的启动

执行【另存为】命令主要有以下两种方式。

- 菜单栏：选择菜单【文件】|【另存为】命令。
- 组合键：Crtl+Shift+S。

1.4.3 应用绘图文件

当用户需要查看、使用或编辑已存盘的图形时，可以使用【打开】命令，将此图形打印。执行【打开】命令主要有以下 4 种方式。

- 菜单栏：选择菜单【文件】|【打开】命令。
- 工具栏：单击【标准】工具栏上的按钮。
- 命令行：在命令行中输入 Open。
- 组合键：Ctrl+O。

激活【打开】命令后，系统将打开【选择文件】对话框，在此对话框中选择需要打开的图形文件，如图 1-22 所示。单击打开(O)按钮，即可将此文件打开。

图 1-22 【选择文件】对话框

1.4.4 清理垃圾文件

有时为了给图形文件进行“减肥”，以减小文件的存储空间，可以使用【清理】命令将文件内部的一些无用的垃圾资源（如图层、样式、图块等）进行清理。

执行【清理】命令主要有以下两种方式。

- 菜单栏：选择菜单【文件】|【图形实用程序】|【清理】命令。
- 命令行：在命令行中输入 Purge 或 PU。

激活【清理】命令后，系统将打开如图 1-23 所示的【清理】对话框，在此对话框中，带有“+”号的选项，表示该选项内含有未使用的垃圾项目，单击该选项将其展开，即可选择需要清理的项目。如果用户需要清理文件中的所有未使用的垃圾项目，可以单击对话框底部的 全部清理(A) 按钮。

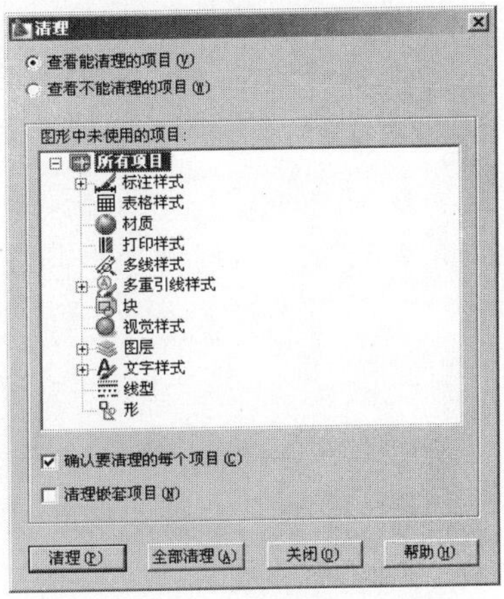

图 1-23 【清理】对话框

1.5 设置工作环境

本节将学习绘图单位、绘图界限、绘图背景等的设置技巧。

1.5.1 设置绘图单位

【图形单位】命令主要用于设置长度单位、角度单位、角度方向以及各自的精度等参数。执行此命令主要有以下两种方式。

- 菜单栏：选择菜单【格式】|【单位】命令。
- 命令行：在命令行中输入 Units 或 UN。

激活【单位】命令后，将打开如图 1-24 所示的【图形单位】对话框，在此对话框中可以进行参数设置。

- 在【长度】选项组中单击【类型】下拉列表框，设置长度的类型，默认为“小数”。

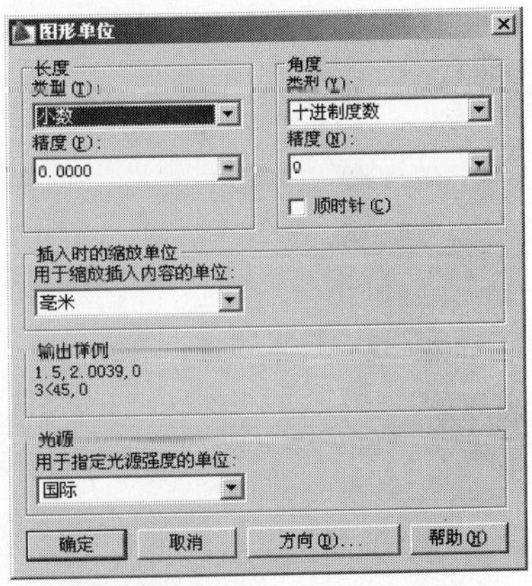

图 1-24 【图形单位】对话框

技巧

AutoCAD 提供了“建筑”、“小数”、“工程”、“分数”和“科学”等 5 种长度类型。单击该选框中的▼按钮可以从中选择需要的长度类型。

- 展开【精度】下拉列表框，设置单位的精度，默认为 0.000，用户可以根据需要设置单位的精度。
- 在【角度】选项组中单击【类型】下拉列表框，设置角度的类型，默认为“十进制度数”。
- 展开【精度】下拉列表框，设置角度的精度，默认值为 0，用户可以根据需要进行设置。

> **技巧**
>
> 【顺时针】选项是用于设置角度的方向，如果勾选该选项，那么在绘图过程中就以顺时针为正角度方向，否则以逆时针为正角度方向。

- 在【插入时的缩放单位】选项组中用于确定拖放内容的单位，默认为“毫米”。
- 设置角度的基准方向。单击【图形单位】对话框底部的 方向(D)... 按钮，打开如图 1-25 所示的【方向控制】对话框，用来设置角度测量的起始位置。

> **技巧**
>
> 系统默认方向是以水平向右为 0 角度。

1.5.2 设置绘图界限

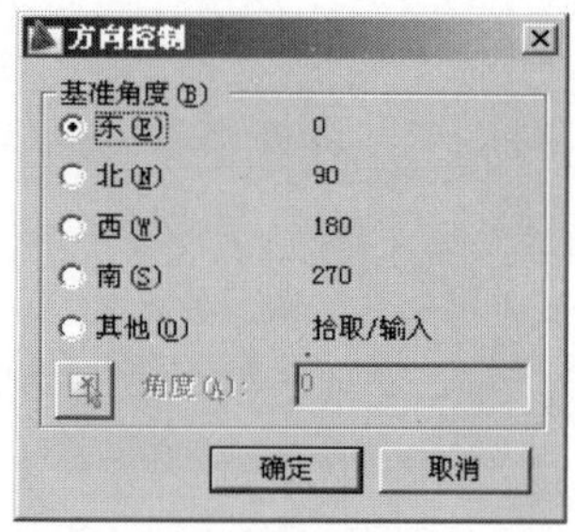

图 1-25 【方向控制】对话框

所谓“图形界限”，指的就是绘图的区域，它相当于手工绘图时，事先准备的图纸。设置“图形界限”最实用的一个目的，就是为了满足不同范围的图形在有限绘图区窗口中的恰当显示，以方便于视窗的调整及用户的观察编辑等。

执行【图形界限】命令主要有以下两种方式。

- 菜单栏：选择菜单【格式】|【图形界限】命令。
- 命令行：在命令行中输入 Limits。

1. 设置图形界限

❶首先创建空白文件。

❷执行【图形界限】命令，在命令行“指定左下角点或[开（ON）/关（OFF）]:”提示下，直接按 Enter 键，以默认原点作为图形界限的左下角点。

> **技巧**
>
> 在设置图形界限时，一般以坐标系的原点作为图形界限的左下角点。

❸继续在命令行“指定右上角点:”提示下，输入“200,100”，并按 Enter 键。

❹选择菜单【视图】|【缩放】|【全部】命令，将图形界限最大化显示。

> **技巧**
>
> 默认设置下，图形的界限为 3 号横向图纸的尺寸，即长边为 420、短边为 297 个绘图单位。

当设置了图形界限之后，可以开启状态栏上的【栅格】功能，通过栅格点，可以将图形界限进行直观地显示出来，如图 1-26 所示。

当设置了图形界限后，如果禁止绘制的图形超出所设置的图形界限，那么可以使用绘图界限的检测功能，将坐标值限制在设置的作图区域内，这样就不会使绘制的图形超出边界。

2．图形界限的检测

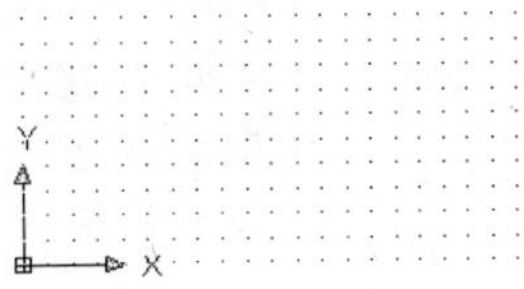

图 1-26　图形界限的显示

❶执行【图形界限】命令。

❷在命令行“指定左下角点或[开(ON)/关(OFF)] <0.0000,0.0000>:”提示下，输入“on”并按 Enter 键，打开图形界的检测功能。

❸如果用户需要关闭图形界限的检测功能，可以激活【关】选项，此时，AutoCAD 允许用户输入图形界限外部的点。

技巧

界限检测功能只能检测输入的点，所以对象的某些部分可能会延伸出界限。

1.5.3　更改绘图背景

默认设置下，绘图区背景色的 RGB 值为 254、252、240，用户可以使用菜单【工具】|【选项】命令进行更改背景色。下面将介绍绘图区背景色更改为白色的具体操作步骤。

❶首先选择菜单【工具】|【选项】命令，或使用快捷键“OP”激活【选项】命令，打开【选项】对话框。

❷展开【显示】选项卡，在【窗口元素】选项组中单击 颜色(C)... 按钮，打开如图 1-27 所示的【图形窗口颜色】对话框。

❸在【图形窗口颜色】对话框中展开如图 1-28 所示的【颜色】下拉列表框，选择一种颜色（如“白”）。

❹单击 应用并关闭(A) 按钮，返回【选项】对话框。

❺在【选项】对话框中单击 确定 按钮，结果绘图区的背景色显示为白色。

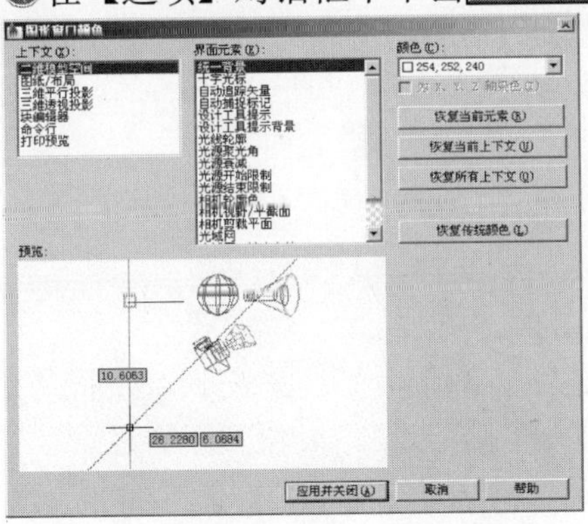

图 1-27　【图形窗口颜色】对话框

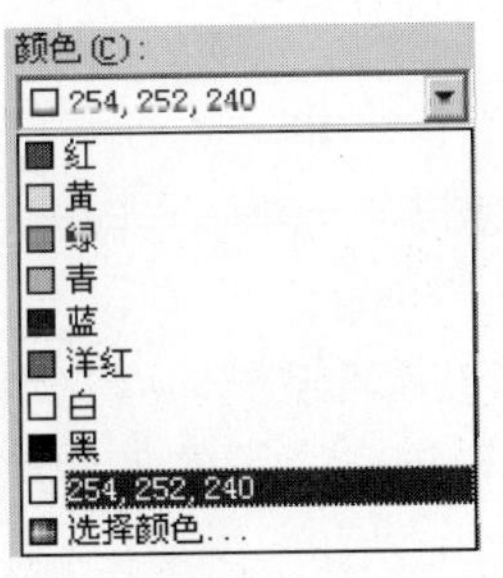

图 1-28　【颜色】下拉列表框

1.6　退出 AutoCAD 2009

当用户需要退出 AutoCAD 2009 绘图软件时，则首先需要退出当前的 AutoCAD 文件，如果当前的绘图文件已存盘，那么用户可以使用以下 5 种方式退出 AutoCAD 绘图软件。

- 单击 AutoCAD 2009 标题栏控制按钮 ×。

- 按 Alt+F4 组合键。
- 选择菜单【文件】|【退出】命令。
- 在命令行中输入“Quit”或“Exit”后，按 Enter 键。
- 展开“菜单浏览器”面板，单击 退出 AutoCAD 按钮。

如果用户在退出 AutoCAD 绘图软件之前，没有将当前的 AutoCAD 绘图文件存盘，那么系统将会弹出如图 1-29 所示的提示对话框，单击 是(Y) 按钮，将弹出【图形另存为】对话框，用于对图形进行命名保存；单击 否(N) 按钮，系统将放弃存盘并退出 AutoCAD 2009；单击 取消 按钮，系统将取消执行的退出命令。

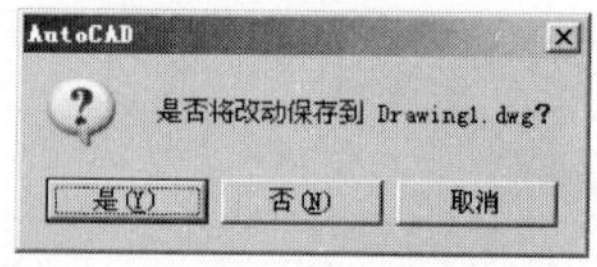

图 1-29　AutoCAD 提示对话框

1.7 综合实例——尝试绘制简单零件图

下面通过绘制如图 1-30 所示的图形，对本章知识进行综合练习和应用，体验一下文件的新建、图形的绘制以及文件的存储等图形设计的整个操作流程，同时了解和掌握一些基本工具的使用方法和一些最基本的软件操作技能。

具体操作步骤如下。

❶选择菜单【文件】|【新建】命令，打开【选择样板】对话框，选择如图 1-31 所示的样板文件作为基础样板。

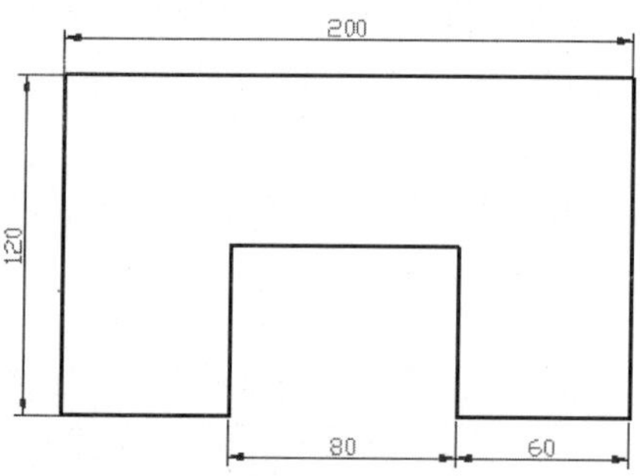

图 1-30　绘制简单图形

图 1-31　【选择样板】对话框

❷单击 打开(O) 按钮，即可创建一个公制单位的空白文件。

❸选择菜单【绘图】|【直线】命令，或单击【绘图】工具栏上的按钮，执行【直线】命令，然后根据命令行的提示绘制外框。命令行操作如下：

```
命令: _line
    指定第一点:                              //在绘图区单击左键，拾取一点作为起点
    指定下一点或 [放弃(U)]:                  //@0,120 Enter
    指定下一点或 [放弃(U)]:                  //@200,0 Enter
    指定下一点或 [闭合(C)/放弃(U)]:          //@0,-120 Enter
    指定下一点或 [闭合(C)/放弃(U)]:          //@-60,0 Enter
    指定下一点或 [闭合(C)/放弃(U)]:          //@0,60 Enter
    指定下一点或 [闭合(C)/放弃(U)]:          //@-80,0 Enter
    指定下一点或 [闭合(C)/放弃(U)]:          //@0,-60 Enter
```

指定下一点或 [闭合(C)/放弃(U)]:　　//c Enter，闭合图形，绘制结果如图 1-32 所示

❹由于图形显示的太小，需要将其放大显示。选择菜单【视图】|【缩放】|【实时】命令，或单击【标准】工具栏中的按钮，激活【实时缩放】工具。

❺此时当前光标指针变为一个放大镜状，如图 1-33 所示。

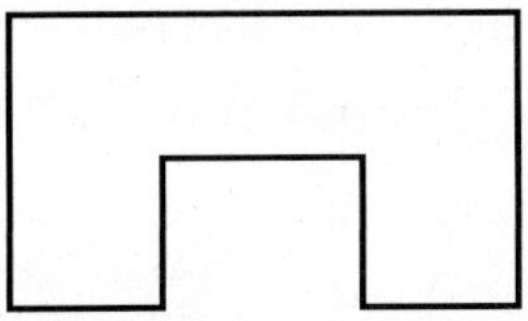

图 1-32　绘制结果

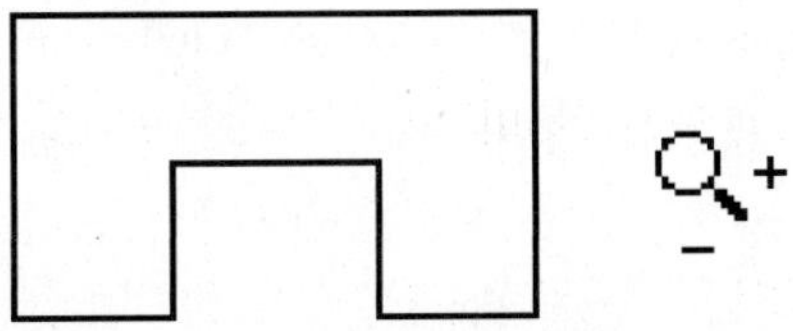

图 1-33　激活【实时缩放】工具

❻按住鼠标左键不放，慢慢向右上方拖曳光标，此时图形被放大显示，如图 1-34 所示。

技巧

如果拖曳一次光标，图形还是不够清楚时，可以连续拖曳光标，进行连续缩放。

❼当图形被放大显示之后，图形的位置可能会出现偏置现象，为了美观，可以将其移至绘图区中央。单击【标准】工具栏中的按钮，激活【实时平移】工具。

❽此时光标指针变为手状，按住鼠标左键不放，将图形平移至绘图区中央，如图 1-35 所示。

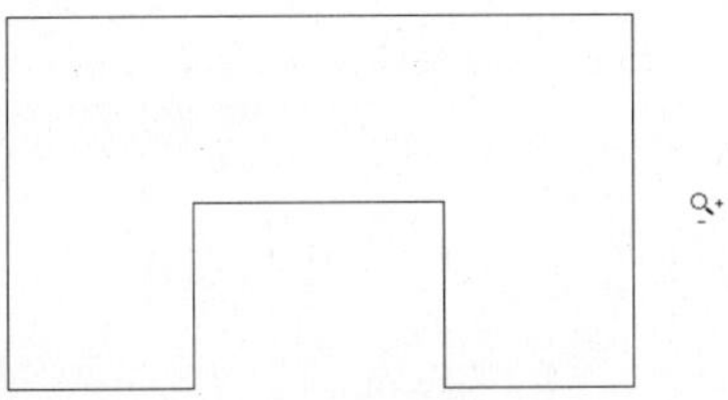

图 1-34　实时缩放结果

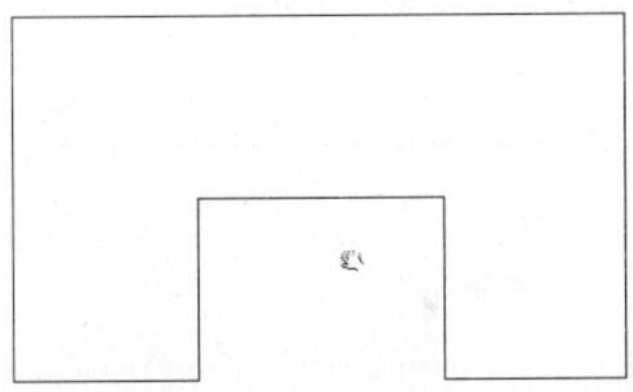

图 1-35　实时平移

❾单击鼠标右键，从弹出的快捷菜单中选择【退出】命令，如图 1-36 所示，退出命令。

❿选择菜单【文件】|【保存】命令，在弹出的【图形另存为】对话框中，设置存盘路径和文件名，如图 1-37 所示。

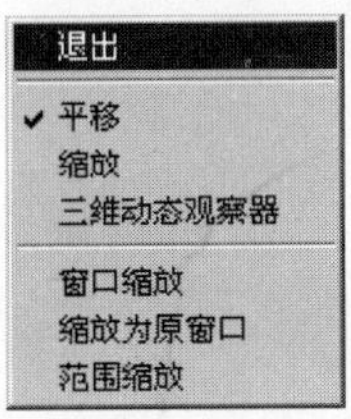

图 1-36　右键快捷菜单

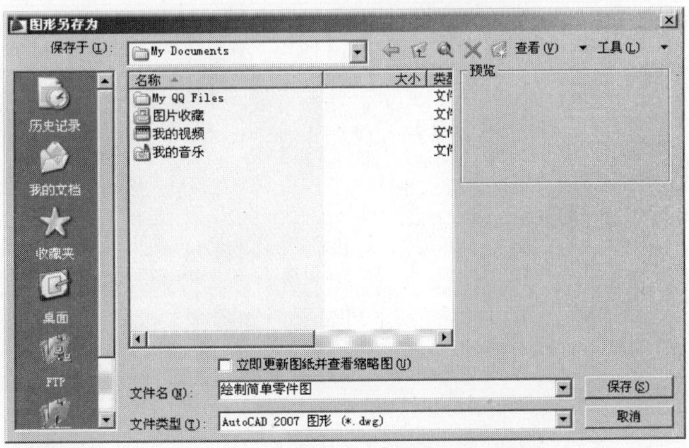

图 1-37　【图形另存为】对话框

⓫单击 保存(S) 按钮，即可将图形命名存储。

1.8 本章小结

本章在介绍 AutoCAD 2009 功能概念和系统配置的前提下，主要讲述了 AutoCAD 2009 的启动退出、软件的工作界面、文件的基础操作以及工作环境的基本设置等，并通过一个完整简单的实例，对本章知识进行了全面贯穿和综合巩固，引导用户亲自动手操作 AutoCAD 2009 图形设计软件，并掌握和体验一些最初级的软件操作技能。

通过本章的学习，能使初学者轻松掌握一些最基本的操作，真正步入 AutoCAD 软件的设计空间。下一章将通过众多典型的操作实例，具体讲解 AutoCAD 绘图必备的一些重要操作技能。

1.9 练习题

分别在多种工作空间中打开、固定、关闭【对象捕捉】工具栏。

第2章

点的精确定位与视图调整

本章主要学习点的精确输入、点的捕捉与追踪以及 AutoCAD 视图的实时调整与控制等功能。通过点的精确输入和捕捉、追踪功能，便于定位图形中的点，这正是精确画图的关键；通过视图的实时调整与控制功能，可以非常方便地放大或缩小视图，以利于观察和编辑视窗内的图形。

2.1 点的精确输入

AutoCAD 为用户提供了方便实用的点输入功能，以精确定位图形中的各点位置。有关点的精确输入功能主要分为“绝对坐标点的输入”和“相对极坐标点的精确输入”两大类，本节主要学习这两类输入法。

要绘制数据精确的图形，就必须要准确地定位点，而利用图形点的坐标功能，进行定位图形上的点，是一种最直接、最基本的点定位方式。在讲解点的坐标输入功能之前，首先简单了解一下常用的两种坐标系，即 WCS 和 UCS。

2.1.1 WCS 和 UCS

AutoCAD 默认坐标系为 WCS，即世界坐标系。此坐标系是 AutoCAD 的基本坐标系，它由 3 个相互垂直并相交的坐标轴 X、Y、Z 组成，X 轴正方向水平向右，Y 轴正方向垂直向上，Z 轴正方向垂直屏幕向外，指向用户，坐标原点在绘图区左下角，在二维图标上标有“W”，表明是世界坐标系，如图 2-1 所示。

为了更好地辅助绘图，用户需要修改坐标系的原点和方向，为此 AutoCAD 为用户提供了一种可变的 UCS 坐标系，即用户坐标系。在默认情况下，用户坐标系和世界坐标系是相重合的，用户也可以在绘图过程中根据需要来定义 UCS。

图 2-1　二维世界坐标系图标

2.1.2 绝对坐标点的输入

图形点的精确输入功能主要有“绝对坐标点的输入”和“相对坐标点的输入”两大类，其中，“绝对坐标点的输入”分为“绝对直角坐标点的输入”和“绝对极坐标点的输入”两种类型，具体如下。

1. 绝对直角坐标点的输入

绝对直角坐标是以原点（0, 0, 0）为参照点，进行定位所有的点。其表达式为 (x, y, z)，用户可以通过输入点的实际 x、y、z 坐标值来定义点的坐标。在如图 2-2 所示的坐标系中，B 点的 X 坐标值为 3（即该点在 X 轴上的垂足点到原点的距离为 3 个单位），Y 坐标值为 1（即该点在 Y 轴上的垂足点到原点的距离为 1 个单位），那么 B 点的绝对直角坐标表达式为（3, 1）。

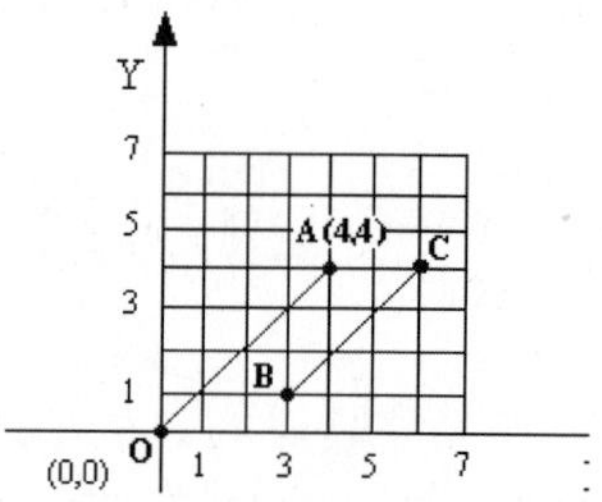

图 2-2 绝对坐标系的点

2. 绝对极坐标点的输入

绝对极坐标是以原点作为极点，通过相对于原点的极长和角度来定义点的。其表达式为（L<α）。在图 2-2 所示的坐标系中，假若直线 OA 的长度用 L 表示，直线 OA 与 X 轴正方向夹角用 α 表示，如果这两个参数都明确的话，就可以使用绝对极坐标来表示 A 点，即（L<α）。

2.1.3 相对坐标点的输入

“相对坐标点的输入”也分为两种，即“相对直角坐标点的输入”和“相对极坐标点的输入”。

1. 相对直角坐标点的输入

相对直角坐标就是某一点相对于对照点 X 轴、Y 轴和 Z 轴 3 个方向上的坐标变化。其表达式为（@x,y,z）。在实际绘图中常把上一点看作参照点，后续绘图操作是相对于前一点进行的。

例如在图 2-2 所示的坐标系中，C 点的绝对坐标为（6,4），如果以 A 点作为参照点，使用相对直角坐标表示 C 点，那么表达式则为（@6-4,4-4）=（@2,0）。

> **技巧**
>
> AutoCAD 为用户提供了一种变换相对坐标系的方法，只要在输入的坐标值前加“@”符号，就表示该坐标值是相对于前一点的相对坐标。

2. 相对极坐标点的输入

相对极坐标是通过相对于参照点的极长距离和偏移角度来表示的，其表达式为（@L<α），L 表示极长，α 表示角度。

例如在图 2-2 所示的坐标系中，如果以 A 点作为参照点，使用相对极坐标表示 C 点，那么表达式则为 (@2<0)，其中 2 表示 C 点和 A 点的极长距离为 2 个图形单位，偏移角度为 0º。

技巧

默认设置下，AutoCAD 是以 X 轴正方向作为 0° 的起始方向，逆时针方向计算的，如果在图 2-2 所示的坐标系中，以 C 点作为参照点，使用相对坐标表示 A 点，则为“@2<180”。

2.2 综合实例——使用坐标输入法绘图

以上主要讲述了绝对坐标和相对坐标点的精确输入功能，下面以绘制如图 2-3 所示的轮廓图，对点的输入功能进行练习和巩固。

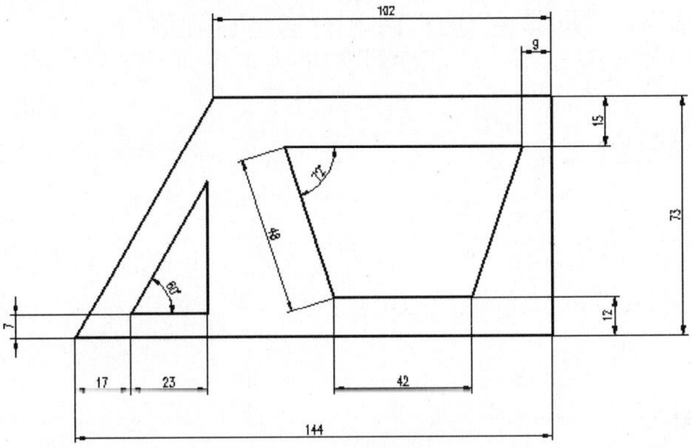

图 2-3　实例效果

具体操作步骤如下。

❶选择菜单【文件】|【新建】命令，然后在打开的【选择样板】对话框中单击打开(O)按钮，以图 2-4 所示的“无样板打开-公制”方式新建空白文件。

❷选择菜单【视图】|【平移】|【实时】命令，将坐标系图标进行平移，平移结果如图 2-5 所示。

图 2-4　【选择样板】对话框

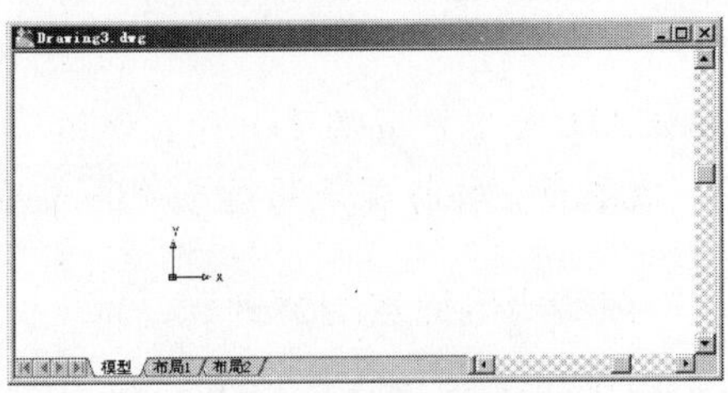

图 2-5　平移结果

❸按下 F12 功能键，关闭状态栏上的动态输入功能。

❹单击【绘图】工具栏上的按钮，激活【直线】命令，使用绝对极坐标点的定位功能绘制外框。命令行操作如下：

```
命令: _line
    指定第一点:                          //0,0 Enter，以原点作为起点
    指定下一点或 [放弃(U)]:              //144,0 Enter，输入第二点的绝对直角坐标
    指定下一点或 [放弃(U)]:              //144,730 Enter，输入第三点的绝对直角坐标
    指定下一点或 [闭合(C)/放弃(U)]:      //42,73 Enter，输入第四点的绝对直角坐标
    指定下一点或 [闭合(C)/放弃(U)]:
                                         //C Enter，激活【闭合】选项，绘制结果如图 2-6 所示
```

❺在命令行中输入“line”，按 Enter 键，重复执行【直线】命令，使用相对极坐标输入法绘制内部等腰三角形。命令行操作如下：

```
命令: _line                              // Enter，执行【直线】命令
    指定第一点:                          //40,7 Enter，定位起点
    指定下一点或 [放弃(U)]:              //@23<180 Enter，输入第二点相对极坐标
    指定下一点或 [放弃(U)]:              //@46<60 Enter，输入第三点相对极坐标
    指定下一点或 [闭合(C)/放弃(U)]:      //c Enter，闭合图形，结果如图 2-7 所示
```

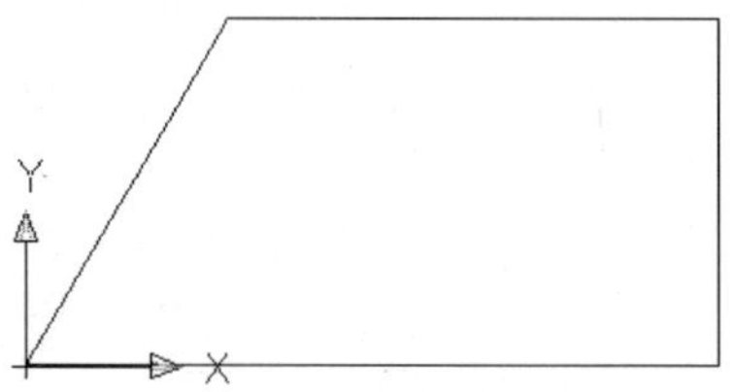

图 2-6　绘制外框

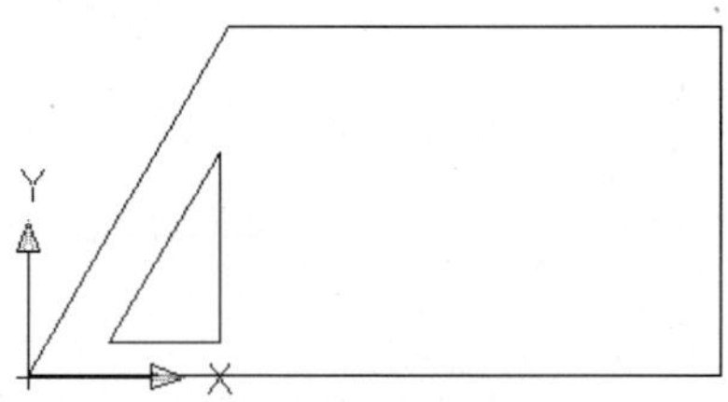

图 2-7　绘制三角形

❻重复执行【直线】命令，配合相对极坐标输入法绘制内部的等腰梯形。命令行操作如下：

```
命令: line                                  // Enter，激活【直线】命令
    指定第一点:                             //135,58 Enter，定位起点
    指定下一点或 [放弃(U)]:                 //@48<-108 Enter，输入第二点相对极坐标
    指定下一点或 [放弃(U)]:                 //@-42,0 Enter，输入第三点绝对极坐标
    指定下一点或 [闭合(C)/放弃(U)]:         //@@48<108 Enter，输入第四点相对极坐标
    指定下一点或 [闭合(C)/放弃(U)]:         //c Enter，闭合图形，结果如图 2-8 所示
```

❼按 Ctrl+S 组合键，激活【保存】命令，将图形命名存储为“使用坐标输入法绘图.dwg”。

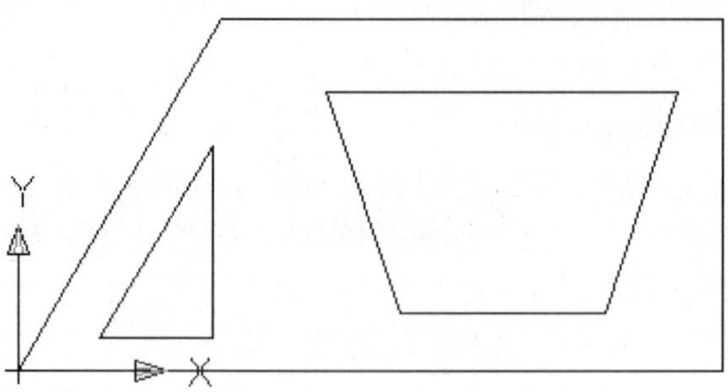

图 2-8　绘制梯形

技巧

当结束某个命令时，按 Enter 键，可以重复执行该命令。另外，用户也可以在绘图区右击，从弹出的快捷菜单中选择刚执行过的命令。

2.3 点的精确捕捉

除了点的坐标输入功能外，AutoCAD 还为用户提供了点的捕捉和追踪功能，具体有“步长捕捉”、“对象捕捉”和“精确追踪”等。这些功能都是辅助绘图工具，其工具按钮都位于状态栏上，如图 2-9 所示。运用这些功能可以快速、准确、高精度绘制图形，大大提高绘图的精确度。

图 2-9 捕捉追踪的两种显示状态

本小节将学习点的精确捕捉功能，具体有【捕捉】、【栅格】和【对象捕捉】等。

2.3.1 捕捉

所谓“捕捉”，指的就是强制性的控制十字光标，使其根据定义的 X、Y 轴方向的固定距离（即步长）进行跳动，从而精确定位点。

【捕捉】功能主要有以下 3 种启动方式。

- 状态栏：单击状态栏上的按钮或捕捉按钮（或在此按钮上右击，选择快捷菜单上的【启用】命令）。
- 功能键：F9。
- 菜单栏：选择菜单【工具】|【草图设置】命令，在打开的对话框中展开【捕捉和栅格】选项卡，然后勾选【启用捕捉】复选框。

例如，将 X 轴的步长设置为 20，将 Y 轴方向上的步长设置为 30，那么光标每水平跳动一次，则走过 20 个单位的距离；每垂直跳动一次，则走过 30 个单位的距离；如果连续跳动，则走过的距离则是步长的整数倍。

下面通过将 X 轴方向上的步长设置为 20、Y 方向上的步长设置为 30，学习“步长捕捉”功能的参数设置和启用操作。

❶在状态栏的捕捉按钮上右击，选择【设置】命令，打开如图 2-10 所示的【草图设置】对话框。

❷在对话框中勾选【启用捕捉】复选框，即可打开捕捉功能。

❸在【捕捉 X 轴间距】文本框中输入数值 20，将 X 轴方向上的捕捉间距设置为 20。

❹取消【X 和 Y 间距相等】复选框的选取，然后在【捕捉 Y 轴间距】文本框中输入数值（如 30），将 Y 轴方向上的捕捉间距设置为 30。

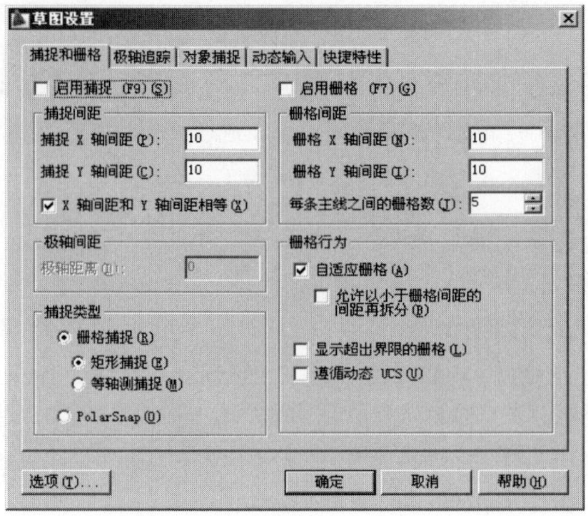

图 2-10 【草图设置】对话框

❺单击 确定 按钮，完成捕捉参数的设置。

技巧

【捕捉类型】选项组用于设置捕捉的类型，建议使用系统默认设置。

2.3.2 栅格

【栅格】功能主要以栅格点的形式直观显示作图区域，给用户提供直观的距离和位置参照，如图 2-11 所示。

【栅格】功能主要有以下 4 种启动方式。

- 状态栏：单击状态栏上的▦按钮或栅格按钮（或在此按钮上右击，选择快捷菜单上的【启用】命令。
- 功能键：F7。
- 组合键：Ctrl+G。
- 选择菜单【工具】|【草图设置】命令，在打开的对话框中展开【捕捉和栅格】选项卡，然后勾选【启用栅格】复选框，如图 2-12 所示。

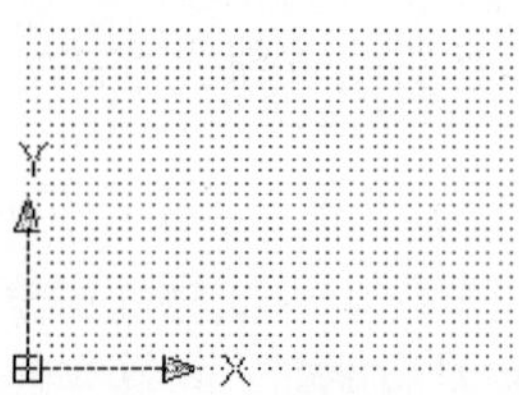

图 2-11 栅格示例

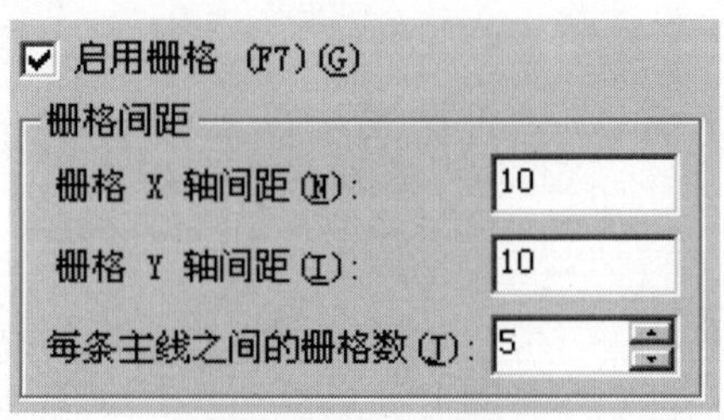

图 2-12 启用栅格

栅格点是一些虚拟的参照点，它不是一些真正存在的对象点，它仅仅显示在图形界限内，只作为绘图的辅助工具出现，不是图形的一部分，也不会被打印输出。另外，栅格点之间的距离可以随意调整，如果用户使用“步长捕捉”功能绘图时，最好是按照 X、Y 轴方向的捕捉间距进行设置栅格点间距。

技巧

如果激活了【栅格】功能后，绘图区没有显示出栅格点，这是因为当前图形界限太大，导致栅格点太密的缘故，需要修改栅格点之间的距离。

2.3.3　对象捕捉

AutoCAD 为用户提供了 13 种对象捕捉功能，如图 2-13 所示。使用这些捕捉功能可以非常方便精确地将光标定位到图形的特征点上，如直线的端点、中点；圆的圆心和象限点等。在所需捕捉模式上单击，即可开启该种捕捉模式。

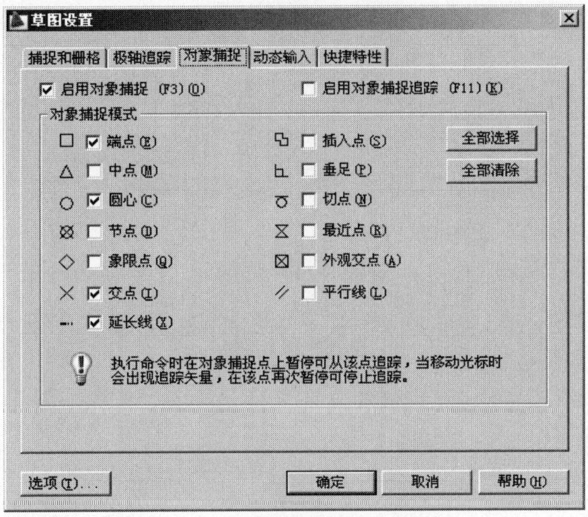

图 2-13　【草图设置】对话框

技巧

在【草图设置】对话框中一旦设置了某种捕捉模式后，系统将一直保持着这种捕捉模式，只到用户取消为止。因此，此对话框中的捕捉常被称为“自动捕捉”。在设置对象捕捉功能时，不要全部开启各捕捉功能，这样会起到相反的作用。

1.【对象捕捉】功能的启动

【对象捕捉】功能的启动主要有以下 3 种方式。

- 状态栏：单击状态栏上的□按钮或对象捕捉按钮（或在此按钮上右击，选择快捷菜单上的【启用】命令。
- 功能键：F3。
- 菜单栏：选择菜单【工具】|【草图设置】命令，在打开的对话框中展开【对象捕捉】选项卡，然后勾选【启用对象捕捉】复选框。

为了方便绘图，AutoCAD 为这 13 种对象捕捉提供了“临时捕捉”功能，所谓“临时捕捉”，指的就是激活一次功能后，系统仅能捕捉一次；如果需要反复捕捉点，则需要多次激活该功能。这些临时捕捉功能位于如图 2-14 所示【对象捕捉】工具栏和图 2-15 所示的临时捕捉菜单上，按住 Shift 或 Ctrl 键，然后单击鼠标右键，即可打开此临时捕捉菜单。

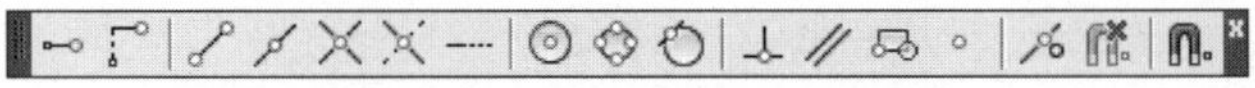

图 2-14 【对象捕捉】工具栏

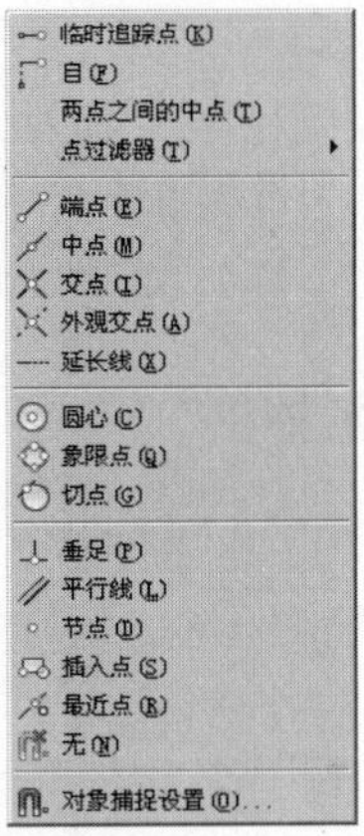

图 2-15 临时捕捉菜单

2．13 **种捕捉功能的含义与功能**

- 端点捕捉。此种捕捉功能用于捕捉图形的端点。比如线段的端点，矩形、多边形的角点等。激活此功能后，在命令行“指定点：”提示下将光标放在对象上，系统将在距离光标最近位置处显示出端点标记符号，如图 2-16 所示。此时单击左键即可捕捉到该端点。
- 中点捕捉。此功能用于捕捉线、弧等对象的中点。激活此功能后，在命令行“指定点：”提示下将光标放在对象上，系统在中点处显示出中点标记符号，如图 2-17 所示。此时单击左键即可捕捉到该中点。

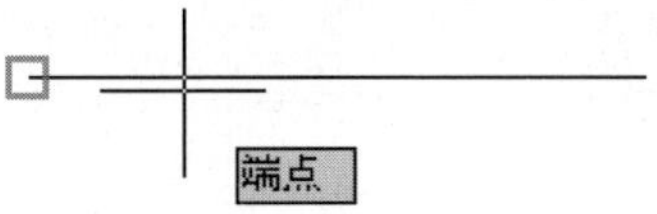

图 2-16 端点捕捉

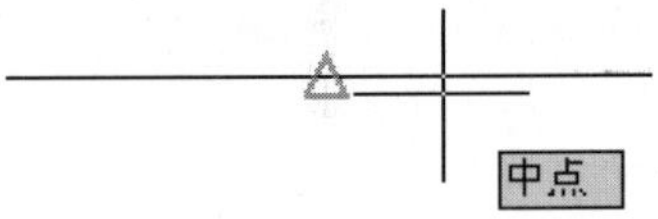

图 2-17 中点捕捉标记

- 交点捕捉。此功能用于捕捉对象之间的交点。激活此功能后，在命令行“指定点：”提示下将光标放在对象的交点处，系统显示出交点标记符号，如图 2-18 所示。此时单击左键即可捕捉到该交点。

技巧

如果捕捉对象延长线的交点，那么需要先将光标放在其中的一个对象上单击，拾取该延伸对象，如图 2-19 所示。然后再将光标放在另一个对象上，系统将自动在延伸交点处显示出交点标记符号，如图 2-20 所示。此时单击左键即可精确捕捉到对象延长线的交点。

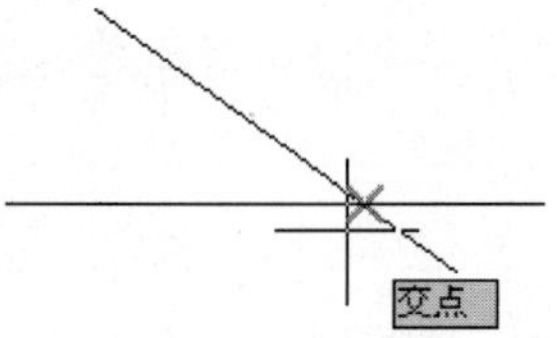

图 2-18 交点捕捉

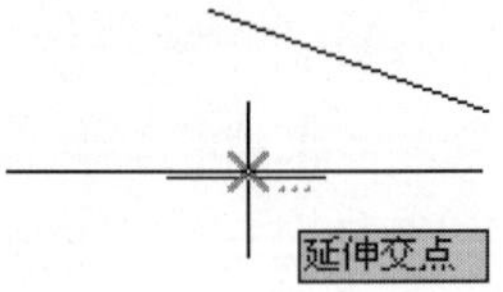

图 2-19 拾取延伸对象

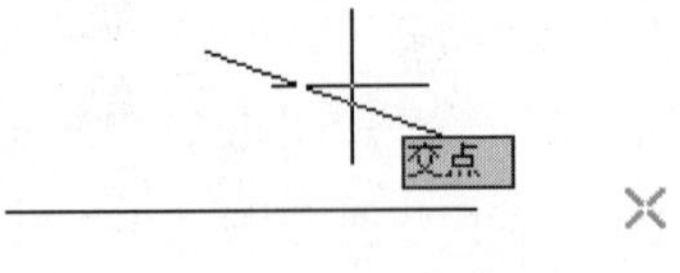

图 2-20 捕捉延长线交点

- 外观交点。此功能主要用于捕捉三维空间内，对象在当前坐标系平面内投影的交点。

- 延长线捕捉。此功能用于捕捉对象延长线上的点。激活该功能后，在命令行“指定点:”提示下将光标放在对象的末端稍作停留，然后沿着延长线方向移动光标，系统会在延长线处引出一条追踪虚线，如图 2-21 所示。此时单击左键，或输入距离值，即可在对象延长线上精确定位点。

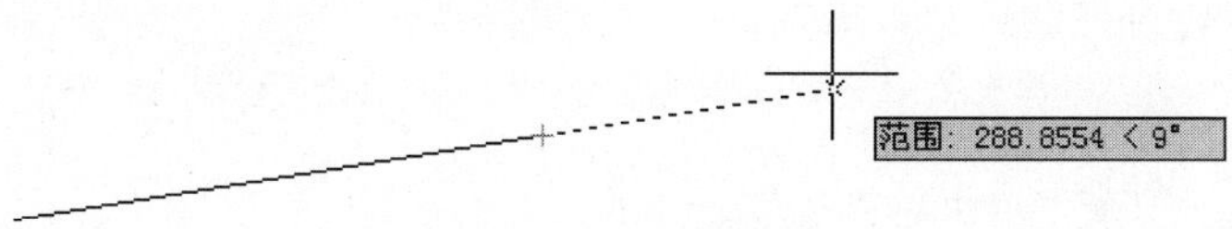

图 2-21　延长线捕捉

- 圆心捕捉。此功能用于捕捉圆、弧或圆环的圆心。激活该功能后，在命令行“指定点:”提示下将光标放在圆或弧等的边缘上，也可直接放在圆心位置上，系统在圆心处显示出圆心标记符号，如图 2-22 所示。此时单击左键即可捕捉到圆心。
- 象限点捕捉。此功能用于捕捉圆或弧的象限点。激活该功能后，在命令行“指定点:”提示下先将标放在圆的象限点位置上，系统会显示出象限点捕捉标记，如图 2-23 所示。此时单击左键即可捕捉到该象限点。

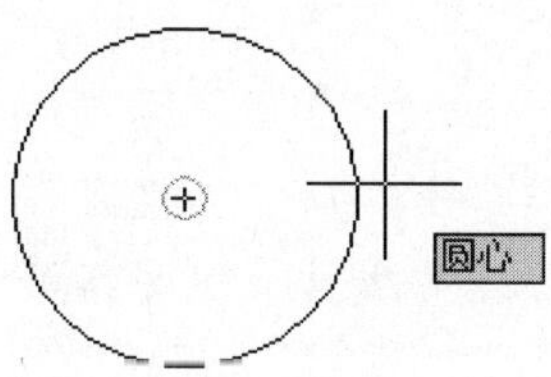

图 2-22　圆心捕捉

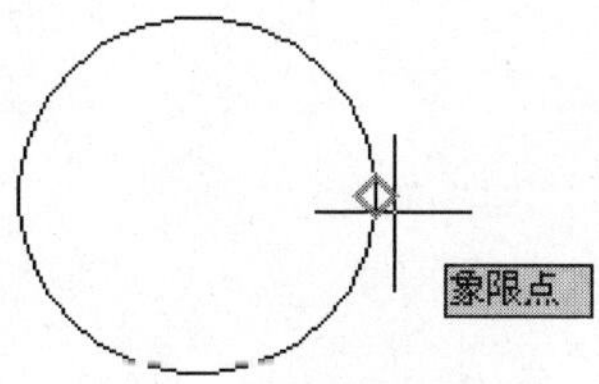

图 2-23　象限点捕捉

- 切点捕捉。此功能用于捕捉圆或弧的切点，绘制切线。激活该功能后，在命令行“指定点:”提示下将光标放在圆或弧的边缘上，系统会在切点处显示出切点标记符号，如图 2-24 所示。此时单击左键即可捕捉到切点，绘制出对象的切线，如图 2-25 所示。

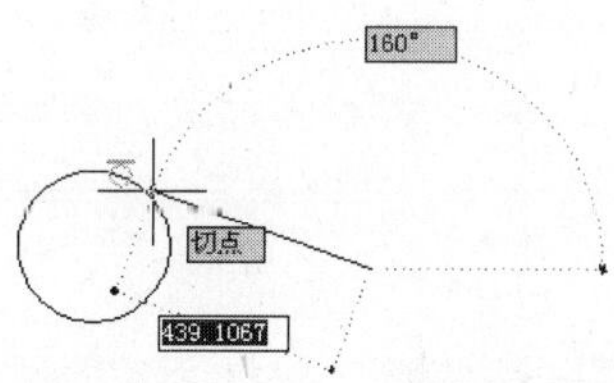

图 2-24　切点捕捉

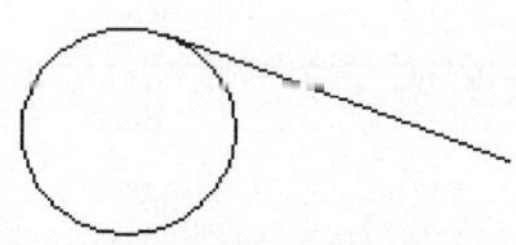

图 2-25　绘制切线

- 垂足捕捉。此功能常用于捕捉对象的垂足点，绘制对象的垂线。激活该功能后，在命令行“指定点:”提示下将光标放在对象边缘上，系统会在垂足点处显示出垂足标记符号，如图 2-26 所示。此时单击左键即可捕捉到垂足点，绘制对象的垂线，如图 2-27 所示。

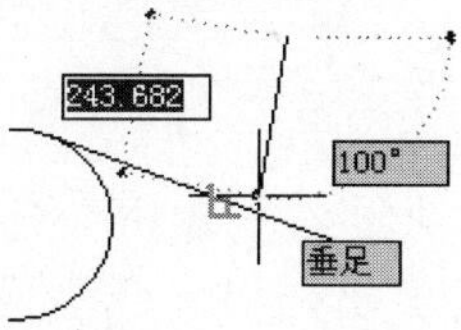

图 2-26　垂足点捕捉

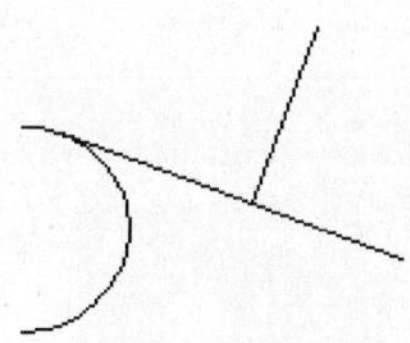

图 2-27　绘制垂线

- 平行线捕捉。此功能常用于绘制线段的平行线。激活该功能后，在命令行“指定点:”提示下把光标放在已知线段上，此时会出现一平行的标记符号，如图 2-28 所示。移动光标，系统会在平行位置处出现一条向两方无限延伸的追踪虚线，如图 2-29 所示。单击左键即可绘制出与拾取对象相互平行的线，如图 2-30 所示。

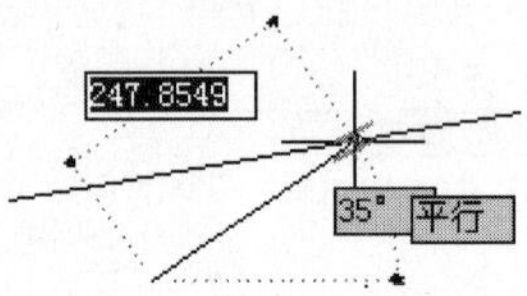

图 2-28　平行标记

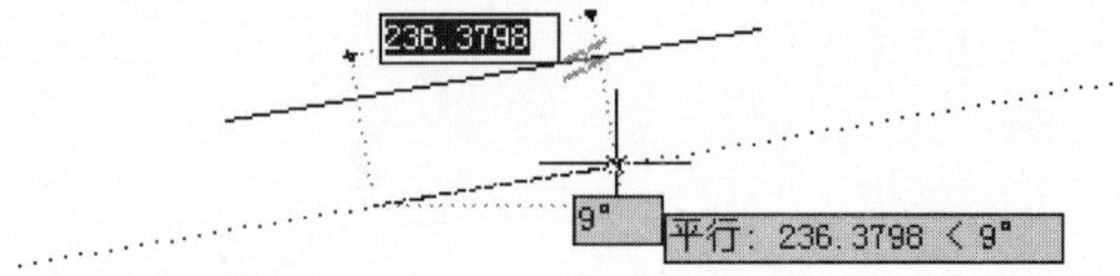

图 2-29　引出平行追踪线

- 节点捕捉。此功能用于捕捉使用【点】命令绘制的点对象。使用时需将拾取框放在节点上，系统会显示出节点的标记符号，如图 2-31 所示。单击左键即可拾取该点。

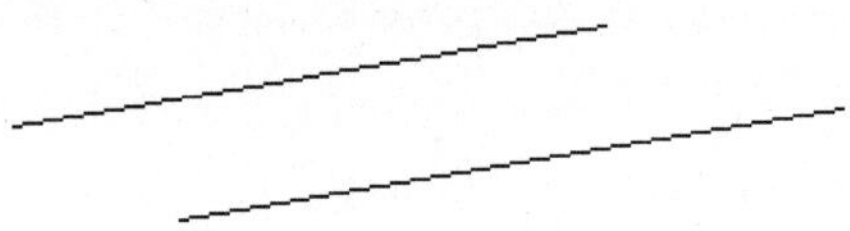

图 2-30　绘制平行线

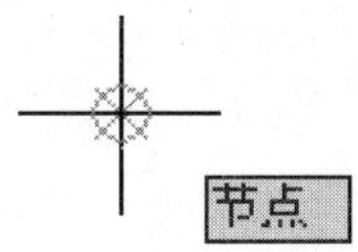

图 2-31　节点捕捉

- 插入点捕捉。此种捕捉方式用来捕捉块、文字、属性或属性定义等的插入点，如图 2-32 所示。
- 最近点捕捉。此种捕捉方式用来捕捉光标距离对象最近的点，如图 2-33 所示。

图 2-32　插入点捕捉

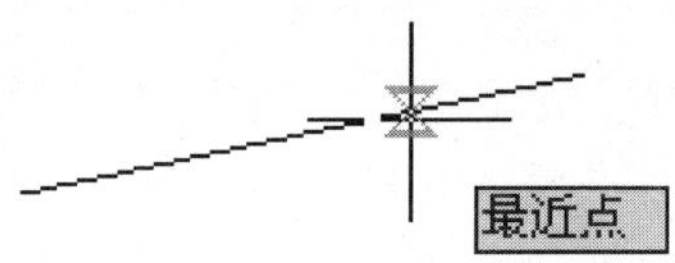

图 2-33　最近点捕捉

2.4 点的精确追踪

使用【对象捕捉】功能只能捕捉对象上的特征点，如果需要捕捉特征点之外的目标点，则可以使用 AutoCAD 的追踪功能。常用的追踪功能有【正交追踪】、【极轴追踪】、【对象追踪】和【捕捉自】。

2.4.1 正交追踪

【正交追踪】功能用于将光标强行控制在水平或垂直方向上，以便绘制水平和垂直的线段。

【正交追踪】功能主要有以下 3 种启动方式。

- 状态栏：单击状态栏上的按钮或正交按钮（或在此按钮上右击，选择快捷菜单上的【启用】命令。
- 快捷键 F8。

- 命令行：在命令行中输入 Ortho 并按 Enter 键。

下面通过绘制如图 2-34 所示的图形，学习【正交追踪】功能使用方法和操作技巧。

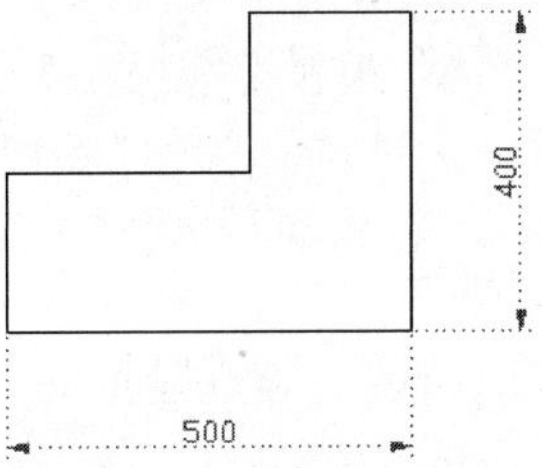

图 2-34 绘制效果

具体操作步骤如下。

❶新建文件。

❷按 F8 功能键，激活【正交】功能。

❸选择菜单【绘图】|【直线】命令，配合【正交】功能精确绘图。命令行操作如下：

```
命令: _line
    指定第一点:                          //在绘图区拾取一点作为起点
    指定下一点或 [放弃(U)]:               //向右引导光标，输入 5000 Enter
    指定下一点或 [放弃(U)]:               //向上引导光标，输入 400 Enter
    指定下一点或 [闭合(C)/放弃(U)]:        //向左引导光标，输入 200 Enter
    指定下一点或 [闭合(C)/放弃(U)]:        //向下引导光标，输入 200 Enter
    指定下一点或 [闭合(C)/放弃(U)]:        //向左引导光标，输入 300 Enter
    指定下一点或 [闭合(C)/放弃(U)]:        // c Enter，闭合图形
```

2.4.2 极轴追踪

所谓“极轴追踪”，指的就是根据当前设置的追踪角度，引出相应的极轴追踪虚线，进行追踪定位目标点，如图 2-35 所示。

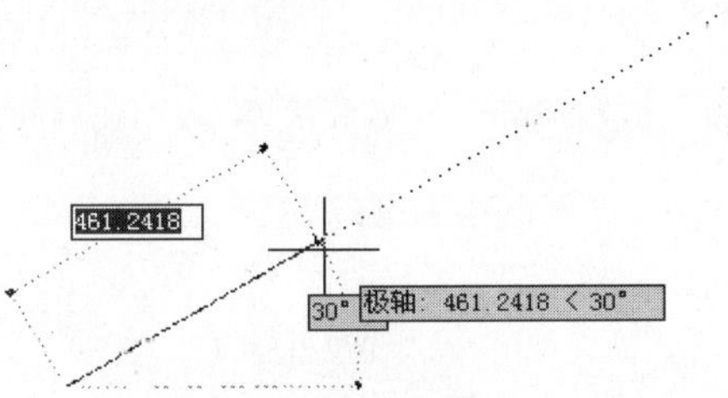

图 2-35 极轴追踪示例

【极轴追踪】功能有以下 3 种启动方式。

- 状态栏：单击状态栏上的 ⊙ 按钮或 极轴 按钮（或在此按钮上右击，选择快捷菜单上的【启用】命令。
- 功能键：F10。
- 菜单栏：选择菜单【工具】|【草图设置】命令，在打开的对话框中展开【极轴追踪】选项卡，勾选【启用极轴追踪】复选框，如图 2-36 所示。

下面通过绘制长度为 240、角度为 45° 的倾斜线段为例，学习极轴追踪的参数设置以及使用技巧。

具体操作步骤如下。

❶新建空白文件。

❷在状态栏上的 极轴 按钮上右击，在弹出的快捷菜单中选择【设置】命令，打开图 2-36 所示的对话框。

❸勾选【草图设置】对话框中的【启用极轴追踪】复选框，打开【极轴追踪】功能。

❹单击【增量角】列表框，在展开的下拉列表框中选择为“45”，如图 2-37 所示。将当前的追踪角设置为 45º。

技巧

在【极轴角设置】选项组中的【增量角】下拉列表框内，系统提供了多种增量角，例如 90º、60º、45º、30º、22.5º、18º、15º、10º、5º等，用户可以从中选择一个角度值作为增量角。

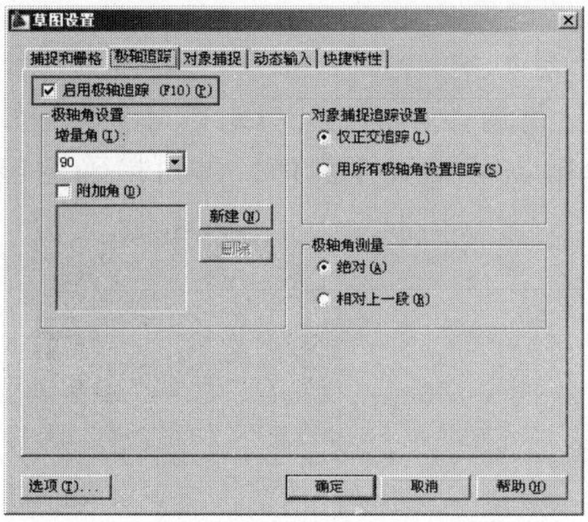

图 2-36 【极轴追踪】选项卡

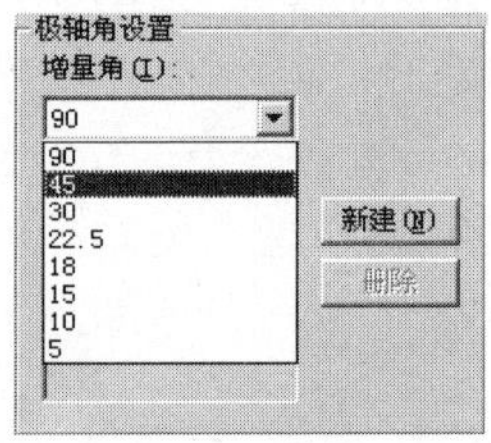

图 2-37 设置追踪角

❺单击 确定 按钮关闭对话框，完成角度跟踪设置。

❻选择菜单【绘图】|【直线】命令，配合【极轴追踪】功能绘制长度斜线段。命令行操作如下：

```
命令: _line
    指定第一点:                    //在绘图区拾取一点作为起点
    指定下一点或 [放弃(U)]:        //在 45° 方向上引出如图 2-38 所示的极轴追踪虚线，然后
                                    输入 240 Enter
    指定下一点或 [放弃(U)]:        // Enter，绘制结果如图 2-39 所示
```

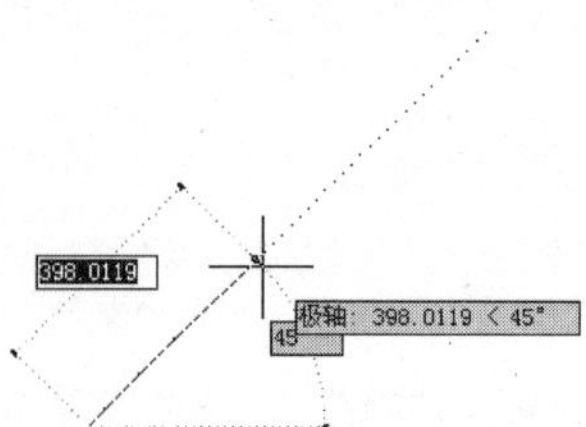

图 2-38 引出 45° 极轴矢量

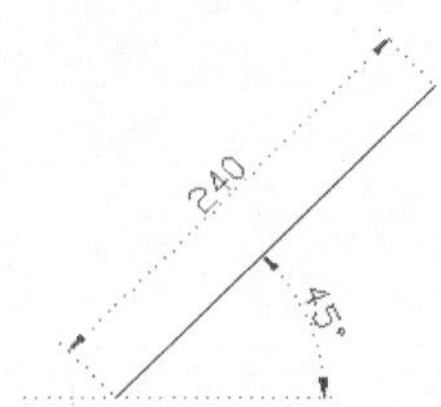

图 2-39 绘制结果

技巧

AutoCAD 不但可以在增量角方向上出现极轴追踪虚线，还可以在增量角的倍数方向上出现极轴追踪虚线。

如果要选择预设值以外的角度增量值，需事先勾选【附加角】复选框，然后单击

新建(N) 按钮，创建一个附加角，如图 2-40 所示，系统就会以所设置的附加角进行追踪。另外，如果要删除一个角度值，在选取该角度值后单击 删除 按钮即可。另外，只能删除用户自定义的附加角，而系统预设的增量角不能被删除。

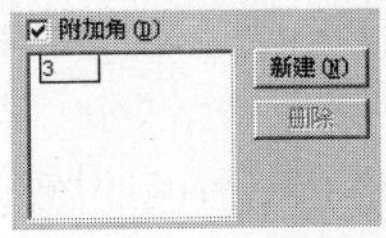

图 2-40　创建 3° 的附加角

技巧

【正交追踪】与【极轴追踪】功能不能同时打开，因为前者是使光标限制在水平或垂直轴上，而后者则可以追踪任意方向矢量。

2.4.3　对象追踪

所谓“对象追踪”，指的是以对象上的某些特征点作为追踪点，引出向两端无限延伸的对象追踪虚线，如图 2-41 所示。在此追踪虚线上拾取点或输入距离值，即可精确定位到目标点。

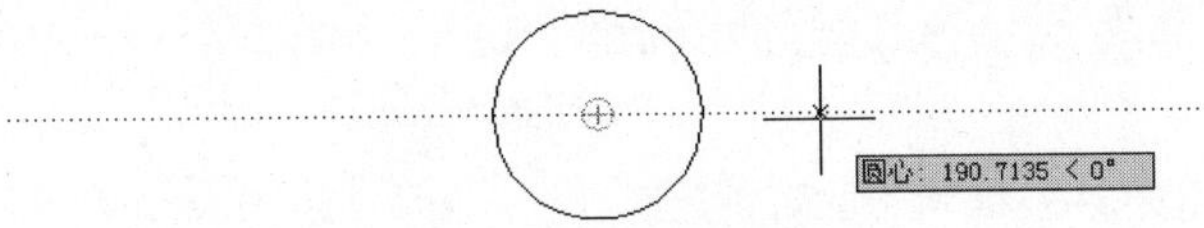

图 2-41　对象追踪虚线

【对象追踪】功能的启动主要有以下 3 种方式。

- 状态栏：单击状态栏上的∠按钮或对象追踪按钮（或在此按钮上右击，选择快捷菜单上的【启用】命令。
- 功能键：F11。
- 菜单栏：选择菜单【工具】|【草图设置】命令，在打开的对话框中展开【对象捕捉】选项卡，勾选【启用对象捕捉追踪】复选框，如图 2-42 所示。

【对象追踪】功能只有在【对象捕捉】和【对象追踪】同时打开的情况下才可使用，而且只能追踪对象捕捉类型里设置的自动对象捕捉点。下面通过绘制如图 2-43 所示的图形，学习【对象捕捉追踪】功能的参数设置和具体的使用技巧。

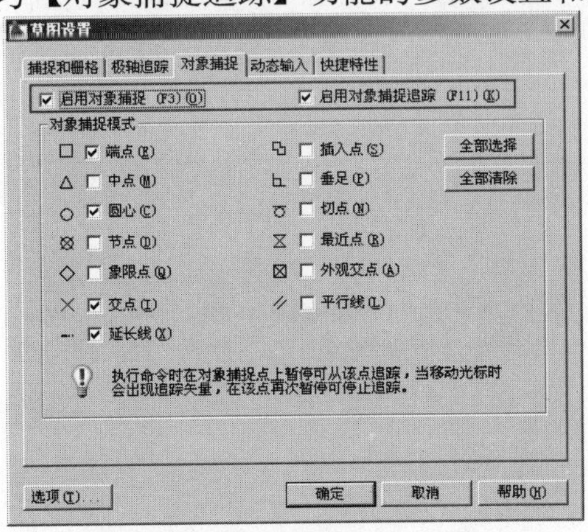

图 2-42　【草图设置】对话框

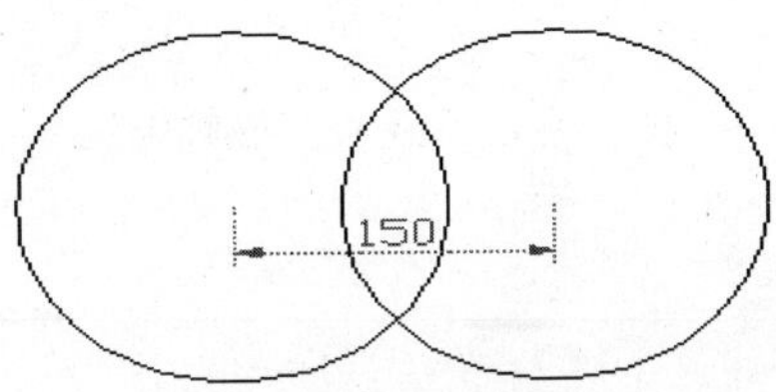

图 2-43　绘制效果

具体操作步骤如下。

❶新建空白文件。

❷在状态栏的对象追踪按钮上右击，选择快捷菜单中的【设置】命令，打开【草图设置】对话框。

❸在【草图设置】对话框中，分别勾选【启用对象捕捉】和【启用对象捕捉追踪】复选框。

❹在【对象捕捉模式】选项组中勾选所需要的对象捕捉模式，如圆心捕捉。

❺单击 确定 按钮完成参数的设置。

❻选择菜单【绘图】|【圆】|【圆心、半径】命令，配合圆心捕捉和捕捉追踪功能绘制相交圆。命令行操作如下：

命令: _circle

指定圆的圆心或 [三点(3P)/两点(2P)/切点、切点、半径(T)]:

//在绘图区拾取一点作为圆心

指定圆的半径或 [直径(D)] <100.0000>: //100 Enter，绘制半径为 100 的圆

命令: _circle // Enter，重复画圆命令

指定圆的圆心或 [三点(3P)/两点(2P)/切点、切点、半径(T)]:

//将光标放在圆心处，系统自动拾取圆心作为对象追踪点，然后水平向右引出如图 2-44 所示的对象追踪虚线，输入 150 Enter，定位下一个圆的圆心

指定圆的半径或 [直径(D)] <100.0000>:

// Enter，结束命令，绘制结果如图 2-45 所示

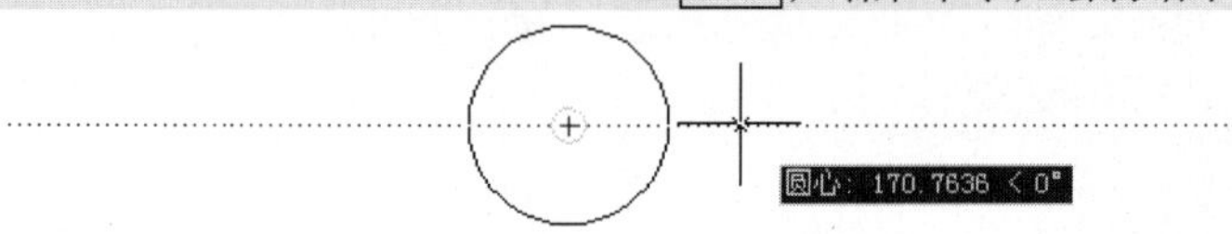

图 2-44 圆心追踪

在默认设置下，系统仅以水平或垂直的方向进行追踪点，如果用户需要按照某一角度进行追踪点，可以在【极轴追踪】选项卡中设置追踪的样式，如图 2-46 所示。

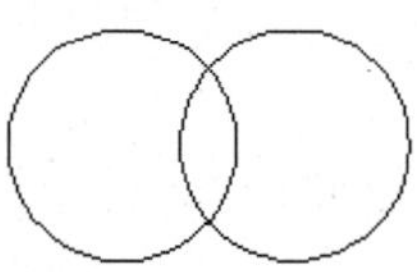

图 2-45 绘制效果

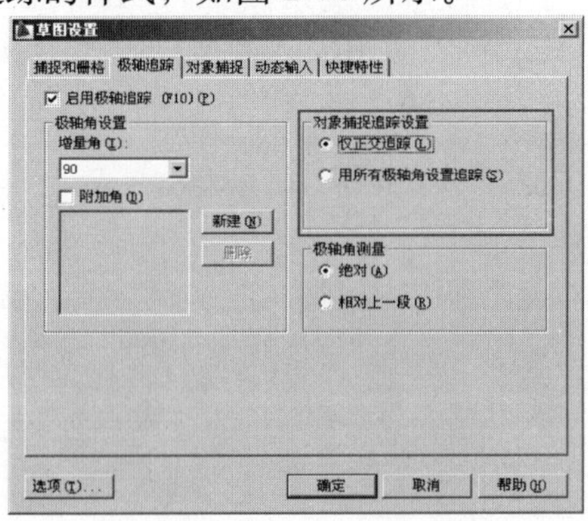

图 2-46 设置对象追踪样式

技巧

【仅正交追踪】选项与当前极轴角无关，它仅水平或垂直的追踪对象，即在水平或垂直方向出现向两方无限延伸的对象追踪虚线；而【用所有极轴角设置追踪】选项是根据当前所设置的极轴角及极轴角的倍数出现对象追踪虚线，用户可以根据需要进行取舍。

2.4.4 捕捉自

【捕捉自】功能是借助捕捉和相对坐标定义窗口中相对于某一捕捉点的另外一点。使用【捕捉自】功能时需要先捕捉对象特征点作为目标点的偏移基点，然后再输入目标点的坐标值。

【捕捉自】功能的启动主要有以下 3 种方式。

- 工具栏：单击【对象捕捉】工具栏上的按钮。
- 命令行：在命令行中输入 From 并按 Enter 键。
- 临时捕捉：按住 Ctrl 或 Shift 键单击右键，选择快捷菜单中的【自】命令。

2.5 视窗的实时调整

AutoCAD 为用户提供了众多的视窗调整功能，这些功能菜单如图 2-47 所示，其工具栏如图 2-48 所示。使用这些视图调整工具，用户可以随意调整图形在当前视窗的显示，以方便用户观察、编辑视窗内的图形细节或图形全貌。

图 2-47 缩放菜单

图 2-48 【缩放】工具栏

2.5.1 视窗平移

由于屏幕窗口有限，有时绘制的图形并不能完全显示在屏幕窗口内，此时使用【实时平移】工具，对视图进行适当的平移，就可以显示出屏幕外被遮挡的图形。

此工具可以按照用户的意向进行平移视窗，激活该工具后，光标变为形状，此时可以按住左键向需要的方向进行平移，而且在任何时候都可以按 Enter 键或 Esc 键结束命令。

2.5.2 实时缩放

【实时缩放】工具是一个简捷实用的视图缩放工具，使用此工具可以实时放大或缩小视图。

执行此功能后，屏幕上将出现一个放大镜形状的光标，此时便进入了实时缩放状态，按住左键向下拖动鼠标，则可缩小视图；向上拖动鼠标，则可放大视图。

2.5.3 视窗缩放

1.【窗口缩放】

所谓“窗口缩放”，指的是在需要缩放显示的区域内拉出一个矩形框，将位于框内的图形放大显示在视窗内。

技巧

当选择框的宽高比与绘图区的宽高比不同时，AutoCAD 将使用选择框宽与高中相对当前视图放大倍数的较小者，以确保所选区域都能显示在视图中。

2.【动态缩放】

所谓“动态缩放”，指的就是动态地浏览和缩放视窗，此功能常用于观察和缩放比例较大的图形。

3.【比例缩放】

所谓“比例缩放”，指的是按照输入的比例参数进行调整视图，视图被比例调整后，中心点保持不变。在输入比例参数时，有以下 3 种情况。

- 第一种情况就是直接在命令行中输入数字，表示相对于图形界限的倍数。
- 第二种情况就是在输入的数字后加 X，表示相对于当前视图的缩放倍数。
- 第三种情况是在输入的数字后加字母 XP，表示系统将根据图纸空间单位确定缩放比例。

4.【中心缩放】

所谓“中心缩放”，指的是根据所确定的中心点进行调整视图。当激活该功能后，用户可直接用鼠标在屏幕上选择一个点作为新的视图中心点，确定中心点后，AutoCAD 要求用户输入放大系数或新视图的高度，具体有以下两种情况。

- 第一，直接在命令行中输入一个数值，系统将以此数值作为新视图的高度，进行调整视图。
- 第二，如果在输入的数值后加一个 X，则系统将其看作视图的缩放倍数。

5.【缩放对象】

所谓“缩放对象”，指的是最大限度地显示当前视图内选择的图形，使用此功能可以缩放单个对象，也可以缩放多个对象。

6.【放大】和【缩小】

前一功能用于将视窗放大一倍显示，后者用于将视窗缩小一倍显示。连续单击按钮，可以成倍放大或缩小视窗。

7.【全部缩放】

所谓“全部缩放”，指的是按照图形界限或图形范围的尺寸，在绘图区域内显示图形。

图形界限与图形范围中哪个尺寸大，便由哪个决定图形显示的尺寸。

8.【范围缩放】

所谓“范围缩放”，指的是将所有图形全部显示在屏幕上，并最大限度地充满整个屏幕。此种选择方式与图形界限无关。

2.5.4 视窗的恢复

当用户在对视窗进行调整之后，以前视窗的显示状态会被 AutoCAD 自动保存起来，使用软件中的【缩放上一个】功能可以恢复上一个视窗的显示状态，如果用户连续单击该工具按钮，系统将连续恢复视窗，直至退回到前 10 个视图。

2.6 综合实例——使用点的定位功能绘图

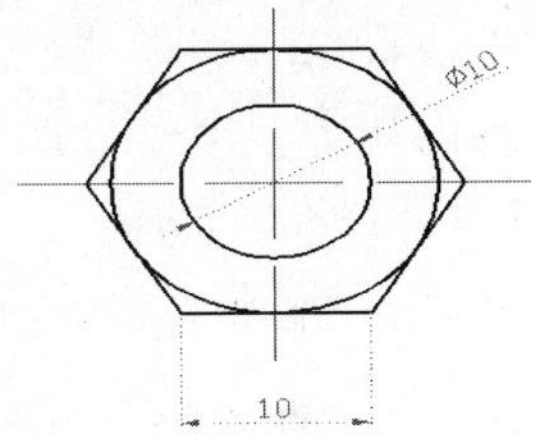

图 2-49 六角螺母效果

通过上述各节的详细讲述，相信用户对各种基本操作功能有了一定的理解和掌握。下面以绘制六角螺母的俯视图为例，对重点知识进行综合练习和巩固。六角螺母的绘制效果如图 2-49 所示。

具体操作步骤如下。

❶选择菜单【文件】|【新建】命令，创建一张空白图形的文件。

❷选择菜单【格式】|【图形界限】命令，将当前作图范围设置为 30×30。命令行操作如下：

```
命令: _limits
    重新设置模型空间界限:
    指定左下角点或 [开(ON)/关(OFF)] <0.0000,0.0000>:        // Enter，采用当前设置
    指定右上角点 <20.0000,20.0000>:                         //30,30 Enter
```

❸选择菜单【视图】|【缩放】|【全部】命令，将图形界限最大化显示。

❹选择菜单【工具】|【草图设置】命令，在弹出的【草图设置】对话框中启用捕捉与追踪功能，同时设置对象的捕捉模式为端点捕捉、中点捕捉和圆心捕捉。

❺选择菜单【格式】|【线宽】命令，打开【线宽设置】对话框，将当前线宽设置为 0.30mm，同时打开线宽的显示功能，如图 2-51 所示。

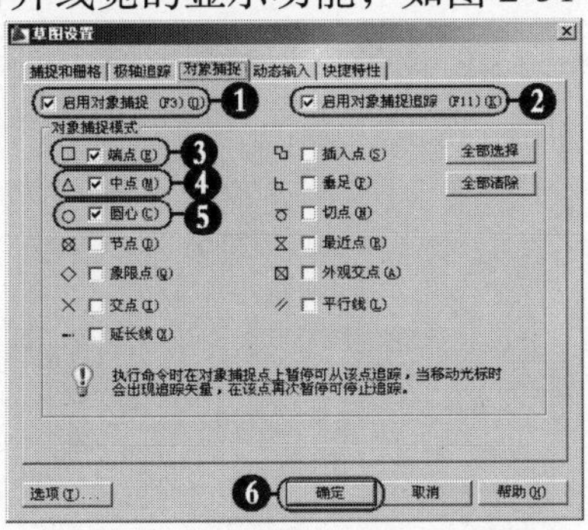

图 2-50 【草图设置】对话框

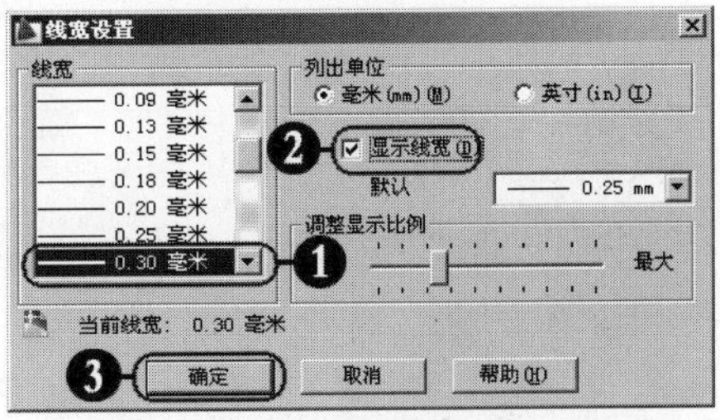

图 2-51 【线宽设置】对话框

⑥选择菜单【绘图】|【直线】命令，配合点的坐标输入功能绘制外侧的六边形轮廓。命令行操作如下：

```
命令: _line
    指定第一点:                              //在适当位置拾取一点作为起点
    指定下一点或 [放弃(U)]:                  //@10,0 Enter
    指定下一点或 [放弃(U)]:                  //@10<60 Enter
    指定下一点或 [闭合(C)/放弃(U)]:          //@10<120 Enter
    指定下一点或 [闭合(C)/放弃(U)]:          //@-10,0 Enter
    指定下一点或 [闭合(C)/放弃(U)]:          //@10<240 Enter
    指定下一点或 [闭合(C)/放弃(U)]:          //c Enter，闭合图形，绘制结果如图 2-52 所示
```

⑦选择菜单【绘图】|【圆】|【圆心、半径】命令，配合点的捕捉追踪功能绘制六边形的内切圆。命令行操作如下：

```
命令: _circle
    指定圆的圆心或 [三点(3P)/两点(2P)/切点、切点、半径(T)]:
                           //引出图 2-53 所示的两条中点追踪虚线，捕捉追踪虚线交点作
                           为圆心
    指定圆的半径或 [直径(D)]:  //捕捉图 2-54 所示的中点，结果如图 2-55 所示
```

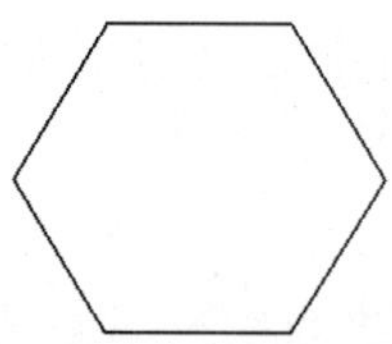

图 2-52　绘制结果

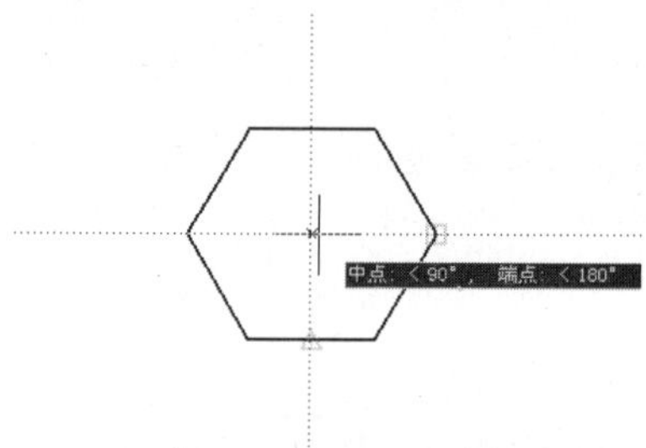

图 2-53　捕捉追踪虚线交点

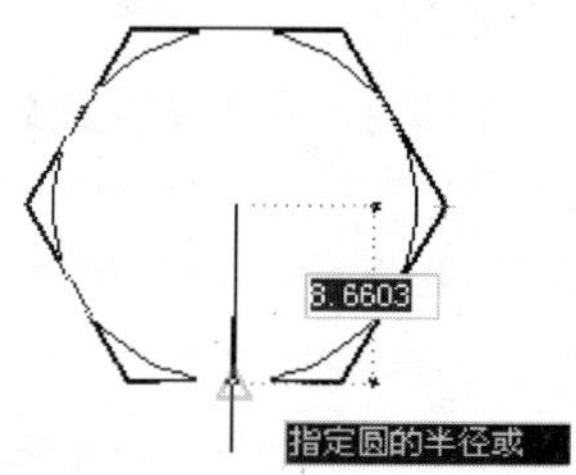

图 2-54　捕捉中点

⑧按 Enter 键，重复执行画圆命令，绘制内部直径为 10 的小圆。其命令行操作如下：

```
命令: _circle                                   // Enter，重复执行画圆命令
    指定圆的圆心或 [三点(3P)/两点(2P)/切点、切点、半径(T)]:
                                                //捕捉如图 2-56 所示的圆心
    指定圆的半径或 [直径(D)] <8.6603>:          //d Enter
    指定圆的直径 <17.3205>:                     //10 Enter，输入圆的直径，绘制结果如图 2-57 所示
```

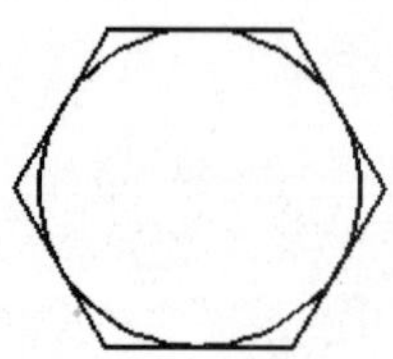

图 2-55　绘制结果

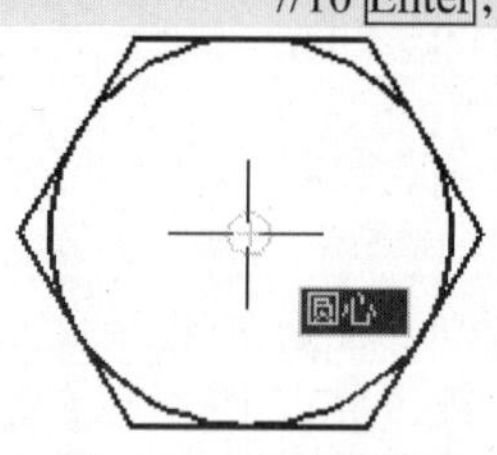

图 2-56　捕捉圆心

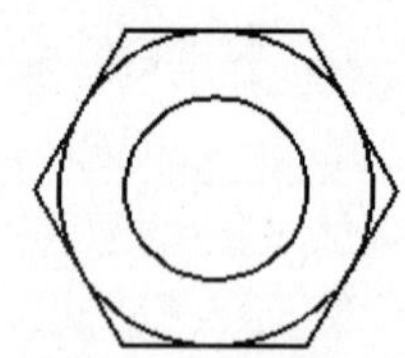

图 2-57　绘制小圆

⑨选择菜单【格式】|【线型】命令，在弹出的【线型管理器】对话框中单击 加载(L)... 按钮，打开【加载或重载线型】对话框。

⑩选择“ACAD_ISO002W100”线型后单击 确定 按钮，返回【线型管理器】对话框，然后选择刚加载的线型，单击 当前(C) 按钮，将其设置为当前线型，同时将线型比例设置为 0.6。

⑪分别在【特性】工具栏上单击【线宽控制】列表和【颜色控制】列表，设置当前线宽和当前颜色如图 2-58 所示。

⑫按 F10 功能键，打开状态栏上的【极轴追踪】功能。

⑬选择菜单【绘图】|【直线】命令，配合端点捕捉、对象追踪和极轴追踪功能，绘制水平的直线作为水平中心线。命令行操作过程如下：

命令: _line
　　指定第一点:　　　　　　　　//水平向左引出如图 2-59 所示的端点追踪虚线，然后在适当位置拾取一点作为起点
　　指定下一点或 [放弃(U)]:　　　//水平向右引出极轴追踪虚线，然后在适当位置拾取一点，作为端点
　　指定下一点或 [放弃(U)]:　　　// Enter，结束命令，绘制结果如图 2-60 所示

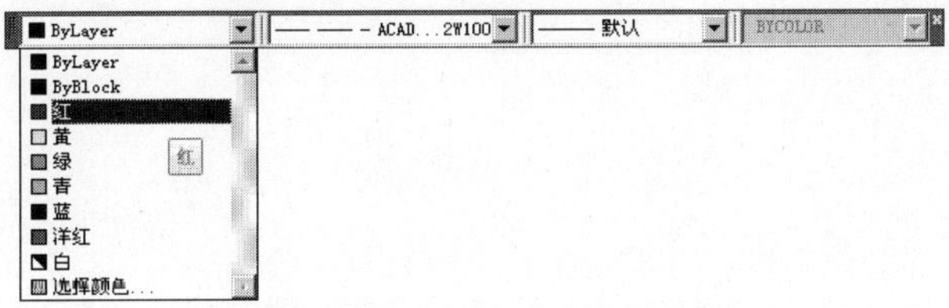

图 2-58　设置当前线宽和颜色

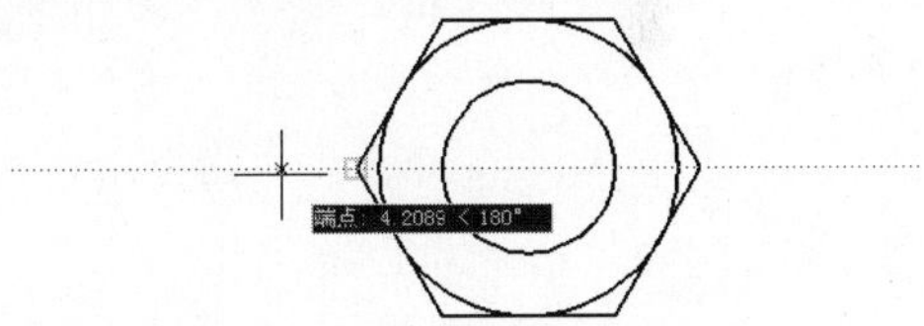

图 2-59　引出对象追踪虚线

⑭重复执行画线命令，配合中点捕捉、对象追踪和极轴追踪功能，绘制如图 2-61 所示的垂直中心线。

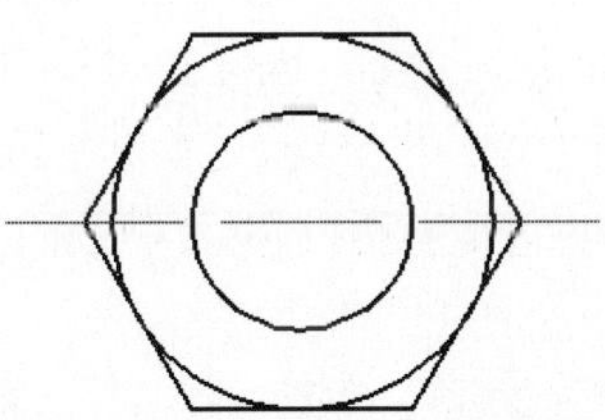
图 2-60　绘制水平中心线

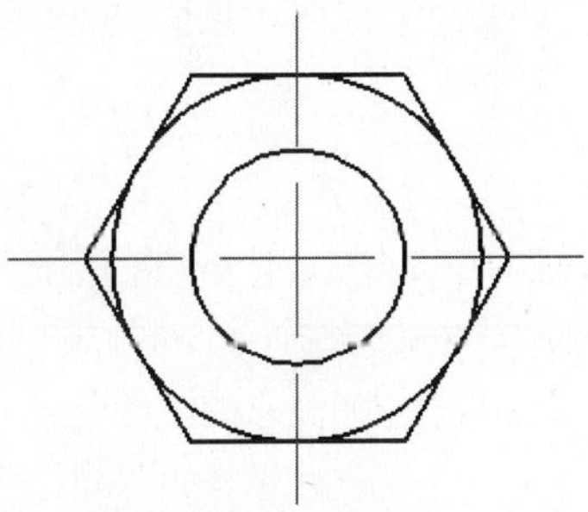
图 2-61　绘制垂直中心线

⑮选择菜单【文件】|【保存】命令，将图形存储为“螺母.dwg”。

2.7 本章小结

本章主要学习了 AutoCAD 软件的一些基本操作技能，具体有点的精确输入、点的精确捕捉、点的精确追踪以及视窗的实时调整与控制等。熟练掌握本章所讲述的各种操作技能，不仅能为图形的绘制和编辑操作奠定良好的基础，同时也为精确绘图以及简捷方便地管理图形提供了条件，希望用户认真学习、熟练掌握，为后叙章节的学习打下牢固的基础。

2.8 练习题

分别使用“坐标输入”、“正交追踪”和“极轴追踪”等方式，绘制如图 2-62 所示的简易图框。

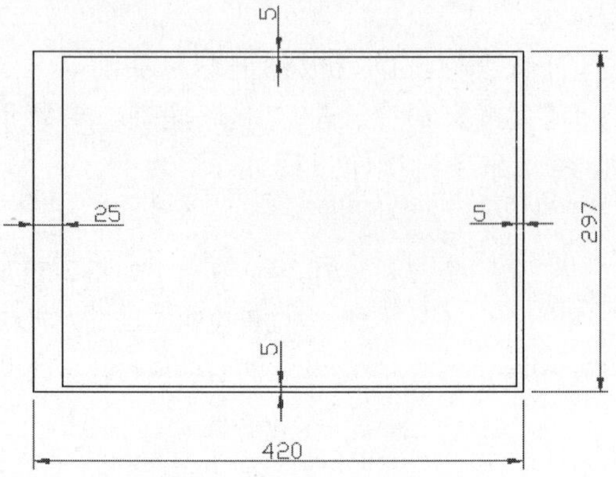

图 2-62　绘制简易图框

第3章

二维绘图功能

本章主要学习各类常用图元的绘制功能，如点、线、圆、弧、多边形等。这些图元都是构图的最基本元素，学好 AutoCAD 绘图，就必须要学习和掌握这些元素的绘制方法和技巧，为后来更加方便灵活的组合复杂图形做好准备。

3.1 直线类图形

本节将学习【直线】、【多线】、【多段线】、【构造线】和【射线】绘图命令。

3.1.1 直线

【直线】命令主要用于绘制一条或多条直线段，也可以绘制首尾相连的闭合图形。执行【直线】命令主要有以下 4 种方式。

- 菜单栏：选择菜单【绘图】|【多段线】命令。
- 工具栏：单击【绘图】工具栏上的按钮。
- 命令行：在命令行中输入 Line 或 L。
- 功能区：单击【常用】选项卡|【绘图】面板上的按钮。

执行【直线】命令后，命令行操作如下：

```
命令: _line
    指定第一点:                              //定位第一点
    指定下一点或 [放弃(U)]:                  //定位第二点
    指定下一点或 [放弃(U)]:                  //定位第三点
    指定下一点或 [闭合(C)/放弃(U)]:          //定位第四点，或闭合或按 Enter
```

3.1.2 多线

多线是由两条或两条以上的平行元素构成的复合线对象。执行【多线】命令主要有以下两种方式。

- 菜单栏：选择菜单【绘图】|【多线】命令。
- 命令行：在命令行中输入 Mline 或 ML。

下面通过绘制闭合的多线，学习【多线】命令的使用方法和操作技巧，具体操作步骤如下。

❶新建空白文件。

❷选择菜单【绘图】|【多线】命令，配合点的坐标输入功能绘制多线。命令行操作如下：

```
命令: _mline
    当前设置: 对正 = 上，比例 = 20.00，样式 = STANDARD
    指定起点或 [对正(J)/比例(S)/样式(ST)]:          //s Enter，激活【比例】选项
    输入多线比例 <20.00>:                          //120 Enter，设置多线比例
    当前设置: 对正 = 上，比例 = 120.00，样式 = STANDARD
    指定起点或 [对正(J)/比例(S)/样式(ST)]:          //在绘图区拾取一点
    指定下一点:                                    //@0,1800 Enter
    指定下一点或 [放弃(U)]:                        //@3000,0 Enter
    指定下一点或 [闭合(C)/放弃(U)]:                //@0,-1800 Enter
    指定下一点或 [闭合(C)/放弃(U)]:                //c Enter，结束命令
```

技巧

巧妙使用【比例】选项，可以绘制不同宽度的多线。默认比例为 20 个绘图单位。另外，如果用户输入的比例值为负值，这多条平行线的顺序会产生反转。

技巧

巧用【样式】选项，可以随意更改当前的多线样式；【闭合】选项用于绘制闭合的多线。

❸使用视图调整工具调整图形的显示，绘制效果如图 3-1 所示。

图 3-1 绘制效果

1. 多线对正方式

【对正】选项用于设置多线的对正方式，AutoCAD 提供了 3 种对正方式，即上对正、下对正和中心对正，如图 3-2 所示。

如果当前多线的对正方式不符合用户要求的话，可在命令行中输入“J”，激活该选项，系统出现如下提示：

“输入对正类型 [上（T）/无（Z）/下（B）] <上>：”系统提示用户输入多线的对正方式

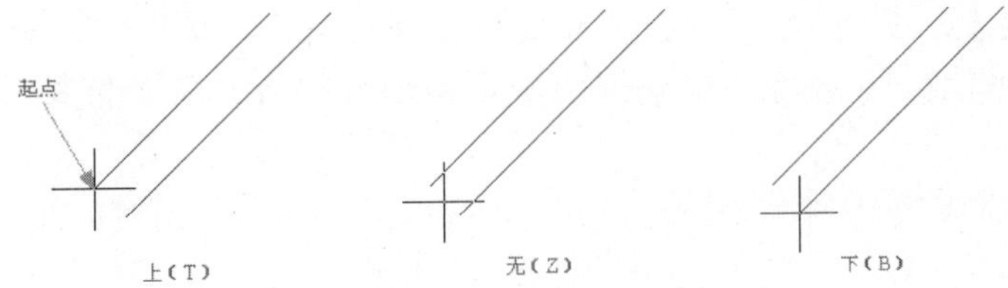

图 3-2　3 种对正方式

2．设置多线样式

使用系统默认的多线样式，只能绘制由两条平行元素构成的多线，如果用户需要绘制其他样式的多线时，需要使用【多线样式】命令进行设置。具体操作步骤如下。

❶选择菜单【格式】|【多线样式】命令，或在命令行中输入“Mlstyle”并按Enter键，打开【多线样式】对话框。

❷单击对话框中的 新建(N)... 按钮，在弹出的【创建新的多线样式】对话框中输入新样式的名称，如图 3-3 所示。

❸单击 继续 按钮，打开如图 3-4 所示的【新建多线样式】对话框。

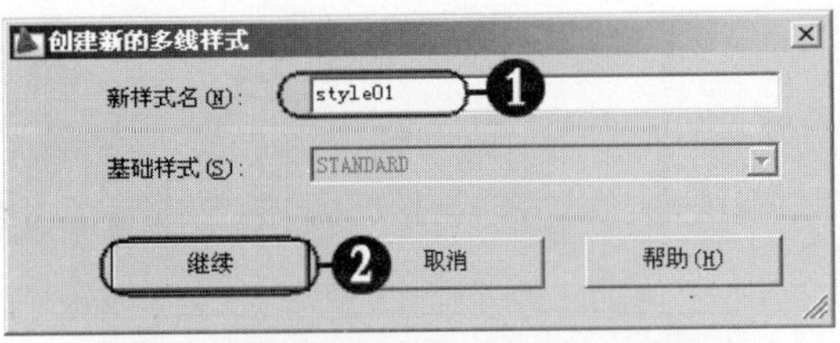

图 3-3　【创建新的多线样式】对话框

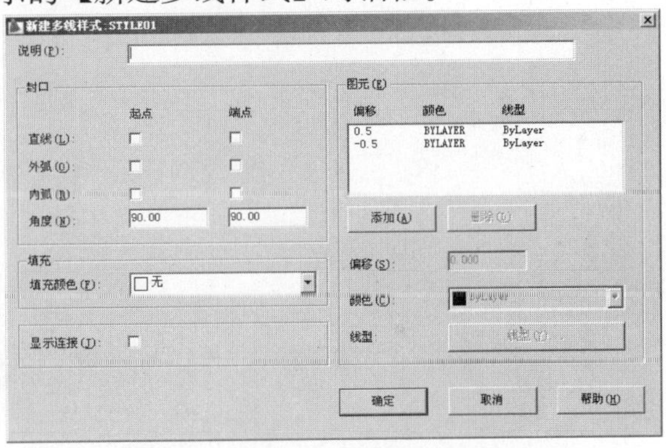

图 3-4　【新建多线样式】对话框

❹单击 添加(A) 按钮，添加 0 号元素，并设置颜色为红色，如图 3-5 所示。

❺单击 线型(Y)... 按钮，在弹出的【选择线型】对话框中单击 加载(L)... 按钮，打开【加载或重载线型】对话框，如图 3-6 所示。

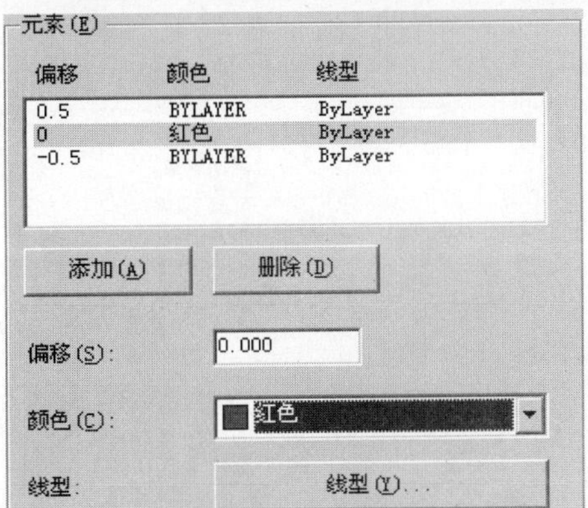

图 3-5　添加多线元素

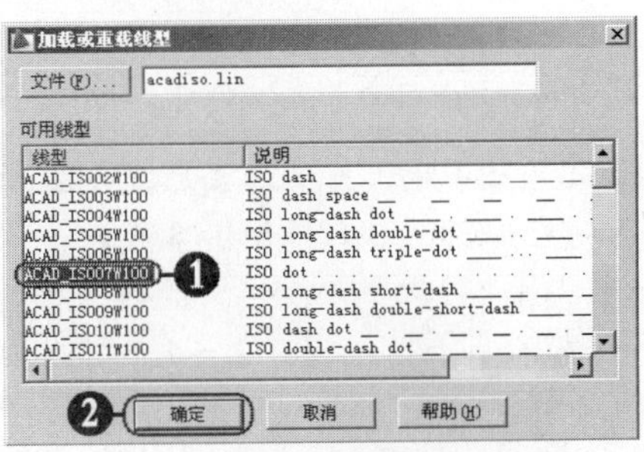

图 3-6　选择线型

❻单击 确定 按钮，结果线型被加载到【选择线型】对话框中，如图 3-7 所示。

❼选择加载的线型，单击 确定 按钮，将此线型赋给刚添加的多线元素，结果如图 3-8 所示。

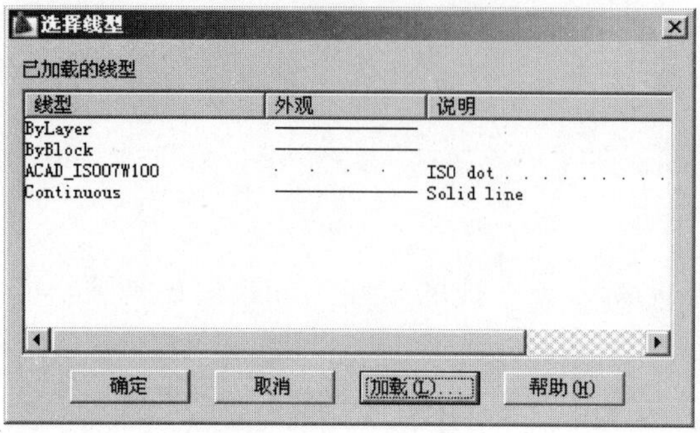

图 3-7　加载线型

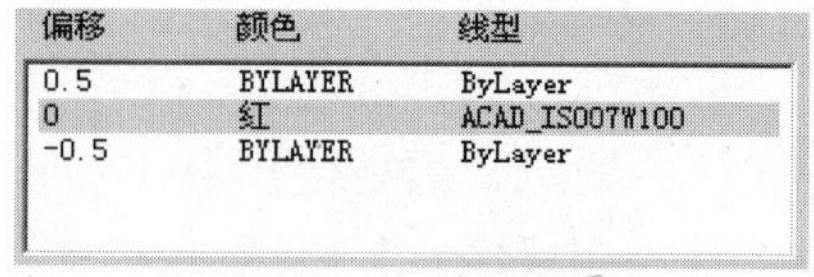

图 3-8　设置元素线型

❽在左侧【元素】选项组中，设置多线两端的封口形式，如图 3-9 所示。

❾单击 确定 按钮返回【多线样式】对话框，结果新线样式出现在预览框中，如图 3-10 所示。

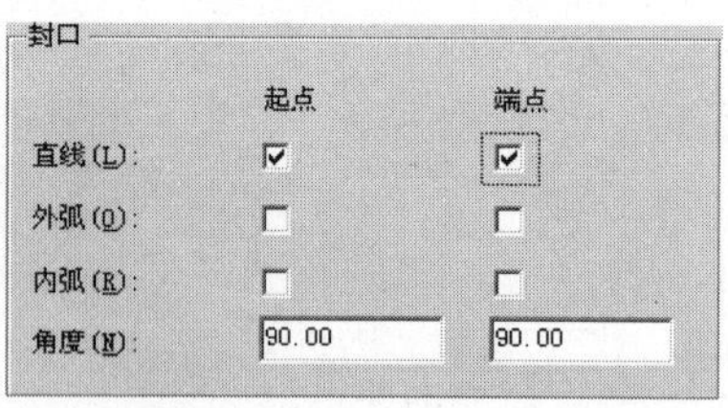

图 3-9　设置多线封口

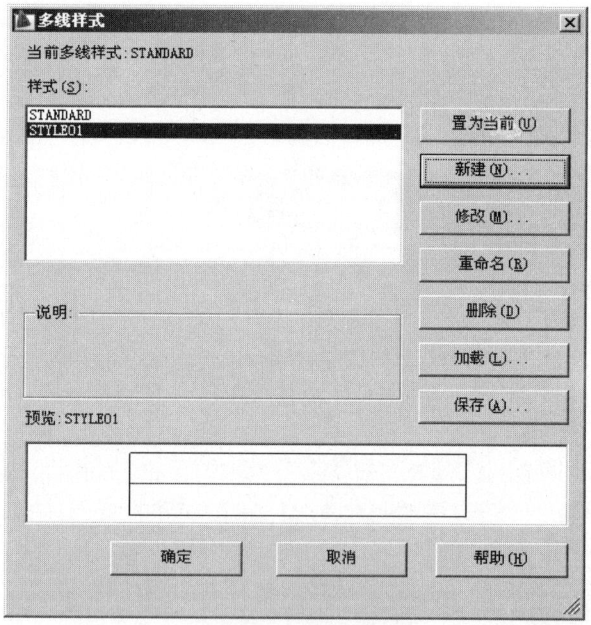

图 3-10　样式效果

技巧

如果用户为多线设置了填充色或线型等参数，那么在预览框内将显示不出这些特性，但是用户一旦使用此样式绘制出多线时，多线样式的所有特性都将显示。

❿单击 保存(A)... 按钮，在弹出的【保存多线样式】对话框中设置文件名如图 3-11 所示，将新样式以“*.mln”的格式进行保存，以方便在其他文件中进行重复使用。

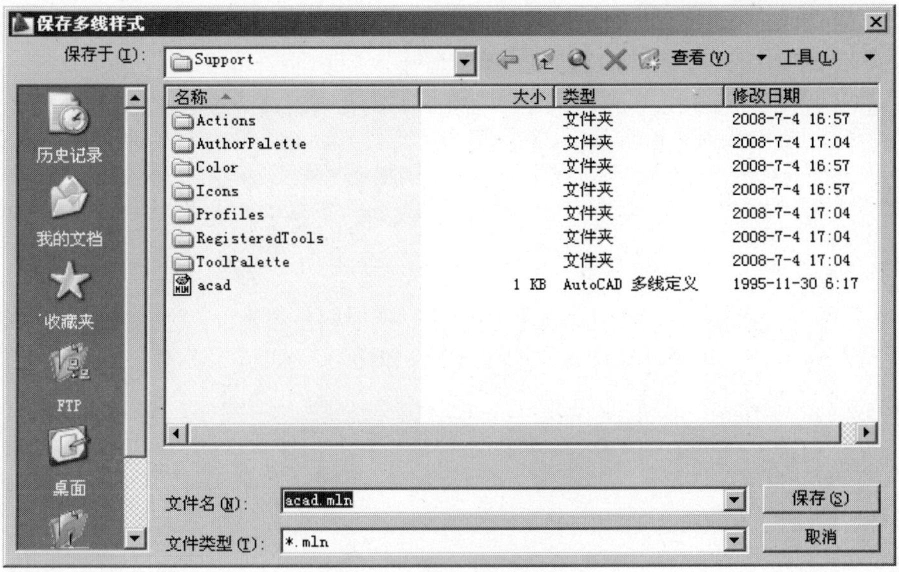

图 3-11　样式的设置效果

⑪返回【多线样式】对话框中单击 确定 按钮，结束命令。

⑫执行【多线】命令，使用刚设置的新样式绘制一段多线，结果如图 3-12 所示。

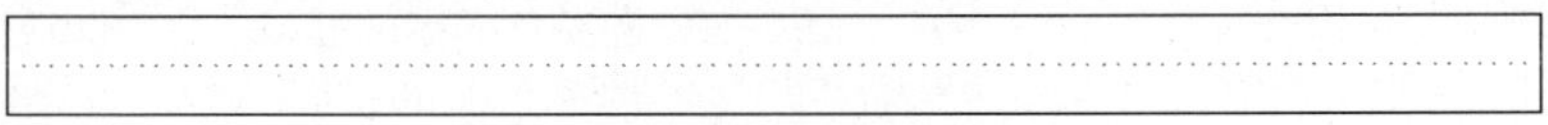

图 3-12　绘制结果

3.1.3　多段线

所谓“多段线”，指的是由一系列直线段或弧线段连接而成的一种特殊折线，如图 3-13 所示。

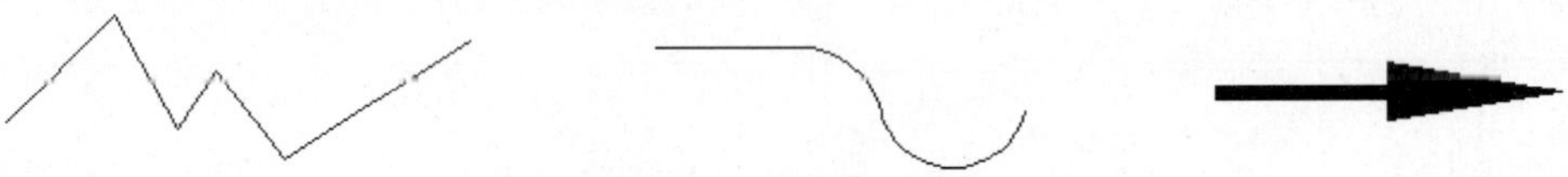

图 3-13　多段线示例

使用【多段线】命令不但可以绘制一条单独的直线段或圆弧，还可以绘制具有一定宽度的闭合或不闭合直线段和弧线序列，无论绘制的多段线包含有多少条直线或圆弧，AutoCAD 都把它们作为一个单独的对象。

执行【多段线】命令主要有以下 4 种方式。

- 菜单栏：选择菜单【绘图】|【多段线】命令。
- 工具栏：单击【绘图】工具栏上的按钮。
- 命令行：在命令行中输入 Pline 或 PL。
- 功能区：单击【常用】选项卡|【绘图】面板上的按钮。

下面通过绘制一条闭合的多段线，来学习【多段线】命令的使用方法和操作技巧。具体操作步骤如下。

❶新建空白文件。

❷按 F12 功能键，关闭状态栏上的【动态输入】功能。

❸单击【绘图】工具栏上的按钮，激活【多段线】命令，配合绝对坐标的输入功能绘制多段线。命令行操作如下：

```
命令: _pline
    指定起点:                                        //9.8,0 Enter，定位起点
    当前线宽为 0.0000
    指定下一个点或 [圆弧(A)/半宽(H)/长度(L)/放弃(U)/宽度(W)]: //9.8,2.5 Enter
    指定下一点或 [圆弧(A)/闭合(C)/半宽(H)/长度(L)/放弃(U)/宽度(W)]:
                                                     //@-2.73,0 Enter
    指定下一点或 [圆弧(A)/闭合(C)/半宽(H)/长度(L)/放弃(U)/宽度(W)]:
                                                     // a Enter，转入画弧模式
    指定圆弧的端点或[角度(A)/圆心(CE)/闭合(CL)/方向(D)/半宽(H)/直线(L)/半径(R)/第二个点
(S)/放弃(U)/宽度(W)]:                                //ce Enter
    指定圆弧的圆心:                                  //0,0 Enter
    指定圆弧的端点或 [角度(A)/长度(L)]:               //7.07,-2.5 Enter
    指定圆弧的端点或[角度(A)/圆心(CE)/闭合(CL)/方向(D)/半宽(H)/直线(L)/半径(R)/第二个点
(S)/放弃(U)/宽度(W)]:                                // l Enter，转入画线模式
    指定下一点或 [圆弧(A)/闭合(C)/半宽(H)/长度(L)/放弃(U)/宽度(W)]:
                                                     //9.8,-2.5 Enter
    指定下一点或 [圆弧(A)/闭合(C)/半宽(H)/长度(L)/放弃(U)/宽度(W)]:
                                                     //c Enter，闭合图形绘制结果如图 3-14 所示
```

技巧

【长度】选项用于定义下一段多段线的长度，AutoCAD 按照上一线段的方向绘制这一段多段线。若上一段是圆弧，AutoCAD 绘制的直线段与圆弧相切。

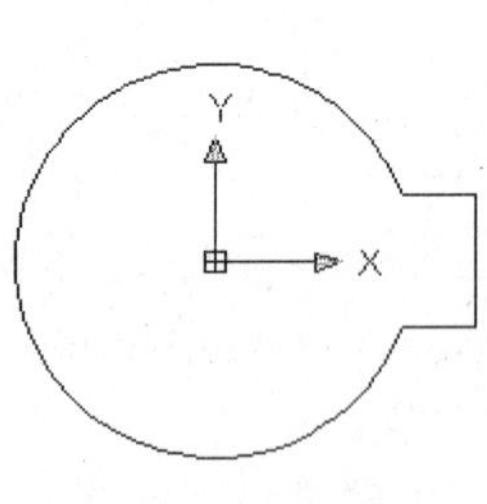

图 3-14　绘制结果

技巧

【半宽】选项用于设置多段线半宽；【宽度】选项用于设置多段线起始宽度值，起始点的宽度值可以相同也可不同。在绘制具有宽度的多段线时，变量 FILLMODE 控制着多段线是否被填充，变量值为 1 时，宽度多段线将被填充；为 0 时，将不会填充。

使用【多段线】命令中的【圆弧】选项，可以绘制由弧线组合而成的多段线。激活此选项后系统自动切换到画弧状态，并且命令行出现如下提示：

"指定圆弧的端点或 [角度（A）/圆心（CE）/闭合（CL）/方向（D）/半宽（H）/直线（L）/半径（R）/第二个点（S）/放弃（U）/ 宽度（W）]"

各选项功能如下。

- 【角度】选项：用于指定要绘制的圆弧的圆心角。
- 【圆心】选项：用于指定圆弧的圆心。
- 【闭合】选项：用于用弧线封闭多段线。
- 【方向】选项：用于取消直线与圆弧的相切关系，改变圆弧的起始方向。
- 【半宽】选项：用于指定圆弧的半宽值。激活此选项功能后，AutoCAD 将提示用户输入多段线的起点半宽值和终点半宽值。
- 【直线】选项：用于切换直线模式。
- 【半径】选项：用于指定圆弧的半径。
- 【第二个点】选项：用于选择三点画弧方式中的第二个点。
- 【宽度】选项：用于设置弧线的宽度值。

3.1.4 构造线

【构造线】命令用于绘制向两端无限延伸的直线，如图 3-15 所示。此种图线常被用作图形的辅助线。

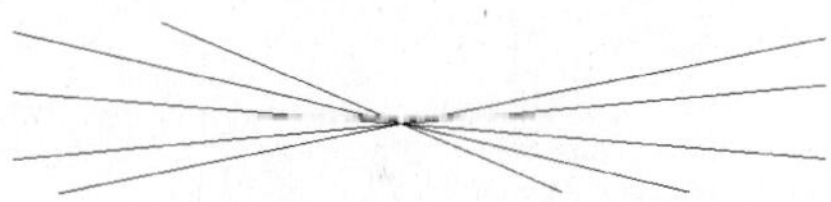

图 3-15 构造线

执行【构造线】命令主要有以下 4 种方式。

- 菜单栏：选择菜单【绘图】|【构造线】命令。
- 工具栏：单击【绘图】工具栏上的按钮。
- 命令行：在命令行中输入 Xline 或 XL。
- 功能区：单击【常用】选项卡|【绘图】面板上的按钮。

使用【构造线】命令可以绘制向两端延伸的作图辅助线，此辅助线可以是水平的、垂直的，还可以是倾斜的。下面通过具体的实例，学习各种辅助线的绘制方法。

❶新建空白文件。

❷单击【绘图】工具栏上的按钮，激活【构造线】命令，绘制水平构造线。命令行操作如下：

```
命令:_xline
    指定点或 [水平(H)/垂直(V)/角度(A)/二等分(B)/偏移(O)]:    //HEnter，激活【水平】选项
    指定通过点:                                             //在绘图区拾取一点
    指定通过点:                                             //继续在绘图区拾取点
    指定通过点:                                    //Enter，结束命令，绘制结果如图 3-16 所示
```

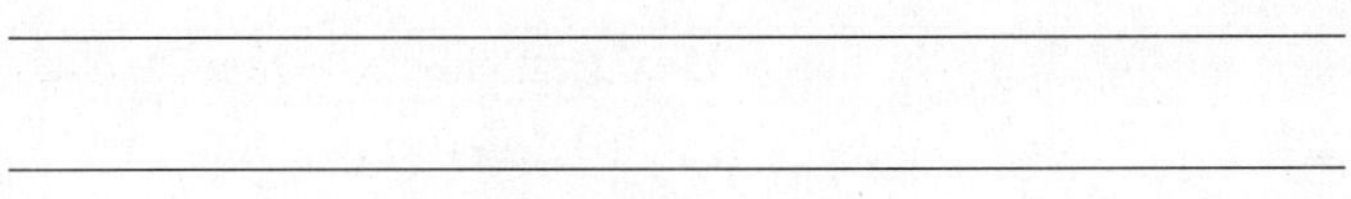

图 3-16 绘制水平辅助线

❸重复执行【构造线】命令，绘制垂直的构造线。命令行操作如下：

```
命令:_xline
指定点或 [水平(H)/垂直(V)/角度(A)/二等分(B)/偏移(O)]: //V Enter，激活【垂直】选项
指定通过点:                                        //在绘图区拾取点
指定通过点:                                        //继续在绘图区拾取点
指定通过点:                                        // Enter，结束命令，绘制结果如图 3-17 所示
```

❹重复【构造线】命令后，绘制倾斜构造线。命令行操作如下：

```
命令:_xline
指定点或 [水平(H)/垂直(V)/角度(A)/二等分(B)/偏移(O)]: // A Enter，激活【角度】选项
输入构造线的角度 (0) 或 [参照(R)]:                  //30 Enter，设置倾斜角度
指定通过点:                                        //拾取通过点
指定通过点:                                        // Enter，结束命令，绘制结果如图 3-18 所示。
```

技巧

使用【构造线】命令中的【二等分】选项功能，可以绘制任意角度的角平分线，如图 3-19 所示。

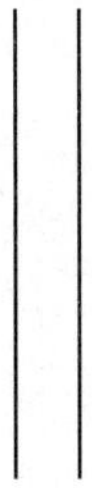

图 3-17 绘制垂直辅助线

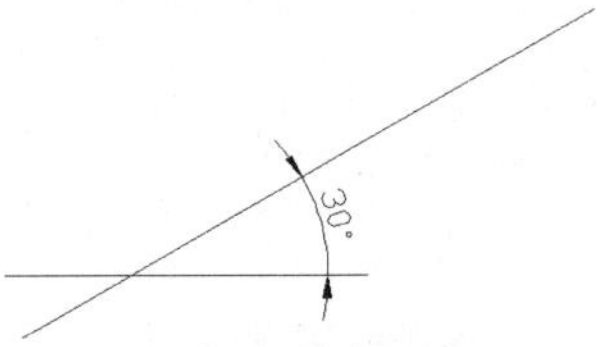

图 3-18 绘制倾斜辅助线

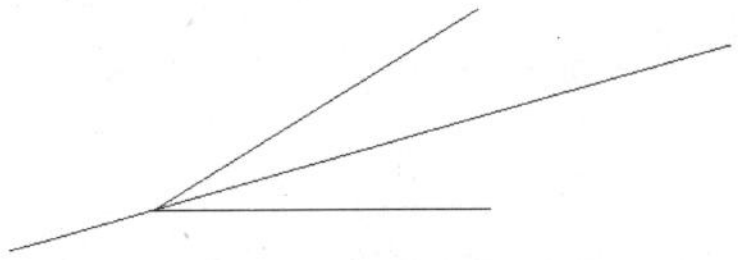

图 3-19 绘制等分线

3.1.5 射线

射线也是一种常用的作图辅助线，使用【射线】命令可以绘制向一端无限延伸的作图辅助线，如图 3-20 所示。执行【射线】命令主要有以下 3 种方式。

- 菜单栏：选择菜单【绘图】|【射线】命令。
- 命令行：在命令行中输入 Ray。
- 功能区：单击【常用】选项卡|【绘图】面板上的按钮。

激活【射线】命令后，命令行操作如下：

```
命令: _ray
指定起点:          //在绘图区拾取一点作为起点
指定通过点:        //在绘图区拾取一点作为通过点
指定通过点:        //在绘图区拾取一点作为通过点
指定通过点:        //在绘图区拾取一点作为通过点
指定通过点:        // Enter，绘制结果如图 3-20 所示。
```

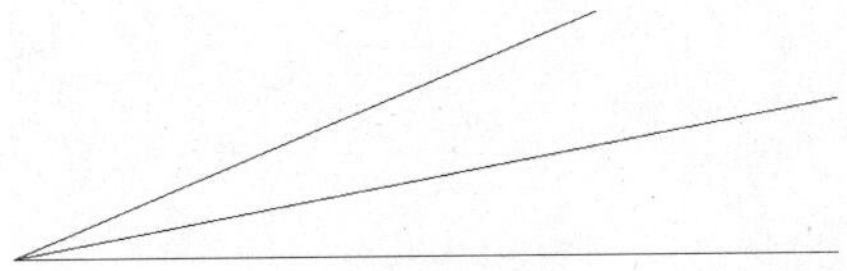

图 3-20　绘制射线

3.2 曲线类图形

本节将要学习【圆】、【圆弧】、【椭圆】、【椭圆弧】、【修订云线】、【样条曲线】等绘图命令。

3.2.1　圆

AutoCAD 为用户提供了 6 种画圆方式，如图 3-21 所示。执行【圆】命令主要有以下 4 种方式。

- 菜单栏：选择菜单【绘图】|【圆】子菜单中的各项命令。
- 工具栏：单击【绘图】工具栏上的按钮。
- 命令行：在命令行中输入 Circle 或 C。
- 功能区：单击【常用】选项卡|【绘图】面板上的按钮。

1．半径或直径画圆

“半径画圆”和“直径画圆”是两种基本的画圆方式，默认方式为“半径画圆”。当定位出圆心之后，只需输入圆的半径或直径，即可精确画圆。命令行操作如下：

```
命令: _circle
    指定圆的圆心或 [三点(3P)/两点(2P)/切点、切点、半径(T)]:
                                        //在绘图区拾取一点作为圆的圆心
    指定圆的半径或 [直径(D)]:            //150 Enter，绘制结果如图 3-22 所示
```

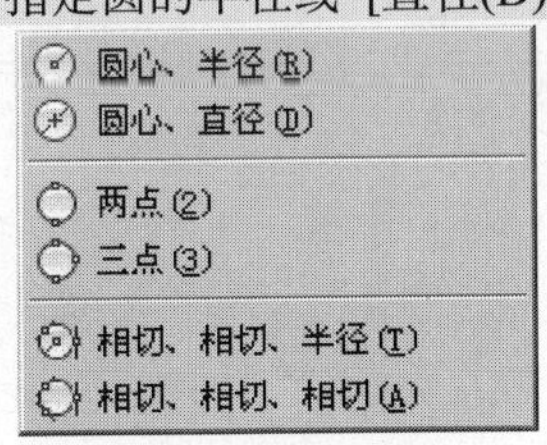

图 3-21　6 种画圆方式

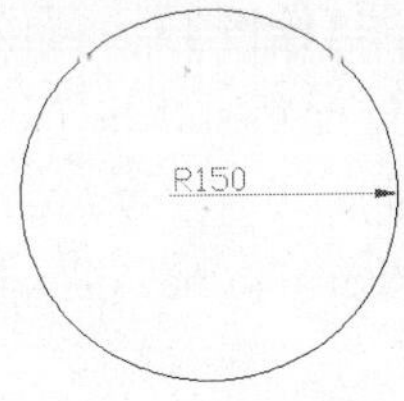

图 3-22　定距画圆示例

技巧

激活【直径】选项，即可进行直径方式画圆。

2．两点或三点画圆

“两点画圆”和“三点画圆”指的是定位出两点或三点，即可精确画圆。所给定的两点被看作圆直径的两个端点，所给定的三点都位于圆周上，如图 3-23 和图 3-24 所示。

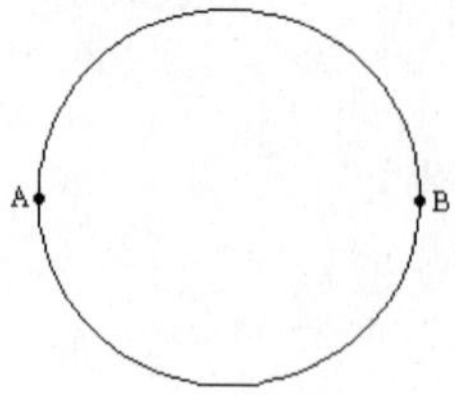

图 3-23　定点画圆

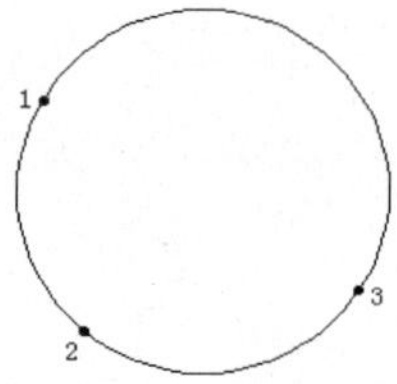

图 3-24　三点画圆

3. 画相切圆

AutoCAD 为用户提供了两种画相切圆的方式，即“相切、相切、半径”和“相切、相切、相切”等。

前一种相切方式是分别拾取两个相切对象后，再输入相切圆的半径，后一种相切方式是直接拾取 3 个相切对象，系统自动定位相切圆的位置和大小。

绘制相切圆的操作步骤如下。

❶首先绘制如图 3-25 所示的圆和直线。

❷单击【绘图】工具栏上的按钮，根据命令行提示绘制与直线和已知圆都相切的圆。命令行操作如下：

```
命令: _circle
    指定圆的圆心或 [三点(3P)/两点(2P)/切点、切点、半径(T)]:
                                    // T Enter，激活【切点、切点、半径】选项
    指定对象与圆的第一个切点:          //在直线下端单击左键，拾取第一个相切对象
    指定对象与圆的第二个切点:          //在圆下侧边缘上单击左键，拾取第二个相切对象
    指定圆的半径 <56.0000>:           //100 Enter，给定相切圆半径，结果如图 3-26 所示
```

技巧

在拾取相切对象时，系统会自动在距离光标最近的对象上显示出一个相切符号，此时单击即可拾取该对象作为相切对象。另外，光标拾取的位置不同，所绘制的相切圆位置也不同。

❸选择菜单【绘图】|【圆】|【切点、切点、相切】命令，绘制与 3 个已知对象都相切的圆。命令行操作如下：

```
命令: _circle
    指定圆的圆心或 [三点(3P)/两点(2P)/切点、切点、半径(T)]: _3p 指定圆上的第一个点: _tan 到
                                //拾取直线作为第一相切对象
    指定圆上的第二个点: _tan 到     //拾取小圆作为第二相切对象
    指定圆上的第三个点: _tan 到     //拾取大圆作为第三相切对象，绘制结果如图 3-27 所示
```

图 3-25　圆和直线

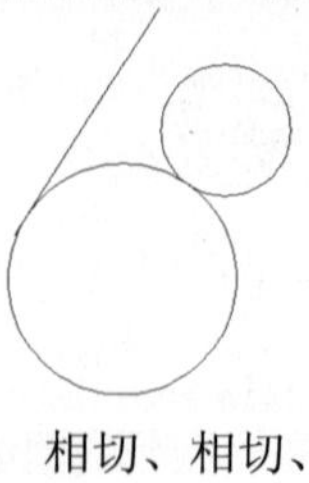

图 3-26　相切、相切、半径

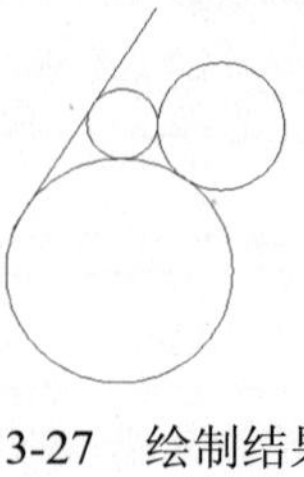

图 3-27　绘制结果

3.2.2 圆弧

AutoCAD 为用户提供了 11 种画弧方式，如图 3-28 所示。

执行【圆弧】命令主要有以下 4 种方式。

- 菜单栏：选择菜单【绘图】|【圆弧】子菜单中的各项命令。
- 工具栏：单击【绘图】工具栏上的按钮。
- 命令行：在命令行中输入 Arc 或 A。
- 功能区：单击【常用】选项卡|【绘图】面板上的按钮。

1. “三点”方式画弧

所谓“三点画弧”，指的是直接拾取 3 个点即可定位出圆弧，所拾取的第一点和第三个点被作为弧的起点和端点，如图 3-29 所示。此种画弧方式的命令行操作如下：

```
命令: _arc
    指定圆弧的起点或 [圆心(C)]                    //拾取一点作为圆弧的起点
    指定圆弧的第二个点或 [圆心(C)/端点(E)]:
                                                  //在适当位置拾取圆弧上的第二点
    指定圆弧的端点:                               //在适当位置拾取第三点作为圆弧的端点
```

图 3-28 画弧菜单

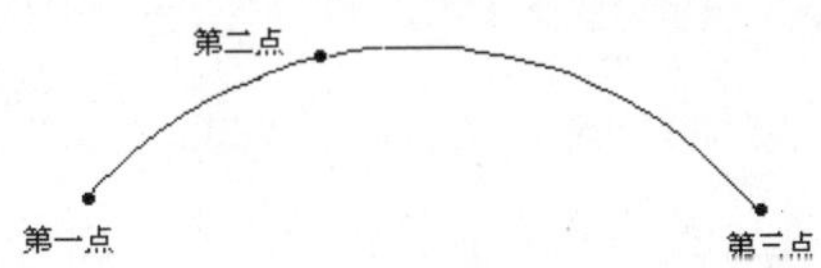

图 3-29 三点画弧

2. “起点圆心”方式画弧

此种画弧方式又分为“起点、圆心、端点”、“起点、圆心、角度”和“起点、圆心、长度”3 种方式。当用户确定出圆弧的起点和圆心，只需要再给出圆弧的端点，或角度、弧长等参数，即可精确画弧。

“起点、圆心、端点”画弧方式命令行操作如下：

```
命令: _arc
    指定圆弧的起点或 [圆心(C)]:                   //在绘图区拾取一点作为圆弧的起点
    指定圆弧的第二个点或 [圆心(C)/端点(E)]:       //c Enter，激活【圆心】选项
    指定圆弧的圆心:                               //在适当位置拾取一点作为圆弧的圆心
    指定圆弧的端点或 [角度(A)/弦长(L)]:           //拾取一点作为圆弧的端点，绘制结果如图
                                                   3-30 所示
```

技巧

当用户指定了圆弧的起点和圆心后，也可直接输入圆弧的包含角或圆弧的弦长，精确绘制圆弧，如图 3-31 所示。

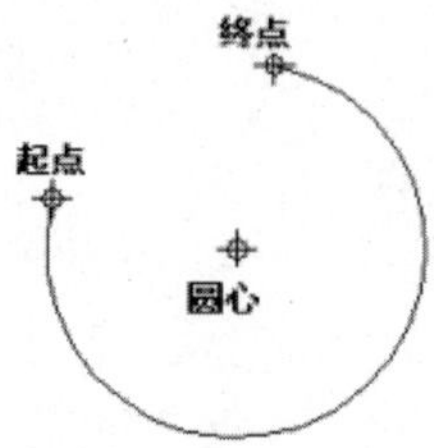

图 3-30　以圆心画弧

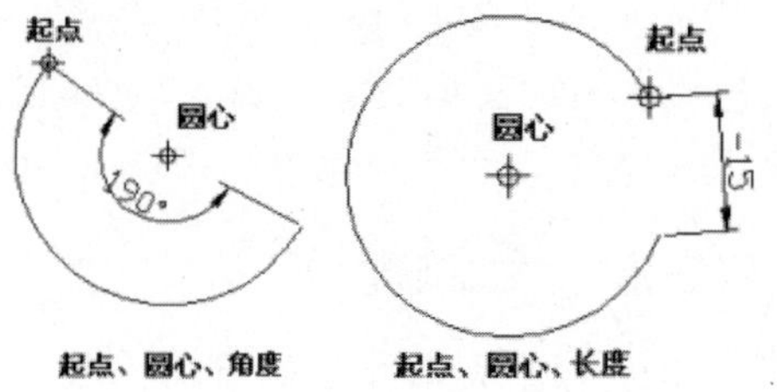

图 3-31　另外两种画弧方式

3．“起点端点”方式画弧

此种画弧方式又可分为“起点、端点、角度”、“起点、端点、方向”和“起点、端点、半径”3 种方式。当用户定位出弧的起点和端点后，只需再确定弧的角度、半径或方向，即可精确画弧。

“起点端点”画弧方式的命令行操作如下：

```
命令: _arc
    指定圆弧的起点或 [圆心(C)]:                          //定位弧的起点
    指定圆弧的第二个点或 [圆心(C)/端点(E)]: _e
    指定圆弧的端点:                                      //定位弧的端点
    指定圆弧的圆心或 [角度(A)/方向(D)/半径(R)]: _a 指定包含角:
                                                         //输入 190 Enter，定位弧的角度，绘制结
                                                          果如图 3-32 所示
```

技巧

如果用户输入的角度为正值，系统将按逆时针方向绘制圆弧；反之，将按顺时针方向绘制圆弧。另外，当用户指定了圆弧的起点和端点后，也可直接输入圆弧的半径或起点切向，也可精确绘制圆弧，如图 3-33 所示。

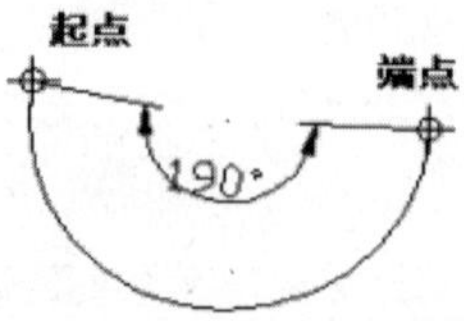

图 3-32　绘制结果

图 3-33　另外两种画弧方式

4．“圆心起点”方式画弧

此种画弧方式分为“圆心、起点、端点”、“圆心、起点、角度”和“圆心、起点、长

度”3 种方式。当用户确定了圆弧的圆心和起点后，只需再给出圆弧的端点，或角度、弧长等参数，即可精确绘制圆弧。

“圆心起点”画弧方式的命令行操作如下：

```
命令: _arc
    指定圆弧的起点或 [圆心(C)]: _c 指定圆弧的圆心:        //拾取一点作为弧的圆心
    指定圆弧的起点:                                   //拾取一点作为弧的起点
    指定圆弧的端点或 [角度(A)/弦长(L)]:
                                                   //拾取一点作为弧的端点，绘制结果
                                                    如图 3-34 所示
```

技巧

当用户给定了圆弧的圆心和起点后，可以输入圆弧的圆心角或弦长，精确绘制圆弧，如图 3-35 所示。在配合【长度】绘制圆弧时，如果输入的弦长为正值，系统将绘制小于 180º 的劣弧；如果输入的弧长为负值，系统将绘制大于 180º的优弧。

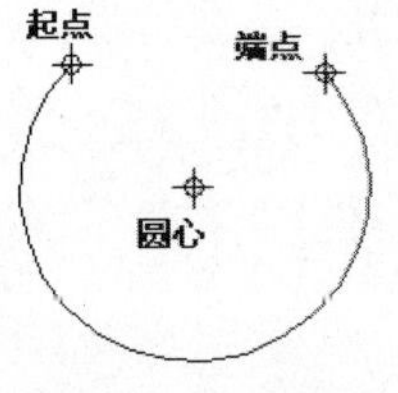

图 3-34 绘制结果

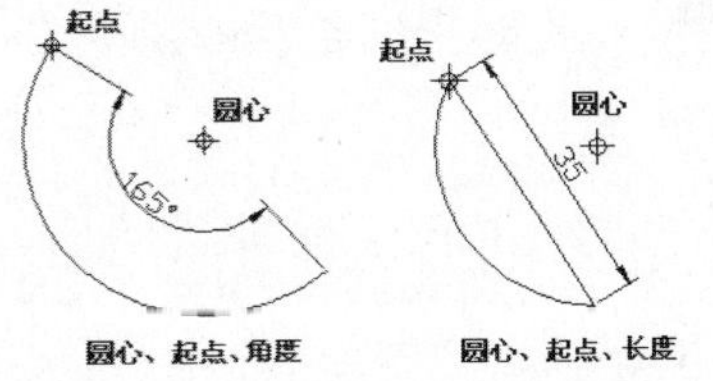

图 3-35 圆心、起点方式画弧

5. **“连续”圆弧**

选择菜单【绘图】|【圆弧】|【继续】命令，进入连续画弧状态，绘制的圆弧与上一个弧自动相切。另外，在结束画弧命令后，连续两次按 Enter 键也可进入“相切圆弧”绘制模式，所绘制的圆弧与前一个圆弧的终点连接并与之相切，如图 3-36 所示。

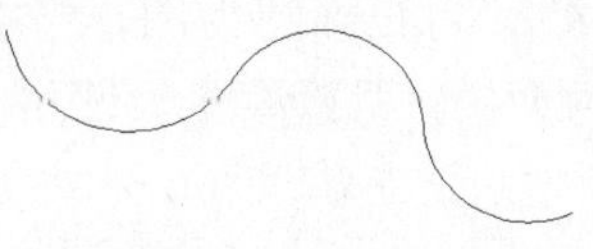

图 3-36 连续画弧方式

3.2.3 椭圆

椭圆是由两条不等的椭圆轴所控制的闭合曲线，包含中心点、长轴和短轴等几何特征，如图 3-37 所示。

执行【椭圆】命令主要有以下 4 种方式。

- 菜单栏：选择菜单【绘图】|【椭圆】子菜单中的各项命令，如图 3-38 所示。
- 工具栏：单击【绘图】工具栏上的按钮。
- 命令行：在命令行中输入 Ellipse 或 EL。
- 功能区：单击【常用】选项卡|【绘图】面板上的按钮。

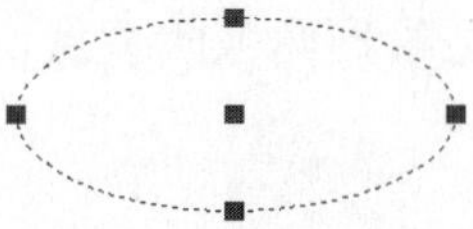

图 3-37　椭圆示例

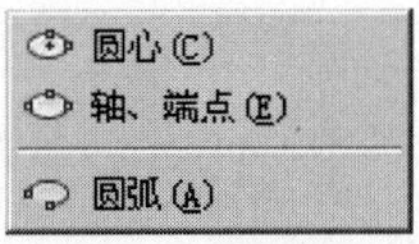

图 3-38　画椭圆菜单

1．**“轴端点”方式画椭圆**

所谓“轴端点”方式是用于指定一条轴的两个端点和另一条轴的半长，即可精确画椭圆。此方式是系统默认的绘制方式，其命令行操作如下：

```
命令: _ellipse
    指定椭圆轴的端点或 [圆弧(A)/中心点(C)]:        //拾取一点，定位椭圆轴的一个端点
    指定轴的另一个端点:                          //@200,0 Enter
    指定另一条半轴长度或 [旋转(R)]:               //40 Enter ，绘制结果如图 3-39 所示
```

技巧

如果在轴测图模式下启动了【椭圆】命令，那么在此操作步骤中将增加【等轴测圆】选项，用于绘制轴测圆，如图 3-40 所示。

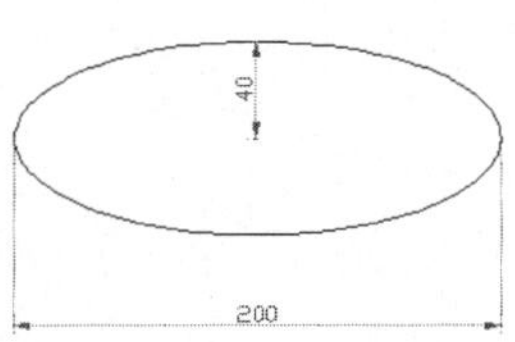

图 3-39　轴端点示例

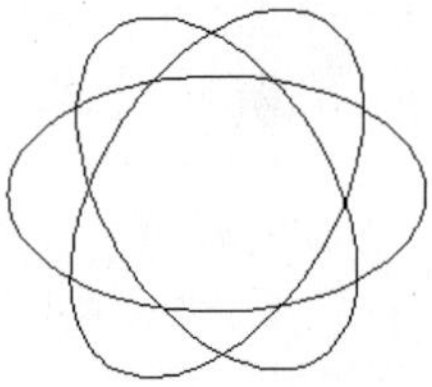

图 3-40　等轴测圆示例

2．**“中心点”方式画椭圆**

“中心点”方式画椭圆需要首先确定出椭圆的中心点，然后再确定椭圆轴的一个端点和椭圆另一半轴的长度。下面以绘制同心椭圆为例，学习“中心点”方式。

选择菜单【绘图】|【椭圆】|【中心点】命令，使用“中心点”方式绘制椭圆。命令行操作如下：

```
命令: _ellipse
    指定椭圆的轴端点或 [圆弧(A)/中心点(C)]: _c
    指定椭圆的中心点:                   //捕捉刚绘制的椭圆的中心点
    指定轴的端点:                       //@0,60 Enter
    指定另一条半轴长度或 [旋转(R)]:      //35 Enter，绘制结果如图 3-41 所示
```

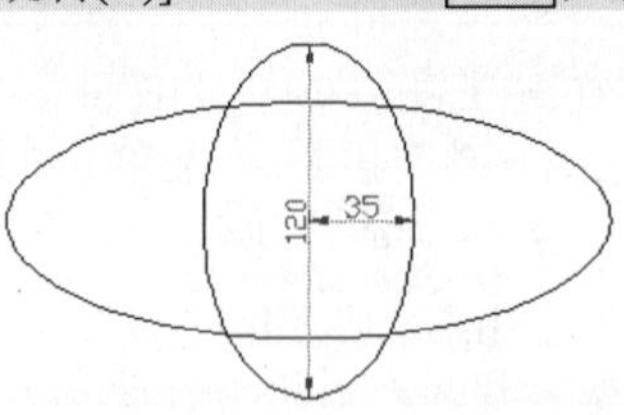

图 3-41　“中心点”方式画椭圆

技巧

【旋转】选项是以椭圆的短轴和长轴的比值，把一个圆绕定义的第一轴旋转成椭圆。

3.2.4 椭圆弧

椭圆弧也是一种基本的构图元素，它除了包含中心点、长轴和短轴等几何特征外，还具有角度特征。执行【椭圆弧】命令主要有以下 3 种方式。

- 菜单栏：选择菜单【绘图】|【椭圆弧】命令。
- 工具栏：单击【绘图】工具栏上的按钮。
- 功能区：单击【常用】选项卡|【绘图】面板上的按钮。

下面绘制长轴为 120、短轴为 60、角度为 90 的椭圆弧，其命令行操作如下：

```
命令: _ellipse
    指定椭圆的轴端点或 [圆弧(A)/中心点(C)]:      //A Enter，激活"圆弧"功能
    指定椭圆弧的轴端点或 [中心点(C)]:            //拾取一点，定位弧端点
    指定轴的另一个端点:                          //@120,0 Enter，定位长轴
    指定另一条半轴长度或 [旋转(R)]:              //30 Enter，定位短轴
    指定起始角度或 [参数(P)]:                    //90 Enter，定位起始角度
    指定终止角度或 [参数(P)/包含角度(I)]:
                                                 //180 Enter，定位终止角度，绘制结果如图 3-42
                                                  所示
```

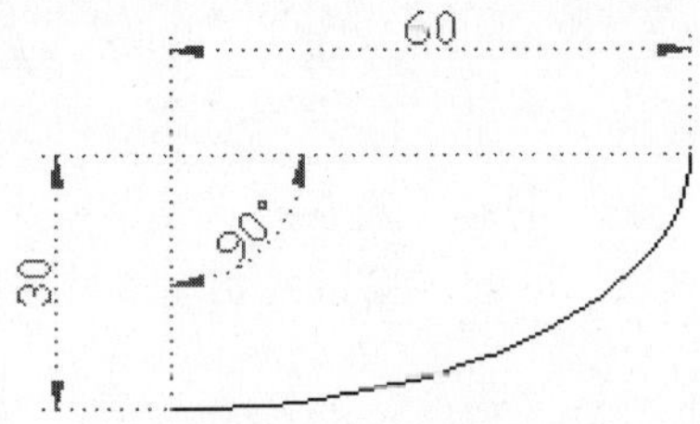

图 3-42 椭圆弧示例

技巧

椭圆弧的角度就是终止角和起始角的差值。另外，用户也可以使用【包含角】选项功能，直接输入椭圆弧的角度。

3.2.5 修订云线

【修订云线】命令用于绘制由连续圆弧构成的图线，所绘制的图线被看作是一条多段线，此种图线可以是闭合的，也可以是断开的，如图 3-43 所示。

图 3-43 修订云线

执行【修订云线】命令主要有以下 4 种方式。

- 菜单栏：选择菜单【绘图】|【修订云线】命令。
- 工具栏：单击【绘图】工具栏上的按钮。
- 命令行：在命令行中输入 Revcloud。
- 功能区：单击【常用】选项卡|【绘图】面板上的按钮。

下面通过具体实例，学习【修订云线】命令的使用方法和技巧。具体操作步骤如下。

❶单击【绘图】工具栏上的按钮，激活【修订云线】命令。

❷根据 AutoCAD 命令行的提示进行设置弧长和绘制云线，命令行操作如下：

```
命令: _revcloud
    最小弧长: 15    最大弧长: 15    样式: 普通
    指定起点或 [弧长(A)/对象(O)/样式(S)] <对象>:    //a Enter，激活【弧长】选项
    指定最小弧长 <15>:                              //30 Enter，设置最小弧长
    指定最大弧长 <30>:                              //60 Enter，设置最大弧长
```

技巧

在设置弧长时需要注意，最大弧长不能超过最小弧长的 3 倍。

```
    指定起点或 [弧长(A)/对象(O)/样式(S)] <对象>: //在绘图区拾取一点
    沿云线路径引导十字光标...                     //按住左键不放，沿着所需闭合路径引导光
                                                   标，即可绘制闭合的云线，如图 3-44 所示
    修订云线完成
```

技巧

在绘制闭合云线时，需要移动光标，将端点放在起点处，系统会自动闭合云线。使用【修订云线】命令还可以将直线、圆弧、矩形、圆以及正多边形等转化为云线图形，如图 3-45 所示。

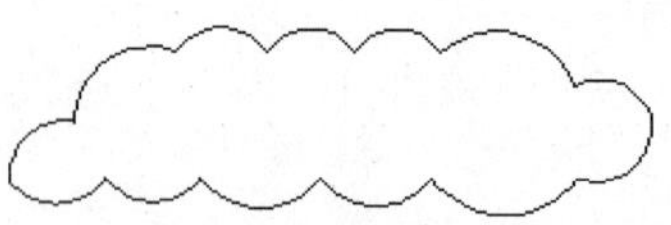

图 3-44 绘制云线

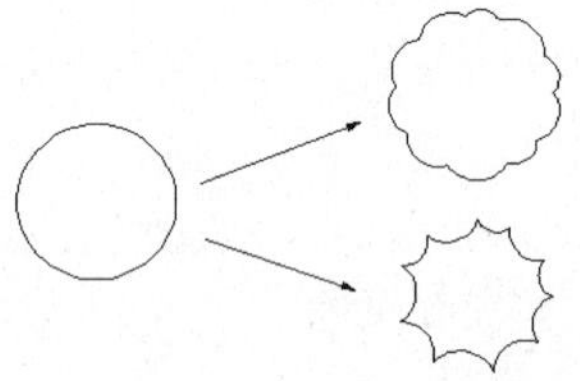

图 3-45 将对象转化为云线

技巧

如果在最后一步操作中设置了云线的反转方向，则会生成如图 3-46（右下）所示的云线。

【样式】选项用于设置修订云线的样式。AutoCAD 为用户提供了“普通”和“手绘”两种样式，默认情况下为“普通”样式。图 3-46 所示的云线就是在“手绘”样式下所绘制的图样。

图 3-46　手绘样式

3.2.6 样条曲线

所谓“样条曲线”，指的是由某些数据点（控制点）拟合生成的光滑曲线，如图 3-47 所示。

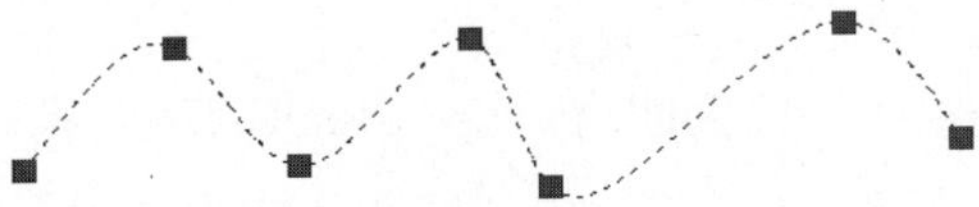

图 3-47　样条曲线

执行【样条曲线】命令主要有以下 4 种方式。

- 菜单栏：选择菜单【绘图】|【样条曲线】命令。
- 工具栏：单击【绘图】工具栏上的按钮。
- 命令行：在命令行中输入 Spline 或 SPL。
- 功能区：单击【常用】选项卡|【绘图】面板上的按钮。

执行【样条曲线】命令后，其命令行操作如下：

```
命令: _spline
    指定第一个点或 [对象(O)]:                                  //定位第一点
    指定下一点:                                                //定位第二点
    指定下一点或 [闭合(C)/拟合公差(F)] <起点切向>:             //定位第三点
    指定下一点或 [闭合(C)/拟合公差(F)] <起点切向>:             //定位第四点
    ………
    指定下一点或 [闭合(C)/拟合公差(F)] <起点切向>:             //c Enter，闭合图形
    指定切向:                                                  //确定切向
```

各选项功能如下。

- 【对象】选项：用于把样条曲线拟合的多段线转变为样条曲线。激活此选项后，如果用户选择的是没有经过【编辑多段线】拟合的多段线，系统无法转换选定的对象。
- 【闭合】选项：用于绘制闭合的样条曲线。激活此选项后，AutoCAD 将使样条曲线的起点和终点重合，并且共享相同的顶点和切向，此时系统只提示一次让用户给定切向点。
- 【拟合公差】选项：主要用来控制样条曲线对数据点的接近程度。拟合公差的大小直接影响到当前图形，公差越小，样条曲线越接近数据点，如果公差为 0，则样条曲线通过拟合点；输入大于 0 的公差将使样条曲线在指定的公差范围内通过拟合点，如图 3-48 所示。

图 3-48　拟合公差

3.3 多边形与面域

本节将学习【矩形】、【面域】、【边界】和【正多边形】命令。

3.3.1 矩形

矩形是由四条直线元素组合而的闭合对象，AutoCAD 将其看做是一条闭合的多段线。执行【矩形】命令主要有以下 4 种方式。

- 菜单栏：选择菜单【绘图】|【矩形】命令。
- 工具栏：单击【绘图】工具栏上的按钮。
- 命令行：在命令行中输入 Rectang 或 REC。
- 功能区：单击【常用】选项卡|【绘图】面板上的按钮。

默认设置下，绘制矩形的方式为“对角点”，下面通过绘制长度为 200、宽度为 100 的矩形，使用此种方式。

❶单击【绘图】工具栏上的按钮，激活【矩形】命令。

❷根据命令行的提示，使用默认对角点方式绘制矩形，命令行操作如下：

```
命令: _rectang
    指定第一个角点或 [倒角(C)/标高(E)/圆角(F)/厚度(T)/宽度(W)]:
                                        //在适当位置拾取一点作为矩形角点
    指定另一个角点或 [面积(A)/尺寸(D)/旋转(R)]:
                                        //@200,100 Enter ，指定对角点
```

❸绘制结果如图 3-49 所示。

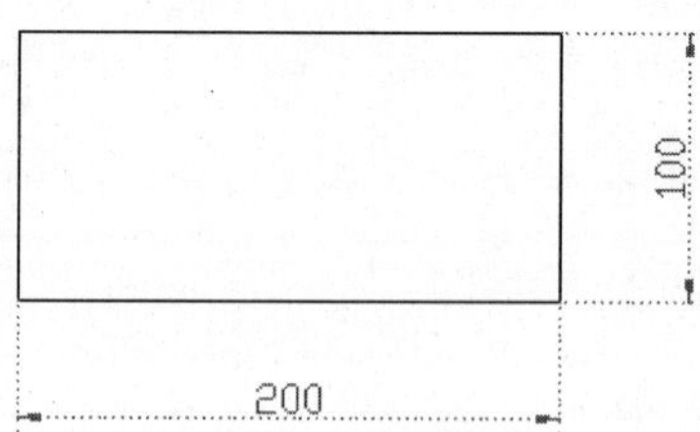

图 3-49　绘制结果

技巧

由于矩形被看做一条多段线，当用户编辑某一条边，需要事先使用【分解】命令将其分解。

1. 绘制倒角矩形

使用【矩形】命令中的【倒角】选项，可以绘制具有一定倒角的特征矩形，命令

行操作如下：

```
命令: _rectang
    指定第一个角点或 [倒角(C)/标高(E)/圆角(F)/厚度(T)/宽度(W)]:
                                              //c Enter，激活【倒角】选项
    指定矩形的第一个倒角距离 <0.0000>:          //25 Enter，设置第一倒角距离
    指定矩形的第二个倒角距离 <25.0000>:         //10 Enter，设置第二倒角距离
    指定第一个角点或 [倒角(C)/标高(E)/圆角(F)/厚度(T)/宽度(W)]: //在适当位置拾取一点
    指定另一个角点或 [面积(A)/尺寸(D)/旋转(R)]:   //d Enter，激活【尺寸】选项
    指定矩形的长度 <10.0000>:                   //200 Enter
    指定矩形的宽度 <10.0000>:                   //100 Enter
    指定另一个角点或 [面积(A)/尺寸(D)/旋转(R)]:   //在绘图区拾取一点，绘制结果如图 3-50
                                               所示
```

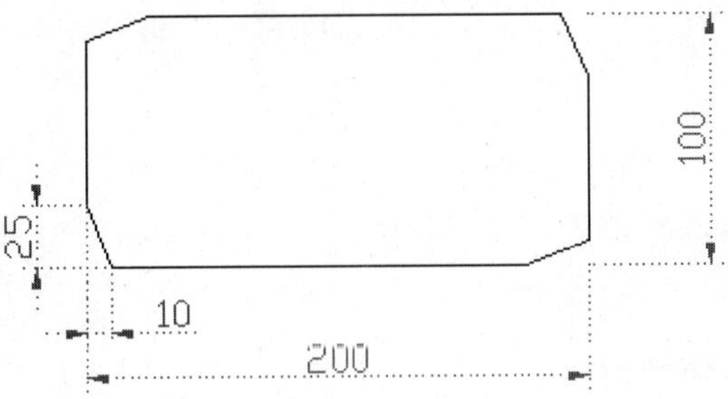

图 3-50　倒角矩形

技巧

此步操作仅仅是用来确定矩形的位置，具体就是确定另一个顶点相对于第一顶点的位置。如果在第一顶点的左侧拾取点，结果另一个对象点为于第一个顶点的左侧，反之位于右侧。

2. 绘制圆角矩形

使用【矩形】命令中的【圆角】选项，可以绘制具有一定圆角的特征矩形，其命令行操作如下：

```
命令: _rectang
    指定第一个角点或 [倒角(C)/标高(E)/圆角(F)/厚度(T)/宽度(W)]:
                                              //f Enter，激活【圆角】选项
    指定矩形的圆角半径 <0.0000>:                //20 Enter，设置圆角半径
    指定第一个角点或 [倒角(C)/标高(E)/圆角(F)/厚度(T)/宽度(W)]:
                                              //拾取一点作为起点
    指定另一个角点或 [面积(A)/尺寸(D)/旋转(R)]:   //a Enter，激活【面积】选项
    输入以当前单位计算的矩形面积 <100.0000>:     //20000 Enter，指定矩形面积
    计算矩形标注时依据 [长度(L)/宽度(W)] <长度>: //L Enter，激活【长度】选项
    输入矩形长度 <200.0000>:                    // Enter，绘制结果如图 3-51 所示
```

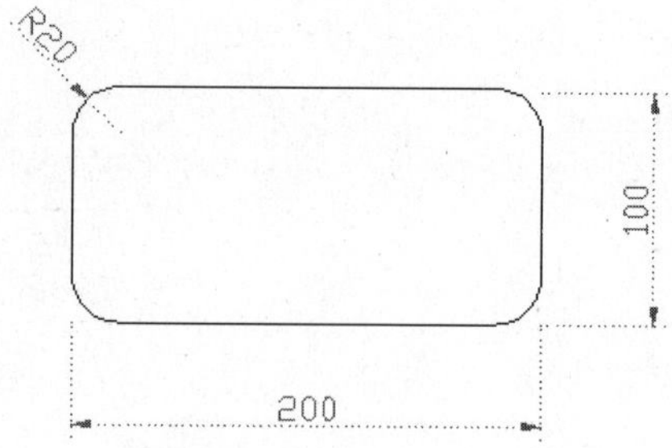

图 3-51　圆角矩形

3．**其他选项**

- 【标高】选项：用于设置矩形在三维空间内的基面高度，即距离当前坐标系的 XOY 坐标平面的高度。
- 【厚度】和【宽度】选项：用于设置矩形各边的厚度和宽度，以绘制具有一定厚度和宽度的矩形，如图 3-52 和图 3-53 所示。矩形的厚度指的是 Z 轴方向的高度。矩形的厚度和宽度也可以由【特性】命令进行修改和设置。

图 3-52　宽度矩形

图 3-53　厚度矩形

技巧

如果用户绘制一定厚度和标高的矩形时，要把当前视图转变为等轴测视图，才能显示出矩形的厚度和标高，否则在俯视图中看不出什么变化来。

3.3.2　面域

面域，其实就是实体的表面，它是一个没有厚度的二维实心区域，它具备实体模型的一切特性，它不但含有边的信息，还有边界内的信息，可以利用这些信息计算工程属性，如面积、重心和惯性等。执行【面域】命令主要有以下 4 种方式。

- 菜单栏：选择菜单【绘图】|【面域】命令。
- 工具栏：单击【绘图】工具栏上的◎按钮。
- 命令行：在命令行中输入 Region 或 REN。
- 功能区：单击【常用】选项卡|【绘图】面板上的◎按钮。

面域不能直接被创建，而是通过其他闭合图形进行转化。在激活【面域】命令后，只需选择封闭的图形对象，即可将其转化为面域，如圆、矩形、正多边形等。

封闭对象在没有转化为面域之前，仅是一种线框模型，没有什么属性信息；而这些封闭图形一旦被创建为面域之后，它就转变为一种实体对象，它包含实体对象所具有的一切属性。

当闭合对象被转化为面域后，看上去并没有什么变化，如果对其进行着色后就可以区分开，如图 3-54 所示。

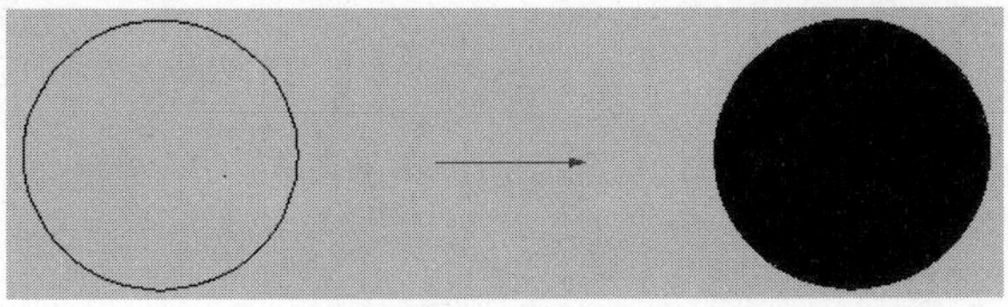

图 3-54　线框与面域

3.3.3　边界

所谓“边界”，指的是一条闭合的多段线或面域。使用【边界】命令，可以从多个相交对象中提取一条或多条闭合多段线，也可以提取一个或多个面域。执行【边界】命令主要有以下 3 种方式。

- 菜单栏：选择菜单【绘图】|【边界】命令。
- 命令行：在命令行中输入 Boundary 或 BO。
- 功能区：单击【常用】选项卡|【绘图】面板上的按钮。

下面通过具体实例，学习【边界】命令的使用方法和技巧。具体操作如下。

❶新建空白文件。

❷绘制如图 3-55 所示的矩形和对角线。

❸选择菜单【绘图】|【边界】命令，打开如图 3-56 所示的【边界创建】对话框。

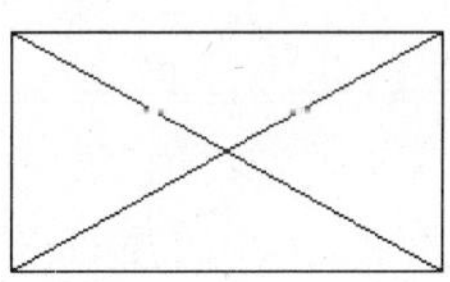

图 3-55　绘制结果

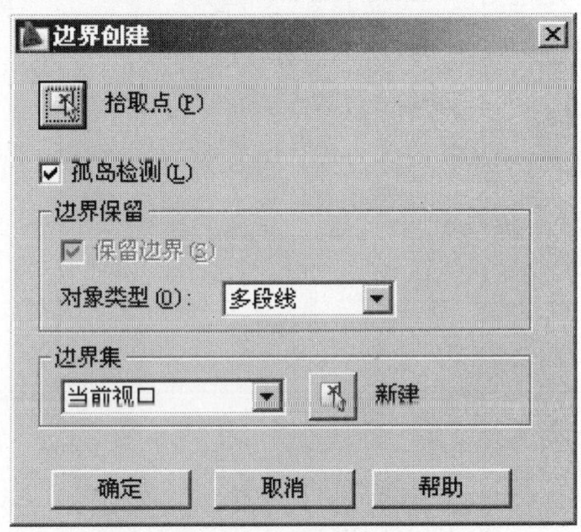

图 3-56　【边界创建】对话框

技巧

【对象类型】列表框用于确定导出的是封闭边界还是面域，默认为多段线。如果需要导出面域，即可将面域设置为当前。

❹单击【拾取点】按钮，返回绘图区在命令行“拾取内部点：”提示下，在矩形内部区域内单击拾取一点，系统自动分析出一个虚线边界，如图 3-57 所示。

❺继续在命令行“拾取内部点：”提示下，在下侧区域内单击，创建另外两个边界，如图 3-58 所示。

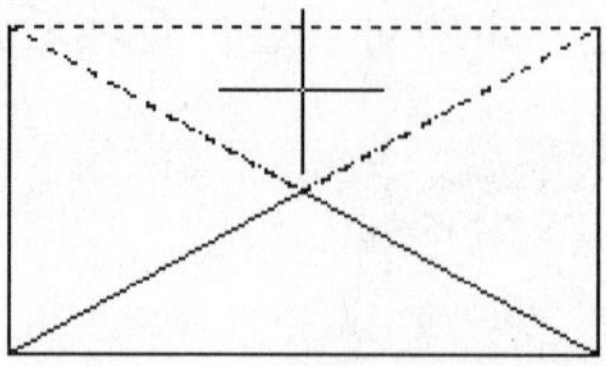

图 3-57　创建边界（一）

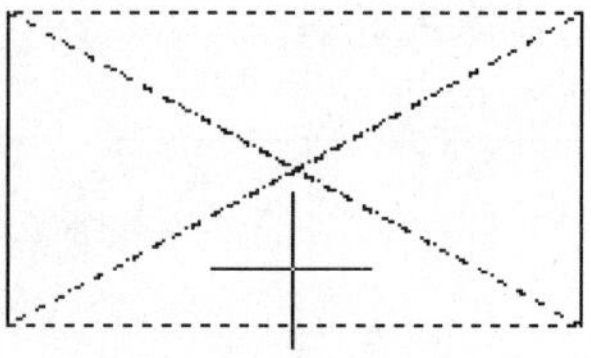

图 3-58　创建边界（二）

❻继续在命令行“拾取内部点:”提示下按 Enter 键结束命令，结果创建了两条闭合的多段线边界。

技巧

使用【边界】命令创建的闭合多段线或面域与原图形对象的轮廓边是重合的。

❼使用快捷键“M”激活【移动】命令，将创建的 3 个闭合边界从原图形中移出，结果如图 3-59 所示。

图 3-59　移出边界

在【边界创建】对话框中，【边界集】选项组用于定义从指定点定义边界时 AutoCAD 导出来的对象集合，共有“当前视口”和“现有集合”两种类型，其中用于从当前视口可见的所有对象中定义边界集，后者是从选择的所有对象中定义边界集。

单击【新建】按钮，在绘图区选择对象后，系统返回【边界创建】对话框，在【边界集】选项组中显示【现有集合】类型，用户可以从选择的现有对象集合中定义边界集。

3.3.4　正多边形

所谓“正多边形”，指的是由相等的边角组成的闭合图形，如图 3-60 所示。正多边形也是一个复合对象，不管内部包含有多少直线元素，系统都将其看作是一个单一的对象。下面将学习 3 种绘制正多边形的方法。

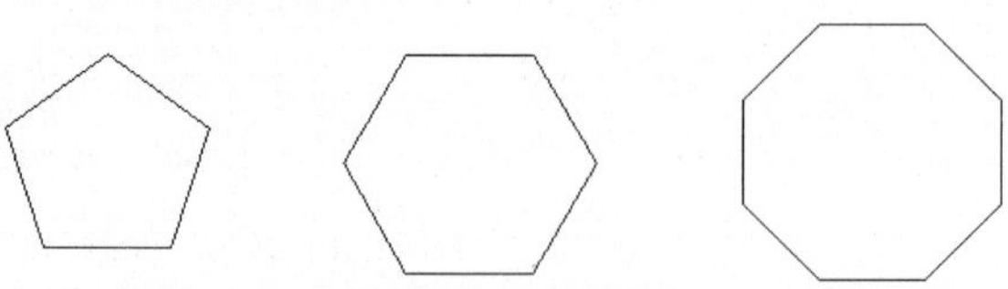

图 3-60　正多边形

执行【正多边形】命令主要有以下 4 种方式。

- 菜单栏：选择菜单【绘图】|【正多边形】命令。
- 工具栏：单击【绘图】工具栏上的按钮。
- 命令行：在命令行中输入 Polygon 或 POL。
- 功能区：单击【常用】选项卡|【绘图】面板上的按钮。

1．“内接于圆”方式画多边形

此种方式为系统默认方式，在指定了正多边形的边数和中心点后，直接输入正多边形外接圆的半径，即可精确绘制正多边形。其命令行操作如下：

```
命令: _polygon
    输入边的数目 <4>:                           //5 Enter，设置正多边形的边数
    指定正多边形的中心点或 [边(E)]:              //在绘图区拾取一点作为中心点
    输入选项 [内接于圆(I)/外切于圆(C)] <I>:      //I Enter，激活【内接于圆】选项
    指定圆的半径:                               //120 Enter，输入外接圆半径，绘制结果
                                                 如图 3-61 所示
```

2．“外切于圆”方式画多边形

当确定了正多边形的边数和中心点之后，使用此种方式输入正多边形内切圆的半径，就可精确绘制出正多边形。其命令行操作如下：

```
命令: _polygon
    输入边的数目 <4>:                           //5 Enter，设置正多边形的边数
    指定正多边形的中心点或 [边(E)]:              //在绘图区拾取一点定位中心点
    输入选项 [内接于圆(I)/外切于圆(C)] <C>:      //c Enter，激活【外切于圆】选项
    指定圆的半径:                               //120 Enter，输入内切圆的半径，绘制结果如
                                                 图 3-62 所示
```

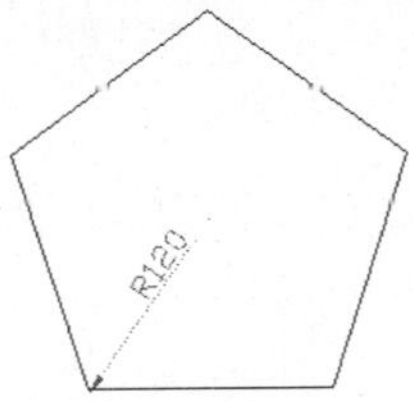

图 3-61 “内接于圆”方式示例

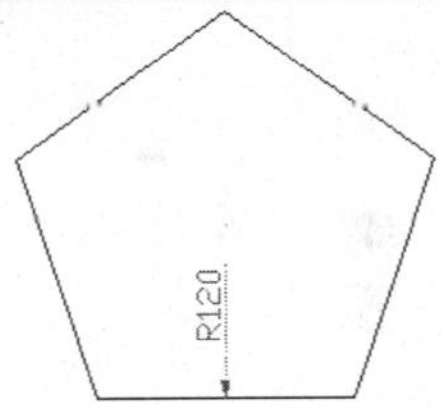

图 3-62 “外切于圆”方式示例

3．“边”方式画多边形

此种方式是通过输入多边形一条边的边长，来精确绘制正多边形的。在具体定位边长时，需要分别定位出边的两个端点。其命令行操作如下：

```
命令: _polygon
    输入边的数目 <4>:                    //6 Enter，设置正多边形的边数
    指定正多边形的中心点或 [边(E)]:       //e Enter，激活【边】选项
    指定边的第一个端点:                  //拾取一点作为边的一个端点
    指定边的第二个端点:                  //@100,0 Enter,定位第二个端点,绘制结果如图 3-63
                                          所示
```

技巧

使用按“边”方式绘制正多边形，在指定边的两个端点 A、B 时，系统按从 A 至 B 顺序以逆时针方向绘制正多边形。

3.4 点

本节将学习【单点】、【多点】、【定数等分】和【定距等分】命令。

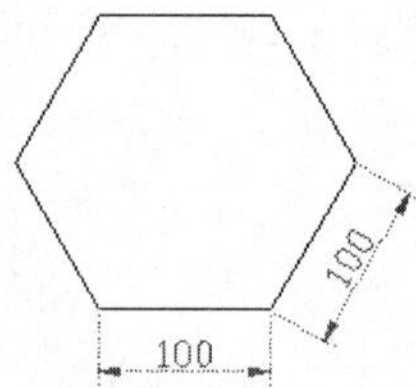

图 3-63 "边"方式示例

3.4.1 单点

使用【单点】命令一次绘制一个点对象。执行【单点】命令主要有以下两种方式。

- 菜单栏：选择菜单【绘图】|【点】|【单点】命令。
- 命令行：在命令行中输入 Point 或 PO。

当激活【单点】命令绘制完单个点后，系统自动结束此命令，所绘制的点以一个小点的方式进行显示，如图 3-64 所示。

图 3-64 单点

默认设置下，点图形是以一个小点显示，如果用户需要在某图形轮廓线上绘制点，结果用户就会看不到所绘制的点，为此，AutoCAD 为用户提供了多种点的样式，用户可以根据需要进行设置当前点的显示样式。点样式及点尺寸的设置步骤如下。

❶选择菜单【格式】|【点样式】命令，或在命令行中输入"DDPTYPE"并按 Enter 键，打开如图 3-65 所示的对话框。

❷AutoCAD 为用户提供了 20 种点样式，在所需样式上单击，即可将此样式设置为当前样式。在此设置"⊠"为当前点样式。

❸在【点大小】文本框中输入点的大小尺寸。其中，【相对于屏幕设置尺寸】选项表示按照屏幕尺寸的百分比进行显示点；【用绝对单位设置尺寸】选项表示按照点的实际尺寸来显示点。

❹单击 确定 按钮，结果绘图区的点被更新，如图 3-66 所示。

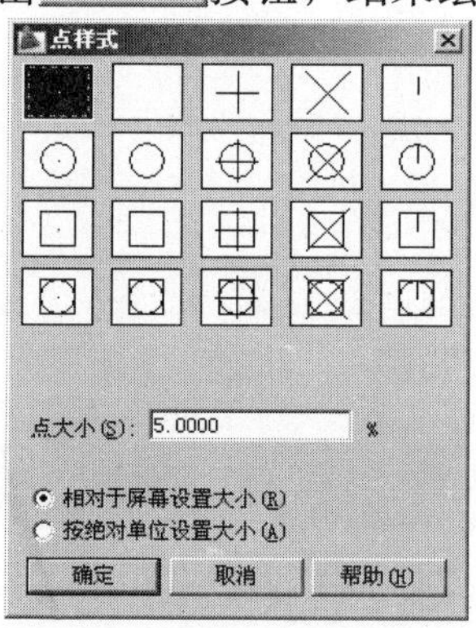

图 3-65 【点样式】对话框

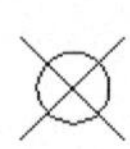
图 3-66 更改点样式

3.4.2 多点

【多点】命令可以连续绘制多个点对象，直到按 Esc 键结束命令为止，如图 3-67 所示。执行【多点】命令主要有以下 3 种方式。

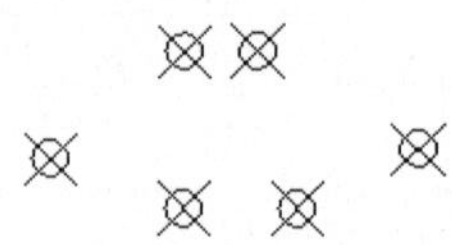
图 3-67 绘制效果

- 菜单栏：选择菜单【绘图】|【点】|【多点】命令。
- 工具栏：单击【绘图】工具栏上的·按钮。
- 功能区：单击【常用】选项卡|【绘图】面板上的·按钮。

执行【多点】命令后，AutoCAD 命令行操作如下：

```
命令：_Point
    当前点模式：PDMODE=0 PDSIZE=0.0000 （Current point modes: PDMODE=0 PDSIZE=0.0000）
    指定点：            //在绘图区给定点的位置
    指定点：            //在绘图区给定点的位置
    指定点：            //在绘图区给定点的位置
    …
    指定点：            //继续绘制点或按 Esc 键结束命令，绘制结果如图 3-67 所示
```

3.4.3 定数等分

【定数等分】命令用于按照指定的等分数目进行等分对象，对象被等分的结果仅仅是在等分点处放置了点的标记符号（或者是内部图块），而源对象并没有被等分为多个对象。执行【定数等分】命令主要有以下两种方式。

- 菜单栏：选择菜单【绘图】|【点】|【定数等分】命令。
- 命令行：在命令行中输入 Divide 或 DVI。

下面通过具体实例，学习【定数等分】命令的使用方法和技巧。具体操作步骤如下。

❶新建空白文件。

❷绘制一条长度为 200 的水平线段作为等分对象。

❸选择菜单【格式】|【点样式】命令，将当前点样式设置为“⊠”。

❹选择菜单【绘图】|【点】|【定数等分】命令，然后根据 AutoCAD 命令行提示进行定数等分线段，命令行操作如下：

```
命令: _divide
    选择要定数等分的对象:        //选择刚绘制的水平线段
    输入线段数目或 [块(B)]:      //5 Enter，设置等分数目，同时结束命令
```

❺等分结果如图 3-68 所示。

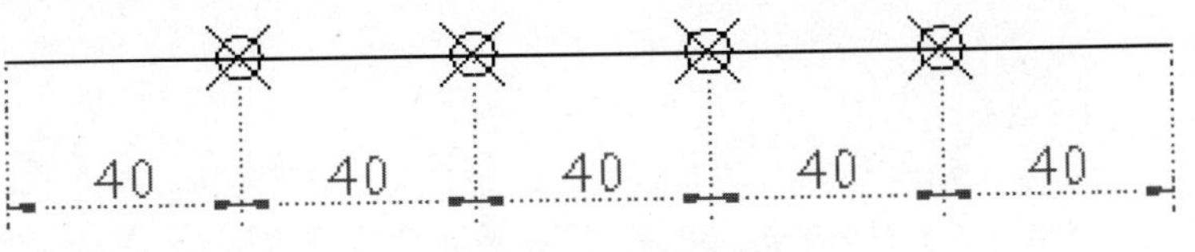

图 3-68 等分结果

技巧

【块(B)】选项用于在对象等分点处放置内部图块，以代替点标记。在执行此选项时，必须确保当前文件中存在所需使用的内部图块。

3.4.4 定距等分

【定距等分】命令是按照指定的等分距离进行等分对象。执行【定距等分】命令主要有以下两种方式。

- 菜单栏：选择菜单【绘图】|【点】|【定距等分】命令。
- 命令行：在命令行中输入 Measure 或 ME。

下面通过具体实例，学习【定距等分】命令的使用方法和技巧。具体操作步骤如下。

❶绘制长度为 200 的水平线段。

❷使用【点样式】命令，设置点的显示样式为“⊗”。

❸选择菜单【绘图】|【点】|【定距等分】命令，对线段进行定距等分。命令行操作如下：

```
命令: _measure
    选择要定距等分的对象:            //选择刚绘制的线段
    指定线段长度或 [块(B)]:          //45 Enter，设置等分距离
```

❹定距等分的结果如图 3-69 所示。

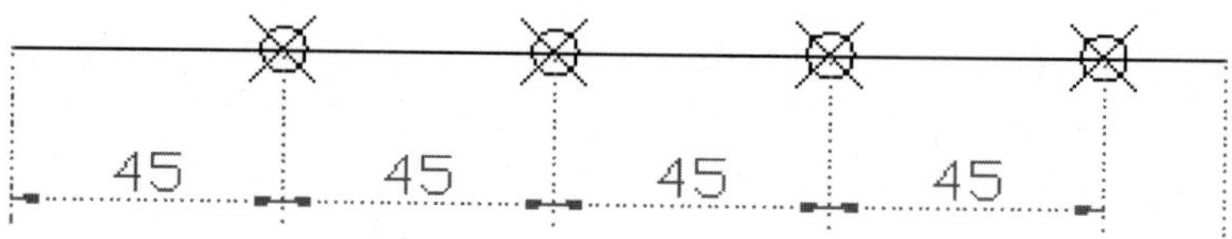

图 3-69　等分结果

3.5 图案填充

所谓“图案”，指的就是使用各种图线进行不同的排列组合而构成的图形元素，此类图形元素作为一个独立的整体，被填充到各种封闭的图形区域内，以表达各自的图形信息，如图 3-70 所示。执行【图案填充】命令主要有以下 4 种方式。

- 菜单栏：选择菜单【绘图】|【图案填充】命令。
- 工具栏：单击【绘图】工具栏上的按钮。
- 命令行：在命令行中输入 Bhatch 或 H 或 BH。
- 功能区：单击【常用】选项卡|【绘图】面板上的按钮。

图 3-70　图案示例

下面通过具体实例，学习【图案填充】命令的使用方法和技巧。具体操作步骤如下。

❶新建空白文件，并绘制一个椭圆和圆，作为填充边界。

❷选择菜单【绘图】|【图案填充】命令，打开如图 3-71 所示的【图案填充和渐变色】对话框。

❸单击【样列】文本框中的图案，或单击【图案】列表右端的按钮，打开【填充图案选项板】对话框，选择需要填充的图案，如图 3-72 所示。

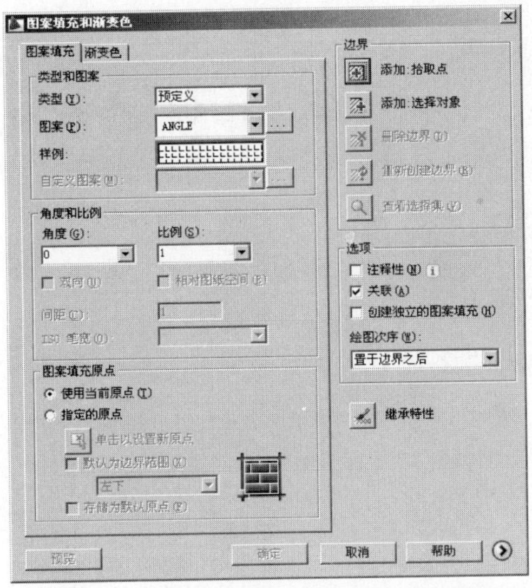

图 3-71 【图案填充和渐变色】对话框

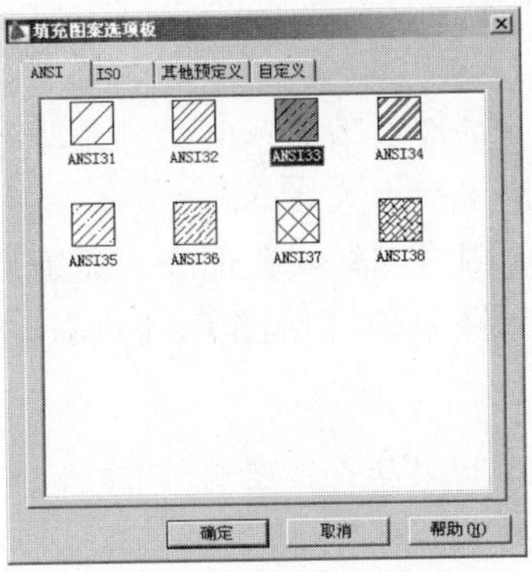

图 3-72 选择填充图案

❹返回【图案填充和渐变色】对话框中设置填充比例为 5，然后单击【添加:选择对象】按钮，选择椭圆作为填充边界，填充结果如图 3-73 所示。

❺重复【图案填充】命令，设置填充的图案以及填充参数如图 3-74 所示。然后单击【添加:拾取点】按钮，返回绘图区，在圆图形内单击，指定填充边界。

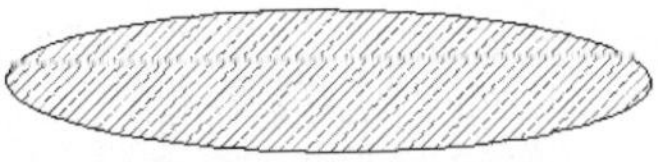

图 3-73 填充结果

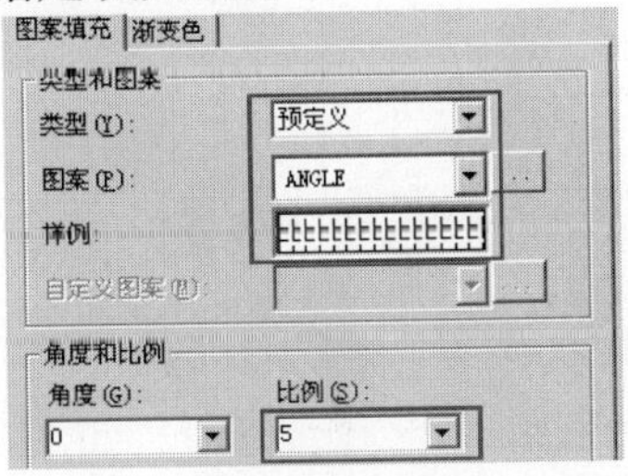

图 3-74 设置填充图案和填充参数

❻按 Enter 键返回【图案填充和渐变色】对话框，单击 确定 按钮结束命令，填充结果如图 3-75 所示。

1．【图案填充】选项卡

【图案填充】选项卡用于设置填充图案的类型、样式、填充角度及填充比例等，各常用选项如下。

- 【类型】列表框内包含“预定义”、“用户定义”、“自定义”3 种图样类型，如图 3-76 所示。

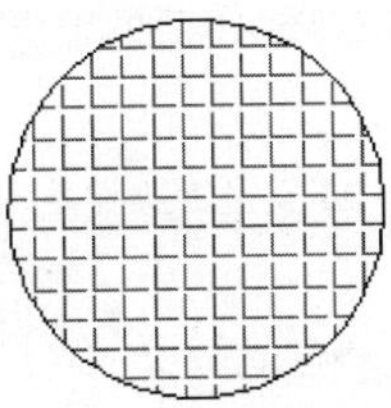

图 3-75 填充结果

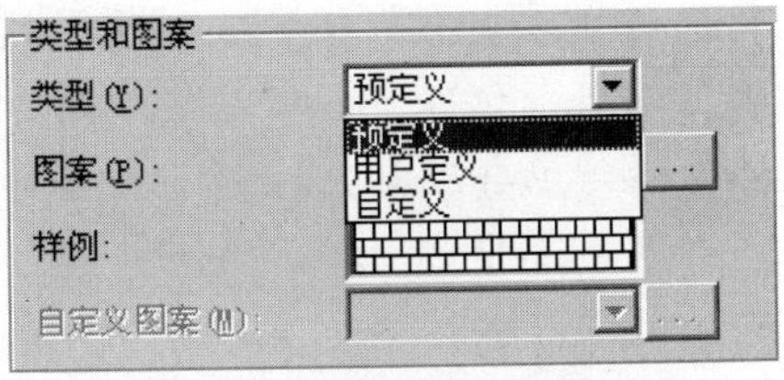

图 3-76 【类型】下拉列表框

技巧

"预定义"图样只适用于封闭的填充边界;"用户定义"图样可以使用图形的当前线型创建填充图样;"自定义"图样就是使用自定义的 PAT 文件中的图样进行填充。

- 【图案】列表框用于显示预定义类型的填充图案名称。用户可从下拉列表框中选择所需的图案,也可单击...按钮,在弹出的【填充图案选项板】对话框中选择所需的填充图案。
- 【样例】文本框用于显示图案的预览图像;【角度】下拉列表框用于设置图案的倾斜角度;【比例】下拉列表框用于设置图案的填充比例。

技巧

AutoCAD 提供的各图案都有默认的比例,如果此比例不合适(太稀或太密),可以输入数值给出新比例。

- 【相对于图纸空间】选项仅用于布局选项卡,它是相对图纸空间单位进行图案的填充。运用此选项,可以根据适合于布局的比例显示填充图案。
- 【间距】文本框可设置用户定义填充图案的直线间距。

技巧

只有激活了【类型】列表框中的【用户自定义】选项,此选项才可用。

- 【双向】选项仅适用于用户定义图案。勾选该复选框,将增加一组与原图线垂直的线。
- 【ISO 笔宽】选项决定运用 ISO 剖面线图案的线与线之间的间隔,它只在选择 ISO 线型图案时才可用。
- 【添加:拾取点】按钮:该选项用于在填充区域内部拾取任意一点,AutoCAD 将自动搜索到包含该内点的区域边界,并以虚线显示边界。

技巧

可以连续地拾取多个要填充的目标区域,如果选择了不需要的区域,可单击右键,从弹出的快捷菜单中选择【放弃上次选择|拾取】或【全部清除】命令。

- 【添加:选择对象】按钮:单击此按钮,系统将自动返回绘图区,选择需要填充图案的闭合图形,作为填充边界。
- 【删除边界】按钮:用于删除位于选定填充区内但不填充的区域。
- 【查看选择集】按钮:用于查看所确定的边界。
- 【继承特性】按钮:用于在当前图形中选择一个已填充的图案,系统将继承该图案类型的一切属性并将其设置为当前图案。
- 【关联】选项与【创建独立的图案填充】选项用于:确定填充图形与边界的关系。分别用于创建关联和不关联的填充图案。

2.【渐变色】选项卡

在【图案填充和渐变色】对话框中单击渐变色按钮，打开如图 3-77 所示的【渐变色】选项卡，用于为指定的边界填充渐变色。

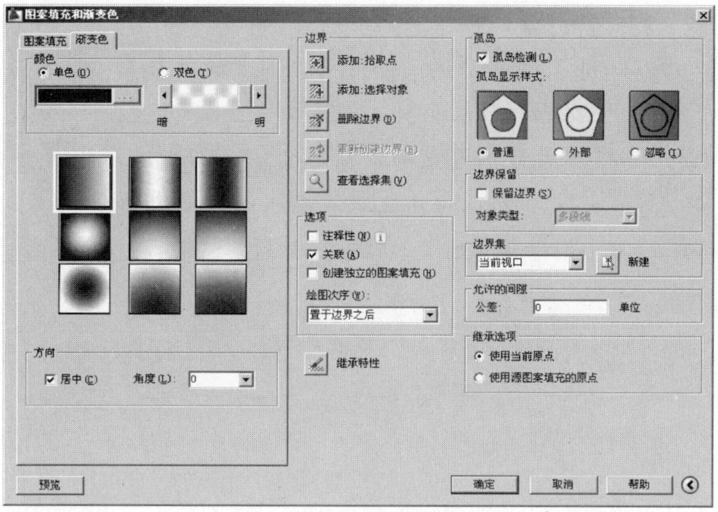

图 3-77 【渐变色】选项卡

技巧

单击对话框右下角的【更多选项】扩展按钮，即可展开右侧的【孤岛】、【边界保留】等选项。

- 【单色】选项：用于以一种渐变色进行填充；显示框用于显示当前的填充颜色，双击该颜色框或单击其右侧的...按钮，可以弹出如图 3-78 所示的【选择颜色】对话框，用户可根据需要选择所需的颜色。

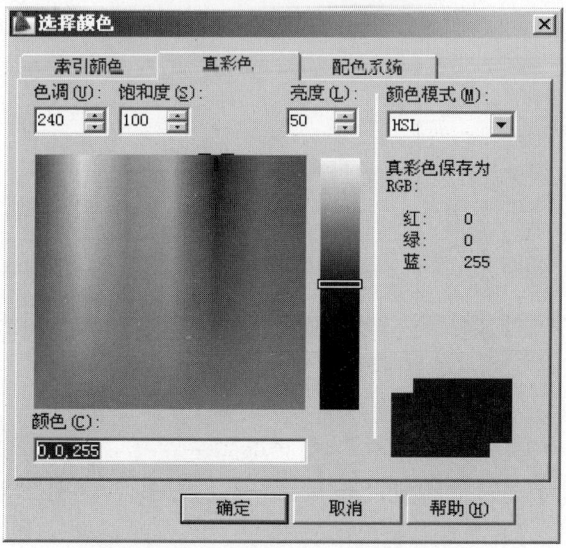

图 3-78 【选择颜色】对话框

- 【暗—明】滑动条：拖动滑动块可以调整填充颜色的明暗度，如果用户激活【双色】选项，此滑动条自动转换为颜色显示框。
- 【双色】选项：用于以两种颜色的渐变色作为填充色。
- 【角度】选项：用于设置渐变填充的倾斜角度。
- 【孤岛显示样式】选项：提供了“普通”、“外部”和“忽略”3 种方式，如图 3-79 所示。其中“普通”方式是从最外层的外边界向内边界填充，第一层填充，第二层不填充，如此交替进行；“外部”方式只填充从最外边界向内第一边界之间的区域；“忽略”方式忽略最外层边界以内的其他任何边界，以最外层边界向内填充全部图形。

图 3-79　孤岛填充样式

技巧

孤岛是指在一个边界包围的区域内又定义了另外一个边界，它可以实现对两个边界之间的区域进行填充，而内边界包围的内区域不填充。

- 【边界保留】选项：用于设置是否保留填充边界。系统默认设置为不保留填充边界线。

3.6 综合实例——绘制矩形垫片

下面通过绘制如图 3-80 所示的矩形垫片零件图，对本章重点知识进行综合练习和巩固。

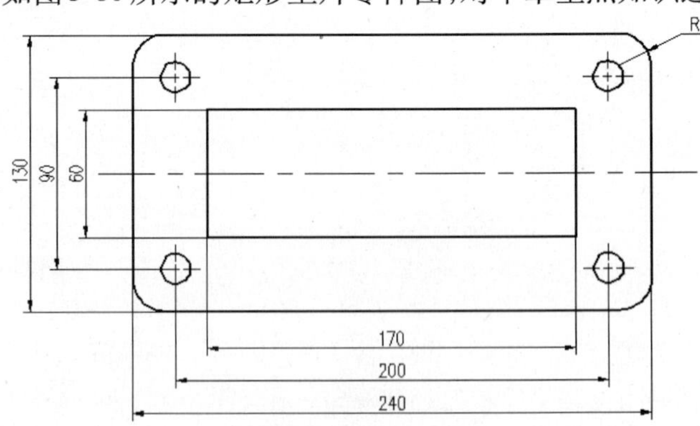

图 3-80　矩形垫片零件图

具体操作步骤如下。

❶新建空白文件，并启用【对象捕捉】功能。

❷单击【绘图】工具栏上的□按钮，绘制一个长为 170、宽为 60 的矩形。命令行操作如下：

```
命令: _rectang
    指定第一个角点或 [倒角(C)/标高(E)/圆角(F)/厚度(T)/宽度(W)]:
                                              //在绘图区拾取一点
    指定另一个角点或 [面积(A)/尺寸(D)/旋转(R)]:     //d Enter
    指定矩形的长度 <10.0000>:                     //170 Enter，输入矩形的长度
    指定矩形的宽度 <10.0000>:                     //60 Enter，输入矩形的宽度
    指定另一个角点或 [面积(A)/尺寸(D)/旋转(R)]:
                                              //在适当位置拾取一点，定位矩形的位置，
                                               绘制结果如图 3-81 所示
```

❸重复【矩形】命令，绘制辅助矩形。命令行操作如下：

```
命令: _Rectang
    指定第一个角点或 [倒角(C)/标高(E)/圆角(F)/厚度(T)/宽度(W)]:   //激活【捕捉自】功能
    _from 基点:                                              //捕捉矩形左下角端点
    <偏移>:                                                  // @-15,-15 Enter
    指定另一个角点或 [面积(A)/尺寸(D)/旋转(R)]:                 //@200,90 Enter，绘制结
                                                              果如图 3-82 所示
```

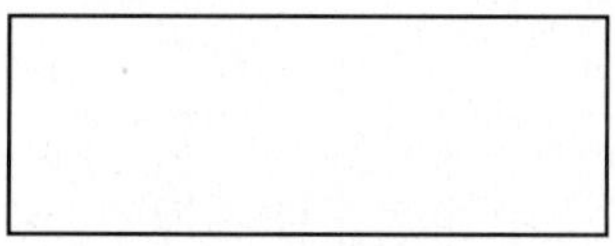

图 3-81 绘制矩形

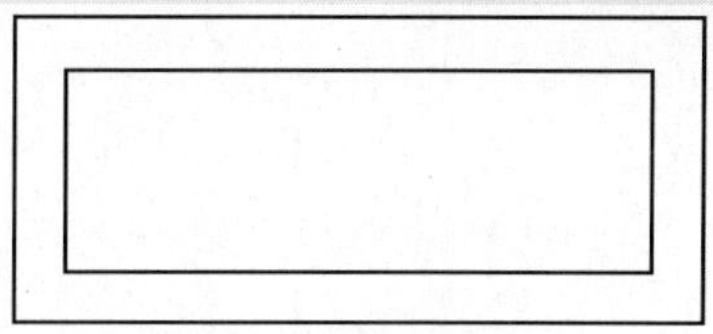

图 3-82 绘制辅助矩形

❹重复执行【矩形】命令，再配合【捕捉自】功能绘制外侧的圆角矩形。命令行操作如下：

```
命令: _Rectang
    指定第一个角点或 [倒角(C)/标高(E)/圆角(F)/厚度(T)/宽度(W)]://f Enter
    指定矩形的圆角半径 <0.0000>:                            //15 Enter
    指定第一个角点或 [倒角(C)/标高(E)/圆角(F)/厚度(T)/宽度(W)]://激活【捕捉自】功能
    _from 基点:                                            //捕捉内部矩形的左下角端点
    <偏移>:                                                //@-35,-35 Enter
    指定另一个角点或 [面积(A)/尺寸(D)/旋转(R)]:               //@240,130 Enter，绘制结果如
                                                            图 3-83 所示
```

❺单击【绘图】工具栏上的按钮，激活【圆】命令，以中间矩形的左下角点为圆心，绘制如图 3-84 所示的圆孔。命令行操作如下：

```
命令: _circle
    指定圆的圆心或 [三点(3P)/两点(2P)/相切、相切、半径(T)]:
                                  //捕捉中间矩形的左下角点
    指定圆的半径或 [直径(D)]:        //d Enter
    指定圆的直径:                   //14 Enter，输入圆孔直径，绘制结果如图 3-84 所示
```

图 3-83　绘制圆角矩形

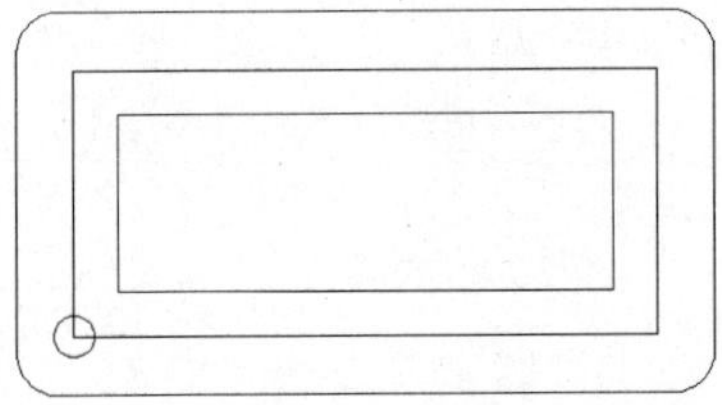

图 3-84　绘制圆孔

❻重复执行【圆】命令，分别以辅助矩形的其他 3 个角点作为圆心，绘制直径为 14 的圆孔，结果如图 3-85 所示。

❼选择菜单【修改】|【删除】命令，选择中间的辅助矩形，将其删除，结果如图 3-86 所示。

图 3-85　绘制其他圆孔

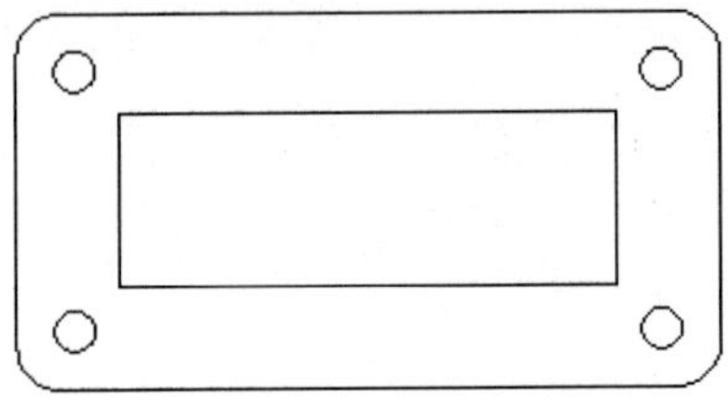

图 3-86　删除结果

❽选择菜单【标注】|【样式】，在打开的【标注样式管理器】对话框中单击 修改(M)... 按钮，修改当前标注样式参数如图 3-87 所示。

❾选择菜单【标注】|【圆心标记】，选择圆，为其标注圆心标记，结果如图 3-88 所示。

❿选择菜单【格式】|【线型】命令，在打开的对话框中加载一种名为"CENTER"线型，并将此线型设置为当前线型。

⓫使用【直线】命令，配合捕捉与追踪功能绘制如图 3-89 所示的中心线。

图 3-87　修改标注样式

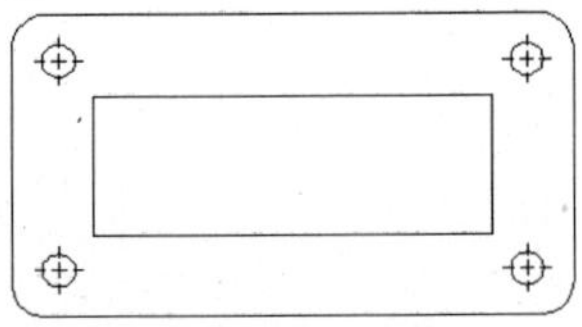

图 3-88 标注结果

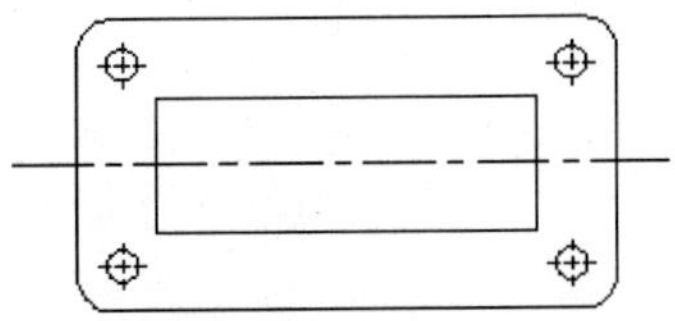

图 3-89 绘制中心线

⓬选择菜单【文件】|【保存】命令，将图形命名存储为"垫片.dwg"。

3.7 本章小结

本章主要学习了 AutoCAD 常用绘图工具的使用方法和操作技巧，具体有点、线、圆、弧、闭合边界以及图案填充等。

在讲述点命令时，需要掌握点样式、点尺寸的设置方法、掌握单点与多点的绘制以及定数等分和定距等分工具的操作方法和操作技巧；在讲述线命令时，需要掌握直线、多段线、平行线、作图辅助线以及样条曲线等的绘制方法和技巧，具备基本的图元绘制技能。

除了各种线元素之外，本章还向用户简单介绍了一些闭合图元的绘制方法和技巧，如矩形、边界、圆、弧以及多边形等。

3.8 练习题

（1）综合本章相关知识，绘制如图 3-90 所示的几何图形。

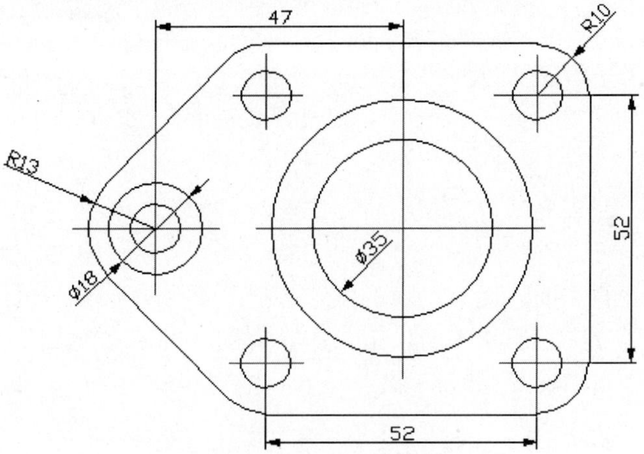

图 3-90　几何图形

（2）综合本章相关知识，绘制如图 3-91 所示的零件图。

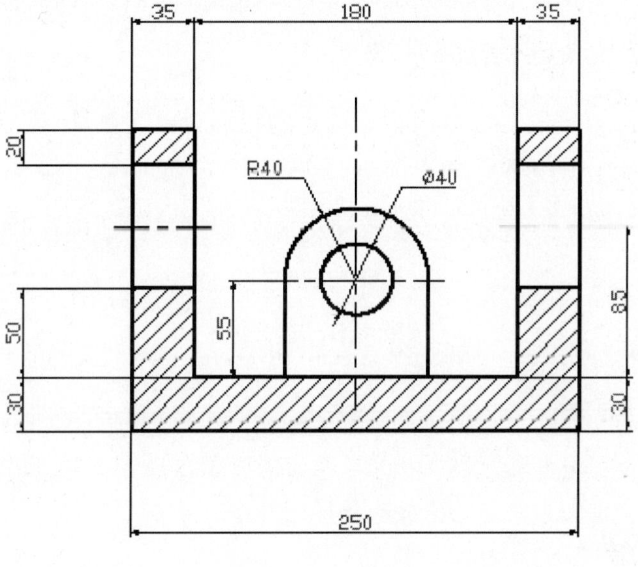

图 3-91　零件图

第4章

二维编辑功能

本章将学习 AutoCAD 的二维修改功能，以方便用户对其进行编辑和修饰完善，将有限的基本几何元素编辑组合为千变万化的复杂图形，以满足设计的需要。通过本章的学习，应了解和掌握图形的编辑细化工具、掌握图形位置、形状的变换工具、掌握图形的 4 种复制功能，以更好地组合和编辑出结构复制的图形。

4.1 图形的复制、镜像、偏移和阵列

本节将学习【复制】、【偏移】、【镜像】和【阵列】命令。

4.1.1 复制图形

【复制】命令用于将选定的图形对象进行基点复制，复制的结果可以是一份，也可以是多份。

执行【复制】命令主要有以下 4 种方式。

- 菜单栏：选择菜单【修改】|【复制】命令。
- 工具栏：单击【修改】工具栏上的按钮。
- 命令行：在命令行中输入 Copy 或 CO 或 CP。
- 功能区：单击【常用】选项卡|【修改】面板上的按钮。

技巧

此命令只能在当前文件中复制对象，如果用户需要在多个文件之间复制对象，则必须启动菜单【编辑】|【复制】命令。

一般情况下，通常使用【复制】命令创建结构相同，但位置不同的复合结构。下面通过实例，学习【复制】命令的使用方法和技巧。

❶新建文件，并绘制长度为 200、宽度为 100 的矩形。

❷选择菜单【绘图】|【圆】|【圆心、半径】命令，以矩形的左下角端点作为圆心，绘制半径为 20 的圆，如图 4-1 所示。

❸单击【修改】工具栏上的按钮，激活【复制】命令，将圆图形分别复制到矩形其他角点处。命令行操作如下：

```
命令: _copy
    选择对象:                                    //选择刚绘制的圆图形
```

选择对象: //Enter，结束选择
当前设置: 复制模式 = 多个
指定基点或 [位移(D)/模式(O)] <位移>: //捕捉圆心作为基点
指定第二个点或 <使用第一个点作为位移>: //捕捉矩形左上角端点
指定第二个点或 [退出(E)/放弃(U)] <退出>: //捕捉矩形右上角端点
指定第二个点或 [退出(E)/放弃(U)] <退出>: //捕捉矩形右下角端点
指定第二个点或 [退出(E)/放弃(U)] <退出>: //Enter，复制结果如图 4-2 所示

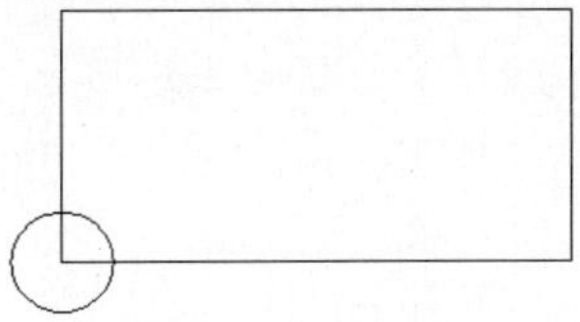

图 4-1 绘制结果

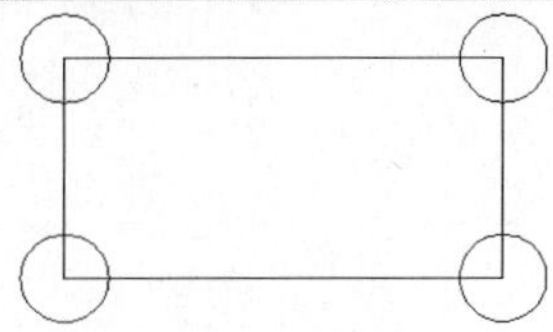

图 4-2 复制结果

4.1.2 偏移图形

【偏移】命令用于将选定的图形对象按照一定的距离或指定的通过点进行偏移。不同结构的对象，其偏移结果也会不同。比如在对圆、椭圆等对象偏移后，对象的尺寸发生了变化，而对直线偏移后，尺寸则保持不变。

执行【偏移】命令主要有以下 4 种方式。

- 菜单栏：选择菜单【修改】|【偏移】命令。
- 工具栏：单击【修改】工具栏上的按钮。
- 命令行：在命令行中输入 Offset 或 O。
- 功能区：单击【常用】选项卡|【修改】面板上的按钮。

1. 距离偏移

所谓“距离偏移”，指的就是根据事先指定的某一距离进行偏移对象，其操作步骤如下。

❶首先绘制如图 4-3 所示的圆、椭圆和直线。

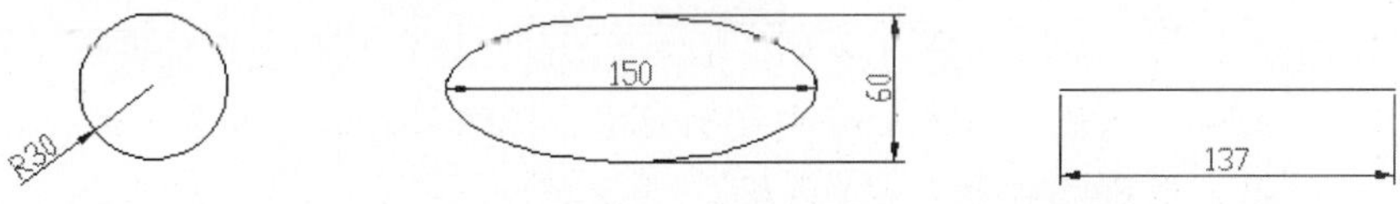

图 4-3 绘制结果

❷单击【修改】工具栏上的按钮，对各图形进行距离偏移。命令行操作如下：

命令: _offset
当前设置: 删除源=否 图层=源 OFFSETGAPTYPE=0
指定偏移距离或 [通过(T)/删除(E)/图层(L)] <10.0000>: //20 Enter，设置偏移距离
选择要偏移的对象，或 [退出(E)/放弃(U)] <退出>: //单击圆形作为偏移对象
指定要偏移的那一侧上的点，或 [退出(E)/多个(M)/放弃(U)] <退出>:
//在圆的外侧拾取一点
选择要偏移的对象，或 [退出(E)/放弃(U)] <退出>: //单击椭圆
指定要偏移的那一侧上的点，或 [退出(E)/多个(M)/放弃(U)] <退出>:

```
                                                        //在椭圆外侧拾取一点
    选择要偏移的对象，或 [退出(E)/放弃(U)] <退出>:        //单击直线作为偏移对象
    指定要偏移的那一侧上的点，或 [退出(E)/多个(M)/放弃(U)] <退出>:
                                                        //在直线上侧拾取一点
    选择要偏移的对象，或 [退出(E)/放弃(U)] <退出>:
                                                        // Enter，偏移结果如图 4-4 所示
```

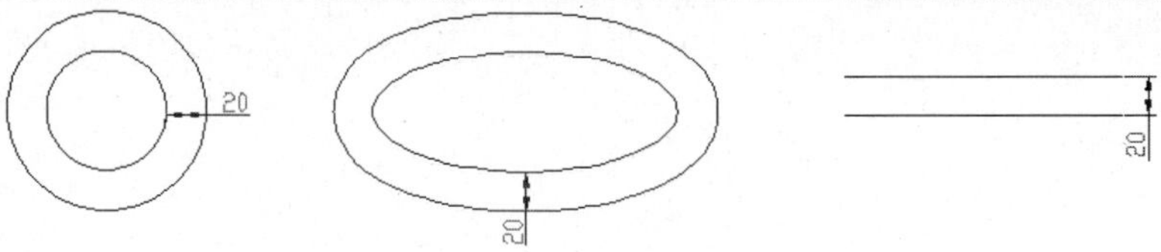

图 4-4　距离偏移

技巧

在执行【偏移】命令时，只能以点选的方式选择对象，且每次只能偏移一个对象。

2．**定点偏移**

所谓"定点偏移"，指的就是根据指定的通过点进行偏移选定的图形对象。下面对圆图形继续偏移，使偏移出的圆与大椭圆相切。命令行操作如下：

```
命令: _offset
    当前设置: 删除源=否  图层=源  OFFSETGAPTYPE=0
    指定偏移距离或 [通过(T)/删除(E)/图层(L)] <20.0000>: //t Enter，激活【通过】选项
    选择要偏移的对象，或 [退出(E)/放弃(U)] <退出>:      //单击圆作为偏移对象
    指定通过点或 [退出(E)/多个(M)/放弃(U)] <退出>:      //捕捉外侧椭圆的左象限点
    选择要偏移的对象，或 [退出(E)/放弃(U)] <退出>:      // Enter，结束命令，偏移结果如图 4-5
                                                      所示
```

技巧

【通过】选项用于按照指定的通过点进行偏移对象，所偏移出的对象将通过事先指定的目标点。

技巧

【删除】选项用于将源偏移对象删除；【图层】选项用于设置偏移后的对象所在图层（有关图层的概念将在下一章详细讲述）。

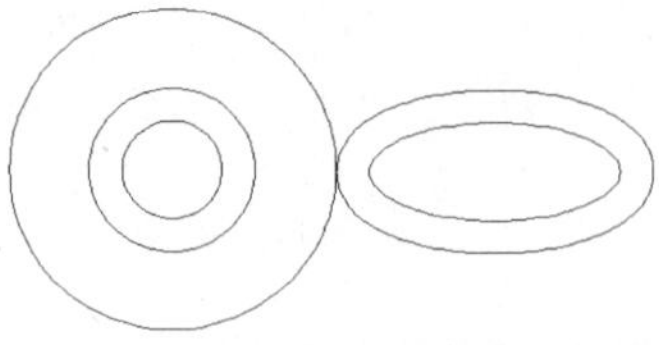

图 4-5　定点偏移

4.1.3　镜像图形

【镜像】命令用于将选择的图形对象沿着指定的两点进行对称复制。在镜像过程中，源对象可以保留，也可以删除。执行【镜像】命令主要有以下 4 种方式。

- 菜单栏：选择菜单【修改】|【镜像】命令。
- 工具栏：单击【修改】工具栏上的按钮。
- 命令行：在命令行中输入 Mirror 或 MI。
- 功能区：单击【常用】选项卡|【修改】面板上的按钮。

【镜像】命令通常用于创建一些结构对称的图形。下面通过具体实例，学习【镜像】命令的使用方法和技巧。

❶首先打开随书光盘中的“素材文件\5-6.dwg”，如图 4-6 所示。

❷单击【修改】工具栏上的按钮，激活【镜像】命令，对图形镜像复制。

命令行操作如下：

```
命令: _mirror
    选择对象:                              //拉出如图 4-7 所示的窗口选择框
    选择对象:                              // Enter，结束对象的选择
    指定镜像线的第一点:                    //捕捉如图 4-8 所示的端点
    指定镜像线的第二点:                    //@0,1 Enter
    要删除源对象吗？[是(Y)/否(N)] <N>:     // Enter，结束命令
```

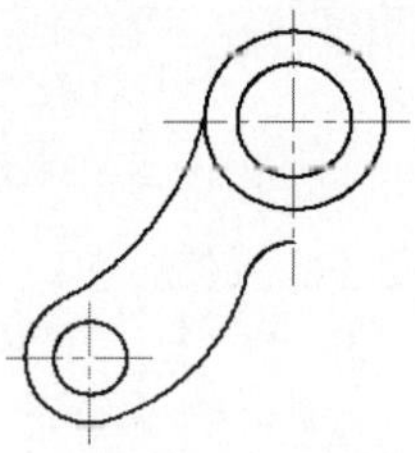

图 4-6　图形源文件

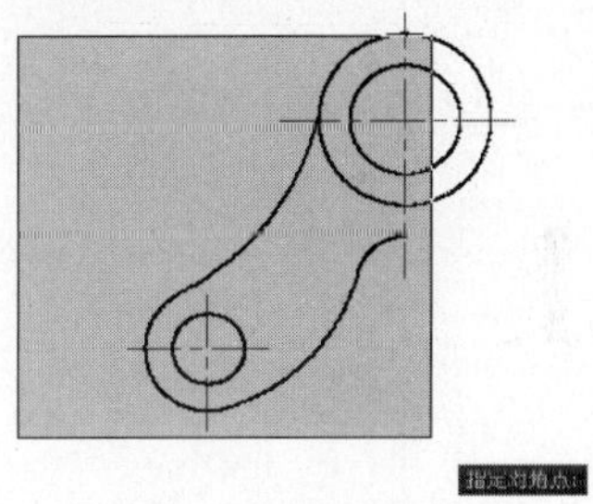

图 4-7　窗口选择框

❸图形的镜像结果如图 4-9 所示。

技巧

如果用户激活了【是（Y）】选项，那么结果源对象被自动删除。

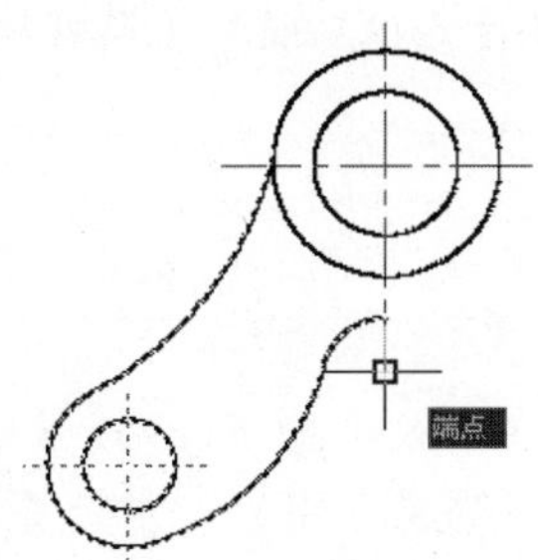

图 4-8　捕捉镜像点

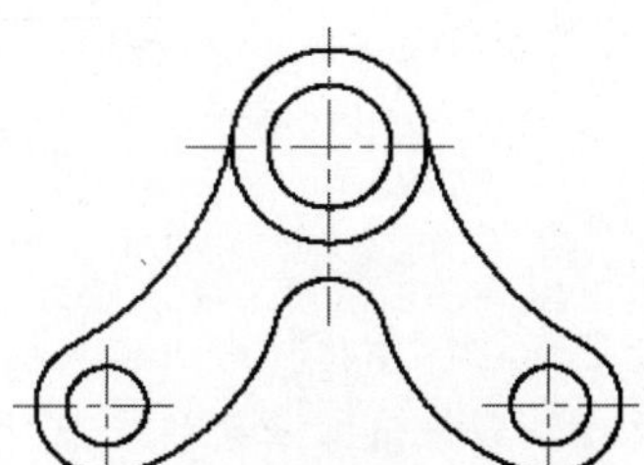

图 4-9　镜像结果

技巧

当镜像操作对象中含有文本、属性时，镜像后的文本、属性等对象的可读性由系统变量 MIRRTEXT 决定。当变量值为 1 时，镜像文本不可读；当 MIRRTEXT 的值为 0 时，镜像文字具有可读性。

4.1.4 阵列图形

【阵列】命令主要用于将选定的图形对象进行规则的矩形阵列或环形阵列。执行【阵列】命令主要有以下 4 种方式。

- 菜单栏：选择菜单【修改】|【阵列】命令。
- 工具栏：单击【修改】工具栏上的按钮。
- 命令行：在命令行中输入 Array 或 AR。
- 功能区：单击【常用】选项卡|【修改】面板上的按钮。

1. 矩形阵列

所谓“矩形阵列”，指的就是将图形对象按照指定的行数和列数，成“矩形”的排列方式进行大规模复制。下面通过实例学习此功能的操作方法和技巧。

❶新建文件，并绘制长度为 50、宽度为 20 的矩形，如图 4-10 所示。

❷单击【修改】工具栏上的按钮，激活【阵列】命令，打开如图 4-11 所示的【阵列】对话框。

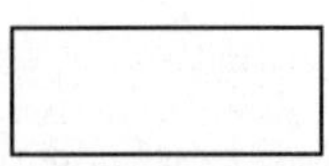

图 4-10 绘制矩形

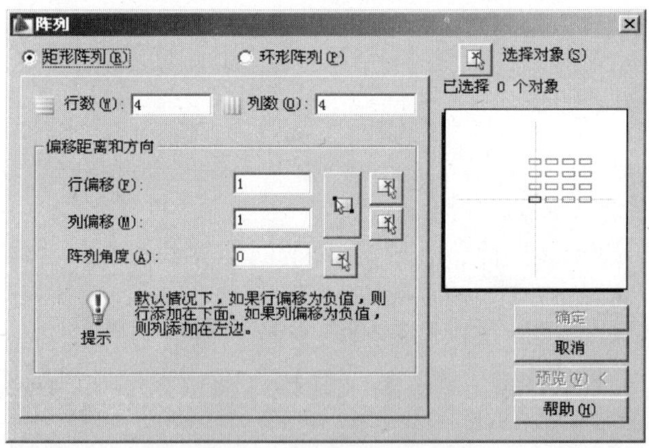

图 4-11 【阵列】对话框

❸设置阵列的行和列。确保【矩形阵列】单选按钮处于勾选状态，然后设置阵列的行数为 3，列数为 4。

❹设置行偏移和列偏移。在【行偏移】文本框中输入 30，在【列偏移】文本框中输入 75。

技巧

如果设置的“行偏移”为正值，结果将在源对象的上侧阵列，反之向下阵列；如果设置的“列偏移”为正值，结果将在源对象的右侧阵列，反之向左阵列。另外，在设置行偏移和列偏移时，需要将源对象的尺寸包括在内。

❺单击【选择对象】按钮，返回绘图区选择矩形，作为阵列对象。

❻按Enter键返回【阵列】对话框，然后单击确定按钮，即可将矩形阵列成 3 行 4 列的均布结构，如图 4-12 所示。

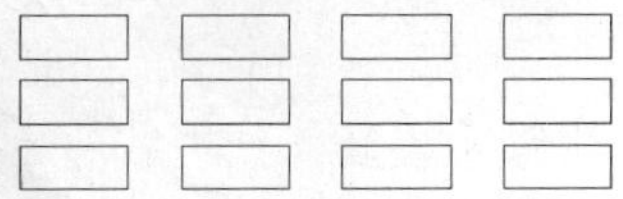

图 4-12　阵列结果

设置阵列参数如下。

- 【行数】文本框：用于设置阵列的行数。
- 【列数】文本框：用于输入阵列的列数。
- 【阵列角度】选项用于设置阵列的角度，使阵列后的图形对象沿着某一角度进行倾斜，如图 4-13 所示。
- 【行偏移】文本框：用于设置对象的行偏移距离。
- 【列偏移】文本框：用于设置对象的列偏移距离。
- 文本框右侧的按钮：主要用于在绘图区直接使用光标，指定行/列的偏移距离。

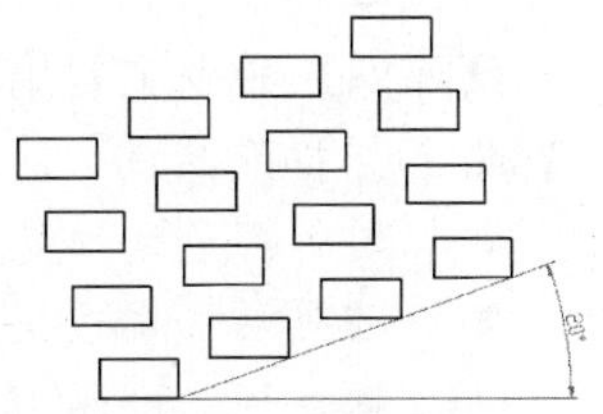

图 4-13　角度示例

技巧

单击按钮，返回绘图区，要求用户指定两个角点，系统以这两个点作为对角点形成一个矩形，矩形的宽为矩形阵列的行间距，矩形的长为矩形阵列的列间距。

- 预览阵列效果。单击预览(V) <按钮，可以在不结束命令的前提下，对阵列效果进行提前预览，如果对预览效果不满意，可以按Esc键返回【阵列】对话框，重新进行参数调整。

2．**环形阵列**

所谓“环形阵列”，指的就是将图形对象按照指定的中心点和阵列数目成“圆形”排列。下面通过实例学习此功能的操作方法和技巧。

❶新建文件，并绘制如图 4-14 所示的圆和矩形。

❷执行【阵列】命令，在打开的对话框中选择【环形阵列】单选按钮，展开如图 4-15 所示的对话框。

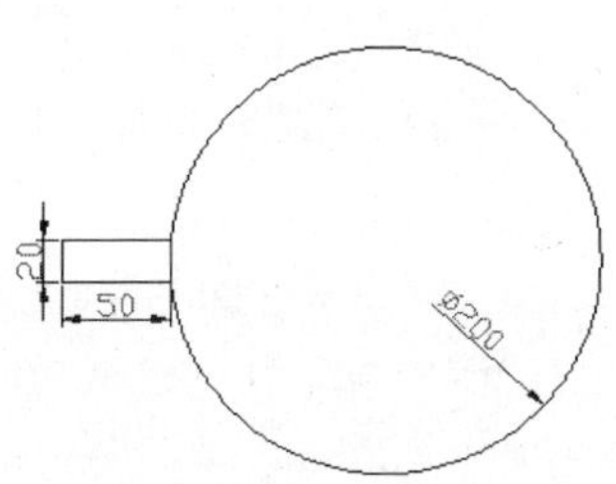

图 4-14　绘制结果

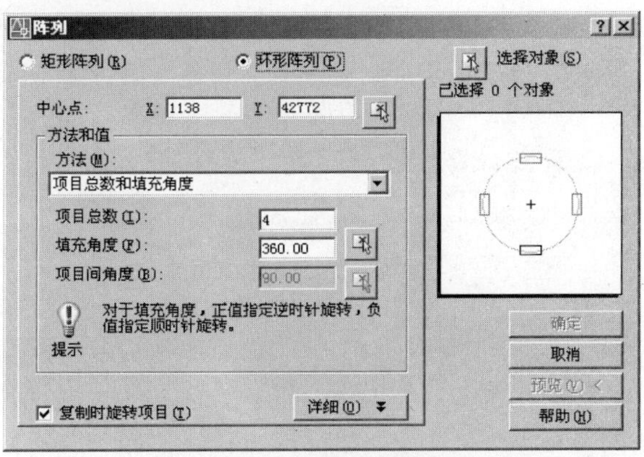

图 4-15　环形阵列

❸单击【中心点】右侧的按钮，返回绘图区捕捉圆的圆心，作为阵列的中心点。

❹此时系统自动返回对话框，在【项目总数】文本框中设置阵列数目为 15，其他参数采用默认设置。

❺单击【选择对象】按钮，返回绘图区选择矩形作为阵列对象。

❻按 Enter 键返回【阵列】对话框，单击 确定 按钮后，即可将矩形环形阵列 15 份，结果如图 4-16 所示。

设置阵列参数如下。

- 【总项目数】文本框：用于输入环形阵列的数量。
- 【填充角度】文本框：用于输入环形阵列的角度，正值为逆时针阵列，负值为顺时针阵列。
- 【项目间角度】选项：用于设置阵列对象间的角度。另外，用户也可通过单击右侧按钮，在绘图窗区中直接指定两点来定义角度。
- 【复制时旋转项目】选项：用于设置环形阵列对象时，对象本身是否绕其基点旋转。如果设置不旋转复制项目，那么阵列出的对象将不会绕基点旋转，如图 4-17 所示。

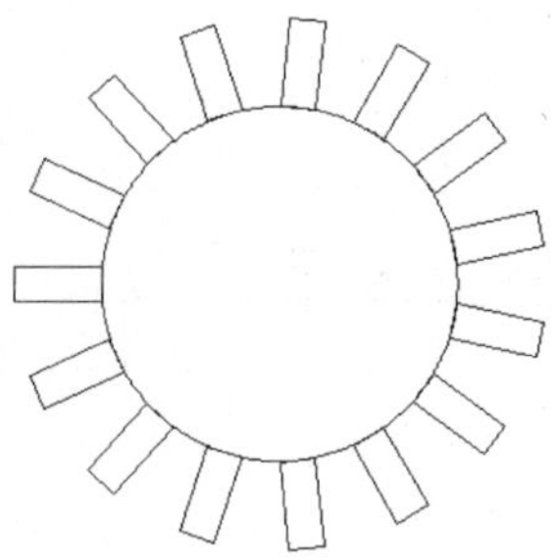

图 4-16 阵列结果

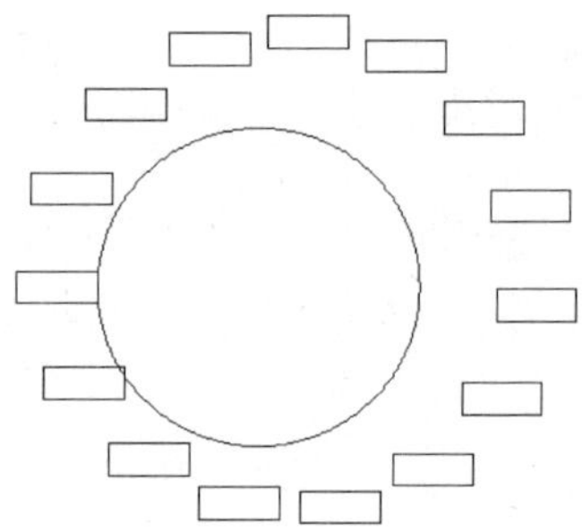

图 4-17 阵列示例

- 设置阵列模式。在【方法和值】选项组中单击【方法】下拉列表框，可展开如图 4-18 所示的下拉列表框，在此列表框中有 3 种阵列模式，分别是“项目总数和填充角度”、“项目总数和项目间的角度”和“填充角度和项目间的角度”，用户可以根据现有条件进行取舍。
- 设置基点坐标。在【阵列】对话框中，单击 详细(D) 按钮，可展开图 4-19 所示的【对象基点】选项组，用户可以直接输入基点坐标来确定对象本身的旋转基点。

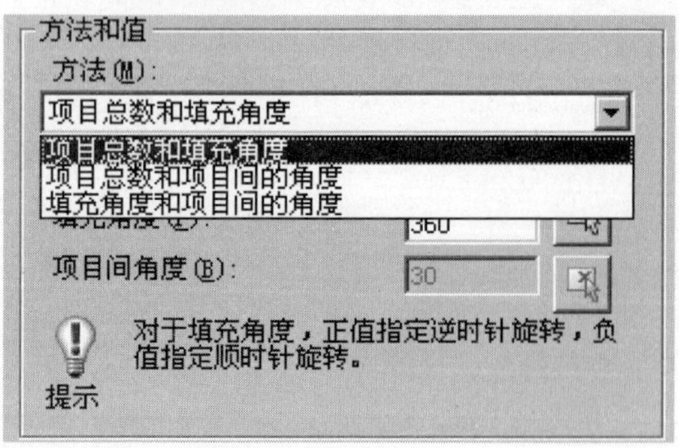

图 4-18 环形阵列模式

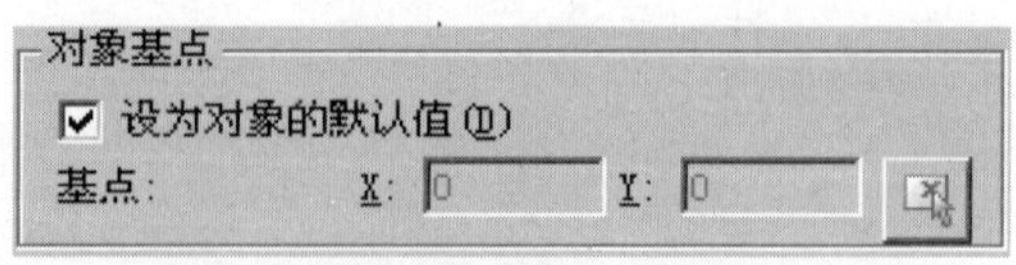

图 4-19 【对象基点】选项组

4.2 更改图形的位置及形状

本节将学习【移动】、【旋转】、【缩放】、【拉伸】、【拉长】、【打断】和【合并】命令。

4.2.1 移动图形

【移动】命令用于将图形对象从一个位置移动到另一个位置。执行【移动】命令主要有以下 4 种方式。

- 菜单栏：选择菜单【修改】|【移动】命令。
- 工具栏：单击【修改】工具栏上的按钮。
- 命令行：在命令行中输入 Move 或 M。
- 功能区：单击【常用】选项卡|【修改】面板上的按钮。

下面通过将图 4-20（左）所示的矩形移动至图 4-20（右）所示的位置，学习使用【移动】命令。

❶首先绘制如图 4-20（左）所示的矩形和直线。

❷单击【修改】工具栏上的按钮，激活【移动】命令，对矩形进行位移。命令行操作如下：

```
命令: _move
    选择对象:                               //选择矩形
    选择对象:                               // Enter，结束对象的选择
    指定基点或 [位移(D)] <位移>:            //捕捉如图 4-21 所示的端点
    指定第二个点或 <使用第一个点作为位移>:
                                            //捕捉倾斜直线的上端点作为目标的，同时结束命令
```

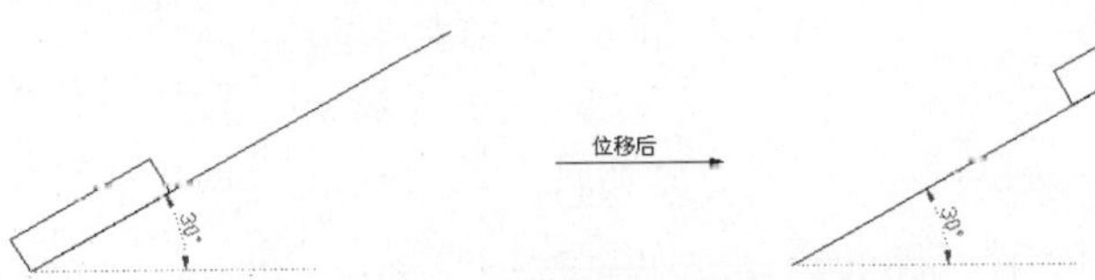

图 4-20 移动对象示例

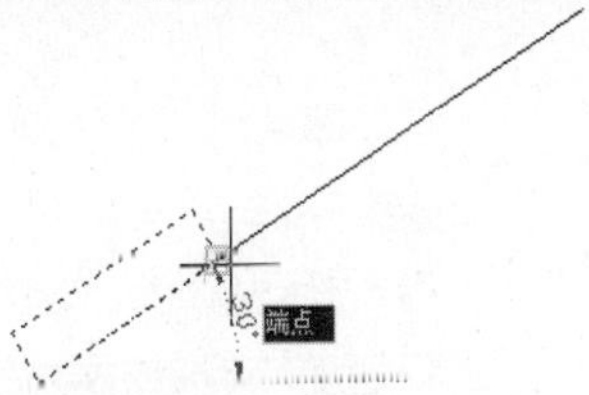

图 4-21 定位基点

4.2.2 旋转图形

【旋转】命令用于将图形对象围绕指定的基点进行角度旋转。在旋转对象时，输入的角度为正值，系统将按逆时针方向旋转；输入的角度为负值，按顺时针方向旋转。执行【旋转】命令主要有以下 4 种方式。

- 菜单栏：选择菜单【修改】|【旋转】命令。
- 工具栏：单击【修改】工具栏上的按钮。
- 命令行：在命令行中输入 Rotate 或 RO。
- 功能区：单击【常用】选项卡|【修改】面板上的按钮。

下面通过具体的实例，学习【旋转】命令的使用方法和技巧。

❶首先绘制长度为 200、宽度为 50 的矩形，如图 4-22 所示。

❷单击【修改】工具栏上的按钮，激活【旋转】命令，对矩形逆时针旋转。命令行操作如下：

```
命令: _rotate
    UCS 当前的正角方向:  ANGDIR=逆时针   ANGBASE=0
    选择对象:                                   //选择刚绘制的矩形
    选择对象:                                   // Enter，结束选择
    指定基点:                                   //捕捉矩形左下角点作为基点
    指定旋转角度，或 [复制(C)/参照(R)] <0>:      //45 Enter，输入倾斜角度
```

❸旋转结果如图 4-23 所示。

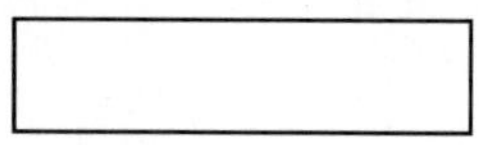

图 4-22　绘制矩形

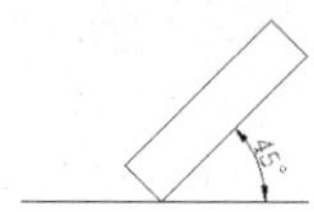

图 4-23　旋转结果

技巧

【参照】选项用于将对象进行参照旋转，即指定一个参照角度和新角度，两个角度的差值就是对象的实际旋转角度。

所谓“旋转复制对象”，指的就是在旋转图形对象的同时将其复制，而源对象保持不变，如图 4-24 所示。其命令行操作如下：

```
命令: _rotate
    UCS 当前的正角方向:  ANGDIR=逆时针   ANGBASE=0
    选择对象:                                   //选择矩形
    选择对象:                                   // Enter，结束选择
    指定基点:                                   //捕捉矩形左下角点作为基点
    指定旋转角度，或 [复制(C)/参照(R)] <0>:      //c Enter 旋转一组选定对象
    指定旋转角度，或 [复制(C)/参照(R)] <30>:     //30 Enter，输入倾斜角度
```

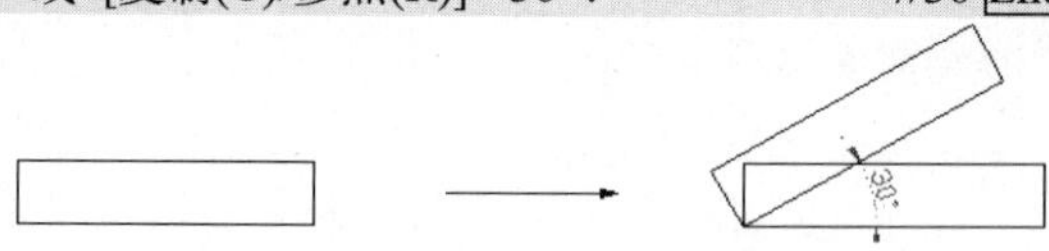

图 4-24　旋转复制示例

4.2.3　缩放图形

【缩放】命令用于将选定的图形对象进行等比例放大或缩小，使用此命令可以创建形状相同、大小不同的图形结构。执行【缩放】命令主要有以下 4 种方式。

- 菜单栏：选择菜单【修改】|【缩放】命令。
- 工具栏：单击【修改】工具栏上的按钮。
- 命令行：在命令行中输入 Scale 或 SC。
- 功能区：单击【常用】选项卡|【修改】面板上的按钮。

下面通过具体的实例，学习【缩放】命令的使用方法和技巧。具体操作步骤如下。

❶打开随书光盘中的“素材文件\床头柜.dwg”，如图 4-25（左）所示。

❷单击【修改】工具栏上的按钮，激活【缩放】命令，将图形等比缩放一半。命令行操作如下：

```
命令: _scale
    选择对象:                                        //选择刚打开的图形
    选择对象:                                        // Enter，结束对象的选择
    指定基点:                                        //捕捉花瓶左下角点
    指定比例因子或 [复制(C)/参照(R)] <1.0000>:        //0.8 Enter，输入缩放比例
```

❸缩放结果如图 4-25（右）所示。

技巧

在等比例缩放对象时，如果输入的比例因子大于 1，对象将被放大；如果输入的比例小于 1，对象将被缩小。

所谓“缩放复制对象”，指的就是在缩放对象的同时，将其进行复制，如图 4-26 所示。其命令行操作如下：

```
命令: _scale
    选择对象:                                        //选择刚打开的图形
    选择对象:                                        // Enter，结束对象的选择
    指定基点:                                        //捕捉花瓶左下角点
    指定比例因了或 [复制(C)/参照(R)] <1.0000>:        //c Enter
    缩放一组选定对象。
    指定比例因子或 [复制(C)/参照(R)] <0.8000>:        //0.8 Enter，输入缩放比例
```

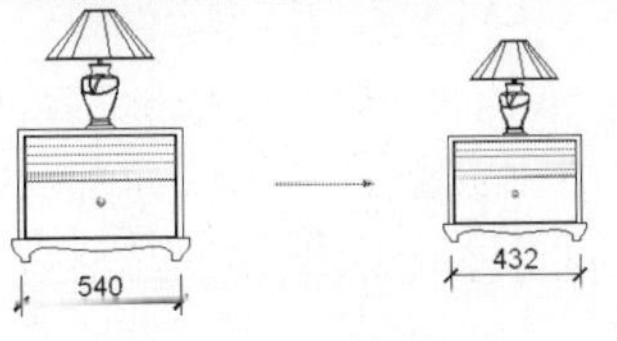

图 4-25　缩放结果

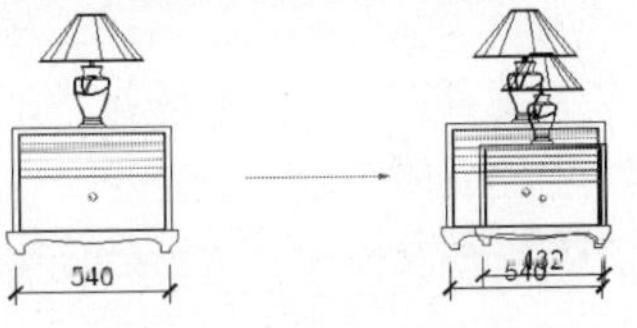

图 4-26　缩放复制示例

技巧

【参照】选项是使用参考值作为比例因子缩放操作对象。激活该选项后，需要用户分别指定一个参照长度和一个新长度，AutoCAD 将以参考长度和新长度的比值决定缩放的比例因子。

4.2.4　拉伸图形

【拉伸】命令主要用于将图形对象进行不等比缩放，进而改变对象的尺寸或形状，如图 4-27 所示。通常用于拉伸的对象有直线、圆弧、椭圆弧、多段线、样条曲线等。

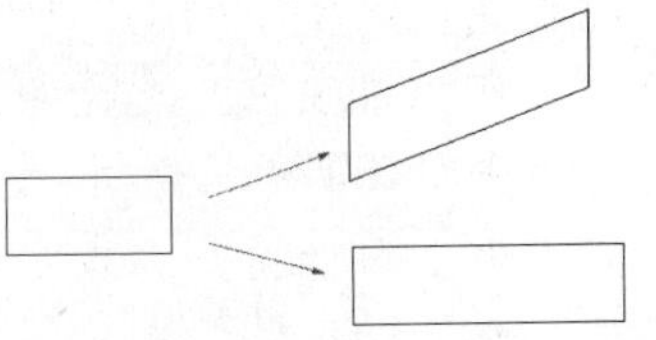
图 4-27　拉伸示例

执行【拉伸】命令主要有以下 4 种方式。

- 菜单栏：选择菜单【修改】|【拉伸】命令。
- 工具栏：单击【修改】工具栏上的按钮。
- 命令行：在命令行中输入 Stretch 或 S。
- 功能区：单击【常用】选项卡|【修改】面板上的按钮。

下面通过将某矩形的短边尺寸拉伸为原来的两倍，而长边尺寸拉伸为 1.5 倍，学习使用【拉伸】命令。

❶首先使用【矩形】命令绘制一个矩形。

❷单击【修改】工具栏上的按钮，激活【拉伸】命令，对矩形的水平边进行拉长。命令行操作如下：

```
命令: _stretch
    以交叉窗口或交叉多边形选择要拉伸的对象...
    选择对象:                                    //拉出如图 4-28 所示的窗交选择框
    选择对象:                                    // Enter，结束对象的选择
    指定基点或 [位移(D)] <位移>:                 //捕捉矩形的左下角点，作为拉伸的基点
    指定第二个点或 <使用第一个点作为位移>:       //捕捉矩形下侧边中点作为拉伸目标点，拉
                                                  伸结果如图 4-29 所示
```

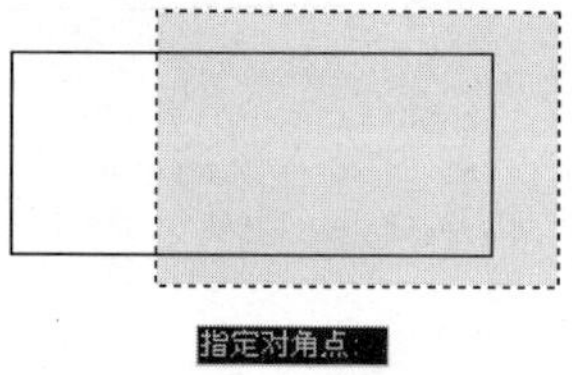

图 4-28　窗交选择

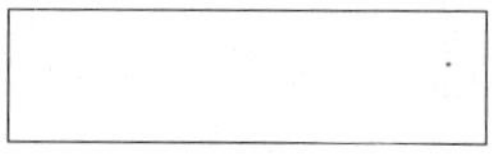
图 4-29　拉伸结果

技巧

如果图形对象完全处于选择框内时，结果只能是图形对象相对于原位置上的平移。

❸重复【拉伸】命令，将图 4-29 所示矩形的宽度拉伸 1.5 倍。命令行操作如下：

```
命令: _stretch
    以交叉窗口或交叉多边形选择要拉伸的对象...
    选择对象:                                    //拉出如图 4-30 所示的窗交选择框
    选择对象:                                    // Enter，结束对象的选择
    指定基点或 [位移(D)] <位移>:                 //捕捉矩形的左下角点，作为拉伸的基点
    指定第二个点或 <使用第一个点作为位移>: //捕捉矩形左上角点，拉伸结果如图 4-31 所示
```

图 4-30　窗交选择

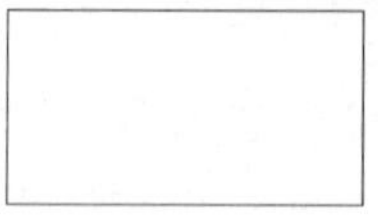
图 4-31　拉伸结果

4.2.5 拉长图形

【拉长】命令主要用于将图线拉长或缩短，在拉长的过程中，不仅可以改变线对象的长度，还可以更改弧对象的角度，如图 4-32 所示。

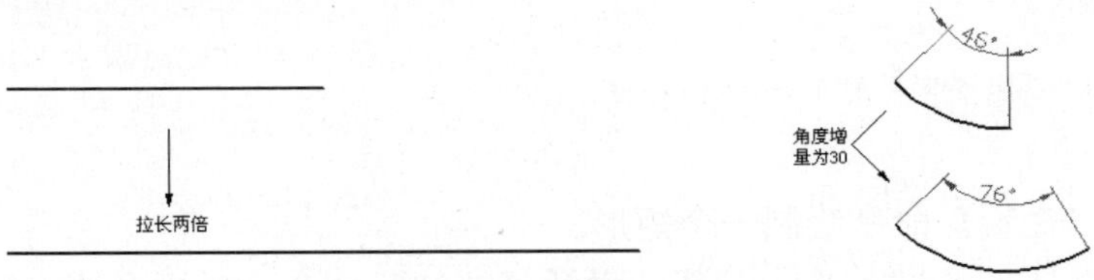

图 4-32 拉长示例

技巧

使用【拉长】命令可以改变圆弧和椭圆弧的角度，也可以改变圆弧、椭圆弧、直线和非闭合的多段线以及样条曲线的长度，但闭合的图形对象不能被拉长或缩短。

执行【拉长】命令主要有以下 3 种方式。

- 菜单栏：选择菜单【修改】|【拉长】命令。
- 命令行：在命令行中输入 Lengthen 或 LEN。
- 功能区：单击【常用】选项卡|【修改】面板上的按钮。

1．“增量”拉长

所谓“增量”拉长，指的就是按照事先指定的长度增量或角度增量，进行拉长或缩短对象。具体操作步骤如下。

❶首先绘制长度为 200 的水平直线。

❷选择菜单【修改】|【拉长】命令，将水平直线水平向右拉长 50 个单位。命令行操作如下：

```
命令: _lengthen
    选择对象或 [增量(DE)/百分数(P)/全部(T)/动态(DY)]:      //DE Enter，激活【增量】选项
    输入长度增量或 [角度(A)] <0.0000>:                    //50 Enter，设置长度增量
    选择要修改的对象或 [放弃(U)]:                          //在直线的右端单击左键
    选择要修改的对象或 [放弃(U)]:                          // Enter，退出命令
```

❸拉长结果如图 4-33 所示。

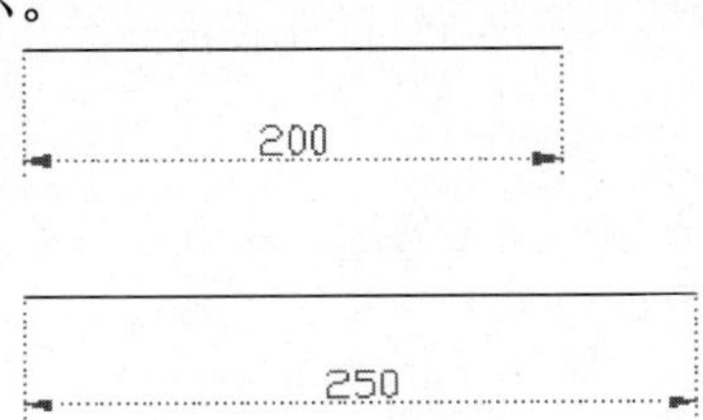

图 4-33 增量拉长

技巧

如果把增量值设置为正值，系统将拉长对象；反之，则缩短对象。

2．“百分数”拉长

所谓“百分数”拉长，指的就是以总长的百分比值进行拉长或缩短对象，长度的百分数值必须为正且非零。命令行操作如下：

```
命令: _lengthen
    选择对象或 [增量(DE)/百分数(P)/全部(T)/动态(DY)]:
                                    //P Enter，激活【百分比】选项
    输入长度百分数 <100.0000>:       //200 Enter，设置拉长的百分比值
    选择要修改的对象或 [放弃(U)]:    //在线段的一端单击左键
    选择要修改的对象或 [放弃(U)]:
                                    // Enter，结束命令，拉长结果如图 4-34 所示
```

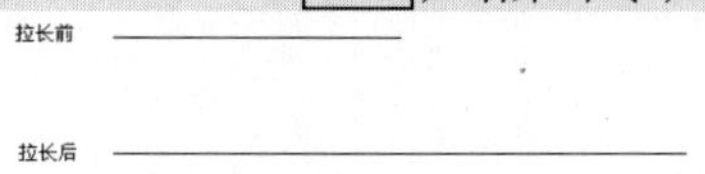

图 4-34　百分比拉长

技巧

当长度百分比值小于 100 时，将缩短对象；反之，将拉伸对象。

3．“全部”拉长

所谓“全部”拉长，指的就是根据指定一个总长度或者总角度进行拉长或缩短对象。命令行操作如下：

```
命令: _lengthen
    选择对象或 [增量(DE)/百分数(P)/全部(T)/动态(DY)]:
                                    //T Enter，激活【全部】选项
    指定总长度或 [角度(A)] <1.0000)>: //500 Enter，设置总长度
    选择要修改的对象或 [放弃(U)]:    //在线段的一端单击左键
    选择要修改的对象或 [放弃(U)]:
                                    // Enter，结果源对象的长度被拉长为 500，如图 4-35 所示
```

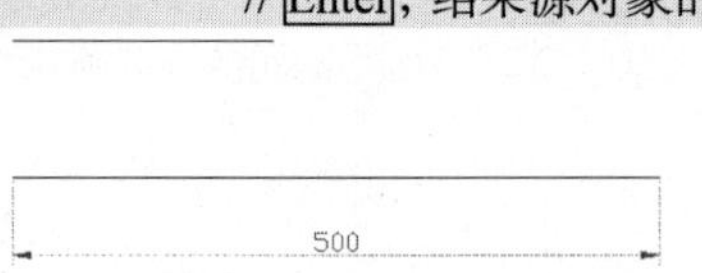

图 4-35　全部拉长

技巧

如果源对象的总长度或总角度大于所指定的总长度或总角度，结果源对象将被缩短；反之，将被拉长。

4．“动态”拉长

所谓“动态”拉长，指的就是根据图形对象的端点位置动态改变其长度。激活【动态】选项功能之后，AutoCAD 将端点移动到所需的长度或角度，另一端保持固定，如图 4-36 所示。

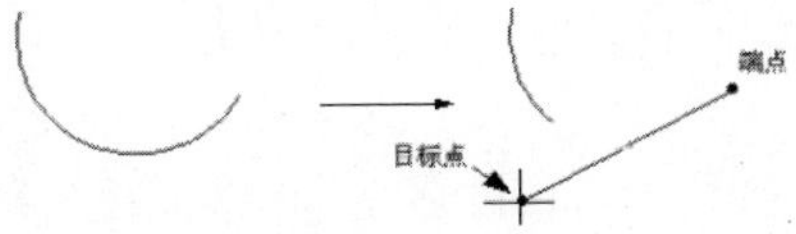

图 4-36 动态拉长

技巧

【动态】选项功能不能对样条曲线、多段线进行操作。

4.2.6 打断图形

【打断】命令用于将选定的图形对象打断为相连的两部分，或打断并删除图形对象上的一部分。执行【打断】命令主要有以下 4 种方式。

- 菜单栏：选择菜单【修改】|【打断】命令。
- 工具栏：单击【修改】工具栏上的□按钮。
- 命令行：在命令行中输入 Break 或 BR。
- 功能区：单击【常用】选项卡|【修改】面板上的□按钮。

下面通过具体实例，学习【打断】命令的使用方法和技巧。具体操作步骤如下。

❶首先绘制长度为 500 的图线。

❷单击【修改】工具栏上的□按钮，将在水平图线上删除 40 个单位的距离。

技巧

打断对象与修剪对象都可以删除图形上的一部分，但是两者有着本质的区别，修剪对象必须有修剪边界的限制，而打断对象可以删除对象上任意两点之间的部分。

命令行操作如下：

```
命令: _break
    选择对象:                           //选择刚绘制的线段
    指定第二个打断点 或 [第一点(F)]:    //f Enter，激活【第一点】选项
    指定第一个打断点:                   //捕捉线段的中点作为第一断点
    指定第二个打断点:                   //@40,0 Enter，定位第二断点
```

技巧

【第一点】选项用于重新确定第一断点。由于在选择对象时不可能拾取到准确的第一点，所以需要激活该选项，以重新定位第一断点。

❸打断结果如图 4-37 所示。

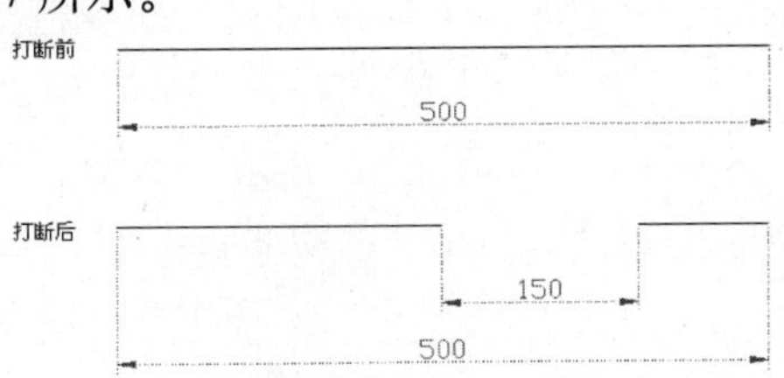

图 4-37 打断示例

> **技巧**
>
> 要将一个对象拆分为二而不删除其中的任何部分，可以在指定第二断点时输入相对坐标符号@，也可以直接单击【修改】工具栏上的按钮。

4.2.7 合并图形

【合并】命令用于将同角度的两条或多条线段合并为一条线段，还可以将圆弧或椭圆弧合并为一个正圆和椭圆，如图 4-38 所示。

执行【合并】命令主要有以下 4 种方式。

- 菜单栏：选择菜单【修改】|【合并】命令。
- 工具栏：单击【修改】工具栏上的按钮。
- 命令行：在命令行中输入 Join 或 J。
- 功能区：单击【常用】选项卡|【修改】面板上的按钮。

下面通过具体实例，学习【合并】命令的使用方法和技巧。具体操作步骤如下。

❶首先绘制图 4-38（上）所示的两条线段、圆弧和椭圆弧。

❷选择菜单【修改】|【合并】命令，将两条线段合并为一条线段。命令行操作如下：

```
命令: _join
    选择源对象:                  //选择左侧的线段作为源对象
    选择要合并到源的直线:          //选择右侧线段
    选择要合并到源的直线:          // Enter，合并结果如图 4-39（下）所示
    已将 1 条直线合并到源
```

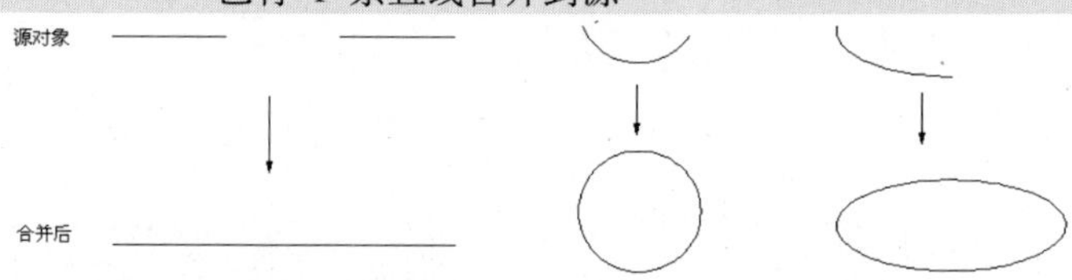

图 4-38　合并对象

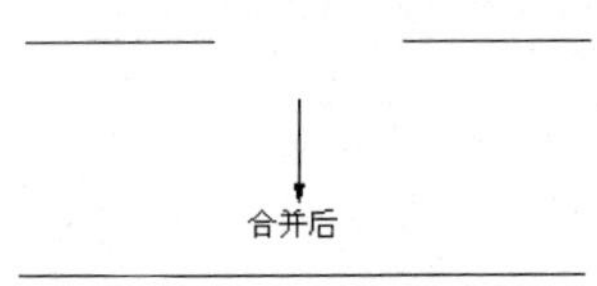

图 4-39　合并线段

❸重复执行【合并】命令，将圆弧合并为一个正圆，命令行操作如下：

```
命令: _join
    选择源对象:                              //选择下侧圆弧作为源对象
    选择圆弧，以合并到源或进行 [闭合(L)]:      //L Enter，激活【闭合】选项，合并结果
                                              如图 4-40 所示
    已将圆弧转换为圆
```

❹重复执行【合并】命令，将圆弧合并为一个椭圆，命令行操作如下：

```
命令: _join
    选择源对象:                                //选择下侧圆弧作为源对象
    选择椭圆弧，以合并到源或进行 [闭合(L)]:      //L Enter，激活【闭合】选项，合并结果
                                                如图 4-41 所示
    已成功地闭合椭圆
```

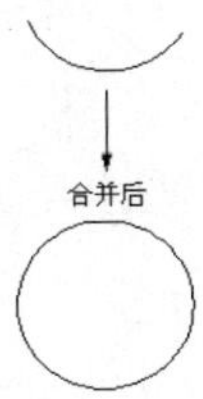

图 4-40 合并圆弧

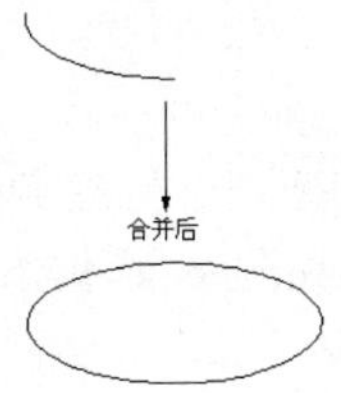

图 4-41 合并椭圆弧

4.3 图形的细化和编辑

本节将学习【修剪】、【延伸】、【倒角】、【圆角】、【分解】、【编辑多段线】等命令。

4.3.1 修剪图形

【修剪】命令用于修剪掉对象上指定的部分，不过在修剪时，需要事先指定一个边界，边界必须要与修剪对象相交，或其延长线相交，才能成功修剪对象。执行【修剪】命令主要有以下 4 种方式。

- 菜单栏：选择菜单【修改】|【修剪】命令。
- 工具栏：单击【修改】工具栏上的按钮。
- 命令行：在命令行中输入 Trim 或 TR。
- 功能区：单击【常用】选项卡|【修改】面板上的按钮。

系统为用户设定了两种修剪模式，即“修剪模式”和“不修剪模式”，默认模式为“不修剪模式”。下面通过具体实例，学习默认模式下的修剪过程。

❶首先绘制如图 4-42 所示的圆和直线。

❷单击【修改】工具栏上的按钮，激活【修剪】命令，以直线作为边界，对圆图形进行修剪。命令行操作如下：

```
命令: _trim
    当前设置:投影=UCS，边=无
    选择剪切边...
    选择对象或 <全部选择>:                //选择倾斜直线作为边界
    选择对象:                             // Enter，结束选择
    选择要修剪的对象，或按住 Shift 键选择要延伸的对象，或[栏选(F)/窗交(C)/投影式(P)/边(E)/
删除(R)/放弃(U)]:                         //在边界的上侧单击圆
    选择要修剪的对象，或按住 Shift 键选择要延伸的对象，或[栏选(F)/窗交(C)/投影(P)/边(E)/
删除(R)/放弃(U)]:                         // Enter，结束命令
```

❸结果位于边界上侧的部分被修剪掉，如图 4-43 所示。

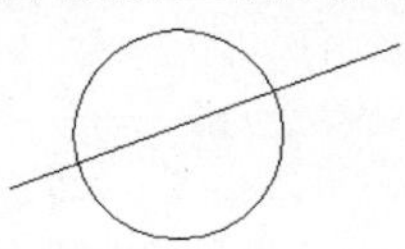

图 4-42 绘制圆和直线

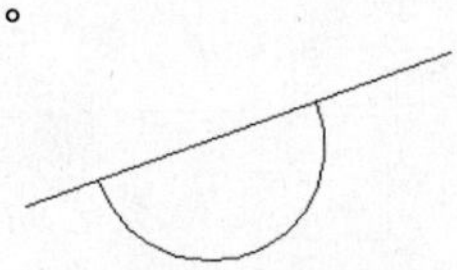

图 4-43 修剪结果

技巧

当修剪多个对象时，可使用【栏选】和【窗交】两种选项，“栏选”方式需要绘制栅栏线，所有与栅栏线相交的对象都会被选择，如图 4-44 和图 4-45 所示。

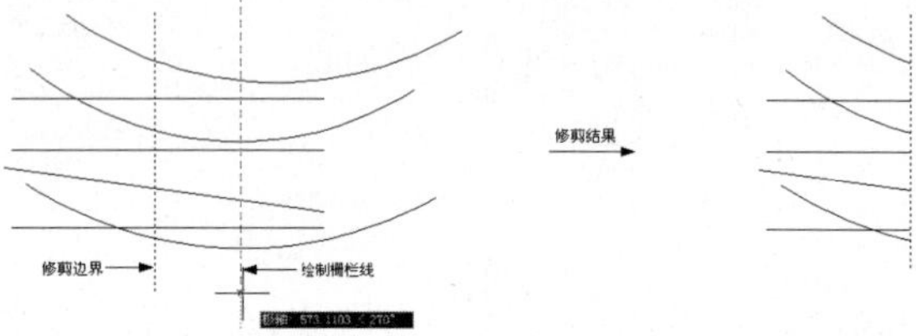

图 4-44　栏选示例

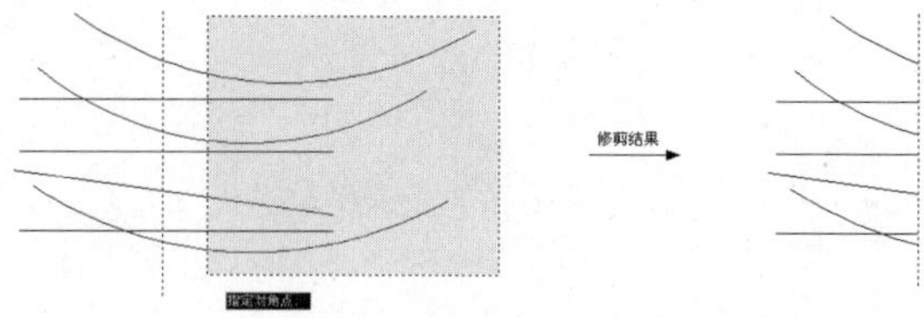

图 4-45　窗交选择示例

1. “隐含交点”下的修剪

所谓“隐含交点”，指的就是边界与对象没有实际的交点，而是边界被延长后，与对象存在一个隐含交点。下面通过实例，学习此种模式下的修剪过程。

❶首先绘制如图 4-46 所示的两条图线。

❷单击【修改】工具栏上的 ⁄-- 按钮，执行【修剪】命令，对水平图线进行修剪。命令行操作如下：

命令: _trim

当前设置:投影=UCS，边=无

选择剪切边...

选择对象或 <全部选择>:　　//Enter，选择刚绘制的倾斜图线

选择对象:

选择要修剪的对象，或按住 Shift 键选择要延伸的对象，或[栏选(F)/窗交(C)/投影(P)/边(E)/删除(R)/放弃(U)]:　　//E Enter，激活【边】选项功能

输入隐含边延伸模式 [延伸(E)/不延伸(N)] <不延伸>:　　//E Enter，设置修剪模式为延伸模式

选择要修剪的对象，或按住 Shift 键选择要延伸的对象，或[栏选(F)/窗交(C)/投影(P)/边(E)/删除(R)/放弃(U)]:　　//在水平图线的右端单击左键

选择要修剪的对象，或按住 Shift 键选择要延伸的对象，或[栏选(F)/窗交(C)/投影(P)/边(E)/删除(R)/放弃(U)]:　　//Enter，修剪结果如图 4-47 所示

技巧

对“隐含交点”下的图线进行修剪时，需要更改修剪模式为“修剪模式”。

技巧

【边】选项用于确定修剪边的隐含延伸模式，其中【延伸】选项表示剪切边界可以无限延长，边界与被剪实体不必相交；【不延伸】选项指剪切边界只有与被剪实体相交时才有效。

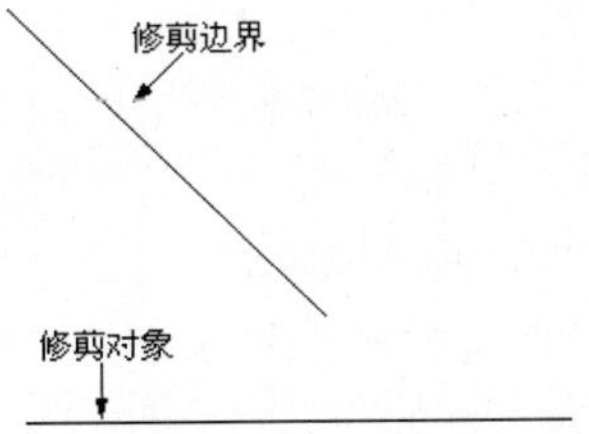

图 4-46　绘制图线

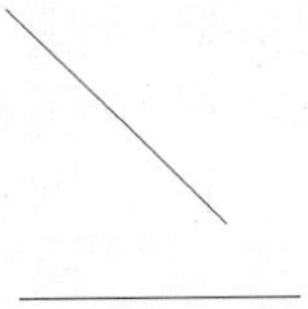

图 4-47　修剪结果

2.【投影】选项

【投影】选项用于设置三维空间剪切实体的不同投影方法，选择该选项后，AutoCAD 出现“输入投影选项[无（N）/UCS（U）/视图（V）]<无>:”的操作提示，其中：

- 【无】选项：表示不考虑投影方式，按实际三维空间的相互关系修剪。
- 【UCS】选项：指在当前 UCS 的 XOY 平面上修剪。
- 【视图】选项：表示在当前视图平面上修剪。

技巧

当系统提示“选择剪切边”时，直接按 Enter 键即可选择待修剪的对象，系统在修剪对象时将使用最靠近的候选对象作为剪切边。

4.3.2　延伸图形

【延伸】命令用于将图形对象延长到指定的边界上。用于延伸的对象有直线、圆弧、椭圆弧、非闭合的二维多段线和三维多段线以及射线等。执行【延伸】命令主要有以下 4 种方式。

- 菜单栏：选择菜单【修改】|【延伸】命令。
- 工具栏：单击【修改】工具栏上的按钮。
- 命令行：在命令行中输入 Extend 或 EX。
- 功能区：单击【常用】选项卡|【修改】面板上的按钮。

技巧

在指定边界时，有两种情况，一种是对象被延长后与边界存在有一个实际的交点；另一种就是与边界的延长线相交于一点。

AutoCAD 为用户提供了两种模式，即“延伸模式”和“不延伸模式”，系统默认模式为“不延伸模式”，下面学习默认模式的延伸操作。

❶首先绘制如图 4-48 所示的圆弧和直线。

❷单击【修改】工具栏上的按钮，激活【延伸】命令，以直线作为边界，对圆弧进行延伸。命令行操作如下：

```
命令: _extend
    当前设置:投影=UCS，边=无
    选择边界的边...
```

选择对象或 <全部选择>: //选择直线作为边界

选择对象: //Enter，结束边界的选择

选择要延伸的对象，或按住 Shift 键选择要修剪的对象，或[栏选(F)/窗交(C)/投影(P)/边(E)/放弃(U)]: //在圆弧的右端点处单击左键

选择要延伸的对象，或按住 Shift 键选择要修剪的对象，或[栏选(F)/窗交(C)/投影(P)/边(E)/放弃(U)]: //Enter，结束命令

❸结果圆弧的右端被延伸，如图 4-49 所示。

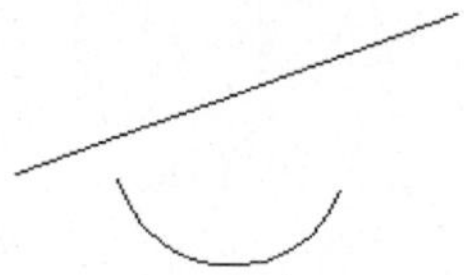

图 4-48 绘制圆弧和直线

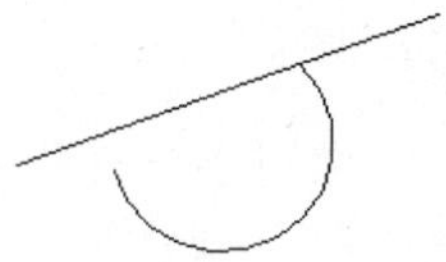

图 4-49 延伸结果

技巧

在选择延伸对象时，要在靠近延伸边界的一端选择需要延伸的对象，否则对象将不被延伸。

所谓“隐含交点”，指的就是边界与对象延长线没有实际的交点，而是边界被延长后，与对象延长线存在一个隐含交点。对“隐含交点”下的图线进行延伸时，需要更改默认的延伸模式，即将默认模式更改为“延伸模式”。具体操作步骤如下。

❶首先绘制如图 4-50（左）所示的两条图线。

❷执行【修剪】命令，将垂直图线的下端延长，使之与水平图线的延长线相交。命令行操作如下：

命令: _extend

当前设置:投影=UCS，边=无

选择边界的边...

选择对象: //选择水平的图线作为延伸边界

选择对象: //Enter，结束边界的选择

选择要延伸的对象，或按住 Shift 键选择要修剪的对象，或[栏选(F)/窗交(C)/投影(P)/边(E)/放弃(U)]: //e Enter，激活【边】选项

输入隐含边延伸模式 [延伸(E)/不延伸(N)] <不延伸>:

//E Enter，设置延伸模式

选择要延伸的对象，或按住 Shift 键选择要修剪的对象，或[栏选(F)/窗交(C)/投影(P)/边(E)/放弃(U)]: //在垂直图线的下端单击左键。

选择要延伸的对象，或按住 Shift 键选择要修剪的对象，或[栏选(F)/窗交(C)/投影(P)/边(E)/放弃(U)]: //Enter，延伸结果如图 4-50（右）所示

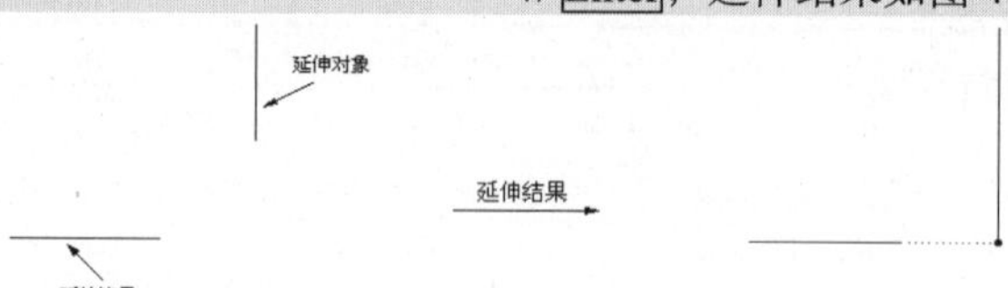

图 4-50 两种隐含模式

技巧

【边】选项用来确定延伸边的方式。【延伸】选项将使用隐含的延伸边界来延伸对象；【不延伸】选项确定边界不延伸，而只有边界与延伸对象真正相交后才能完成延伸操作。

4.3.3　倒角图形

【倒角】命令主要用于为对象倒角，倒角的结果则是使用一条线段连接两个非平行的图线。用于倒角的图线一般有直线、多段线、矩形、多边形等，不能倒角的图线有圆、圆弧、椭圆和椭圆弧等。下面将学习几种常用的倒角功能。

执行【倒角】命令主要有以下 4 种方式。

- 菜单栏：选择菜单【修改】|【倒角】命令。
- 工具栏：单击【修改】工具栏上的按钮。
- 命令行：在命令行中输入 Chamfer 或 CHA。
- 功能区：单击【常用】选项卡|【修改】面板上的按钮。

1．距离倒角

“距离倒角”指的就是直接输入两条图线上的倒角距离，进行倒角图线。下面通过实例学习此种倒角。

❶首先绘制如图 4-51（左）所示的两条图线。

❷单击【修改】工具栏上的按钮，激活【倒角】命令，对两条图线进行距离倒角。命令行操作如下：

```
命令: _chamfer
    (“修剪”模式) 当前倒角距离 1 = 0.0000，距离 2 = 0.0000
    选择第一条直线或 [放弃(U)/多段线(P)/距离(D)/角度(A)/修剪(T)/方式(E)/多个(M)]:
                                                    // d Enter，激活【距离】选项
    指定第一个倒角距离 <0.0000>:                    //150 Enter，设置第一倒角长度
    指定第二个倒角距离 <25.0000>:                   //100 Enter，设置第二倒角长度
    选择第一条直线或 [放弃(U)/多段线(P)/距离(D)/角度(A)/修剪(T)/方式(E)/多个(M)]:
                                                    //选择水平线段
    选择第二条直线，或按住 Shift 键选择要应用角点的直线:
                                                    //选择倾斜线段
```

❸距离倒角的结果如图 4-51（右）所示。

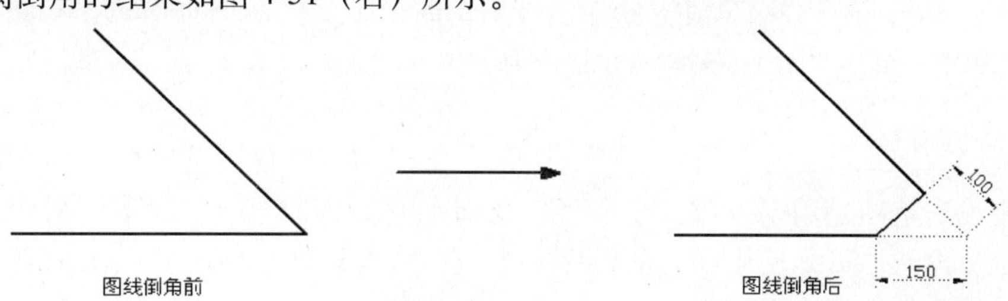

图 4-51　距离倒角

技巧

用于倒角的两个倒角距离值不能为负值，如果将两个倒角距离设置为零，那么倒角的结果就是两条图线被修剪或延长，直至相交于一点。

2．角度倒角

“角度倒角”指的是通过设置一条图线的倒角长度和倒角角度为图线倒角，使用此种方式为图线倒角时，首先需要设置对象的长度尺寸和角度尺寸。角度倒角操作步骤如下。

❶首先使用画线命令绘制如图 4-52（左）所示的两条垂直图线。

❷单击【修改】工具栏上的▢按钮，激活【倒角】命令，对两条图形进行角度倒角。命令行操作如下：

```
命令: _chamfer
    ("修剪"模式) 当前倒角距离 1 = 25.0000，距离 2 = 15.0000
    选择第一条直线或 [放弃(U)/多段线(P)/距离(D)/角度(A)/修剪(T)/方式(E)/
    多个(M)]:                                  //a Enter，激活【角度】选项
    指定第一条直线的倒角长度 <0.0000>:          //100 Enter，设置倒角长度
    指定第一条直线的倒角角度 <0>:               //30 Enter，设置倒角距离
    选择第一条直线或 [放弃(U)/多段线(P)/距离(D)/角度(A)/修剪(T)/方式(E)/多个(M)]:
                                               //选择水平的线段
    选择第二条直线，或按住 Shift 键选择要应用角点的直线:
                                               //选择倾斜线段作为第二倒角对象
```

❸角度倒角的结果如图 4-52（右）所示。

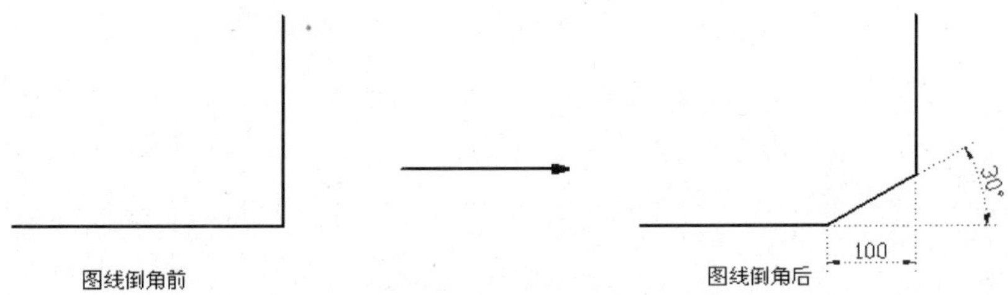

图 4-52　角度倒角

技巧

在此操作提示中，【方式】选项用于确定倒角的方式，要求选择“距离倒角”或“角度倒角”。另外，系统变量 CHAMMODE 控制着倒角的方式：当 CHAMMODE=0 时，系统支持“距离倒角”模式；当 CHAMMODE=1 时，系统支持“角度倒角”模式。

3．多段线倒角

【多段线】选项是用于为整条多段线的所有相邻元素边进行同时倒角操作。在为多段线进行倒角操作时，可以使用相同的倒角距离值，也可以使用不同的倒角距离值。

多段线倒角的操作步骤如下。

❶首先绘制如图 4-53（左）所示的多段线。

❷单击【修改】工具栏上的按钮，激活【倒角】命令，对多段线进行倒角。命令行操作如下：

```
命令: _chamfer
    ("修剪"模式) 当前倒角距离 1 = 0.0000，距离 2 = 0.0000
    选择第一条直线或 [放弃(U)/多段线(P)/距离(D)/角度(A)/修剪(T)/方式(E)/多个(M)]:
                                          // d Enter，激活【距离】选项
    指定第一个倒角距离 <0.0000>:           //50 Enter，设置第一倒角长度
    指定第二个倒角距离 <50.0000>:          //30 Enter，设置第二倒角长度
    选择第一条直线或 [放弃(U)/多段线(P)/距离(D)/角度(A)/修剪(T)/方式(E)/多个(M)]:
                                          //p Enter，激活【多段线】选项
    选择二维多段线:                        //选择刚绘制的多段线
    6 条直线已被倒角
```

❸多段线倒角的结果如图 4-53（右）所示。

图 4-53　多段线倒角

技巧

如果被倒角的两个对象同时处于一个图层上，那么倒角线将位于该图层。否则，倒角线将位于当前图层上。此规则同样适用于倒角的颜色、线型和线宽等。

4．设置倒角模式

【修剪】选项用于设置倒角的修剪状态。系统提供了两种倒角边的修剪模式，即“修剪”和“不修剪”。当将倒角模式设置为“修剪”时，被倒角的两条直线被修剪到倒角的端点，系统默认的模式为“修剪模式”；当倒角模式设置为“不修剪”时，那么用于倒角的图线将不被修剪，如图 4-54 所示。

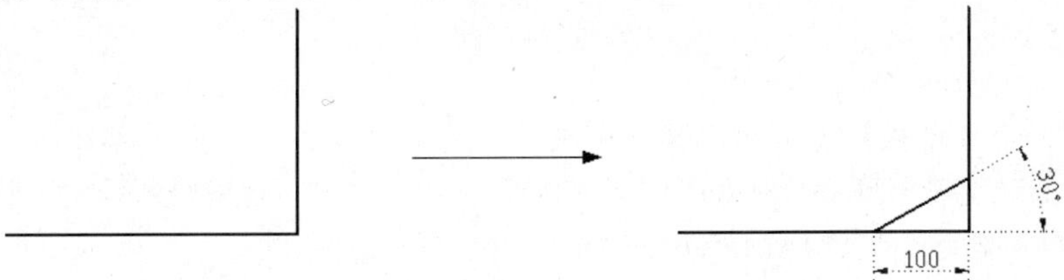

图 4-54　非修剪模式下的倒角

技巧

系统变量 TRIMMODE 控制倒角的修剪状态。当 TRIMMODE=0 时，系统保持对象不被修剪；当 TRIMMODE=1 时，系统支持倒角的修剪模式。

4.3.4 圆角图形

【圆角】命令是使用一段给定半径的圆弧光滑连接两条图线。一般情况下，用于圆角的图线有直线、多段线、样条曲线、构造线、射线、圆弧和椭圆弧等。执行【圆角】命令主要有以下 4 种方式。

- 菜单栏：选择菜单【修改】|【圆角】命令。
- 工具栏：单击【修改】工具栏上的□按钮。
- 命令行：在命令行中输入 Fillet 或 F。
- 功能区：单击【常用】选项卡|【修改】面板上的□按钮。

下面通过对直线和圆弧进行圆角，学习【圆角】命令的使用方法和技巧，具体操作步骤如下。

❶首先绘制如图 4-55（左）所示的直线和圆弧。

❷单击【修改】工具栏上的□按钮，激活【圆角】命令，对直线和圆弧进行圆角。命令行操作如下：

```
命令: _fillet
    当前设置: 模式 = 修剪，半径 = 0.0000
    选择第一个对象或 [放弃(U)/多段线(P)/半径(R)/修剪(T)/多个(M)]:
                                                  //r Enter，激活【半径】选项
    指定圆角半径 <0.0000>:                          //100 Enter，
    选择第一个对象或 [放弃(U)/多段线(P)/半径(R)/修剪(T)/多个(M)]:
                                                  //选择倾斜线段
    选择第二个对象，或按住 Shift 键选择要应用角点的对象:
                                                  //选择圆弧
```

❸图线的圆角效果如图 4-55（右）所示。

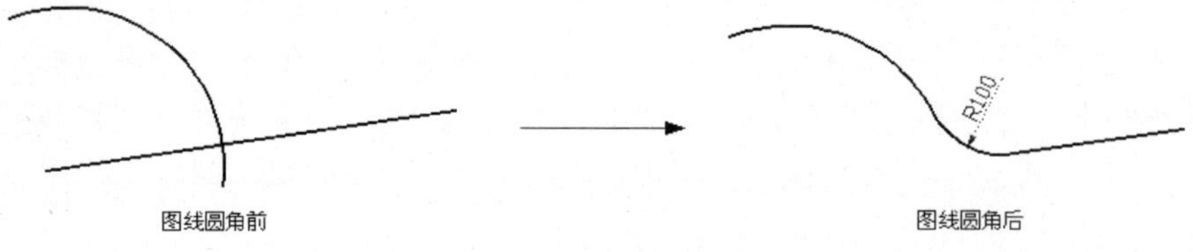

图 4-55　圆角示例

技巧

如果用于圆角的图线是相互平行的，那么在执行【圆角】命令后，AutoCAD 将不考虑当前的圆角半径，而是自动使用一条半圆弧连接两条平行图线，半圆弧的直径为两条平行线之间的距离，如图 4-56 所示。

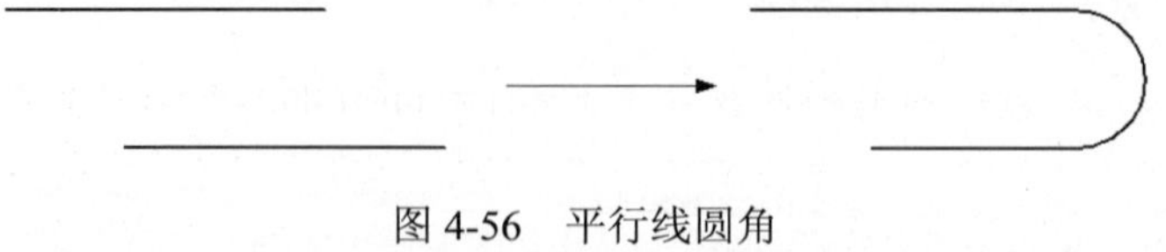

图 4-56　平行线圆角

1．**命令的选项功能**

- 【多个】选项：用于为多个对象进行圆角处理，不需要重复执行命令。如果用于圆角的图线处于同一图层中，那么圆角也处于同一图层上；如果两圆角对象不在同一图层中，那么圆角将处于当前图层上。同样，圆角的颜色、线型和线宽也都遵守这一规则。
- 【多段线】选项：用于对多段线每相领元素进行圆角处理，激活此选项后，AutoCAD将以默认的圆角半径对整条多段线相邻各边进行圆角操作，如图 4-57 所示。

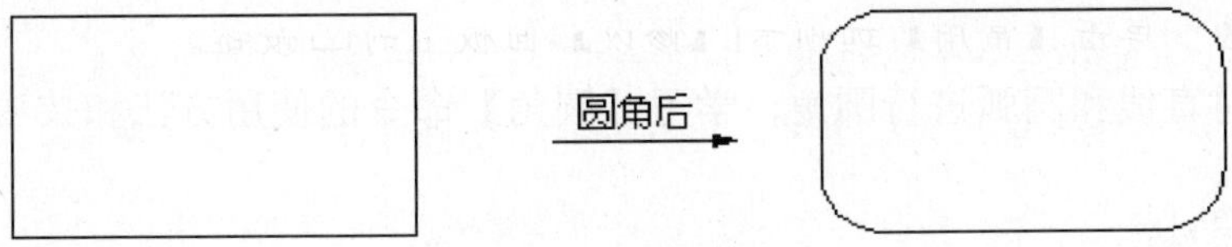

图 4-57　多段线圆角

2．**设置圆角模式**

与【倒角】命令一样，【圆角】命令也存在两种圆角模式，即修剪和不修剪，以上各例都是在“修剪”模式下进行圆角的，而“非修剪”模式下的圆角效果如图 4-58 所示。

图 4-58　“非修剪”模式下的圆角

技巧

用户也可通过系统变量 TRIMMODE 设置圆角的修剪模式，当系统变量的值设为 0 时，保持对象不被修剪；当设置为 1 时，表示圆角后进行修剪对象。

4.3.5　分解图形

【分解】命令用于将组合对象分解成各自独立的对象，以方便对分解后的各对象进行编辑。执行【分解】命令主要有以下 4 种方式。

- 菜单栏：选择菜单【修改】|【分解】命令。
- 工具栏：单击【修改】工具栏上的按钮。
- 命令行：在命令行中输入 Explode 或 X。
- 功能区：单击【常用】选项卡|【修改】面板上的按钮。

用于分解的组合对象有矩形、正多边形、多段线、边界以及一些图块等。比如正五边形是由 5 条直线元素组成的单个对象，如果用户需要对其中的一条边进行编辑，则首先将矩形分解还原为 5 条线对象，如图 4-59 所示。

在激活【分解】命令后，只需选择需要分解的对象按 Enter 键即可将对象分解。如果是对具有一定宽度的多段线分解，AutoCAD 将忽略其宽度并沿多段线的中心放置分解多段线，如图 4-60 所示。

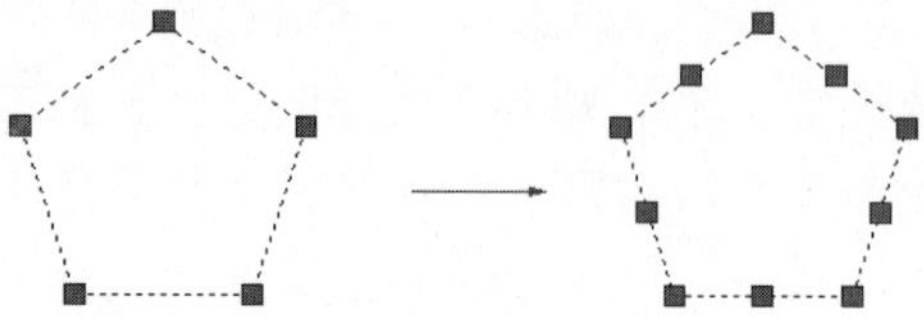

图 4-59　分解示例

图 4-60　分解宽度多段线

技巧

AutoCAD 一次只能删除一个编组级，如果一个块包含一个多段线或嵌套块，那么该块的分解就首先分解出该多段线或嵌套块，然后再分别分解该块中的各个对象。

4.3.6 编辑多段线

【编辑多段线】命令用于编辑多段线或具有多段线性质的图形，如矩形、正多边形、圆环、三维多段线、三维多边形网格等。执行【多段线】命令主要有以下 3 种方式。

- 菜单栏：选择菜单【修改】|【对象】|【多段线】命令。
- 工具栏：单击【修改 II】工具栏上的按钮。
- 命令行：在命令行中输入 Pedit 或 PE。

使用【编辑多段线】命令可以闭合、打断、拉直、拟合多段线，还可以增加、移动、删除多段线顶点等。执行【编辑多段线】命令后 AutoCAD 提示如下：

命令: Pedit

选择多段线或 [多条（M）]：系统提示选择需要编辑的多段线。如果用户选择了直线或圆弧，而不是多段线，系统出现如下提示：

选定的对象不是多段线。

是否将其转换为多段线? <Y>: 输入“Y”，将选择的对象即直线或圆弧转换为多段线，再进行编辑。如果选择的对象是多段线，系统出现如下提示：

输入选项[闭合(C)/合并(J)/宽度(W)/编辑顶点(E)/拟合(F)/样条曲线(S)/非曲线化(D)/线型生成(L)/放弃(U)]

1. 选项解析

- 【闭合】选项：用于打开或闭合多段线。如果用户选择的多段线是非闭合的，使用该选项可使之封闭；如果用户选中的多段线是闭合的，该选项替换成“打开”，使用该选项可打开闭合的多段线。
- 【合并】选项：用于将其他的多段线、直线或圆弧连接到正在编辑的多段线上，形成一条新的多段线。要往多段线上连接实体，与原多段线必须有一个共同的端点，即需要连接的对象必须首尾相连。
- 【拟合】选项：用于对多段线进行曲线拟合，将多段线变成通过每个顶点的光滑连续的圆弧曲线，曲线经过多段线的所有顶点并使用任何指定的切线方向，如图 4-61 所示。

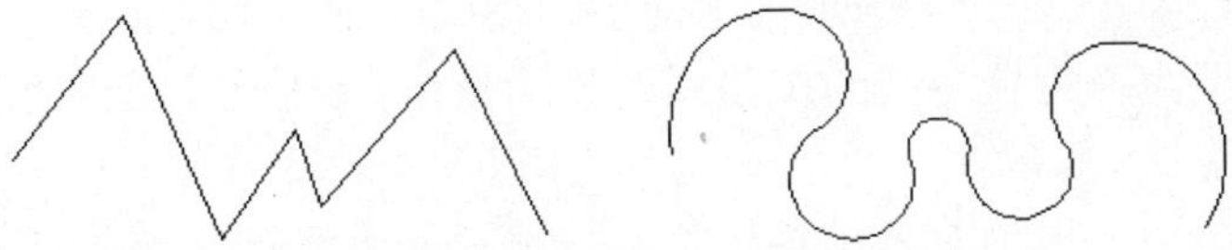

图 4-61　对多段线进行曲线拟合

- 【宽度】选项：用于修改多段线的线宽，并将多段线的各段线宽统一变为新输入的线宽值。激活该选项后系统提示输入所有线段的新宽度。
- 【非曲线化】选项：用于还原已被编辑的多段线。取消拟合、样条曲线以及【多段线】命令中【弧】选项所创建的圆弧段，将多段线中各段拉直，同时保留多段线顶点的所有切线信息。
- 【线型生成】选项：用于控制多段线为非实线状态时的显示方式，当该项为 ON 状态时，虚线或中心线等非实线线型的多段线在角点处封闭；该项为 OFF 状态时，角点处是否封闭，取决于线型比例的大小。
- 【样条曲线】选项：将用 B 样条曲线拟合多段线，生成由多段线顶点控制的样条曲线。变量 SPLINESEGS 控制样条曲线的精度，值越大，曲线越光滑；变量 SPLFRAME 决定是否显示原多段线，值设为 1 时，样条曲线与原多段线一同显示，值设为 0 时，不显示原多段线；变量 SPLINETYPE 控制样条曲线的类型，值等于 5 时，为二次 B 样条曲线，值为 6 时，为三次 B 样条曲线，如图 4-62 所示。

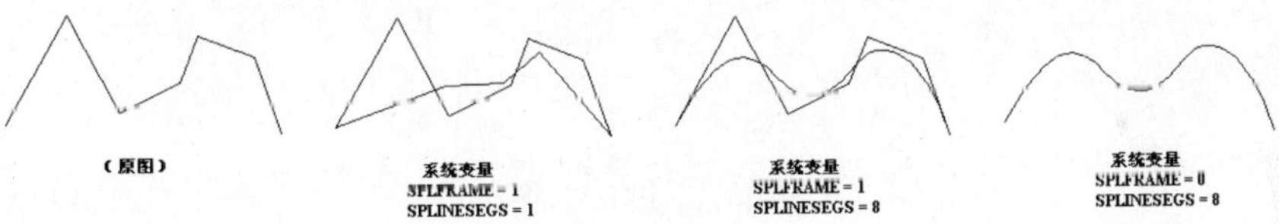

图 4-62　选项示例

2．编辑顶点

此选项用于对多段线的顶点进行移动、插入新顶点、改变顶点的线宽及切线方向等。执行该选项后，系统会在多段线的第一个顶点上出现“×”标记，且以该顶点作为当前的修改顶点，AutoCAD 出现如下提示：

输入顶点编辑选项[下一个（N）/上一个（P）/打断（B）/插入（I）/移动（M）/重生成（R）/拉直（S）/切向（T）/宽度（W）/ 退出（X）] <N>: 提示用户输入顶点编辑的选项

部分选项功能如下。

- 【下一个】选项：用于移动顶点的位置标记。当执行【下一个】选项，此标记移动到多段线的下一个顶点，作为当前的修改顶点。
- 【上一个】选项：该选项用于将当前的编辑顶点记号移动到上一个顶点，与【下一个】选项相反。
- 【打断】选项：此选项用于删除多段线上两顶点之间的线段。执行该选项，AutoCAD 把当前的编辑顶点作为第一个断点，并出现如下提示：

输入选项 [下一个（N）/上一个（P）/执行（G）/退出（X）] <N>:

其中【下一个】与【上一个】选项用于前后移动编辑顶点，以确定第二个断点；【执行】选项用于执行对位于两个断点之间的多段线的删除操作；【退出】选项用于退出打断编辑，返回上一级提示。

- 【插入】选项：用于为多段线增加新的顶点。激活该选项后系统将在多段线的当前顶点的后面增加一个新顶点。
- 【移动】选项：此选项用于将当前的编辑顶点移动到新的位置。
- 【重生成】选项：用于重新生成多段线，使其编辑的特性显示出来。
- 【拉直】选项：用于将多段线两指定点之间的所有线段拉直。
- 【切向】选项：改变当前所编辑顶点的切线方向，可用曲线拟合。执行该选项，系统提示“指定顶点切向”，用于指定顶点的切线方向，可直接输入表示切线方向的角度值，也可以选取一点，该点与多段线上的当前点的连线方向即为切线方向。
- 【宽度】：为多段线的不同部分指定宽度，当起始和终止宽度不同时，起始宽度用于当前点，终止宽度用于下一顶点。

4.4 夹点编辑

在没有命令执行的前提下选择图形，图形上会显示出一些蓝色实心的小方框，如图 4-63 所示，这些蓝色小方框即为图形的夹点。

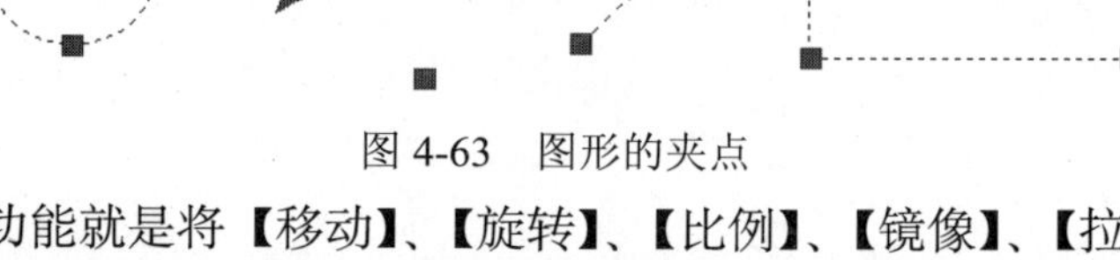

图 4-63　图形的夹点

“夹点编辑”功能就是将【移动】、【旋转】、【比例】、【镜像】、【拉伸】等 5 种命令组合在一起，通过编辑图形上的夹点，来达到快速编辑图形的目的，是一种常用的编辑功能。用户只需单击图形上的任何一个夹点，即可进入夹点编辑模式，此时所单击的夹点以“红色”亮显，称之为“热点”或者是“夹基点”。在进入夹点编辑模式后，用户可以通过两种方式启动夹点编辑功能。

1. 通过菜单启动夹点命令

当用户进入夹点编辑模式后，单击鼠标右键，即可打开夹点编辑菜单，如图 4-64 所示。在此快捷菜单中共为用户提供了【移动】、【旋转】、【比例】、【镜像】、【拉伸】等 5 种命令，这些命令是平级的，其操作功能与【修改】工具栏上的各工具相同，用户只需单击相应的菜单项，即可启动相夹点编辑工具。

在夹点菜单的下侧，是夹点命令中的一些选项功能，有【基点】、【复制】、【参照】、【放弃】等，不过这些选项菜单在一级修改命令的前提下才能使用。

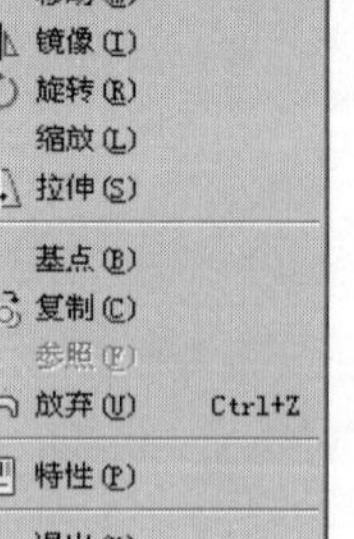

图 4-64　夹点菜单

2. 通过命令行启动夹点命令

当进入夹点编辑模式后，通过按 Enter 键，系统即会在【移动】、【旋转】、【比例】、【镜像】、【拉伸】等 5 种命令中循环切换，用户可以根据命令行的步骤提示，选择相应的夹点命令及命令选项。

> 技巧
>
> 如果用户在按住 Shift 键的同时单击多个夹点，那么所单击的夹点都被看做是“夹基点”；如果用户需要从多个夹基点的选择集中删除特定对象，也要按住 Shift 键。

下面通过典型的小实例，学习夹点编辑工具的操作方法和技巧。具体操作步骤如下。

❶绘制一条直线。

❷无命令执行的前提下选择直线段，使其夹点显示，如图 4-65 所示。

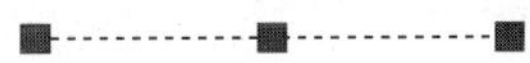

图 4-65　夹点显示

❸单击左侧的夹点，使其变为夹基点，进入夹点编辑模式。

❹单击右键，在弹出的快捷菜单中选择【旋转】命令，激活夹点旋转功能。

❺再次单击右键，从夹点快捷菜单中选择【复制】命令，根据命令行的提示进行旋转和复制线段。命令行操作如下：

```
命令:
    ** 拉伸 **
    指定拉伸点或 [基点(B)/复制(C)/放弃(U)/退出(X)]: _rotate
    ** 旋转 **
    指定旋转角度或 [基点(B)/复制(C)/放弃(U)/参照(R)/退出(X)]: _copy
    ** 旋转 (多重) **
    指定旋转角度或 [基点(B)/复制(C)/放弃(U)/参照(R)/退出(X)]:   //60 Enter
    ** 旋转 (多重) **
    指定旋转角度或 [基点(B)/复制(C)/放弃(U)/参照(R)/退出(X)]:
                        // Enter，退出夹点编辑模式，编辑结果如图 4-66 所示
```

❻单击线段右侧的夹点，将其转变为夹基点，进入夹点编辑模式，然后根据命令行的提示，对夹点图线进行镜像复制。命令行操作如下：

```
命令:
    ** 拉伸 **
    指定拉伸点或 [基点(B)/复制(C)/放弃(U)/退出(X)]:                 // Enter
    ** 移动 **
    指定移动点或 [基点(B)/复制(C)/放弃(U)/退出(X)]:                 // Enter
    ** 旋转 **
    指定旋转角度或 [基点(B)/复制(C)/放弃(U)/参照(R)/退出(X)]:   // c Enter
    ** 旋转 (多重) **
    指定旋转角度或 [基点(B)/复制(C)/放弃(U)/参照(R)/退出(X)]:   //-60 Enter
```

```
** 旋转 (多重) **
指定旋转角度或 [基点(B)/复制(C)/放弃(U)/参照(R)/退出(X)]:
                        // Enter，退出夹点编辑模式，编辑结果如图 4-67 所示
```

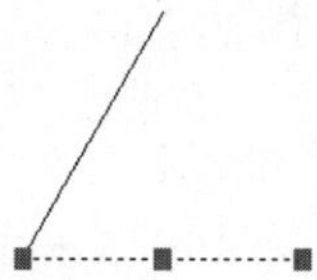

图 4-66　编辑结果

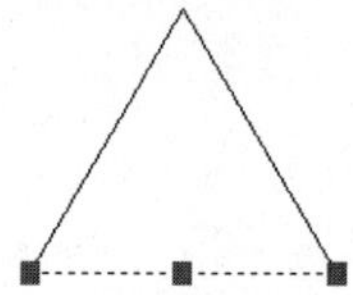

图 4-67　镜像结果

❼最后按 Esc 键取消对象的夹点显示。

4.5 综合实例——绘制机械零件轮廓图

本节通过绘制如图 4-68 所示的机械零件轮廓图，引导用户对本章重点知识进行综合练习和巩固。

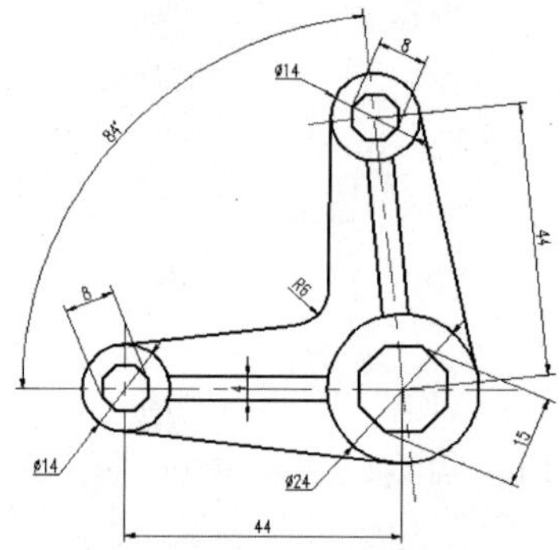

图 4-68　机械零件轮廓图

具体操作步骤如下。

❶快速创建公制单位的空白文件。

❷启用【对象捕捉】和【对象捕捉追踪】功能，并设置捕捉模式为圆心捕捉和象限点捕捉。

❸单击【绘图】工具栏上的按钮，激活【圆】命令，配合捕捉与追踪功能绘制圆图形。命令行操作如下：

```
命令: _circle
    指定圆的圆心或 [三点(3P)/两点(2P)/切点、切点、半径(T)]:
    指定圆的半径或 [直径(D)] <5.0000>:        // d Enter
    指定圆的直径 <10.0000>:                   //14 Enter，输入圆的直径
    命令:                                     // Enter，重复执行画圆命令
    CIRCLE
    指定圆的圆心或 [三点(3P)/两点(2P)/切点、切点、半径(T)]:
                                              //以圆的圆心作为对象追踪点，水平向右引出如图
                                               4-69 所示的对象追踪虚线，输入 44 Enter
    指定圆的半径或 [直径(D)] <7.0000>:        // d Enter
    指定圆的直径 <14.0000>:                   //24 Enter，绘制结果如图 4-70 所示
```

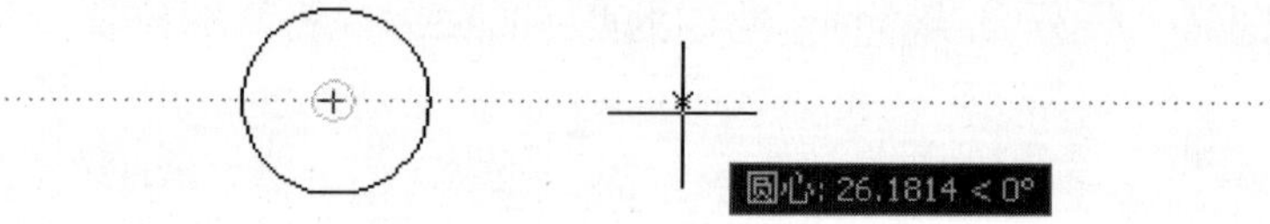

图 4-69　引出对象追踪矢量

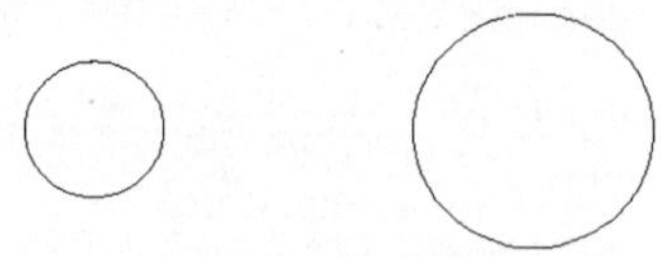

图 4-70　绘制结果

❹选择菜单【绘图】|【直线】命令，配合临时捕捉功能绘制两圆的外公切线。命令行操作如下：

```
命令: _line
    指定第一点:                //按住 Shift 键单击右键，从弹出的临时捕捉菜单上选择【切点】
                                选项，如图 4-71 所示
    _tan 到                    //在如图 4-72 所示圆的位置单击左键，拾取切点
    指定下一点或 [放弃(U)]:    //再次激活切点临时捕捉功能
    _tan 到                    //在如图 4-73 所示圆的位置单击左键
    指定下一点或 [放弃(U)]:    // Enter，结束命令，绘制结果如图 4-74 所示
```

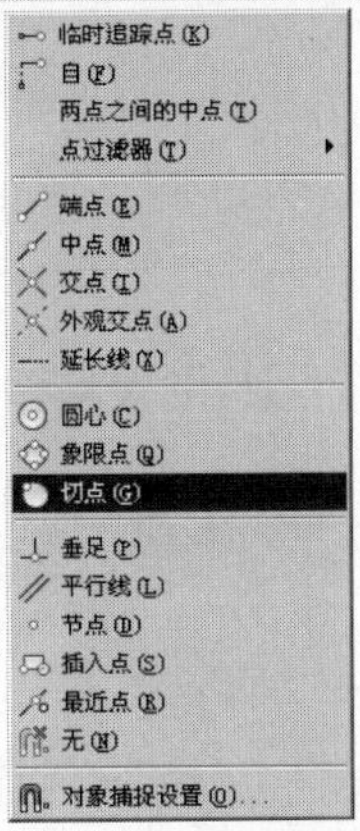

图 4-71　临时捕捉菜单

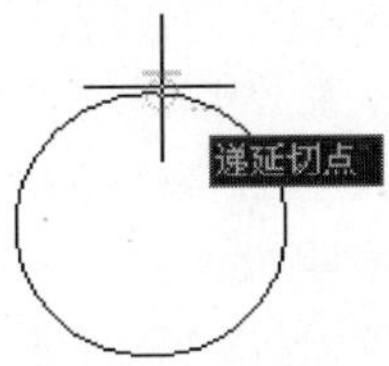

图 4-72　捕捉递延切点

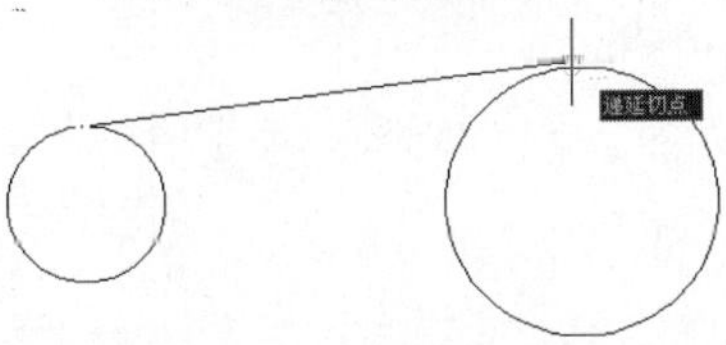

图 4-73　捕捉递延切点

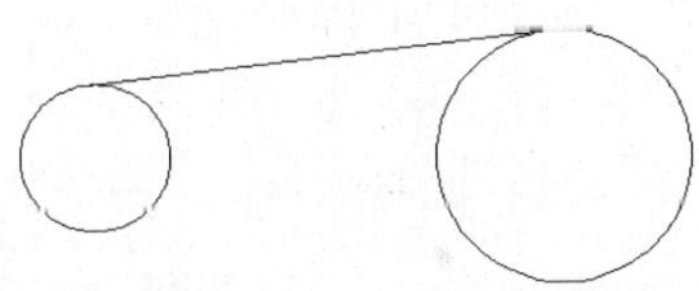

图 4-74　绘制外公切线

❺重复执行【直线】命令，配合切点捕捉功能，绘制下侧的外公切线，结果如图 4-75 所示。

❻重复执行【直线】命令，配合象限点自动捕捉功能，绘制如图 4-76 所示的直线作为中心线。

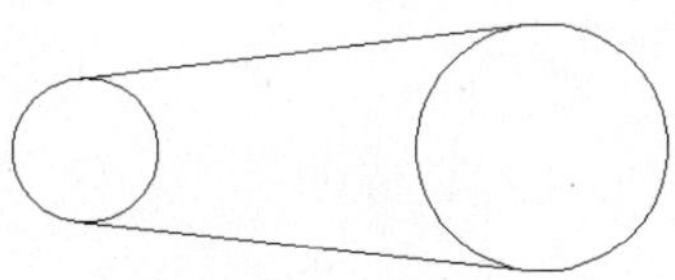

图 4-75　绘制结果

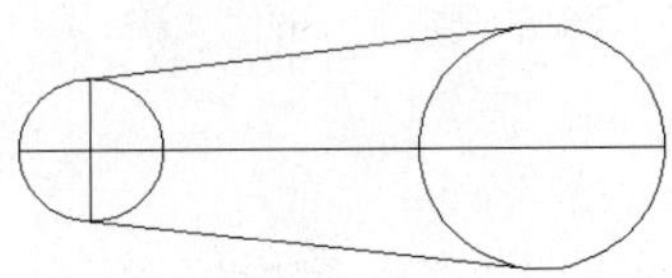

图 4-76　绘制中心线

❼使用快捷键“LEN”激活【拉长】命令，将刚绘制的两条中心线进行两端拉长。命令行操作如下：

```
命令: len                                              // Enter，激活命令
    选择对象或 [增量(DE)/百分数(P)/全部(T)/动态(DY)]: //de Enter
    输入长度增量或 [角度(A)] <0.0000>:                //7 Enter，设置拉长的长度
    选择要修改的对象或 [放弃(U)]:                     //在水平中心线的左端单击左键，使其左端拉
                                                        长 7 个绘图单位
```

```
    选择要修改的对象或 [放弃(U)]:              //在水平中心线的右端单击左键，使其右端拉
                                                长 7 个绘图单位
    选择要修改的对象或 [放弃(U)]:              // Enter，拉长结果如图 4-77 所示
```

❽重复执行【拉长】命令，将垂直直线两端拉长 7 个绘图单位，结果如图 4-78 所示。

图 4-77 拉长水平中心线

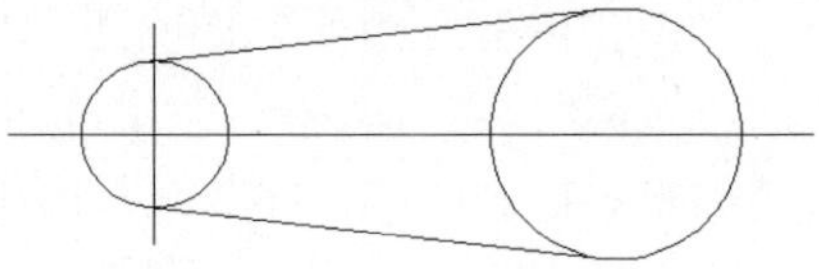

图 4-78 拉长垂直中心线

❾选择菜单【修改】|【偏移】命令，将偏移间距设置为 2，对水平中心线进行对称偏移复制。命令行操作如下：

```
命令: _offset
    当前设置: 删除源=否  图层=源  OFFSETGAPTYPE=0
    指定偏移距离或 [通过(T)/删除(E)/图层(L)] <通过>:        //2 Enter，设置偏移距离
    选择要偏移的对象，或 [退出(E)/放弃(U)] <退出>:          //选择水平中心线
    指定要偏移的那一侧上的点，或 [退出(E)/多个(M)/放弃(U)] <退出>:
                                          //在中心线的上端单击左键，指定偏移位置
    选择要偏移的对象，或 [退出(E)/放弃(U)] <退出>:          //继续选择水平中心线
    指定要偏移的那一侧上的点，或 [退出(E)/多个(M)/放弃(U)] <退出>:
                                          //在中心线的下端单击左键，指定偏移位置
    选择要偏移的对象，或 [退出(E)/放弃(U)] <退出>:
                                          // Enter，偏移结果如图 4-79 所示
```

❿选择菜单【修改】|【修剪】命令，以两个圆图形作为剪切边界，对偏移出的水平线进行修剪，删除多余部分。命令行操作如下：

```
命令: _trim
    当前设置:投影=UCS，边=无
    选择剪切边...
    选择对象或 <全部选择>:        //选择左侧小圆
    选择对象:                     //选择右侧大圆
    选择对象:                     // Enter，边界的选择结果如图 4-80 所示
    选择要修剪的对象，或按住 Shift 键选择要延伸的对象，或[栏选(F)/窗交(C)/投影(P)/边(E)/
删除(R)/放弃(U)]:                 //在上侧水平中心线的左端单击
    选择要修剪的对象，或按住 Shift 键选择要延伸的对象，或[栏选(F)/窗交(C)/投影(P)/边(E)/
删除(R)/放弃(U)]:                 //继续在上侧水平中心线的左端单击
    选择要修剪的对象，或按住 Shift 键选择要延伸的对象，或[栏选(F)/窗交(C)/投影(P)/边(E)/
删除(R)/放弃(U)]:                 //在上侧水平中心线的右端单击
    选择要修剪的对象，或按住 Shift 键选择要延伸的对象，或[栏选(F)/窗交(C)/投影(P)/边(E)/
删除(R)/放弃(U)]:                 //继续在上侧水平中心线的右端单击
    选择要修剪的对象，或按住 Shift 键选择要延伸的对象，或[栏选(F)/窗交(C)/投影(P)/边(E)/
```

删除(R)/放弃(U)]:　　　　　　　　　　　//在下侧水平中心线的左端单击

选择要修剪的对象，或按住 Shift 键选择要延伸的对象，或[栏选(F)/窗交(C)/投影(P)/边(E)/删除(R)/放弃(U)]:　　　　　　　　　　　//继续在下侧水平中心线的左端单击

选择要修剪的对象，或按住 Shift 键选择要延伸的对象，或[栏选(F)/窗交(C)/投影(P)/边(E)/删除(R)/放弃(U)]:　　　　　　　　　　　//在下侧水平中心线的右端单击

选择要修剪的对象，或按住 Shift 键选择要延伸的对象，或[栏选(F)/窗交(C)/投影(P)/边(E)/删除(R)/放弃(U)]:　　　　　　　　　　　//继续在下侧水平中心线的右端单击

选择要修剪的对象，或按住 Shift 键选择要延伸的对象，或[栏选(F)/窗交(C)/投影(P)/边(E)/删除(R)/放弃(U)]:　　　　　　　　　　　// Enter，修剪结果如图 4-81 所示

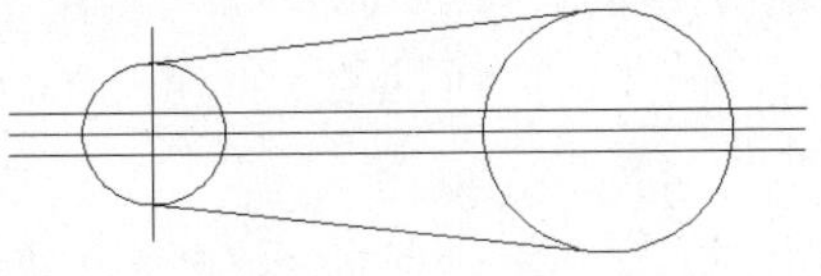

图 4-79　偏移结果

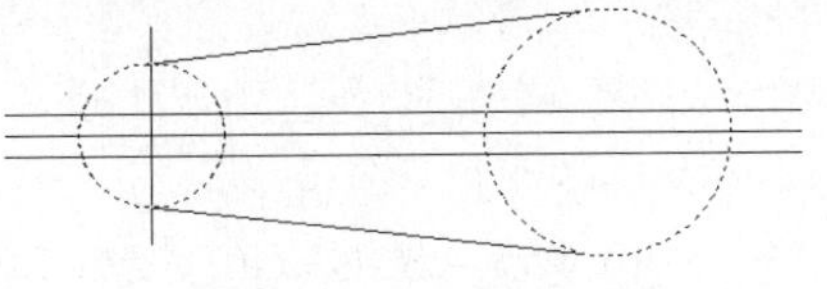

图 4-80　选择剪切边界

⑪选择菜单【格式】|【线型】命令，加载一种名为“CENTER”的线型，并设置线型比例为 0.35。

⑫在无命令执行的前提下，选择水平中心线和垂直中心线，使其呈现夹点显示，如图 4-82 所示。

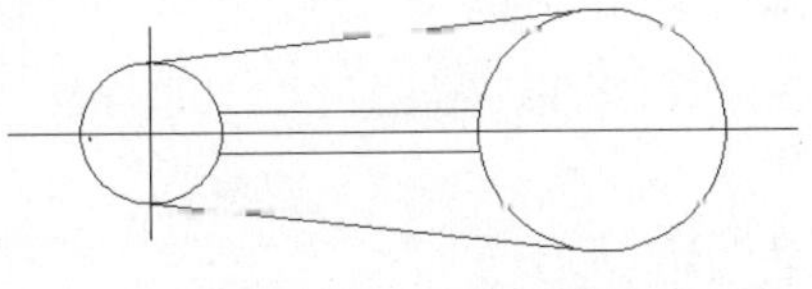

图 4-81　修剪结果

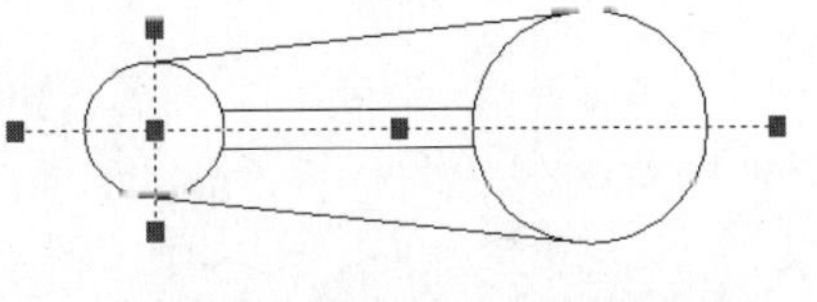

图 4-82　中心线的夹点显示

⑬单击【特性】工具栏上的【颜色控制】列表和【线型控制】列表，分别将当前对象的颜色和线型设置为“红色”和“CENER”线型，对象的显示结果如图 4-83 所示。

⑭选择菜单【绘图】|【正多边形】命令，配合圆心捕捉功能，以两端圆的圆心作为中心点，绘制内部的正八边形。命令行操作如下：

命令: _polygon

输入边的数目 <4>:　　　　　　　　　　//8 Enter，设置边数

指定正多边形的中心点或 [边(E)]:　　　　　//捕捉左端圆的圆心

输入选项 [内接于圆(I)/外切于圆(C)] <I>:　　//I Enter，激活【内接于圆】选项

指定圆的半径:　　　　　　　　　　　　　//4 Enter，输入外接于半径

命令: _polygon　　　　　　　　　　　　// Enter，重复执行命令

输入边的数目 <8>:　　　　　　　　　　// Enter，采用当前设置

指定正多边形的中心点或 [边(E)]:　　　　　//捕捉右端圆的圆心

输入选项 [内接于圆(I)/外切于圆(C)] <I>:　　// I Enter，激活【内接于圆】选项

指定圆的半径:　　　　　　　　　　　　　//7.5 Enter，输入外接于半径，绘制结果如图 4-84 所示

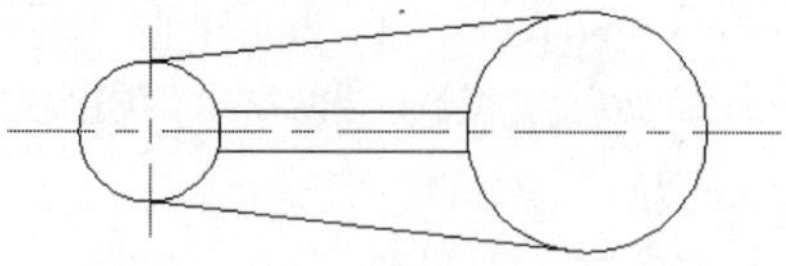

图 4-83　更改线型和颜色

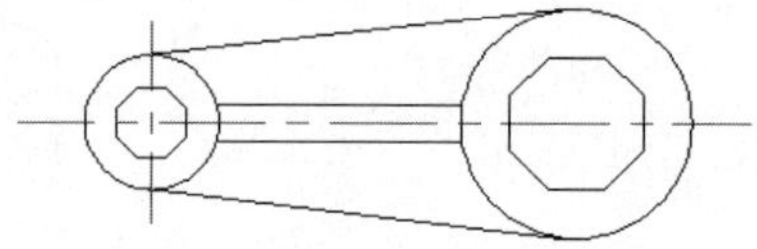

图 4-84　绘制正八边形轮廓

⑮在无命令执行的前提下，拉出如图 4-85 所示的窗交选择框，选择需要编辑的对象。

⑯单击其中的一个夹点，进入夹点编辑模式，根据命令行的操作提示，将夹点显示的图形进行旋转复制。命令行操作如下：

```
命令:
    ** 拉伸 **
    指定拉伸点或 [基点(B)/复制(C)/放弃(U)/退出(X)]:                //Enter，进入夹点移动模式
    ** 移动 **
    指定移动点或 [基点(B)/复制(C)/放弃(U)/退出(X)]:                //Enter，进入夹点旋转模式
    ** 旋转 **
    指定旋转角度或 [基点(B)/复制(C)/放弃(U)/参照(R)/退出(X)]:  //c Enter
    ** 旋转 (多重) **
    指定旋转角度或 [基点(B)/复制(C)/放弃(U)/参照(R)/退出(X)]:  //b Enter
    指定基点:                                                    //捕捉大圆的圆心
    ** 旋转 (多重) **
    指定旋转角度或 [基点(B)/复制(C)/放弃(U)/参照(R)/退出(X)]:  //-84 Enter
    ** 旋转 (多重) **
    指定旋转角度或 [基点(B)/复制(C)/放弃(U)/参照(R)/退出(X)]:
                    // Enter，退出夹点编辑模式，结果被选择的图形被旋转复制，如图 4-86 所示
```

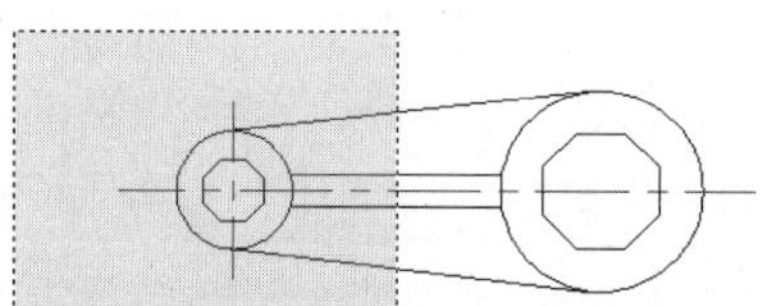

图 4-85　窗交选择

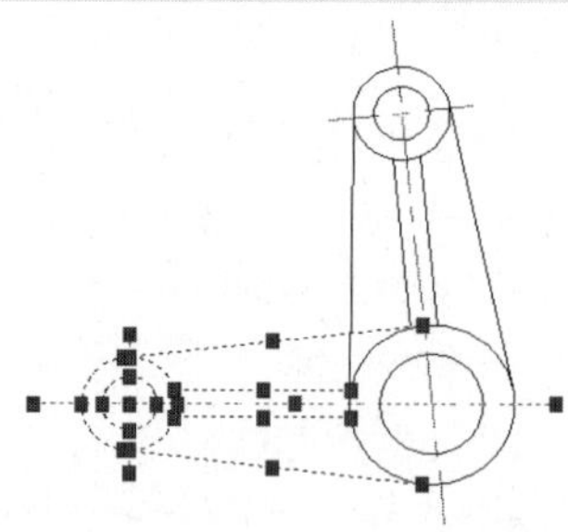

图 4-86　夹点旋转

⑰按 Esc 键，取消对象的夹点显示，结果如图 4-87 所示。

⑱选择菜单【修改】|【圆角】命令，对轮廓线 A、B 进行圆角。命令行操作如下：

```
命令: _fillet
    当前设置: 模式 = 修剪，半径 = 2.0000
    选择第一个对象或 [放弃(U)/多段线(P)/半径(R)/修剪(T)/多个(M)]://r Enter
    指定圆角半径 <2.0000>:                                  // 2 Enter，设置圆角半径
    选择第一个对象或 [放弃(U)/多段线(P)/半径(R)/修剪(T)/多个(M)]:
                                                        //选择图 4-87 所示的轮廓线 A
```

选择第二个对象，或按住 Shift 键选择要应用角点的对象:

//选择轮廓线 B，圆角结果如图 4-88 所示

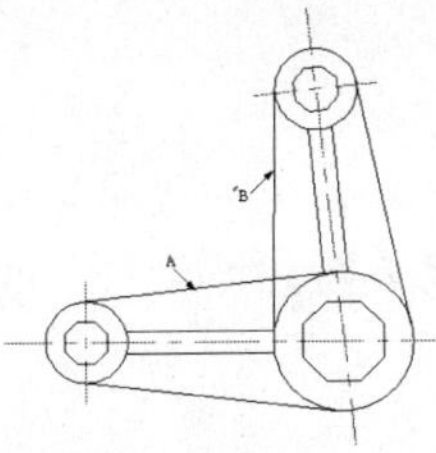

图 4-87 取消夹点

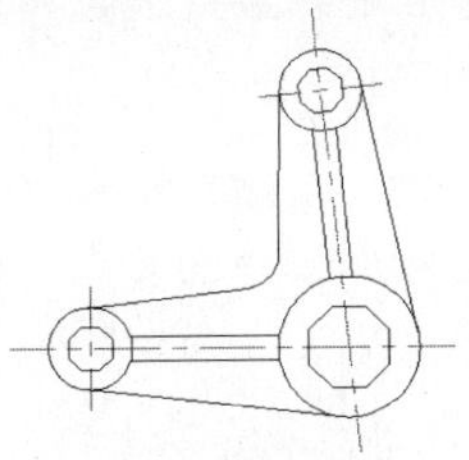

图 4-88 圆角结果

⑲选择菜单【文件】|【保存】命令，将图形命名存储为“综合实例.dwg”。

4.6 本章小结

本章主要讲解了 AutoCAD 的二维编辑功能，具体有复合图形的创建与组合功能、对象的边角编辑功能、边角细化功能、更改对象位置、形状及大小等功能，掌握这些基本的修改功能，可以方便用户对图形进行编辑和修饰完善，将有限的基本几何元素编辑组合为千变万化的复杂图形，以满足设计的需要。

4.7 练习题

(1) 综合运用所学知识，绘制如图 4-89 所示的零件图。

(2) 综合运用所学知识，绘制如图 4-90 所示的直齿轮二视图。

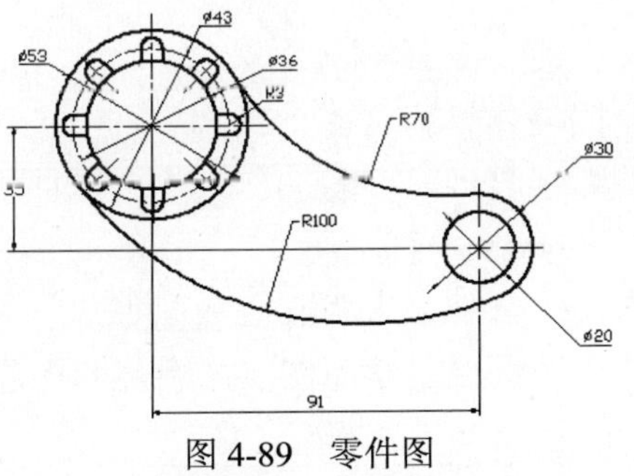

图 4-89 零件图

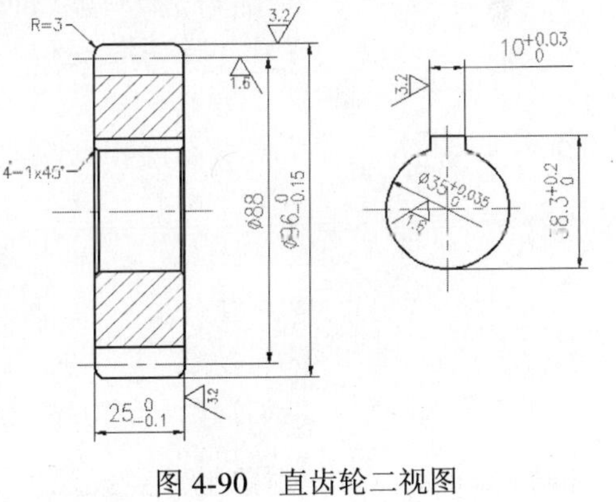

图 4-90 直齿轮二视图

第 5 章

图形资源管理与共享

为了方便用户能够快速、高效地绘制设计图样，本章将集中讲述 AutoCAD 的高级制图工具，具体有【图层】、【图块】、【属性】、【设计中心】、【工具选项板】、【对象特性】等，这些工具都是 AutoCAD 的高级制图工具，灵活掌握这些工具，能使用户更加方便地对图形资源进行综合组织、管理、共享和完善等。

5.1 图层

本节将详细讲述图层的概念、设置、状态控制等重要功能。

5.1.1 图层的新建与设置

图层的概念比较抽象，用户可以将其理解为透明的电子纸，在每张透明的电子纸上可以绘制不同线型、线宽、颜色等特性的图形，最后将这些透明电子纸叠加起来，即可得到完整的图样。

使用【图层】命令可以控制每张电子纸的线型、颜色等特性，控制每张电子纸的显示状态，以方便用户对图形内部资源进行组织、规划和控制等。

执行【图层】命令主要有以下 4 种方式。

- 菜单栏：选择菜单【格式】|【图层】命令。
- 工具栏：单击【图层】工具栏上的按钮。
- 命令行：在命令行中输入 Layer 或 LA。
- 功能区：单击【常用】选项卡|【图层】面板上的按钮。

下面通过创建如图 5-1 所示的 3 个图层，学习图层的新建和图层特性的设置等操作。

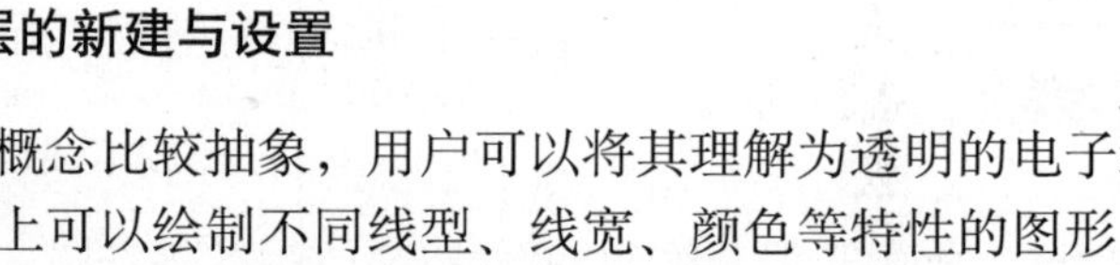

状.	名称	冻结	锁.	颜色	线型	线宽	打印样式	打印
✓	0			白	Contin...	—— 默认	Color_7	
	点画线			红	ACAD_I...	—— 默认	Color_1	
	实线层			白	Contin...	—— 0....	Color_7	
	双点画线			白	Contin...	—— 默认	Color_7	

图 5-1　设置图层

具体操作步骤如下。

❶新建空白文件。

❷单击【图层】工具栏上的按钮，激活【图层】命令，打开【图层

特性管理器】对话框，如图 5-2 所示。

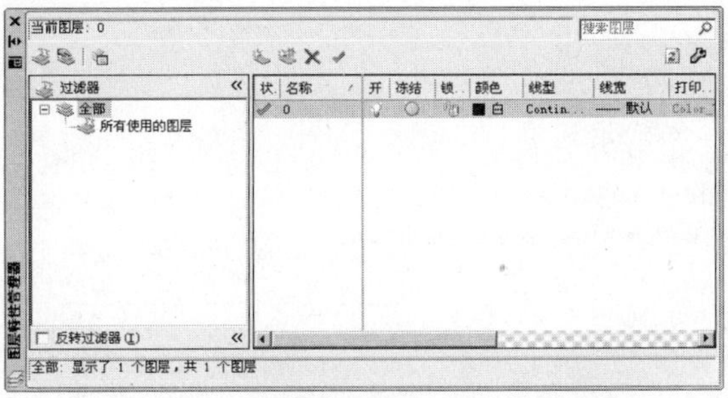

图 5-2 【图层特性管理器】对话框

❸单击【图层特性管理器】对话框中的按钮，新图层将以临时名称“图层 1”显示在列表中，如图 5-3 所示。

图 5-3 新建图层

❹用户在反白显示的“图层 1”区域输入新图层的名称，即“点画层”，创建第一个新图层。

技巧

图层名最长可达 255 个字符，可以是数字、字母或其他字符；图层名中不允许含有大于号（>）、小于号（<）、斜杠（/）、反斜杠（\）以及标点符号等；另外，为图层命名时，必须确保图层名的惟一性。

❺按 Alt+N 组合键，或再次单击按钮，连续创建另外两个图层，即“实线层”和“双点画线”，结果如图 5-4 所示。

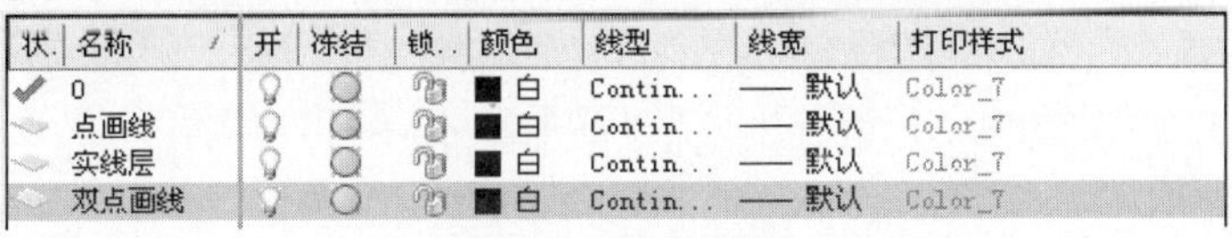

图 5-4 设置新图层

技巧

如果在创建新图层时选择了一个现有图层，或为新建图层指定了图层特性，那么以下创建的新图层将继承先前图层的一切特性（如颜色、线型等）。

❻图层颜色的设置。在【图层特性管理器】对话框中单击名为“点画线”的图层，使其处于激活状态，此时被选择的图层反白显示，如图 5-5 所示。

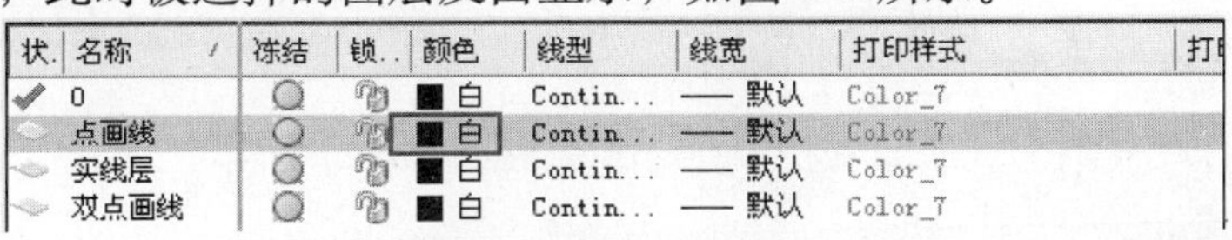

图 5-5 修改图层颜色

❼在如图 5-5 所示的颜色区域上单击，打开【选择颜色】对话框，如图 5-6 所示。

❽在【选择颜色】对话框中选择一种颜色，如红色，单击 确定 按钮，即可将图层

的颜色设置为红色，结果如图 5-7 所示。

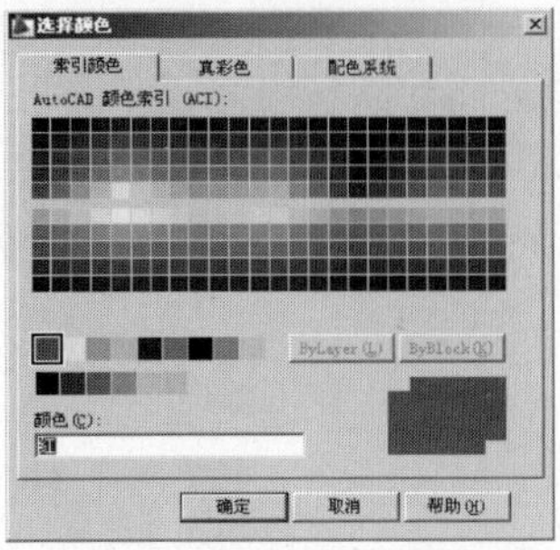

图 5-6 【选择颜色】对话框

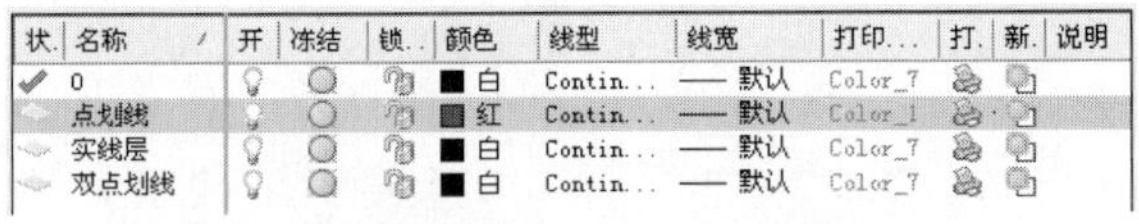

图 5-7 设置颜色后的图层

技巧

用户也可以单击对话框中的【真彩色】和【颜色库】两个选项卡，如图 5-8 和图 5-9 所示，进行定义自己需要的色彩。

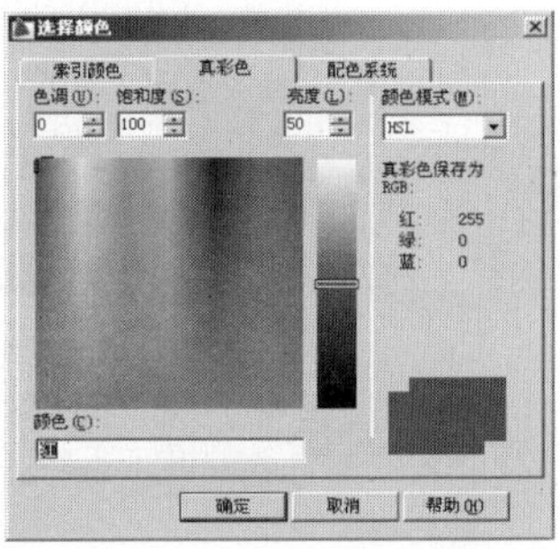

图 5-8 【真彩色】选项卡

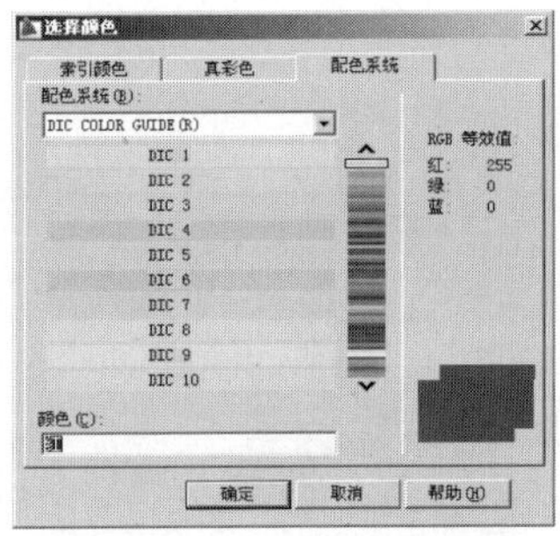

图 5-9 【颜色库】选项卡

⑨设置线型。在如图 5-10 所示的图层位置上单击，打开如图 5-11 所示的【选择线型】对话框。

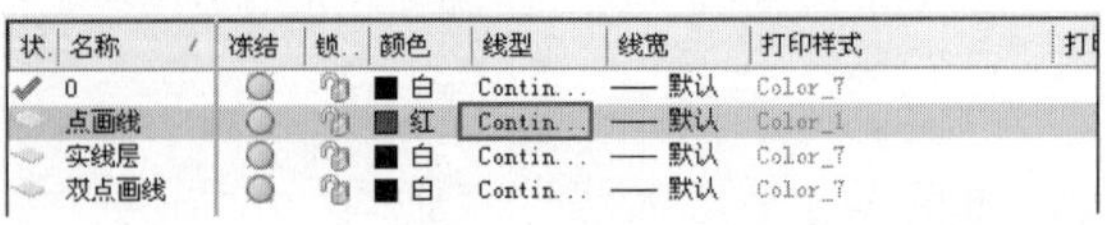

图 5-10 修改图层线型

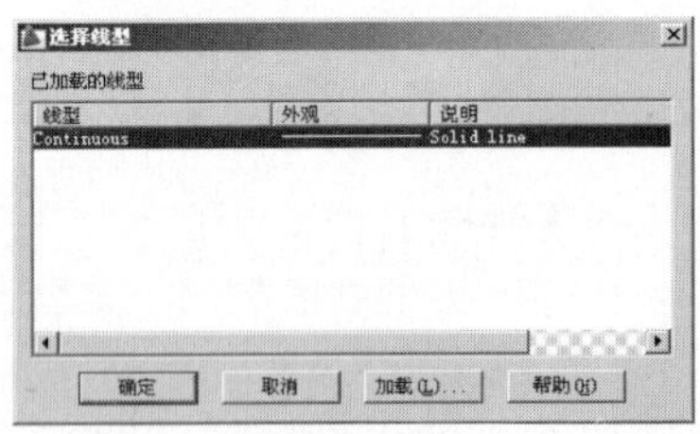

图 5-11 【选择线型】对话框

技巧

在默认设置时，系统将为用户提供一种“Continuous”线型，用户如果需要使用其他的线型，必须进行加载。

⑩单击 加载(L)... 按钮，打开【加载或重载线型】对话框，选择“ACAD ISO04W100”线型，如图 5-12 所示。

⑪在【加载或重载线型】对话框中单击 确定 按钮，结果选择的线型被加载到【选择线型】对话框内，如图 5-13 所示。

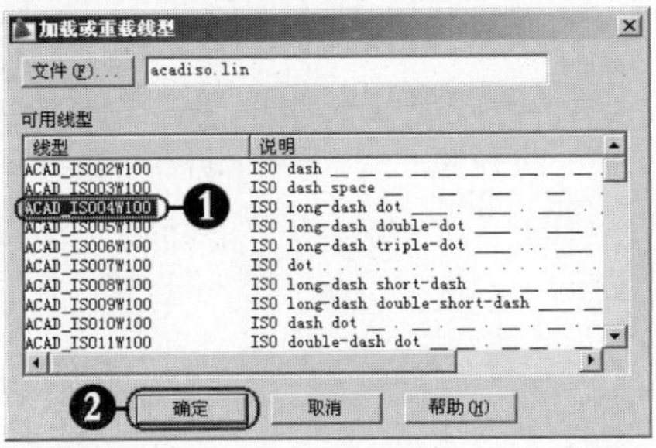

图 5-12 【加载或重载线型】对话框

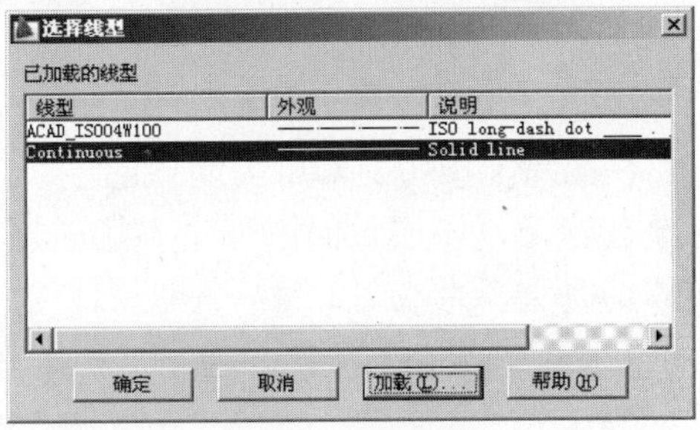

图 5-13 加载线型

⑫选择刚加载的线型，单击 确定 按钮，即将此线型附加给当前被选择的图层，结果如图 5-14 所示。

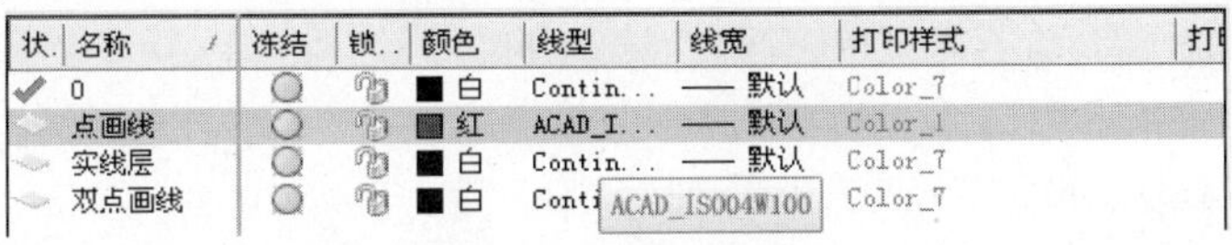

图 5-14 设置线型

⑬设置线宽。在【图层特性管理器】对话框中选择“实线层”图层，然后在如图 5-15 所示的线宽位置上单击。

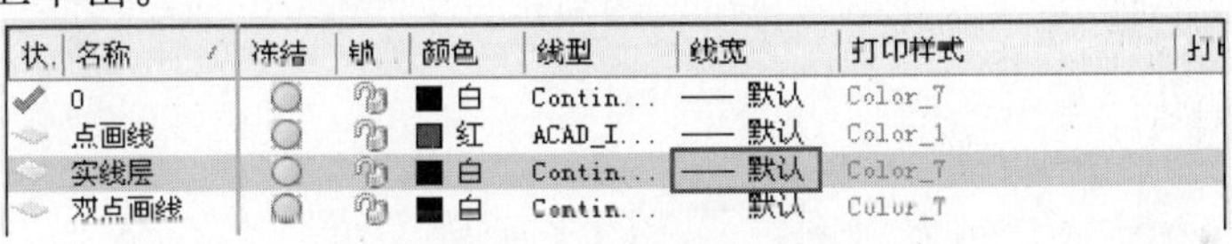

图 5-15 修改层的线宽

⑭此时系统打开【线宽】对话框，选择“0.50 毫米”线宽，如图 5-16 所示。

⑮单击 确定 按钮，返回【图层特性管理器】对话框，结果“实线层”的线宽被设置为 0.5mm，最终结果如图 5-16 所示。

⑯单击 确定 按钮，关闭【图层特性管理器】对话框。

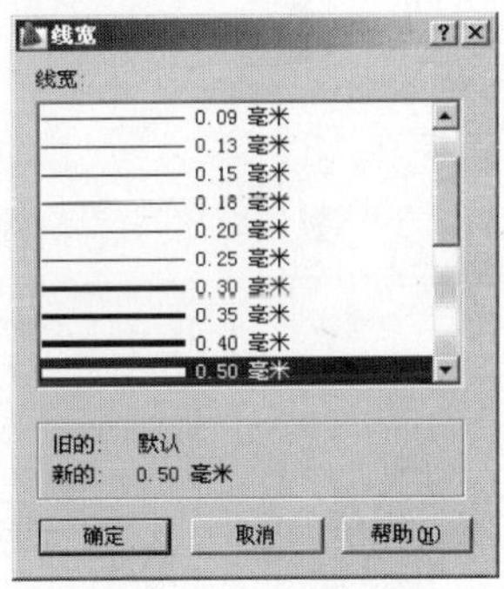

图 5-16 绘制效果

5.1.2 图层的规划管理功能

为了方便对复杂图形进行规划管理和状态控制，AutoCAD 为用户提供了几种状态控制功能，主要有开关、冻结与解冻、锁定与解锁等，如图 5-17 所示。

图 5-17 状态控制图标

状态控制功能的启动，主要有以下两种方式。

- 展开【图层控制】列表 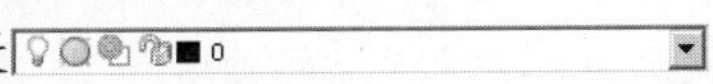，然后单击各图层左端的状态控制按钮。
- 使用【图层】命令，在打开的【图层特性管理器】对话框中选择要操作的图层，然后单击相应控制按钮。

1．**开关控制功能**

/按钮用于控制图层的开与关状态。默认状态下的图层都为打开的图层，按钮显示为。

当按钮显示为时，位于图层上的对象都是可见的，并且可在该层上进行绘图和修改操作；在按钮上单击，即可关闭该图层，按钮显示为（按钮变暗），此时图层上的所有图形对象被隐藏，该层上的图形也不能被打印或由绘图仪输出，但重新生成图形时，图层上的实体仍将重新生成。

2．**冻结与解冻**

/按钮用于在所有视图窗口中冻结或解冻图层。默认状态下图层是被解冻的，按钮显示为；在该按钮上单击，按钮显示为，位于该层上的内容不能在屏幕上显示或由绘图仪输出，不能进行重生成、消隐、渲染和打印等操作。

关闭与冻结的图层都是不可见和不可以输出的。但被冻结图层不参加运算处理，可以加快视窗缩放、视窗平移和许多其他操作的处理速度，增强对象选择的性能并减少复杂图形的重生成时间。建议冻结长时间不用看到的图层。

技巧

按钮的功能与上一个相同，用于冻结或解冻当前视口中的图形对象，不过它在模型空间内是不可用的，只能在图纸空间内使用此功能。

3．**锁定与解锁**

/按钮用于锁定图层或解锁图层。默认状态下图层是解锁的，按钮显示为，在此按钮上单击，图层被锁定，按钮显示为，用户只能观察该层上的图形，不能对其编辑和修改，但该层上的图形仍可以显示和输出。另外，当前图层不能被冻结，但可以被关闭和锁定。

5.1.3　图层的匹配与隔离

本节学习几个比较实用的图层工具：【图层匹配】、【图层隔离】和【图层漫游】。

1．**【图层匹配】**

【图层匹配】命令用于将选定对象的图层更改为目标图层上。执行此命令主要有以下4种方式。

- 菜单栏：选择菜单【格式】|【图层工具】|【图层匹配】命令。
- 工具栏：单击【图层 II】工具栏上的按钮。
- 命令行：在命令行中输入 Laymch。
- 功能区：单击【常用】选项卡|【图层】面板上的按钮。

下面通过实例，学习【图层匹配】命令的使用方法。具体操作步骤如下。

图 5-18　绘制矩形

❶继续上例操作。在“0”图层上绘制一个矩形，如图 5-18 所示。

❷执行【图层匹配】命令，将矩形所在层更改为“点划线”。命令行操作如下：

```
命令: _laymch
    选择要更改的对象:                    //选择矩形
    选择对象:                            // Enter，结束选择
    选择目标图层上的对象或 [名称(N)]:    //n Enter，打开如图 5-19 所示的【更改到图层】
                                          对话框，然后双击“点划线”
    一个对象已更改到图层“点划线”上
```

❸图层更改后的显示效果如图 5-20 所示。

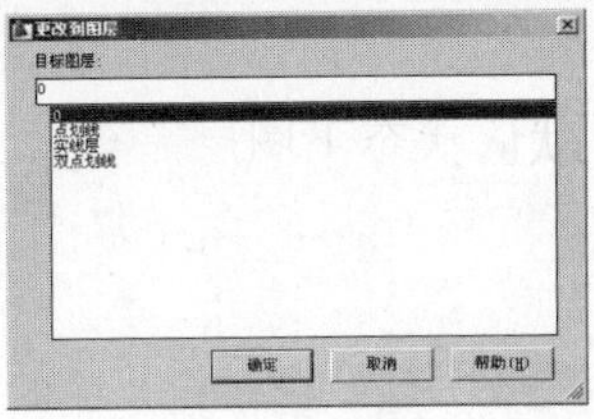

图 5-19 【更改到图层】对话框

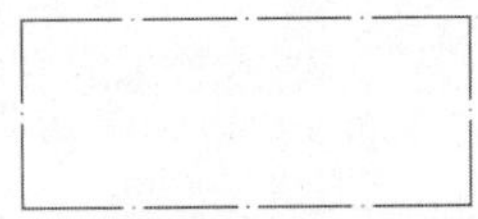

图 5-20 图层更改后的效果

技巧

如果单击【更改为当前图层】按钮，可以将选定对象的图层更改为当前图层；如果单击【将对象复制到新图层】按钮，可以将选定的对象复制到其他图层。

2.【图层隔离】

【图层隔离】命令用于将选定对象的图层之外的所有图层都锁定。执行此命令主要有以下 4 种方式。

- 菜单栏：选择菜单【格式】|【图层工具】|【图层隔离】命令。
- 工具栏：单击【图层 II】工具栏上的按钮。
- 命令行：在命令行中输入 Layiso。
- 功能区：单击【常用】选项卡|【图层】面板上的按钮。

3．其他常用工具

在【图层 II】工具栏上单击【图层冻结】按钮，则可以快速冻结选定对象所在的图层；单击【图层关闭】按钮，则可以快速关闭选定对象所在的图层；单击【图层锁定】按钮，则可以快速锁定选定对象所在的图层。

5.2 图块

“图块”是多个图形对象的集合，是一个单一图元，用户可以多次灵活应用此单一图元。当图块被重复引用后，不仅可以很大程度地提高绘图速度、节省存储空间，还可以使绘制的图形更标准化和规范化。

5.2.1 图块的定义

【创建块】命令用于将选定的图形对象集合成为一个整体图形单元，保存于当前图形文件内，以供当前文件重复使用。执行【创建块】命令主要有以下 4 种方式。

- 菜单栏：选择菜单【绘图】|【块】|【创建】命令。
- 工具栏：单击【绘图】工具栏上的按钮。
- 命令行：在命令行中输入 Block 或 Bmake 或 B。
- 功能区：单击【常用】选项卡|【块】面板上的按钮。

下面通过创建“床头柜”图块，学习【创建块】命令的使用方法和技巧。图形被创建为块前后的显示效果如图 5-21 所示。

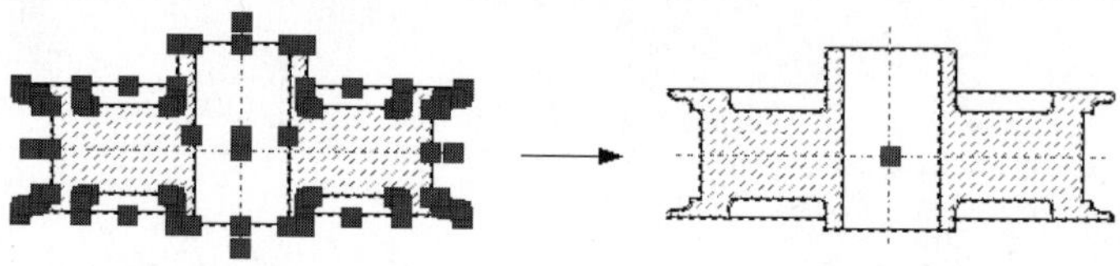

图 5-21 创建内部块

❶打开随书光盘中的“素材文件\零件剖视图.dwg”文件，如图 5-22 所示。

❷单击【绘图】工具栏上的按钮，激活【创建块】命令，打开如图 5-23 所示的【块定义】对话框。

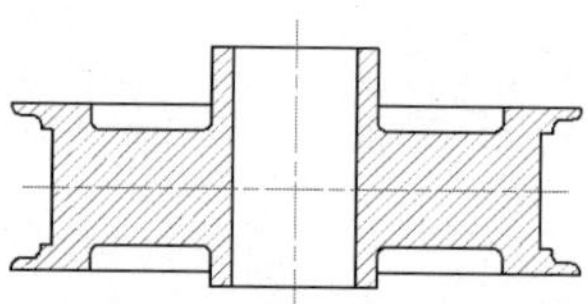

图 5-22 餐桌平面图

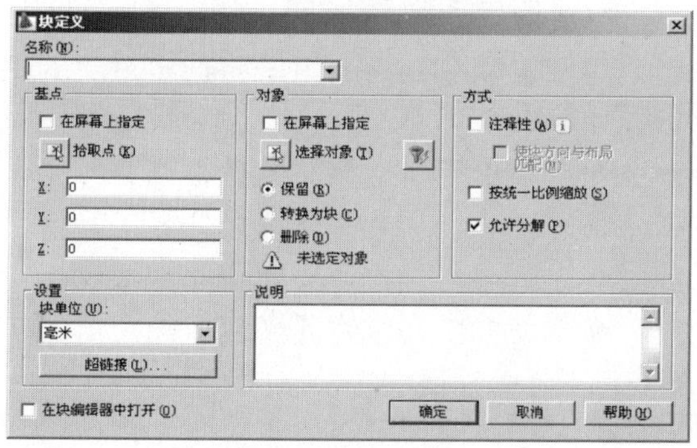

图 5-23 【块定义】对话框

❸在【名称】文本列表框内输入“盘盖”作为块的名称，在【对象】选项组中激活【保留】单选按钮，其他参数采用默认设置。

❹在【基点】选项组中单击【拾取点】按钮，返回绘图区捕捉如图 5-24 示的中点作为块的基点。

❺单击【选择对象】按钮，返回绘图区选择床头柜图形。

❻按 Enter 键返回到【块定义】对话框，则在此对话框中出现图块的预览图标，如图 5-25 所示。

❼单击 确定 按钮关闭【块定义】对话框，结果所创建的内部块存在于文件内部，它将会与文件一起进行保存。

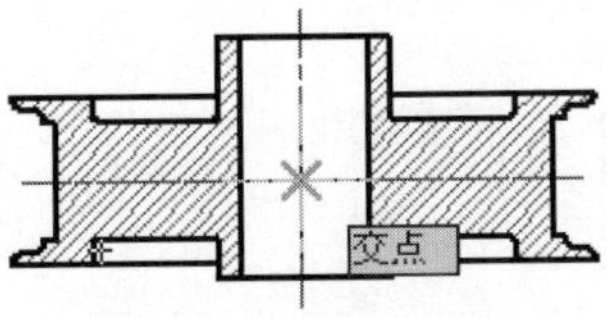

图 5-24 捕捉中点

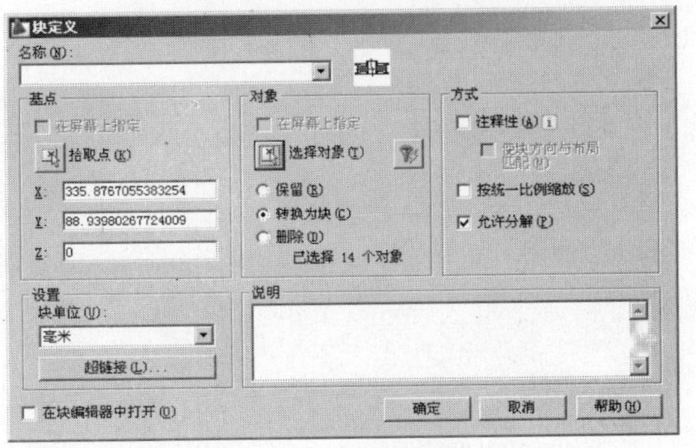

图 5-25 参数设置

技巧

使用 Wbolck 命令，可以将图形以指定的路径存盘为外部块，以供所有文件进行引用。

【块定义】对话框中各选项的含义如下。

- 【名称】下拉列表框用于为新块赋名。图块名是一个不超过 255 个字符的字符串，可以包含字母、数字、“$”、“-”及“_”等符号。
- 【基点】选项组主要用于确定图块的插入基点。用户可以直接在【X】、【Y】、【Z】文本框中键入基点坐标值，也可以在绘图区直接捕捉图形上的特征点。AutoCAD 默认基点为原点。
- 单击【快速选择】按钮，将弹出【快速选择】对话框，用户可以按照一定的条件定义一个选择集。
- 【转换为块】选项用于将创建块的源图形转化为图块。
- 【删除】选项用于将组成图块的图形对象从当前绘图区中删除。

5.2.2 图块的共享

【插入块】命令用于将内部块、外部块以及一些存盘的文件，以不同的比例及角度进行插入到当前图形中。执行【插入块】命令主要有以下 4 种方式。

- 菜单栏：选择菜单【插入】|【块】命令。
- 工具栏：单击【绘图】工具栏上的按钮。
- 命令行：在命令行中输入 Insert 或 I。
- 功能区：单击【常用】选项卡|【块】面板上的按钮。

下面通过将“盘盖”图块以一半的缩放比例进行插入，学习【插入块】命令的使用方法和技巧。

❶单击【绘图】工具栏上的按钮，打开【插入】对话框。

❷单击【名称】文本框，在展开的下拉列表框中选择“盘盖”内部块。

❸在【缩放比例】选项组中勾选【统一比例】复选框，同时设置图块的缩放比例，如图 5-26 所示。

❹其他参数采用默认设置，单击 确定 按钮返回绘图区，在命令行“指定插入点或 [基点(B)/比例(S)/旋转(R)]：”提示下，拾取一点作为块的插入点，结果如图 5-27 所示。

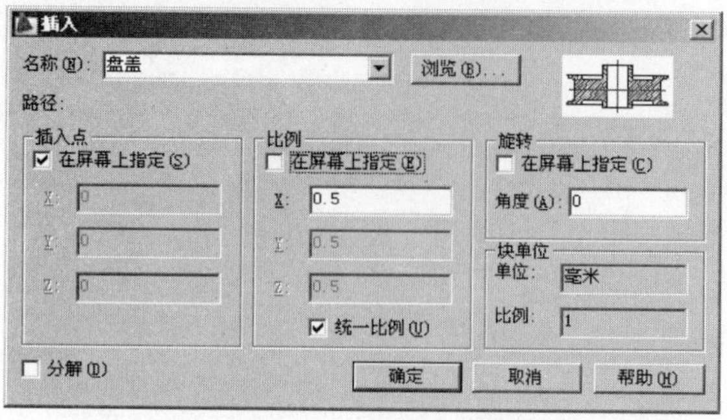

图 5-26　设置插入参数

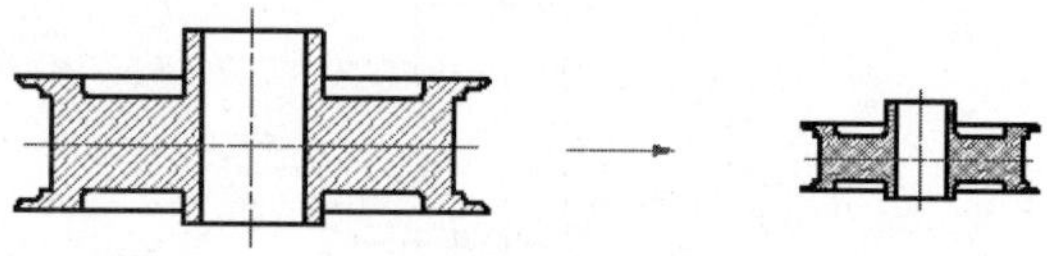

图 5-27　插入结果

【插入】对话框中各选项的含义如下。

- 【名称】下拉文本框用于设置需要插入的内部图块。单击此文本框使其展开，结果所有的内部图块都显示在此列表框内，用户可以根据需要进行选择。
- 【插入点】选项组用于确定图块插入点的坐标。用户可以勾选【在屏幕上指定】复选框，直接在屏幕绘图区拾取一点，也可以在【X】、【Y】、【Z】3 个文本框中输入插入点的坐标值。
- 【比例】选项组用于确定图块的插入比例。
- 【旋转】选项组用于确定图块插入时的旋转角度。用户可以勾选【在屏幕上指定】复选框，直接在绘图区指定旋转的角度，也可以在【角度】文本框中输入图块的旋转角度。
- 【分解】选项用于分解图块。激活此功能，插入的图块不是一个独立的对象，而是被还原成一个个单独的图形对象。

5.3 设计中心

【设计中心】命令是 AutoCAD 软件的一个高级制图工具，它主要用于 CAD 图形资源的管理、查看与共享等，与 Windows 的资源管理器界面功能相似，是一个直观、高效的制图工具。执行【设计中心】命令主要有以下 5 种方式。

- 菜单栏：选择菜单【工具】|【选项板】|【设计中心】命令。
- 工具栏：单击【标准】工具栏上的▦按钮。
- 命令行：在命令行中输入 Adcenter 或 ADC。
- 组合键：Ctrl+2。
- 功能区：单击【视图】选项卡|【选项板】面板上的▦按钮。

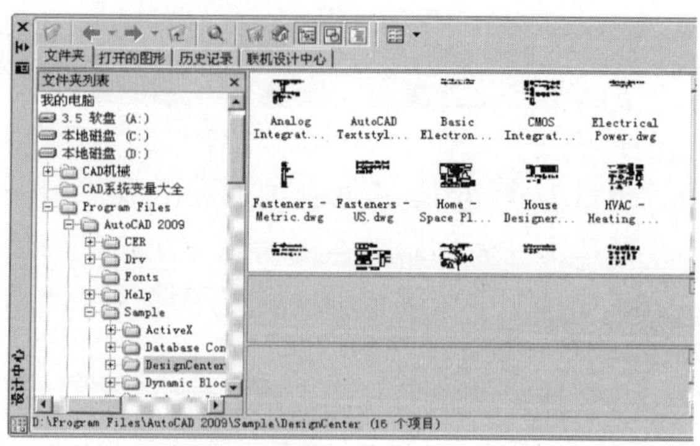

图 5-28　【设计中心】窗口

执行【设计中心】命令后，将打开如图 5-28 所示的窗口，该窗口有【文件夹】、【打开的图形】、【历史记录】和【联机设计中心】4 个选项卡，分别用于显示计算机和网络驱动器上的文件与文件夹的层次结构、打开图形的列表、自定义内容以及上次访问过的位置的历史记录等，具体介绍如下。

- 【文件夹】选项卡：左侧为“树状管理视窗”，用于显示计算机或网络驱动器中文件和文件夹的层次关系；右侧窗口为“控制面板”，用于显示在左侧树状视窗中选定文件的内容。
- 【打开的图形】选项卡用于显示 AutoCAD 任务中当前所有打开的图形，包括最小化的图形。
- 【历史记录】选项卡用于显示最近在设计中心打开的文件的列表。它可以显示【浏览 Web】对话框最近连接过的 20 条地址的记录。
- 【联机设计中心】选项卡用于访问联机设计中心网页。当建立网络连接时，左边面板中将显示包含符号库、制造商站点和其他内容库的文件夹。当选定某个符号时，它会显示在右边的面板中，并且可以下载到用户的图形中。

【设计中心】窗口中部分按钮的解析如下。

- 【加载】按钮：单击该按钮，将弹出【加载】对话框，以方便浏览本地和网络驱动器或 Web 上的文件，然后选择内容加载到内容区域。
- 【上一级】按钮：单击该按钮，将显示活动容器的上一级容器的内容。容器可以是文件夹也可以是一个图形文件。
- 【搜索】按钮：此按钮用于搜索图形、填充图案和块等内容。单击该按钮，可弹出【搜索】对话框，在对话框中指定搜索条件，查找图形、块以及图形中的非图形对象，如线型、图层等，还可以将搜索到的对象添加到当前图形文件中，为当前图形文件所使用。
- 【收藏夹】按钮：单击该按钮，系统将在设计中心右侧的控制面板中将显示“Autodesk Favorites”文件夹内容，在设计中心左侧的树状管理视窗中将在桌面视图中呈高亮显示该文件夹。
- 【默认】按钮：单击此按钮，系统将设计中心返回到默认文件夹。安装时，默认文件夹被设置为“...\Sample\DesignCenter”。
- 【树状图切换】按钮：单击该按钮，设计中心左侧将显示或隐藏树状管理视窗。如果在绘图区域中需要更多空间，可以单击该按钮隐藏树状管理视窗。
- 【预览】按钮：用于显示和隐藏图像的预览框。当预览框被打开时，在上部的面板中选择一个项目，则在预览框内将显示出该项目的预览图像。如果选定项目没有保存的预览图像，则该预览框为空。
- 【说明】按钮：用于显示和隐藏选定项目的文字信息。

5.3.1 设计资源的查看功能

通过【设计中心】窗口，不但可以方便查看本机或网络机上的 AutoCAD 资源，而且还可以单独将选择的 CAD 文件进行打开。下面将学习设计中心的这两种功能。

❶查看文件资源。在左侧的树状窗口中定位需要查看的文件夹，如“Sample”文件夹，那么在右侧窗口中，即可查看该文件夹中的所有图形资源，如图 5-29 所示。

技巧

默认设置下，所有 CAD 文件都以图标的形式进行显示。

❷如果用户需要查看 CAD 文件内部的图形资源，可以在左侧的树状窗口中定位需要查看的 CAD 文件，则可以在右侧窗口中显示出此文件内部的所有资源，如图 5-30 所示。

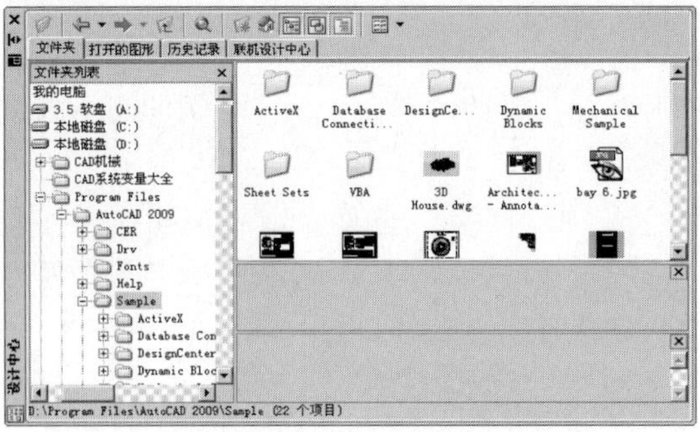

图 5-29　查看文件夹资源

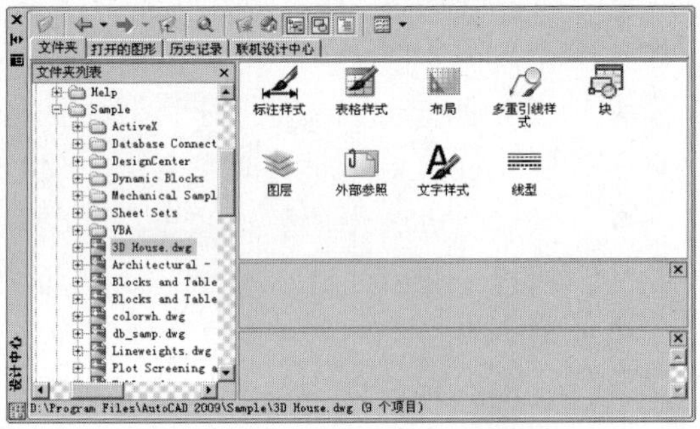

图 5-30　查看文件内部资源

❸如果用户需要进一步查看某一类内部资源，如文件内部的所有图块，可以在右侧窗口中双击块的图标，即可显示出所有的图块，如图 5-31 所示。

❹打开 CAD 文件。如果需要打开某 CAD 文件，可以在该文件图标上右击，然后选择快捷菜单上的【在应用程序窗口中打开】命令，即可打开此文件，如图 5-32 所示。

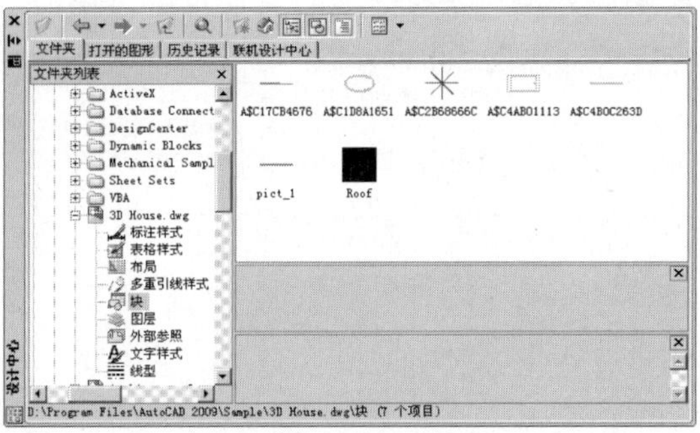

图 5-31　查看块资源

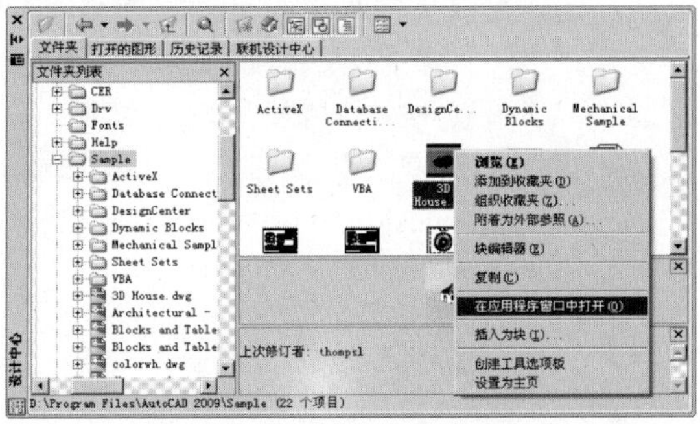

图 5-32　图标右键快捷菜单

技巧

在窗口中按住 Ctrl 键定位文件，按住左键不动将其拖动到绘图区域，即可打开此图形文件；将图形图标从设计中心直接拖曳到应用程序窗口，或绘图区域以外的任何位置，即可打开此图形文件。

5.3.2　设计资源的共享功能

用户不但可以随意查看本机上的所有设计资源，还可以将有用的图形资源以及图形的一些内部资源应用到自己的图纸中。下面通过具体的实例，学习设计中心的资源共享功能。

❶共享文件资源。在左侧树状窗口中查找并定位所需文件的上一级文件夹，然后在右侧窗口中定位所需文件。

❷此时在此文件图标上右击，从弹出的快捷菜单中选择【插入为块】命令，如图 5-33 所示。

❸此时系统弹出如图 5-34 所示的【插入】对话框，根据实际需要，在此对话框中设置所需参数，然后单击 确定 按钮，即可将选择的图形共享到当前文件中。

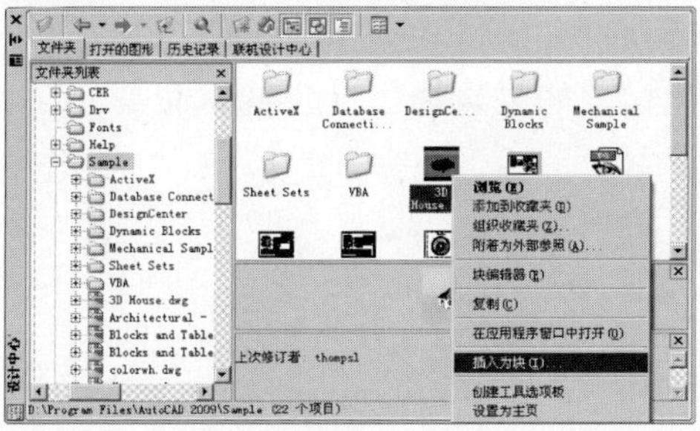

图 5-33 共享文件

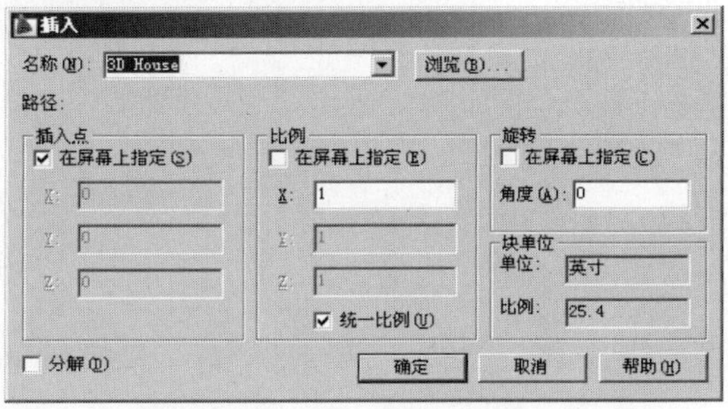

图 5-34 【插入】对话框

❹共享文件内部资源。定位并打开所需文件中的内部资源，如图 5-35 所示。

❺在设计中心右侧窗口中选择某一图块，单击右键，从弹出的快捷菜单中选择【插入块】命令，就可以将此图块插入到当前图形文件中。

技巧

用户也可以共享图形文件内部的文字样式、尺寸样式、图层以及线型等资源。

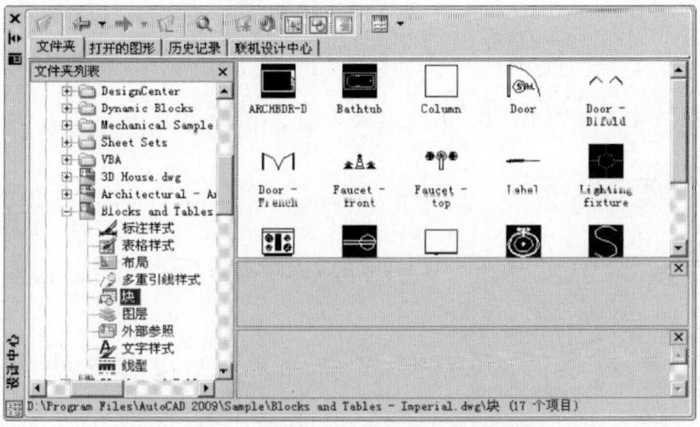

图 5-35 浏览图块资源

5.4 工具选项板

【工具选项板】用于组织、共享图形资源和高效执行命令等，其窗口包含一系列选项板，这些选项板以选项卡的形式分布在【工具选项板】窗口中，如图 5-36 所示。

执行【工具选项板】命令主要有以下 5 种方式。

- 菜单栏：选择菜单【工具】|【选项板】|【工具选项板】命令。
- 工具栏：单击【标准】工具栏上的按钮。
- 命令行：在命令行中输入 Toolpalettes。
- 组合键：Ctrl+3。
- 功能区：单击【视图】选项卡|【选项板】面板上的按钮。

执行【工具选项板】命令后，可打开图 5-36 所示的【工具选项板】窗口，该窗口主要有各选项卡和标题栏两部分组成，在窗口标题栏上右击，可打开如图 5-37 所示的菜单，在此菜单中用于控制窗口及工具选项卡的显示状态等。

在图 5-37 所示的标题栏菜单中，被矩形框圈住的区域选项是用于控制窗口选项卡显示状态的工具，有些用户激活【工具选项板】命令后，打开的选项卡窗口可能会有所不同，这是因为在此标题栏菜单上选择的选项卡不同，比如，如果选择了【引线】命令，选项板窗口的显示状态如图 5-38 所示。

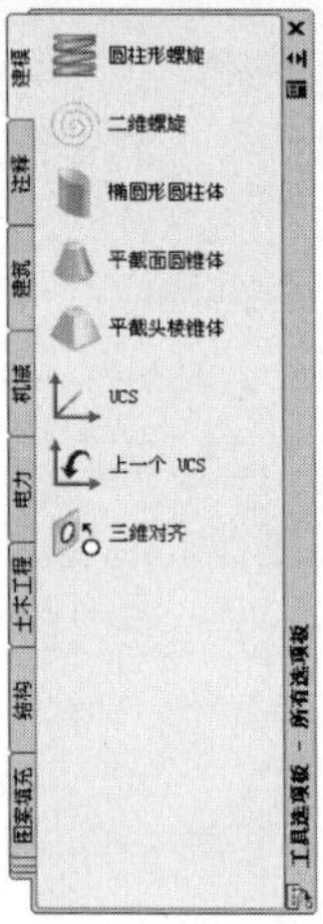

图 5-36 【工具选项板】窗口

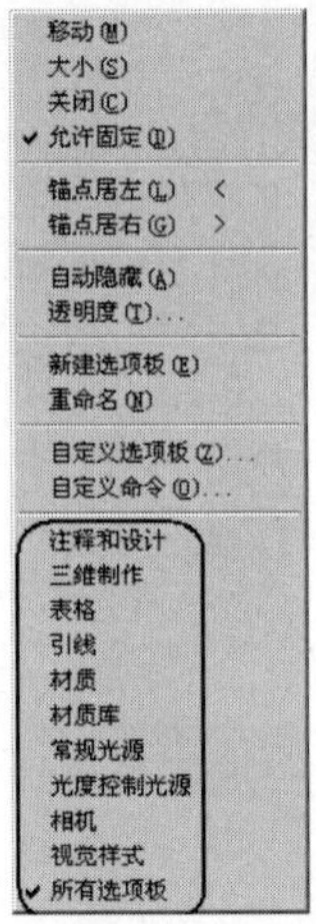

图 5-37 标题栏右键快捷菜单

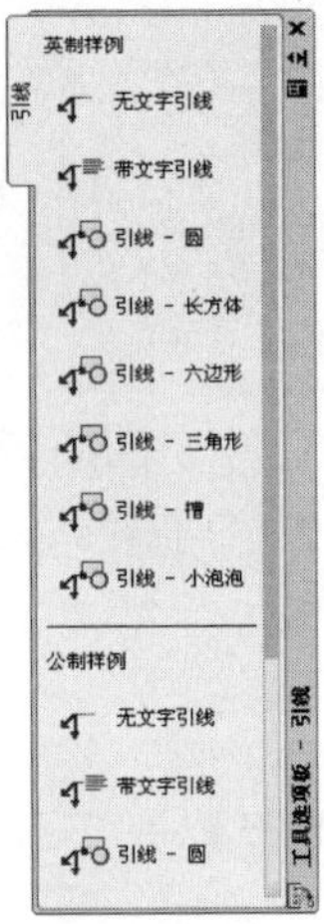

图 5-38 “三维制作”选项卡

在选项板面板中右击，弹出如图 5-39 所示的快捷菜单，通过此菜单，也可以控制工具面板的显示状态、透明度，还可以很方便地创建、删除和重命名工具面板等。

5.4.1 选项板的定义与管理

用户可以根据需要自定义选项板中的内容以及创建新的工具选项板，下面将通过具体实例来具体学习。操作步骤如下。

❶定义选项板内容。首先打开【设计中心】窗口和【工具选项板】窗口。

❷在设计中心的内容区域，定位需要添加到当前工具选项板中的图形、图块或图案填充等内容，然后按住左键不放，将选择的内容直接拖到工具选项板中，即可添加这些项目，如图 5-40 所示。添加结果如图 5-41 所示。

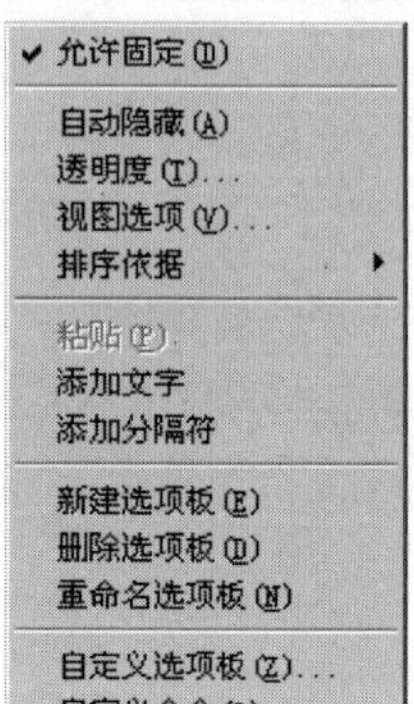

图 5-39 面板右键快捷菜单

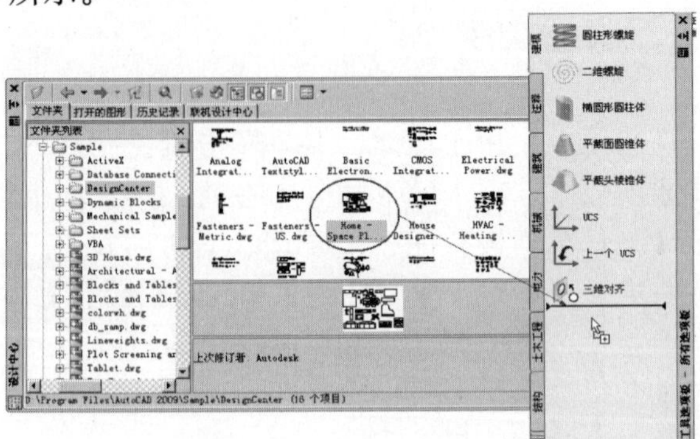

图 5-40 向工具选项板中添加内容

❸定义新的选项板。在【设计中心】窗口左侧的树状图中，选择需要创建为工具选项板的文件夹，然后单击右键，从弹出的快捷菜单中选择【创建块的工具选项板】命令，如图 5-42 所示。

❹系统将此文件夹中的所有图形文件创建为新的工具选项板，选项板名称为文件的名称，如图 5-43 所示。

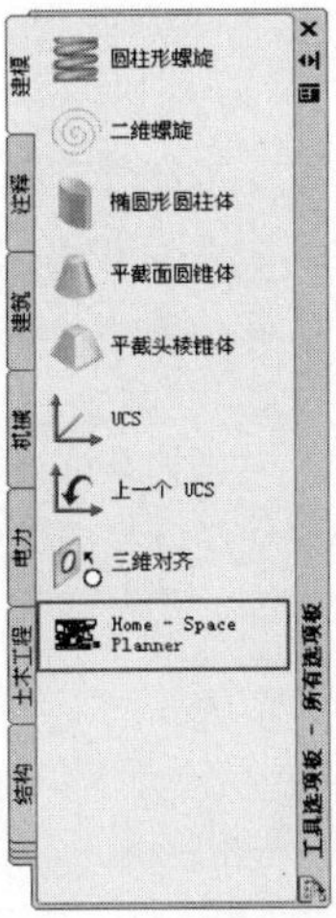

图 5-41　添加结果

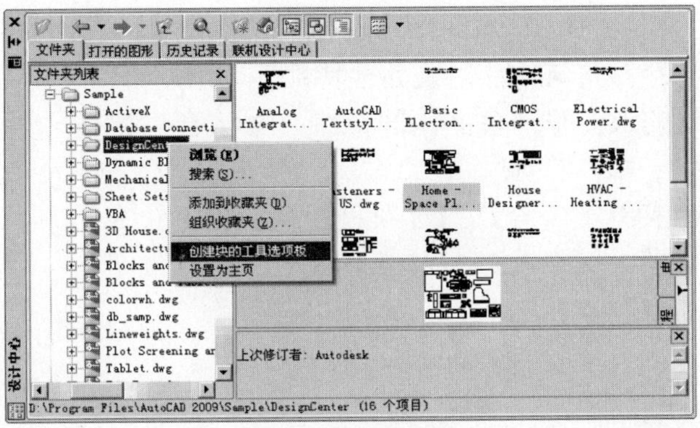

图 5-42　定位文件

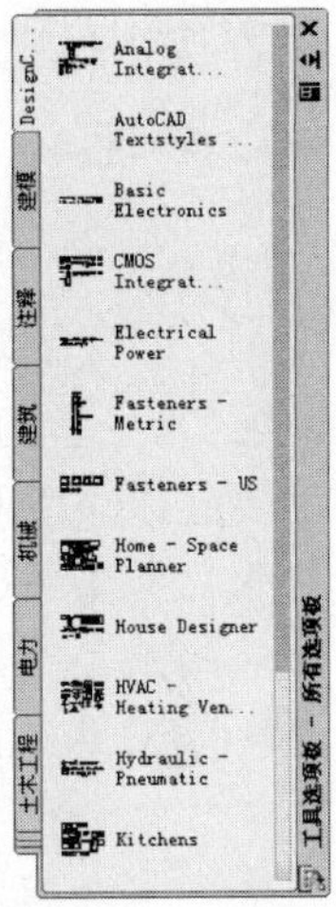

图 5-43　定义选项板

5.4.2　选项板的典型应用

下面通过向图形文件中插入图块及填充图案为例，学习【工具选项板】命令的使用方法和技巧。

❶在【工具选项板】窗口中展开【建筑】选项卡，如图 5-44 所示。

❷在【建筑】选项卡中单击"车辆-公制"图标，然后在命令行"指定插入点或 [基点(B)/比例(S)/X/Y/Z/旋转(R)]:"提示下，在绘图区拾取一点，将此图例插入到当前文件内，结果如图 5-45 所示。

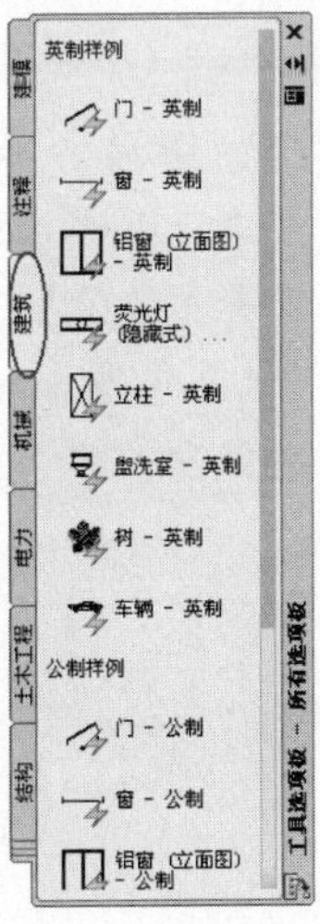

图 5-44　【建筑】选项卡

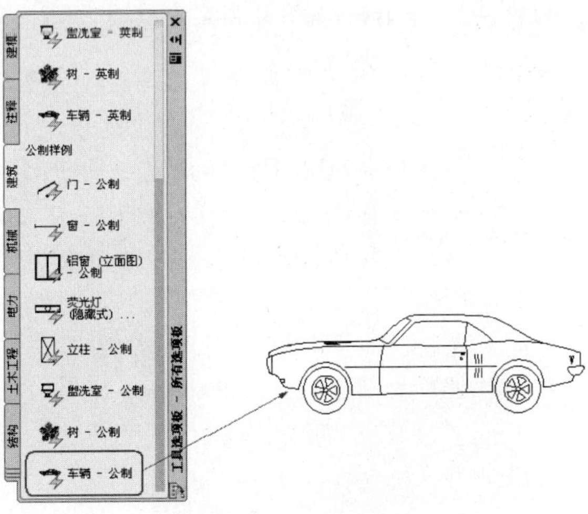

图 5-45　插入结果

❸另外，用户也可以将光标定位到“车辆-公制”图例上，然后按住左键不放，将其拖入到当前图形中。

5.5 对象特性

本节将学习【特性】、【特性匹配】和【快捷特性】命令。

5.5.1 特性

如图 5-46 所示的窗口为 AutoCAD 图形对象的特性窗口，在此窗口中可以显示出每一种 CAD 图元的基本特性、几何特性以及其他特性等，用户可以通过此窗口，进行查看和修改图形对象的内部特性。执行【特性】命令主要有以下 5 种方式。

- 菜单栏：选择菜单【工具】|【选项板】|【特性】命令。
- 菜单栏：选择菜单【修改】|【特性】命令。
- 工具栏：单击【标准】工具栏上的按钮。
- 命令行：在命令行中输入 Properties 或 PR。
- 组合键：Ctrl+1。

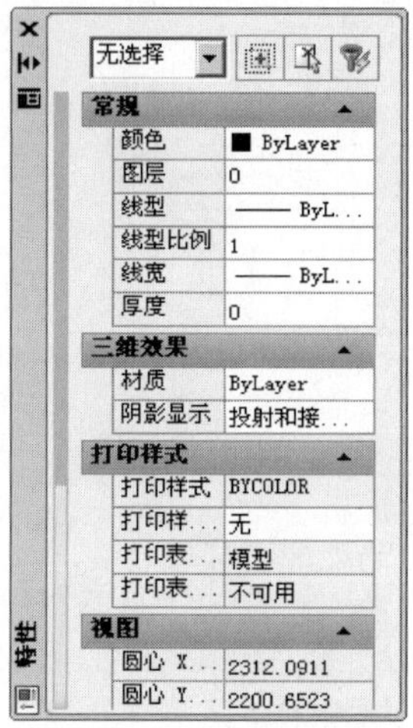

图 5-46　绘制效果

如图 5-46 所示的【特性】窗口，可以分为标题栏、工具栏和特性窗口。

- 标题栏位于特性窗口一侧，用于对窗口进行控制。标题栏中的按钮用于控制特性窗口的显示与隐藏状态；单击标题栏底端的按钮，可弹出一个按钮菜单，用于改变特性窗口的尺寸大小、位置以及窗口的显示与否等。

技巧

在标题栏上按住左键不放，可以将特性窗口拖至绘图区的任意位置；双击左键，可以将此窗口固定在绘图区的一端。

- 为特性窗口工具栏，主要用于显示当前被选择的图形名称，以及用于构建新的选择集。下拉列表框用于显示当前绘图窗口中所有被选择的图形名称；按钮用于切换系统变量 PICKADD 的参数值；【快速选择】按钮用于快速构造选择集；【选择对象】按钮用于在绘图区选择一个或多个对象，按 Enter 键，选择的图形对象名称及所包含的实体特性都显示在特性窗口内，以便对其进行编辑。
- 特性窗口。系统默认的特性窗口共包括【常规】、【三维效果】、【打印样式】、【视图】和【其他】组合框，分别用于控制和修改所选对象的各种特性。

下面通过修改矩形的厚和和宽度特性，学习【特性】命令的使用方法和技巧。具体操作步骤如下。

❶新建空白文件，并绘制边长为 200 的正六边形。

❷选择菜单【视图】|【三维视图】|【西南等轴测】命令，将当前视图切换为西南视图，如图 5-47 所示。

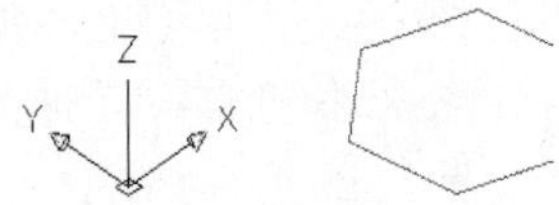

图 5-47　切换视图

❸在无命令执行的前提下选择圆图形，打开【特性】窗口，在【厚度】选项上单击，此时该选项以输入框形式显示，然后输入厚度值为 100，如图 5-48 所示。

❹按 Enter 键，结果矩形的厚度被修改为 50，如图 5-49 所示。

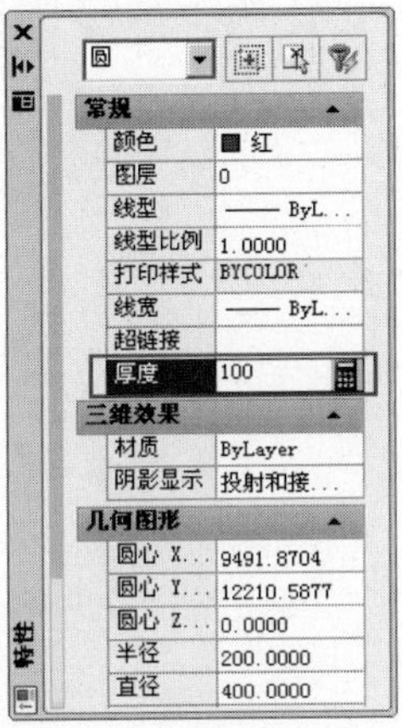

图 5-48　修改厚度特性

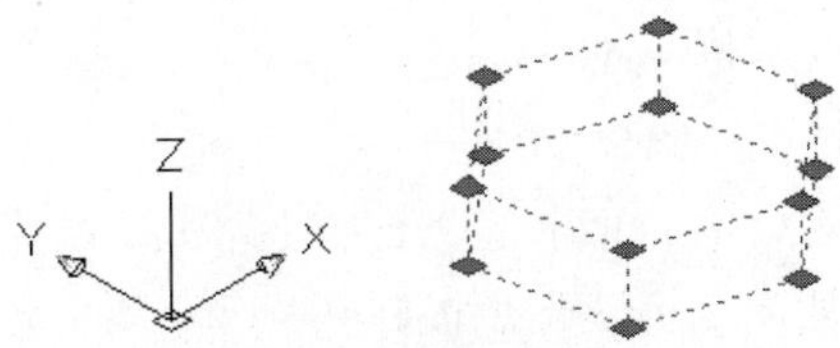

图 5-49　修改后的效果

❺在【全局宽度】选项框内单击，输入 15，修改边的宽度参数，参数设置及图形的显示效果如图 5-50 所示。

❻关闭【特性】窗口，然后选择菜单【视图】|【消隐】命令，对当前视图消隐显示，结果如图 5-51 所示。

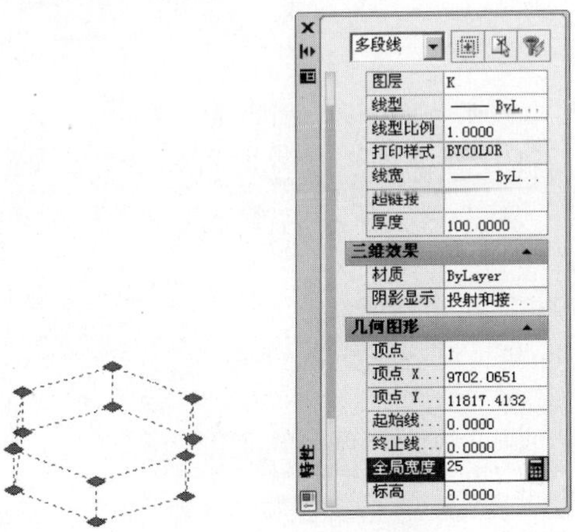

图 5-50　修改宽度特性

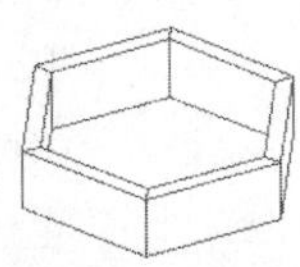

图 5-51　消隐效果

5.5.2　特性匹配

【特性匹配】命令用于将一个图形的多种特性复制给另外一个图形，使这些图形对象拥有相同的特性。一般情况下，用于匹配的图形特性有线型、线宽、线型比例、颜色、图层、标高、尺寸和文本等。执行【特性匹配】命令主要有以下 4 种方式。

- 菜单栏：选择菜单【修改】|【特性匹配】命令。
- 工具栏：单击【标准】工具栏上的按钮。
- 命令行：在命令行中输入 Matchprop 或 Painter 或 MA。
- 功能区：单击【常用】选项卡|【特性】面板上的按钮。

下面通过简单的实例，学习【特性匹配】命令的使用方法和技巧。具体操作步骤如下。

❶继续上例操作。

❷使用【矩形】命令绘制长度为 400、宽度为 200 的矩形，如图 5-52 所示。

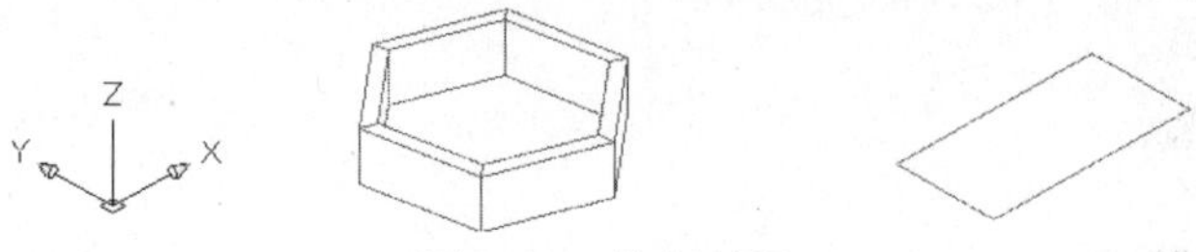

图 5-52 绘制结果

❸单击【标准】工具栏上的按钮，激活【特性匹配】命令，进行匹配矩形的宽度和厚度特性。命令行操作如下：

```
命令: '_matchprop
    选择源对象:                    //选择左侧的正六边形
    当前活动设置: 颜色 图层 线型 线型比例 线宽 厚度 打印样式 标注 文字 填充图案 多段线 视口 表格材质 阴影显示 多重引线
    选择目标对象或 [设置(S)]:      //选择右侧的矩形
    选择目标对象或 [设置(S)]:      //Enter，结果正六边形的宽度和厚度特性复制给矩形，
                                   如图 5-53 所示
```

❹选择菜单【视图】|【消隐】命令，图形的显示效果如图 5-54 所示。

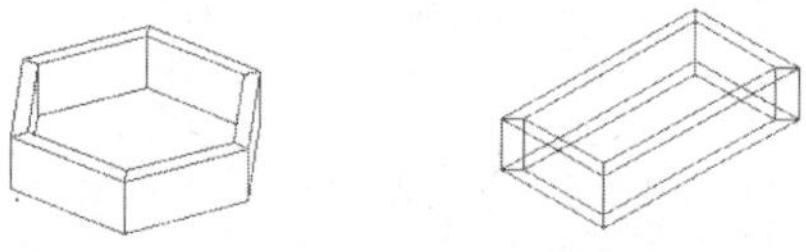

图 5-53 匹配结果

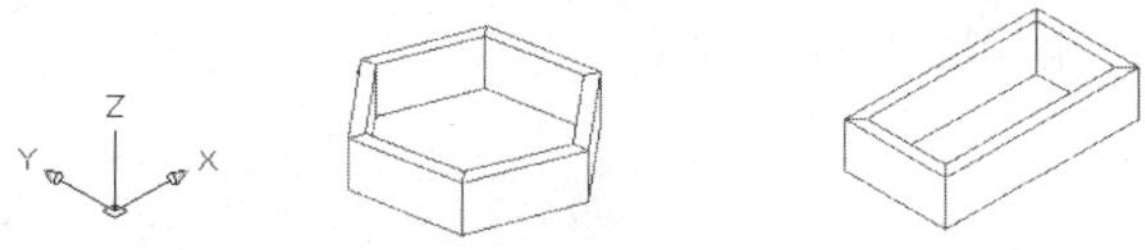

图 5-54 消隐显示

【设置】选项主要用于设置需要匹配的对象特性。在命令行“选择目标对象或 [设置（S）]:”提示下，输入“S”并按 Enter 键，可打开如图 5-55 所示的【特性设置】对话框，用户可以根据自己的需要选择匹配的基本特性和特殊特性。

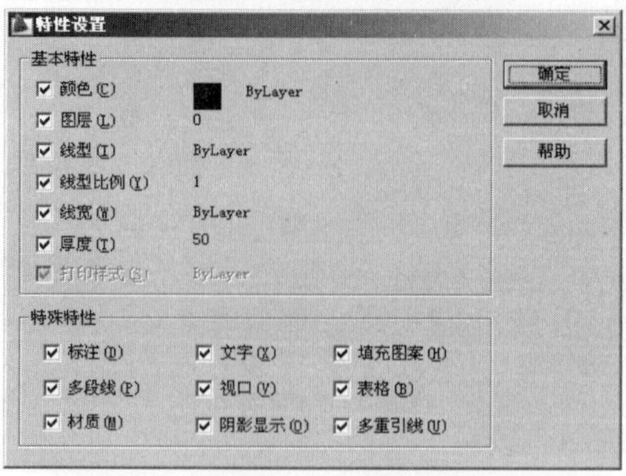

图 5-55 【特性设置】对话框

在默认设置下，AutoCAD 将匹配此对话框中的所有特性，如果用户需要有选择性的进行匹配某些特性，可以在此对话框内进行设置。

> **技巧**
>
> 【颜色】和【图层】选项适用于除了 OLE（对象链接嵌入）对象之外的所有对象；【线型】选项适用于除了属性、图案填充、多行文字、OLE 对象、点和视口之外的所有对象；【线型比例】选项适用于除了属性、图案填充、多行文字、OLE 对象、点和视口之外的所有对象。

5.5.3 快捷特性

【快捷特性】命令是 AutoCAD 2009 新增的一个工具，使用此工具，可以非常方便查看和修改对象的内部特性。在此功能开启的前提下，用户只需选择一个对象，它的内部特性便会以面板的形式显示出来，供查看和编辑，如图 5-56 所示。

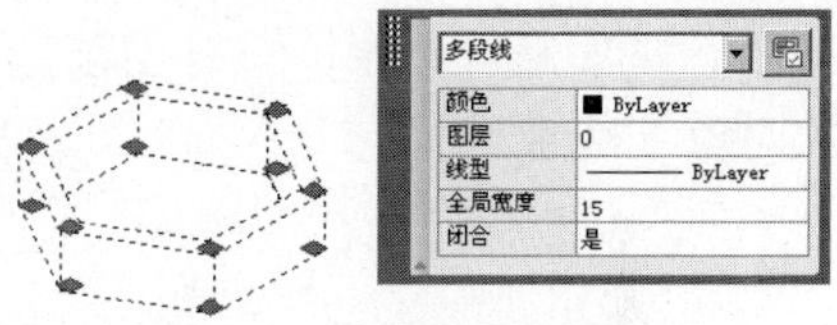

图 5-56 【快捷特性】面板

执行【快捷特性】命令主要有以下两种方式。

- 状态栏：单击状态栏上的按钮。
- 组合键：Ctrl+Shift+P。

当激活了【快捷特性】命令后，一旦选择了图形对象，便会打开【快捷特性】面板。用户如果需要在【快捷特性】面板中查看和修改对象更多的特性，可以通过 CUI 命令，在【自定义用户界面】面板内重新定义。

另外，在【草图设置】对话框的【快捷特性】选项卡中，可以快速特性进行额外的控制，如图 5-57 所示。

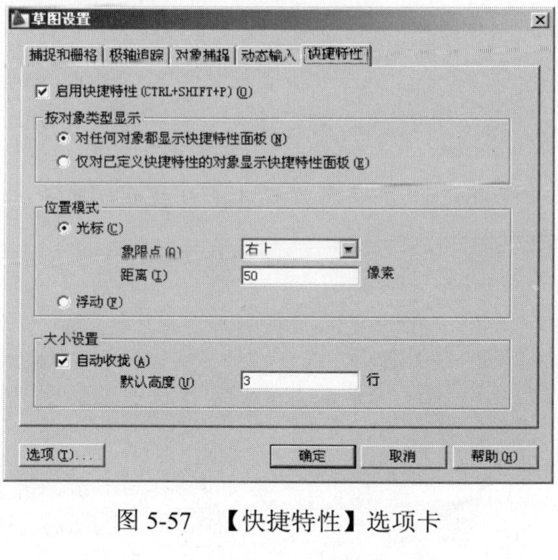

图 5-57 【快捷特性】选项卡

5.6 快速选择

【快速选择】命令是一个快速构造选择集的工具，此工具可以根据图形的类型、图层、颜色、线型、线宽等属性设定过滤条件，AutoCAD 将自动进行筛选，最终过滤出符合设定条件的所有图形对象。执行【快速选择】命令主要有以下几种方法：

- 菜单栏：选择菜单【工具】|【快速选择】命令。
- 命令行：在命令行中输入 Qselect。
- 右键菜单：在绘图区中右击，选择快捷菜单中的【快速选择】命令。

激活【快速选择】命令后，可打开如图 5-58 所示的【快速选择】对话框，其中【应用到】列表框属于一级过滤功能，用于指定是否将过滤条件应用到整个图形或当前选择集（如果存在的话），此时使用【选择对象】按钮完成对象选择后，按 Enter 键重新显示该对话框。AutoCAD 将【应用到】设置为“当前选择”。对当前已有的选择集进行过滤，只有当前选择集中符合过滤条件的对象才能被选择。

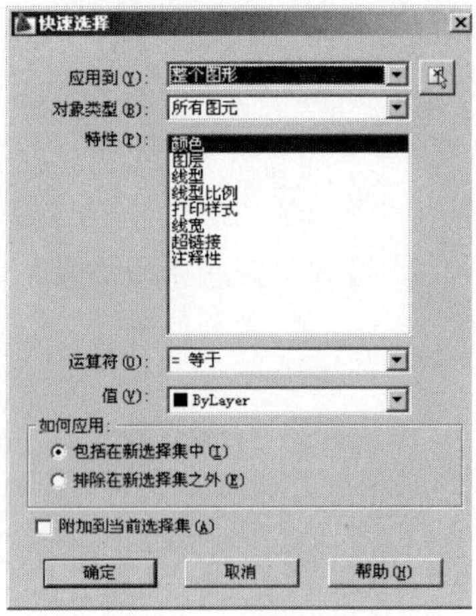

图 5-58 【快速选择】对话框

技巧

> 如果已选取对话框下方的【附加到当前选择集】，那么 AutoCAD 将该过滤条件应用到整个图形，并将符合过滤条件的对象添加到当前选择集中。

【对象类型】列表框属于快速选择的二级过滤功能，用于指定要包含在过滤条件中的对象类型。如果过滤条件正应用于整个图形，那么【对象类型】下拉列表框包含全部的对象类型，包括自定义；否则，该列表只包含选定对象的对象类型。

技巧

> 默认时指整个图形或当前选择集的“所有图元”，用户也可以选择某一特定的对象类型，如“直线”或“圆”等，系统将根据选择的对象类型来确定选择集。

【特性】列表框属于快速选择的三级过滤功能，三级过滤功能共包括【特性】、【运算符】和【值】选项，分别介绍如下。

- 【特性】选项用于指定过滤器的对象特性。在此文本框内包括选定对象类型的所有可搜索特性，选定的特性确定【运算符】和【值】中的可用选项。例如在【对象类型】下拉列表框中选择【圆】，【特性】窗口的列表框中就列出了圆的所有特性，从中选择一种用户需要的对象的共同特性。
- 【运算符】选项用于控制过滤器值的范围。根据选定的对象属性，其过滤的值的范围分别是“=等于”、“<>不等于”、“>大于”、“<小于”和“*通配符匹配”。对于某些特性“大于”和“小于”选项不可用。“*通配符匹配”只能用于可编辑的文字字段。
- 【值】选项用于指定过滤器的特性值。如果选定对象的已知值可用，那么“值”成为一个列表，可以从中选择一个值；如果选定对象的已知值不存在或者没有达到绘图的要求，就可以在【值】文本框中输入一个值。

技巧

在【对象特性】下拉列表框中选择“半径”，在【运算符】下拉列表框中选择“>大于”，在【值】文本框中输入 10，整个图形或当前选择集内所有半径大于 10 的圆被选择。可以称“特性、运算符和值”为三级过滤。

- 【如何应用】选项组用于指定是否将符合过滤条件的对象包括在新选择集内或是排除在新选择集之外。
- 【附加到当前选择集】复选框用于指定创建的选择集是替换当前选择集还是附加到当前选择集。

5.7 综合实例——零件图的快速修饰

下面通过将图 5-59 所示的某零件视图快速修整完善为图 5-60 所示的形态，对本章所讲知识进行综合练习和巩固。

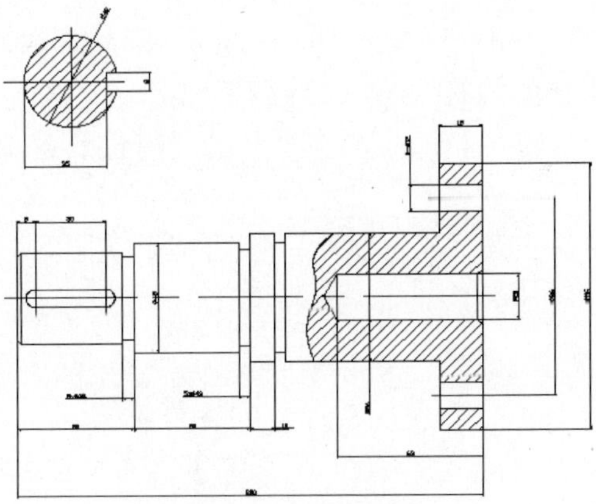

图 5-59　源零件图

具体操作步骤如下。

❶打开随书光盘中的“素材文件\零件二视图.dwg”，如图 5-60 所示。

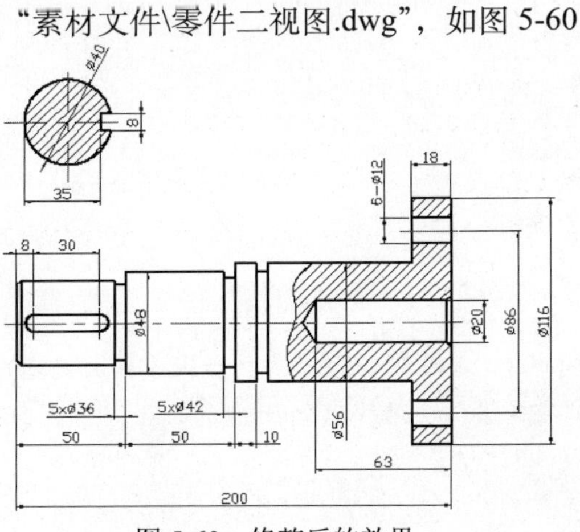

图 5-60　修整后的效果

❷选择菜单【工具】|【快速选择】命令，打开【快速选择】对话框，设置过滤参数如图 5-61 所示。

❸单击 确定 按钮，选择所有位置的尺寸对象，结果如图 5-62 所示。

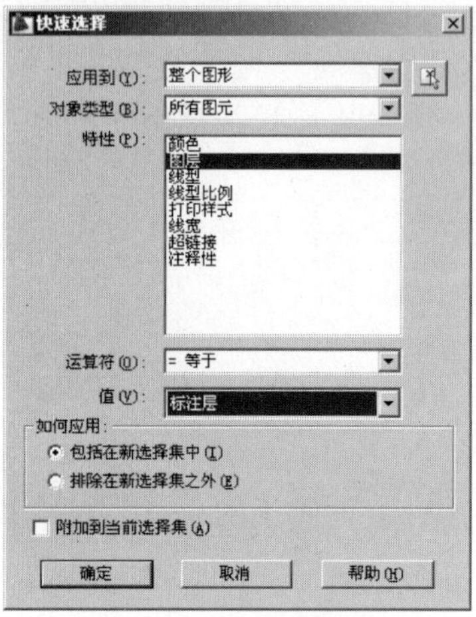

图 5-61　设置过滤参数

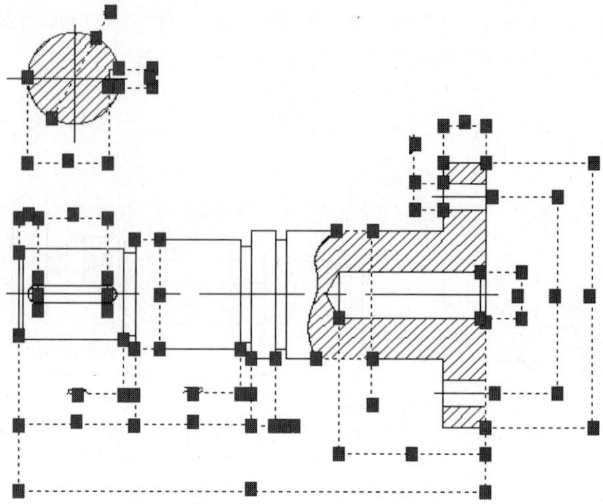

图 5-62　快速选择结果

❹单击【样式】工具栏上的【标注样式控制】列表，在展开的下拉列表框中选择“dim”。

❺选择菜单【工具】|【特性】命令，在打开的【特性】窗口中更改所选对象的颜色为“蓝色”，如图 5-63 所示。

❻按 Esc 键，取消对象的夹点显示状态，修改结果如图 5-64 所示。

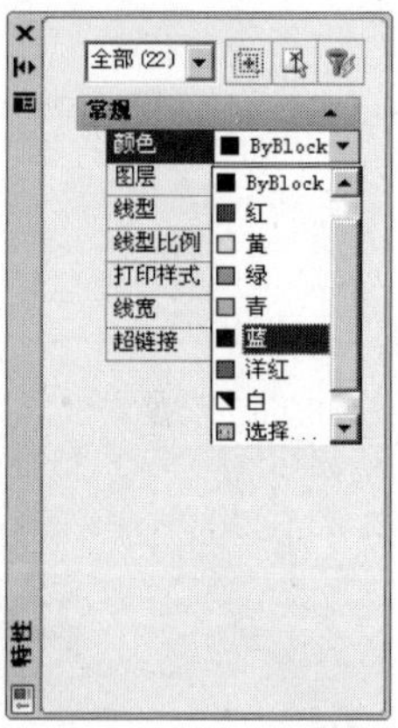

图 5-63　更改对象颜色

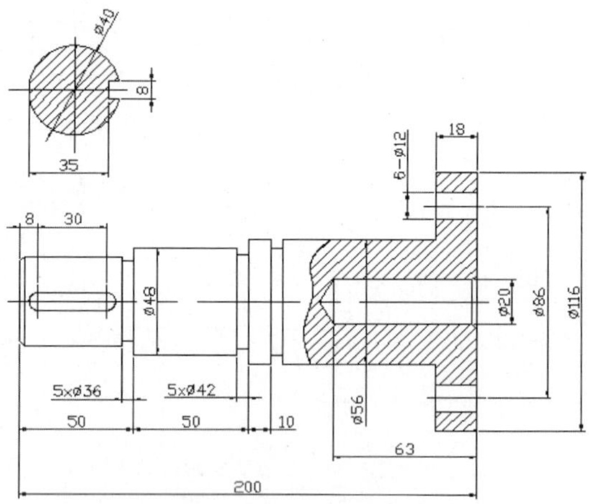

图 5-64　更改对象颜色

技巧

从以上操作步骤可以体会出，在绘制图形之前，一定要学会分层绘制，将同一类型的对象放置在同一个图层上，这样修改起来比较方便。

❼在无命令执行的前提下，选择所有位置的图形中心线，使其夹点显示，结果如图 5-65 所示。

❽在【特性】窗口中，更改中心线的颜色为“红色”，图层为“中心线”，线型比例为 2，如图 5-66 所示。

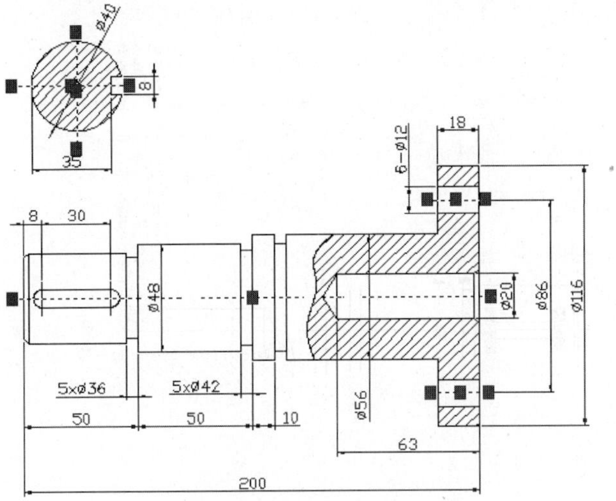

图 5-65 选择中心线

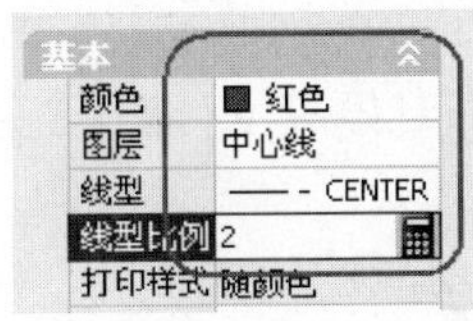

图 5-66 更改特性参数

❾按 Esc 键，取消对象的夹点显示状态，修改结果如图 5-67 所示。

❿选择菜单【工具】|【快速选择】命令，在打开的【快速选择】对话框中设置过滤参数如图 5-68 所示。

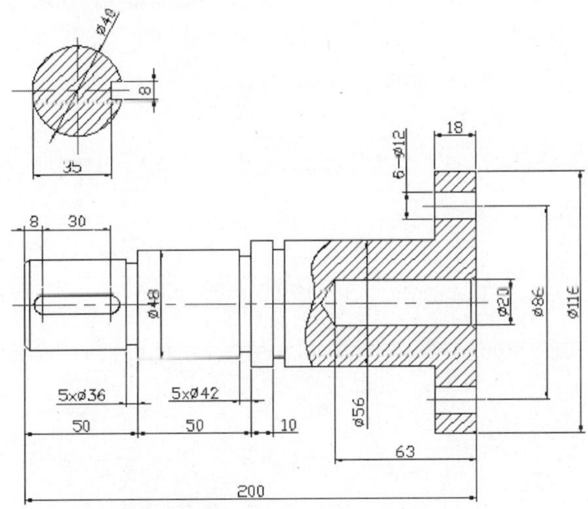

图 5-67 更改效果

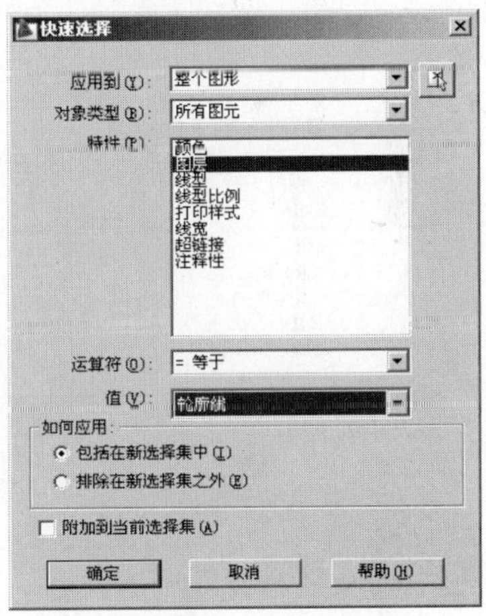

图 5-68 设置过滤参数

⓫单击 确定 按钮，结果所有位置的轮廓线都被选择，如图 5-69 所示。

⓬在【特性】窗口中双击“线宽”选项右端的文本框，在展开的下拉列表框中选择 0.30 毫米线宽。

⓭打开线宽的显示功能，结果如图 5-70 所示。

⓮按 Esc 键，取消对象的夹点显示状态，最终效果如图 5-60 所示。

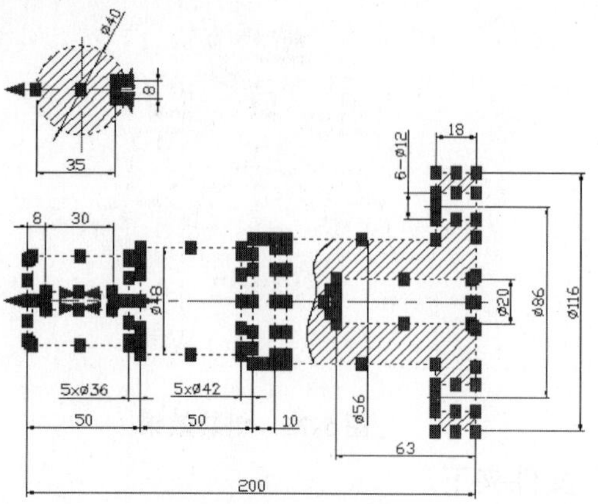

图 5-69 选择结果

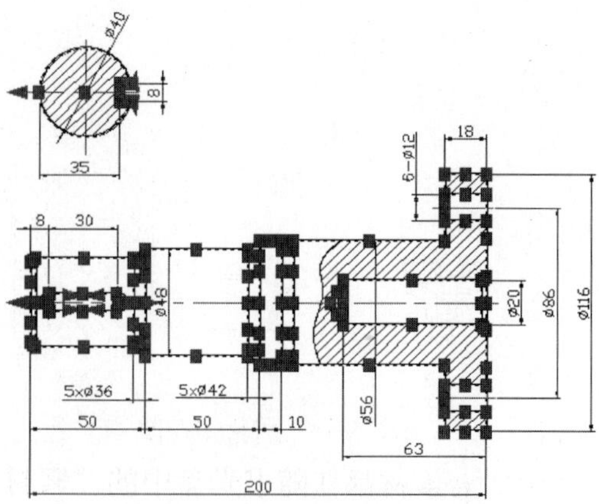

图 5-70 打开线宽的显示功能

⑮选择菜单【文件】|【另存为】命令，将图形另存储为“综合实例.dwg”。

5.8 本章小结

本章主要学习了 AutoCAD 资源的组织、控制和管理等高效绘图工具，如图层、设计中心、工具选项板、特性等，方便用户对 AutoCAD 资源进行宏观的综合控制、管理和共享。具体需要掌握的知识点如下：

- 图层是组织、管理和控制复杂图形的便捷工具，用户不仅要理解图层的概念和功能，还需要掌握图层的新建、命名与编辑、掌握图层颜色、图层线型、线宽等特性的设置方法；除此之外，还需要了解和掌握图层的几种状态控制功能。
- 设计中心是组织、查看和共享资源的高效工具，用户不但要了解工具窗口的组成和使用，还需要重点掌握图形资源的查看功能、图形资源的共享功能、图形资源的使用等，以快速方便地组合和引用复杂图形。
- 快速选择是一种综合性的快速选择工具，使用此工具可以一次选择多个具有同一共性的图形对象，用户不但要了解工具窗口的组成，还需要重点掌握过滤参数的设置。
- 工具选项板也是一种便捷的高效制图工具，用户不但要掌握该工具的具体使用方法，还需要掌握工具选项板的自定义功能。
- 对象特性是一个高效工具，它用于组织、管理和修改图形对象内部的所有特性，以达到修改完善图形的目的，用户需要熟练掌握该工具的具体使用方法。

5.9 练习题

利用块、设计中心或工具选项板等功能，将绘制的如图 5-71 所示的各零件图进行组装，组装后的效果如图 5-72 所示。

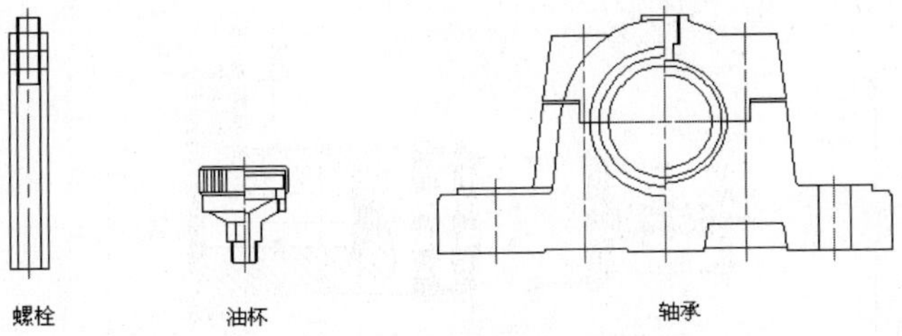

图 5-71　散装零件图

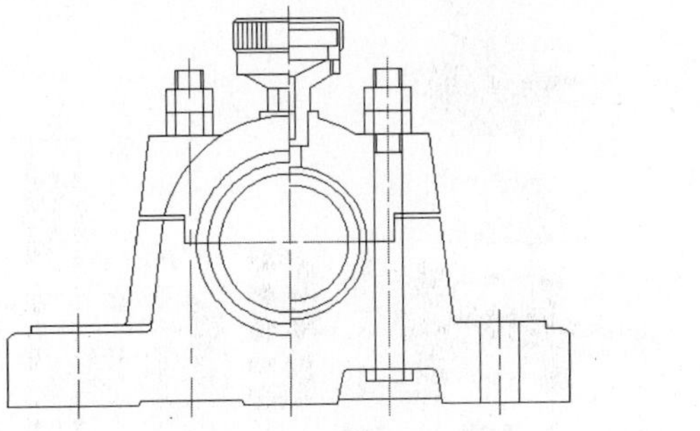

图 5-72　组装效果

本例所需素材都在随书光盘中的“素材文件”文件夹下。

第 6 章

标注零件图尺寸与公差

与几何图形、文字注释一样，尺寸标注也是图纸的重要组成部分，它能将图形间的相互位置关系以及形状等进行数字化、参数化，以更直观地表达图形的尺寸，是施工人员现场施工的主要依据。本章集中讲述了直线型尺寸、曲线型尺寸、复合型尺寸等各类常用尺寸的具体标注方法和技巧，同时还学习了尺寸样式的设置与协调、尺寸标注的修改与完善等工具，最后通过典型实例，对所讲知识进行了综合巩固和实际应用。

6.1 零件图基本尺寸

本节将学习各种基本尺寸的标注功能，具体有【线性】、【对齐】、【角度】、【坐标】、【半径】、【直径】、【弧长】、【折弯】等命令。

6.1.1 标注线性尺寸

【线性】命令主要用于标注两点之间的水平尺寸或垂直尺寸。执行【线性】命令主要有以下 4 种方式。

- 菜单栏：选择菜单【标注】|【线性】命令。
- 工具栏：单击【标注】工具栏上的按钮。
- 命令行：在命令行中输入 Dimlinear 或 Dimlin。
- 功能区：单击【注释】选项卡|【标注】面板上的按钮。

下面通过典型实例，学习【线性】命令的使用方法和技巧。具体操作步骤如下。

❶首先绘制边长为 100 的正六边形。

❷在命令行中修改变量 LTSCALE 的值为 6。

❸单击【标注】工具栏上的按钮，执行【线性】命令，配合端点捕捉功能标注矩形的长度尺寸。命令行操作如下：

```
命令: _dimlinear
    指定第一条延伸线原点或 <选择对象>:
                            //捕捉正六边形下侧水平边的左端点
    指定第二条延伸线原点: //捕捉下侧水平边的右端点
    指定尺寸线位置或[多行文字(M)/文字(T)/角度(A)/水平(H)/垂直(V)/旋转
(R)]:                       //向下移动光标，在适当位置拾取一点，
```

以定位尺寸线的位置，标注结果如图 6-1 所示

标注文字 = 100

④重复【线性】命令，配合端点捕捉功能标注宽度尺寸。命令行操作如下：

命令: //Enter，重复执行【线性】命令

DIMLINEAR 指定第一条延伸线原点或 <选择对象>: //Enter

选择标注对象: //单击正六边形左下侧侧

指定尺寸线位置或[多行文字(M)/文字(T)/角度(A)/水平(H)/垂直(V)/旋转(R)]:

//水平向左移动光标，然后在适当位置指定尺寸线位置，标注结果如图 6-2 所示

标注文字 = 86.6

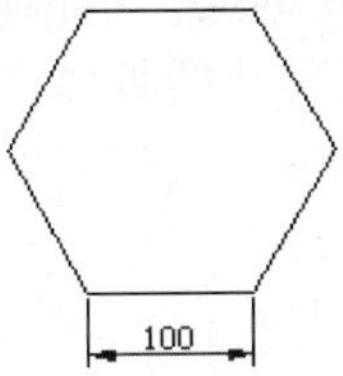

图 6-1 标注长度尺寸

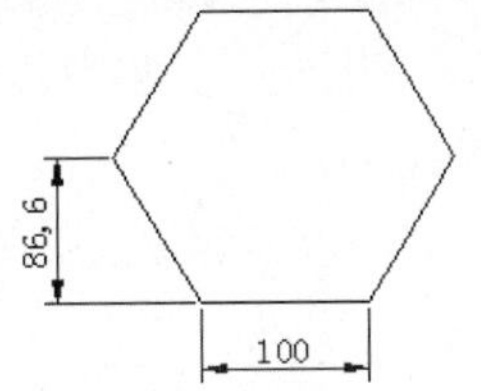

图 6-2 标注宽度尺寸

命令选项解析如下。

- 【多行文字】选项用于手动输入尺寸的文字内容，或为尺寸文字添加前后缀等。选择该选项后，系统将弹出如图 6-3 所示的【文字格式】编辑器。

图 6-3 【文字格式】编辑器

- 【文字】选项是通过命令行手动输入尺寸文字的内容。
- 【角度】选项用于设置尺寸文字的旋转角度，如图 6-4 所示。激活该选项后，命令行出现“指定标注文字的角度:”的提示，用户可根据此提示，输入标注角度值来放置尺寸文本。
- 【旋转】选项用于设置尺寸线的旋转角度，如图 6-5 所示。当激活该选项后，命令行出现“指定尺寸线位置:”的提示，用户可以输入角度值即可创建旋转型尺寸。

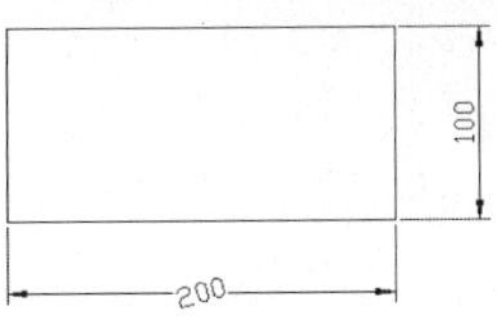

图 6-4 角度示例

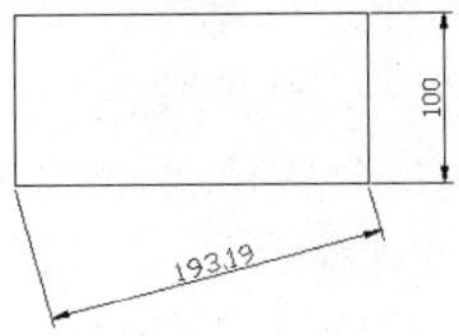

图 6-5 旋转示例

- 【水平】选项用于标注两点之间的水平尺寸，当激活该选项后，无论如何移动光标，所标注的始终是对象的水平尺寸。
- 【垂直】选项用于标注两点之间的垂直尺寸。当激活该选项后，无论如何移动光标，所标注的始终是对象的垂直尺寸。

6.1.2 标注对齐尺寸

【对齐】命令用于标注平行于所选对象或平行于两延伸线原点连线的直线型尺寸，此命令比较适合于标注倾斜图线的尺寸。执行【对齐】命令主要有以下 4 种方式。

- 菜单栏：选择菜单【标注】|【对齐】命令。
- 工具栏：单击【标注】工具栏上的按钮。
- 命令行：在命令行中输入 Dimaligned 或 Dimali。
- 功能区：单击【注释】选项卡|【标注】面板上的按钮。

下面通过标注某矩形对角线的长度为例，学习使用【对齐】命令。具体操作步骤如下。

❶继续上例操作。使用画线命令，绘制如图 6-6 所示的对角线。

❷单击【标注】工具栏上的按钮，执行【对齐】命令，配合端点捕捉功能标注矩形对角线尺寸。命令行操作如下：

```
命令: _dimaligned
    指定第一条延伸线原点或 <选择对象>:  //捕捉对角线上端点
    指定第二条延伸线原点:               //捕捉对角线下端点
    指定尺寸线位置或[多行文字(M)/文字(T)/角度(A)]:
                                        //在适当位置指定尺寸线位置，结果如图 6-7 所示
```

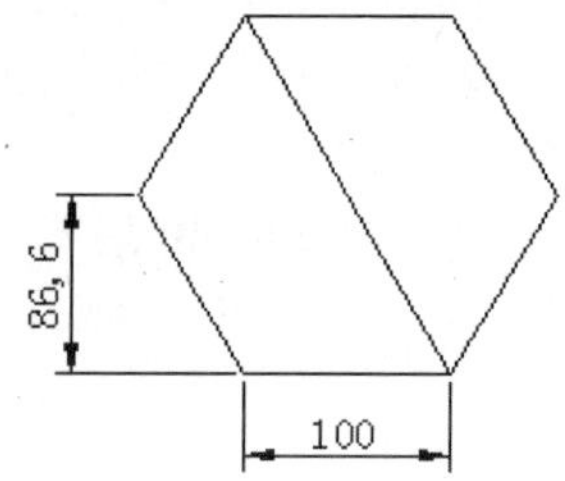

图 6-6 绘制对角线

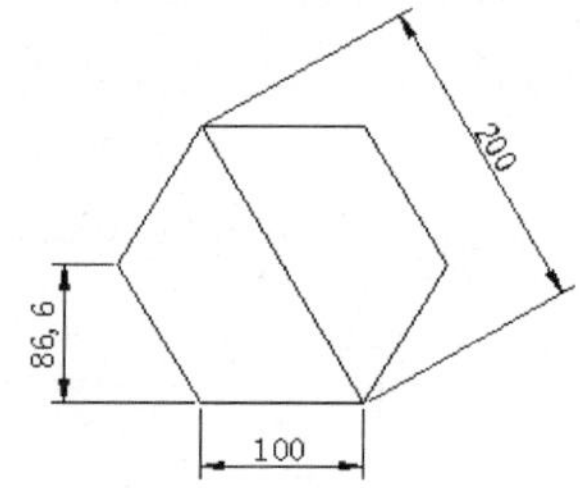

图 6-7 标注对齐尺寸

6.1.3 标注角度尺寸

【角度】命令主要用于标注图线间的角度尺寸或者是圆弧的圆心角等。执行【角度】命令主要有以下 4 种方式。

- 菜单栏：选择菜单【标注】|【角度】命令。
- 工具栏：单击【标注】工具栏上的按钮。
- 命令行：在命令行中输入 Dimangular 或 Angular。
- 功能区：单击【注释】选项卡|【标注】面板上的按钮。

下面通过标注角度尺寸，学习【角度】命令的使用方法和技巧。具体操作步骤如下。

❶继续上例操作。

❷单击【标注】工具栏上的按钮，执行【角度】命令，配合端点捕捉功能标注角度尺寸。命令行操作如下：

```
命令: _dimangular
    选择圆弧、圆、直线或 <指定顶点>:     //单击正六边形下侧水平边
    选择第二条直线:                      //单击对角线
```

```
指定标注弧线位置或 [多行文字(M)/文字(T)/角度(A) /象限点(Q)]:
                                              //在适当位置拾取一点，定位尺寸线位置
标注文字 =60
```

❸标注结果如图 6-8 所示。

在标注角度尺寸时，如果选择的是圆弧，系统将自动以圆弧的圆心作为顶点，圆弧端点作为延伸线的原点，标注圆弧的角度，如图 6-9 所示；如果选择的对象为圆时，系统将以选择的点作为第一条延伸线的原点，以圆心作为顶点，第二条延伸线的原点可以位于圆上，也可以在圆外或圆内，如图 6-10 所示。

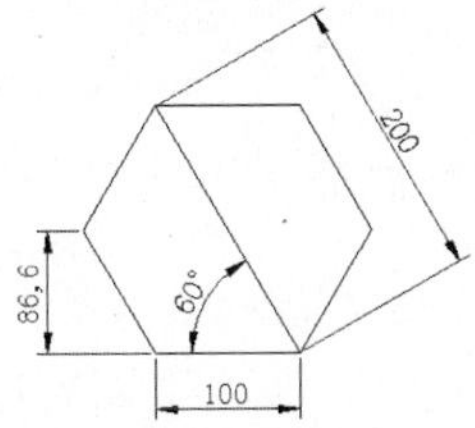

图 6-8 标注角度尺寸

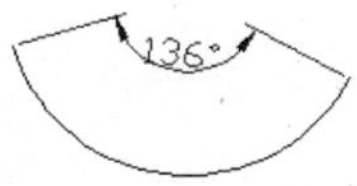

图 6-9 圆弧标注示例

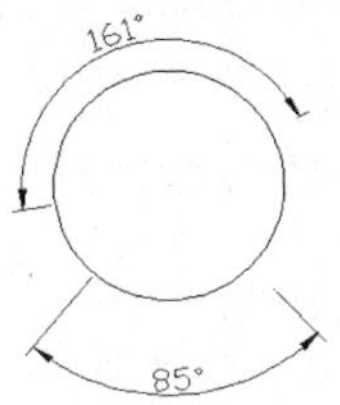

图 6-10 圆标注示例

6.1.4 标注点的坐标

【坐标】命令用于标注点的 X 坐标值和 Y 坐标值，所标注的坐标为点的绝对坐标，如图 6-11 所示。执行【坐标】命令主要有以下 4 种方式。

- 菜单栏：选择菜单【标注】|【坐标】命令。
- 工具栏：单击【标注】工具栏上的按钮。
- 命令行：在命令行中输入 Dimordinate 或 Dimord。
- 功能区：单击【注释】选项卡|【标注】面板上的按钮。

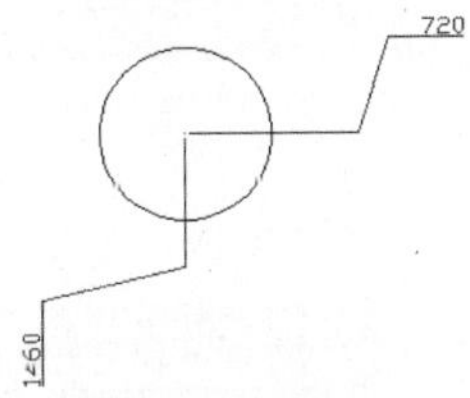

图 6-11 绘制效果

激活【坐标】命令后，命令行操作如下：

```
命令: _dimordinate
  指定点坐标:                                   //捕捉点
  指定引线端点或 [X 基准(X)/Y 基准(Y)/多行文字(M)/文字(T)/角度(A)]:
                                                //定位引线端点
```

上下移动光标，则可以标注点的 X 坐标值；左右移动光标，则可以标注点的 Y 坐标值。另外，使用【X 基准】选项，可以强制性的标注点的 X 坐标，不受光标引导方向的限制；使用【Y 基准】选项可以标注点的 Y 坐标。

6.1.5 标注半径尺寸

【半径】命令用于标注圆、圆弧的半径尺寸，所标注的半径尺寸是由一条指向圆或圆弧的带箭头的半径尺寸线组成，当用户采用系统的实际测量值标注文字时，系统会在测量数值前自动添加“R”，如图 6-12 所示。

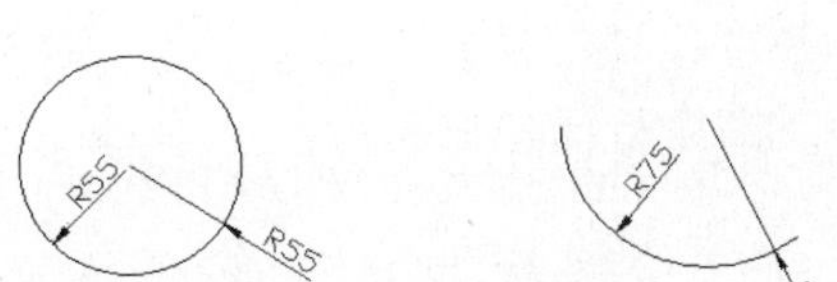

图 6-12 半径尺寸示例

执行【半径】命令主要有以下 4 种方式。

- 菜单栏：选择菜单栏【标注】|【半径】命令。
- 工具栏：单击【标注】工具栏上的按钮。
- 命令行：在命令行中输入 Dimradius 或 Dimrad。
- 功能区：单击【注释】选项卡|【标注】面板上的按钮。

激活【半径】命令后，命令行操作如下：

```
命令: _dimradius
    选择圆弧或圆:                                   //选择需要标注的圆或弧对象
    标注文字 = 55
    指定尺寸线位置或 [多行文字(M)/文字(T)/角度(A)]:    //指定尺寸的位置
```

6.1.6 标注直径尺寸

【直径】命令用于标注圆或圆弧的直径尺寸，当用户采用系统的实际测量值标注文字时，系统会在测量数值前自动添加“ø”，如图 6-13 所示。执行【直径】命令主要有以下 4 种方式。

- 菜单栏：选择菜单【标注】|【直径】命令。
- 工具栏：单击【标注】工具栏上的按钮。
- 命令行：在命令行中输入 Dimdiameter 或 Dimdia。
- 功能区：单击【注释】选项卡|【标注】面板上的按钮。

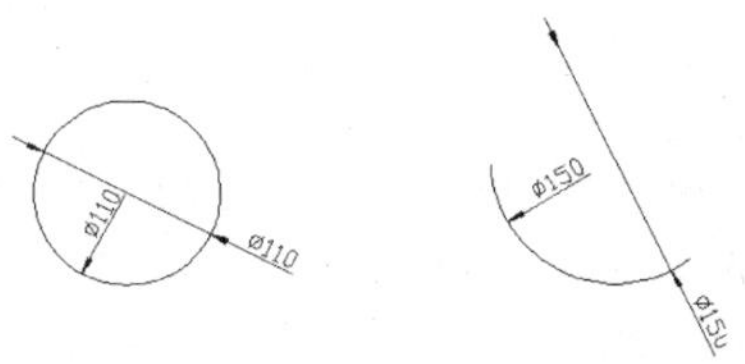

图 6-13　直径示例

激活【直径】命令后，命令行操作如下：

```
命令: _dimdiameter
    选择圆弧或圆:                                   //选择需要标注的圆或圆弧
    标注文字 = 110
    指定尺寸线位置或 [多行文字(M)/文字(T)/角度(A)]:    //指定尺寸的位置
```

6.1.7 标注弧长尺寸

【弧长】命令主要用于标注圆弧或多段线弧的长度尺寸，默认设置下，会在尺寸数字的一端添加弧长符号。执行【弧长】命令主要有以下 4 种方式。

- 菜单栏：选择菜单【标注】|【弧长】命令。
- 工具栏：单击【标注】工具栏上的按钮。
- 命令行：在命令行中输入 Dimarc。
- 功能区：单击【注释】选项卡|【标注】面板上的按钮。

激活【弧长】命令后，命令行操作如下：

```
命令: _dimarc
    选择弧线段或多段线弧线段:                //选择需要标注的弧线段
    指定弧长标注位置或 [多行文字(M)/文字(T)/角度(A)/部分(P)/引线(L)]:
                                            //指定弧长尺寸的位置，结果如图 6-14 所示
    标注文字 = 160
```

使用【部分】选项功能，可以标注圆弧或多段线弧上的部分弧长。下面通过具体实例来学习此种标注功能。

❶首先绘制一段圆弧，如图 6-15 所示。

图 6-14　弧长示例

图 6-15　绘制圆弧

❷执行【弧长】命令，根据命令行提示标注弧的部分弧长。命令行操作如下：

```
命令: _dimarc
    选择弧线段或多段线弧线段:                //选择需要标注的弧线段
    指定弧长标注位置或 [多行文字(M)/文字(T)/角度(A)/部分(P)/引线(L)]:
                                             // P Enter，激活【部分】选项
    指定圆弧长度标注的第一个点:              //捕捉圆弧的中点
    指定圆弧长度标注的第二个点:              //捕捉圆弧端点
    指定弧长标注位置或 [多行文字(M)/文字(T)/角度(A)/部分(P)/]:
                                             //在弧的上侧拾取一点，以指定尺寸位置
```

❸标注结果如图 6-16 所示。

> **技巧**
>
> 【引线】选项用于为圆弧的弧长尺寸添加指示线，如图 6-17 所示。指示线的一端指向所选择的圆弧对象，另一端连接弧长尺寸。

图 6-16　标注结果

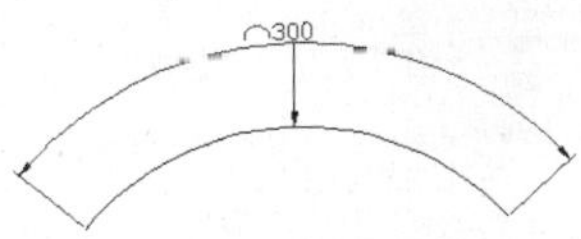

图 6-17　引线选项示例

6.1.8　标注折弯尺寸

【折弯】命令主要用于标注含有折弯的半径尺寸，其中，引线的折弯角度可以根据需要进行设置。执行【折弯】命令主要有以下 4 种方式。

- 菜单栏：选择菜单【标注】|【弧长】命令。
- 工具栏：单击【标注】工具栏上的按钮。
- 命令行：在命令行中输入 Dimjogged。
- 功能区：单击【注释】选项卡|【标注】面板上的按钮。

激活【折弯】命令后，命令行操作如下：

```
命令: _dimjogged
    选择圆弧或圆:                            //选择弧或圆作为标注对象
    指定图示中心位置:                        //指定中心线位置
    标注文字 = 175
```

```
指定尺寸线位置或 [多行文字(M)/文字(T)/角度(A)]: //指定尺寸线位置
指定折弯位置:                                      //定位折弯位置，标注结果如图 6-18 所示
```

6.2 零件图复合尺寸

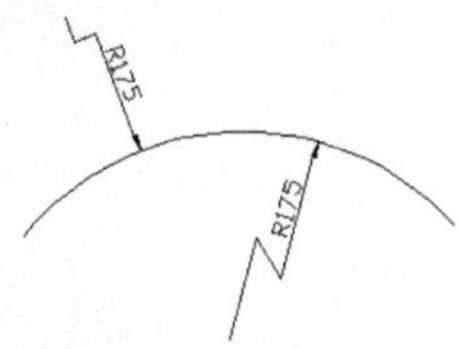

图 6-18　折弯尺寸

本节学习【基线】、【连续】、【快速引线】、【快速标注】等命令。

6.2.1　标注基线尺寸

【基线】命令属于一个复合尺寸工具，此工具需要在现有尺寸的基础上，以所选择的尺寸界限作为基线尺寸的尺寸界限，进行创建基线尺寸，如图 6-19 所示。执行【基线】命令主要有以下 4 种方式。

- 菜单栏：选择菜单【标注】|【基线】命令。
- 工具栏：单击【标注】工具栏上的按钮。
- 命令行：在命令行中输入 Dimbaseline 或 Dimbase。
- 功能区：单击【注释】选项卡|【标注】面板上的按钮。

下面标注如图 6-19 所示的基线尺寸，主要学习【基线】命令的使用方法和技巧。具体操作步骤如下。

❶执行【打开】命令，打开随书光盘中的“素材文件\草轴文件.dwg”，如图 6-20 所示。

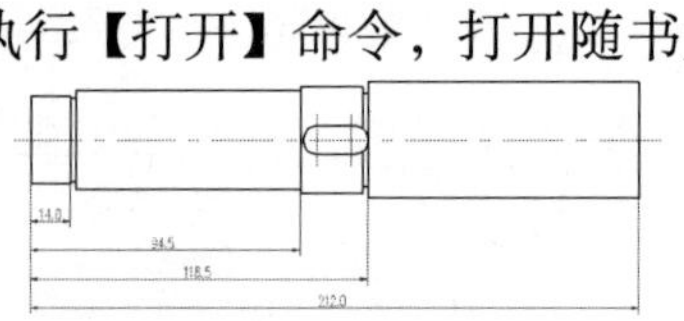
图 6-19　基线示例

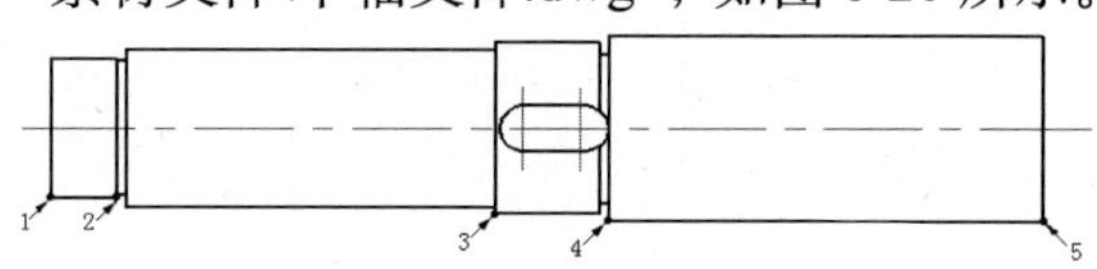

图 6-20　打开结果

❷执行【线性】命令，标注如图 6-21 所示的线性尺寸作为基准尺寸。

❸单击【标注】工具栏上的按钮，激活【基线】命令，配合端点捕捉功能标注基线尺寸。命令行操作如下：

```
命令: _dimbaseline
    指定第二条延伸线原点或 [放弃(U)/选择(S)] <选择>:
                                    //系统自动进入如图 6-22 所示
                                      的基线标注状态，此时捕捉上
                                      图 6-20 所示的端点 3
    标注文字 = 94.5
    指定第二条延伸线原点或 [放弃(U)/选择(S)] <选择>:    //捕捉端点 4
    标注文字 = 118.5
    指定第二条延伸线原点或 [放弃(U)/选择(S)] <选择>:    //捕捉端点 5
    标注文字 = 212.0
    指定第二条延伸线原点或 [放弃(U)/选择(S)] <选择>:
                                    //Enter，退出基线标注状态
    选择基准标注:                      // Enter，退出命令
```

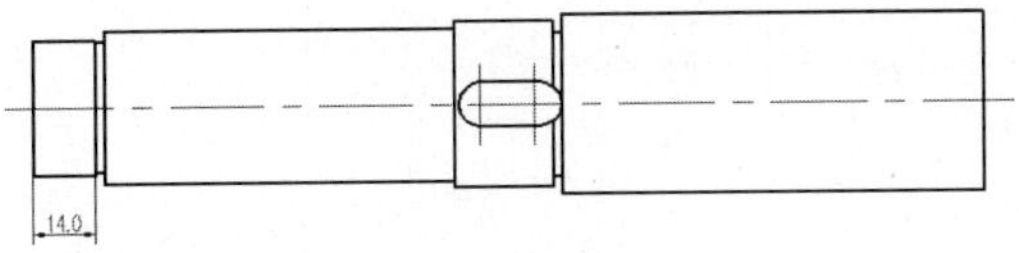

图 6-21 标注结果

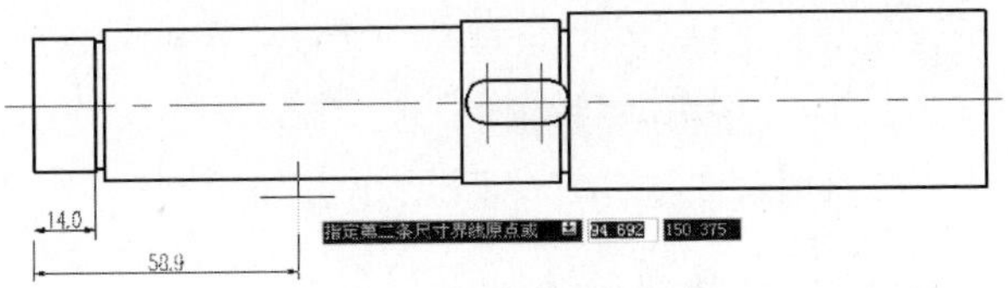

图 6-22 基线标注状态

技巧

当激活【基线】命令后，AutoCAD 会自动以刚创建的线性尺寸作为基准尺寸，进入基线尺寸的标注状态。

❹标注结果如图 6-19 所示。

技巧

【选择】选项用于提示选择一个线性、坐标或角度标注作为基线标注的基准；【放弃】选项用于放弃所标注的最后一个基线标注。

6.2.2 标注连续尺寸

【连续】命令也需要在现有的尺寸基础创建连续的尺寸对象，所创建的连续尺寸位于同一个方向矢量上，如图 6-23 所示。执行【连续】命令主要有以下 4 种方式。

- 菜单栏：选择菜单【标注】|【连续】命令。
- 工具栏：单击【标注】工具栏上的按钮。
- 命令行：在命令行中输入 Dimcontinue 或 Dimcont。
- 功能区：单击【注释】选项卡|【标注】面板上的按钮。

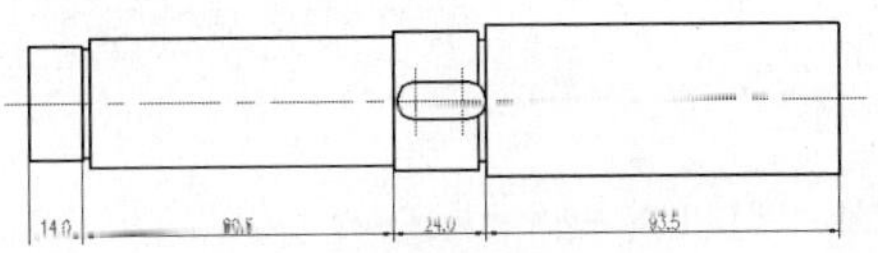

图 6-23 连续尺寸示例

下面以标注图 6-23 所示的尺寸为例，学习【连续】命令的使用方法和技巧，操作步骤如下。

❶打开图 6-20 所示的图形。

❷使用【线性】命令标注图 6-21 所示的线性尺寸。

❸选择菜单【标注】|【连续】命令，根据命令行的提示标注连续尺寸。命令行操作如下：

```
命令: _dimcontinue
    指定第二条延伸线原点或 [放弃(U)/选择(S)] <选择>:
                                            //捕捉上图 6-22 所示的端点 3
    标注文字 = 80.5
    指定第二条延伸线原点或 [放弃(U)/选择(S)] <选择>:     //捕捉端点 4
    标注文字 = 24.0
    指定第二条延伸线原点或 [放弃(U)/选择(S)] <选择>:     //捕捉端点 5
    标注文字 = 93.5
    指定第二条延伸线原点或 [放弃(U)/选择(S)] <选择>:
```

	// Enter，退出连续尺寸状态
选择连续标注:	// Enter，退出命令

❹标注结果如图 6-23 所示。

6.2.3 标注快速引线

【快速引线】命令主要用于创建一端带有箭头；另一端带有文字注释的引线尺寸，其中，引线可以为直线段，也可以为平滑的样条曲线，如图 6-24 所示。

图 6-24　引线尺寸示例

在命令行中输入 Qleader 或 LE 后，按 Enter 键，即可激活【快速引线】命令，随后命令行提示如下。

命令: _qleader	
指定第一个引线点或 [设置(S)] <设置>:	//在适当位置定位第一个引线点
指定下一点:	//在适当位置定位第二个引线点
指定下一点:	//在适当位置定位第三个引线点
指定文字宽度 <0>:	// Enter，采用当前参数设置
输入注释文字的第一行 <多行文字(M)>:	//1x45%%D Enter，输入引线文字
输入注释文字的下一行:	// Enter，标注结果如上图 6-24（左）所示

激活【设置】选项后，可打开如图 6-25 所示的【引线设置】对话框。以修改和设置引线点数、注释类型以及注释文字的附着位置等。

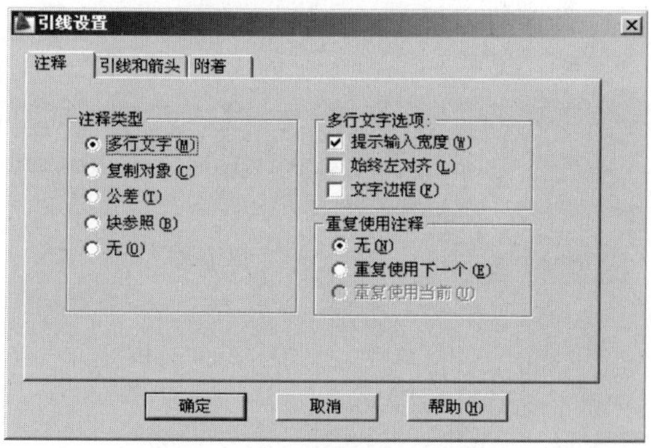

图 6-25　【引线设置】对话框

1. **【注释】选项卡**

【注释】选项卡主要用于设置引线文字的注释类型及其相关的一些选项功能，如图 6-25 所示。

- ➢ 【注释类型】选项组
- ● 【多行文字】选项：用于在引线末端创建多行文字注释。
- ● 【复制对象】选项：用于复制已有的引线注释作为需要创建的引线注释。
- ● 【公差】选项：用于在引线末端创建公差注释。
- ● 【块参照】选项：用于以内部块作为注释对象。
- ● 【无】选项：表示创建无注释的引线。
- ➢ 【多行文字选项】选项组
- ● 【提示输入宽度】选项：用于提示用户，指定多行文字注释的宽度。
- ● 【始终左对齐】选项：用于自动设置多行文字使用左对齐方式。
- ● 【文字边框】选项：主要用于为引线注释添加边框。
- ➢ 【重复使用注释】选项组
- ● 【无】选项：表示不对当前所设置的引线注释进行重复使用。

- 【重复使用下一个】选项：用于重复使用下一个引线注释。
- 【重复使用当前】选项：用于重复使用当前的引线注释。

2.【引线和箭头】选项卡

主要用于设置引线的类型、点数、箭头以及引线段的角度约束等参数，如图 6-26 所示。

【引线和箭头】选项卡中的各选项功能如下。

- 【直线】选项用于在指定的引线点之间创建直线段。
- 【样条曲线】选项用于在引线点之间创建样条曲线，即引线为样条曲线。
- 【箭头】选项组用于设置引线箭头的形式。单击[实心闭合]列表内，在下拉式列表框中选择一种箭头形式，如图 6-27 所示。
- 【无限制】复选框表示系统不限制引线点的数量，用户可以通过按 Enter 键，手动结束引线点的设置过程。
- 【最大值】选项：用于设置引线点数的最多数量。
- 【角度约束】选项组用于设置第一条引线与第二条引线的角度约束。

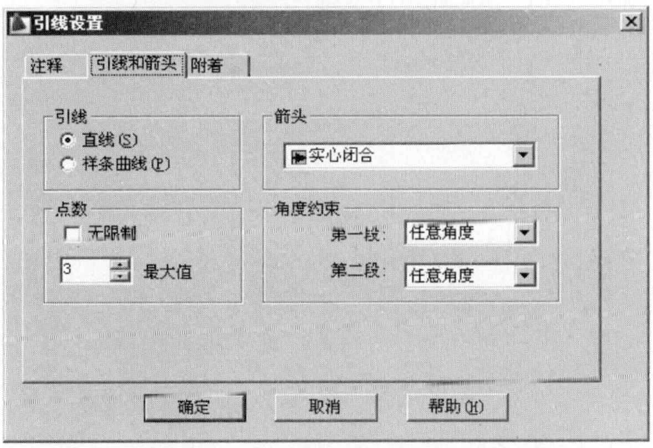

图 6-26 【引线设置】对话框

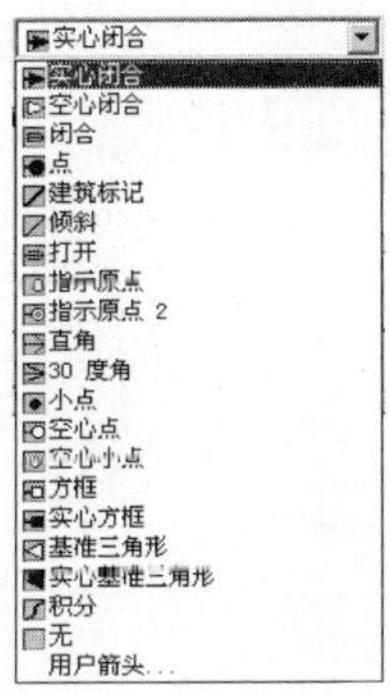

图 6-27 箭头下拉列表框

3.【附着】选项卡

【附着】选项卡主要用于设置引线和多行文字注释之间的附着位置，如图 6-28 所示。只有在【注释】选项卡内勾选了【多行文字】单选按钮时，此选项卡才可用。

【附着】选项卡中的各选项功能如下。

- 【第一行顶部】选项用于将引线放置在多行文字第一行的顶部。
- 【第一行中间】选项用于将引线放置在多行文字第一行的中间。
- 【多行文字中间】选项用于将引线放置在多行文字的中部。

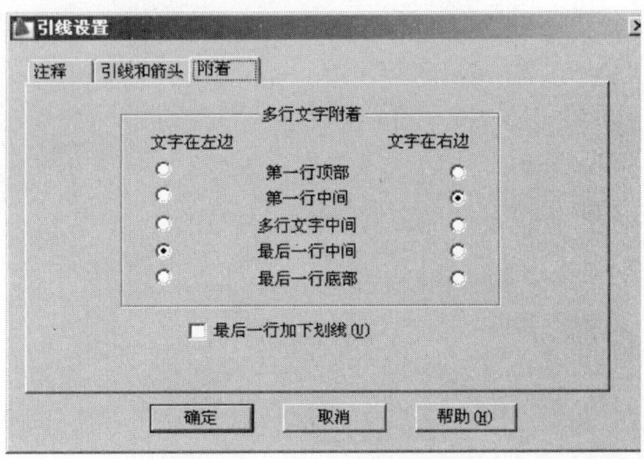

图 6-28 【附着】选项卡

- 【最后一行中间】选项用于将引线放置在多行文字最后一行的中间。

- 【最后一行底部】选项用于将引线放置在多行文字最后一行的底部。
- 【最后一行加下划线】选项用于为最后一行文字添加下划线。

技巧

使用菜单【标注】|【多重引线】命令，也可以创建具有多个选项的引线对象，只不过，这些选项功能都是通过命令行进行设置的，没有对话框更为直观。另外，使用【多重引线】命令，可以优先放置引线对象的头部、尾部或内容均可。

6.2.4 快速标注尺寸

【快速标注】命令用于一次标注多个对象间的的水平尺寸或垂直尺寸，如图 6-29 所示。执行【快速标注】命令主要有以下 4 种方式。

- 菜单栏：选择菜单【标注】|【快速标注】命令。
- 工具栏：单击【标注】工具栏上的按钮。
- 命令行：在命令行中输入 Qdim。
- 功能区：单击【注释】选项卡|【标注】面板上的按钮。

下面通过标注图 6-29 所示的尺寸，学习【快速标注】命令的使用方法和技巧。具体操作步骤如下。

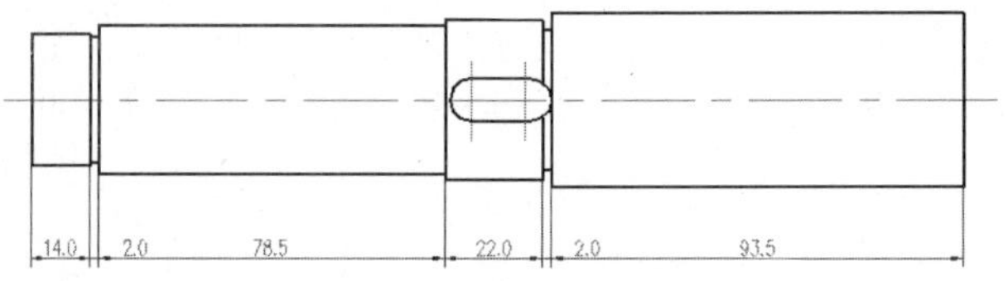

图 6-29 快速标注示例

❶打开图 6-20 所示的图形。

❷单击【标注】工具栏上的按钮，激活【快速标注】命令后，根据命令行的提示快速标注对象间的水平尺寸。命令行操作如下：

命令: _qdim
选择要标注的几何图形: //拉出图 6-30 所示的窗交选择框
选择要标注的几何图形: //Enter，此时出现图 6-31 所示的快速标注状态
指定尺寸线位置或 [连续(C)/并列(S)/基线(B)/坐标(O)/半径(R)/直径(D)/基准点(P)/编辑(E)/设置(T)] <连续>: //向下引导光标，指定尺寸线位置

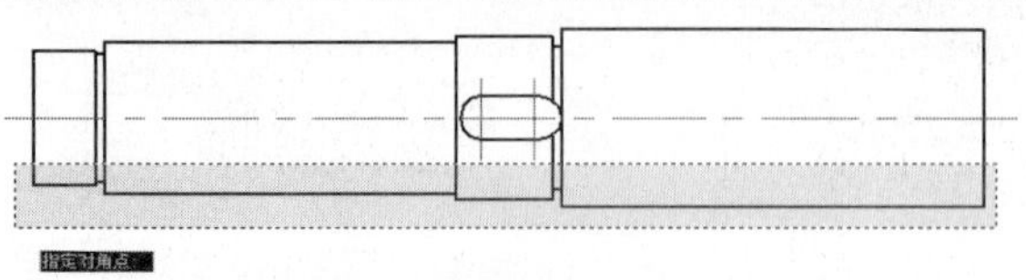

图 6-30 窗交选择框

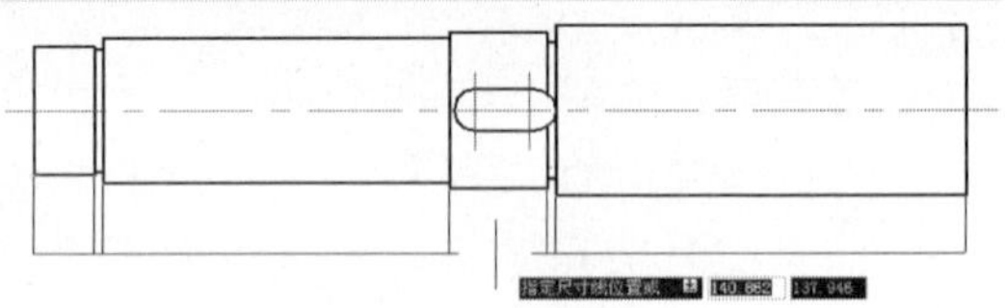

图 6-31 选择结果

❸标注结果如图 6-29 所示。

命令选项解析如下。

- 【连续】选项用于创建一系列连续标注。
- 【并列】选项用于快速生成并列的尺寸标注。

- 【基线】选项用于对选择的各个对象以基线标注的形式快速标注。
- 【坐标】选项用于对选择的多个对象快速生成坐标标注。
- 【半径】选项用于对选择的多个对象快速生成半径标注。
- 【直径】选项用于对选择的多个对象快速生成直径标注。
- 【基准点】选项用于为基线标注和连续标注确定一个新的基准点。
- 【编辑】选项用于对快速标注的选择集进行修改。
- 【设置】选项用于设置关联标注的优先级，即指定延伸线原点设置默认对象捕捉。

6.3 公差与圆心标记

本节将学习【公差】和【圆心标记】命令。

6.3.1 标注公差尺寸

【公差】命令主要用于为零件图标注形位公差，如图 6-32 所示。执行【公差】命令主要有以下 4 种方式。

- 菜单栏：选择菜单【标注】|【公差】命令。
- 工具栏：单击【标注】工具栏上的按钮。
- 命令行：在命令行中输入 Tolerance 或 TOL。
- 功能区：单击【注释】选项卡|【标注】面板上的按钮。

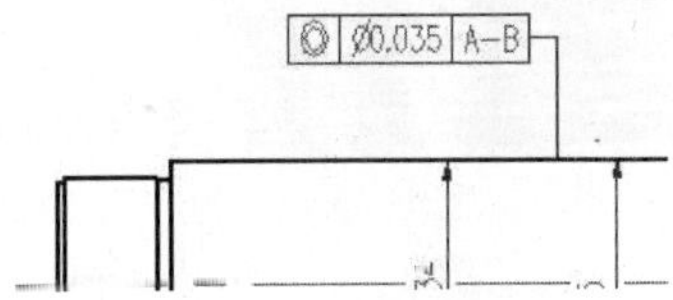

图 6-32 公差示例

激活【公差】命令后，可打开如图 6-33 所示的【形位公差】对话框，单击【符号】选项组中的颜色块，可以打开如图 6-34 所示的【特征符号】对话框，用户可以选择相应的形位公差符号。

在【公差 1】或【公差 2】选项组中单击右侧的颜色块，可以弹出如图 6-35 所示的【附加符号】对话框，以设置公差的包容条件。其中：

- 符号Ⓜ表示最大包容条件，规定零件在极限尺寸内的最大包容量。
- 符号Ⓛ表示最小包容条件，规定零件在极限尺寸内的最小包容量。
- 符号Ⓢ表示不考虑特征条件，不规定零件在极限尺寸内的任意几何大小。

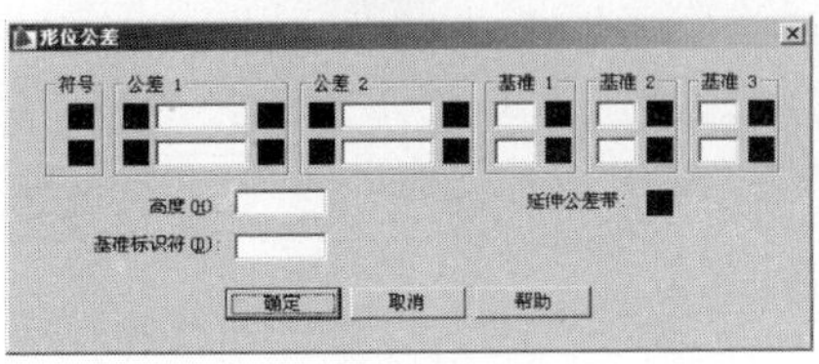

图 6-33 【形位公差】对话框

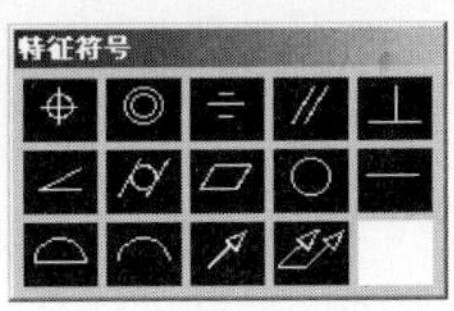

图 6-34 【特征符号】对话框

图 6-35 【附加符号】对话框

6.3.2 标注圆心标记

【圆心标记】命令主要用于标注圆或圆弧的圆心标记，也可以标注其中心线，如图 6-36 和图 6-37 所示。

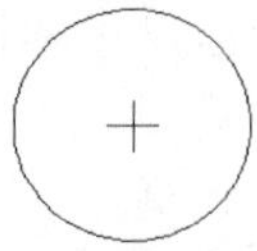

图 6-36 标注圆心标记

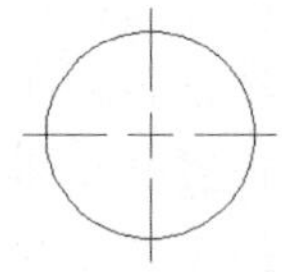

图 6-37 标注中心线

执行【圆心标记】命令主要有以下 4 种方式。

- 菜单栏：选择菜单【标注】|【圆心标记】命令。
- 工具栏：单击【标注】工具栏上的按钮。
- 命令行：在命令行中输入 Dimangular 或 Angular。
- 功能区：单击【注释】选项卡|【标注】面板上的按钮。

6.4 尺寸的协调与控制

【标注样式】命令是一个控制尺寸外观显示状态工具。执行【标注样式】命令主要有以下 5 种方式。

- 菜单栏：选择菜单【格式】|【标注样式】命令。
- 菜单栏：选择菜单【标注】|【标注样式】命令。
- 工具栏：单击【标注】或【样式】工具栏上的按钮。
- 命令行：在命令行中输入 Dimstyle 或 D。
- 功能区：单击【注释】选项卡|【标注】面板上的按钮。

激活【标注样式】命令后，可打开【标注样式管理器】对话框，如图 6-38 所示。在此对话框中，用户不仅可以设置尺寸的样式，还可以修改、替代和比较尺寸的样式。

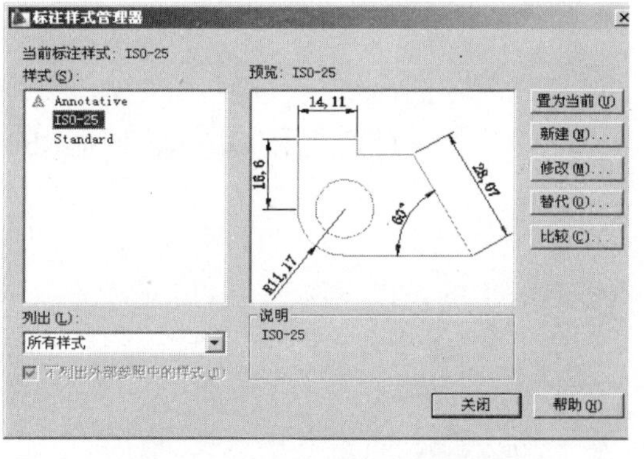

图 6-38 【标注样式管理器】对话框

【标注样式管理器】对话框中各选项的含义如下。

- 【样式】列表框用于显示当前文件中的所有尺寸样式，并且当前样式被高亮显示。选择一种样式右击，在弹出的快捷菜单中可以设置当前样式、重命名样式和删除样式。

技巧

当前标注样式和当前文件中已使用的样式不能被删除。默认样式为 ISO-25。

- 【列出】下拉列表框中提供了两个显示标注样式的选项，即【所有样式】和【正在使用的样式】。前一个选项用于显示当前图形中的所有标注样式；后一个选项仅用于显示被当前图形中的标注引用过的样式。
- 【预览】区域主要显示【样式】列表框中选定的尺寸样式的标注效果。

- 置为当前(U) 按钮用于把选定的标注样式设置为当前标注样式。
- 修改(M)... 按钮用于修改当前选择的标注样式。当用户修改了标注样式后，当前图形中的所有尺寸标注都会自动改变为所修改的尺寸样式。
- 替代(O)... 按钮用于设置当前使用的标注样式的临时替代值。当用户创建了替代样式后，当前标注样式将被应用到以后所有尺寸标注中，直到用户删除替代样式为止，而不会改变替代样式之前的标注样式。
- 比较(C)... 按钮用于比较两种标注样式的特性或浏览一种标注样式的全部特性，并将比较结果输出到 Windows 剪贴板上，然后再粘贴到其他 Windows 应用程序中。
- 新建(N)... 按钮用于设置新的尺寸样式。

单击 新建(N)... 按钮后，系统将弹出如图 6-39 所示的【创建新标注样式】对话框，其中【新样式名】文本框用于为新样式赋名；【基础样式】下拉列表框用于设置新样式的基础样式；【注释】复选框用于为新样式添加注释；【用于】下拉列表框用于创建一种仅适用于特定标注类型的样式。

单击 继续 按钮，打开如图 6-40 所示的【新建标注样式】对话框。此对话框中包括【线】、【符号和箭头】、【文字】、【调整】、【主单位】、【换算单位】和【公差】选项卡。

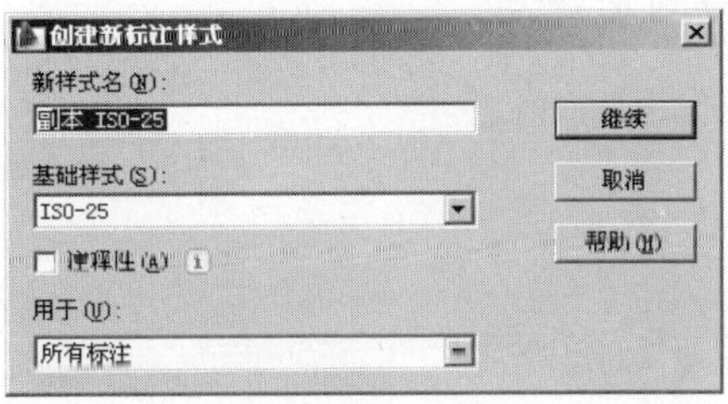

图 6-39 【创建新标注样式】对话框

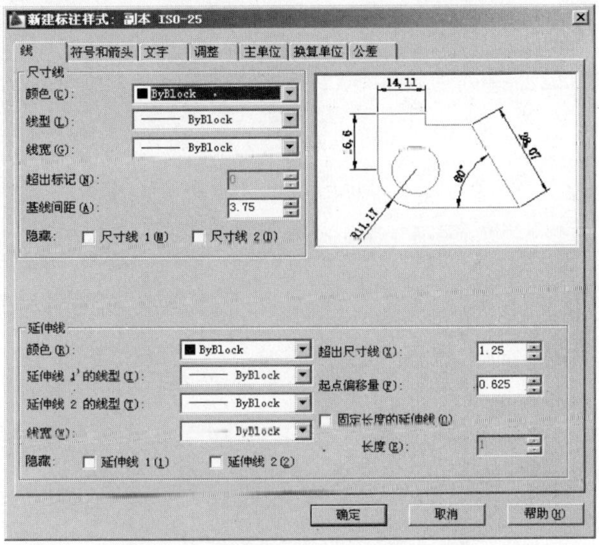

图 6-40 【新建标注样式】对话框

1．【线】选项卡

如图 6-40 所示的【线】选项卡，主要用于设置尺寸线、延伸线的格式和特性等变量。

➢ 【尺寸线】选项组

- 【颜色】下拉列表框用于设置尺寸线的颜色。
- 【线宽】下拉列表框用于设置尺寸线的线宽。
- 【超出标记】微调按钮用于设置尺寸线超出尺寸界限的长度。在默认状态下，该选项处于不可用状态，当用户只有在选择建筑标记箭头时，此微调按钮才处于可用状态。
- 【基线间距】微调按钮用于设置在基线标注时两条尺寸线之间的距离。

- ➢ 【延伸线】选项组
- ● 【颜色】下拉列表框用于设置延伸线的颜色。
- ● 【线宽】下拉列表框用于设置延伸线的线宽。
- ● 【超出尺寸线】微调按钮用于设置延伸线超出尺寸线的长度。
- ● 【起点偏移量】微调按钮用于设置延伸线起点与被标注对象间的距离。

2.【符号和箭头】选项卡

如图 6-41 所示的【符号和箭头】选项卡，主要用于设置箭头、圆心标记、弧长符号和半径标注等参数。

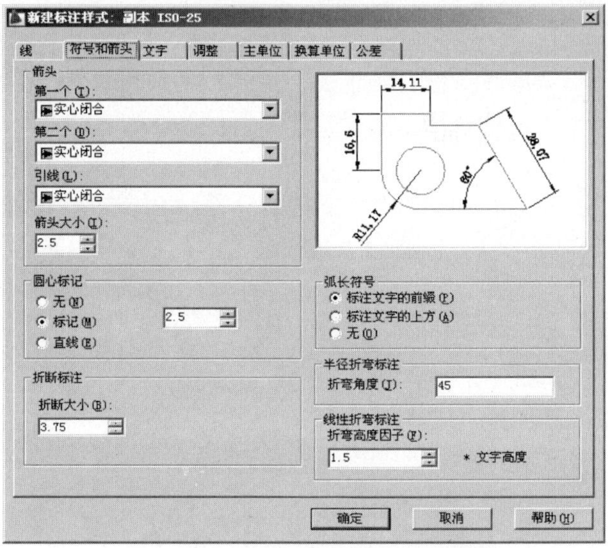

图 6-41 【符号和箭头】选项卡

- ➢ 【箭头】选项组
- ● 【第一个/第二个】下拉列表框用于设置箭头的形状。
- ● 【引线】下拉列表框用于设置引线箭头的形状。
- ● 【箭头大小】微调按钮用于设置箭头的大小。
- ➢ 【圆心标记】选项组
- ● 【无】单选按钮表示不添加圆心标记。
- ● 【标记】单选按钮用于为圆添加十字形标记。
- ● 【直线】单选按钮用于为圆添加直线型标记。
- ● 2.5 微调按钮用于设置圆心标记的大小。
- ➢ 【弧长符号】选项组
- ● 【标注文字的前缀】单选按钮用于为弧长标注添加前缀。
- ● 【标注文字的上方】单选按钮用于设置标注文字的位置。
- ● 【无】单选按钮若表示在弧长标注上不出现弧长符号。
- ● 【半径折弯标注】选项组用于设置半径折弯的角度。
- ● 【线性折弯标注】选项组用于设置线性折弯的高度因子。

3.【文字】选项卡

如图 6-42 所示的【文字】选项卡，主要用于设置尺寸文字的样式、颜色、位置及对齐方式等变量。

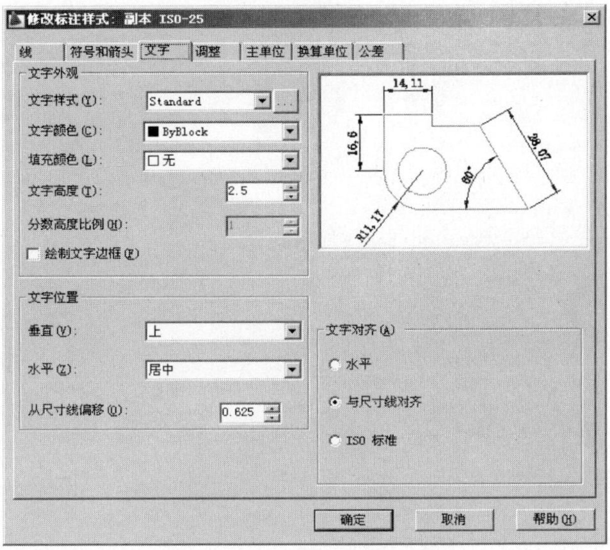

图 6-42　【文字】选项卡

➢ 【文字外观】选项组
- 【文字样式】下拉列表框用于设置尺寸文字的样式。单击列表框右端的...按钮，将弹出【文字样式】对话框，用于新建或修改文字样式。
- 【文字颜色】下拉列表框用于设置标注文字的颜色。
- 【填充颜色】下拉列表框用于设置尺寸文本的背景色。
- 【文字高度】微调按钮用于设置标注文字的高度。
- 【分数高度比例】微调按钮用于设置标注分数的高度比例。只有在选择分数标注单位时，此选项才可用。
- 【绘制文字边框】复选框用于设置是否为标注文字加上边框。

➢ 【文字位置】选项组
- 【垂直】列表框用于设置尺寸文字相对于尺寸线垂直方向的放置位置。
- 【水平】列表框用于设置标注文字相对于尺寸线水平方向的放置位置。
- 【从尺寸线偏移】微调按钮用于设置标注文字与尺寸线之间的距离。

➢ 【文字对齐】选项组
- 【水平】单选按钮用于设置标注文字以水平方向放置。
- 【与尺寸线对齐】单选按钮用于设置标注文字与尺寸线平行的方向放置。
- 【ISO 标准】单选按钮用于根据 ISO 标准设置标注文字。

技巧

此选项是【水平】与【与尺寸线对齐】两者的综合。当标注文字在延伸线中时，就会采用【与尺寸线对齐】对齐方式；当标注文字在延伸线外时，就会采用【水平】对齐方式。

4.【调整】选项卡

如图 6-43 所示的【调整】选项卡，主要用于设置尺寸文字与尺寸线、延伸线等之间的位置。

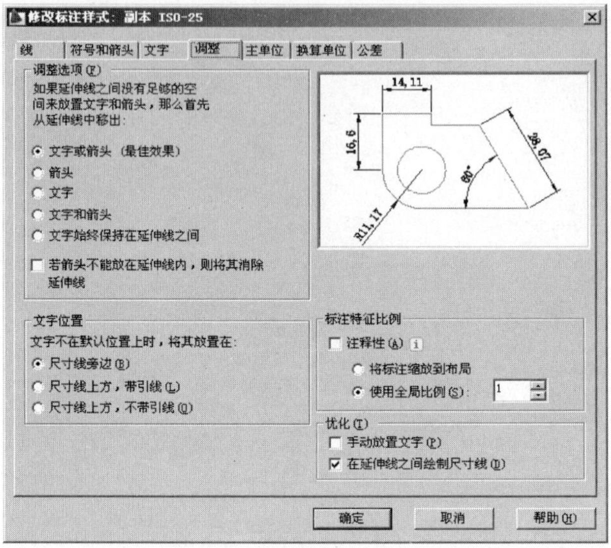

图 6-43 【调整】选项卡

- ➢ 【调整选项】选项组
- ● 【文字或箭头，最佳效果】选项用于自动调整文字与箭头的位置，使二者达到最佳效果。
- ● 【箭头】单选按钮用于将箭头移到延伸线外。
- ● 【文字】单选按钮用于将文字移到延伸线外。
- ● 【文字和箭头】单选按钮用于将文字与箭头都移到延伸线外。
- ● 【文字始终保持在延伸线之间】选项用于将文字始终放置在延伸线之间。
- ➢ 【文字位置】选项组
- ● 【尺寸线旁边】单选按钮用于将文字放置在尺寸线旁边。
- ● 【尺寸线上方，加引线】单选按钮用于将文字放置在尺寸线上方，并加引线。
- ● 【尺寸线上方，不加引线】单选按钮用于将文字放置在尺寸线上方，但不加引线引导。
- ➢ 【标注特征比例】选项组
- ● 【注释性】复选框用于设置标注为注释性标注。
- ● 【将标注缩放到布局】单选按钮用于根据当前模型空间的视口与布局空间的大小来确定比例因子。
- ● 【使用全局比例】单选按钮用于设置标注的比例因子。
- ➢ 【优化】选项组
- ● 【手动放置文字】复选框用于手动放置标注文字。
- ● 【在延伸线之间绘制尺寸线】复选框：在标注圆弧或圆时，尺寸线始终在延伸线之间。

5.【主单位】选项卡

如图 6-44 所示的【主单位】选项卡，主要用于设置线性标注和角度标注的单位格式以及精确度等参数变量。

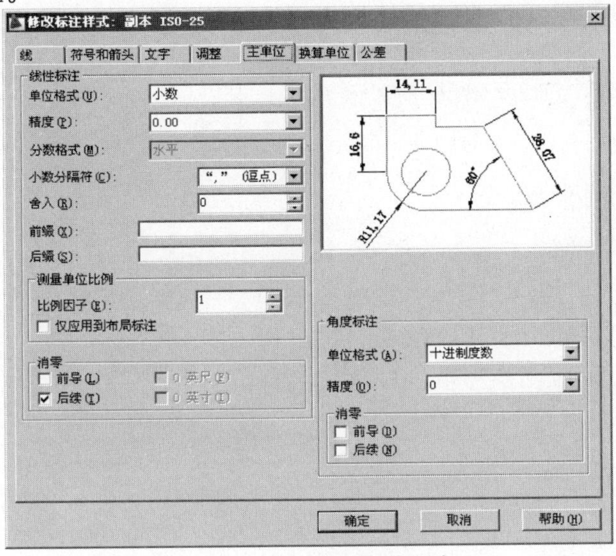

图 6-44 【主单位】选项卡

- ➢ 【线性标注】选项组
- ● 【单位格式】下拉列表框用于设置线性标注的单位格式，缺省值为小数。
- ● 【精度】下拉列表框用于设置尺寸的精度。
- ● 【分数格式】下拉列表框用于设置分数的格式。

> **技巧**
> 只有当【单位格式】为“分数”时，此下拉列表框才能激活。

- ● 【小数分隔符】下拉列表框用于设置小数的分隔符号。
- ● 【舍入】微调按钮用于设置除了角度之外的标注测量值的四舍五入规则。
- ● 【前缀】文本框用于设置尺寸文字的前缀，可以为数字、文字、符号。
- ● 【后缀】文本框用于设置尺寸文字的后缀，可以为数字、文字、符号。
- ● 【比例因子】微调按钮用于设置除了角度之外的标注比例因子。
- ● 【仅应用到布局标注】复选框仅对在布局里创建的标注应用线性比例值。
- ● 【前导】复选框用于消除小数点前面的零。当尺寸文字小于 1 时，比如为“0.5”，勾选此复选框后，此“0.5”将变为“.5”，前面的零已消除。
- ● 【后续】复选框用于消除小数点后面的零。
- ● 【0 英尺】复选框用于消除零英尺前的零。如：“0′-1/2″”表示为“1/2″”。

> **技巧**
> 只有当【单位格式】设为“工程”或“建筑”时，此复选框才可被激活。

- ● 【0 英寸】复选框用于消除英寸后的零。如：“2′-1.400″”表示为“2′-1.4″”。

➢ 【角度标注】选项组

- 【单位格式】下拉列表框用于设置角度标注的单位格式。
- 【精度】下拉列表框用于设置角度的小数位数。
- 【前导消零】复选框消除角度标注前面的零。
- 【后续消零】复选框消除角度标注后面的零。

6.【换算单位】选项卡

如图 6-45 所示的【换算单位】选项卡，主要用于显示和设置尺寸文字的换算单位、精度等变量。只有勾选了【显示换算单位】复选框，才可激活【换算单位】选项卡中所有的选项组。

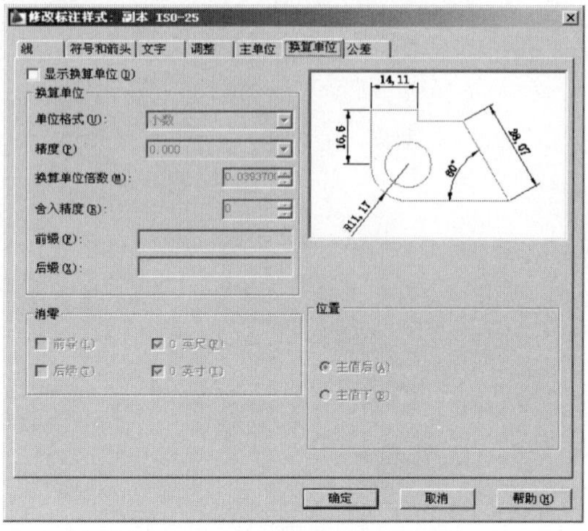

图 6-45 【换算单位】选项卡

➢ 【换算单位】选项组

- 【单位格式】下拉列表框用于设置换算单位格式。
- 【精度】下拉列表框用于设置换算单位的小数位数。
- 【换算单位倍数】微调按钮用于设置主单位与换算单位间的换算因子的倍数。
- 【舍入精度】微调按钮用于设置换算单位的四舍五入规则。
- 【前缀】文本框输入的值将显示在换算单位的前面。
- 【后缀】文本框输入的值将显示在换算单位的后面。

➢ 【消零】选项组

- 【消零】选项组用于消除换算单位的前导和后继零以及英尺、英寸前后的零。其作用与【主单位】选项卡中的【消零】选项组相同。

➢ 【位置】选项组

- 【主值后】单选按钮将换算单位放在主单位之后。
- 【主值下】单选按钮将换算单位放在主单位之下。

7.【公差】选项卡

如图 6-46 所示的【公差】选项卡，主要用于设置尺寸公差的格式和换算单位。

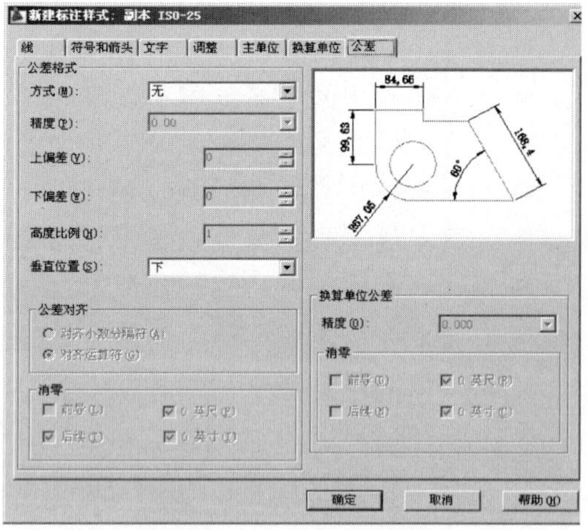

图 6-46 【公差】选项卡

➢ 【公差格式】选项组

- 【方式】下拉列表框用于设置公差的形式。在此列表框中共有【无】、【对称】、【极限偏差】、【极限尺寸】和【基本尺寸】5 个选项，如图 6-47 所示。

- 【精度】下拉列表框用于设置公差值的小数位数。
- 【上偏差】/【下偏差】微调按钮用于设置上下偏差值。
- 【高度比例】微调按钮用于设置公差文字与基本尺寸文字的高度比例。
- 【垂直位置】下拉列表框用于设置基本尺寸文字与公差文字的相对位置。
- 【换算单位公差】选项组功能类似于【公差格式】选项组中的同类选项。

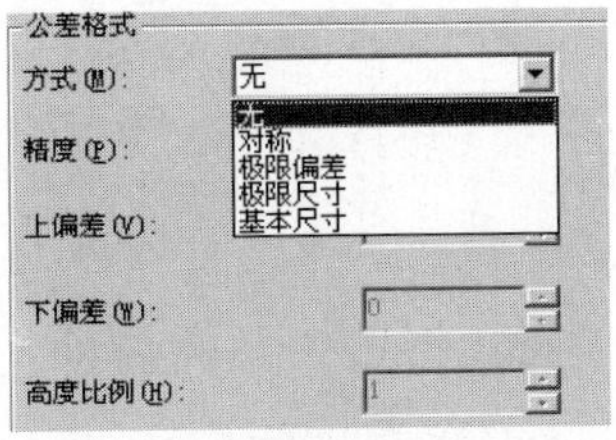

图 6-47　公差格式列表框

6.5 尺寸的编辑与更新

本节将学习【标注打断】、【编辑标注】、【标注更新】、【标注间距】和【编辑标注文字】命令。

6.5.1　标注打断

【标注打断】命令可以在尺寸线、延伸线与几何对象或其他标注相交的位置将其打断。执行【标注打断】命令主要有以下 4 种方式。

- 菜单栏：选择菜单【标注】|【标注打断】命令。
- 工具栏：单击【标注】工具栏上的按钮。
- 命令行：在命令行中输入 Dimbreak。
- 功能区：单击【注释】选项卡|【标注】面板上的按钮。

下面通过简单的实例，学习【标注打断】命令的使用方法和技巧。具体操作步骤如下。

❶打开随书光盘中的"素材文件\标注打断.dwg"，如图 6-48 所示。

❷单击【标注】工具栏上的按钮，执行【标注打断】命令，根据命令行提示，对尺寸对象进行打断。命令行操作如下：

```
命令: _DIMBREAK
    选择要添加/删除折断的标注或 [多个(M)]:                          //选择尺寸对象
    选择要折断标注的对象或 [自动(A)/手动(M)/删除(R)] <自动>:         //选择矩形
    选择要折断标注的对象:                                          //Enter，结束命令
    1 个对象已修改
```

❸打断结果如图 6-49 所示。

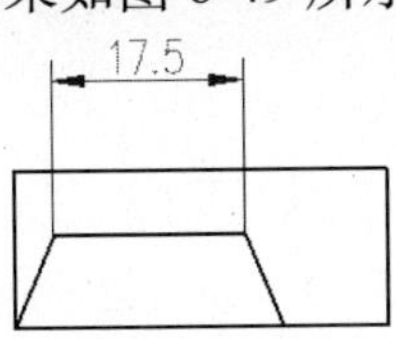

图 6-48　打开图形

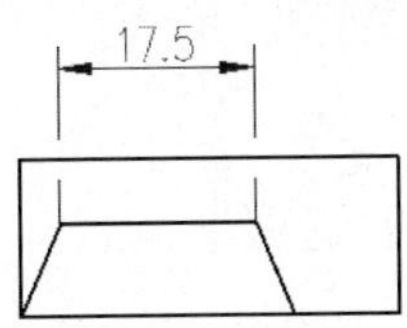

图 6-49　打断结果

技巧

【手动】选项用于手动定位打断位置；【删除】选项用于恢复被打断的尺寸对象。

6.5.2 编辑标注

【编辑标注】命令主要用于修改尺寸文字的内容、旋转角度以及延伸线的倾斜角度等。执行【编辑标注】命令主要有以下 4 种方式。

- 菜单栏：选择菜单【标注】|【倾斜】命令。
- 工具栏：单击【标注】工具栏上的按钮。
- 命令行：在命令行中输入 Dimedit。
- 功能区：单击【注释】选项卡|【标注】面板上的按钮。

下面通过编辑某尺寸标注的标注文字、尺寸界限等内容，学习【编辑标注】命令的使用方法和技巧。具体操作步骤如下。

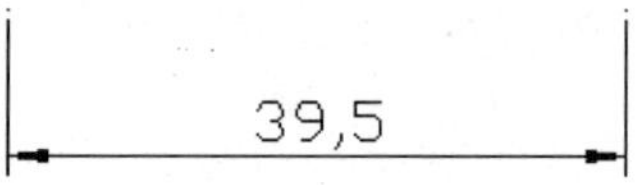

图 6-50 创建线性尺寸

❶新建文件，并随意标注一个尺寸，如图 6-50 所示。

❷单击【标注】工具栏上的按钮，激活【编辑标注】命令，根据命令行提示，进行编辑标注。命令行操作如下：

命令: _dimedit
输入标注编辑类型 [默认(H)/新建(N)/旋转(R)/倾斜(O)] <默认>:
//n Enter，打开【文字格式】编辑器，修改尺寸文字如图 6-51 所示，并关闭此编辑器
选择对象: //选择刚标注的尺寸
选择对象: // Enter，标注结果如图 6-52 所示
命令: _DIMEDIT // Enter，重复执行命令
输入标注编辑类型 [默认(H)/新建(N)/旋转(R)/倾斜(O)] <默认>:
//r Enter，激活【旋转】选项
指定标注文字的角度: //15 Enter，设置文字的旋转角度
选择对象: //选择图 6-52 所示的尺寸
选择对象: // Enter，结果如图 6-53 所示

图 6-51 修改尺寸文字内容

技巧

当旋转角度输入值为 0 时，系统将把标注文字按默认方向放置。

图 6-52 修改内容

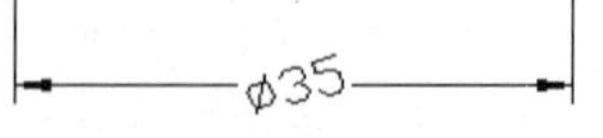

图 6-53 旋转文字

技巧

【倾斜】选项用于对延伸线进行倾斜，激活该选项后，系统将按指定的角度调整标注延伸线的倾斜角度，如图 6-54 所示。

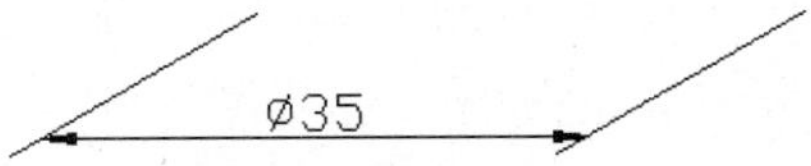

图 6-54　倾斜选项示例

6.5.3　标注更新

【标注更新】命令用于将尺寸对象的样式更新为当前尺寸标注样式，还可以将当前的标注样式保存起来，以供随时调用。执行【标注更新】命令主要有以下 4 种方式。

- 菜单栏：选择菜单【标注】|【更新】命令。
- 工具栏：单击【标注】工具栏上的按钮。
- 命令行：在命令行中输入-Dimstyle。
- 功能区：单击【注释】选项卡|【标注】面板上的按钮。

激活【标注更新】命令后，仅选择需要更新的尺寸对象即可，命令行操作如下：

```
命令: _-dimstyle
    当前标注样式:NEWSTYLE 注释性: 否
    输入标注样式选项[注释性(AN)/保存(S)/恢复(R)/状态(ST)/变量(V)/应用(A)/?]<恢复>:
    选择对象:                    //选择需要更新的尺寸
    选择对象:                    //Enter，结束命令
```

命令选项解析如下。

- 【状态】选项用于以文本窗口的形式显示当前标注样式的各设置数据。
- 【应用】选项将选择的标注对象自动更换为当前标注样式。
- 【保存】选项用于将当前标注样式存储为用户定义的样式。
- 【恢复】选项用于恢复已定义过的标注样式。
- 【变量】选项：选择该项后，命令行提示用户选择一个标注样式，选定后，系统打开文本窗口，并在窗口中显示所选样式的设置数据。

6.5.4　标注间距

【标注间距】命令用于调整平行的线性标注和角度标注之间的间距，或根据指定的间距值进行调整。执行【等距标注】命令主要有以下 4 种方式。

- 菜单栏：选择菜单【标注】|【标注间距】命令。
- 工具栏：单击【标注】工具栏上的按钮。
- 命令行：在命令行中输入 Dimspace。
- 功能区：单击【注释】选项卡|【标注】面板上的按钮。

下面通过实例来学习【标注间距】命令的使用方法和技巧。具体操作步骤如下。

❶打开随书光盘中的"素材文件\等距标注.dwg"，如图 6-55 所示。

❷单击【标注】工具栏上的按钮，执行【等距标注】命令，将各尺寸线间的距离调整为 10 个单位，命令行操作如下：

```
命令: _DIMSPACE
    选择基准标注:                          //选择尺寸文字为 16.0 的尺寸对象
    选择要产生间距的标注::                  //选择其他 3 个尺寸对象
    选择要产生间距的标注:                   // Enter，结束对象的选择
    输入值或 [自动(A)] <自动>:              // 10 Enter
```

❸调整结果如图 6-56 所示。

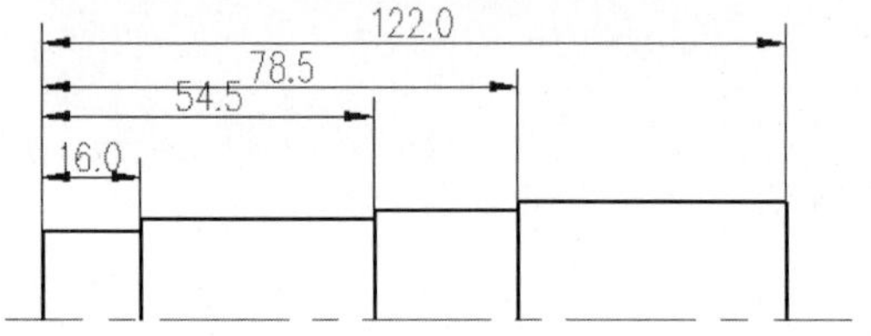

图 6-55　打开图形

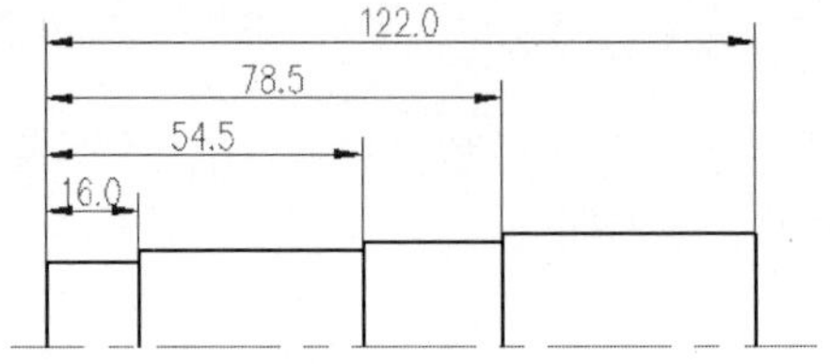

图 6-56　调整结果

技巧

【自动】选项将根据现有尺寸位置自动调整各尺寸对象的位置，使之间隔相等。

6.5.5　编辑标注文字

【编辑标注文字】命令主要用于重新调整尺寸文字的放置位置以及尺寸文字的旋转角度。执行【编辑标注文字】命令主要有以下 3 种方式。

- 菜单栏：选择菜单【标注】|【对齐文字】子菜单中的各命令。
- 工具栏：单击【标注】工具栏上的按钮。
- 命令行：在命令行中输入 Dimtedit。

下面通过更改某尺寸标注文字的位置及角度，学习【编辑标注文字】命令的使用方法和技巧。具体操作步骤如下。

❶新建文件，并随意标注一个线性尺寸，如图 6-57 所示。

❷单击【标注】工具栏上的按钮，执行【编辑标注文字】命令，根据命令行提示进行编辑尺寸文字。命令行操作如下：

```
命令: _dimtedit
    选择标注:                              //选择刚标注的尺寸对象
    为标注文字指定新位置或 [左对齐(L)/右对齐(R)/居中(C)/默认(H)/角度(A)]:
                                           //a Enter，激活【角度】选项
    指定标注文字的角度:                     //15 Enter，结果如图 6-58 所示
```

❸重复【编辑标注文字】命令，修改尺寸文字的位置。命令行操作如下：

```
命令: _dimtedit
    选择标注:                              //选择图 6-58 所示的尺寸
    为标注文字指定新位置或 [左对齐(L)/右对齐(R)/居中(C)/默认(H)/角度(A)]:
                                           // L Enter，修改结果如图 6-59 所示
```

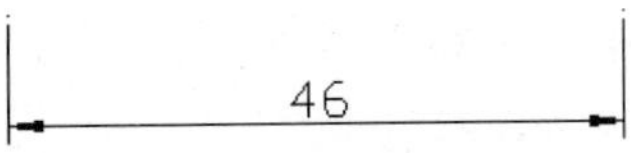

图 6-57 标注尺寸

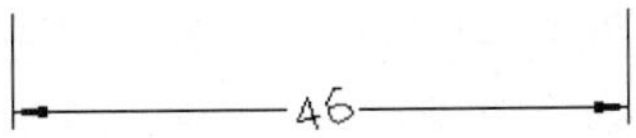

图 6-58 更改尺寸文字的角度

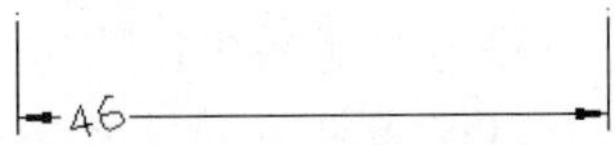

图 6-59 修改尺寸文字位置

命令选项解析如下。

- 【左对齐】选项用于沿尺寸线左端放置标注文字。
- 【右对齐】选项用于沿尺寸线右端放置标注文字。
- 【居中】选项用于把标注文字放在尺寸线的中心。
- 【默认】选项用于将标注文字移回默认位置。
- 【角度】选项用于按照输入的角度放置标注文字。

6.6 综合实例——标注零件图尺寸与公差

本例通过标注如图 6-60 所示的零件图尺寸及尺寸公差，对本章重点知识进行综合练习和巩固。

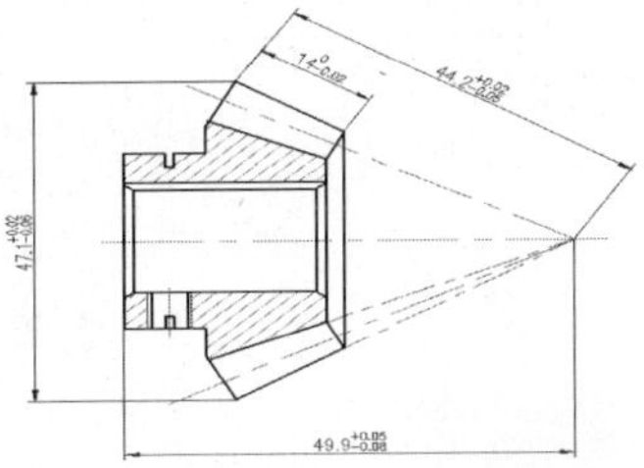

图 6-60 本例效果

具体操作步骤如下。

❶打开随书光盘中的“素材文件\锥齿轮零件图.dwg”，如图 6-61 所示。

❷使用快捷键“LA”激活【图层】命令，将“7 标注层”设置为当前图层，并打开【对象捕捉】功能。

❸选择菜单【格式】|【标注样式】命令，然后在打开的【标注样式管理器】对话框中单击 新建(N)... 按钮，打开【创建新标注样式】对话框，为新样式命名，如图 6-62 所示。

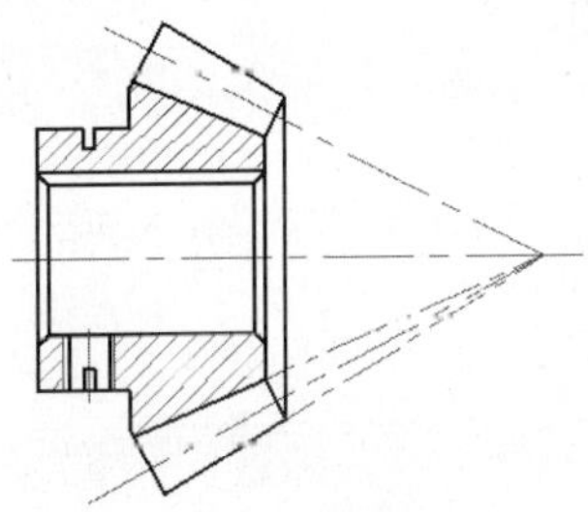

图 6-61 打开图形

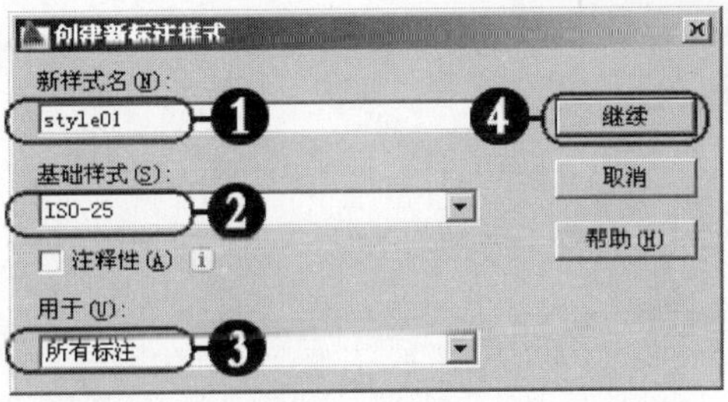

图 6-62 【创建新标注样式】对话框

❹单击 继续 按钮，打开【新建标注样式】对话框，在【线】选项卡中设置基线间距参数如图 6-63 所示；在【文字】选项卡中设置文字的样式如图 6-64 所示。

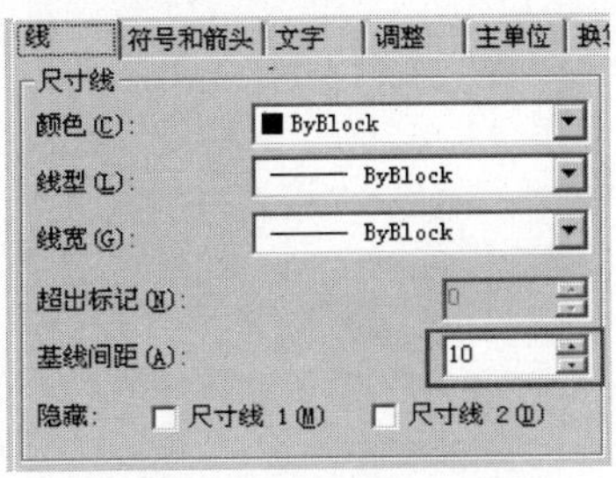

图 6-63 设置基线间距

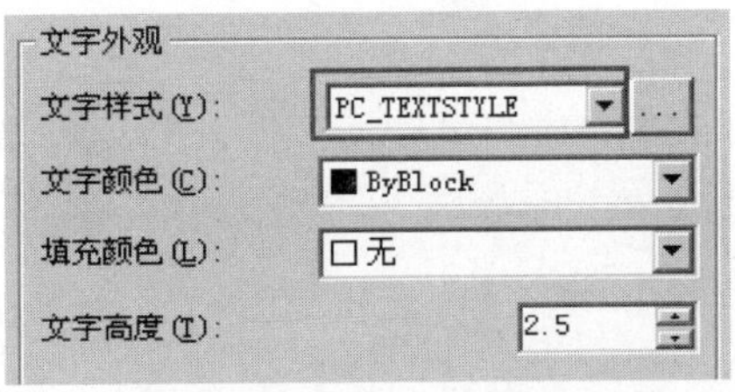

图 6-64 设置文字样式

❺展开【调整】选项卡，设置尺寸的标注比例参数如图 6-65 所示。

❻在【主单位】选项卡中设置单位精度及小数分隔符如图 6-66 所示。

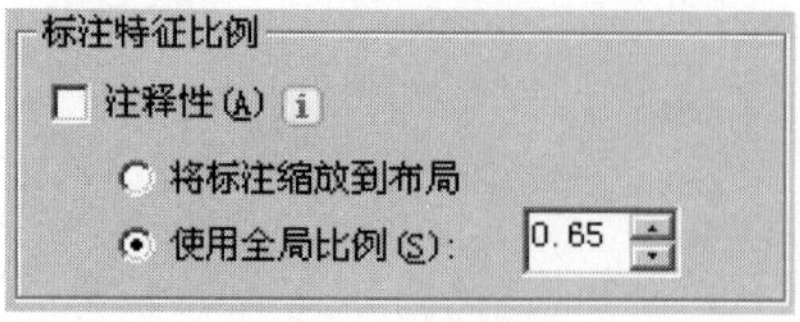

图 6-65　设置比例

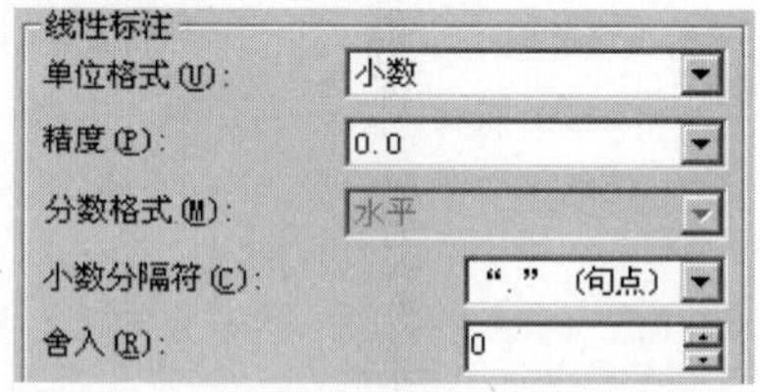

图 6-66　设置单位精度及小数分隔符

❼单击 确定 按钮返回【标注样式管理器】对话框，将新样式置为当前样式，如图 6-67 所示。

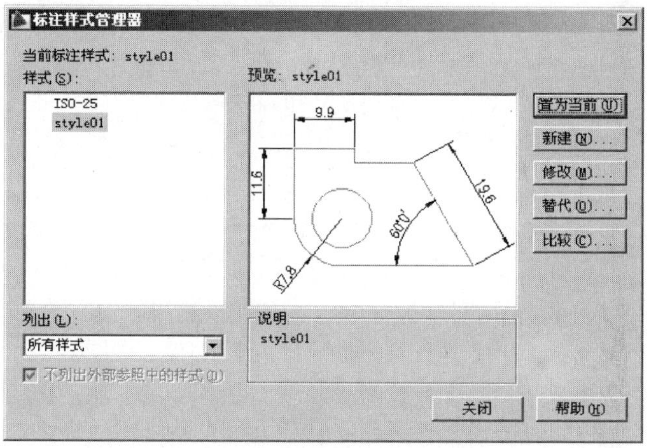

图 6-67　【标注样式管理器】对话框

❽单击【标注】工具栏上的按钮，激活【对齐】命令，标注上侧倾斜边的距离。命令行操作如下：

```
命令: _dimaligned
    指定第一条延伸线原点或 <选择对象>:  //捕捉如图 6-68 所示的端点
    指定第二条延伸线原点:               //捕捉如图 6-69 所示的端点
    指定尺寸线位置或[多行文字(M)/文字(T)/角度(A)]:
                                        //向上移动光标，在适当位置拾取一点，标注结果如
                                         图 6-70 所示
```

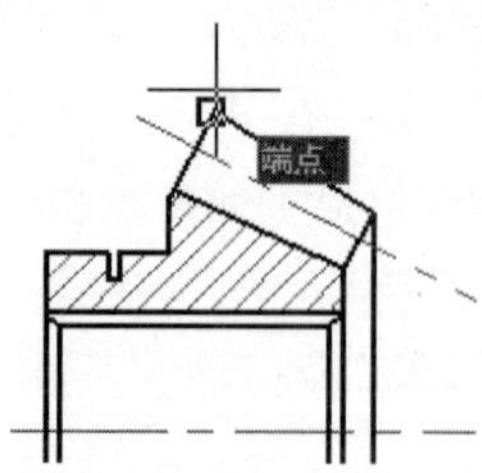

图 6-68　定位第一原点

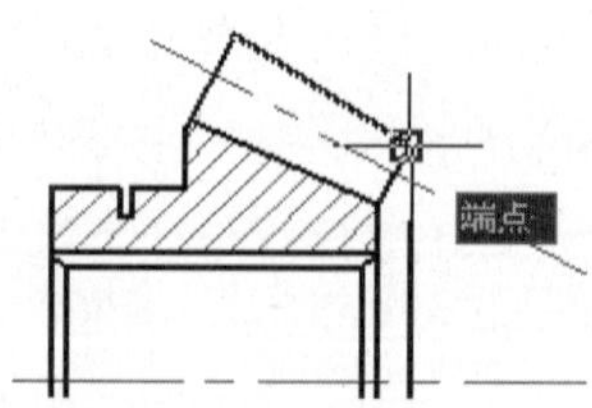

图 6-69　定位第二原点

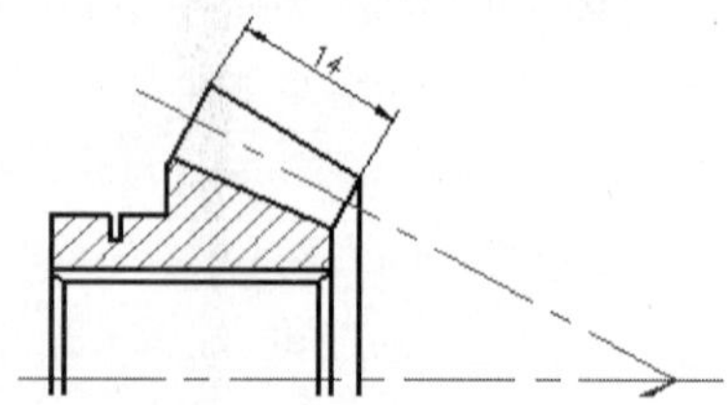

图 6-70　标注对齐尺寸

❾选择菜单【标注】|【基线】命令，并配合端点捕捉功能标注基线尺寸。命令行操作如下：

```
命令: _dimbaseline
    指定第二条延伸线原点或 [放弃(U)/选择(S)] <选择>:
                                        //捕捉如图 6-71 所示的交点 W
    标注文字 = 44.2
    指定第二条延伸线原点或 [放弃(U)/选择(S)] <选择>:   //Enter，退出基线标注过程
    选择基准标注:                                  //Enter，结束命令，标注结果如图
                                                   6-71 所示
```

⑩单击【标注】工具栏上的按钮，激活【线性】标注命令，标注图形的总长。命令行操作如下：

```
命令: _dimlinear
    指定第一条延伸线原点或 <选择对象>:              //捕捉如图 6-72 所示的端点
    指定第二条延伸线原点:                          //捕捉如图 6-73 所示的端点
    指定尺寸线位置或[多行文字(M)/文字(T)/角度(A)/水平(H)/垂直(V)/旋转(R)]:
                                        //mEnter，打开【文字格式】对话框
```

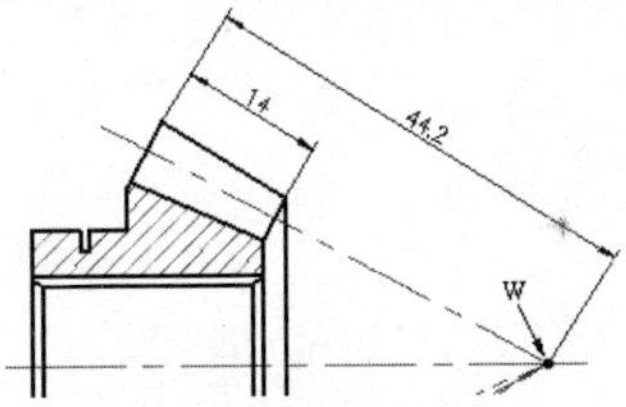

图 6-71 标注基线尺寸

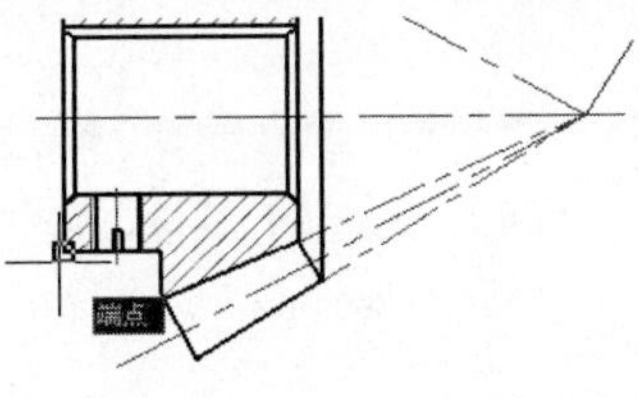

图 6-72 定位第一延伸线原点

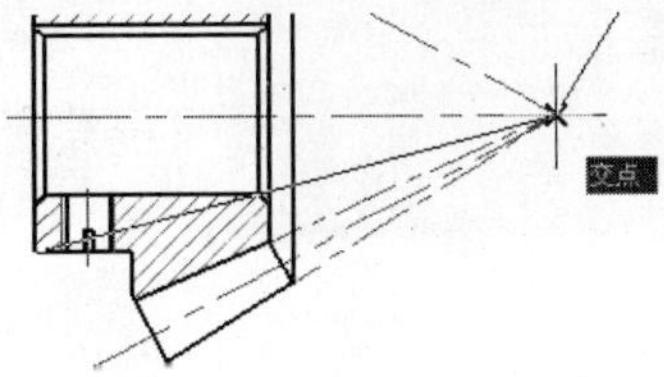

图 6-73 定位第二原点

⑪在多行文字输入框中的文字后面输入“+0.05^-0.08”，如图 6-74 所示。

⑫在多行文字输入框内选择刚输入的公差尺寸，然后单击【堆叠】按钮，将公差尺寸进行堆叠。

⑬单击 确定 按钮，在命令行“指定尺寸线位置或[多行文字(M)/文字(T)/角度(A)/水平(H)/垂直(V)/旋转(R)]：”提示下，向下移动光标，在适当位置拾取一点，标注结果如图 6-75 所示。

⑭单击【标注】工具栏上的按钮，重复【线性】标注命令，标注图形的总宽尺寸。命令行操作如下：

```
命令: _dimlinear
    指定第一条延伸线原点或 <选择对象>:      //捕捉如图 6-76 所示的端点
    指定第二条延伸线原点:                  //捕捉如图 6-77 所示的端点
    指定尺寸线位置或[多行文字(M)/文字(T)/角度(A)/水平(H)/垂直(V)/旋转(R)]:
                                  //m Enter，打开【文字格式】对话框
```

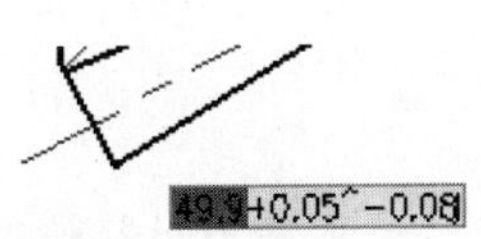

图 6-74 输入公差尺寸

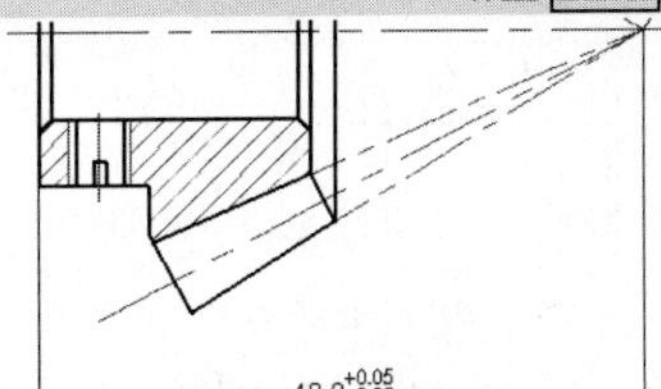

图 6-75 标注结果

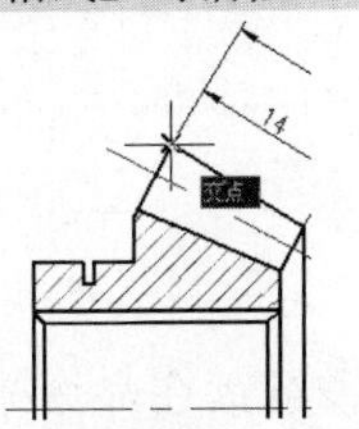

图 6-76 定位第一延伸线原点

⑮在文字后面单击左键，输入“+0.02^-0.06”，然后将其进行堆叠。

⑯单击确定按钮，在命令行“指定尺寸线位置或[多行文字(M)/文字(T)/角度(A)/水平(H)/垂直(V)/旋转(R)]：”提示下，在适当位置拾取一点，标注结果如图 6-78 所示。

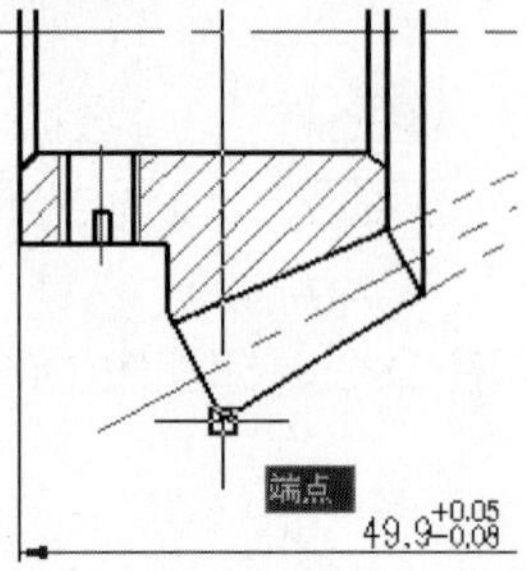

图 6-77　定位第二延伸线原点

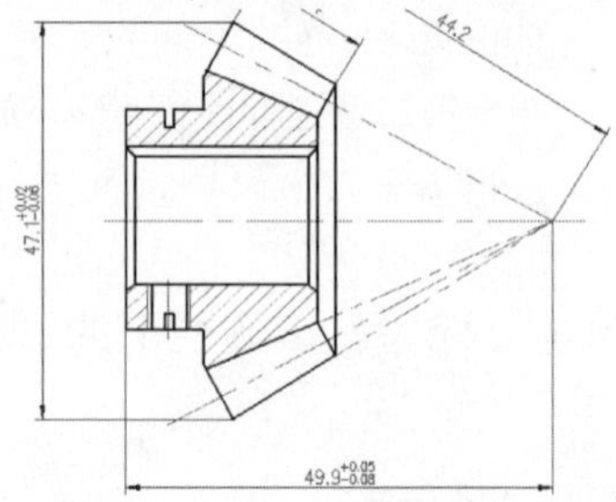

图 6-78　标注公差尺寸

⑰选择菜单【修改】|【对象】|【文字】|【编辑】命令，在命令行“选择注释对象或[放弃]：”提示下，选择尺寸文字为 44.2 的倾斜尺寸，打开【文字格式】编辑器。

⑱在此编辑器的文本编辑框中输入“+0.02^-0.05”，为尺寸文字添加公差，如图 6-79 所示。

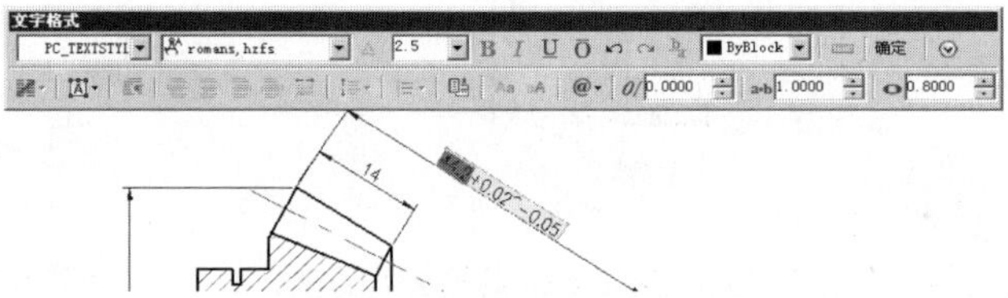

图 6-79　添加后缀

⑲选择所添加的文本，单击【文字格式】工具栏上的按钮，此时所输入的后缀文本显示如图 6-80 所示。

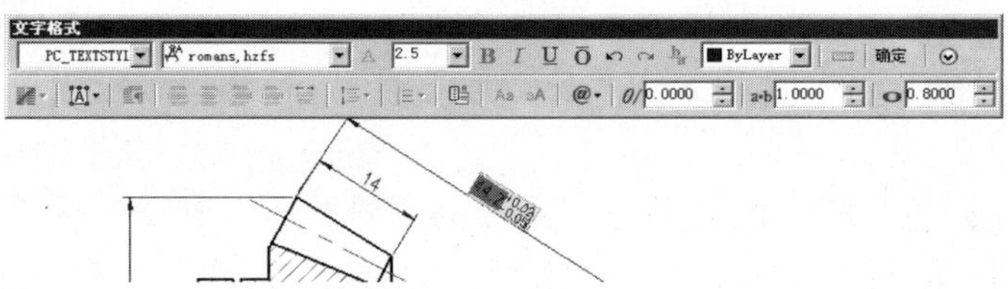

图 6-80　堆叠公差尺寸

⑳单击确定按钮，结果此线性尺寸被添加上公差后缀，转化为公差尺寸，如图 6-81 所示。

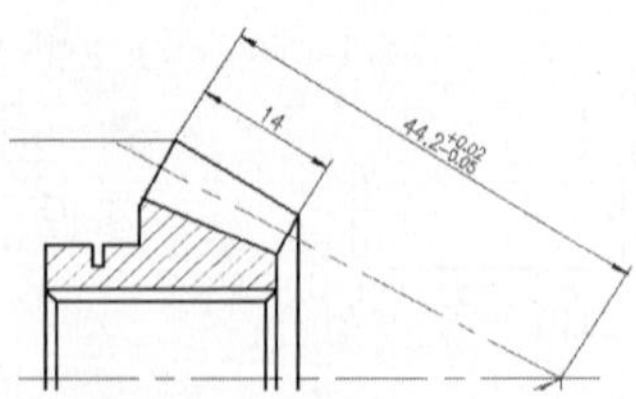

图 6-81　添加公差后缀

㉑继续在命令行“选择注释对象或 [放弃(U)]：”提示下，选择尺寸文字为 14 的倾斜尺寸，在弹出的【文字格式】工具栏中输入如图 6-82 所示的公差后缀。

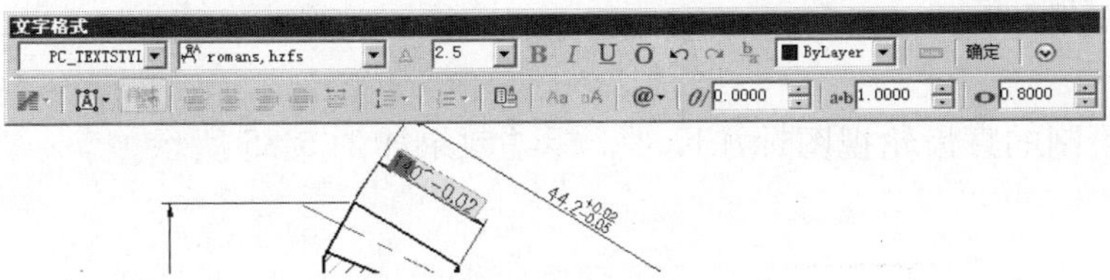

图 6-82 输入公差后缀

㉒选择刚输入的公差后缀，将其堆叠显示，如图 6-83 所示。

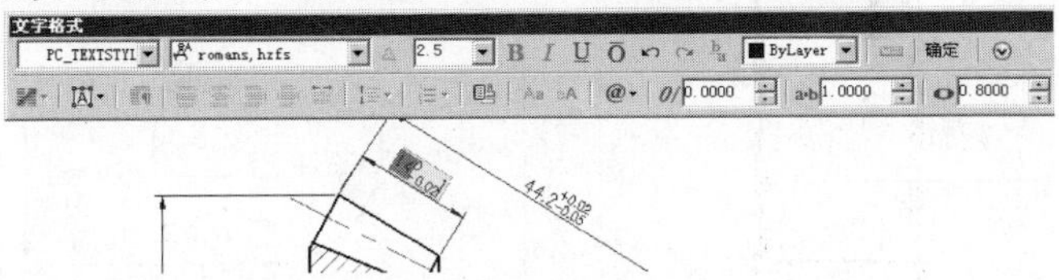

图 6-83 堆叠公差

㉓单击 确定 按钮，结果此线性尺寸被添加上公差后缀，转化为公差尺寸，如图 6-84 所示。

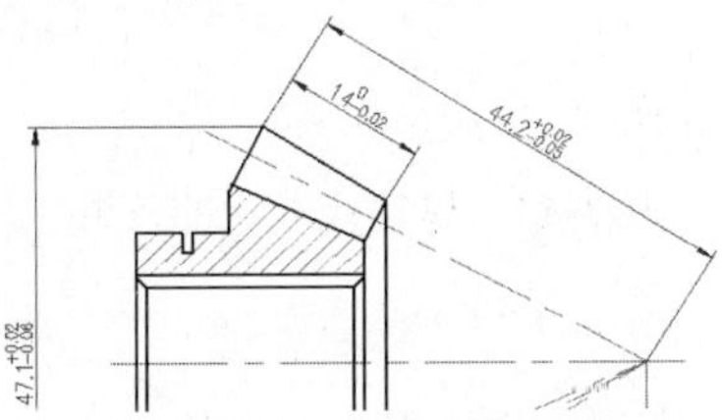

图 6-84 添加公差后缀

㉔使用视窗的调整工具调整当前视图，使图形完全显示，最终效果如图 6-60 所示。

6.7 本章小结

尺寸是图纸的重要组成部分，是施工的重要依据。本章重点介绍了 AutoCAD 众多的尺寸标注工具和尺寸标注技巧，同时还介绍了尺寸样式的设置和尺寸的编辑修改等内容。重点需要掌握的知识如下：

- 在讲述直线性尺寸命令时，需要了解和掌握线性尺寸、对齐尺寸、点坐标和角度尺寸的标注方法和技巧。
- 在讲述曲线性命令时，需要掌握半径尺寸、直径尺寸、弧长尺寸和折弯尺寸的标注方法和技巧。
- 在讲述复合尺寸命令时，需要了解和掌握基线尺寸、连续尺寸、引线尺寸以及快速标注等的使用方法和技巧。
- 在讲述尺寸的外观控制功能时，需要理解和掌握各种尺寸变量的参数设置和位置协调功能，学习设置、修改尺寸的标注样式。
- 在讲述尺寸对象的编辑命令时，不仅需要掌握尺寸文字内容的修改、尺寸文字角度的倾斜，还需要掌握延伸线的倾斜、尺寸样式的更新、尺寸打断等重要操作。

6.8 练习题

为第 4 章绘制的直齿轮视图标注尺寸，标注效果如图 6-85 所示。

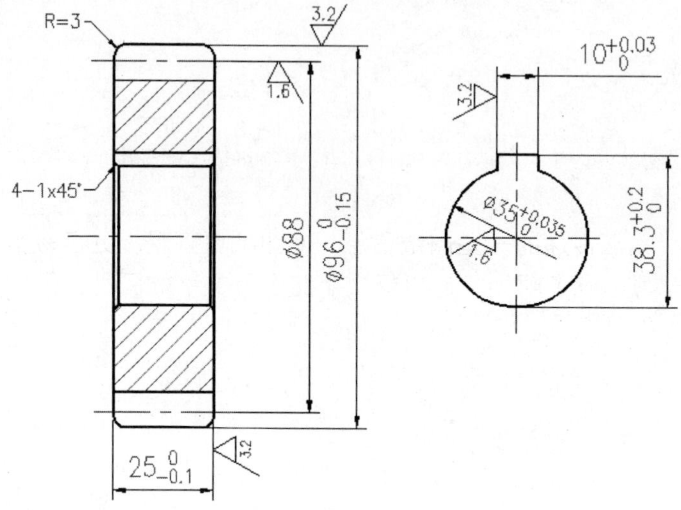

图 6-85　标注尺寸后的效果

第7章

标注零件图文字与符号

本章将讲述 AutoCAD 的文字创建功能和图形信息的查询功能，以详细向用户表达图形无法传递的一些图纸信息，使图纸更直观、更容易交流。通过本章的学习，应了解和掌握单行文字与多行文字的区别、创建方式及修改技巧；掌握文字样式的设置及特殊字符的输入技巧；除此之外，还需要熟练掌握表格的设置、创建、填充以及一些图形信息的查询功能。

7.1 文字样式

【文字样式】命令主要用于控制文字外观效果，如字体、字号、倾斜角度、旋转角度以及其他的特殊效果等。执行【文字样式】命令主要有以下 4 种方式。

- 菜单栏：选择菜单【格式】|【文字样式】命令。
- 工具栏：单击【样式】或【文字】工具栏上的按钮。
- 命令行：在命令行中输入 Style 或 ST。
- 功能区：单击【注释】选项卡|【文字】面板上的按钮。

相同内容的文字，如果使用不同的文字样式，其外观效果也不相同，如图 7-1 所示。下面将学习文字样式的设置过程。

技术培训基地　　技术培训基地　　技术培训基地

图 7-1　文字示例

❶设置新样式。单击【样式】或【文字】工具栏上的按钮，激活【文字样式】命令，打开图 7-2 所示的【文字样式】对话框。

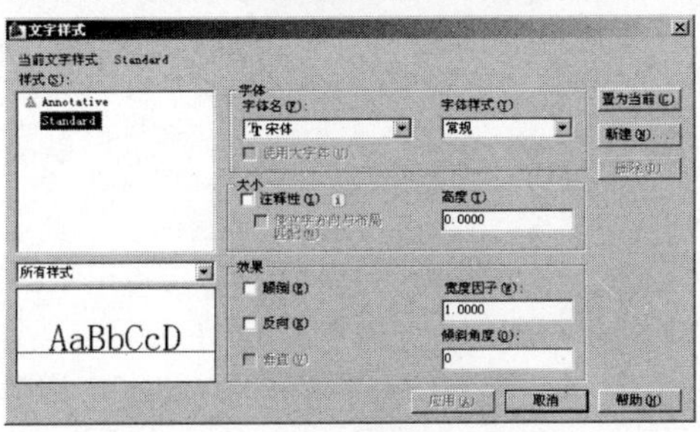

图 7-2　【文字样式】对话框

❷单击新建(N)...按钮，在弹出的【新建文字样式】对话框中为新样式赋名，如图 7-3 所示。

❸设置字体。在【字体】选项组中展开【字体名】下拉列表框，选择所需的字体，如图 7-4 所示。

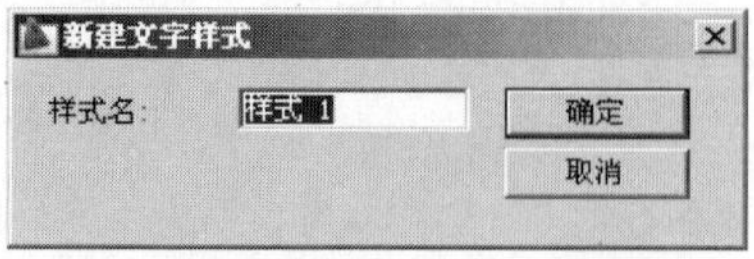

图 7-3 【新建文字样式】对话框

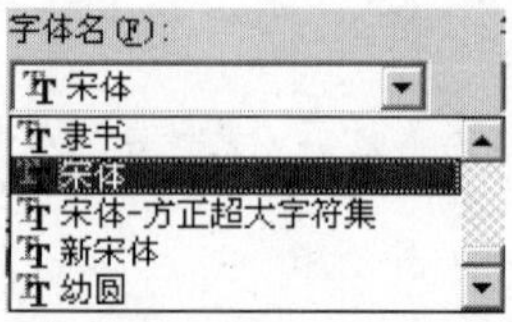

图 7-4 【字体名】下拉列表框

技巧

默认设置下，系统以“样式 1”作为新样式名。

❹在【字体】选项组中取消【使用大字体】复选框的选取，结果所有 AutoCAD 编译型（.SHX）字体和已注册的 TrueType 字体都显示在此列表框内，用户可以选择某种字体作为当前样式的字体。

技巧

若选择 TrueType 字体，那么可在右侧【字体样式】列表框中设置当前字体样式，如图 7-5 所示；若选择了编译型（.SHX）字体后，且勾选了【使用大字体】复选框，则右端的列表框变为如图 7-6 所示的状态，此时用于选择所需的大字体。

图 7-5 选择 TrueType 字体

图 7-6 选择编译型（.SHX）字体

❺设置字体高度。在【高度】文本框中设置文字的高度。

技巧

如果设置了高度后，那么当创建文字时，命令行就不会再提示输入文字的高度。建议在此不设置字体的高度。

❻设置文字的效果。【颠倒】复选框用于设置文字为倒置状态；【反向】复选框用于设置文字为反向状态；【垂直】复选框用于控制文字呈垂直排列状态；【倾斜角度】文本框用于控制文字的倾斜角度，如图 7-7 所示。

❼设置宽度比例。在【宽度比例】文本框内设置字体的宽高比。

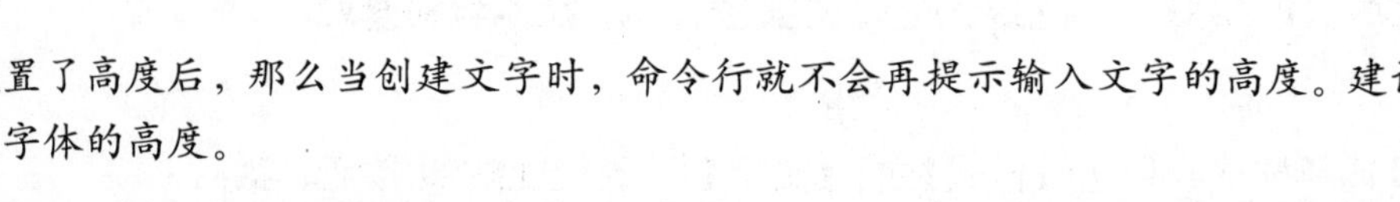

图 7-7 设置字体效果

技巧

国标规定工程图样中的汉字应采用长仿宋体，宽高比为 0.7，当此比值大于 1 时，文字宽度放大，否则将缩小。

❽单击 预览(P) 按钮，在【预览】选项组中进行直观地预览文字的效果。

❾单击 删除(D) 按钮，可以将多余的文字样式进行删除。

技巧

默认的 Standard 样式、当前文字样式以及在当前文件中已经使用过的文字样式，都不能被删除。

❿单击 应用(A) 按钮，结果最后设置的文字样式被看作当前样式。

7.2 单行文字

7.2.1 创建单行文字

【单行文字】命令主要通过命令行创建单行或多行的文字对象，所创建的每一行文字，都被看作是一个独立的对象，如图 7-8 所示。

执行【单行文字】命令主要有以下 4 种方式。

- 菜单栏：选择菜单【绘图】|【文字】|【单行文字】命令。
- 工具栏：单击【文字】工具栏上的按钮。
- 命令行：在命令行中输入 Dtext 或 DT。
- 功能区：单击【注释】选项卡|【文字】面板上的按钮。

AutoCAD 2009
技术培训基地

图 7-8 单行文字示例

下面通过创建图 7-8 所示的两行单字文字，学习【单行文字】命令的使用方法和技巧。具体操作步骤如下。

❶新建一个空白文件。

❷单击【文字】工具栏上的按钮，激活【单行文字】命令，在命令行“指定文字的起点或 [对正(J)|样式(S)]:”提示下，在绘图区拾取一点作为文字的插入点。

技巧

【样式】选项用于设置当前使用的文字样式。

❸在命令行“指定高度 <2.5000>:”提示下输入 10 并按 Enter 键，为文字设置高度。

❹在命令行“指定文字的旋转角度 <0>:”提示下按 Enter 键，采用当前设置。

技巧

如果在文字样式中定义了字体高度，那么在此就不会出现“指定高度<2.5>:”提示，AutoCAD 会按照定义的字高来创建文字。

❺此时绘图区出现如图 7-9 所示的单行文字输入框，然后在命令行中输入“AutoCAD 2009”，如图 7-10 所示。

图 7-9　单行文字输入框

图 7-10　输入文字

❻按 Enter 键换行，然后输入“技术培训基地”。

❼连续两次按 Enter 键，结束【单行文字】命令，结果如图 7-8 所示。

7.2.2　文字的对正

“文字的对正”指的就是文字的哪一位置与插入点对齐，文字的各种对正方式是基于如图 7-11 所示的 4 条参考线而言的，这四条参考线分别为顶线、中线、基线和底线。另外，文字的各种对正方式可参见图 7-12。

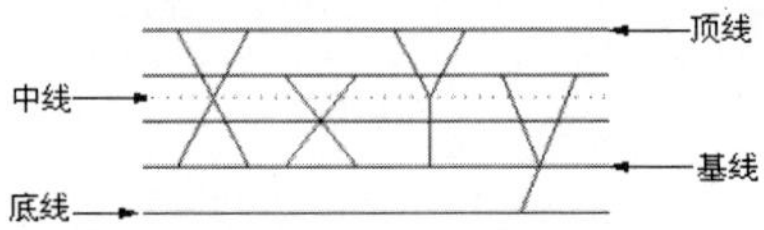

图 7-11　文字对正参考线

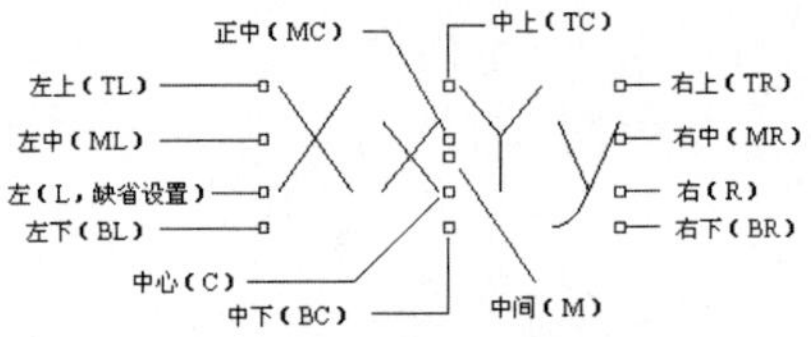

图 7-12　文字的对正方式

这里的中线是大写字符高度的水平中心线（即顶线至基线的中间），不是小写字符高度的水平中心线。执行【单行文字】命令后，在命令行“指定文字的起点或 [对正(J)|样式(S)]:”提示下激活【对正】选项，命令行将显示如下操作提示：

“输入选项[对齐(A)|布满(F)|居中(C)|中间(M)|右对齐(R)|左上(TL)|中上(TC)|右上(TR)|左中(ML)|正中(MC)|右中(MR)|左下(BL)|中下(BC)|右下(BR)]:”

各种对正选项如下。

- 【对齐】选项用于提示拾取文字基线的起点和终点，系统会根据起点和终点的距离自动调整字高。
- 【布满】选项用于提示用户拾取文字基线的起点和终点，系统会以拾取的两点之间的距离自动调整宽度系数，但不改变字高。
- 【居中】选项用于提示用户拾取文字的中心点，此中心点就是文字串基线的中点，即以基线的中点对齐文字。
- 【中间】选项用于提示用户拾取文字的中间点，此中间点就是文字串基线的垂直中线和文字串高度的水平中线的交点。
- 【右对齐】选项用于提示用户拾取一点作为文字串基线的右端点，以基线的右端点对齐文字。
- 【左上】选项用于提示用户拾取文字串的左上点，此左上点就是文字串顶线的左端点，即以顶线的左端点对齐文字。
- 【中上】选项用于提示用户拾取文字串的中上点，此中上点就是文字串顶线的中点，即以顶线的中点对齐文字。
- 【右上】选项用于提示用户拾取文字串的右上点，此右上点就是文字串顶线的右端点，即以顶线的右端点对齐文字。

- 【左中】选项用于提示用户拾取文字串的左中点，此左中点就是文字串中线的左端点，即以中线的左端点对齐文字。
- 【正中】选项用于提示用户拾取文字串的中间点，此中间点就是文字串中线的中点，即以中线的中点对齐文字。
- 【右中】选项用于提示用户拾取文字串的右中点，此右中点就是文字串中线的右端点，即以中线的右端点对齐文字。
- 【左下】选项用于提示用户拾取文字串的左下点，此左下点就是文字串底线的左端点，即以底线的左端点对齐文字。
- 【中下】选项用于提示用户拾取文字串的中下点，此中下点就是文字串底线的中点，即以底线的中点对齐文字。
- 【右下】选项用于提示用户拾取文字串的右下点，此右下点就是文字串底线的右端点，即以底线的右端点对齐文字。

技巧

虽然【正中】和【中间】两种对正方式拾取的都是中间点，但这两个中间点的位置并不一定完全重合，只有输入的字符为大写或汉字时，此两点才重合。

7.2.3 编辑单行文字

【编辑文字】命令主要用于修改编辑现有的文字对象内容，或者为文字对象添加前缀或后缀等内容。执行【编辑文字】命令主要有以下 4 种方式。

- 菜单栏：选择菜单【修改】|【对象】|【文字】|【编辑】命令。
- 工具栏：单击【文字】工具栏上的按钮。
- 命令行：在命令行中输入 Ddedit 或 ED。
- 功能区：单击【注释】选项卡|【文字】面板上的按钮。

如果需要编辑的文字是使用【单行文字】命令创建的，那么在执行【编辑文字】命令后，命令行会出现“选择注释对象或 [放弃（U）]”的操作提示，此时用户只需要单击需要编辑的单行文字，系统即可弹出如图 7-13 所示的单行文字编辑框，在此编辑框中输入正确的文字内容即可。

图 7-13 单行文字编辑框

7.3 多行文字

7.3.1 创建多行文字

【多行文字】命令也是一种较为常用的文字创建工具，比较适合于创建较为复杂的文字，比如单行文字、多行文字以及段落文字。执行【多行文字】命令主要有以下 4 种方式。

- 菜单栏：选择菜单【绘图】|【文字】|【多行文字】命令。
- 工具栏：单击【绘图】工具栏上的 A 按钮。
- 命令行：在命令行中输入 Mtext 或 T。
- 功能区：单击【注释】选项卡|【文字】面板上的 A 按钮。

无论创建的文字包含多少行、多少段，AutoCAD 都将其作为一个独立的对象，当选择该对象后，对象的四角会显示出 4 个夹点。下面通过创建如图 7-14 所示的多行文字，学习【多行文字】命令的使用方法和技巧。

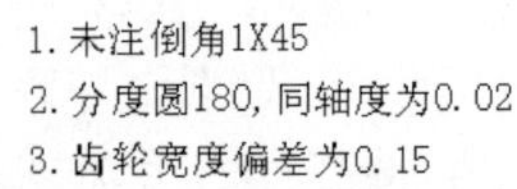

图 7-14　创建多行文字

具体操作步骤如下。

❶新建一个空白文件。

❷单击【绘图】工具栏上的 A 按钮，执行【多行文字】命令，在命令行“指定第一角点:”提示下，在绘图区拾取一点。

❸在“指定对角点或[高度(H)/对正(J)/行距(L)/旋转(R)/样式(S)/宽度(W)/栏(C)]:”提示下，在绘图区拾取对角点，打开如图 7-15 所示的【文字格式】编辑器。

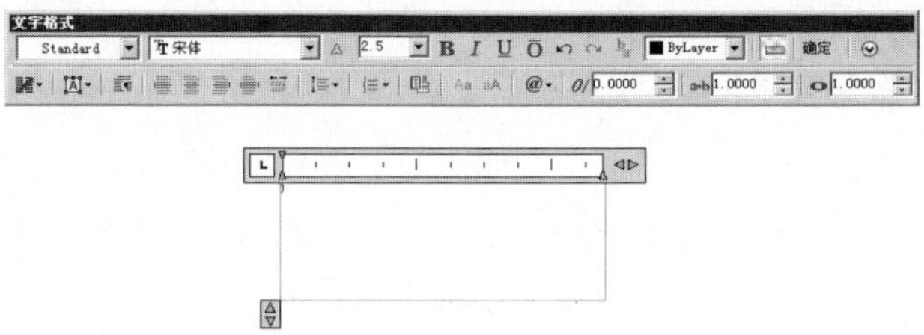

图 7-15　【文字格式】编辑器

❹在【文字高度】文本列表框内设置文字高度为 7.5，其他参数不变。

❺在下侧文字输入框内单击左键，指定文字的输入位置，然后输入如图 7-16 所示的文字。

❻按 Enter 键，分别输入其他两行文字对象，如图 7-17 所示。

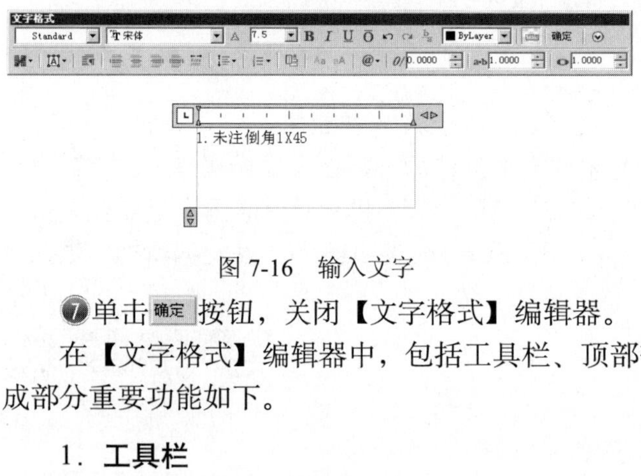

图 7-16　输入文字

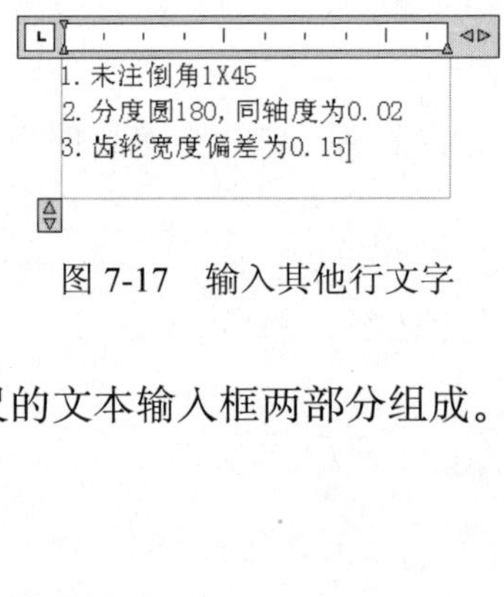

图 7-17　输入其他行文字

❼单击 确定 按钮，关闭【文字格式】编辑器。

在【文字格式】编辑器中，包括工具栏、顶部带标尺的文本输入框两部分组成。各组成部分重要功能如下。

1. 工具栏

工具栏主要用于控制多行文字对象的文字样式和选定文字的各种字符格式、对正方式、项目编号等，其中：

- Standard【样式】列表框用于设置当前的文字样式。
- 宋体【字体】列表框用于设置或修改文字的字体。
- 2.5【文字高度】列表框用于设置新字符高度或更改选定文字的高度。
- ByLayer【颜色】列表框用于为文字指定颜色或修改选定文字的颜色。
- B【粗体】按钮用于为输入的文字对象或所选定文字对象设置粗体格式。该选项仅适用于使用 TrueType 字体的字符。

- 【斜体】按钮用于为新输入文字对象或所选定文字对象设置斜体格式。该选项仅适用于使用 TrueType 字体的字符。
- 【下划线】按钮用于文字或所选定的文字对象设置下划线格式。
- 【下划线】按钮用于为文字或所选定的文字对象设置上划线格式。
- 【标尺】按钮用于控制文字输入框顶端标心的开关状态。
- 【栏数】按钮用于为段落文字进行分栏排版，如图 7-18 所示。
- 【多行文字对正】按钮用于设置文字的对正方式，如图 7-19 所示。

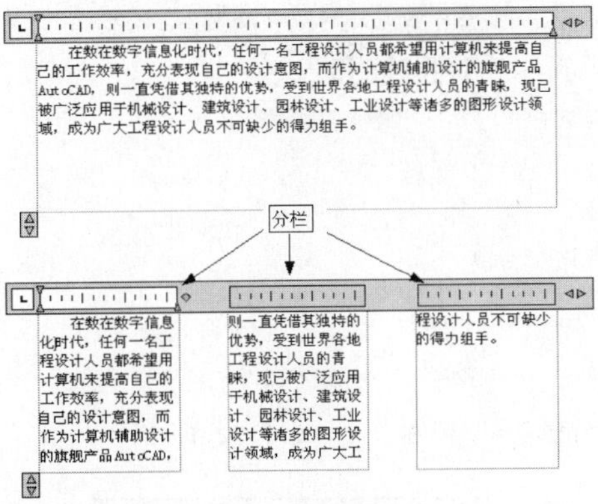

图 7-18　分栏示例

图 7-19　多行文字对正方式

- 【段落】按钮用于设置段落文字的制表位、缩进量、对齐、间距等。
- 【左对齐】按钮用于设置段落文字为左对齐方式。
- 【居中】按钮用于设置段落文字为居中对齐方式，如图 7-20 所示。

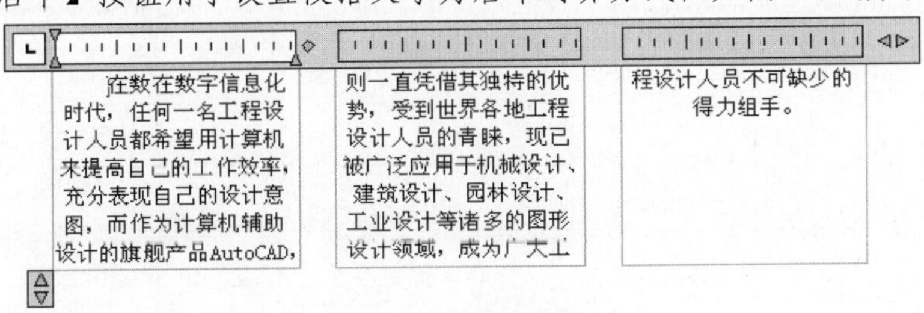

图 7-20　居中示例

- 【右对齐】按钮用于设置段落文字为右对齐方式。
- 【对正】按钮用于设置段落文字为对正方式。
- 【分布】按钮用于设置段落文字为分布排列方式。
- 【行距】按钮用于设置段落文字的行间距。
- 【编号】按钮用于为段落文字进行编号。
- 【插入字段】按钮用于为段落文字插入一些特殊字段。
- 【全部大写】按钮用于修改英文字符为大写。
- 【全部小写】按钮用于修改英文字符为小写。
- 【符号】按钮用于添加一些特殊符号，如图 7-21 所示。
- 0/0.0000 【倾斜角度】按钮用于修改文字的倾斜角度，如图 7-22 所示。

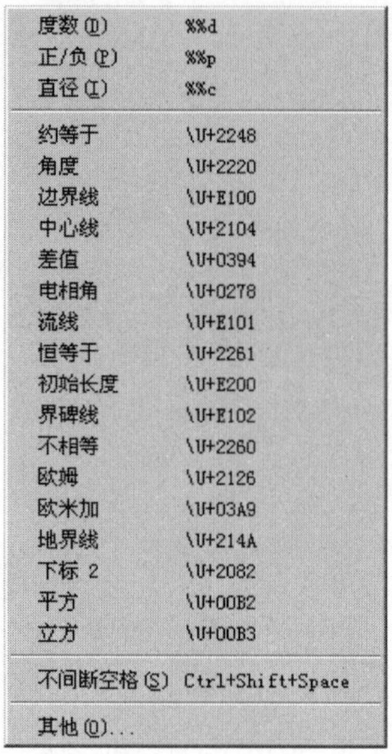

图 7-21　符号按钮菜单

图 7-22　修改倾斜角度

- 【追踪】微调按钮用于修改文字间的距离，如图 7-23 所示。
- 【宽度因子】按钮用于修改文字的宽度比例，如图 7-24 所示。

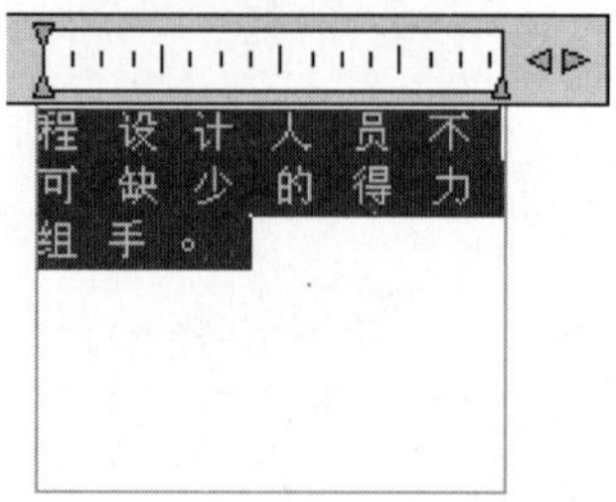

图 7-23　修改字符间距

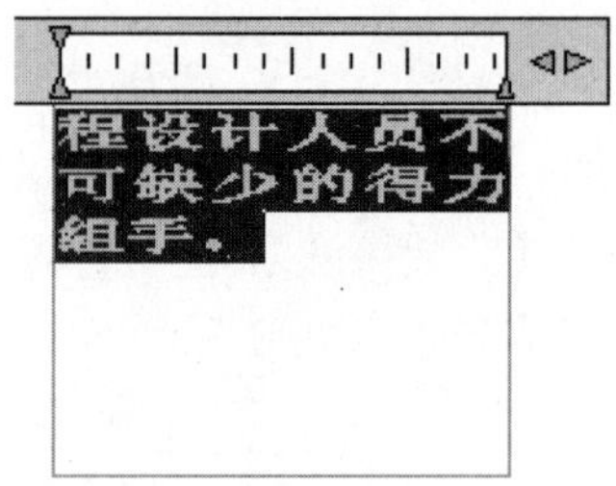

图 7-24　修改字符宽度

- 【堆叠】按钮用于为输入的文字或选定的文字设置堆叠格式。

技巧

要使文字堆叠，文字中必须包含插入符（^）、正向斜杠（/）或磅符号（#），堆叠字符左侧的文字将堆叠在字符右侧的文字之上。默认情况下，包含插入符（^）的文字转换为左对正的公差值；包含正斜杠（/）的文字转换为置中对正的分数值，斜杠被转换为一条同较长的字符串长度相同的水平线；包含磅符号（#）的文字转换为被斜线（高度与两个字符串高度相同）分开的分数。

2. 文字输入框

如图 7-25 所示的文本输入框，位于工具栏下侧，主要用于输入和编辑文字对象，它是由标尺和文本框两部分组成。

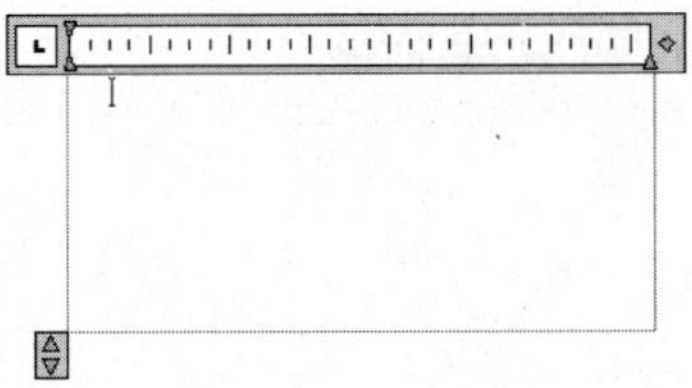

图 7-25　文字输入框

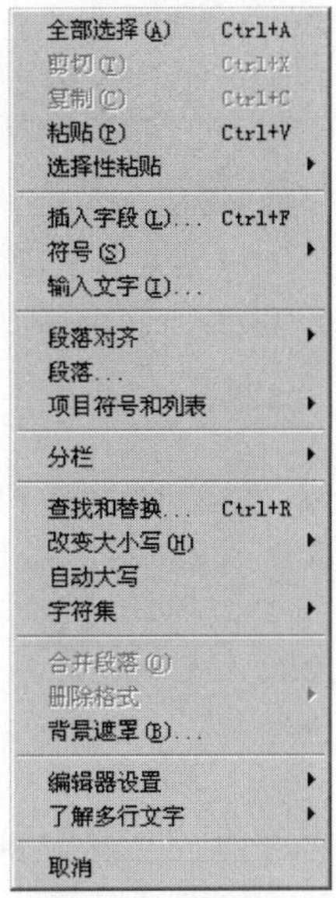

图 7-26　快捷菜单

在文本输入框内右击，可弹出如图 7-26 所示的快捷菜单，其大多数选项功能与工具栏上的各按钮功能相对应，个别选项功能如下。

- 【全部选择】选项用于选择多行文字编辑框中的所有文字。
- 【改变大小写】选项用于改变选定文字对象的大小写。
- 【查找和替换】选项用于搜索指定的文字串并使用新的文字将其替换。
- 【自动大写】选项用于将新输入的文字或当前选择的文字转换成大写。
- 【删除格式】选项用于删除选定文字的粗体、斜体或下划线等格式。
- 【合并段落】用于将选定的段落合并为一段并用空格替换每段的回车。
- 【符号】选项用于在光标所在的位置插入一些特殊符号或不间断空格。
- 【输入文字】选项用于向多行文本编辑器中插入 TXT 格式的文本、样板等文件或插入 RTF 格式的文件。

7.3.2　创建特殊字符

使用【多行文字】命令中的字符功能，可以非常方便地创建一些特殊符号，如度数、直径符号、正负号、平方、立方等。下面通过创建如图 7-27 所示的度数、正/负、直径符号等特殊字符，学习特殊字符的创建技巧。

1. 未注倒角1X45°
2. 分度圆Ø180, 同轴度为0.02
3. 齿轮宽度偏差为±0.15

图 7-27　绘制效果

❶继续上例操作。在段落文字对象上双击，打开【文字格式】编辑器。

❷将光标定位到“1×45”后，然后单击【符号】按钮@，在打开的符号菜单中选择【度数】命令，如图 7-28 所示。

❸结果度数的代码选项被自动转化为度数符号，如图 7-29 所示。

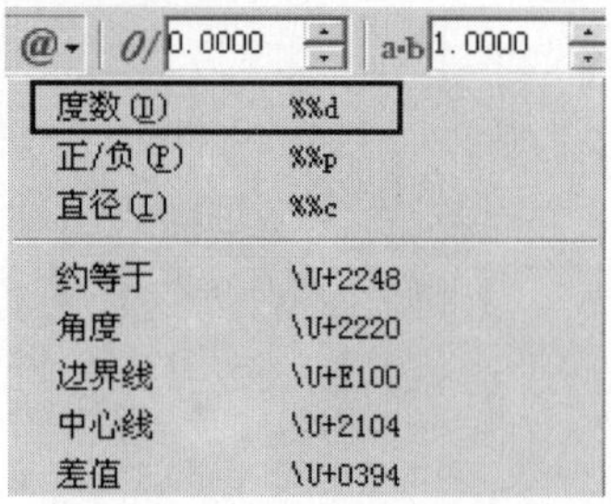

图 7-28 添加度数符号

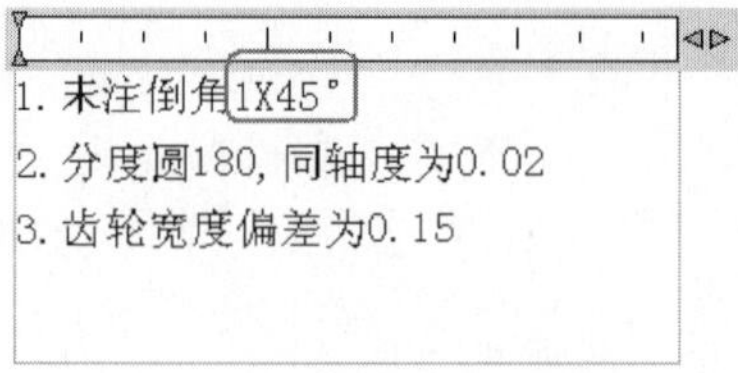

图 7-29 添加度数符号

技巧

用户如果需要插入其他特殊符号，可以选择【其他】命令，在弹出的【字符映射表】对话框中选择所需字符。

❹将光标定位到“0.15”前，然后单击@按钮打开符号菜单，选择【正/负】命令，为其添加正负号，添加结果如图 7-30 所示。

❺修改当前字体为 romans，然后单击@按钮打开符号菜单，选择【直径】命令，在“180”的前面添加直径符号，如图 7-31 所示。

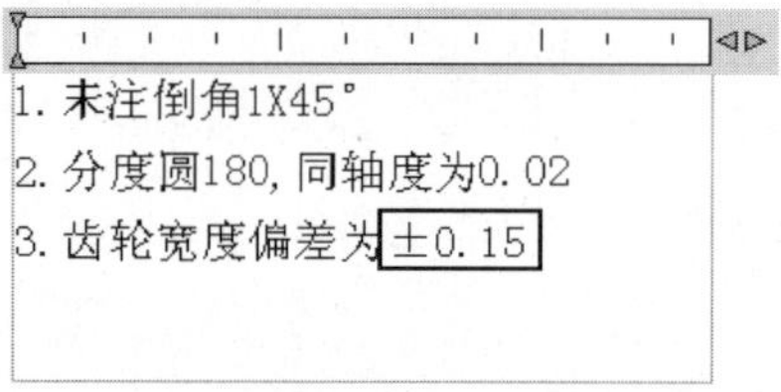

图 7-30 添加正负号

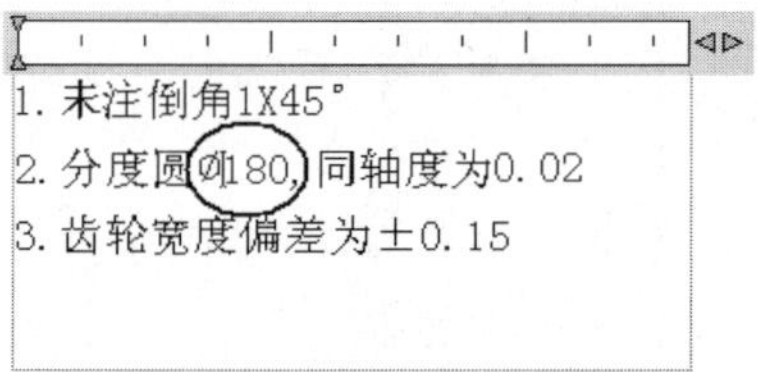

图 7-31 添加直径符号

❻单击确定按钮关闭【文字格式】编辑器，完成特殊符号的添加过程。

7.3.3 编辑多行文字

如果编辑的文字是使用【多行文字】命令创建的，那么在执行【编辑文字】命令后，命令行出现“选择注释对象或[放弃（U）]”的操作提示，此时用户单击需要编辑的文字对象，将会打开如图 7-32 所示的【文字格式】编辑器，在此编辑器内不但可以修改文字的内容，而且还可以修改文字的样式、字体、字高以及对正方式等特性。

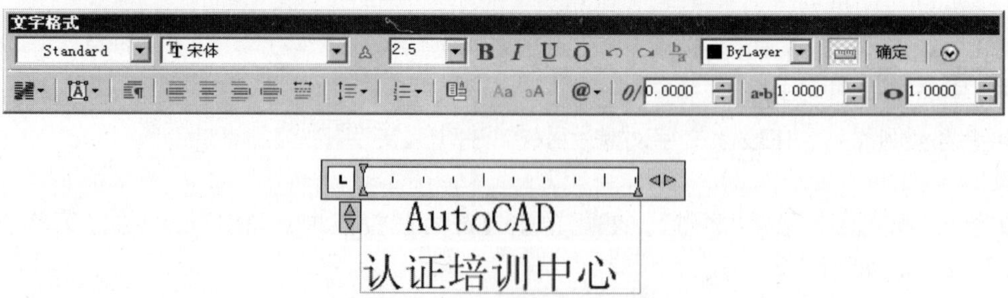

图 7-32 【文字格式】编辑器

7.4 属性

7.4.1　定义属性

“属性”是一种“块的文字信息”，属性不能独立存在，它是附属于图块的一种非图形信息，用于对图块进行文字说明。执行【定义属性】命令主要有以下 3 种方式。

- 菜单栏：选择菜单【绘图】|【块】|【定义属性】命令。
- 命令行：在命令行中输入 Attdef 或 ATT。
- 功能区：单击【块和参照】选项卡|【块】面板上的按钮。

下面以创建粗糙度属性块为例，学习【定义属性】命令的使用方法和技巧。具体操作步骤如下。

❶新建空白文件。激活【极轴追踪】功能，并设置增量角为 30°。

❷选择菜单【绘图】|【多段线】命令，根据图 7-33 所示的尺寸，配合【极轴追踪】功能绘制粗糙度符号。命令行操作如下：

```
命令: _pline
    指定起点:                                    //在绘图区拾取一点作为起点
    当前线宽为 0.0
    指定下一个点或 [圆弧(A)/半宽(H)/长度(L)/放弃(U)/宽度(W)]:
                                                 //引出如图 7-34 所示的矢量，输入 4.8 Enter
    指定下一点或 [圆弧(A)/闭合(C)/半宽(H)/长度(L)/放弃(U)/宽度(W)]:
                                                 //引出如图 7-35 所示的矢量，输入 4.8 Enter
    指定下一点或 [圆弧(A)/闭合(C)/半宽(H)/长度(L)/放弃(U)/宽度(W)]:
                                                 //引出如图 7-36 所示的矢量，输入 9.7 Enter
    指定下一点或 [圆弧(A)/闭合(C)/半宽(H)/长度(L)/放弃(U)/宽度(W)]:
                                                 // Enter，绘制结果如图 7-37 所示
```

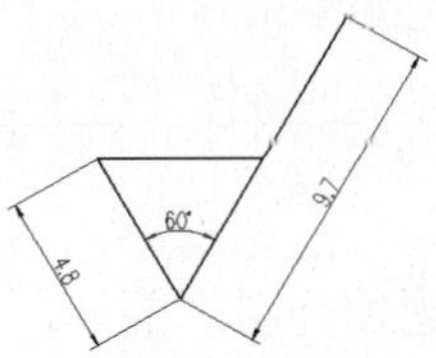

图 7-33　绘制粗糙度

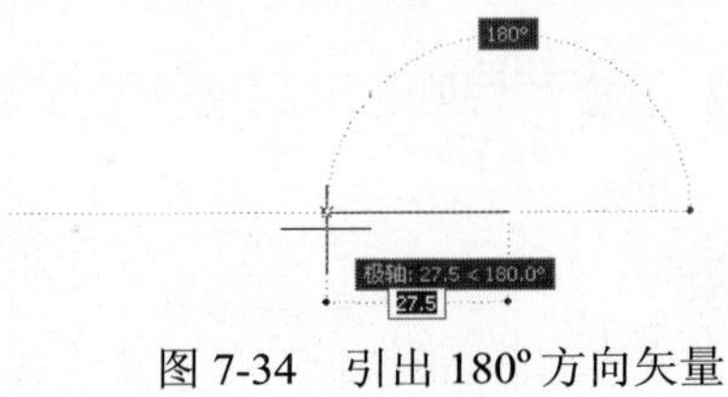

图 7-34　引出 180° 方向矢量

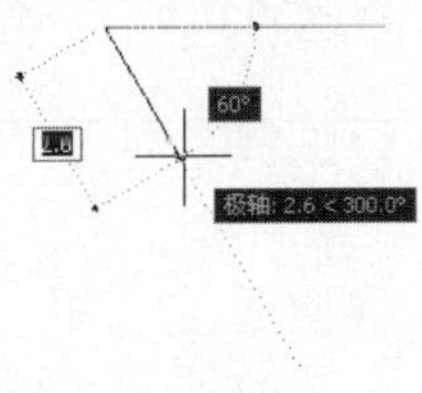

图 7-35　引出 300° 方向矢量

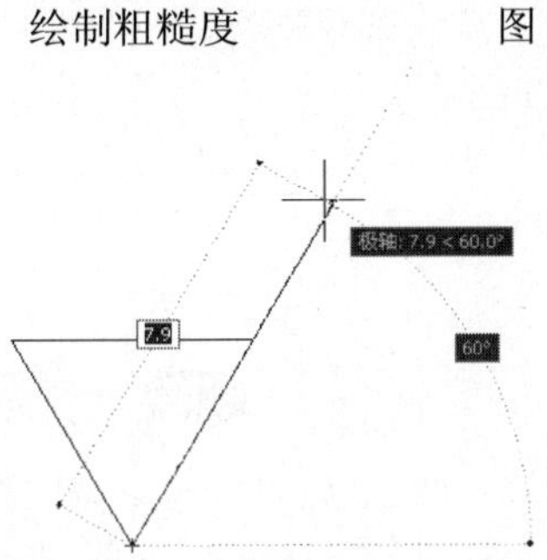

图 7-36　引出 60° 方向矢量

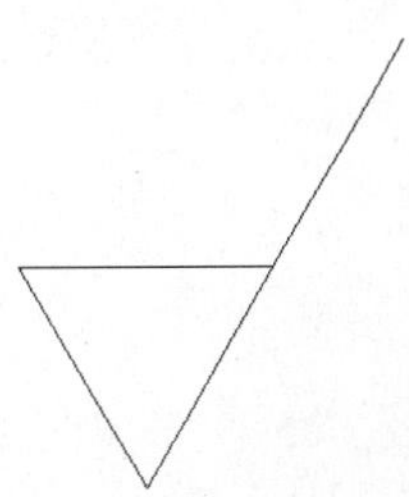

图 7-37　绘制结果

③选择菜单【格式】|【文字样式】命令，在打开的【文字样式】对话框中设置文字的样式，如图 7-38 所示。

④选择菜单【绘图】|【块】|【定义属性】命令，打开【定义属性】对话框，然后输入文字属性及设置属性参数，如图 7-39 所示。

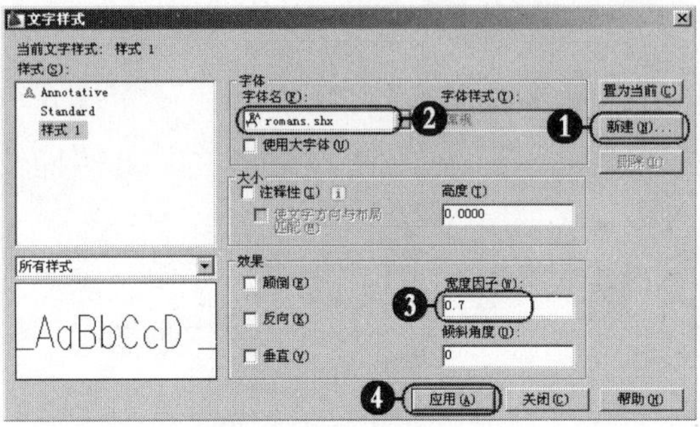

图 7-38　设置文字样式

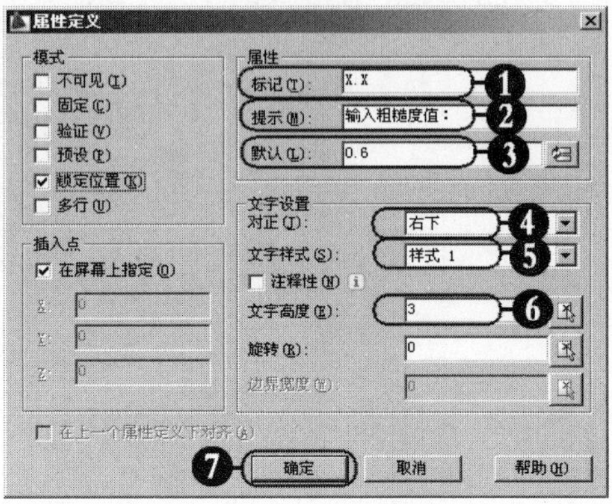

图 7-39　设置属性参数

⑤单击 确定 按钮，在命令行"指定起点："提示下，捕捉如图 7-40 所示的端点作为属性插入点，插入结果如图 7-41 所示。

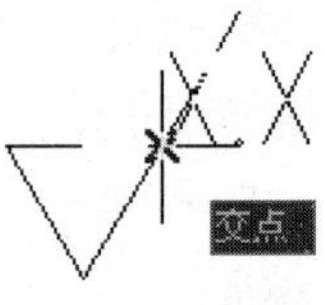

图 7-40　指定插入点

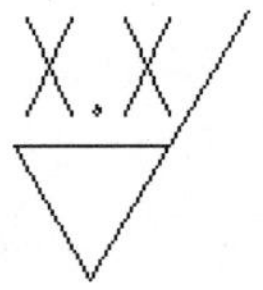

图 7-41　定义结果

技巧

当用户为图形定义了文字属性之后，所定义的文字属性暂时以属性标记名显示。

⑥选择菜单【修改】|【移动】命令，将刚定义的属性沿 Y 轴负方向移动 0.5 个绘图单位，结果如图 7-42 所示。

⑦使用【写块】命令，将刚定义的属性和绘制的粗糙度图形一起创建为"外部块"，基点为图 7-43 所示的端点，名为"粗糙度"。

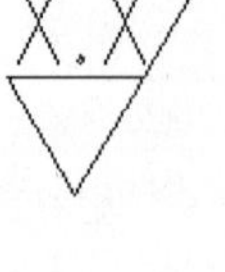

图 7-42　调整属性位置

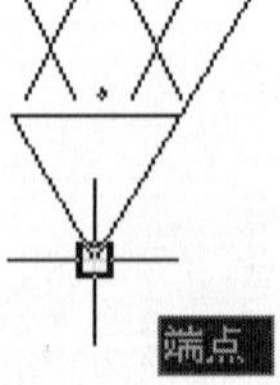

图 7-43　定义块基点

⑧最后将图形及属性存盘。

【模式】选项组主要用于控制属性的显示模式，具体功能如下。

- 【不可见】复选框用于设置插入属性块后是否显示属性值。
- 【固定】复选框用于设置属性是否为固定值。
- 【验证】选项用于设置在插入块时提示确认属性值是否正确。
- 【预置】复选框用于将属性值定为默认值。
- 【锁定位置】复选框用于将属性位置进行固定。
- 【多行】复选框用于设置多行的属性文本。

技巧

用户也可使用系统变量 ATTDISP 直接在命令行中进行设置或修改属性的显示状态。

7.4.2　编辑属性

当为几何图形定义了属性之后，并没有真正起到“属性”的作用，还需要将定义的文字属性和几何图形一起创建为属性块，然后在应用属性块时，才可体现出属性的作用。

当用户插入了带有属性的图块后，可以使用【编辑属性】命令，对属性值以及属性的文字特性等内容进行修改。执行【编辑属性】命令主要有以下 4 种方式。

- 菜单栏：选择菜单【修改】|【对象】|【属性】|【单个】命令。
- 工具栏：单击【修改 II】工具栏上的按钮。
- 命令行：在命令行中输入 Eattedit。
- 功能区：单击【块和参照】选项卡|【块】面板上的按钮。

下面通过为零件图标注粗糙度，主要学习【编辑属性】命令的使用方法和技巧。本例效果如图 7-44 所示。

具体操作步骤如下。

❶打开随书光盘中的“素材文件\盘盖剖视图.dwg”，如图 7-45 所示。

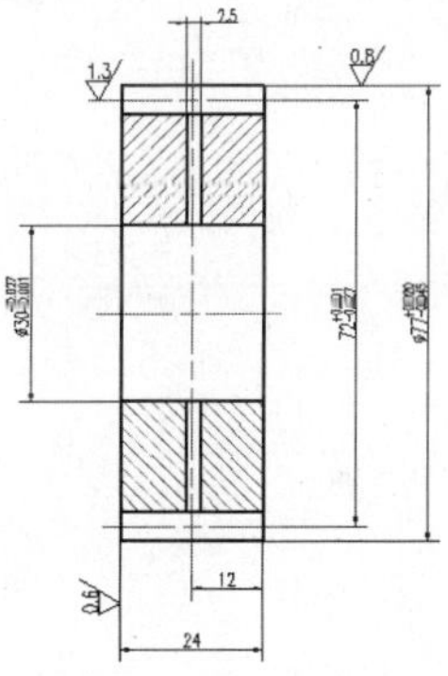

图 7-44　标注粗糙度

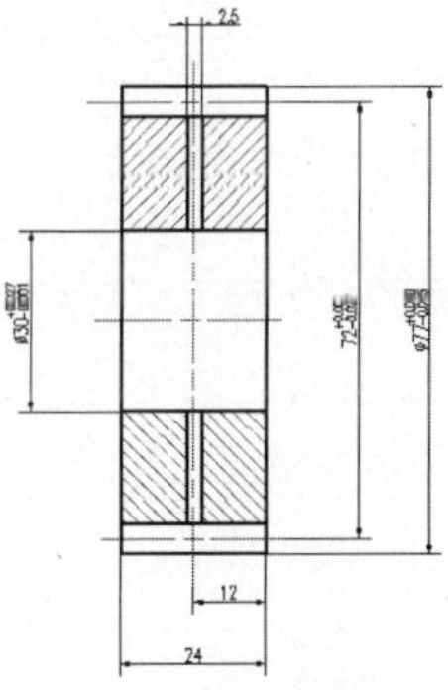

图 7-45　打开图形

❷单击【绘图】工具栏上的按钮，执行【插入块】命令，在打开的【插入】对话框中设置参数如图 7-46 所示。

❸单击 确定 按钮，返回绘图区，根据命令行的提示，在插入粗糙度属性块的同时，为其输入粗糙度值。命令行操作如下：

```
命令: _insert
    指定插入点或 [基点(B)/比例(S)/旋转(R)]:      //配合【最近点】捕捉功能，捕捉如
```

图 7-47 所示位置上的最近点作为插入点

输入属性值

输入粗糙度值： <0.6>: //0.8 Enter，结果如图 7-48 所示

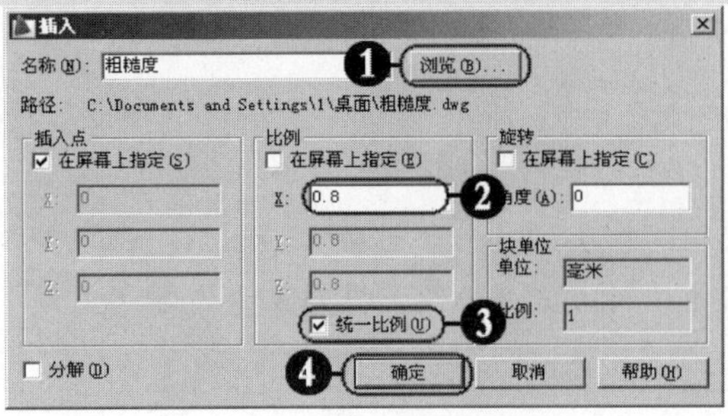

图 7-46 【插入】对话框

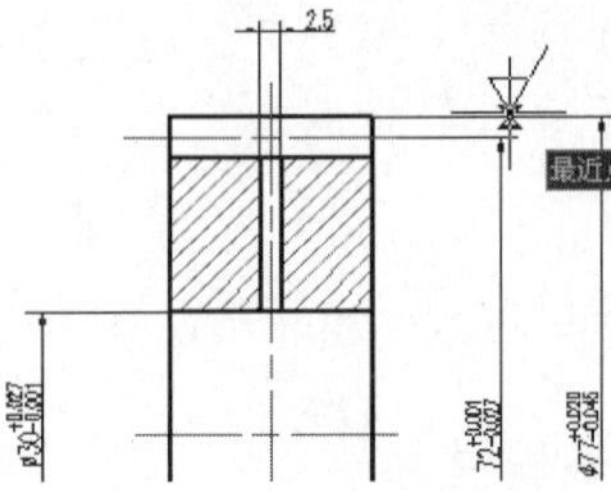

图 7-47 定位插入点

❹使用快捷键“I”激活【插入块】命令，在打开的【插入】对话框中设置参数如图 7-49 所示。

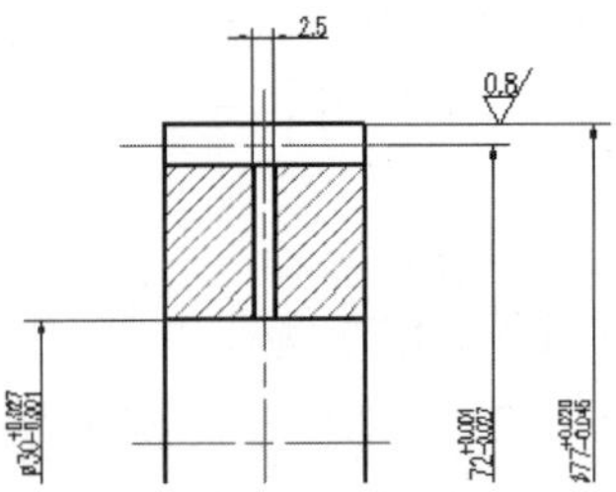

图 7-48 插入结果

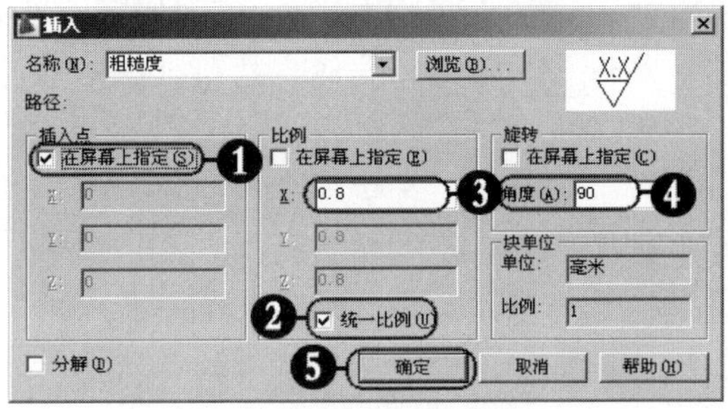

图 7-49 设置块参数

❺单击 确定 按钮返回绘图区，根据命令行的操作提示，在插入粗糙度属性块的同时，为其输入粗糙度值。命令行操作如下：

命令: _insert

指定插入点或 [基点(B)/比例(S)/旋转(R)]:

//捕捉如图 7-50 示位置上的最近点作为插入点

输入属性值

输入粗糙度值： <0.6>: // Enter，结果如图 7-51 所示

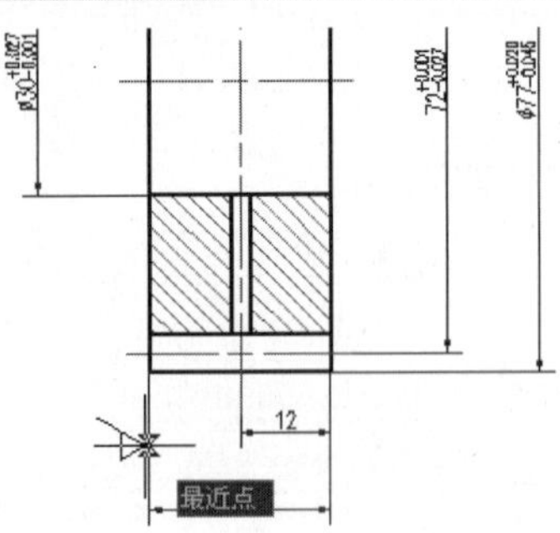

图 7-50 定位插入点

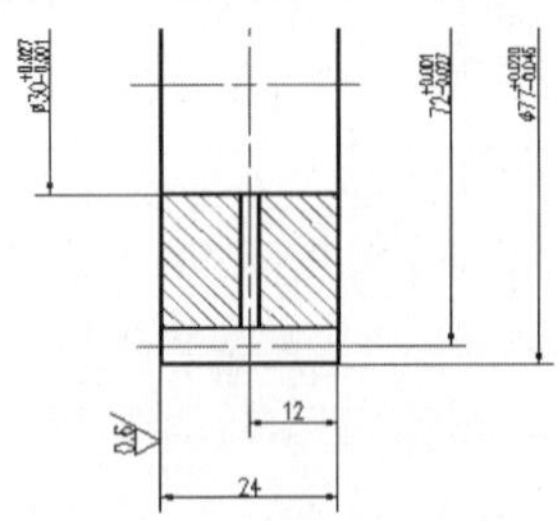

图 7-51 插入结果

❻使用快捷键“CO”激活【复制】命令，配合【最近点】捕捉功能，选择 0.8 的粗糙值，进行复制到如图 7-52 所示的位置上。

❼在复制出的粗糙度属性块上双击，打开【增强属性编辑器】对话框，修改属性值为 1.3，如图 7-53 所示。

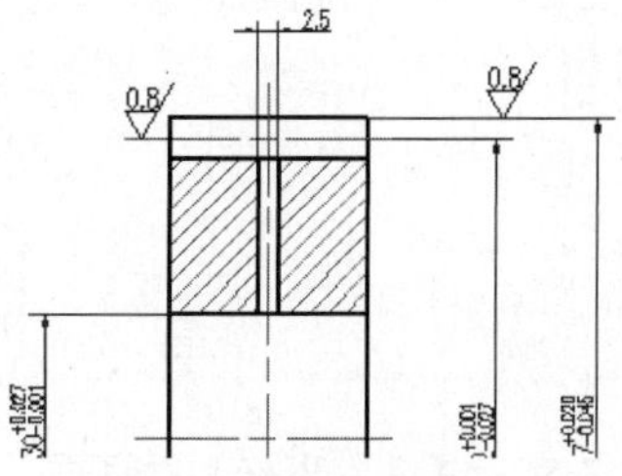

图 7-52　复制结果

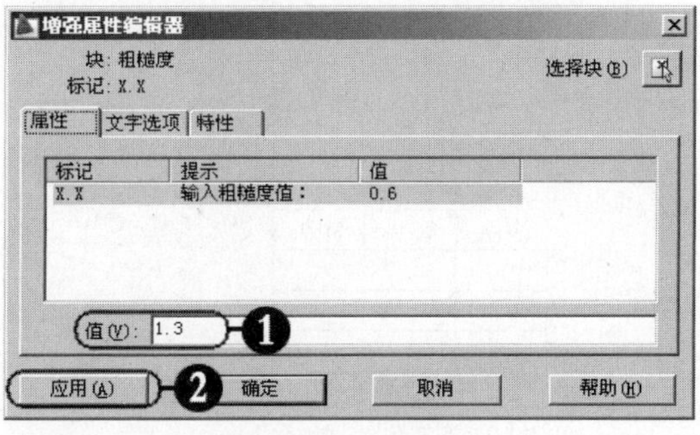

图 7-53　修改属性值

❽单击 应用(A) 按钮，结果此属性块的值被修改为 1.3，如图 7-54 所示。

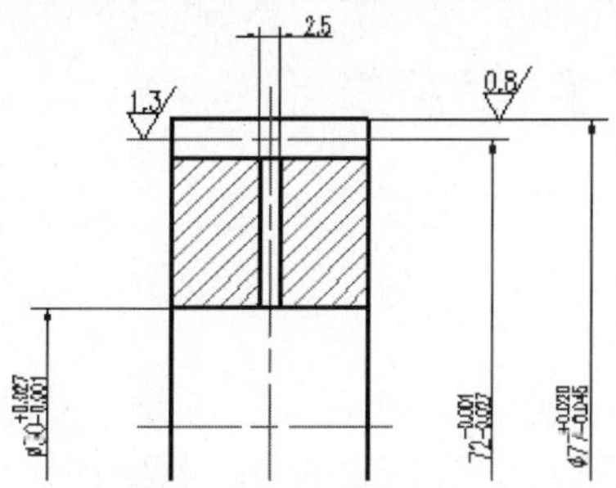

图 7-54　修改属性值

❾关闭【增强属性编辑器】对话框，并调整视图，最终效果如图 7-44 所示。

7.5　表格与表格样式

AutoCAD 为用户提供了表格的创建与填充功能。使用【表格】命令，不但可以创建表格，填充表格内容，而且还可以将表格链接至 Microsoft Excel 电子表格中的数据。执行【表格】命令主要有以下 4 种方式。

- 菜单栏：选择菜单【绘图】|【表格】命令。
- 工具栏：单击【绘图】工具栏上的按钮。
- 命令行：在命令行中输入 Table 或 TB。
- 功能区：单击【注释】选项卡|【表格】面板上的按钮。

下面通过创建如图 7-55 所示的简单表格，学习使用【表格】命令的操作方法和技巧。具体操作步骤如下。

❶首先执行【表格】命令，打开如图 7-56 所示的【插入表格】对话框。

❷在【列】文本列表框中输入 3，设置表格列数为 3；在【列宽】文本列表框中输入 20，设置列宽为 20。

❸在【数据行】文本列表框中输入 3，设置表格行数为 3，其他参数不变，然后单击 确定 按钮返回绘图区，并在命令行“指定插入点：”提示下，拾取一点作为插入点。

图 7-55　创建表格

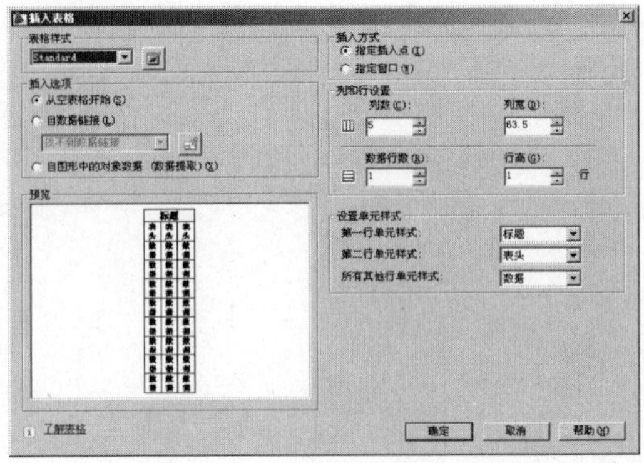

图 7-56　【插入表格】对话框

❹此时系统打开如图 7-57 所示的【文字格式】编辑器，用于填写表格内容。

❺在反白显示的表格框内输入“标题”，如图 7-58 所示。

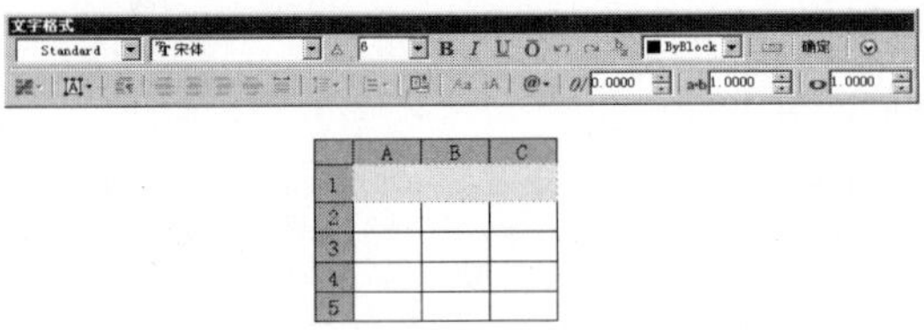

图 7-57　【文字格式】编辑器

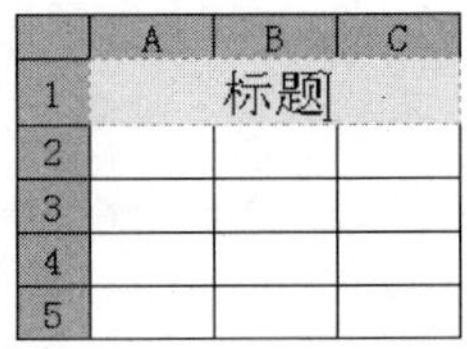

图 7-58　输入标题文字

❻按键盘上的右方向键，或按 Tab 键，此时光标跳至左下侧的列标题栏中，如图 7-59 所示。

❼此时在反白显示的列标题栏中输入文字，如图 7-60 所示。

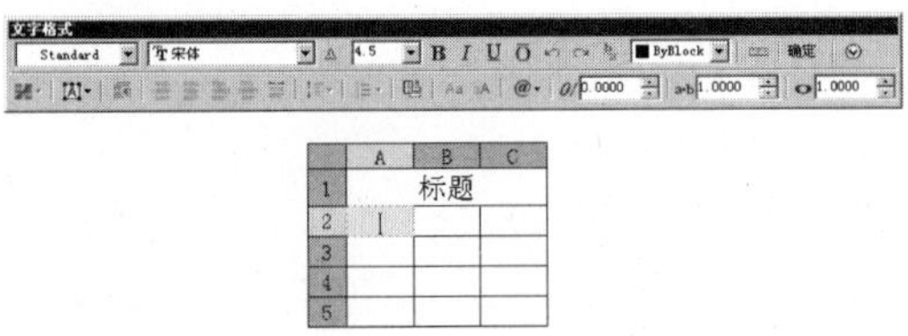

图 7-59、定位光标

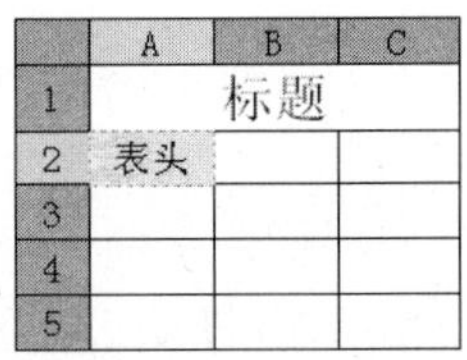

图 7-60　输入文字

❽继续按键盘上的右方向键，或 Tab 键，分别在其他列标题栏中输入表格文字，如图 7-61 所示。

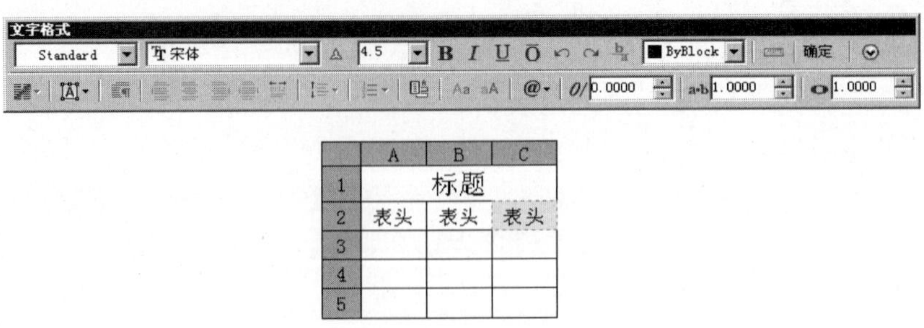

图 7-61　输入其他文字

❾单击 确定 按钮，关闭【文字格式】编辑器。

技巧

默认状态下创建的表格，不仅包含有标题行，还包含有表头行、数据行，用户可以根据实际情况进行取舍。

【插入表格】对话框中各选项的含义如下。

- 在【插入表格】对话框中，【表格样式设置】选项组不仅可以设置、新建或修改当前表格样式，还可以对表格样式进行预览。
- 【插入选项】选项组用于设置表格的填充方式，具体有“从空表格开始”、“自动数据链接”和“自图形中的对象数据提取”3 种。
- 【插入方式】选项组用于设置表格的插入方式。即激活此方式后，系统将按照当前的行参数和列参数创建表格。

技巧

系统共提供了“指定插入点”和“指定窗口”两种方式，默认方式为“指定插入点”方式，如果使用“指定窗口”方式，系统将表格的行数设为自动，即按照指定的窗口区域自动生成表格的数据行，而表格的其他参数仍使用当前的设置。

- 【列和行设置】选项组用于设置表格的列参数、行参数以及列宽和行宽参数。系统默认的列参数为 5、行参数为 1。
- 【设置单元数据】选项组主要用于设置第一行、第二行或其他行的单元样式。
- 单击 Standard 【表格样式名称】列表右侧的按钮，可打开如图 7-62 所示的【表格样式】对话框，在此对话框内用于设置新的表格样式、修改已有表格样式或设置当前样式等。

另外，打开【表格样式】对话框，还有以下 4 种方式。

- 菜单栏：选择菜单【格式】|【表格样式】命令。
- 工具栏：单击【样式】工具栏上的按钮。
- 命令行：在命令行中输入 Tablestyle 或 TS。
- 功能区：单击【注释】选项卡|【表格】面板上的按钮。

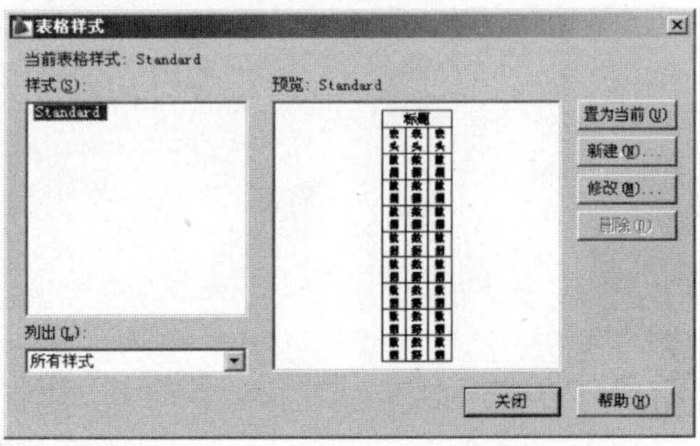

图 7-62 【表格样式】对话框

7.6 查询图形信息

本节学习【点坐标】、【距离】、【面积】和【列表】命令。

7.6.1 查询点的坐标

【点坐标】命令用于查询点的 X 轴向坐标值和 Y 轴向坐标值，所查询出的坐标值为点的绝对坐标值。执行【点坐标】命令主要有以下 4 种方式。

- 菜单栏：选择菜单【工具】|【查询】|【点坐标】命令。
- 工具栏：单击【查询】工具栏上的按钮。
- 命令行：在命令行中输入 Id。
- 功能区：单击【工具】选项卡|【查询】面板上的按钮。

执行【点坐标】命令的命令行操作如下：

```
命令：'_Id
    指定点：                          //捕捉需要查询的坐标点
    AutoCAD 报告如下信息：
    X = <X 坐标值>      Y =<Y 坐标值>      Z = <Z 坐标值>
```

7.6.2 查询两点距离

【距离】命令不但可以查询任意两点之间的距离，还可以查询两点的连线与 X 轴或 XY 平面的夹角等参数信息。执行【距离】命令主要有以下 4 种方式。

- 菜单栏：选择菜单【工具】|【查询】|【距离】命令。
- 工具栏：单击【查询】工具栏上的按钮。
- 命令行：在命令行中输入 Dist 或 DI。
- 功能区：单击【工具】选项卡|【查询】面板上的按钮。

下面通过实例，学习【距离】命令的使用方法和技巧。具体操作步骤如下。

❶新建空白文件。

❷启用【极轴追踪】功能，并设置极轴角为 45°。

❸绘制长度为 100、角度为 135°的倾斜线段，如图 7-63 所示。

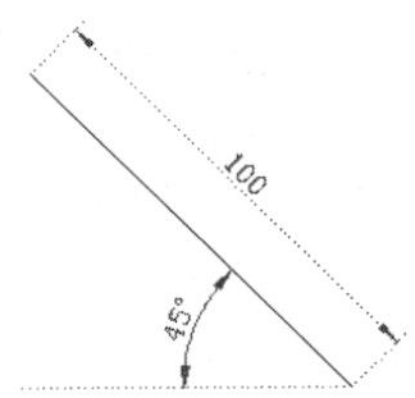

图 7-63 绘制效果

❹选择菜单【工具】|【查询】|【距离】命令，在命令行“指定第一点:”提示下，捕捉线段的下端点。

❺在“指定第二点:”提示下捕捉线段上的端点，此时系统自动查询出这两点之间的信息，具体如下：

```
距离=100.0000
XY 平面中的倾角 = 135
与 XY 平面的夹角 = 0
X 增量= -70.7107,
Y 增量= 70.7107,
Z 增量= 0.0000
```

其中：

- “距离”表示所拾取的两点之间的实际长度。
- “XY 平面中的倾角”表示所拾取的两点边线 X 轴正方向的夹角。
- “与 XY 平面的夹角”表示拾取的两点连线与当前坐标系 XY 平面的夹角。
- “X 增量”表示所拾取的两点在 X 轴方向上的坐标差。
- “Y 增量”表示所拾取的两点在 Y 轴方向上的坐标差。

7.6.3 查询对象面积

【面积】命令不但可以查询单个封闭对象或由若干点围成的区域的面积以及周长，而且还可以对面积进行加减运算。执行【面积】命令主要有以下 4 种方式。

- 菜单栏：选择菜单【工具】|【查询】|【面积】命令。
- 工具栏：单击【查询】工具栏上的按钮。
- 命令行：在命令行中输入 Area。
- 功能区：单击【工具】选项卡|【查询】面板上的按钮。

下面通过查询正六边形的面积和周长，学习【面积】命令的使用方法和技巧。具体操作步骤如下。

❶首先绘制边长为 150 的正六边形。

❷单击【查询】工具栏上的按钮，激活【面积】命令，查询正六边形的面积和周长。命令行操作如下：

```
命令: _area
    指定第一个角点或 [对象(O)/加(A)/减(S)]:        //捕捉正六边形左上角点
    指定下一个角点或按 Enter 键全选:               //捕捉正六边形左角点
    指定第一个角点或 [对象(O)/加(A)/减(S)]:        //捕捉正六边形左下角点
    指定下一个角点或按 ENTER 键全选:               //捕捉正六边形右下角点
    指定下一个角点或按 ENTER 键全选:               //捕捉正六边形右角点
    指定下一个角点或按 ENTER 键全选:               //捕捉正六边形右上角点
    指定下一个角点或按 ENTER 键全选:               // Enter，退出命令。
```

❸结果系统将查询并列出正六边形的面积以及周长：

```
    面积= 58456.7148，周长= 900.0000
```

命令选项解析如下。

- 【对象】选项用于查询单个闭合图形的面积和周长，如圆、椭圆、矩形、多边形、面域等。另外，使用此选项也可以查询由多段线或样条曲线所围成的区域的面积和周长。

技巧

对于线宽大于零的多段线或样条曲线，AutoCAD 将按其中心线来计算面积和周长；对于非封闭的多段线或样条曲线，AutoCAD 将假想已有一条直线连接多段线或样条曲线的首尾，然后计算该封闭框架的面积，但周长并不包括那条假想的连线，即周长是多段线的实际长度。

- 【加】选项主要用于将新选图形实体的面积加入总面积中，此功能属于“面积的加法运算”。另外，如果用户需要执行面积的加法运算，必须先要将当前的操作模式转换为加法运算模式。
- 【减】选项用于将所选实体的面积从总面积中减去，此功能属于“面积的减法运算”。另外，如果用户需要执行面积的减法运算，必须先要将当前的操作模式转换为减法运算模式。

7.6.4 图形综合查询

使用 AutoCAD 提供的【列表】命令，可以快速地查询图形所包含的众多内部信息，如图层、面积、点坐标以及其他的空间等特性参数。执行【列表】命令主要有以下 4 种方式。

- 菜单栏：选择菜单【工具】|【查询】|【列表】命令。
- 工具栏：单击【查询】工具栏上的按钮。
- 命令行：在命令行中输入 List 或 LI 或 LS。
- 功能区：单击【工具】选项卡|【查询】面板上的按钮。

当执行【列表】命令后，选择需要查询信息的图形对象，AutoCAD 会自动切换到文本窗口，并滚动显示所有选择对象的有关特性参数。

下面通过实例学习【列表】命令的使用方法和技巧。

❶新建空白文件。

❷使用快捷键“C”激活【圆】命令，绘制半径为 100 的圆。

❸单击【查询】工具栏上的按钮，激活【列表】命令。

❹在命令行“选择对象：”提示下，选择刚绘制的圆。

❺继续在命令行“选择对象：”提示下，按 Enter 键，系统将以文本窗口的形式直观显示所查询出的信息，如图 7-64 所示。

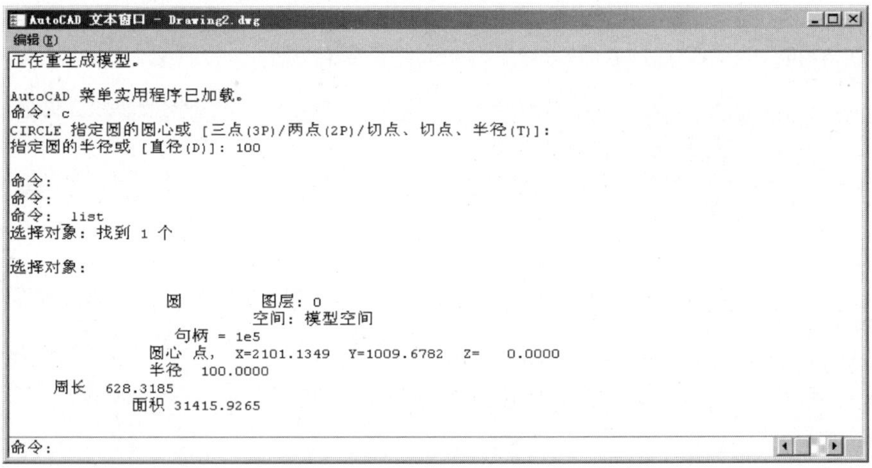

图 7-64 列表查询结果

7.7 综合实例——创建并填充机械明细表

下面通过创建并填充如图 7-65 所示的机械明细表格，对本章所讲重点知识进行综合练习和巩固。

具体操作步骤如下。

❶新建空白文件。

❷选择菜单【格式】|【文字样式】命令，在打开的【文字样式】对话框中修改字体的宽度比例，如图 7-66 所示。

序号	代号	名称	数量	材料
1	W27Y-108.20.01-1	轴承座	1	Q235A
2	W27Y-108.20.01-2	横筋板	2	Q235A
3	W27Y-108.20.01-3	连接板	3	Q235A
4	W27Y-106.20.01-4	纵筋板	4	Q235A
5	W27Y-108.20.01-5	轴承盖	5	Q235A
6	W27Y-108.20.01-6	上板	6	Q235A

图 7-65　本例效果

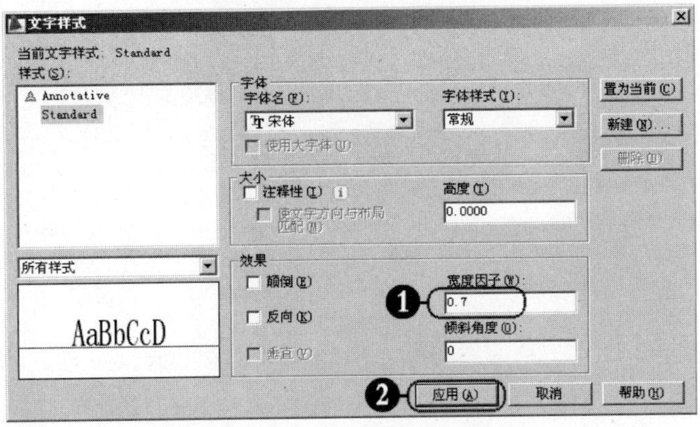

图 7-66　【文字样式】对话框

❸单击【样式】工具栏上的按钮，执行【表格样式】命令，打开【表格样式】对话框。

❹单击[新建(N)...]按钮，打开【创建新的表格样式】对话框，在【新样式名】文本框内输入“明细表”作为新表格样式的名称，如图 7-67 所示。

❺单击[继续]按钮，打开【新建表格样式：明细表】对话框，设置数据参数如图 7-68 所示。

❻在【新建表格样式：明细表】对话框中展开【文字】选项卡，设置字体高度参数，如图 7-69 所示。

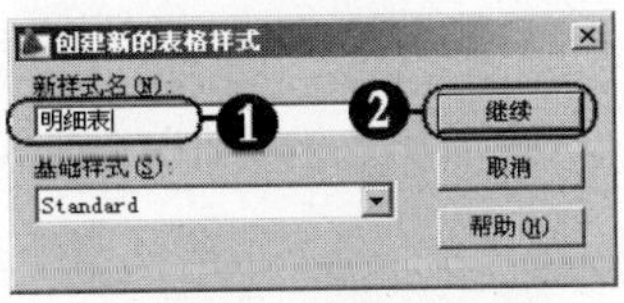

图 7-67　为样式赋名

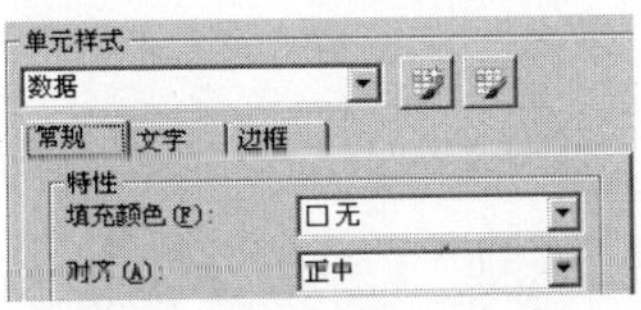

图 7-68　设置数据参数

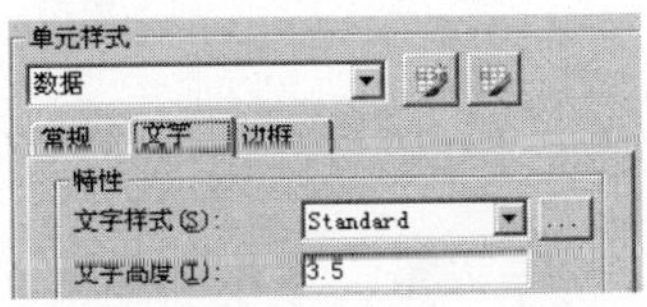

图 7-69　设置文字参数

❼在【新建表格样式：明细表】对话框中展开【单元样式】下拉列表框，选择【表头】选项，并设置表格参数如图 7-70 所示。

❽在【新建表格样式：明细表】对话框中展开【文字】选项卡，设置文字的高度参数，如图 7-71 所示。

❾在【新建表格样式：明细表】对话框中展开【单元样式】下拉列表，选择【标题】选项，并设置标题参数如图 7-72 所示。

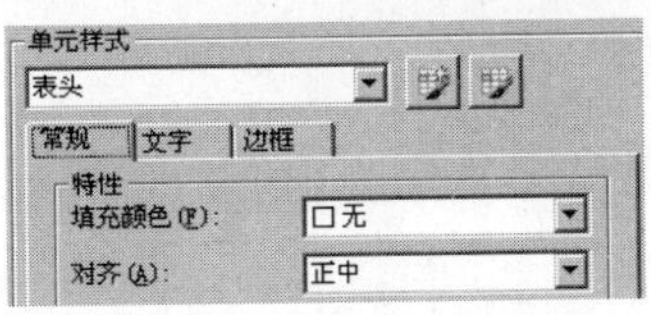

图 7-70　设置表头参数

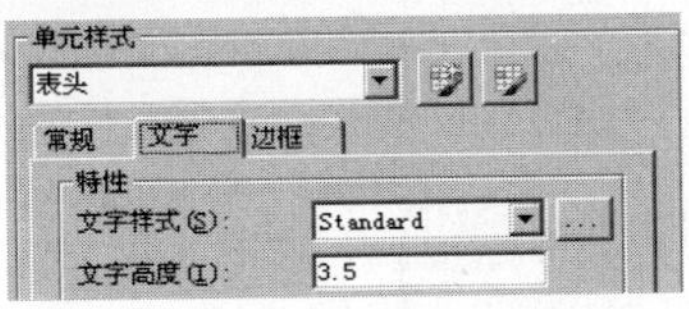

图 7-71　设置表头字高

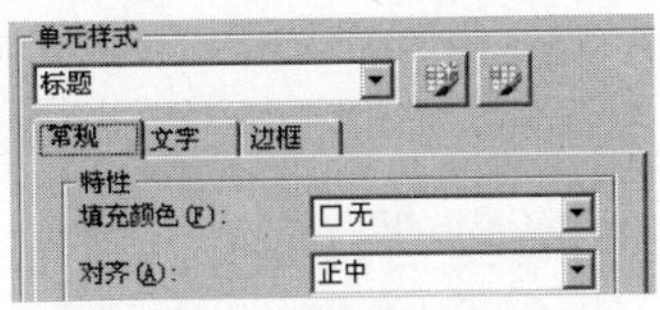

图 7-72　设置标题参数

❿在【新建表格样式：明细表】对话框中展开【文字】选项卡，设置文字的高度参数，如图 7-73 所示。

⓫单击[确定]按钮返回【表格样式】对话框，将新设置的表格样式置为当前，如图 7-74 所示。

图 7-73　设置字高

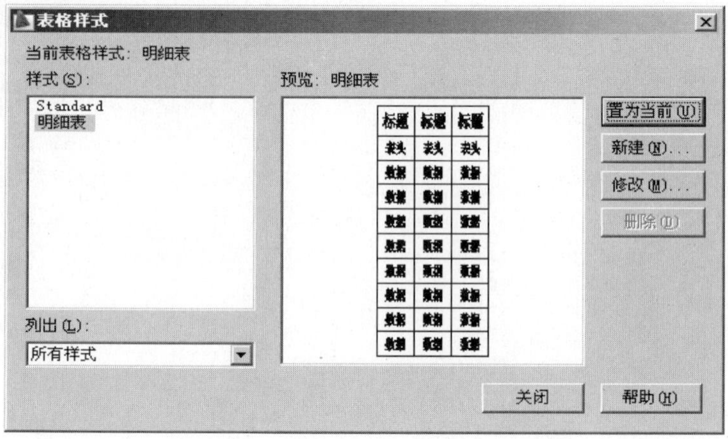

图 7-74　【表格样式】对话框

⑫单击【绘图】工具栏上的按钮，激活【插入表格】命令，在打开的【插入表格】对话框中设置参数如图 7-75 所示。

⑬单击 确定 按钮，在命令行“指定插入点：”提示下，在绘图区拾取一点，插入表格，系统同时打开【文字格式】对话框，用于输入表格内容，如图 7-76 所示。

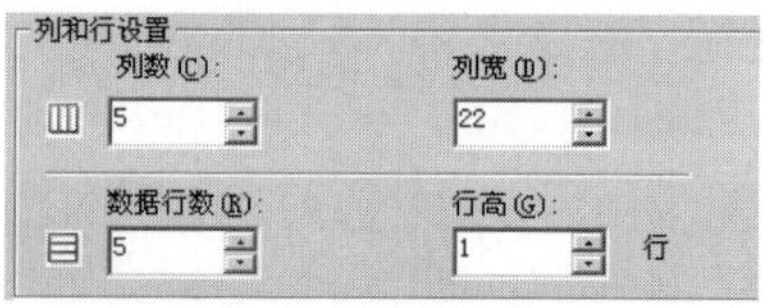

图 7-75　【插入表格】对话框

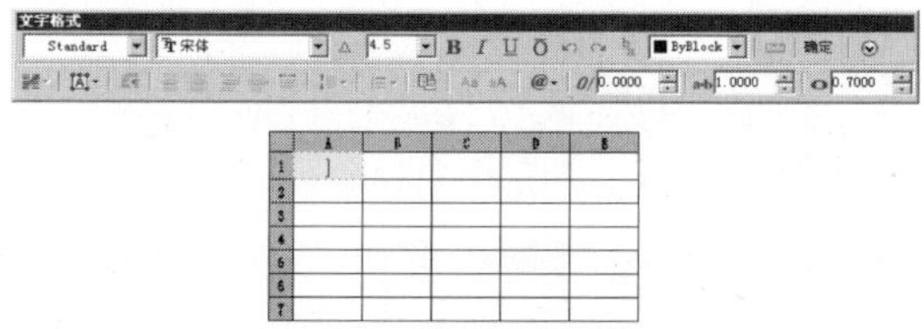

图 7-76　插入表格

⑭在反白显示的表格内输入“序号”，如图 7-77 所示。

⑮按 Tab 键，在右侧的表格内输入“代号”，如图 7-78 所示。

⑯通过按 Tab 键，分别在其他表格内输入文字内容，结果如图 7-79 所示。

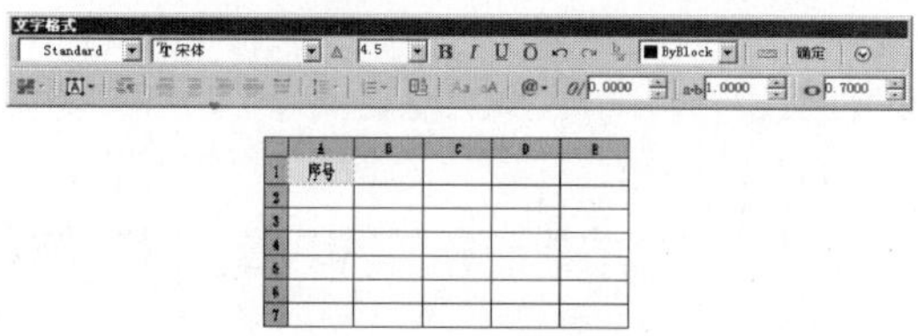

图 7-77　输入表格文字

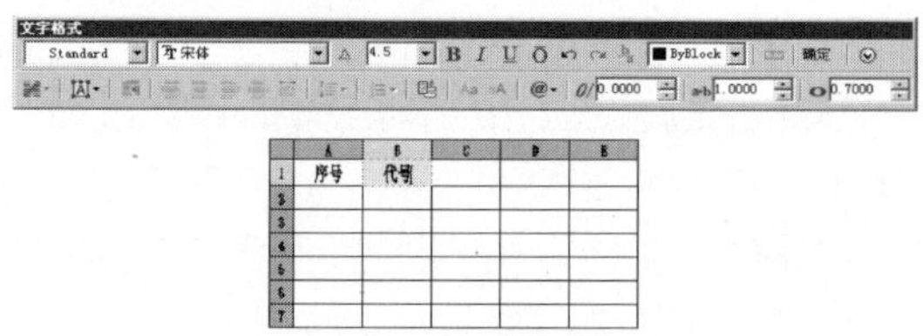

图 7-78　输入表格文字

⑰单击 确定 按钮，所创建的明细表及表格列表题内容如图 7-80 所示。

图 7-79　输入列表题内容

序号	代号	名称	数量	材料

图 7-80　创建明细表

⑱在无命令执行的前提下，选择刚创建的明细表格，使其夹点显示，如图 7-81 所示。

⑲单击夹点 1，进入夹点拉伸编辑模式，在命令行“** 拉伸 **指定拉伸点或 [基点(B)/复制(C)/放弃(U)/退出(X)]:”提示下，输入“@8,0”并按 Enter 键，夹点拉伸的结果如图 7-82 所示。

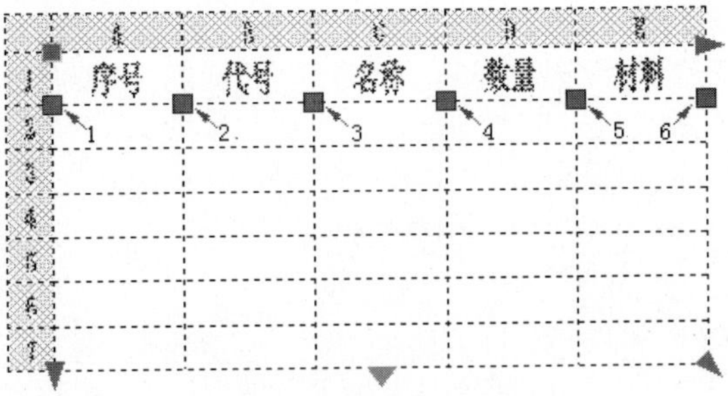

图 7-81 表格的夹点显示

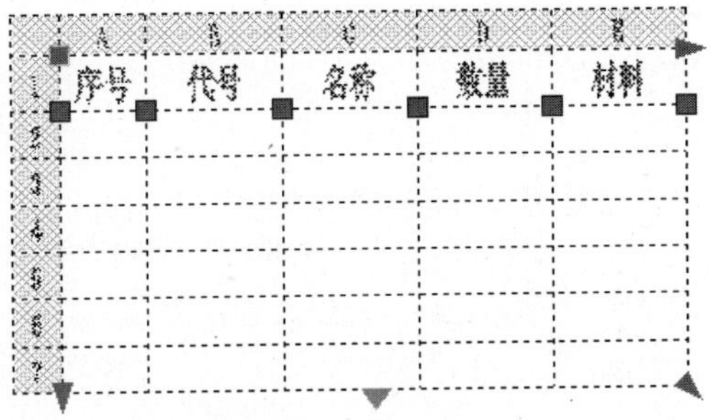

图 7-82 夹点拉伸（一）

⑳按住 Shift 键分别单击夹点 5 和夹点 6，进入夹点编辑模式，然后单击夹点 5，将其水平向左拉伸 8 个绘图单位，结果如图 7-83 所示。

㉑按住 Shift 键分别单击夹点 1 和夹点 2，进入夹点编辑模式，然后单击夹点 1，将其水平向左拉伸 10 个绘图单位，结果如图 7-84 所示。

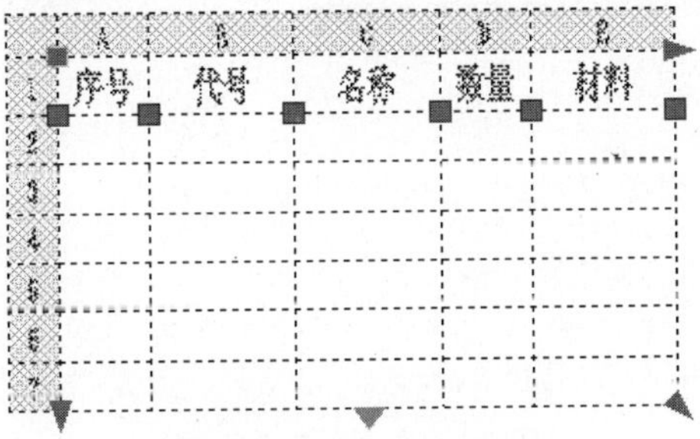

图 7-83 夹点拉伸（二）

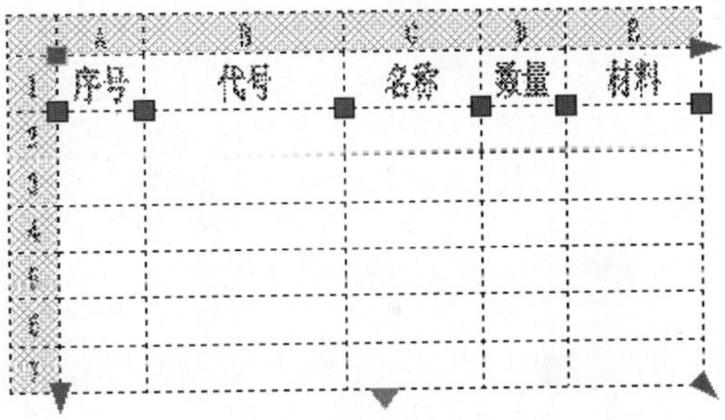

图 7-84 夹点拉伸（三）

㉒按住 Shift 键分别单击夹点 1、夹点 2 和夹点 3，进入夹点编辑模式，然后单击夹点 3，将其水平向左拉伸 10 个绘图单位，结果如图 7-85 所示。

㉓按 Esc 键，取消表格的夹点显示状态，编辑结果如图 7-86 所示。

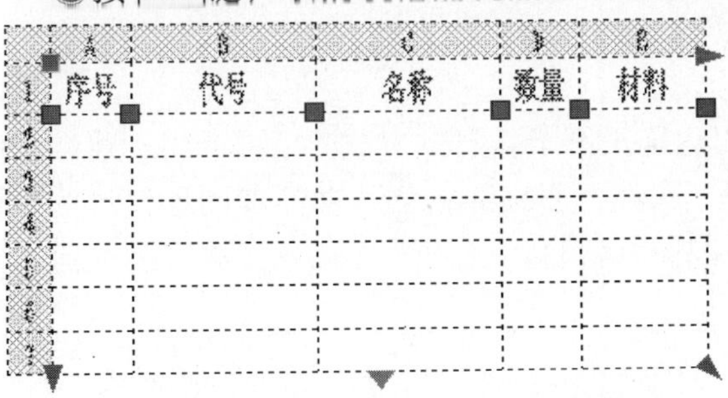

图 7-85 夹点拉伸（四）

序号	代号	名称	数量	材料

图 7-86 编辑结果

㉔在左侧列标题下的第一个单元格内双击，在弹出的【文字格式】对话框中输入序号“1”，如图 7-87 所示。

	A	B	C	D	E
1	序号	代号	名称	数量	材料
2	1				
3					
4					
5					
6					
7					

图 7-87　填充表格

㉕按 Tab 键，输入如图 7-88 所示的表格内容。

	A	B	C	D	E
1	序号	代号	名称	数量	材料
2	1	W27Y-108.20.01-1			
3					
4					
5					
6					
7					

图 7-88　填充表格

㉖通过按 Tab 键，依次在其他单元格内输入明细表内容，结果如图 7-89 所示。

	A	B	C	D	E
1	序号	代号	名称	数量	材料
2	1	W27Y-108.20.01-1	轴承座	1	Q235A
3	2	W27Y-108.20.01-2	横筋板	2	Q235A
4	3	W27Y-108.20.01-3	连接板	3	Q235A
5	4	W27Y-108.20.01-4	纵筋板	4	Q235A
6	5	W27Y-108.20.01-5	轴承盖	5	Q235A
7	6	W27Y-108.20.01-6	上板	6	Q235A

图 7-89　填充结果

㉗在【文字格式】对话框中单击 确定 按钮，结束命令。

㉘最后将表格命名存储为“明细表.dwg”。

7.8 本章小结

在 AutoCAD 制图中，文字是另外一种表达施工图纸信息的方式，是图纸中不可缺少的一项内容。本章主要集中讲述了文字、字符、属性、表格等的创建功能和图形信息的查询功能，以详细向用户表达图形无法传递的一些图纸信息，使图纸更直观，更容易交流。重点需要掌握的知识如下：

- 文字样式的设置。
- 单行文字的创建与编辑。
- 多行文字的创建与编辑。
- 属性的定义与编辑。
- 图形信息的查询。

7.9 练习题

综合应用本章所讲知识，为零件图标注技术要求及粗糙度，本例效果如图 7-90 所示（本例所需素材为随书光盘中的“素材文件\齿轮.dwg”）。

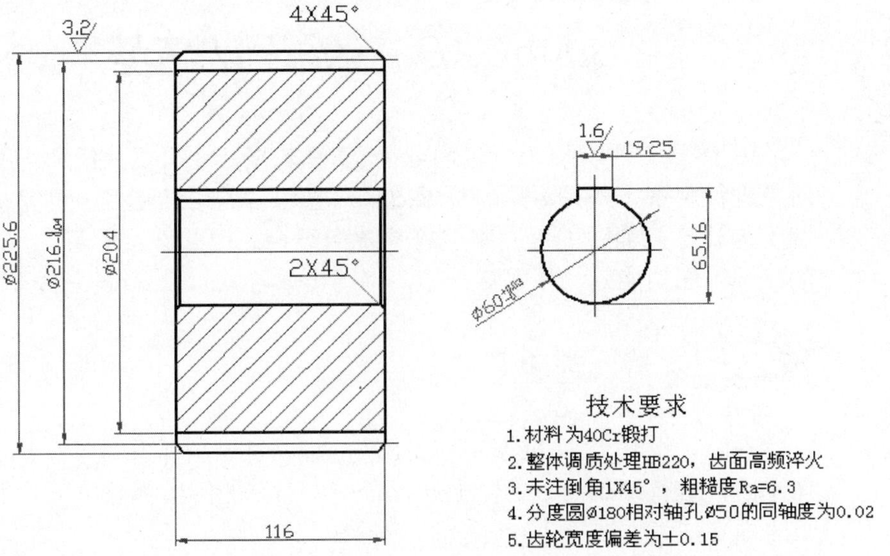

图 7-90　标注技术要求及粗糙度的零件图

第 8 章

AutoCAD 三维设计环境

由于三维模型不仅具有较强的真实感效果，还可以从任意角度对物体对象进行观察，获得不同的视觉效果，它包含的信息更多、更完整，也更利于与计算机辅助工程、制造等系统相结合。因此，在学习了 AutoCAD 的二维制图功能后，从本章开始，将逐步学习 AutoCAD 的三维制图功能。

8.1 了解三维模型

在默认设置下，AtuoCAD 绘图软件是以世界坐标系的 XY 平面作为绘图平面，进行绘制图形的，上述几章中所绘制的图形都是位于此平面内，此平面在缺省情况下，是一个正交视图，即俯视图。

虽然以前的绘图都是在 XY 平面内，所输入的点也仅由 XY 坐标值组成的，但是，AutoCAD 却是用三维坐标来存储这些对象信息的，只不过此时的 Z 坐标值为零，可以忽略罢了。因此前面所讲述的二维图形实际上是在三维空间中某个平面上的图形。可以把它看做是三维图形的一种特例，即没有厚度的三维图形。

在 AutoCAD 绘图软件中，共为用户提供了 3 种模型，用以表达物体的三维形态。分别是线框模型、曲面模型和实体模型。通过这三类模型，不仅能让非专业人员对物体的外形有一个感性的认识，还能帮助专业人员降低绘制复杂图形的难度，使一些在二维平面图中无法表达的东西清晰而形象地显示在屏幕上。

有关 3 种模型的功能及区别如下。

1．线框模型

线框模型是一种线架模型，是由描述三维对象的点和线组成的，它不具有表面和内部实体的信息，不能对此类型进行渲染、着色等操作。它仅能体现出物体的轮廓框架，其可视性较差，如图 8-1 所示。

2．曲面模型

曲面模型是由一系列有连接顺序的棱边围成的表面，再由表面的集合来定义三维物体，它是在线框模型的基础上增加了面边信息和表面特征信息等，不仅能够着色，还可以对其进行渲染，以更形象逼真的方式来表现物体的真实形态。图 8-2 所示为曲面模型。

3．实体模型

实体模型则是实实在在的物体，它除了包含线框模型和曲面模型的所有特点，还具备实物的一切特性。不仅可以对其进行着色和渲染，还可以对其进行打孔、切槽、倒角等布尔运算，还可以检测和分析实体内部的质心、体积和惯性等。

图 8-3 所示的模型即为实心体模型。

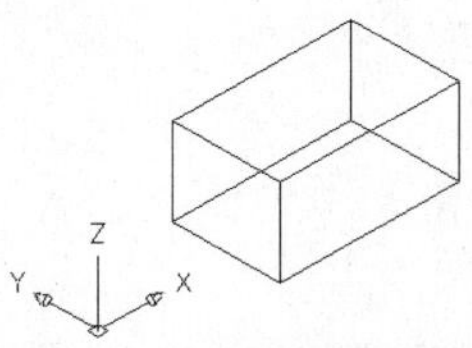

图 8-1　线框模型示例

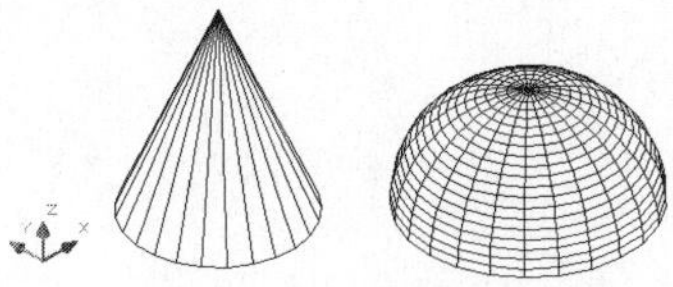

图 8-2　曲面模型示例

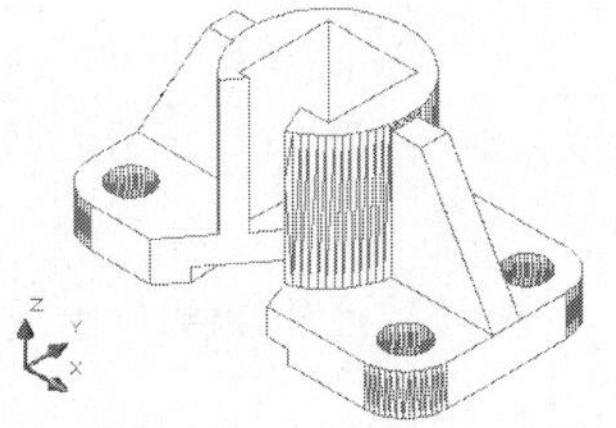

图 8-3　实体模型示例

8.2 三维模型的观察

本节将学习三维模型的观察功能，具体有【视点】、【视图】、【视口】、【动态观察器】、【导航立方体】、【控制盘】等。

8.2.1 设置视点

在 AutoCAD 设计空间中，用户可以在不同的位置进行观察图形，这些位置就称为视点。视点的设置主要有两种方式，具体内容如下。

1．使用【视点】命令设置视点

【视点】命令用于直接输入观察点的坐标或角度来确定视点。执行此命令主要有以下两种方式。

- 菜单栏：选择菜单【视图】|【三维视图】|【视点】命令。
- 命令行：在命令行中输入 Vpoint。

执行【视点】命令后，命令行会出现如下提示：

```
命令：Vpoint
    当前视图方向: VIEWDIR=0.0000,0.0000,1.0000
    指定视点或 [旋转(R)] <显示坐标球和三轴架>：    //直接输入观察点的坐标来确定视点
```

技巧

如果用户没有输入视点坐标，而是直接按 Enter 键，那么绘图区会显示图 8-4 所示的罗盘和三角轴架，其中三脚轴架代表 X、Y、Z 轴的方向，当用户相对于罗盘移动十字线时，三角轴架会自动进行调整，以显示 X、Y、Z 轴对应的方向。

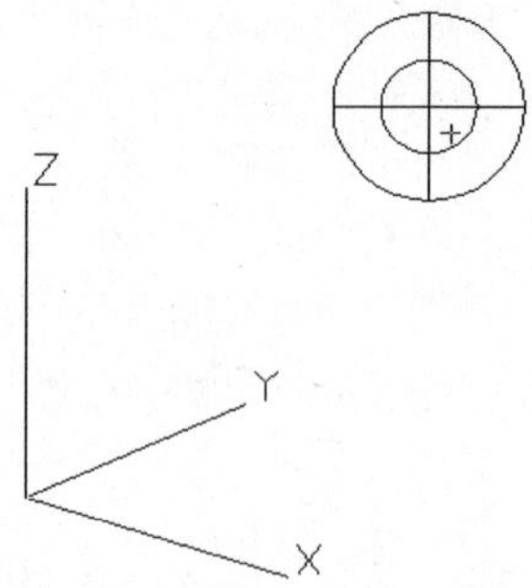

图 8-4　坐标球和三角轴架

技巧

【旋转】选项主要用于通过指定与 X 轴的夹角以及与 XY 平面的夹角来确定视点。

2. 通过【视点预置】设置视点

【视点预置】命令是通过对话框的形式进行设置视点的，如图 8-5 所示。执行【视点预置】命令主要有以下两种方式。

- 菜单栏：选择菜单【视图】|【三维视图】|【视点预置】命令。
- 命令行：在命令行中输入 DDVpoint 或 VP。

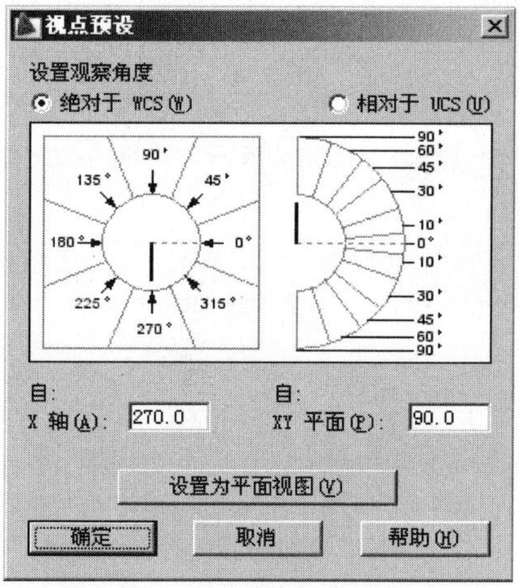

图 8-5　【视点预置】对话框

在图 8-5 所示的【视点预置】对话框中可以进行如下设置。

- 设置视点、原点的连线与 XY 平面的夹角。具体操作就是在右侧半圆图形上选择相应的点，或直接在【XY 平面】文本框内输入角度值。
- 设置视点、原点的连线在 XOY 面上的投影与 X 轴的夹角。具体操作就是在左侧图形上选择相应的点，或在【X 轴】文本框内输入角度值。
- 设置观察角度。系统将设置的角度值默认为是相对于当前 WCS，即默认选择的是【绝对于 WCS】单选项，如果选择了【相对于 UCS】单选按钮，则所设置的角度值就是相对于 UCS 的。
- 设置为平面视图。单击 设置为平面视图(V) 按钮，系统将重新设置为平面视图。平面视图的观察方向是与 X 轴的夹角为 270°，与 XY 平面的夹角是 90°。

8.2.2　切换视图

为了便于观察和编辑三维模型，AutoCAD 为用户提供了一些标准视图，具体有 6 个正交视图和 4 个等轴测图，如图 8-6 所示，其工具按钮都排列在如图 8-7 所示的【视图】工具栏上。用户可以通过单击【视图】菜单栏中的这些标准视图命令，或单击【视图】工具栏上的相应视图按钮，即可在这些标准视图中进行切换。

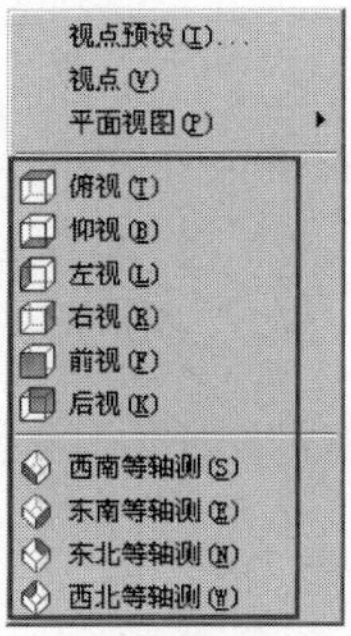

图 8-6　标准视图菜单

图 8-7　【视图】工具栏

上述 6 个正交视图和 4 个等轴测视图是用于显示三维模型的主要特征视图，其中每种视图的视点、与 X 轴夹角和与 XY 平面夹角等内容如表 8-1 所示。

表 8-1　基本视图及其参数设置

视　图	菜 单 选 项	方 向 矢 量	与 X 轴夹角	与 XY 平面夹角
俯视	Tom	（0，0，1）	270°	90°
仰视	Bottom	（0，0，-1）	270°	90°
左视	Left	（-1，0，0）	180°	0°
右视	Right	（1，0，0）	0°	0°
前视	Front	（0，-1，0）	270°	0°
后视	Back	（0，1，0）	90°	0°
西南轴测视	SW Isometric	（-1，-1，1）	225°	45°
东南轴测视	SE Isometric	（1，-1，1）	315°	45°
东北轴测视	NE Isometric	（1，1，1）	45°	45°
西北轴测视	NW Isometric	（-1，1，1）	135°	45°

8.2.3　平面视图

除了上述 10 个标准视图之外，AutoCAD 还为用户提供了一个【平面视图】工具，使用此命令，可以将当前 UCS、命名保存的 UCS 或 WCS，切换为各坐标系的平面视图，以方便观察和操作，如图 8-8 所示。

执行【平面视图】命令主要有以下两种方式。

- 菜单栏：选择菜单【视图】|【三维视图】|【平面视图】命令。
- 命令行：在命令行中输入 Plan。

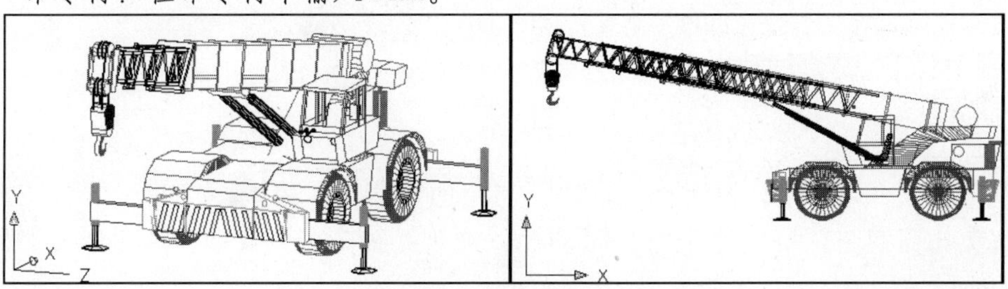

图 8-8　平面视图切换

8.2.4 建立视口

视口实际上就是用于绘制图形、显示图形的区域。在默认情况下，AutoCAD 将整个绘图区作为一个视口，即仅显示一个视口，但是在实际建模过程中，有时需要从各个不同视点上观察模型的不同部分，为此 AutoCAD 为用户提供了视口的分割功能，将默认的一个视口分割成多个视口，如图 8-9 所示。这样，用户就可以从不同的方向观察三维模型的不同部分。

视口的分割与合并可以通过菜单栏和对话框两种形式，具体如下：

- 通过菜单分割视口。用户只需选择菜单【视图】|【视口】子菜单中的相关命令，即可以将当前视口分割为两个、三个或多个视口。
- 通过对话框分割视口。选择菜单【视图】|【视口】|【新建视口】命令，或直接在命令行中输入 Vports 并按 Enter 键，打开如图 8-10 所示的【视口】对话框。在此对话框中，用户可以对分割视口进行提前预览效果，使用户能够方便直接地进行分割视口。

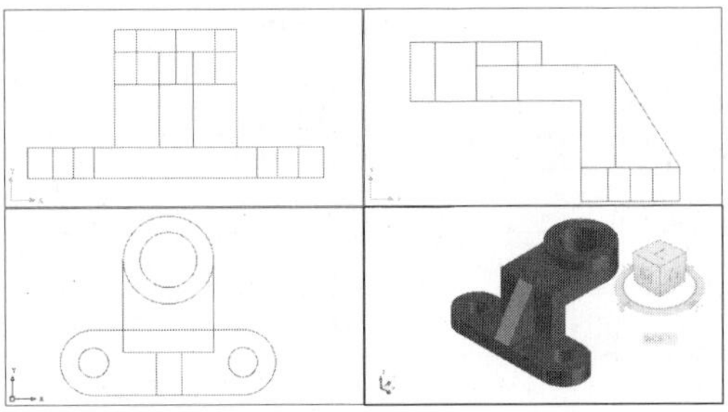

图 8-9 分割视口

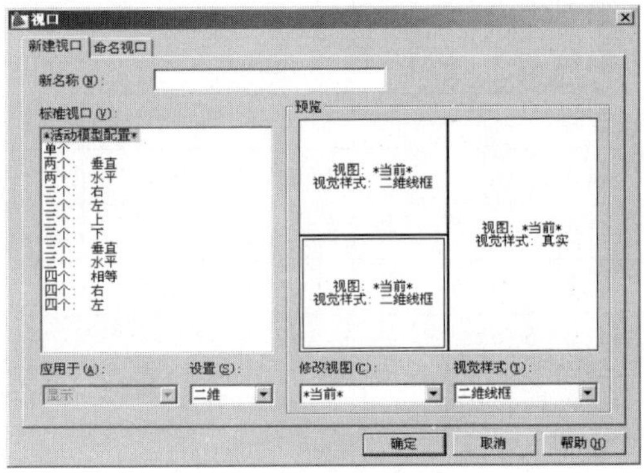

图 8-10 【视口】对话框

8.2.5 三维动态观察器

AutoCAD 为用户提供了 3 种动态观察功能，使用此功能，用户可以进行观察三维物体的任意部分，比较方便快捷。

1. 受约束的动态观察

此种动态观察功能，需要按住鼠标中间拖曳，进行手动设置观察点，以观察模型的不同侧面，如图 8-11 所示。选择菜单【视图】|【动态观察】|【受约束的动态观察】命令，或单击【动态观察】工具栏上的按钮，都可以激活该功能。

2. 自由动态观察

自由动态观察功能使用起来较为方便，当激活此功能后，绘图区会出现如图 8-12 所示的圆形辅助框架，用户可以从多个方向进行自由地观察三维物体。

选择菜单【视图】|【动态观察】|【自由动态观察】命令，或单击【动态观察】工具栏上的按钮，都可以激活该功能。

3．连续动态观察

当激活此功能后，用户可以连续地动态观察三维物体的不同侧面，而不需要进行手动设置视点，此时光标变为如图 8-13 所示的状态。

选择菜单【视图】|【动态观察】|【连续动态观察】命令，或单击【动态观察】工具栏上的按钮，都可以激活该功能。

图 8-11　受约束的动态观察

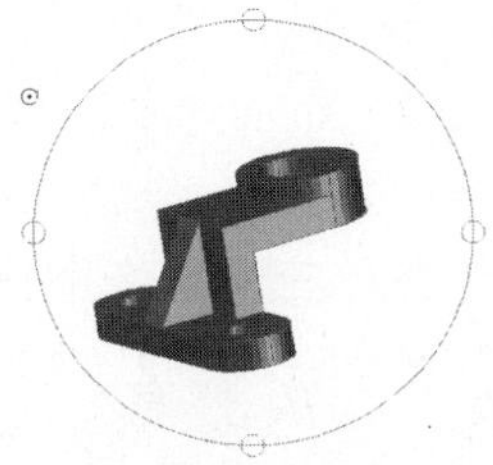

图 8-12　自由动态观察

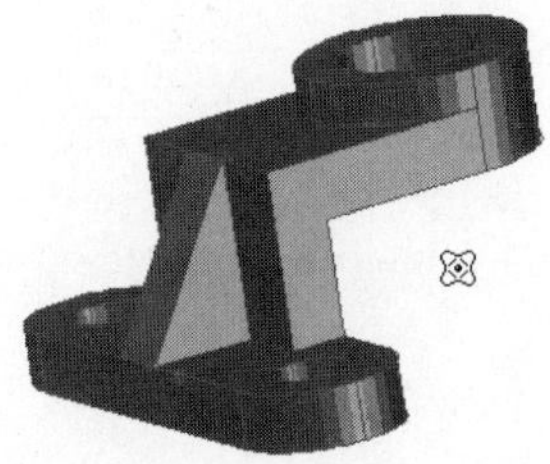

图 8-13　连续动态观察

8.2.6　导航立方体

如图 8-14 所示的 3D 导航立方体显示图（即 ViewCube），是 AutoCAD 2009 新增的一项功能，使用此功能，不但可以快速帮助用户调整模型的视点，还可以更改模型的视图投影、定义和恢复模型的主视图，以及恢复随模型一起保存的已命名 UCS。

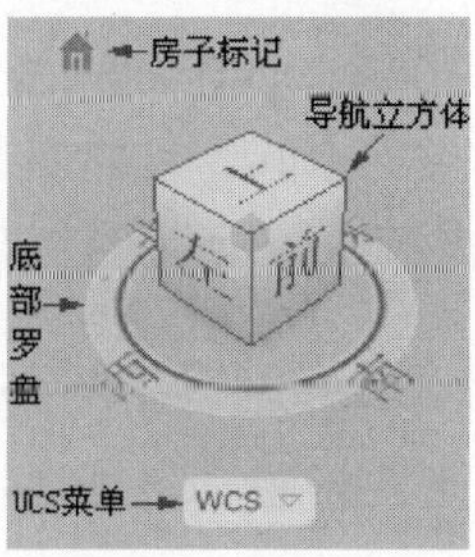

图 8-14　ViewCube 显示图

- 视图投影：当查看模型时，在平行模式、透视模式和带平行视图面的透视模式之间进行切换。
- 主视图：指的是定义和恢复模型的主视图。主视图是用户在模型中定义的视图，用于返回熟悉的模型视图。
- 恢复已命名 UCS：通过单击 ViewCube 显示图下方的 UCS 菜单，可以恢复已命名的 UCS。显示 UCS 菜单后，可以从菜单中选择一个已命名 UCS 来将其恢复为当前 UCS。

技巧

在 UCS 菜单中选择【新 UCS】命令，可以重新定义 UCS。

技巧

将当前的视觉样式设置为 3D 显示样式后，导航立方体显示图才可以显示出来。在命令行中输入 Cube 后按 Enter 键，可以控制导航立方体图的显示和关闭状态。

图 8-14 所示的 3D 导航立方体，主要有顶部的房子标记、中间的导航立方体、底部的罗盘和最下侧的 UCS 菜单组成，当沿着立方体移动鼠标时，分布在导航立体棱、边、面等位置上的热点会亮显。单击一个热点，就可以切换到相关的视图。

8.2.7 使用控制盘

图 8-15 所示的 SteeringWheel 控制盘是用于追踪悬停在绘图窗口上的光标的菜单，通过这些菜单可以从单一界面中访问二维和三维导航工具。单击状态栏上的按钮，即可打开此控制盘，在控制盘上右击，可打开如图 8-16 所示的快捷菜单。

图 8-15 SteeringWheel 控制盘

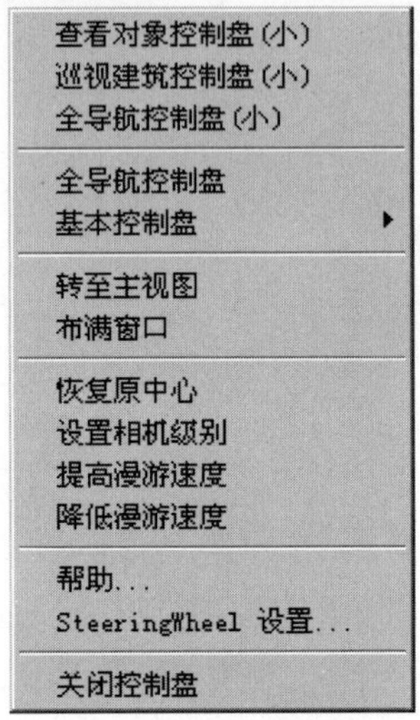

图 8-16 控制盘右键快捷菜单

在 SteeringWheel 控制盘中，共有 4 个不同的控制盘可供使用，每个控制盘均拥有其独有的导航方式，具体如下：

- 二维导航控制盘。通过平移和缩放导航模型。
- 查看对象控制盘。将模型置于中心位置，并定义轴心点以使用【动态观察】工具。缩放和动态观察模型。
- 巡视建筑控制盘。通过将模型视图移近或移远、环视以及更改模型视图的标高来导航模型。
- 全导航控制盘。将模型置于中心位置并定义轴心点以使用【动态观察】工具、漫游和环视、更改视图标高、动态观察、平移和缩放模型。

8.3 三维模型的着色与渲染

AutoCAD 为用户提供的多种视觉样式的着色工具，使用这些工具，用户可以方便地控制图形外观显示效果，这些着色工具位于图 8-17 所示的菜单栏和图 8-18 所示的工具栏中。

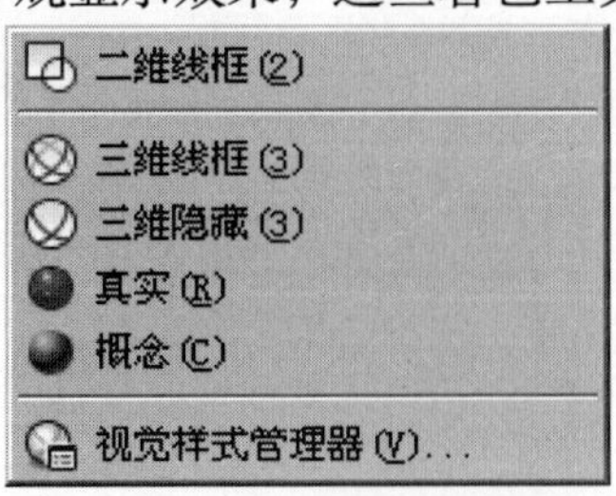

图 8-17 【视觉样式】菜单栏

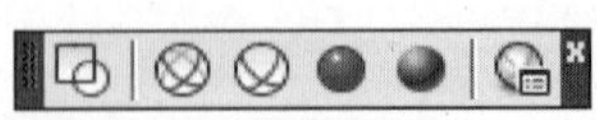

图 8-18 【视觉样式】工具栏

8.3.1 二维线框着色

【二维线框】命令是用直线和曲线显示对象的边缘，此对象的线型和线宽都是可见的，如图 8-19 所示。执行【二维线框】命令主要有以下 3 种方式。

- 菜单栏：选择菜单【视图】|【视觉样式】|【二维线框】命令。
- 工具栏：单击【视觉样式】工具栏上的按钮。
- 快捷键：使用快捷键“VS”。

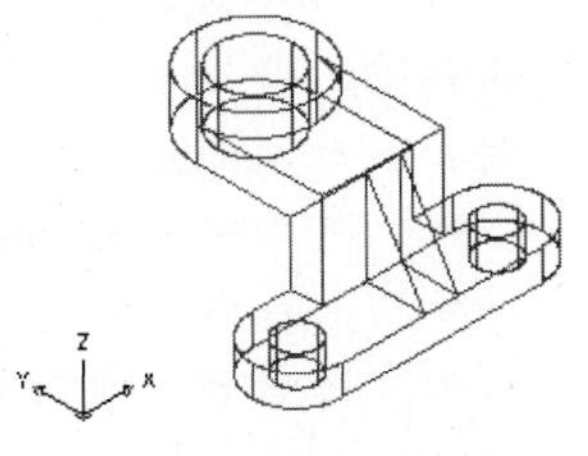

图 8-19 二维线框着色效果

8.3.2 三维线框着色

【三维线框】命令也是用直线和曲线显示对象的边缘轮廓，如图 8-20 所示。与二维线框显示方式不同的是，表示坐标系的按钮会显示成三维着色形式，并且对象的线型及线宽都是不可见的。执行【三维线框】命令主要有以下 3 种方式。

- 菜单栏：选择菜单【视图】|【视觉样式】|【三维线框】命令。
- 工具栏：单击【视觉样式】工具栏上的按钮。
- 快捷键：使用快捷键“VS”。

技巧

如果将 COMPASS 系统变量的值设置为 1，那么在三维线框着色方式下，系统将以坐标球的形式显示，如图 8-21 所示。

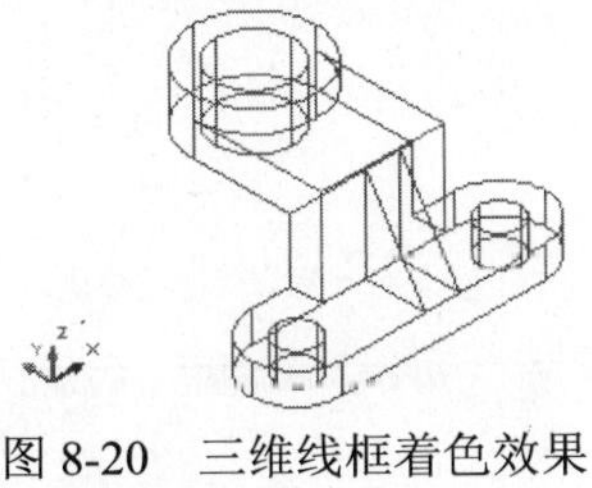

图 8-20 三维线框着色效果

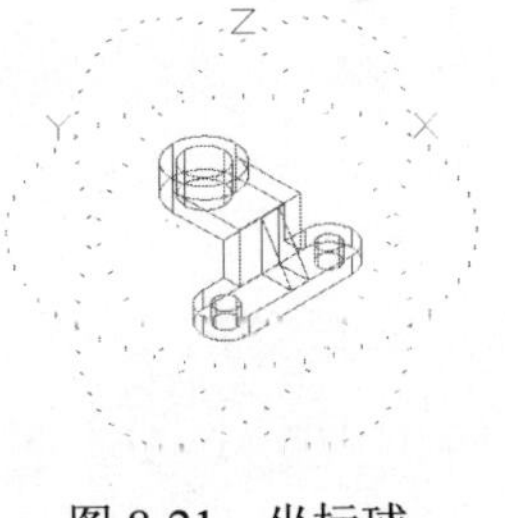

图 8-21 坐标球

8.3.3 三维隐藏

【三维隐藏】命令用于将三维对象中观察不到的线隐藏起来，而只显示那些位于前面无遮挡的对象，如图 8-22 所示。执行【三维隐藏】命令主要有以下 3 种方式。

- 菜单栏：选择菜单【视图】|【视觉样式】|【三维隐藏】命令。
- 工具栏：单击【视觉样式】工具栏上的按钮。
- 快捷键：使用快捷键“VS”。

图 8-22 三维隐藏效果

8.3.4 真实着色

【真实】着色命令可使对象实现平面着色，它只对各多边形的面着色，不对面边界作光滑处理，如图 8-23 所示。执行此命令主要有以下几种方法：

- 菜单栏：选择菜单【视图】|【视觉样式】|【真实】命令。
- 工具栏：单击【视觉样式】工具栏上的按钮。
- 快捷键：使用快捷键 VS。

图 8-23 真实着色

8.3.5 概念着色

【概念】着色命令也可使对象实现平面着色，它不仅可以对各多边形的面着色，还可以对面边界作光滑处理，如图 8-24 所示。执行【概念】命令主要有以下 3 种方式。

- 菜单栏：选择菜单【视图】|【视觉样式】|【概念】命令。
- 工具栏：单击【视觉样式】工具栏上的按钮。
- 快捷键：使用快捷键“VS”。

8.3.6 管理视觉样式

【管理视觉样式】命令主要用于控制视口中模型的外观显示效果。可以在视觉样式管理器窗口中创建视觉样式，或更改视觉样式的设置来更改视觉样式，如图 8-25 所示。其中，面设置选项用于控制面上颜色和着色的外观；环境设置用于打开和关闭阴影和背景；边设置指定显示哪些边以及是否应用边修改器。执行【管理视觉样式】命令主要有以下 3 种方式。

图 8-24 概念着色

图 8-25 管理视觉样式窗口

- 菜单栏：选择菜单【视图】|【视觉样式】|【视觉样式管理器】命令。
- 工具栏：单击【视觉样式】工具栏上的按钮。
- 命令行：在命令行中输入 Visualstyles。

8.3.7 附着材质

AutoCAD 为用户提供了材质库功能，如果在安装 AutoCAD 2009 应用程序的过程中，勾选了【材质库】功能，那么这些材质会出现在【工具选项板】窗口内，然后用户通过此窗口，可以简捷快速地为模型附着材质。具体操作步骤如下。

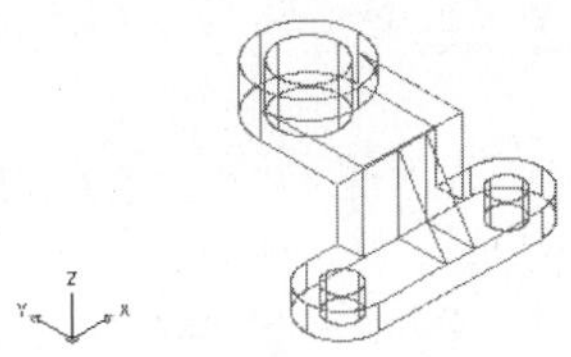

图 8-26 打开图形

❶打开随书光盘中的“素材文件\零件图.dwg”，如图 8-26 所示。

❷按 Ctrl+3 组合键，打开【工具选项板】窗口。

❸在选项板窗口中的标题栏上右击，从弹出的快捷菜单中选择【材质】命令，如图 8-27 所示。

❹此时，AutoCAD 的所有材质库都以选项板的形式出现在【工具选项板】窗口中，然后展开【热度和湿度】选项卡，如图 8-28 所示。

❺在展开的选项卡中选择如图 8-28 所示的材质，按住鼠标左键不放，直接拖曳到零件模型上，即可为其附上材质。

❻选择菜单【视图】|【视觉样式】|【真实】命令，即可观察到附着材质后的效果，如图 8-29 所示。

❼最后使用【另存为】命令，将图形另存盘。

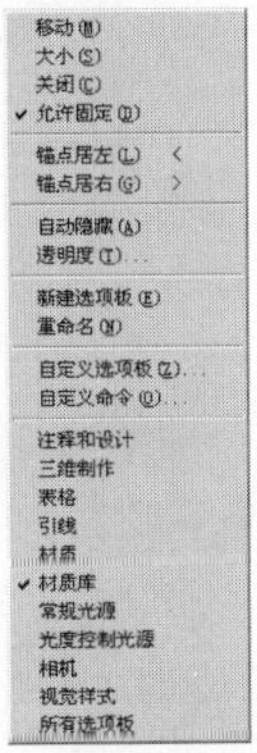

图 8-27 标题栏右键菜单

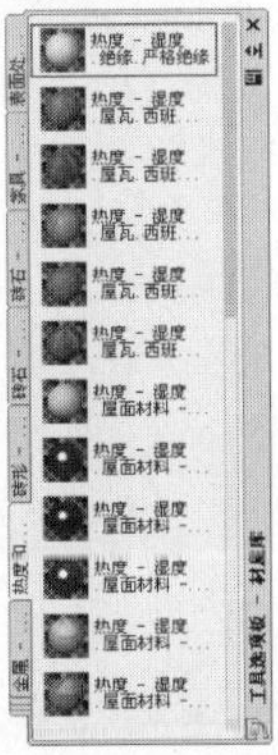

图 8-28 材质选项板

图 8-29 材质的附着效果

8.3.8 渲染模型

AutoCAD 为用户提供了简单的渲染功能，选择菜单【视图】|【渲染】|【渲染】命令，或单击【渲染】工具栏上的按钮，即可激活此命令。AutoCAD 将按照默认设置，对当前视口内的模型，以独立的窗口进行渲染，如图 8-30 所示。

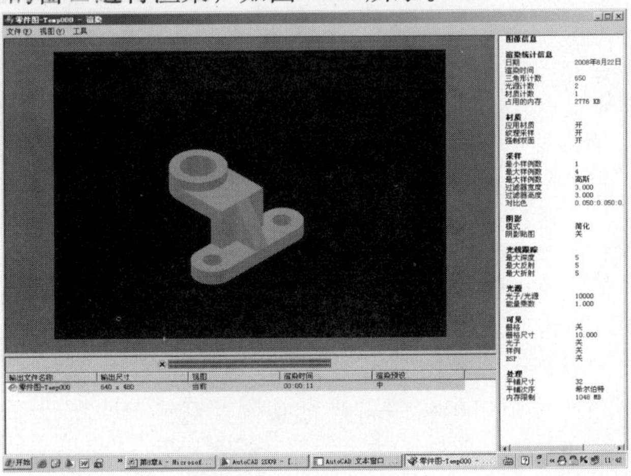

图 8-30 渲染窗口

8.4 WCS 与 UCS 坐标系

本节将学习【UCS】、【命名 UCS】、【动态 UCS】等命令。

8.4.1 设置 UCS 坐标系

为了更好地辅助绘图，AutoCAD 为用户提供了一种非常灵活的坐标系——用户坐标系（UCS），此坐标系弥补了世界坐标系（WCS）的不足，用户可以随意定制符合作图需要的 UCS，在三维绘图中至关重要。执行【UCS】命令主要有以下 3 种方式。

- 菜单栏：选择菜单【工具】|【新建 UCS】子菜单命令，如图 8-31 所示。
- 工具栏：单击【UCS】工具栏上的各按钮，如图 8-32 所示。
- 命令行：在命令行中输入 UCS。

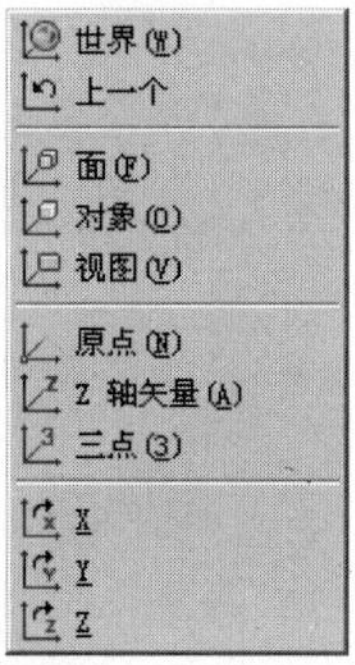

图 8-31 【UCS】菜单

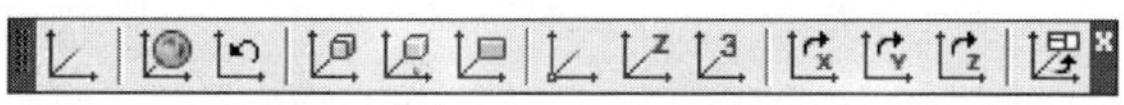

图 8-32 【UCS】工具栏

在命令行中激活【UCS】命令后，系统将出现如下操作提示：

```
命令: ucs
    当前 UCS 名称: *世界*
    指定 UCS 的原点或[面(F)/命名(NA)/对象(OB)/上一个(P)/视图(V)/世界(W)/X/Y/Z/Z 轴(ZA)] <
世界>:
```

各命令选项解析如下。

- 【指定 UCS 的原点】选项用于指定三点，以分别定位出新坐标系的原点、X 轴正方向和 Y 轴正方向。
- 【面（F）】选项用于选择一个实体的平面作为新坐标系的 XOY 面。用户必须使用点选法选择实体。坐标系原点为离选择点最近的实体平面顶点，X 轴正向由此顶点指向离选择点最近的实体平面边界线的另一端点，所选择的面必须为实体面域。
- 【命名（NA)】选项主要用于恢复其他坐标系为当前坐标系、为当前坐标系命名保存以及删除不需要的坐标系。
- 【对象（OB)】选项表示通过选定的对象创建 UCS 坐标系。用户只能使用点选法来选择对象，否则无法执行此命令。
- 【上一个（P)】选项用于将当前坐标系恢复到前一次所设置的坐标系位置，直到将坐标系恢复为 WCS 坐标系。
- 【视图（V)】选项表示将新建的用户坐标系的 X、Y 轴所在的面设置成与屏幕平行，其原点保持不变，Z 轴与 XY 平面正交。

- 【世界（W)】选项用于选择世界坐标系作为当前坐标系，用户可以从任何一种 UCS 坐标系下返回到世界坐标系。
- 【X】/【Y】/【Z】选项：原坐标系坐标平面分别绕 X、Y、Z 轴旋转而形成新的用户坐标系。
- 【Z 轴】选项用于指定 Z 轴方向以确定新的 UCS 坐标系。

技巧

如果是在已定义的 UCS 坐标系中进行旋转，那么新的 UCS 系统是以前面的 UCS 系统旋转而成。

8.4.2 UCS 坐标系的管理

【命名 UCS】命令主要用于对命名 UCS 以及正交 UCS 进行管理和操作，比如用户可以使用该命令删除、重命名或恢复已命名的 UCS 坐标系，也可以选择 AutoCAD 预设的标准 UCS 坐标系以及控制 UCS 图标的显示等。执行【命名 UCS】命令主要有以下 3 种方式。

- 菜单栏：选择菜单【工具】|【命名 UCS】命令。
- 工具栏：单击【UCS Ⅱ】工具栏上的按钮。
- 命令行：在命令行中输入 Ucsman。

执行【命名 UCS】后，将弹出如图 8-33 所示的【UCS】对话框，通过此对话框，可以很方便地对自己定义的坐标系统进行存储、删除、应用等操作。

在对话框中共包括【命名 UCS】、【正交 UCS】和【设置】3 个选项卡，其中：

- 【命名 UCS】选项卡用于显示当前文件中的所有坐标系，还可以设置当前坐标系，如图 8-33 所示。
- 【正交 UCS】选项卡用于显示和设置 AutoCAD 的预设标准坐标系作为当前坐标系，如图 8-34 所示。
- 【设置】选项卡主要用于设置 UCS 图标的显示及其他的一些操作设置，如图 8-35 所示。

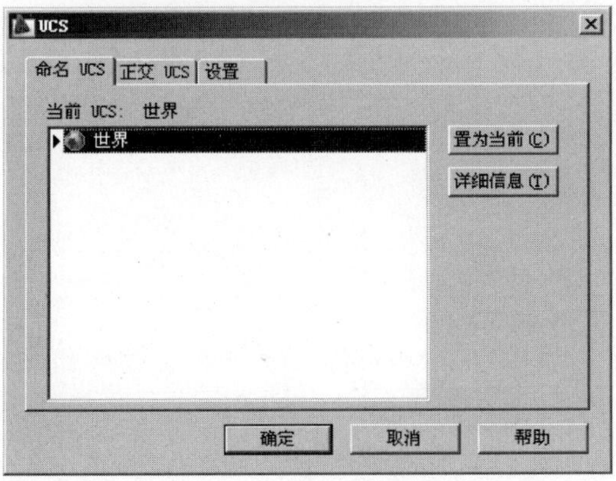

图 8-33 【UCS】对话框

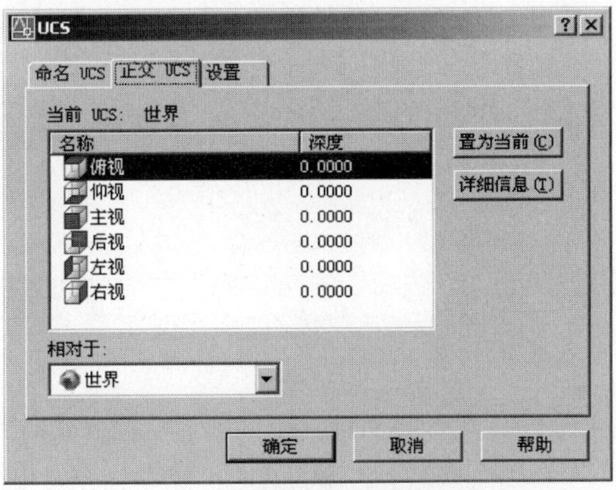

图 8-34 【正交 UCS】选项卡

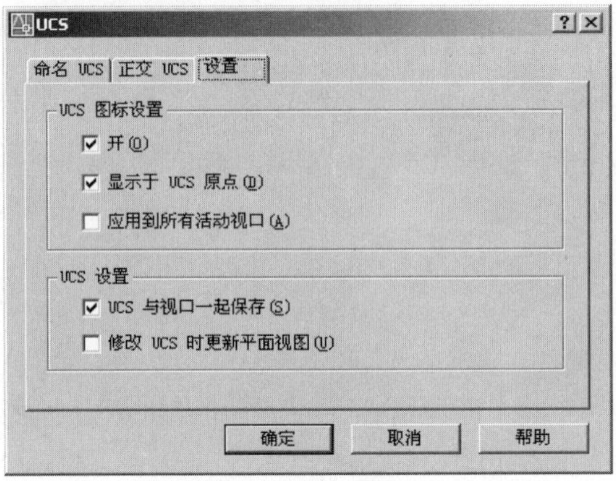

图 8-35 【设置】选项卡

8.4.3 动态 UCS

使用状态栏上的【动态 UCS】功能，用户可以非常方便地在三维实体的平整面上创建对象，而无需手动更改 UCS 方向。在执行命令的过程中，当将光标移动到面上方时，动态 UCS 会临时将 UCS 的 XY 平面与三维实体的平整面对齐。

单击状态栏上的DUCS按钮，或状态栏上的图标，或按F6功能键，都可以激活【动态输入】功能。

8.5 综合实例——坐标系的定义与存储

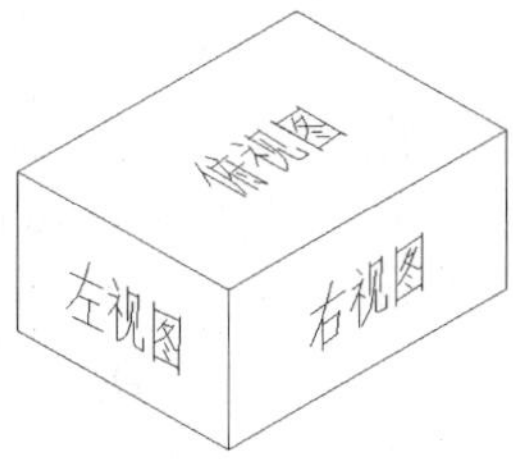

图 8-36 本例效果

本例通过为长方体线框模型标注单行文字，主要学习坐标系的定义、存储和恢复等操作。实例效果如图 8-36 所示。

具体操作步骤如下。

❶执行【打开】命令，打开随书光盘中的“素材文件\方体.dwg”，如图 8-37 所示。

❷选择菜单【视图】|【三维视图】|【西南等轴测】命令，将当前视图切换西南视图，结果如图 8-38 所示。

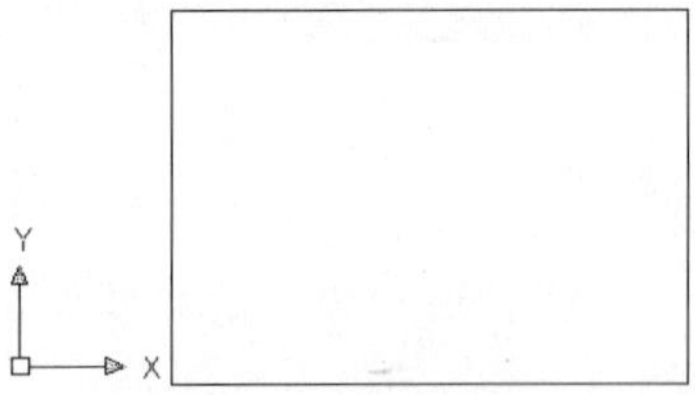

图 8-37 打开图形

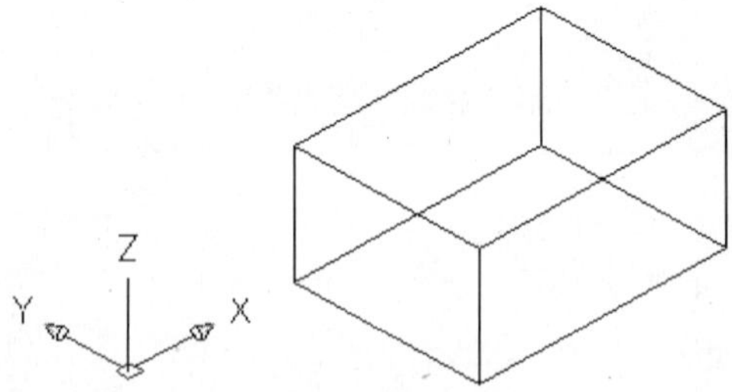

图 8-38 切换视图

❸在命令行中输入 UCS 后按Enter键，使用“三点”功能重新定义坐标系。命令行操作如下：

命令: ucs

当前 UCS 名称: *世界*

指定 UCS 的原点或 [面(F)/命名(NA)/对象(OB)/上一个(P)/视图(V)/世界(W)/X/Y/Z/Z 轴(ZA)] <世界>: //n Enter

指定新 UCS 的原点或 [Z 轴(ZA)/三点(3)/对象(OB)/面(F)/视图(V)/X/Y/Z] <0,0,0>: //3 Enter

指定新原点<0,0,0>: //捕捉如图 8-39 所示的端点，作为新坐标系原点

在正 X 轴范围上指定点<566.3927,330.8123,-50.0000>: //捕捉如图 8-40 所示的端点，定义 X 轴正方向

在 UCS XY 平面的正 Y 轴范围上指定点 <566.3927,330.8123,-50.0000>: //捕捉如图 8-41 所示的端点，定义 Y 轴正方向，结果如图 8-42 所示

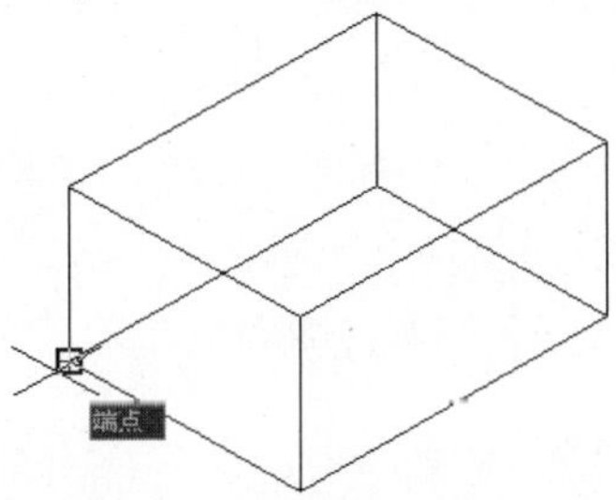

图 8-39 定义新坐标系原点

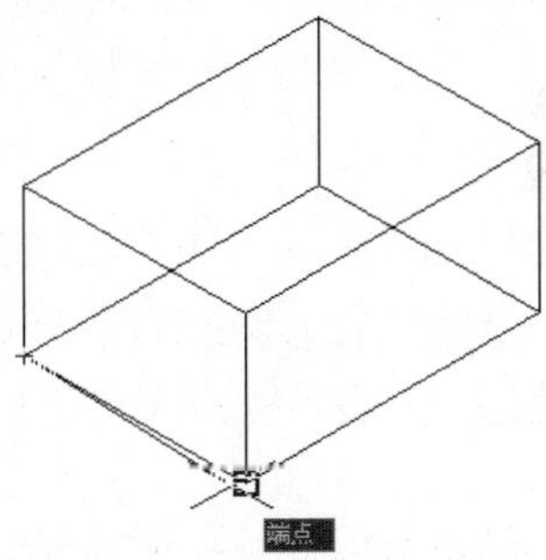

图 8-40 定义 X 轴正方向

❹按 Enter 键，重复执行【UCS】命令，将刚定义的用户坐标系命名存储。命令行操作如下：

命令: // Enter 重复执行 UCS 命令

UCS 当前 UCS 名称: *没有名称*

指定 UCS 的原点或 [面(F)/命名(NA)/对象(OB)/上一个(P)/视图(V)/世界(W)/X/Y/Z/Z 轴(ZA)] <世界>: //s Enter，激活【保存】选项

输入保存当前 UCS 的名称或 [?]: //left Enter，将当前坐标系命名存储

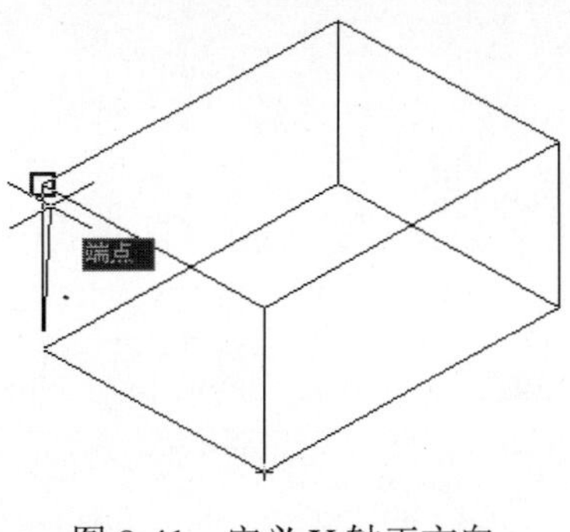

图 8-41 定义 Y 轴正方向

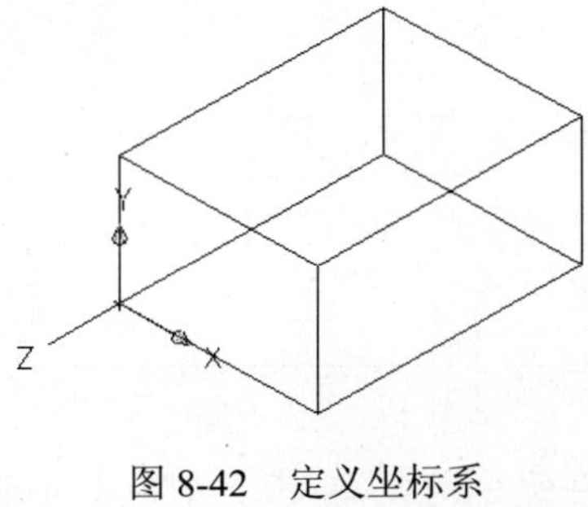

图 8-42 定义坐标系

❺重复执行【UCS】命令，将当前坐标系绕 Y 轴旋转 90º，并对其进行命名存储。命令行操作如下：

```
命令: ucs                                    // Enter
    当前 UCS 名称: left
    指定 UCS 的原点或[面(F)/命名(NA)/对象(OB)/上一个(P)/视图(V)/世界(W)/X/Y/Z/Z 轴(ZA)]
<世界>:                                      //n Enter
    指定新 UCS 的原点或 [Z 轴(ZA)/三点(3)/对象(OB)/面(F)/视图(V)/X/Y/Z] <0,0,0>:
      //y Enter
    指定绕 Y 轴的旋转角度<90>:                // Enter，结果如图 8-43 所示
    命令:                                     // Enter
    指定 UCS 的原点或[面(F)/命名(NA)/对象(OB)/上一个(P)/视图(V)/世界(W)/X/Y/Z/Z 轴(ZA)] <
世界>:                                        //s Enter
    输入保存当前 UCS 的名称或[?]:             //right Enter，将当前坐标系命名存储
```

技巧

将创建的 UCS 进行保存，可以方便以后进行重复使用，而不必重新设置 UCS，是一种常用的操作技巧。

❻选择菜单【工具】|【草图设置】命令，启用【对象捕捉】和【对象捕捉追踪】功能，并设置对象捕捉模式为端点捕捉和中点捕捉。

❼选择菜单【绘图】|【文字】|【单行文字】命令，以长方体右侧面的中心点作为文字的插入点，进行标注单行文字。命令行操作如下：

```
命令: _dtext
    当前文字样式:  Standard   当前文字高度:  2.5000
    指定文字的起点或[对正(J)/样式(S)]:              //J Enter
    输入选项 [对齐(A)/布满(F)/居中(C)/中间(M)/右对齐(R)/左上(TL)/中上(TC)/右上(TR)/左中
(ML)/正中(MC)/右中(MR)/左下(BL)/中下(BC)/右下(BR)] :  //MC Enter
    指定文字的中间点:                               //配合中点捕捉和对象追踪功能，捕捉图 8-44
                                                      所示的对象追踪虚线的交点
    指定高度 <2.5000>:                              //40 Enter，设置文字高度
    指定文字的旋转角度 <0>:                         // Enter，此时绘图区出现如图 8-45 所示的单行
                                                      文字输入框
```

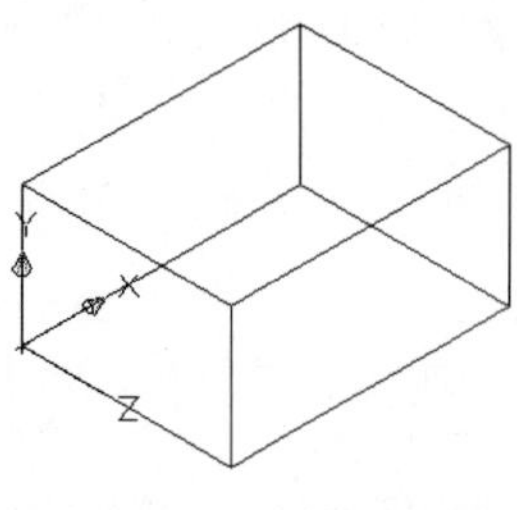

图 8-43 旋转坐标系

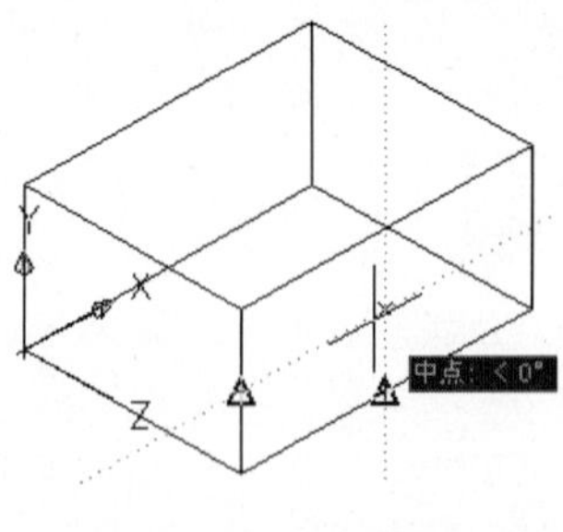

图 8-44 定位文字插入点

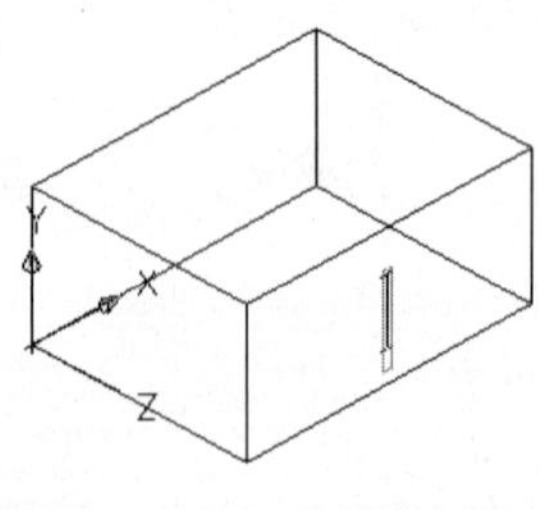

图 8-45 单行文字输入框图

❽在命令行中输入“右视图”文字对象，然后连续按 Enter 键，结束【单行文字】命令，标注结果如图 8-46 所示。

❾选择菜单【工具】|【命名 UCS】命令，将“left”坐标系设置为当前坐标系，结果如图 8-47 所示。

❿参照第 6、7 操作步骤，配合中点捕捉和对象追踪功能，使用【单行文字】命令在左侧面创建文字，其中文字高度为 40。命令行操作如下：

```
命令: _dtext
    当前文字样式:  Standard
    当前文字高度:  40.0000
    指定文字的起点或 [对正(J)/样式(S)]:            //J Enter
    输入选项 [对齐(A)/布满(F)/居中(C)/中间(M)/右对齐(R)/左上(TL)/中上(TC)/右上(TR)/左中(ML)/正中(MC)/右中(MR)/左下(BL)/中下(BC)/右下(BR)]:   //MC Enter
    指定文字的中间点:                              //配合中点捕捉和对象追踪功能，捕捉图 8-48
                                                     所示的对象追踪虚线的交点
    指定高度 <2.5000>:                             // Enter，使用当前文字高度
    指定文字的旋转角度 <0>:                        // Enter，此时绘图区出现如图 8-49 所示的单行
                                                     文字输入框
```

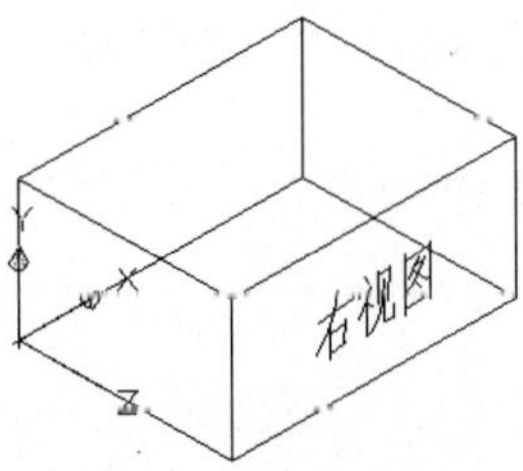

图 8-46　标注单行文字

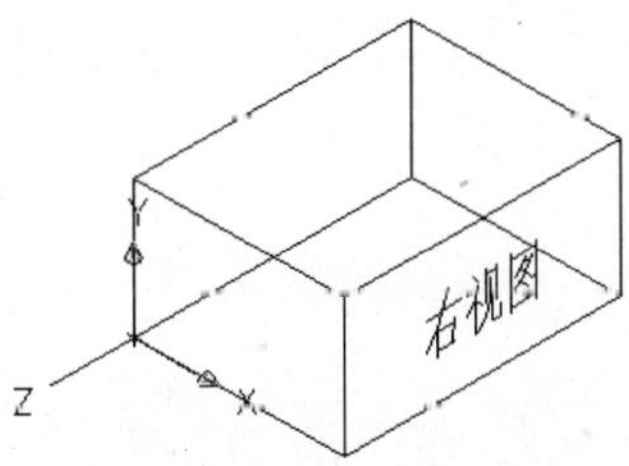

图 8-47　设置当前坐标系

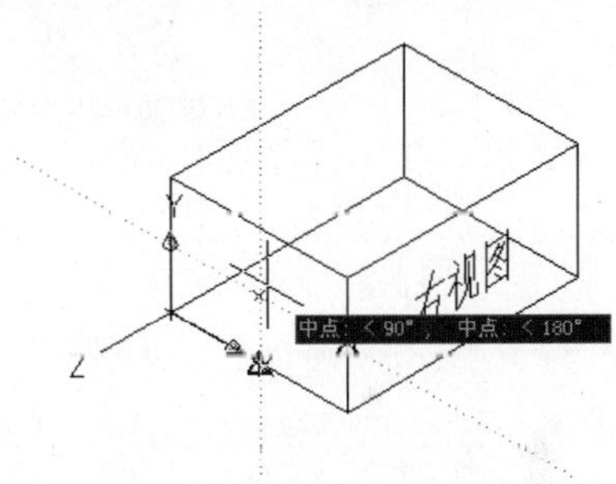

图 8-48　定位文字插入点

⓫在命令行中输入“左视图”文字，然后连续两次按 Enter 键结束命令，标注结果如图 8-50 所示。

⓬在命令行中输入 UCS 后按 Enter 键，将世界坐标系设置为当前坐标系。命令行操作如下：

```
命令: ucs                                    // Enter，激活坐标系命令
    当前 UCS 名称: left
    指定 UCS 的原点或[面(F)/命名(NA)/对象(OB)/上一个(P)/视图(V)/世界(W)/X/Y/Z/Z 轴(ZA)] <世界>:
                                             //w Enter，结果如图 8-51 所示
```

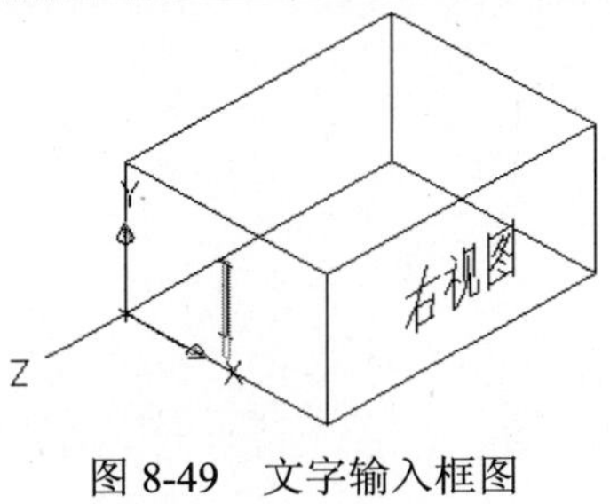

图 8-49　文字输入框图

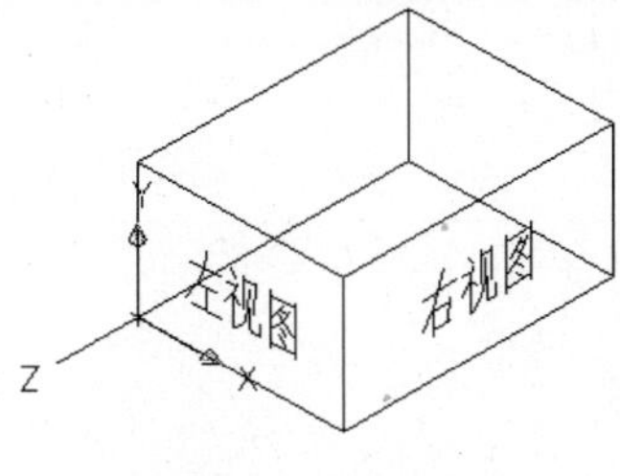

图 8-50　标注结果

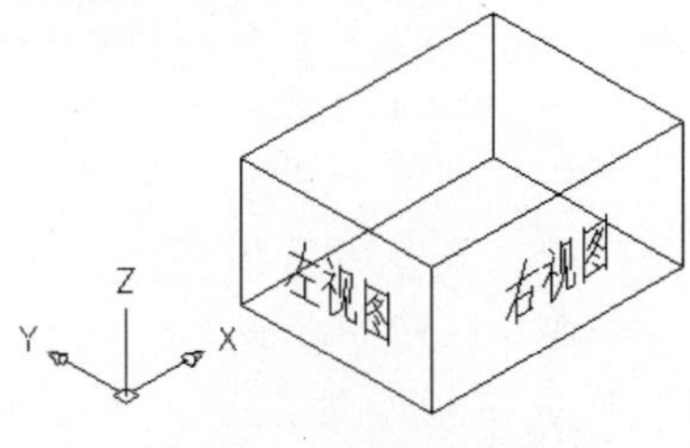

图 8-51　设置当前坐标系

⑬参照第 6、7 操作步骤，配合中点捕捉和对象追踪功能，使用【单行文字】命令在上顶面创建文字。命令行操作如下：

```
命令: _dtext
    当前文字样式:  Standard   当前文字高度:      40.0000
    指定文字的起点或 [对正(J)/样式(S)]:            //J Enter
    输入选项 [对齐(A)/布满(F)/居中(C)/中间(M)/右对齐(R)/左上(TL)/中上(TC)/右上(TR)/左中(ML)/正中(MC)/右中(MR)/左下(BL)/中下(BC)/右下(BR)]:  //MC Enter
    指定文字的中间点:                              //配合中点捕捉和对象追踪功能，捕捉图 8-52
                                                   所示的对象追踪虚线的交点
    指定高度 <2.5000>:                             // Enter，使用当前文字高度
    指定文字的旋转角度 <0>:                        // Enter，采用默认角度，此时绘图区出现如图
                                                   8-53 所示的单行文字输入框
```

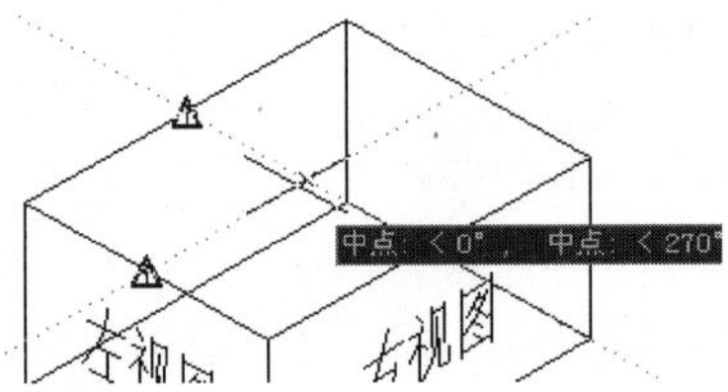

图 8-52　定位文字插入点

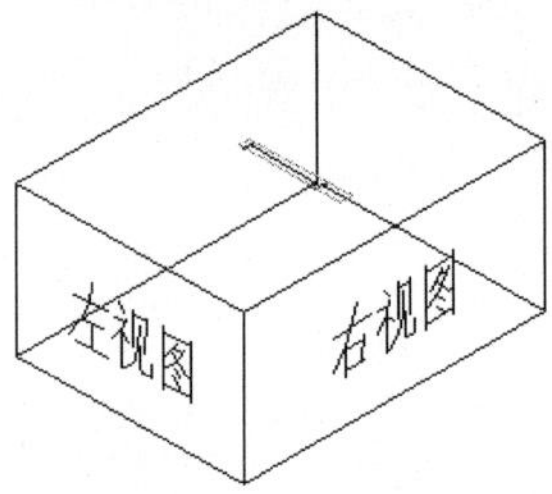

图 8-53　文字输入框图

⑭在命令行中输入“俯视图”文字，然后连续两次按 Enter 键结束命令，标注结果如图 8-54 所示。

⑮选择菜单【视图】|【消隐】命令，对当前视图进行消隐，最终结果如图 8-36 所示。

⑯最后将图形另存储为“坐标系的定义与应用.dwg”。

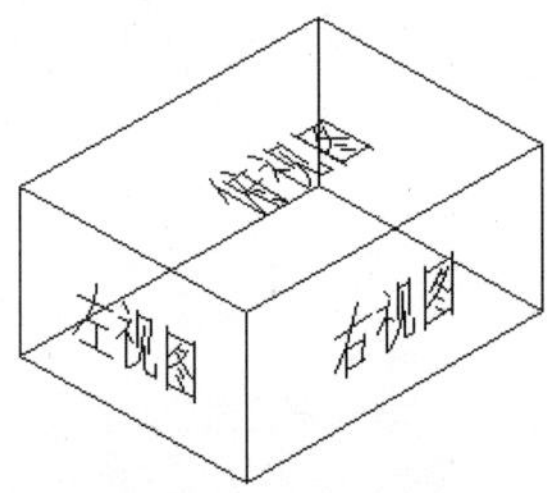

图 8-54　标注结果

8.6 本章小结

本章主要简单讲述了 AutoCAD 的三维辅助功能，具体包括视点的设置、视图的切换、视口的分割、坐标系的设置管理以及三维对象的视觉显示等辅助功能。通过本章的学习，应理解和掌握以下知识：

- 了解线框模型、曲面模型、实体模型的功能及区别，掌握三维视点的设置功能，以方便观察三维空间内的图形对象。
- 三维观察功能，具体有视点、视点预置和动态观察器、导航立方体、控制盘等。
- 理解世界坐标系和用户坐标系的概念及功能，掌握用户坐标系的各种设置方式以及坐标系的管理、切换和应用等重要操作知识。
- 三维显示功能，具体有视觉样式、管理视觉样式和渲染。

8.7 练习题

将图 8-55 所示的三维模型编辑为图 8-56 所示的状态（本例素材为随书光盘中的“素材文件\CRANE.dwg”）。

图 8-55 素材文件

图 8-56 本例效果

第9章

AutoCAD 曲面建模实例

上一章简单介绍了曲面模型的特点和用途。本章将详细讲述曲面模型的创建方法和创建技巧，学习使用基本的曲面建模工具，快速创建物体的三维面模型，以体现物体的三维特征。

9.1 基本曲面创建实例

AutoCAD 共提供了【长方体曲面】、【棱锥面】、【楔体曲面】、【上半球面】、【球面】、【圆锥面】、【图环面】、【下半球面】等多种创建基本体曲面工具。本节主要学习各种基本体曲面的创建方法。

9.1.1 创建长方体面

【AI_BOX】命令主要用于创建长方体表面或正方体表面。执行【AI_BOX】命令有以下两种方式。

- 命令行：在命令行中输入 AI_BOX。
- 快捷键：使用快捷键“3D”。

下面通过创建长度为 150、宽度为 100、高度为 150 的长方体表面模型，学习长方体表面的创建过程。

❶将当前视图切换到西南等轴测视图。

❷在命令行中输入 AI_BOX 并按 Enter 键，根据命令行的提示创建长方体表面。命令行操作如下：

```
命令: _ai_box
    指定角点给长方体:                //在绘图区拾取一点作为长方体角点
    指定长度给长方体:                //150 Enter，输入长方体的长度
    指定长方体表面的宽度或 [立方体(C)]:
                                     //100 Enter，输入长方体的宽度
    指定高度给长方体:                //150 Enter，输入长方体的高度
    指定长方体表面绕 Z 轴旋转的角度或 [参照(R)]:
                                     //0 Enter，输入旋转角度
```

❸创建结果如图 9-1 所示。

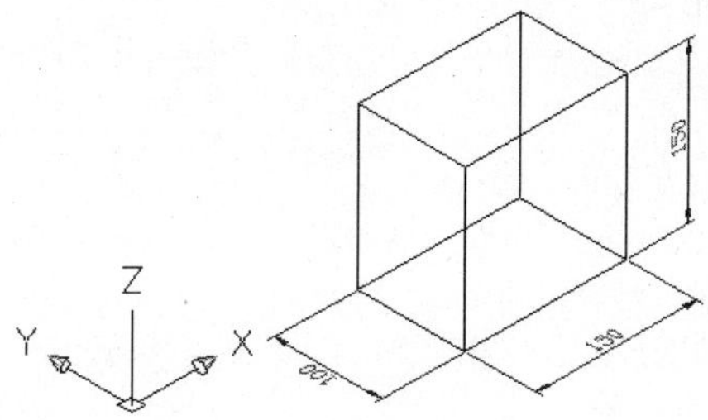

图 9-1 长方体表面示例

技巧

在此所输入的长度、宽度和高度，指的是沿 X、Y、Z 轴正方向的距离，其中长、宽值不能为负。

【立方体】选项主要用于创建长、宽、高都相等的立方体表面模型的。下面通过创建长度为 150 的正立方体，学习立方体表面的创建方法。

❶将当前视图切换到西南视图。

❷在命令行中输入 AI_BOX 并按 Enter 键，根据命令行的提示创建立方体表面。命令行操作如下：

```
命令: _ai_box
    指定角点给长方体:                                  //在绘图区拾取一点作为长方体角点
    指定长度给长方体:                                  //150 Enter，输入长方体的长度
    指定长方体表面的宽度或 [立方体(C)]:                //150 Enter，输入长方体的宽度
    指定长方体表面的宽度或 [立方体(C)]:                //c Enter，激活【立体方】选项
    指定长方体表面绕 Z 轴旋转的角度或 [参照(R)]:       //0 Enter，输入旋转角度
```

❸创建结果如图 9-2 所示。

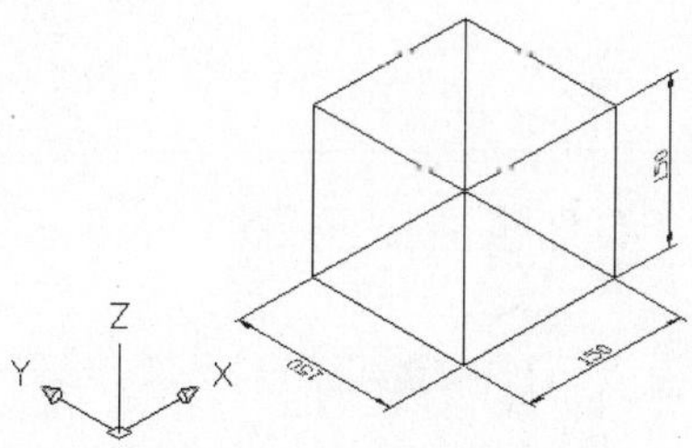

图 9-2 立方体表面示例

技巧

当用户激活【立体方】选项功能之后，系统将自动使用长度值作为宽度和高度，进行创建立体。

9.1.2 创建楔体表面

【AI_WEDGE】命令主要用于创建楔形体表面。执行【AI_WEDGE】命令主要有以下两种方式。

- 命令行：在命令行中输入 AI_WEDGE。
- 快捷键：使用快捷键“3D”。

下面通过创建长度为 120、宽度为 20、高度为 200 的楔形体表面，学习楔体表面的创建过程。

❶将当前视图切换为西南视图。

❷在命令行中输入 AI_WEDGE 并按 Enter 键，根据 AutoCAD 命令行的提示创建楔体表面。命令行操作如下：

```
命令: _ai_wedge
    指定角点给楔体表面:                    //拾取楔体的底成角点
    指定长度给楔体表面:                    //120 Enter，输入楔体表面的长度
    指定楔体表面的宽度:                    //20 Enter，输入楔体表面的宽度
    指定高度给楔体表面:                    //200 Enter，输入楔体表面的高度
    指定楔体表面绕 Z 轴旋转的角度:          //-90 Enter，输入绕 Z 轴旋转的角度
```

❸创建结果如图 9-3 所示。

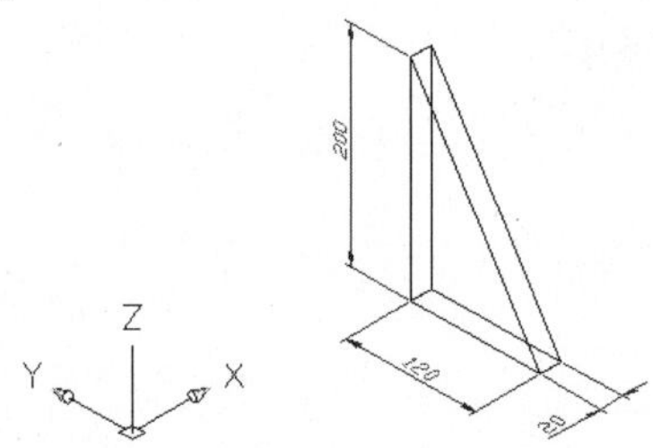

图 9-3 楔形体表面示例

> **技巧**
>
> 在此所输入的长度、宽度和高度，指的是沿 X、Y、Z 轴正方向的距离，其中长、宽值不能为负。

9.1.3 创建棱锥面

【AI_PYRAMID】命令用于创建棱锥表面或棱台表面模型。执行【AI_PYRAMID】命令主要有以下两种方式。

- 命令行：在命令行中输入 AI_PYRAMID。
- 快捷键：使用快捷键“3D”。

下面通过创建棱锥表面模型，学习【AI_PYRAMID】命令的使用方法和技巧。具体操作步骤如下。

❶将当前视图切换到等轴测视图。

❷在命令行中输入 AI_PYRAMID 并按 Enter 键，根据命令行提示创建棱锥面。命令行操作如下：

```
命令: _ai_pyramid
    指定棱锥面底面的第一角点:                    //指定棱锥底面的角点 1
    指定棱锥面底面的第二角点:                    //指定棱锥底面的角点 2
```

```
指定棱锥面底面的第三角点:                    //指定棱锥底面的角点 3
指定棱锥面底面的第四角点或 [四面体(T)]:      //指定棱锥底面的角点 4
指定棱锥面的顶点或 [棱(R)|顶面(T)]:          //指定棱锥面的段点 5
```

❸创建结果如图 9-4 所示。

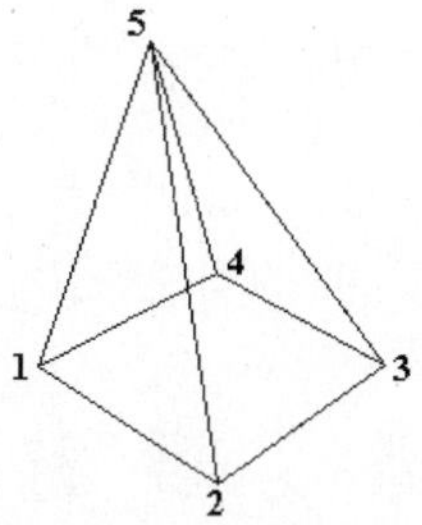

图 9-4　棱锥表面示例

1.【四面体】选项

【四面体】选项主要用于创建底面是三角形的棱锥或棱柱，如图 9-5 和图 9-6 所示。下面学习棱柱面的创建方法。

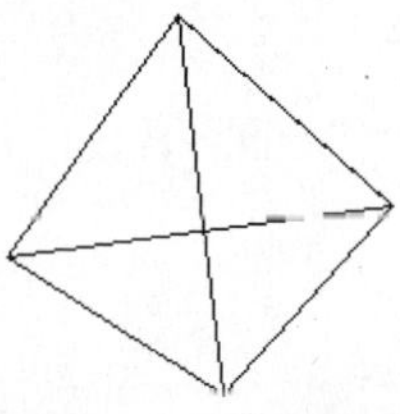

图 9-5　三边形棱锥

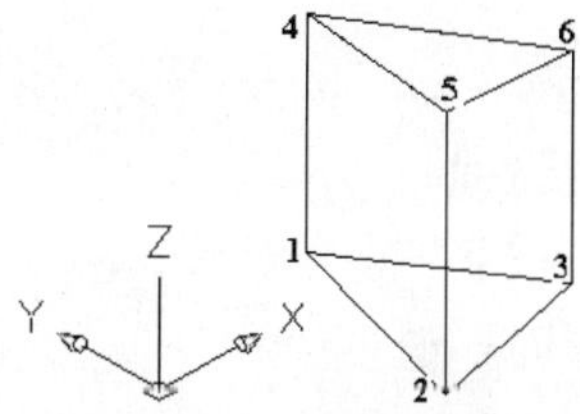

图 9-6　三边形棱柱

❶将当前视图切换到等轴测视图。

❷在命令行中输入 AI_PYRAMID 并按 Enter 键，根据命令行提示作图。命令行操作如下：

```
命令: _ai_pyramid
    指定棱锥面底面的第一角点:                    //指定棱锥底面的角点 1
    指定棱锥面底面的第二角点:                    //指定棱锥底面的角点 2
    指定棱锥面底面的第三角点:                    //指定棱锥底面的角点 3
    指定棱锥面底面的第四角点或 [四面体(T)]:      //Enter，激活【四面体】选项
    指定四面体表面的顶点或 [顶面(T)]:            //Enter，激活【顶面】选项
    指定顶面的第一角点给四面体表面:              //指定棱锥顶面的角点 4
    指定顶面的第二角点给四面体表面:              //指定棱锥顶面的角点 5
    指定顶面的第三角点给四面体表面:              //指定棱锥顶面的角点 6
```

❸创建结果如图 9-6 所示。

2.【棱】选项

【棱】选项主要用于顶面为一条线的棱锥。下面通过创建图 9-7 所示的棱锥，学习使用【棱】选项功能。

❶将当前视图切换到等轴测视图。

❷在命令行中输入 AI_PYRAMID 并按 Enter 键，根据命令行提示作图。命令行操作如下：

```
命令: _ai_pyramid
    指定棱锥面底面的第一角点:                    //指定棱锥底面的角点 1
    指定棱锥面底面的第二角点:                    //指定棱锥底面的角点 2
    指定棱锥面底面的第三角点:                    //指定棱锥底面的角点 3
    指定棱锥面底面的第四角点或[四面体(T)]:       //指定棱锥底面的角点 4
    指定棱锥面的顶点或[棱(R)/顶面(T)]:           //R Enter，激活【棱】选项
    指定棱锥面棱的第一端点:                      //捕捉棱锥面棱的第一端点 5
    指定棱锥面棱的第二端点:                      //捕捉棱锥面棱的第一端点 6
```

❸创建结果如图 9-7 所示。

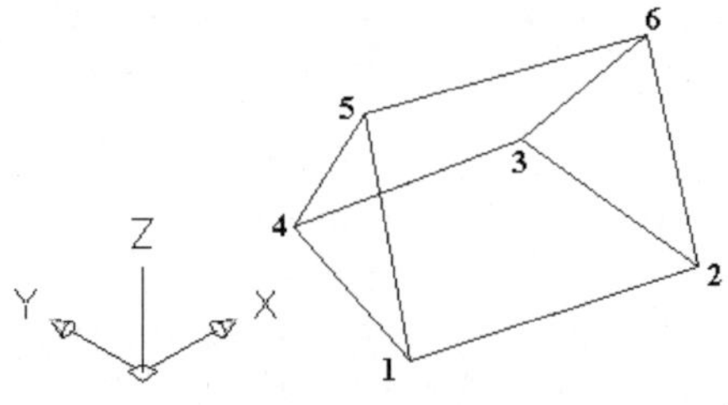

图 9-7 棱选项示例

3.【顶面】选项

【顶面】选项主要用于创建四棱柱表面。下面以创建图 9-8 所示的四棱柱表面，学习使用【顶面】选项功能。

❶将当前视图切换到等轴测视图。

❷在命令行中输入 AI_PYRAMID 并按 Enter 键，根据命令行提示作图。命令行操作如下：

```
命令: _ai_pyramid
    指定棱锥面底面的第一角点:                    //指定棱锥底面的角点 1
    指定棱锥面底面的第二角点:                    //指定棱锥底面的角点 2
    指定棱锥面底面的第三角点:                    //指定棱锥底面的角点 3
    指定棱锥面底面的第四角点或[四面体(T)]:       //指定棱锥底面的角点 4
    指定棱锥面的顶点或 [棱(R)|顶面(T)]:          //T Enter，激活【顶面】选项
    指定顶面的第一角点给棱锥面:                  //指定棱锥顶面的角点 5
    指定顶面的第二角点给棱锥面:                  //指定棱锥顶面的角点 6
    指定顶面的第三角点给棱锥面:                  //指定棱锥顶面的角点 7
    指定第四个角点作为棱锥面的顶点:              //指定棱锥顶面的角点 8
```

❸创建结果如图 9-8 所示。

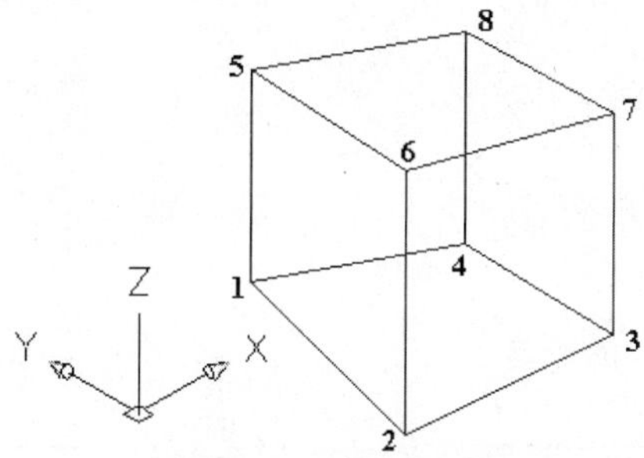

图 9-8　四棱柱表面示例

9.1.4　创建圆锥面

【AI_CONE】命令主要用于创建圆锥体表面或圆锥台表面模型，用户只需输入锥体高度及底圆半径即可。执行【AI_CONE】命令主要有以下两种方式。

- 命令行：在命令行中输入 AI_CONE。
- 快捷键：使用快捷键“3D”。

下面通过创建底圆半径为 60、高度为 150 的圆锥体表面，学习使用【AI_CONE】命令。具体操作步骤如下。

❶将当前视图切换到等轴测视图。

❷在命令行中输入 AI_CONE 并按 Enter 键，根据命令行提示进行作图。命令行操作如下：

```
命令: _ai_cone
    指定圆锥面底面的中心点:                    //拾取底面圆心
    指定圆锥面底面的半径或 [直径(D)]:          //60 Enter
    指定圆锥面顶面的半径或 [直径(D)] <0>:      //0 Enter
    指定圆锥面的高度:                          //150 Enter
    输入圆锥面曲面的线段数目 <16>:             // Enter，输入曲面线段数目
```

❸创建结果如图 9-9 所示。

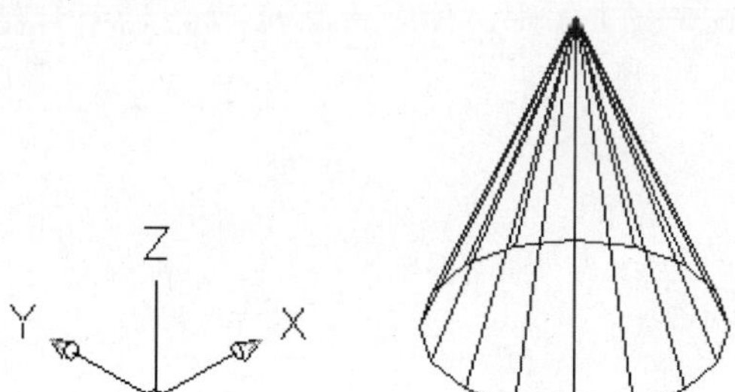

图 9-9　圆锥面创建示例

技巧

如果用户在最后一步操作中，将锥面线段数目设置的越大，那么锥面就越光滑，如图 9-10 所示。另外，如果用户设置了圆锥顶面圆的半径，那么系统将创建出相应尺寸的圆台表面模型，如图 9-11 所示。

图 9-10　设置线宽密度后的效果

图 9-11　圆台示例

9.1.5　创建球面

【AI_SPHERE】命令用于创建圆球表面，用户只需定位出球心位置及圆半径，即可创建出球表面模型。执行【AI_SPHERE】命令主要有以下两种方式。

- 命令行：在命令行中输入 AI_SPHERE。
- 快捷键：使用快捷键“3D”。

下面通过创建半径为 100 的圆球表面，学习使用【AI_SPHERE】命令。具体操作步骤如下。

❶将当前视图切换到等轴测视图。

❷在命令行中输入 I_SPHERE 并按 Enter 键，根据命令行提示进行作图。命令行操作如下：

```
命令: _ai_sphere
    指定中心点给球面:                          //指定球面的中心点
    指定球面的半径或[直径(D)]:                 //100 Enter，输入球面半径
    输入曲面的经线数目给球面 <16>:             // Enter，输入球面经线数目
    输入曲面的纬线数目给球面 <16>:             // Enter，输入球面纬线数目
```

❸创建结果如图 9-12 所示。

❹执行【消隐】命令，将球面消隐着色，结果如图 9-13 所示。

技巧

球面的经线数目和纬线数目越大，那么球表面就越光滑，如图 9-14 所示的球面，其经线和纬线数目为 30。

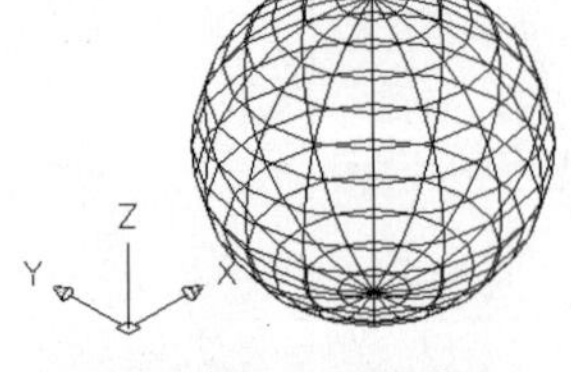

图 9-12　创建球

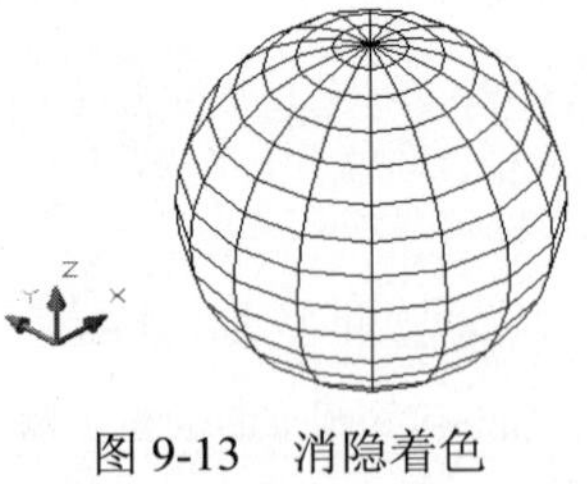

图 9-13　消隐着色

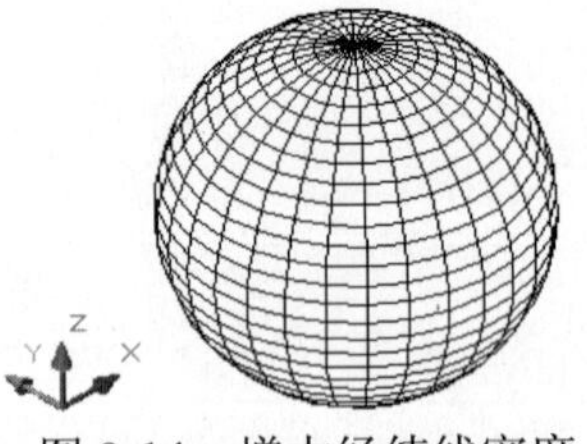

图 9-14　增大经纬线密度

9.1.6　创建上半球面

【AI_DOME】命令用于创建上半球表面，所创建的上半球面凸起，朝向当前坐标系 Z 轴正方向。执行【AI_DOME】命令主要有以下两种方式。

- 命令行：在命令行中输入 AI_DOME。
- 快捷键：使用快捷键“3D”。

下面通过创建半径为 60 的上半球表面，学习使用【AI_DOME】命令。具体操作步骤如下。

❶将当前视图切换到等轴测视图。

❷在命令行中输入 AI_DOME 并按 Enter 键，根据命令行提示进行作图。命令行操作如下：

```
命令: _ai_dome
    指定中心点给上半球面:                          //指定上半球面的中心点
    指定上半球面的半径或 [直径(D)]:                //60 Enter，输入球面半径
    输入曲面的经线数目给上半球面 <16>:             //24 Enter，设置球面经线数目
    输入曲面的纬线数目给上半球面 <8>:              //16 Enter，设置球面经线数目
```

❸创建结果如图 9-15 所示。

❹执行【消隐】命令，为上半球面进行消隐着色，如图 9-16 所示。

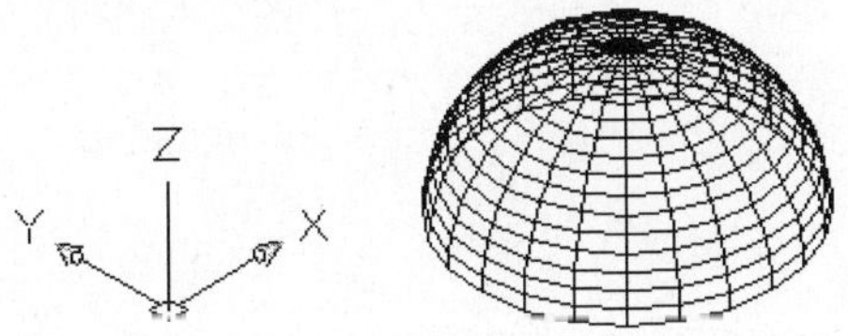

图 9-15　创建结果

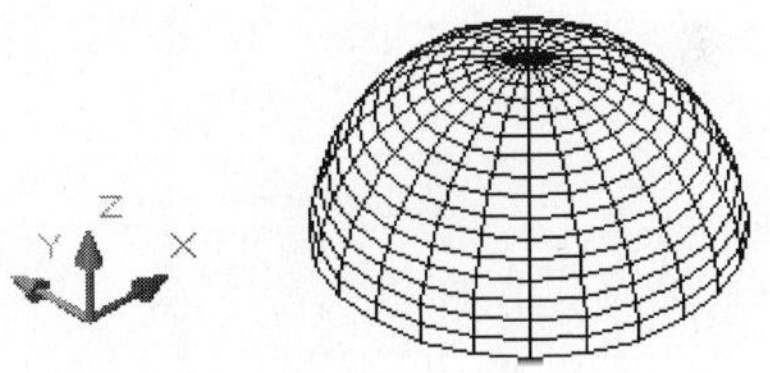

图 9-16　消隐着色

9.1.7 创建下半球面

【AI_DISH】命令用于创建下半球表面，所创建的下半球面凸起方向为当前坐标系 Z 轴负方向。执行【AI_DISH】命令主要有以下两种方式。

- 命令行：在命令行中输入 AI_DISH。
- 快捷键：使用快捷键“3D”。

下面通过创建一个半径为 60 的下半球表面，学习使用【AI_DISH】命令。具体操作步骤如下。

❶将当前视图切换到等轴测视图。

❷在命令行中输入 AI_DISH 并按 Enter 键，根据命令行提示进行作图。命令行操作如下：

```
命令: _ai_dish
    指定中心点给下半球面:                          //指定下半球面的中心点
    指定下半球面的半径或 [直径(D)]:                //60 Enter，输入球面半径
    输入曲面的经线数目给下半球面 <16>:             //24 Enter，设置球面经线数目
    输入曲面的纬线数目给下半球面 <8>:              //16 Enter，设置球面经线数目
```

❸创建结果如图 9-17 所示。

❹执行【消隐】着色命令，为下半球面进行消隐着色，如图 9-18 所示。

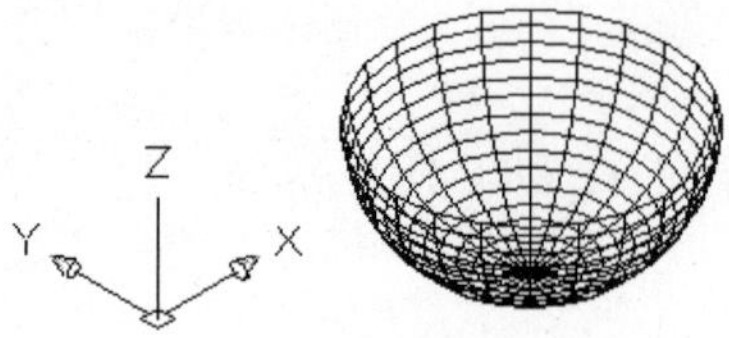

图 9-17　创建结果

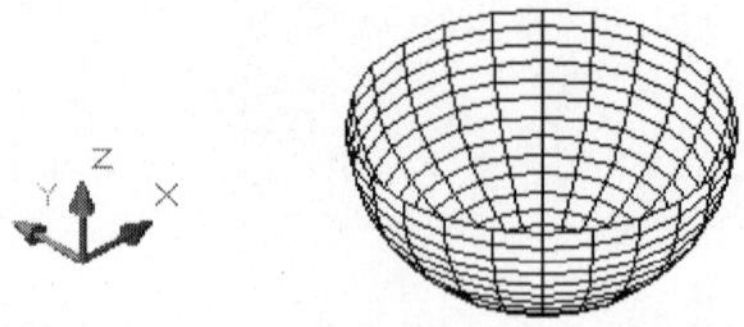

图 9-18　消隐着色

9.1.8　创建圆环面

【AI_TORUS】命令用于圆环体表面，用户只需输入圆环的半径以及圆管的半径，即可创建出圆环面。执行【AI_TORUS】命令主要有以下两种方式。

- 命令行：在命令行中输入 AI_TORUSH。
- 快捷键：使用快捷键“3D”。

下面通过创建圆环体表面，学习使用【AI_TORUS】命令。具体操作步骤如下。

❶将当前视图切换到等轴测视图。

❷在命令行中输入 AI_TORUS 并按 Enter 键，根据命令行提示进行作图。命令行操作如下：

```
命令: _ai_torus
    指定圆环面的中心点:                          //定位圆环面的中心点
    指定圆环面的半径或 [直径(D)]:                //100 Enter，输入圆环面的半径
    指定圆管的半径或 [直径(D)]:                  //10 Enter，设置圆管半径
    输入环绕圆管圆周的线段数目 <16>:             //30 Enter，设置绕管线段数目
    输入环绕圆环面圆周的线段数目 <16>:           //30 Enter，设置绕环线段数目
```

❸创建结果如图 9-19 所示。

❹在命令行中输入 Shade 后按 Enter 键，对模型进行着色，结果如图 9-20 所示。

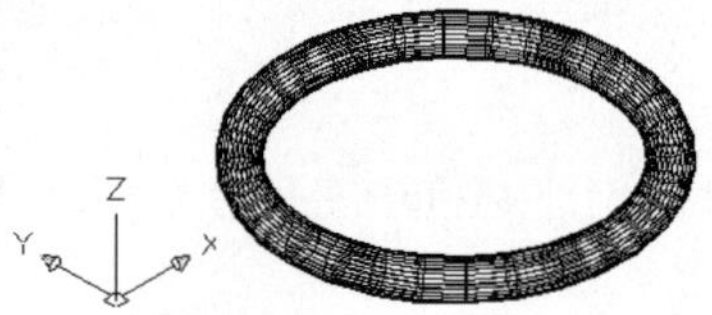

图 9-19　创建结果

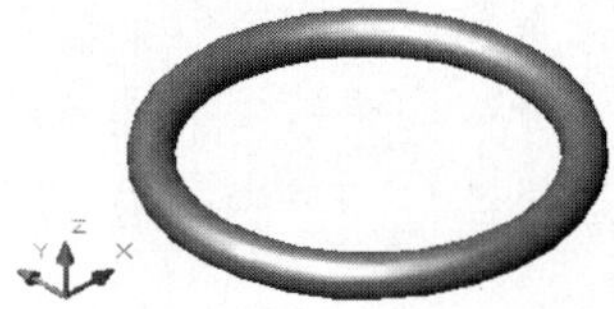

图 9-20　体着色

9.2　创建三维面实例

【三维面】命令用于可以在二维空间的任意位置创建三边或四边的表面，并可将这些表面连接在一起形成一个多边的表面。执行【三维面】命令主要有以下两种方式。

- 菜单栏：选择菜单【绘图】|【建模】|【网格】|【三维面】命令。
- 命令行：在命令行中输入 3DFace。

下面通过创建图 9-21 所示的立体模型，学习【三维面】命令的使用方法和技巧。具体操作步骤如下。

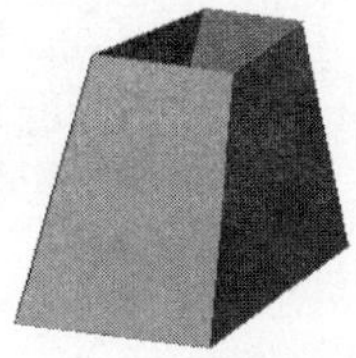

图 9-21　三维面示例

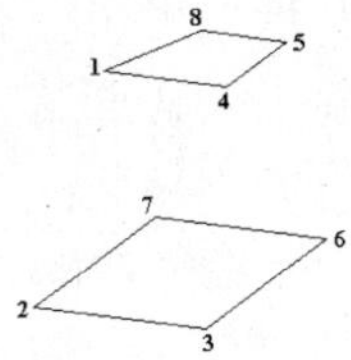

图 9-22　源图形

❶打开随书光盘中的“素材文件\三维面.dwg”，如图 9-22 所示。

❷选择菜单【绘图】|【建模】|【网格】|【三维面】命令，根据命令行的操作提示进行作图。命令行操作如下：

```
命令: _3dface
    指定第一点或 [不可见(I)]:                     //捕捉如图 9-22 所示的端点 1
    指定第二点或 [不可见(I)]:                     //捕捉端点 2
    指定第三点或 [不可见(I)] <退出>:               //捕捉端点 3
    指定第四点或 [不可见(I)] <创建三侧面>:         //捕捉端点 4
    指定第三点或 [不可见(I)] <退出>:               //捕捉端点 5
    指定第四点或 [不可见(I)] <创建三侧面>:         //捕捉端点 6
    指定第三点或 [不可见(I)] <退出>:               //捕捉端点 7
    指定第四点或 [不可见(I)] <创建三侧面>:         //捕捉端点 8
    指定第三点或 [不可见(I)] <退出>:               //捕捉端点 1
    指定第四点或 [不可见(I)] <创建三侧面>:         //捕捉端点 2
    指定第三点或 [不可见(I)] <退出>:               // Enter，结束命令
```

技巧

在第一次输完 4 个点后，AutoCAD 会自动将最后两个点作为下一个三维平面的第一、第二个顶点，这样才会继续出现提示符，要求用户输入下一个三维平面第三、四个顶点的坐标值。

技巧

如果在最后一个命令提示行后直接按 Enter 键，系统将以前面 3 个点为顶点生成三维平面。

❸创建结果如图 9-23 所示。

❹执行【消隐】命令，为刚创建的模型进行消隐，结果如图 9-24 所示。

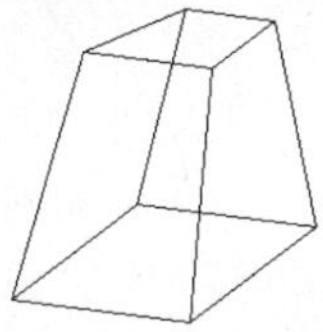

图 9-23　创建结果

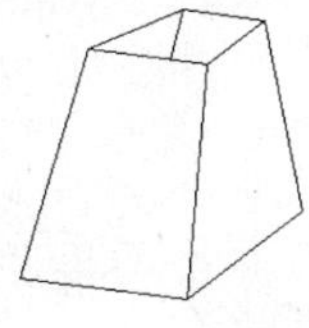

图 9-24　消隐着色

❺在命令行中输入 Shade 后按 Enter 键，对模型进行着色。

❻最后将图形另存储为“创建三维面.dwg”。

【不可见】选项用来控制当前所创建三维平面边界的可见性，用户需要在指定某一边的任何端点之前，激活该选项，那么在拾取边的两个端点后，该边就变为不可见。

另外，对于已经创建的三维面，如图 9-25（左）所示，用户可以使用【边】命令控制边界的可见性。在命令行中输入 Edge 后按 Enter 键，在“指定要切换可见性的三维表面的边或[显示(D)]”提示下，直接选择需要隐藏的边界，结束命令后，选择的边将变为不可见，如图 9-25（右）所示。

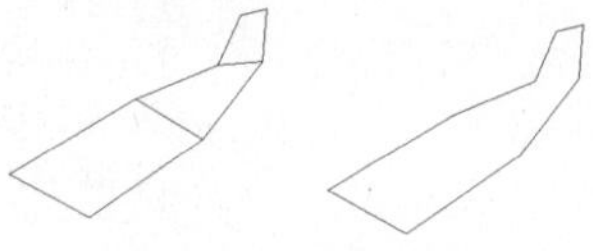

图 9-25　隐藏边界

> **技巧**
>
> 若想使不可见的边界重新变为可见，可以使用【边】命令中的【显示】选项功能。

9.3 创建旋转网格实例

【旋转网格】命令是通过一条轨迹线绕一根指定的轴，进行空间旋转，从而生成回转体空间曲面。此命令常用于创建具有回转体特征的空间形体，如酒杯、茶壶、花瓶、灯罩、轮、环等三维模型。

用于旋转的轨迹线可以是直线、圆、圆弧、样条曲线、二维或三维多段线，旋转轴则可以是直线或非封闭的多段线。

执行【旋转网格】命令主要有以下两种方式。

- 菜单栏：选择菜单【绘图】|【建模】|【网格】|【旋转网格】命令。
- 命令行：在命令行中输入 Revsurf。

下面通过创建如图 9-26 所示的简单带轮立体模型，学习【旋转网格】命令的使用方法和技巧。具体操作步骤如下。

❶打开随书光盘中的“素材文件\带轮.dwg”，如图 9-27 所示。

图 9-26　带轮

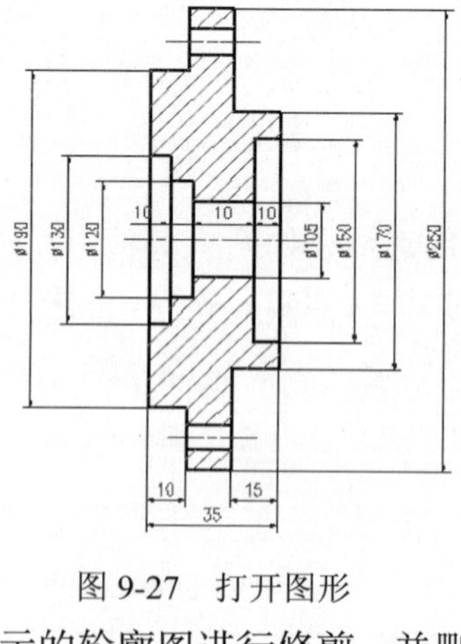

图 9-27　打开图形

❷综合使用【修剪】和【删除】命令，对图 9-27 所示的轮廓图进行修剪，并删除多余轮廓线，编辑结果如图 9-28 所示。

❸使用快捷键“PE”激活【编辑多段线】命令，将图 9-28 所示的轮廓图编辑成一条闭合的多段线。命令行操作如下：

```
命令: _pedit
    选择多段线或 [多条(M)]:                  //单击图 9-28 所示的某一轮廓线
    选定的对象不是多段线
    是否将其转换为多段线? <Y>                 // Enter，采用当前设置
    输入选项 [闭合(C)/合并(J)/宽度(W)/编辑顶点(E)/拟合(F)/样条曲线(S)/非曲线化(D)/线型生成
(L)/放弃(U)]:                                //j Enter，激活【合并】选项功能
    选择对象:                                //选择如图 9-28 所示的轮廓线
    选择对象:                                // Enter，结束对象的选择
    13 条线段已添加到多段线
    输入选项[打开(O)/合并(J)/宽度(W)/编辑顶点(E)/拟合(F)/样条曲线(S)/非曲线化(D)/线型生成
(L)/放弃(U)]:                                //j Enter，激活【合并】选项
    输入选项 [打开(O)/合并(J)/宽度(W)/编辑顶点(E)/拟合(F)/样条曲线(S)/非曲线化(D)/线型生成
(L)/放弃(U)]:
    // Enter，退出命令，结果被选择的对象被合并为一条闭合的多段线
```

❹分别使用系统变量 SURFTAB1 和 SURFTAB2，设置回转曲面表面的线框密度。命令行操作如下：

```
命令: surftab1                               // Enter，激活该系统变量
    输入 SURFTAB1 的新值 <6>:                //24 Enter，输入变量值
    命令: surftab2                           // Enter，激活该系统变量
    输入 SURFTAB2 的新值 <6>:                //24 Enter，输入变量值
```

❺选择菜单【绘图】|【建模】|【网格】|【旋转网格】命令，根据命令行的操作提示进行作图。命令行操作如下：

```
命令: _revsurf
    当前线框密度: SURFTAB1=24  SURFTAB2=24
    选择要旋转的对象:                        //选择如图 9-29 所示的对象
    选择定义旋转轴的对象:                    //选择如图 9-30 所示的线段
    指定起点角度 <0>:                        // Enter，采用当前设置
    指定包含角 (+=逆时针，-=顺时针) <360>:
                                             // Enter，采用当前设置，创建结果如图 9-31 所示
```

图 9-28 编辑结果

图 9-29 定位轨迹线

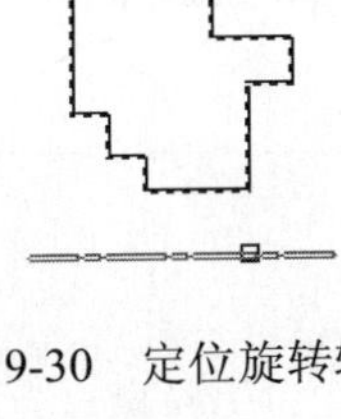

图 9-30 定位旋转轴

技巧

起始角为轨迹线开始旋转时的角度，旋转角表示轨迹线旋转的角度。在系统以逆时针方向为选择角度测量方向的情况下，如果用户输入的角度为正，则按逆时针方向旋转构造旋转曲面，否则按顺时针方向构造旋转曲面。

❻选择菜单【视图】|【三维视图】|【西南等轴测】命令，将当前视图切换为西南视图，结果如图 9-32 所示。

❼选择菜单【视图】|【消隐】命令，对模型进行消隐显示，结果如图 9-33 所示。

❽在命令行中输入 Shade 后按 Enter 键，对模型进行着色，最终结果如图 9-26 所示。

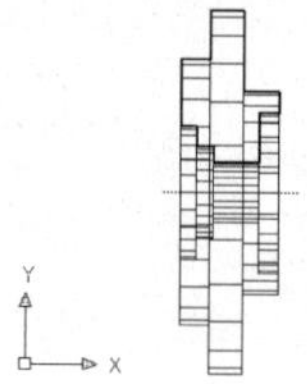

图 9-31　旋转结果

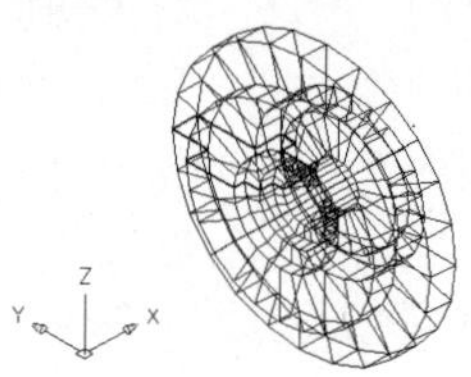

图 9-32　切换西南视图

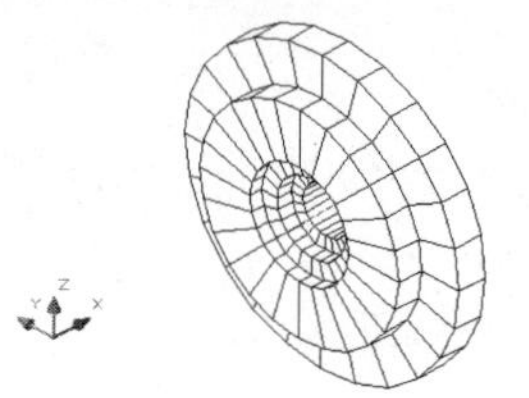

图 9-33　消隐着色

❾最后将图形另存储为“创建旋转网格.dwg”。

9.4 创建平移网格实例

【平移网格】命令是轨迹线沿着指定方向矢量平移延伸而形成的三维曲面，如图 9-34 所示。轨迹线可以是直线、圆（圆弧）、椭圆（椭圆弧）、样条曲线、二维或三维多段线；方向矢量用来指明拉伸的方向和长度，可以是直线或非封闭的多段线，不能使用圆或圆弧来指定拉伸的方向。

执行【平移网格】命令主要有以下两种方式。

- 菜单栏：选择菜单【绘图】|【建模】|【网格】|【平移网格】命令。
- 命令行：在命令行中输入 Tabsurf。

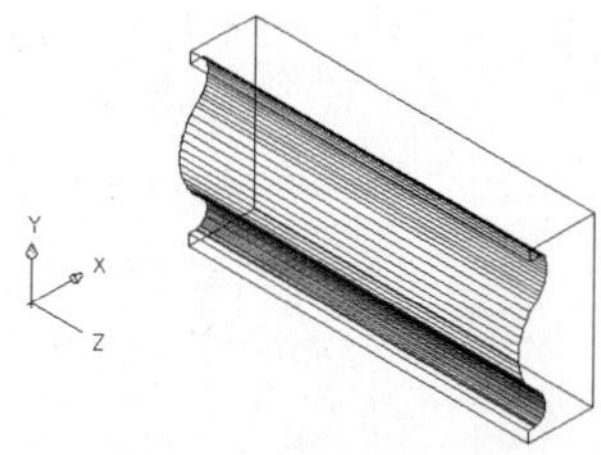

图 9-34　平移网格实例

下面通过创建图 9-34 所示的平移网格，学习【平移网格】命令的使用方法和技巧。具体操作步骤如下。

❶打开随书光盘中的“素材文件\平移网格.dwg”，如图 9-35 所示。

❷选择菜单【视图】|【三维视图】|【西南等轴测】命令，将当前视图切换为西南视图，如图 9-36 所示。

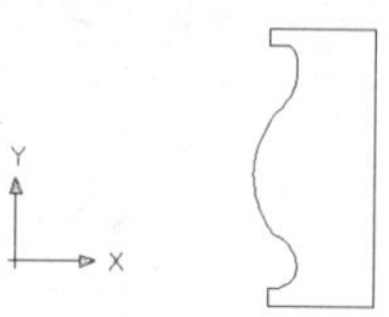

图 9-35　打开结果

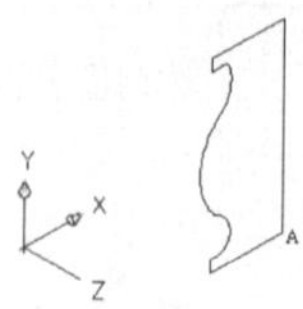

图 9-36　西南视图

❸选择菜单【绘图】|【直线】命令，以图 9-36 所示的端点 A 作为起点，绘制长度为 400 的直线作为方向矢量。命令行操作如下：

```
命令: _line
    指定第一点:                         //捕捉如图 9-36 所示的端点 A
    指定下一点或 [放弃(U)]:             //@0,0,400 Enter
    指定下一点或 [放弃(U)]:             // Enter，绘制结果如图 9-37 所示
```

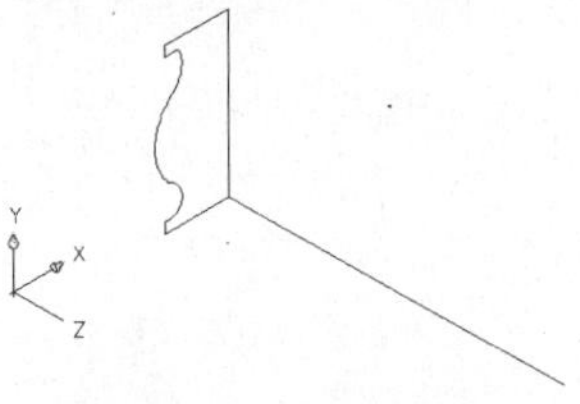

图 9-37　绘制直线

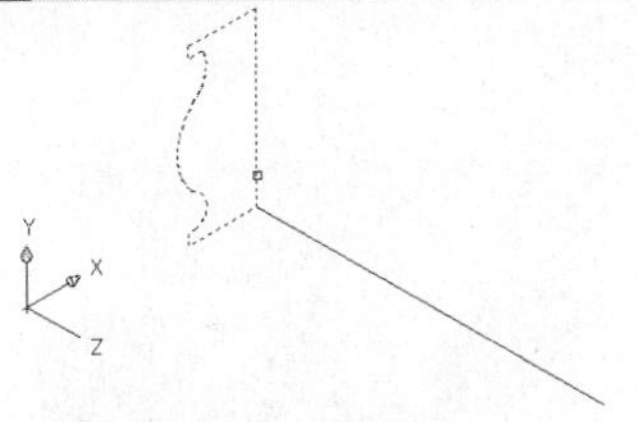

图 9-38　绘制平移对象

❹使用系统变量 SURFTAB1，设置直纹曲面表面的线框密度为 12。

❺选择菜单【绘图】|【建模】|【网格】|【平移网格】命令，根据命令行的操作提示进行作图。命令行操作如下：

```
命令: _tabsurf
    当前线框密度: SURFTAB1=12
    选择用作轮廓曲线的对象:             //选择如图 9-38 所示的闭合对象
    选择用作方向矢量的对象:             //选择图 9-39 所示的直线
```

❻创建结果如图 9-40 所示。

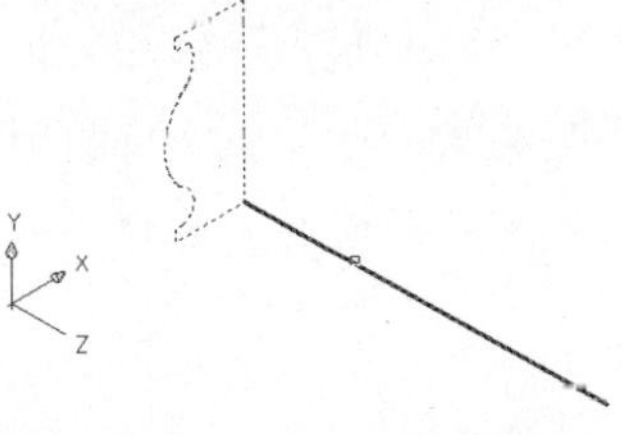

图 9-39　定位平移矢量

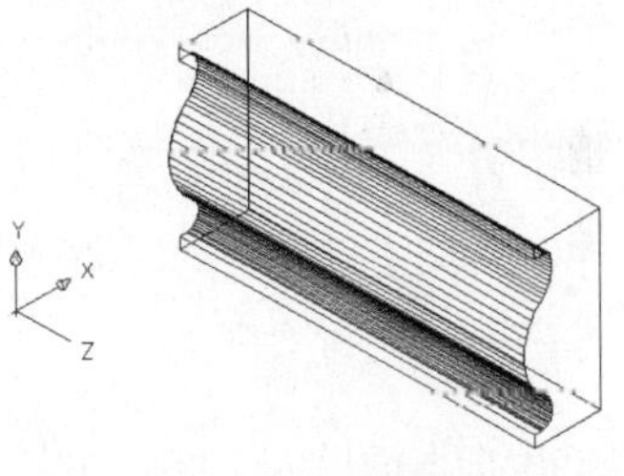

图 9-40　平移结果

技巧

创建平移网格时，用于拉伸的轨迹线和方向矢量不能位于同一平面内，在指定拉伸的方向矢量时，选择点的位置不同，结果也不同。

❼选择菜单【视图】|【消隐】命令，为模型消隐，结果如图 9-34 所示。

❽最后使用【另存为】命令，将图形另存储为“创建平移网格.dwg”。

9.5 创建直纹网格实例

【直纹网格】命令主要用于在指定的两个对象之间生成的一个直纹曲面，所指定的两条边界可以是直线、样条曲线、多段线等，如果一条边界闭合的，那么另一条边界也必须

是闭合的。

执行【直纹网格】命令主要有以下两种方式。

- 菜单栏：选择菜单【绘图】|【建模】|【网格】|【直纹网格】命令。
- 命令行：在命令行中输入 Rulesurf。

下面通过创建如图 9-41 所示的直纹网格，主要学习【直纹网格】命令的使用方法和技巧。具体操作步骤如下。

❶新建空白文件。

❷将当前视图切换为西南视图，然后绘制如图 9-42 所示的两条样条曲线。

图 9-41　本例效果

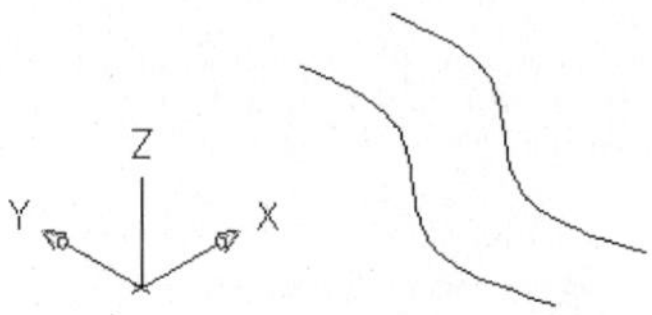

图 9-42　绘制样条曲线

❸设置系统变量 SURFTAB1 值为 36。然后执行【直纹网格】命令，创建直纹网格。命令行操作如下：

```
命令: _rulesurf
    当前线框密度: SURFTAB1=36
    选择第一条定义曲线:                    //在左侧样条曲线的下端单击
    选择第二条定义曲线:                    //在右侧样条曲线的下端单击
```

技巧

在选择对象时，需要选择的对象必须同时闭合或同时打开。如果一个对象为点，那么另一个对象可以是闭合的，也可以是打开的。另外，当边界曲线不是封闭时，选择点的位置不同，结果生成的图形也不同。

❹结果生成如图 9-43 所示的直纹网格，其渲染效果如图 9-41 所示。

技巧

用户在选择第二条定义曲线时，如果单击的位置与第一条曲线位置相反，结果会生成如图 9-44 所示的曲面。所以单击的位置不同，有时生成的曲面也不同。

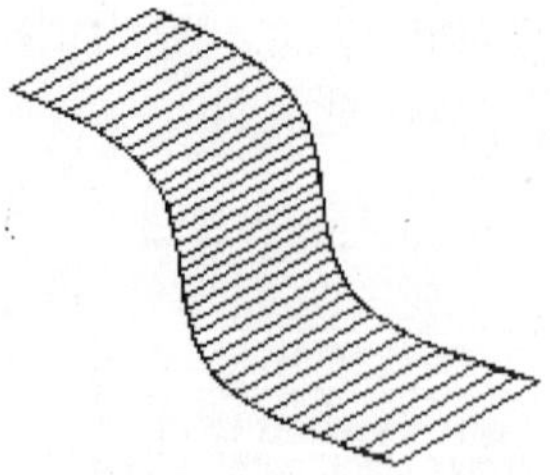

图 9-43　创建直纹曲面

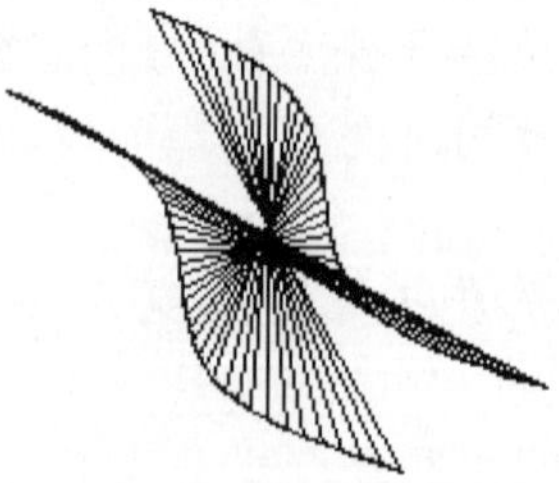

图 9-44　创建结果

9.6 创建边界网格实例

【边界网格】命令用于将 4 条首尾相连的空间直线或曲线作为边界，创建成的空间曲面模型。另外，4 条边界必须首尾相连形成一个封闭图形。

执行【边界网格】命令主要有以下两种方式。

- 菜单栏：选择菜单【绘图】|【建模】|【网格】|【边界网格】命令。
- 工具栏：在命令行中输入 Edgesurf。

下面通过创建如图 9-45 所示的模型，主要学习【边界网格】命令的使用方法和技巧。具体操作步骤如下。

❶创建空白文件，并将当前视图切换为西南视图。

❷执行【矩形】命令，绘制长度为 150 的正四边形，如图 9-46 所示。

❸选择菜单【修改】|【复制】命令，将刚绘制的正四边形沿 Z 轴正方向复制 150 个绘图单位，结果如图 9-47 所示。

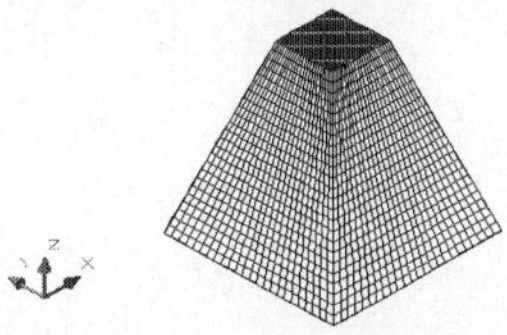

图 9-45 边界曲面示例

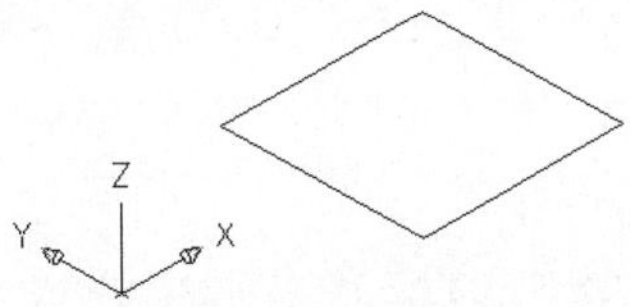

图 9-46 绘制正四边形

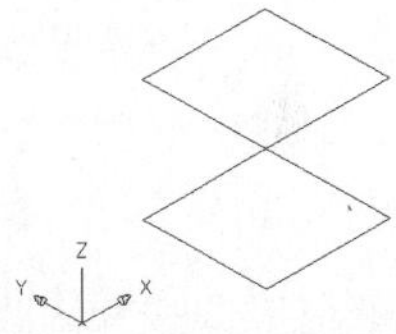

图 9-47 复制正四边形

❹选择菜单【修改】|【偏移】命令，将复制出的正四边形向内偏移 50 个单位，同时删除原四边形。命令行操作如下：

```
命令: _offset
    当前设置: 删除源=是  图层=源  OFFSETGAPTYPE=0
    指定偏移距离或 [通过(T)/删除(E)/图层(L)] <10.0000>:        //e Enter
    要在偏移后删除源对象吗? [是(Y)/否(N)] <是>:               //y Enter
    指定偏移距离或 [通过(T)/删除(E)/图层(L)] <10.0000>:        //50 Enter，设置偏移距离
    选择要偏移的对象，或 [退出(E)/放弃(U)] <退出>:              //选择复制出的正四边形
    指定要偏移的那一侧上的点，或 [退出(E)/多个(M)/放弃(U)] <退出>:
                                                              //在正四边形的内部单击左键
    选择要偏移的对象，或 [退出(E)/放弃(U)] <退出>:              // Enter，退出命令，偏移结果
                                                               如图 9-48 所示
```

❺使用快捷键“X”激活【分解】命令，将两个矩形分解。

❻使用【直线】命令，配合端点捕捉功能，分别连接矩形的角点，绘制如图 9-49 所示的直线。

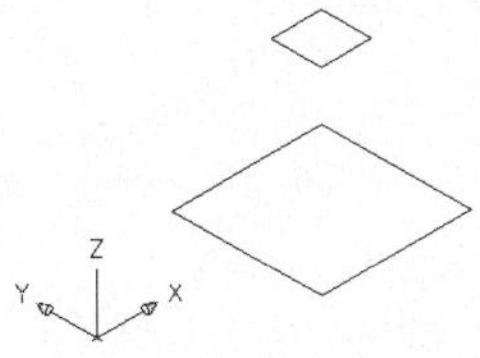

图 9-48 偏移结果

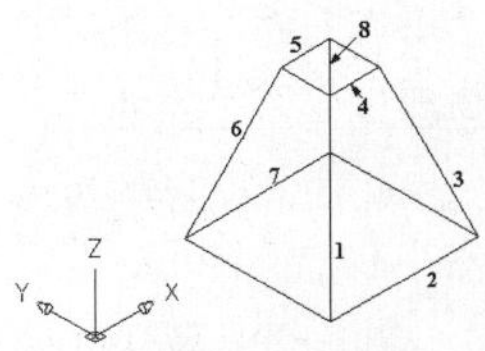

图 9-49 绘制直线

❼选择菜单【格式】|【图层】命令，新建一个名为“网格”的图层，并将该图层关闭。

❽使用系统变量 SURFTAB1 和 SURFTAB2，设置直纹曲面表面的线框密度为 30。命令行操作如下：

```
命令: surftab1                                  // Enter，激活该系统变量
    输入 SURFTAB1 的新值 <6>                     //30 Enter，输入变量值
    命令: surftab2                              // Enter，激活该系统变量
    输入 SURFTAB1 的新值 <6>:                    //30 Enter，输入变量值
```

❾选择菜单【绘图】|【建模】|【网格】|【边界网格】命令，根据命令行的操作提示进行作图。命令行操作如下：

```
命令: _edgesurf
    当前线框密度: SURFTAB1=24    SURFTAB2=24
    选择用作曲面边界的对象 1:                    //单击图 9-49 所示的轮廓线 1
    选择用作曲面边界的对象 2:                    //单击轮廓线 2
    选择用作曲面边界的对象 3:                    //单击轮廓线 3
    选择用作曲面边界的对象 4:                    //单击轮廓线 4，创建结果如图 9-50 所示
    命令:                                       // Enter，重复执行命令
    EDGESURF 当前线框密度: SURFTAB1=24    SURFTAB2=24
    选择用作曲面边界的对象 1:                    //单击轮廓线 5
    选择用作曲面边界的对象 2:                    //单击轮廓线 6
    选择用作曲面边界的对象 3:                    //单击轮廓线 7
    选择用作曲面边界的对象 4:                    //单击轮廓线 8，创建结果如图 9-51 所示
```

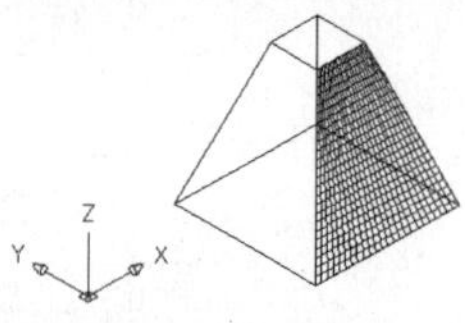

图 9-50　创建边界曲面

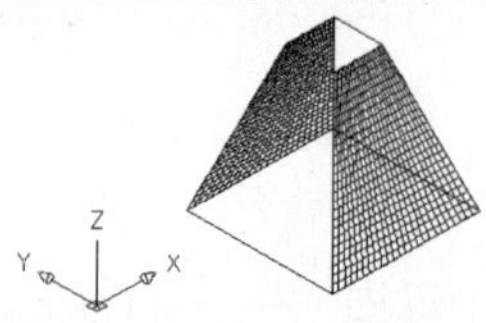

图 9-51　创建另一侧曲面

❿选择刚创建的两个边界网格，然后单击【图层】工具栏上的【图层控制】列表，修改其图层为“网格”，将边界曲面隐藏。

⓫此时绘图区内的图形又恢复到图 9-49 所示的显示状态，再次激活【边界网格】命令，根据命令行的操作提示，继续创建其他侧面的模型。命令行操作如下：

```
命令: _edgesurf
    当前线框密度: SURFTAB1=24    SURFTAB2=24
    选择用作曲面边界的对象 1:                    //单击图 9-52 所示的轮廓线 1
    选择用作曲面边界的对象 2:                    //单击轮廓线 2
    选择用作曲面边界的对象 3:                    //单击轮廓线 3
    选择用作曲面边界的对象 4:                    //单击轮廓线 4，创建结果如图 9-53 所示
    命令: _edgesurf                             // Enter，重复执行命令
    当前线框密度: SURFTAB1=24    SURFTAB2=24
    选择用作曲面边界的对象 1:                    //单击图 9-52 所示的轮廓线 5
```

```
选择用作曲面边界的对象 2:                //单击轮廓线 6
选择用作曲面边界的对象 3:                //单击轮廓线 7
选择用作曲面边界的对象 4:                //单击轮廓线 8，创建结果如图 9-54 所示
```

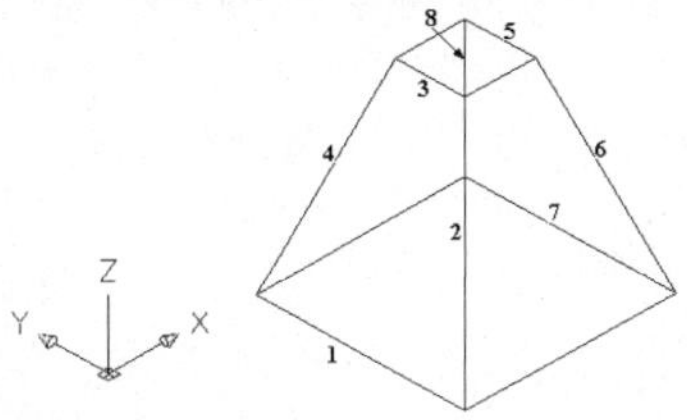

图 9-52　定位边界

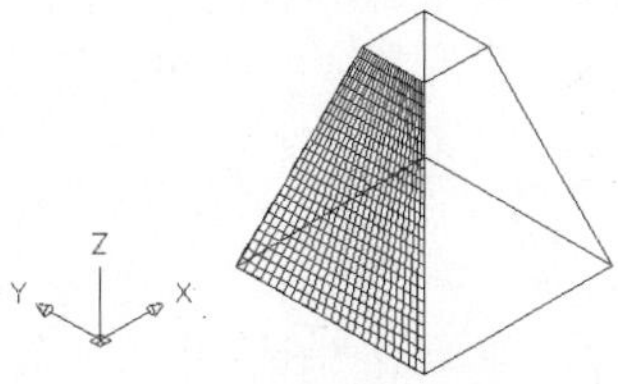

图 9-53　创建边界曲面

⑫选择刚创建的两个边界网格，修改其图层为“网格”，将其隐藏。

⑬再次执行【边界曲面】命令，创建上侧的曲面模型。命令行操作如下：

```
命令: _edgesurf
    当前线框密度: SURFTAB1=24   SURFTAB2=24
    选择用作曲面边界的对象 1:            //单击图 9-55 所示的轮廓线 A
    选择用作曲面边界的对象 2:            //单击轮廓线 B
    选择用作曲面边界的对象 3:            //单击轮廓线 C
    选择用作曲面边界的对象 4:            //单击轮廓线 D， 创建结果如图 9-56 所示
```

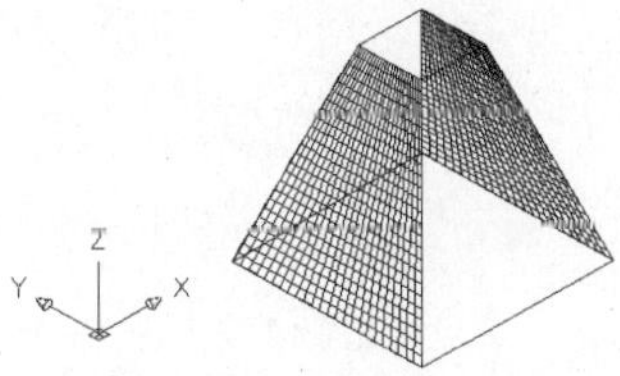

图 9-54　创建对侧曲面

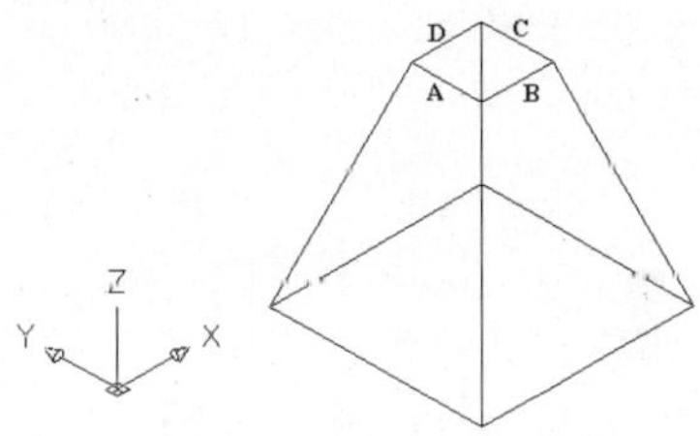

图 9-55　定位边

⑭展开【图层】工具栏上的【图层控制】列表，打开被关闭的图层，图形的显示结果如图 9-57 所示。

技巧

每条边选择的顺序不同，生成的曲面形状也不一样。用户选择的第一条边确定曲面网格的 M 方向，第二条边确定网格的 N 方向。

⑮选择菜单【视图】|【消隐】命令，将模型消隐，结果如图 9-45 所示。

⑯在命令行中输入 Shade 后按 Enter 键，对模型着色，结果如图 9-58 所示。

⑰最后使用【另存为】命令，将图形另存储为“创建边界网格.dwg”。

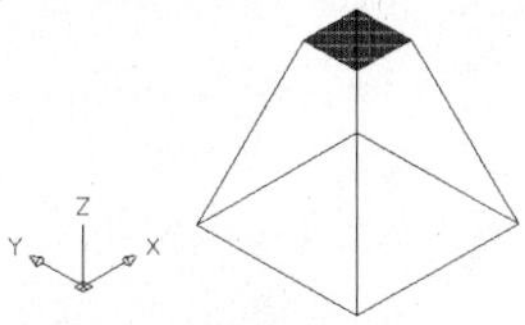

图 9-56　创建边界曲面

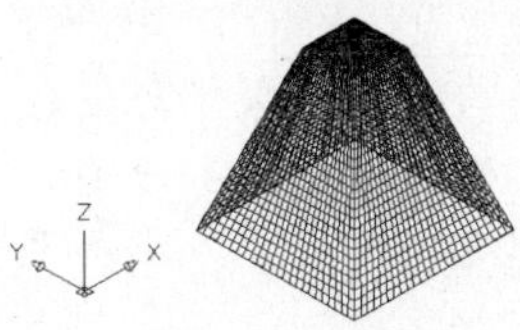

图 9-57　打开图层 1 后的显示

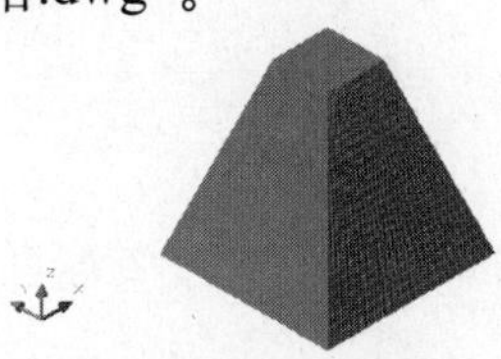

图 9-58　平面着色

9.7 创建三维网格实例

【三维网格】命令是一个在三维操作空间中创建三维多边形网格的工具，在激活该命令后，AutoCAD 需要用户分别输入 M 方向（沿 X 轴）和 N 方向（沿 Y 轴）的网格顶点数目，然后再分别定位每个顶点的具体位置。

图 9-59 表示的就是一个 M=3、N=3 的网格曲面，该曲面有 9 个顶点。当用户在输入完第 M 行的所有顶点之后，才能输入第 M+1 行顶点。顶点的行、列编号都需从 0 开始，最大值为 256。

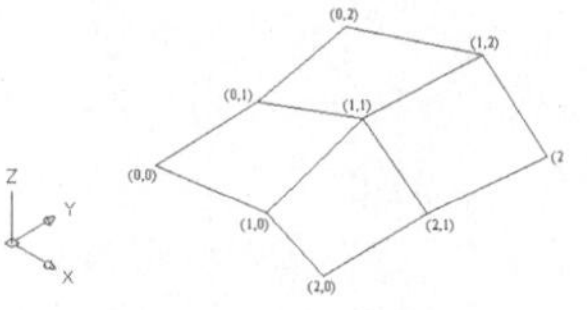
图 9-59　网格曲面

执行【三维网格】命令主要有以下两种方式。

- 菜单栏：选择菜单【绘图】|【建模】|【网格】|【三维网格】命令。
- 工具栏：在命令行中输入 3DMESH。

下面通过创建如图 9-60 所示的三维网格曲面，学习使用【三维网格】命令。具体操作步骤如下。

❶打开随书光盘中的“素材文件\三维网格.dwg”，如图 9-61 所示。

❷选择菜单【绘图】|【建模】|【网格】|【三维网格】命令，根据命令行的操作提示创建网格曲面。命令行操作如下：

```
命令: _3dmesh
    输入 M 方向上的网格数量:        //3 Enter，输入沿 X 轴方向的网格数
    输入 N 方向上的网格数量:        //3 Enter，输入沿 Y 轴方向的网格数
    指定顶点 (0, 0) 的位置:         //捕捉图 9-61 所示的端点 1
    指定顶点 (0, 1) 的位置:         //捕捉端点 2
    指定顶点 (0, 2) 的位置:         //捕捉端点 3
    指定顶点 (1, 0) 的位置:         //捕捉端点 4
    指定顶点 (1, 1) 的位置:         //捕捉端点 5
    指定顶点 (1, 2) 的位置:         //捕捉端点 6
    指定顶点 (2, 0) 的位置:         //捕捉端点 7
    指定顶点 (2, 1) 的位置:         //捕捉端点 8
    指定顶点 (2, 2) 的位置:         //捕捉端点 9
```

图 9-60　三维网格示例

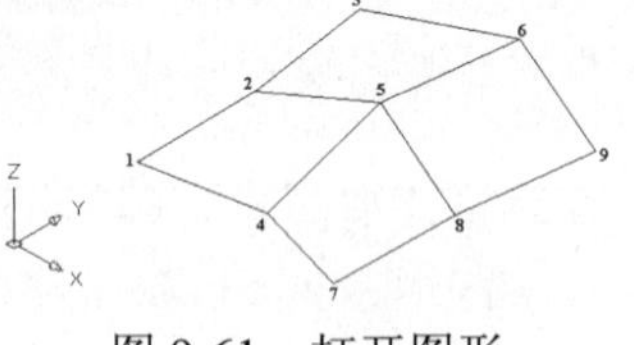
图 9-61　打开图形

❸此时系统自动结束命令，创建出一个具有 9 个顶点的三维网格曲面。

技巧

刚创建的三维网格曲面看上去与源图形线框没有明显变化，用户只需将光标放在网格曲面的边框上，系统会突出显示，如图 9-62 所示。

④在命令行中输入 Shade 后按 Enter 键，对模型进行着色，结果如图 9-60 所示。

⑤最后将网格面另存储为“创建三维网格.dwg”。

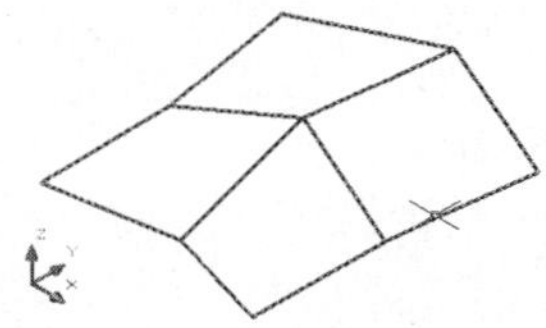

图 9-62 网格曲面的突出显示

9.8 本章小结

本章主要学习了各种三维曲面模型的创建方法和技巧。具体需要掌握的内容如下：

- 长方体表面、正方体表面以及楔体表面的创建方式和技巧。
- 三边形棱锥、四边形棱锥、圆形棱锥、三边形棱柱、四边形棱柱、圆台等表面模型的创建方法和技巧。
- 球、上半球、下半球等表面模型的创建方法以及经线网格密度和纬线网格密度的设置技巧。
- 圆环体半径、圆管体半径以及线框密度的设置方法和技巧。
- 三维面和网格曲面的区别以及各自的创建方法和技巧。
- 回转体网格、平移网格、边界网格以及直纹网格的创建方法和技巧，掌握各种网格的特点以及网格线框密度的设置。

9.9 练习题

综合应用本章所讲知识，根据图示尺寸，制作如图 9-63 所示的立体模型。

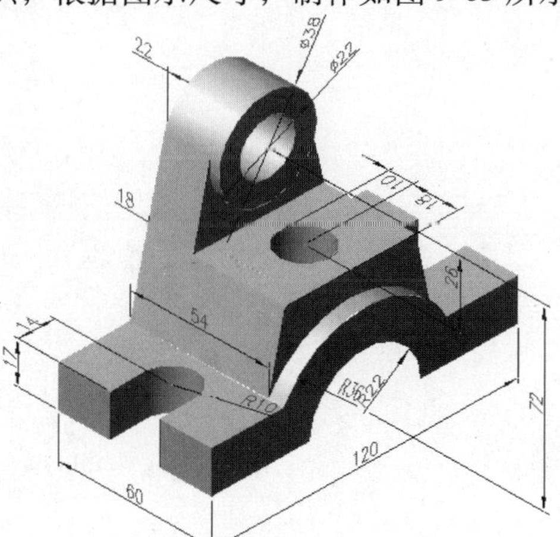

图 9-63 根据尺寸制作立体模型

第10章

AutoCAD 实体建模

与曲面模型相比，实体模型除了包含表面模型的所有特点，还具备体积、质心等实物的一切特性，能够完整地表达出实物的几何信息，是一个实实在在的物体，它是三维造型技术中比较完善且非常常用的一种形式。上一章学习了AutoCAD的各种基本体表面和复杂体网格面的创建方法和技巧，本章将学习各种基本几何体和复杂几何实体的创建功能和技巧。

10.1 了解几个系统变量

下面简述几个与实体显示相关的系统变量，巧妙设置这些变量的值，可以使实体的面更光滑。

变量一：ISOLINES。此系统变量用于设置实体表面网格线的数量，其值越大，网格线就越密，如图 10-1 所示。

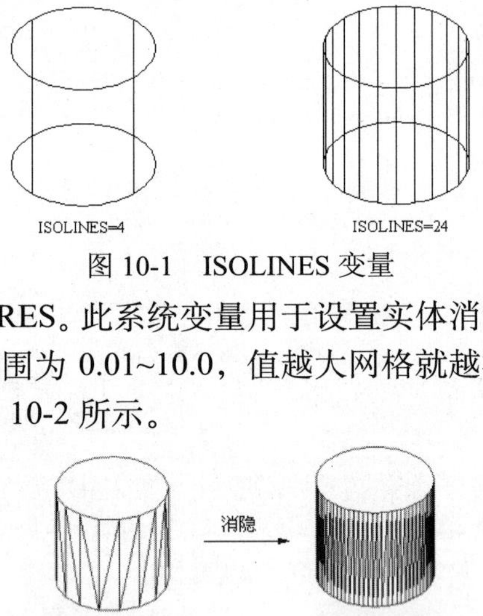

图 10-1　ISOLINES 变量

变量二：FACETRES。此系统变量用于设置实体消隐或渲染后的表面网格密度，变量取值范围为 0.01~10.0，值越大网格就越密，消隐或渲染后表面也就越光滑，如图 10-2 所示。

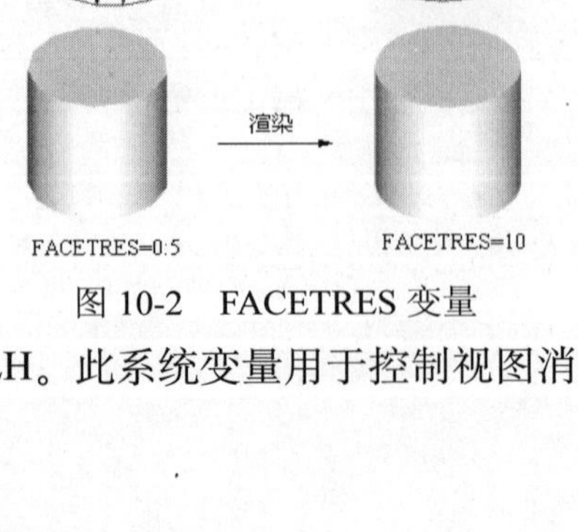

图 10-2　FACETRES 变量

变量三：DISPSILH。此系统变量用于控制视图消隐时，是否显示出实体表面的网格线。当变量值为 0 时，则显示网格线；为 1 时，不显示网格线，如图 10-3 所示。

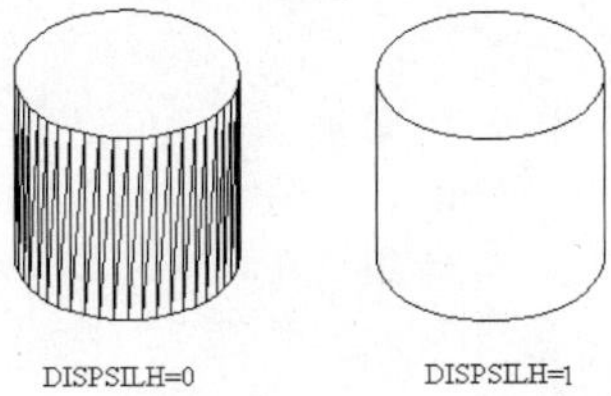

图 10-3　DISPSILH 变量

10.2　创建三维基本实体

本节学习 AutoCAD 的基本几何体建模工具，其菜单命令位于图 10-4 所示的菜单栏上，工具按钮位于图 10-5 所示的【建模】工具栏上。

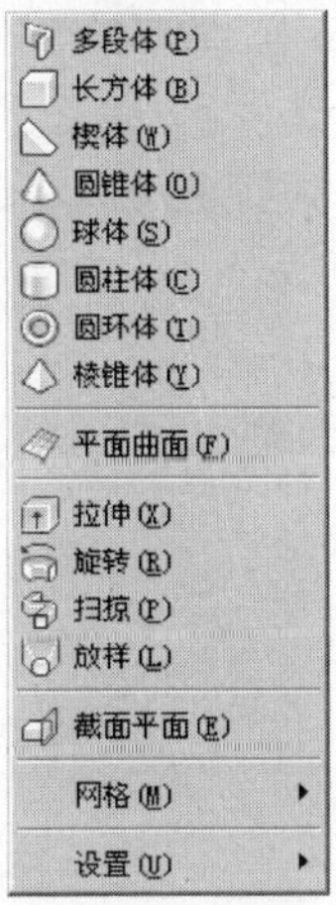

图 10-4　菜单栏

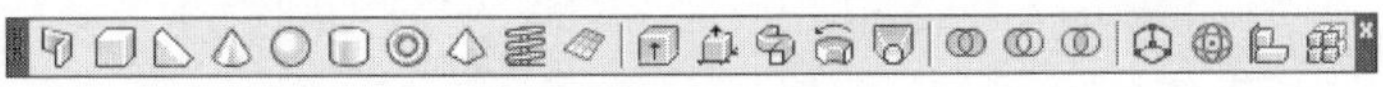

图 10-5　工具栏

10.2.1　创建多段体

【多段体】命令用于创建具有一定宽度和高度的三维多段体。执行【多段体】命令主要有以下 3 种方式。

- 菜单栏：选择菜单【绘图】|【建模】|【多段体】命令。
- 工具栏：单击【建模】工具栏上的按钮。
- 命令行：在命令行中输入 Polysolid。

下面通过创建如图 10-6 所示的多段体，学习【多段体】命令的使用方法和技巧。具体操作步骤如下。

❶新建空白文件。

❷将当前视图切换为西南视图。

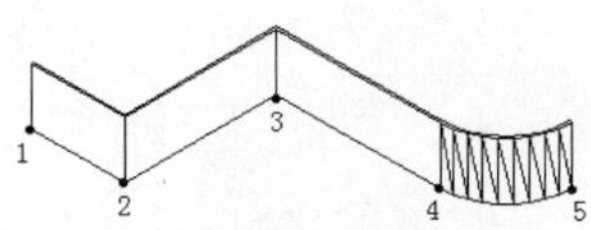

图 10-6　多段体

❸单击【建模】工具栏上的按钮，执行【多段体】命令，根据命令行提示进行创建多段体。命令行操作如下：

```
命令: _Polysolid 高度 = 80.0000, 宽度 = 5.0000, 对正 = 居中
    指定起点或 [对象(O)/高度(H)/宽度(W)/对正(J)] <对象>:                //h Enter
    指定高度 <80.0000>:                                              //100 Enter
    高度 = 100.0000, 宽度 = 5.0000, 对正 = 居中
    指定起点或 [对象(O)/高度(H)/宽度(W)/对正(J)] <对象>:                //w Enter
    指定宽度 <5.0000>:                                               //10 Enter
    高度 = 100.0000, 宽度 = 10.0000, 对正 = 居中
    指定起点或 [对象(O)/高度(H)/宽度(W)/对正(J)] <对象>:                //拾取点1作为起点
    指定下一个点或 [圆弧(A)/放弃(U)]:                                   //拾取点2
    指定下一个点或 [圆弧(A)/闭合(C)/放弃(U)]:                           //拾取点3
    指定下一个点或 [圆弧(A)/闭合(C)/放弃(U)]:                           //拾取点4
    指定下一个点或 [圆弧(A)/闭合(C)/放弃(U)]:                           //a Enter
    指定圆弧的端点或 [闭合(C)/方向(D)/直线(L)/第二个点(S)/放弃(U)]:       //拾取点5
    指定下一个点或 [圆弧(A)/闭合(C)/放弃(U)]: 指定圆弧的端点或 [闭合(C)/方向(D)/直线(L)/
第二个点(S)/放弃(U)]:                                                 // Enter，结束命令
```

④选择菜单【视图】|【消隐】命令，对多段体消隐显示，最终效果如图 10-6 所示。

命令选项解析如下。

- 巧妙使用【对象】选项，可以将现有的直线、圆弧、圆、矩形以及样条曲线等二维对象，直接转化为具有一定宽度和高度的三维实心体，如图 10-7 所示。

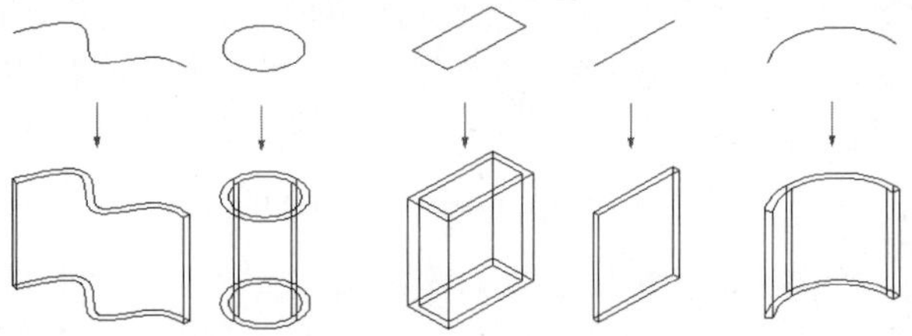

图 10-7　选项示例

- 【高度】选项用于设置多段体的高度。
- 【宽度】选项用于设置多段体的宽度。
- 【对正】选项用于设置多段体的对正方式，具体有“左对正”、“居中”和“右对正”3 种方式。

10.2.2　创建长方体

【长方体】命令用于创建长方体模型或正立方体模型。执行【长方体】命令主要有以下 3 种方式。

- 菜单栏：选择菜单【绘图】|【建模】|【长方体】命令。
- 工具栏：单击【建模】工具栏上的按钮。
- 命令行：在命令行中输入 Box。

下面通过创建如图 10-8 所示的长方体，学习【长方体】命令的使用方法和技巧。具体操作步骤如下。

❶新建空白文件。

❷将当前视图切换为西南视图。

❸单击【建模】工具栏上的按钮，执行【长方体】命令，根据命令行提示进行创建长方体。命令行操作如下：

```
命令: _box
    指定第一个角点或[中心(C)]:                    //在绘图区拾取一点
    指定其他角点或[立方体(C)/长度(L)]:            //@200,150 Enter
    指定高度或[两点(2P)]:                         //100 Enter。
```

❹创建结果如图 10-9 所示。

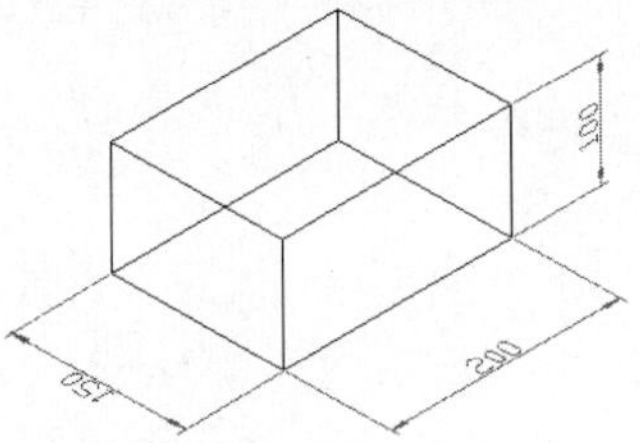

图 10-8　长方体

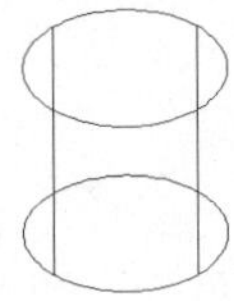

图 10-9　圆柱体

命令选项解析如下。

- 【立方体】选项用于创建长宽高都相等的正立方体。
- 【中心点】选项主要用于根据长方体的正中心点位置进行创建长方体，即首先定位长方体的中心点位置。
- 【长度】选项用于直接输入长方体的长度、宽度和高度等参数，即可生成相应尺寸的方体模型。

10.2.3　创建圆柱体

【圆柱体】命令主要用于创建圆柱实心体或椭圆柱实心体模型。执行【圆柱体】命令主要有以下 3 种方式。

- 菜单栏：选择菜单【绘图】|【建模】|【圆柱体】命令。
- 工具栏：单击【建模】工具栏上的按钮。
- 命令行：在命令行中输入 Cylinder。

下面通过创建圆柱体和椭圆柱体，学习【圆柱体】命令的使用方法和技巧。具体操作步聚如下。

❶新建空白文件。

❷将当前视图切换为西南视图。

❸单击【建模】工具栏上的按钮，执行【圆柱体】命令，根据命令行提示进行创建柱体模型。命令行操作如下：

```
命令: _cylinder
    指定底面的中心点或 [三点(3P)/两点(2P)/ 切点、切点、半径(T)/椭圆(E)]
                                                  //在绘图区拾取一点
    指定底面半径或 [直径(D)]>:                    //120 Enter，输入底面半径
```

指定高度或 [两点(2P)/轴端点(A)] <150.0000>:
//240 Enter，结果如图 10-9 所示，消隐效果如图 10-10 所示

④重复执行【圆柱体】命令，使用【椭圆】选项创建椭圆柱体，命令行操作如下：

命令: _cylinder
指定底面的中心点或 [三点(3P)/两点(2P)/ 切点、切点、半径(T)/椭圆(E)]:
//e Enter，激活【椭圆】选项
指定第一个轴的端点或 [中心(C)]: //拾取一点
指定第一个轴的其他端点: //@100,0 Enter
指定第二个轴的端点: //@0,30 Enter
指定高度或 [两点(2P)/轴端点(A)] :
//100 Enter，结果如图 10-11 所示，消隐效果如图 10-12 所示

图 10-10　消隐效果

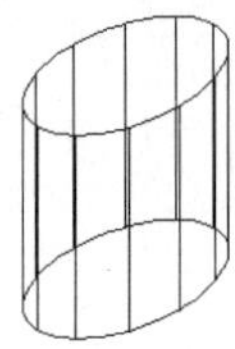
图 10-11　创建椭圆柱体

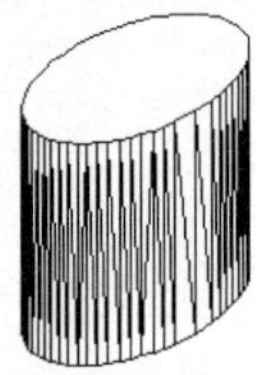
图 10-12　消隐效果

10.2.4　创建圆锥体

【圆锥体】命令用于创建圆锥体或椭圆锥体模型。执行【圆锥体】命令主要有以下 3 种方式。

- 菜单栏：选择菜单【绘图】|【建模】|【圆锥体】命令。
- 工具栏：单击【建模】工具栏上的按钮。
- 命令行：在命令行中输入 Cone。

下面通过创建圆锥体和椭圆锥体模型，学习【圆锥体】命令的使用方法和技巧。具体操作步骤如下。

①新建空白文件。

②将当前视图切换为西南视图。

③单击【建模】工具栏上的按钮，执行【圆锥体】命令，根据命令行提示进行创建锥体。命令行操作如下：

命令: _cone
指定底面的中心点或 [三点(3P)/两点(2P)/切点、切点、半径(T)/椭圆(E)]:
//拾取一点作为底面中心点
指定底面半径或 [直径(D)] <261.0244>: //75 Enter，输入底面半径
指定高度或 [两点(2P)/轴端点(A)/顶面半径(T)] <120.0000>:
//180 Enter，创建结果如图 10-13 所示，消隐效果如图 10-14 所示

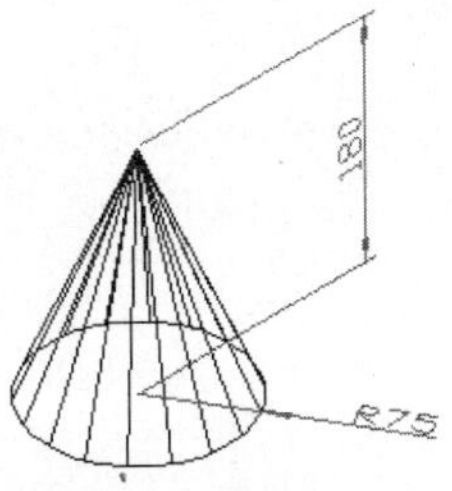

图 10-13　创建圆锥体

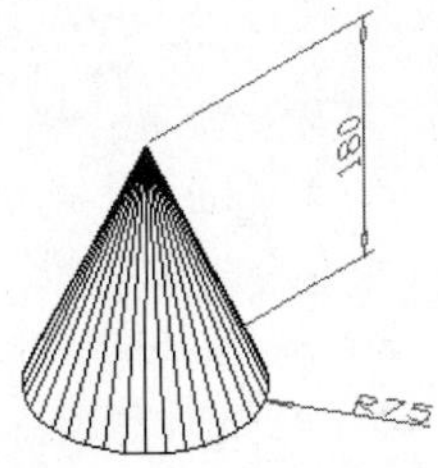

图 10-14　消隐效果

❹重复使用【圆锥体】命令，使用【椭圆】选项创建椭锥体。命令行操作如下：

```
命令: _cone
    指定底面的中心点或 [三点(3P)/两点(2P)/切点、切点、半径(T)/椭圆(E)]:
                                        //e Enter，激活【椭圆】选项
    指定第一个轴的端点或 [中心(C)]:          //拾取一点
    指定第一个轴的其他端点:                  //@150,0 Enter
    指定第二个轴的端点:                      //@0,50 Enter
    指定高度或 [两点(2P)/轴端点(A)/顶面半径(T)] <-100.0000>:
                                        //@0,100 Enter,消隐效果如图 10-15 所示
```

10.2.5 创建棱锥体

【棱锥面】命令用于创建三维实体棱锥，如底面为四边形、五边形、六边形等的多面棱锥，如图 10-16 所示。执行【棱锥体】命令主要有以下 3 种方式。

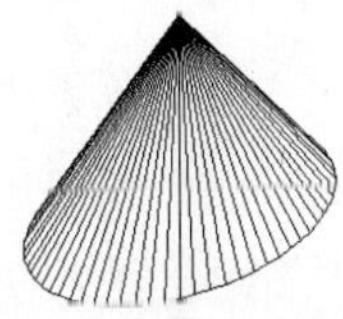
图 10-15　消隐效果

- 菜单栏：选择菜单【绘图】|【建模】|【棱锥体】命令。
- 工具栏：单击【建模】工具栏中的按钮。
- 命令行：在命令行中输入 Pyramid。

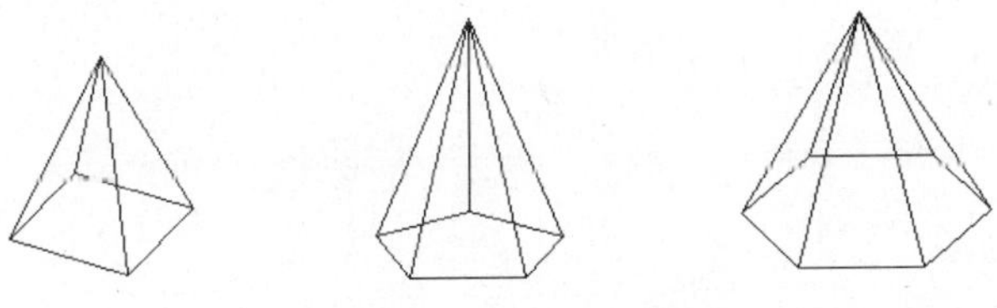
图 10-16　棱锥体

下面通过创建底面半径为 100 的六面棱锥体，学习【棱锥体】命令的使用方法和技巧。具体操作步骤如下。

❶新建空白文件。将当前视图切换为西南视图。

❷单击【建模】工具栏中的按钮，执行【棱锥体】命令，根据命令行提示创建六面棱锥体。命令行操作如下：

```
命令: _pyramid
    4 个侧面   外切
    指定底面的中心点或[边(E)/侧面(S)]:          //s Enter，激活【侧面】选项
    输入侧面数<4>:                              //6 Enter，设置侧面数
```

```
指定底面的中心点或[边(E)/侧面(S)]:                                  //在绘图区拾取一点
指定底面半径或[内接(I)] <72.0000>:                                  //100 Enter，内切圆半径
指定高度或[两点(2P)/轴端点(A)/顶面半径(T)] <180.0000>:               //250 Enter
```

❸创建结果如图 10-17 所示。

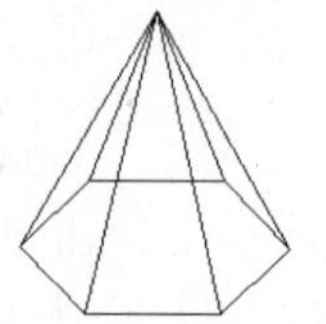

图 10-17　创建结果

10.2.6　创建圆环体

【圆环体】命令主要用于创建圆环实心体模型。执行【圆环体】命令主要有以下 3 种方式。

- 菜单栏：选择菜单【绘图】|【建模】|【圆环体】命令。
- 工具栏：单击【建模】工具栏上的◎按钮。
- 命令行：在命令行中输入 Torus。

下面通过创建圆环半径为 170 的圆环体，学习【圆环体】命令的使用方法和技巧。具体操作步骤如下。

❶新建空白文件。将当前视图切换为西南视图。

❷单击【建模】工具栏上的◎按钮，执行【圆环体】命令，根据命令行提示创建圆环体。命令行操作如下：

```
命令: _torus
    指定中心点或 [三点(3P)/两点(2P)/切点、切点、半径(T)]:
                                            //拾取一点定位环体的中心点
    指定半径或 [直径(D)] <100.0000>:          //170 Enter，输入圆环体的半径
    指定圆管半径或 [两点(2P)/直径(D)]:         //18 Enter，结果如图 10-18 所示
```

❸选择菜单【视图】|【视觉样式】|【概念】命令，为圆环体进行着色，结果如图 10-19 所示。

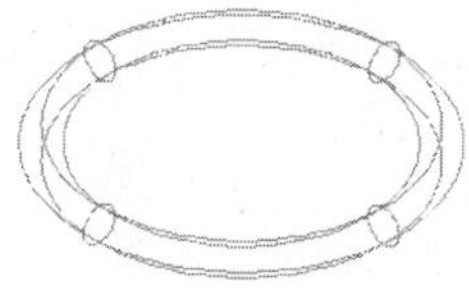

图 10-18　创建圆环体

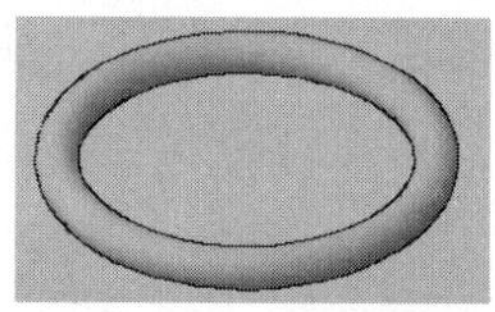

图 10-19　概念着色

10.2.7　创建球体

【球体】命令主要用于创建三维球体模型。执行【球体】命令主要有以下 3 种方式。

- 菜单栏：选择菜单【绘图】|【实体】|【球体】命令。
- 工具栏：单击【建模】工具栏上的◎按钮。
- 命令行：在命令行中输入 Sphere。

执行【球体】命令，根据命令行提示创建球体模型。命令行操作如下：

```
命令: _sphere
    指定中心点或 [三点(3P)/两点(2P)/切点、切点、半径(T)]: //拾取球体的中心点
    指定半径或 [直径(D)] <111.3876>:
                        //120Enter，结果如图 10-20 所示，概念着色效果如图 10-21 所示
```

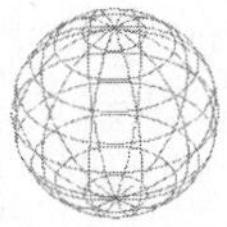

图 10-20　创建球体

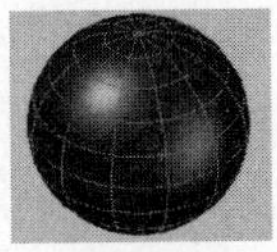

图 10-21　概念着色

10.2.8 创建楔体

【楔体】命令主要用于创建三维楔体模型。执行【楔体】命令主要有以下 3 种方式。

- 菜单栏：选择菜单【绘图】|【建模】|【楔体】命令。
- 工具栏：单击【建模】工具栏上的按钮。
- 命令行：在命令行中输入 Wedge。

下面通过创建高度为 150 的楔体，学习【楔体】命令的使用方法和技巧。具体操作步骤如下。

❶新建空白文件。

❷将当前视图切换为西南视图。

❸单击【建模】工具栏上的按钮，执行【楔体】命令，根据命令行提示创建楔体。命令行操作如下：

```
命令: _wedge
    指定第一个角点或 [中心(C)]:                //在绘图区拾取一点
    指定其他角点或 [立方体(C)/长度(L)]:        //@120,25 Enter
    指定高度或 [两点(2P)] <112.5802>:          //150 Enter，创建结果如图 10-22 所示
```

命令选项解析如下。

- 【中心点】选项用于定位楔体的中心点，其中心点为斜面正中心点。
- 【立方体】选项用于创建长、宽、高都相等的楔体。

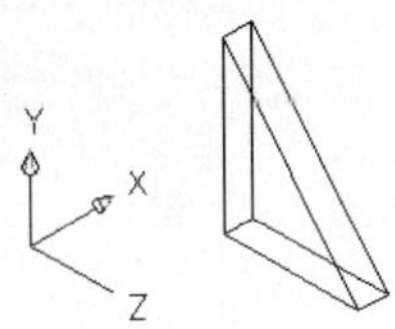

图 10-22　创建球体

10.3 综合实例——基本实体建模练习

本例通过创建如图 10-23 所示的三维实体模型，对本章所讲知识进行综合练习和巩固。

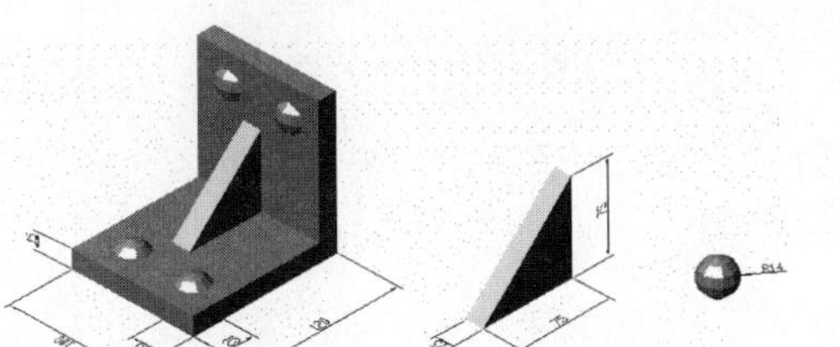

图 10-23　本例效果

具体操作步骤如下。

❶快速创建空白文件。启用【对象捕捉】和【对象捕捉追踪】功能，并设置捕捉模式为端点捕捉、中点捕捉和圆心捕捉。

❷选择菜单【绘图】|【建模】|【长方体】命令，激活【长方体】命令，创建底板模型。命令行操作如下：

```
命令: _box
    指定第一个角点或 [中心(C)]:              //在绘图区单击左键，拾取一点
    指定其他角点或 [立方体(C)/长度(L)]:      //L Enter
    指定长度:  <极轴 开>                     //引出 0° 极轴矢量，输入 120 Enter
    指定宽度:                                //100 Enter
    指定高度或 [两点(2P)]:                   //15 Enter，定位方体高度，创建结果如图 10-24 所示
```

❸将当前视图切换为西南视图，如图 10-25 所示。

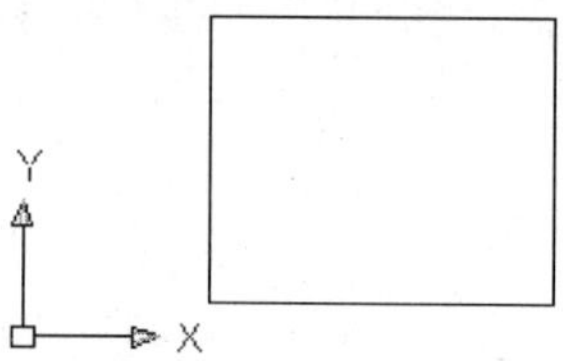

图 10-24　创建长方体

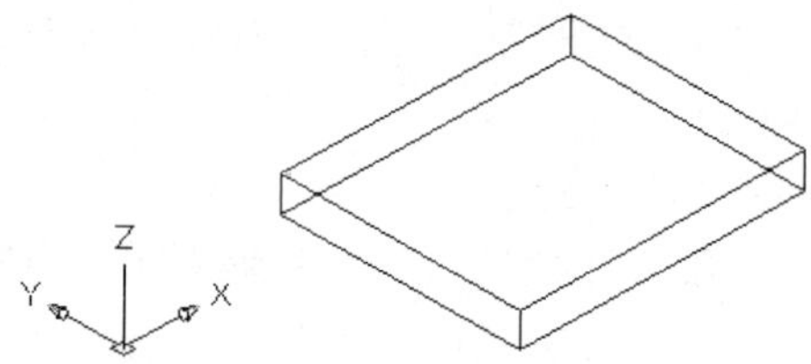

图 10-25　切换西南视图

❹再次激活【长方体】命令，创建立板模型。命令行操作如下：

```
命令: _box
    指定第一个角点或 [中心(C)]:              //捕捉如图 10-26 所示的端点
    指定其他角点或 [立方体(C)/长度(L)]:      //L Enter
    指定长度<120.0000>:                      //-15 Enter，定位方体长度
    指定宽度<100.0000>:                      //100 Enter，定位方体宽度
    指定高度或 [两点(2P)] <15.0000>:         //120 Enter，创建结果如图 10-27 所示
```

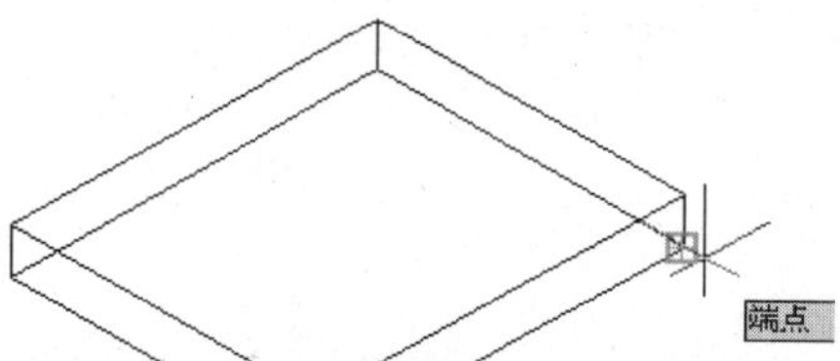

图 10-26　定位角点

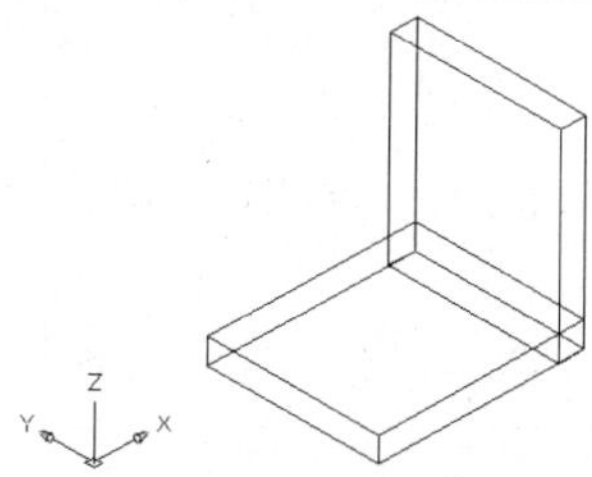

图 10-27　创建结果

❺选择菜单【绘图】|【建模】|【楔体】命令，激活【楔体】命令，创建连接体模型。命令行操作如下：

```
命令: _wedge
    指定第一个角点或 [中心(C)]:              //捕捉如图 10-28 所示的中点
    指定其他角点或[立方体(C)/长度(L)]:       //L Enter
    指定长度:                                //-75 Enter，定位方体长度
    指定宽度:                                //15 Enter，定位方体宽度
    指定高度或 [两点(2P)]:                   //75 Enter，定位楔体高度，结果如图 10-29 所示
```

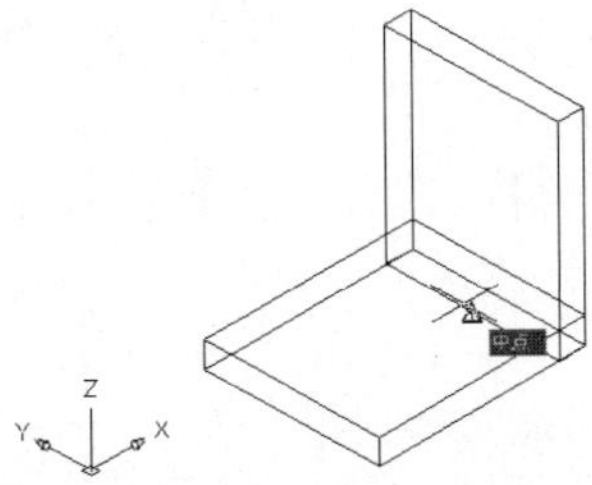

图 10-28　定位楔体第一角点

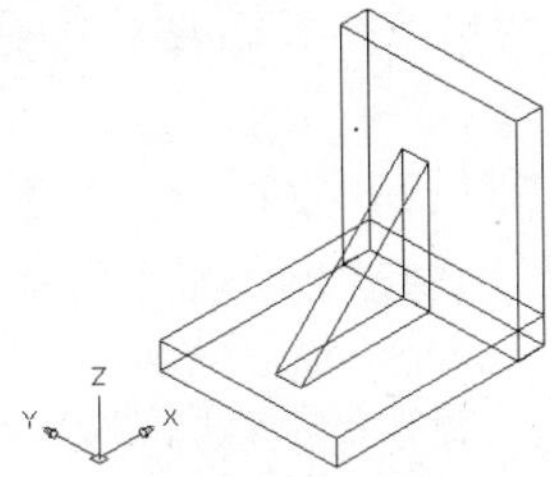

图 10-29　创建楔体

❻使用系统变量 ISOLINES，设置实体模型的表面线框密度。命令行操作如下：

```
命令: isolines
    输入 ISOLINES 的新值 <4>:                              //12 Enter，设置变量值
```

❼选择菜单【绘图】|【建模】|【球体】命令，配合【捕捉自】功能创建球体模型。命令行操作如下：

```
命令: _sphere
    指定中心点或 [三点(3P)/两点(2P)/切点、切点、半径(T)]:     //激活【捕捉自】功能
    _from 基点:                                            //捕捉如图 10-30 所示的中点
    <偏移>:                                                //@25,25,0 Enter
    指定半径或 [直径(D)]:                                   //14 Enter，创建结果如图
                                                            10-31 所示
```

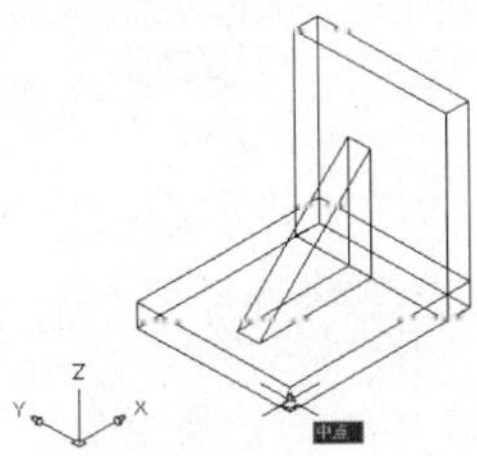

图 10-30　捕捉中点

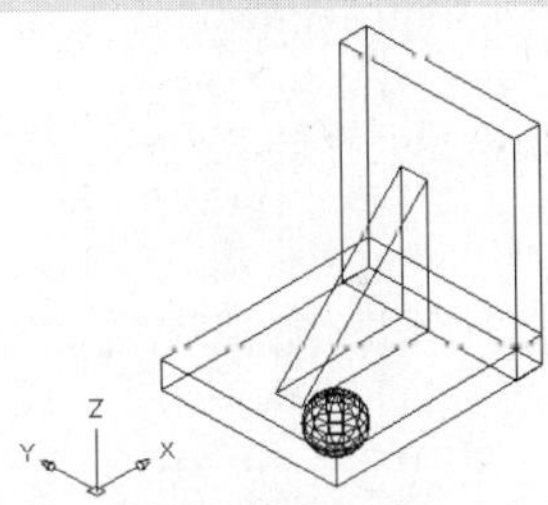

图 10-31　创建结果

❽按 Enter 键重复执行【球体】命令，配合【捕捉自】功能继续创建球体模型。命令行操作如下：

```
命令: _sphere                                              // Enter，重复执行球体命令
    指定中心点或 [三点(3P)/两点(2P)/切点、切点、半径(T)]:     //激活【捕捉自】功能
    _from 基点:                                            //捕捉如图 10-32 所示的中点
    <偏移>:                                                //@0,25,-25 Enter
    指定半径或 [直径(D)]:                                   //14 Enter，创建结果如图
                                                            10-33 所示
```

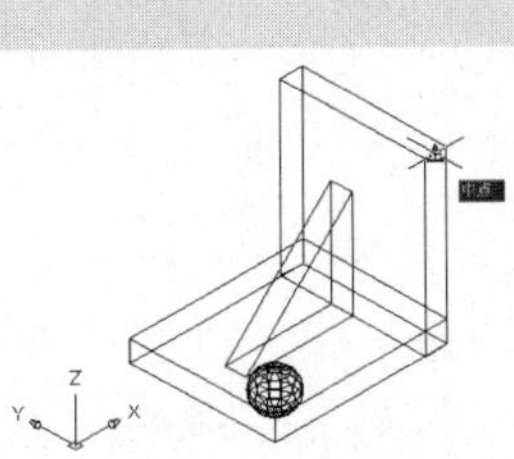

图 10-32　定位参照点

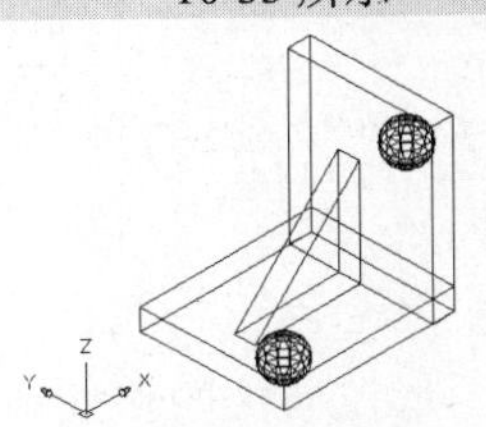

图 10-33　创建球体

❾选择菜单【视图】|【三维视图】|【左视】命令，将当前视图切换为左视图，结果如图 10-34 所示。

❿选择菜单【修改】|【镜像】命令，或使用快捷键“MI”激活【镜像】命令，对两个球体模型进行镜像复制。命令行操作如下：

```
命令: _mirror
    选择对象:                               //选择两个球体模型
    选择对象:                               // Enter，结束选择
    指定镜像线的第一点:                     //捕捉图 10-35 所示的中点
    指定镜像线的第二点:                     //@0,1 Enter
    要删除源对象吗？[是(Y)/否(N)] <N>:      // Enter，镜像结果如图 10-36 所示
```

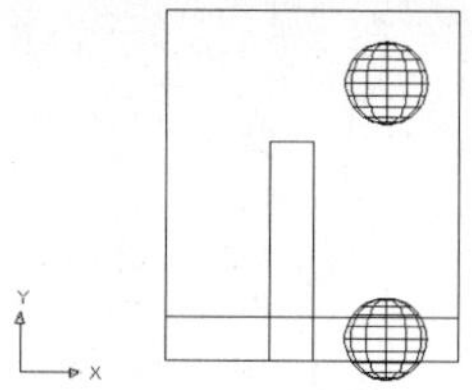

图 10-34　切换左视图

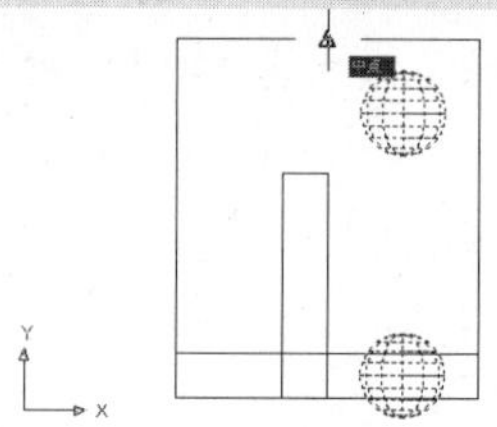

图 10-35　定位镜像点

⓫选择菜单【视图】|【三维视图】|【西南等轴测】命令，将当前视图切换为西南视图，结果如图 10-37 所示。

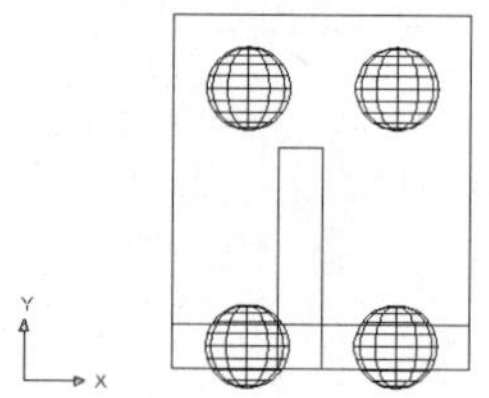

图 10-36　镜像结果

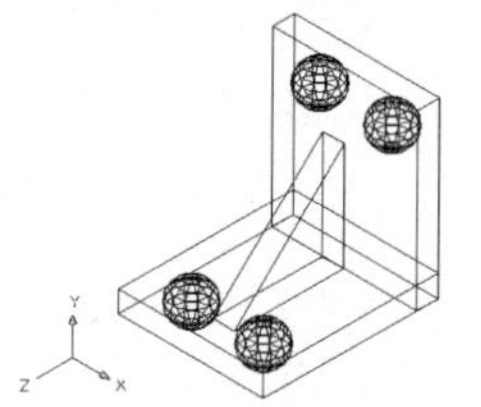

图 10-37　切换视图

⓬将当前视图恢复为世界坐标系，然后使用快捷键“M”激活【移动】命令，将刚创建的楔体进行位移。命令行操作如下：

```
命令: m                                       // Enter
    选择对象:                                 //选择楔体
    选择对象:                                 // Enter
    指定基点或 [位移(D)] <位移>:              //拾取任一点
    指定第二个点或 <使用第一个点作为位移>:    //@0,-7.5,15 Enter
```

⓭在命令行中输入 Shade 后按 Enter 键，对当前模型进行着色显示。

⓮最后单击【保存】命令，将图形存储为“基本实体建模.dwg”。

10.4 创建拉伸实体

【拉伸】命令用于将闭合边界或面域，按照指定的高度拉伸成三维实心体模型，或将非闭的二维图形拉伸为网格曲面。执行【拉伸】命令主要有以下 3 种方式。

- 菜单栏：选择菜单【绘图】|【建模】|【拉伸】）命令。

- 工具栏：单击【建模】工具栏上的按钮。
- 命令行：在命令行中输入 Extrude 或 EXT。

下面通过将某矩形创建为三维实心体，学习【拉伸】命令的使用方法和技巧。具体操作步骤如下。

❶新建空白文件。

❷将视图切换为西南视图。

❸使用快捷键“REC”激活【矩形】命令，绘制长度为 100、宽度为 40 的矩形，如图 10-38 所示。

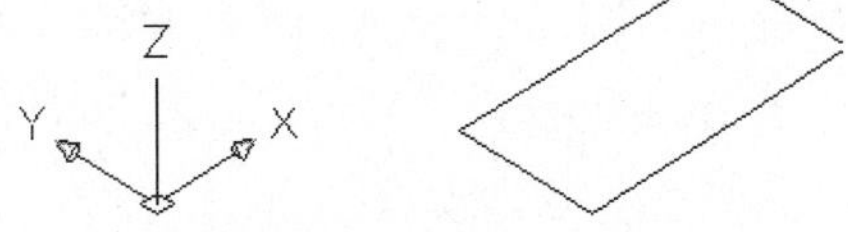

图 10-38　绘制矩形

❹单击【建模】工具栏上的按钮，执行【拉伸】命令，将矩形拉伸为三维实体。命令行操作如下：

```
命令: _extrude
    当前线框密度:  ISOLINES=4
    选择要拉伸的对象:                //选择矩形
    选择要拉伸的对象:                //Enter
    指定拉伸的高度或 [方向(D)/路径(P)/倾斜角(T)] <0.0000>: t Enter
    指定拉伸的倾斜角度:              //15 Enter
    指定拉伸的高度或 [方向(D)/路径(P)/倾斜角(T)] <0.0000>:
                                     //50 Enter，拉伸结果如图 10-39 所示
```

命令选项解析如下。

- 【倾斜角】选项用于在拉伸实体的过程中，将实体进行一定的角度倾斜。
- 【路径】选项用于以将闭合二维边界或面域按照指定的直线或曲线路径进行拉伸（详细操作过程参见 8.5 节），如图 10-40 所示。

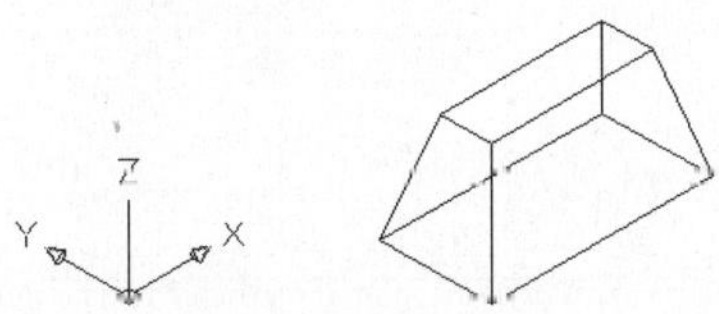

图 10-39　拉伸结果

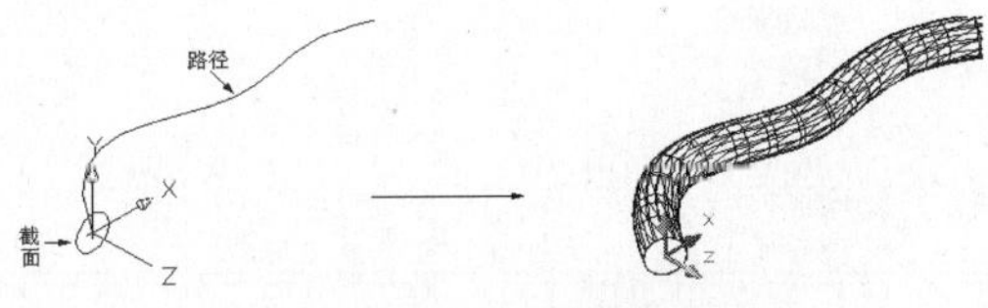

图 10-40　制作曲线管模型

技巧

另外，使用【拉伸】命令，还可以将非闭合的线段、圆弧、样条曲线等二维图形拉伸为网格面，如图 10-41 所示。

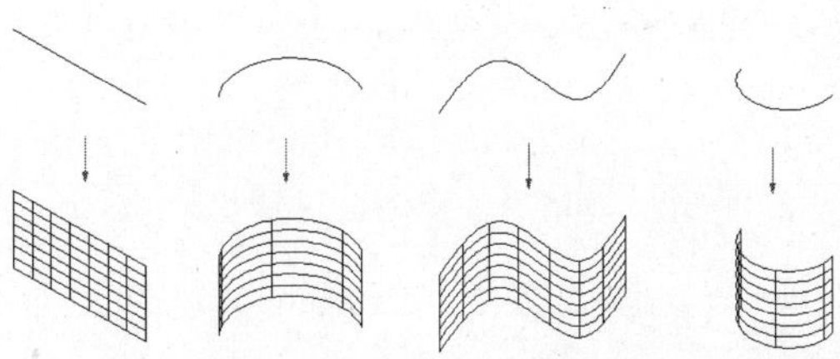
图 10-41　拉伸非闭合图形

10.5 创建放样实体

使用【拉伸】命令中的【路径】选项，可以将闭合的二维图形或面域按照指定的直线或曲线路径进行拉伸放样，生成复杂的三维放样实心体。下面通过创建如图 10-42 所示的曲线管实心体，学习使用【拉伸】命令中的放样功能。

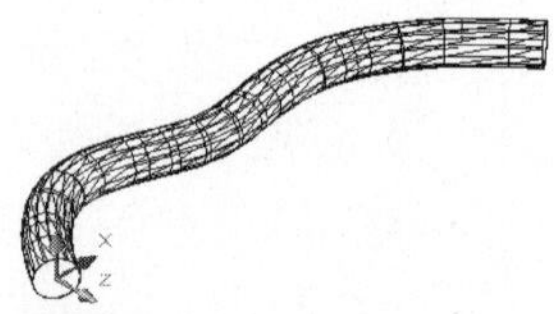

图 10-42　制作曲线管模型

具体操作步骤如下。

❶快速创建空白文件。

❷选择菜单【绘图】|【多段线】命令，配合坐标点的精确输入功能，绘制多段线。命令行操作如下：

```
命令: _pline
    指定起点:                                  //0,0 Enter
    当前线宽为 0.0000
    指定下一个点或 [圆弧(A)/半宽(H)/长度(L)/放弃(U)/宽度(W)]:
                                               //120,190 Enter，定位第二点
    指定下一点或 [圆弧(A)/闭合(C)/半宽(H)/长度(L)/放弃(U)/宽度(W)]:
                                               //285,-30 Enter，定位第三点
    指定下一点或 [圆弧(A)/闭合(C)/半宽(H)/长度(L)/放弃(U)/宽度(W)]:
                                               //475,160 Enter，定位第四点
    指定下一点或 [圆弧(A)/闭合(C)/半宽(H)/长度(L)/放弃(U)/宽度(W)]:
                                               //650,-50 Enter，定位第五点
    指定下一点或 [圆弧(A)/闭合(C)/半宽(H)/长度(L)/放弃(U)/宽度(W)]:
                                               // Enter，结束命令，绘制结果如图 10-43 所示
```

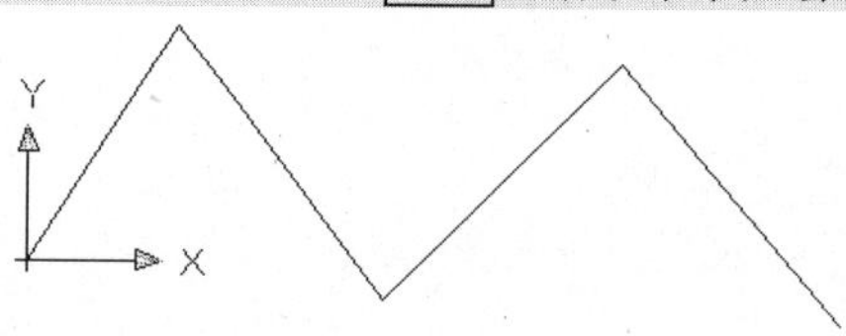

图 10-43　绘制结果

❸使用快捷键“PE”激活【编辑多段线】命令，将多段线编辑成一条圆滑的样条曲线。命令行操作如下：

```
命令: pe                                       // Enter，激活【编辑多段线】命令
    选择多段线或 [多条(M)]:                     //选择刚绘制的二维多段线
    输入选项 [闭合(C)/合并(J)/宽度(W)/编辑顶点(E)/拟合(F)/样条曲线(S)/非曲线化(D)/线型生成
(L)/放弃(U)]:                                  //s Enter，激活【样条曲线】选项
    输入选项 [闭合(C)/合并(J)/宽度(W)/编辑顶点(E)/拟合(F)/样条曲线(S)/非曲线化(D)/线型生成
(L)/放弃(U)]:                                  // Enter，结束命令，编辑结果如图 10-44 所示
```

❹使用系统变量 ISOLINES，修改实体的线框密度为 20。命令行操作如下 ：

```
命令: isolines
    输入 ISOLINES 的新值 <4>:                   //20 Enter，设置变量值
```

❺选择菜单【视图】|【西南等轴测】命令，将当前视图切换为西南视图，结果如图 10-45 所示。

图 10-44　编辑多段线

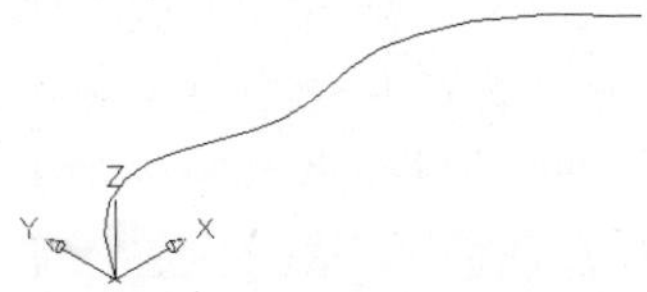

图 10-45　切换西南视图

❻选择菜单【工具】|【新建 UCS】|【X】命令，将当前坐标系绕 X 轴旋转 90°，创建新的用户坐标系。命令行操作如下：

```
命令: _ucs
    当前 UCS 名称: *俯视*
    指定 UCS 的原点或 [面(F)/命名(NA)/对象(OB)/上一个(P)/视图(V)/世界(W)/X/Y/Z/Z 轴(ZA)]
<世界>: _x
    指定绕 X 轴的旋转角度 <90>:                    //Enter，结果如图 10-46 所示
```

❼选择菜单【绘图】|【圆】|【圆心、半径】命令，以当前坐标系的原点作为圆心，绘制半径为 25 的圆作为放样截面，结果如图 10-47 所示。

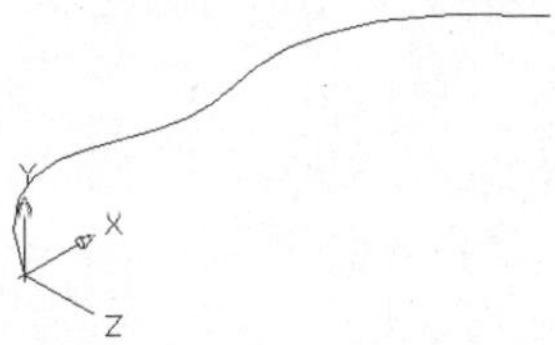

图 10-46　定义坐标系

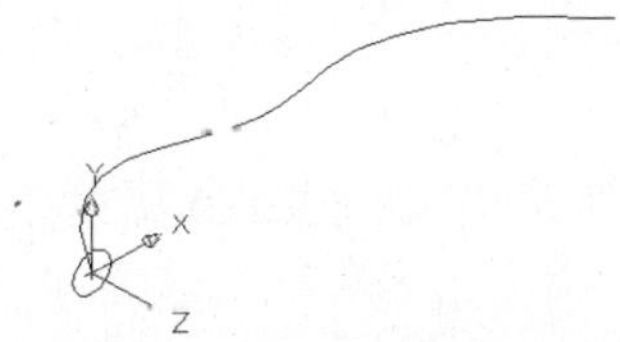

图 10-47　绘制放样截面

❽选择菜单【绘图】|【建模】|【拉伸】命令，将圆形截面沿着曲化后的多段线路径进行放样。命令行操作如下：

```
命令: _extrude
    当前线框密度:  ISOLINES=20
    选择要拉伸的对象:                              //选择圆图形作为放样截面
    选择要拉伸的对象:                              //Enter，结束对象的选择
    指定拉伸的高度或 [方向(D)/路径(P)/倾斜角(T)] <38.8957>:
                                                   //p Enter，激活【路径】选项
    选择拉伸路径或 [倾斜角(T)]:                    //Enter，选择曲化后的多段线轮廓垂直于路径
```

❾结果创建出如图 10-48 所示的放样实心体。

❿选择菜单【视图】|【消隐】命令，对放样实体进行消隐着色，结果如图 10-42 所示。

⓫最后使用【保存】命令将模型进行命名存盘。

10.6 创建回转实体

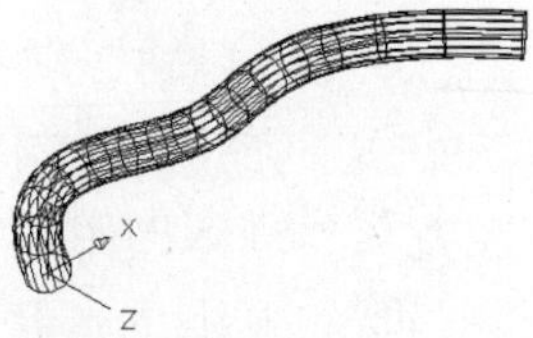

图 10-48　放样结果

【旋转】命令用于将闭合的二维图形对象绕坐标轴或选择的对象旋转为三维实心体。使用此命令还可以将非闭合图形绕

指定的坐标轴或对象旋转为网格面。执行【旋转】命令主要有以下 3 种方式。

- 菜单栏：选择菜单【绘图】|【建模】|【旋转】命令。
- 工具栏：单击【建模】工具栏上的按钮。
- 命令行：在命令行中输入 Revolve。

【旋转】命令经常用于创建一些回转体结构的模型，下面通过实例来学习【旋转】命令的使用方法和技巧。具体操作步骤如下。

❶新建空白文件。

❷将当前视图切换为西南视图。

❸选择菜单【绘图】|【多段线】命令，任意绘制一条闭合边界，如图 10-49 所示。

图 10-49　绘制结果

❹单击【建模】工具栏上的按钮，执行【旋转】命令，将边界旋转为三维实心体。命令行操作如下：

```
命令: _revolve
    当前线框密度:  ISOLINES=15
    选择要旋转的对象:                              //选择左侧的闭合的边界
    选择要旋转的对象:                              //Enter
    指定轴起点或根据以下选项之一定义轴 [对象(O)/X/Y/Z] <对象>: //捕捉端点 1
    指定轴端点:                                    //捕捉端点 2
    指定旋转角度或 [起点角度(ST)] <360>:           // Enter，采用默认旋转角度
```

❺选择菜单【视图】|【视觉样式】|【概念】命令，对旋转体进行着色，结果如图 10-50 所示。

命令选项解析如下。

图 10-50　回转实体

- 【对象】选项用于选择现有的直线或多段线等作为旋转轴，轴的正方向是从这条直线上的最近端点指向最远端点。
- 【X 轴】选项主要使用当前坐标系的 X 轴正方向作为旋转轴的正方向。
- 【Y 轴】选项使用当前坐标系的 Y 轴正方向作为旋转轴的正方向。

10.7　创建剖切实体

【剖切】命令用于切开现有实体，然后移去不需要的部分，保留指定的部分实体。使用此命令也可以将剖切后的两半实体都保留。执行【剖切】命令主要有以下 3 种方式。

- 菜单栏：选择菜单【绘图】|【三维操作】|【剖切】命令。
- 命令行：在命令行中输入 Slice。
- 快捷键：使用快捷键“SL”。

下面通过将某回转体模型剖切，学习【剖切】命令的使用方法和技巧。具体操作步骤如下。

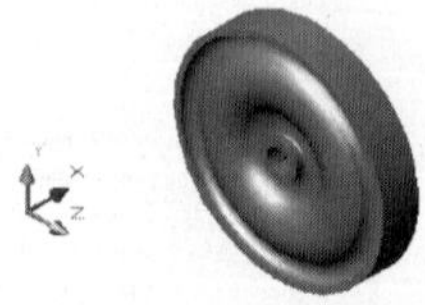
图 10-51　打开图形

❶打开随书光盘中的“素材文件\回转体.dwg”，如图 10-51 所示。

❷选择菜单【绘图】|【三维操作】|【剖切】命令，对回转体进

行剖切。命令行操作如下：

```
命令: _slice
    选择要剖切的对象:                                    //选择图 10-52 所示的对象
    选择要剖切的对象:                                    // Enter，结束选择
    指定 切面 的起点或 [平面对象(O)/曲面(S)/Z 轴(Z)/视图(V)/XY(XY)/YZ(YZ)/ZX(ZX)/三点
(3)] <三点>:                                             //ZX Enter，激活【ZX 平面】选项
    指定 ZX 平面上的点 <0,0,0>:                          //捕捉如图 10-53 所示的圆心
    在所需的侧面上指定点或 [保留两个侧面(B)] <保留两个侧面>:
                                                         //捕捉如图 10-54 所示的象限点
```

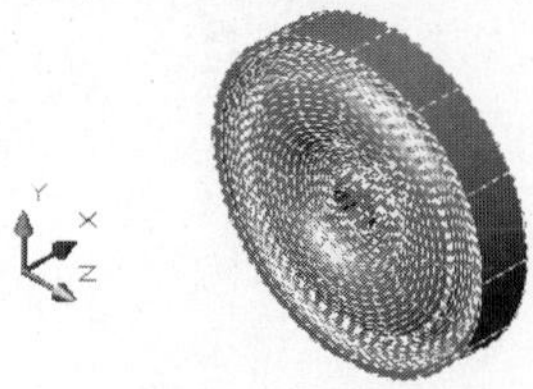

图 10-52 选择剖切对象

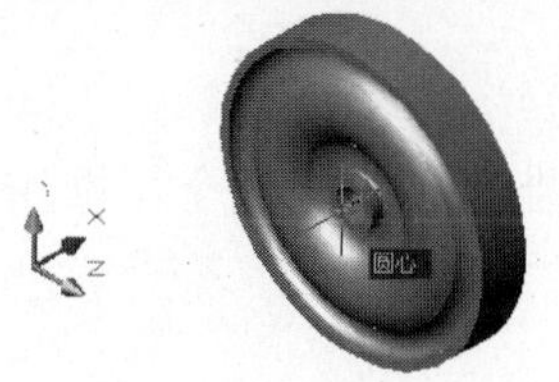

图 10-53 捕捉圆心

❸剖切结果如图 10-55 所示。

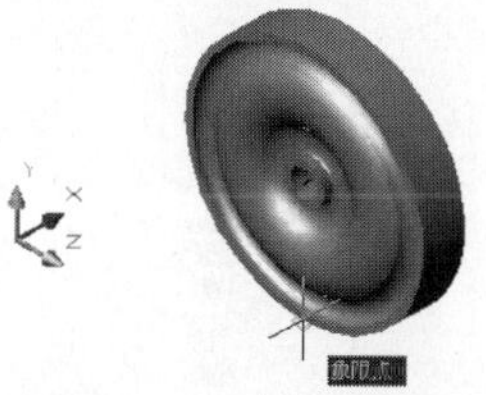

图 10-54 捕捉象限点

图 10-55 剖切结果

❹最后使用【另存为】命令，将剖切实体另存盘。

1.**【平面对象】选项**

【平面对象】选项用于选择一个目标，如以圆、椭圆、圆弧或椭圆弧、样条曲线或多段线线段等，作为实体的剖切面，进行剖切实体。下面通过实例学习此种功能。

❶继续上例操作，并对模型进行二维线框着色。

❷选择菜单【视图】|【消隐】命令，对其消隐。

❸选择菜单【绘图】|【圆】|【圆心、半径】命令，以图 10-56 所示的中点作为圆心，绘制半径为 150 的圆，如图 10-57 所示。

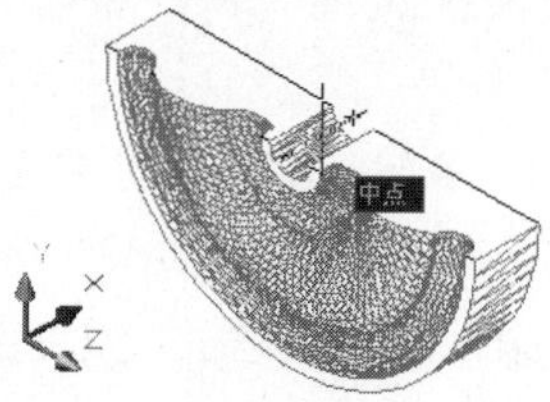

图 10-56 定位圆心

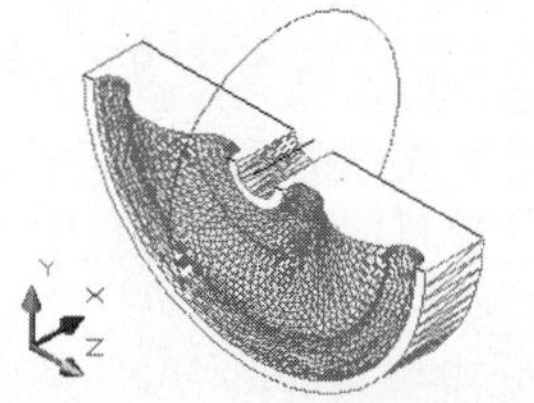

图 10-57 绘制结果

❹选择菜单【绘图】|【三维操作】|【剖切】命令，以圆图形作为剖切对象，对实体进行剖切。命令行操作如下：

```
命令: _slice
    选择要剖切的对象:                          //选择如图 10-58 所示的实体
    选择要剖切的对象:                          // Enter，结束选择
    指定 切面 的起点或 [平面对象(O)/曲面(S)/Z 轴(Z)/视图(V)/XY(XY)/YZ(YZ)/ZX(ZX)/三点(3)] <三点>:
                                               //O Enter，激活【对象】选项功能
    选择用于定义剖切平面的圆、椭圆、圆弧、二维样条线或二维多段线:
                                               //选择如图 10-59 所示的圆图形，定位剖切平面
    在所需的侧面上指定点或 [保留两个侧面(B)] <保留两个侧面>:
                                               //捕捉如图 10-60 所示的中点，定位需要保留的部分
```

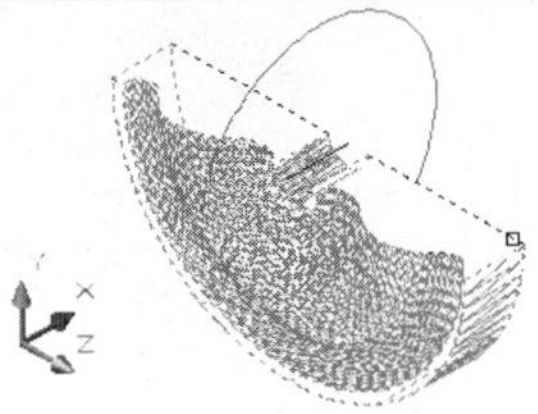

图 10-58　定位剖切实体

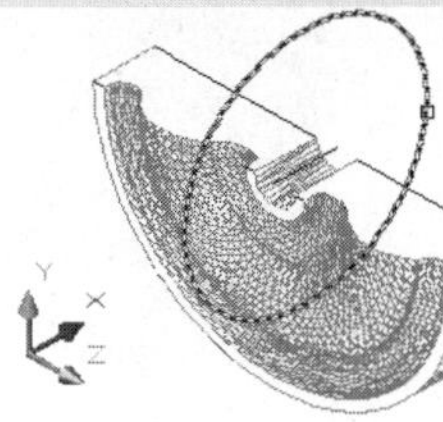

图 10-59　定位剖切平面

❺剖切结果如图 10-61 所示。

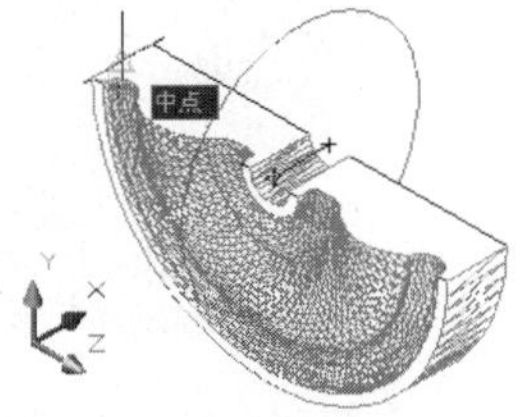

图 10-60　指定保留一侧

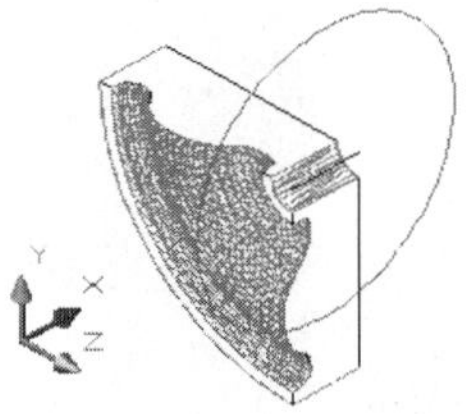

图 10-61　剖切结果

❻最后使用【删除】命令删除半径为 150 的圆，结果如图 10-62 所示。

2.【Z 轴】选项

【Z 轴】选项用于通过指定剖切平面的法线方向来确定剖切平面，即 XY 平面上 Z 轴（法线）指定的点定义剖切面。下面通过剖切某长方实心体模型，学习使用【剖切】命令中的【Z 轴】选项。

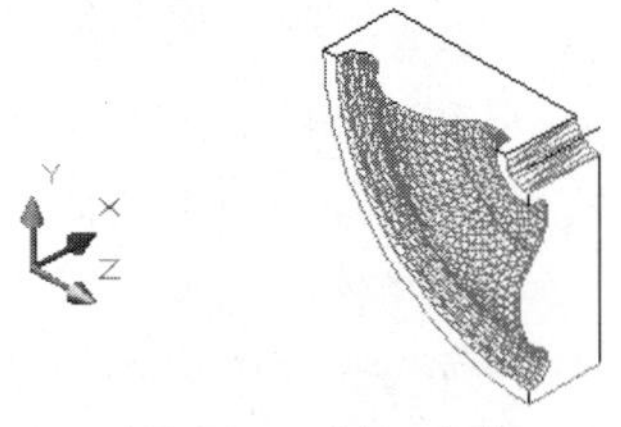

图 10-62 剖切实体

❶新建空白文件。

❷将当前视图切换为东南视图。

❸执行【长方体】命令，绘制长度为 240、宽度为 120、高度为 150 的长方体，如图 10-63 所示。

❹选择菜单【绘图】|【三维操作】|【剖切】命令，对长方体进行剖切。命令行操作如下：

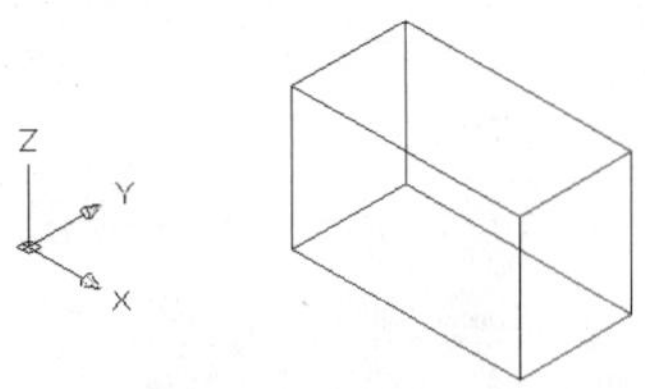

图 10-63　创建长方体

```
命令: _slice
    选择要剖切的对象:                          //选择刚创建的长方体作为剖切对象
```

选择要剖切的对象: //Enter，结束对象的选择

指定 切面 的起点或 [平面对象(O)/曲面(S)/Z 轴(Z)/视图(V)/XY(XY)/YZ(YZ)/ZX(ZX)/三点(3)] <三点>: //Z Enter，激活【Z 轴】选项功能

指定剖面上的点: //捕捉如图 10-64 所示的中点，以定位剖切面上的点

指定平面 Z 轴 (法向) 上的点: //捕捉如图 10-65 所示的中点，以定位剖切面及剖切面 Z 轴法线的正方向

在所需的侧面上指定点或 [保留两个侧面(B)] <保留两个侧面>:

//捕捉如图 10-66 所示的端点，以定位需要保留的部分

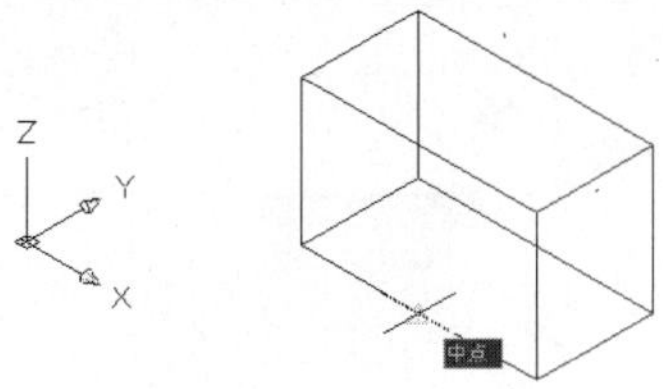

图 10-64 捕捉中点

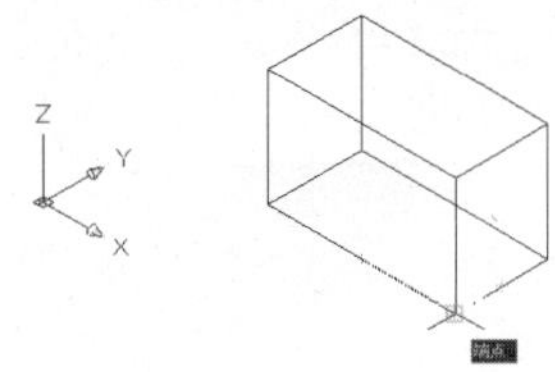

图 10-65 定位 Z 轴法向

❺剖切结果如图 10-67 所示。

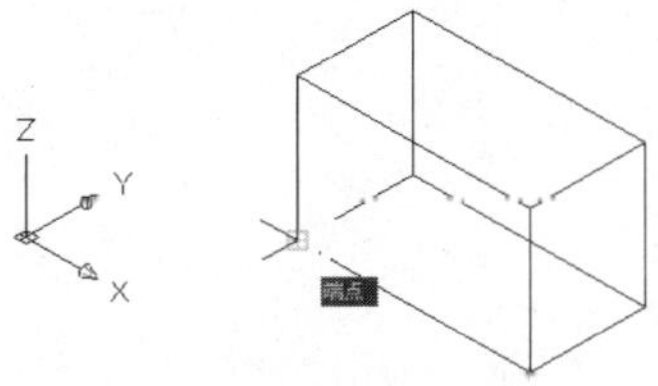

图 10-66 定位保留部分

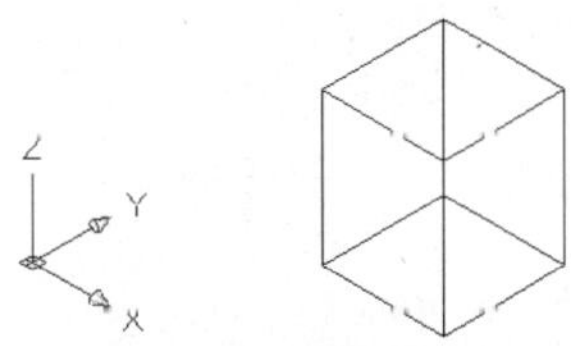

图 10-67 剖切结果

3.【视图】选项

【视图】选项也是一种剖切方式，该方向所确定的剖切面与当前视口的视图平面平行，用户只需指定一点，即可确定剖切平面的位置。

4.【XY 平面】/【YZ 平面】/【ZX 平面】选项

此 3 个选项分别代表 3 种剖切方式，分别用于将剖切平面与当前用户坐标系的 XY 平面/YZ 平面/ZX 平面对齐，用户只需指定点即可定义剖切面的位置。

技巧

XY 平面、YZ 平面、ZX 平面位置，是根据屏幕当前的 UCS 坐标系情况而定的。

5.【三点】选项

【三点】选项是系统默认的一种剖切方式，用于通过指定 3 个点，以确定剖切平面。此种剖切方式比较灵活。下面通过剖切长方体模型来学习使用【剖切】命令中的【三点】选项。

❶继续上例操作。

❷选择菜单【绘图】|【三维操作】|【剖切】命令，使用【三点】选项对长方体进行剖

切。命令行操作如下：

```
命令: _slice
    选择要剖切的对象:                                   //选择如图 10-68 所示的实体
    选择要剖切的对象:                                   // Enter，结束对象的选择
    指定 切面 的起点或 [平面对象(O)/曲面(S)/Z 轴(Z)/视图(V)/XY(XY)/YZ(YZ)/ZX(ZX)/三点
(3)] <三点>:                                            //3 Enter
    指定平面上的第一个点:                               //捕捉如图 10-69 所示的端点
    指定平面上的第二个点:                               //捕捉如图 10-70 所示的端点
    指定平面上的第三个点:                               //捕捉如图 10-71 所示的中点
    在所需的侧面上指定点或 [保留两个侧面(B)] <保留两个侧面>: //捕捉图 10-72 所示的端点
```

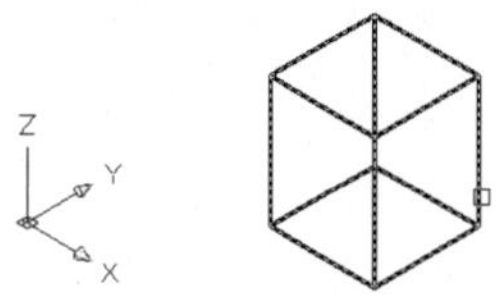

图 10-68　选择剖切实体

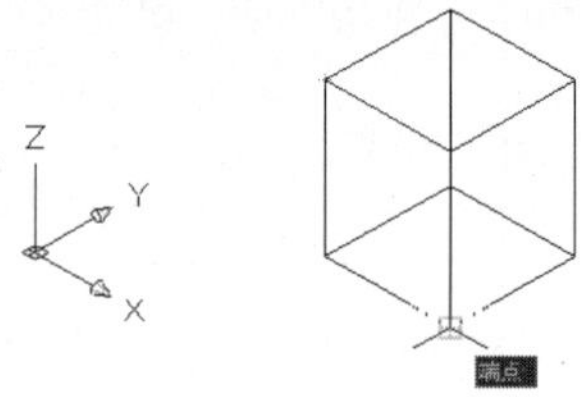

图 10-69　定位第一剖切点

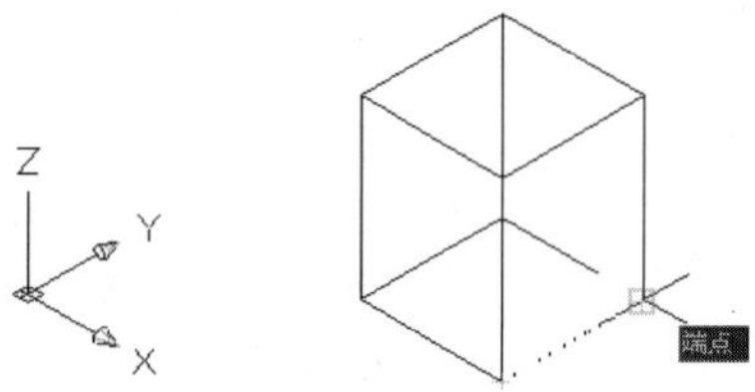

图 10-70　定位第二剖切点

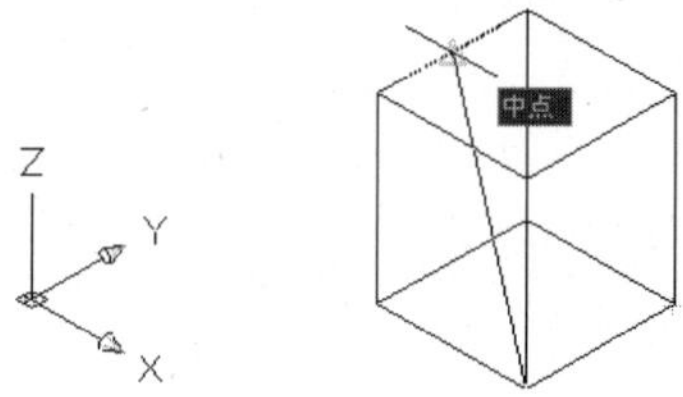

图 10-71　定位第三剖切点

③剖切结果如图 10-73 所示。

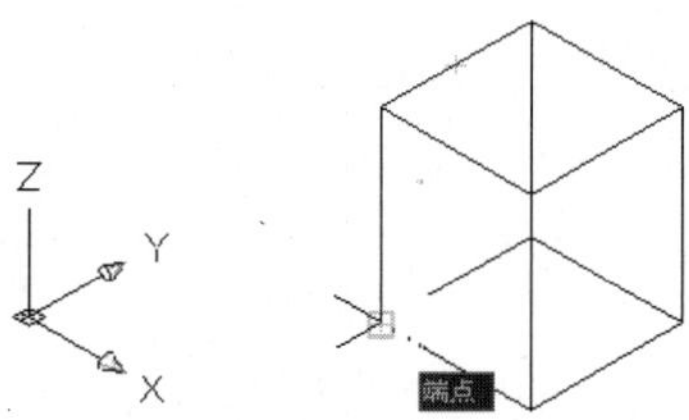

图 10-72　定位保留部分

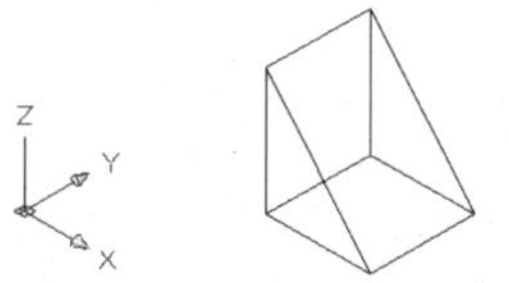

图 10-73　剖切结果

10.8 创建组合实体

本节将学习【并集】、【差集】和【交集】命令。

10.8.1 并集运算

【并集】命令用于将两个或两个以上的三维实体（或面域）组合成一个新的对象。用于并集的两个对象可以相交，也可以不相交。执行【并集】命令主要有以下 3 种方式。

- 菜单栏：选择菜单【修改】|【实体编辑】|【并集】命令。

- 工具栏：单击【实体编辑】或【建模】工具栏上的按钮。
- 命令行：在命令行中输入 Union 或 UNI。

激活【并集】命令，对两个几何体进行并集。命令行操作如下：

```
命令: _union
    选择对象:                    //选择长方体
    选择对象:                    //选择圆柱体
    选择对象:                    // Enter，结束命令，并集结果如图 10-74 所示
```

10.8.2 差集运算

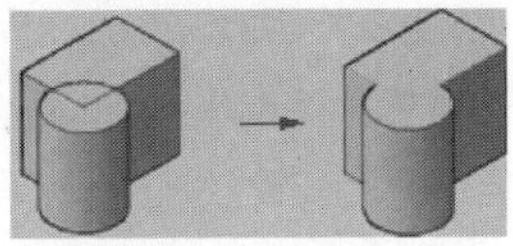

图 10-74 并集

【差集】命令主要用于从一个实体（或面域）中移去与其相交的实体（或面域），从而生成新的组合实体。执行【差集】命令主要有以下 3 种方式。

- 菜单栏：选择菜单【修改】|【实体编辑】|【差集】命令。
- 工具栏：单击【实体编辑】或【建模】工具栏上的按钮。
- 命令行：在命令行中输入 Subtract 或 SU。

执行【差集】命令，对两个几何实体进行差集编辑。命令行操作如下：

```
命令: _subtract
    选择要从中减去的实体或面域...
    选择对象:                         //选择长方体
    选择对象:                         // Enter，结束选择
    选择要减去的实体或面域 ..
    选择对象:                         //选择圆柱体
    选择对象:                         // Enter，结束命令，差集结果如图 10-75 所示
```

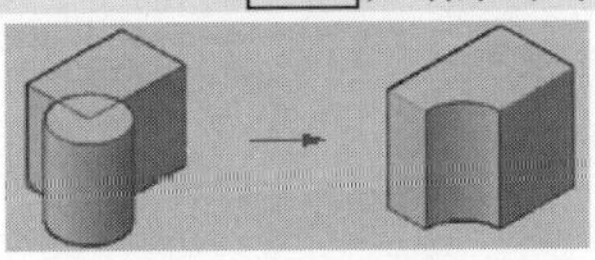

图 10-75 差集

技巧

在执行【差集】命令时，当选择完被减对象后一定要按 Enter 键，然后再选择需要减去的对象。

10.8.3 交集运算

【交集】命令用于将两个或两个以上的实体公有部分提取出来形成一个新的实体，同时删除公共部分以外的部分。执行【交集】命令主要有以下 3 种方式。

- 菜单栏：选择菜单【修改】|【实体编辑】|【交集】命令。
- 工具栏：单击【实体编辑】或者【建模】工具栏上的按钮。
- 命令行：在命令行中输入 Intersect 或 IN。

执行【交集】命令，对两个几何实体进行交集。命令行操作如下：

```
命令: _intersect
    选择对象:                       //选择长方体
    选择对象:                       //选择圆柱体
    选择对象:                       // Enter，结束命令，交集结果如图 10-76 所示
```

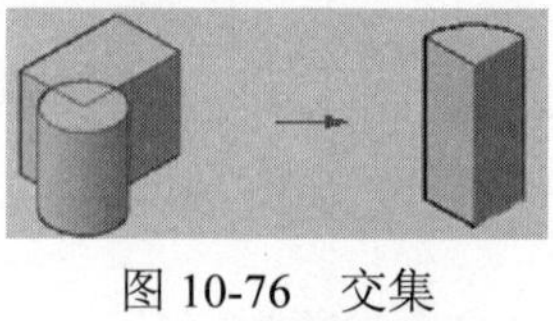

图 10-76　交集

10.9 综合实例——复杂零件图建模

以上主要学习了各种基本实体和复杂实体模型的制作方法和操作技巧。下面通过制作如图 10-77 所示的零件立体模型，对本章所学知识进行综合巩固和练习。

图 10-77　本例效果

具体操作步骤如下。

❶创建空白文件，并打开状态栏上的对象捕捉功能。

❷选择菜单【绘图】|【矩形】命令，绘制圆角半径为 36 的圆角矩形。命令行操作如下：

```
命令: _rectang
    指定第一个角点或 [倒角(C)/标高(E)/圆角(F)/厚度(T)/宽度(W)]:
                                        //f Enter，激活【圆角】选项
    指定矩形的圆角半径 <0.0000>:          //36 Enter，输入圆角半径
    指定第一个角点或 [倒角(C)/标高(E)/圆角(F)/厚度(T)/宽度(W)]: //拾取矩形的一个角点
    指定另一个角点或 [面积(A)/尺寸(D)/旋转(R)]:
                                        //@300,160 Enter，绘制结果如图 10-78 所示
```

❸使用快捷键"C"激活【圆】命令，配合圆心捕捉功能，分别在圆角矩形的四角绘制 4 个半径为 20 的圆图形，如图 10-79 所示。

❹使用快捷键"PL"激活【多段线】命令，配合中点捕捉、垂足捕捉和对象追踪功能，绘制长度为 108、宽度为 160 的闭合四边形，使四边形的中心点与圆角矩形的中心点重合，如图 10-80 所示。

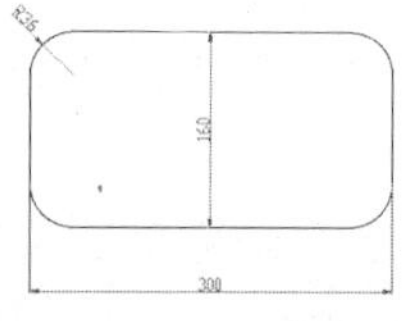

图 10-78　绘制结果

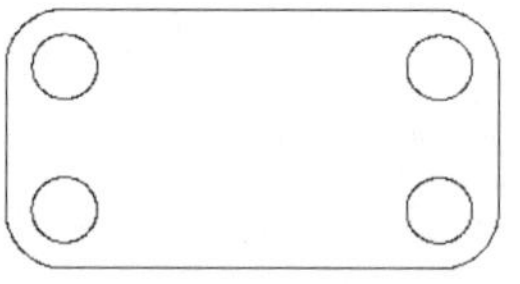

图 10-79　绘制圆

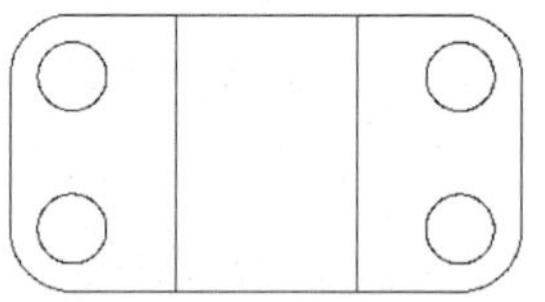

图 10-80　绘制结果

❺在命令行中输入系统变量 ISOLINES，设置实体线框的表面密度为 12。

❻选择菜单【绘图】|【实体】|【拉伸】命令，将 5 个闭合的二维图形拉伸为三维实体，以创建出底座的立体框架。命令行操作如下：

```
命令: _extrude
    当前线框密度:  ISOLINES=12
    选择要拉伸的对象:                     //选择圆角矩形和 4 个圆图形
    选择要拉伸的对象:                     // Enter，结束对象的选择
```

指定拉伸的高度或 [方向(D)/路径(P)/倾斜角(T)] <150.0000>: //32 Enter，指定拉伸的高度
命令: _extrude //Enter，重复执行命令
当前线框密度: ISOLINES=12
选择要拉伸的对象: //选择闭合的多段线
选择要拉伸的对象: //Enter，结束对象的选择
指定拉伸的高度或 [方向(D)/路径(P)/倾斜角(T)] <30.0000>:
// 12 Enter，指定拉伸的高度，拉伸结果如图 10-81 所示

❼选择菜单【修改】|【实体编辑】|【差集】命令，将拉伸后的实体模型进行差集运算。命令行操作如下：

命令: _subtract
选择要从中减去的实体或面域...
选择对象: //选择如图 10-82 所示的拉伸实体
选择对象: // Enter，结束对象的选择
选择要减去的实体或面域 ..
选择对象: //选择如图 10-83 所示的拉伸实体
选择对象: // Enter，结束命令，差集结果如图 10-84 所示

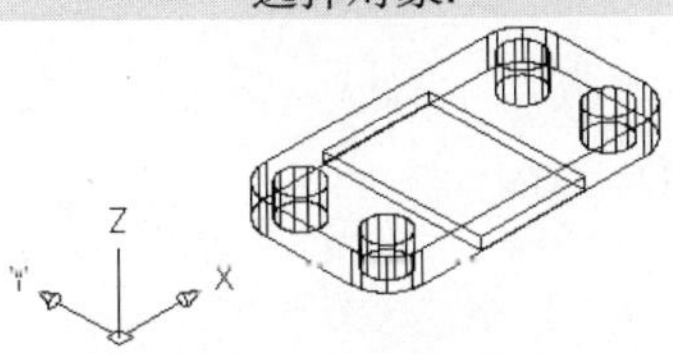

图 10-81 拉伸结果

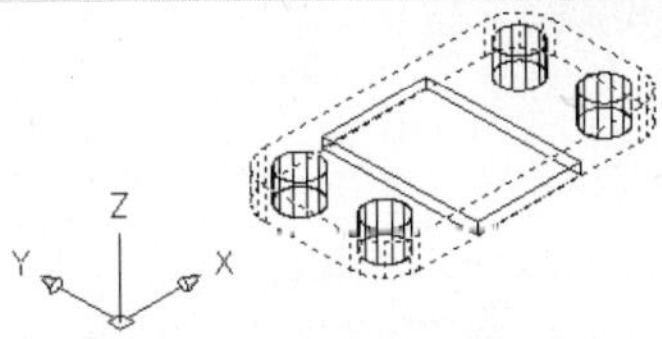

图 10-82 选择被减实体

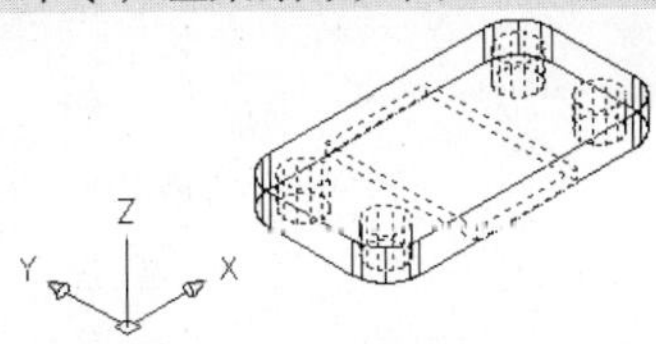

图 10-83 选择减去实体

❽使用快捷键“HI”激活【消隐】命令，结果如图 10-85 所示。

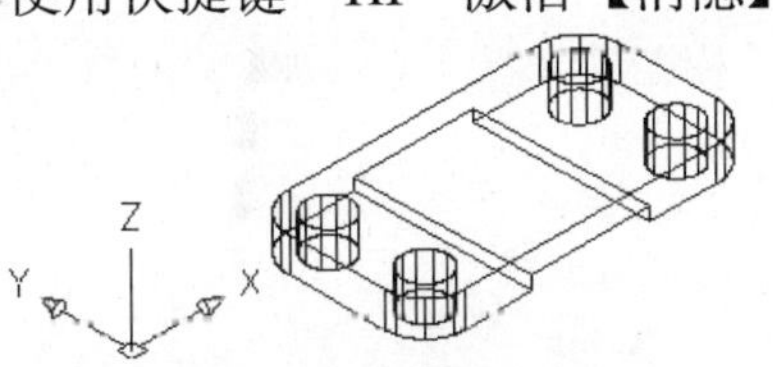

图 10-84 差集结果

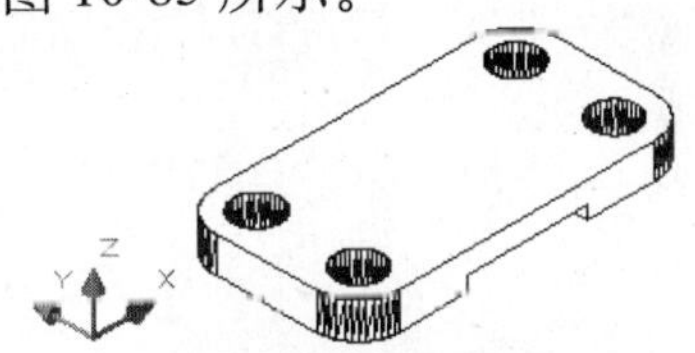
图 10-85 消隐着色

❾选择菜单【绘图】|【建模】|【圆柱体】命令，配合中点捕捉和对象追踪功能创建半径为 26 的圆柱体。命令行操作如下：

命令: _cylinder
指定底面的中心点或 [三点(3P)/两点(2P)/切点、切点、半径(T)/椭圆(E)]:
//捕捉如图 10-86 所示的追踪虚线的交点
指定底面半径或 [直径(D)] <72.7964>: //26 Enter，输入圆柱体底面半径
指定高度或 [两点(2P)/轴端点(A)] <30.0000>:
//-24 Enter，输入柱体的高度，创建结果如图 10-87 所示

技巧

输入的高度为负数，表示系统将沿着当前坐标系的 Z 轴负方向创建圆柱体。

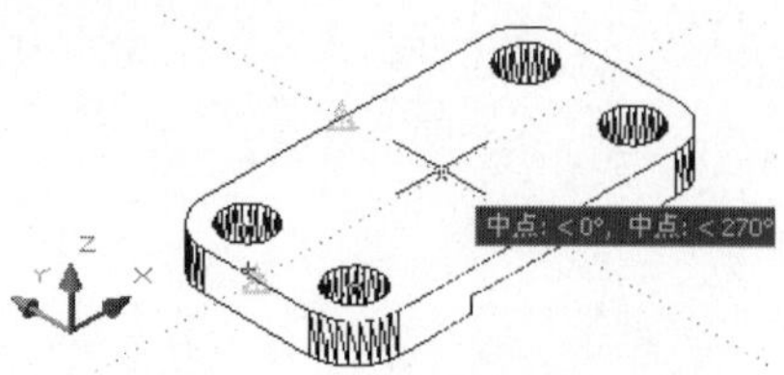

图 10-86　定位柱体的底面圆心

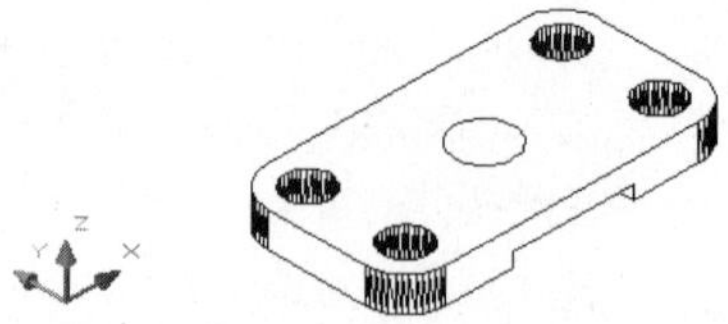

图 10-87　创建结果

⑩使用快捷键“C”激活画圆命令，以刚创建的柱体上顶面圆心作为圆心，绘制半径为 70 的圆，如图 10-88 所示。

⑪选择菜单【绘图】|【正多边形】命令，以刚绘制的圆的圆心作为中心点，绘制边长为 80 的正四边形。命令行操作如下：

```
命令: _polygon
    输入边的数目 <4>:                                      // Enter，采用当前设置
    指定正多边形的中心点或 [边(E)]:                        //捕捉刚绘制的圆的圆心
    输入选项 [内接于圆(I)/外切于圆(C)] <I>:                //c Enter，激活【外切于圆】选项
    指定圆的半径:                  //40 Enter，输入内切圆半径，绘制结果如图 10-89 所示
```

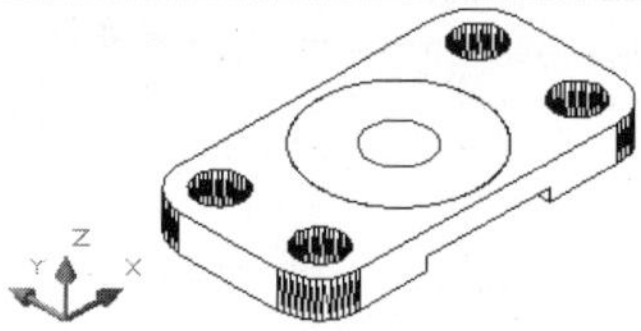

图 10-88　绘制圆

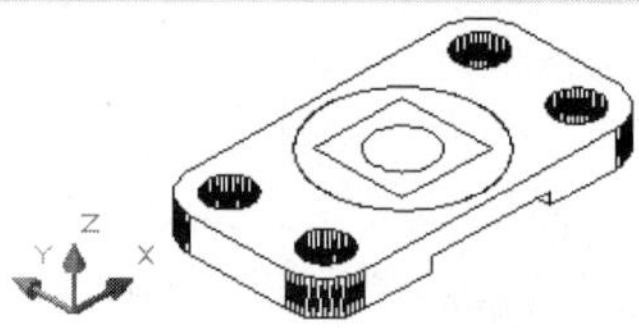

图 10-89　绘制正四边形

⑫选择菜单【绘图】|【建模】|【拉伸】命令，将圆和正四边形沿 Z 轴正方向拉伸 114 个绘图单位。命令行操作如下：

```
命令: _extrude
    当前线框密度:  ISOLINES=12
    选择要拉伸的对象:                                      //选择圆图形
    选择要拉伸的对象:                                      //选择正四边形
    选择要拉伸的对象:                                      // Enter，结束选择
    指定拉伸的高度或 [方向(D)/路径(P)/倾斜角(T)] <0.0000>:
                                                           //114 Enter，拉伸结果如图 10-90 所示
```

⑬综合使用【正多边形】和【移动】命令，以拉伸柱体的上顶面圆心作为顶点，绘制一个边长为 150 的正三边形，如图 10-91 所示。

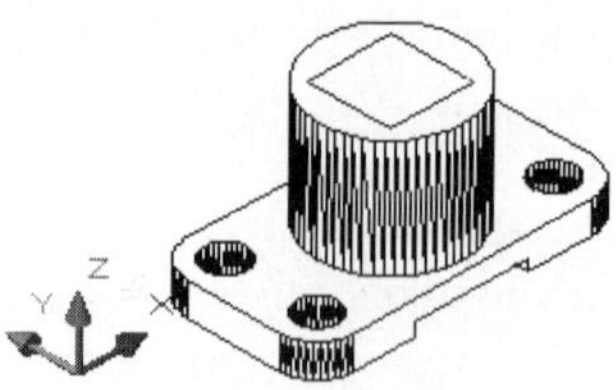

图 10-90　拉伸结果

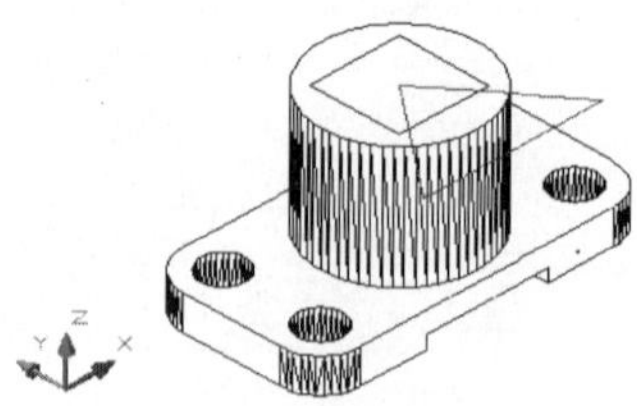

图 10-91　绘制正三边形

⑭再次使用快捷键“EXT”激活【拉伸】命令，将刚绘制的正三边形沿 Z 轴负方向进行拉伸为实体模型。命令行操作如下：

```
命令: ext                                          //Enter，激活【拉伸】命令
    当前线框密度:  ISOLINES=12
    选择要拉伸的对象:                              //选择刚绘制的正三边形
    选择要拉伸的对象:                              //Enter，结束对象的选择
    指定拉伸的高度或 [方向(D)/路径(P)/倾斜角(T)] <120.0000>:
                                                   //-152 Enter，输入拉伸高度
    指定拉伸的倾斜角度 <0>:                        //Enter，拉伸结果如图 10-92 所示
```

⑮选择菜单【视图】|【视觉样式】|【二维线框】命令，对模型进行线框着色，结果如图 10-93 所示。

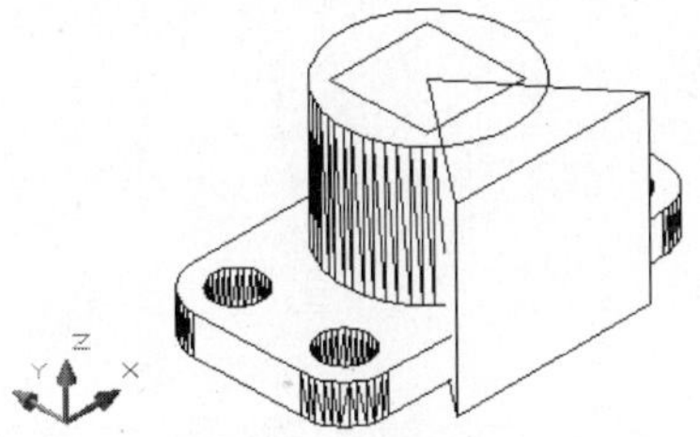

图 10-92　拉伸结果

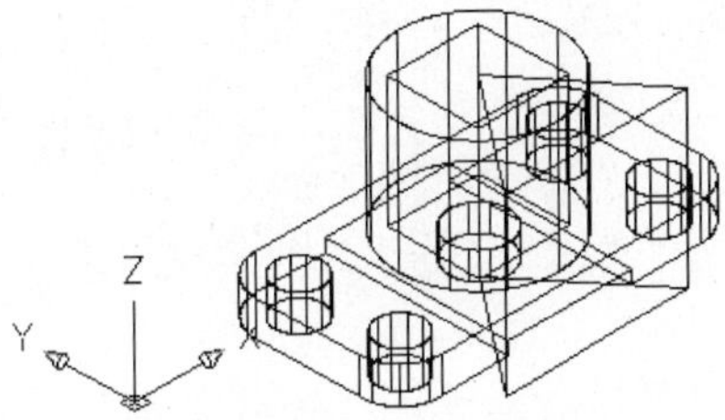

图 10-93　二维线框着色

⑯选择菜单【修改】|【实体编辑】|【差集】命令，将各三维实体进行差集运算。命令行操作如下：

```
命令:  subtract
    选择要从中减去的实体或面域...
    选择对象:                          //选择如图 10-94 所示的实体
    选择对象:                          //Enter，结束对象的选择
    选择要减去的实体或面域 ..
    选择对象:                          //选择如图 10-95 所示的实体
    选择对象:                          //Enter，结束命令，结果生成如图 10-96 所示的组合实体
```

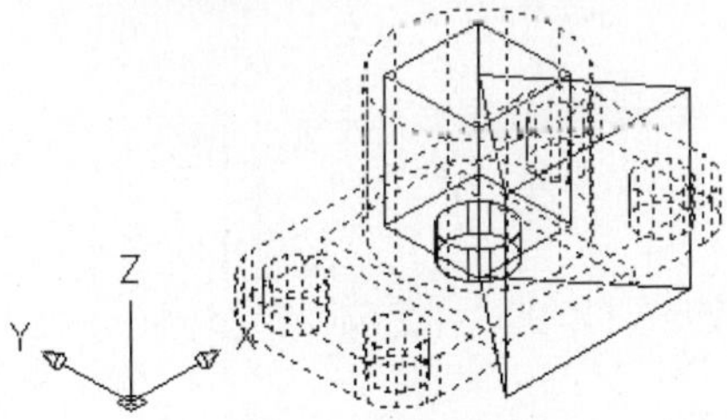

图 10-94　选择被减实体

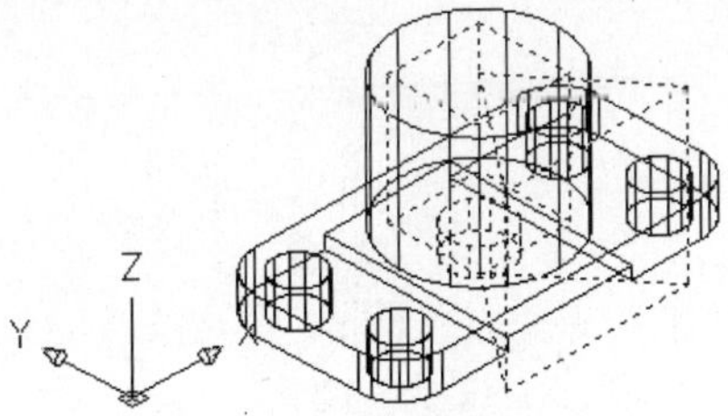

图 10-95　选择减去实体

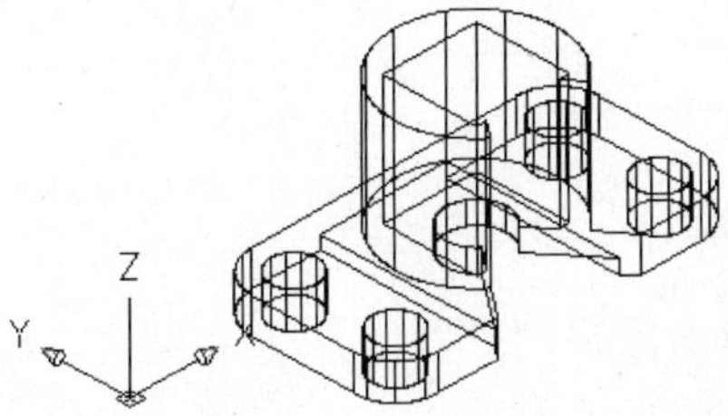

图 10-96　差集结果

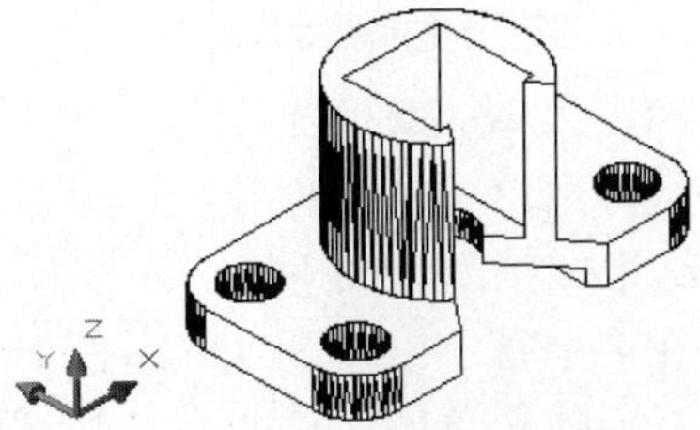

图 10-97　消隐着色

技巧

用户可以使用【消隐】命令对组合实体进行消隐着色，即可更直观真实地观察到差集后的效果，如图 10-97 所示。

⑰使用【UCS】命令，将当前坐标系绕 X 轴旋转 90º，结果如图 10-98 所示。

⑱使用快捷键“PL”，配合中点捕捉功能，绘制如图 10-99 所示的闭合图形，作为筋板截面轮廓线。

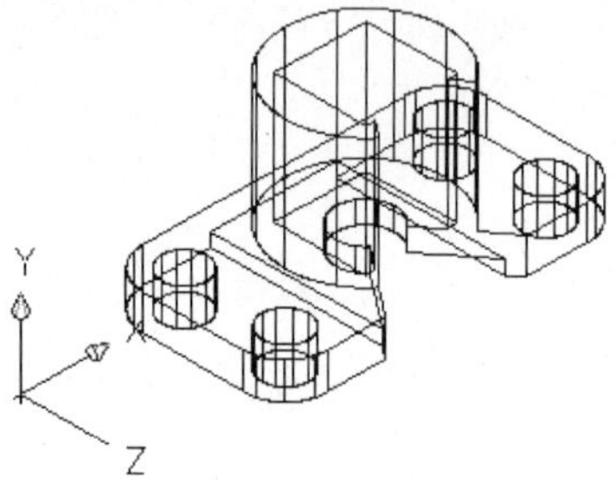

图 10-98　定义用户坐标系

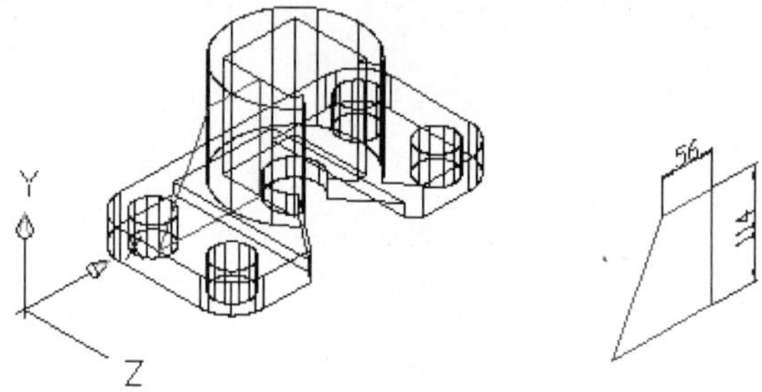

图 10-99　绘制结果

⑲使用快捷键“EXT”激活【拉伸】命令，将刚绘制的筋板截面轮廓线拉伸为三维实体。命令行操作如下：

命令: ext　　　　　　　　　　　//Enter，激活【拉伸】命令

当前线框密度：ISOLINES=12

选择要拉伸的对象:　　　　　　//选择刚绘制的筋板截顶轮廓线

选择要拉伸的对象:　　　　　　//Enter，结束对象的选择

指定拉伸的高度或 [方向(D)/路径(P)/倾斜角(T)] <120.0000>:

　　　　　　　　　　　　　　//24 Enter，输入拉伸高度，拉伸结果如图 10-100 所示

⑳使用快捷键“M”激活【移动】命令，将刚创建的筋板模型进行居中位移，结果如图 10-101 所示。

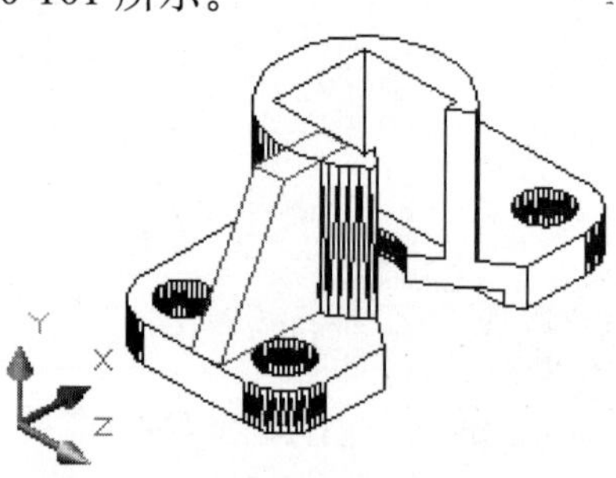

图 10-100　拉伸结果

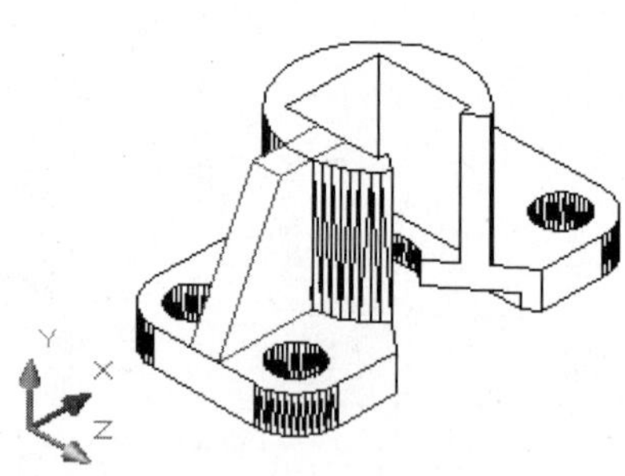

图 10-101　位移结果

㉑参照第 18~20 操作步骤，制作另一侧的筋板模型，如图 10-102 所示。

㉒选择菜单【修改】|【实体编辑】|【并集】命令，将两侧的筋板模型与主体模型进行合并，结果如图 10-103 所示。

㉓在命令行中输入 Shade 后按 Enter 键，对模型进行着色，最终效果如图 10-77 所示。

㉔最后使用【保存】命令，将图形存储为“复杂实体建模.dwg”。

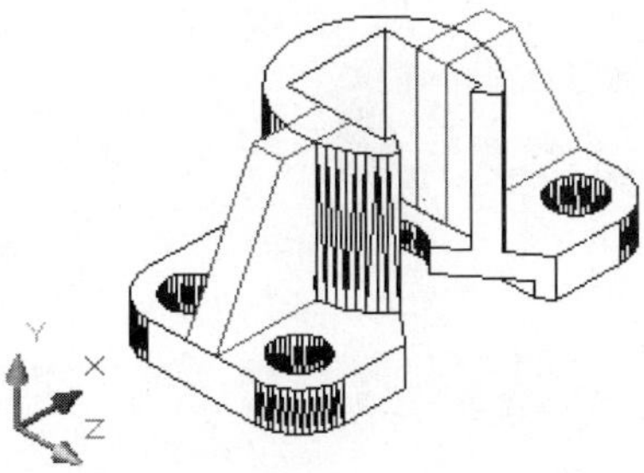

图 10-102　制作另一侧筋板模型

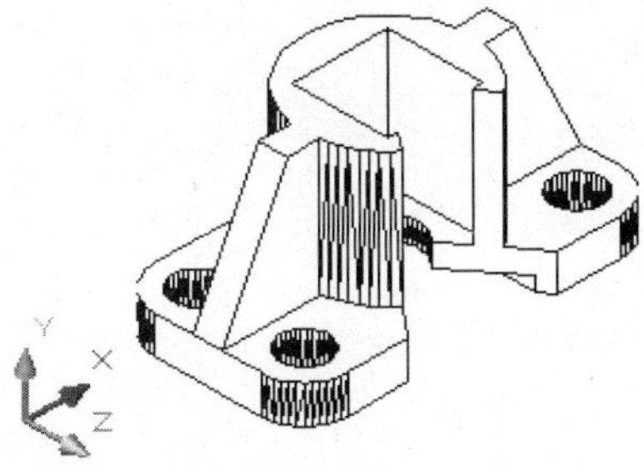

图 10-103　并集结果

10.10　本章小结

本章主要详细讲述了各种基本几何实体和复杂几何实体的创建方法和编辑技巧，相信用户在学完本章的内容后，能灵活运用各类工具快速构造零件的立体模型，以形象直观地表达物体的三维特征。

通过本章的学习，应熟练掌握以下知识：

- 基本几何体。具体包括多段体、长方体、圆柱体、圆锥体、棱锥面、圆环体、球体和楔体。
- 复杂几何体。具体包括拉伸实体、回转实体。
- 组合实体。具体包括并集实体、差集实体和交集实体。

10.11　练习题

综合本章所讲知识，制作如图 10-104 所示的零件模型。

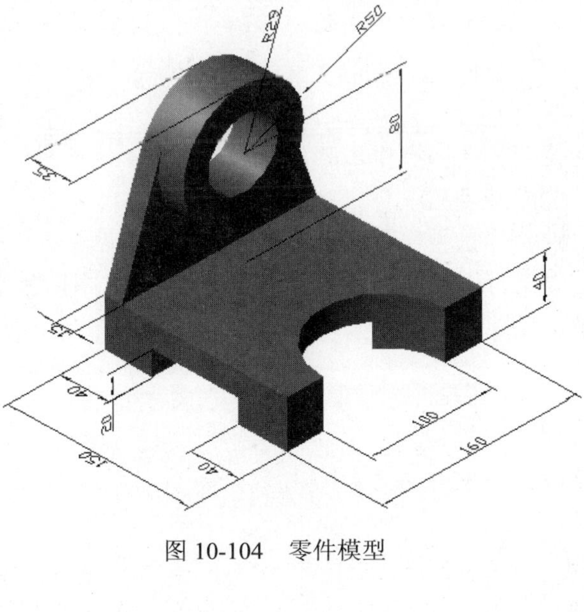

图 10-104　零件模型

第11章

三维操作与实体编辑

本章主要学习 AutoCAD 的三维编辑功能。通过本章的学习，应掌握立体模型的阵列、镜像、旋转、对齐、移动等基本操作技能；除此之外，还需要了解和掌握实体面、实体边的编辑、细化技能；掌握抽壳、压印、分割剖切等特殊编辑功能，学会使用基本编辑功能和实体面编辑功能，去构建和完善结构复杂的三维物体。

11.1 三维基本操作

本节将学习【三维旋转】、【三维镜像】、【三维阵列】、【三维对齐】和【三维移动】命令。

11.1.1 三维旋转

【三维旋转】命令用于在三维视图中显示旋转夹点工具，并围绕基点旋转对象。执行【三维旋转】命令主要有以下 4 种方式。

- 菜单栏：选择菜单【修改】|【三维操作】|【三维旋转】命令。
- 工具栏：单击【建模】工具栏上的按钮。
- 命令行：在命令行中输入 3drotate。
- 功能区：单击【默认】选项卡|【修改】面板上的按钮。

下面通过将长方体沿 Y 轴旋转 90°，学习【三维旋转】命令的使用方法和技巧。具体操作步骤如下。

❶新建空白文件。

❷将当前视图切换到西南视图。

❸选择菜单【绘图】|【建模】|【长方体】命令，任意创建一个长方体模型，如图 11-1 所示。

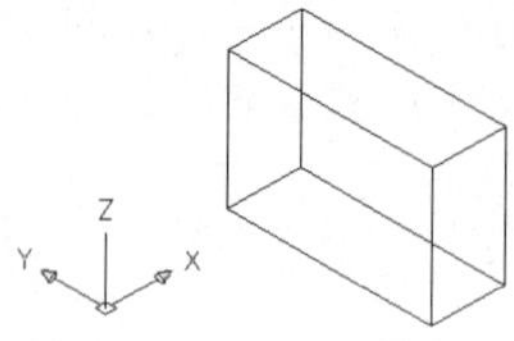

图 11-1　创建长方体

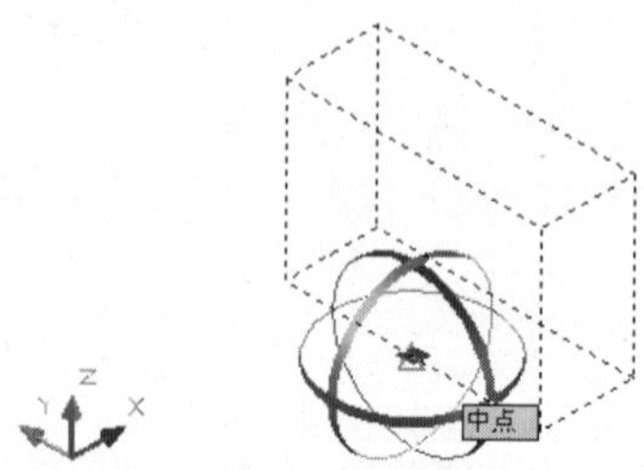

图 11-2　定位基点

❹单击【建模】工具栏上的按钮，执行【三维旋转】命令，将长方体进行三维旋转。命令行操作如下：

```
命令: _3drotate
    UCS 当前的正角方向:  ANGDIR=逆时针   ANGBASE=0
    选择对象:                              //选择长方体模型
    选择对象:                              // Enter，结束选择
    指定基点:                              //捕捉如图 11-2 所示的中点
    拾取旋转轴:                            //在如图 11-3 所示方向上单击左键，定位旋转轴
    指定角的起点或键入角度:                //90 Enter，结束命令，正在重生成模型
```

❺ 旋转结果如图 11-4 所示。

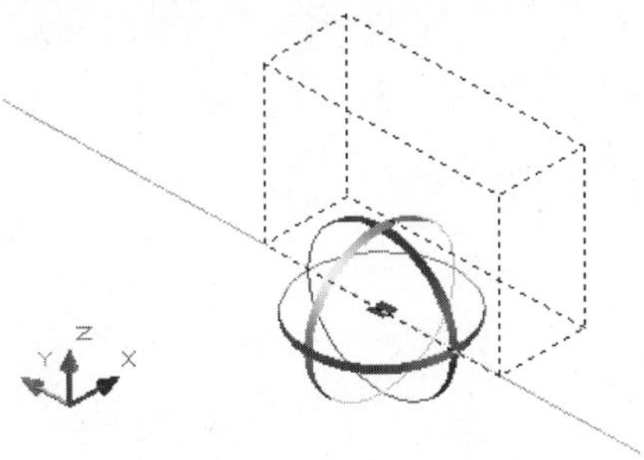

图 11-3　定位旋转轴

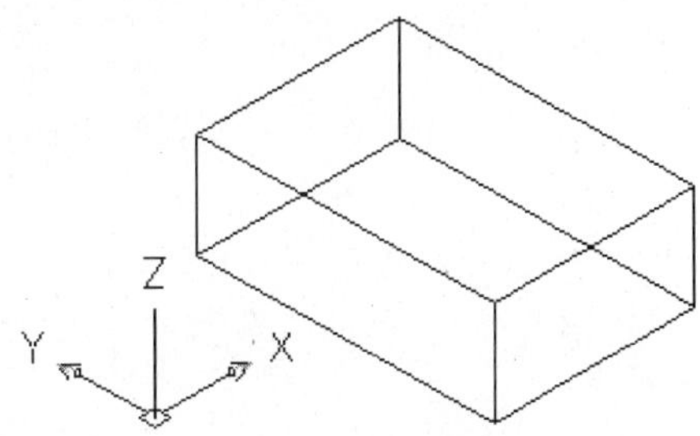

图 11-4　旋转结果

另外，使用【Rotate3d】命令也可以在三维操作空间内对立体模型进行旋转。命令行操作如下：

```
命令: rotate3d
    当前正向角度:  ANGDIR=逆时针  ANGBASE=0
    选择对象:                    //选择长方体
    选择对象:                    // Enter，结束选择
    指定轴上的第一个点或定义轴依据  [对象(O)/最近的(L)/视图(V)/X 轴(X)/Y 轴(Y)/Z 轴(Z)/
两点(2)]:                        //定位轴的 个点或选择某一个选项
```

11.1.2 三维镜像

【三维镜像】命令用于在三维空间中按照指定的对称面进行镜像立体模型。执行【三维镜像】命令主要有以下 3 种方式。

- 菜单栏：选择菜单【修改】|【三维操作】|【三维镜像】命令。
- 命令行：在命令行中输入 Mirror3D。
- 功能区：单击【默认】选项卡|【修改】面板上的按钮。

下面通过典型实例，学习【三维镜像】命令的使用方法和技巧。具体操作步骤如下。

❶打开随书光盘中的“素材文件\三维镜像.dwg”，如图 11-5 所示。

❷选择菜单【修改】|【三维操作】|【三维镜像】命令，对模型进行镜像。命令行操作如下：

命令: _mirror3d

选择对象: //选择图 11-5 所示的对象

选择对象: // Enter，结束选择

指定镜像平面 (三点) 的第一个点或 [对象(O)/最近的(L)/Z 轴(Z)/视图(V)/XY 平面(XY)/YZ 平面(YZ)/ZX 平面(ZX)/三点(3)] <三点>: //YZ Enter，激活【YZ 平面】选项

指定 YZ 平面上的点 <0,0,0>: //捕捉如图 11-6 所示的端点

是否删除源对象? [是(Y)/否(N)] <否>: // Enter，结束命令

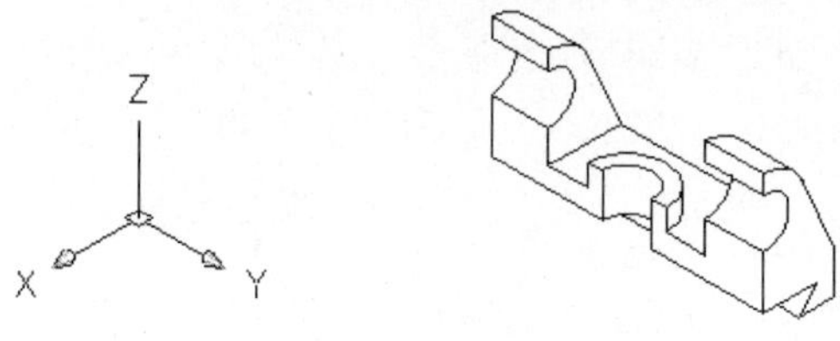

图 11-5 打开图形

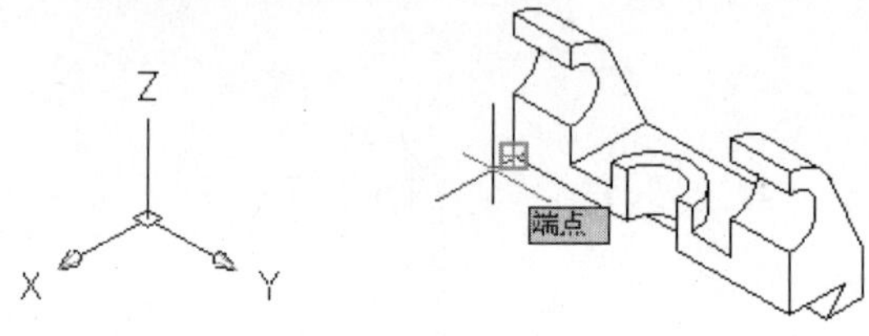

图 11-6 捕捉端点

❸选择菜单【视图】|【消隐】命令，效果如图 11-7 所示。

命令选项解析如下。

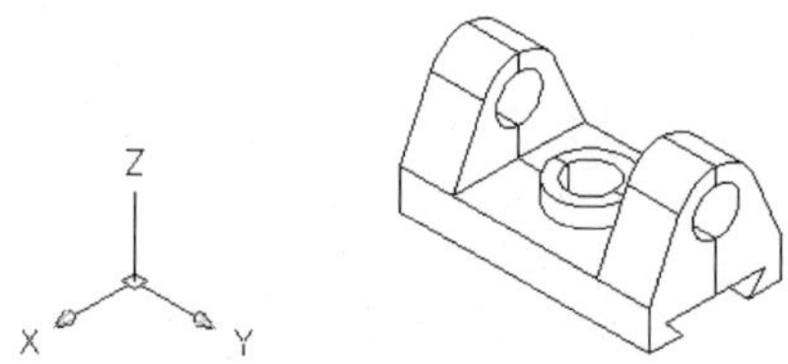

图 11-7 镜像结果

- 【对象】选项用于选定某一对象所在的平面作为镜像平面，该对象可以是圆弧或二维多段线。
- 【最近的】选项用于以上次镜像使用的镜像平面作为当前镜像平面。
- 【Z 轴】选项用于在镜像平面及镜像平面的 Z 轴法线指定位点。
- 【视图】选项用于在视图平面上指定点，进行空间镜像。
- 【XY 平面】选项用于以当前坐标系的 XY 平面作为镜像平面。
- 【YZ 平面】选项用于以当前坐标系的 YZ 平面作为镜像平面。
- 【ZX 平面】选项用于以当前坐标系的 ZX 平面作为镜像平面。
- 【三点】选项用于指定 3 个点，以定位镜像平面。

11.1.3 三维阵列

【三维阵列】命令用于将三维物体按照环形或矩形的方式，在三维空间中进行规则排列。执行【三维阵列】命令有以下 4 种方式。

- 菜单栏：选择菜单【修改】|【三维操作】|【三维阵列】命令。
- 工具栏：单击【建模】工具栏上的按钮。
- 命令行：在命令行中输入 3Darray。
- 功能区：单击【默认】选项卡|【修改】面板上的按钮。

下面通过典型实例，学习【三维阵列】命令的使用方法和技巧。具体操作步骤如下。

❶打开随书光盘中的“素材文件\三维阵列.dwg”，如图 11-8 所示。

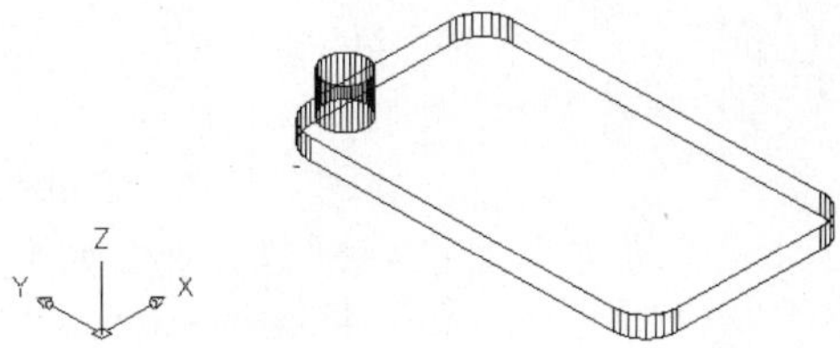

图 11-8 打开图形

❷选择菜单【修改】|【三维操作】|【三维阵列】命令，对圆柱体进行空间阵列。命令行操作如下：

命令: _3darray	
正在初始化... 已加载 3DARRAY。	
选择对象:	//选择圆柱体
选择对象:	// Enter，结束选择
输入阵列类型 [矩形(R)/环形(P)] <矩形>:	// Enter，激活【矩形】选项
输入行数 (---) <1>:	//2 Enter
输入列数 (|||) <1>:	//2 Enter
输入层数 (...) <1>:	//2 Enter
指定行间距 (---):	//-29 Enter
指定列间距 (|||):	//13 Enter
指定层间距 (...):	//-5.9 Enter，阵列结果如图 11-9 所示

❸选择菜单【视图】|【消隐】命令，效果如图 11-10 所示。

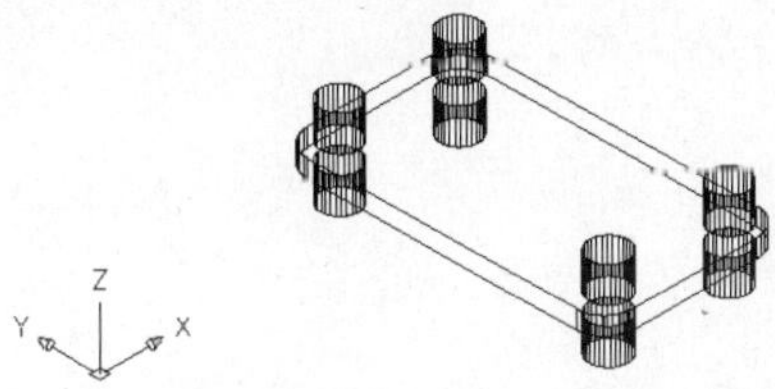

图 11-9 矩形阵列

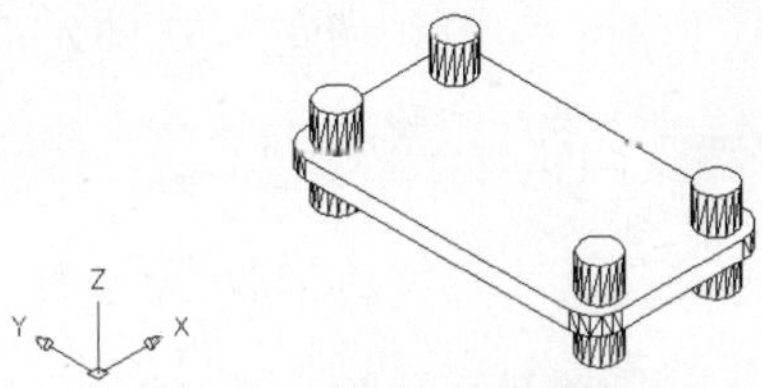

图 11-10 消隐效果

下面通过典型实例，学习【三维阵列】命令的“环形阵列”功能。具体操作步骤如下。

❶打开随书光盘中的“素材文件\环形阵列.dwg”，如图 11-11 所示。

图 11-11 打开图形

❷选择菜单【修改】|【三维操作】|【三维阵列】命令，对三维模型进行环形阵列。命令行操作如下：

命令: _3darray	
正在初始化... 已加载 3DARRAY。	
选择对象:	//选择如图 11-12 所示的对象
选择对象:	//选择如图 11-13 所示的对象
选择对象:	// Enter，结束选择
输入阵列类型 [矩形(R)/环形(P)] <矩形>:	//p Enter，激活【环形】选项
输入阵列中的项目数目:	//4 Enter

指定要填充的角度 (+=逆时针, -=顺时针) <360>:   // Enter
旋转阵列对象？ [是(Y)/否(N)] <Y>:   // Enter
指定阵列的中心点: //捕捉如图 11-14 所示的圆心
指定旋转轴上的第二点: //捕捉如图 11-15 所示的圆心

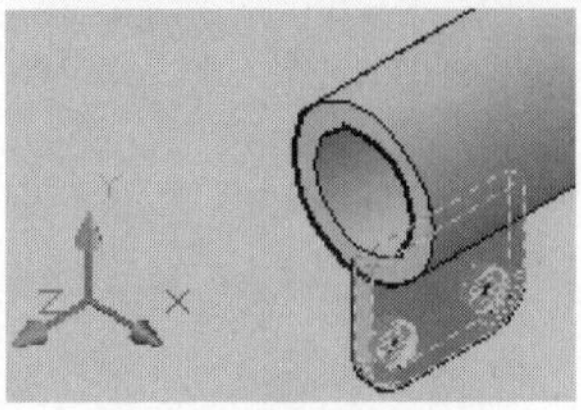

图 11-12　选择对象

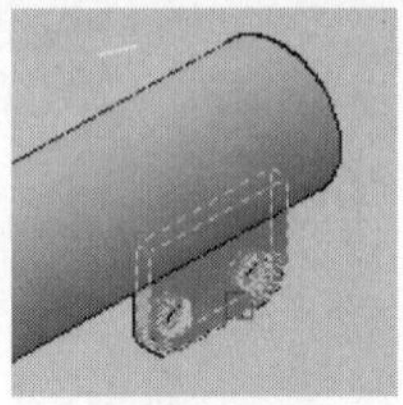

图 11-13　选择对象

❸环形阵列的效果如图 11-16 所示。

图 11-14　捕捉圆心

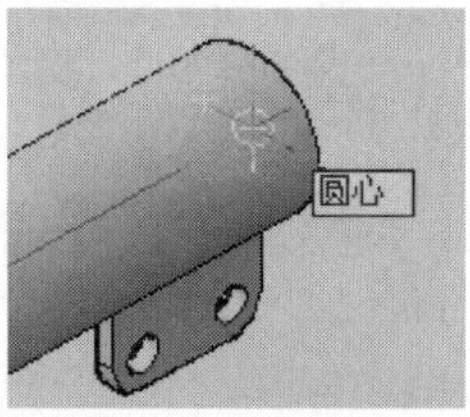

图 11-15　捕捉圆心

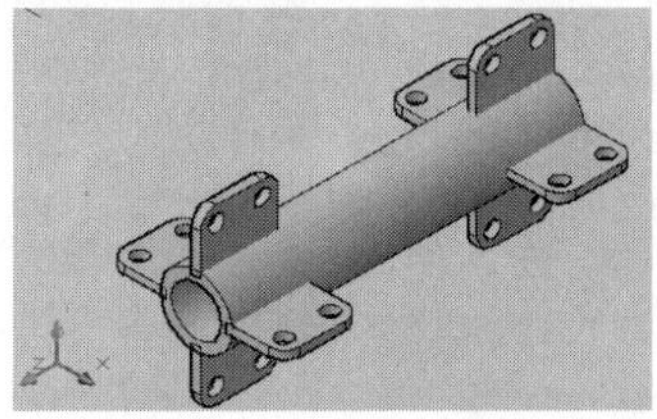

图 11-16　环形阵列

11.1.4　三维对齐

【三维对齐】命令主要以定位源平面和目标平面的形式，将两个三维对象在三维操作空间中进行对齐。执行【三维对齐】命令主要有以下 4 种方式。

- 菜单栏：选择菜单【修改】|【三维操作】|【三维对齐】命令。
- 工具栏：单击【建模】工具栏上的按钮。
- 命令行：在命令行中输入 3dalign。
- 功能区：单击【默认】选项卡|【修改】面板上的按钮。

下面通过实例，学习【三维对齐】命令的使用方法和技巧。具体操作步骤如下。

❶打开随书光盘中的“素材文件\三维对齐.dwg”，如图 11-17（左）所示。

❷选择菜单【修改】|【复制】命令，将模型复制一份，结果如图 11-17（右）所示。

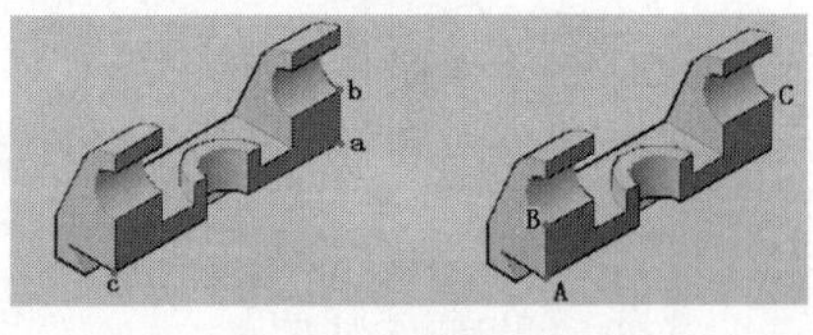

图 11-17　复制结果

❸单击【建模】工具栏上的按钮，激活【三维对齐】命令，对模型进行空间对齐。命令行操作如下：

命令: _3dalign
选择对象: //选择复制出的对象
选择对象: // Enter，结束选择
指定源平面和方向 ...
指定基点或 [复制(C)]:   //捕捉图 11-17 所示的端点 A
指定第二个点或 [继续(C)] <C>:   //捕捉端点 B
指定第三个点或 [继续(C)] <C>:   //捕捉端点 C

```
指定目标平面和方向 ...
指定第一个目标点:                                //捕捉端点 a
指定第二个目标点或 [退出(X)] <X>:                //捕捉端点 b
指定第三个目标点或 [退出(X)] <X>:                //捕捉端点 c
```

❹对齐结果如图 11-18 所示。

❺使用【并集】命令将两个对象进行合并，结果如图 11-19 所示。

技巧

【复制】选项主要用于在对齐两对象时，将用于对齐的源对象复制一份，而源对象则保持不变，如图 11-20 所示。

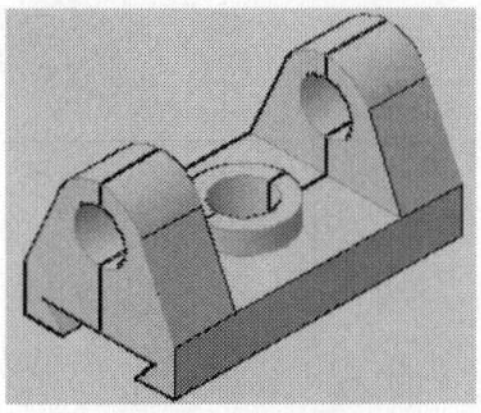

图 11-18　三维对齐

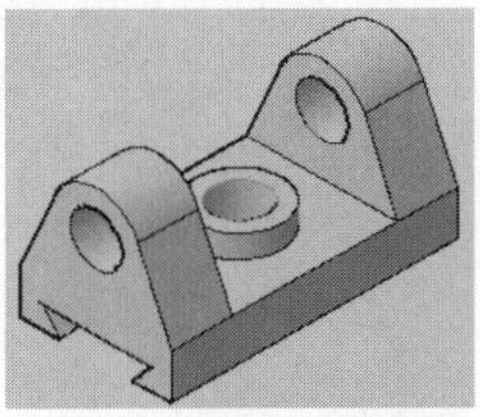

图 11-19　并集结果

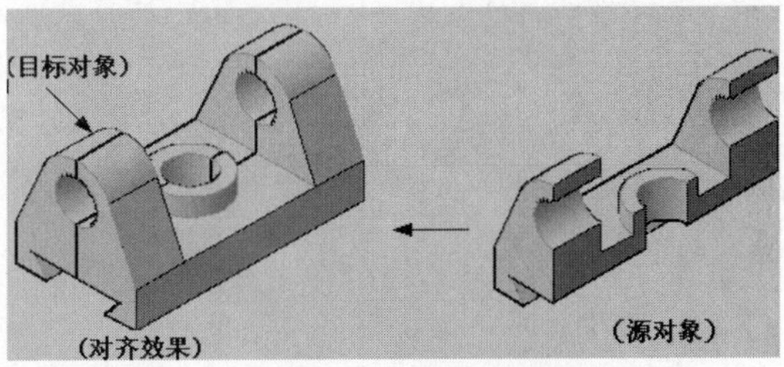

图 11-20　选项示例

11.1.5　三维移动

【三维移动】命令主要用于将对象在三维操作空间内进行位移。执行【三维移动】命令主要有以下 4 种方式。

- 菜单栏：选择菜单【修改】|【三维操作】|【三维移动】命令。
- 工具栏：单击【建模】工具栏上的按钮。
- 命令行：在命令行中输入 3dmove 或 3m。
- 功能区：单击【默认】选项卡|【修改】面板上的按钮。

执行【三维移动】命令后，命令行操作如下：

```
命令: _3dmove
    选择对象:                                        //选择移动对象
    选择对象:                                        // Enter，结束选择
    指定基点或 [位移(D)] <位移>:                     //定位基点
    指定第二个点或 <使用第一个点作为位移>:           //定位目标点
    正在重生成模型。
```

11.2 编辑三维实体面

本节将学习三维实体的面编辑功能，具体有【拉伸面】、【移动面】、【偏移面】、【旋转面】、【倾斜面】、【删除面】、【复制面】、【着色面】等。

11.2.1 拉伸面

【拉伸面】命令主要用于对实心体的表面进行编辑，将实体面按照指定的高度或路径进行拉伸，以创建出新的形体。执行【拉伸面】命令主要有以下 4 种方式。

- 菜单栏：选择菜单【修改】|【实体编辑】|【拉伸面】命令。
- 工具栏：单击【实体编辑】工具栏上的按钮。
- 命令行：在命令行中输入 Solidedit。
- 功能区：单击【默认】选项卡|【实体编辑】面板上的按钮。

1. 高度拉伸

此种拉伸方式是将实体的表面沿着输入的高度和倾斜角度进行拉伸。当指定拉伸的高度以后，AutoCAD 会提示面的倾斜角度，如果输入的角度值为正值时，实体面将实体的内部倾斜(锥化)；如果输入的角度为负值时，实体面将向实体的外部倾斜（锥化），如图 11-21 所示。

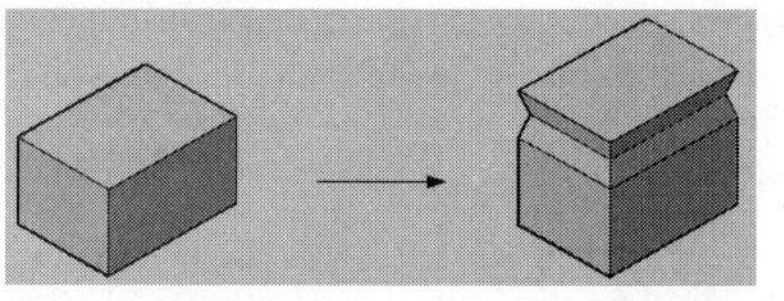

图 11-21 面拉伸

高度拉伸的命令行操作如下：

命令: _solidedit

实体编辑自动检查: SOLIDCHECK=1

输入实体编辑选项 [面(F)/边(E)/体(B)/放弃(U)/退出(X)] <退出>: _face

输入面编辑选项[拉伸(E)/移动(M)/旋转(R)/偏移(O)/倾斜(T)/删除(D)/复制(C)/颜色(L)/材质(A)/放弃(U)/退出(X)] <退出>: _extrude

选择面或 [放弃(U)/删除(R)]: //选择实体面

选择面或 [放弃(U)/删除(R)/全部(ALL)]: // Enter，结束选择

指定拉伸高度或 [路径(P)]: // 8 Enter

指定拉伸的倾斜角度 <30>: //15 Enter

已开始实体校验。

已完成实体校验。

输入面编辑选项[拉伸(E)/移动(M)/旋转(R)/偏移(O)/倾斜(T)/删除(D)/复制(C)/颜色(L)/材质(A)/放弃(U)/退出(X)] <退出>: //E Enter

选择面或 [放弃(U)/删除(R)]: //选择拉伸面

选择面或 [放弃(U)/删除(R)/全部(ALL)]: // Enter

指定拉伸高度或 [路径(P)]: //8 Enter

指定拉伸的倾斜角度 <15>: //-15 Enter

已开始实体校验。

已完成实体校验。

输入面编辑选项[拉伸(E)/移动(M)/旋转(R)/偏移(O)/倾斜(T)/删除(D)/复制(C)/颜色(L)/材质(A)/放弃(U)/退出(X)] <退出>: //X Enter

实体编辑自动检查: SOLIDCHECK=1

输入实体编辑选项 [面(F)/边(E)/体(B)/放弃(U)/退出(X)] <退出>: //X Enter

另外，AutoCAD 对于每个面规定其外法线方向为正方向，当输入的高度值为正值时，实体面将沿其外法线方向移动；如果输入的高度值为负值时，实体面将沿着外法线的负方向移动。在具体的面拉伸过程中，如果用户输入的高度值和锥角值都较大时，可能会使实体面到达所指定的高度之前，就已缩小成为一个点，此时 AutoCAD 将会提示拉伸操作失败。

2．路径拉伸

此种拉伸方式是将实体表面沿着指定的路径进行拉伸，拉伸路径可以是直线、圆弧、多段线或二维样条曲线等，如图 11-22 所示。

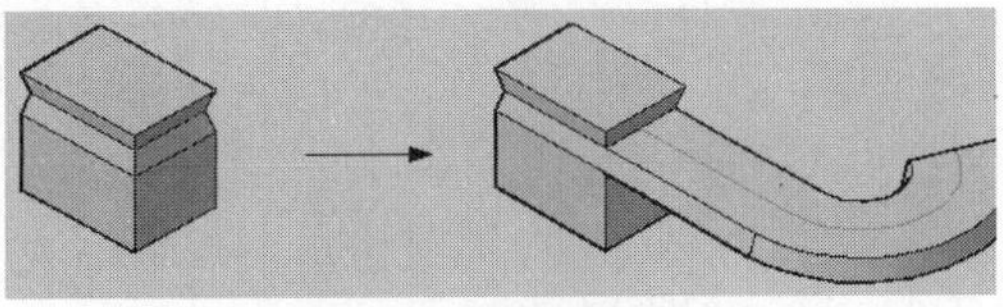

图 11-22　路径拉伸

路径拉伸的命令行操作如下：

```
命令: _solidedit
    实体编辑自动检查:  SOLIDCHECK=1
    输入实体编辑选项 [面(F)/边(E)/体(B)/放弃(U)/退出(X)] <退出>: _face
    输入面编辑选项[拉伸(E)/移动(M)/旋转(R)/偏移(O)/倾斜(T)/删除(D)/复制(C)/颜色(L)/材质(A)/放弃(U)/退出(X)] <退出>: _extrude
    选择面或 [放弃(U)/删除(R)]:                          //选择拉伸面
    选择面或 [放弃(U)/删除(R)/全部(ALL)]:                 //Enter，结束选择
    指定拉伸高度或 [路径(P)]:                             //p Enter
    选择拉伸路径:                                         //选择拉伸路径
    已开始实体校验。
    已完成实体校验。
    输入面编辑选项[拉伸(E)/移动(M)/旋转(R)/偏移(O)/倾斜(T)/删除(D)/复制(C)/颜色(L)/材质(A)/放弃(U)/退出(X)] <退出>:                     //X Enter
    实体编辑自动检查:  SOLIDCHECK=1
    输入实体编辑选项 [面(F)/边(E)/体(B)/放弃(U)/退出(X)] <退出>:   //X Enter
```

技巧

拉伸路径的一个端点一般定位在拉伸的面内，否则，AutoCAD 将把路径移到面轮廓的中心。在拉伸面时，面从初始位置开始沿路径拉伸，直至路径的终点结束。

技巧

如果作为拉伸路径的二维对象不能与要拉伸的表面共面，也需要避免路径曲线的某些局部区域有较高的曲率，否则可能会使拉伸的新实体在路径曲率较高处出现自交，从而导致拉伸失败。

11.2.2　移动面

【移动面】命令是通过移动实体的表面，进行修改实体的尺寸或改变孔或槽的位置等，在移动面的过程中将保持面的法线方向不变。执行【移动面】命令主要有以下 4 种方式。

- 菜单栏：选择菜单【修改】|【实体编辑】|【移动面】命令。
- 工具栏：单击【实体编辑】工具栏上的按钮。
- 命令行：在命令行中输入 Solidedit。
- 功能区：单击【默认】选项卡|【实体编辑】面板上的按钮。

下面通过典型实例，学习【移动面】命令的使用方法和技巧。具体操作步骤如下。

❶打开随书光盘中的“素材文件\移动面.dwg”，如图 11-23 所示。

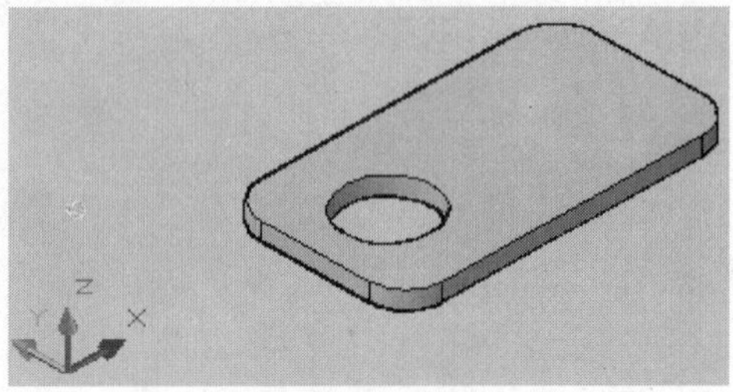

图 11-23　打开图形

❷选择菜单【修改】|【实体编辑】|【移动面】命令，对实体面进行移动。命令行操作如下：

```
命令: _solidedit
    实体编辑自动检查:  SOLIDCHECK=1
    输入实体编辑选项 [面(F)/边(E)/体(B)/放弃(U)/退出(X)] <退出>: _face
    输入面编辑选项[拉伸(E)/移动(M)/旋转(R)/偏移(O)/倾斜(T)/删除(D)/复制(C)/颜色(L)/材质(A)/放弃(U)/退出(X)] <退出>: _move
    选择面或 [放弃(U)/删除(R)]: 找到 2 个面。
      //将光标放在圆孔的边沿上单击左键，此时系统选择了两个面，如图 11-24 所示
    选择面或 [放弃(U)/删除(R)/全部(ALL)]: 找到 2 个面，已删除 1 个。
      //按住 Shift 键在大面的边沿上单击左键，将此面排除在选择集之外，如图 11-25 所示
    选择面或 [放弃(U)/删除(R)/全部(ALL)]:                              // Enter
    指定基点或位移:                                                  //捕捉圆孔的圆心
    指定位移的第二点:                                                //@45,0 Enter
    已开始实体校验。
    已完成实体校验。
    输入面编辑选项[拉伸(E)/移动(M)/旋转(R)/偏移(O)/倾斜(T)/删除(D)/复制(C)/颜色(L)/材质(A)/放弃(U)/退出(X)] <退出>:                                      //X Enter
    实体编辑自动检查:  SOLIDCHECK=1
    输入实体编辑选项 [面(F)/边(E)/体(B)/放弃(U)/退出(X)] <退出>:        //X Enter
```

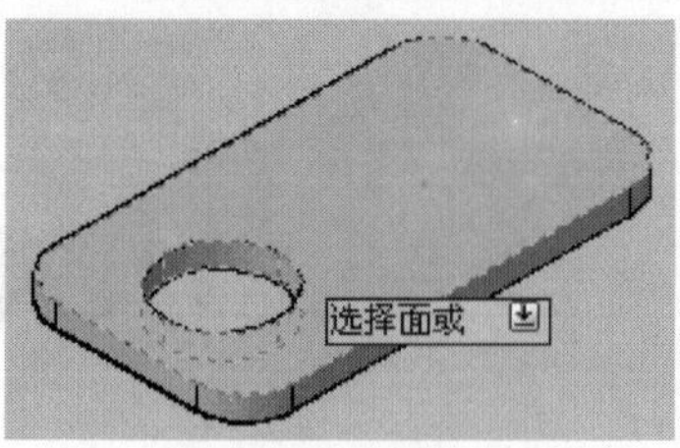

图 11-24　选择面

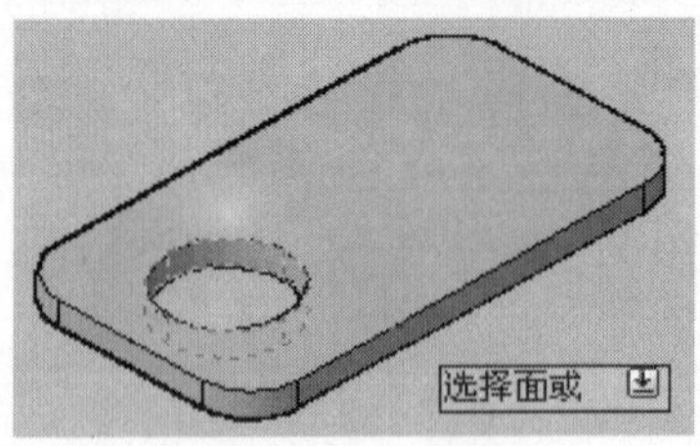

图 11-25　删除面

❸操作结果如图 11-26 所示。

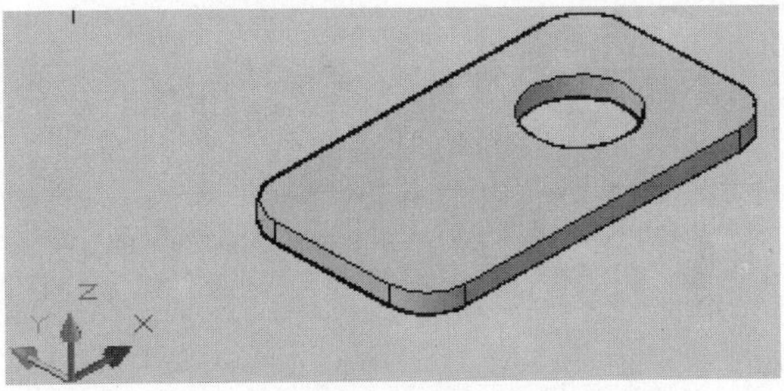

图 11-26 移动面

技巧

如果用户指定了两点，AutoCAD 将根据两点定义的矢量来确定移动的距离和方向。若在提示"指定基点或位移:"时，输入了一个点的坐标，而在"指定位移的第二点:"时，按 Enter 键，那么 AutoCAD 将根据输入的坐标值面沿着面的法线方向进行移动面。

11.2.3 偏移面

【偏移面】命令主要通过偏移实体的表面来改变实体及孔、槽等特征的大小，如图 11-27 所示。执行【偏移面】命令主要有以下 4 种方式。

- 菜单栏：选择菜单【修改】|【实体编辑】|【偏移面】命令。
- 工具栏：单击【实体编辑】工具栏上的按钮。
- 命令行：在命令行中输入 Solidedit。
- 功能区：单击【默认】选项卡|【实体编辑】面板上的按钮。

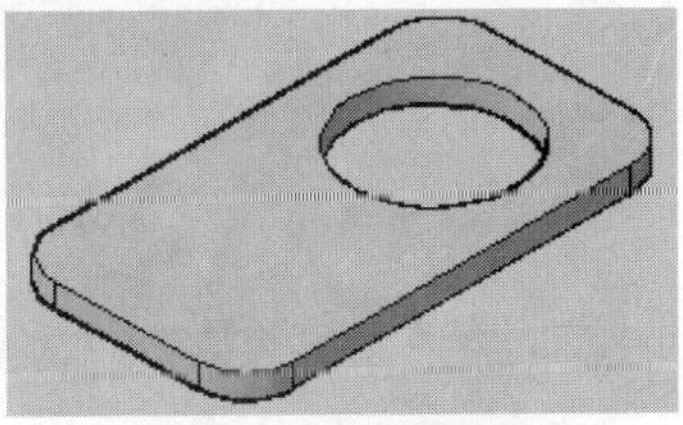

图 11-27 偏移面

下面通过典型实例，学习【偏移面】命令的使用方法和技巧。具体操作步骤如下。

❶继续上例操作。

❷单击【实体编辑】工具栏上的按钮，执行【偏移面】命令，对实体面进行偏移。命令行操作如下：

```
命令: _solidedit
    实体编辑自动检查:  SOLIDCHECK=1
    输入实体编辑选项 [面(F)/边(E)/体(B)/放弃(U)/退出(X)] <退出>: _face
    输入面编辑选项[拉伸(E)/移动(M)/旋转(R)/偏移(O)/倾斜(T)/删除(D)/复制(C)/颜色(L)/材质(A)/
放弃(U)/退出(X)] <退出>: _offset
    选择面或 [放弃(U)/删除(R)]: 找到 2 个面。
        //将光标放在圆孔的边沿上单击左键，此时系统选择了两个面，如图 11-28 所示
    选择面或 [放弃(U)/删除(R)/全部(ALL)]: 找到 2 个面，已删除 1 个。
        //按住 Shfit 键在大面的边沿上单击左键，将此面排除在选择集之外，如图 11-29 所示
    选择面或 [放弃(U)/删除(R)/全部(ALL)]:                              // Enter
    指定偏移距离:                                                      // -5，Enter
    已开始实体校验。
```

```
已完成实体校验。
输入面编辑选项[拉伸(E)/移动(M)/旋转(R)/偏移(O)/倾斜(T)/删除(D)/复制(C)/颜色(L)/材质(A)/放弃(U)/退出(X)] <退出>:                //X Enter
实体编辑自动检查:  SOLIDCHECK=1
输入实体编辑选项 [面(F)/边(E)/体(B)/放弃(U)/退出(X)] <退出>:      //X Enter，结束命令
```

③偏移结果如图 11-30 所示。

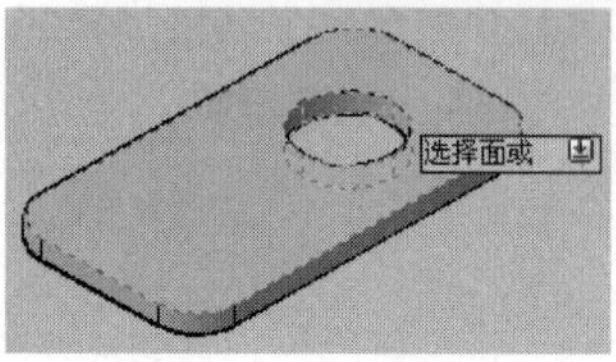

图 11-28　选择面

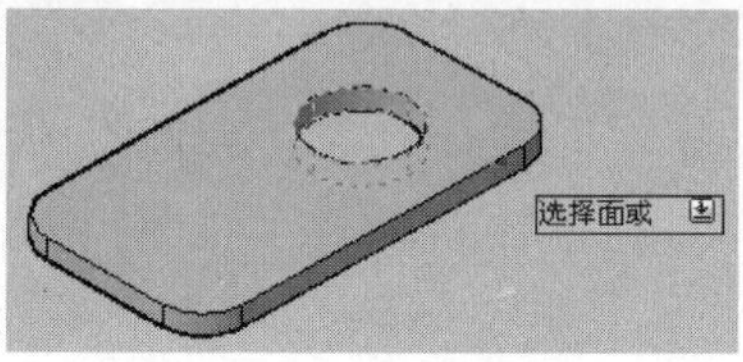

图 11-29　删除面

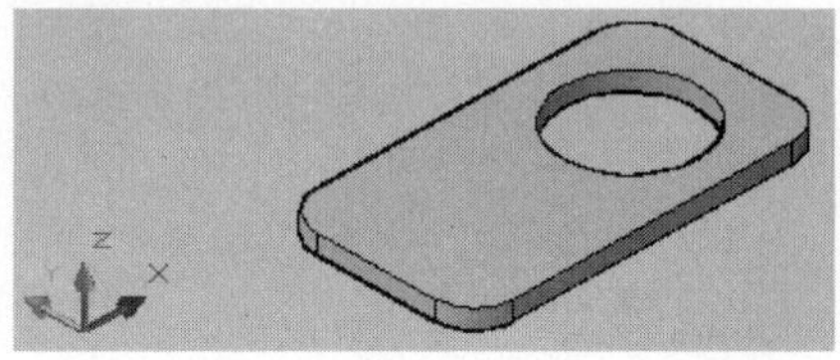

图 11-30　偏移面

技巧

在偏置实体面时，用户可以直接输入数值或拾取两点来指定偏移的距离，AutoCAD 将根据偏移距离沿表面的法线进行移动面。当输入的偏移距离为正值时，AutoCAD 将使表面向其外法线方向偏移；若输入的距离为负值时，被编辑的表面将向相反的方向偏移。

11.2.4　旋转面

【旋转面】命令主要通过旋转实体的表面来改变实体面的倾斜角度，或将一些孔、槽等旋转到新位置。执行【旋转面】命令主要有以下 4 种方式。

- 菜单栏：选择菜单【修改】|【实体编辑】|【旋转面】命令。
- 工具栏：单击【实体编辑】工具栏上的按钮。
- 命令行：在命令行中输入 Solidedit。
- 功能区：单击【默认】选项卡|【实体编辑】面板上的按钮。

下面通过典型实例，学习【旋转面】命令的使用方法和技巧。具体操作步骤如下。

①继续上例操作。

②单击【实体编辑】工具栏上的按钮，执行【旋转面】命令，对实体面进行旋转。命令行操作如下：

```
命令: _solidedit
实体编辑自动检查:  SOLIDCHECK=1
输入实体编辑选项 [面(F)/边(E)/体(B)/放弃(U)/退出(X)] <退出>: _face
输入面编辑选项[拉伸(E)/移动(M)/旋转(R)/偏移(O)/倾斜(T)/删除(D)/复制(C)/颜色(L)/材质(A)/放弃(U)/退出(X)] <退出>: _rotate
选择面或 [放弃(U)/删除(R)]: 找到一个面。        //选择如图 11-31 所示的实体面
选择面或 [放弃(U)/删除(R)/全部(ALL)]:          // Enter
指定轴点或 [经过对象的轴(A)/视图(V)/X 轴(X)/Y 轴(Y)/Z 轴(Z)] <两点>:
                                              //捕捉如图 11-32 所示的端点
在旋转轴上指定第二个点:                        //捕捉如图 11-33 所示的端点
```

指定旋转角度或 [参照(R)]: //15 Enter
已开始实体校验。
已完成实体校验。
输入面编辑选项[拉伸(E)/移动(M)/旋转(R)/偏移(O)/倾斜(T)/删除(D)/复制(C)/颜色(L)/材质(A)/放弃(U)/退出(X)] <退出>: // X Enter
实体编辑自动检查: SOLIDCHECK=1
输入实体编辑选项 [面(F)/边(E)/体(B)/放弃(U)/退出(X)] <退出>:// X Enter，退出命令

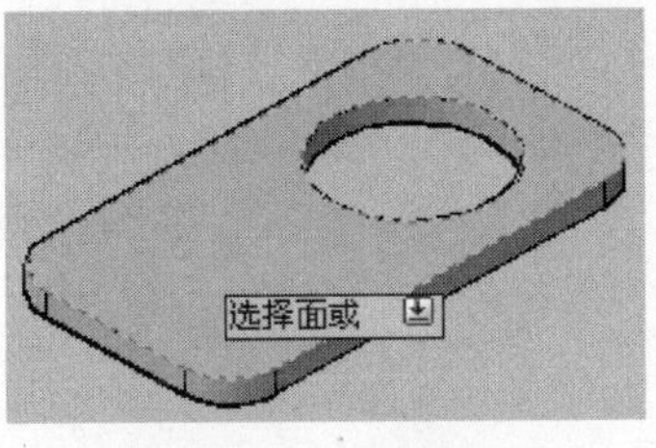

图 11-31 选择面

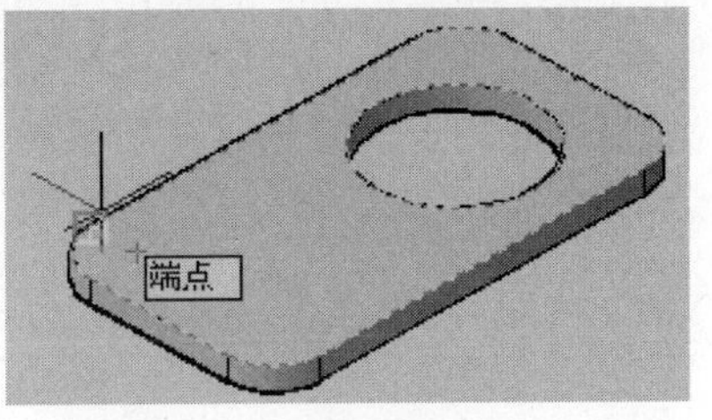

图 11-32 捕捉端点（一）

③实体面的旋转结果如图 11-34 所示。

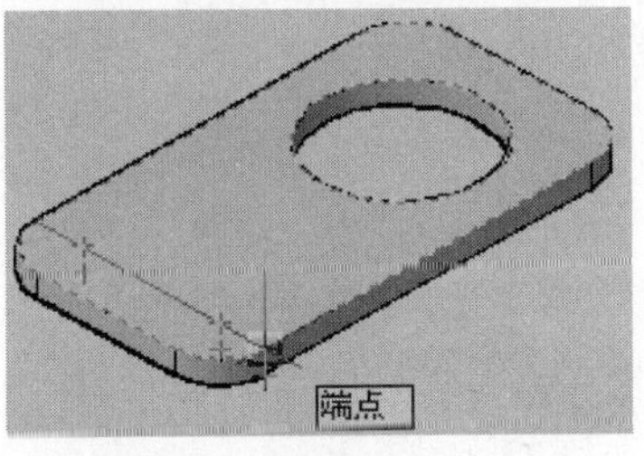

图 11-33 捕捉端点（二）

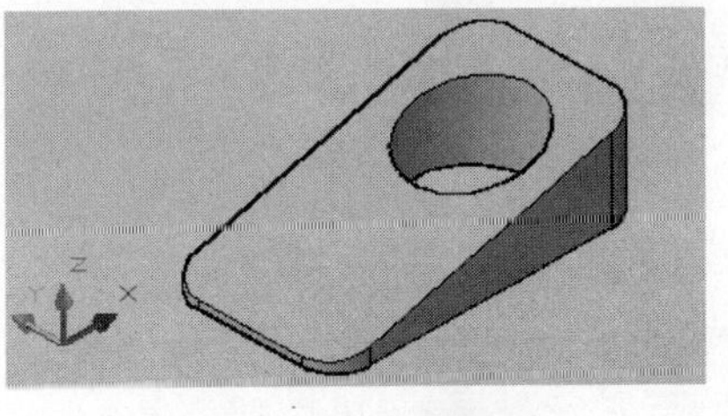

图 11-34 旋转结果

技巧

在旋转实体面时，用户可以通过拾取两点、选择直线或设置旋转轴平行于坐标轴的方法进行确定旋转轴。另外，用户输入面的旋转角度为正或负值的情况下，旋转轴的正方向可以由右手螺旋法则确定。

- 【两点】选项：用于指定两点来确定旋转轴，轴的正方向是由第一个选择点指向第二个选择点。
- 【视图】选项：旋转轴垂直于当前视图，并且通过拾取的点。
- 【X 轴】/【Y 轴】/【Z 轴】选项：旋转轴平行于 X、Y、Z 轴，并且通过拾取点。旋转轴的正方向与坐标轴的正方向一致。
- 【经过对象的轴】选项：用于以通过图形对象的轴来定义旋转轴。利用图形对象定义旋转轴，有以下几种情况：

  当对象为直线时，旋转轴即为选择的直线。

  当对象为圆、圆弧或椭圆时，旋转轴则垂直于圆、圆弧或椭圆所在的平面，并且通过圆心或椭圆心。

  当对象为多段线时，多段线的起点和终点的连线就是旋转轴。

  当对象为样条曲线时，旋转轴则通过样条曲线的起点和终点。

11.2.5 倾斜面

【倾斜面】命令主要用于通过倾斜实体的表面，使实体表面产生一定的锥度。执行【倾斜面】命令主要有以下 4 种方式。

- 菜单栏：选择菜单【修改】|【实体编辑】|【倾斜面】命令。
- 工具栏：单击【实体编辑】工具栏上的按钮。
- 命令行：在命令行中输入 Solidedit。
- 功能区：单击【默认】选项卡|【实体编辑】面板上的按钮。

下面通过典型实例，学习【倾斜面】命令的使用方法和技巧。具体操作步骤如下。

❶打开随书光盘中的“素材文件\锥化面.dwg”，如图 11-35 所示。

❷单击【实体编辑】工具栏上的按钮，执行【倾斜面】命令，对实体表面进行倾斜。命令行操作如下：

```
命令: _solidedit
    实体编辑自动检查:  SOLIDCHECK=1
    输入实体编辑选项 [面(F)/边(E)/体(B)/放弃(U)/退出(X)] <退出>: _face
    输入面编辑选项[拉伸(E)/移动(M)/旋转(R)/偏移(O)/倾斜(T)/删除(D)/复制(C)/颜色(L)/材质(A)/放弃(U)/退出(X)] <退出>: _taper
    选择面或 [放弃(U)/删除(R)]: 找到一个面。          //选择如图 11-36 所示的面
    选择面或 [放弃(U)/删除(R)/全部(ALL)]:            // Enter，结束选择
    指定基点:                                         //捕捉如图 11-37 所示的端点
    指定沿倾斜轴的另一个点:                           //捕捉如图 11-38 所示的端点
    指定倾斜角度:                                     //30 Enter
    已开始实体校验。
    已完成实体校验。
    输入面编辑选项[拉伸(E)/移动(M)/旋转(R)/偏移(O)/倾斜(T)/删除(D)/复制(C)/颜色(L)/材质(A)/放弃(U)/退出(X)] <退出>:     //X Enter
    实体编辑自动检查:  SOLIDCHECK=1
    输入实体编辑选项 [面(F)/边(E)/体(B)/放弃(U)/退出(X)] <退出>:     //X Enter，退出命令
```

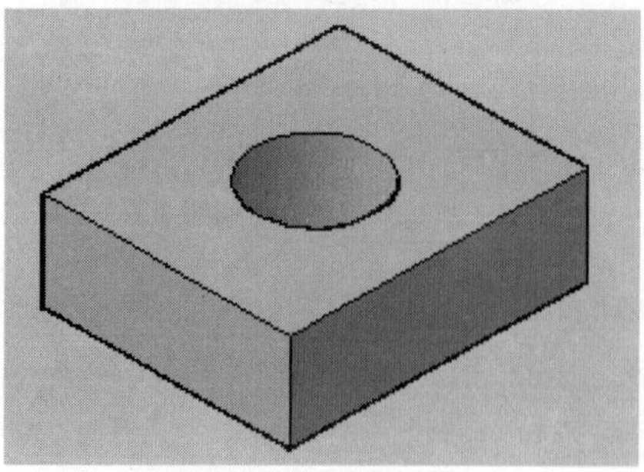

图 11-35 打开结果

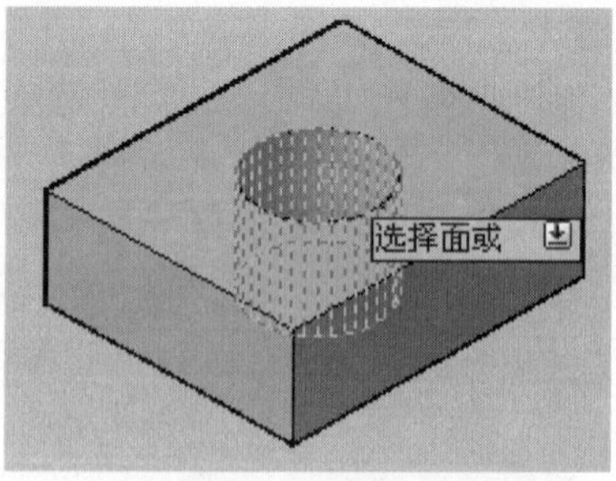

图 11-36 选择面

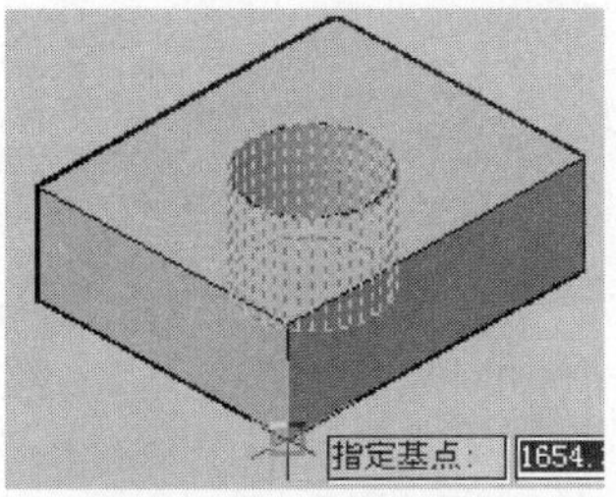

图 11-37 捕捉端点

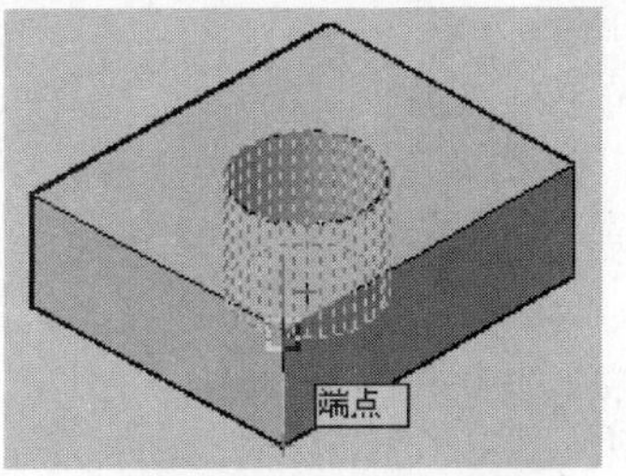

图 11-38 捕捉端点

③实体面的倾斜结果如图 11-39 所示。

技巧

在进行面的倾斜操作时，倾斜的方向是由锥角的正负号及定义矢量时的基点决定的。如果输入的倾角为正值，则 AutoCAD 将已定义的矢量绕基点向实体内部倾斜面，否则向实体外部倾斜。

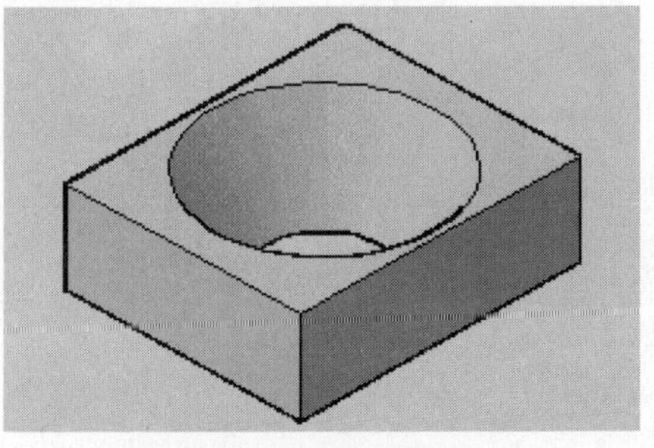

图 11-39 倾斜结果

11.2.6 删除面

【删除面】命令主要用于在实体表面上删除某些特征面，如倒圆角和倒斜角时形成的面。执行【删除面】命令主要有以下 4 种方式。

- 菜单栏：选择菜单【修改】|【实体编辑】|【删除面】命令。
- 工具栏：单击【实体编辑】工具栏上的按钮。
- 命令行：在命令行中输入 Solidedit。
- 功能区：单击【默认】选项卡|【实体编辑】面板上的按钮。

下面通过典型实例，学习【删除面】命令的使用方法和技巧。具体操作步骤如下。

①打开随书光盘中的“素材文件\倒角.dwg”，如图 11-40 所示。

②单击【实体编辑】工具栏上的按钮，执行【删除面】命令，将实体上表面删除。命令行操作如下：

```
命令: _solidedit
    实体编辑自动检查:  SOLIDCHECK=1
    输入实体编辑选项 [面(F)/边(E)/体(B)/放弃(U)/退出(X)] <退出>: _face
    输入面编辑选项[拉伸(E)/移动(M)/旋转(R)/偏移(O)/倾斜(T)/删除(D)/复制(C)/颜色(L)/材质(A)/
放弃(U)/退出(X)] <退出>: _delete
```

选择面或 [放弃(U)/删除(R)]: 找到一个面。 //选择如图 11-41 所示的表面
选择面或 [放弃(U)/删除(R)/全部(ALL)]: // Enter
已开始实体校验。
已完成实体校验。
输入面编辑选项[拉伸(E)/移动(M)/旋转(R)/偏移(O)/倾斜(T)/删除(D)/复制(C)/颜色(L)/材质(A)/放弃(U)/退出(X)] <退出>: //X Enter
实体编辑自动检查: SOLIDCHECK=1
输入实体编辑选项 [面(F)/边(E)/体(B)/放弃(U)/退出(X)] <退出>://X Enter，退出命令

❸实体上表面删除效果如图 11-42 所示。

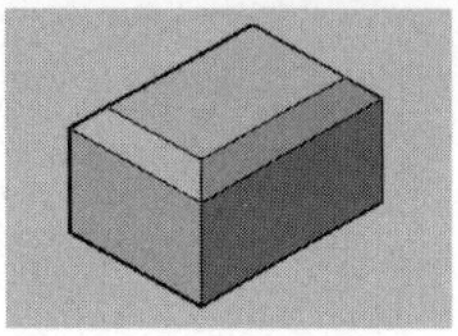
图 11-40　打开图形

图 11-41　选择面

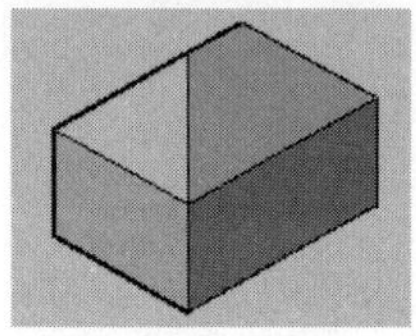
图 11-42　删除面

11.2.7　复制面

【复制面】命令用于将实体的表面复制成新的图形对象，所复制出的新对象是面域或实体，如图 11-43 所示。执行【复制面】命令主要有以下 4 种方式。

- 菜单栏：选择菜单【修改】|【实体编辑】|【复制面】命令。
- 工具栏：单击【实体编辑】工具栏上的按钮。
- 命令行：在命令行中输入 Solidedit。
- 功能区：单击【默认】选项卡|【实体编辑】面板上的按钮。

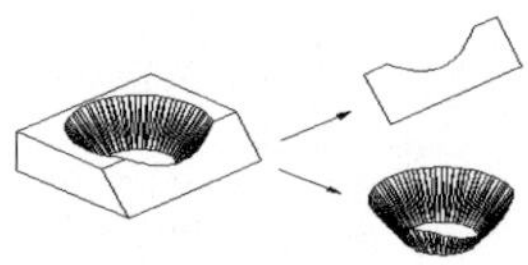
图 11-43　复制面

11.2.8　着色面

【着色面】命令用于为实体上的表面进行更换颜色，以增强着色的效果，如图 11-44 所示。执行【着色面】命令主要有以下 4 种方式。

- 菜单栏：选择菜单【修改】|【实体编辑】|【着色面】命令。
- 工具栏：单击【实体编辑】工具栏上的按钮。
- 命令行：在命令行中输入 Solidedit。
- 功能区：单击【默认】选项卡|【实体编辑】面板上的按钮。

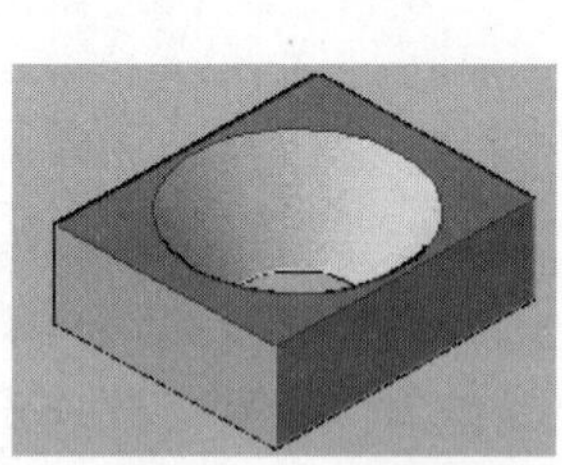
图 11-44　着色面

11.3 编辑三维实体边

本节将学习【着色边】、【复制边】和【提取边】命令。

11.3.1 着色边

【着色边】命令用于为三维实体的棱边进行着色，如图 11-45 所示。执行【着色边】命令主要有以下 4 种方式。

- 菜单栏：选择菜单【修改】|【实体编辑】|【着色边】命令。
- 工具栏：单击【实体编辑】工具栏上的按钮。
- 命令行：在命令行中输入 Solidedit。
- 功能区：单击【默认】选项卡|【实体编辑】面板上的按钮。

图 11-45 着色边

11.3.2 复制边

【复制边】命令主要用于复制实心体的边棱，如图 11-46 所示。执行【复制边】命令主要有以下 4 种方式。

- 菜单栏：选择菜单【修改】|【实体编辑】|【复制边】命令。
- 工具栏：单击【实体编辑】工具栏上的按钮。
- 命令行：在命令行中输入 Solidedit。
- 功能区：单击【默认】选项卡|【实体编辑】面板上的按钮。

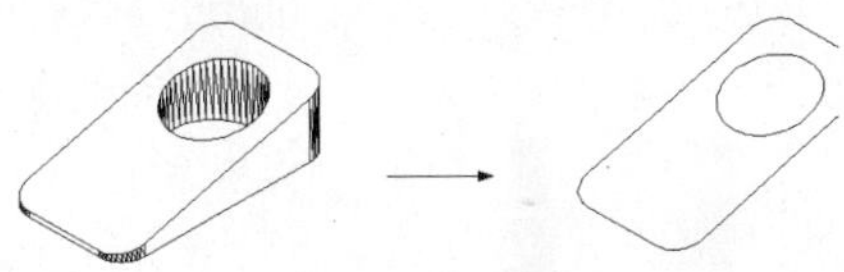

图 11-46 复制边

11.3.3 提取边

【提取边】命令用于从三维实体或曲面中提取棱边，以创建相应结构的线框，如图 11-47 所示。

执行【提取边】命令主要有以下 3 种方式。

- 菜单栏：选择菜单【修改】|【三维操作】|【提取边】命令。
- 命令行：在命令行中输入 Xedges。
- 功能区：单击【默认】选项卡|【实体编辑】面板上的按钮。

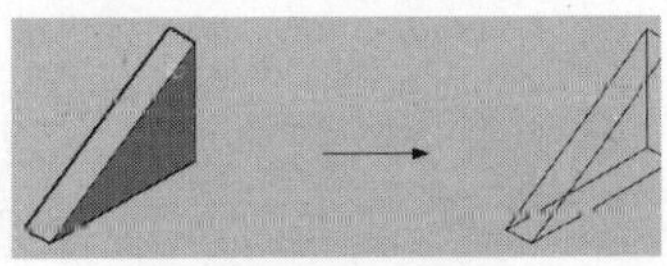

图 11-47 提取棱边

11.4 三维实体特殊编辑

本节学习【清除】、【压印】、【抽壳】、【干涉检查】、【对齐】、【圆角】和【倒角】命令。

11.4.1 清除

【清除】命令用于将实体中多余的棱边、顶点等对象去除，比如将压印到实体上的几何对象进行清除等。执行【清除】命令主要有以下 4 种方式。

- 菜单栏：选择菜单【修改】|【实体编辑】|【清除】命令。
- 工具栏：单击【实体编辑】工具栏上的按钮。

- 命令行：在命令行中输入 Solidedit。
- 功能区：单击【默认】选项卡|【实体编辑】面板上的按钮。

11.4.2 压印

【压印】命令用于将圆、圆弧、直线、多段线、样条曲线或实体等对象，压印到三维实体上，使其成为实体的一部分，如图 11-48 所示。执行【压印】命令主要有以下 4 种方式。

- 菜单栏：选择菜单【修改】|【实体编辑】|【压印】命令。
- 工具栏：单击【实体编辑】工具栏上的按钮。
- 命令行：在命令行中输入 Solidedit。
- 功能区：单击【默认】选项卡|【实体编辑】面板上的按钮。

压印实体时，AutoCAD 会创建新的表面，该表面是以被压印的几何图形和实体的棱边作为边界，用户可以对生成的新面进行拉伸、偏移、复制、移动等操作，如图 11-49 所示。

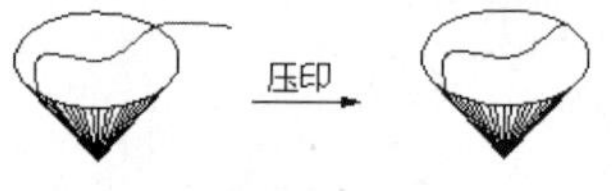

图 11-48 压印

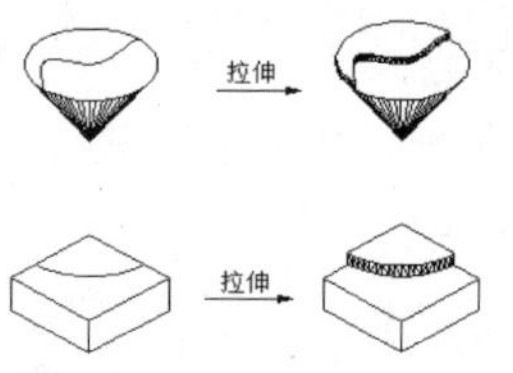

图 11-49 拉伸

技巧

用于压印的二维或三维对象，必须在实体的表面内或与实体相交。

下面通过典型实例，学习【压印】命令的使用方法和技巧。具体操作步骤如下。

❶新建空白文件。

❷将当前视图切换为西南视图。

❸使用【长方体】和【圆】命令，绘制图 11-50（左）所示的长方体和圆，其中圆的圆心为长方体上表面的一个角点。

❹单击【实体编辑】工具栏上的按钮，执行【压印】命令，将圆图形压印到长方体上表面上。命令行操作如下：

```
命令: _solidedit
    实体编辑自动检查:  SOLIDCHECK=1
    输入实体编辑选项 [面(F)/边(E)/体(B)/放弃(U)/退出(X)] <退出>: _body
    输入体编辑选项[压印(I)/分割实体(P)/抽壳(S)/清除(L)/检查(C)/放弃(U)/退出(X)] <退出>:
_imprint
    选择三维实体:                                //选择长方体
    选择要压印的对象:                            //选择圆
    是否删除源对象 [是(Y)/否(N)] <N>:            //y Enter，激活【是】选项
    选择要压印的对象:                            // Enter，结束对象选择
```

```
输入体编辑选项[压印(I)/分割实体(P)/抽壳(S)/清除(L)/检查(C)/放弃(U)/退出(X)] <退出>:
                                              //i Enter，激活【压印】选项
选择三维实体:                                  //选择圆锥体
选择要压印的对象:                              //选择样条曲线
是否删除源对象 [是(Y)/否(N)] <N>:              //y Enter，激活【是】选项
选择要压印的对象:                              // Enter，结束选择
输入体编辑选项[压印(I)/分割实体(P)/抽壳(S)/清除(L)/检查(C)/放弃(U)/退出(X)] <退出>:
                                              // Enter，退出实体编辑模式
实体编辑自动检查:  SOLIDCHECK=1
输入实体编辑选项 [面(F)/边(E)/体(B)/放弃(U)/退出(X)] <退出>:
                                              // Enter，退出命令
```

❺压印效果如图 11-50（右）所示。

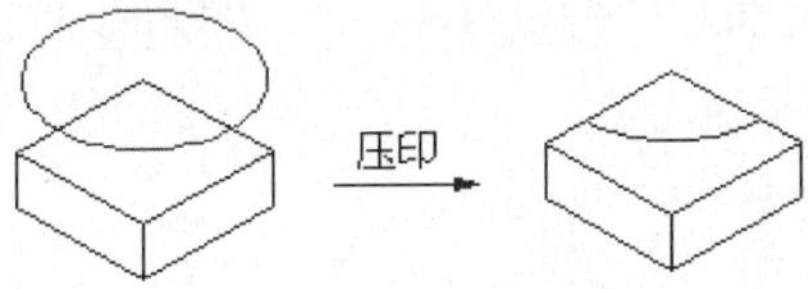

图 11-50　压印示例

11.4.3　抽壳

【抽壳】命令用于将三维实心体模型，按照指定的厚度，创建为一个空心的薄壳体，或将实体的某些面删除，以形成薄壳体的开口，如图 11-51 所示。执行【抽壳】命令主要有以下 4 种方式。

- 菜单栏：选择菜单【修改】|【实体编辑】|【抽壳】命令。
- 工具栏：单击【实体编辑】工具栏上的按钮。
- 命令行：在命令行中输入 Solidedit。
- 功能区：单击【默认】选项卡|【实体编辑】面板上的按钮。

下面通过典型实例，学习【抽壳】命令的使用方法和技巧。具体操作步骤如下。

❶新建空白文件。

❷在东南视图内创建如图 11-52 所示的几何体。

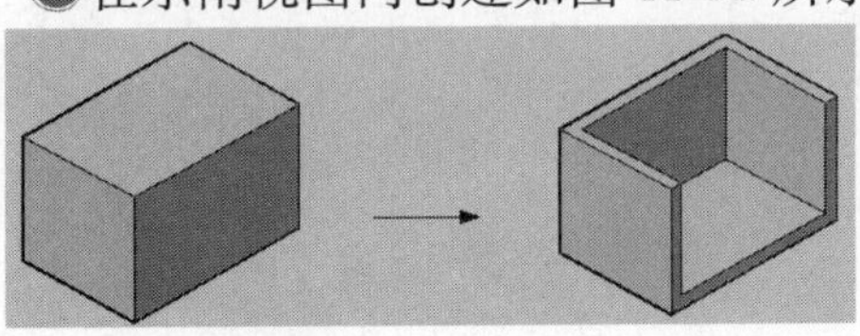

图 11-51　抽壳实体

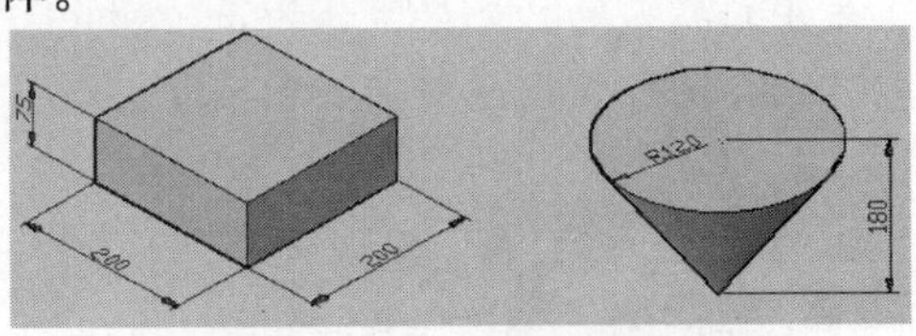

图 11-52　创建结果

❸单击【实体编辑】工具栏上的按钮，执行【抽壳】命令，对创建的几何体进行抽壳。命令行操作如下：

```
命令: _solidedit
    实体编辑自动检查:  SOLIDCHECK=1
    输入实体编辑选项 [面(F)/边(E)/体(B)/放弃(U)/退出(X)] <退出>: _body
```

```
输入体编辑选项[压印(I)/分割实体(P)/抽壳(S)/清除(L)/检查(C)/放弃(U)/退出(X)] <退出>: _shell
选择三维实体:                                    //选择长方体模型
删除面或 [放弃(U)/添加(A)/全部(ALL)]:            //选择长方体的上表面
删除面或 [放弃(U)/添加(A)/全部(ALL)]:            // Enter，结束面的选择
输入抽壳偏移距离:                                //10 Enter，设置抽壳距离
已开始实体校验。
已完成实体校验。
输入体编辑选项[压印(I)/分割实体(P)/抽壳(S)/清除(L)/检查(C)/放弃(U)/退出(X)] <退出>:
                                                 //s Enter，激活【抽壳】选项
选择三维实体:                                    //选择圆锥体
删除面或 [放弃(U)/添加(A)/全部(ALL)]:            // Enter，选择圆锥体底面
删除面或 [放弃(U)/添加(A)/全部(ALL)]:            // Enter，结束面的选择
输入抽壳偏移距离:                                //12 Enter，设置抽壳距离
已开始实体校验。
已完成实体校验。
输入体编辑选项[压印(I)/分割实体(P)/抽壳(S)/清除(L)/检查(C)/放弃(U)/退出(X)] <退出>:
                                                 // Enter，退出实体编辑模式
实体编辑自动检查:  SOLIDCHECK=1
输入实体编辑选项 [面(F)/边(E)/体(B)/放弃(U)/退出(X)] <退出>:
                                                 // Enter，操作结果如图 11-53 所示
```

图 11-53　抽壳结果

技巧

如果用户指定的抽壳厚度值为正，AutoCAD 将在实体的内部创建新面；如果厚度值为负，将在实体的外部创建新面。

11.4.4　干涉检查

【干涉检查】命令主要用于亮显重叠的三维实体，而且可以将重叠的部分创建为一个独立的实体。执行【干涉检查】命令主要有以下 3 种方式。

- 菜单栏：选择菜单【修改】|【三维操作】|【干涉检查】命令。
- 命令行：在命令行中输入 Interfere。
- 功能区：单击【默认】选项卡|【实体编辑】面板上的按钮。

下面通过典型实例，学习【干涉检查】命令的使用方法和技巧。具体操作步骤如下。

❶继续上例操作。

❷使用【移动】命令将两个实体对象移动在一起，然后对实体进行二维线框着色，效果如图 11-54 所示。

❸选择菜单【修改】|【三维操作】|【干涉检查】命令，对两个相并实体进行干涉检查。命令行操作过程如下：

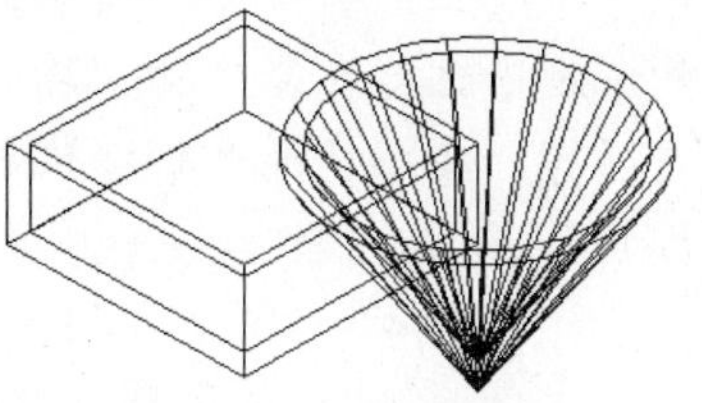

图 11-54 线框着色

```
命令: _interfere
    选择第一组对象或 [嵌套选择(N)/设置(S)]: 找到 1 个
                                                        //选择左侧实体
    选择第一组对象或 [嵌套选择(N)/设置(S)]:              // Enter，结束选择
    选择第二组对象或 [嵌套选择(N)/检查第一组(K)] <检查>: 找到 1 个
                                                        //选择右侧实体
    选择第二组对象或 [嵌套选择(N)/检查第一组(K)] <检查>:
                        // Enter，此时系统高亮显示产生的干涉对象，如图 11-55 所示，同
                          时打开如图 11-56 所示的【干涉检查】对话框
```

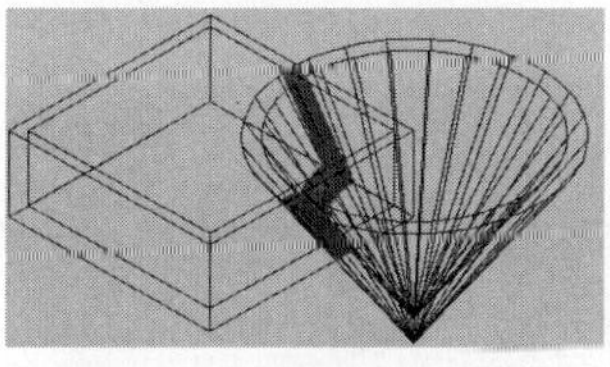

图 11-55 亮显干涉对象

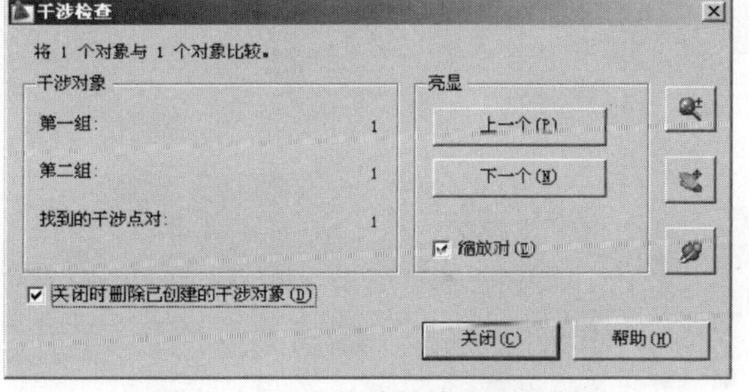

图 11-56 【干涉检查】对话框

❹在【干涉检查】对话框中取消【关闭时删除已创建的干涉对象】复选框的选取，以保留干涉对象，操作结果如图 11-57 所示。

❺使用【移动】命令将干涉对象进行外移，结果如图 11-58 所示。

❻对干涉实体进行概念着色，效果如图 11-59 所示。

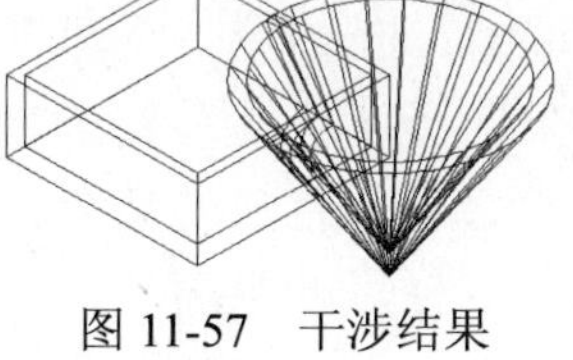

图 11-57 干涉结果

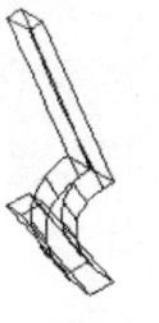

图 11-58 移动结果

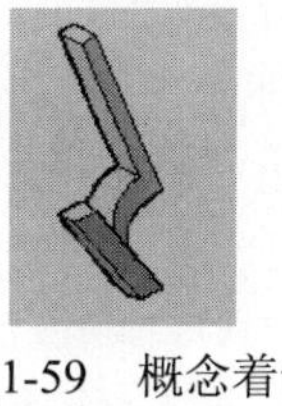

图 11-59 概念着色

11.4.5 对齐

【对齐】命令也可以对齐两个图形对象，不过此命令需要指定三对对齐点，其中每对对齐点由源点和目标点组成，系统将源点所在的对象移到目标点，并与目标点所在的对象对齐，如图 11-60 所示。

执行【对齐】命令主要有以下两种方式。

- 菜单栏：选择菜单【修改】|【三维操作】|【对齐】命令。
- 命令行：在命令行中输入 Align 或 AL。

【对齐】命令的命令行操作如下：

```
命令: _align
    选择对象:                    //选择源对象
    选择对象:                    // Enter
    指定第一个源点:              //在源对象上拾取第一对齐点，如图 11-60 所示的点 1
    指定第一个目标点:            //在目标对象上拾取第一目标点，如图 11-60 所示的点 2
    指定第二个源点:              //在源对象上拾取第二对齐点 3
    指定第二个目标点:            //在目标对象上拾取第二目标点 4
    指定第三个源点或 <继续>: //在源对象上拾取第三对齐点 5
    指定第三个目标点:
                                 //在源对象上拾取第三目标点 6，对齐结果如图 11-60（右）所示
```

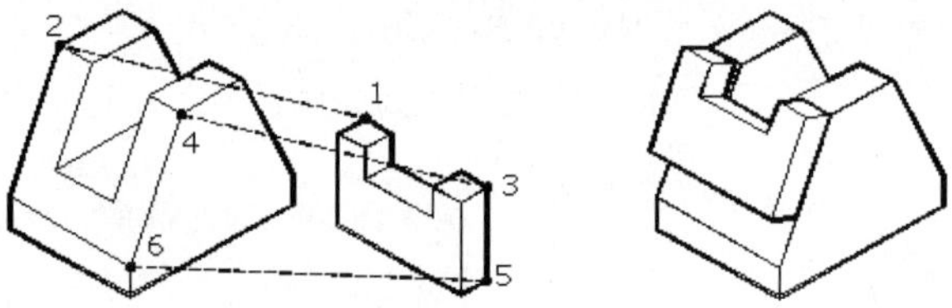

图 11-60　对齐示例

1．**一组对齐点**

当用户每指定一组对齐点，AutoCAD 将画出一条连接两点的临时辅助线。有些情况下，用户不必指定所有的三组对齐点。如果用户仅指定一组对齐点，那么 AutoCAD 会把源对象由第一个源点移动到第一个目标点处。

2．**两组对齐点**

如果用户指定了两组对齐点后，在命令行提示“指定第三个源点或<继续>：”时，按回车键，AutoCAD 将继续提示“是否基于对齐缩放对象？[是（Y）/否（N）]：　//指定是否缩放源对象”。

此时用户如果使用默认选项，则 AutoCAD 在移动源对象的位置后，将使第一个源点与目标点重合，并让两个源点的连线与两个目标点的连线重合；如果选择【是（Y)】选项，AutoCAD 除完成上述操作外，还将缩放源对象，此时，第一个目标点就是缩放的基点，第一个源点与目标点的距离就是缩放的初始参考长度，第二个源点与目标点的距离是新的参考长度，AutoCAD 根据这两个参考长度进行缩放对象。

3．**三组对齐点**

如果用户指定了三组对齐点，那么命令结束后，3 个源点定义的平面将与 3 个目标点定义的平面重合在一起，并且第一个源点要移动到第一个目标点的位置。

11.4.6 圆角

使用【修改】菜单中的【圆角】命令，不仅可以对二维图形进行圆角，还可以对三维实体的边棱进行磨合细化，如图 11-61 所示。

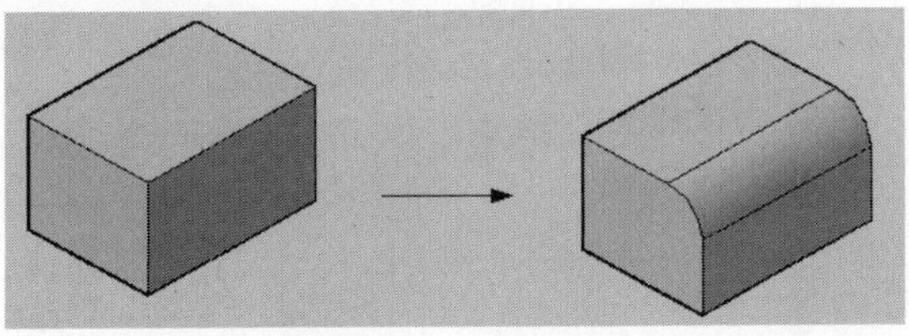

图 11-61 实体圆角

实体圆角的命令行操作如下：

```
命令: FILLET
    当前设置: 模式 = 修剪，半径 = 15.0000
    选择第一个对象或 [放弃(U)/多段线(P)/半径(R)/修剪(T)/多个(M)]:    //r Enter
    指定圆角半径 <15.0000>:                        //10 Enter
    选择第一个对象或 [放弃(U)/多段线(P)/半径(R)/修剪(T)/多个(M)]:  //选择长方体
    选择第一个对象或 [放弃(U)/多段线(P)/半径(R)/修剪(T)/多个(M)]:  // Enter，结束选择
    输入圆角半径 <10.0000>:                        // Enter
    选择边或 [链(C)/半径(R)]:                       //选择需要圆角的边棱
    已选定 1 个边用于圆角。
```

命令选项解析如下。

- 【选择边】选项：该选项功能可以连续地选择实体的圆角边，进行多边圆角。
- 【链】选项：如果各棱边是相切的关系，则选择其中的一个边，所有棱边都将被选中，同时进行圆角。
- 【半径】选项：该选项用于为随后选择的棱边重新设定圆角半径。

技巧

使用【圆角】命令对三维实体进行圆角时，用户不仅可以对实体的多条棱边同时进行圆角，还可以以不同的圆角半径进行圆角实体的棱边。

11.4.7 倒角

使用【修改】菜单中的【倒角】命令，不仅适用于二维图形倒角，也可以对三维实体进行倒角。

❶新建空白文件，将当前视图切换为西南视图。

❷使用【长方体】命令创建长、宽、高度分别为 200、120 和 150 的长方体，如图 11-62 所示。

❸选择菜单【修改】|【倒角】命令，对长方体进行倒角。命令行操作如下：

```
命令: _chamfer
    (“修剪”模式) 当前倒角距离 1 = 12.0000，距离 2 = 12.0000
```

选择第一条直线或 [放弃(U)/多段线(P)/距离(D)/角度(A)/修剪(T)/方式(E)/多个(M)]:

//选择图 11-62 所示的棱边 A，此时方体的整个右侧面被选择，如图 11-63 所示

基面选择...

输入曲面选择选项 [下一个(N)/当前(OK)] <当前>:

//n Enter，激活【下一个】选项，然后选择另一个面作为倒角基面，如图 11-64 所示

输入曲面选择选项 [下一个(N)/当前(OK)] <当前>: // Enter，退出基面的选择过程

指定基面的倒角距离 <12.0000>: //15 Enter，输入基面内的倒角距离

指定其他曲面的倒角距离 <12.0000>: //15 Enter，输入另一平面内的倒角距离

选择边或 [环(L)]: //l Enter，激活【环】选项

选择边环或 [边(E)]: //选择上图 11-62 所示的棱边 A

选择边环或 [边(E)]: // Enter，结束命令

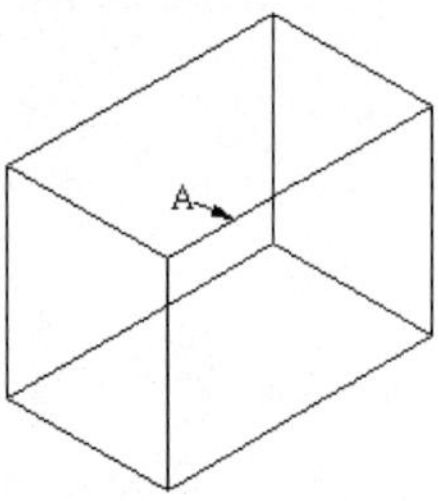

图 11-62 创建长方体

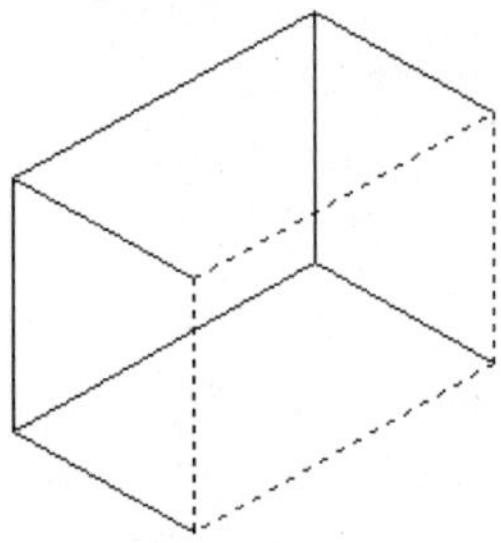

图 11-63 选择基面

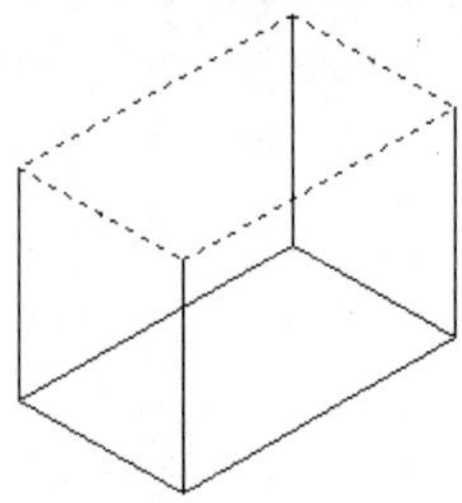

图 11-64 定位基面

技巧

实体的棱边是两个面的交线，当第一次选择棱边时，AutoCAD 会高亮显示其中一个面，这个面代表倒角基面，用户也可以通过【下一个】选项，将倒角基面切换为另一平面。

❹结果基面内的所有棱边同时被倒角，如图 11-65 所示。

❺选择菜单【视图】|【消隐】命令，效果如图 11-66 所示。

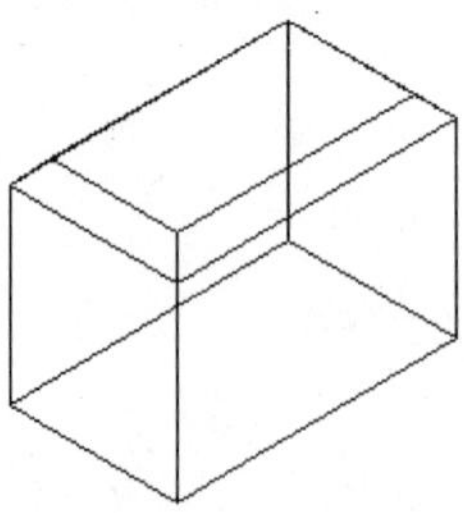

图 11-65 倒角结果

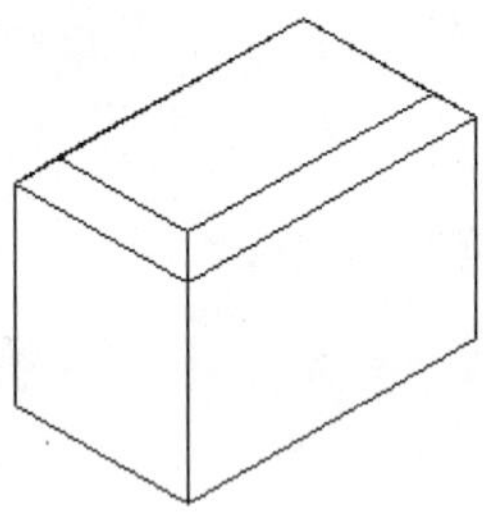

图 11-66 消隐着色

命令选项解析如下。

- 【下一个】选项用于切换另一个平面作为倒角基面。
- 【选择边】选项用于对基面上选择的边进行倒角。
- 【环】选项用于一次选中倒角基面内的所有棱边。

11.5 综合实例——创建零件立体模型

本节通过制作如图 11-67 所示的零件立体模型，对本章所讲知识进行综合练习和巩固应用。

具体操作步骤如下。

❶快速创建空白文件。

❷激活状态栏上的【对象捕捉】和【对象捕捉追踪】功能，并将捕捉模式设置为圆心捕捉和切点捕捉。

❸使用快捷键“C”激活画圆命令，配合圆心捕捉和对象追踪功能绘制同心圆。命令行操作如下：

图 11-67　本例效果

```
命令: _circle
    指定圆的圆心或 [三点(3P)/两点(2P)/切点、切点、半径(T)]:
                                            //在绘图区拾取一点作为圆心
    指定圆的半径或 [直径(D)] <366.3242>:     //30 Enter
    命令: _circle
    指定圆的圆心或 [三点(3P)/两点(2P)/切点、切点、半径(T)]: //捕捉刚绘制的圆的圆心
    指定圆的半径或 [直径(D)] <30.0000>:      //45 Enter
    命令: _circle
    指定圆的圆心或 [三点(3P)/两点(2P)/切点、切点、半径(T)]: //激活【捕捉自】功能
    _from 基点:                              //捕捉刚绘制的圆的圆心
    <偏移>:                                  //@100,0 Enter
    指定圆的半径或 [直径(D)] <45.0000>:      //12 Enter
    命令: _circle
    指定圆的圆心或 [三点(3P)/两点(2P)/切点、切点、半径(T)]:  //捕捉刚绘制的圆的圆心
    指定圆的半径或 [直径(D)] <12.0000>:      //18 Enter，绘制结果如图 11-68 所示
```

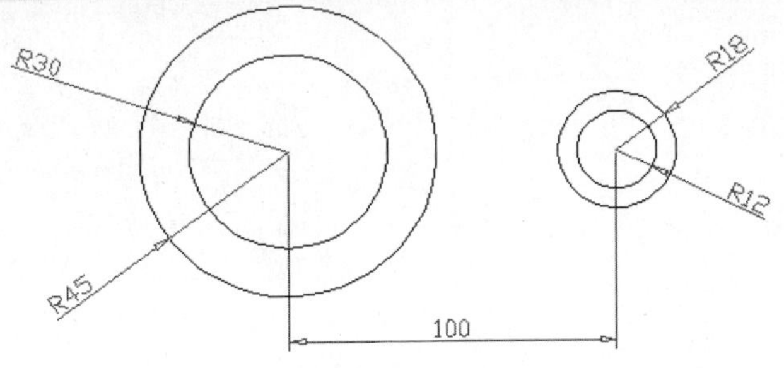

图 11-68　绘制圆

❹使用快捷键“L”激活【直线】命令，配合切点捕捉功能绘制圆的外公切线，结果如图 11-69 所示。

❺选择菜单【修改】|【修剪】命令，以两条公切线作为剪切边界，对右侧的大圆进行修剪，结果如图 11-70 所示。

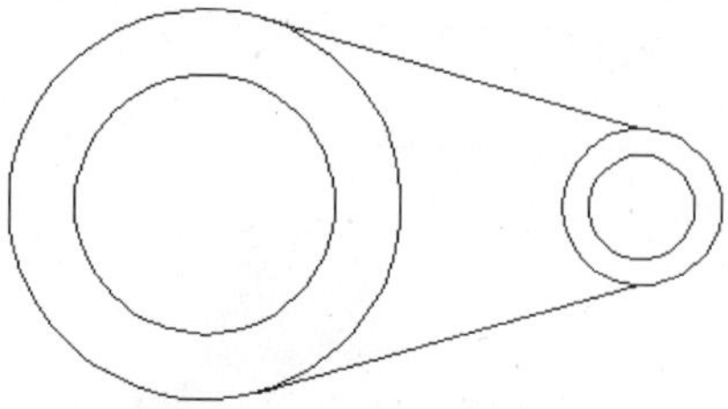

图 11-69　绘制公切线

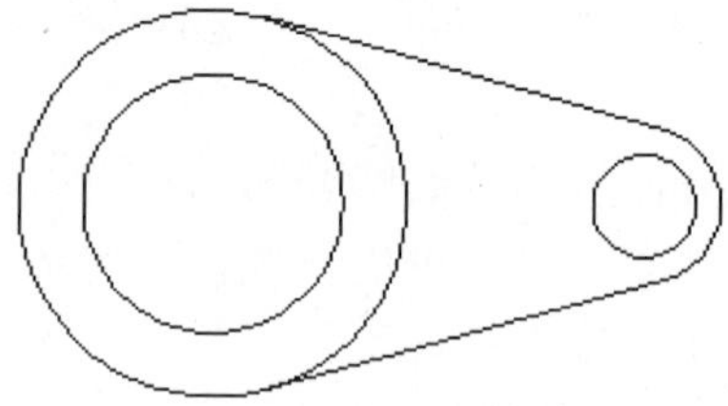

图 11-70　修剪结果

❻选择菜单【绘图】|【边界】命令，在弹出的【创建边界】对话框中设置参数如图 11-71 所示。返回绘图区分别在图 11-72 所示的 1、2 位置拾取一点，以创建所需面域。

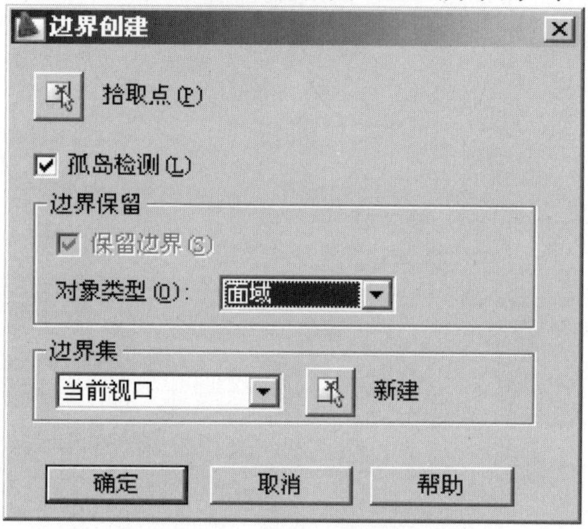

图 11-71　【边界创建】对话框

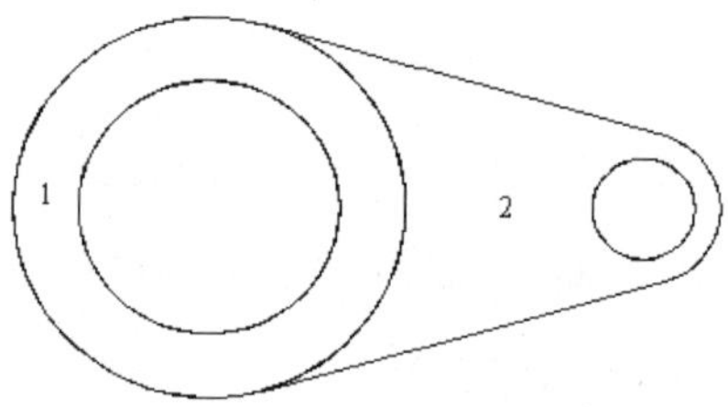

图 11-72　指定位置

❼使用快捷键“SU”激活【差集】命令，对刚才创建的面域进行差集运算。命令行操作如下：

```
命令: su                                        //激活【差集】命令
    SUBTRACT 选择要从中减去的实体或面域...
    选择对象:                                   //选择如图 11-73 所示的圆环面域
    选择对象:                                   //Enter，结束对象的选择
    选择要减去的实体或面域 ..
    选择对象:                                   //选择如图 11-74 所示的圆环面域
    选择对象:                                   //Enter，结束命令
    命令: _subtract                             //Enter，重复执行命令
    选择要从中减去的实体或面域...
    选择对象:                                   //选择如图 11-75 所示的圆环面域
    选择对象:                                   //Enter，结束对象的选择
    选择要减去的实体或面域 ..
    选择对象:                                   //选择如图 11-76 所示的圆环面域
    选择对象:                                   //Enter，结束命令
```

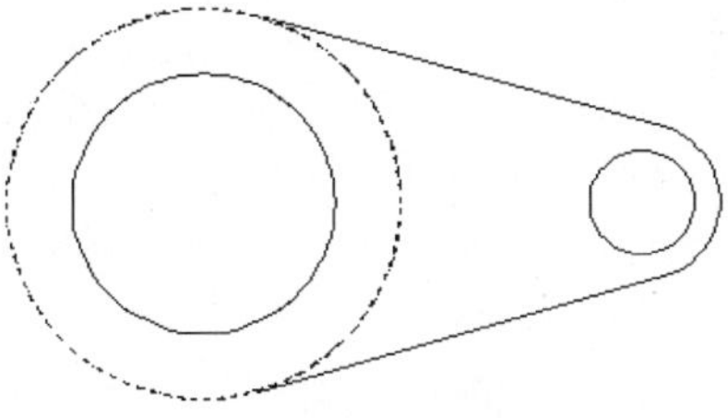

图 11-73　选择大面域

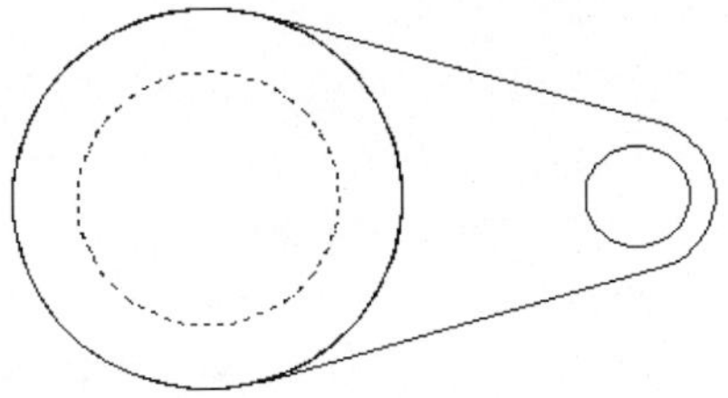

图 11-74　选择小面域

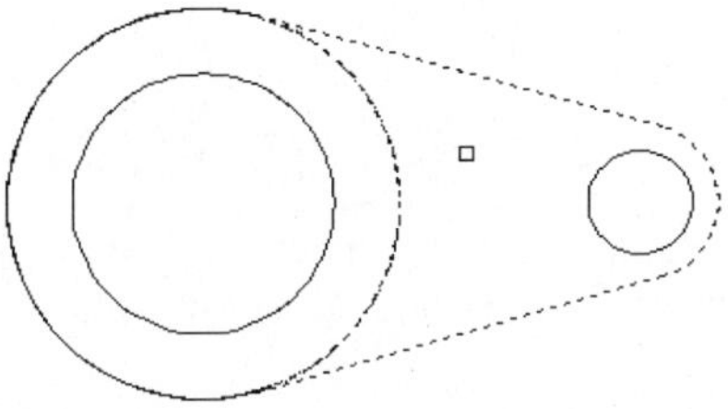

图 11-75　选择异形面域

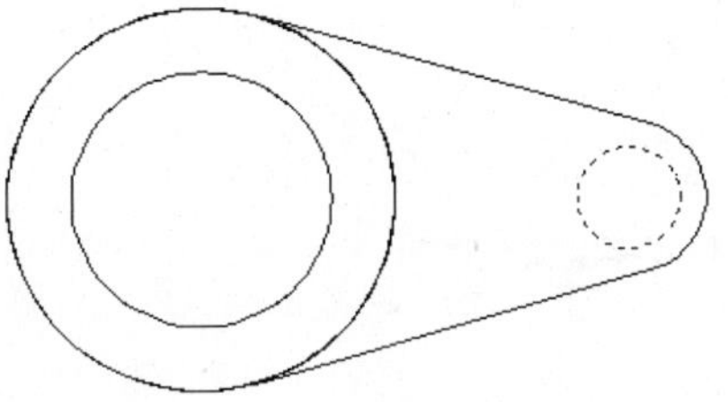

图 11-76　选择圆形面域

技巧

如果用户需要观察差集后的面域形态，可以使用【平面着色】命令进行着色显示，效果如图 11-77 所示。

❽选择菜单【视图】|【三维视图】|【西南等轴测】命令，将当前视图切换为西南视图，结果如图 11-78 所示。

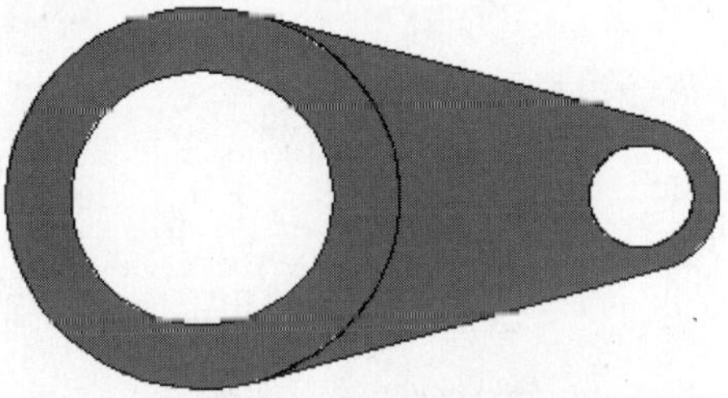

图 11-77　平面着色效果

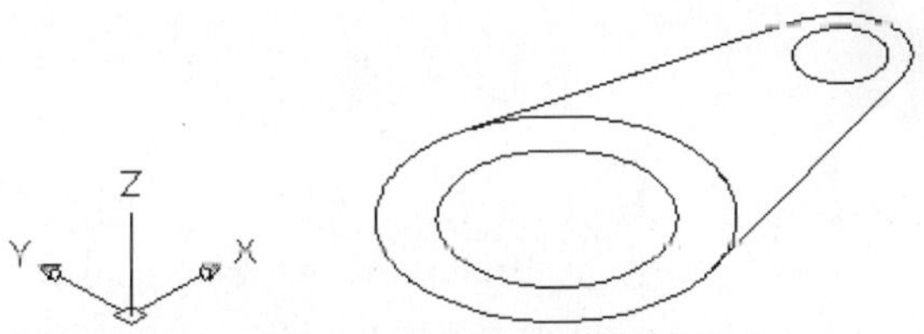

图 11-78　切换西南视图

❾在命令行中输入 ISOLINES，设置实体线框密度值为 25。命令行操作如下：

```
命令: isolines
    输入 ISOLINES 的新值 <4>:            //25 Enter，设置变量值
```

❿选择菜单【绘图】|【建模】|【拉伸】命令，将差集后的两个面域拉伸为立体模型。命令行操作如下：

```
命令: _extrude
    当前线框密度: ISOLINES=25
    选择要拉伸的对象:                   //选择如图 11-79 所示的差集面域
    选择要拉伸的对象:                   // Enter，结束对象的选择
    指定拉伸的高度或 [方向(D)/路径(P)/倾斜角(T)] <214.1884>:
                                        //20 Enter，输入拉伸高度，拉伸结果如图 11-80 所示
```

```
命令: _extrude                          // Enter，重复执行命令
当前线框密度:  ISOLINES=25
选择要拉伸的对象:                        //选择如图 11-81 所示的差集面域
选择要拉伸的对象:                        // Enter，结束对象的选择
指定拉伸高度或 [路径(P)]:                //12 Enter，输入拉伸高度
指定拉伸的倾斜角度 <0>:                  // Enter，拉伸结果如图 11-82 所示
```

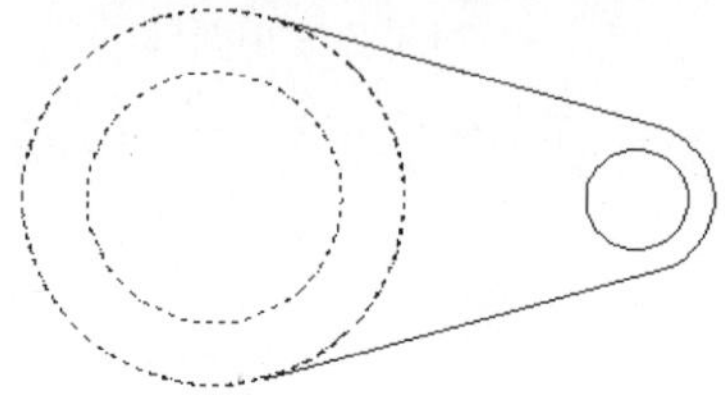

图 11-79　选择拉伸对象

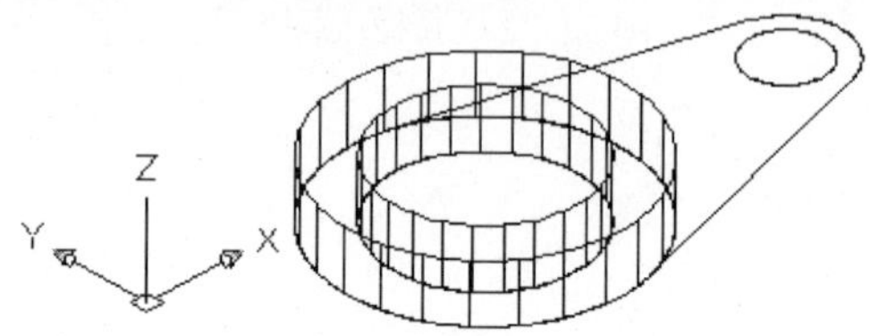

图 11-80　拉伸结果

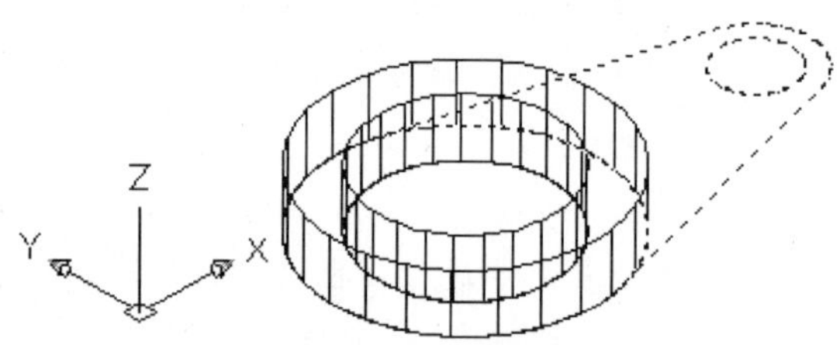

图 11-81　选择拉伸对象

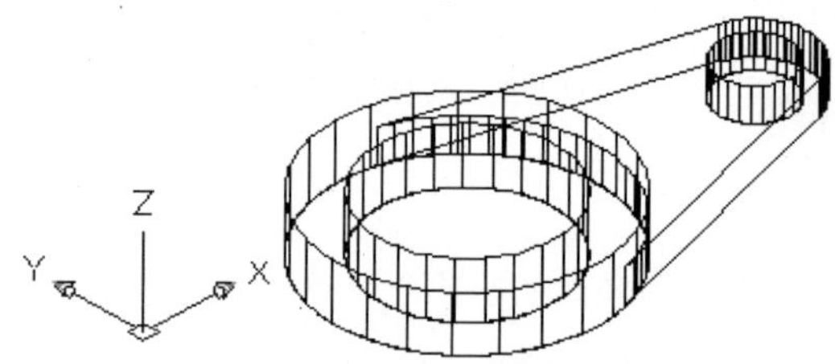

图 11-82　拉伸结果

⑪选择菜单【视图】|【消隐】命令，对拉伸后的实体消隐，结果如图 11-83 所示。

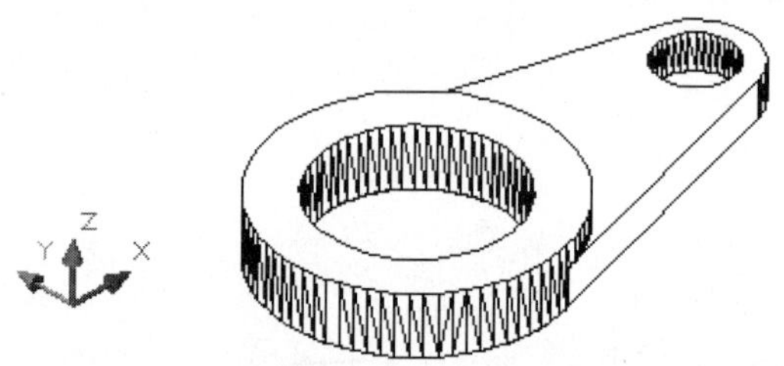

图 11-83　消隐着色

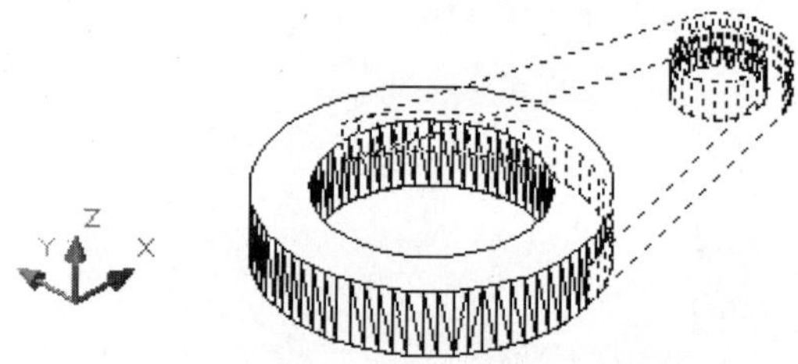

图 11-84　选择对象

⑫选择菜单【修改】|【三维操作】|【三维阵列】命令，对图 11-84 虚线显示的对象进行环形阵列。命令行操作如下：

```
命令: _3darray
    正在初始化...  已加载 3DARRAY。
    选择对象:                                          //选择阵列对象，如图 11-84 所示
    选择对象:                                          // Enter，结束命令，
    输入阵列类型 [矩形(R)/环形(P)] <矩形>:              //P Enter，激活【环形】选项
    输入阵列中的项目数目:                              //4 Enter，设置阵列数目
    指定要填充的角度 (+=逆时针, -=顺时针) <360>:        // Enter，采用当前设置
    旋转阵列对象？ [是(Y)/否(N)] <Y>:                  // Enter，采用当前设置
    指定阵列的中心点:                                  //捕捉如图 11-85 所示的圆心
    指定旋转轴上的第二点: //捕捉如图 11-86 所示的圆心，阵列结果如图 11-87 所示
```

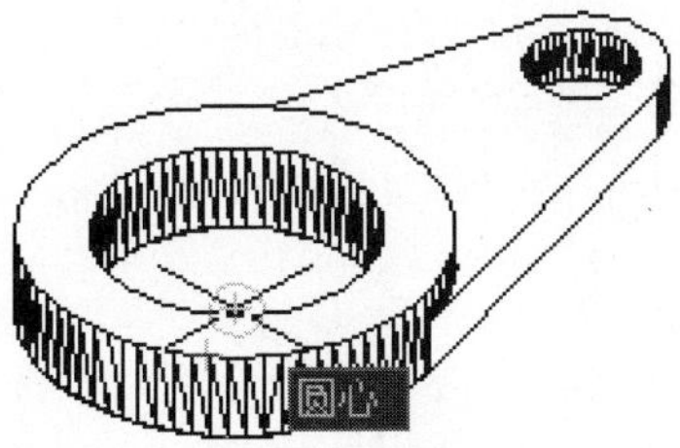

图 11-85　捕捉圆心

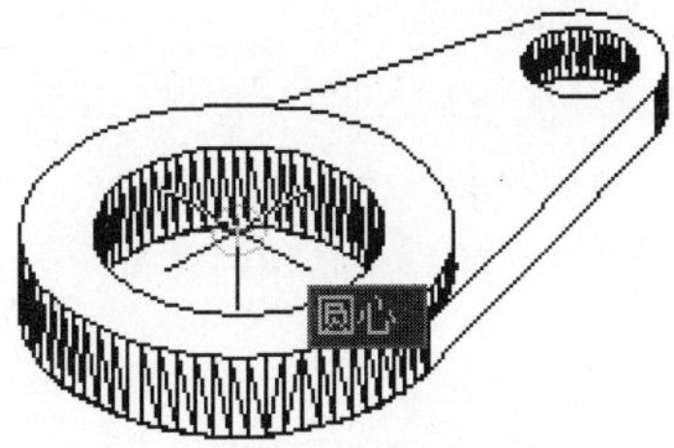

图 11-86　捕捉圆心

⑬选择菜单【修改】|【实体编辑】|【并集】命令，选择所有实体对象，组合为一个实体，结果如图 11-88 所示。

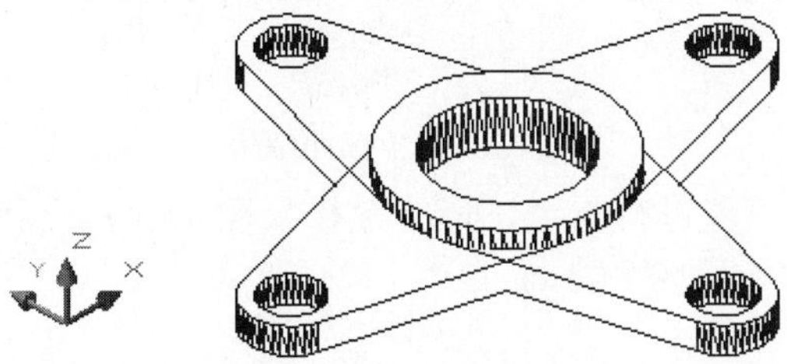

图 11-87　环形阵列

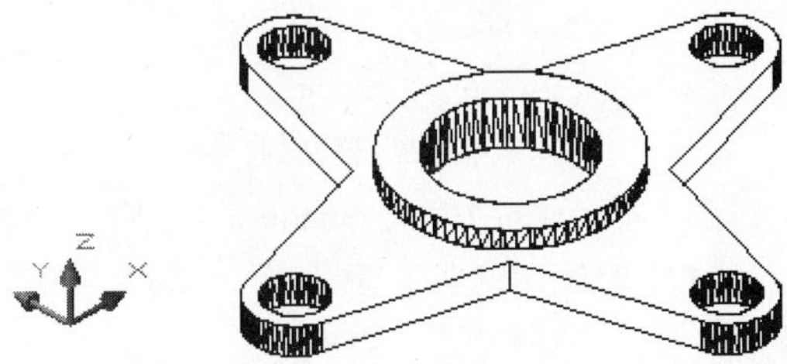

图 11-88　并集结果

⑭在命令行中输入 Rotate3d 后按 Enter 键，将并集后的实体进行三维旋转。命令行操作如下：

```
命令: _rotate3d
    当前正向角度:  ANGDIR=逆时针  ANGBASE=0
    选择对象:                                  //选择并集后的组合实体
    选择对象:                                  // Enter，结束对象的选择
    指定轴上的第一个点或定义轴依据  [对象(O)/最近的(L)/视图(V)/X 轴(X)/Y 轴(Y)/Z 轴(Z)/
两点(2)]:                                      //Z Enter，激活【Z 轴】选项
    指定 Z 轴上的点 <0,0,0>:                   //捕捉如图 11-89 所示的圆心
    指定旋转角度或 [参照(R)]:                  //45 Enter，结果如图 11-90 所示
```

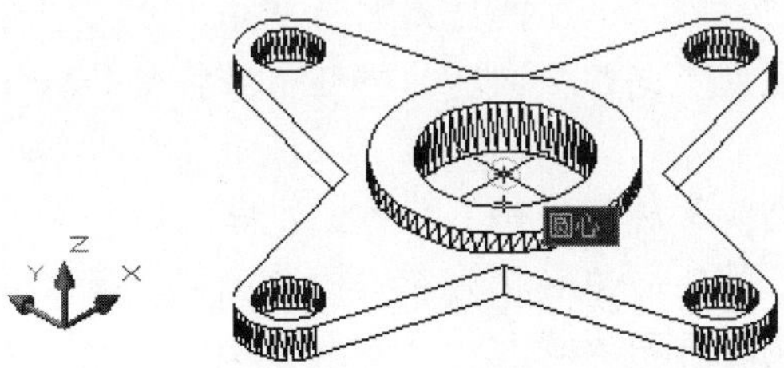

图 11-89　捕捉圆心

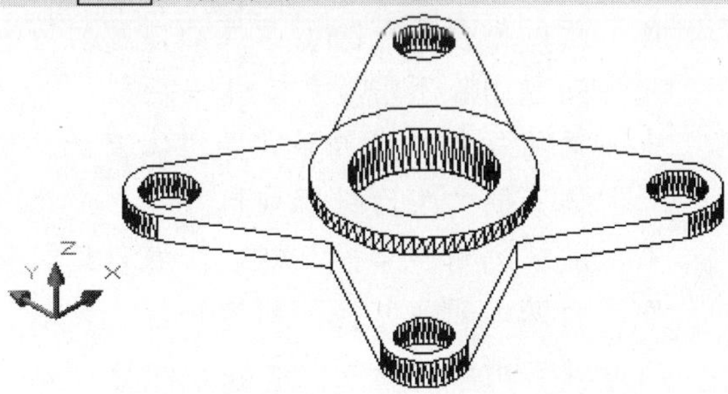

图 11-90　旋转结果

⑮使用快捷键“F”激活【圆角】命令，对旋转后的立体模型进行细化编辑。命令行操作如下：

```
命令: F                                          // Enter
    FILLET 当前设置: 模式 = 修剪，半径 = 0.0000
    选择第一个对象或 [放弃(U)/多段线(P)/半径(R)/修剪(T)/多个(M)]:
```

```
                                              //选择如图 11-91 所示的棱边
输入圆角半径:                                  //1.5 Enter，输入圆角半径
选择边或 [链(C)/半径(R)]:                      // Enter，圆角结果如图 11-92 所示
已选定 1 个边用于圆角。
```

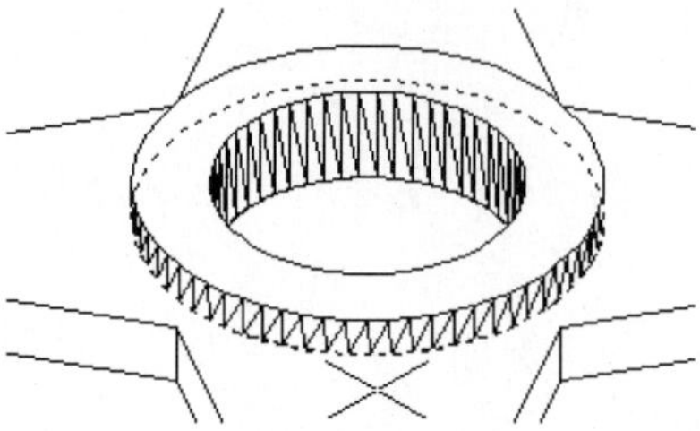

图 11-91 选择结果

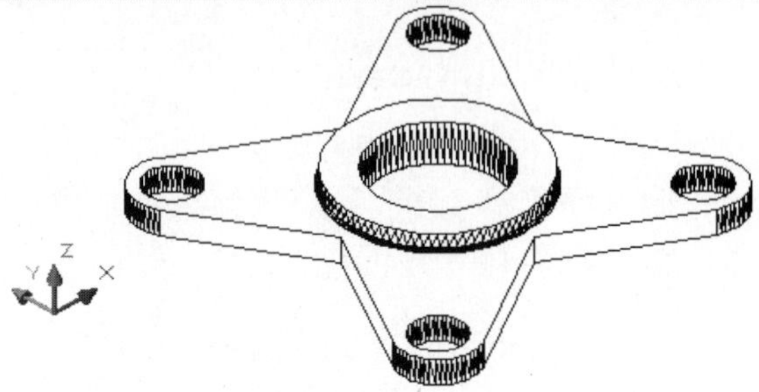

图 11-92 圆角结果

⑯在命令行中输入 Shade 后按 Enter 键，对模型进行着色，最终效果如图 11-67 所示。

⑰最后使用【保存】命令，将图形存储为“综合例题.dwg”。

11.6 本章小结

本章主要详细讲述了三维模型的基本操作功能和实体面、边的修改编辑功能，并通过众多详细的实例，对本章重点知识进行了剖析和引导。通过本章的学习，应了解和掌握如下知识：

- 三维操作。了解和掌握模型的空间阵列、空间镜像、空间旋转、对齐、移动以及实体的边解细化功能。
- 面的拉伸与移动。掌握实体面的高度拉伸和路径拉伸功能，掌握使用面的移动功能进行更改面孔等的尺寸与位置。
- 面的偏移与旋转。掌握如何通过面的偏移功能更改实体面的尺寸及孔槽的大小等，通过面旋转功能更改实体面的角度。
- 面的锥化与删除。掌握如何通过面锥化功能更改实体面的倾斜角度，通过面删除功能删除不需要的实体表面。
- 面的复制与换色。掌握实体面的复制方法以及复制出的面的特征，掌握如何为实体不同的表面进行换色。
- 边的编辑。掌握复制边、着色边、压印边以及清除边等工具的操作方法。
- 特殊编辑。掌握如何通过抽壳功能，将三维实心体转化为空心的薄壳体，掌握实体的清除、压印、干涉、对齐、圆角以及倒角等功能。

11.7 练习题

根据如图 11-93 所示的零件平面视图，制作零件立体视图，效果如图 11-94 所示。

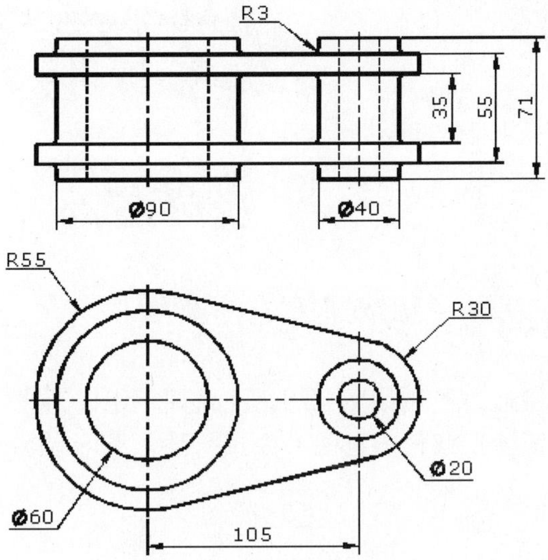

图 11-93 零件平面视图

图 11-94 零件立体图

第12章

技能提高

实例1：绘制倾斜结构零件图

本例通过绘制如图12-1所示的平面图，主要对【拉伸】、【旋转】、【复制】、【镜像】、【修剪】等命令进行强化练习和综合运用。

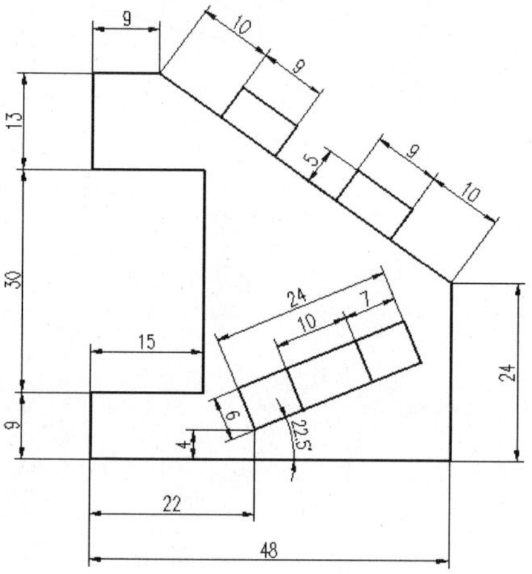

图12-1　本例效果

绘图思路

- 新建文件，并设置捕捉与追踪模式。
- 使用画线命令，配合正交、极轴或坐标输入等功能绘制垂直结构轮廓线。
- 综合【直线】、【偏移】和【修剪】命令绘制右上侧的倾斜结构。
- 配合极轴追踪和延伸捕捉功能，绘制内部的倾斜结构。
- 最后将图形命名存盘。

操作步骤

❶新建公制单位的空白文件。

❷启用【极轴追踪】功能，并设置极轴角为22.5°。

❸启用【对象捕捉】功能，设置捕捉模式为端点捕捉、延伸捕捉和垂足捕捉。

❹使用快捷键“Z”激活视窗的缩放功能，将当前视口的高度调整为

85。命令行操作如下：

```
命令: z                                              // Enter，激活视窗缩放功能
    ZOOM 指定窗口的角点，输入比例因子 (nX 或 nXP)，或者[全部(A)/中心(C)/动
        态(D)/范围(E)/上一个(P)/比例(S)/窗口(W)/对象(O)] <实时>:
                                                     //c Enter，激活【中心点】选项
    指定中心点:                                       //在绘图区拾取一点，作为新视口中心点
    输入比例或高度 <86.7567>:                          //100 Enter，输入新视口的高度
```

❺暂时打开【正交】功能。

❻选择菜单【绘图】|【直线】命令，配合【正交】功能绘制外侧的垂直结构轮廓图。命令行操作如下：

```
命令: _line
    指定第一点: <正交 开>                              //在绘图区拾取一点作为起点
    指定下一点或 [放弃(U)]:                            //向左移动光标，输入 9 Enter
    指定下一点或 [放弃(U)]:                            //向下移动光标，输入 13 Enter
    指定下一点或 [闭合(C)/放弃(U)]:                    //向右移动光标，输入 15 Enter
    指定下一点或 [闭合(C)/放弃(U)]:                    //向下移动光标，输入 30 Enter
    指定下一点或 [闭合(C)/放弃(U)]:                    //向左移动光标，输入 15 Enter
    指定下一点或 [闭合(C)/放弃(U)]:                    //向下移动光标，输入 9 Enter
    指定下一点或 [闭合(C)/放弃(U)]:                    //向右移动光标，输入 48 Enter
    指定下一点或 [闭合(C)/放弃(U)]:                    //向上移动光标，输入 24 Enter
    指定下一点或 [闭合(C)/放弃(U)]:                    //c Enter，绘制结果如图 12-2 所示
```

❼选择菜单【修改】|【偏移】命令，将倾斜轮廓线向外偏移 5 个绘图单位，结果如图 12-3 所示。

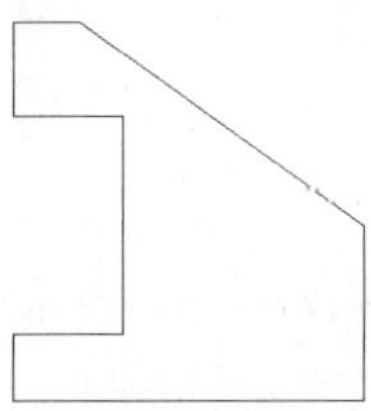

图 12-2 绘制垂直结构

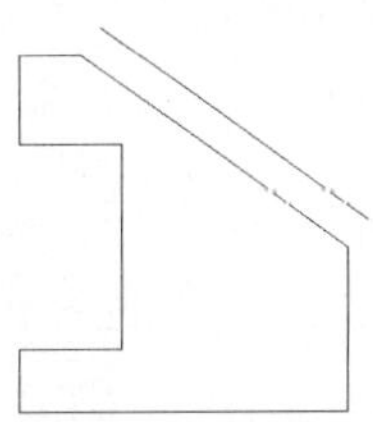

图 12-3 偏移结果

❽关闭状态栏上的【正交】功能。

❾选择菜单【绘图】|【直线】命令，以倾斜轮廓线的右下端点作为延伸点，配合对象的延伸捕捉功能绘制此位置的倾斜结构。命令行操作如下：

```
命令: _line
    指定第一点:                       //以图 12-4 所示的端点作为延伸点，引出如图 12-5
                                        所示的延伸虚线，输入 10 Enter
    指定下一点或 [放弃(U)]:           //捕捉如图 12-6 所示的垂足点
    指定下一点或 [放弃(U)]:           // Enter，绘制结果如图 12-7 所示
    命令: _line                       // Enter，重复执行【直线】命令
    指定第一点:                       //以图 12-7 所示的端点作为延伸点，引出如图 12-8 所示
```

                                    的延伸虚线，输入 10 Enter
指定下一点或 [放弃(U)]:   //配合【垂足捕捉】功能，捕捉上侧倾斜线上的垂足点，
                                    如图 12-9 所示，定位第二点
指定下一点或 [放弃(U)]:   // Enter，绘制结果如图 12-10 所示

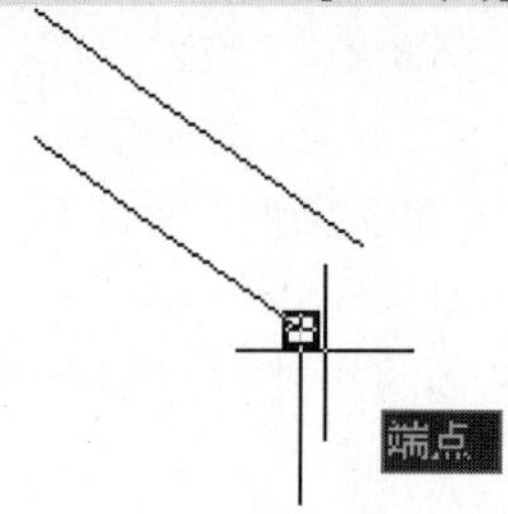

图 12-4 捕捉对象延伸点

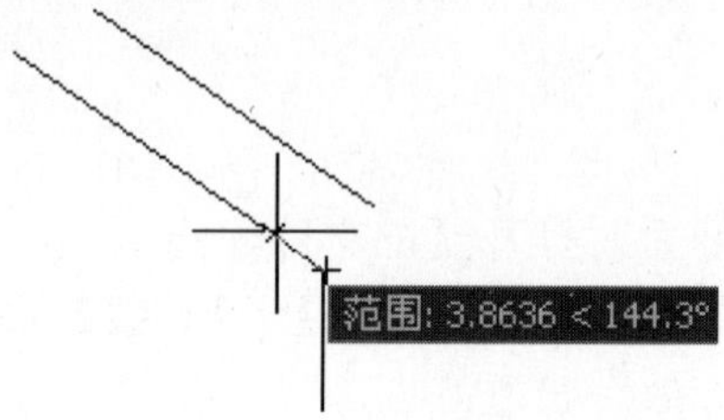

图 12-5 引出处伸虚线

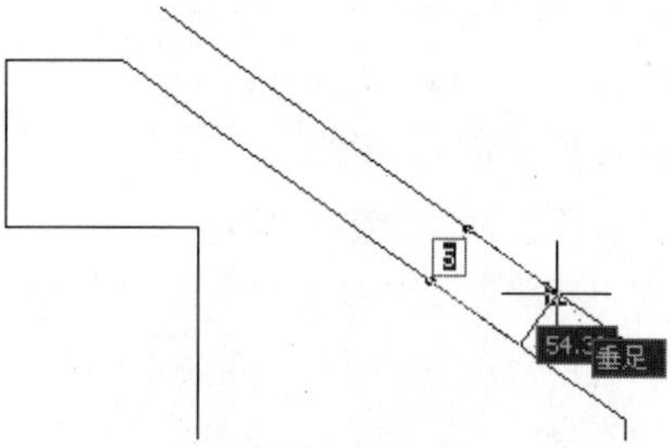

图 12-6 垂足捕捉

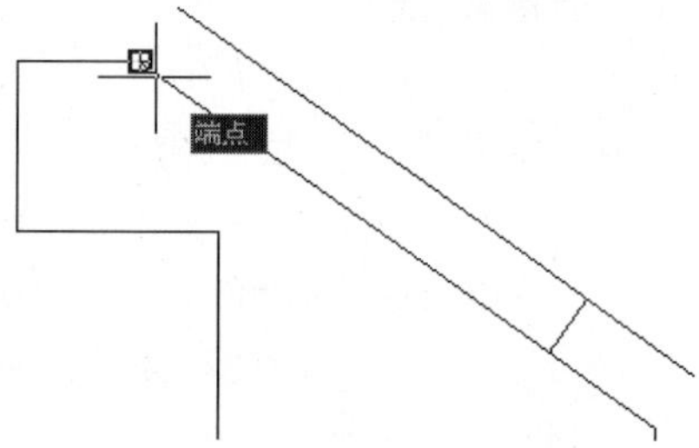

图 12-7 绘制结果

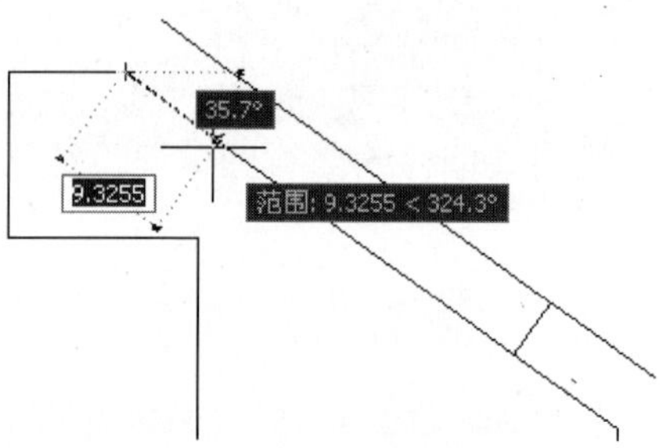

图 12-8 引出延伸虚线

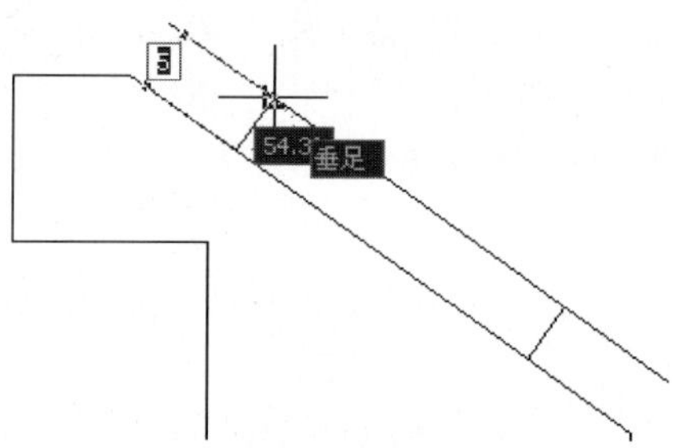

图 12-9 捕捉垂足点

⑩使用快捷键“O”激活【偏移】命令，将刚绘制的两条倾斜轮廓线向内偏移 9 个绘图单位，如图 12-11 所示。

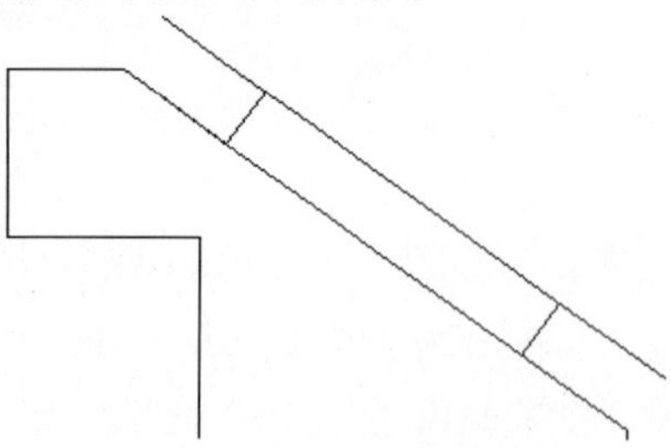
图 12-10 绘制结果

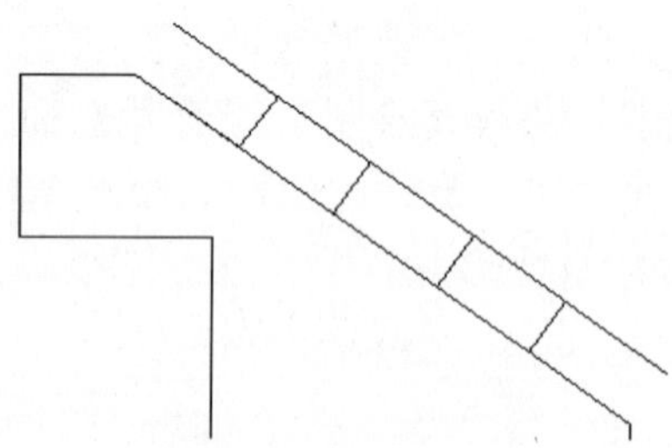
图 12-11 偏移结果

⑪选择菜单【修改】|【修剪】命令，窗口选择如图 12-12 所示的 4 条线段作为边界，对倾斜轮廓线进行修剪，结果如图 12-13 所示。

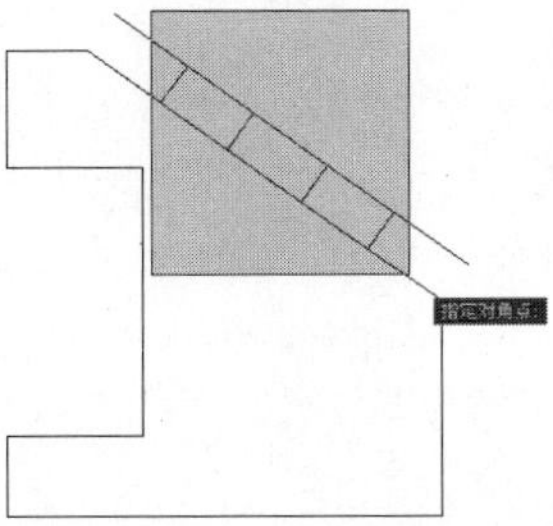

图 12-12　窗口选择框

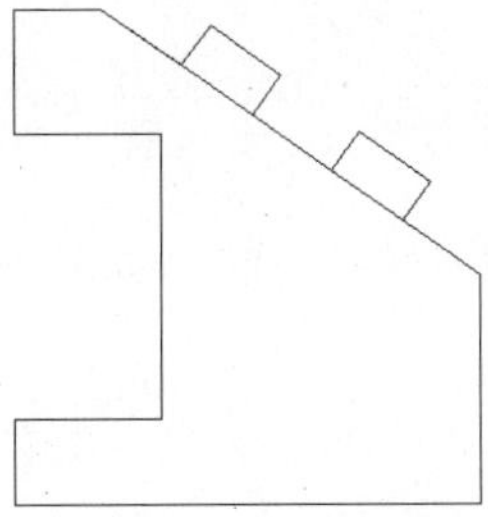

图 12-13　修剪结果

⑫选择菜单【绘图】|【直线】命令，配合极轴追踪功能绘制内部的倾斜结构。命令行操作如下：

```
命令: _line
    指定第一点:                          //激活【捕捉自】功能
    _from 基点:                          //捕捉平面图的左下角点
     <偏移>:                             //@22,4 Enter，输入起点坐标
    指定下一点或 [放弃(U)]:               //打开【极轴追踪】功能
    <极轴 开>                            //引出如图 12-14 所示的极轴虚线，输入 24 Enter
    指定下一点或 [放弃(U)]:               //引出如图 12-15 所示的极轴虚线，输入 6 Enter
```

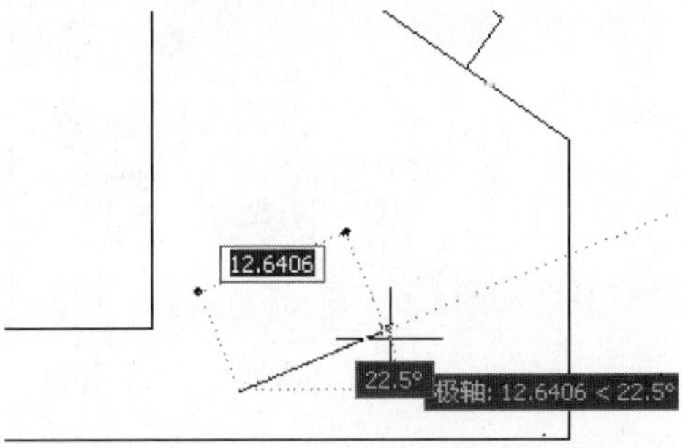

图 12-14　引出 22.5°的极轴虚线

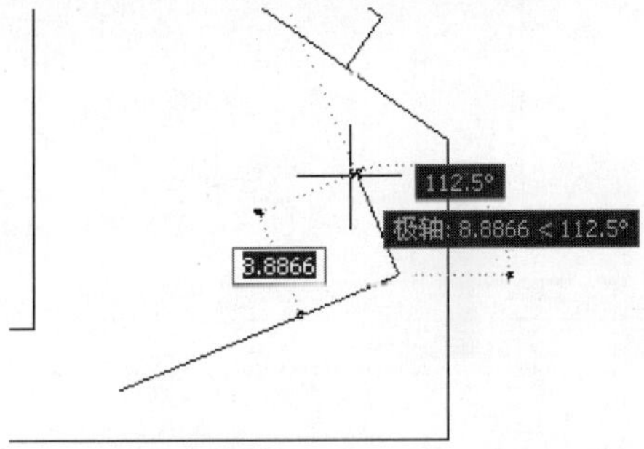

图 12-15　引出 112.5°的极轴虚线

```
    指定下一点或 [闭合(C)/放弃(U)]:       //引出图 12-16 所示的极轴虚线，输入 24 Enter
    指定下一点或 [闭合(C)/放弃(U)]:       //c Enter，闭合图形，结果如图 12-17 所示
```

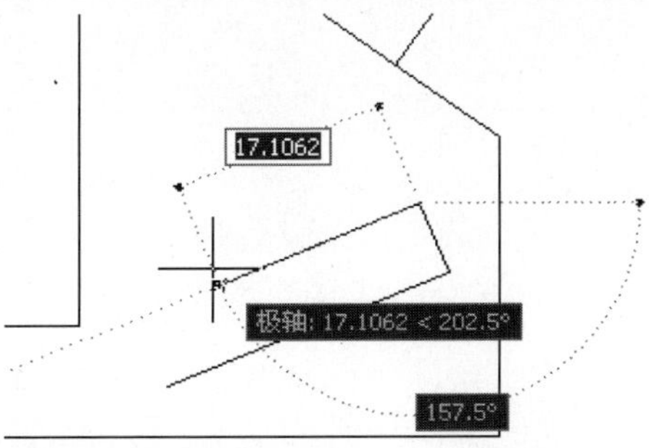

图 12-16　引出 202.5°的极轴虚线

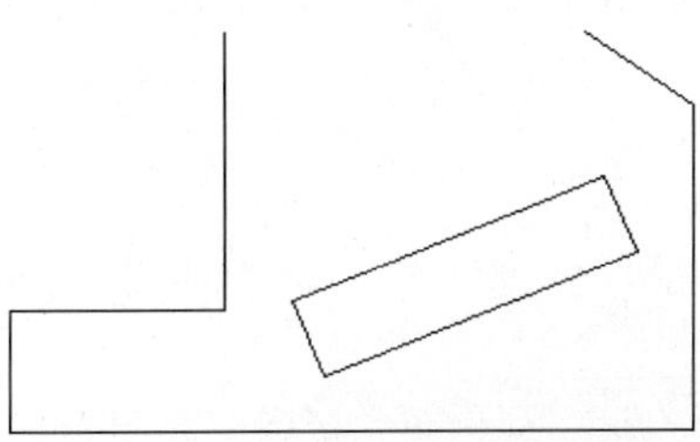

图 12-17　绘制内部倾斜结构

⑬选择菜单【绘图】|【直线】命令，配合延伸捕捉功能绘制内部的轮廓线。命令行操作如下：

```
命令: _line
    指定第一点:                  //以四边形左下角点作为对象延伸点，引出如图 12-18 所示的
                                  延伸虚线，输入 7 Enter
    指定下一点或 [放弃(U)]:      //捕捉如图 12-19 所示的垂足点
    指定下一点或 [放弃(U)]:      // Enter，结束命令。
    命令: _line                  // Enter，重复执行命令
    指定第一点:                  //以四边形右下角点作为延伸点，引出如图 12-20 所
                                  示的延伸虚线，输入 7 Enter
    指定下一点或 [放弃(U)]:      //捕捉如图 12-21 所示的垂足点
    指定下一点或 [放弃(U)]:      //Enter，绘制结果如图 12-22 所示
```

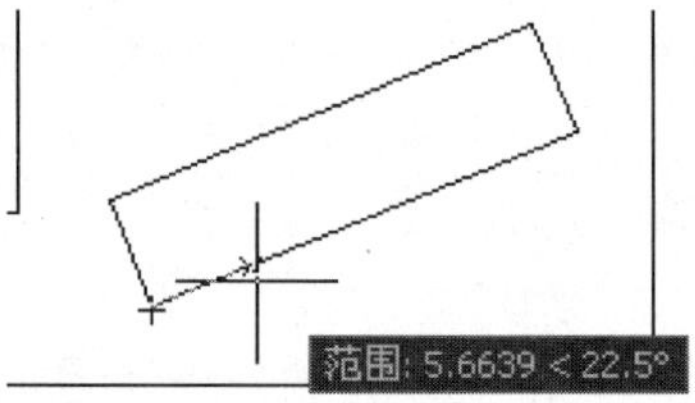

图 12-18　引出延伸虚线

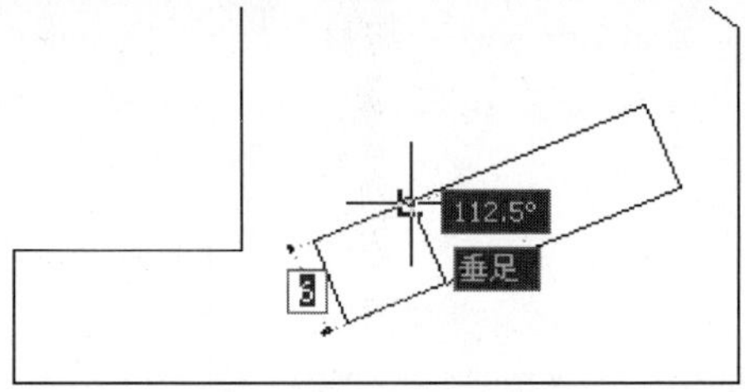

图 12-19　捕捉垂足点

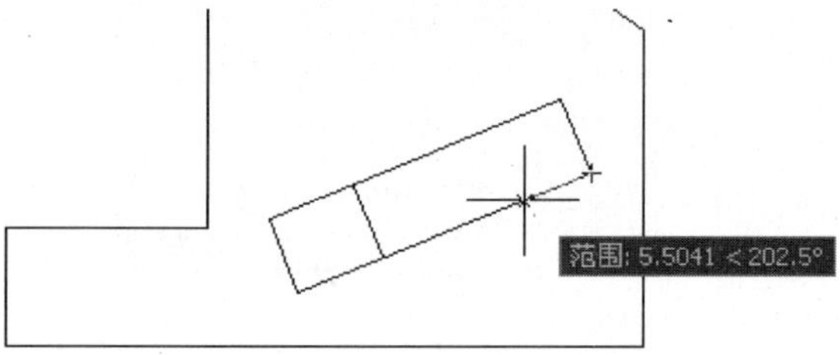

图 12-20　引出对象延伸虚线

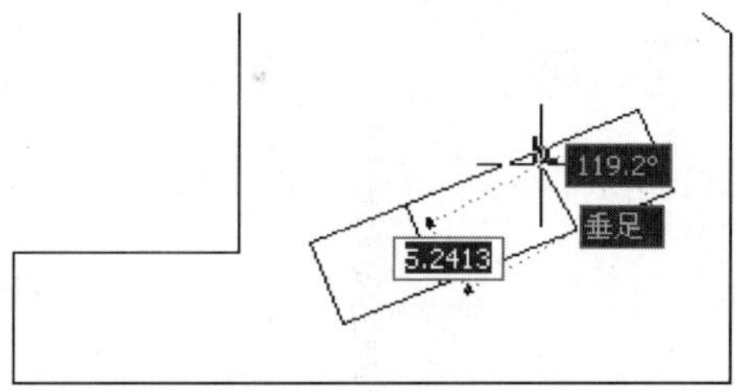

图 12-21　捕捉垂足点

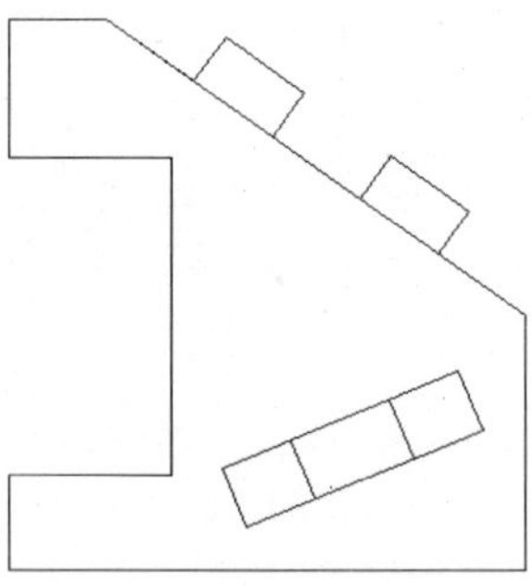

图 12-22　绘制结果

⑭最后将图形存储为“实例 1.dwg”。

实例 2：绘制均布结构零件图

本例通过绘制如图 12-23 所示的零件轮廓图，主要对【多段线】、【圆】、【复制】等命令进行强化练习和综合运用。

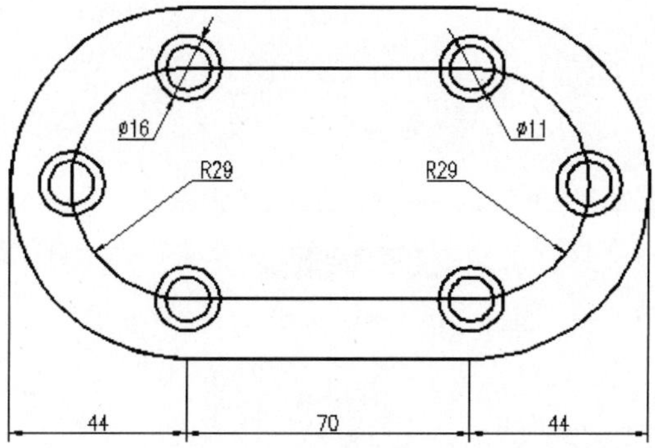

图 12-23 本例效果

绘图思路

- 新建文件，并设置捕捉与追踪功能。
- 使用【多段线】命令绘制内外闭合的轮廓线。
- 使用“圆心、直径”方式绘制同心圆。
- 使用【复制】命令对同心圆进行多重复制。

最后将图形命名存盘。

操作步骤

❶新建公制单位的空白文件。

❷启用【对象捕捉】功能，设置捕捉模式为端点捕捉、中点捕捉和圆心捕捉。

❸按 F10 功能键，打开状态栏上的【极轴追踪】功能。

❹选择菜单【绘图】|【多段线】命令，配合【极轴追踪】功能绘制闭合的外轮廓线。命令行操作如下：

```
命令: _pline
    指定起点:                    //在绘图区拾取一点作为起点
    当前线宽为 0.0000
    指定下一个点或 [圆弧(A)/半宽(H)/长度(L)/放弃(U)/宽度(W)]:
                                 //向右引出如图 12-24 所示的极轴虚线，输入 70 Enter
    指定下一点或 [圆弧(A)/闭合(C)/半宽(H)/长度(L)/放弃(U)/宽度(W)]: //a Enter
    指定圆弧的端点或[角度(A)/圆心(CE)/闭合(CL)/方向(D)/半宽(H)/直线(L)/半径(R)/第二个点
(S)/放弃(U)/宽度(W)]:            //向上引出如图 12-25 所示的极轴虚线，输入 88 Enter
    指定圆弧的端点或[角度(A)/圆心(CE)/闭合(CL)/方向(D)/半宽(H)/直线(L)/半径(R)/第二个点
(S)/放弃(U)/宽度(W)]:            // L Enter，转入画线模式
    指定下一点或 [圆弧(A)/闭合(C)/半宽(H)/长度(L)/放弃(U)/宽度(W)]:
                                 //向左引出如图 12-26 所示的极轴虚线，输入 70 Enter
    指定下一点或 [圆弧(A)/闭合(C)/半宽(H)/长度(L)/放弃(U)/宽度(W)]:  //a Enter
    指定圆弧的端点或[角度(A)/圆心(CE)/闭合(CL)/方向(D)/半宽(H)/直线(L)/半径(R)/第二个点
```

(S)/放弃(U)/宽度(W)]:　　　　　　　　//向下引出如图 12-27 所示的极轴虚线，输入 88 Enter

指定圆弧的端点或[角度(A)/圆心(CE)/闭合(CL)/方向(D)/半宽(H)/直线(L)/半径(R)/第二个点(S)/放弃(U)/宽度(W)]:　　　　　　　　// Enter，绘制结果如图 12-28 所示

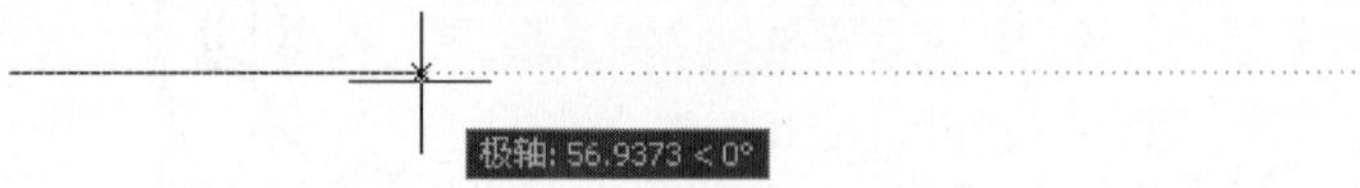

图 12-24　引出 0°极轴追踪虚线

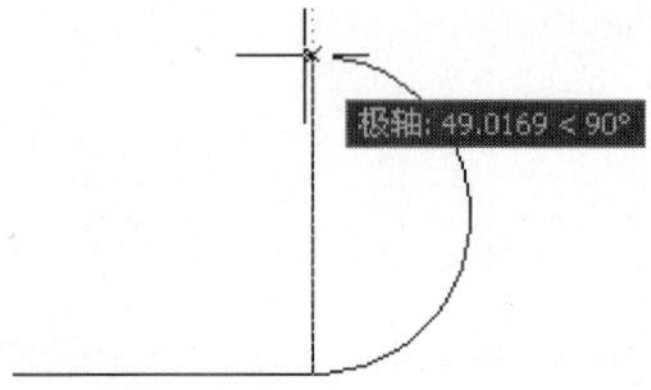

图 12-25　引出 90°极轴追踪虚线

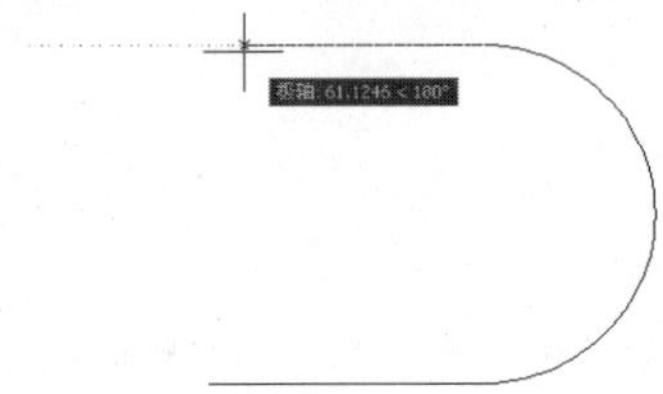

图 12-26　引出 180°极轴追踪虚线

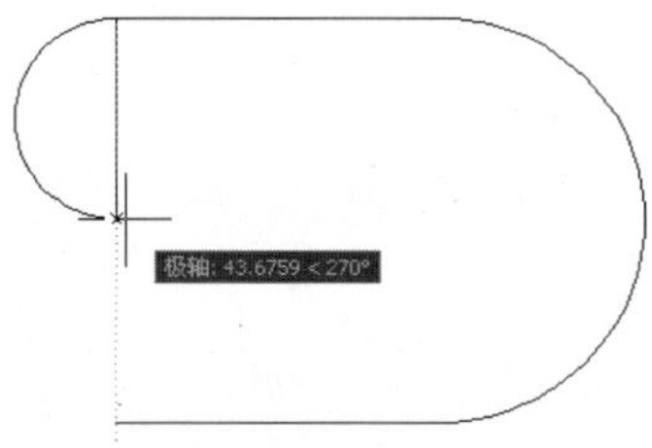

图 12-27　引出 270°极轴虚线

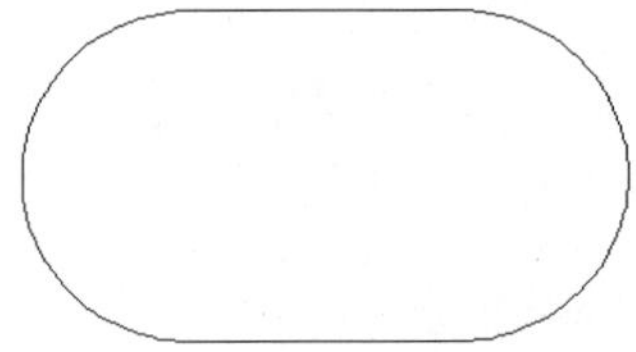

图 12-28　绘制结果

⑤重复执行【多段线】命令，配合【捕捉自】功能绘制内部的闭合轮廓线。命令行操作如下：

命令: _pline　　　　　　　　// Enter，重复执行命令

指定起点:　　　　　　　　//单击【对象捕捉】工具栏上的按钮

_from 基点:　　　　　　　　//捕捉如图 12-29 所示的圆心，作为偏移基点

<偏移>:　　　　　　　　//@0,29 Enter

当前线宽为 0.0000

指定下一个点或 [圆弧(A)/半宽(H)/长度(L)/放弃(U)/宽度(W)]:

　　　　　　　　//向右拉出如图 12-30 所示的追踪虚线，输入 70 Enter

指定下一点或 [圆弧(A)/闭合(C)/半宽(H)/长度(L)/放弃(U)/宽度(W)]:　// a Enter

指定圆弧的端点或[角度(A)/圆心(CE)/闭合(CL)/方向(D)/半宽(H)/直线(L)/半径(R)/第二个点(S)/放弃(U)/宽度(W)]:　　　　　　　　//向下引出如图 12-31 所示的极轴虚线，输入 58 Enter

指定圆弧的端点或[角度(A)/圆心(CE)/闭合(CL)/方向(D)/半宽(H)/直线(L)/半径(R)/第二个点(S)/放弃(U)/宽度(W)]:　　　　　　　　//L Enter，转入画线模式

指定下一点或 [圆弧(A)/闭合(C)/半宽(H)/长度(L)/放弃(U)/宽度(W)]:

　　　　　　　　//向左引出如图 12-32 所示的极轴虚线，输入 70 Enter

指定下一点或 [圆弧(A)/闭合(C)/半宽(H)/长度(L)/放弃(U)/宽度(W)]: //a Enter

指定圆弧的端点或[角度(A)/圆心(CE)/闭合(CL)/方向(D)/半宽(H)/直线(L)/半径(R)/第二个点(S)/放弃(U)/宽度(W)]:　　　　　　　　//cl Enter，闭合对象，绘制结果如图 12-33 所示

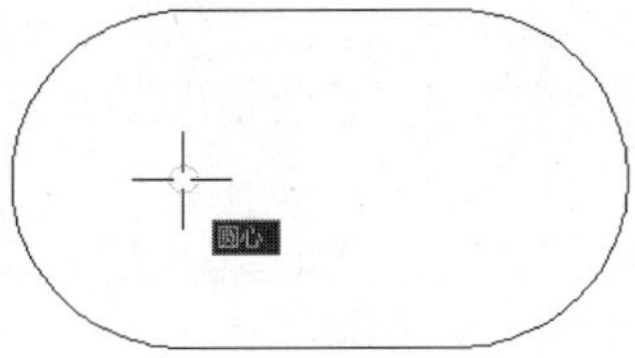

图 12-29 捕捉圆心

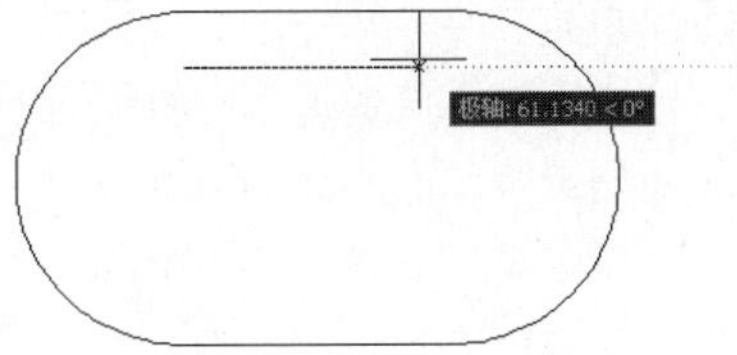

图 12-30 引出 0° 极轴虚线

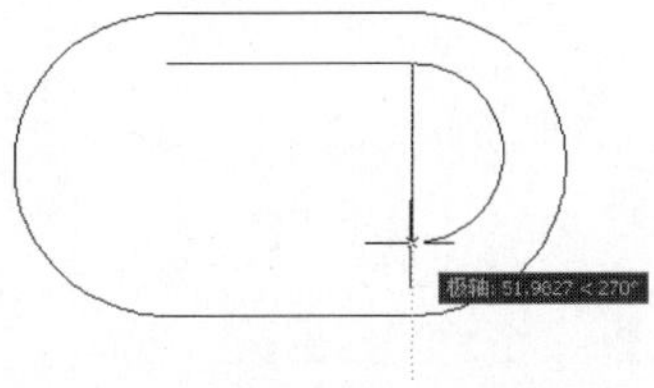

图 12-31 引出 270° 极轴虚线

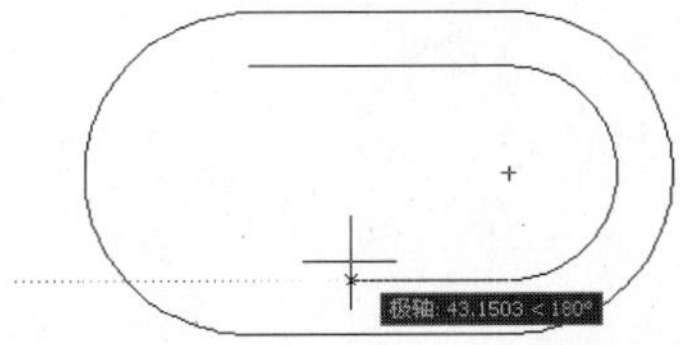

图 12-32 引出 180° 极轴虚线

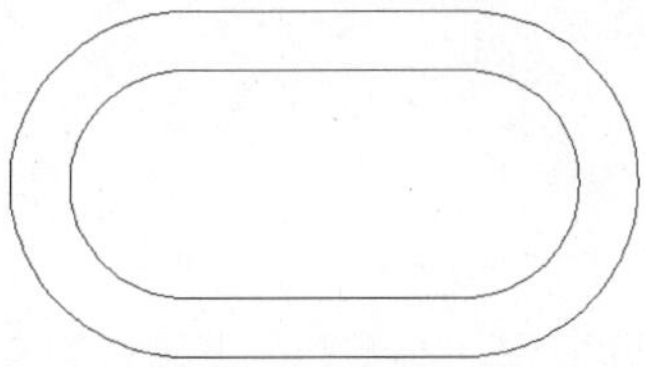

图 12-33 绘制内轮廓线

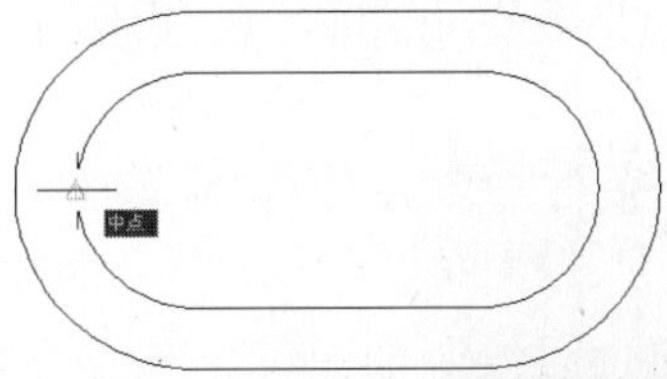

图 12-34 捕捉弧中点

❻执行【圆】命令，使用“圆心、直径”方式绘制两个同心圆。命令行操作如下：

```
命令: circle
    指定圆的圆心或 [三点(3P)/两点(2P)/相切、相切、半径(T)]:
                                    //捕捉如图 12-34 所示的圆弧中点作为圆心
    指定圆的半径或 [直径(D)]:          //d Enter
    指定圆的直径:                      //11 Enter，输入小圆的直径
    命令: _circle                      // Enter，重复画圆命令
    指定圆的圆心或 [三点(3P)/两点(2P)/相切、相切、半径(T)]: //捕捉刚绘制的圆的圆心
    指定圆的半径或 [直径(D)] <5.5000>:  //d Enter
    指定圆的直径 <11.0000>:            //16 Enter，绘制结果如图 12-35 所示
```

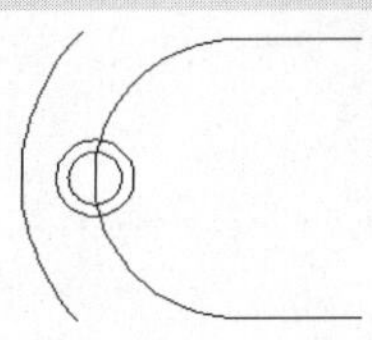

图 12-35 绘制圆

❼选择命令【修改】|【复制】，将刚绘制的同心圆进行多重复制。命令行操作如下：

```
命令: _copy
    选择对象:                              //选择两个圆图形
    选择对象:                              // Enter，结束选择
    指定基点或 [位移(D)] <位移>:            //捕捉同心圆的圆心
    指定第二个点或 <使用第一个点作为位移>:    //捕捉如图 12-36 所示的水平线左端点
```

指定第二个点或 [退出(E)/放弃(U)] <退出>: //捕捉上侧水平线段的右端点
指定第二个点或 [退出(E)/放弃(U)] <退出>: //捕捉下侧水平线段的右端点
指定第二个点或 [退出(E)/放弃(U)] <退出>: //捕捉下侧水平线段的左端点
指定第二个点或 [退出(E)/放弃(U)] <退出>: //捕捉如图 12-37 所示弧线段的中点
指定第二个点或 [退出(E)/放弃(U)] <退出>: // Enter，结果命令

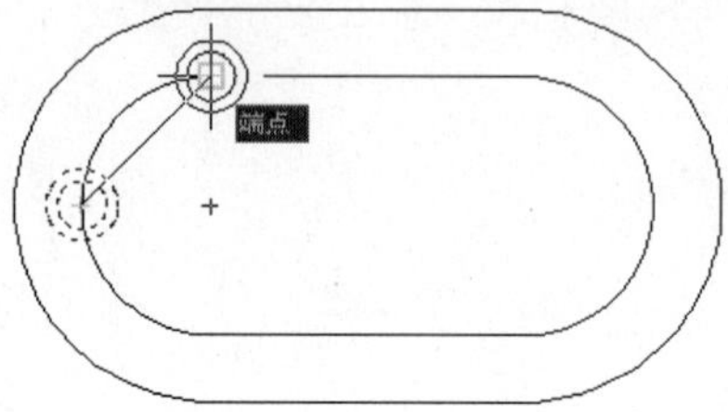

图 12-36　捕捉线端点

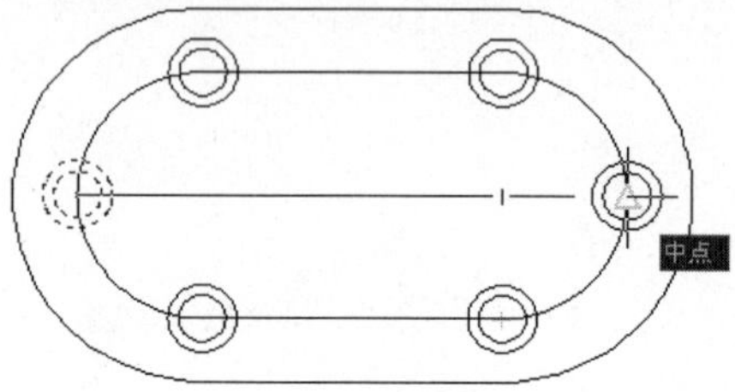

图 12-37　捕捉弧中点

❽最后将图形存储为“实例 2.dwg”。

实例3：绘制相切结构零件图

本例通过绘制如图 12-38 所示的零件轮廓图，主要对【构造线】、【圆】、【修剪】、【偏移】、【线型】等命令进行强化练习和综合运用。

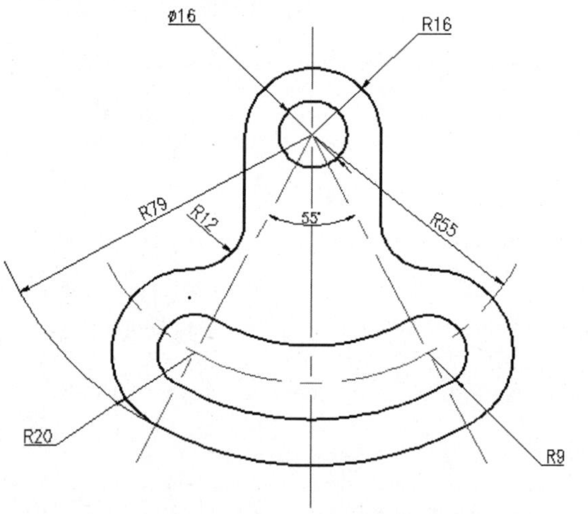

图 12-38　本例效果

绘图思路

- 新建文件，并调整视口高度和设置捕捉模式。
- 使用【构造线】和夹点编辑工具绘制轮廓图的定位辅助线。
- 使用“圆心、半径”和“圆心、直径”功能绘制圆形轮廓线。
- 使用“相切、相切、半径”画圆功能绘制相切圆。
- 使用【修剪】命令修剪多余轮廓线。
- 更改中心线线型及颜色，对其进行后期完善。

操作步骤

❶新建空白文件。

❷启用【对象捕捉】功能，并设置对象的捕捉模式为圆心捕捉、象限点捕捉和交点捕捉。

❸选择菜单【视图】|【缩放】|【中心点】命令，将当前视图的高度调整为 120º，命令行操作如下：

```
命令: z                                                //Enter，激活视口缩放工具
    指定窗口的角点，输入比例因子 (nX 或 nXP)，或者[全部(A)/中心(C)/动态(D)/范围(E)/上一个(P)/比例(S)/窗口(W)/对象(O)] <实时>:    //c Enter，激活【中心点】选项
    指定中心点:                                        //在绘图区拾取一点作为新视口的中心点
    输入比例或高度 <155.8176>:                         //120 Enter，输入新视口的高度。
```

❹选择菜单【绘图】|【构造线】命令，绘制一条垂直的构造线作为辅助线。

❺选择垂直构造线使其夹点显示，使用夹点旋转工具对其进行夹点编辑。命令行操作如下：

```
命令:                                                  //单击中间的夹点，进入夹点拉伸模式
** 拉伸 **
指定拉伸点或 [基点(B)/复制(C)/放弃(U)/退出(X)]: // Enter，进入夹点移动模式
** 移动 **
指定移动点或 [基点(B)/复制(C)/放弃(U)/退出(X)]: // Enter，进入夹点旋转模式
** 旋转 **
指定旋转角度或 [基点(B)/复制(C)/放弃(U)/参照(R)/退出(X)]:  //c Enter
** 旋转 (多重) **
指定旋转角度或 [基点(B)/复制(C)/放弃(U)/参照(R)/退出(X)]:
                                                       //27.5 Enter，结果如图 12-39 所示
** 旋转 (多重) **
指定旋转角度或 [基点(B)/复制(C)/放弃(U)/参照(R)/退出(X)]:
                                                       //-27.5 Enter，结果如图 12-40 所示
** 旋转 (多重) **
指定旋转角度或 [基点(B)/复制(C)/放弃(U)/参照(R)/退出(X)]:
                                    // Enter，结束命令，并按 Esc 键取消夹点显示
```

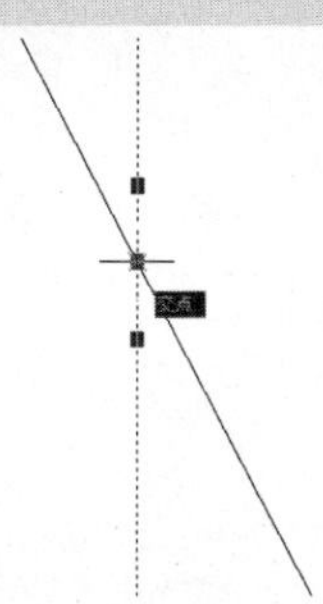

图 12-39　旋转复制 27.5º

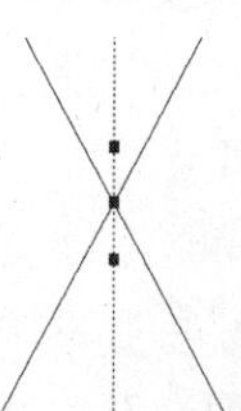

图 12-40　旋转复制-27.5º

❻激活【圆】命令，使用“圆心、半径”和“圆心、直径”画圆方式绘制同心圆。命令行操作如下：

```
命令: _circle
    指定圆的圆心或 [三点(3P)/两点(2P)/相切、相切、半径(T)]:
                                              //捕捉三条辅助线的交点作为圆心
    指定圆的半径或 [直径(D)] <16.0000>:        //16 Enter
    命令: _circle                              // Enter，重复画圆命令
    指定圆的圆心或 [三点(3P)/两点(2P)/相切、相切、半径(T)]: //捕捉刚绘制的圆的圆心
    指定圆的半径或 [直径(D)] <16.0000>:        //d Enter
    指定圆的直径 <32.0000>:                    //16 Enter，绘制直径为 16 的圆
    命令: _circle                              // Enter，重复执行画命令
    指定圆的圆心或 [三点(3P)/两点(2P)/相切、相切、半径(T)]: //捕捉同心圆的圆心
    指定圆的半径或 [直径(D)] <8.0000>:         //55 Enter，结果如图 12-41 所示。
```

❼重复执行【圆】命令，分别以交点 1 和交点 2 为圆心，绘制半径为 20 的两个圆，绘制结果如图 12-42 所示。

❽单击【修改】工具栏上的按钮，使用“点偏移”方式，将垂直构造线对称偏移。命令行操作如下：

```
命令: _offset
    当前设置: 删除源=否    图层=源    OFFSETGAPTYPE=0
    指定偏移距离或 [通过(T)/删除(E)/图层(L)] <16.0000>: //t Enter
    选择要偏移的对象，或 [退出(E)/放弃(U)] <退出>:        //点选垂直的构造线
    指定通过点或 [退出(E)/多个(M)/放弃(U)] <退出>:       //捕捉半径为 16 的圆的左象限点
    选择要偏移的对象，或 [退出(E)/放弃(U)] <退出>:        //点选垂直的构造线
    指定通过点或 [退出(E)/多个(M)/放弃(U)] <退出>:       //捕捉半径为 16 的圆的右象限点
    选择要偏移的对象，或 [退出(E)/放弃(U)] <退出>:        //Enter，结果如图 12-43 所示
```

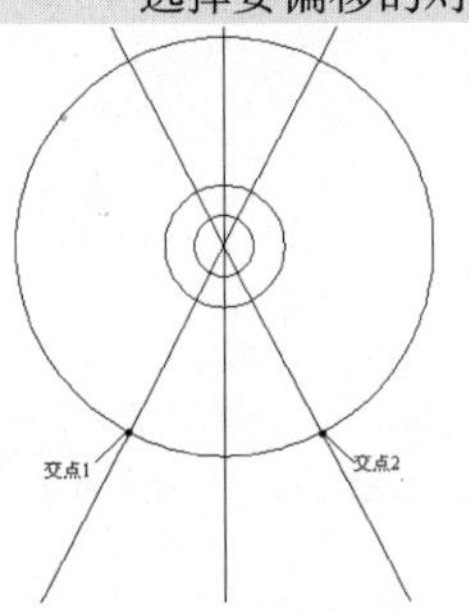

图 12-41　绘制结果

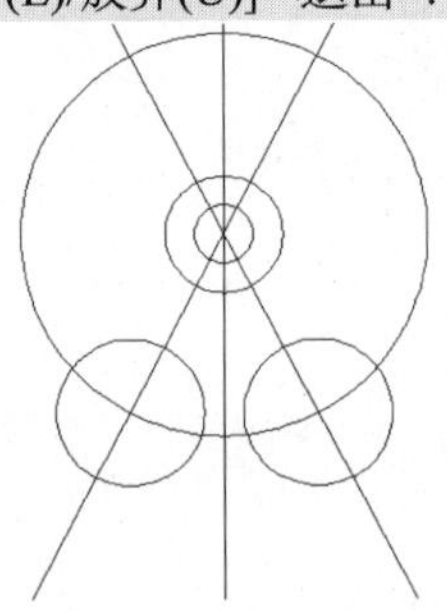

图 12-42　“圆心、半径”画圆

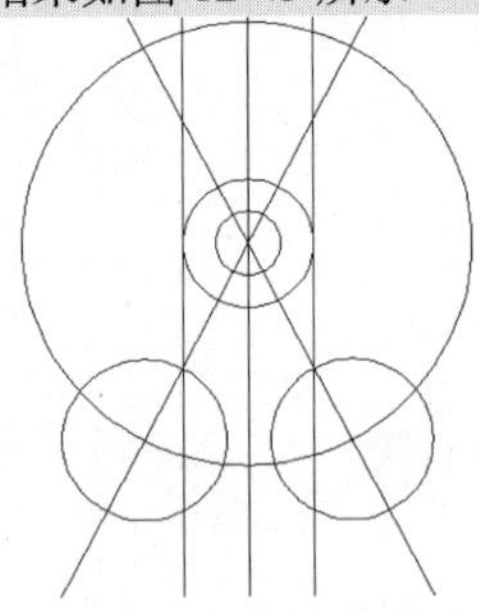

图 12-43　偏移辅助线

❾选择菜单【绘图】|【圆】|【相切、相切、半径】命令，绘制两个半径为 12 的相切圆。命令行操作如下：

```
命令: _circle
    指定圆的圆心或 [三点(3P)/两点(2P)/相切、相切、半径(T)]: _ttr
    指定对象与圆的第一个切点:  //在左侧垂直辅助线上拾取第一个切点，如图 12-44 所示
    指定对象与圆的第二个切点:  //在左侧半径为 20 的圆上拾取第二个切点，如图 12-45 所示
```

指定圆的半径 <20.0000>: //12 Enter，绘制结果如图 12-46 所示

命令: _circle // Enter，重复执行画圆命令

指定圆的圆心或 [三点(3P)/两点(2P)/相切、相切、半径(T)]: //t Enter

指定对象与圆的第一个切点: //在右侧垂直辅助线上拾取第一个切点

指定对象与圆的第二个切点: //在右侧半径为 20 的圆上拾取第二个切点

指定圆的半径 <12.0000>: // Enter，绘制结果如图 12-47 所示

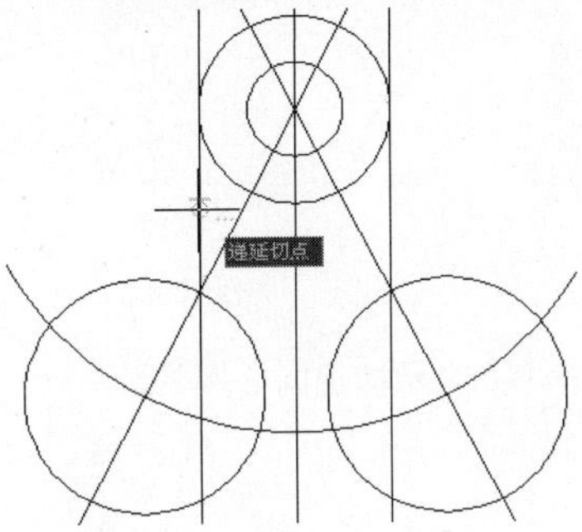

图 12-44 定位第一相切点

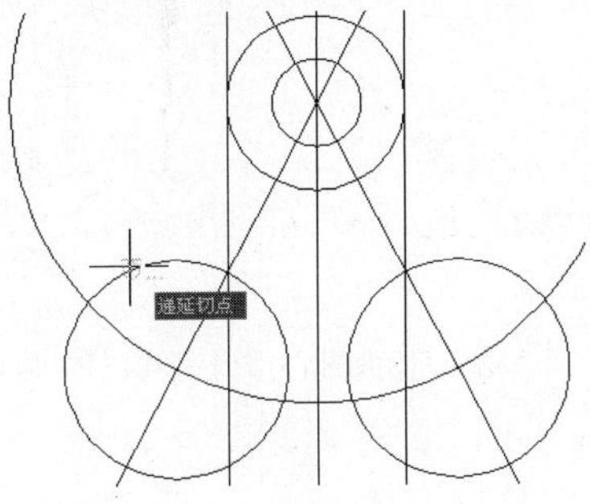

图 12-45 定位第二相切点

图 12-46 绘制左侧相切圆

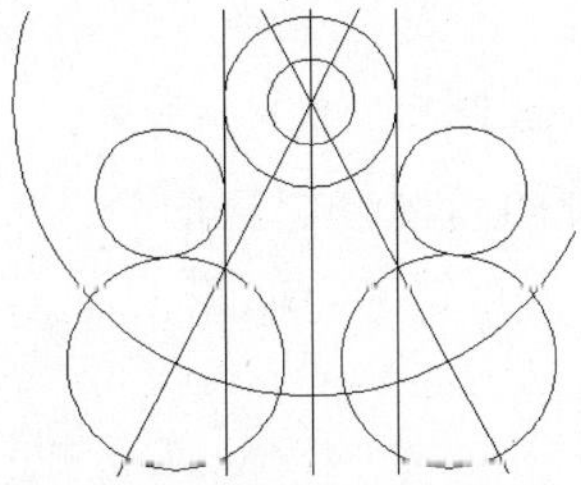

图 12-47 绘制右侧相切圆

技巧

在绘制相切圆时，可以暂时将【对象捕捉】功能关闭。

⑩再次使用快捷键“C”激活【圆】命令，绘制半径为 79 的相切圆。命令行操作如下：

命令: _circle //C Enter，激活画圆命令

指定圆的圆心或 [三点(3P)/两点(2P)/相切、相切、半径(T)]: t Enter

指定对象与圆的第一个切点: //在如图 12-48 所示的圆位置上拾取第一个切点

指定对象与圆的第二个切点: //在如图 12-49 所示的圆位置上拾取第二个切点

指定圆的半径 <12.0000>: //79 Enter，绘制结果如图 12-50 所示

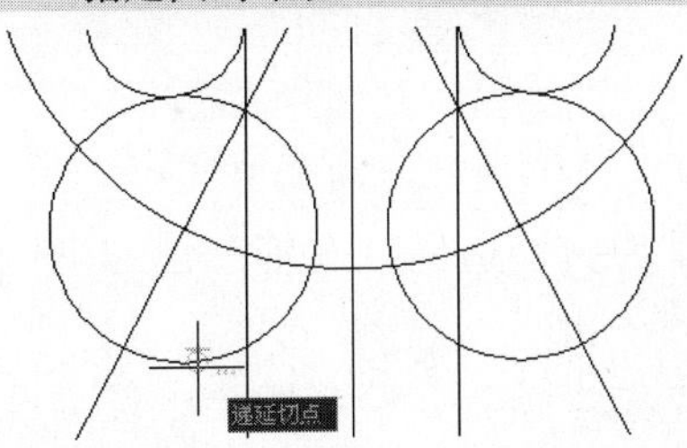

图 12-48 定位第一个相切点

图 12-49 定位第二个相切点

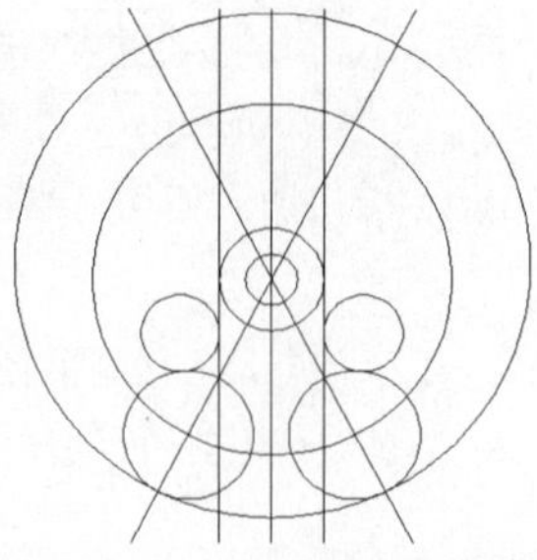

图 12-50　绘制相切圆结果

⑪单击【修改】工具栏上的 按钮，以图 12-51 所示的 3 个圆作为剪切边界，对两侧的垂直辅助线进行修剪，结果如图 12-52 所示。

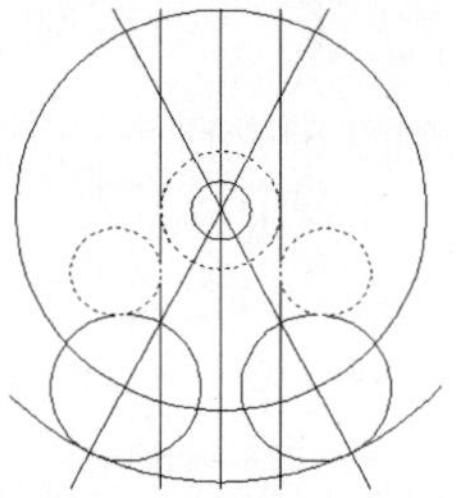

图 12-51　选择修剪边界

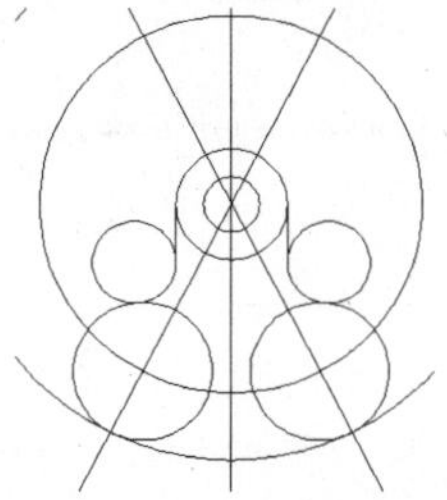

图 12-52　辅助线修剪结果

⑫重复执行【修剪】命令，以图 12-53 所示的两个圆和两条直线段作为剪切边界，对 4 个相切圆进行修剪，结果如图 12-54 所示。

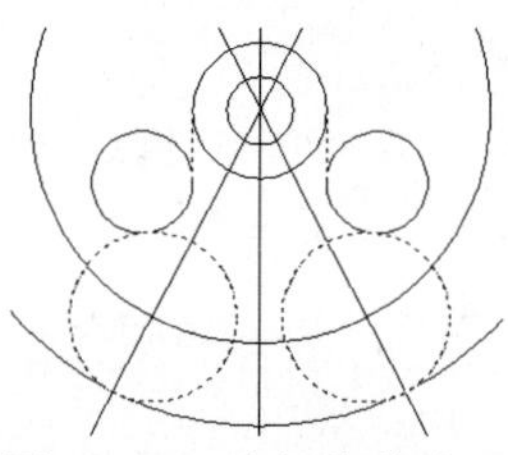

图 12-53　选择修剪边界

图 12-54　相切圆修剪结果

⑬重复执行【修剪】命令，以图 12-55 所示的相切弧作为剪切边界，对半径为 20 的两个圆进行修剪，结果如图 12-56 所示。

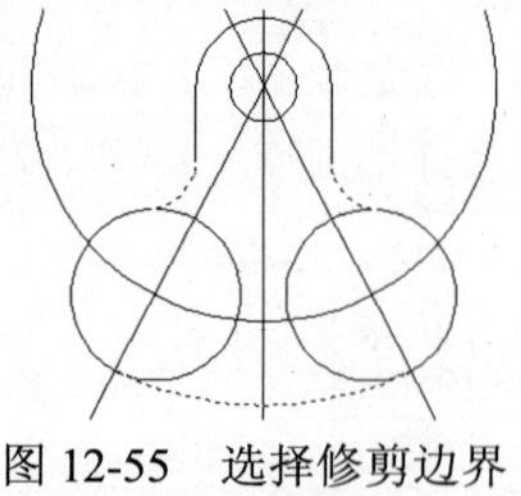

图 12-55　选择修剪边界

图 12-56　修剪结果

⑭重复执行【修剪】命令，以图形最外轮廓边作为剪切边界，对辅助线和辅助圆进行修剪，结果如图 12-57 所示。

⑮以修剪后产生的辅助圆弧和倾斜辅助线的交点作为圆心，绘制两个半径为 9 的圆，结果如图 12-58 所示。

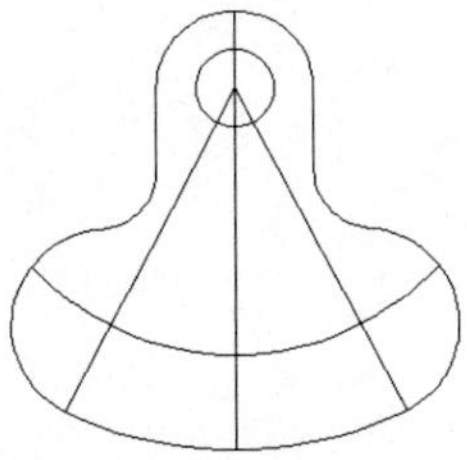

图 12-57 修剪结果

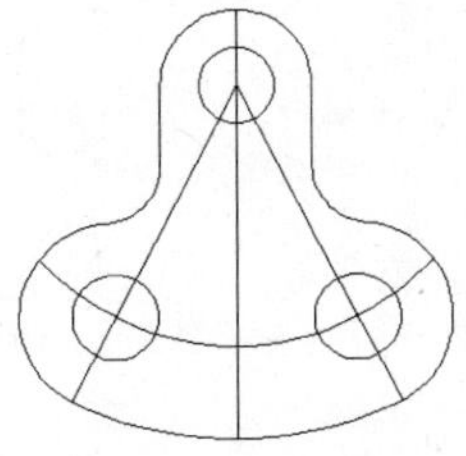

图 12-58 绘制结果

⑯重复执行【圆】命令，使用“相切、相切、半径”画圆方式，绘制内部的相切结构。命令行操作如下：

```
命令: _circle
    指定圆的圆心或 [三点(3P)/两点(2P)/相切、相切、半径(T)]: // t Enter
    指定对象与圆的第一个切点:            //在半径为 9 的圆的下侧拾取第一个切点
    指定对象与圆的第二个切点:            //在另一半径为 9 的圆的右侧拾取第二个相切点
    指定圆的半径 <9.0000>:              //64 Enter，结果如图 12-59 所示
    命令: _circle                      // Enter，重复画圆命令
    指定圆的圆心或 [三点(3P)/两点(2P)/相切、相切、半径(T)]:// t Enter
    指定对象与圆的第一个切点:            //在半径为 9 的圆的上侧拾取第一个切点
    指定对象与圆的第二个切点:            //在另一半径为 9 的圆的上侧拾取第二个相切点
    指定圆的半径 <64.0000>:             //46Enter，结果如图 12-60 所示
```

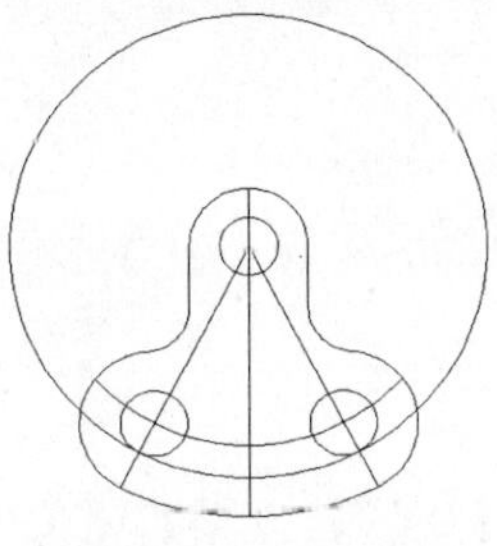

图 12-59 绘制外侧相切圆

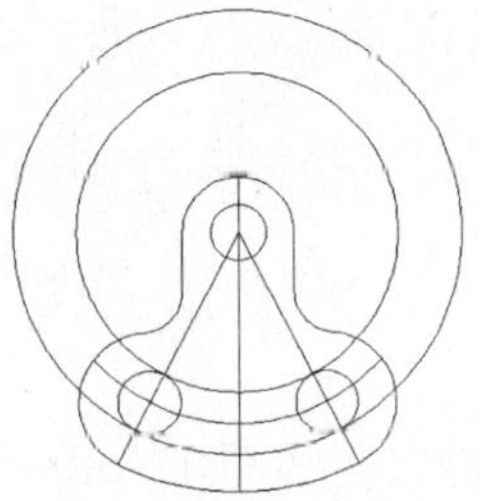

图 12-60 绘制内侧相切圆

⑰执行【修剪】命令，以图 12-61 所示的两个圆作为剪切边界，对两个相切圆进行修剪，结果如图 12-62 所示。

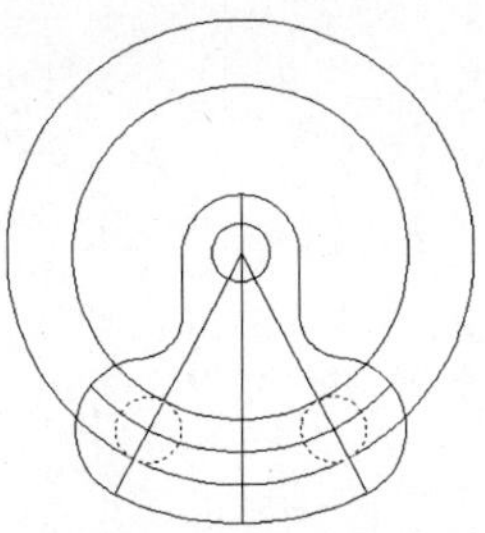

图 12-61 选择修剪边界

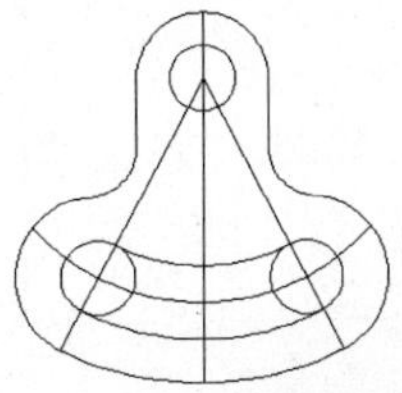

图 12-62 相切圆修剪结果

⑱重复执行【修剪】命令，以图 12-63 所示的圆弧作为剪切边界，对两个圆图形进行修剪，结果如图 12-64 所示。

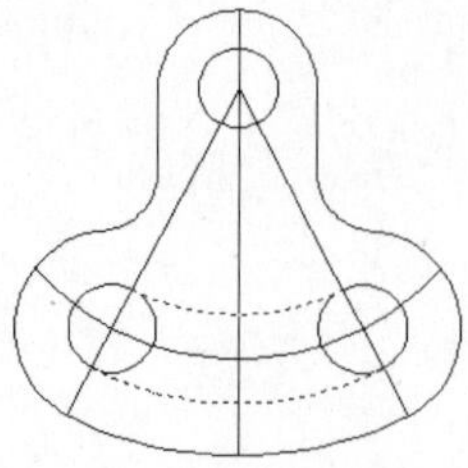

图 12-63　选择修剪边界

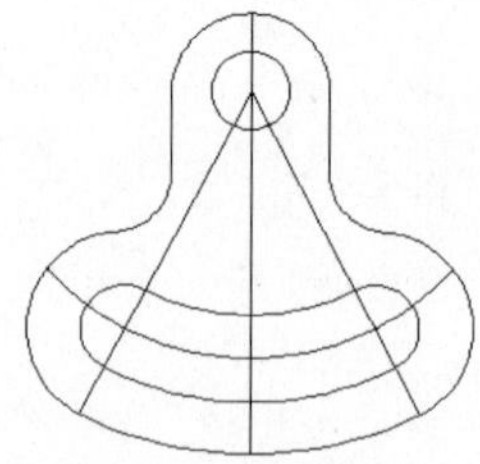

图 12-64　修剪结果

⑲选择菜单【格式】|【线型】命令，加载一种名为 CENTER 线型，并设置线型比例为 0.75。

⑳夹点显示各条中心线，如图 12-65 所示。

㉑分别展开【特性】工具栏上的【线型控制】列表和【颜色控制】列表，更改其线型为 CENTER、颜色为红色，结果如图 12-66 所示。

㉒选择菜单【修改】|【拉长】命令，使用该命令中的“动态”增长功能，对各中心线的两端进行适当拉长，结果如图 12-67 所示。

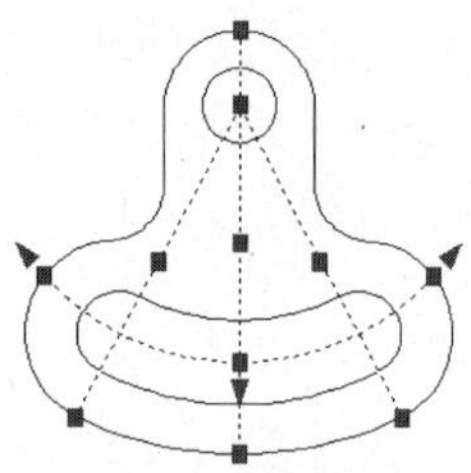

图 12-65　选择中心线

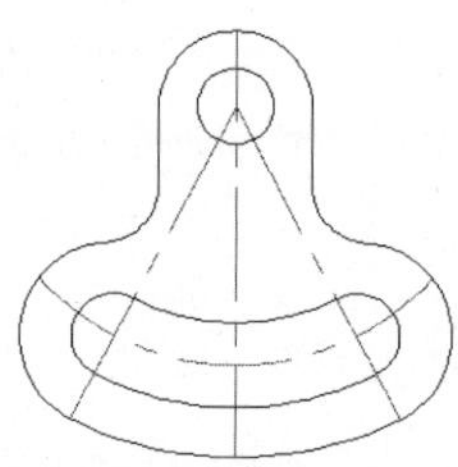

图 12-66　修改线型及颜色

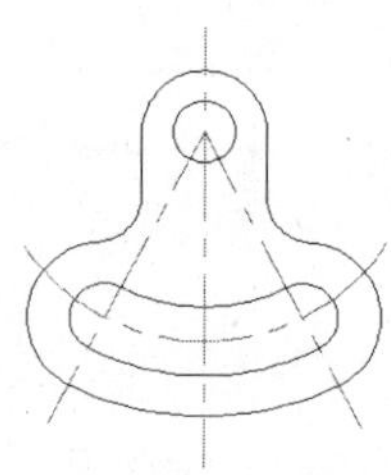

图 12-67　动态拉长中心线

㉓最后将图形存储为“实例 3.dwg”。

实例 4：绘制起重钩轮廓图

本例通过绘制如图 12-68 所示的零件轮廓图，主要对【矩形】、【圆】、【修剪】、夹点旋转等命令进行强化练习和综合运用。

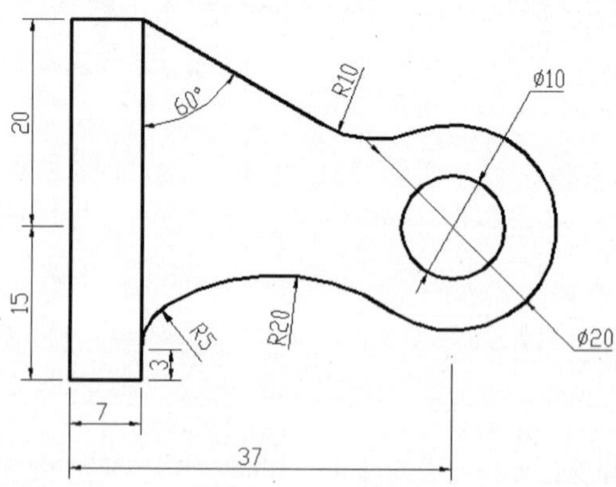

图 12-68　本例效果

绘图思路

- 新建空白文件。
- 使用“对角点”方式绘制左侧的矩形轮廓线。
- 使用夹点编辑工具旋转复制矩形的右侧边。
- 使用【圆】命令绘制定位圆。
- 最后使用【修剪】命令对图形进行编辑完善。

操作步骤

❶快速新建一个公制单位的空白文件。

❷选择菜单【绘图】|【矩形】命令，以点“150,150”作为矩形的左下角点，绘制长度为 7、宽度为 35 的矩形。

❸单击【修改】工具栏上的按钮，选择矩形进行分解。

❹在无任何命令执行的前提下选择矩形的右侧边，使其呈现夹点显示。

❺单击上部的夹点，然后在命令行“** 拉伸 ** 指定拉伸点或[基点(B)/复制(C)/放弃(U)/退出(X)]: ：”提示下右击，在弹出的夹点编辑快捷菜单中选择【旋转】命令。

❻在命令行“** 旋转 ** 指定旋转角度或 [基点(B)/复制(C)/放弃(U)/参照(R)/退出(X)]: ”提示下输入 C 并按 Enter 键。

❼在“** 旋转 (多重) ** 指定旋转角度或 [基点(B)/复制(C)/放弃(U)/参照(R)/退出(X)]: ”提示下输入 60 并按 Enter 键。

❽连续两次按 Enter 键，旋转复制的结果如图 12-69 所示。

❾激活【圆】命令，以点“187, 165”为圆心绘制两个直径为 10 和 20 的同心圆，结果如图 12-70 所示。

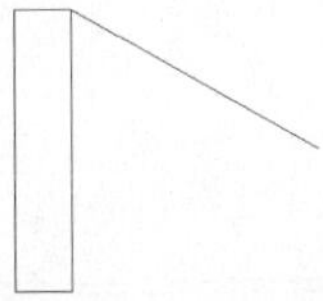

图 12-69　夹点编辑

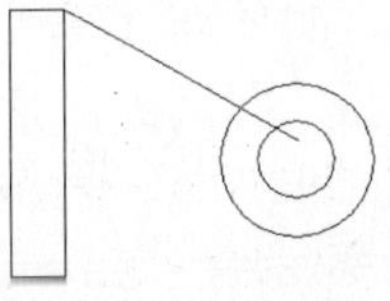

图 12-70　绘制圆

❿重复执行【圆】命令，以点“162,153”作为圆心，绘制半径为 5 的圆，绘制结果如图 12-71 所示。

⓫选择菜单【绘图】|【圆】|【相切、相切、半径】命令，绘制与直径为 20 和半径为 5 的两圆的相切圆，相切圆的半径为 20，绘制结果如图 12-72 所示。

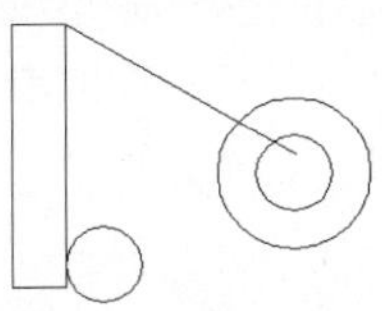

图 12-71　绘制圆

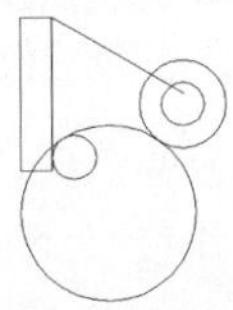

图 12-72　绘制相切圆

⓬重复执行【圆】命令，绘制与线段 K 和圆 O 都相切的圆，相切圆的半径为 10，绘

制结果如图 12-73 所示。

⑬单击【修改】工具栏上的【修剪】命令，以图 12-74 所示的虚线显示的图形作为修剪边界，对相切圆进行修剪，结果如图 12-75 所示。

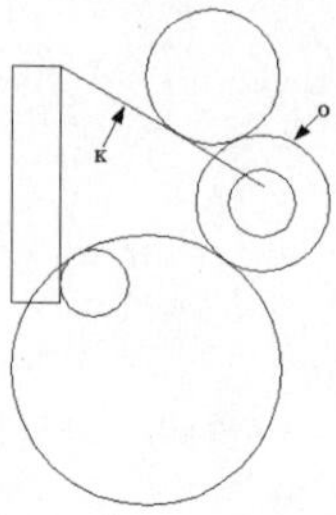

图 12-73　绘制相切圆

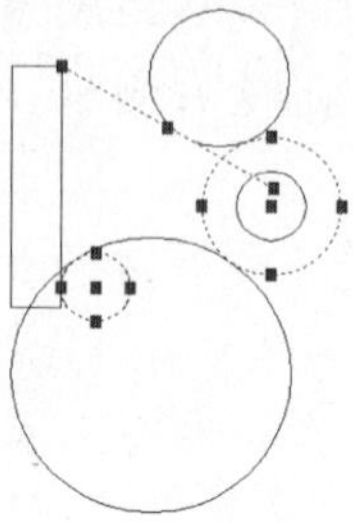

图 12-74　选择修剪边界

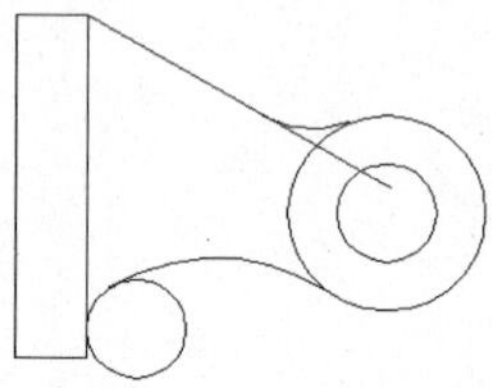

图 12-75　修剪结果

⑭重复执行【修剪】命令，以图 12-76 所示的线段和圆弧作为修剪边界，对与边界相交的线段和定位圆进行修剪，结果如图 12-77 所示。

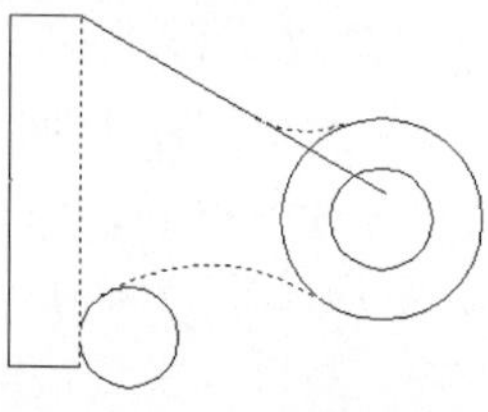

图 12-76　选择修剪边界

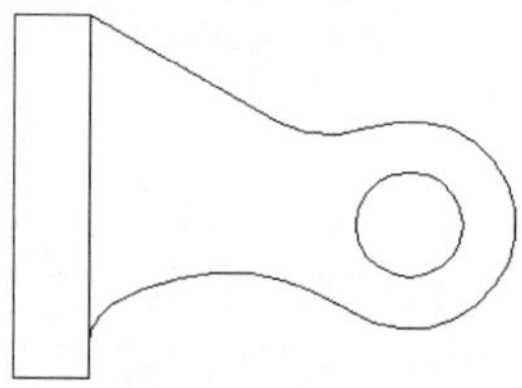

图 12-77　修剪结果

⑮最后将图形命名存储为“实例 4.dwg”。

实例 5：绘制瓦座零件二视图

本例通过绘制如图 12-78 所示的零件轮廓图，主要对【构造线】、【多段线】、【图案填充】、【偏移】、【修剪】等命令进行强化练习和综合运用。

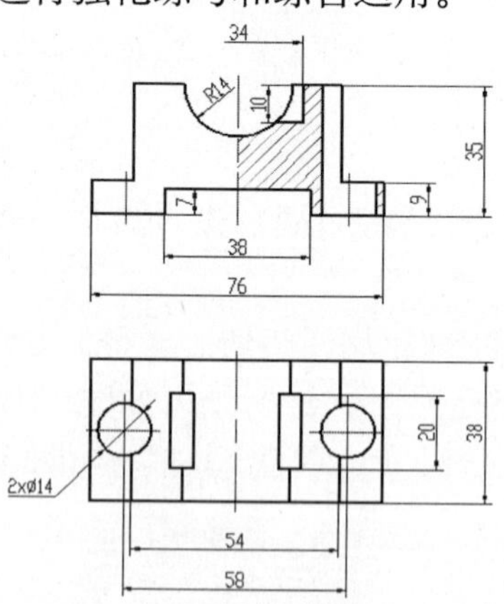

图 12-78　本例效果

绘图思路

- 以附增样板作为基础样板，新建文件。

- 使用【构造线】命令绘制二视图的定位辅助线。
- 使用【多段线】命令绘制主视图外部轮廓。
- 使用【偏移】、【多段线】和【圆】命令绘制俯视图轮廓。
- 根据二视图的对应关系对二视图进行完善。
- 最后综合【偏移】、【修剪】和【删除】命令创建中心线。

操作步骤

❶以随书光盘中的"样板文件\机械样板.dwt"作为基础样板，新建空白文件。

❷选择菜单【格式】|【图形界限】命令，重新设置图形界限为 150×150，并将其最大化显示在绘图区内。

❸将"点划线"设置为当前图层。使用快捷键"XL"激活【构造线】命令，绘制如图 12-79 所示的构造线作为定位辅助线。

图 12-79 绘制定位线

❹将"轮廓线"设置为当前图层。选择菜单【绘图】|【多段线】命令，以上侧的辅助线交点为起点，绘制主视图外轮廓。命令行操作如下：

```
命令: _pline
    指定起点:                                                            //捕捉上侧辅助线的交点
    当前线宽为 0.0
    指定下一个点或 [圆弧(A)/半宽(H)/长度(L)/放弃(U)/宽度(W)]:              //@19,0 Enter
    指定下一点或 [圆弧(A)/闭合(C)/半宽(H)/长度(L)/放弃(U)/宽度(W)]: //@0,-7 Enter
    指定下一点或 [圆弧(A)/闭合(C)/半宽(H)/长度(L)/放弃(U)/宽度(W)]: //@19,0 Enter
    指定下一点或 [圆弧(A)/闭合(C)/半宽(H)/长度(L)/放弃(U)/宽度(W)]: //@0,9 Enter
    指定下一点或 [圆弧(A)/闭合(C)/半宽(H)/长度(L)/放弃(U)/宽度(W)]: //@-11,0 Enter
    指定下一点或 [圆弧(A)/闭合(C)/半宽(H)/长度(L)/放弃(U)/宽度(W)]: //@0,26 Enter
    指定下一点或 [圆弧(A)/闭合(C)/半宽(H)/长度(L)/放弃(U)/宽度(W)]: //@-13,0 Enter
    指定下一点或 [圆弧(A)/闭合(C)/半宽(H)/长度(L)/放弃(U)/宽度(W)]: //a Enter
    指定圆弧的端点或[角度(A)/圆心(CE)/闭合(CL)/方向(D)/半宽(H)/直线(L)/半径(R)/第二
    个点(S)/放弃(U)/宽度(W)]:                                            //ce Enter
    指定圆弧的圆心:                                                      //@-14,0 Enter
    指定圆弧的端点或 [角度(A)/长度(L)]:                                   //a Enter
    指定包含角:                                                          //-180 Enter
    指定圆弧的端点或[角度(A)/圆心(CE)/闭合(CL)/方向(D)/半宽(H)/直线(L)/半径(R)/第二
    个点(S)/放弃(U)/宽度(W)]:                                            //l Enter，转入画线模式
    指定下一点或 [圆弧(A)/闭合(C)/半宽(H)/长度(L)/放弃(U)/宽度(W)]: //@-13,0 Enter
    指定下一点或 [圆弧(A)/闭合(C)/半宽(H)/长度(L)/放弃(U)/宽度(W)]: //@0,-26 Enter
    指定下一点或 [圆弧(A)/闭合(C)/半宽(H)/长度(L)/放弃(U)/宽度(W)]: //@-11,0 Enter
    指定下一点或 [圆弧(A)/闭合(C)/半宽(H)/长度(L)/放弃(U)/宽度(W)]: //@0,-9 Enter
    指定下一点或 [圆弧(A)/闭合(C)/半宽(H)/长度(L)/放弃(U)/宽度(W)]: //@19,0 Enter
```

指定下一点或 [圆弧(A)/闭合(C)/半宽(H)/长度(L)/放弃(U)/宽度(W)]:　//@0,7 Enter

指定下一点或 [圆弧(A)/闭合(C)/半宽(H)/长度(L)/放弃(U)/宽度(W)]:

//c Enter，绘制结果如图 12-80 所示

❺重复执行【多段线】命令，以圆弧的右端点作为偏移的基点，绘制内轮廓线。命令行操作如下：

命令: _pline

指定起点:　//激活【捕捉自】功能

_from 基点:　//捕捉圆弧右端点

<偏移>:　//@3,0 Enter

指定下一个点或 [圆弧(A)/半宽(H)/长度(L)/放弃(U)/宽度(W)]: //@0,-10 Enter

指定下一点或 [圆弧(A)/闭合(C)/半宽(H)/长度(L)/放弃(U)/宽度(W)]:

//配合【极轴追踪】功能捕捉轮廓线与圆弧的水平交点

指定下一点或 [圆弧(A)/闭合(C)/半宽(H)/长度(L)/放弃(U)/宽度(W)]:

// Enter，结束命令，绘制结果如图 12-81 所示

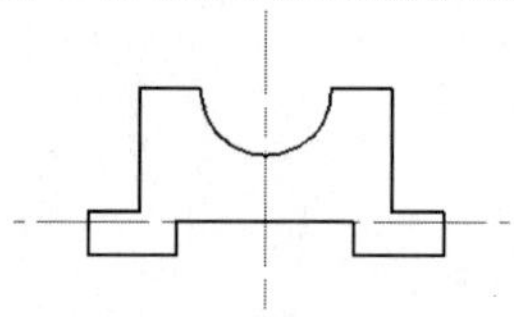

图 12-80　绘制主视图外轮廓

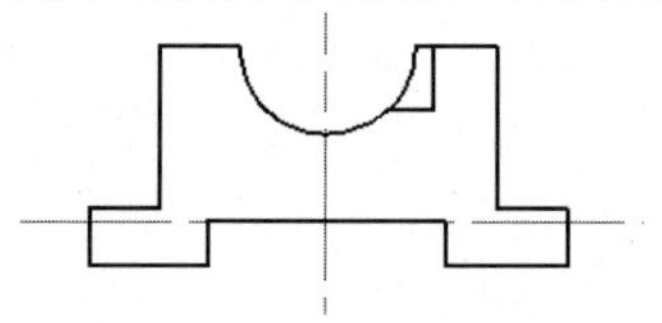

图 12-81　绘制内轮廓线

❻使用快捷键“O”激活【偏移】命令，将垂直构造线左右偏移 38 个绘图单位，将下侧的水平辅助线上下偏移 19 个绘图单位，结果如图 12-82 所示。

❼执行【多段线】命令，分别连接各构造线的交点，绘制俯视图的外部轮廓线，结果如图 12-83 所示。

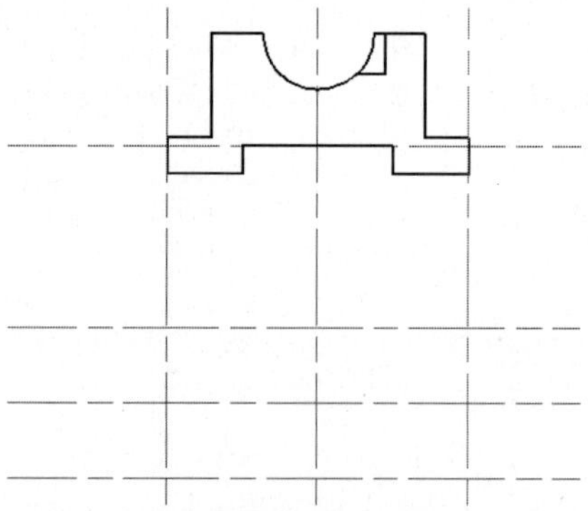

图 12-82　偏移结果

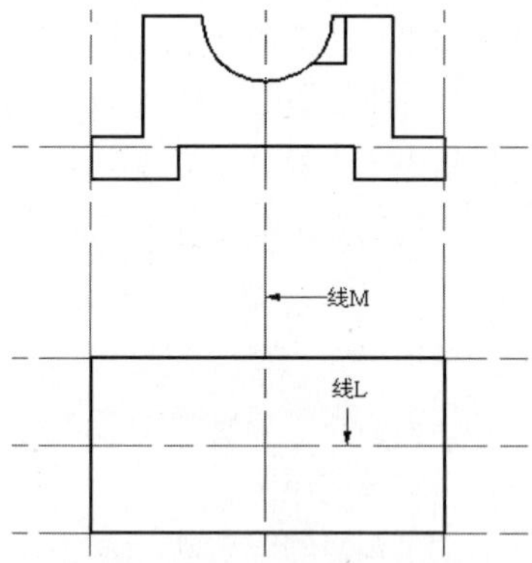

图 12-83　绘制外部轮廓

❽执行【偏移】命令，将构造线 M 左右偏移 29 个绘图单位，将构造线 L 上下偏移 10 个绘图单位，结果如图 12-84 所示。

❾分别以辅助线交点 1、2 为圆心，绘制两个直径为 14 的圆。

❿使用快捷键“XL”激活【构造线】命令，根据零件图的对应关系，分别通过各轮廓图上的特征点，绘制构造线作为二视图内部轮廓线的定位辅助线，结果如图 12-85 所示。

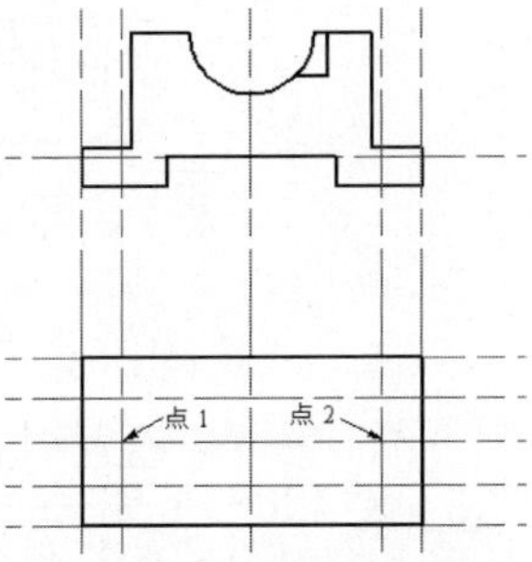

图 12-84 偏移构造线

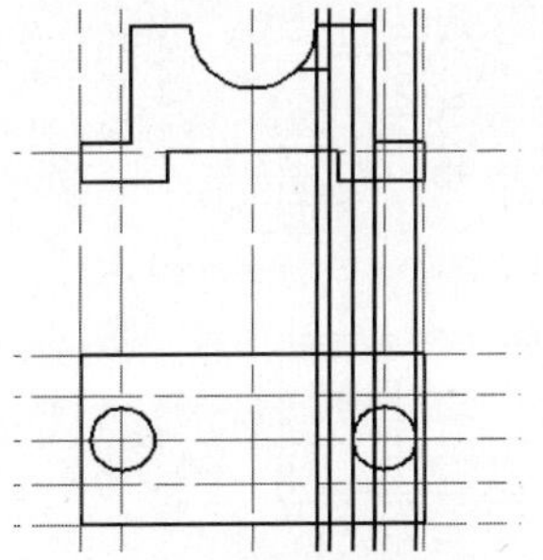

图 12-85 绘制定位线

⑪选择菜单【修改】|【修剪】命令，对各构造线进行修剪，并删除不需要的构造线，结果如图 12-86 所示。

⑫使用快捷键“MI”激活【镜像】命令，对俯视图内部的线型轮廓进行镜像，并修改对象的图层特性，结果如图 12-87 所示。

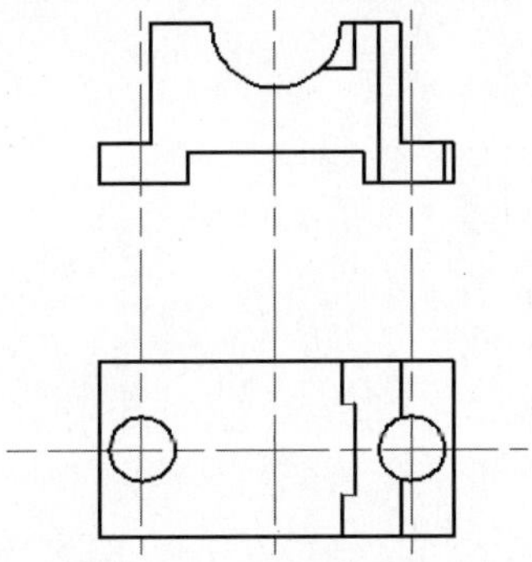

图 12-86 修剪结果

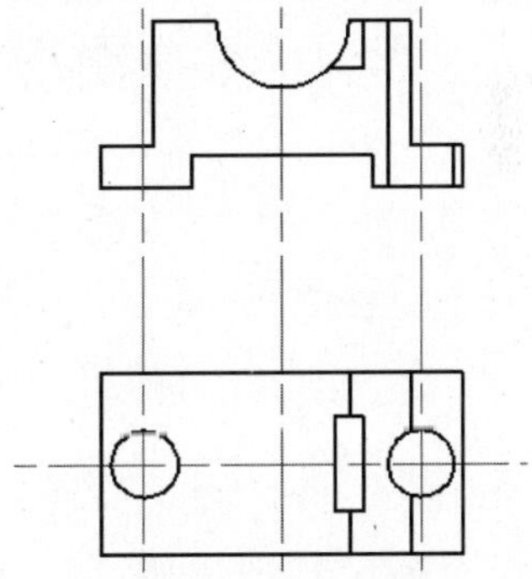

图 12-87 镜像操作

⑬重复执行【镜像】命令，以中间的一条垂直构造线作为镜像轴，对右侧的部分轮廓线进行镜像复制，结果如图 12-88 所示。

⑭将“剖面线”设置为当前图层。使用快捷键“H”激活【图案填充】命令，设置填充图案为 ANSI31，填充比例为 0.75，对主视图进行填充剖面线，如图 12-89 所示。

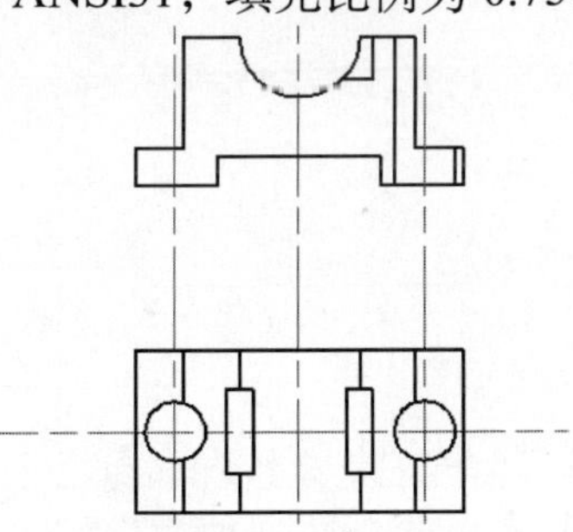

图 12-88 镜像结果

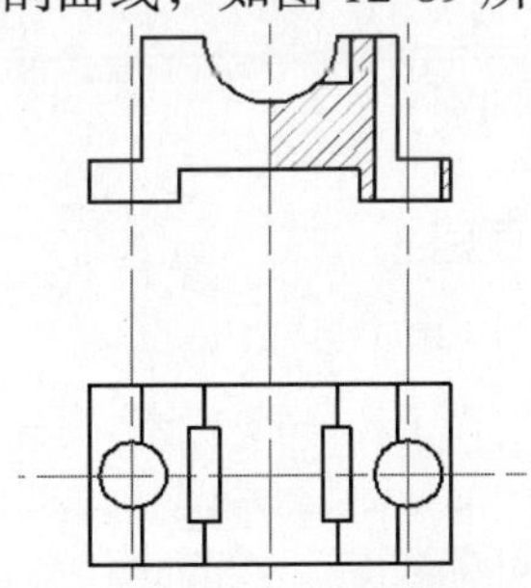

图 12-89 填充结果

⑮执行【偏移】命令，将中心线位置处的轮廓线分别向外偏移 2.5 个绘图单位，结果如图 12-90 所示。

⑯将修剪边的模式改为“延伸”，以偏移出的轮廓线作为剪切边，对各位置的构造线进行修剪，将其转化为图形的中心线，结果如图 12-91 所示。

⑰删除多余图线，并将中心线适当拉长，最终结果如图 12-92 所示。

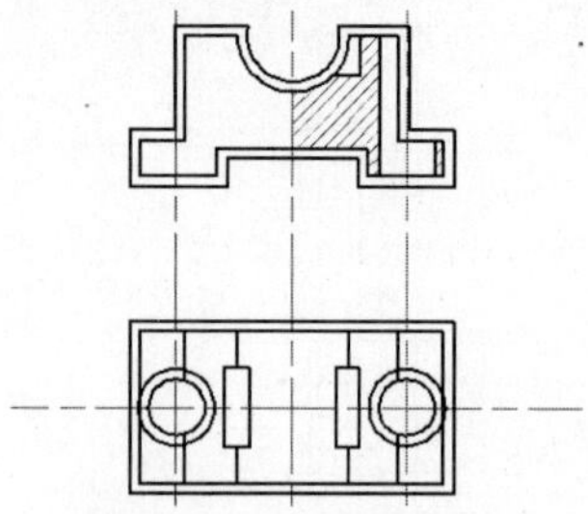

图 12-90　偏移结果

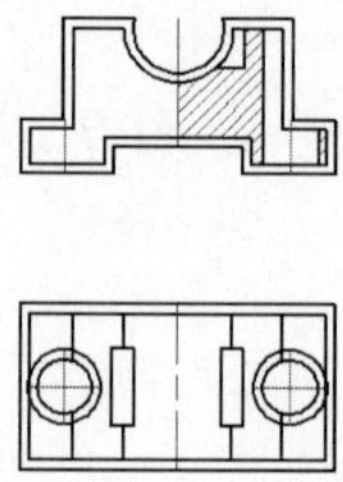

图 12-91　修剪结果

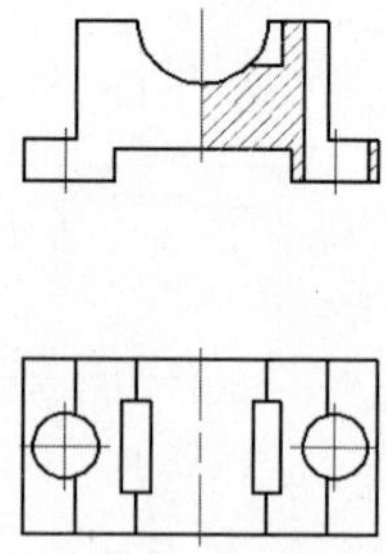

图 12-92　最终结果

⑱将图形存储为“实例 5.dwg”。

实例 6：绘制基板零件二视图

本例通过绘制如图 12-93 所示的零件轮廓图，主要对【构造线】、【圆】、【正多边形】、【修剪】等命令进行强化练习和综合运用。

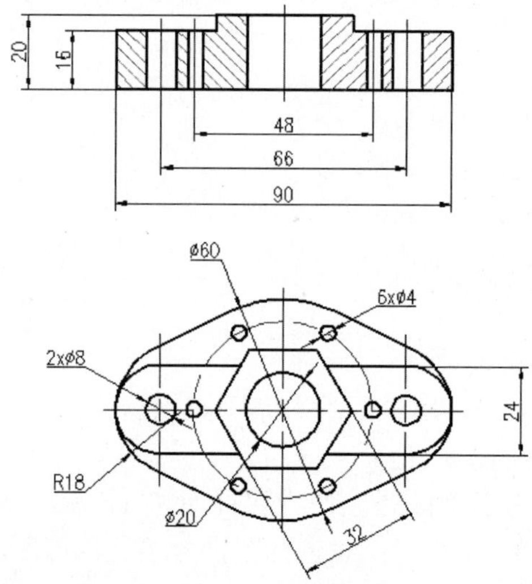

图 12-93　本例效果

绘图思路

- 样板图的调用与修改。
- 使用【构造线】命令绘制定位辅助线。
- 综合使用【圆】、【正多边形】、【阵列】、【修剪】等命令绘制俯视图。
- 综合使用【构造线】、【修剪】和【图案填充】命令绘制主视图。
- 最后使用【特性匹配】和【拉长】命令对二视图进行完善。

操作步骤

❶以随书光盘中的“绘图样板\机械样板.dwt”作为基础样板，新建文件。

❷选择命令【格式】|【图形界限】，设置绘图区域为 240 × 200，并将其最大化显示。

③设置“点划线”为当前图层，然后使用快捷键“XL”激活【构造线】命令，绘制如图 12-94 所示的构造线作为定位辅助线。

④将“轮廓线”设置为当前图层，并打开【线宽】功能。

⑤选择菜单【绘图】|【圆】|【圆心、直径】命令，以交点 A、B 为圆心，绘制直径为 8 和 24 的同心圆，结果如图 12-95 所示。

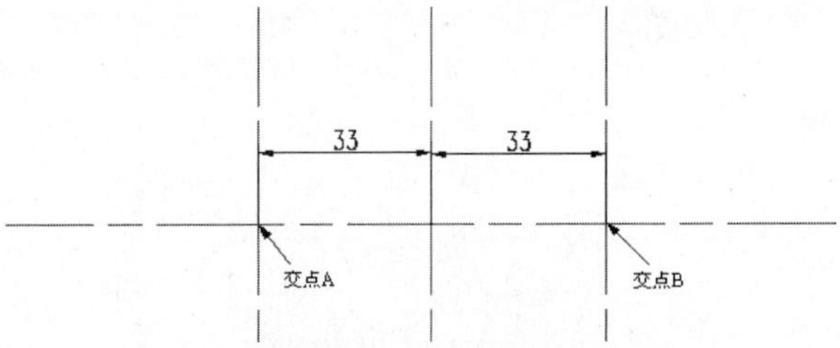

图 12-94 绘制构造线

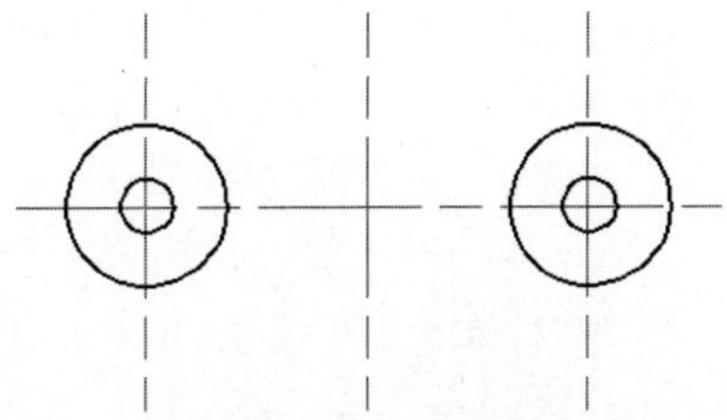

图 12-95 绘制圆

⑥使用快捷键“L”激活【直线】命令，分别连接两个大圆的象限点，绘制公切线，如图 12-96 所示。

⑦使用快捷键“C”激活【圆】命令，以交点 O 为圆心，绘制直径为 60、48 和 20 的同心圆，结果如图 12-97 所示。

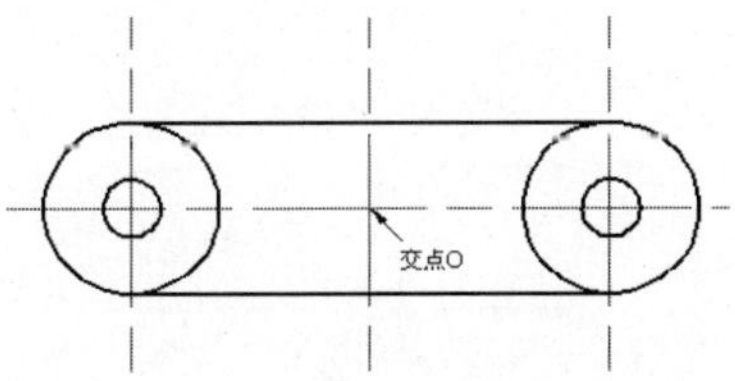

图 12-96 绘制公切线

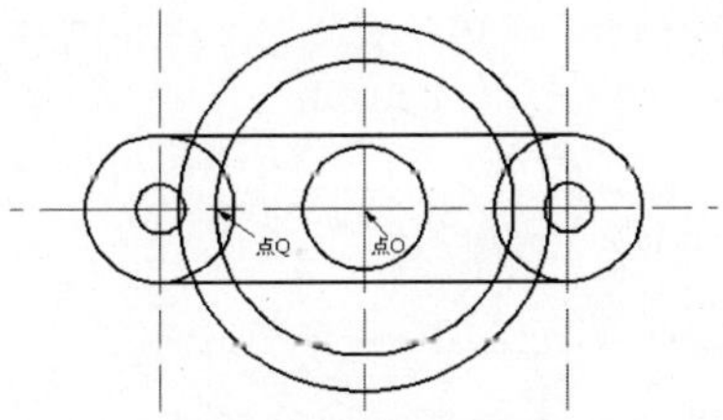

图 12-97 绘制同心圆

⑧重复执行【圆】命令，以交点 Q 作为圆心，绘制直径为 4 的小圆。

⑨选择菜单【修改】|【阵列】命令，以交点 O 作为阵列中心点，将刚绘制的小圆环形阵列 6 份，结果如图 12-98 所示。

⑩选择菜单【绘图】|【正多边形】命令，以交点 O 作为中心点，绘制正多边形。命令行操作如下：

命令: _polygon
输入边的数目 <4>: //6 Enter
指定正多边形的中心点或 [边(E)]: //捕捉交点 O 作为中心点
输入选项 [内接于圆(I)/外切于圆(C)] <I>: //c Enter
指定圆的半径: //16 Enter，绘制结果如图 12-99 所示

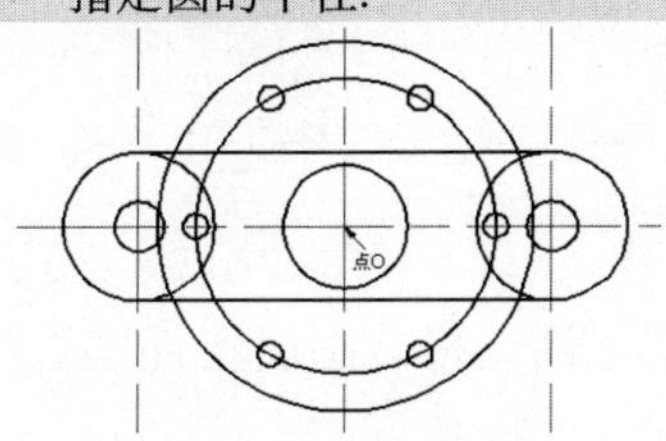

图 12-98 阵列结果

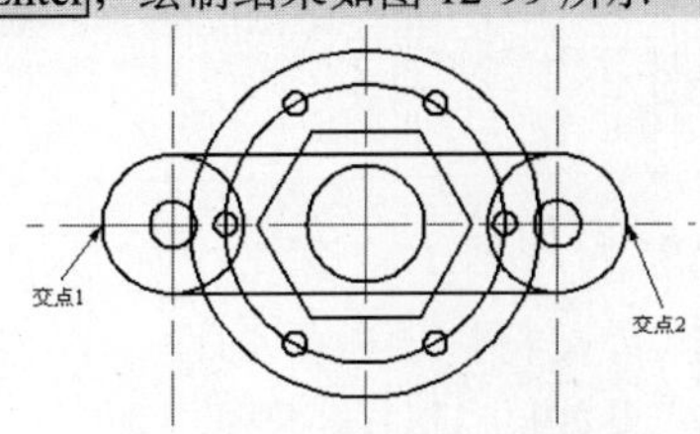

图 12-99 绘制正多边形

⑪以交点1和交点2为圆心，绘制半径为18的两个圆作为辅助圆，结果如图12-100所示。

⑫重复执行【圆】命令，以交点3和交点4为圆心，绘制两个半径为18的圆，如图12-101所示。

⑬使用快捷键"L"激活【直线】命令，配合切点捕捉功能绘制圆1、圆2和圆3的公切线，结果如图12-102所示。

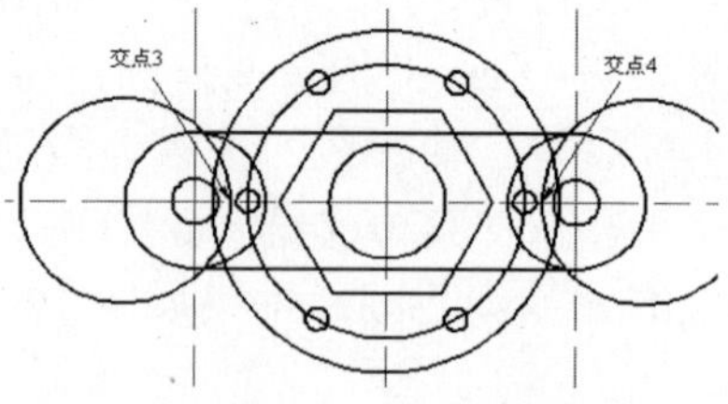

图12-100　绘制辅助圆

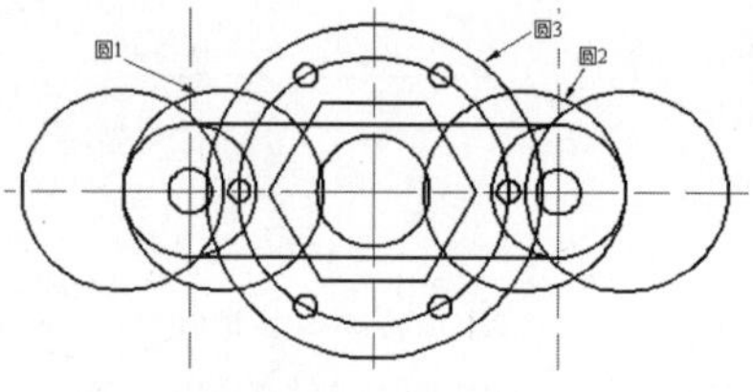

图12-101　绘制圆

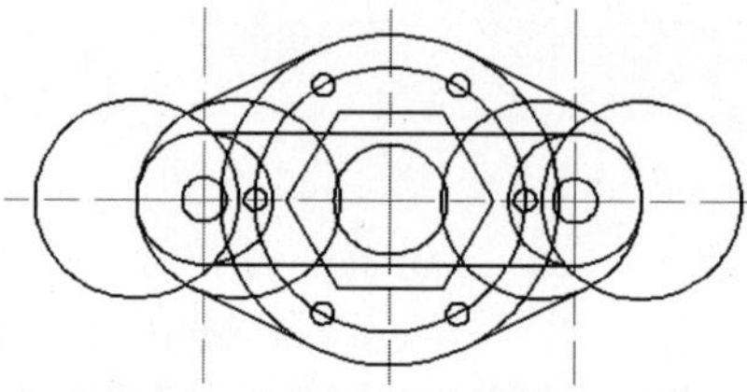
图12-102　绘制圆的外公切线

⑭执行【修剪】命令，修剪掉多余的线段及弧形轮廓，并删除所绘制的辅助圆，结果如图12-103所示。

⑮使用快捷键"MA"激活【特性匹配】命令，以辅助线作为源对象，将其图层特性匹配给圆O，结果如图12-104所示。

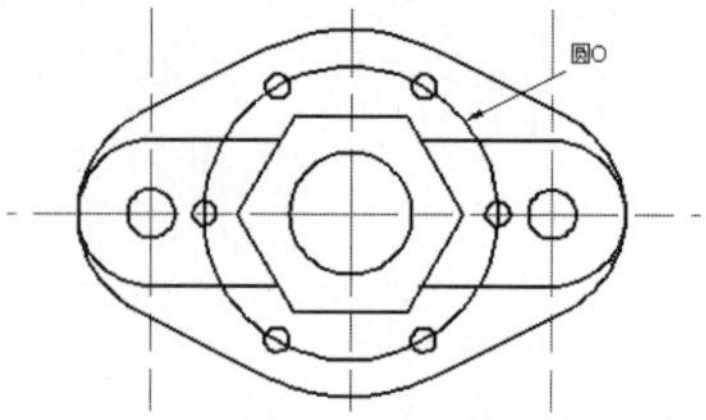

图12-103　修剪操作

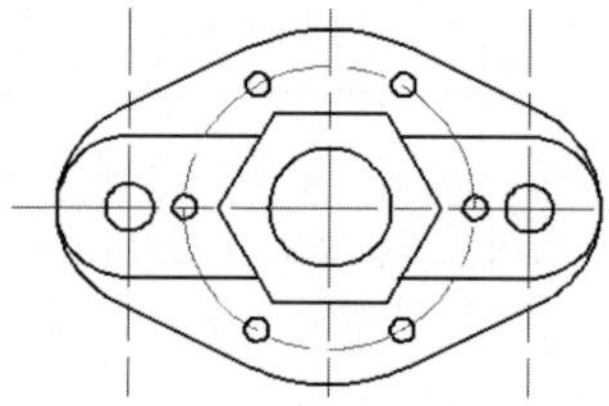
图12-104　特性匹配

⑯选择菜单【绘图】|【构造线】命令，分别通过俯视图中各定位圆及正多边特征点绘制如图12-105所示的垂直构造线作为辅助线。

⑰重复执行【构造线】命令，在俯视图的上侧绘制3条水平构造线，如图12-106所示。

⑱使用快捷键"TR"激活【修剪】命令，对各构造线进行修剪，编辑出基板俯视图轮廓，结果如图12-107所示。

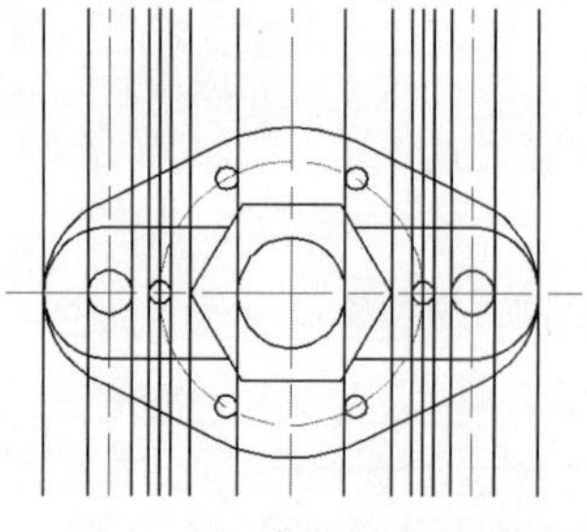
图12-105　绘制垂直构造线

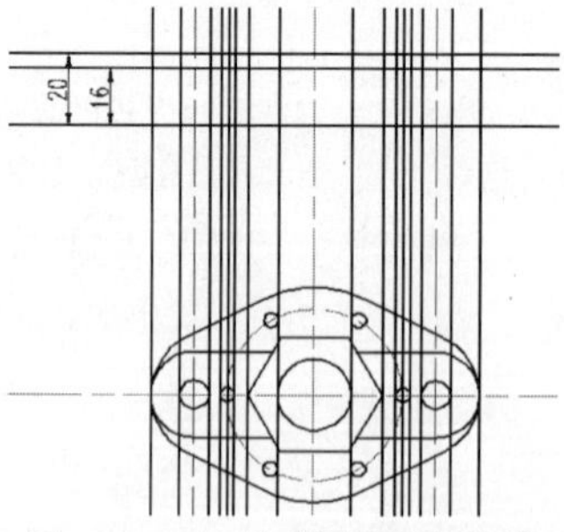

图12-106　绘制水平构造线

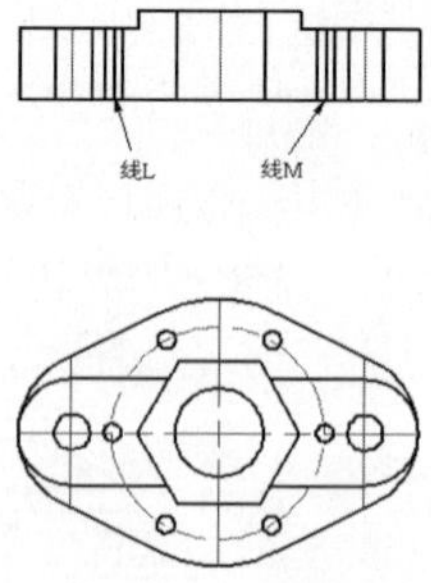

图12-107　修剪操作

⑲执行【特性匹配】命令，以修剪后的辅助线为源对象，将其图层特性匹配给线段L和M，结果如图12-108所示。

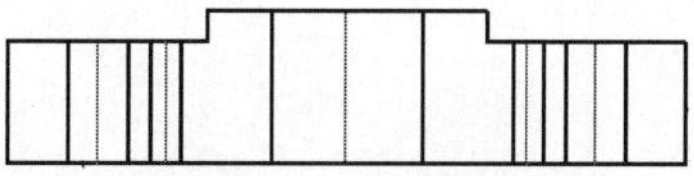

图 12-108 特性匹配

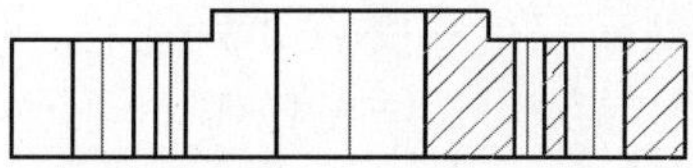

图 12-109 填充结果

⑳使用快捷键“H”激活【图案填充】命令，设置填充图案为 ANSI31，填充比例为 0.75，对主视图填充剖面线，结果如图 12-109 所示。

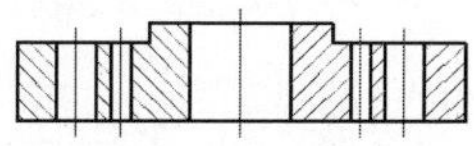

㉑重复执行【图案填充】命令，将填充角度设置为 90，继续对主视图填充图案。

㉒执行【拉长】命令，将各位置的中心线向两端拉长 3 个绘图单位，最终结果如图 12-110 所示。

㉓最后将图形存储为“实例 6.dwg”。

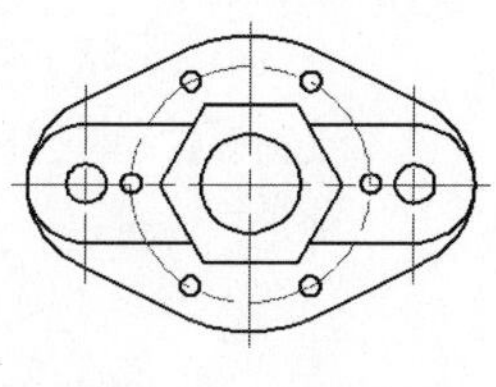

图 12-110 最终效果

实例 7：制作零件造型消隐图

本例通过制作如图 12-111 所示的零件立体模型，主要对【删除】、【延伸】、【边界】、【拉伸】、【三维旋转】等命令进行强化练习和综合运用。

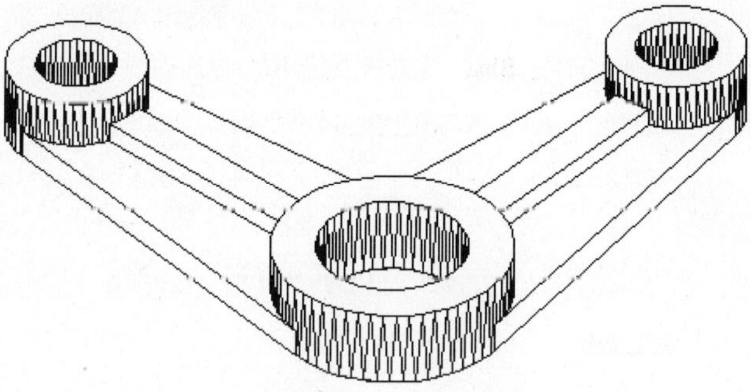

图 12-111 本例效果

绘图思路

- 调用素材文件。
- 使用【边界】和【拉伸】命令创建立体结构。
- 使用【复制】和【三维旋转】命令完善立体结构。
- 使用【消隐】命令对模型进行着色显示。
- 最后将图形命名存盘。

操作步骤

❶打开随书光盘中的“素材文件\12-7.dwg”，如图 12-112 所示。

❷使用快捷键“E”激活【删除】命令，删除多余图线及中心线，并将当前视图切换到东南等轴测视图，结果如图 12-113 所示。

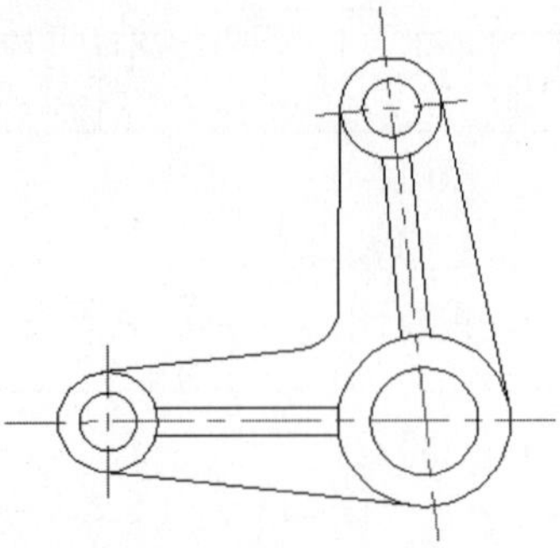

图 12-112　打开结果

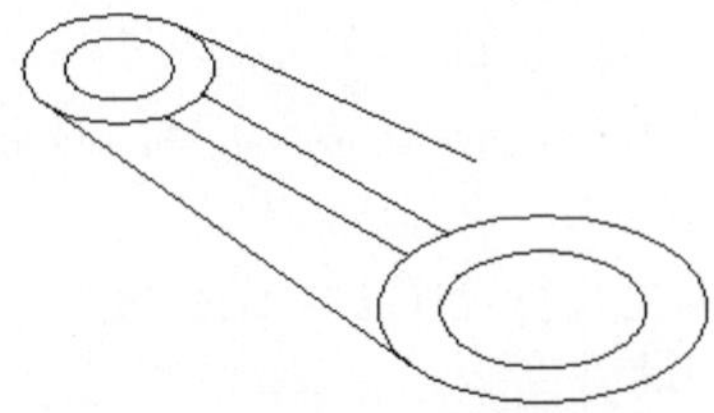

图 12-113　删除结果

❸选择菜单【修改】|【延伸】命令，对删除后的轮廓线进行延伸。命令行操作如下：

```
命令: _extend
    当前设置:投影=UCS，边=无
    选择边界的边...
    选择对象或 <全部选择>:            //选择如图 12-114 所示的圆作为边界
    选择对象:                         // Enter，结束选择
    选择要延伸的对象，或按住 Shift 键选择要修剪的对象，或[栏选(F)/窗交(C)/投影(P)/边(E)/放弃(U)]:
                                      //在如图 12-115 所示的位置单击左键
    选择要延伸的对象，或按住 Shift 键选择要修剪的对象，或 [栏选(F)/窗交(C)/投影(P)/边(E)/放弃(U)] :
                                      // Enter，延伸结果如图 12-116 所示
```

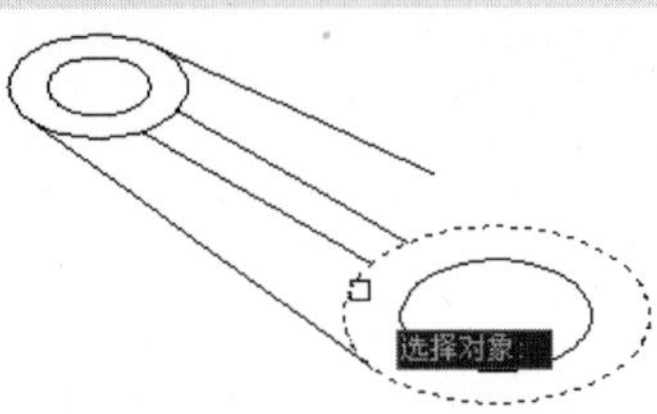

图 12-114　选择延伸边界

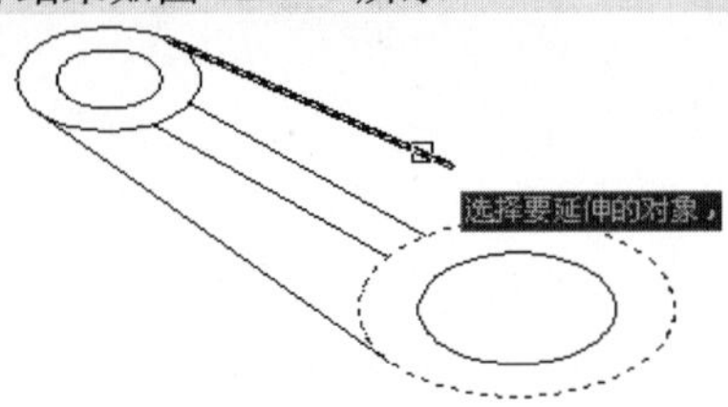

图 12-115　选择延伸对象

❹选择菜单【绘图】|【边界】命令，在如图 12-117 所示的位置拾取 2、3、4 点，创建 3 个面域。

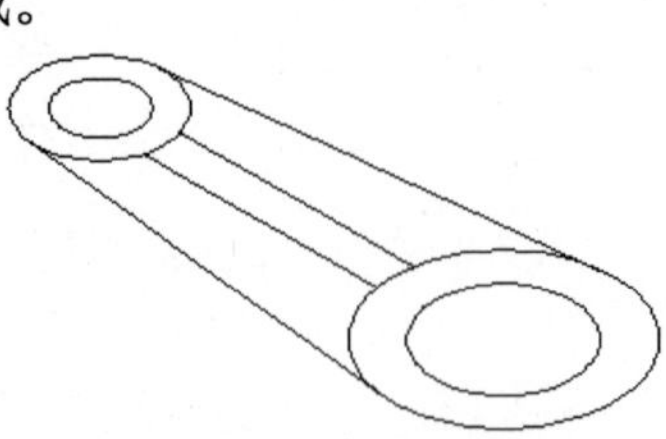

图 12-116　延伸结果

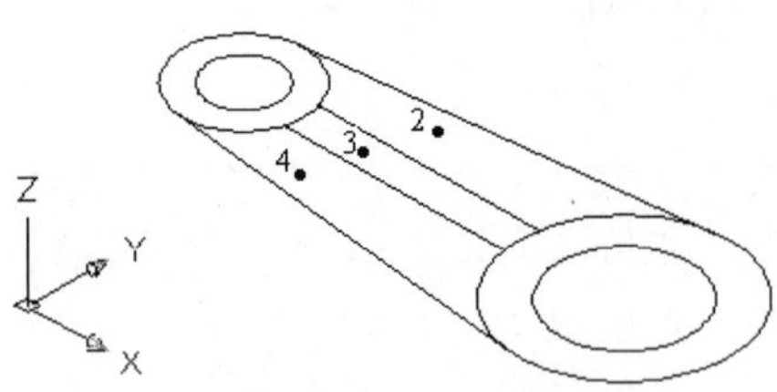

图 12-117　拾取内部点

❺选择菜单【绘图】|【实体】|【拉伸】命令，或使用快捷键"EXT"激活【拉伸】命令，将圆和刚创建的面域拉伸为三维实体。命令行操作如下：

```
命令: ext                                // extrude Enter，激活【拉伸】命令
    当前线框密度:  ISOLINES=4
    选择要拉伸的对象:                    //选择如图 12-118 所示的面域
    选择要拉伸的对象:                    // Enter，结束选择
```

指定拉伸的高度或 [方向(D)/路径(P)/倾斜角(T)]: //5Enter，拉伸结果如图 12-119 所示
命令: _extrude // Enter，重复执行【拉伸】命令
当前线框密度: ISOLINES=4
选择要拉伸的对象: //选择如图 12-120 所示的面域
选择要拉伸的对象: //选择如图 12-121 所示的面域
选择要拉伸的对象: // Enter，结束对象的选择
指定拉伸的高度或 [方向(D)/路径(P)/倾斜角(T)]: //3 Enter，结果如图 12-122 所示
命令: _extrude //Enter，重复执行【拉伸】命令
当前线框密度: ISOLINES=4
选择要拉伸的对象: //选择如图 12-123 所示的圆图形
选择要拉伸的对象: // Enter，结束对象的选择
指定拉伸的高度或 [方向(D)/路径(P)/倾斜角(T)]:
//8 Enter，拉伸结果如图 12-124 所示

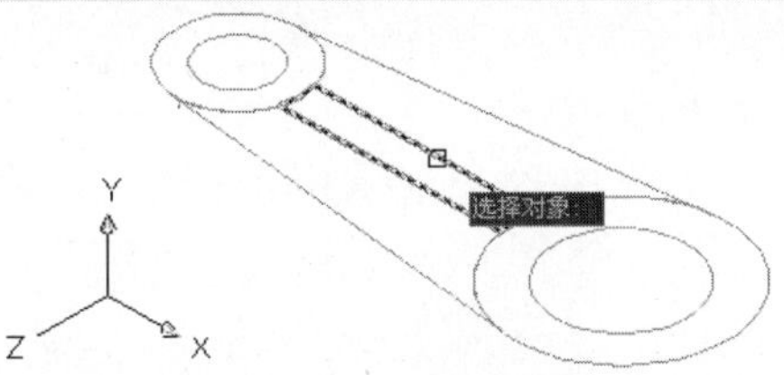

图 12-118 选择结果

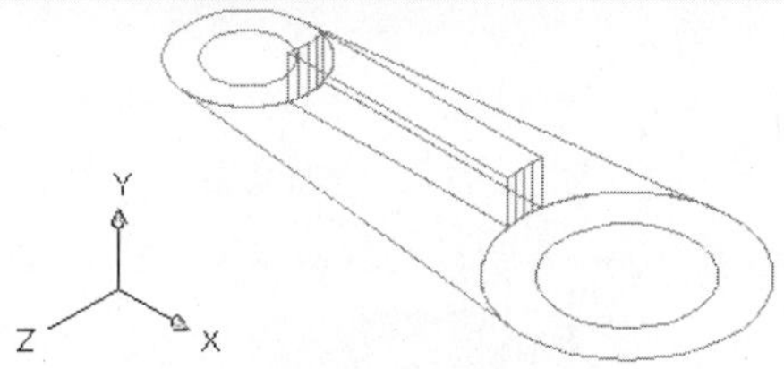

图 12-119 拉伸结果

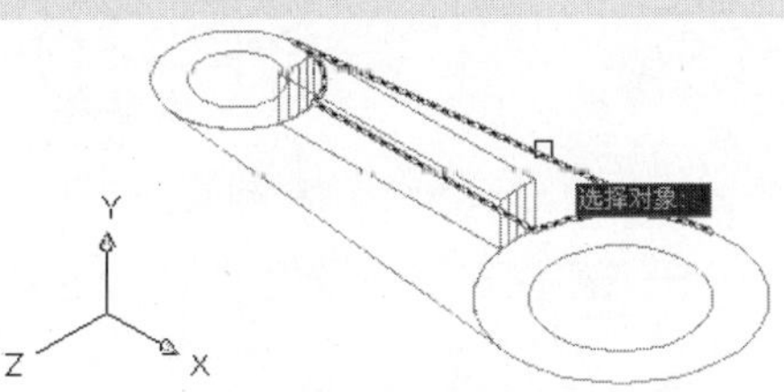

图 12-120 选择对象

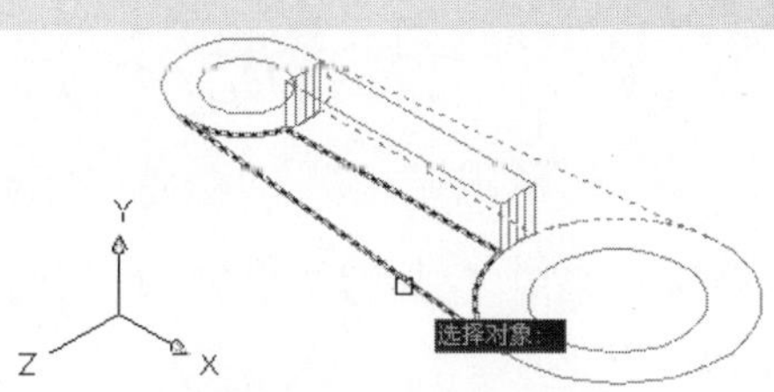

图 12-121 选择对象

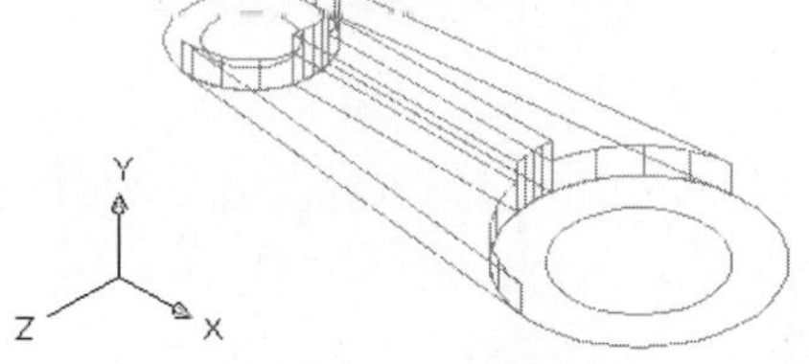

图 12-122 拉伸结果

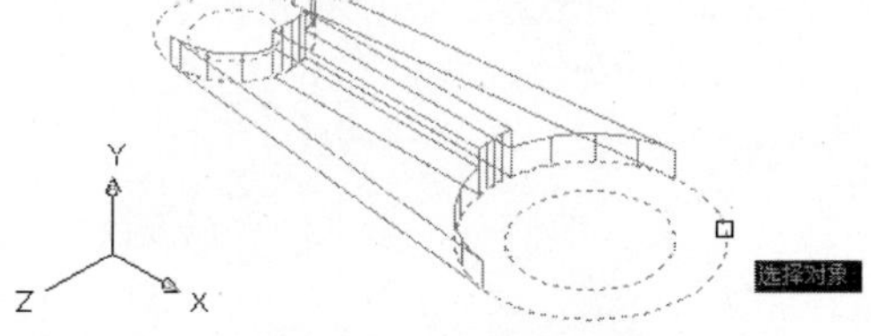

图 12-123 选择对象

❻使用快捷键“SU”激活【差集】命令，将刚创建的拉伸实体进行差集运算。命令行操作如下：

命令: su // subtract Enter，激活【差集】命令
选择要从中减去的实体或面域...
选择对象: //选择如图 12-125 所示的圆图形
选择对象: // Enter，结束对象的选择
选择要减去的实体或面域...

选择对象: //选择如图 12-126 所示的圆图形
选择对象: // Enter，结束命令
命令: su // Enter，重复执行命令
选择要从中减去的实体或面域...
选择对象: //选择如图 12-127 所示的圆图形
选择对象: // Enter，结束对象的选择
选择要减去的实体或面域...
选择对象: //选择如图 12-128 所示的圆图形
选择对象: // Enter，结束命令

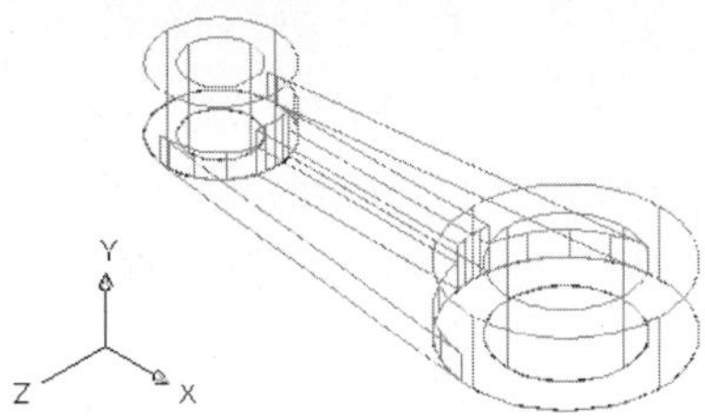

图 12-124　拉伸结果

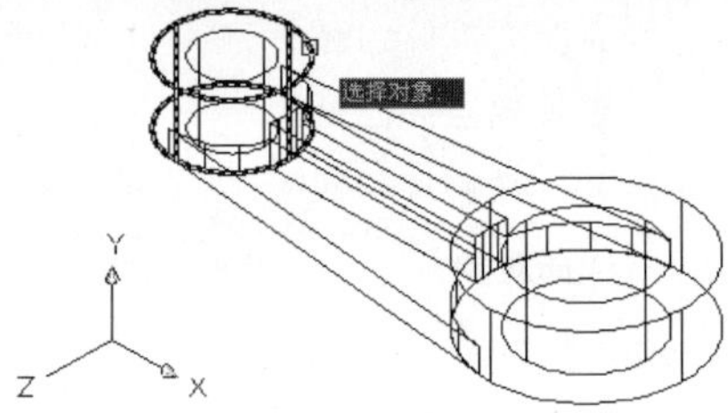

图 12-125　选择圆柱体

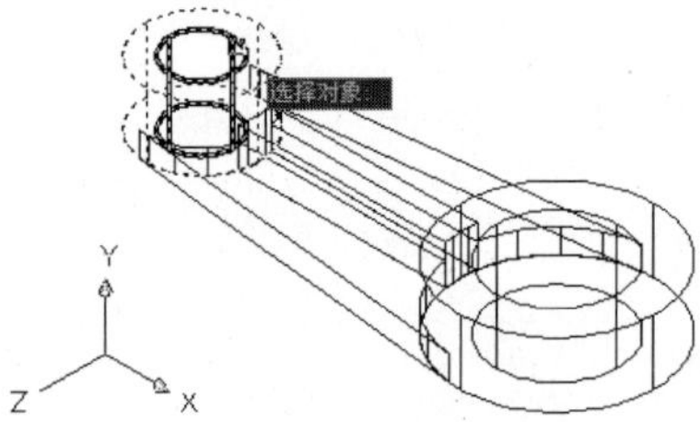

图 12-126　选择对象

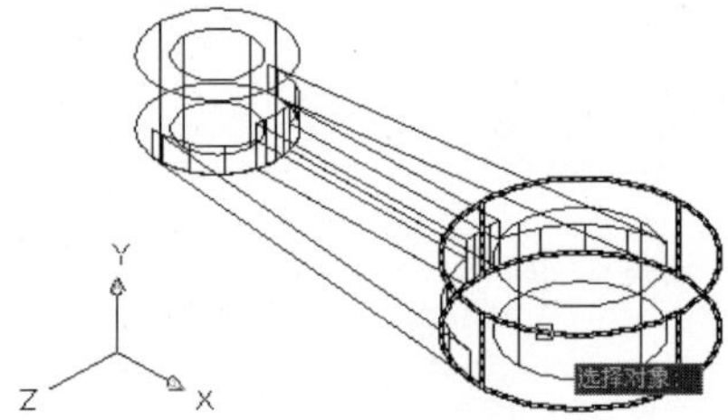

图 12-127　选择对象

❼选择菜单【视图】|【着色】|【消隐】命令，将当前着色方式设置为消隐着色，结果如图 12-129 所示。

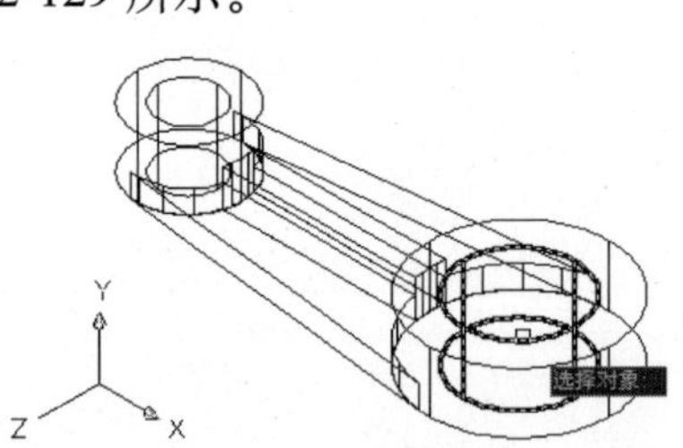

图 12-128　选择对象

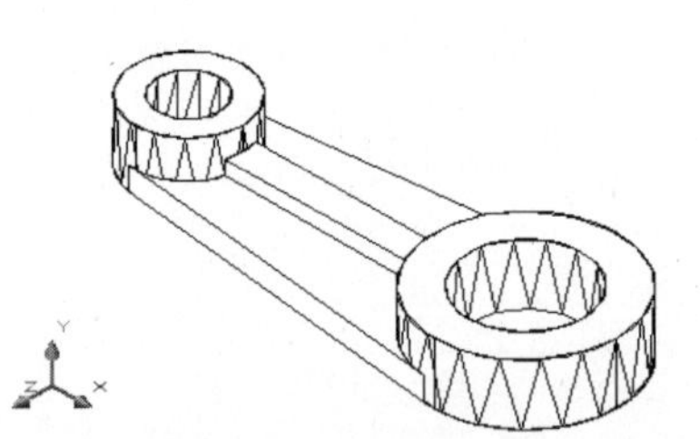

图 12-129　消隐着色

❽选择菜单【修改】|【复制】命令，选择部分实体进行复制。命令行操作如下：

命令: _copy
选择对象: //拉出如图 12-130 所示的窗交选择框
选择对象: // Enter，选择结果如图 12-131 所示
指定基点或 [位移(D)] <位移>: //0,0,0 Enter
指定第二个点或 <使用第一个点作为位移>: //0,0,0 Enter
指定第二个点或 [退出(E)/放弃(U)] <退出>: // Enter，将对象原位置复制

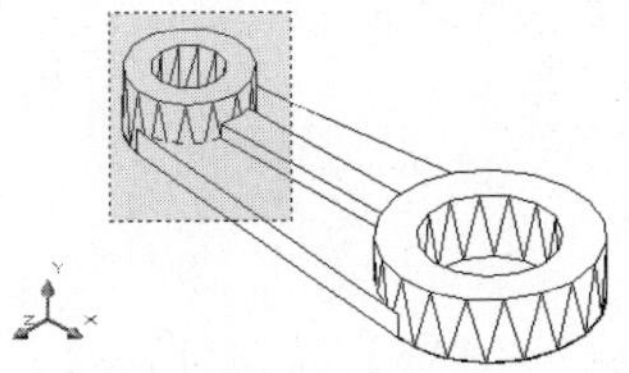

图 12-130　窗交选择框

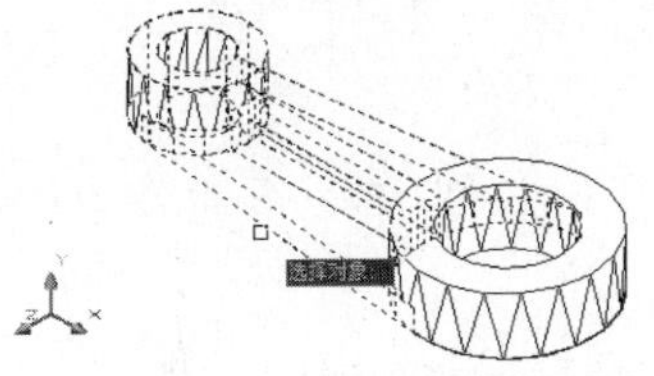

图 12-131　选择结果

❾在命令行中输入“Rotate3d”激活【三维旋转】命令，将复制后的实体模型进行旋转。命令行操作如下：

命令: _rotate3d
当前正向角度:　ANGDIR=逆时针　ANGBASE=0
选择对象:　　　　　　　　　　　　//选择如图 12-132 所示的圆图形
选择对象:　　　　　　　　　　　　//选择如图 12-133 所示的圆图形
选择对象:　　　　　　　　　　　　//选择如图 12-134 所示的圆图形
选择对象:　　　　　　　　　　　　//选择如图 12-135 所示的圆图形
选择对象:　　　　　　　　　　　　//Enter，结束对象的选择
指定轴上的第一个点或定义轴依据　[对象(O)/最近的(L)/视图(V)/X 轴(X)/Y 轴(Y)/Z 轴(Z)/两点(2)]:　　　　　　　　　　　　//Y Enter，激活【Y 轴】选项
指定 Y 轴上的点 <0,0,0>:　　　　　　//捕捉如图 12-136 所示的圆心
指定旋转角度或 [参照(R)]:　　　　　//-84 Enter，旋转结果如图 12-137 所示

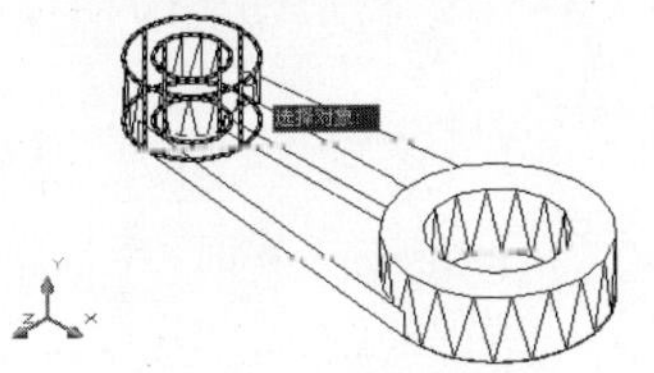

图 12-132　选择对象

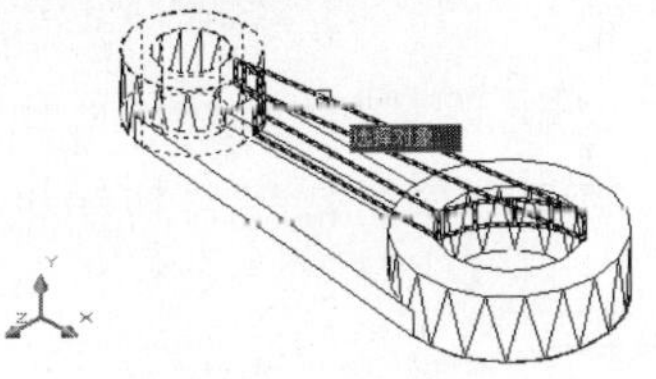

图 12-133　选择对象

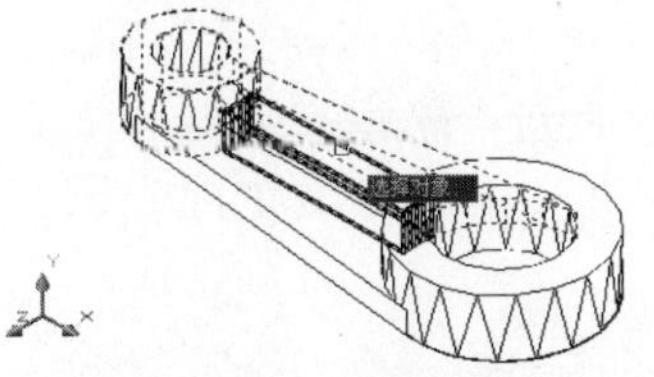

图 12-134　选择对象

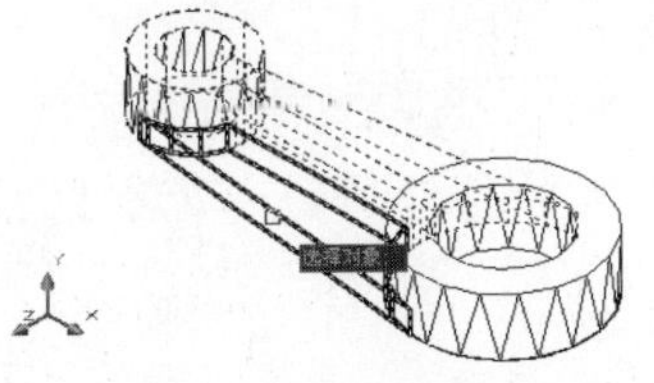

图 12-135　选择对象

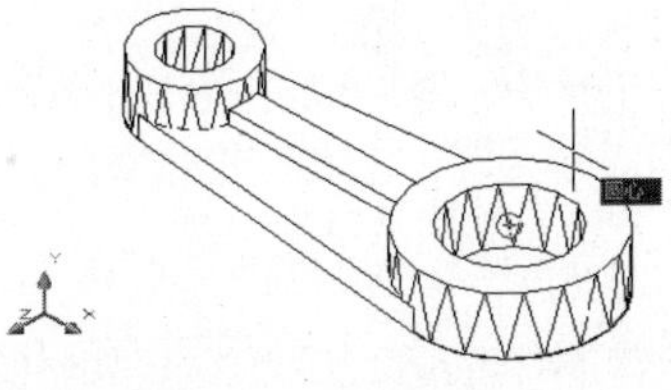

图 12-136　捕捉圆心

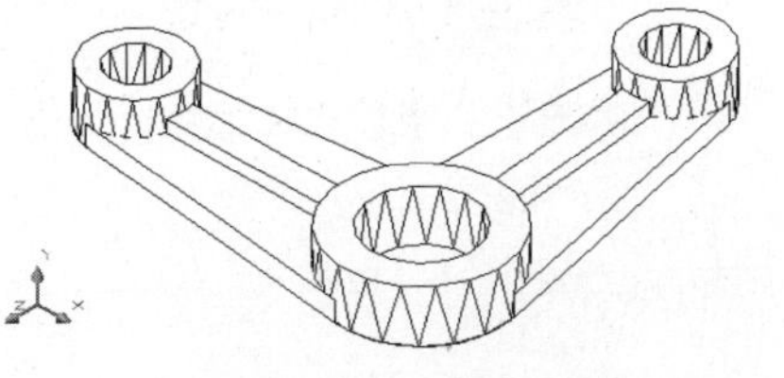

图 12-137　旋转结果

❿修改变量 FACETRES 的值为 10。

⓫使用快捷键“HI”激活【消隐】命令，最终效果如图 12-111 所示。

⑫最后单击【另存为】命令，将图形另名存储为“实例 7.dwg”。

实例 8：制作管体零件消隐图

本例通过制作如图 12-138 所示的零件立体模型，主要对【圆】、【拉伸】、【三维阵列】、【差集】、【消隐】等命令进行强化练习和综合运用。

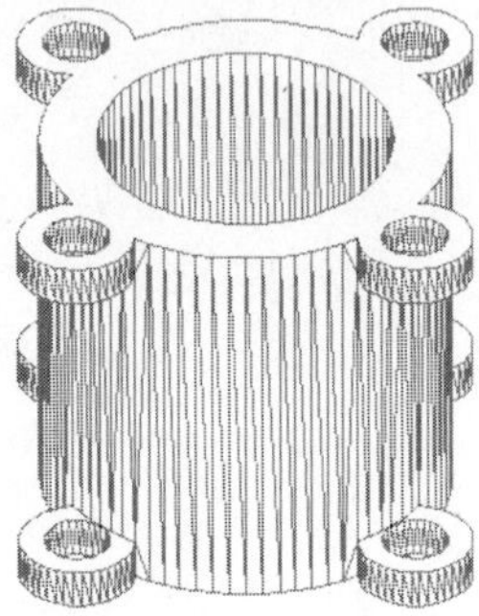

图 12-138　本例效果

绘图思路

- 新建空白文件，并设置捕捉模式。
- 使用【圆】命令绘制平面图。
- 使用【拉伸】命令创建三维实体。
- 使用【三维阵列】功能创建周围部件。
- 使用【差集】命令创建中间的孔洞。
- 使用【消隐】命令对模型进行着色显示。

操作步骤

❶新建空白文件。

❷启用【对象捕捉】功能，并设置捕捉模式为圆心捕捉、象限点捕捉和插入点捕捉。

❸使用快捷键“C”激活【圆】命令，配合圆心捕捉功能绘制两个同心圆。命令行操作如下：

```
命令: c                                          // circle Enter，激活【圆】命令
    指定圆的圆心或 [三点(3P)/两点(2P)/切点、切点、半径(T)]:
                                                 //在绘图区拾取一点作为圆心
    指定圆的半径或 [直径(D)]:                      //18 Enter
    命令: c                                      // Enter，重复执行命令
    指定圆的圆心或 [三点(3P)/两点(2P)/切点、切点、半径(T)]:
                                                 //捕捉刚绘制的圆的圆心
    指定圆的半径或 [直径(D)] <18.0>:               //25 Enter，绘制结果如图 12-139 所示
```

❹重复执行【圆】命令，配合象限点捕捉功能绘制周围的同心圆。命令行操作如下：

```
命令: circle
    指定圆的圆心或 [三点(3P)/两点(2P)/切点、切点、半径(T)]:   //2p Enter
    指定圆直径的第一个端点:                    //捕捉如图 12-140 所示的象限点
    指定圆直径的第二个端点:                    //@0,8 Enter
    命令: circle                               // Enter，重复执行【圆】命令
    指定圆的圆心或 [三点(3P)/两点(2P)/切点、切点、半径(T)]:
                                               //捕捉如图 12-141 所示的圆心
    指定圆的半径或 [直径(D)] <4.0>:            //7 Enter，绘制结果如图 12-142 所示
```

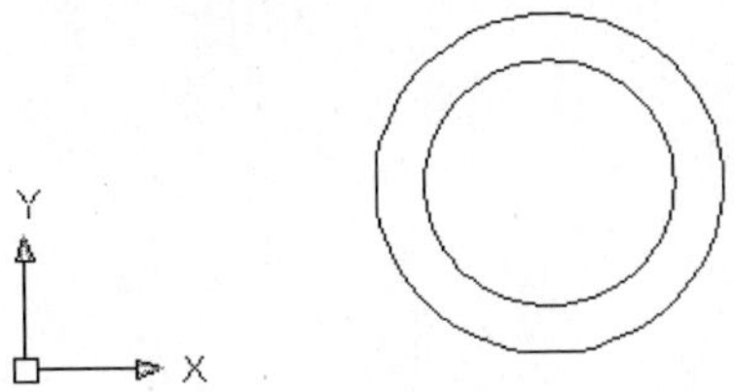

图 12-139　绘制同心圆

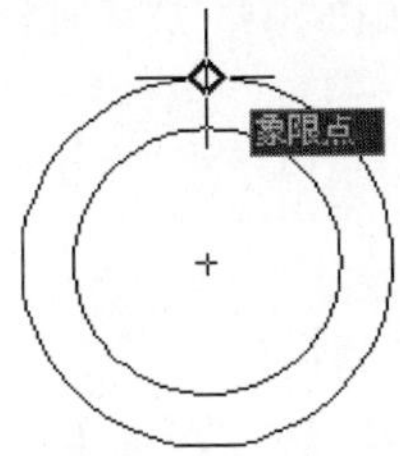

图 12-140　捕捉象限点

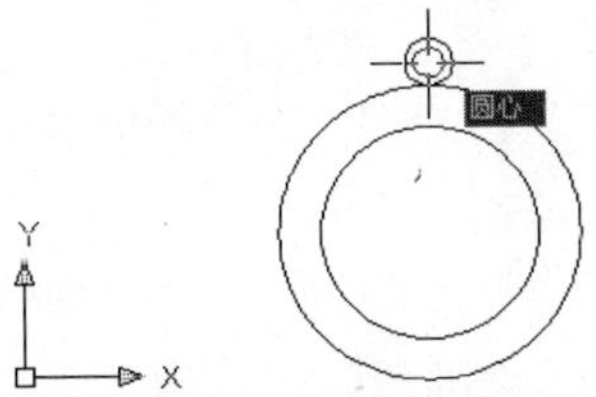

图 12-141　绘制同心圆

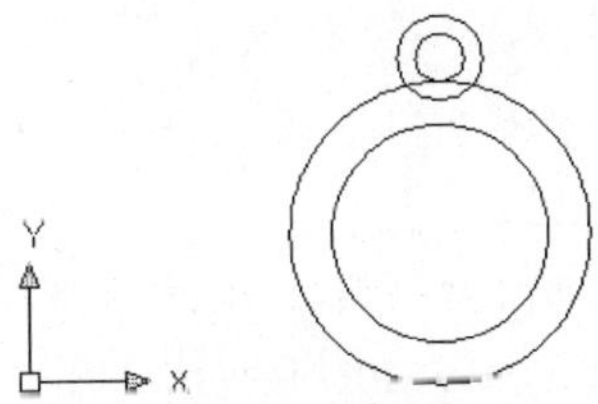

图 12-142　捕捉象限点

❺使用系统变量 ISOLINES 设置实体线框密度为 25，并将当前视图切换为西北视图，结果如图 12-143 所示。

❻选择菜单【绘图】|【实体】|【拉伸】命令，或使用快捷键“EXT”激活【拉伸】命令，将两组同心圆拉伸为实体模型。命令行操作如下：

```
命令: _extrude
    当前线框密度:  ISOLINES=25
    选择要拉伸的对象:                          //选择如图 12-144 所示的圆图形
    选择要拉伸的对象:                          //选择如图 12-145 所示的圆图形
    选择要拉伸的对象:                          // Enter，结束选择
    指定拉伸的高度或 [方向(D)/路径(P)/倾斜角(T)]   //50 Enter
    指定拉伸的倾斜角度 <0>:                    // Enter，拉伸结果如图 12-146 所示
    命令: ex                                   // extrude Enter，重复执行拉伸命令
    当前线框密度:  ISOLINES=25
    选择要拉伸的对象:                          //选择如图 12-147 所示的圆图形
    选择要拉伸的对象:                          //选择如图 12-148 所示的圆图形
    选择要拉伸的对象:                          // Enter，结束选择
    指定拉伸的高度或 [方向(D)/路径(P)/倾斜角(T)]   //5 Enter，拉伸结果如图 12-149 所示
```

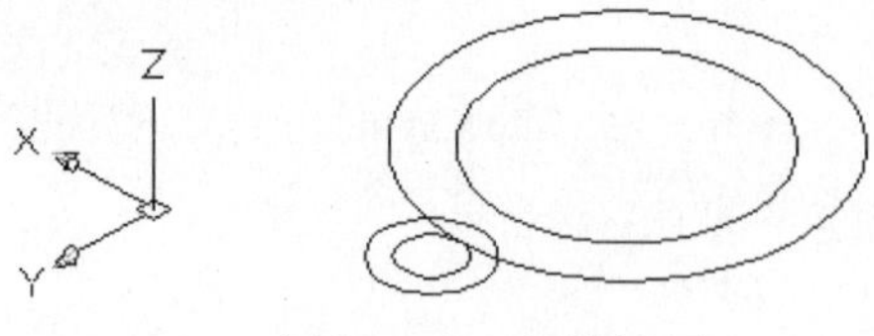

图 12-143　切换视图

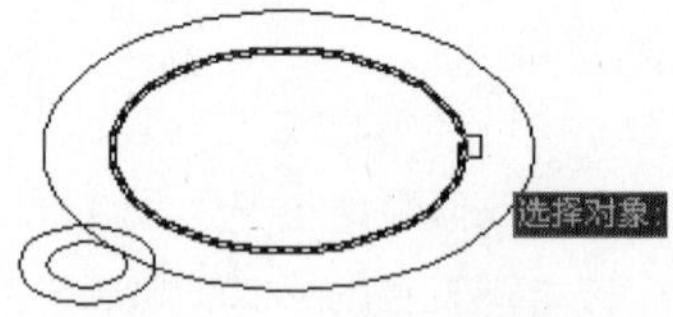

图 12-144　选择拉伸对象

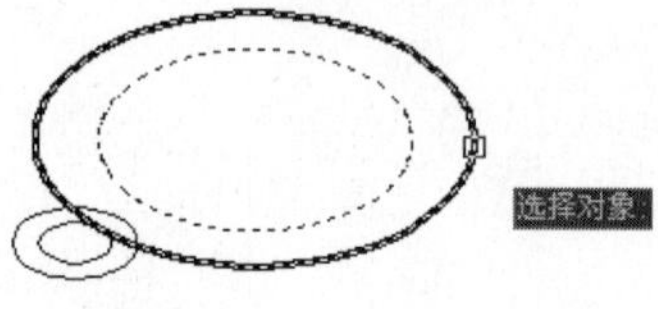

图 12-145　选择对象

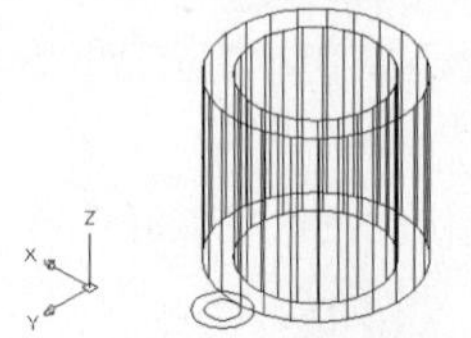

图 12-146　拉伸结果

图 12-147　选择对象

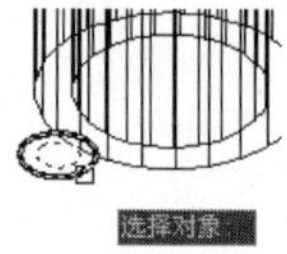

图 12-148　选择对象

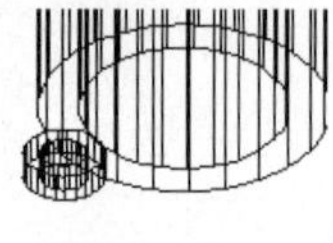

图 12-149　拉伸结果

⑦选择菜单【修改】|【三维操作】|【三维阵列】命令，将拉伸实体进行阵列。命令行操作如下：

命令: _3darray

选择对象:	//选择如图 12-150 所示的拉伸实体
选择对象:	// Enter，结束选择
输入阵列类型 [矩形(R)/环形(P)] <矩形>:	//P Enter，激活【环形】选项
输入阵列中的项目数目:	//4 Enter，输入阵列数目
指定要填充的角度 (+=逆时针, -=顺时针) <360>:	// Enter，设置阵列角度
旋转阵列对象？ [是(Y)/否(N)] <Y>:	//Y Enter，采用默认设置
指定阵列的中心点:	//捕捉如图 12-151 所示圆心
指定旋转轴上的第二点:	//捕捉如图 12-152 所示圆心，阵列结果如图 12-153 所示

图 12-150　选择对象

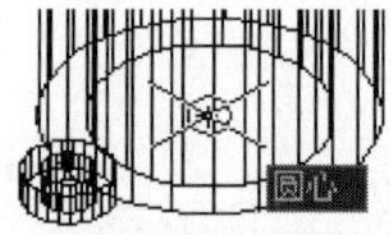

图 12-151　捕捉圆心

图 12-152　捕捉圆心

图 12-153　阵列结果

⑧选择菜单【修改】|【复制】命令，将阵列后的拉伸实体进行复制。命令行操作如下：

```
命令: _copy
    选择对象:                                   //拉出如图 12-154 所示的窗口选择框
    选择对象:                                   //Enter
    指定基点或 [位移(D)] <位移>:                 //拾取任一点作为基点
    指定第二个点或 <使用第一个点作为位移>:       //@0,0,45 Enter
    指定第二个点或 [退出(E)/放弃(U)] <退出>:     //Enter，结果如图 12-155 所示
```

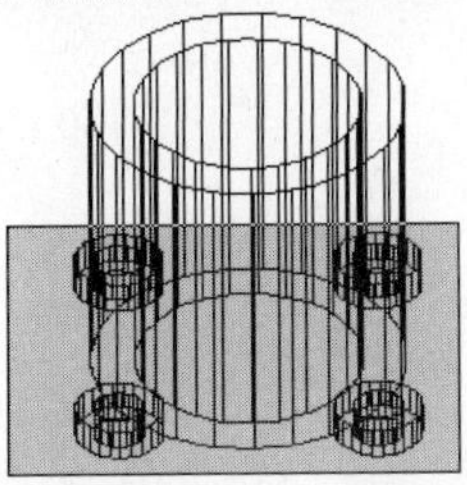

图 12-154 窗口选择框

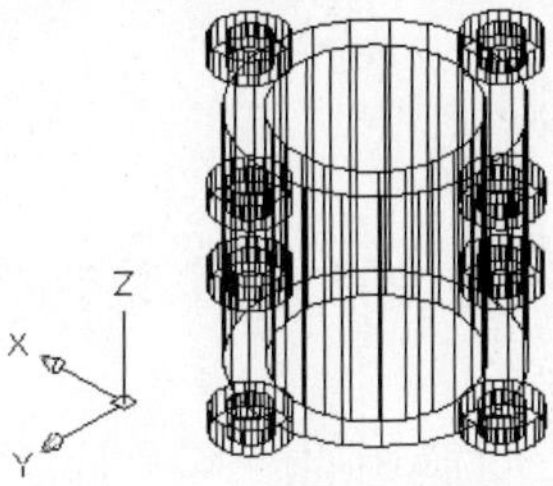

图 12-155 复制结果

⑨选择菜单【修改】|【实体编辑】|【差集】命令，创建内部的柱形孔洞。命令行操作如下：

```
命令: _subtract
    选择要从中减去的实体或面域...
    选择对象:                       //选择底面半径最大的圆柱体
    选择对象:                       //拉出如图 12-156 所示的窗交选择框
    选择对象:                       //拉出如图 12-157 所示的窗交选择框
    选择对象:                       //Enter，结束对象的选择
    选择要减去的实体或面域 ..
    选择对象:                       //选择如图 12-158 所示的圆柱体
    选择对象:                       //拉出如图 12-159 所示的窗口选择框
    选择对象:                       //拉出如图 12-160 所示的窗口选择框
    选择对象:                       //Enter，结束选择。
```

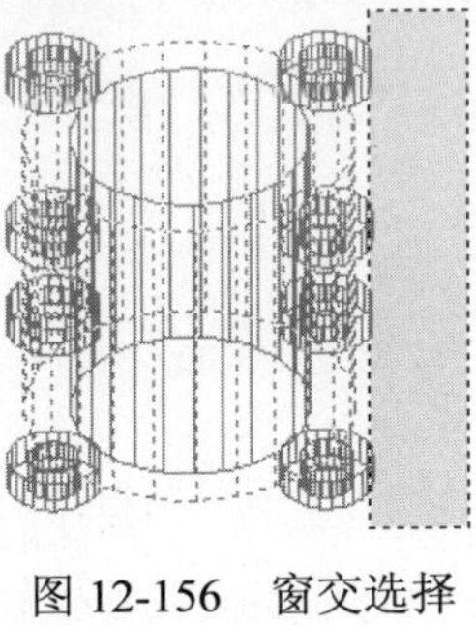

图 12-156 窗交选择

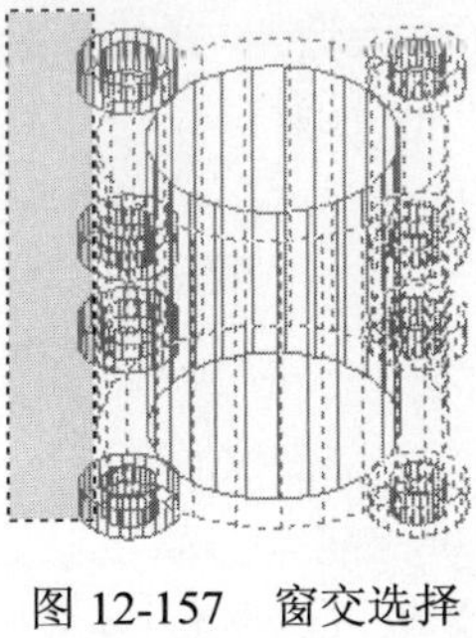

图 12-157 窗交选择

⑩修改变量 FACETRES 的值为 10。

⑪选择命令【视图】|【消隐】，将实体模型进行消隐，最终结果如图 12-138 所示。

⑫最后将图形存储为“实例 8.dwg”。

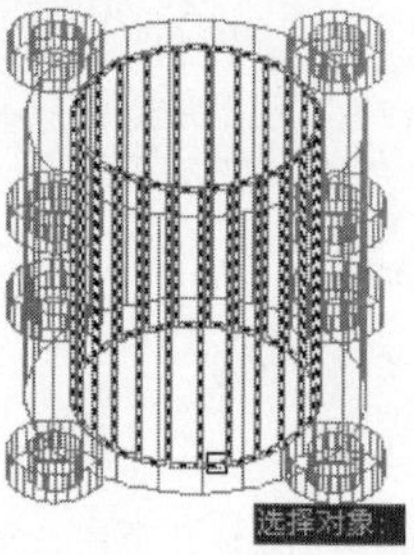

图 12-158　选择内部柱体

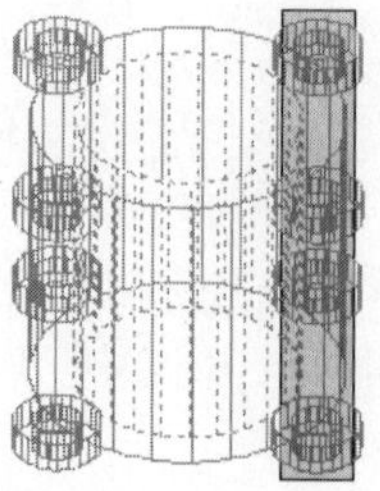
图 12-159　窗口选择

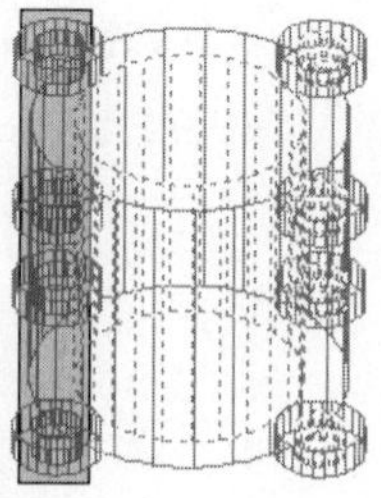
图 12-160　窗口选择

实例 9：制作缸体零件渲染图

本例通过制作如图 12-161 所示的零件立体模型，主要对【多段线】、【圆角】、【圆】、【打断】、【渲染】等命令进行强化练习和综合运用。

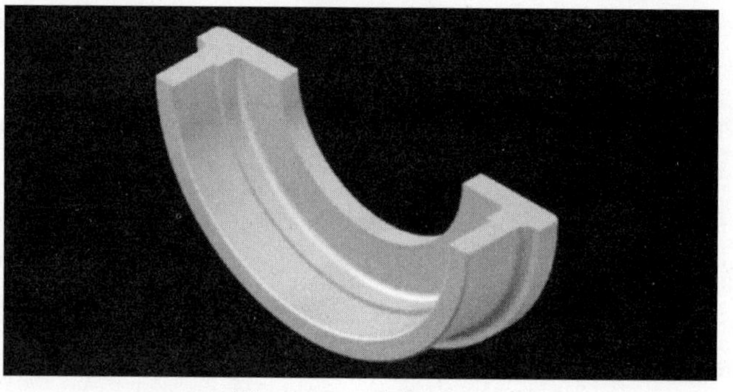
图 12-161　本例效果

绘图思路

- 新建文件，并启用【极轴追踪】功能。
- 使用【多段线】和【圆角】命令绘制截面。
- 使用【圆】和【打断】命令绘制路径。
- 使用【拉伸】命令中的放样功能创建三维实体模型。
- 使用【消隐】和【渲染】命令对模型进行着色显示。

操作步骤

❶新建一个空白文件。

❷按 F10 功能键，激活状态栏上的【极轴追踪】功能。

❸选择菜单【绘图】|【多段线】命令，配合【极轴追踪】功能绘制轮廓截面。命令行操作如下：

```
命令: _pline
    指定起点:                    //在绘图区拾取一点作为起点
    当前线宽为 0.0000
```

指定下一个点或 [圆弧(A)/半宽(H)/长度(L)/放弃(U)/宽度(W)]:

//向下引出 270° 极轴追踪矢量，输入 8.4 Enter

指定下一点或 [圆弧(A)/闭合(C)/半宽(H)/长度(L)/放弃(U)/宽度(W)]:

//向左引出 180° 的极轴追踪矢量，输入 6 Enter

指定下一点或 [圆弧(A)/闭合(C)/半宽(H)/长度(L)/放弃(U)/宽度(W)]:

//向下引出 270° 的极轴矢量，输入 25.2 Enter

指定下一点或 [圆弧(A)/闭合(C)/半宽(H)/长度(L)/放弃(U)/宽度(W)]:

//向左引出 180° 的极轴追踪矢量，输入 8.6 Enter

指定下一点或 [圆弧(A)/闭合(C)/半宽(H)/长度(L)/放弃(U)/宽度(W)]:

//向上引出 90° 的极轴追踪矢量，输入 18.5 Enter

指定下一点或 [圆弧(A)/闭合(C)/半宽(H)/长度(L)/放弃(U)/宽度(W)]:

//向左引出 180° 的极轴追踪矢量，输入 2 Enter

指定下一点或 [圆弧(A)/闭合(C)/半宽(H)/长度(L)/放弃(U)/宽度(W)]:

//向上引出 90° 的极轴追踪矢量，输入 8.4 Enter

指定下一点或 [圆弧(A)/闭合(C)/半宽(H)/长度(L)/放弃(U)/宽度(W)]:

//向左引出 180° 的极轴追踪矢量，输入 19 Enter

指定下一点或 [圆弧(A)/闭合(C)/半宽(H)/长度(L)/放弃(U)/宽度(W)]:

//向上引出 90° 的极轴追踪矢量，输入 8.4 Enter

指定下一点或 [圆弧(A)/闭合(C)/半宽(H)/长度(L)/放弃(U)/宽度(W)]:

//向右引出 0° 的极轴追踪矢量，输入 33.1 Enter

指定下一点或 [圆弧(A)/闭合(C)/半宽(H)/长度(L)/放弃(U)/宽度(W)]:

//c Enter，绘制如图 12-162 所示

❹选择菜单【修改】|【圆角】命令，对图 12-163 所示的轮廓边 1 和 2 进行圆角编辑。命令行操作如下：

命令: _fillet

当前设置: 模式 = 修剪，半径 = 0.0000

选择第一个对象或 [放弃(U)/多段线(P)/半径(R)/修剪(T)/多个(M)]: //r Enter

指定圆角半径 <0.0000>: //4 Enter，设置圆角半径

选择第一个对象或 [放弃(U)/多段线(P)/半径(R)/修剪(T)/多个(M)]:

//选择图 12-163 所示的轮廓边 1

选择第二个对象，或按住 Shift 键选择要应用角点的对象:

//选择轮廓边 2，圆角结果如图 12-164 所示

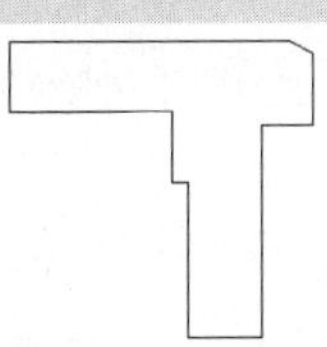

图 12-162 绘制结果

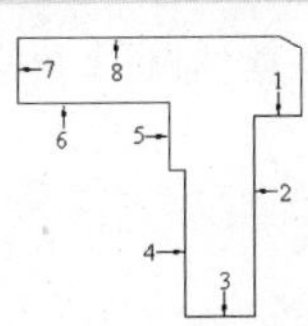

图 12-163 定位圆角边

❺重复执行【圆角】命令，对截面轮廓边进行圆角编辑。命令行操作如下：

```
命令: fillet                                          // Enter，重复执行【圆角】命令
    当前设置: 模式 = 修剪，半径 = 2.0000
    选择第一个对象或 [放弃(U)/多段线(P)/半径(R)/修剪(T)/多个(M)]: //r Enter
    指定圆角半径 <2.0000>:                             //1 Enter，重新设置圆角半径
    选择第一个对象或 [放弃(U)/多段线(P)/半径(R)/修剪(T)/多个(M)]: //m Enter
    选择第一个对象或 [放弃(U)/多段线(P)/半径(R)/修剪(T)/多个(M)]:
                                                       //选择上图 12-163 所示的轮廓边 2
    选择第二个对象，或按住 Shift 键选择要应用角点的对象: //选择轮廓边 3
    选择第一个对象或 [放弃(U)/多段线(P)/半径(R)/修剪(T)/多个(M)]:  //选择轮廓边 3
    选择第二个对象，或按住 Shift 键选择要应用角点的对象: //选择轮廓边 4
    选择第一个对象或 [放弃(U)/多段线(P)/半径(R)/修剪(T)/多个(M)]: //选择轮廓边 7
    选择第二个对象，或按住 Shift 键选择要应用角点的对象: //选择轮廓边 8
    选择第一个对象或 [放弃(U)/多段线(P)/半径(R)/修剪(T)/多个(M)]:
                                                       // Enter，圆角结果如图 12-165 所示
    命令: fillet                                       // Enter，重复执行【圆角】命令
    当前设置: 模式 = 修剪，半径 = 0.5000
    选择第一个对象或 [放弃(U)/多段线(P)/半径(R)/修剪(T)/多个(M)]: //r Enter
    指定圆角半径 <0.5000>:                             //2.4 Enter
    选择第一个对象或 [放弃(U)/多段线(P)/半径(R)/修剪(T)/多个(M)]:  //选择轮廓边 5
    选择第二个对象，或按住 Shift 键选择要应用角点的对象:
                                                       //选择轮廓边 6，结果如图 12-166 所示
```

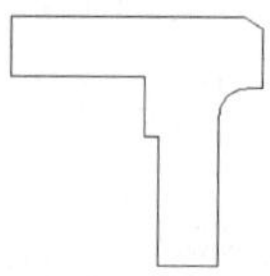

图 12-164　圆角结果

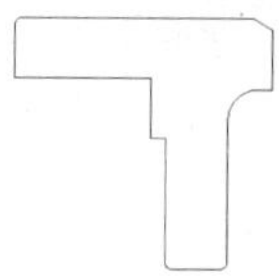

图 12-165　圆角结果

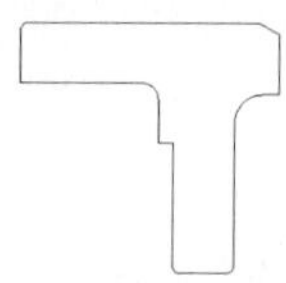

图 12-166　圆角结果

❻选择菜单【视图】|【三维视图】|【东南等轴测】命令，将当前视图切换为东南视图，结果如图 12-167 所示。

❼使用【UCS】命令中的【新建】功能，重新定义用户坐标系。命令行操作如下：

```
命令: ucs
    当前 UCS 名称: *世界*
    指定 UCS 的原点或 [面(F)/命名(NA)/对象(OB)/上一个(P)/视图(V)/世界(W)/X/Y/Z/Z 轴(ZA)]
<世界>:                                   //x Enter
    指定绕 X 轴的旋转角度 <90>:            // Enter，旋转结果如图 12-168 所示
```

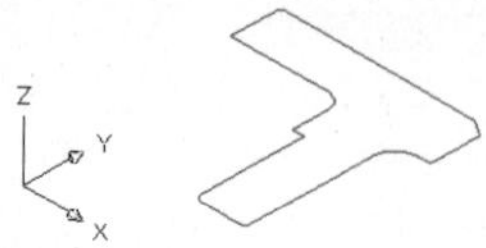

图 12-167　切换东南视图

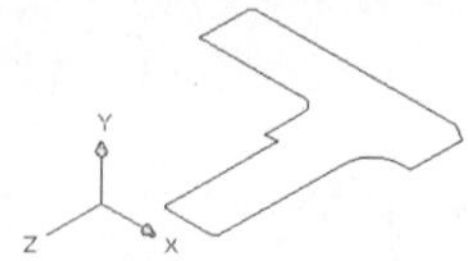

图 12-168　旋转坐标系

❽选择菜单【绘图】|【圆】|【两点】命令，绘制直径为 80 的圆。命令行操作如下：

```
命令: _circle
    指定圆的圆心或 [三点(3P)/两点(2P)/切点、切点、半径(T)]: _2p
    指定圆直径的第一个端点:            // Enter，捕捉如图 12-169 所示的端点
    指定圆直径的第二个端点:            //@-80,0,0 Enter，绘制结果如图 12-170 所示
```

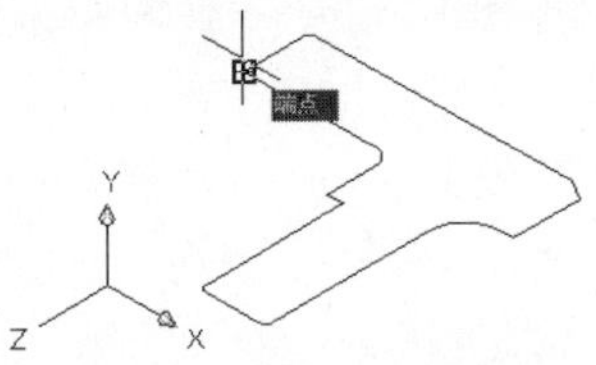

图 12-169　捕捉端点

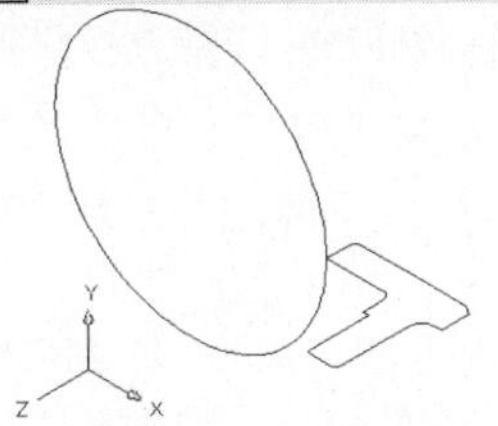

图 12-170　绘制结果

❾选择命令【修改】|【打断】，对刚绘制的圆图形进行打断操作。命令行操作如下：

```
命令: _break
    选择对象:                          //选择刚绘制的圆图形
    指定第二个打断点 或 [第一点(F)]:   //f Enter，激活 【第一点】选项
    指定第一个打断点:                  //捕捉如图 12-171 所示的象限点
    指定第二个打断点:                  //捕捉如图 12-172 所示的象限点，打断结果如图
                                        12-173 所示
```

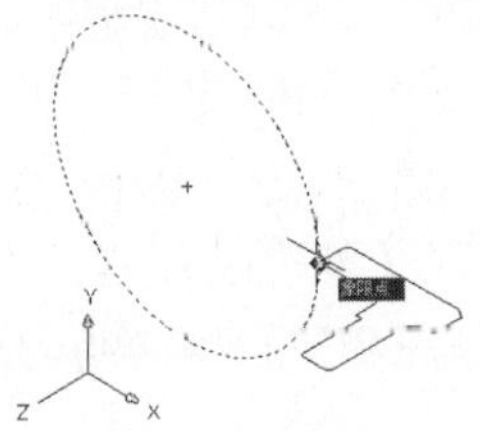

图 12-171　定位第一断点

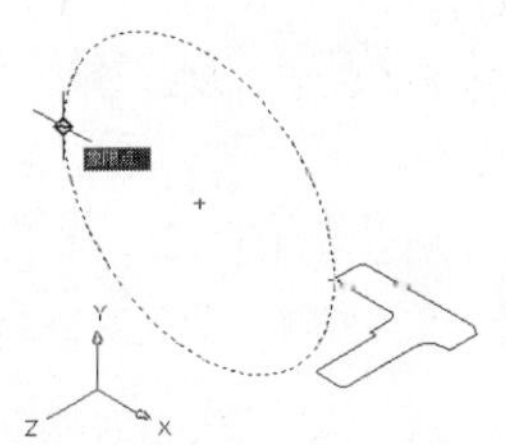

图 12-172　定位第二断点

❿使用系统变量 ISOLINES 设置实体线框密度为 12。

⓫选择菜单【绘图】|【实体】|【拉伸】命令，创建放样实体。命令行操作如下：

```
命令: _extrude
    当前线框密度:  ISOLINES=12
    选择要伸的对象:                //选择如图 12-174 所示的闭合截面
    选择要拉伸的对象:              // Enter，结束对象的选择
    指定拉伸的高度或 [方向(D)/路径(P)/倾斜角(T)] <-20.0000>: //p Enter，激活【路径】选项
    选择拉伸路径或 [倾斜角(T)]:    //选择如图 12-175 所示的路径，结果如图 12-176 所示
```

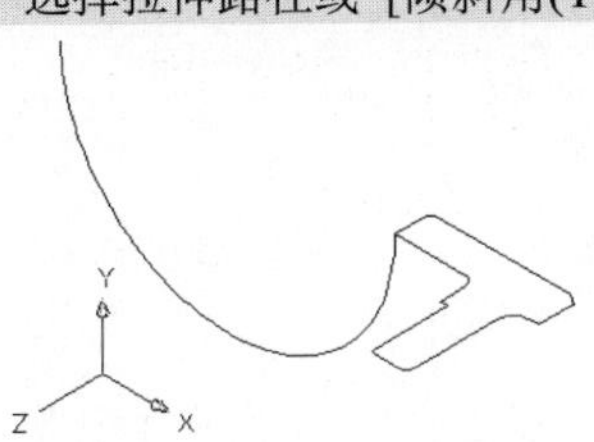

图 12-173　打断结果

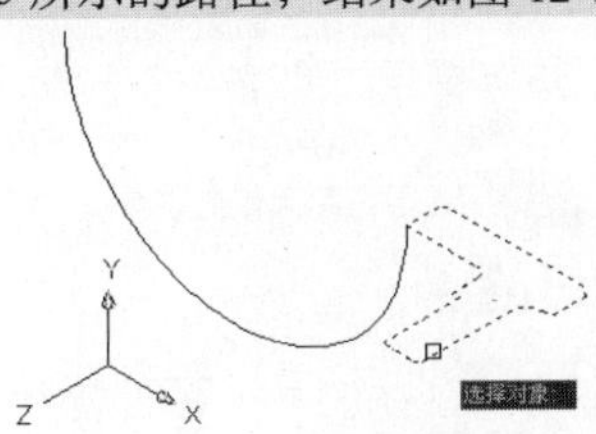

图 12-174　选择截面

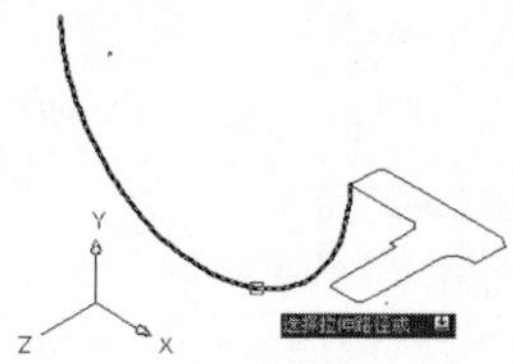

图 12-175　选择放样路径

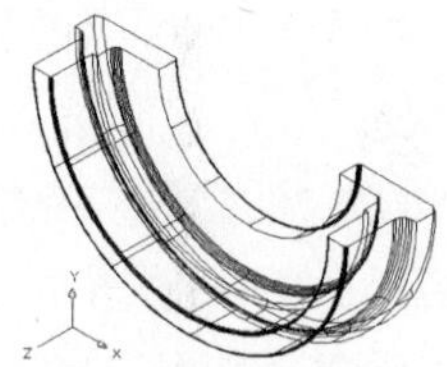

图 12-176　放样结果

⑫修改变量 FACETRES 的值为 10。

⑬选择菜单【视图】|【消隐】命令，效果如图 12-177 所示。

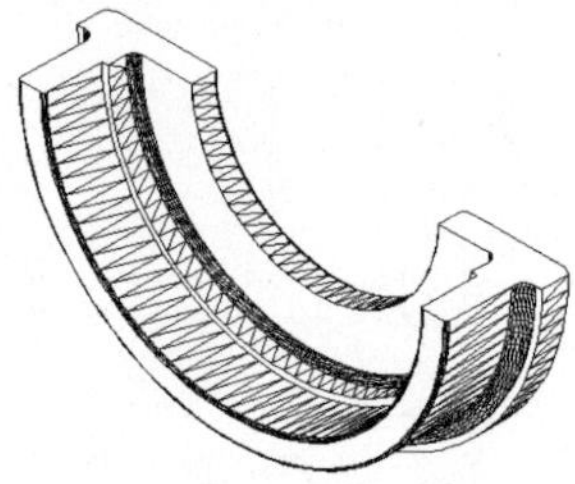

图 12-177　消隐效果

⑭使用快捷键“RR”激活【渲染】命令，对模型进行简单的渲染，最终效果如图 12-161 所示。

⑮最后将模型命名存储为“实例 9.dwg”。

实例 10：制作机座零件着色图

本例通过制作如图 12-178 所示的零件立体模型，主要对【多段线】、【长方体】、【圆柱体】、【差集】、【并集】、【UCS】、【剖切】、【概念视觉样式】等命令进行强化练习和综合运用。

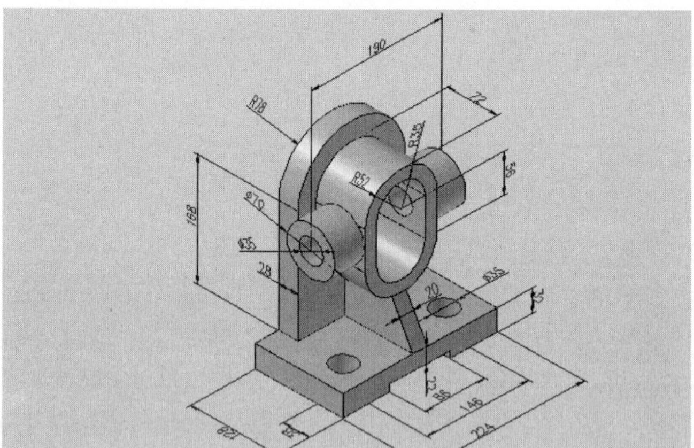

图 12-178　本例效果

绘图思路

- 新建空白文件，并设置常用变量。
- 使用【长方体】、【圆柱体】、【差集】等命令创建底座。

- 使用【多段线】、【拉伸】等命令创建北面挡板。
- 使用【UCS】、【圆柱体】、【多段线】、【拉伸】等命令创建上部结构。
- 使用【长方体】、【剖切】等命令创建连接板。
- 最后将模型命名存盘。

操作步骤

❶新建空白文件，并将当前颜色设置为 8 号色。

❷在命令行中输入 ISOLINES 和 FACETRES，分别修改实体网格线密度和实体消隐渲染的表面光滑度。命令行操作如下：

```
命令: isolines                              // Enter，激活变量
    输入 ISOLINES 的新值 <4>:               //24 Enter
    命令: facetres                          // Enter，激活变量
    输入 FACETRES 的新值 <0.5000>:          //10 Enter
```

❸将当前视图切换为西南视图，然后选择菜单【绘图】|【建模】|【长方体】命令，创建底座模型。命令行操作如下：

```
命令: _box
    指定第一个角点或 [中心(C)]:              //在绘图区拾取一点
    指定其他角点或 [立方体(C)/长度(L)]:      //@224,128 Enter
    指定高度或 [两点(2P)]:                   //向上移动光标，输入 32 Enter，结果如图
                                              12-179 所示
```

❹重复执行【长方体】命令，配合【捕捉自】功能创建长、宽、高为 86×128×22 的长方体。命令行操作如下：

```
命令: box                                    // Enter，重复执行命令
    指定第一个角点或 [中心(C)]:              //激活【捕捉自】功能
    _from 基点:                              //捕捉如图 12-180 所示的端点
    <偏移>:                                  //@69,0 Enter
    指定其他角点或 [立方体(C)/长度(L)]:      //@86,128 Enter
    指定高度或 [两点(2P)] <32.0000>:         //@0,0,-10 Enter，创建结果如图 12-181 所示
```

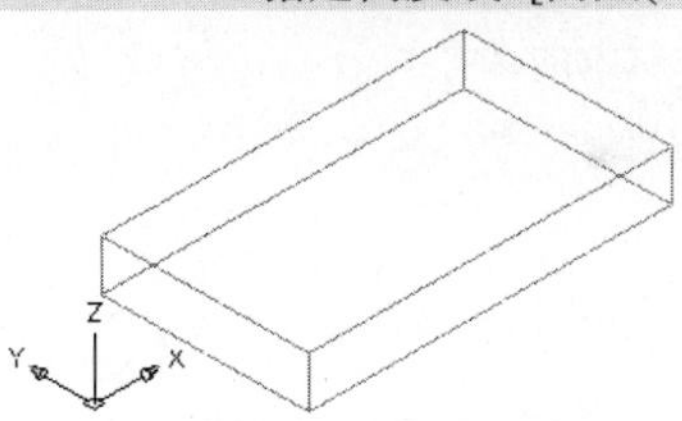

图 12-179　创建底座

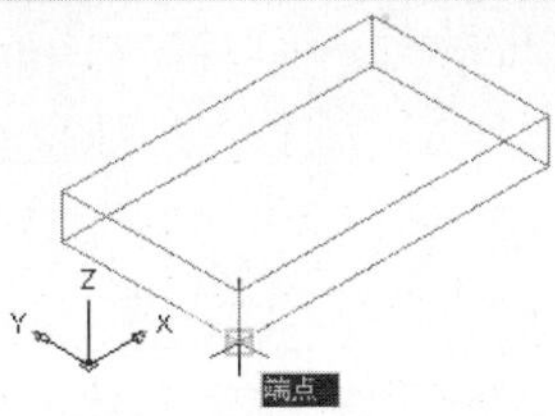

图 12-180　捕捉端点

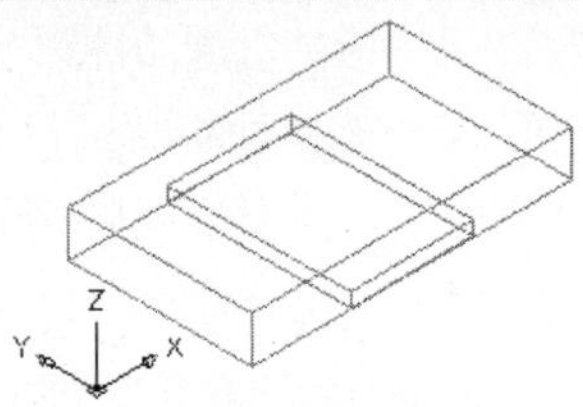

图 12-181　创建方体

❺选择菜单【绘图】|【建模】|【圆柱体】命令，创建底面直径为 35 的圆柱体。命令行操作如下：

```
命令: _cylinder
    指定底面的中心点或 [三点(3P)/两点(2P)/切点、切点、半径(T)/椭圆(E)]:
                                              //激活【捕捉自】功能
```

```
    _from 基点:                                      //捕捉如上图 12-180 所示的端点
    <偏移>:                                          //@39,38 Enter
    指定底面半径或 [直径(D)]:                         //d Enter
    指定直径:                                        //35 Enter
    指定高度或 [两点(2P)/轴端点(A)] <-22.0000>: //@0,0,32 Enter，结果如图 12-182 所示
```

⑥重复执行【圆柱体】命令，配合【捕捉自】功能创建另一侧的圆柱体。命令行操作如下：

```
命令:                                                // Enter，重复执行命令
    CYLINDER 指定底面的中心点或 [三点(3P)/两点(2P)/切点、切点、半径(T)/椭圆(E)]:
                                                     //激活【捕捉自】功能
    _from 基点:                                      //捕捉底座方体的右下角角点
    <偏移>:                                          //@-39,38 Enter
    指定底面半径或 [直径(D)] <17.5000>:              // Enter
    指定高度或 [两点(2P)/轴端点(A)] <32.0000>: //@0,0,32 Enter，创建结果如图 12-183 所示
```

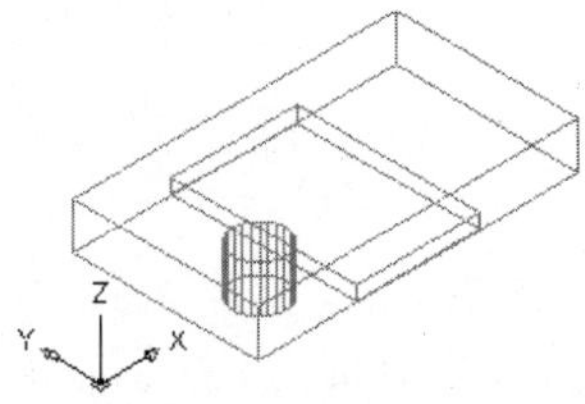

图 12-182　创建柱体

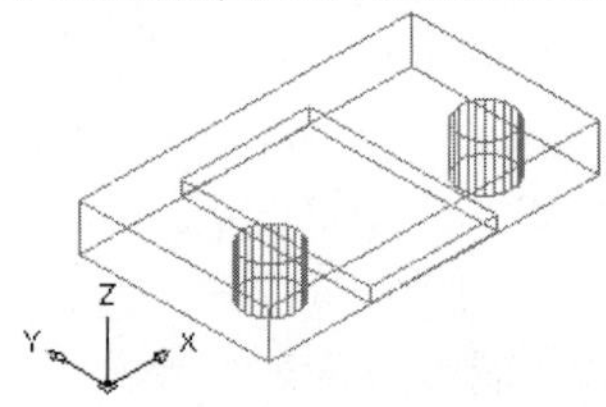

图 12-183　创建右侧柱体

⑦选择菜单【修改】|【实体编辑】|【差集】命令，对各实体模型进行差集运算。命令行操作如下：

```
命令: _subtract
    选择要从中减去的实体或面域...
    选择对象:                                        //选择底座方体
    选择对象:                                        // Enter，结束对象的选择
    选择要减去的实体或面域 ..
    选择对象:                                        //选择如图 12-184 所示的方体和柱体
    选择对象:                                        // Enter，结束对象的选择
    选择对象:                                        // Enter，差集结果如图 12-185 所示
```

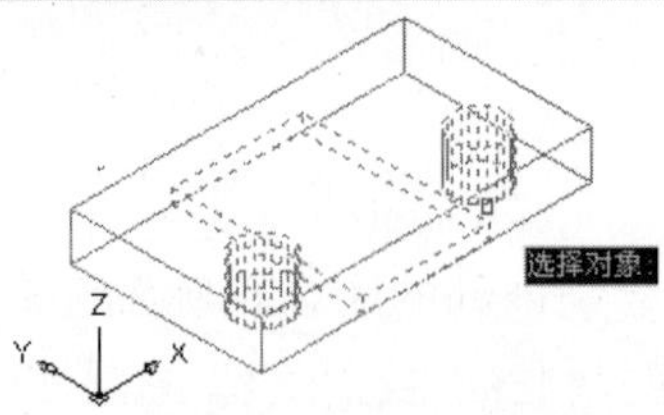

图 12-184　选择减去实体

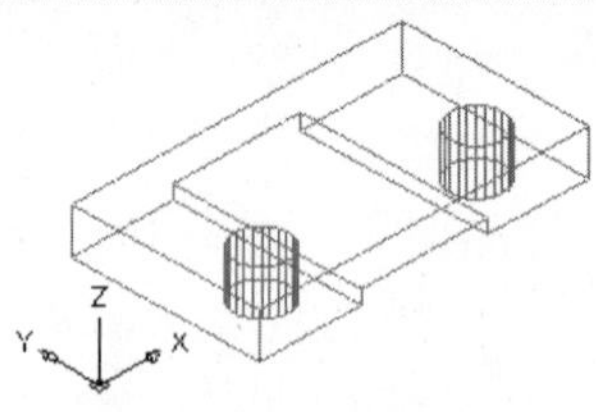

图 12-185　差集结果

⑧选择菜单【视图】|【消隐】命令，结果如图 12-186 所示。

⑨选择菜单【工具】|【新建 UCS】|【X】命令，将当前坐标系进行旋转 90°，并将其移至如图 12-187 所示的位置。

⑩选择菜单【视图】|【三维视图】|【平面视图】|【当前 UCS】命令，将当前视图切换为平面视图，如图 12-188 所示。

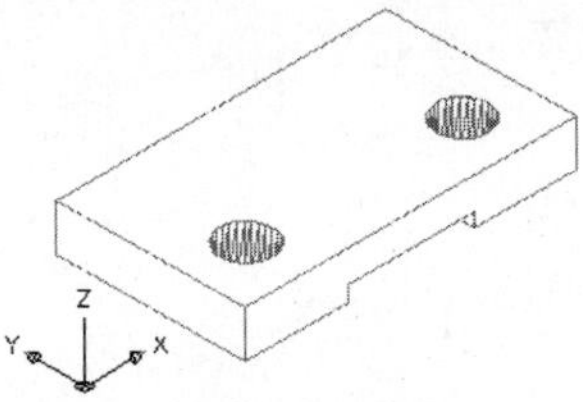

图 12-186　消隐显示

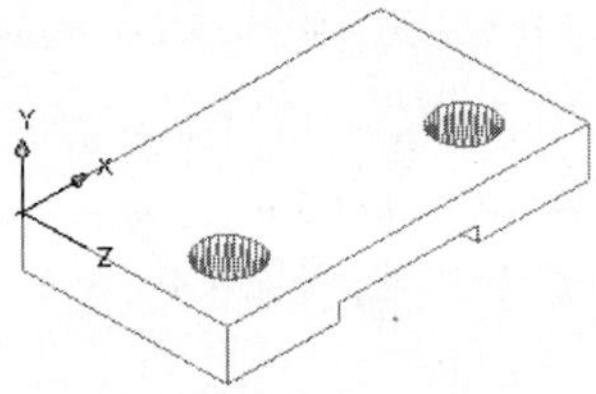

图 12-187　移动坐标系

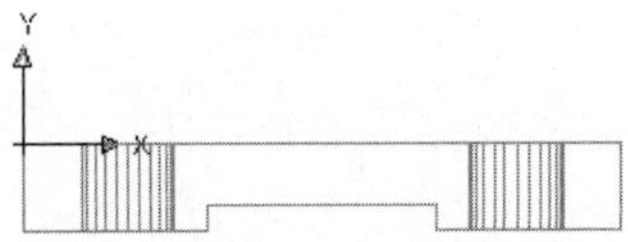

图 12-188　切换平面视图

⑪选择菜单【绘图】|【多段线】命令，配合【极轴追踪】功能绘制闭合轮廓线。命令行操作如下：

命令: _pline

指定起点:　　//32,0 Enter

当前线宽为 0.0000

指定下一个点或 [圆弧(A)/半宽(H)/长度(L)/放弃(U)/宽度(W)]:

//向上引出 90 度的极轴矢量，输入 168 Enter

指定下一点或 [圆弧(A)/闭合(C)/半宽(H)/长度(L)/放弃(U)/宽度(W)]: // a Enter

指定圆弧的端点或[角度(A)/圆心(CE)/闭合(CL)/方向(D)/半宽(H)/直线(L)/半径(R)/第二个点(S)/放弃(U)/宽度(W)]:　　//向左引出 0 度方向矢量，输入 156 Enter

指定圆弧的端点或[角度(A)/圆心(CE)/闭合(CL)/方向(D)/半宽(H)/直线(L)/半径(R)/第二个点(S)/放弃(U)/宽度(W)]:　　//L Enter

指定下一点或 [圆弧(A)/闭合(C)/半宽(H)/长度(L)/放弃(U)/宽度(W)]:

//向下引出 270 度方向矢量，输入 168 Enter

指定下一点或 [圆弧(A)/闭合(C)/半宽(H)/长度(L)/放弃(U)/宽度(W)]:

//C Enter，结果如图 12-189 所示

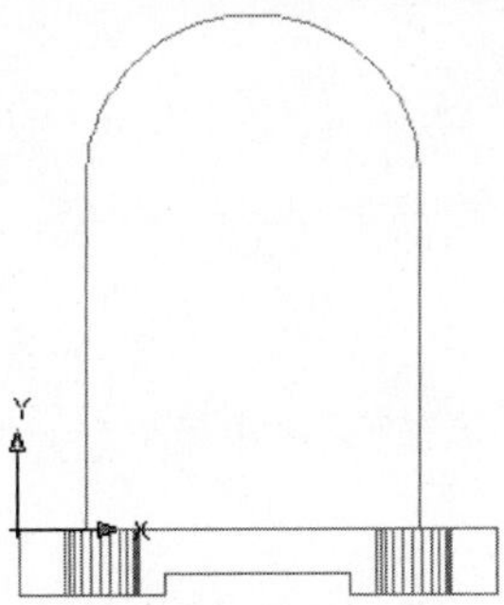

图 12-189　绘制结果

⑫重复执行【多段线】命令，配合【捕捉自】功能绘制内部的闭合轮廓线。命令行操作如下：

命令: _pline

指定起点:　　//激活【捕捉自】功能

_from 基点:　　//捕捉刚绘制的多段线弧的圆心

<偏移>:　　//@35,0 Enter，定位起点

当前线宽为 0.0000

指定下一个点或 [圆弧(A)/半宽(H)/长度(L)/放弃(U)/宽度(W)]://@0,-56 Enter

指定下一点或 [圆弧(A)/闭合(C)/半宽(H)/长度(L)/放弃(U)/宽度(W)]: //a Enter

指定圆弧的端点或[角度(A)/圆心(CE)/闭合(CL)/方向(D)/半宽(H)/直线(L)/半径(R)/第二个点(S)/放弃(U)/宽度(W)]: //@-70,0 Enter

指定圆弧的端点或[角度(A)/圆心(CE)/闭合(CL)/方向(D)/半宽(H)/直线(L)/半径(R)/第二个点(S)/放弃(U)/宽度(W)]: //l Enter

指定下一点或 [圆弧(A)/闭合(C)/半宽(H)/长度(L)/放弃(U)/宽度(W)]: //@0,56 Enter

指定下一点或 [圆弧(A)/闭合(C)/半宽(H)/长度(L)/放弃(U)/宽度(W)]: //a Enter

指定圆弧的端点或[角度(A)/圆心(CE)/闭合(CL)/方向(D)/半宽(H)/直线(L)/半径(R)/第二个点(S)/放弃(U)/宽度(W)]:

//CLEnter，绘制结果如图 12-190 所示

⑬选择菜单【修改】|【偏移】命令，将刚绘制闭合多段线向外偏移 17 个单位，结果如图 12-191 所示。

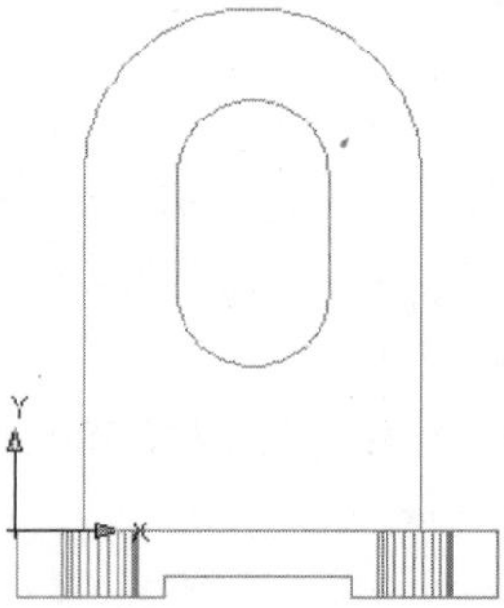

图 12-190 绘制结果

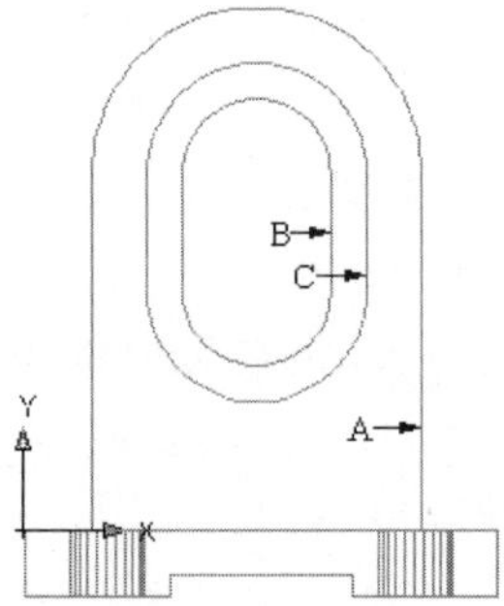

图 12-191 偏移结果

⑭选择菜单【绘图】|【建模】|【拉伸】命令，将 3 条闭合多段线拉伸为三维实体。命令行操作如下：

命令: _extrude

当前线框密度: ISOLINES=24

选择要拉伸的对象: //选择轮廓线 A

选择要拉伸的对象:

指定拉伸的高度或 [方向(D)/路径(P)/倾斜角(T)]: //28 Enter

命令: _extrude // Enter，重复执行此命令

当前线框密度: ISOLINES=24

选择要拉伸的对象: //选择轮廓线 B

选择要拉伸的对象: : //选择闭合轮廓线 C

选择要拉伸的对象: // Enter，结束选择

指定拉伸的高度或 [方向(D)/路径(P)/倾斜角(T)] <28.0000>: //100 Enter。

⑮将当前视图恢复为西南视图，结果如图 12-192 所示。

⑯选择菜单【视图】|【消隐】命令，将视图进行消隐，结果如图 12-193 所示。

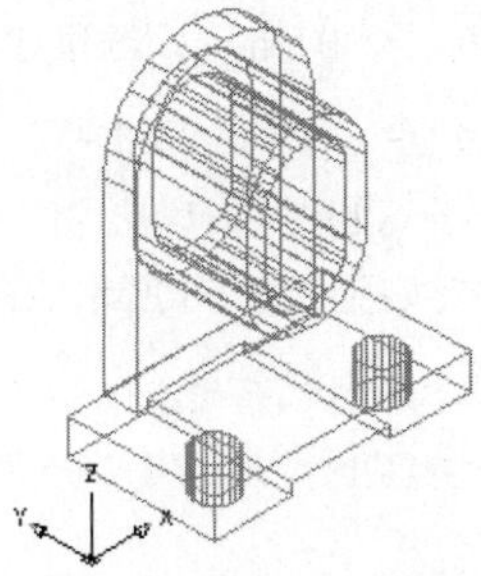

图 12-192 切换视图

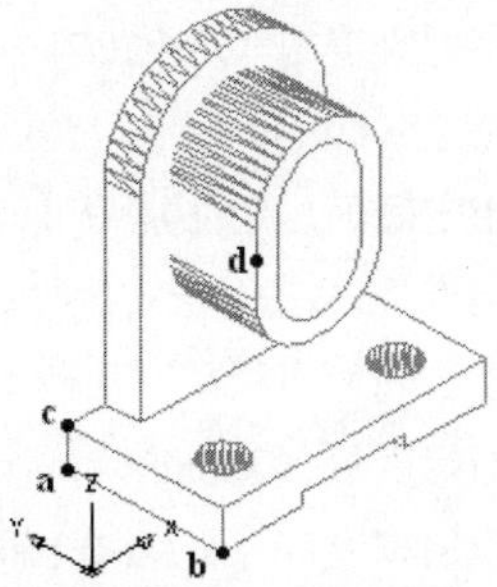

图 12-193 消隐效果

⑰执行【UCS】命令，重新设置当前用户坐标系，并对新设置的坐标系进行平移。命令行操作如下：

```
命令: ucs                                              // Enter，激活命令
    当前 UCS 名称: *俯视*
    指定 UCS 的原点或 [面(F)/命名(NA)/对象(OB)/上一个(P)/视图(V)/世界(W)/X/Y/Z/Z 轴(ZA)]
<世界>:
                                                       //捕捉如图 12-193 所示的端点 a
    在正 X 轴范围上指定点<接受>:                         //捕捉端点 b
    在 UCS XY 平面的正 Y 轴范围上指定点<接受>:           //捕捉端点 c，结果如图 12-194 所示
    命令: ucs                                          // Enter，重复执行此命令
    当前 UCS 名称: *没有名称*
    指定 UCS 的原点或 [面(F)/命名(NA)/对象(OB)/上一个(P)/视图(V)/世界(W)/X/Y/Z/Z 轴(ZA)]
<世界>:                                                //捕捉中点 d
    指定 X 轴上的点或 <接受>:                           // Enter，移动结果如图 12-195 所示
```

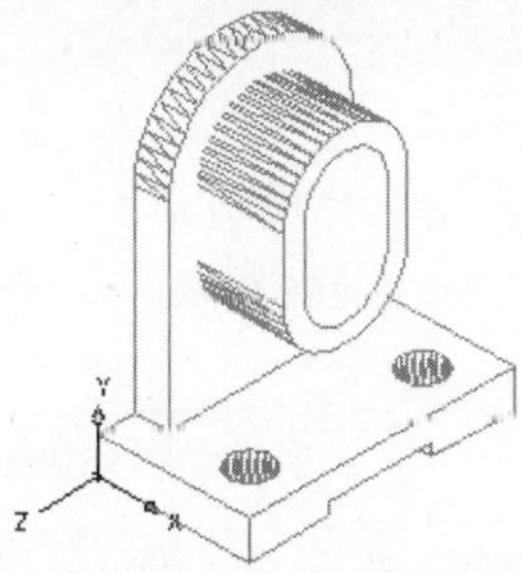

图 12-194 创建坐标系

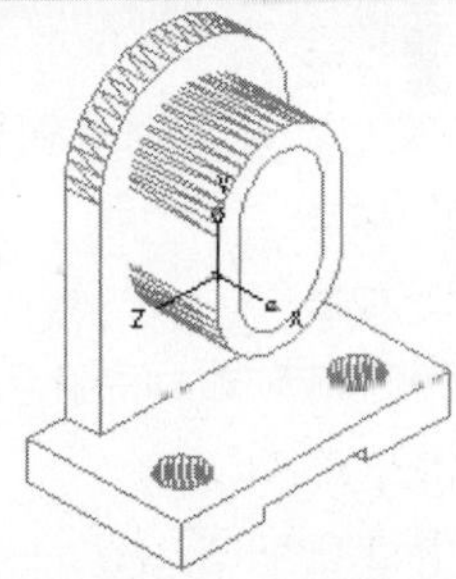

图 12-195 移动坐标系

⑱选择菜单【绘图】|【建模】|【圆柱体】命令，配合【捕捉自】功能创建同心圆柱体。命令行操作如下：

```
命令: _cylinder
    指定底面的中心点或 [三点(3P)/两点(2P)/切点、切点、半径(T)/椭圆(E)]:
                                                       //激活【捕捉自】功能
    _from 基点:                                         //0,0 Enter
    <偏移>:                                             //@-36,0,43 Enter
    指定底面半径或 [直径(D)] <45.8093>:                  //d Enter
    指定直径 <91.6186>:                                 //35 Enter
```

```
指定高度或 [两点(2P)/轴端点(A)] <100.0000>:          //@0,0,-190 Enter，结果如图 12-196 所示
命令: _cylinder                                      // Enter，重复执行命令
指定底面的中心点或 [三点(3P)/两点(2P)/切点、切点、半径(T)/椭圆(E)]:
                                                     //捕捉如图 12-196 所示的圆心
指定底面半径或 [直径(D)] <17.5000>:                   //d Enter
指定直径 <35.0000>:                                  //70 Enter
指定高度或 [两点(2P)/轴端点(A)] <-190.0000>:
    //沿 Z 轴负方向移动光标，输入 190 Enter，结果如图 12-197 所示
```

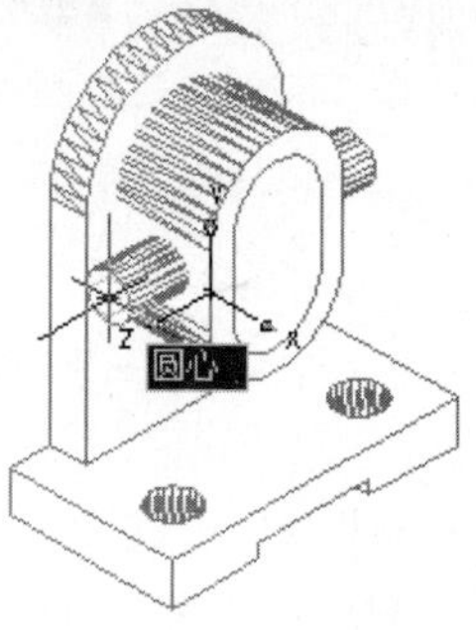

图 12-196　创建内侧柱体

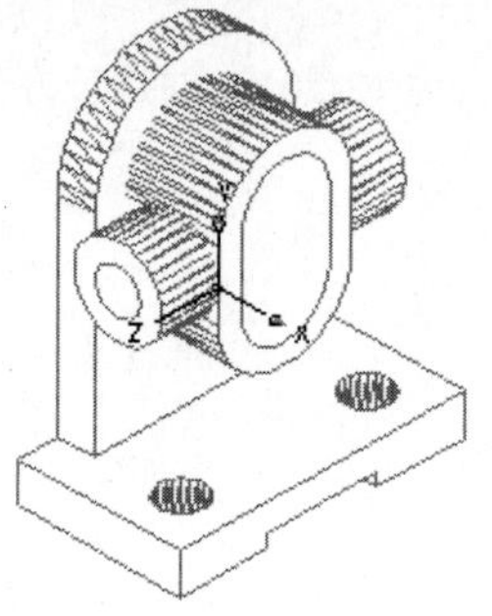

图 12-197　创建外侧柱体

⑲选择菜单【修改】|【实体编辑】|【差集】命令，对柱体和拉伸体模型进行差集。命令行操作如下：

```
命令: _subtract
    选择要从中减去的实体或面域...
    选择对象:                          //选择如图 12-198 所示的 1、2、3 实体
    选择对象:                          // Enter，结束选择
    选择要减去的实体或面域 ..
    选择对象:                          //选择图 12-199 所示的内部实体 4 和 5
    选择对象:                          // Enter，差集结果如图 12-200 所示
```

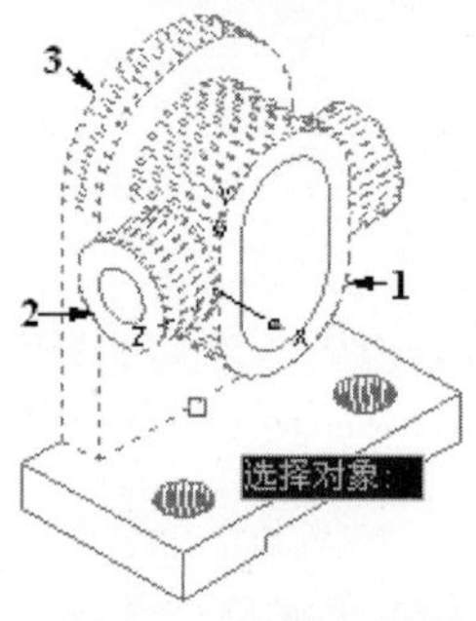

图 12-198　选择被减实体

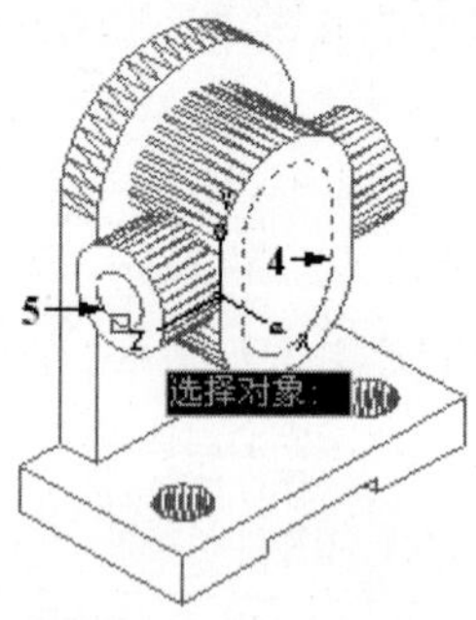

图 12-199　选择减去实体

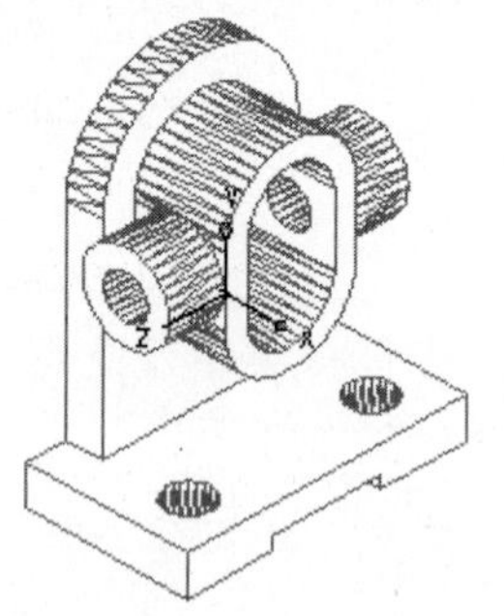

图 12-200　差集结果

⑳选择菜单【绘图】|【建模】|【长方体】命令，创建如图 12-201 所示的长方体。

㉑配合中点捕捉功能，将刚创建的长方体进行位移。命令行操作如下：

```
命令: _move
    选择对象:                                  //选择长方体
```

选择对象: //Enter，结束选择

指定基点或 [位移(D)] <位移>: //捕捉如图 12-202 所示的中点

指定第二个点或 <使用第一个点作为位移>:

//捕捉如图 12-203 所示的中点，移动结果如图 12-204 所示

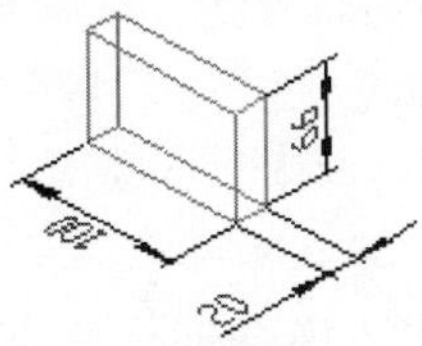

图 12-201 创建长方体

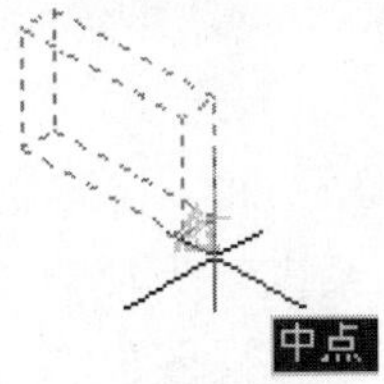

图 12-202 定位基点

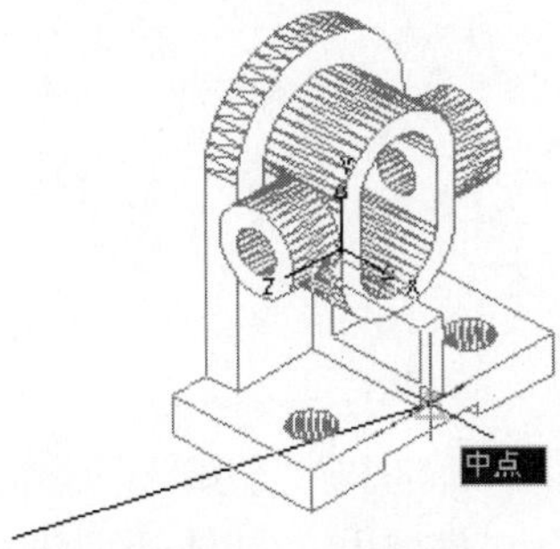

图 12-203 定位目标点

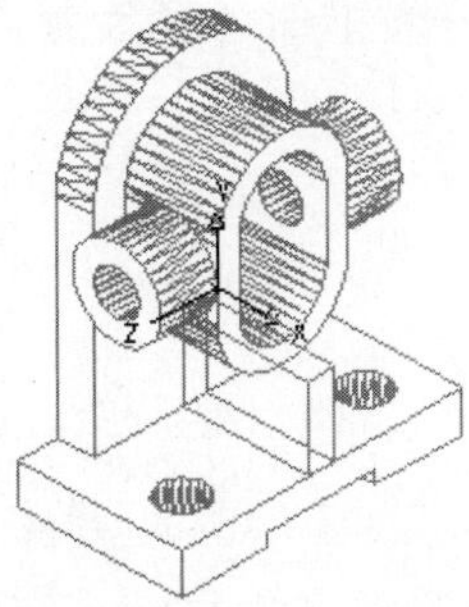

图 12-204 移动结果

㉒选择菜单【修改】|【三维操作】|【剖切】命令，配合中点捕捉和端点捕捉功能，对位移后的长方体进行剖切。命令行操作如下：

命令: _slice

选择要剖切的对象: //选择位移后的长方体

选择要剖切的对象: // Enter，结束对象的选择

指定 切面 的起点或 [平面对象(O)/曲面(S)/Z 轴(Z)/视图(V)/XY/YZ/ZX/三点(3)] <三点>:

//3 Enter，激活【三点】选项

指定平面上的第一个点: //捕捉如图 12-205 所示的端点

指定平面上的第二个点: //捕捉如图 12-206 所示的端点

指定平面上的第三个点: //捕捉如图 12-207 所示的端点

在所需的侧面上指定点或 [保留两个侧面(B)] <保留两个侧面>:

//捕捉如图 12-208 所示的端点，剖切结果如图 12-209 所示

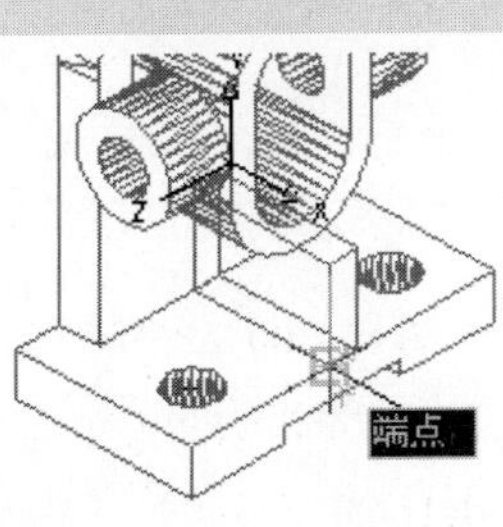

图 12-205 定位第一点

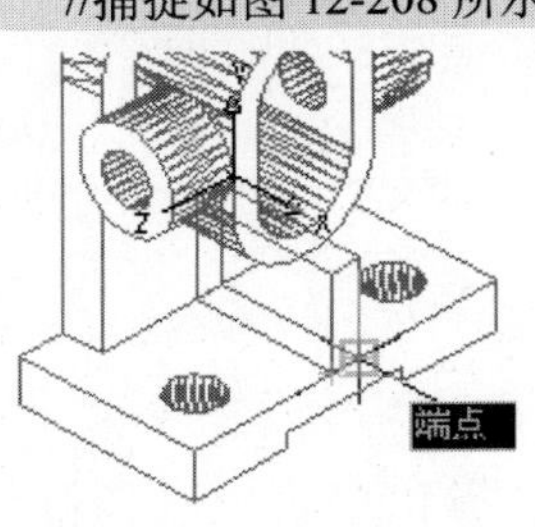

图 12-206 定位第二点

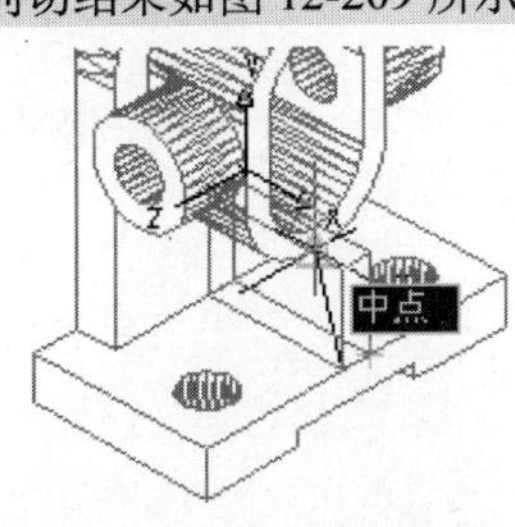

图 12-207 定位第三点

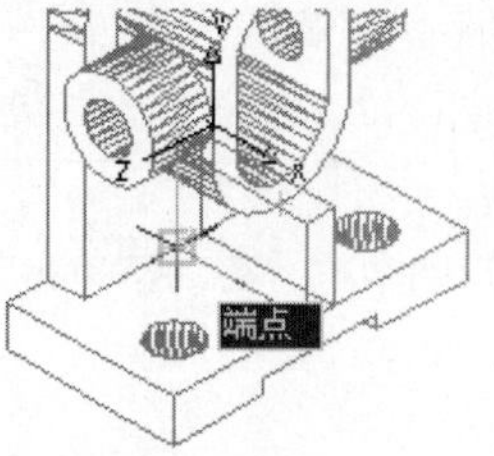

图 12-208　捕捉端点

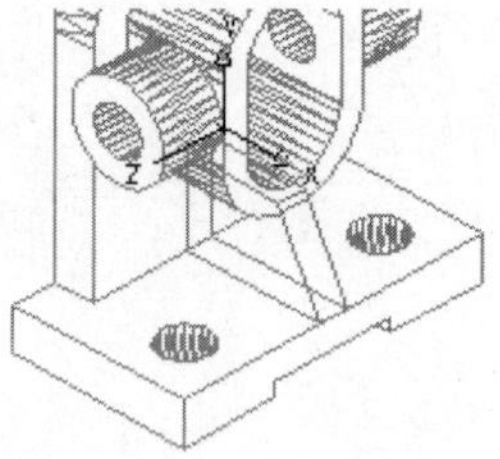

图 12-209　剖切结果

㉓将坐标系恢复为世界坐标系，然后将所有模型进行并集。

㉔选择菜单【视图】|【视觉样式】|【概念】命令，为实体模型进行着色显示，效果如图 12-210 所示。

㉕最后将模型命名存盘为“实例 10.dwg”。

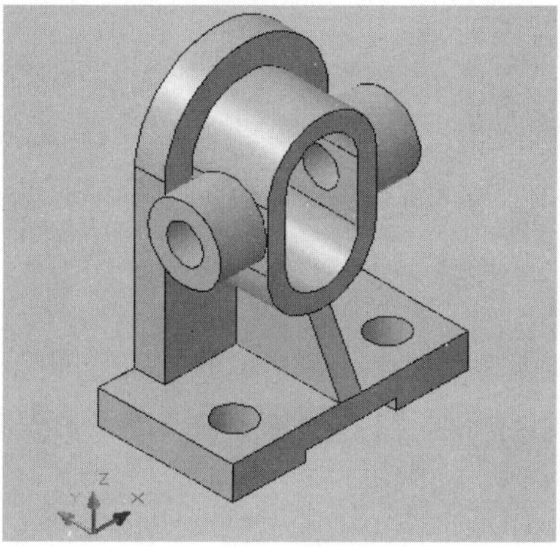

图 12-210　概念着色

第13章

实战练习

本章将讲述 AutoCAD 的文字创建功能和图形信息的查询功能，以详细向用户表达图形无法传递的一些图纸信息，使图纸更直观、更容易交流。通过本章的学习，应了解和掌握单行文字与多行文字的区别、创建方式及修改技巧；掌握文字样式的设置及特殊字符的输入技巧；除此之外，还需要熟练掌握表格的设置、创建、填充以及一些图形信息的查询功能。

练习1：绘制简单零件二视图

本例通过如图 13-1 所示的零件二视图，主要对【构造线】、【直线】、【修剪】、【图案填充】、【圆】等命令进行综合练习和巩固。

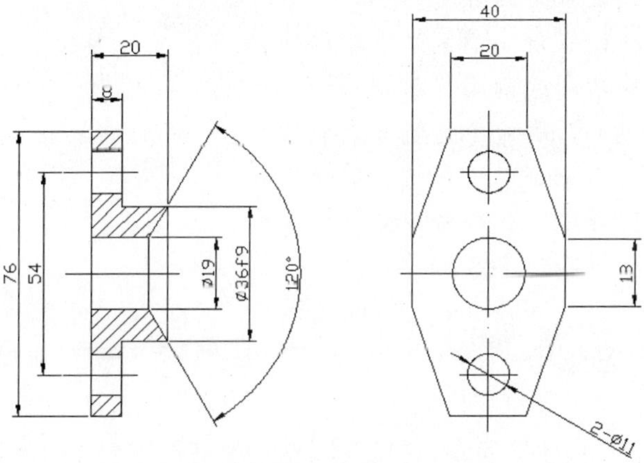

图 13-1　本例效果

绘图思路

- 首先新建公制单位文件，并设置绘图环境。
- 使用【构造线】和【偏移】命令绘制二视图定位辅助线。
- 使用【修剪】和【直线】命令绘制主视图与左视图。
- 使用【图案填充】填充剖面线。
- 使用【拉长】、【线型】等命令完善中心线。
- 最后使用【保存】命令将图形存盘。

练习 2：绘制垫块零件轮廓图

本例通过绘制如图 13-2 所示的零件平面图，主要对【构造线】、【阵列】、【偏移】、【正多边形】、【圆】、【修剪】、【直线】等命令进行综合练习和巩固。

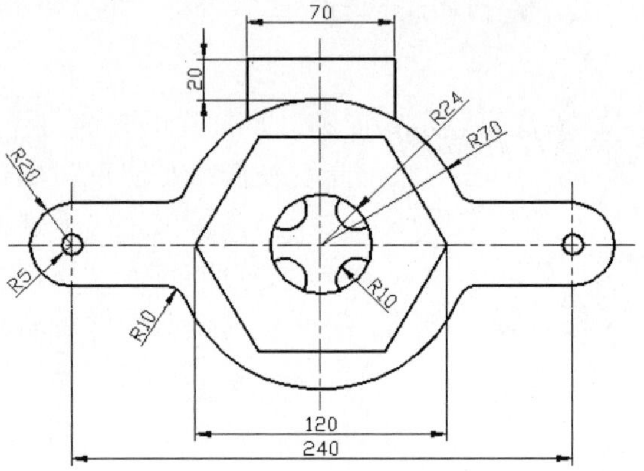

图 13-2 本例效果

绘图思路

- 新建公制单位文件，并设置绘图环境。
- 使用【构造线】、【偏移】等命令绘制定位辅助线。
- 使用【圆】、【阵列】等命令绘制圆与相切圆。
- 使用【直线】、【正多边形】等命令绘制直线轮廓。
- 使用【修剪】、【删除】等命令对图形进行编辑完善。
- 使用【偏移】、【修剪】、【线型】等命令绘制中心线。
- 最后使用【保存】命令将图形存盘。

练习 3：绘制转轴零件主视图

本例通过绘制如图 13-3 所示的轴平面图，主要对【矩形】、【偏移】、【圆角】、【捕捉自】、【直线】等命令进行综合练习和巩固。

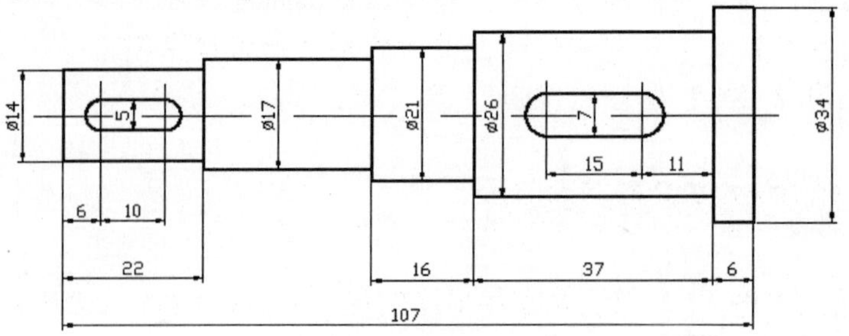

图 13-3 本例效果

绘图思路

- 首先新建公制单位文件，并设置绘图环境。
- 使用【矩形】命令配合【捕捉自】功能绘制阶梯轴。
- 使用【偏移】、【修剪】、【圆角】等命令绘制槽轮廓线。
- 使用【直线】、【线型】等命令对绘制中心线。
- 最后使用【保存】命令将图形存盘。

练习4：绘制复杂零件轮廓图

本例通过绘制如图13-4所示的零件平面图，主要对【直线】、【圆】、【复制】、【修剪】、【直线】、【阵列】等命令进行综合练习和巩固。

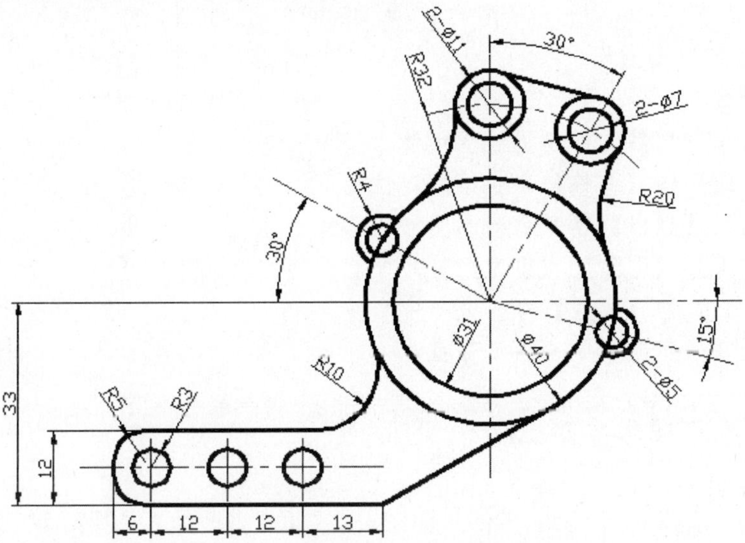

图13-4 本例效果

绘图思路

- 首先新建文件，并设置捕捉与追踪功能。
- 使用【直线】和【偏移】命令绘制图形定位辅助线。
- 使用【圆】、【复制】和【阵列】命令绘制圆形轮廓线。
- 使用【直线】命令绘制相切线，并对图形进行修剪完善。
- 最后使用【保存】命令将图形存盘。

练习5：绘制相切零件轮廓图

本例通过绘制如图13-5所示的零件平面图形，主要对【圆】、【修剪】、【直线】、【镜像】、【拉长】、【线型】等命令进行综合练习和巩固。

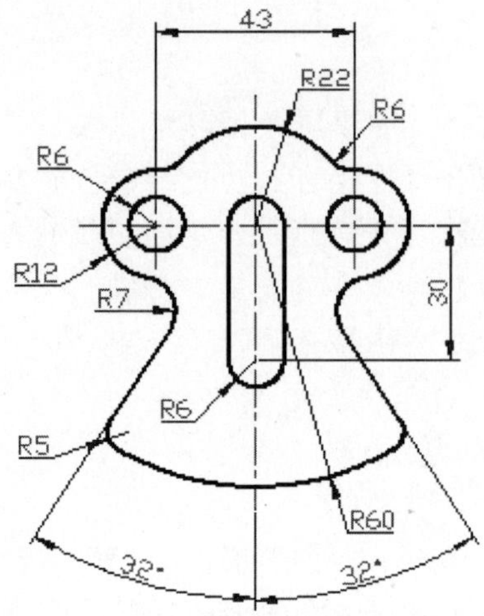

图 13-5　本例效果

绘图思路

- 新建公制单位文件，并设置绘图环境。
- 使用【直线】和【偏移】命令绘制定位辅助线。
- 使用【圆】、【直线】等命令绘制图形轮廓线。
- 使用【修剪】、【删除】、【镜像】等命令对图形进行编辑完善。
- 使用【拉长】和【线型】命令完善中心线。
- 最后使用【保存】命令将图形存盘。

练习6：绘制滑座零件轮廓图

本例通过绘制如图 13-6 所示的零件平面图，主要对【多段线】、【圆】、【打断】、【直线】、【特性】、【线型】、【圆心标记】等命令进行综合练习和巩固。

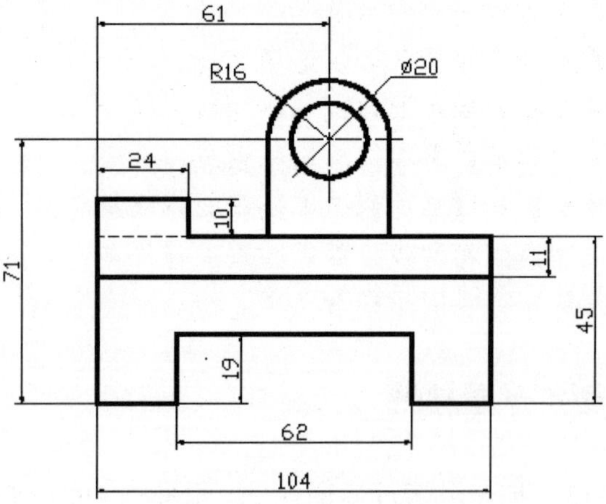

图 13-6　本例效果

绘图思路

- 首先新建绘图文件，并设置绘图环境。
- 使用【直线】命令配合点的输入功能绘制主体轮廓线。
- 使用【多段线】、【圆】等命令绘制上侧轮廓线。
- 使用【打断】、【线型】、【特性】等命令绘制隐藏线。
- 使用【圆心标记】命令绘制圆的中心线。
- 最后使用【保存】命令将图形存盘。

练习 7：绘制零件正等轴测图

本例通过绘制如图 13-7 所示的零件正等轴测图，主要对【直线】、【修剪】、【端点捕捉】、【草图设置】等命令进行练习和巩固。

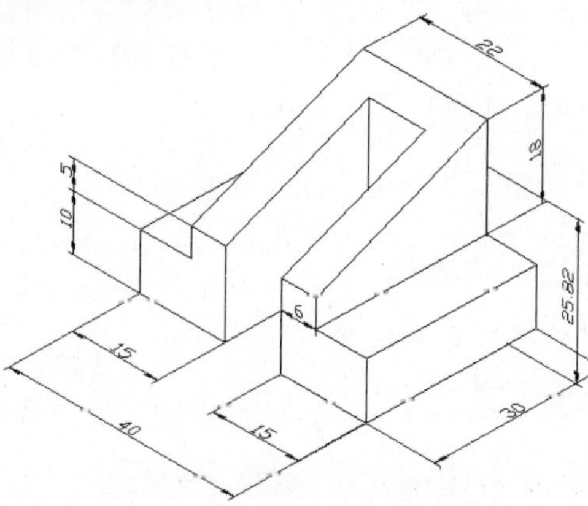

图 13-7　本例效果

绘图思路

- 使用【新建】命令创建一个空白文件。
- 使用【草图设置】命令设置等轴测绘图环境。
- 使用【直线】命令在左轴测面内绘制轴测线。
- 使用【直线】命令在右轴测面内绘制轴测线。
- 使用【直线】命令配合端点捕捉功能绘制连接线。
- 使用【修剪】命令对轴测线进行编辑完善。
- 最后使用【保存】命令将图形命名存盘。

练习 8：制作零件造型消隐图

本例通过制作如图 13-8 所示的零件立体模型，主要对【长方体】、【圆柱体】、【多段线】、【拉伸】、【三维镜像】、【差集】等命令进行综合练习和巩固。

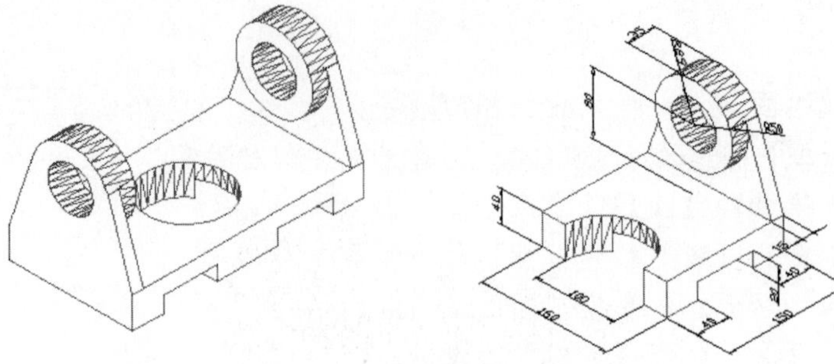

图 13-8　本例效果

绘图思路

- 新建空白文件，并设置绘图环境。
- 使用【长方体】、【圆柱体】和【差集】命令制作底座模型。
- 使用【多段线】、【拉伸】、【圆柱体】、【三维镜像】等命令制作支架模型。
- 使用【消隐】命令对零件模型进行消隐显示。
- 最后使用【保存】命令将图形命名存盘。

练习 9：制作零件造型着色图

本例通过制作如图 13-9 所示的零件立体模型，主要对【圆】、【直线】、【边界】、【拉伸】、【长方体】、【圆柱体】、【三维移动】、【差集】等命令进行综合练习和巩固。

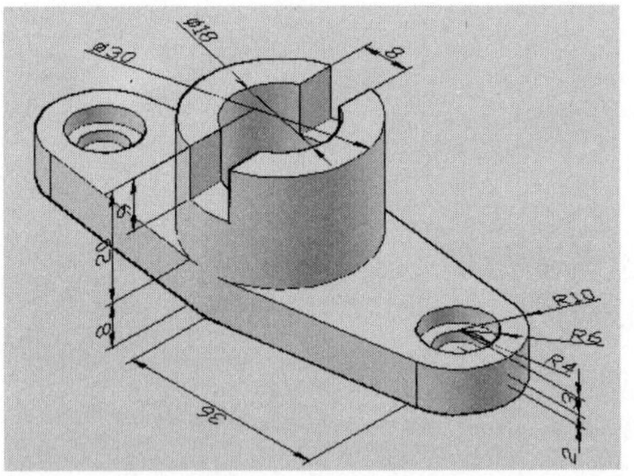

图 13-9　本例效果

绘图思路

- 新建空白文件，并设置绘图环境。
- 使用【圆】、【修剪】、【直线、【边界】等命令绘制底板轮廓线。
- 使用【拉伸】、【差集】、【三维移动】等命令制作底板模型。
- 使用【圆柱体】、【长方体】、【差集】等命令制作上侧模型。
- 最后使用【保存】命令将图形命名存盘。

练习 10：制作支架零件实体图

本例通过制作如图 13-10 所示的零件立体模型，主要对【多段线】、【圆】、【直线】、【边界】、【拉伸】、【长方体】、【圆柱体】、【差集】、【圆角】等命令进行综合练习和巩固。

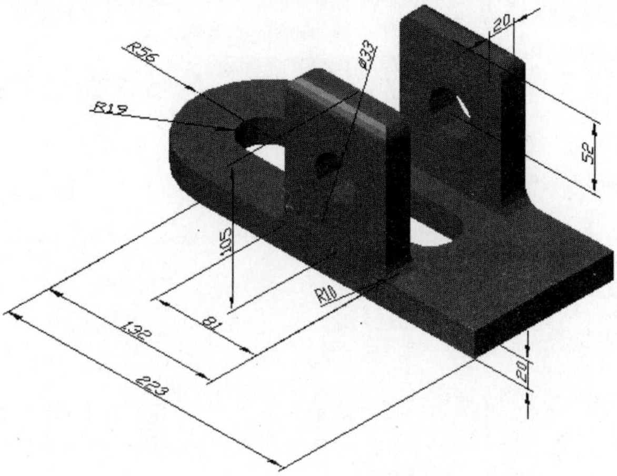

图 13-10　本例效果

绘图思路

- 新建公制文件，并设置绘图环境。
- 使用【多段线】和【拉伸】命令创建底板模型。
- 使用【圆】、【直线】、【边界】、【拉伸】、【差集】等命令制作底板孔。
- 使用【长方体】、【圆柱体】、【差集】、【三维镜像】等命令制作上侧支架。
- 使用【圆角】命令对零件模型进行抹角。
- 最后使用【保存】命令将图形命名存盘。

第14章

制图规范与机械样板

本章在简述机械制图规范知识的前提下，通过制作机械绘图样板文件，学习绘图样板的具体内容和相关参数的具体设置过程。

14.1 制图规范必备

国家标准《机械制图》是一项机械专业的制图标准，它是绘制图样和看图的准绳。在绘制机械图形时，必须要遵守标准中的有关规定。

14.1.1 图纸幅面

机械图幅面基本规格有 5 种，如表 14-1 所示，表中的 L 表示图纸的长边尺寸，B 为图纸的短边尺寸，图纸的长边尺寸 L 等于短边尺寸 B 的根下 2 倍。当图纸是带有装订边时，a 为图纸的装订边，尺寸为 25mm；c 为非装订边，A0~A2 号图纸的非装订边边宽为 10mm，A3、A4 号图纸的非装订边边宽为 5mm。

表 14-1　图纸幅面和图框尺寸（mm）

尺 寸 代 号	A0	A1	A2	A3	A4
L×B	1188×841	841×594	594×420	420×297	297×210
c	10			5	
a	25				
e	20			10	

当图纸为无装订边图纸时，e 为图纸的非装订边，A0~A2 号图纸边宽尺寸为 20mm，A3、A4 号图纸边宽为 10mm，每一规格的图纸又分为横装图纸和竖装图纸两种。各种图纸图框尺寸如图 14-1 所示。

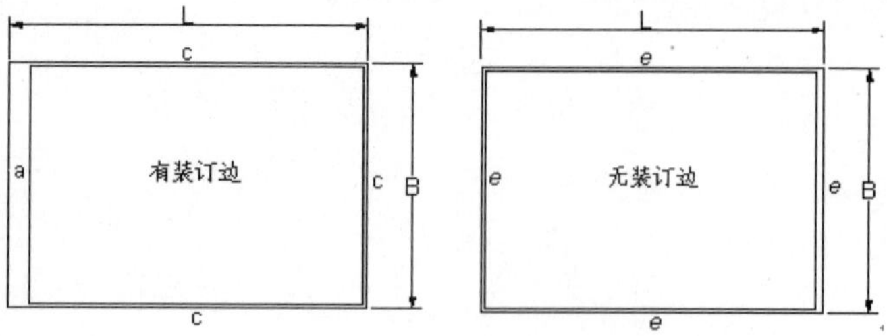

图 14-1　图纸图框尺寸

14.1.2 标题栏

标题栏是用来记录该图纸的有关信息的，一般情况下，每张图样都需要画出标题栏，标题栏的格式和尺寸如图 14-2 所示。标题栏的长边置于水平方向图纸的右下角，看图的方向与看标题栏的方向一致。

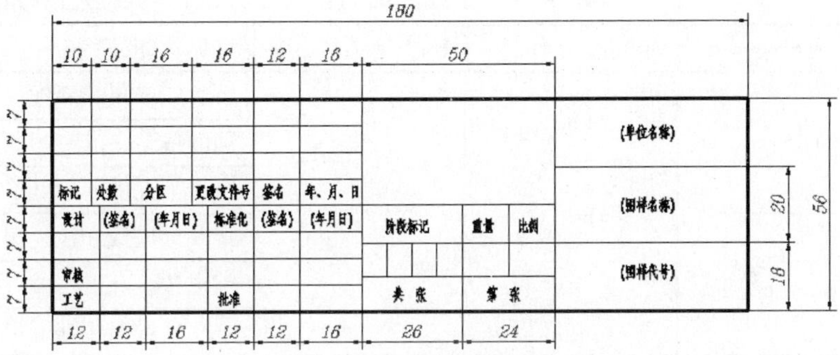

图 14-2 标题栏

14.1.3 比例

零件图和装配图的标题栏中，都有“比例”这个项目。比例是指图中图形与实物相应要素的线性尺寸之比。比例分为原值比例、放大比例和缩小比例。原值比例是指图中图形与实物相应要素的线性尺寸之比为 1，即图形与实物一样大小；放大比例是指图中图形与实物相应要素的线性尺寸之比大于 1，如 2:1、5:1 等；缩小比例是指图中图形与实物相应要素的线性尺寸之比小于 1，如 1:2、1:5 等。

为了从图样上直接反映实物的大小，一般绘图时尽量采用原值比例。因各种实物的大小与结构千差万别，所以在某种情况下，可以根据实际情况采用放大和缩小比例。表 14-2 为图样中采用的比例系列。

表 14-2 机械制图比例系列

与实物相同	缩 小		放 大
1:1	1:1.5	1:1.5×10n	
	1:2	1:2×10n	2:1
	1:2.5	1:2.5×10n	2.5:1
	1:3		
	1:4		4:1
	1:5	1:1.5×10n	5:1
	1:10n		10n:1

技巧

应用比例的一般规定是绘制同一机件的各个视图一般要用相同的比例，并在标题栏的“比例”一栏中填写清楚，如“1:1”；如果其中某一视图需要采用不同的比例，必须在该视图的上方标明其比例，如“2:1”。

14.1.4　线型

按照国家标准 GB4457.4—84，机械设计绘图时应采用表 14-3 规定的图线。

表 14-3　机械制图标准图线

形　状	名　称	宽　度	应 用 范 围
	粗实线	b	可见轮廓线
	细实线	约 b/3	尺寸线或尺寸界线
			剖面线
			重合剖面的轮廓线
			螺纹牙底线和齿轮齿根线
			引出线
			分界线或范围线
	波浪线	约 b/3	断裂处的边界线
			视图或剖视的分界线
	双折线	约 b/3	断裂处的边界线
	虚线	约 b/3	不可见的轮廓线
	细点划线	约 b/3	轴线
			对称中心线
			轨迹线
			节圆及节线
	粗点划线	b	特殊线或表面表示线
	双点划线	约 b/3	相邻辅助线零件轮廓线

14.1.5　尺寸标注

尺寸是图样中的重要内容之一，是零件制造或装配的直接依据，也是图样中不可缺少的部分。因此，国家标准 GB/T16675.2—96《技术制图——尺寸简化法》中对图样中尺寸的标注作出了专门的规定。采用该标准时，国家标准 GB4458.4—84《机械制图——尺寸标注》同样有效。在绘制、识读图样时，必须遵守这些标准，否则会引起混乱，甚至给生产带来重大损失。

1．尺寸标注的基本规则。

- 尺寸数值应与零件的真实大小一致，与图形的大小及绘图的准确度无关。
- 图样的尺寸是以 mm 为单位的，不需要标注计量单位的代号和名称。
- 对零件的每一尺寸，一般只需标注一次。
- 标注尺寸时，应尽可能使用符号或字母代号（缩写）。常用的符号和字母代号见表 14-4。

表 14-4 常用的符号和字母代号

名 称	符号和代号	名 称	符号和代号
直 径	$\varnothing$	45º倒角	C
半 径	R	深 度	↧
球直径	$S\varnothing$	沉孔或锪平	⌴
球半径	SR	埋头孔	⌵
厚 度	t	均 布	EQS
正方形	□		

2．常见尺寸的标注方法

- 线性尺寸的数字一般标注在尺寸线的上方，也允许标注在尺寸线的中断处。线性尺寸的数字应尽量避免标注在30º角的范围内。
- 尺寸的数字不可被任何图线所穿过，当不可避免时，图形必须断开。
- 标注线性尺寸时，尺寸线应使用细实线，并且必须与所标注的线段平行。轮廓线、中心线或它们的延长线都不可作为尺寸所使用。
- 尺寸界线用细实线绘制，也可以利用轮廓线或中心线作为尺寸界线。
- 在光滑过渡时标注尺寸，必须使用细实线将轮廓线延长，从它们的交点处引出尺寸界线。
- 在标注一连串小尺寸时，可以使用小圆点或斜线代替箭头，但最外两端仍需使用箭头。
- 角度尺寸的数字一律水平放置。一般情况下，角度数字应写在尺寸线的中断处，必要时允许放置中外面或引出标注。
- 角度的尺寸界线必须沿径向引出。

3．常见尺寸的简化标注方法

- 标注尺寸时，可以使用单边箭头。
- 标注尺寸时，可采用带箭头的指引线。
- 在标注引线尺寸时，也可采用不带箭头的指引线。
- 从同一基准出发的尺寸可按简化后的形式标注。
- 一组同心圆弧或圆心位于一条直线上的多个不同心圆弧的尺寸，可使用共用的尺寸线和箭头依次表示。
- 一组同心圆或尺寸较多的台阶孔的尺寸，也可使用共同的尺寸线和箭头依次表示。
- 在同一图形中，对于尺寸相同的孔、槽等组成要素，可以只在一个要素标注出其尺寸和数量。
- 标注正方形结构的尺寸时，可在正方形边长尺寸数字前加注“□”。

14.2 了解设计样板

在制作绘图样板文件之前，首先要了解什么是样板文件？

样板文件就是包含一定的绘图环境和专业参数的设置，但并未绘制图形对象的空白文件，当将此空白文件保存为“.dwt”格式后就成为样板图文件。用户在样板文件的基础上开始绘图，能够避免许多参数的重复性设置，大大节省绘图时间，不但提高绘图效率，还可以使绘制的图形更符合规范、更标准，保证图面质量。

样板文件的制作思路如下：

- 设置工程样板图的绘图环境，具体有图形界限、图形单位、单位精度、捕捉模式、追踪模式以及常用变量的设置等。
- 为样板图设置多种不同图层以及图层颜色、线型、线宽及打印等特性，以便组织复杂的图形。
- 为样板设置常用样式，如文字样式、尺寸样式等。
- 为样板进行页面布局及配置图框。
- 最后将包含各种变量参数的文件进行样板存储。

14.3 样板制作过程

14.3.1 基本参数设置

下面开始设置工程样板文件，首先为样板图设置图形界限、图形单位、捕捉追踪以及常用系统变量等绘图环境。具体操作步骤步骤如下。

❶执行【新建】命令，以“acadISO -Named Plot Styles”作为基础样板，新建空白文件。

❷选择菜单【格式】|【单位】命令，在打开的【图形单位】对话框中设置长度、角度等参数，如图 14-3 所示。

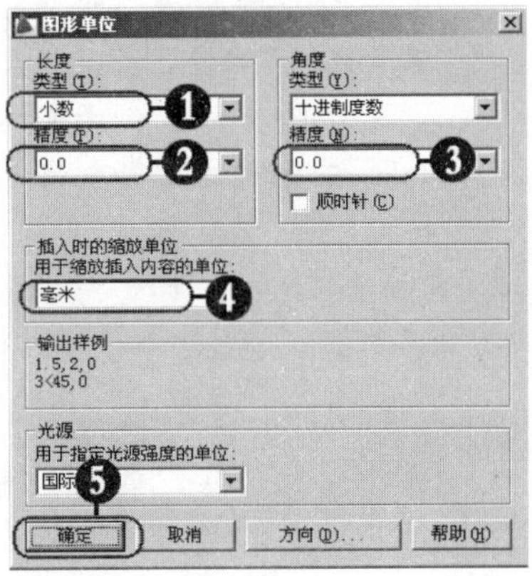

图 14-3 【图形单位】对话框

> **技巧**
>
> 默认设置下以逆时针作为角的旋转方向，其基准角度为“东”，也就是以坐标系 X 轴正方向作为起始方向。

❸选择菜单【格式】|【图形界限】命令，设置默认作图区域为 420×297。命令行操作如下：

```
命令: _limits
    重新设置模型空间界限:
    指定左下角点或 [开(ON)/关(OFF)] <0.0,0.0>:        // Enter，以原点作为左下角点
    指定右上角点 <420.0,297.0>:                       // Enter，采用默认设置
```

> **技巧**
>
> 设置图形界限时，只需定位左下角点和右上角点即可。当设置好图形界限之后，必须使用全部缩放功能，将图形界限最大化显示，否则所设置的图形界限没有意义。

❹选择菜单【视图】|【缩放】|【全部】命令，将图形界限最大化显示。

❺选择菜单【工具】|【草图设置】命令，启用对象捕捉和追踪功能。

如果用户需要使用极轴或动态输入等功能，可以分别展开【极轴追踪】和【动态输入】等选项卡，进行各种参数的设置。

❻设置线型比例。由于线型比例的原因，有些线型可能显示不出自身的特点，此时可以使用系统变量 LTSCALE 进行调整线型的显示比例。命令行操作如下：

```
命令: LTSCALE                          //Enter，激活系统变量
    输入新线型比例因子 <1.0000>:        //Enter，输入线型的比例
```

❼设置标注比例。使用系统变量 DIMSCALE 可以设置和调整尺寸标注样式的比例。命令行操作如下：

```
命令: DIMSCALE                         //Enter，激活此系统变量
    输入 DIMSCALE 的新值 <1>:          //Enter，输入尺寸比例
```

❽设置文字的可读性。使用系统变量 MIRRTEXT 可以设置镜像文字的可读性。命令行操作如下：

```
命令: MIRRTEXT                         //Enter，激活此系统变量
    输入 MIRRTEXT 的新值 <0>:          //Enter，采用默认设置
```

技巧

当变量 MIRRTEXT 值为 0 时，镜像后的文字具有可读性；当变量为 1 时，镜像后的文字不可读，如图 14-4 所示。

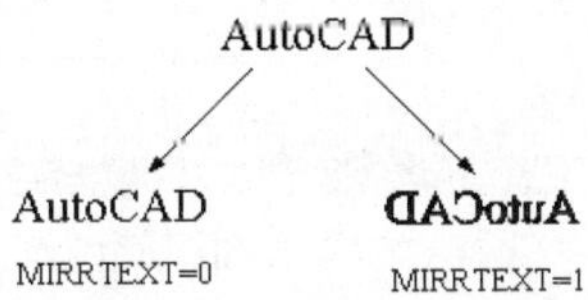

图 14-4 文字镜像示例

❾设置属性变量。在绘图过程经常需要引用一些属性块，属性值的输入一般有“对话框”和“命令行”两种方式，而用于控制这两种方式的变量为 ATTDIA 的值。命令行操作如下：

```
命令: ATTDIA                           //Enter 激活此系统变量
    输入 ATTDIA 的新值 <0>:            //1 Enter ，将此变量值设置为 1
```

技巧

当变量 ATTDIA=0 时，系统将以“命令行”形式提示输入属性值；为 1 时，以“对话框”形式提示输入属性值。

❿最后将当前文件命名存储为“设置绘图环境.dwg”。

14.3.2 图层与层特性

接下来为绘图模板设置常用的图层及图层特性，以方便用户对复杂图形进行组织和规

划。具体操作步骤如下。

❶继续上例操作。

❷单击【图层】工具栏上的按钮，打开【图层特性管理器】对话框，创建一个名为“轮廓线”的图层，如图 14-5 所示。

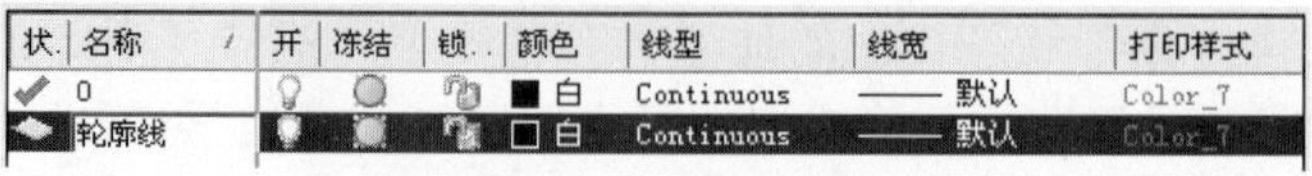

图 14-5　新建图层

❸重复第 2 操作步骤，分别创建“波浪线”、“点画线”、“双点画线”、“隐藏线”、“剖面线”、“尺寸层”、“文本层”、“其他层”等 8 个常用图层，结果如图 14-6 所示。

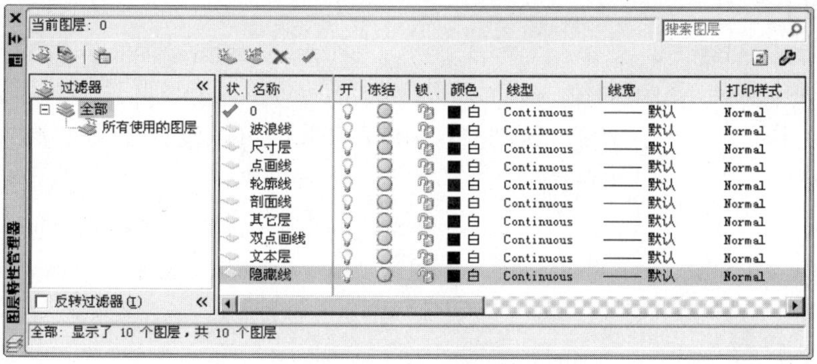

图 14-6　创建新图层

❹单击“点画线”图层，在图 14-7 所示的颜色图标上单击，打开【选择颜色】对话框。

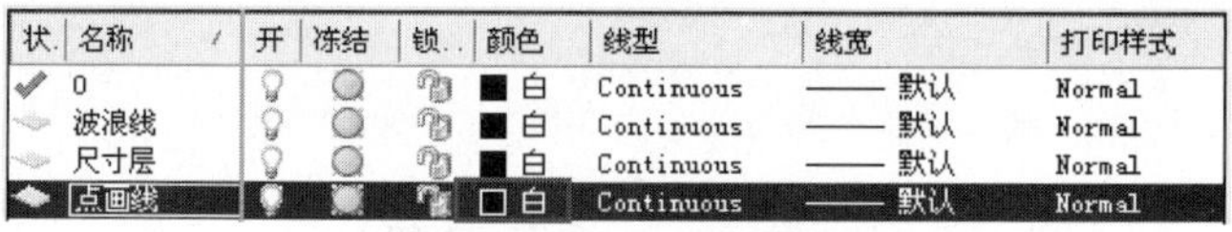

图 14-7　修改图层颜色

❺在【选择颜色】对话框中选择“红色”作为图层的颜色，如图 14-8 所示，单击 确定 按钮关闭对话框。

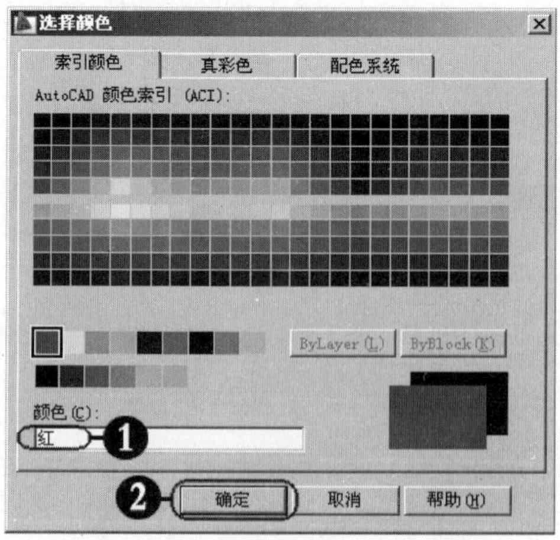

图 14-8　【选择颜色】对话框

❻重复第 5 操作步骤，分别设置其他图层的颜色，结果如图 14-9 所示。

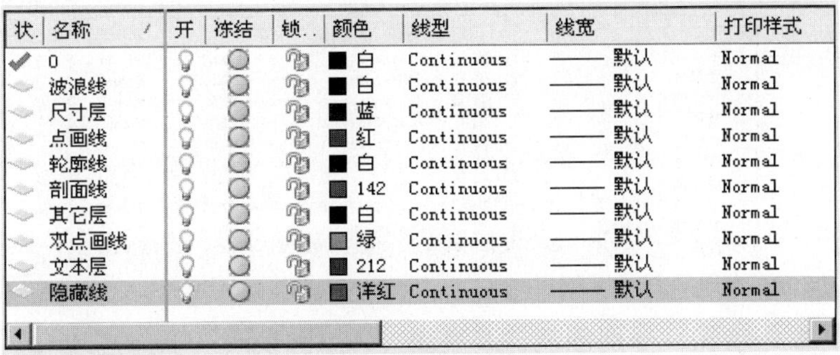

图 14-9　设置图层颜色

❼单击“点画线”图层，在如图 14-10 所示的位置上单击，打开【选择线型】对话框。

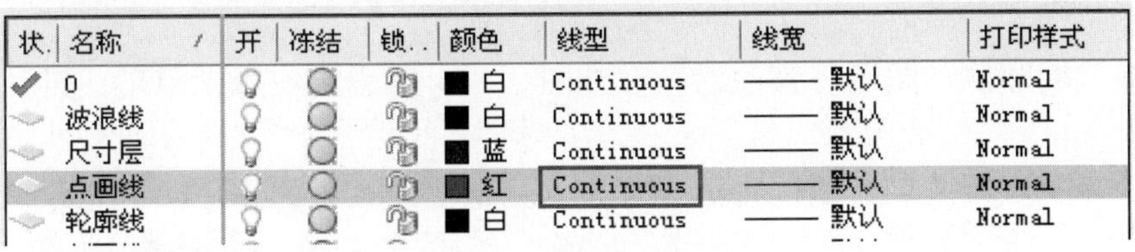

图 14-10　指定单击位置

❽单击 加载... 按钮，在弹出的【加载或重载线型】对话框中选择如图 14-11 所示的线型进行加载。

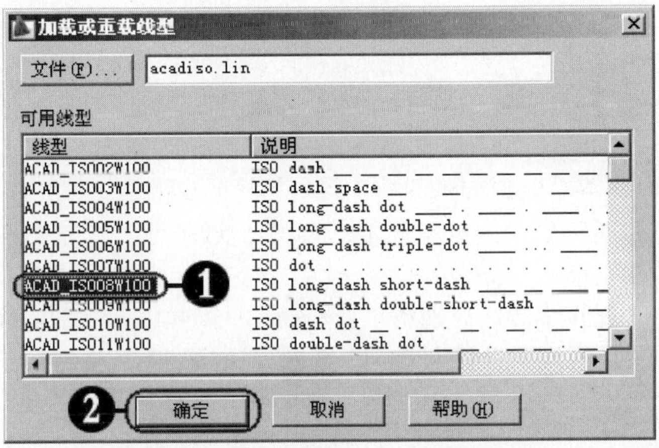

图 14-11　【加载或重载线型】对话框

❾单击 确定 按钮返回【选择线型】对话框中，然后选择加载的线型，单击 确定 按钮，将此线型赋给“点画线”图层，结果如图 14-12 所示。

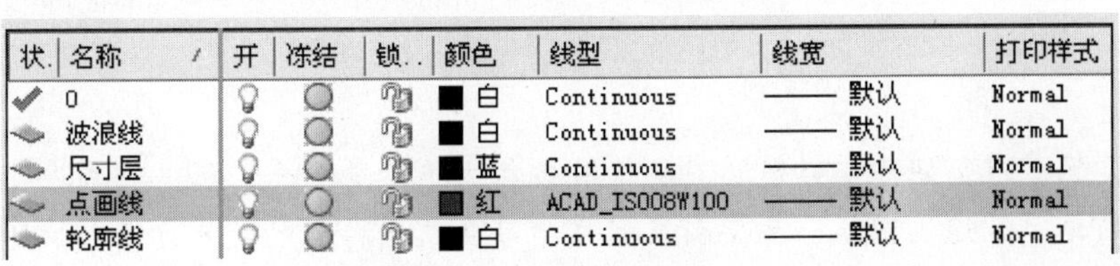

图 14-12　设置图层线型

❿重复第 7~9 操作步骤，分别为其他图层设置线型，结果如图 14-13 所示。

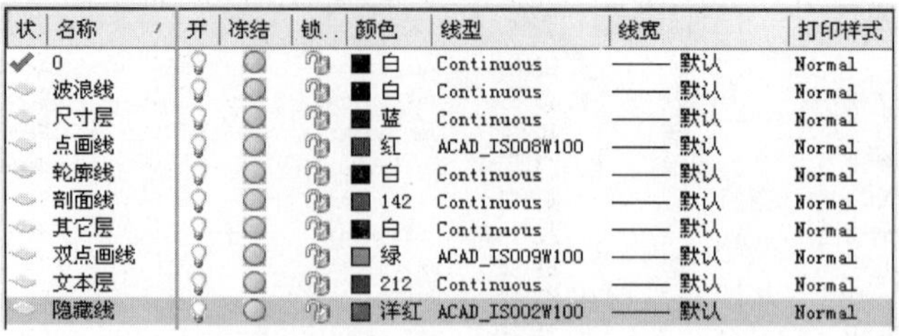

图 14-13　设置线型

技巧

在选择多种线型时，需要按住 Ctrl 键。另外，AutoCAD 为用户提供了多种线型，在默认情况下仅显示“连续实线”线型，当用户需要设置其他线型时，必须先加载所需线型。

⑪选择“轮廓线”图层将其激活，在如图 14-14 所示的位置上单击，打开【线宽】对话框。

⑫在打开的【线宽】对话框中选择“0.35 毫米”线宽，如图 14-15 所示。

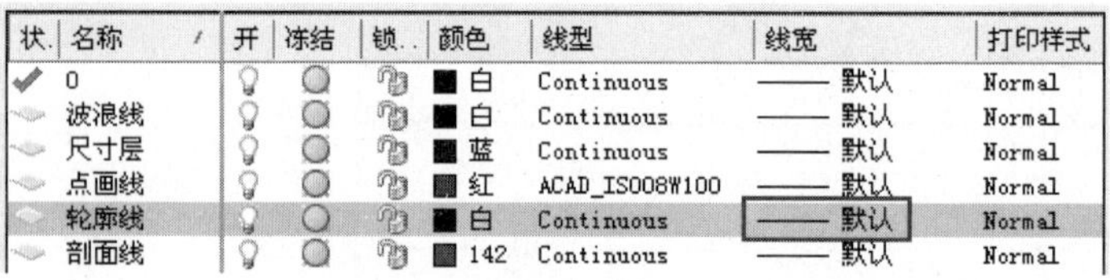

图 14-14　指定单击位置

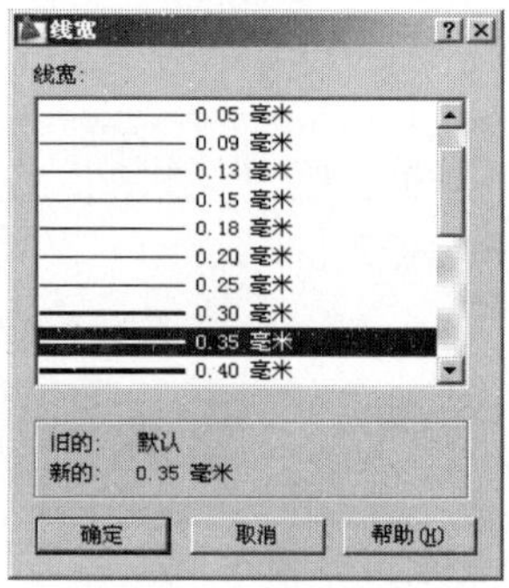

图 14-15　选择线宽

⑬单击【线宽】对话框中的 确定 按钮，将此线宽赋给“轮廓线”图层，结果如图 14-16 所示。

⑭重复第 11~13 操作步骤，分别将“点画线”、“隐藏线”、“剖面线”、“波浪线”、“尺寸层”以及“文本层”的线宽设置为“0.13 毫米”，如图 14-17 所示。

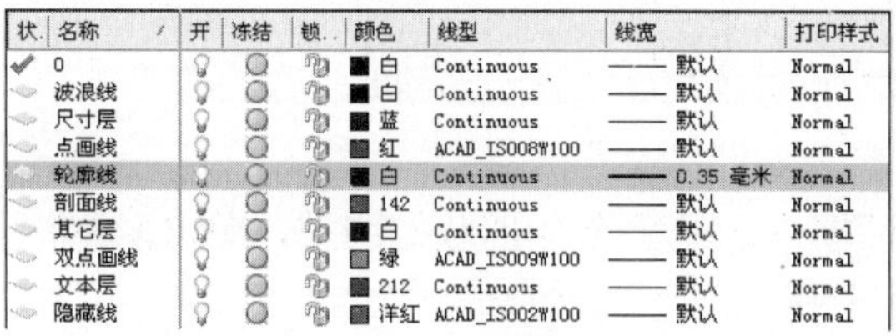

图 14-16　设置线宽

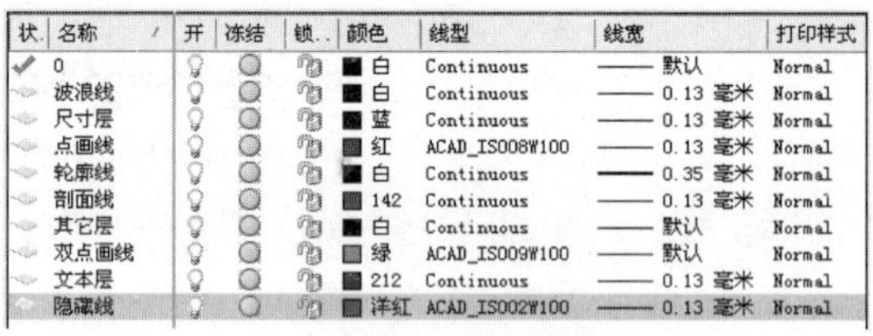

图 14-17　设置线宽

技巧

其实在日常的工程制图中，引用的图层及图层名是非常多，并且很复杂的，而本例则通过设置一些简单、常规的图层，主要引导用户学习层及层特性的设置方法和快速设置技巧。

⑮最后将当前文件另名存储为“设置图层及特性.dwg”。

14.3.3 设置文字样式

在机械制图中，为了控制零件图中数字、字母和汉字等的外观显示效果，需要为其统一设置文字样式。本节将学习机械制图中文字样式的设置技巧。具体操作步骤如下。

❶继续上例操作。

❷单击【样式】工具栏上的按钮，并执行【文字样式】命令，打开【文字样式】对话框。

❸单击 新建(N) 按钮，在弹出的【新建文字样式】对话框中为新样式赋名，如图 14-18 所示。

❹单击 确定 按钮返回【文字样式】对话框中，然后展开【字体】下拉列表框，设置文字样式的字体如图 14-19 所示。

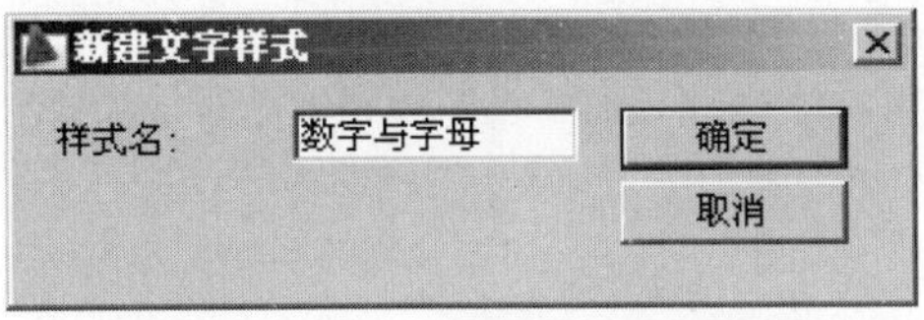

图 14-18 为新样式赋名

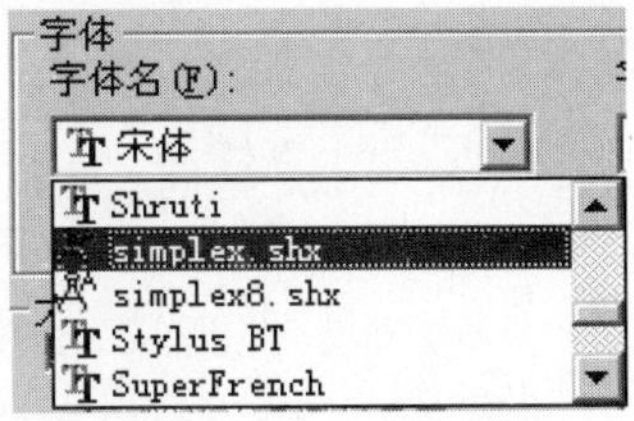

图 14-19 设置字体

❺在【效果】选项组中设置文字的宽度比例如图 14-20 所示。

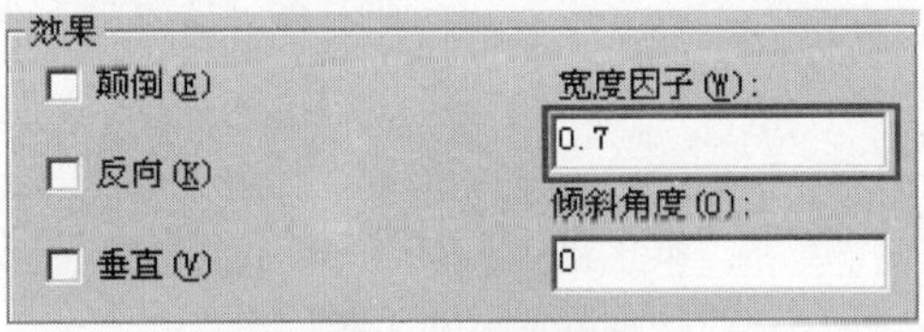

图 14-20 设置宽度比例

❻其他参数采用默认设置，最后单击 应用(A) 按钮，完成新样式的设置过程。

❼参照上述操作步骤，设置一种名为“汉字”的文字样式，参数设置如图 14-21 所示。

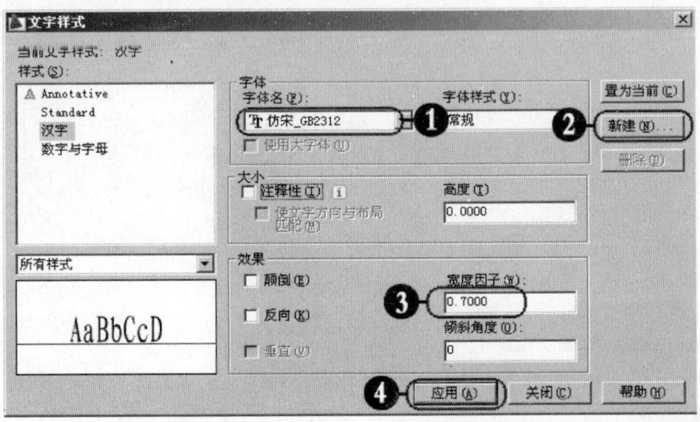

图 14-21 设置“汉字”样式

❽选择“数字与字母”文字样式，单击 置为当前(C) 按钮，将其设为当前样式。

❾最后将当前文件另存储为“设置文字样式.dwg”。

14.3.4 设置尺寸样式

接下来为机械样板文件设置尺寸标注样式。具体操作步骤如下。

❶继续上例操作。单击【样式】工具栏上的按钮，打开【标注样式管理器】对话框。

❷单击 新建(N)... 按钮，打开【创建新标注样式】对话框，为新样式赋名，如图 14-22 所示。

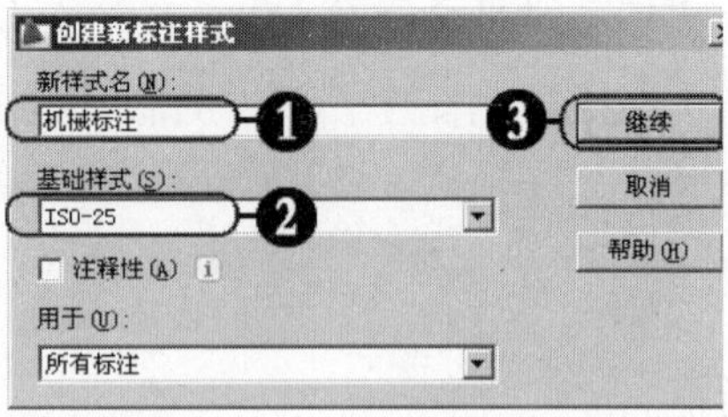

图 14-22　为新样式赋名

❸单击 继续 按钮，打开【新建标注样式：机械标注】对话框，在【线】选项卡中设置基线间距、起点偏移量等参数如图 14-23 所示。

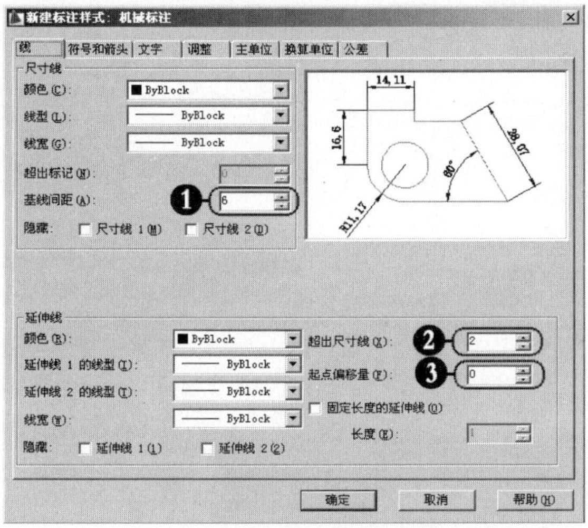

图 14-23　设置“线”参数

❹展开【符号和箭头】选项卡，设置箭头、大小等参数如图 14-24 所示。

❺展开【文字】选项卡，设置尺寸的样式、颜色、大小等参数，如图 14-25 所示。

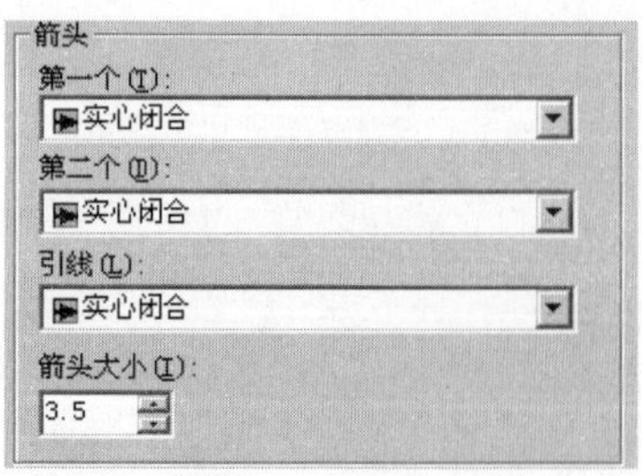

图 14-24　设置“符号和箭头”参数

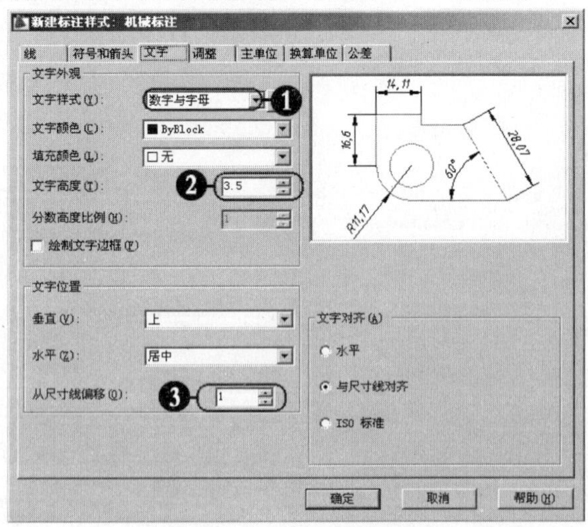

图 14-25　设置文字参数

❻展开【调整】选项卡，设置尺寸比例如图 14-26 所示。

❼展开【主单位】选项卡，设置线型和角度标注参数如图 14-27 所示。

❽单击 确定 按钮返回【标注样式管理器】对话框，结果新设置的尺寸样式出现在此对话框中，如图 14-28 所示。

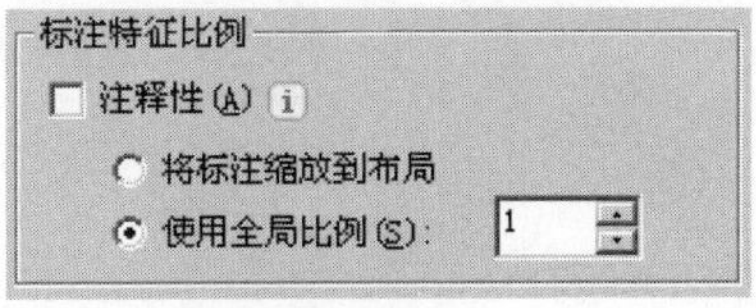

图 14-26 【调整】选项卡中的设置选项

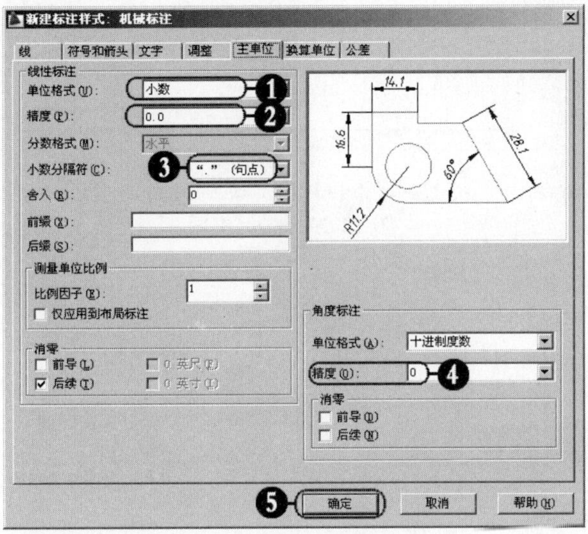

图 14-27 【主单位】选项卡

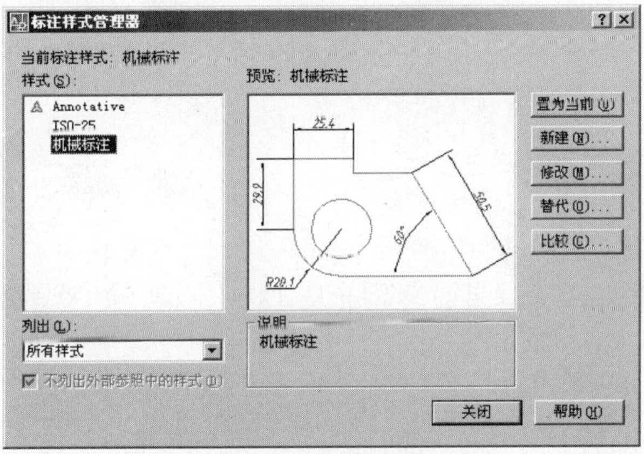

图 14-28 “建筑标注”样式

❾单击 置为当前(U) 按钮，将“机械标注”设置为当前样式，同时关闭对话框。

❿最后将文件另存储为“设置尺寸样式.dwg”。

14.3.5 页面的布局

当设置好绘图环境以及所需样式等内容后，接下来为样板进行打印页面的布局及图表框的配置，以体现出样板文件的完整性和方便图纸的后期输出。

❶继续上例操作。

❷单击绘图区底部的“布局 1”标签，进入到如图 14-29 所示的布局空间。

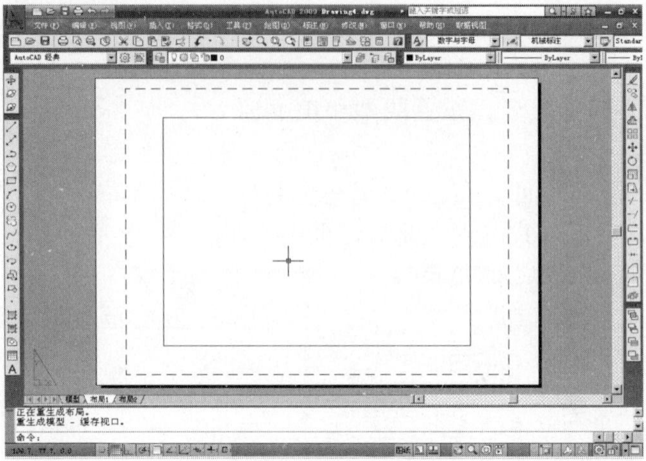

图 14-29　布局空间

❸选择菜单【文件】|【页面设置管理器】命令，打开如图 14-30 所示的【页面设置管理器】对话框。

❹单击 新建(N)... 按钮，打开【新建页面设置】对话框，并为新页面赋名，如图 14-31 所示。

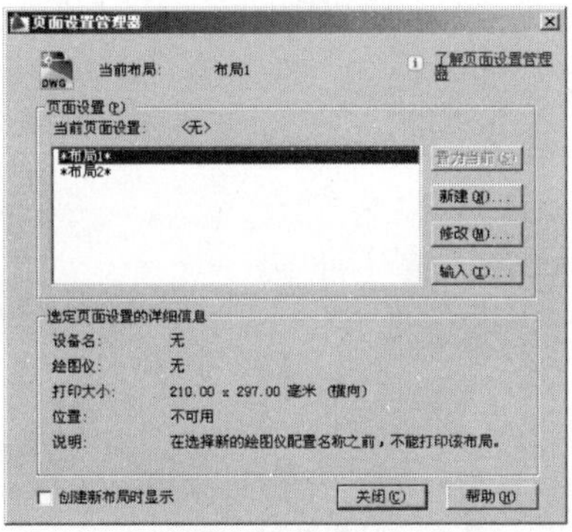

图 14-30 【页面设置管理器】对话框

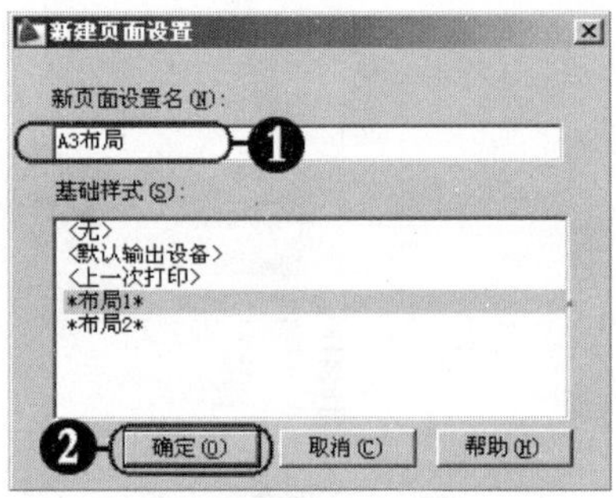

图 14-31　为新页面赋名

❺单击 确定(O) 按钮进入【页面设置-布局 1】对话框，然后设置打印设备、图纸尺寸、打印样式、打印比例等各页面参数，如图 14-32 所示。

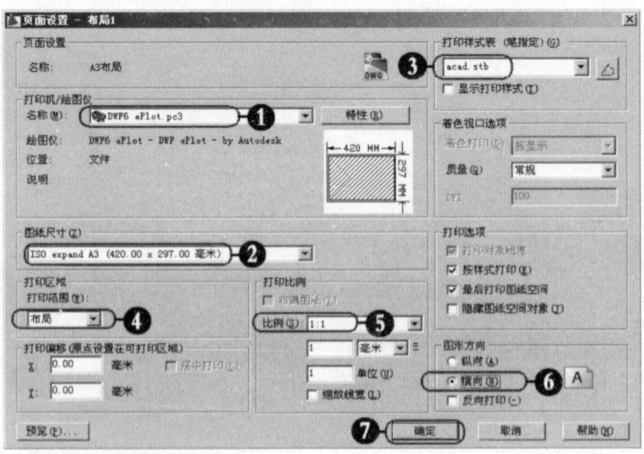

图 14-32　设置页面参数

❻单击 确定(O) 按钮返回【页面设置管理器】对话框，将刚设置的新页面设置为当前。

❼单击 关闭(C) 按钮，结束命令，新布局的页面设置效果如图 14-33 所示。

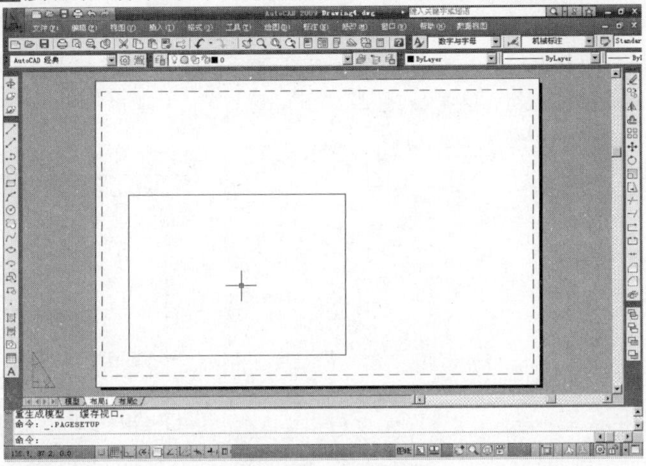

图 14-33　页面设置效果

❽使用【删除】命令，选择布局中的矩形视口边框进行删除，结果如图 14-34 所示。

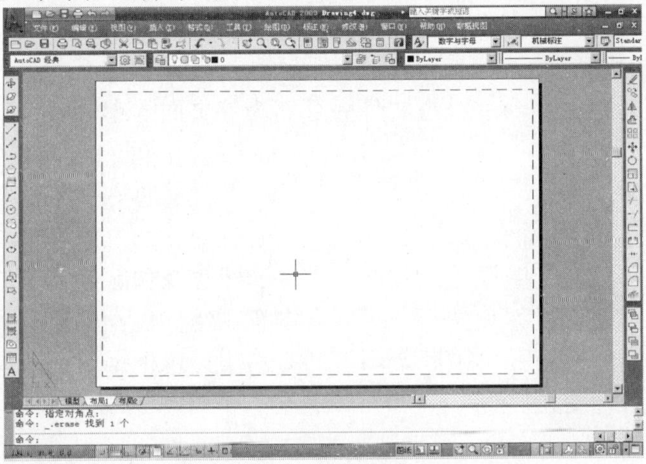

图 14-34　删除默认视口

❾单击【绘图】工具栏上的按钮，执行【插入块】命令，插入随书光盘中的“图块文件\A 3-H.dwg”，并设置块参数如图 14-35 所示。

❿单击 确定(O) 按钮，结果 A3-H 图表框被插入到当前布局中的原点位置上，如图 14-36 所示。

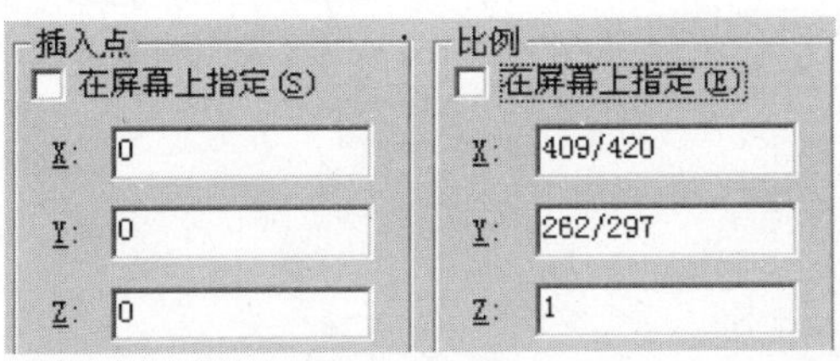

图 14-35　设置块参数

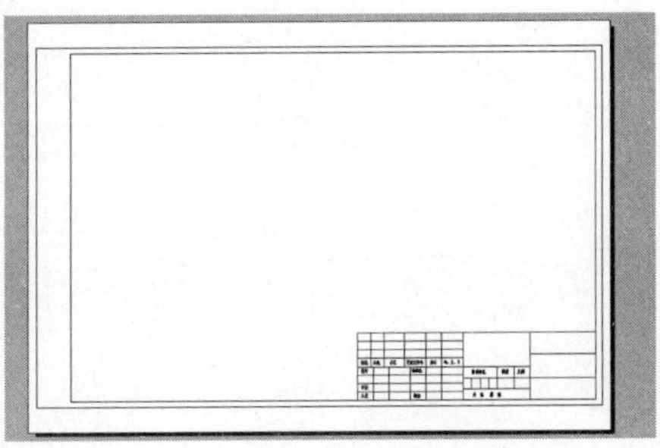

图 14-36　插入结果

⑪单击绘图区下侧的“模型”标签，恢复到模型空间。

⑫最后执行【另存为】命令，在打开的对话框中设置文件的存储类型和文件名，如图 14-37 所示。

⑬单击 保存... 按钮，打开【样板选项】对话框，输入“机械样板”，如图 14-38 所示。

图 14-37 【文件类型】下拉列表框

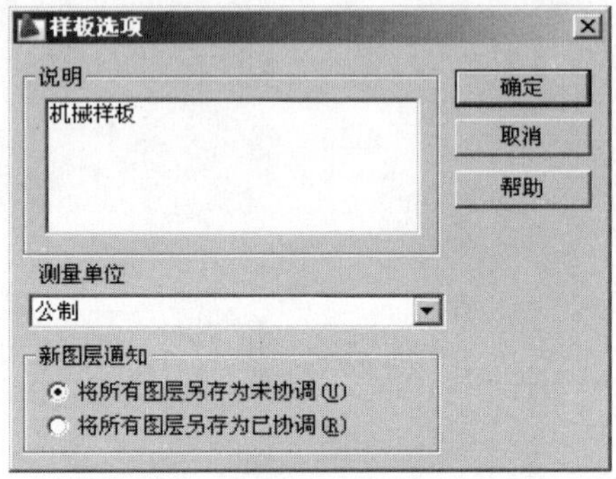

图 14-38 【样板选项】对话框

⑭单击 确定 按钮，结果创建了制图样板文件，保存于 AutoCAD 安装目录下的“Template”文件夹中。

⑮最后使用【另存为】命令，将文件另存储为“页面的布局.dwg”。

14.4 本章小结

本章在简单了解机械制图规范以及样板文件的概念及功能等知识的前提下，详细讲述了机械图样板文件的制作过程和技巧。另外，本章在制作过程中仅起到抛砖引玉的作用，样板文件中相关参数的设置并不是固定不变的，用户可以根据自己所要绘制的专业图形来设置样板文件中的各种变量。

第15章

标准件与常用件设计

在不同类型、不同规格的各种机器中，有相当多的零部件是相同的，将这些零件加以标准化，并按尺寸不同加以系列化即成为标准件或常用件，设计人员在应用时可以直接调用标准件或常用件，而不需要重复绘制。

15.1 标准件与常用件概述

结构复杂的机器都是由许多不同的零件连接、装配而成的。零件间的连接形式有很多种，拆开时会损坏连接部分的，称为“不可拆连接”，如焊接和铆接；不会损坏连接部分的，称为“可拆连接”，如螺栓、螺柱、螺钉、销、键等的连接。

用于可拆连接的上述零件一般都是标准件。在设计中，一般不必再设计画图，也不必自已制造，可以按标准件的标记，向标准件工厂订购。因此可以缩短设计与生产周期，减低产品的成本，提高产品的质量。因此可以使用标准件的地方，都应尽量采用标准件。有的零件虽然不是标准件，但它们的某些结构及尺寸已标准化，如齿轮、弹簧等，这类零件称为常用件。

15.2 销设计

本例通过绘制如图 15-1 所示的开口销平面图，主要对【射线】、【修剪】、【圆环】、【移动】等命令进行综合练习和巩固。

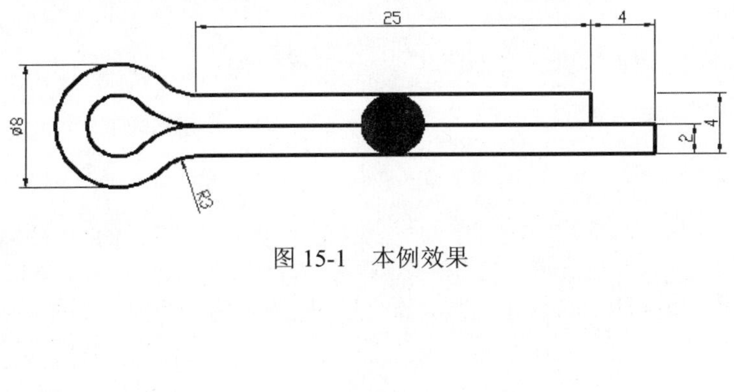

图 15-1　本例效果

绘图思路

- 新建文件，并调整视图的显示。
- 使用【射线】、夹点移动工具绘制定位辅助线。
- 综合【圆】、【修剪】命令绘制与编辑开口销轮廓线。
- 综合【偏移】、【圆环】命令绘制其他轮廓线。
- 修改对象的线型宽度。

操作步骤

❶快速创建公制单位的空白文件。

❷选择菜单【视图】|【缩放】|【中心点】命令，将当前的视图高度调整为 30 个绘图单位。

❸选择菜单【绘图】|【射线】命令，配合点的输入功能绘制定位辅助线。命令行操作如下：

```
命令: _ray
    指定起点:          //在绘图区的左侧拾取一点作为射线的起点
    指定通过点:        //@1,0 Enter，绘制一条水平射线
    指定通过点:        //@0, 1 Enter，绘制一条垂直射线
    指定通过点:        // Enter，结束命令，绘制结果如图 15-2 所示
```

❹在无命令执行的前提下选择水平射线，使其夹点显示，如图 15-3 所示。

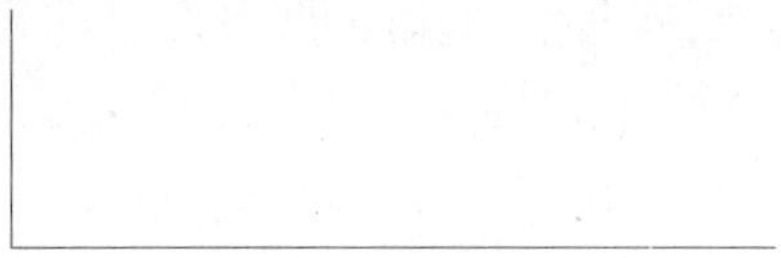

图 15-2　绘制射线

图 15-3　夹点显示对象

❺单击其中的一个夹点，进行夹点编辑模式，对其进行移动复制。命令行操作如下：

```
命令:
    ** 拉伸 **
    指定拉伸点或 [基点(B)/复制(C)/放弃(U)/退出(X)]:  // Enter，激活夹点移动工具
     ** 移动 **
    指定移动点或 [基点(B)/复制(C)/放弃(U)/退出(X)]:  //c Enter，激活【复制】选项
    ** 移动 (多重) **
    指定移动点或 [基点(B)/复制(C)/放弃(U)/退出(X)]:  //@0,2 Enter
    ** 移动 (多重) **
    指定移动点或 [基点(B)/复制(C)/放弃(U)/退出(X)]:  //@0,4 Enter
    ** 移动 (多重) **
    指定移动点或 [基点(B)/复制(C)/放弃(U)/退出(X)]:
                    // Enter，退出夹点编辑模式，并按 Esc 键取消夹点，结果如图 15-4 所示
```

❻执行【圆】命令，以图 15-4 所示的点 A 为圆心，绘制一个直径为 8 的圆，如图 15-5 所示。

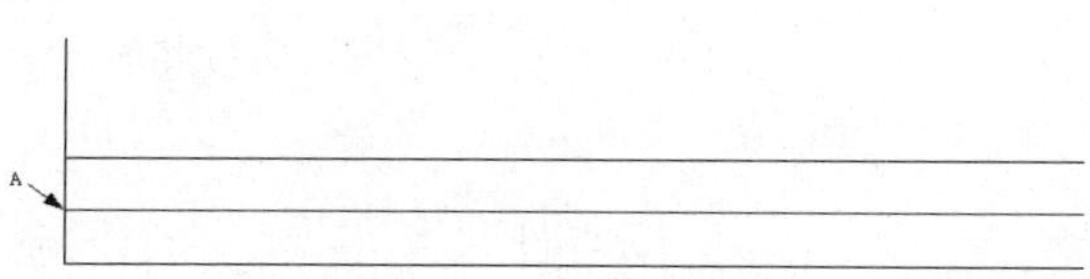

图 15-4　夹点复制

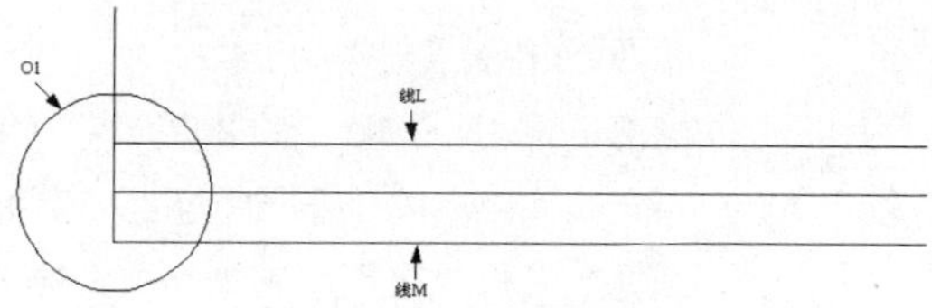

图 15-5　绘制圆

⑦选择菜单【绘图】|【圆】|【切点、切点、半径】命令，绘制两个半径为 3 的相切圆。命令行操作如下：

```
命令: _circle
    指定圆的圆心或 [三点(3P)/两点(2P)/切点、切点、半径(T)]: _ttr
    指定对象与圆的第一个切点:                          //选择圆 O1
    指定对象与圆的第二个切点:                          //选择射线 L
    指定圆的半径 <10.0000>:                            //3 Enter，输入相切圆半径
    命令: _circle                                      // Enter，重复执行命令
    指定圆的圆心或 [三点(3P)/两点(2P)/切点、切点、半径(T)]://t Enter
    指定对象与圆的第一个切点:                          //选择圆 O1
    指定对象与圆的第二个切点:                          //选择射线 M
    指定圆的半径 <3.0000>:                             // Enter，绘制结果如图 15-6 所示
```

⑧选择菜单【修改】|【修剪】命令，对两个相切圆进行修剪，结果如图 15-7 所示。

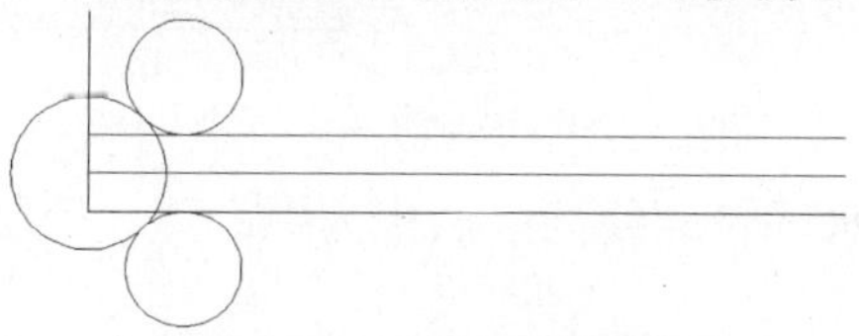

图 15-6　绘制相切圆

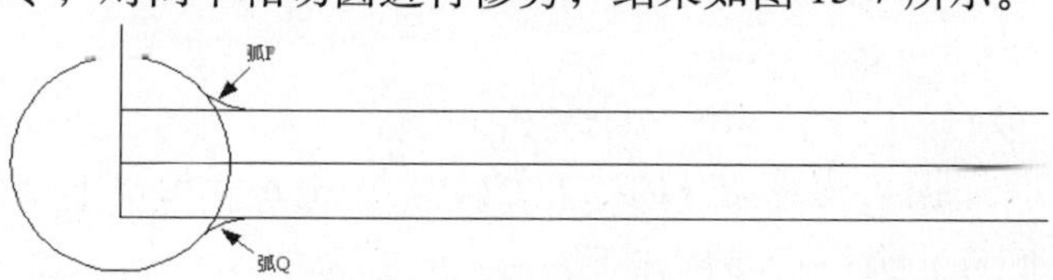

图 15-7　修剪操作（一）

⑨重复执行【修剪】命令，以圆弧 P 和 Q 作为剪切边界，修剪掉位于二者之间的图形对象，修剪结果如图 15-8 所示。

⑩选择菜单【修改】|【偏移】命令，对垂直射线进行偏移。命令行操作如下：

```
命令: _offset
    当前设置: 删除源=否  图层=源  OFFSETGAPTYPE=0
    指定偏移距离或 [通过(T)/删除(E)/图层(L)] <通过>:            //Enter
    选择要偏移的对象，或 [退出(E)/放弃(U)] <退出>:             //选择垂直射线
    指定通过点或 [退出(E)/多个(M)/放弃(U)] <退出>:             //捕捉圆弧与射线的切点
    选择要偏移的对象，或 [退出(E)/放弃(U)] <退出>:             // Enter，结束命令
    命令: _offset                                              // Enter，重复执行此命令
    当前设置: 删除源=否  图层=源  OFFSETGAPTYPE=0
    指定偏移距离或 [通过(T)/删除(E)/图层(L)] <通过>:            //25 Enter
    选择要偏移的对象，或 [退出(E)/放弃(U)] <退出>:             //选择偏移出的垂直射线
    指定要偏移的那一侧上的点，或 [退出(E)/多个(M)/放弃(U)] <退出>:
                                                               //在所选对象的右侧单击
    选择要偏移的对象，或 [退出(E)/放弃(U)] <退出>:             // Enter，结束命令
```

```
命令: _offset                                          //Enter，重复执行此命令
当前设置: 删除源=否  图层=源  OFFSETGAPTYPE=0
指定偏移距离或 [通过(T)/删除(E)/图层(L)] <25>:           //4 Enter
选择要偏移的对象，或 [退出(E)/放弃(U)] <退出>:           //选择偏移出的垂直射线
指定要偏移的那一侧上的点，或 [退出(E)/多个(M)/放弃(U)] <退出>:
                                                       //在所选对象的右侧单击
选择要偏移的对象，或 [退出(E)/放弃(U)] <退出>:
                              //Enter，结束命令，偏移的结果如图 15-9 所示
```

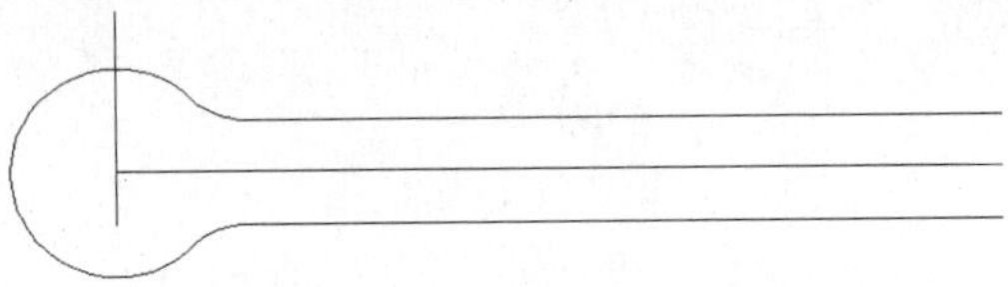

图 15-8 修剪操作（二）

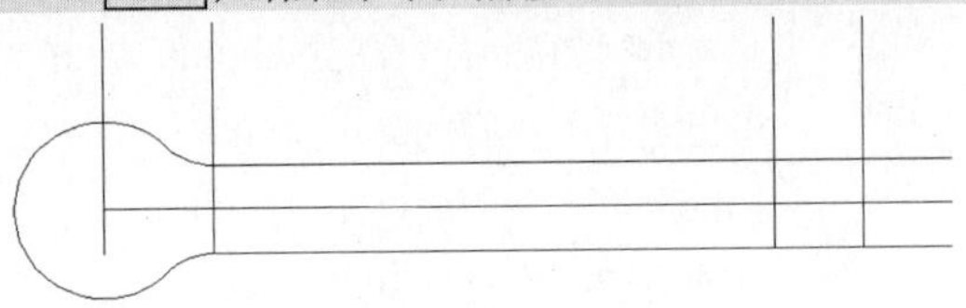

图 15-9 偏移操作（一）

⑪重复执行【偏移】命令，对左侧的 3 段圆弧向内偏移两个绘图单位，结果如图 15-10 所示。

⑫综合使用【修剪】和【删除】命令，对图形进行修剪等编辑，结果如图 15-11 所示。

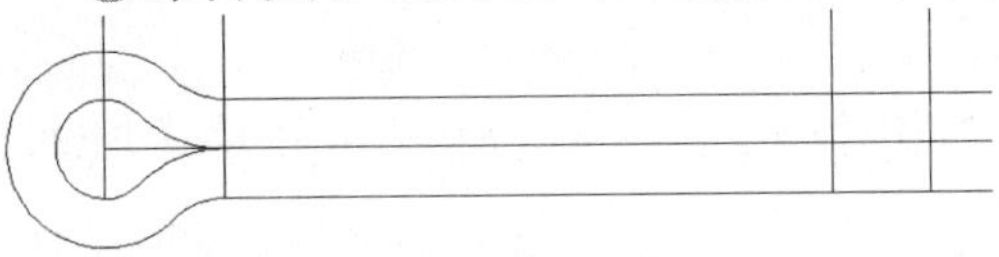

图 15-10 偏移操作（二）

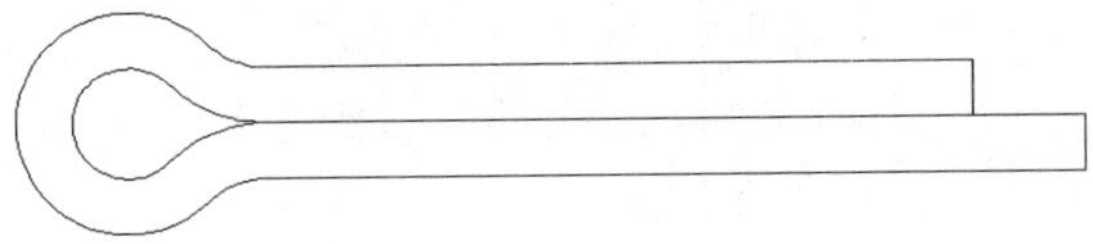

图 15-11 修剪操作

⑬选择菜单【绘图】|【圆环】命令，以最上侧的水平轮廓线的中点作为中心点，绘制圆环。命令行操作如下：

```
命令: _donut
  指定圆环的内径 <0.5000>:              //0 Enter，将圆环内径设置为 0
  指定圆环的外径 <1.0000>:              //4 Enter，将圆环外径设置为 4
  指定圆环的中心点或 <退出>:            //捕捉最上侧水平轮廓线的中点
  指定圆环的中心点或 <退出>:            //Enter，结束命令，绘制结果如图 15-12 所示
```

⑭执行【移动】命令，选择所绘制的圆环，将其垂直下移两个绘图单位，基点为任一点，目标点为“@0,-2”，结果如图 15-13 所示。

图 15-12 绘制圆环

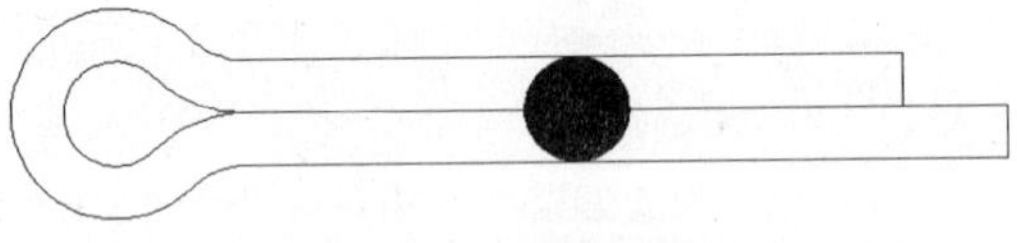

图 15-13 移动操作

⑮选择所有位置的轮廓线，将线宽设置为 0.30mm，并打开线宽的显示功能，最终结果如图 15-1 所示。

⑯最后将图形存储为“销.dwg”。

15.3 键设计

本例通过绘制如图 15-14 所示的半圆键二视图，主要对【圆弧】、【射线】、【偏移】、【延伸】、【倒角】等命令进行综合练习和巩固。

绘图思路

- 新建文件，并设置新视图的高度。
- 使用【圆弧】、【偏移】等命令绘制主视图。
- 使用【射线】和【延伸】命令绘制侧视图。
- 使用【直线】和【倒角】命令绘制倒角。
- 最后将图形命名存盘。

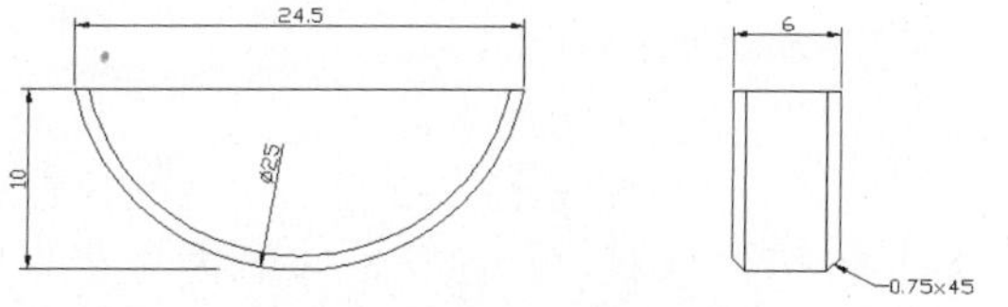

图 15-14 本例效果

操作步骤

❶执行【新建】命令，创建一个公制单位的空白文件。

❷选择菜单【视图】|【缩放】|【中心点】命令，将视图高度调整为 50。

❸选择菜单【绘图】|【圆弧】|【起点、端点、半径】命令，绘制圆弧。命令行操作如下：

```
命令: _arc
    指定圆弧的起点或 [圆心(C)]:                          //在绘图区拾取一点作为起点
    指定圆弧的第二个点或 [圆心(C)/端点(E)]:e
    指定圆弧的端点:                                      //@24.5,0 Enter
    指定圆弧的圆心或 [角度(A)/方向(D)/半径(R)]: r
    指定圆弧的半径:                                      //12.5 Enter，结果如图 15-15 所示
```

❹选择菜单【修改】|【偏移】命令，将圆弧向内偏移 0.75 个绘图单位，结果如图 15-16 所示。

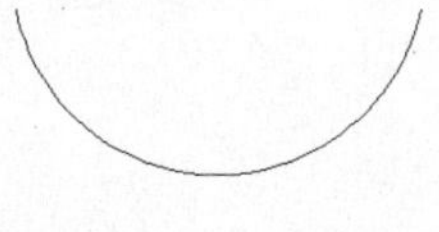

图 15-15 绘制圆弧

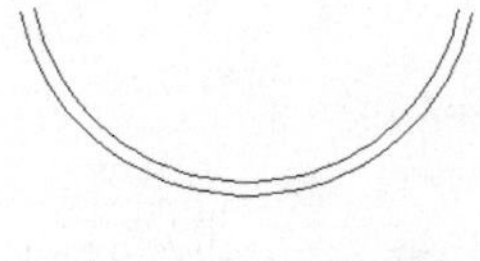

图 15-16 偏移圆弧

❺选择菜单【绘图】|【射线】命令，分别通过大圆弧的左端点和象限点绘制两条水平的射线作为辅助线。命令行操作如下：

```
命令: _ray
    指定起点:                //捕捉大圆弧的左端点
    指定通过点:              //捕捉大圆弧的右端点
    指定通过点:              // Enter，绘制一条水平射线
    命令: _ray               // Enter，重复命令
```

```
    指定起点:                //捕捉大圆弧的象限点
    指定通过点:              //@1,0 Enter
    指定通过点:              // Enter，结果如图 15-17 所示
```

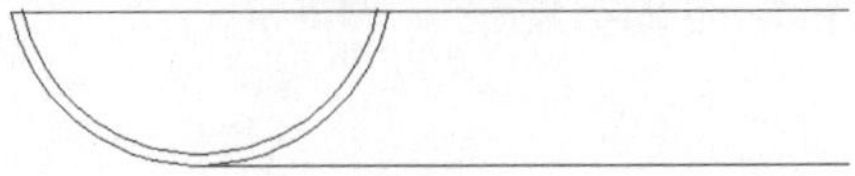

图 15-17　绘制水平射线

❻执行【射线】命令，绘制两条垂直的射线。命令行操作如下：

```
命令: _ray
    指定起点:                //激活【最近点】捕捉功能
    _nea 到                  //在上侧的水平射线上拾取一点作为起点
    指定通过点:              //@0,1 Enter
    指定通过点:              // Enter，结果绘制了一条垂直射线
    命令: _ray               // Enter，重复执行此命令
    指定起点:                //激活【捕捉自】功能
    _from 基点:              //捕捉垂直射线的起点
    <偏移>:                  //@6,0 Enter
    指定通过点:              //@1,0 Enter
    指定通过点:              // Enter，结束命令，绘制结果如图 15-18 所示
```

❼选择菜单【修改】|【修剪】命令，对射线进行修剪，编辑出半圆键的侧视图，结果如图 15-19 所示。

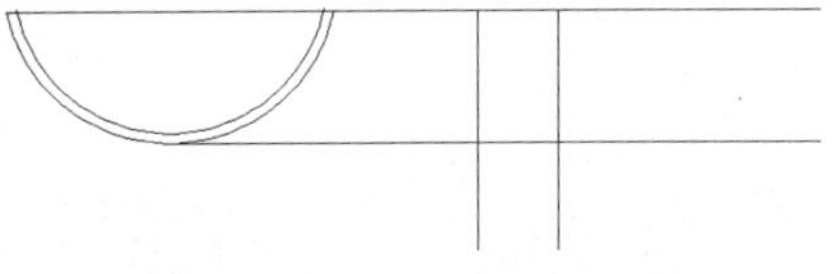

图 15-18　绘制垂直射线

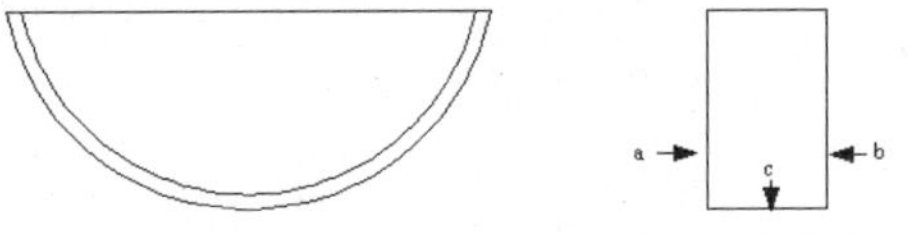

图 15-19　修剪结果

❽选择菜单【修改】|【倒角】命令，分别对侧视图中的 a、b、c 3 条轮廓线进行倒角，命令行操作如下：

```
命令: _chamfer
    ("修剪"模式) 当前倒角距离 1 = 2.0000，距离 2 = 2.0000
    选择第一条直线或 [放弃(U)/多段线(P)/距离(D)/角度(A)/修剪(T)/方式(E)/多个(M)]:
                                        //a Enter
    指定第一条直线的倒角长度 <0.0000>:  //0.75 Enter
    指定第一条直线的倒角角度 <0>:       //45 Enter
    选择第一条直线或 [放弃(U)/多段线(P)/距离(D)/角度(A)/修剪(T)/方式(E)/多个(M)]:
                                        //m Enter
    选择第一条直线或 [放弃(U)/多段线(P)/距离(D)/角度(A)/修剪(T)/方式(E)/多个(M)]:
                                        //选择图 15-19 所示的轮廓线 a
    选择第二条直线，或按住 Shift 键选择要应用角点的直线:    //选择轮廓线 b
```

选择第一条直线或 [放弃(U)/多段线(P)/距离(D)/角度(A)/修剪(T)/方式(E)/多个(M)]:
//选择轮廓线 b
选择第二条直线，或按住 Shift 键选择要应用角点的直线:
//选择轮廓线 c，倒角结果如图 15-20 所示

⑨执行【直线】命令，配合端点捕捉和垂足点捕捉功能绘制两条垂直的倒角轮廓线，结果如图 15-21 所示。

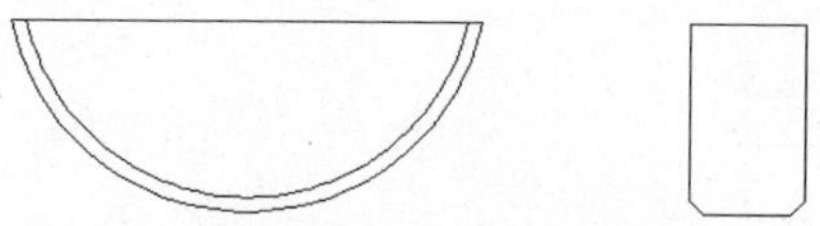
图 15-20 倒角结果

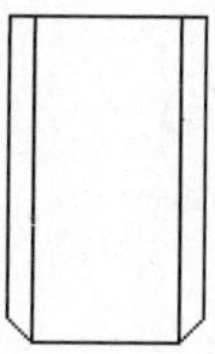
图 15-21 绘制结果

⑩最后使用【保存】命令将图形存储为“键.dwg”。

15.4 垫圈设计

本例通过绘制如图 15-22 所示的垫圈二视图，主要对【圆】、【构造线】、【修剪】、【图案填充】等命令进行综合练习和巩固。

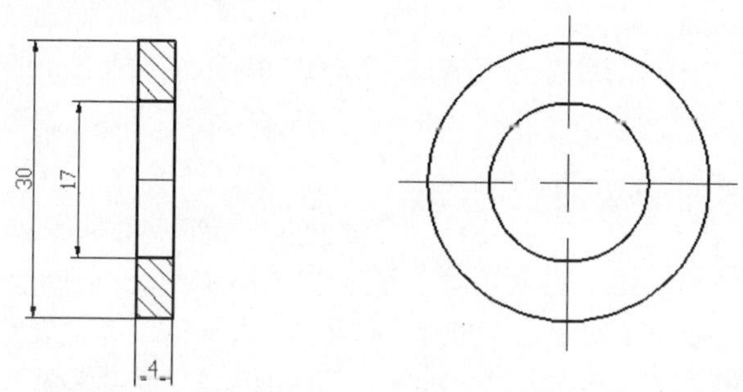

图 15-22 本例效果

绘图思路

- 新建文件，并设置视图高度和捕捉模式。
- 使用【圆】命令绘制侧视图。
- 使用【构造线】、【修剪】和【图案填充】命令绘制主视图。
- 使用【颜色】、【圆心标记】等命令绘制中心线。
- 最后将图形命名存盘。

操作步骤

❶使用【新建】命令，以“acadiso.dwt”作为基础样板，新建空白文件。
❷选择菜单【视图】|【缩放】|【中心点】命令，将视图高度调整为 80 个绘图单位。

❸启用【对象捕捉】功能，并设置捕捉模式为圆心捕捉和象限点捕捉。

❹执行【圆】命令，绘制直径为 30 和 17 的同心圆，如图 15-23 所示。

❺选择菜单【绘图】|【构造线】命令，根据视图间的对正关系，配合捕捉功能绘制水平构造线。命令行操作如下：

```
命令: _xline
    指定点或 [水平(H)/垂直(V)/角度(A)/二等分(B)/偏移(O)]:  //H Enter，激活【水平】选项
    指定通过点:                    //捕捉大圆的上象限点
    指定通过点:                    //捕捉小圆的上象限点
    指定通过点:                    //捕捉圆的圆心
    指定通过点:                    //捕捉小圆的下象限点
    指定通过点:                    //捕捉大圆的下象限点
    指定通过点:                    //Enter，结束命令，绘制结果如图 15-24 所示
```

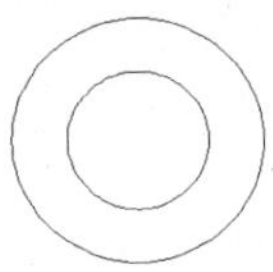

图 15-23　绘制结果

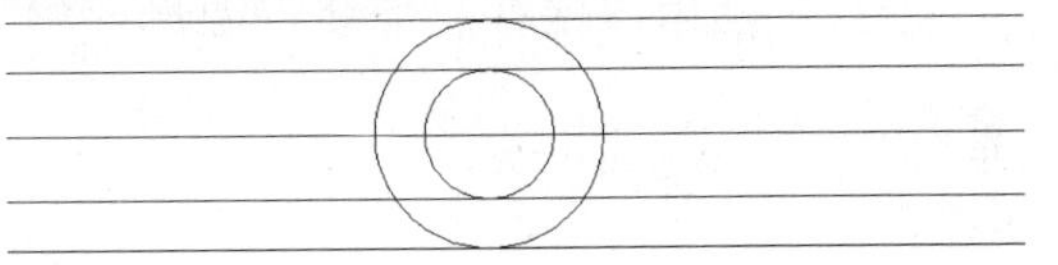

图 15-24　绘制构造线

❻重复执行【构造线】命令，在侧视图的左侧绘制两条垂直的构造线。命令行操作如下：

```
命令: _xline
    指定点或 [水平(H)/垂直(V)/角度(A)/二等分(B)/偏移(O)]: // V Enter
    指定通过点:                         //在主视图的右侧单击左键，指定通过点
    指定通过点:                         // Enter，结束命令
    命令: _xline                        // Enter，重复执行此命令
    指定点或 [水平(H)/垂直(V)/角度(A)/二等分(B)/偏移(O)]:  //O Enter
    指定偏移距离或 [通过(T)] <2.5.0000>:   //4 Enter，将偏移距离设置为 4
    选择直线对象:                       //选择刚绘制的垂直构造线
    指定向哪侧偏移:                     //在垂直构造线的右侧单击左键
    选择直线对象:                       // Enter，绘制结果如图 15-25 所示
```

❼执行【修剪】命令，以最上侧和最下侧的两条水平构造线作为剪切边，对垂直构造线进行修剪，结果如图 15-26 所示。

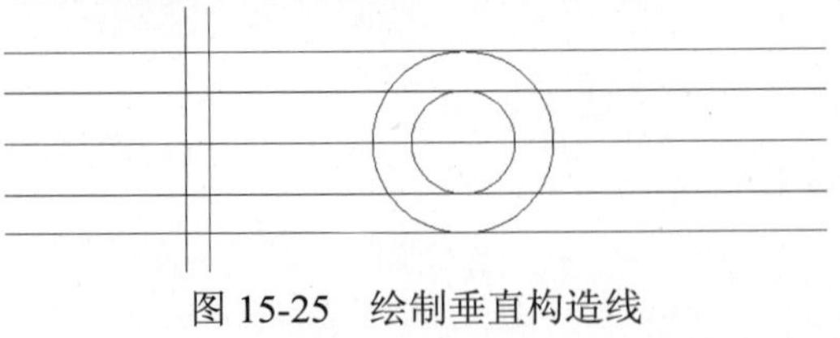

图 15-25　绘制垂直构造线

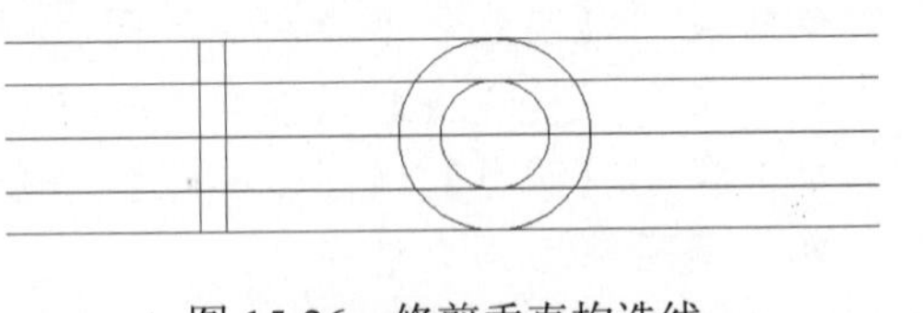

图 15-26　修剪垂直构造线

❽重复执行【修剪】命令，以修剪后产生的垂直线段作为剪切边，对水平构造线进行修剪，结果如图 15-27 所示。

❾单击【绘图】工具栏上的按钮，设置填充图案为“LINE”图案、填充比例为 0.4、填充角度为 45，为剖视图填充如图 15-28 所示的图案。

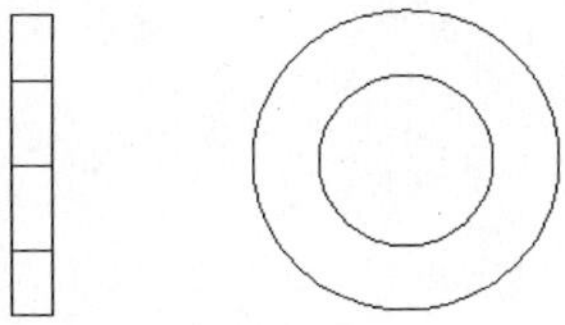

图 15-27 修剪操作

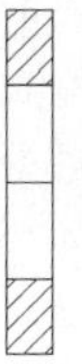

图 15-28 填充结果

⑩选择菜单【格式】|【颜色】命令，在打开的【选择颜色】对话框中设置当前颜色为红色。

⑪选择菜单【标注】|【标注样式】命令，对当前标注样式进行参数修改，如图 15-29 所示。

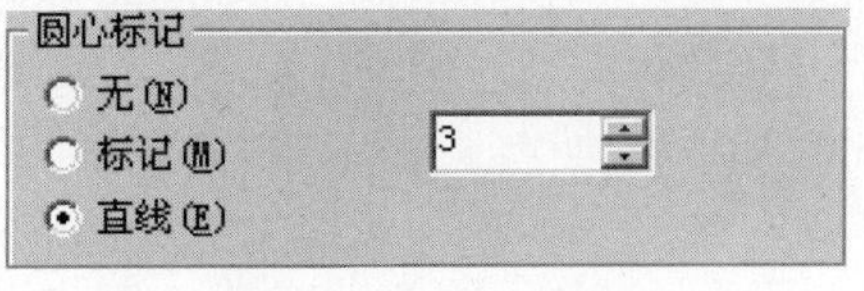

图 15-29 修改参数

⑫选择菜单【标注】|【圆心标记】命令，选择侧视图中的大圆，为其标注中心线，结果如图 15-30 所示。

⑬选择主视图水平中心线，然后展开【颜色控制】列表，修改对象颜色为红色，结果如图 15-31 所示。

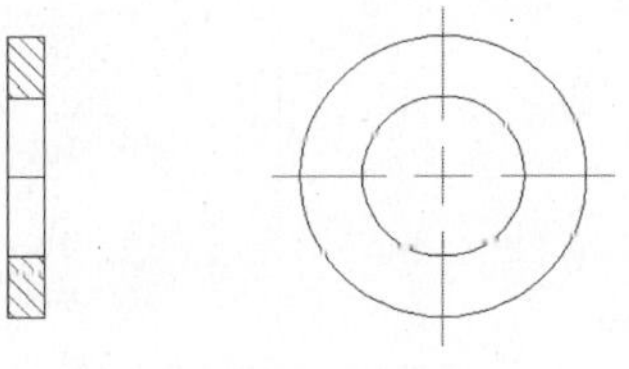

图 15-30 标注圆心标记

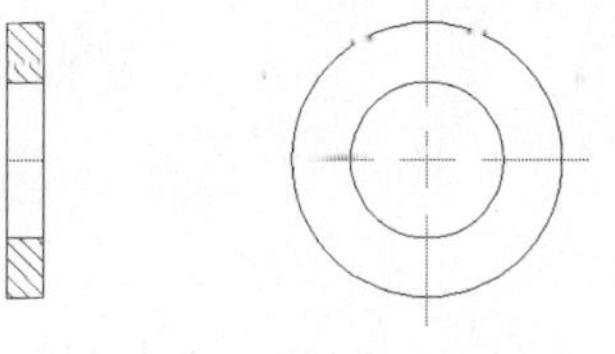

图 15-31 修改结果

⑭最后使用【保存】命令将图形存储为“垫圈.dwg”。

15.5 轴承设计

本例通过绘制如图 15-32 所示的轴承剖视图，主要对【矩形】、【圆】、【修剪】、【镜像】、【偏移】、【图案填充】、【圆心标记】等命令进行综合练习和巩固。

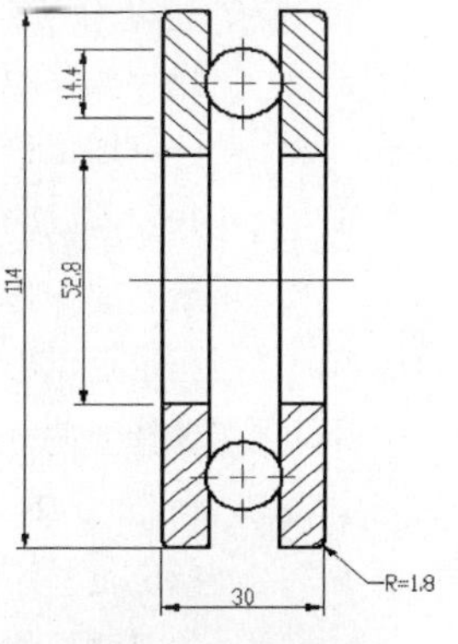

图 15-32 本例效果

绘图思路

- 新建文件，并设置视图高度和捕捉模式。
- 使用【矩形】命令绘制轴承外轮廓。
- 使用【圆】、【偏移】、【修剪】等命令绘制内轮廓。
- 使用【图案填充】命令创建剖面图案。

- 使用【镜像】命令填充剖面线。
- 使用【圆心标记】命令创建圆的中心线。
- 最后将图形命名存盘。

操作步骤

❶快速创建公制单位的空白文件。

❷单击【缩放】工具栏上的按钮，将视图高度调整为 125 个绘图单位。

❸启用【对象捕捉】功能，设置捕捉模式为端点捕捉、中点捕捉和交点捕捉。

❹选择菜单【绘图】|【矩形】命令，绘制轴承外轮廓线。命令行操作如下：

```
命令: _rectang
    指定第一个角点或 [倒角(C)/标高(E)/圆角(F)/厚度(T)/宽度(W)]: //f Enter
    指定矩形的圆角半径 <0.0000>:          //1.8 Enter，设置圆角半径
    指定第一个角点或 [倒角(C)/标高(E)/圆角(F)/厚度(T)/宽度(W)]:
                                          //在绘图区拾取矩形的左下角点
    指定另一个角点或 [尺寸(D)]:            //d Enter
    指定矩形的长度 <0.0000>:              //30 Enter
    指定矩形的宽度 <0.0000>:              //114 Enter
    指定另一个角点或 [尺寸(D)]:            // Enter，绘制结果如图 15-33 所示。
```

❺选择菜单【绘图】|【直线】命令，配合中点捕捉功能绘制矩形水平中线和垂直中线，如图 15-34 所示。

图 15-33　绘制圆角矩形

图 15-34　绘制中线

❻选择菜单【修改】|【偏移】命令，对两条中线进行偏移。命令行操作如下：

```
命令: _offset
    指定偏移距离或 [通过(T)] <0.7500>:       //6.6 Enter，设置偏移距离
    选择要偏移的对象或 <退出>:               //选择垂直中线
    指定点以确定偏移所在一侧:                 //在其左侧单击左键
    选择要偏移的对象或 <退出>:               //选择垂直中线
    指定点以确定偏移所在一侧:                 //在其右侧单击左键
    选择要偏移的对象或 <退出>:               // Enter，结束命令
    命令: _offset                            // Enter，重复执行此命令
    指定偏移距离或 [通过(T)] <5.5000>:       //26.4 Enter
    选择要偏移的对象或 <退出>:               //选择水平中线
    指定点以确定偏移所在一侧:                 //在其上侧单击左键
    选择要偏移的对象或 <退出>:               // Enter，结束命令
    命令: _offset                            // Enter，重复执行此命令
```

```
指定偏移距离或 [通过(T)] <22.0000>:            //41.7 Enter
选择要偏移的对象或 <退出>:                      //选择水平中线
指定点以确定偏移所在一侧:                        //在其上侧单击左键
选择要偏移的对象或 <退出>:                      // Enter，偏移结果如图 15-35 所示
```

⑦单击【绘图】工具栏上的按钮，以交点 W 为圆心，绘制直径为 14.4 的圆，结果如图 15-36 所示。

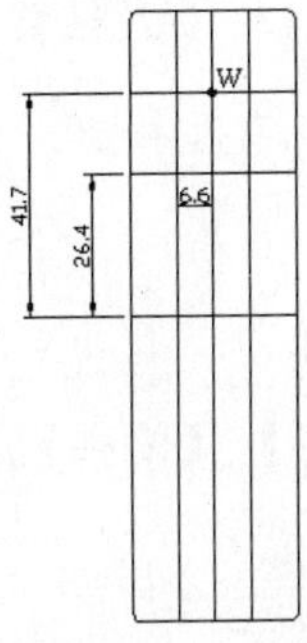

图 15-35　偏移结果

图 15-36　绘制圆

⑧单击【修改】工具栏上的按钮，将多余图形进行修剪掉，同时删除残留图形，结果如图 15-37 所示。

⑨选择菜单【绘图】|【图案填充】命令，设置填充图案为“ANSI31”，填充比例为 0.9，填充如图 15-38 所示的图案。

图 15-37　编辑结果

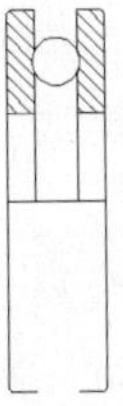

图 15-38　填充结果

⑩选择菜单【修改】|【镜像】命令，对内部结构进行镜像。命令行操作如下：

```
命令: _mirror
  选择对象:                                   //选择如图 15-39 所示的图形对象
  选择对象:                                   //Enter，结束对象的选择
  指定镜像线的第一点:                          //捕捉中间水平中线的左端点
  指定镜像线的第二点:                          //捕捉中间水平中线的右端点
  要删除源对象吗？[是(Y)/否(N)] <N>:            //Enter，镜像结果如图 15-40 所示
```

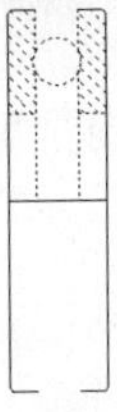

图 15-39　选择镜像对象

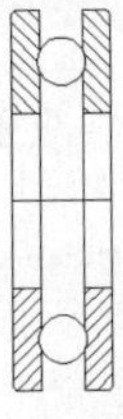

图 15-40　镜像结果

⑪选择菜单【标注】|【标注样式】命令，修改圆心标记如图 15-41 所示。

⑫选择菜单【标注】|【圆心标记】命令，为圆心标记参数如图 15-42 所示。

图 15-41 修改圆心标记

图 15-42 标注结果

⑬最后将图形存储为“轴承 .dwg”。

15.6 垫片设计

本例通过绘制如图 15-43 所示的垫片，主要对【直线】、【矩形】、【偏移】、【圆角】、【倒角】、【阵列】、【拉长】等命令进行综合练习和巩固。

绘图思路

- 新建文件并设置绘图环境。
- 使用【矩形】命令绘制外轮廓线。
- 使用【偏移】命令创建内轮廓线。
- 使用【圆角】和【倒角】命令对轮廓线进行编辑。
- 使用【圆】和【阵列】命令绘制螺孔。
- 使用【直线】、【线性】、【拉长】等命令绘制中心线。
- 最后将图形命名存盘。

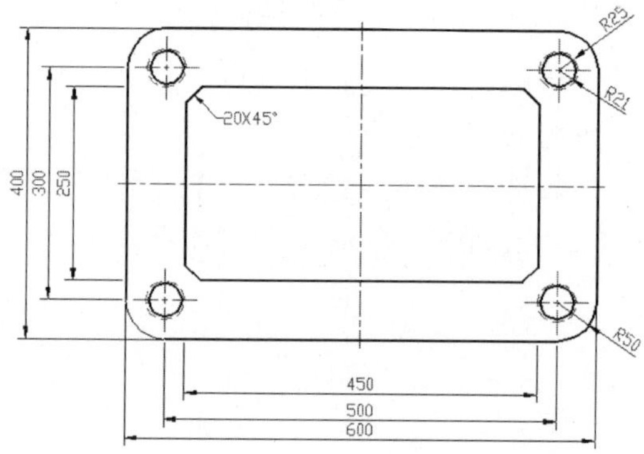

图 15-43 本例效果

操作步骤

❶新建公制单位的空白文件。

❷启用状态栏上的【对象捕捉】功能，并设置捕捉模式为端点捕捉、中点捕捉、圆心捕捉和象限点捕捉。

❸使用【图形界限】命令，将作图范围设置为 840 × 594，并将其最大化显示。

❹选择菜单【绘图】|【矩形】命令，绘制长度为 600、宽度为 400 的矩形，作为外轮廓线。

❺选择菜单【修改】|【偏移】命令，对矩形进行偏移，创建内部轮廓线。命令行操作如下：

```
命令: _offset
    当前设置: 删除源=否  图层=源  OFFSETGAPTYPE=0
    指定偏移距离或 [通过(T)/删除(E)/图层(L)] <通过>:          //50 Enter
```

```
选择要偏移的对象，或 [退出(E)/放弃(U)] <退出>:                //单击刚绘制的矩形
指定要偏移的那一侧上的点，或 [退出(E)/多个(M)/放弃(U)] <退出>:
                                                            //在所选矩形的内部拾取一点
选择要偏移的对象，或 [退出(E)/放弃(U)] <退出>:                //Enter，结束命令
命令: _offset                                               //Enter，重复执行此命令
当前设置: 删除源=否   图层=源   OFFSETGAPTYPE=0
指定偏移距离或 [通过(T)/删除(E)/图层(L)] <50.000>:             //25 Enter
选择要偏移的对象，或 [退出(E)/放弃(U)] <退出>:
                          //单击刚偏移出的矩形，如图 15-44 所示的矩形
指定要偏移的那一侧上的点，或 [退出(E)/多个(M)/放弃(U)] <退出>:
                          //在所选矩形的内部拾取一点
选择要偏移的对象，或 [退出(E)/放弃(U)] <退出>:  //Enter，偏移结果如图 15-45 所示
```

图 15-44　选择二次偏移对象

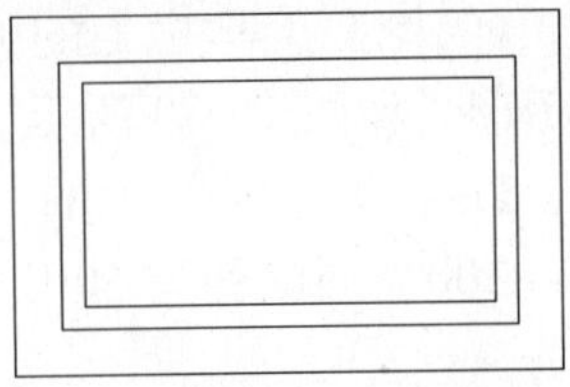

图 15-45　偏移结果

⑥单击【修改】工具栏上的□按钮，将圆角半径设置为 50，对最外侧的矩形进行圆角处理。命令行操作如下：

```
命令: _fillet
    当前设置: 模式 = 修剪，半径 = 0.000
    选择第一个对象或 [放弃(U)/多段线(P)/半径(R)/修剪(T)/多个(M)]:  //r Enter
    指定圆角半径 <0.000>:                  //50 Enter，设置圆角半径
    选择第一个对象或 [放弃(U)/多段线(P)/半径(R)/修剪(T)/多个(M)]:  //p Enter
    选择二维多段线:                        //单击如图 15-46 所示的矩形，圆角结果如图 15-47 所示
    4 条直线已被圆角
```

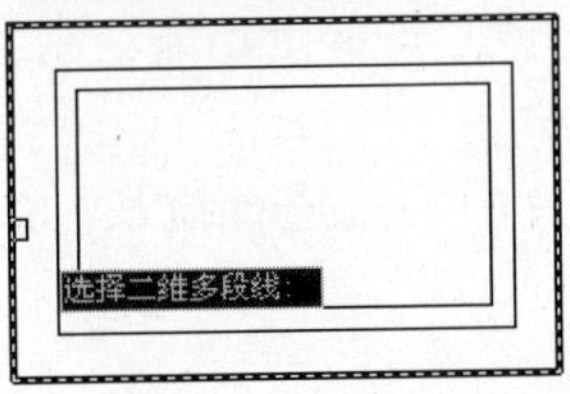

图 15-46　选择圆角对象

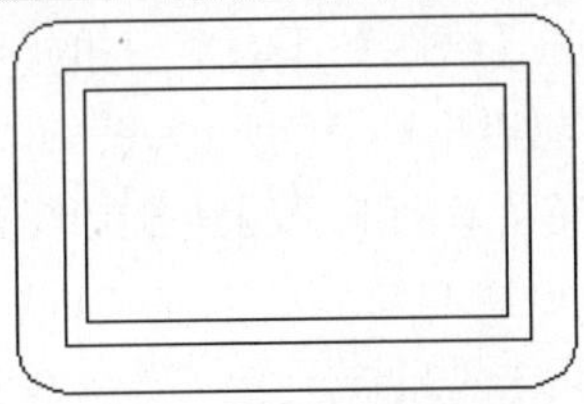

图 15-47　圆角结果

⑦单击【修改】工具栏上的□按钮，对最内侧的小矩形进行倒角处理。命令行操作如下：

```
命令: _chamfer
    ("修剪"模式) 当前倒角距离 1 = 2.000，距离 2 = 2.000
    选择第一条直线或 [放弃(U)/多段线(P)/距离(D)/角度(A)/修剪(T)/方式(E)/多个(M)]: //a Enter
    指定第一条直线的倒角长度 <20.000>:          //20 Enter
```

```
指定第一条直线的倒角角度 <0.000>:            //45 Enter
选择第一条直线或 [放弃(U)/多段线(P)/距离(D)/角度(A)/修剪(T)/方式(E)/多个(M)]:
                                            //p Enter
选择二维多段线:                              //选择如图 15-48 所示的多段线，结果如图
                                             15-49 所示
4 条直线已被倒角
```

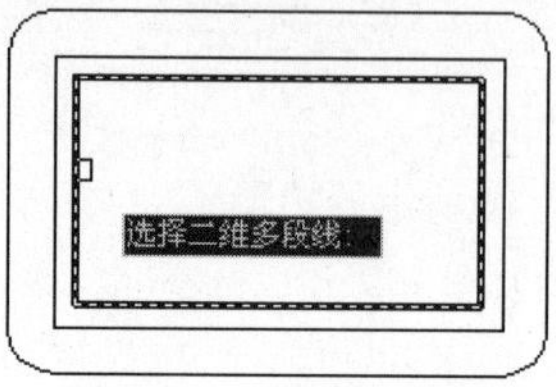

图 15-48　选择倒角对象

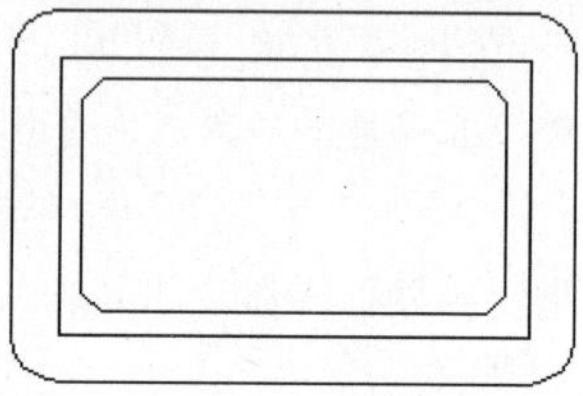
图 15-49　倒角结果

❽单击【绘图】工具栏上的按钮，以中间矩形的左下角点为圆心，绘制半径为 21 和 25 的圆图形，如图 15-50 所示。

❾单击【修改】工具栏上的按钮，激活【阵列】命令，设置阵列行数为 2、列数为 2、行偏移为 300、列偏移为 500，对同心圆进行阵列，结果如图 15-51 所示。

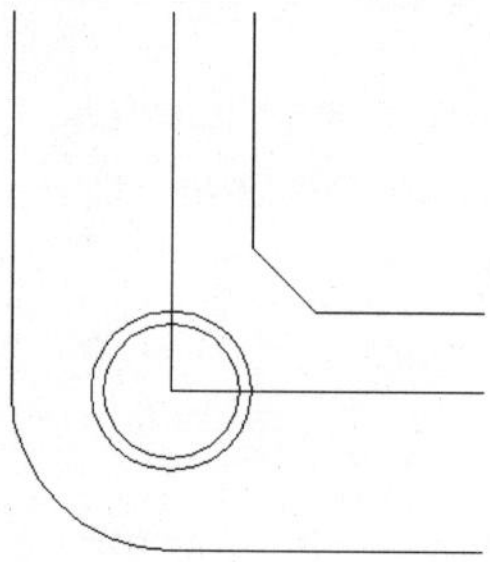
图 15-50　绘制结果

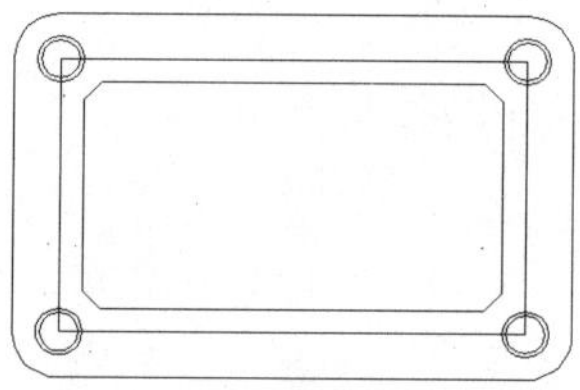
图 15-51　阵列结果

❿删除中间的辅助矩形，然后选择菜单【格式】|【线型】命令，加载两种名为“CENTER”和“HIDDEN”的线型。

⓫将“CENTER”线型设置为当前线型，并设置当前颜色为红色。

⓬单击【绘图】工具栏上的按钮，配合中点捕捉和象限点捕捉功能绘制各位置的中心线，结果如图 15-52 所示。

⓭选择菜单【修改】|【拉长】命令，将刚绘制的垫片中心线进行拉长。命令行操作如下：

```
命令: _lengthen
    选择对象或 [增量(DE)/百分数(P)/全部(T)/动态(DY)]:      //DE Enter
    输入长度增量或 [角度(A)] <0.0000>:                    //20 Enter，设置增量
    选择要修改的对象或 [放弃(U)]:                         //在水平中心线的左端单击左键
    选择要修改的对象或 [放弃(U)]:                         //在水平中心线的左端单击右键
    选择要修改的对象或 [放弃(U)]:                         //在垂直中心线的上端单击左键
    选择要修改的对象或 [放弃(U)]:                         //在垂直中心线的下端单击左键
    选择要修改的对象或 [放弃(U)]:                         // Enter，拉长结果如图 15-53 所示
```

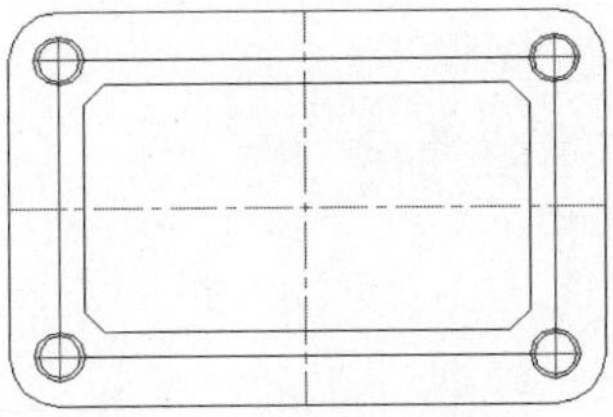

图 15-52 绘制中心线

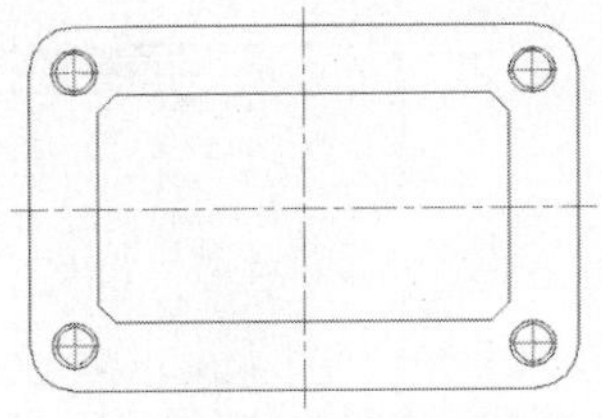

图 15-53 拉长结果

⑭重复执行第 13 操作步骤，分别对圆形螺孔的中心线进行拉长，结果如图 15-54 所示。

⑮夹点显示 4 个半径为 25 的大圆，然后展开【线型控制】列表和【颜色控制】列表，修改线型为“HIDDEN”，修改颜色为洋红，结果如图 15-55 所示。

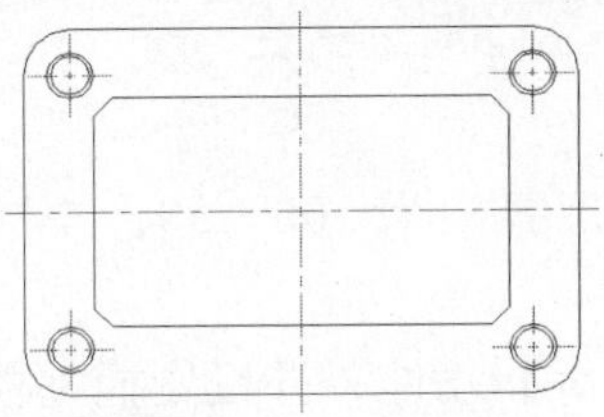

图 15-54 拉长结果

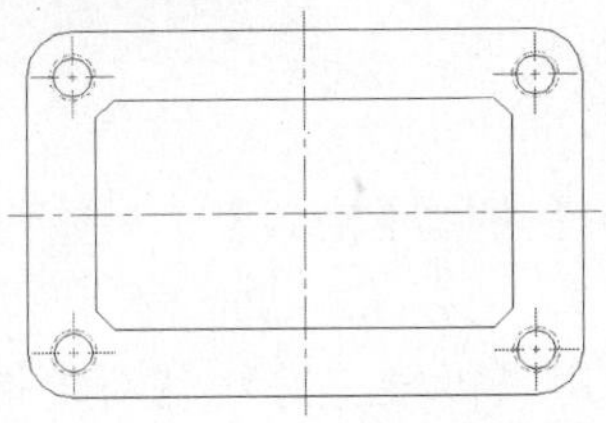

图 15-55 修改特性

⑯最后使用【保存】命令将图形存储为“垫片.dwg”。

15.7 螺母设计

本例通过绘制如图 15-56 所示的螺母三视图，主要对【构造线】、【复制】、【偏 移】、【圆】、【正多边形】、【打断】、【旋转】等命令进行综合练习和巩固。

绘图思路

- 新建文件，并设置绘图环境。
- 使用【构造线】命令绘制三视图定位辅助线。
- 使用【正多边形】和【圆】命令绘制俯视图。
- 使用【偏移】、【圆弧】、【直线】等命令绘制主视图。
- 使用【复制】、【旋转】、【修剪】、【圆弧】等命令绘制左视图。
- 使用【偏移】、【修剪】、【删除】等命令绘制中心线。
- 最后将图形命名存盘。

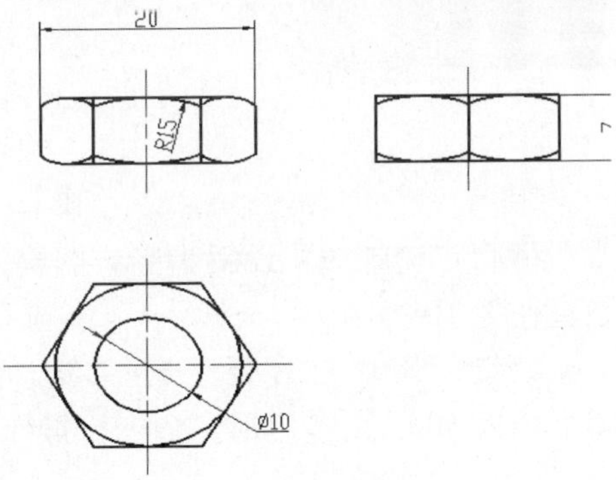

图 15-56 本例效果

操作步骤

❶执行【新建】命令，以“机械样板.dwt”作为基础样板，新建空白文件，如图 15-57 所示。另外，用户也可以直接调用随书光盘中的“样板文件\机械样板.dwt”。

图 15-57　调用样板文件

❷选择菜单【格式】|【图形界限】命令，设置图形界限为 100×50，并将其最大化显示。

❸启用【极轴追踪】、【对象捕捉】和【对象捕捉追踪】功能，并设置捕捉模式为端点捕捉、中点捕捉、圆心捕捉、交点捕捉和延伸捕捉。

❹将“点画线”图层设置为当前图层，选择菜单【绘图】|【构造线】命令，绘制如图 15-58 所示的水平、垂直构造线，作为定位辅助线。

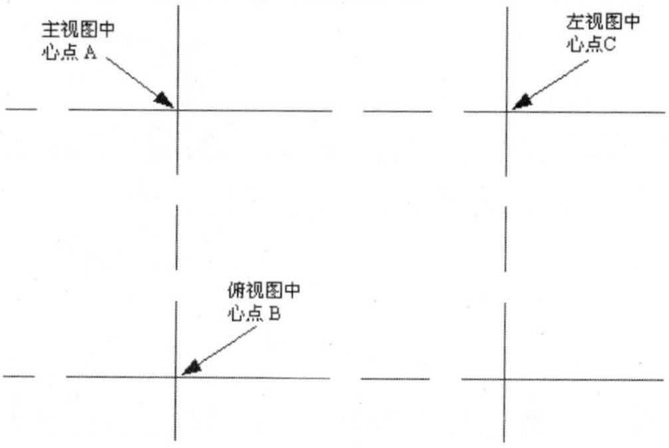

图 15-58　绘制三视图定位线

❺将“轮廓线”设置为当前图层。使用【圆】命令，以俯视图中心点 B 作为圆心，绘制直径为 10 的圆。

❻选择菜单【绘图】|【正多边形】命令，以刚绘制的圆的圆心作为中心点，绘制外接圆半径为 10 的正多边形。命令行操作如下：

```
命令: _polygon
    输入边的数目 <4>:                        //6 Enter，设置正多边形的边数
    指定正多边形的中心点或 [边(E)]:           //捕捉圆的圆心
    输入选项 [内接于圆(I)/外切于圆(C)] <I>:   // Enter
    指定圆的半径:                            //10 Enter，绘制结果如图 15-59 所示。
```

❼选择菜单【绘图】|【圆】|【相切、相切、相切】命令，分别以正多边形的 3 条边作为相切对象，绘制如图 15-60 所示的相切圆。

❽选择菜单【修改】|【偏移】命令，将偏移距离设置为 3.5，对上侧的水平构造线进行对称偏移，结果如图 15-61 所示。

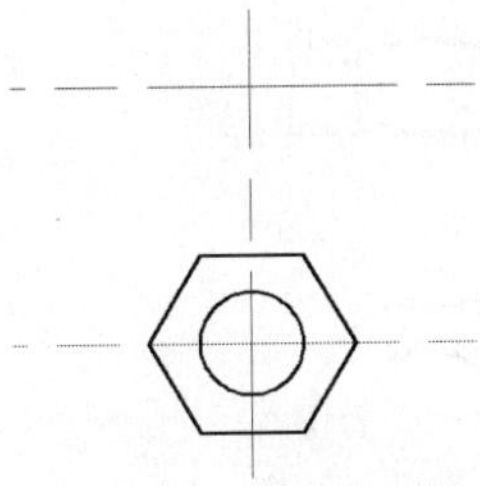

图 15-59 绘制正多边形

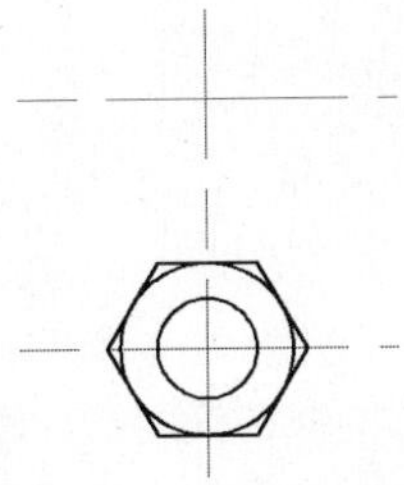

图 15-60 绘制相切圆

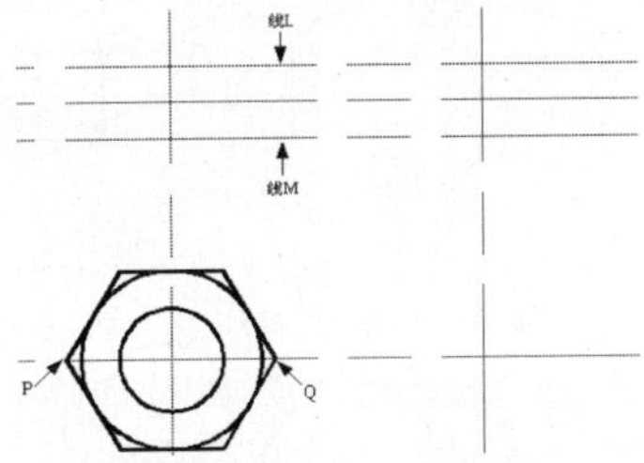

图 15-61 偏移水平辅助线

❾使用快捷键“L”激活【直线】命令，配合【对象捕捉】和【极轴追踪】功能绘制主视图外轮廓线。命令行操作如下：

命令: L	// Enter，激活【直线】命令
指定第一点:	//以图 15-61 所示的 P 点作为对象追踪点，垂直向上引出垂直追踪虚线，捕捉虚线与构造线 M 的交点，如图 15-62 所示
指定下一点或 [放弃(U)]:	//垂直向上移动光标，捕捉追踪虚线与构造线 L 的交点作为第二点
指定下一点或 [放弃(U)]:	//以 Q 点作为对象追踪点，垂直向上移动光标，捕捉虚线与构造线 L 的交点作为第三点，如图 15-63 所示
指定下一点或 [闭合(C)/放弃(U)]:	//垂直向下移动光标，捕捉追踪虚线与构造线 M 的交点作为第四点
指定下一点或 [闭合(C)/放弃(U)]:	//c Enter，闭合对象，结果如图 15-64 所示

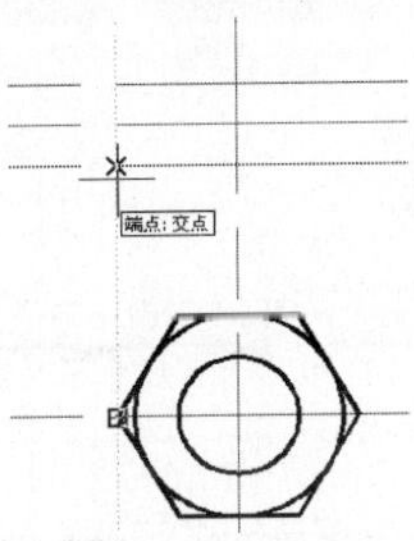

图 15-62 定位起点

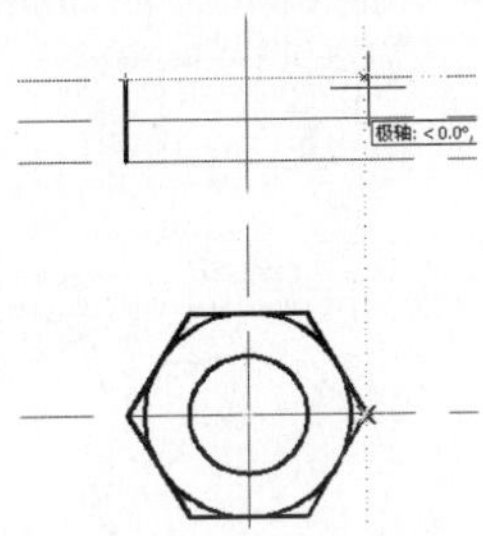

图 15-63 定位第三点

❿重复执行【直线】命令，分别以点 W 和 S 作为追踪点，配合捕捉与追踪功能绘制内部的垂直轮廓线，结果如图 15-65 所示。

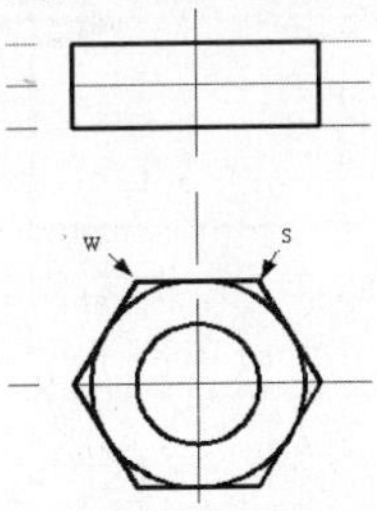

图 15-64 绘制外轮廓线

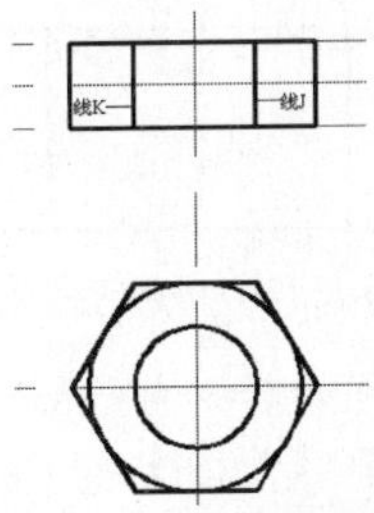

图 15-65 绘制内部轮廓线

⓫选择菜单【绘图】|【圆弧】|【起点、端点、半径】命令，以内轮廓线 J 和 K 的上端点为弧的起点和端点，绘制半径为 15 的圆弧，如图 15-66 所示。

⓬以圆弧的中点作为基点，以水平轮廓线和垂直构造线的交点为目标点，将圆弧向下移动，结果如图 15-67 所示。

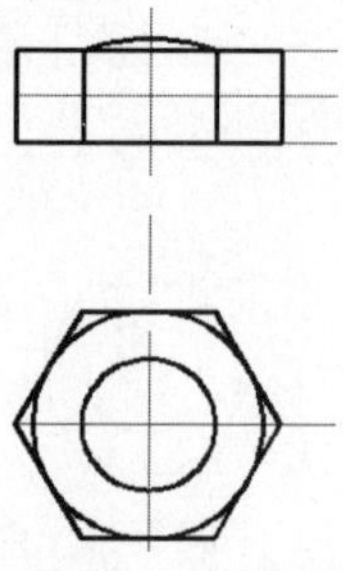

图 15-66　绘制圆弧

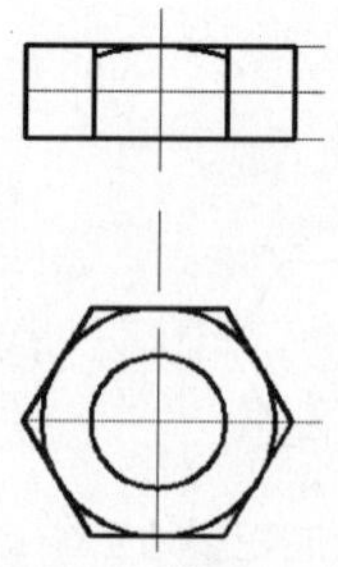

图 15-67　移动结果

⑬选择菜单【绘图】|【圆弧】|【三点】命令，绘制左侧的弧形轮廓线。命令行操作如下：

```
命令: _arc
    指定圆弧的起点或 [圆心(C)]:                    //捕捉圆弧左端点
    指定圆弧的第二个点或 [圆心(C)/端点(E)]:        //以正六边形左上侧边中点作为追踪点，捕捉
                                                   垂直追踪虚线与水平轮廓线的交点，如图
                                                   15-68 所示
    指定圆弧的端点:                                //以圆弧左端点为追踪点，捕捉水平追踪虚线
                                                   与垂直轮廓线的交点作为第三点，如图 15-69
                                                   所示。绘制结果如图 15-70 所示
```

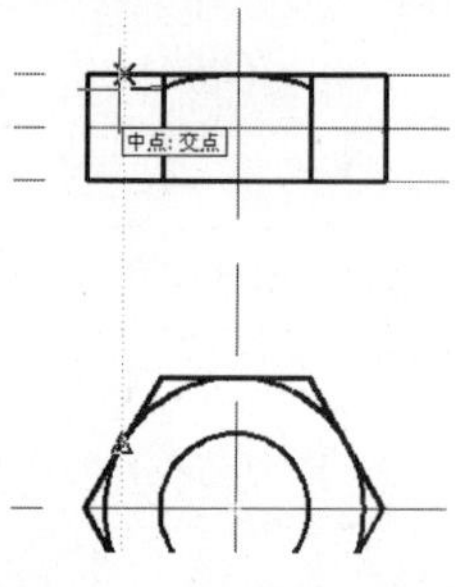

图 15-68　定位弧的第二点

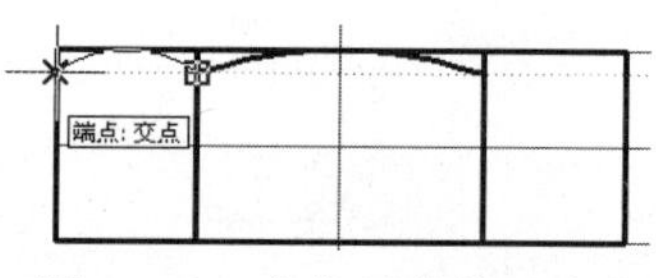

图 15-69　定位弧的第三点

⑭参照上一步骤，使用画弧命令以及捕捉和追踪功能，绘制另一侧的弧形轮廓线，结果如图 15-71 所示。

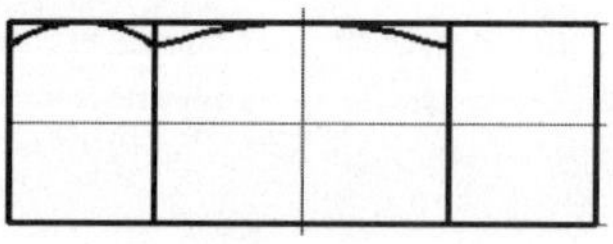

图 15-70　绘制结果

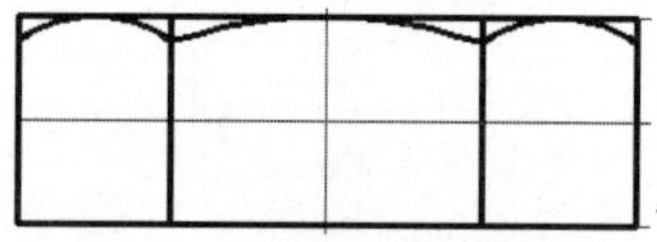

图 15-71　绘制右侧圆弧

⑮选择菜单【修改】|【镜像】命令，选择 3 段圆弧，对其镜像，结果如图 15-72 所示。

⑯选择菜单【修改】|【修剪】命令，以 4 段小圆弧作为边界，对外轮廓线进行修剪，结果如图 15-73 所示。

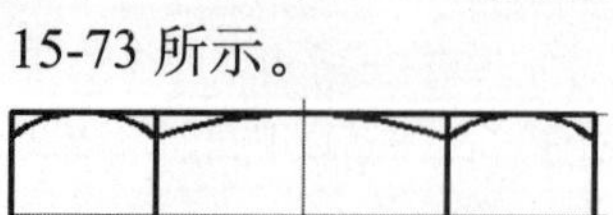

图 15-72　镜像结果

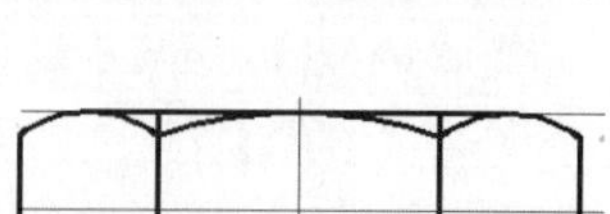

图 15-73　修剪结果

⑰选择菜单【修改】|【复制】命令，对俯视图中的正六边形轮廓进行复制。命令行操作如下：

```
命令: _copy
    选择对象:                                    //选择俯视图中的正六边形
    选择对象:                                    // Enter
    指定基点或 [位移(D)] <位移>:                  //捕捉正六边形的中心点
    指定第二个点或 <使用第一个点作为位移>:         //捕捉侧视图的中心点
    指定第二个点或 [退出(E)/放弃(U)] <退出>:       // Enter，复制结果如图 15-74 所示
```

⑱选择菜单【修改】|【旋转】命令，选择复制出的正六边形，将其旋转 90°。命令行操作如下：

```
命令: _rotate
    UCS 当前的正角方向:  ANGDIR=逆时针    ANGBASE=0.0
    选择对象:                                    //选择刚复制的正六边形
    选择对象:                                    // Enter，结束选择
    指定基点:                                    //捕捉正六边形中心点
    指定旋转角度或 [复制(C)/参照(R)]:              //90 Enter，旋转结果如图 15-75 所示
```

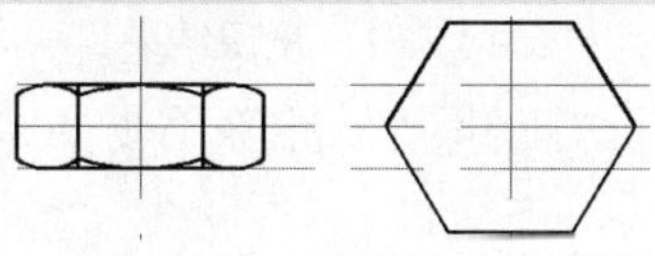

图 15-74　复制正六边形

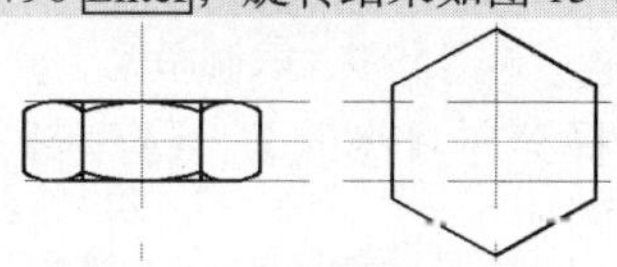

图 15-75　旋转正六边形

⑲使用快捷键“L”激活【直线】命令，配合交点捕捉功能绘制左视图轮廓线，结果如图 15-76 所示。

⑳使用快捷键“A”激活【圆弧】命令，配合【极轴追踪】功能绘制左视图内部的弧形轮廓线。命令行操作如下：

```
命令: a                                  // Enter，激活【圆弧】命令
    ARC 指定圆弧的起点或 [圆心(C)]:        //以图 15-76 所示的 E 点作为追踪点，捕捉追踪虚线
                                           与边 M 的交点，如图 15-77 所示
    指定圆弧的第二个点或 [圆心(C)/端点(E)]:
                                         //以图 15-76 所示的 F 点作为追踪点，捕捉垂直
                                           追踪虚线与水平边 O 的交点作为第二点，如图
                                           15-78 所示
    指定圆弧的端点:                        //以 E 点作为追踪点，捕捉水平追踪虚线与垂直边 N
                                           的交点作为第三点，如图 15-79 所示。结果如图
                                           15-80 所示
```

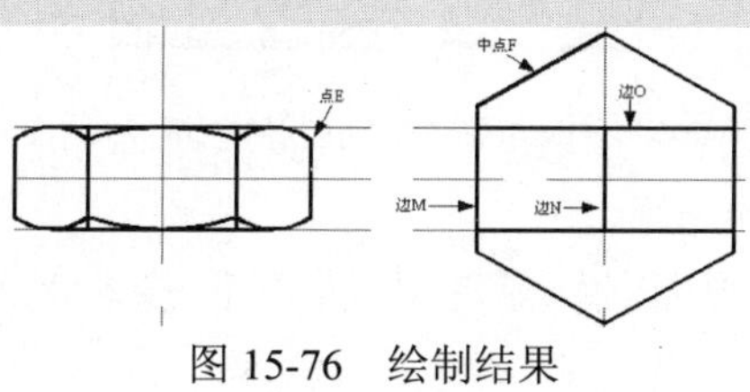

图 15-76　绘制结果

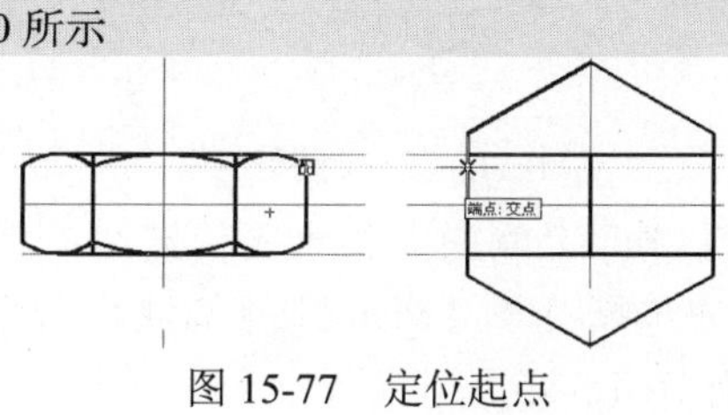

图 15-77　定位起点

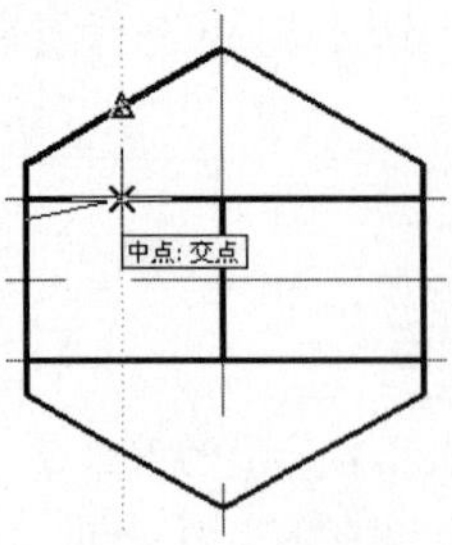

图 15-78　指定第二点

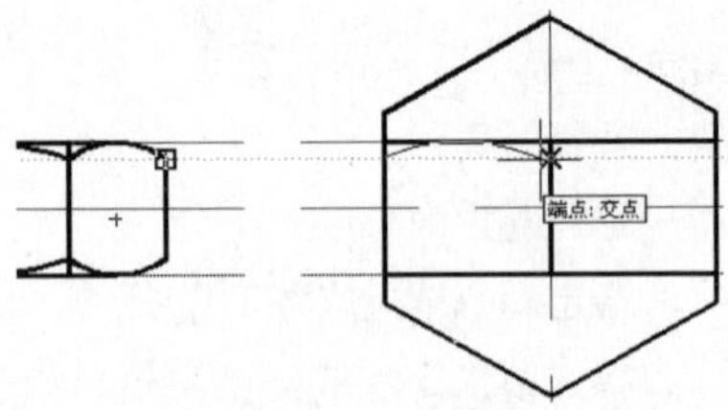

图 15-79　指定端点

㉑重复上一步操作，绘制右侧的圆弧轮廓线，并使用【镜像】命令，对所绘制的两条圆弧进行镜像，结果如图 15-81 所示。

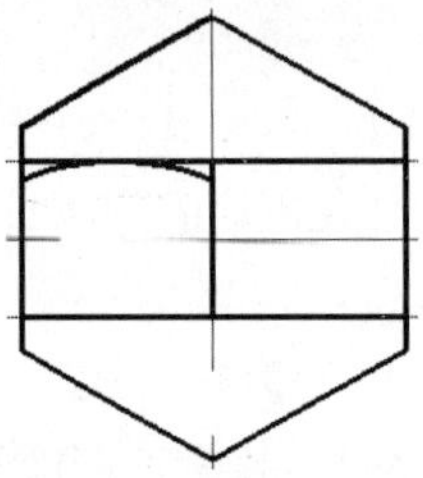

图 15-80　绘制结果

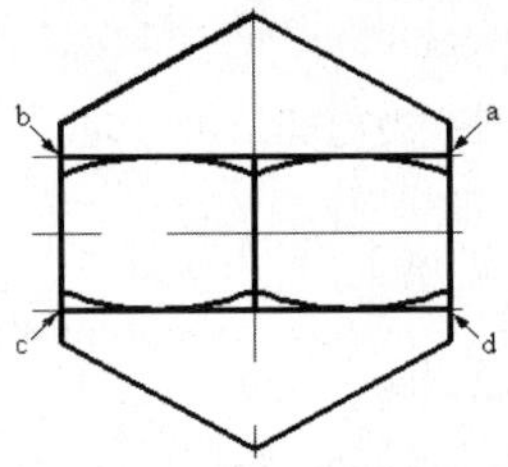

图 15-81　镜像结果

㉒选择菜单【修改】|【打断】命令，对正六边形进行打断操作，删除不需要的轮廓边。命令行操作如下：

```
命令: _break
    选择对象:                                //选择图 15-81 所示的正六边形
    指定第二个打断点 或 [第一点(F)]:         // F Enter
    指定第一个打断点:                        //捕捉端点 a
    指定第二个打断点:                        //捕捉端点 b，打断结果如图 15-82 所示
    命令:  _break                            // Enter，重复执行此命令
    选择对象:                                //选择打断后剩余的正六边形轮廓边
    指定第二个打断点 或 [第一点(F)]:         // F Enter
    指定第一个打断点:                        //捕捉端点 c
    指定第二个打断点:                        //捕捉端点 d，打断结果如图 15-83 所示
```

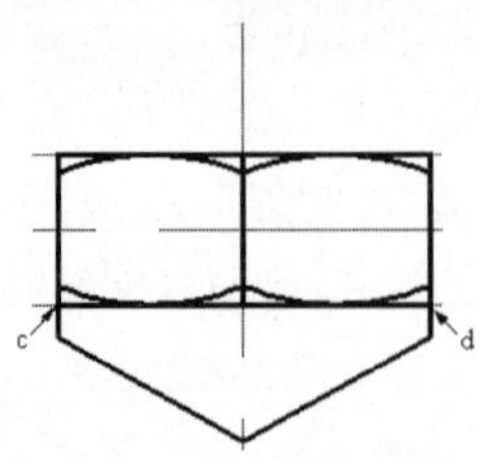

图 15-82　打断结果

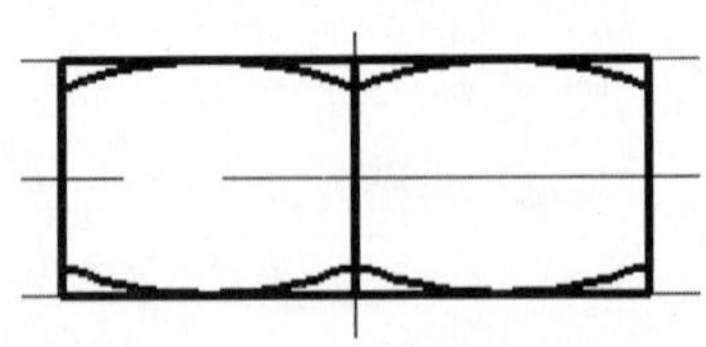

图 15-83　第二次打断

㉓删除上侧的 3 条水平构造线，结果如图 15-84 所示。

㉔选择菜单【修改】|【偏移】命令，分别将各视图最外侧轮廓线向外偏移 3 个绘图单位，如图 15-85 所示。

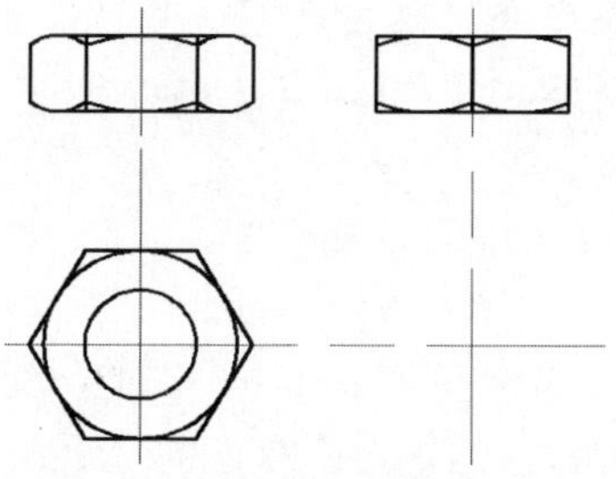

图 15-84　删除多余辅助线

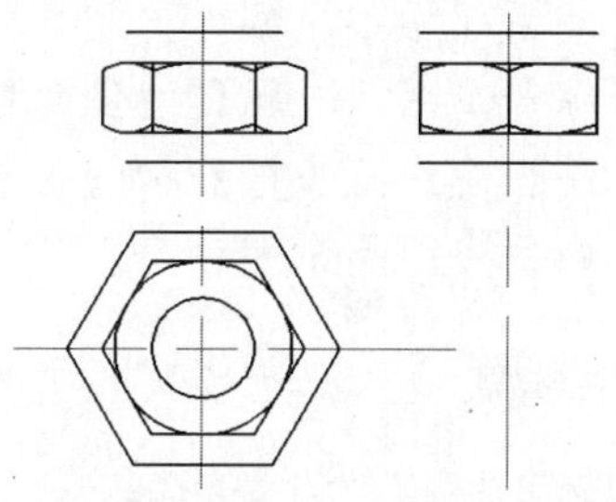

图 15-85　修剪结果

㉕以刚偏移出的各图线作为修剪边界，对构造线进行修剪，将其转化为图形中心线，同时删除偏移出的图线，结果如图 15-86 所示。

㉖在命令行中输入“Ltscale”并按 Enter 键，将线型比例设置为 0.25。最终结果如图 15-87 所示。

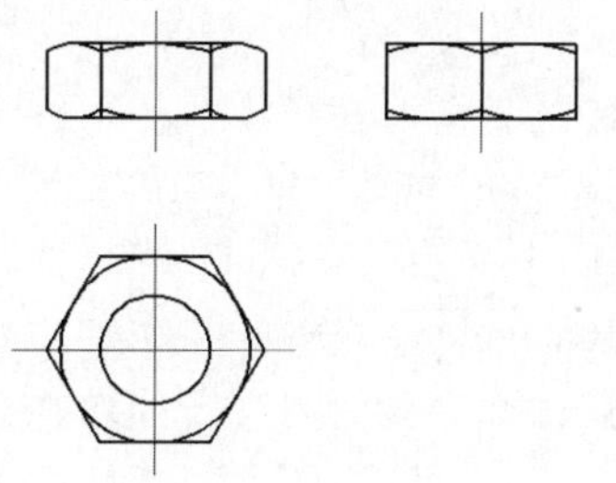

图 15-86　修剪结果

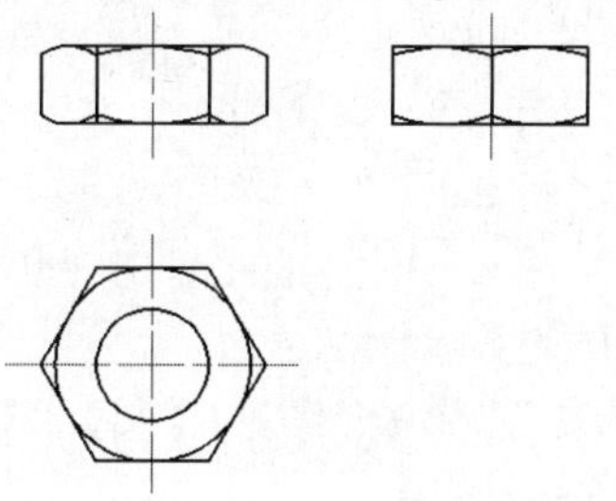

图 15-87　最终结果

㉗最后使用【保存】命令将图形存储为“螺母.dwg”。

15.8 螺栓设计

本例通过绘制如图 15-88 所示的螺栓二视图，主要对【构造线】、【偏移】、【圆】、【倒角】、【圆弧】、【修剪】等命令进行综合练习和巩固。

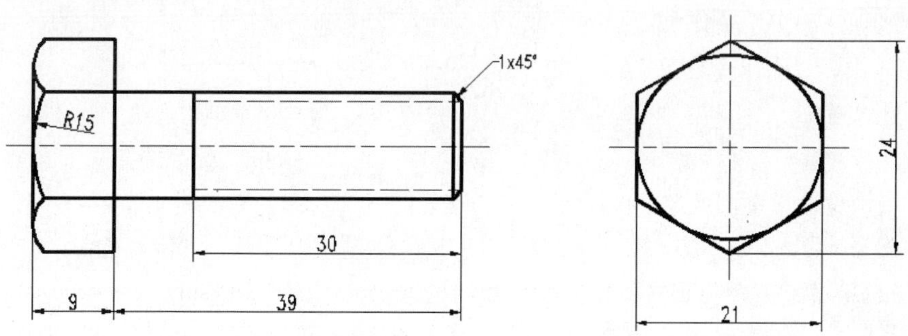

图 15-88　本例效果

绘图思路

- 调用样板文件并设置绘图环境。
- 使用【构造线】、【偏移】等命令创建定位辅助线。

- 使用【相切、相切、相切】和【正多边形】等命令绘制左视图。
- 综合使用【圆弧】、【倒角】、【修剪】等命令创建主视图。
- 综合使用【修剪】和【拉长】命令编辑中心线。
- 最后将图形命名存盘。

操作步骤

❶以附增样板“机械样板.dwt”作为基础样板，新建空白文件。

❷重新设置图形界限为 120×75，并将图形界限最大化显示。

❸将“点划线”设置为当前图层，然后使用快捷键“XL”激活【构造线】命令，绘制两条相互垂直的构造线作为定位基准线，如图 15-89 所示。

❹执行【正多边形】命令，以两条构造线的交点作中心点，绘制内切圆半径为 12 的正六边形作为左视图外轮廓线。命令行操作如下：

```
命令: _polygon
    输入边的数目 <4>:                              //6 Enter，设置边的数目
    指定正多边形的中心点或 [边(E)]:                  //捕捉两构造线的交点
    输入选项 [内接于圆(I)/外切于圆(C)] <I>:          //c Enter
    指定圆的半径:                                   //@10.5,0 Enter，绘制结果如图 15-90 所示
```

❺选择菜单【绘图】|【圆】|【相切、相切、相切】命令，绘制正六边形的内切圆，结果如图 15-91 所示。

图 15-89 两条垂直构造线

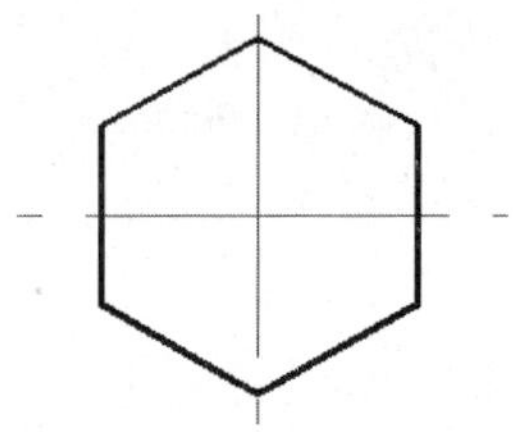

图 15-90 绘制正六边形

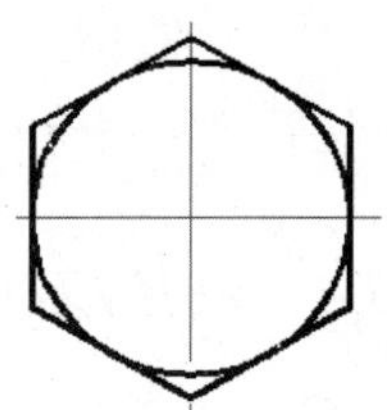

图 15-91 绘制相切圆

❻选择菜单【修改】|【复制】命令，选择垂直构造线进行多重复制，以创建出主视图的定位辅助线。命令行操作如下：

```
命令: _copy
    选择对象:                                          //选择垂直构造线
    选择对象:                                          // Enter，结束选择
    当前设置:  复制模式 = 多个
    指定基点或 [位移(D)/模式(O)] <位移>:                 //拾取任一点作为基点
    指定第二个点或 <使用第一个点作为位移>:               //@-30,0 Enter
    指定第二个点或 [退出(E)/放弃(U)] <退出>:             //@-60,0 Enter
    指定第二个点或 [退出(E)/放弃(U)] <退出>:             //@-69,0 Enter
    指定第二个点或 [退出(E)/放弃(U)] <退出>:             //@-78,0 Enter
    指定第二个点或 [退出(E)/放弃(U)] <退出>:             // Enter，结果如图 15-92 所示
```

❼使用快捷键“O”激活【偏移】命令，分别以正六边形的顶点及边的中点作为通过点，对水平构造线进行偏移复制，结果如图 15-93 所示。

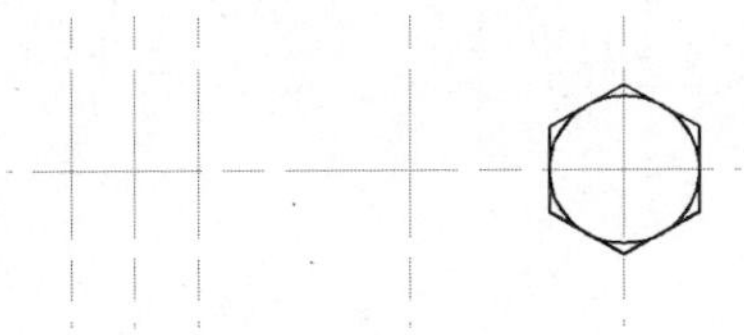

图 15-92 复制结果

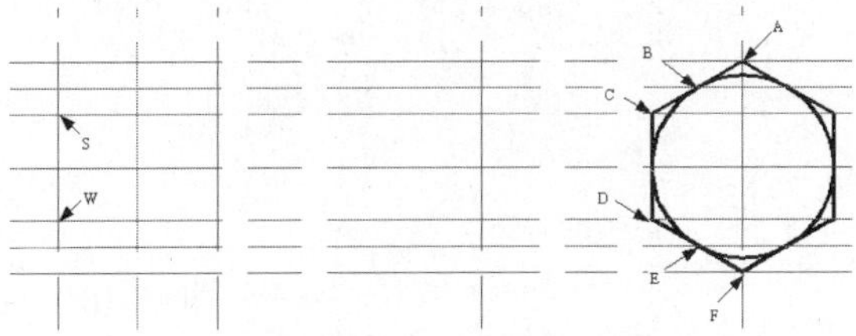

图 15-93 偏移结果

❽选择菜单【绘图】|【圆弧】|【起点、端点、半径】命令，以图 15-93 所示的 S 和 W 点作起点和端点，绘制半径为 15 的圆弧，如图 15-94 所示。

❾以圆弧的中点作为基点，以 O 点作为目标点，对圆弧进行移动。

❿执行【圆弧】命令，以移动后的圆弧的上端点作为起点，以 P 点作第二点，以图 15-95 所示的交点作为第三点，进行画弧，绘制结果如图 15-96 所示。

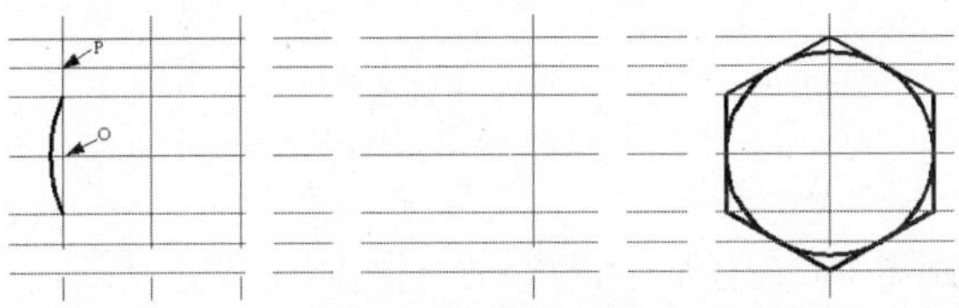

图 15-94 绘制圆弧

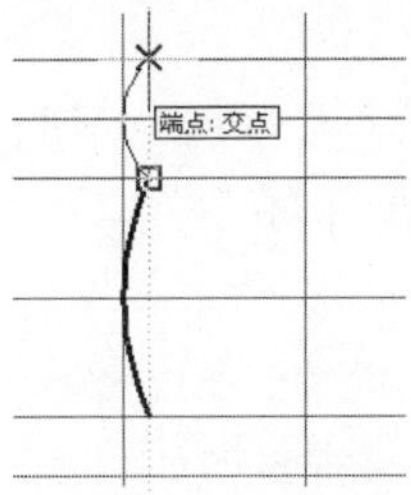

图 15-95 定位点

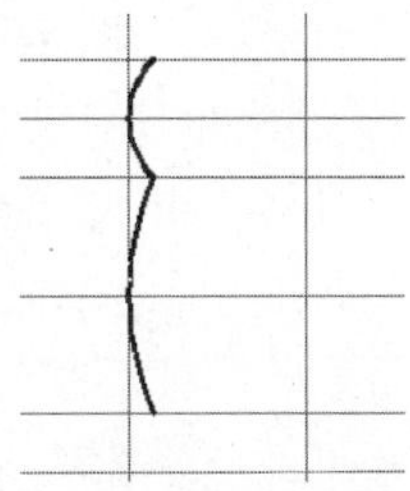

图 15-96 三点画弧

⓫重复上一步骤操作，配合端点捕捉和极轴功能绘制下侧的圆弧，结果如图 15-97 所示。

⓬选择构造线 J 和 K 按 Delete 键，将其删除。

⓭选择菜单【修改】|【修剪】命令，以 3 段圆弧和第二条垂直构造线（如图 15-98 所示）作为剪切边，对水平构造线和第一条垂直构造线进行修剪，结果如图 15-99 所示。

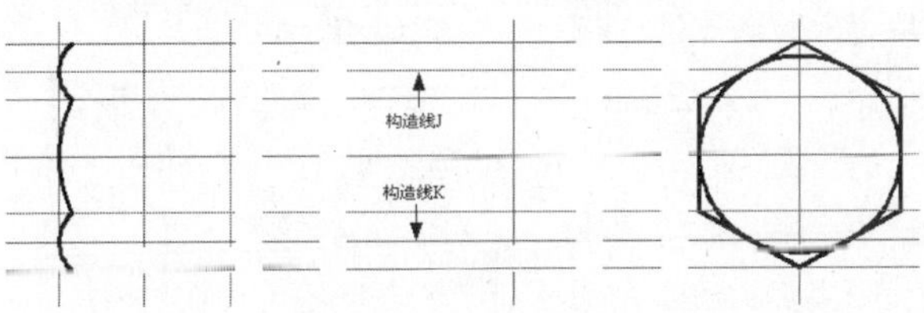

图 15-97 三点画弧

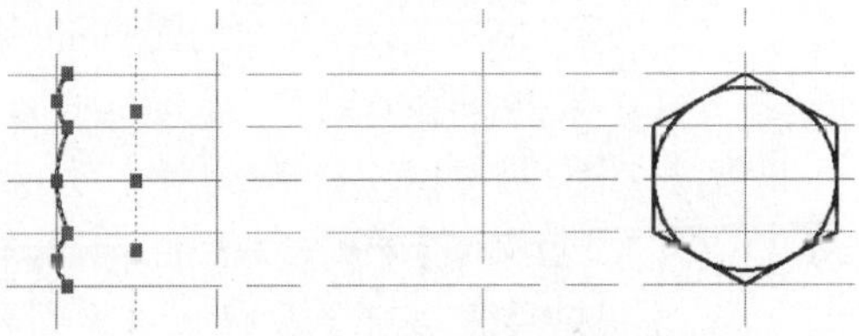

图 15-98 选择剪切边

⓮重复执行【修剪】命令，以 3 条水平构造线作为剪切边，对垂直构造线进行修剪，结果如图 15-100 所示。

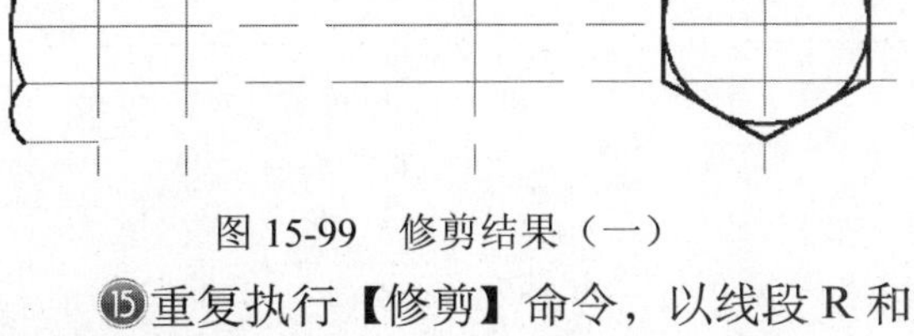

图 15-99 修剪结果（一）

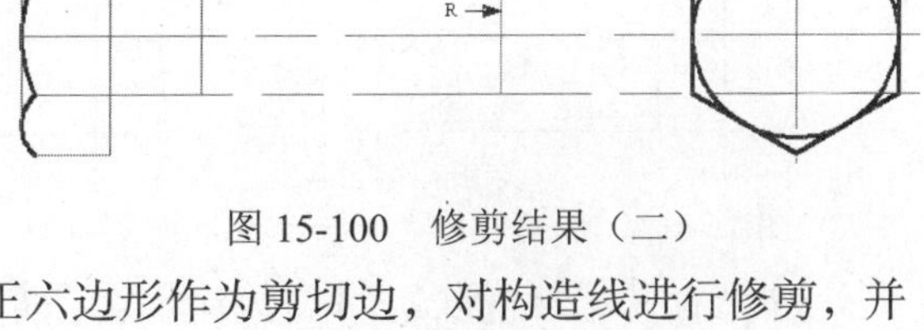

图 15-100 修剪结果（二）

⓯重复执行【修剪】命令，以线段 R 和正六边形作为剪切边，对构造线进行修剪，并删除多余构造线，结果如图 15-101 所示。

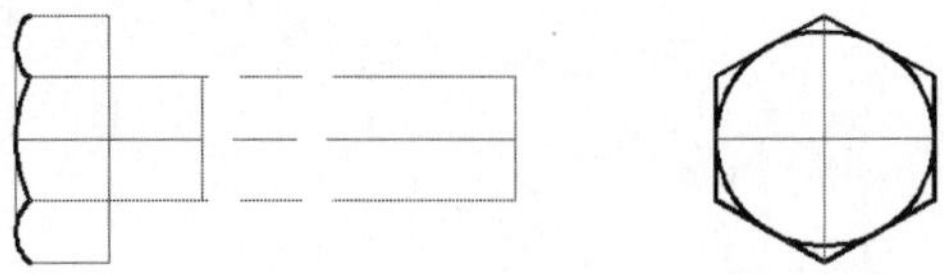

图 15-101 修剪结果（三）

⑯其夹点显示如图 15-102 所示的图线，然后展开【图层控制】列表，修改其图层为“轮廓线”，结果如图 15-103 所示。

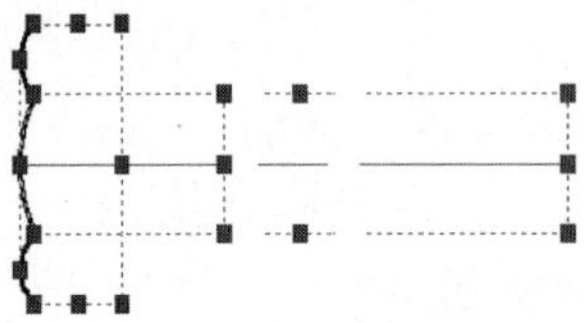

图 15-102 选择对象

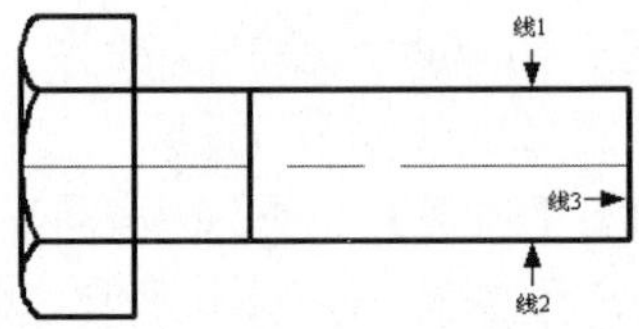

图 15-103 修改对象的图层特性

⑰单击【修改】工具栏上的按钮，激活【倒角】命令，对图 15-103 所示的轮廓线 1、2、3 进行倒角。命令行操作如下：

```
命令: _chamfer
    (“修剪”模式) 当前倒角长度 = 0.0，角度 = 0.0
    选择第一条直线或 [放弃(U)/多段线(P)/距离(D)/角度(A)/修剪(T)/方式(E)/多个(M)]: // a Enter
    指定第一条直线的倒角长度 <0.0>:                                  //1 Enter
    指定第一条直线的倒角角度 <0.0>:                                  //45 Enter
    选择第一条直线或 [放弃(U)/多段线(P)/距离(D)/角度(A)/修剪(T)/方式(E)/多个(M)]://
                                                                     //m Enter
    选择第一条直线或 [放弃(U)/多段线(P)/距离(D)/角度(A)/修剪(T)/方式(E)/多个(M)]:
                                                                     //选择轮廓线 1
    选择第二条直线，或按住 Shift 键选择要应用角点的直线:              //选择轮廓线 2
    选择第一条直线或 [放弃(U)/多段线(P)/距离(D)/角度(A)/修剪(T)/方式(E)/多个(M)]:
                                                                     //选择轮廓线 2
    选择第二条直线，或按住 Shift 键选择要应用角点的直线:              //选择轮廓线 3
    选择第一条直线或 [放弃(U)/多段线(P)/距离(D)/角度(A)/修剪(T)/方式(E)/多个(M)]:
                                  // Enter，结束命令，倒角结果如图 15-104 所示
```

⑱使用【直线】命令，绘制倒角位置的水平轮廓线和垂直轮廓线，结果如图 15-105 所示。

⑲展开【图层控制】列表，将刚绘制的两条水平轮廓线所在图层修改为“隐藏线”图层，将垂直轮廓线所在图层修改为“轮廓线”图层，结果如图 15-106 所示。

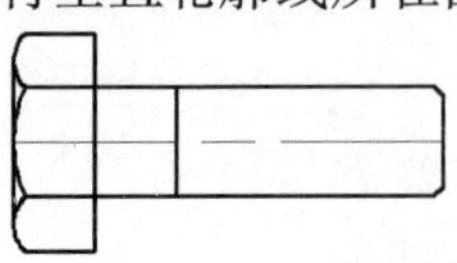

图 15-104 倒角操作

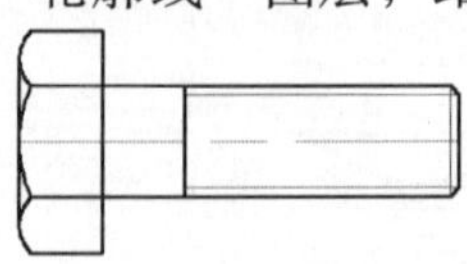

图 15-105 绘制轮廓线

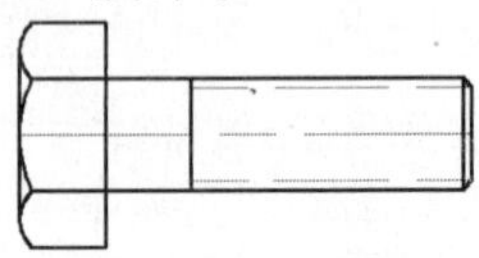

图 15-106 修改图层

⑳选择菜单【修改】|【拉长】命令，将长度增量设置为 3 个绘图单位，分别对中心线进行拉长，结果如图 15-107 所示。

㉑选择菜单【格式】|【线型】命令，修改全局比例因子为 0.25，最终结果如图 15-108 所示。

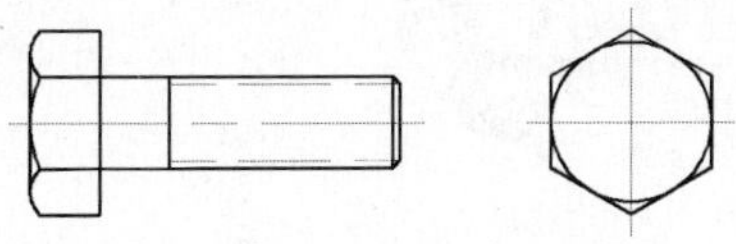

图 15-107 拉长中心线

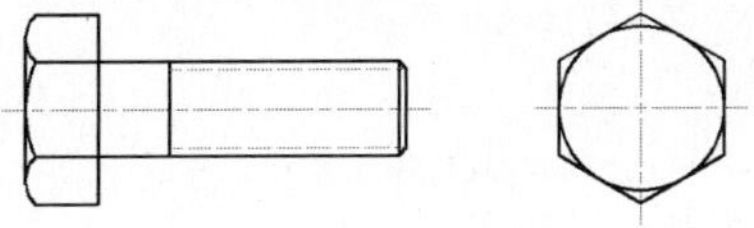

图 15-108 最终结果

㉒最后使用【保存】命令将图形存储为“螺栓.dwg”。

15.9 本章小结

本章通过绘制销、键、垫圈、轴承、垫片、螺母和螺栓 7 个典型实例，在综合应用和巩固所需知识的前提下，集中讲述了标准件和常用件的具体绘制过程和操作技巧。希望用户通过本章的学习，在理解和掌握标准件、常用件概念及功能的前提下，灵活运用 AutoCAD 各制图工具，快速绘制符合制图标准和施工要求的标准件和常用件，以备用。

第16章

轴套类零件设计

在机械制造中，轴套类零件多用来支撑安装回转体零件、传递动力或对其他的零件进行定位等，其基本形状多是轴向尺寸较长的圆柱体，且大多数是由几个不同直径的阶台形圆柱体组成的。另外，为了与所配零件联接，一般都带有各种槽、孔和螺纹等结构。

16.1 轴套类零件概述

轴套类零件主要是在车床和磨床上加工而成的。本节将从两个方面对轴套类零件进行概述。

1. 视图表达

由于轴套类零件的形体比较简单，一般将其轴线水平放置，用一个主视图即可，这样即符合形体特征原则，又符合加工位置原则。对于凸轮轴和曲轴等，由于它们的主要工作面不与主轴线对称，因此需要增加其他视图。

当使用一个主视图对零件上的一些结构（如油槽、键槽等）表达不清楚，而增加视图又没有必要时，可以采用剖面、局部剖视、局剖视图等方法进行表达。此种视图的表达方式是绘制轴套类零件常用的方式。

2. 尺寸标注

尺寸标注与加工方法、制造成本密切相关。由于轴套类零件一般在车床上加工制成，结合其在部件上的功能，常以轴线、轴肩面或端面作为基准。具体标注尺寸时，可采用以下3种形式。

- 并联式：零件中同一方向的尺寸，从一基准出发进行标注。
- 串联式：零件中同一方向的尺寸，逐段连续标注，前一个尺寸的终结面为后一个尺寸的基准。
- 混合式：零件上同一方向的尺寸，可同时采用并联和串联两种形式。

16.2 轴套类零件效果

1．轴类零件效果

本章通过绘制传动轴零件主视图与辅助视图，主要学习轴类零件视图的绘制方法和具体的绘制技巧。传动轴零件的最终效果如图 16-1 所示。

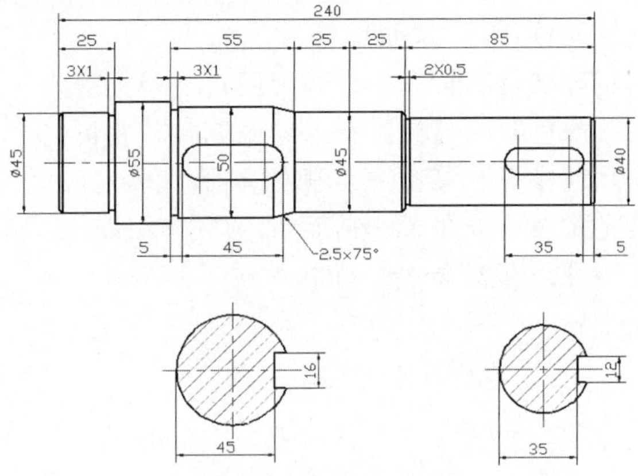

图 16-1 轴类零件效果

2．套类零件效果

本章通过绘制插套零件的主视图和俯视图，主要学习套类零件图的绘制方法和具体的绘制技巧。插套零件的最终效果如图 16-2 所示。

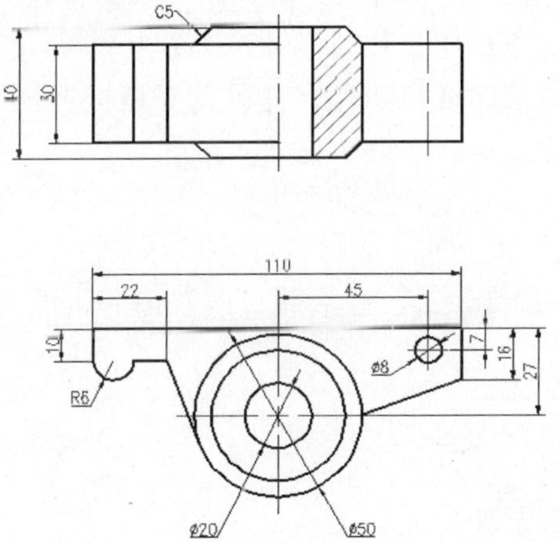

图 16-2 套类零件效果

16.3 轴套类零件设计思路

1．传动轴设计思路

- 首先调用“机械样板.dwt”样板文件。
- 使用【直线】和【偏移】命令绘制定位辅助线。

- 使用【直线】命令配合追踪功能绘制主视图。
- 使用【倒角】和【镜像】命令对主视图进行细化。
- 使用【偏移】、【圆角】和【修剪】命令绘制键槽。
- 最后使用【保存】命令将图形命名存盘。

2. **插套设计思路**

- 首先调用“机械样板.dwt”样板文件。
- 使用【构造线】和【偏移】命令绘制视图定位辅助线。
- 使用【偏移】、【修剪】和【圆】命令绘制零件俯视图。
- 使用【构造线】、【修剪】等命令绘制主视图。
- 使用【图案填充】命令绘制填充剖面线。
- 使用【偏移】和【修剪】命令绘制中心线。
- 最后使用【保存】命令将图形命名存盘。

16.4 轴套类零件设计过程

下面将学习轴类零件和插套零件等各种视图的绘制方法和技巧，具体内容如下。

16.4.1 绘制轴零件定位线

操作步骤如下。

❶执行【新建】命令，以“机械样板.dwt”作为基础样板，新建空白文件。

❷启用状态栏上的【正交】功能和【极轴追踪】功能。

❸启用状态栏上的【对象捕捉】功能，并设置对象捕捉模式为端点捕捉、交点捕捉、延伸捕捉和垂足捕捉功能。

❹设置当前图层。展开【图层】工具栏上的【图层控制】列表，将“点划线”设置为当前图层，如图 16-3 所示。

❺绘制基准线。使用快捷键“L”激活【直线】命令，绘制如图 16-4 所示的水平基准线和垂直基准线。

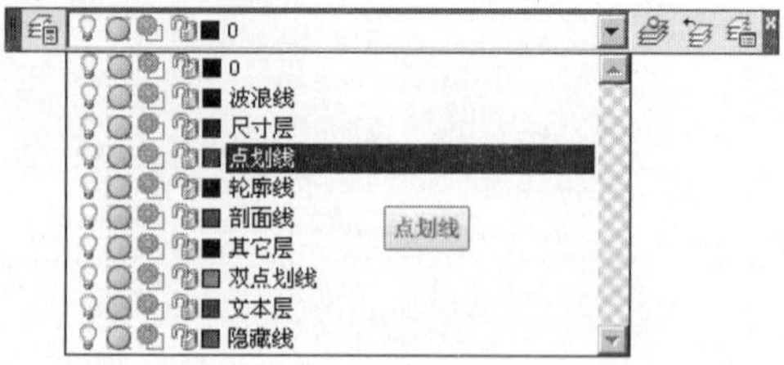

图 16-3　【图层控制】列表

图 16-4　绘制基准线

❻选择菜单【修改】|【偏移】命令，将垂直基准线向右偏移 22 和 25 个绘图单位。命令行操作如下：

```
命令: _offset
    当前设置: 删除源=否  图层=源  OFFSETGAPTYPE=0
```

```
指定偏移距离或 [通过(T)/删除(E)/图层(L)] <通过>:          //22 Enter
选择要偏移的对象，或 [退出(E)/放弃(U)] <退出>:            //选择垂直的直线作为偏移对象
指定要偏移的那一侧上的点，或 [退出(E)/多个(M)/放弃(U)] <退出>:
                                                         //在所选线段的右侧拾取一点
选择要偏移的对象，或 [退出(E)/放弃(U)] <退出>:            // Enter，结束命令。
命令: _offset                                             // Enter，重复执行命令
当前设置: 删除源=否  图层=源  OFFSETGAPTYPE=0
指定偏移距离或 [通过(T)/删除(E)/图层(L)] <22.0>:          //3 Enter
选择要偏移的对象，或 [退出(E)/放弃(U)] <退出>:            //选择刚偏移出的垂直线段
指定要偏移的那一侧上的点，或 [退出(E)/多个(M)/放弃(U)] <退出>:
                                                         //在所选线段的右侧拾取一点
选择要偏移的对象，或 [退出(E)/放弃(U)] <退出>:            // Enter，结束命令，偏移结果如图
                                                          16-5 所示
```

❼使用快捷键 O 激活【偏移】命令，对垂直基准线进行多重偏移，创建出其他位置的垂直定位线，偏移间距分别为 25、3、52、50、2 和 83，偏移结果如图 16-6 所示。

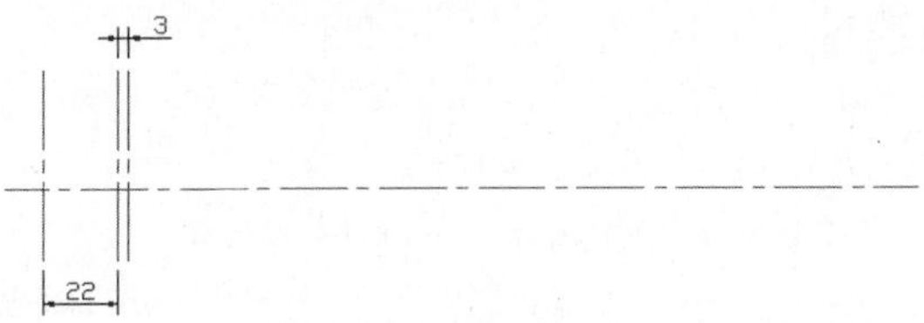

图 16-5 偏移结果

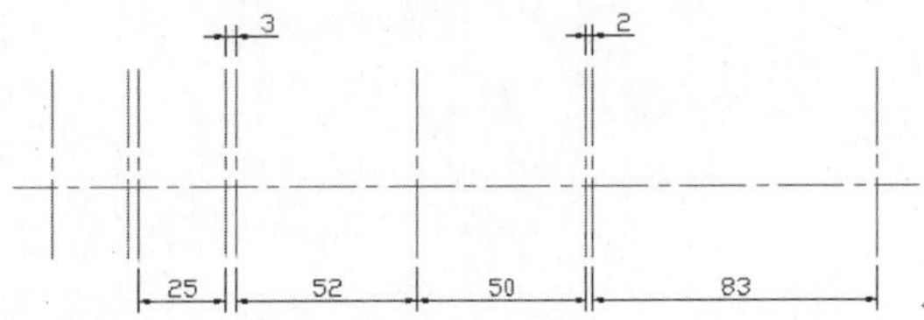

图 16-6 偏移结果

❽最后使用【保存】命令将图形存储为“绘制定位线.dwg”。

技巧

另外，用户也可以使用夹点编辑、【复制】命令等命令绘制定位辅助线。

16.4.2 传动轴主视图设计

操作步骤如下。

❶继续上例操作。

❷选择菜单【格式】|【图层】命令，打开【图层特性管理器】对话框，然后双击“轮廓线”图层，将此图层设置为当前图层，如图 16-7 所示。

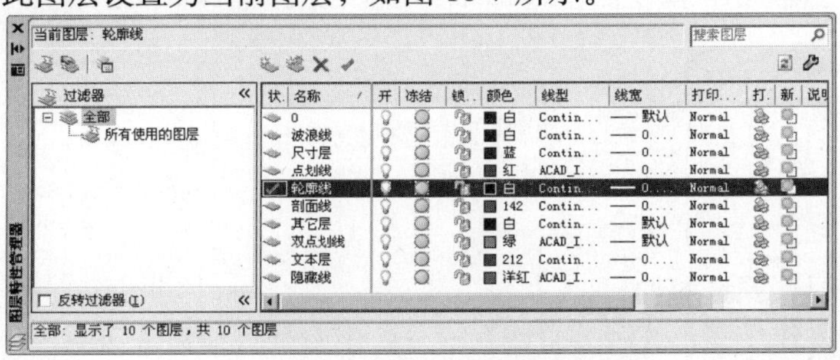

图 16-7 【图层特性管理器】对话框

③选择菜单【格式】|【线宽】命令，在打开的【线宽设置】对话框中勾选【显示线宽】复选框，打开线宽显示功能，如图 16-8 所示。

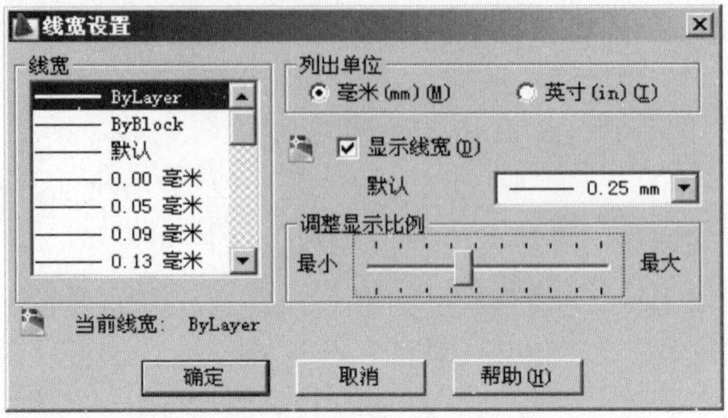

图 16-8　【线宽设置】对话框

④选择菜单【绘图】|【直线】命令，配合【对象捕捉】和【正交】功能绘第一段轮廓线。命令行操作如下：

```
命令: _line
    指定第一点:                            //捕捉左端辅助线交点
    指定下一点或 [放弃(U)]:                //引出 90 度的方向矢量，输入 22.5 Enter
    指定下一点或 [放弃(U)]:                //向右移动光标，捕捉线段与第二条垂直辅助线的垂足点
    指定下一点或 [闭合(C)/放弃(U)]:        //向下移动光标，捕捉辅助线交点
    指定下一点或 [闭合(C)/放弃(U)]:        // Enter，绘制结果如图 16-9 所示
```

⑤参照上一操作步骤，使用【直线】命令，配合【正交】和【对象捕捉】功能绘制其他位置的轮廓线，结果如图 16-10 所示。

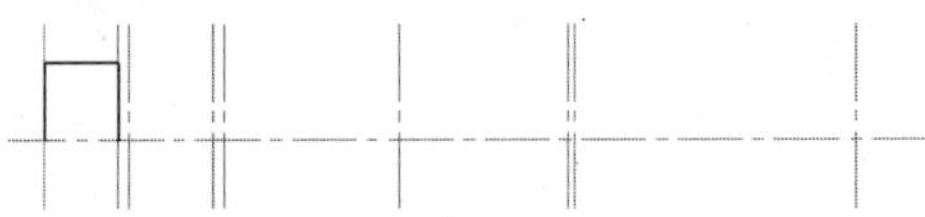

图 16-9　绘制结果

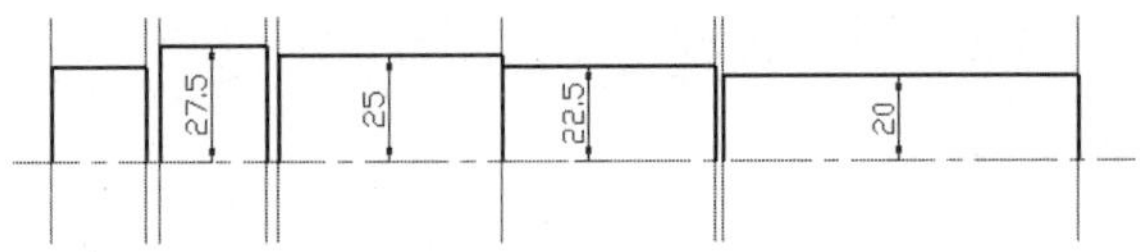

图 16-10　绘制结果

⑥重复执行【直线】命令，配合【对象捕捉】和【极轴追踪】功能，绘制水平连接线。命令行操作如下：

```
命令: _line
    指定第一点:            //以图 16-11 所示的点 A 作为延伸点，向下引出延伸线，输入 1 Enter
    指定下一点或 [放弃(U)]:        //向右移动光标，捕捉轮廓线与辅助线 L 的垂足点
    指定下一点或 [放弃(U)]:        // Enter，绘制结果如图 16-12 所示
```

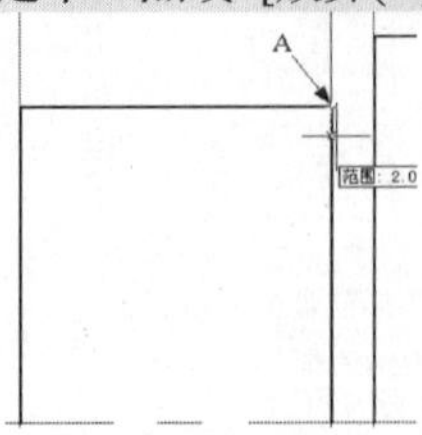

图 16-11　定位延伸点

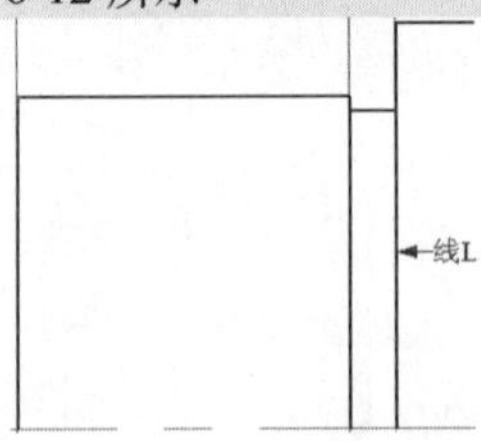

图 16-12　绘制结果

⑦重复上一操作步骤，使用【直线】命令，配合捕捉和追踪功能，分别绘制其他位置的水平连接线，深度分别为 1 和 0.5，绘制结果如图 16-13 所示。

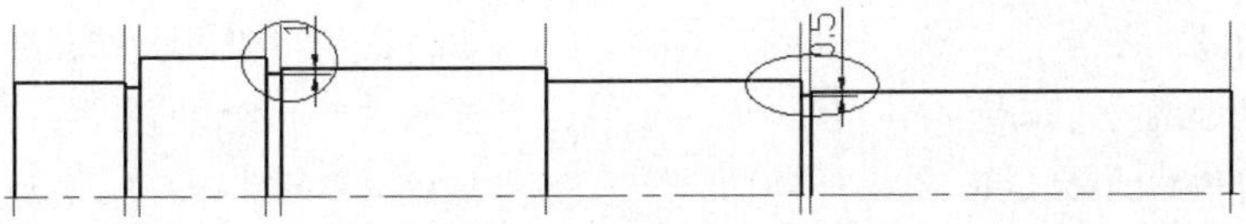

图 16-13 绘制结果

❽为图线倒角。单击【修改】工具栏上的按钮，激活【倒角】命令，对轮廓线进行倒角细化。命令行操作如下：

```
命令: _chamfer
    ("修剪"模式) 当前倒角距离 1 = 0.0，距离 2 = 0.0
    选择第一条直线或 [多段线(P)/距离(D)/角度(A)/修剪(T)/方式(M)/多个(U)]:
                                            //a Enter，激活【角度】选项
    指定第一条直线的倒角长度 <0.0>:           //2.5 Enter，设置倒角长度
    指定第一条直线的倒角角度 <0.0>:           //75 Enter，设置倒角角度
    选择第一条直线或 [多段线(P)/距离(D)/角度(A)/修剪(T)/方式(M)/多个(U)]: //选择轮廓线 S
    选择第二条直线:                          //选择轮廓线 W，倒角结果如图 16-14 所示
```

技巧

在对轮廓线进行倒角时，需要注意倒角线的选择顺序。不同的选择顺序，倒角的结果是不同的。

❾重复使用【倒角】命令，将倒角距离设置为 1.5，倒角角度设置为 45°，分别对其他位置的轮廓线进行倒角，倒角结果如图 16-15 所示。

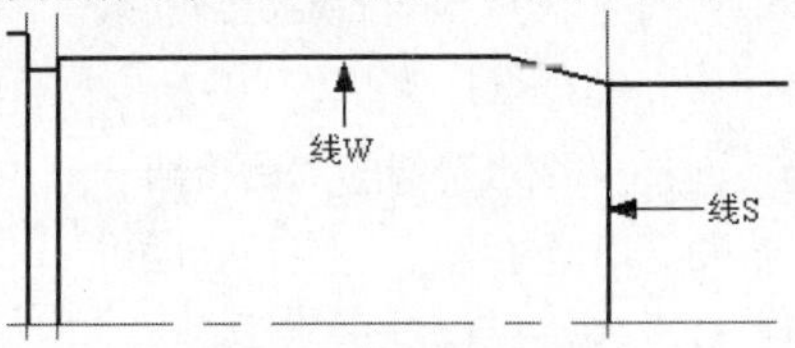

图 16-14 倒角结果

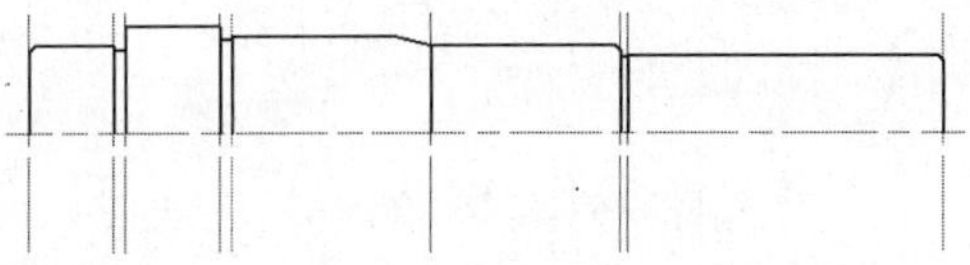

图 16-15 倒角结果

❿绘制倒角线。使用快捷键“L”激活【直线】命令，配合端点和垂足点捕捉功能，绘制倒角位置的垂直轮廓线，结果如图 16-16 所示。

⓫重复使用【直线】命令，分别绘制其他倒角位置的垂直轮廓线，绘制结果如图 16-17 所示。

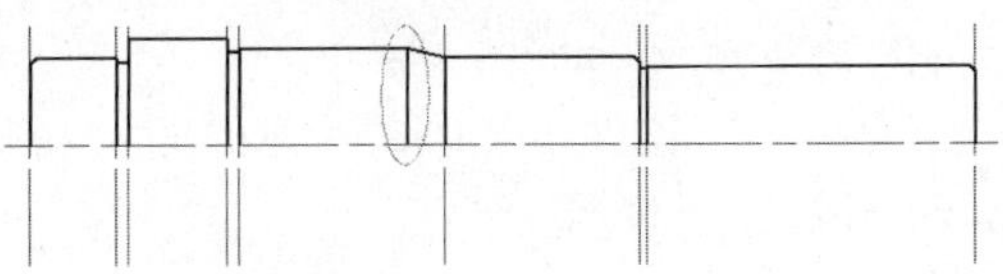

图 16-16 绘制结果

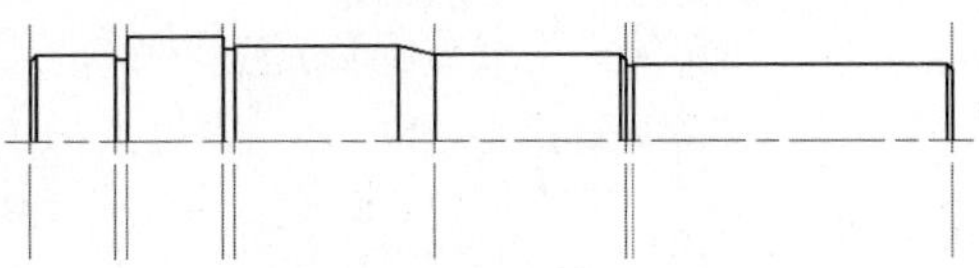

图 16-17 绘制结果

⓬使用快捷键“MI”激活【镜像】命令，对水平基准线上侧的轴零件轮廓线进行镜像。命令行操作如下：

```
命令: mi                                    // Enter，激活【镜像】命令
    MIRROR 选择对象:                         //拉出如图 16-18 所示的窗口选择框
```

选择对象: // Enter，结束选择，选择结果如图 16-19 所示
指定镜像线的第一点: //捕捉水平基准线的左端点
指定镜像线的第二点: //捕捉水平基准线的右端点
是否删除源对象？[是(Y)/否(N)] <N>: // Enter，结果如图 16-20 所示

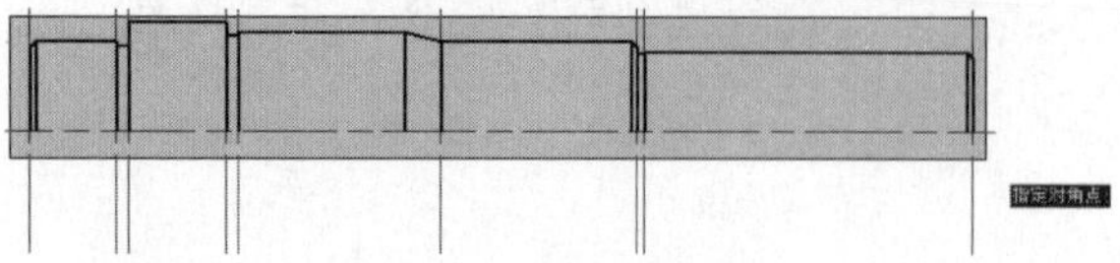

图 16-18 窗口选择

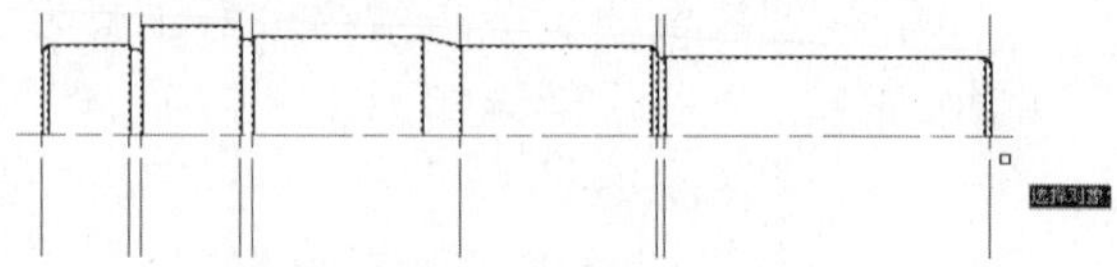

图 16-19 选择镜像对象

⑬最后使用【另存为】命令，将图形另存储为“传动轴主视图.dwg”。

16.4.3 键槽主视图设计

操作步骤如下。

❶继续上例操作。

❷使用快捷键“O”激活【偏移】命令，将偏移距离设置为 8，对水平基准线对称偏移。命令行操作如下：

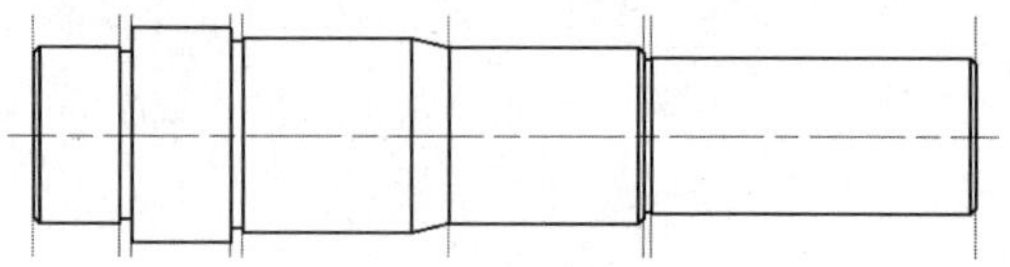

图 16-20 镜像结果

命令: o // Enter，重复执行【偏移】命令
OFFSET 当前设置: 删除源=否 图层=源 OFFSETGAPTYPE=0
指定偏移距离或 [通过(T)/删除(E)/图层(L)] <通过>: //8 Enter
选择要偏移的对象，或 [退出(E)/放弃(U)] <退出>: //选择水平的定位辅助线
指定要偏移的那一侧上的点，或 [退出(E)/多个(M)/放弃(U)] <退出>:
//在水平线的上侧拾取一点
选择要偏移的对象，或 [退出(E)/放弃(U)] <退出>: //选择水平的定位辅助线
指定要偏移的那一侧上的点，或 [退出(E)/多个(M)/放弃(U)] <退出>:
//在水平线的下侧拾取一点
选择要偏移的对象，或 [退出(E)/放弃(U)] <退出>: // Enter，偏移结果如图 16-21 所示

❸使用快捷键“O”激活【偏移】命令，对垂直辅助线进行偏移。命令行操作如下：

命令: o // Enter，激活【偏移】命令
OFFSET 当前设置: 删除源=否 图层=源 OFFSETGAPTYPE=0
指定偏移距离或 [通过(T)/删除(E)/图层(L)] <8.0>: //2 Enter
选择要偏移的对象，或 [退出(E)/放弃(U)] <退出>: //选择如图 16-22 所示的垂直定位线
指定要偏移的那一侧上的点，或 [退出(E)/多个(M)/放弃(U)] <退出>:
//在所选择线段的右侧拾取一点
选择要偏移的对象，或 [退出(E)/放弃(U)] <退出>: // Enter，结束【偏移】命令
命令: offset // Enter，重复执行此命令
当前设置: 删除源=否 图层=源 OFFSETGAPTYPE=0
指定偏移距离或 [通过(T)/删除(E)/图层(L)] <2.0>: //45 Enter，设置偏移距离
选择要偏移的对象，或 [退出(E)/放弃(U)] <退出>: //选择刚偏移出的垂直定位线

指定要偏移的那一侧上的点，或 [退出(E)/多个(M)/放弃(U)] <退出>:
//在所选线段的右侧拾取一点
选择要偏移的对象，或 [退出(E)/放弃(U)] <退出>: / Enter，结束【偏移】命令
命令: offset // Enter，重复执行此命令
当前设置: 删除源=否 图层=源 OFFSETGAPTYPE=0
指定偏移距离或 [通过(T)/删除(E)/图层(L)] <45.0>: //8 Enter，设置偏移距离
选择要偏移的对象，或 [退出(E)/放弃(U)] <退出>: //选择如图 16-23 所示的垂直定位线
指定要偏移的那一侧上的点，或 [退出(E)/多个(M)/放弃(U)] <退出>:
//在所选线段的右侧拾取一点
选择要偏移的对象，或 [退出(E)/放弃(U)] <退出>: // Enter，结束【偏移】命令
命令: offset // Enter，重复执行命令
当前设置: 删除源=否 图层=源 OFFSETGAPTYPE=0
指定偏移距离或 [通过(T)/删除(E)/图层(L)] <8.0>: 29 Enter
选择要偏移的对象，或 [退出(E)/放弃(U)] <退出>: //选择刚偏移出的垂直定位线
指定要偏移的那一侧上的点，或 [退出(E)/多个(M)/放弃(U)] <退出>:
//在所选线段的右侧拾取一点
选择要偏移的对象，或 [退出(E)/放弃(U)] <退出>: // Enter，结束命令，如图 16-24 所示

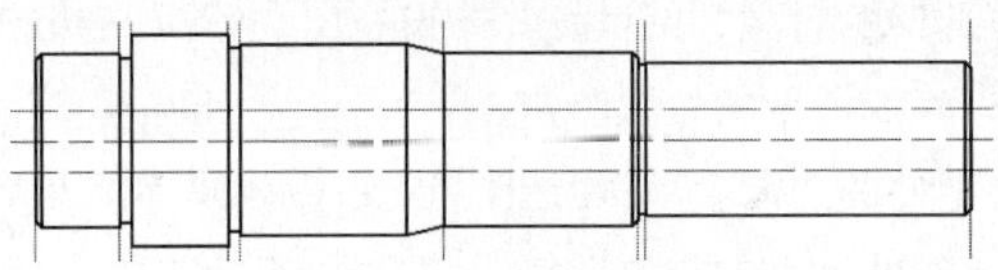

图 16-21 偏移水平定位线

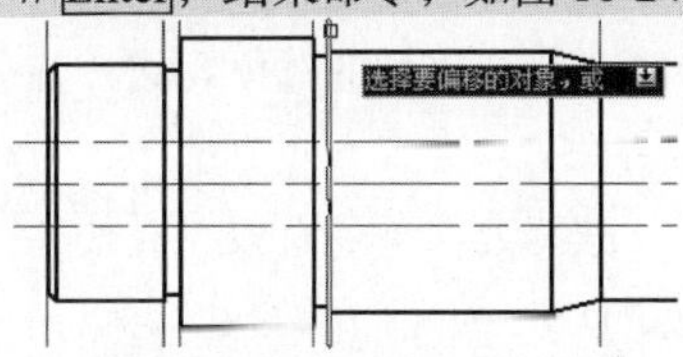

图 16-22 选择偏移对象

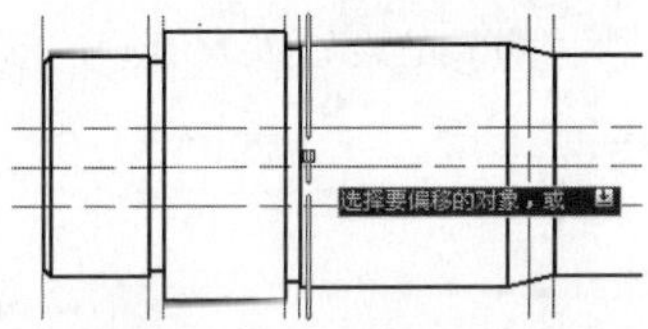

图 16-23 选择偏移对象

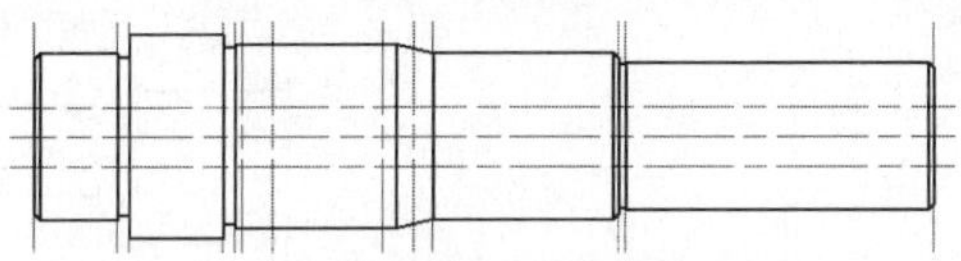

图 16-24 偏移结果

❹使用快捷键“L”激活【直线】命令，配合交点捕捉功能绘制如图 16-25 所示的两条水平轮廓线。

❺使用快捷键“F”激活【圆角】命令，对刚绘制的两条水平轮廓线圆角。命令行操作如下：

命令: f // Enter，激活【圆角】命令
FILLET 当前设置: 模式 = 修剪，半径 = 0.0
选择第一个对象或 [放弃(U)/多段线(P)/半径(R)/修剪(T)/多个(M)]: //m Enter
选择第一个对象或 [放弃(U)/多段线(P)/半径(R)/修剪(T)/多个(M)]:
//在上侧水平轮廓线的左端单击
选择第二个对象，或按住 Shift 键选择要应用角点的对象:
//在下侧水平轮廓线的左端单击
选择第一个对象或 [放弃(U)/多段线(P)/半径(R)/修剪(T)/多个(M)]:

//在上侧水平轮廓线的右端单击

选择第二个对象，或按住 Shift 键选择要应用角点的对象:

//在下侧水平轮廓线的右端单击

选择第一个对象或 [放弃(U)/多段线(P)/半径(R)/修剪(T)/多个(M)]:

// Enter，结束命令，圆角结果如图 16-26 所示

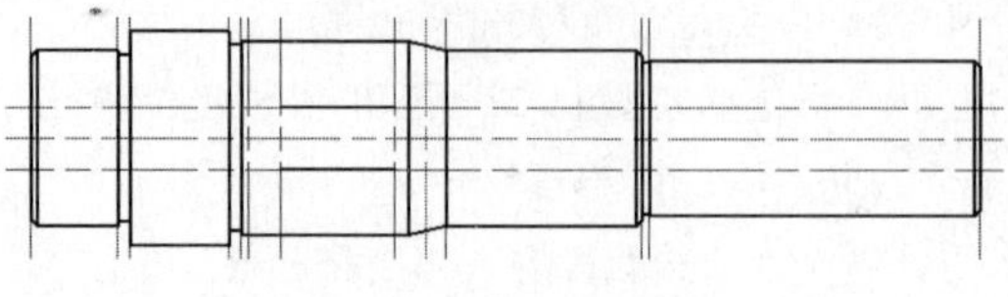

图 16-25　绘制结果

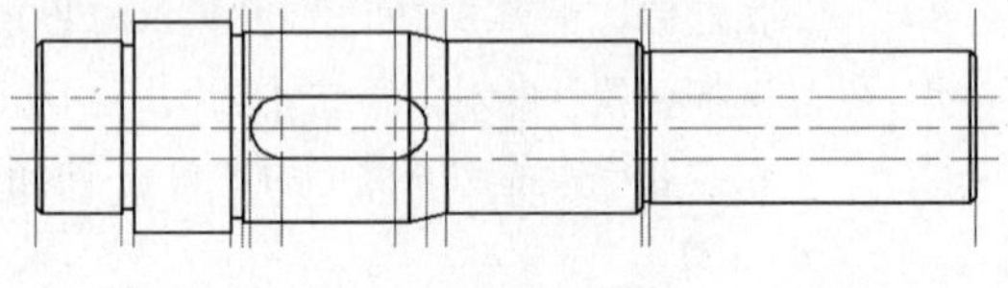

图 16-26　圆角操作

⑥选择菜单【修改】|【修剪】命令，对键槽内部的垂直轮廓线进行修剪。命令行操作如下：

命令: _trim

当前设置:投影=UCS，边=无

选择剪切边...

选择对象或 <全部选择>:　找到 1 个

选择对象:　　//选择如图 16-27 所示的轮廓线

选择要修剪的对象，或按住 Shift 键选择要延伸的对象，或[栏选(F)/窗交(C)/投影(P)/边(E)/删除(R)/放弃(U)]:　　//在如图 16-28 所示的位置单击

选择要修剪的对象，或按住 Shift 键选择要延伸的对象，或[栏选(F)/窗交(C)/投影(P)/边(E)/删除(R)/放弃(U)]:　　//在如图 16-29 所示的位置单击

选择要修剪的对象，或按住 Shift 键选择要延伸的对象，或[栏选(F)/窗交(C)/投影(P)/边(E)/删除(R)/放弃(U)]:　　// Enter，结束命令，修剪结果如图 16-30 所示

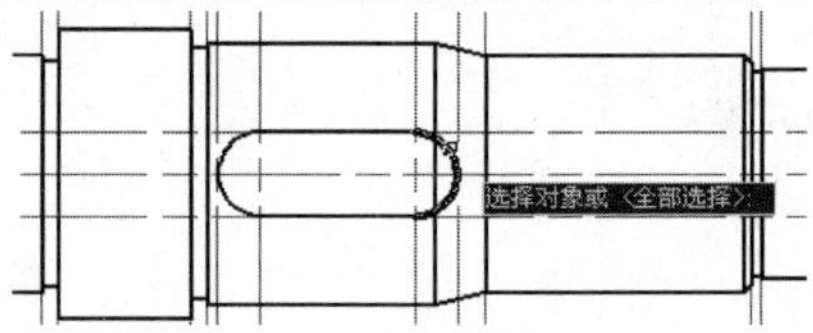

图 16-27　选择修剪边界

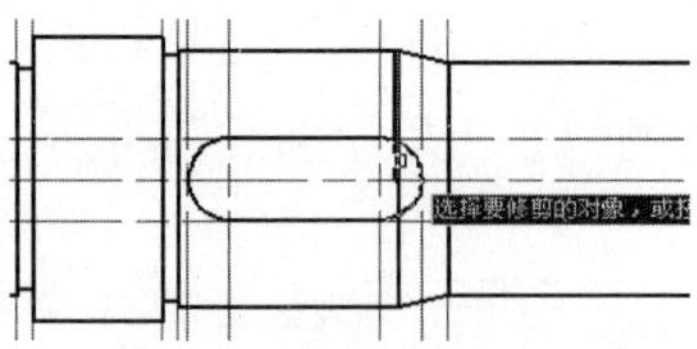

图 16-28　指定修剪位置

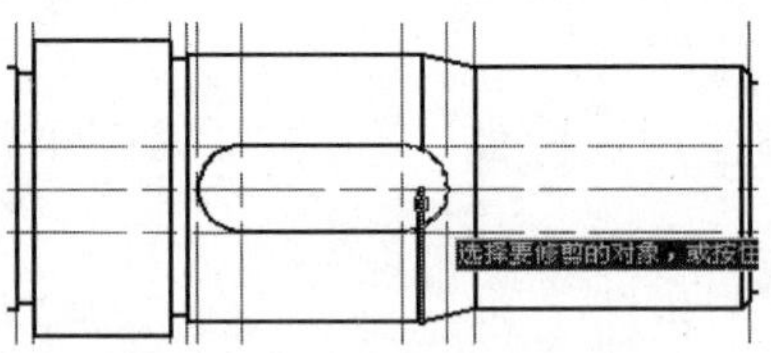

图 16-29　指定修剪位置

⑦夹点显示如图 16-31 所示的 4 条辅助线，将其删除。

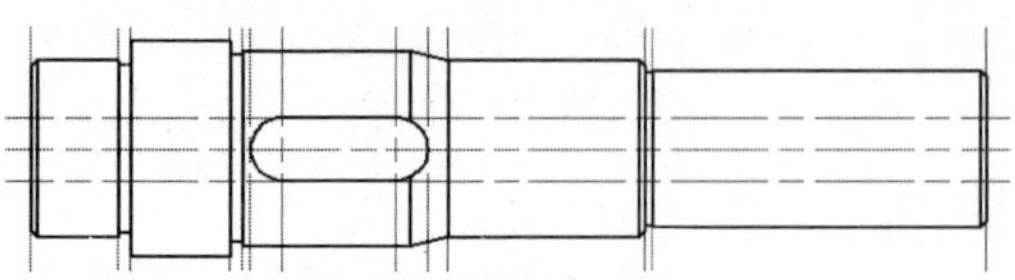

图 16-30　修剪结果

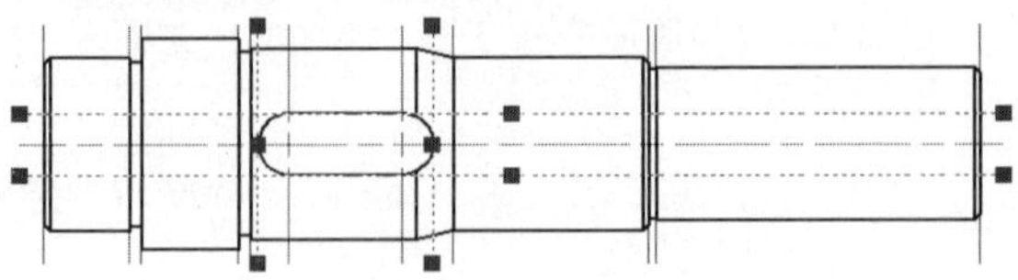

图 16-31　夹点显示图线

❽绘制右端键槽。使用【偏移】命令，对水平辅助线和垂直辅助线进行偏移，创建出如图 16-32 所示的键槽定位线。

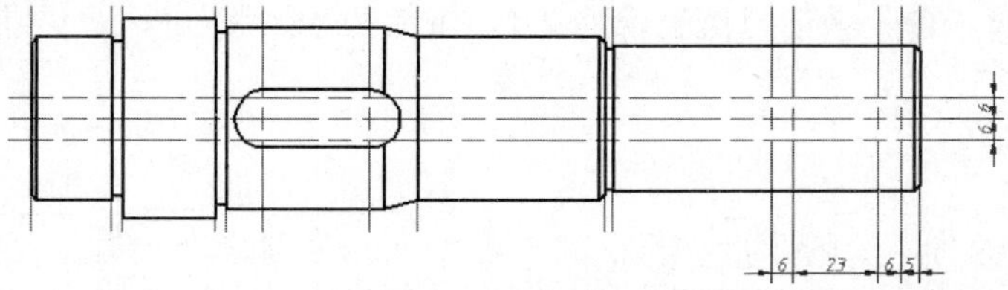

图 16-32 偏移结果

❾使用【直线】和【圆角】命令，配合【交点捕捉】功能绘制如图 16-33 所示的键槽轮廓线。

❿使用快捷键“E”激活【删除】命令，删除不需要的键槽定位辅助线，结果如图 16-34 所示。

⓫最后使用【另存为】命令将图形另存储为“键槽主视图.dwg”。

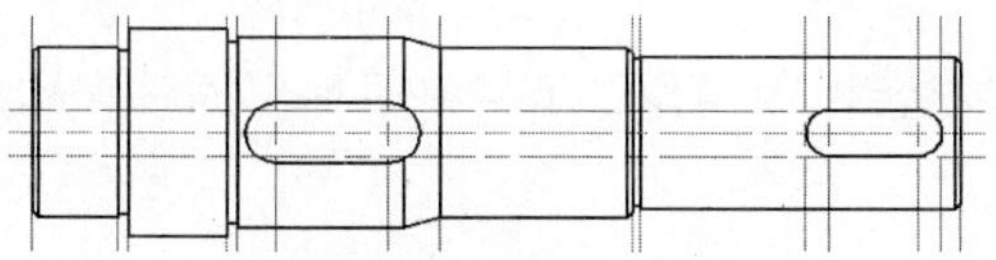

图 16-33 绘制结果

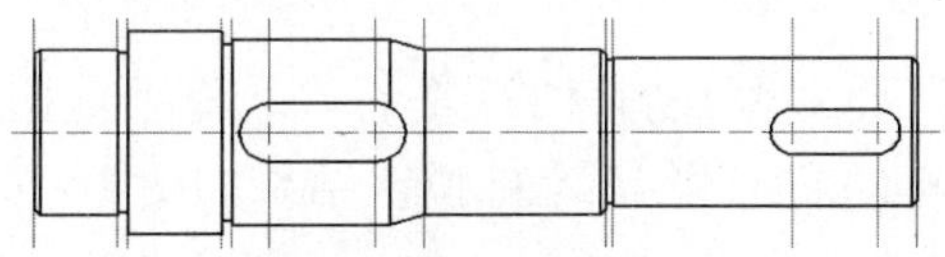

图 16-34 删除结果

16.4.4 键槽剖视图设计

操作步骤如下。

❶继续上例操作。

❷展开【图层控制】列表，将“点划线”设置为当前图层。

❸选择菜单【绘图】|【构造线】命令，配合【中点捕捉】功能绘制垂直和水平的构造线，作为定位辅助线。命令行操作如下：

```
命令: _xline
    指定点或 [水平(H)/垂直(V)/角度(A)/二等分(B)/偏移(O)]: //V Enter
    指定通过点:                                  //捕捉如图 16-35 所示的中点
    指定通过点:                                  // Enter，结束命令
    命令: xline                                  // Enter，重复执行此命令
    指定点或 [水平(H)/垂直(V)/角度(A)/二等分(B)/偏移(O)]: //H Enter
    指定通过点:                                  //在水平构造线下侧的适当位置拾取一点
    指定通过点:                                  // Enter，绘制结果如图 16-36 所示
```

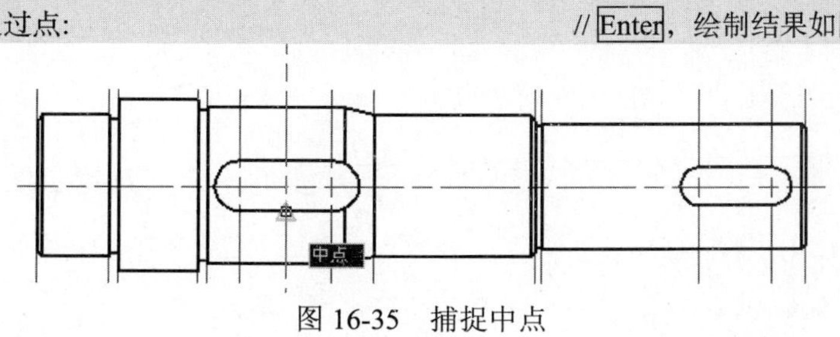

图 16-35 捕捉中点

❹使用快捷键“LA”激活【图层】命令，在打开的【图层特性管理器】对话框中，设置“轮廓线”为当前图层。

❺使用快捷键“C”激活【圆】命令，以构造线的交点为圆心，绘制直径为 50 的圆，结果如图 16-37 所示。

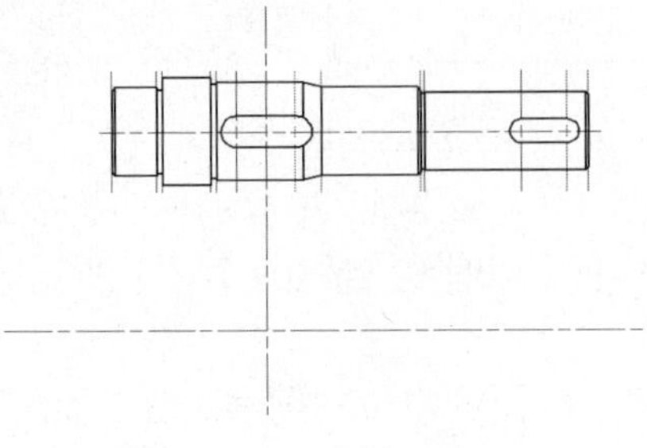

图 16-36　绘制结果

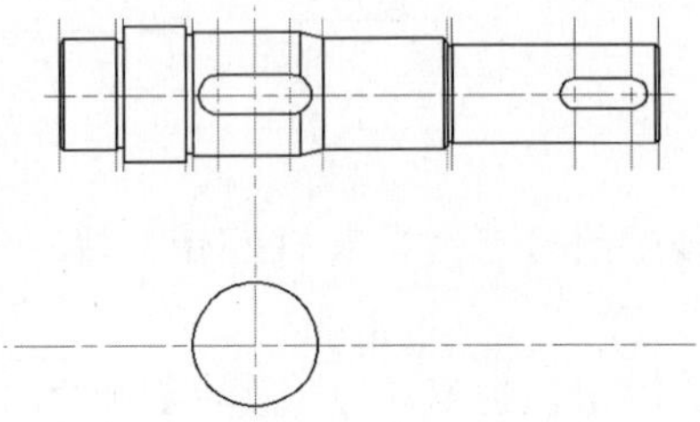

图 16-37　绘制圆

❻选择菜单【修改】|【偏移】命令，将水平构造线对称偏移 8 个绘图单位，如图 16-38 所示。

❼重复执行【偏移】命令，将垂直构造线向左偏移 25 单位，然后将偏移出的垂直构造线再向右偏移 45 个单位，结果如图 16-39 所示。

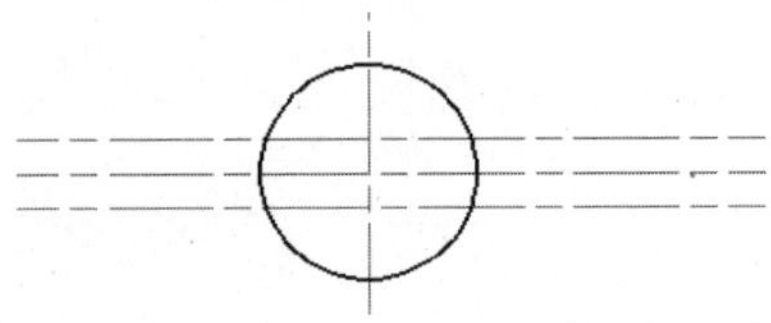

图 16-38　偏移水平构造线

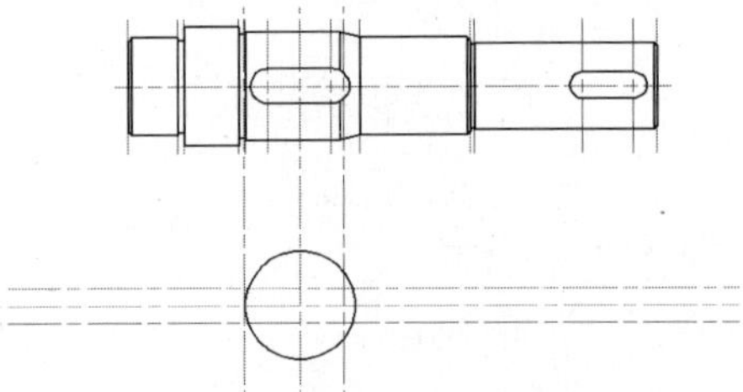

图 16-39　偏移垂直构造线

❽使用快捷键“L”激活【直线】命令，连接构造线、圆等图形的交点绘制线段，如图 16-40 所示。

❾选择菜单【修改】|【删除】命令，删除多余构造线，结果如图 16-41 所示。

❿选择菜单【修改】|【修剪】命令，对圆和构造线进行修剪，结果如图 16-42 所示。

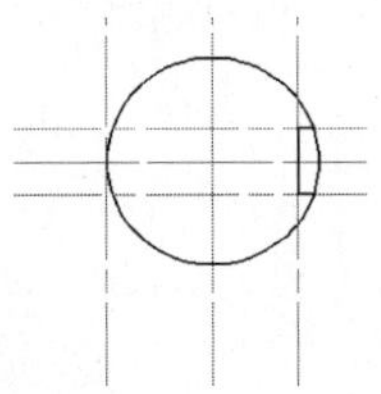

图 16-40　绘制键深

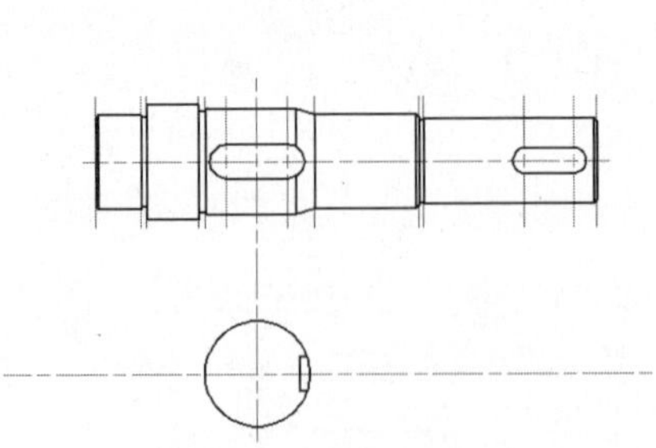

图 16-41　删除结果

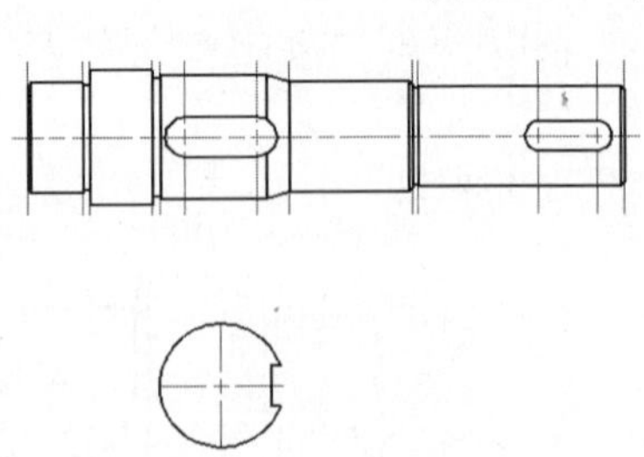

图 16-42　修剪结果

⓫将“剖面线”设置为当前图层。

⓬选择菜单【绘图】|【图案填充】命令，设置填充图案为“ANSI31”，填充比例为 1.5，

为剖视图填充图案，填充结果如图 16-43 所示。

⑬参照第 3~12 操作步骤，绘制轴右侧的键槽剖面图，并为其填充图案，结果如图 16-44 所示。

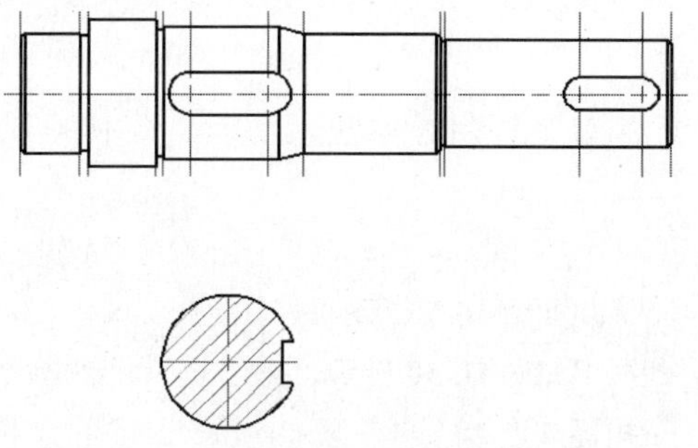

图 16-43　填充结果

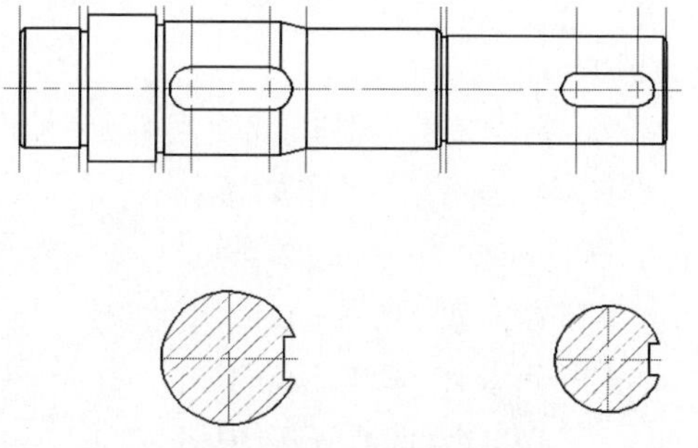

图 16-44　绘制右侧剖面图

⑭删除主视图中的多余定位线，并对定位线进行修剪，结果如图 16-45 所示。

⑮选择菜单【修改】|【拉长】命令，对各位置的中心线两端拉长 6 个单位，结果如图 16-46 所示。

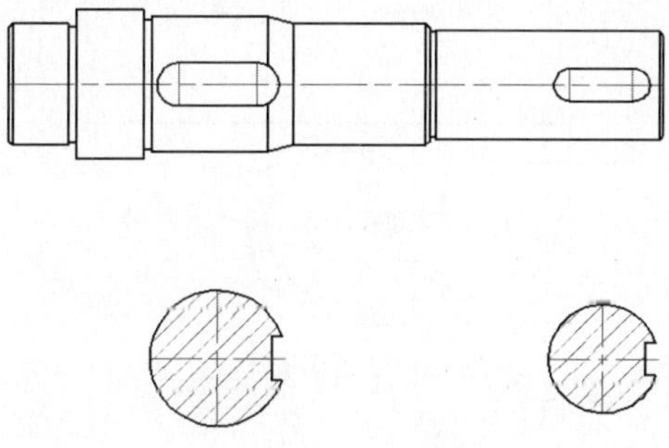

图 16-45　操作结果

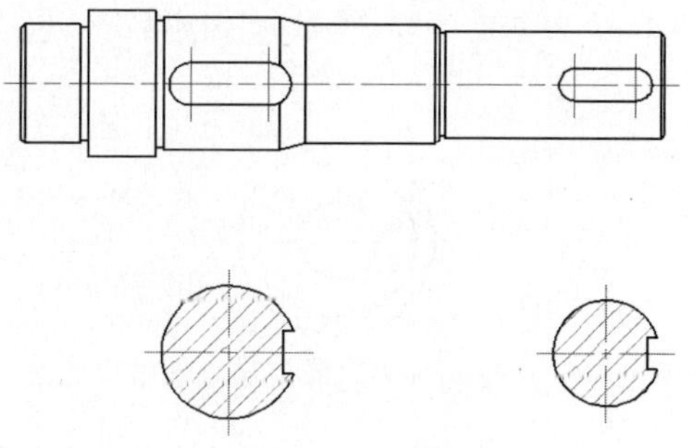

图 16-46　最终结果

⑯最后使用【另存为】命令将图形另存储为“键槽剖视图.dwg”。

16.4.5　插套俯视图设计

操作步骤如下。

❶以“机械样板.dwt”作为基础样板，新建空白文件。

❷设置图形界限为 300×200，并将图形界限最大化显示。

❸启用状态栏上的【对象捕捉】功能，并设置捕捉模式为端点捕捉、中点捕捉、圆心捕捉、交点捕捉和切点捕捉。

❹启用状态栏上的【线宽】功能，并将“点划线”设置为当前图层。

❺激活【构造线】命令，绘制如图 16-47 所示的构造线。

❻选择菜单【修改】|【偏移】命令，将下侧水平构造线向下偏移 16 和 27 个绘图单位，将垂直构造线对称偏移 55 个绘图单位，如图 16-48 所示。

❼设置“轮廓线”为当前图层。

❽使用快捷键“C”激活【圆】命令，以图 16-48 所示的交点 A 作为圆心，绘制直径为 50、40 和 20 的 3 个同心圆，如图 16-49 所示。

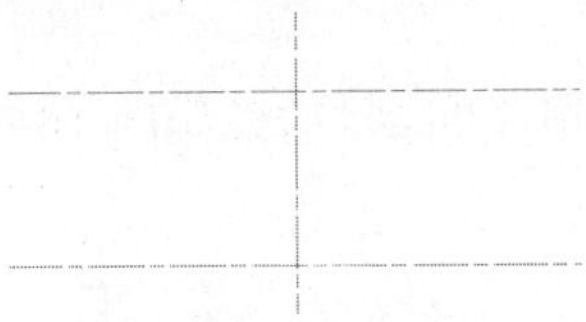

图 16-47　绘制结果

图 16-48　偏移结果

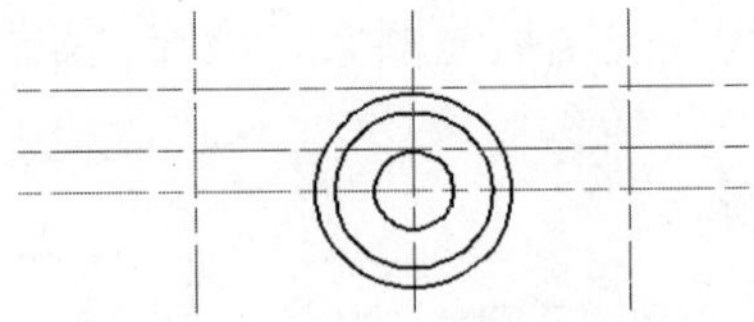

图 16-49　绘制同心圆

⑨选择菜单【绘图】|【直线】命令，配合【交点捕捉】和坐标输入功能，绘制俯视图的外部结构。命令行操作如下：

```
命令: _line
    指定第一点:                               //捕捉如图 16-50 所示的交点
    指定下一点或 [放弃(U)]:                    //捕捉如图 16-50 所示的交点 1
    指定下一点或 [放弃(U)]:                    //捕捉交点 2
    指定下一点或 [闭合(C)/放弃(U)]:            //捕捉交点 3
    指定下一点或 [闭合(C)/放弃(U)]:            //@0,-10 Enter
    指定下一点或 [闭合(C)/放弃(U)]:            //@22,0 Enter
    指定下一点或 [闭合(C)/放弃(U)]:            //捕捉如图 16-51 所示的切点
    指定下一点或 [闭合(C)/放弃(U)]:            // Enter，结束命令，绘制结果如图 16-52 所示
```

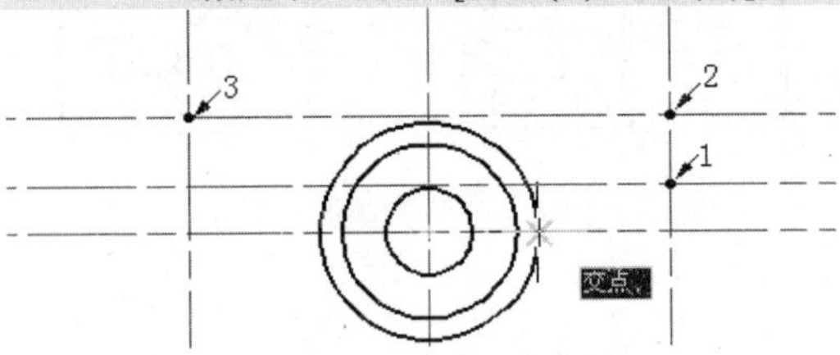

图 16-50　捕捉交点

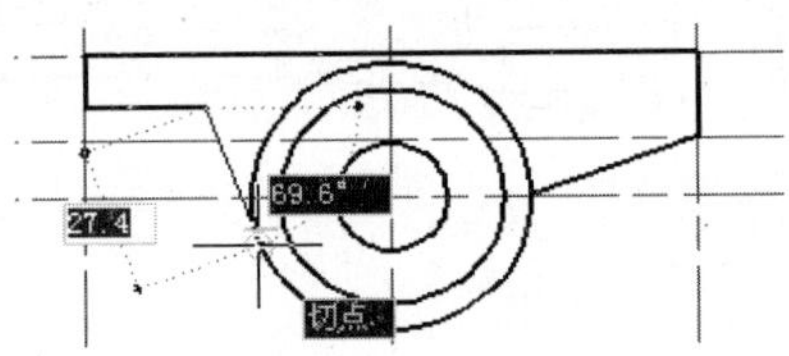

图 16-51　捕捉切点

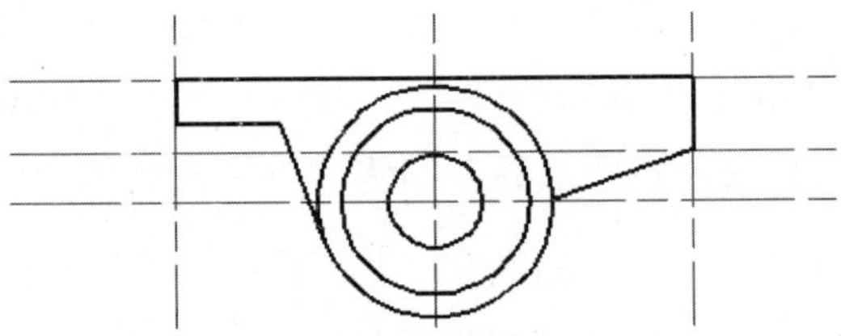

图 16-52　绘制结果

⑩使用快捷键“C”激活【圆】命令，配合【端点捕捉】和【捕捉自】功能，绘制圆图形。命令行操作如下：

```
命令: _circle
    指定圆的圆心或 [三点(3P)/两点(2P)/切点、切点、半径(T)]:   //激活【捕捉自】功能
    _from 基点:                                             //捕捉如图 16-53 所示的端点
    <偏移>:                                                 //@-10,-7 Enter
    指定圆的半径或 [直径(D)]:                                //d Enter
    指定圆的直径:                                           //8 Enter
    命令: circle                                            // Enter，重复执行命令
    指定圆的圆心或 [三点(3P)/两点(2P)/切点、切点、半径(T)]:   //激活【捕捉自】功能
    _from 基点:                                             //捕捉如图 16-54 所示的端点
```

<偏移>:　　　　　　　　　　　　　　//@6,0 Enter
指定圆的半径或 [直径(D)] <4.0>:　　　//6 Enter，结束命令，绘制结果如图 16-55 所示

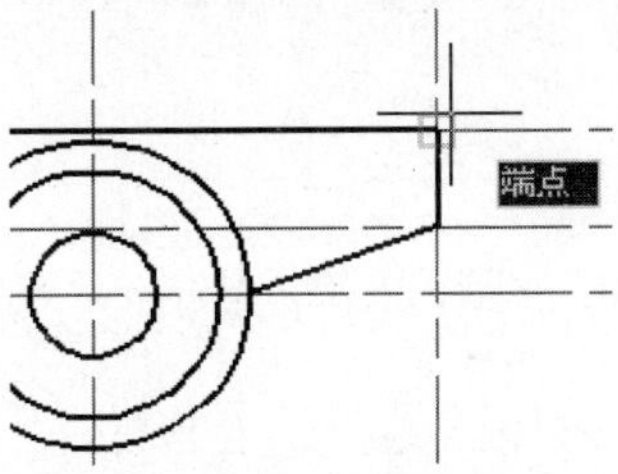

图 16-53　捕捉端点

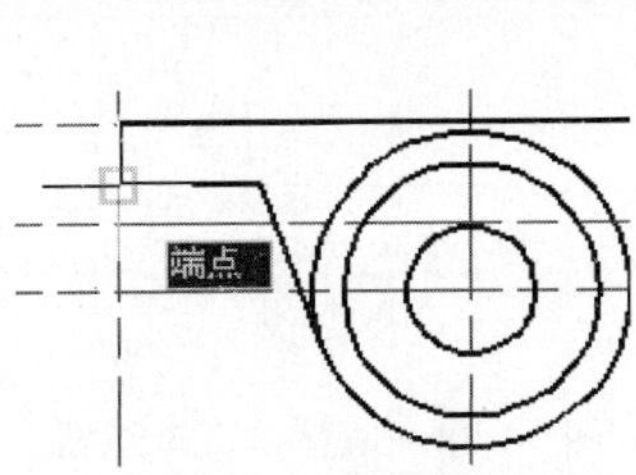

图 16-54　捕捉端点

⑪使用快捷键“TR”激活【修剪】命令，对俯视图进行修剪，去掉多余图线，同时删除下侧的两条水平构造线，结果如图 16-56 所示。

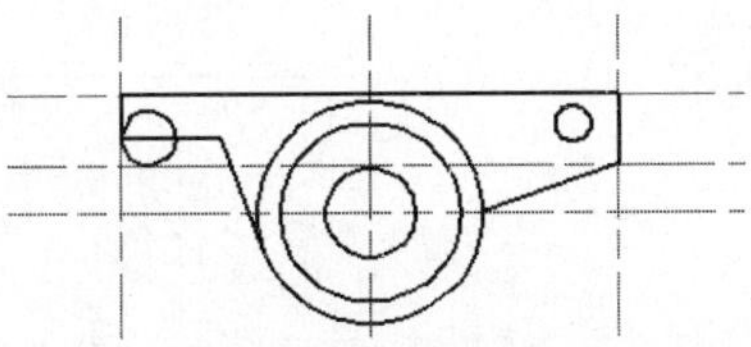

图 16-55　绘制结果

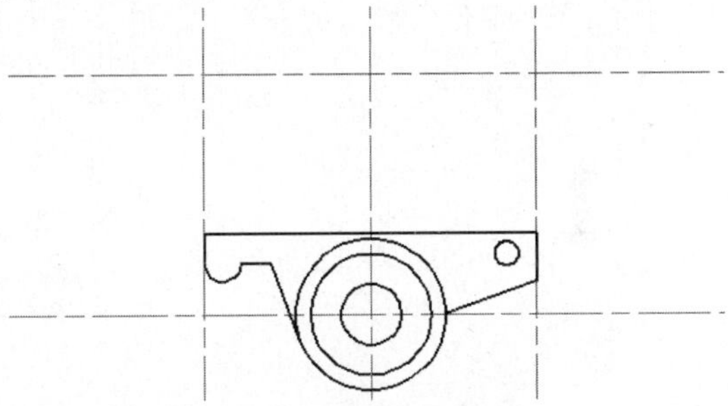

图 16-56　操作结果

⑫最后使用【保存】命令将图形存储为“插套俯视图.dwg”。

16.4.6　插套主视图设计

操作步骤如下。

❶继续上例操作。

❷选择菜单【修改】|【偏移】命令，使用命令中的【距离偏移】功能，向上偏移上侧的水平构造线，如图 16-57 所示。

❸重复【偏移】命令，使用命令中的【定点偏移】功能，通过俯视图各对正点，偏移垂直构造线，如图 16-58 所示。

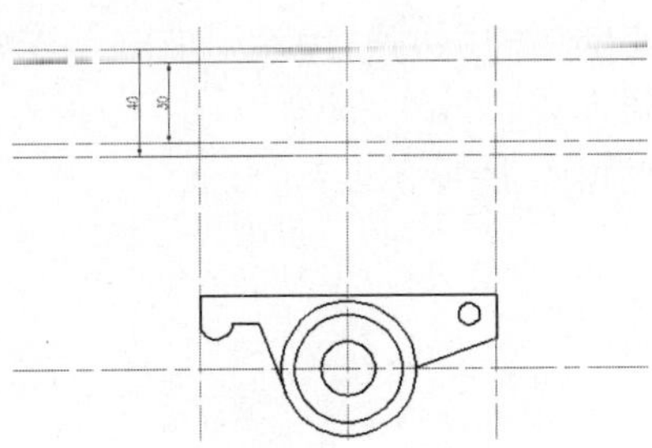

图 16-57　偏移水平构造线

❹使用快捷键“TR”激活【修剪】命令，对各构造线进行修剪，并使用【直线】命令补画上下两侧的倾余图线，如图 16-59 所示。

❺夹点显示刚编辑的主视图轮廓线，修改其图层为“轮廓线”，结果如图 16-60 所示。

❻使用【图层】命令，将“剖面线”设置为当前图层。

❼填充剖面线。使用快捷键“H”激活【图案填充】命令，设置填充图案为 LIEN，填充角度为 45，为主视图填充剖面线，填充结果如图 16-61 所示。

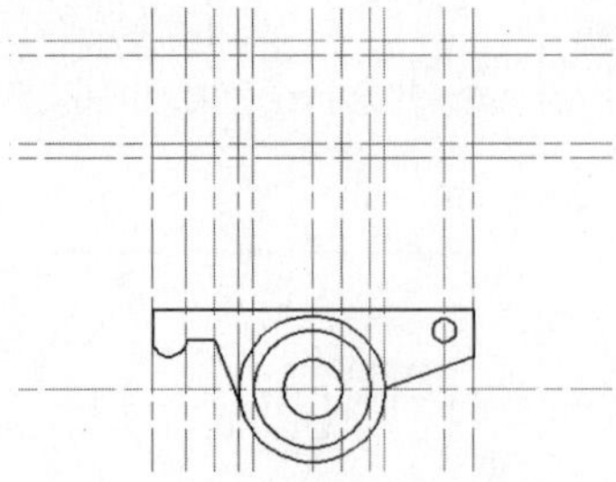

图 16-58 偏移垂直构造线

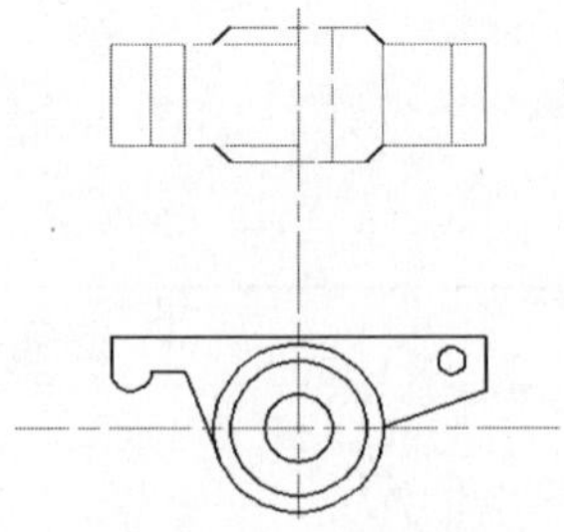

图 16-59 操作结果

❽综合使用【直线】命令和【修剪】命令，创建二视图中心线，并删除多余图线，最终结果如图 16-62 所示。

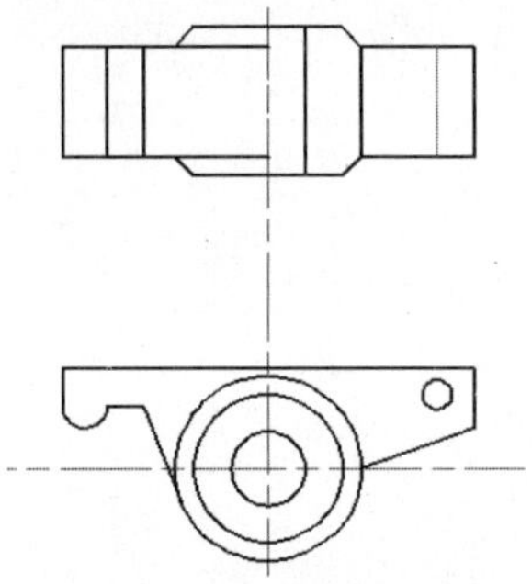

图 16-60 修改图层

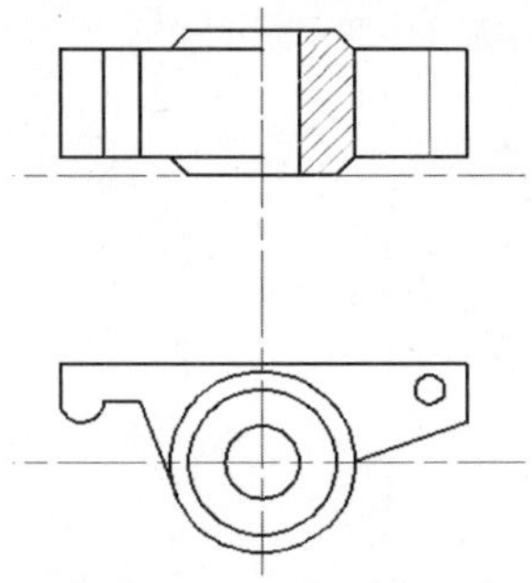

图 16-61 填充结果

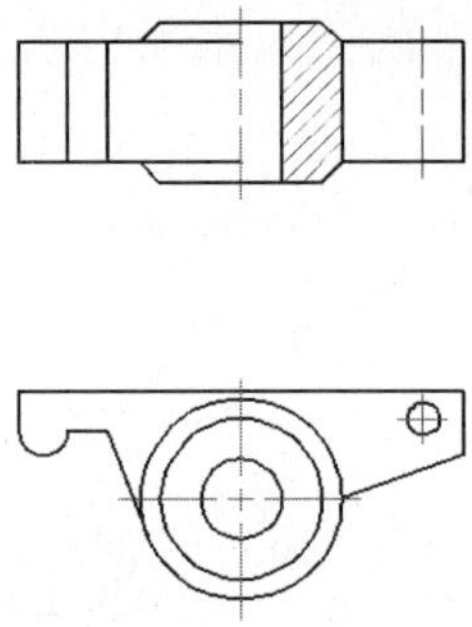

图 16-62 最终结果

❾最后将图形另存储为“插套主视图.dwg”。

16.5 本章小结

在机械制造业中，轴套类零件起着支撑和传递动力的重要作用。本章通过典型的操作实例，从视图的选择定位，到各视图的绘制、编辑和完善，综合多种制图命令，详细讲述了轴套类零件的常规绘制方法、绘制技巧和具体的绘制过程。在绘制此类零件时，一般需要根据图形的结构采用恰当的绘制方式，本章则采用了“定位线—轮廓线—中心线”的绘制方式。另外，【倒角】、【圆角】、【镜像】等命令的巧妙运用，降低了图形的绘制难度，是编辑图形细节的关键。

第17章

盘盖类零件设计

盘盖类零件的形体特征，一般是沿着轴线方向长度较短的回转体，或几何形状比较简单的板状体。根据此类零件在设备中的功能和作用，常有孔、肋、辐板、辐条等结构，有不少零件还常有键槽、销孔、螺纹等结构。

17.1 盘盖类零件概述

盘盖类零件，此类零件多是先经铸造成型，然后再经机械加工而成的。本节将从两个方面对盘盖类零件进行概述。

1．视图表达

盘盖类零件一般使用两个基本视图，一个表示其形体特征，一个表示其宽度（厚度）。哪一个作为主视图，要根据具体情况而定。从加工角度考虑，由于盘盖类零件多在车床上加工，所以常把轴线水平位置、表示其宽度的视图作为主视图；但根据形体特征，又常把轴线垂直于正投影面的视图作为主视图。不论主视图如何确定，沿轴线水平放置的视图，一般都采用全剖视或半剖视的方法，以显示其内部结构。

2．尺寸标注

根据盘盖零件的形体特征，径向（或高度方向）尺寸一般是以轴线为基准；轴向（宽度方向）尺寸常以具有精度要求高的端面（或结合面）为基准，且多采用并联式标注尺寸。

为了图面清晰和便于看图，径向尺寸又多集中于标注在非圆视图上；内外尺寸分别标注在视图两侧。均匀分布的孔的定位尺寸，常标注直径或角度，定形尺寸多用旁注方法。

17.2 盘盖类零件效果

1．盘类零件效果

本章通过绘制法兰盘剖视图与左视图，主要学习盘类零件视图的绘制方法和技巧。法兰盘零件的绘制效果如图 17-1 所示。

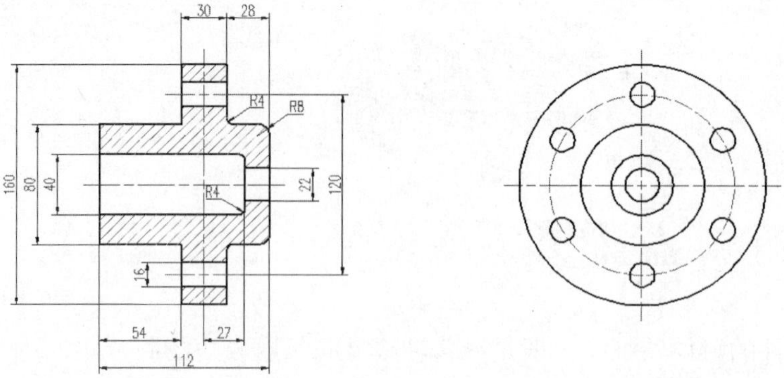

图 17-1　法兰盘零件效果

2．**盖类零件效果**

本章通过绘制阀盖主视图与左剖视图，主要学习盖类零件视图的绘制方法和技巧。阀盖零件的绘制效果如图 17-2 所示。

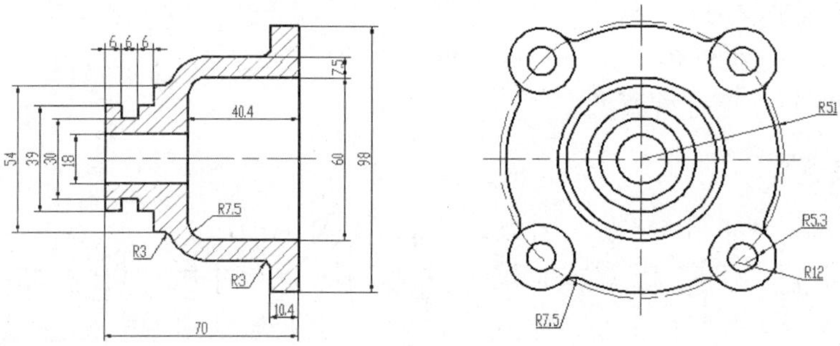

图 17-2　阀盖零件效果

17.3　盘盖类零件设计思路

1．**盘零件设计思路**

- 调用“机械样板.dwt”，并简单设置绘图环境。
- 使用【构造线】和【偏移】命令绘制二视图定位线。
- 使用【圆】和【阵列】命令绘制法兰盘左视图。
- 使用【偏移】和【修剪】命令绘制法兰盘主视图。
- 使用【圆角】命令对主视图进行细化。
- 使用【图案填充】命令绘制剖面线。
- 使用【修剪】和【拉长】命令绘制二视图中心线。
- 最后使用【保存】命令将图形存盘。

2．**盖零件设计思路**

- 调用“机械样板.dwt”，并简单设置绘图环境。
- 使用【多段线】、【修剪】命令绘制阀盖主视图。

- 使用【圆角】、【镜像】命令对阀盖主视图进行完善。
- 使用【图案填充】命令绘制主视图剖面线。
- 使用【构造线】命令配合对象捕捉功能绘制左视图辅助线。
- 使用【圆】和【阵列】命令绘制阀盖左视图。
- 使用【修剪】和【旋转】命令对阀盖左视图进行完善。
- 使用【修剪】和【拉长】命令绘制二视图中心线。
- 最后使用【保存】命令将图形存盘。

17.4 盘盖类零件设计过程

下面将详细学习盘类零件和盖类零件各种视图的绘制方法和技巧，具体内容如下。

17.4.1 盘零件左视图设计

操作步骤如下。

❶以附增样板“机械样板.dwt”作为基础样板，新建空白文件。

❷启用状态栏上的【对象捕捉】功能，并设置对象的捕捉模式为端点捕捉、象限点捕捉和交点捕捉。

❸选择菜单【格式】|【线宽】命令，开启线宽的显示功能，如图17-3所示。

❹展开【图层】工具栏上的【图层控制】列表，将“点划线”设置为当前图层，如图17-4所示。

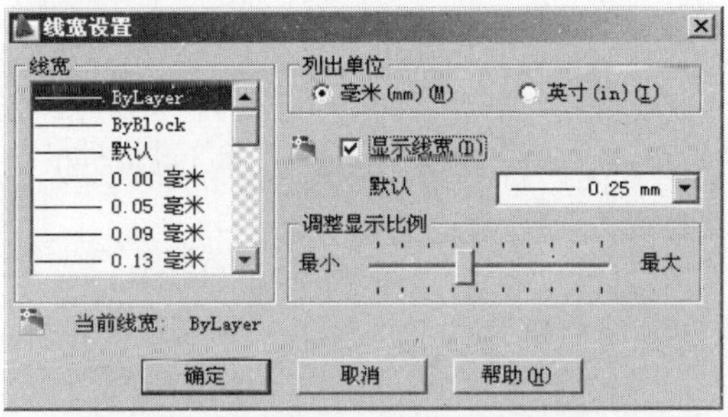

图17-3 【线宽设置】对话框

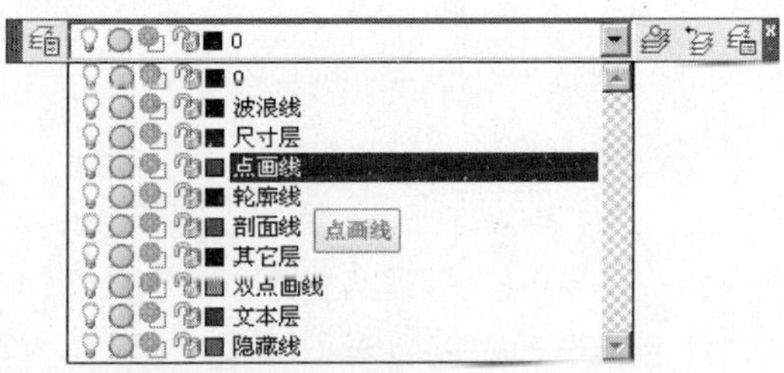

图17-4 【图层控制】下拉列表

❺激活【构造线】命令，绘制一条水平构造线作为图形定位基准线。

❻重复使用【构造线】命令，绘制两条垂直的构造线，作为两视图定位辅助线，如图17-5所示。

❼使用快捷键“LA”激活【图层】命令，设置“轮廓线”为当前图层。

图17-5 绘制结果

❽使用快捷键“C”激活【圆】命令，配合交点捕捉功能绘制直径为120、22和16的圆。命令行操作如下：

命令: c //Enter，激活画圆命令

CIRCLE 指定圆的圆心或 [三点(3P)/两点(2P)/切点、切点、半径(T)]:

//捕捉右侧构造线的交点

指定圆的半径或 [直径(D)]: //dEnter

```
指定圆的直径:                                        //120Enter
命令: circle                                         //Enter，重复执行第命令
指定圆的圆心或 [三点(3P)/两点(2P)/切点、切点、半径(T)]: //捕捉右侧构造线的交点
指定圆的半径或 [直径(D)] <60.0>:                     //dEnter
指定圆的直径 <120.0>:                                //22Enter
命令: circle                                         //Enter，重复执行此命令
指定圆的圆心或 [三点(3P)/两点(2P)/切点、切点、半径(T)]:     //捕捉大圆的上象限点
指定圆的半径或 [直径(D)] <11.0>:                     //dEnter
指定圆的直径 <22.0>:                                 //16Enter，绘制结果如图 17-6 所示
```

⑨单击【修改】工具栏上的阵列按钮，以大圆的圆心作为阵列中心点，选择直径为 16 的小圆环形阵列 6 份，阵列结果如图 17-7 所示。

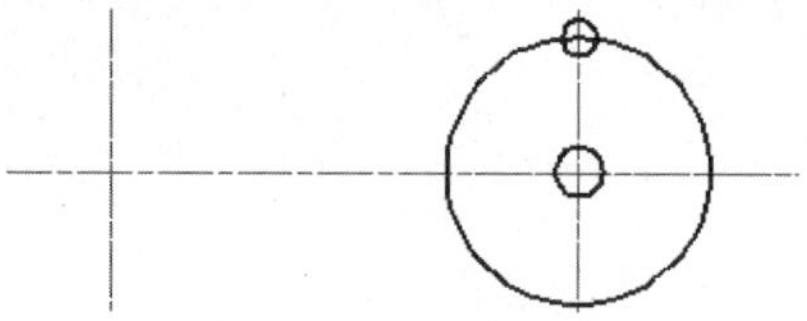

图 17-6　绘制结果

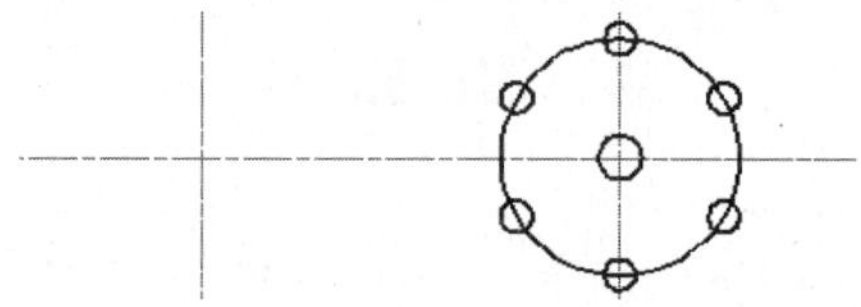

图 17-7　阵列结果

⑩执行【保存】命令，将图形存储为“法兰盘左视图.dwg”。

17.4.2 盘零件剖视图设计

操作步骤如下。

❶继续上例操作。

❷选择菜单【修改】|【偏移】命令，使用“距离偏移”方式，将左侧的垂直构造线进行偏移。命令行操作如下：

```
命令: _offset
    当前设置: 删除源=否  图层=源  OFFSETGAPTYPE=0
    指定偏移距离或 [通过(T)/删除(E)/图层(L)] <通过>:      //LEnter，激活【图层】选项
    输入偏移对象的图层选项 [当前(C)/源(S)] <源>:          //CEnter，激活【当前】选项
    指定偏移距离或 [通过(T)/删除(E)/图层(L)] <通过>:      //15Enter，设置偏移距离
    选择要偏移的对象，或 [退出(E)/放弃(U)] <退出>:        //单击左侧的垂直构造线
    指定要偏移的那一侧上的点，或 [退出(E)/多个(M)/放弃(U)] <退出>:
                                                          //在垂直构造线的左侧拾取一点
    选择要偏移的对象，或 [退出(E)/放弃(U)] <退出>: //再次单击刚才选择的构造线
    指定要偏移的那一侧上的点，或 [退出(E)/多个(M)/放弃(U)] <退出>:
                                                          //在垂直构造线的右侧拾取一点
    选择要偏移的对象，或 [退出(E)/放弃(U)] <退出>:
                                   //Enter，结束命令，偏移结果如图 17-8 所示
```

❸重复执行【偏移】命令，根据图示尺寸，分别创建其他位置的定位构造线，结果如图 17-9 所示。

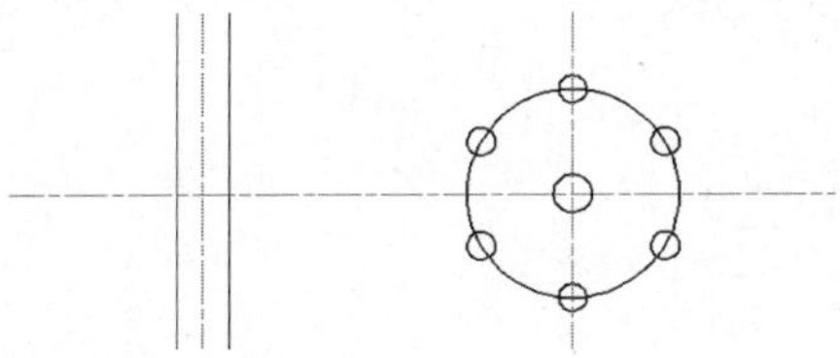

图 17-8 偏移结果

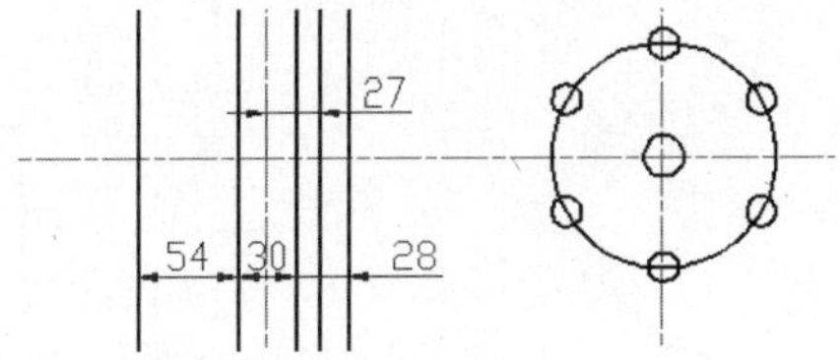

图 17-9 偏移结果

❹重复执行【偏移】命令，将水平构造线对称偏移 20、40 和 80 个绘图单位，结果如图 17-10 所示。

❺使用快捷键“TR”激活【修剪】命令，将各构造线进行修剪编辑，并删除多余图线，结果如图 17-11 所示。

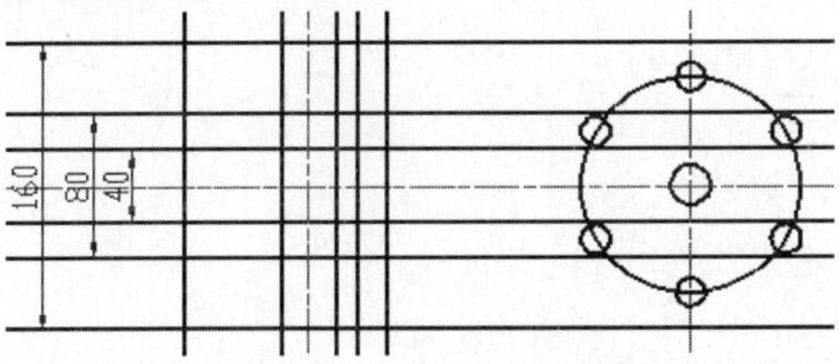

图 17-10 偏移水平构造线

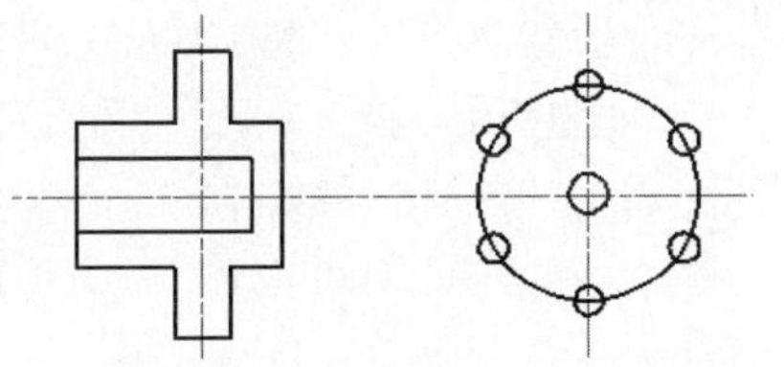

图 17-11 操作结果

❻选择菜单【绘图】|【构造线】命令，配合【交点捕捉】和【象限点捕捉】功能，绘制如图 17-12 所示的水平构造线。

❼使用快捷键“TR”激活【修剪】命令，对图形继续编辑完善，创建出主视图内部轮廓线，结果如图 17-13 所示。

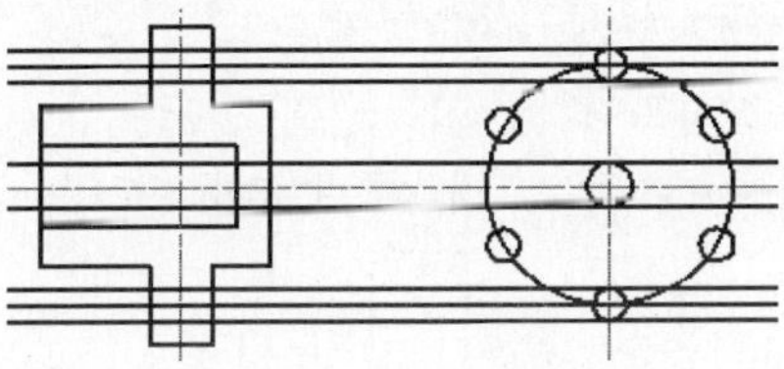

图 17-12 绘制结果

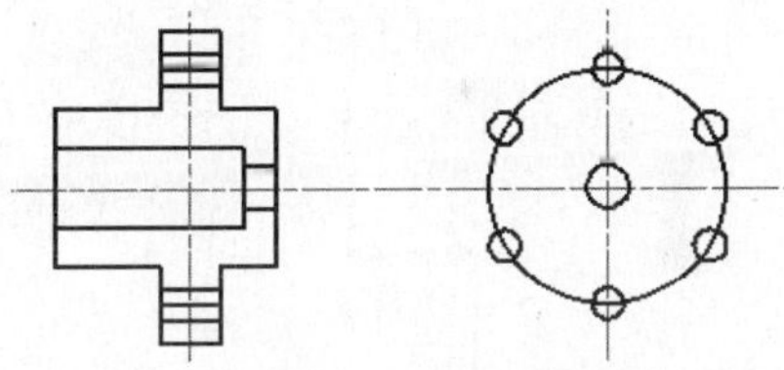

图 17-13 编辑结果

❽重复执行【构造线】命令，配合【端点捕捉】功能，绘制如图 17-14 所示的水平构造线。

❾使用快捷键“C”激活【圆】命令，再配合【交点捕捉】功能，绘制如图 17-15 所示的圆。

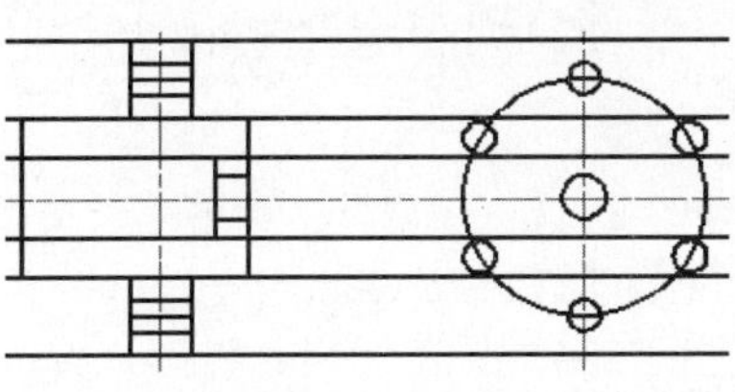

图 17-14 绘制结果

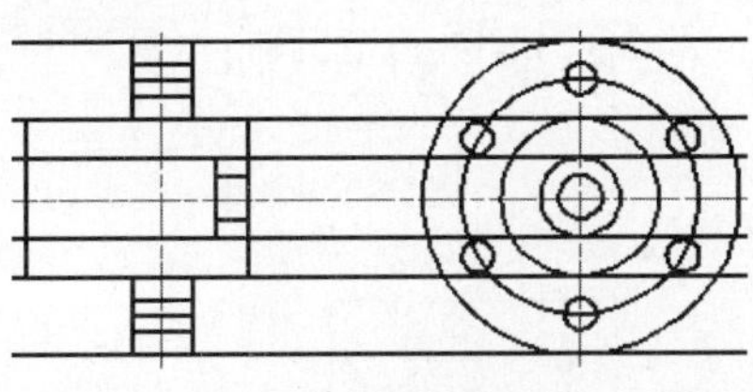

图 17-15 绘制结果

❿使用快捷键“TR”激活【修剪】命令，对两视图进行修整完善，并删除多余图线和更改个别对象的图层特性，操作结果如图 17-16 所示。

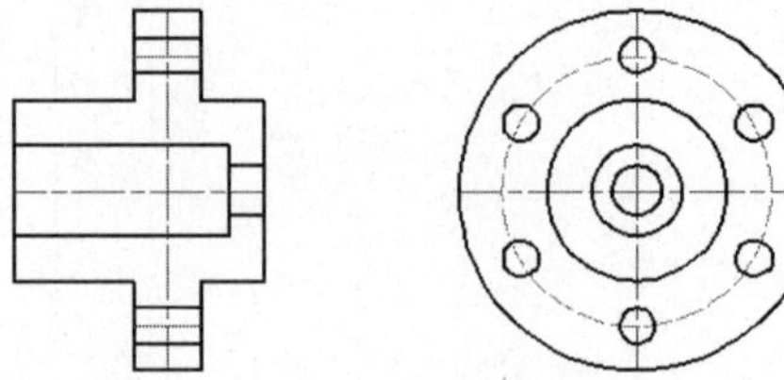

图 17-16　操作结果

⑪选择菜单【修改】|【圆角】命令，将圆角半径设置为 7，对主视图轮廓进行细化。命令行操作如下：

```
命令: _fillet
    当前设置: 模式 = 修剪，半径 = 0.0
    选择第一个对象或 [放弃(U)/多段线(P)/半径(R)/修剪(T)/多个(M)]: //rEnter
    指定圆角半径 <0.0>:                        //7Enter，设置圆角半径
    选择第一个对象或 [放弃(U)/多段线(P)/半径(R)/修剪(T)/多个(M)]: //mEnter
    选择第一个对象或 [放弃(U)/多段线(P)/半径(R)/修剪(T)/多个(M)]:
                                               //在如图 17-17 所示的位置单击
    选择第二个对象，或按住 Shift 键选择要应用角点的对象:
                                               //在如图 17-18 所示的位置单击
    选择第一个对象或 [放弃(U)/多段线(P)/半径(R)/修剪(T)/多个(M)]:
                                               //在如图 17-19 所示的位置单击
    选择第二个对象，或按住 Shift 键选择要应用角点的对象:
                                               //在如图 17-20 所示的位置单击
    选择第一个对象或 [放弃(U)/多段线(P)/半径(R)/修剪(T)/多个(M)]:
                                               //Enter，结束命令，圆角结果如图 17-21 所示
```

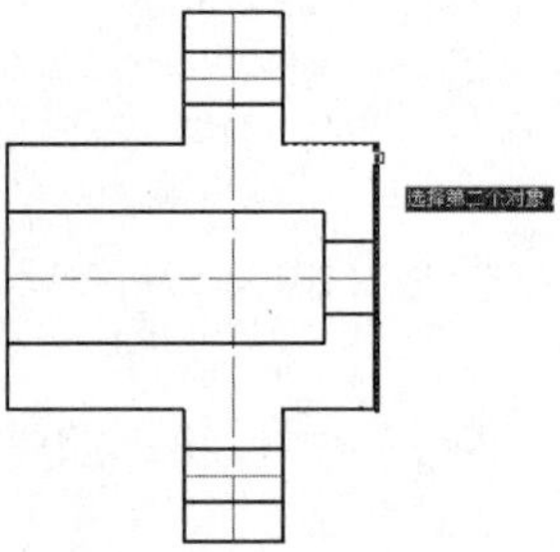

图 17-17　选择圆角位置

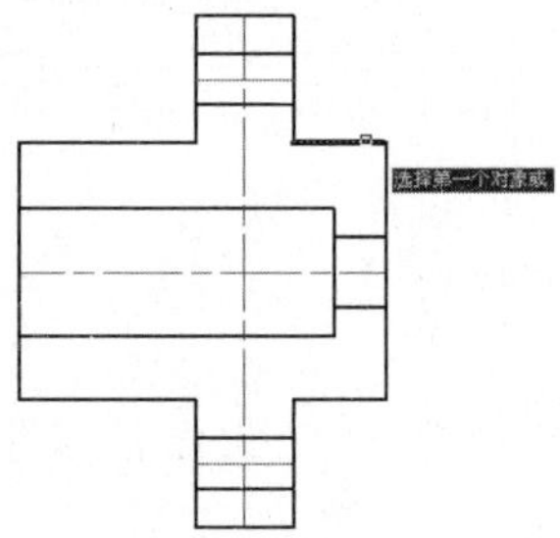

图 17-18　选择圆角位置

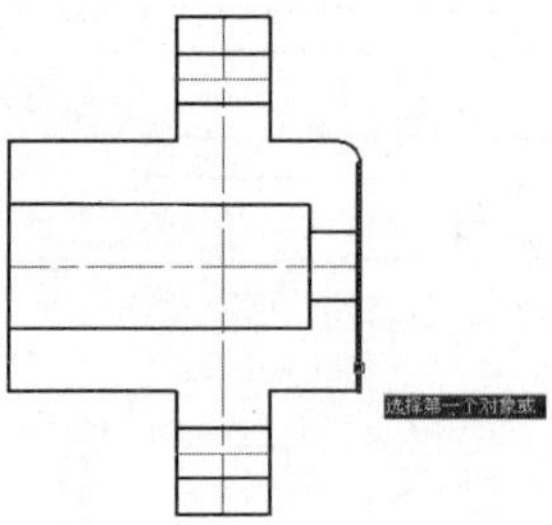

图 17-19　选择圆角位置

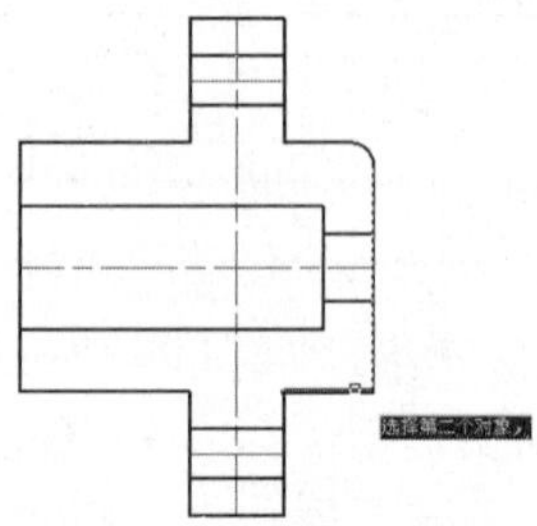

图 17-20　选择圆角位置

⑫重复执行【圆角】命令，将圆角半径设置为 4，继续对主视图进行细化，结果如图 17-22 所示。

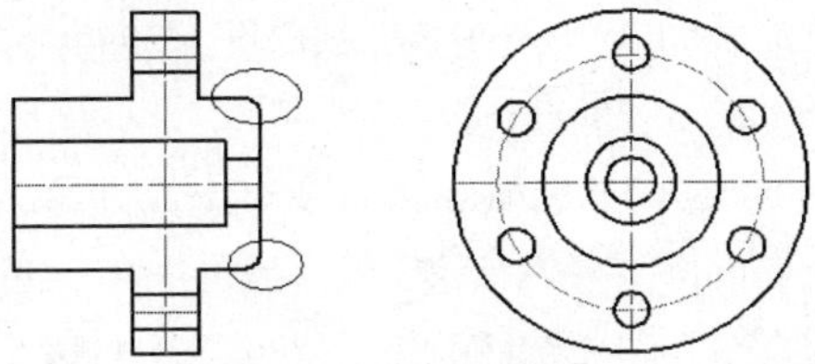

图 17-21 圆角结果

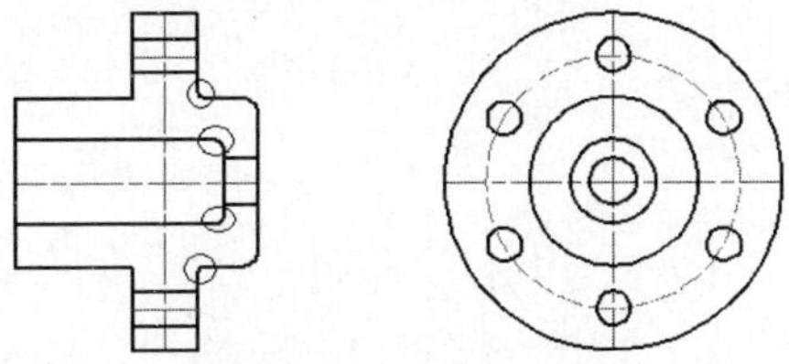

图 17-22 圆角结果

⑬设置“剖面线”为当前图层，然后使用快捷键“H”激活【图案填充】命令，设置填充图案为“ANSI31”，填充比例为 1.5，对主视图填充剖面线。填充结果如图 17-23 所示。

⑭使用快捷键“LEN”激活【拉长】命令，将二视图中心线两端拉长 10 个绘图单位，结果如图 17-24 所示。

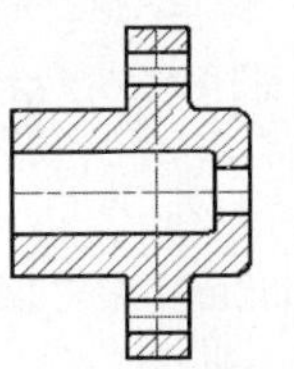

图 17-23 填充结果

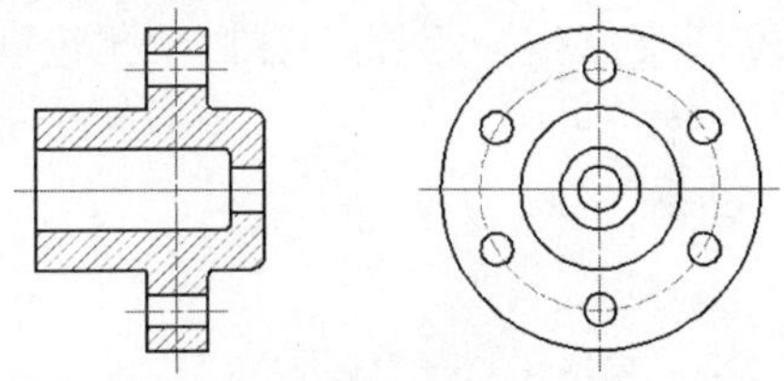

图 17-24 最终结果

⑮最后使用【另存为】命令将图形另存储为“盘零件主视图.dwg”。

17.4.3 盖零件剖视图设计

操作步骤如下。

❶以附增样板“机械样板.dwt”作为基础样板，新建空白文件。

❷选择菜单【格式】|【图形界限】命令，设置图形界限为 300 × 200。

❸选择菜单【视图】|【缩放】|【全部缩放】命令，将图形界限最大化显示。

❹打开【线宽】功能，启用【对象捕捉】功能，并设置捕捉模式为端点捕捉、圆心捕捉、象限点捕捉和交点捕捉。

❺将“点划线”设置为当前图层。

❻使用快捷键“XL”激活【构造线】命令，绘制如图 17-25 所示的构造线，作为定位辅助线。

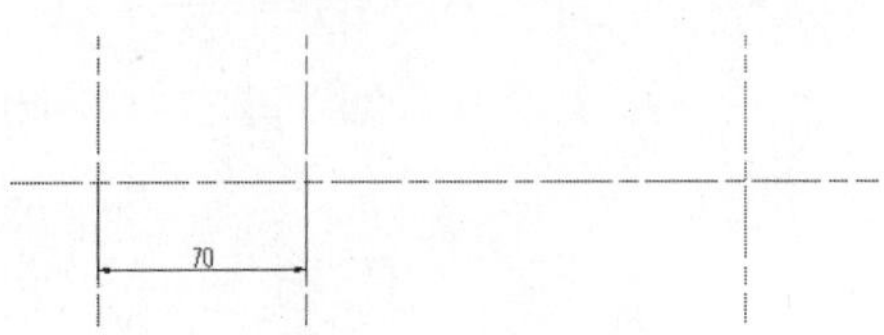

图 17-25 绘制结果

❼将“轮廓线”设置为当前图层。

❽选择菜单【绘图】|【多段线】命令，配合点的坐标输入功能，绘制主视图轮廓线。命令行操作如下：

```
命令: _pline
    指定起点:                                                    //捕捉中间定位线的交点
    当前线宽为 0.0
    指定下一个点或 [圆弧(A)/半宽(H)/长度(L)/放弃(U)/宽度(W)]:        //@0,30 Enter
    指定下一点或 [圆弧(A)/闭合(C)/半宽(H)/长度(L)/放弃(U)/宽度(W)]: //@-32.9,0 Enter
```

指定下一点或 [圆弧(A)/闭合(C)/半宽(H)/长度(L)/放弃(U)/宽度(W)]:
//a Enter，转入画弧模式

指定圆弧的端点或[角度(A)/圆心(CE)/闭合(CL)/方向(D)/半宽(H)/直线(L)/半径(R)/第二个点(S)/放弃(U)/宽度(W)]: //@-7.5,-7.5 Enter

指定圆弧的端点或[角度(A)/圆心(CE)/闭合(CL)/方向(D)/半宽(H)/直线(L)/半径(R)/第二个点(S)/放弃(U)/宽度(W)]: //l Enter，转入画线模式

指定下一点或 [圆弧(A)/闭合(C)/半宽(H)/长度(L)/放弃(U)/宽度(W)]: //@0,-22.5 Enter

指定下一点或 [圆弧(A)/闭合(C)/半宽(H)/长度(L)/放弃(U)/宽度(W)]:
// Enter，绘制结果如图 17-26 所示

❾按 F8 功能键，打开状态栏上的【正交】功能。

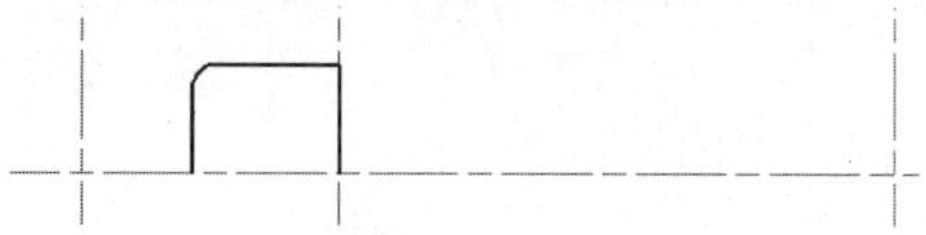

图 17-26 绘制结果

❿选择菜单【绘图】|【多段线】命令，以左端辅助线交点作为起点，绘制左侧轮廓线。命令行操作如下：

命令: _pline

指定起点: //捕捉左端辅助线交点

当前线宽为 0.0

指定下一个点或 [圆弧(A)/半宽(H)/长度(L)/放弃(U)/宽度(W)]:
//向上移动光标，输入 19.5 Enter

指定下一点或 [圆弧(A)/闭合(C)/半宽(H)/长度(L)/放弃(U)/宽度(W)]:
//向右移动光标，输入 6 Enter

指定下一点或 [圆弧(A)/闭合(C)/半宽(H)/长度(L)/放弃(U)/宽度(W)]:
//向下移动光标，输入 4.5 Enter

指定下一点或 [圆弧(A)/闭合(C)/半宽(H)/长度(L)/放弃(U)/宽度(W)]:
//向右移动光标，输入 6 Enter

指定下一点或 [圆弧(A)/闭合(C)/半宽(H)/长度(L)/放弃(U)/宽度(W)]:
//向上移动光标，输入 4.5 Enter

指定下一点或 [圆弧(A)/闭合(C)/半宽(H)/长度(L)/放弃(U)/宽度(W)]: 6
//向右移动光标，输入 6 Enter

指定下一点或 [圆弧(A)/闭合(C)/半宽(H)/长度(L)/放弃(U)/宽度(W)]:
//向上移动光标，输入 7.5 Enter

指定下一点或 [圆弧(A)/闭合(C)/半宽(H)/长度(L)/放弃(U)/宽度(W)]:
//向右移动光标，输入 12 Enter

指定下一点或 [圆弧(A)/闭合(C)/半宽(H)/长度(L)/放弃(U)/宽度(W)]:
// Enter，绘制结果如图 17-27 所示

⓫重复执行【多段线】命令，配合点的坐标输入功能，绘制右上侧的轮廓线。命令行操作如下：

命令: _pline

指定起点: //捕捉图 17-27 所示的点 Q

当前线宽为 0.0

指定下一个点或 [圆弧(A)/半宽(H)/长度(L)/放弃(U)/宽度(W)]: //@0,19 Enter

指定下一点或 [圆弧(A)/闭合(C)/半宽(H)/长度(L)/放弃(U)/宽度(W)]: //@-10.4,0 Enter

指定下一点或 [圆弧(A)/闭合(C)/半宽(H)/长度(L)/放弃(U)/宽度(W)]: //@0,-8.5 Enter

指定下一点或 [圆弧(A)/闭合(C)/半宽(H)/长度(L)/放弃(U)/宽度(W)]: //a Enter

指定圆弧的端点或[角度(A)/圆心(CE)/闭合(CL)/方向(D)/半宽(H)/直线(L)/半径(R)/第二个点(S)/放弃(U)/宽度(W)]: //@-3,-3 Enter

指定圆弧的端点或[角度(A)/圆心(CE)/闭合(CL)/方向(D)/半宽(H)/直线(L)/半径(R)/第二个点(S)/放弃(U)/宽度(W)]: //l Enter，转入画线模式

指定下一点或 [圆弧(A)/闭合(C)/半宽(H)/长度(L)/放弃(U)/宽度(W)]: //@-25,0 Enter

指定下一点或 [圆弧(A)/闭合(C)/半宽(H)/长度(L)/放弃(U)/宽度(W)]: // Enter， 绘制结果如图 17-28 的所示

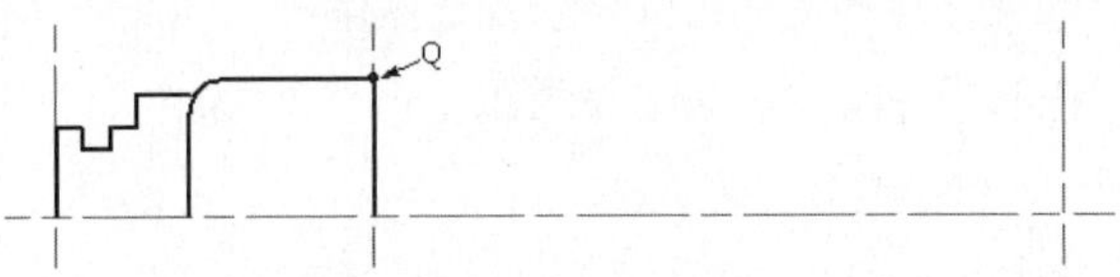

图 17-27 绘制结果

图 17-28 绘制结果

⑫选择菜单【修改】|【分解】命令，选择图 17-28 所示的多段线 1 和左端的轮廓线进行分解。

⑬将分解后的弧轮廓线向外偏移 7.5 个绘图单位，结果如图 17-29 所示。

⑭使用快捷键“F”激活【圆角】命令，对轮廓线进行圆角编辑。命令行操作如下：

命令: F //Enter

FILLET 当前设置: 模式 = 修剪，半径 = 0.0

选择第一个对象或 [放弃(U)/多段线(P)/半径(R)/修剪(T)/多个(M)]: //r Enter

指定圆角半径 <0.0>: //3 Enter

选择第一个对象或 [放弃(U)/多段线(P)/半径(R)/修剪(T)/多个(M)]: //选择偏移出的圆弧

选择第二个对象，或按住 Shift 键选择要应用角点的对象: //选择圆弧左下端的水平图线，圆角结果如图 17-30 所示

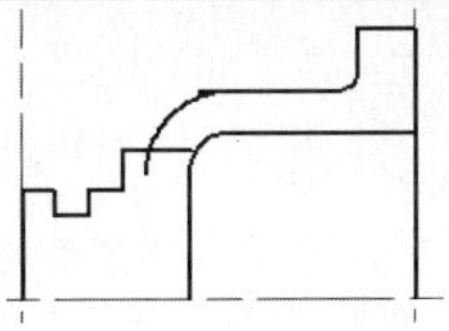

图 17-29 偏移结果

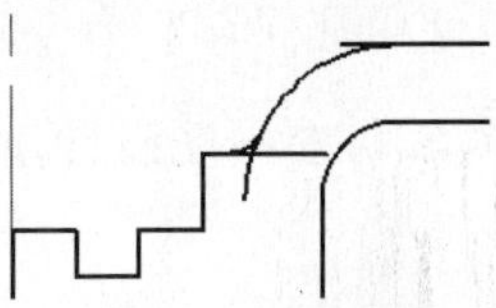

图 17-30 圆角结果

⑮使用快捷键“O”激活【偏移】命令，对下侧的水平构造线进行偏移。命令行操作如下：

命令: O // Enter

OFFSET 当前设置: 删除源=否 图层=源 OFFSETGAPTYPE=0

```
指定偏移距离或 [通过(T)/删除(E)/图层(L)] <通过>:        //9 Enter
选择要偏移的对象，或 [退出(E)/放弃(U)] <退出>:          //选择水平构造线
指定要偏移的那一侧上的点，或 [退出(E)/多个(M)/放弃(U)] <退出>:
                                                      //在所选构造线的上侧拾取一点
选择要偏移的对象，或 [退出(E)/放弃(U)] <退出>:
                                                      //Enter，结束命令，偏移结果如图
                                                      17-31 所示
```

⑯使用快捷键“TR”激活【修剪】命令，对图形进行修整完善，并删除多余图线，结果如图 17-32 所示。

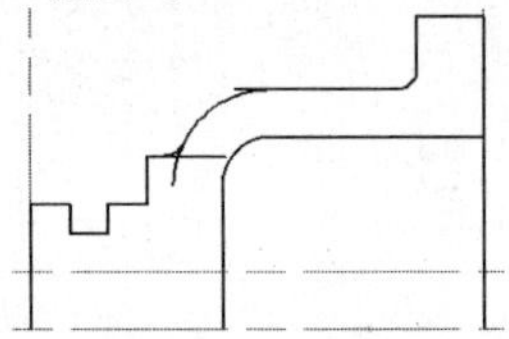

图 17-31 偏移结果

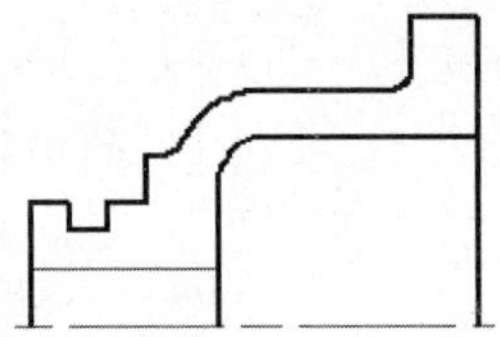

图 17-32 操作操作

⑰使用快捷键“MI”激活【镜像】命令，将修剪后的图形进行镜像。命令行操作如下：

```
命令: mi                                       //Enter
    MIRROR 选择对象:                           //选择水平中心上侧的所有图线
    选择对象:                                  //Enter，结束选择
    指定镜像线的第一点:                        //捕捉水平中心左端点
    指定镜像线的第二点:                        //@1,0Enter
    要删除源对象吗? [是(Y)/否(N)] <N>:         //Enter，结束命令，镜像结果如图 17-33 所示
```

⑱使用快捷键“H” 激活【图案填充】命令，设置填充图案为“ANSI31”，为阀盖主视图填充剖面线。填充结果如图 17-34 所示。

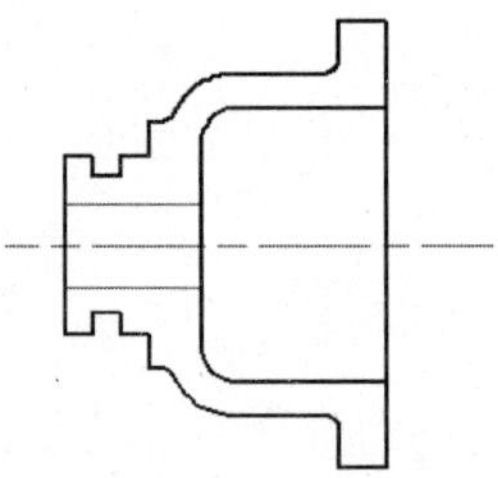

图 17-33 镜像结果

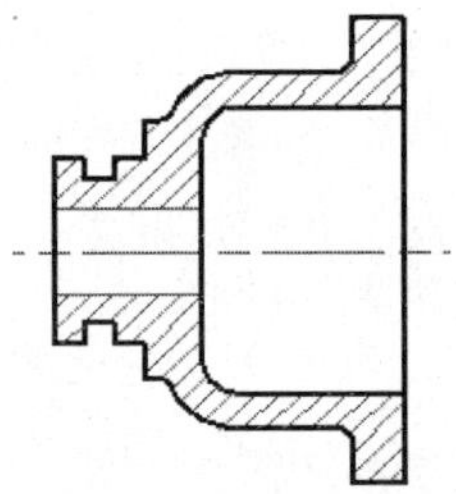

图 17-34 填充结果

⑲最后使用【保存】命令将图形存储为“阀盖主视图.dwg”。

17.4.4 盖零件左视图设计

操作步骤如下。

❶继续上例操作。

❷选择菜单【绘图】|【构造线】命令，配合【端点捕捉】功能，利用视图之间的对应关系，绘制如图 17-35 所示的水平构造线。

❸使用快捷键“C”激活【圆】命令，配合【交点捕捉】功能，绘制如图 17-36 所示的同心圆。

图 17-35 绘制水平构造线

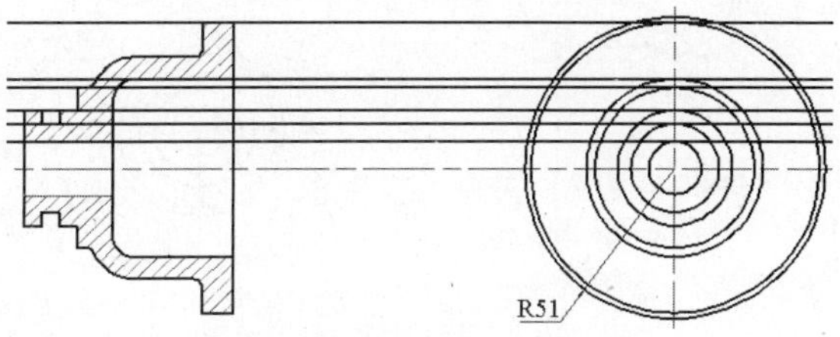

图 17-36 绘制同心圆

❹选择菜单【修改】|【删除】命令，删除多余的构造线。

❺使用快捷键“C”激活【圆】命令，以最大圆的下象限点为圆心，绘制半径为 5.2 和 12 的同心圆，如图 17-37 所示。

❻选择菜单【绘图】|【圆】|【切点、切点、半径】命令，绘制半径为 7.5 的相切圆，如图 17-38 所示。

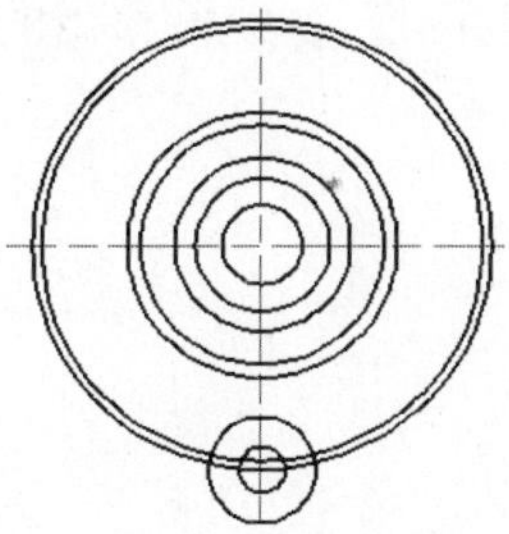

图 17-37 绘制同心圆

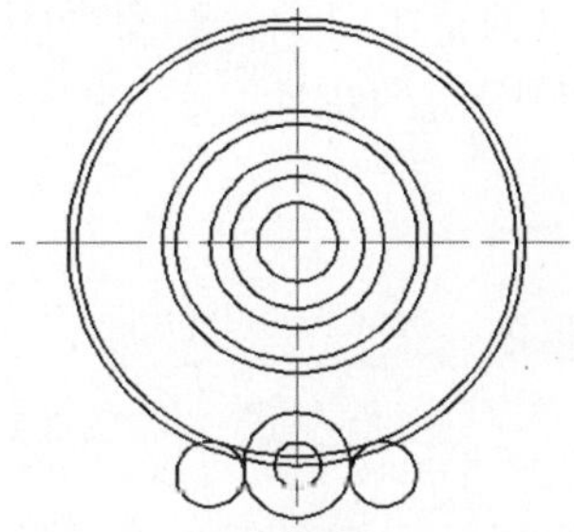

图 17-38 绘制相切圆

❼单击【修改】工具栏上的按钮，激活【阵列】命令，将下侧的同心圆和两相切圆环形阵列 4 份，结果如图 17-39 所示。

❽选择菜单【修改】|【旋转】命令，将左视图轮廓旋转 45°，结果如图 17-40 所示。

❾使用快捷键“TR”激活【修剪】命令，对旋转后的左视图轮廓进行修剪，结果如图 17-41 所示。

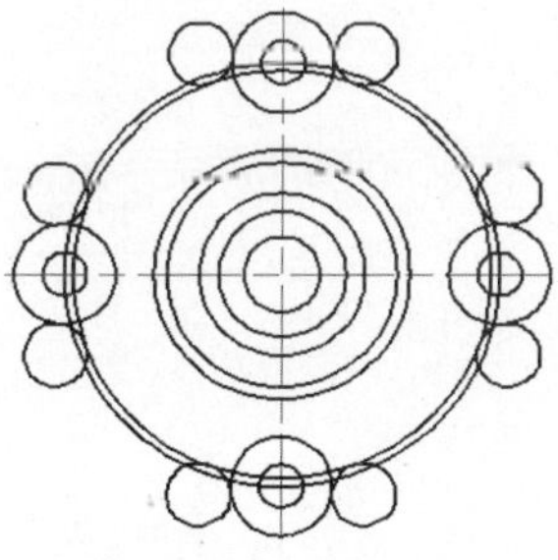

图 17-39 阵列结果

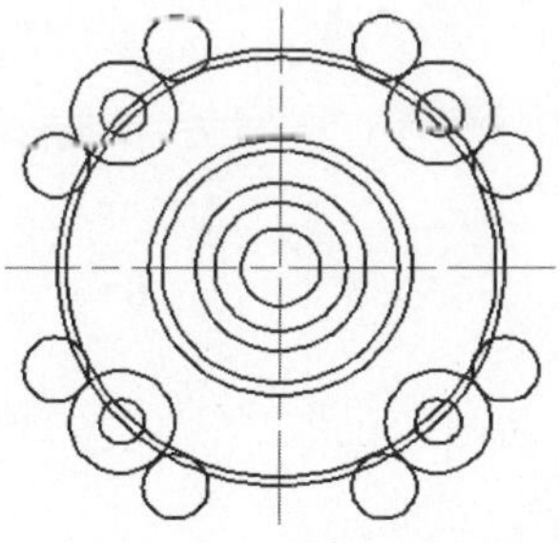

图 17-40 旋转结果

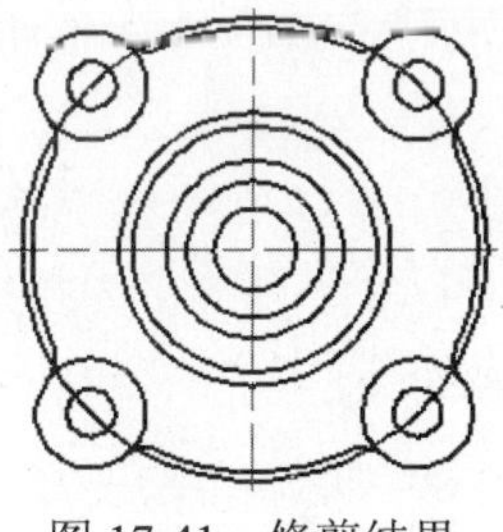

图 17-41 修剪结果

❿使用快捷键“TR”激活【修剪】命令，对中心线进行修剪，并对相关轮廓线修改图层特性，结果如图 17-42 所示。

⓫使用快捷键“LEN”激活【拉长】命令，将主视图和左视图中的中心线两端拉长 6 个绘图单位，结果如图 17-43 所示。

⓬最后使用【另存为】命令，将图形另存储为“阀盖左视图.dwg”。

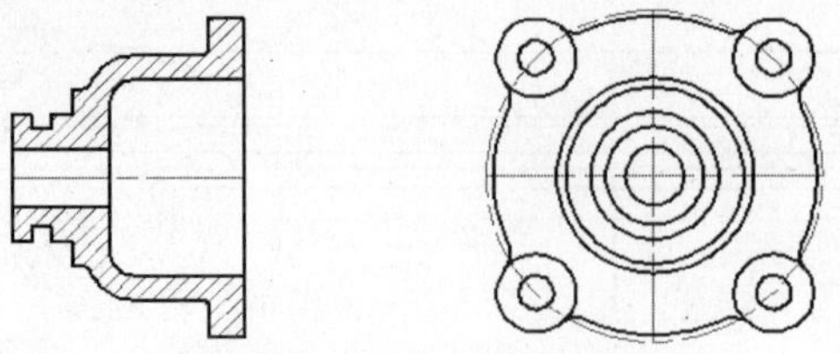

图 17-42　编辑结果

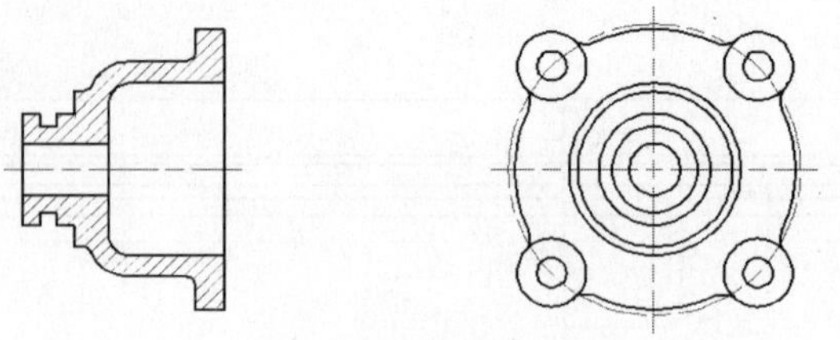

图 17-43　最终结果

17.5　本章小结

在机械制造业中，盘盖类零件主要起轴向定位、防尘和密封作用。本章通过典型的操作实例，从视图的选择定位，到各视图的绘制、编辑和完善，综合使用了多种制作命令，详细学习了盘类和盖类零件的常规绘制方法、绘制技巧和具体的绘制过程。在具体操作过程中，巧妙使用了【偏移】命令中的“距离偏移”和“当前图层”，使偏移出的目标对象自动继承当前图层的特性。

第18章

叉杆类零件设计

叉杆类零件是机器操纵机构中，起操纵、支撑作用的一种零件，如支架、支座、连杆、杠杆、拔叉、手柄等。此类零件的形体多数是不规则的，但仔细观察，此类零件通常由支撑部分、工作部分和连接部分组成的。支撑部分和工作部分多为变形基本体，结构比较简单；而连接部分多为不同截面形状的肋或杆构成，特别是因空间的限制，其形状多为弯曲或扭斜。零件上常见结构有凸台、凹坑、油孔、斜度等。

18.1 叉杆类零件概述

叉杆类零件多为铸件或模锻成型，再经过多种机床加工而成。本节将从两个方面对叉杆类零件进行概述。

1．视图表达

由于叉杆类零件工作位置和加工位置方向多变，所以一般需要采用两个或两个以上的基本视图进行表达，且选择最能反映形体特征的方向为主视图投影方向。对于倾斜部分，常采用斜视图的表达方式；对于支撑部分和工作部分，常采用局部视图、局部剖视等表达方法；对于连接部分的不同形状，则常用剖面等表达方向；当零件中主要结构不在同一平面上时，可采用旋转视图或旋转剖视等表达方法。

2．尺寸标注

由于叉杆类零件形体多不规则，尺寸标注有一定的难度，通常以主要孔的轴线（中心线）、对称面、安装面或较大的加工端面作为基准；对于孔间的中心距、孔轴线到基准面、重要平面间的距离，应直接标出。

同一结构的定形尺寸，要尽可能地集中在一个视图上标注。对于铸件上的工艺结构，如拔模斜度、铸造圆角等，都应清楚的标注出来。

18.2 叉杆类零件效果

1．拔叉零件效果

本章通过绘制拔叉零件的主视图、左视图和斜视图，主要学习叉类零件视图的绘制方法和具体的绘制技巧。绘制拔叉零件的效果如图 18-1 所示。

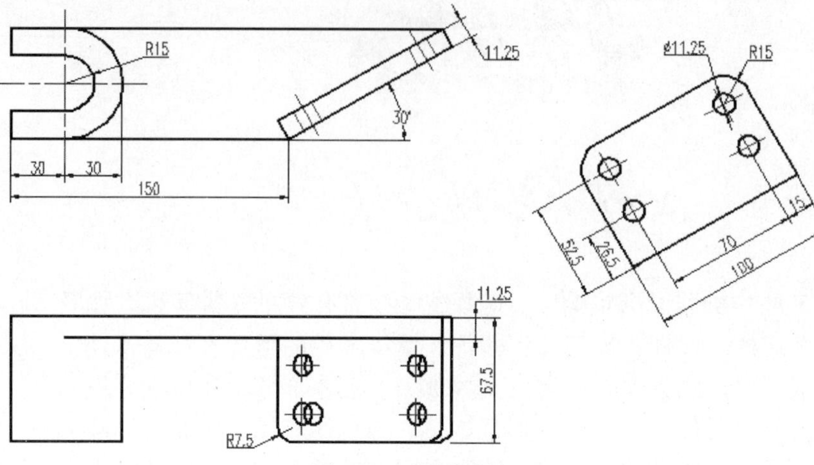

图 18-1　本例效果

2．**阀杆零件效果**

本例通过绘制阀杆零件主视图和辅助视图，主要学习杆类零件视图的绘制方法和具体的绘制技巧。阀杆零件的绘制效果如图 18-2 所示。

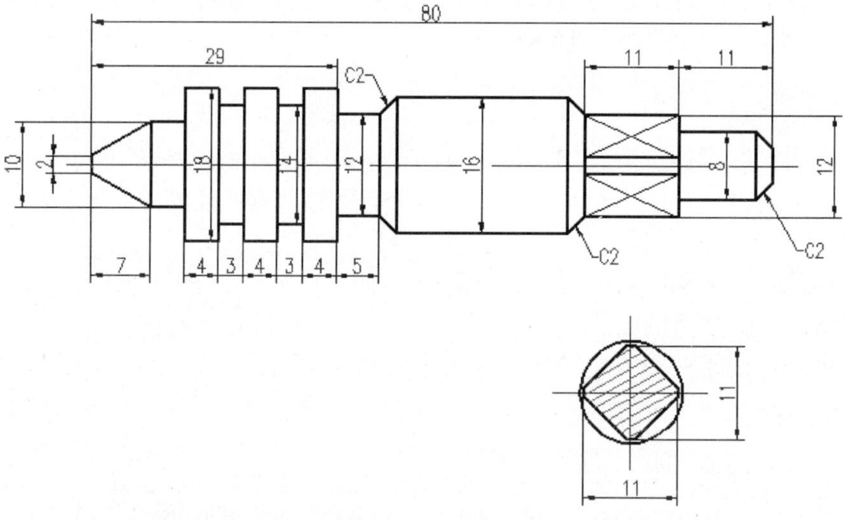

图 18-2　本例效果

18.3　叉杆类零件设计思路

1．**拔叉零件设计思路**

- 调用“机械样板.dwt”，并简单设置绘图环境。
- 使用【构造线】命令绘制零件定位辅助线。
- 使用【多段线】命令配合【正交】及点的输入功能绘制零件主视图。

- 使用【多段线】、【修剪】和【椭圆】命令绘制零件俯视图。
- 使用【圆】、【阵列】、【旋转】等命令绘制斜视图。
- 使用【修剪】、【拉长】等命令绘制三视图中心线。
- 最后使用【保存】命令将图形存盘。

2. 阀杆零件设计思路

- 调用“机械样板.dwt”，并简单设置绘图环境。
- 使用【构造线】命令绘制定位基准线。
- 使用【直线】命令并配合点的坐标输入功能绘制阀杆主视图轮廓线。
- 使用【镜像】命令对主视图轮廓线进行完善。
- 使用【构造线】、【圆】、【修剪】等命令绘制阀杆剖视图。
- 使用【图案填充】命令绘制剖视图的剖面线。
- 使用【偏移】、【修剪】等命令绘制阀杆二视图中心线。
- 最后使用【保存】命令将图形存盘。

18.4 叉杆类零件设计过程

本节学习叉杆类零件各种视图的绘制方法和具体的绘制技巧。

18.4.1 拔叉主视图设计

操作步骤如下。

❶以附增样板“机械样板.dwt”作为基础样板，新建空白文件。

❷启用状态栏上的【对象捕捉】功能和【线宽显示】功能。

❸将视图高度调整为 250 个绘图单位。

❹将“点划线”设置为当前图层。

❺选择菜单【绘图】|【构造线】命令，绘制水平构造线和垂直构造线作为定位辅助线，如图 18-3 所示。

图 18-3　绘制结果

❻将“轮廓线”设置为当前图层。

❼选择菜单【绘图】|【多段线】命令，配合【正交】功能和坐标输入功能，绘制主视图多段线。命令行操作如下：

```
命令: _pline
    指定起点:                                          //捕捉构造交点
    当前线宽为 0.0
    指定下一个点或 [圆弧(A)/半宽(H)/长度(L)/放弃(U)/宽度(W)]:
                                                       //向左移动光标，输入 30 Enter
    指定下一点或 [圆弧(A)/闭合(C)/半宽(H)/长度(L)/放弃(U)/宽度(W)]:
                                                       //向上移动光标，输入 15 Enter
    指定下一点或 [圆弧(A)/闭合(C)/半宽(H)/长度(L)/放弃(U)/宽度(W)]:
```

```
                                                //向右移动光标，输入 30 Enter
    指定下一点或 [圆弧(A)/闭合(C)/半宽(H)/长度(L)/放弃(U)/宽度(W)]: //a Enter
    指定圆弧的端点或[角度(A)/圆心(CE)/闭合(CL)/方向(D)/半宽(H)/直线(L)/半径(R)/第二个点
(S)/放弃(U)/宽度(W)]:                           //向上移动光标，输入 30 Enter
    指定圆弧的端点或[角度(A)/圆心(CE)/闭合(CL)/方向(D)/半宽(H)/直线(L)/半径(R)/第二个点
(S)/放弃(U)/宽度(W)] :                          //l Enter，转入画线模式
    指定下一点或 [圆弧(A)/闭合(C)/半宽(H)/长度(L)/放弃(U)/宽度(W)]:
                                                //向左移动光标，输入 30 Enter
    指定下一点或 [圆弧(A)/闭合(C)/半宽(H)/长度(L)/放弃(U)/宽度(W)]:
                                                //向上移动光标，输入 15 Enter
    指定下一点或 [圆弧(A)/闭合(C)/半宽(H)/长度(L)/放弃(U)/宽度(W)]:
                                                //向右移动光标，输入 30 Enter
    指定下一点或 [圆弧(A)/闭合(C)/半宽(H)/长度(L)/放弃(U)/宽度(W)]: //a Enter
    指定圆弧的端点或[角度(A)/圆心(CE)/闭合(CL)/方向(D)/半宽(H)/直线(L)/半径(R)/第二个点
(S)/放弃(U)/宽度(W)]:                           //向下移动光标，输入 60 Enter
    指定圆弧的端点或[角度(A)/圆心(CE)/闭合(CL)/方向(D)/半宽(H)/直线(L)/半径(R)/第二个点
(S)/放弃(U)/宽度(W)]:                           // Enter，绘制结果如图 18-4 所示
```

⑧重复执行【多段线】命令，配合坐标输入功能，继续绘制主视图轮廓线。命令行操作如下：

```
命令: _pline
    指定起点:                                                   //捕捉构造线的交点
    当前线宽为 0.0
    指定下一个点或 [圆弧(A)/半宽(H)/长度(L)/放弃(U)/宽度(W)]:      //@120,0 Enter
    指定下一点或 [圆弧(A)/闭合(C)/半宽(H)/长度(L)/放弃(U)/宽度(W)]: //@100<30 Enter
    指定下一点或 [圆弧(A)/闭合(C)/半宽(H)/长度(L)/放弃(U)/宽度(W)]:
                                                               //@11.25<120 Enter
    指定下一点或 [圆弧(A)/闭合(C)/半宽(H)/长度(L)/放弃(U)/宽度(W)]: //@100<210 Enter
    指定下一点或 [圆弧(A)/闭合(C)/半宽(H)/长度(L)/放弃(U)/宽度(W)]: //@11.25<300 Enter
    指定下一点或 [圆弧(A)/闭合(C)/半宽(H)/长度(L)/放弃(U)/宽度(W)]:
                                                   // Enter，绘制结果如图 18-5 所示
```

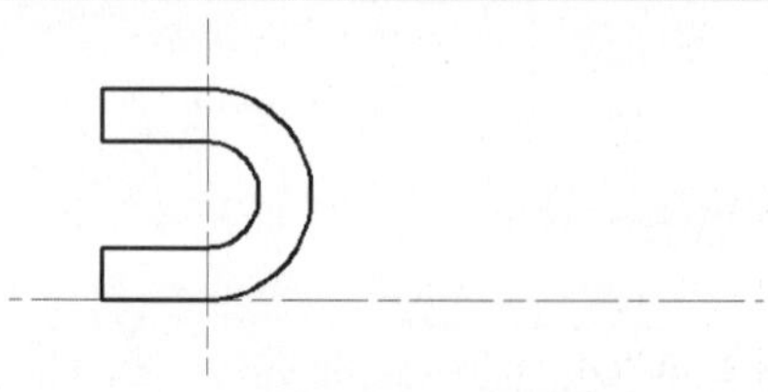

图 18-4　绘制结果

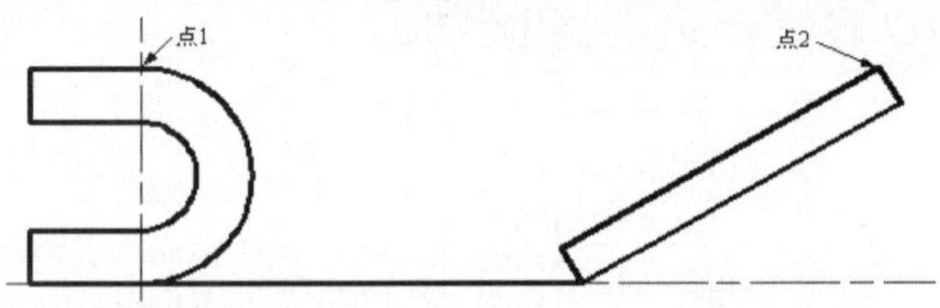

图 18-5　绘制结果

⑨重复执行【多段线】命令，连接图 18-5 所示的点 1 和点 2，绘制下侧的水平图线，结果如图 18-6 所示。

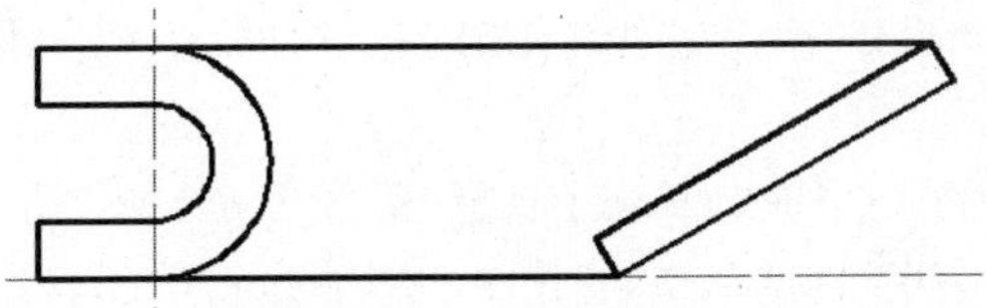

图 18-6 绘制结果

⑩使用快捷键“X”激活【分解】命令，将刚绘制的多段线分解。

⑪选择菜单【修改】|【偏移】命令，将分解后的图线向内偏移 15 个绘图单位。命令行操作如下：

```
命令: _offset
    当前设置: 删除源=否  图层=源  OFFSETGAPTYPE=0
    指定偏移距离或 [通过(T)/删除(E)/图层(L)]:            //15 Enter，设置偏移距离
    选择要偏移的对象，或 [退出(E)/放弃(U)] <退出>:  //选择如图 18-7 所示的图线
    指定要偏移的那一侧上的点，或 [退出(E)/多个(M)/放弃(U)] <退出>:
                                                    //在所选图线的右上侧拾取一点
    选择要偏移的对象，或 [退出(E)/放弃(U)] <退出>: //选择如图 18-8 所示的图线
    指定要偏移的那一侧上的点，或 [退出(E)/多个(M)/放弃(U)] <退出>:
                                                    //在所选图线的左下侧拾取一点
    选择要偏移的对象，或 [退出(E)/放弃(U)] <退出>: // Enter，偏移结果如图 18-9 所示
```

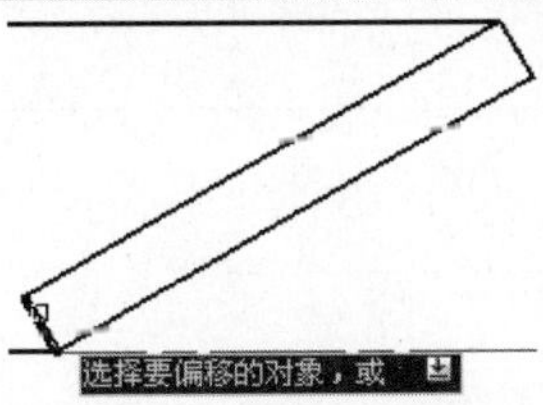

图 18-7 选择偏移对象

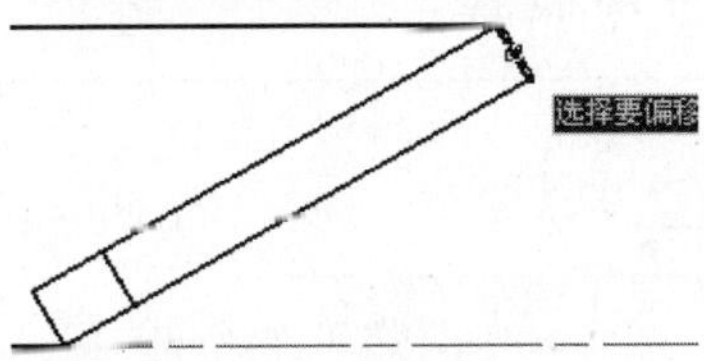

图 18-8 选择偏移对象

⑫夹点显示刚偏移出的两条图线，然后使用【特性】命令修改其图层为“点划线”，并取消图线的夹点显示，结果如图 18-10 所示。

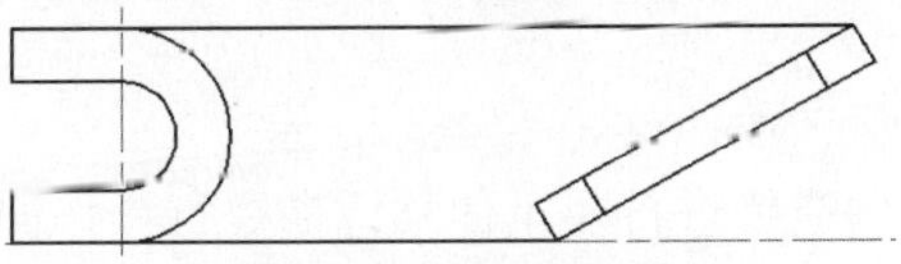

图 18-9 偏移结果

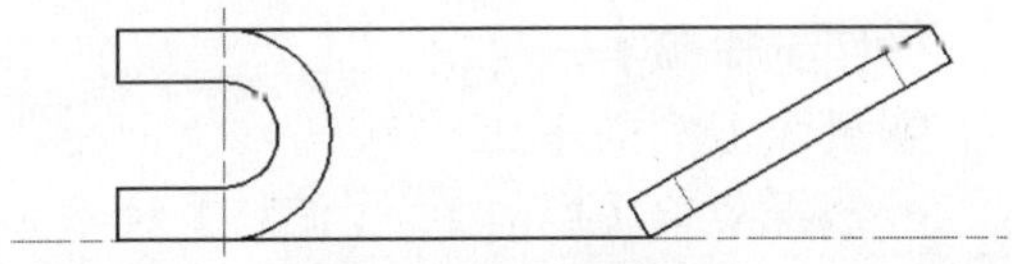

图 18-10 显示结果

⑬选择菜单【修改】|【偏移】命令，将偏移出的两条图线进行对称偏移。命令行操作如下：

```
命令: _offset
    当前设置: 删除源=否  图层=源  OFFSETGAPTYPE=0
    指定偏移距离或 [通过(T)/删除(E)/图层(L)] <15.0> : //5.775 Enter
    选择要偏移的对象，或 [退出(E)/放弃(U)] <退出>: //选择如图 18-11 所示的图线
    指定要偏移的那一侧上的点，或 [退出(E)/多个(M)/放弃(U)] <退出>:
                                                    //在所选图线的右上侧拾取一点
    选择要偏移的对象，或 [退出(E)/放弃(U)] <退出>: //再次选择如图 18-11 所示的图线
```

指定要偏移的那一侧上的点，或 [退出(E)/多个(M)/放弃(U)] <退出>:
//在所选图线的左下侧拾取一点
选择要偏移的对象，或 [退出(E)/放弃(U)] <退出>: //选择如图 18-12 所示的图线
指定要偏移的那一侧上的点，或 [退出(E)/多个(M)/放弃(U)] <退出>:
//在所选图线的右上侧拾取一点
选择要偏移的对象，或 [退出(E)/放弃(U)] <退出>: //再次选择如图 18-12 所示的图线
指定要偏移的那一侧上的点，或 [退出(E)/多个(M)/放弃(U)] <退出>:
//在所选图线的左下侧拾取一点
选择要偏移的对象，或 [退出(E)/放弃(U)] <退出>:
// Enter，结束命令，偏移结果如图 18-13 所示

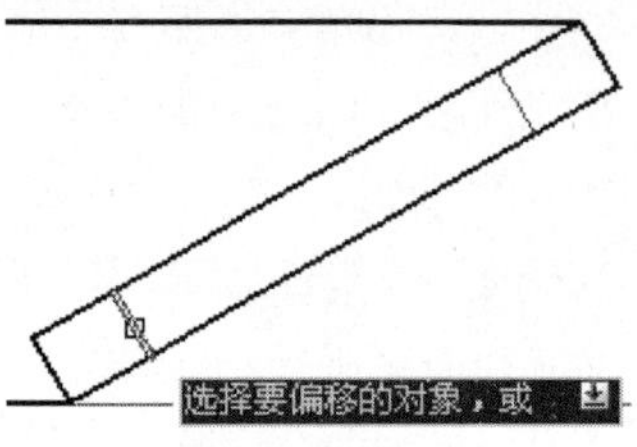

图 18-11　选择偏移对象

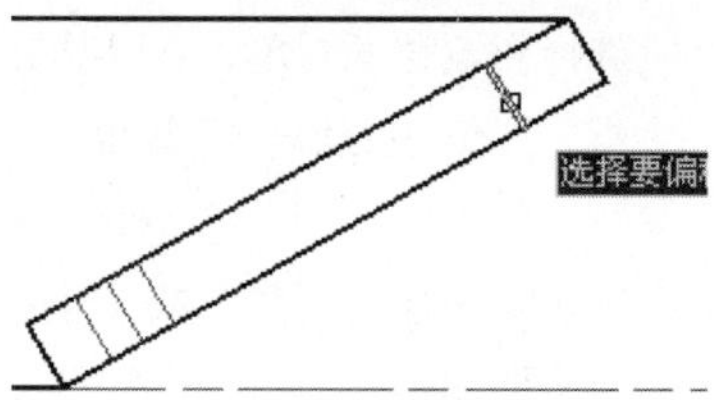

图 18-12　选择偏移对象

⑭夹点显示偏移出的 4 条图线，然后使用【特性】命令，修改图线的图层为“隐藏线”，结果如图 18-14 所示。

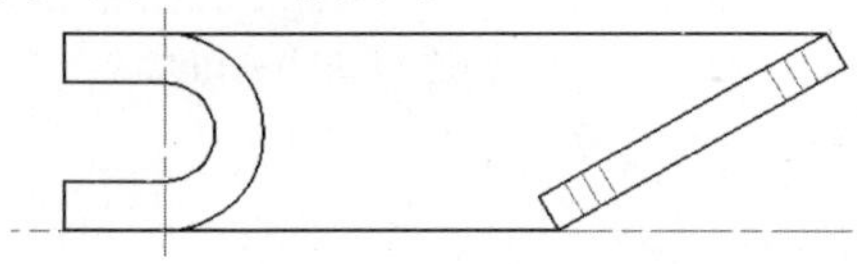
图 18-13　偏移结果

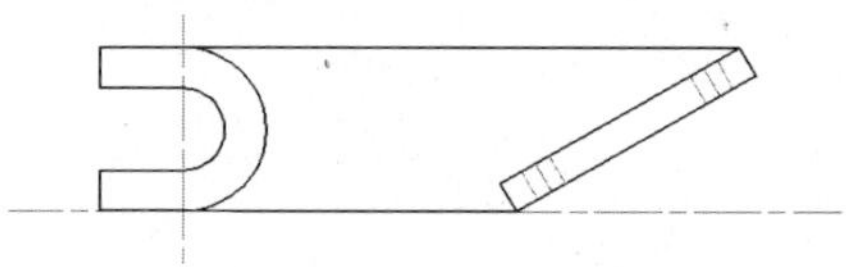
图 18-14　编辑结果

⑮最后使用【保存】命令将图形存储为“拔叉主视图.dwg”

18.4.2　拔叉俯视图设计

操作步骤如下。

①继续上例操作。

②选择菜单【修改】|【偏移】命令，对水平构造线进行多重偏移。命令行操作如下：

命令: _offset
当前设置: 删除源=否　图层=源　OFFSETGAPTYPE=0
指定偏移距离或 [通过(T)/删除(E)/图层(L)] <5.8>:　　//L Enter
输入偏移对象的图层选项 [当前(C)/源(S)] <源>:　　//C Enter
指定偏移距离或 [通过(T)/删除(E)/图层(L)] <5.8>:　　//90 Enter
选择要偏移的对象，或 [退出(E)/放弃(U)] <退出>:　　//选择水平的构造线
指定要偏移的那一侧上的点，或 [退出(E)/多个(M)/放弃(U)] <退出>:
//在所选构造线的下侧拾取一点
选择要偏移的对象，或 [退出(E)/放弃(U)] <退出>:　　// Enter，偏移结果如图 18-15 所示

③重复执行【偏移】命令，将刚偏移出的水平构造线进行多重偏移。命令行操作如下：

```
命令: _offset
    当前设置: 删除源=否   图层=当前   OFFSETGAPTYPE=0
    指定偏移距离或 [通过(T)/删除(E)/图层(L)] <90.0>:            //11.25 Enter
    选择要偏移的对象，或 [退出(E)/放弃(U)] <退出>:              //选择图 18-16 所示的构造线
    指定要偏移的那一侧上的点，或 [退出(E)/多个(M)/放弃(U)] <退出>:
                                                    //在所选构造线的下侧拾取一点
    选择要偏移的对象，或 [退出(E)/放弃(U)] <退出>:  // Enter，结束命令
    命令: offset                                    // Enter，重复执行此命令
    当前设置: 删除源=否   图层=当前   OFFSETGAPTYPE=0
    指定偏移距离或 [通过(T)/删除(E)/图层(L)] <11.3>: //67.55 Enter
    选择要偏移的对象，或 [退出(E)/放弃(U)] <退出>: //再次选择如图 18-16 所示的构造线
    指定要偏移的那一侧上的点，或 [退出(E)/多个(M)/放弃(U)] <退出>:
                                                    //在所选构造线的下侧拾取一点
    选择要偏移的对象，或 [退出(E)/放弃(U)] <退出>:  // Enter，偏移结果如图 18-17 所示
```

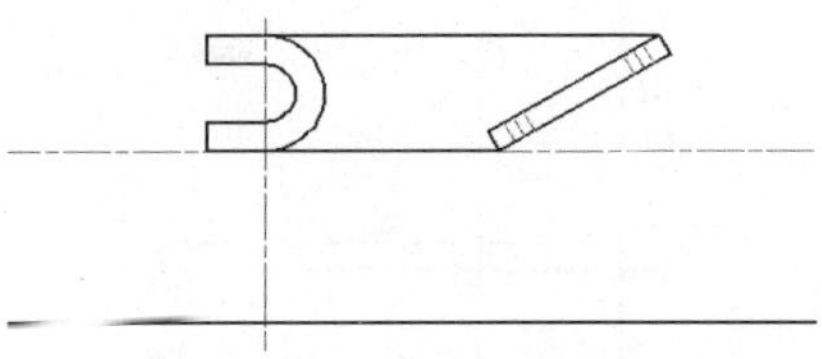

图 18-15　偏移结果

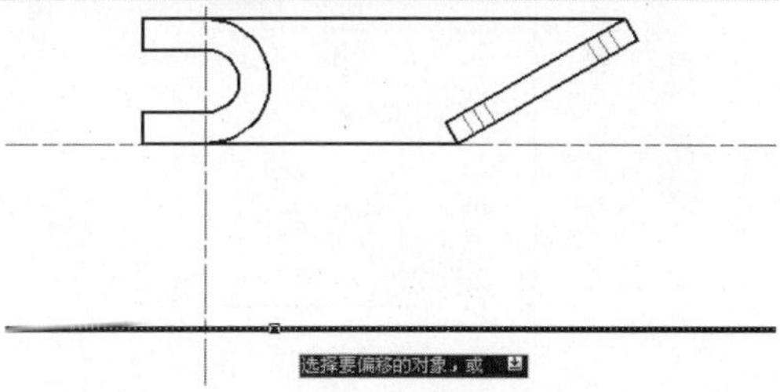

图 18-16　选择对象

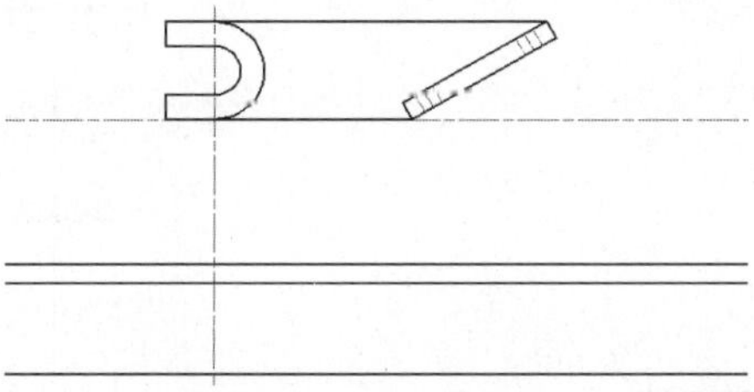

图 18-17　偏移结果

❹重复执行【偏移】命令，使用命令中的【定点偏移】功能，对垂直构造线进行偏移。命令行操作如下：

```
命令: _offset
    当前设置: 删除源=否   图层=当前   OFFSETGAPTYPE=0
    指定偏移距离或 [通过(T)/删除(E)/图层(L)] <67.5>: //T Enter
    选择要偏移的对象，或 [退出(E)/放弃(U)] <退出>: //选择如图 18-18 所示的垂直构造线
    指定通过点或 [退出(E)/多个(M)/放弃(U)] <退出>: //捕捉图 18-19 所示的端点作为通过点
    选择要偏移的对象，或 [退出(E)/放弃(U)] <退出>: //选择如上图 18-18 所示的垂直构造线
    指定通过点或 [退出(E)/多个(M)/放弃(U)] <退出>:
                                                  //捕捉图 18-20 所示的端点作为通过点
    选择要偏移的对象，或 [退出(E)/放弃(U)] <退出>: //选择如上图 18-18 所示的垂直构造线
```

指定通过点或 [退出(E)/多个(M)/放弃(U)] <退出>: //捕捉图 18-21 所示的端点作为通过点
选择要偏移的对象，或 [退出(E)/放弃(U)] <退出>: //选择如上图 18-18 所示的垂直构造线
指定通过点或 [退出(E)/多个(M)/放弃(U)] <退出>: //捕捉图 18-22 所示的端点作为通过点
选择要偏移的对象，或 [退出(E)/放弃(U)] <退出>: //选择如上图 18-18 所示的垂直构造线
指定通过点或 [退出(E)/多个(M)/放弃(U)] <退出>: //捕捉图 18-23 所示的端点作为通过点
选择要偏移的对象，或 [退出(E)/放弃(U)] <退出>: // Enter，偏移结果如图 18-24 所示

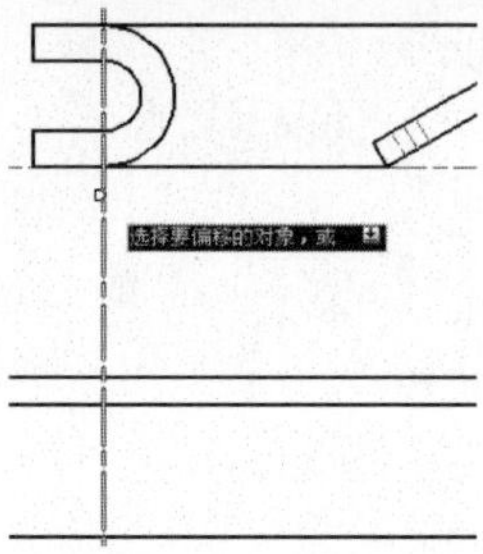

图 18-18　选择对象

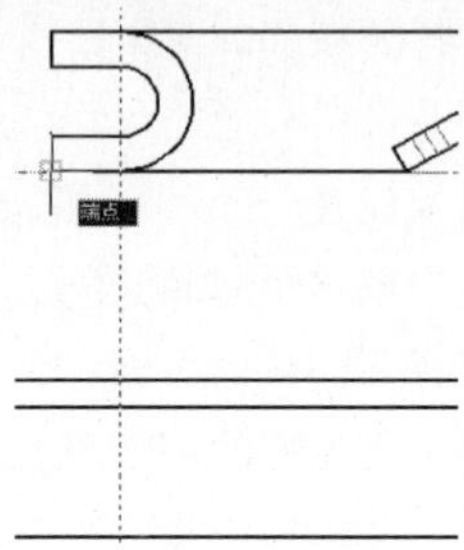

图 18-19　指定通过点（一）

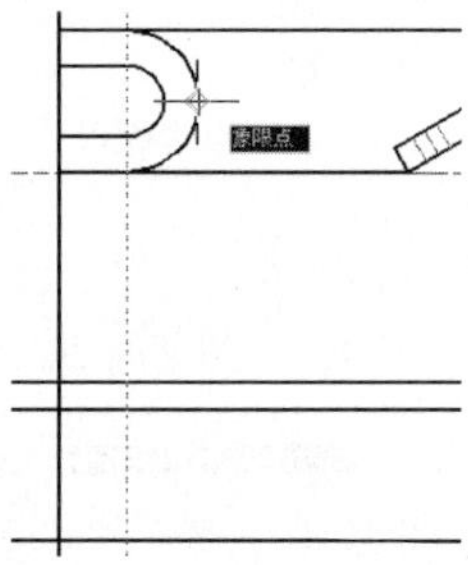

图 18-20　指定通过点（二）

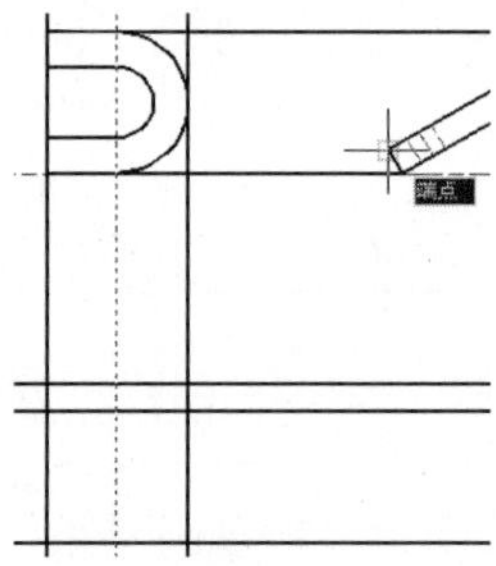

图 18-21　指定通过点（三）

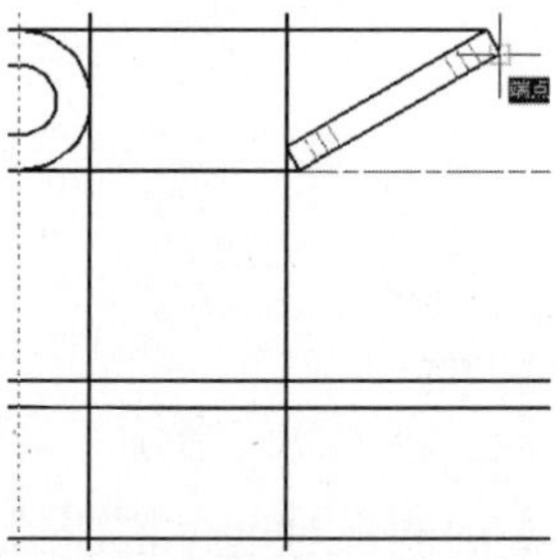

图 18-22　指定通过点（四）

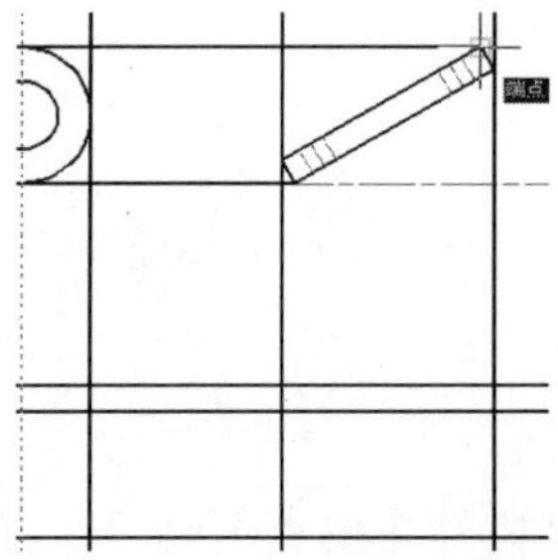

图 18-23　指定通过点（五）

❺使用快捷键“TR”激活【修剪】命令，对各构造线进行修剪，编辑出拉杆俯视图轮廓，结果如图 18-25 所示。

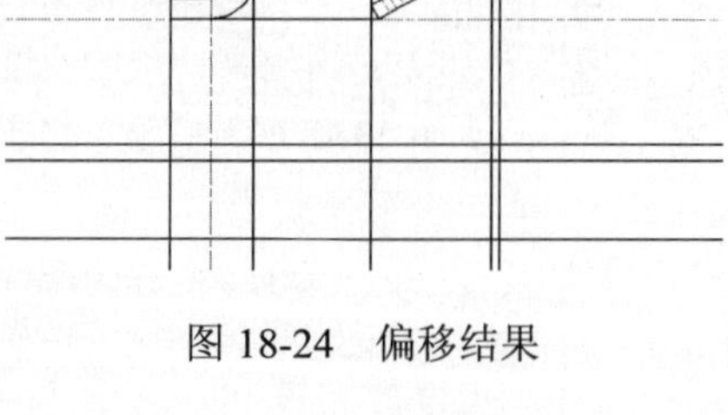

图 18-24　偏移结果

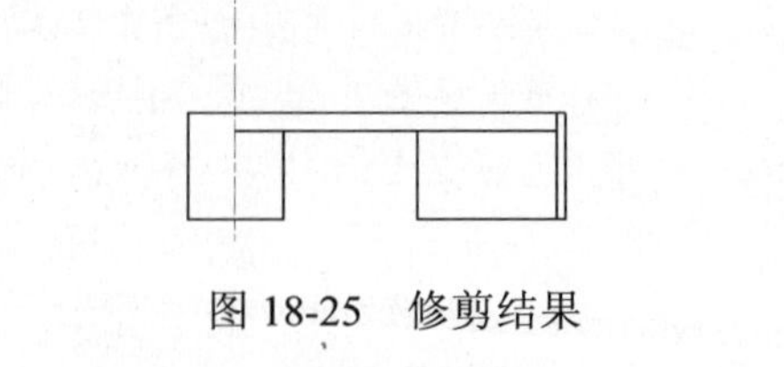

图 18-25　修剪结果

❻选择菜单【修改】|【圆角】命令，将圆角半径设置为 7.5，分别对修剪出轮廓线进行圆角。命令行操作如下：

```
命令: _fillet
    当前设置: 模式 = 修剪，半径 = 0.0
    选择第一个对象或 [放弃(U)/多段线(P)/半径(R)/修剪(T)/多个(M)]:   //r Enter
    指定圆角半径 <0.0>:                                          //7.5 Enter，重新设置圆角半径
    选择第一个对象或 [放弃(U)/多段线(P)/半径(R)/修剪(T)/多个(M)]:
                                                                 //选择如图 18-26 所示的轮廓线 L
    选择第二个对象，或按住 Shift 键选择要应用角点的对象://选择轮廓线 M
    命令: fillet                                                 // Enter，重复执行命令
    当前设置: 模式 = 修剪，半径 = 7.5
    选择第一个对象或 [放弃(U)/多段线(P)/半径(R)/修剪(T)/多个(M)]:
                                                                 //选择轮廓线 N
    选择第二个对象，或按住 Shift 键选择要应用角点的对象: //选择轮廓线 M
    命令: fillet                                                 // Enter，重复执行命令
    当前设置: 模式 = 修剪，半径 = 7.5
    选择第一个对象或 [放弃(U)/多段线(P)/半径(R)/修剪(T)/多个(M)]:   //选择轮廓线 M
    选择第二个对象，或按住 Shift 键选择要应用角点的对象:
                                                                 //选择轮廓线 K，圆角结果如图 18-27 所示
```

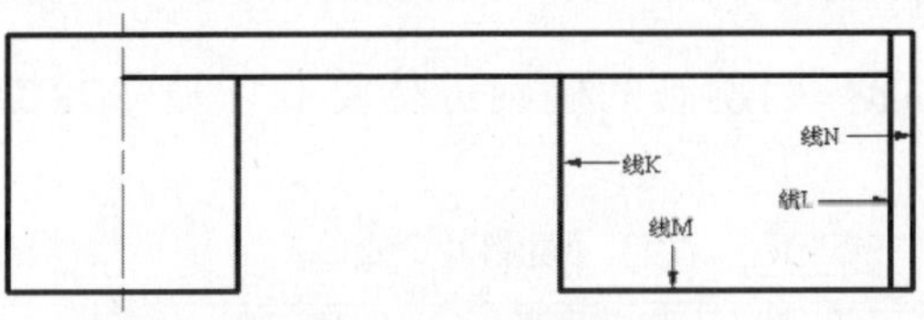

图 18-26 选择轮廓线

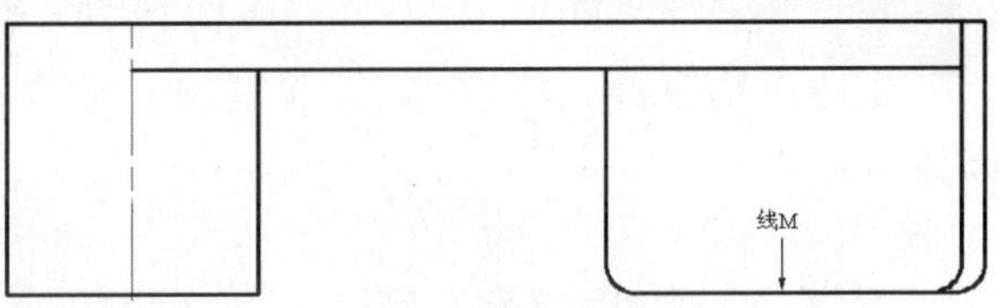

图 18-27 圆角结果

❼选择菜单【修改】|【偏移】命令，选择图 18-27 所示的轮廓线 M，将其向上偏移 15 个绘图单位。命令行操作如下：

```
命令: _offset
    当前设置: 删除源=否  图层=当前  OFFSETGAPTYPE=0
    指定偏移距离或 [通过(T)/删除(E)/图层(L)]:                 //15 Enter
    选择要偏移的对象，或 [退出(E)/放弃(U)] <退出>:           //选择如图 18-27 所示的构造线 M
    指定要偏移的那一侧上的点，或 [退出(E)/多个(M)/放弃(U)] <退出>:
                                                           //在所选构造线的上侧拾取一点
    选择要偏移的对象，或 [退出(E)/放弃(U)] <退出>:           // Enter，结果如图 18-28 所示
```

❽使用快捷键“XL”激活【构造线】命令，根据视图间的对正关系，绘制如图 18-29 所示的垂直构造线作为辅助线。

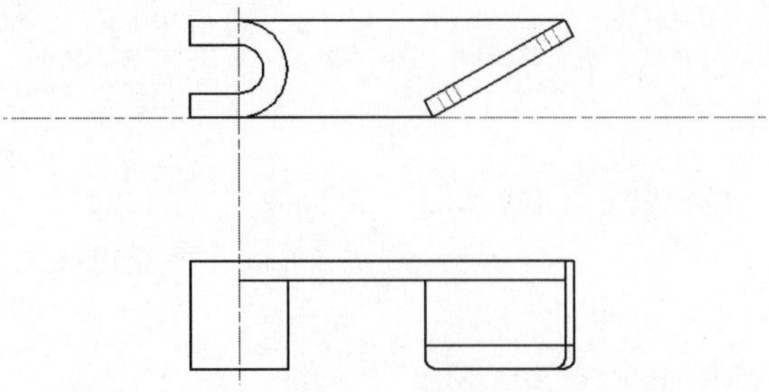

图 18-28　偏移结果

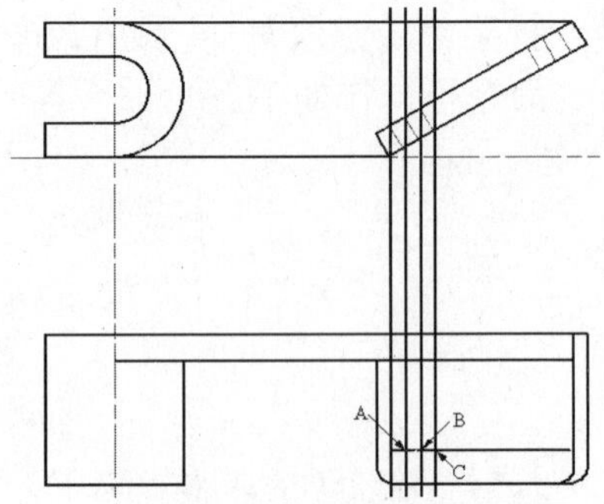

图 18-29　绘制垂直构造线

⑨选择菜单【绘图】|【椭圆】|【中心点】命令，配合交点捕捉功能，绘制长轴为 11.55 的椭圆。命令行操作如下：

```
命令: _ellipse
    指定椭圆的轴端点或 [圆弧(A)/中心点(C)]: C
    指定椭圆的中心点:                    //捕捉图 18-29 所示的交点 A
    指定轴的端点:                        //捕捉图 18-29 所示的交点 B
    指定另一条半轴长度或 [旋转(R)]:      //5.775 Enter，绘制结果如图 18-30 所示。
```

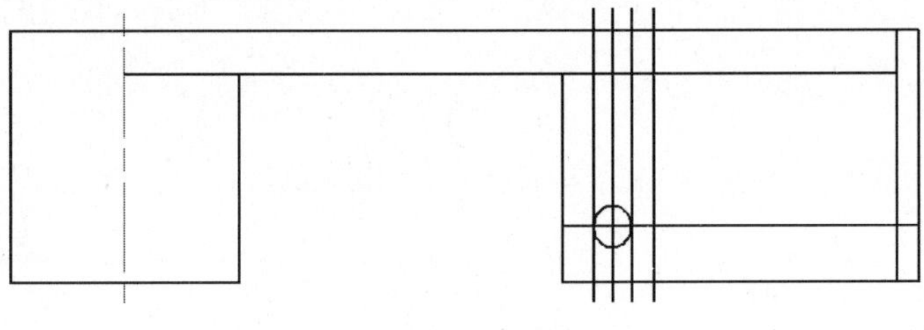

图 18-30　绘制结果

⑩使用快捷键“CO”激活【复制】命令，选择刚绘制的椭圆进行复制。命令行操作如下：

```
命令: co                                          // Enter，激活【复制】命令
    COPY 选择对象:                                //选择刚绘制的椭圆
    选择对象:                                     // Enter，结束选择
    当前设置:  复制模式 = 多个
    指定基点或 [位移(D)/模式(O)] <位移>:          //捕捉如图 18-31 所示的交点作为基点
    指定第二个点或 <使用第一个点作为位移>:        //捕捉如图 18-32 所示的交点作为目标点
    指定第二个点或 [退出(E)/放弃(U)] <退出>:
                                                  // Enter，结束命令，复制结果如图 18-33 所示
```

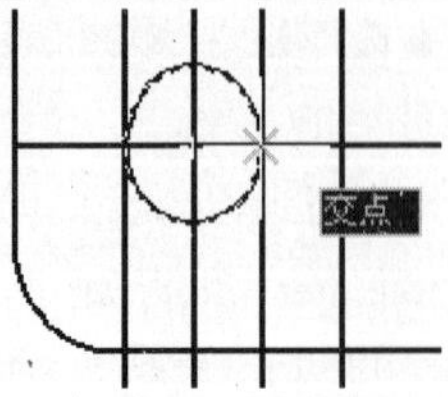

图 18-31　定位基点

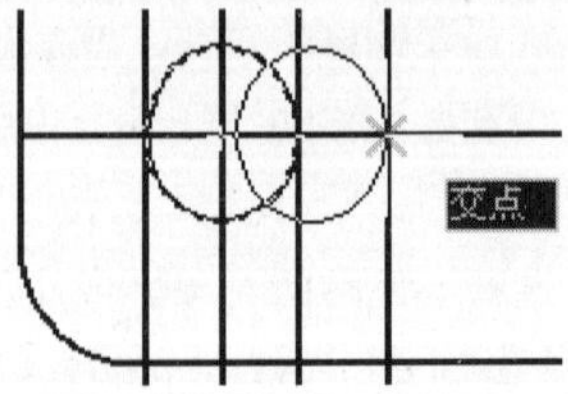

图 18-32　定位目标点

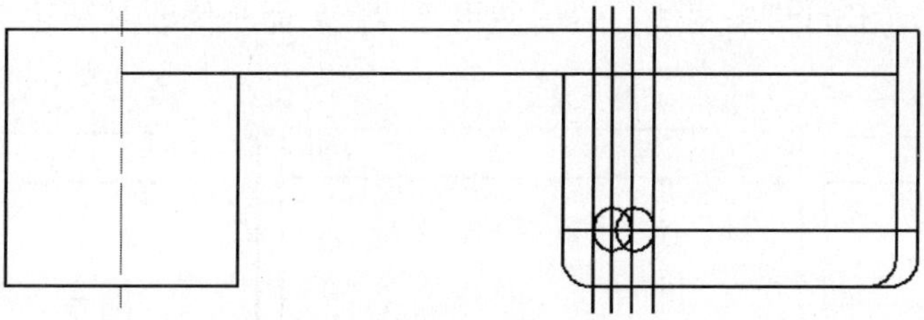

图 18-33 复制结果

⑪选择菜单【修改】|【修剪】命令，以左侧的椭圆作为边界，对刚复制出的椭圆进行修剪。命令行操作如下：

```
命令: _trim
    当前设置:投影=UCS，边=无
    选择剪切边...
    选择对象或 <全部选择>:                          //选择如图 18-34 所示的椭圆
    选择对象:                                      // Enter，结束选择
    选择要修剪的对象，或按住 Shift 键选择要延伸的对象，或[栏选(F)/窗交(C)/投影(P)/边(E)/
删除(R)/放弃(U)]:                                   //在如图 18-35 所示的位置单击
    选择要修剪的对象，或按住 Shift 键选择要延伸的对象，或[栏选(F)/窗交(C)/投影(P)/边(E)/
删除(R)/放弃(U)]:                                   // Enter，结束命令，修剪结果如图 18-36 所示
```

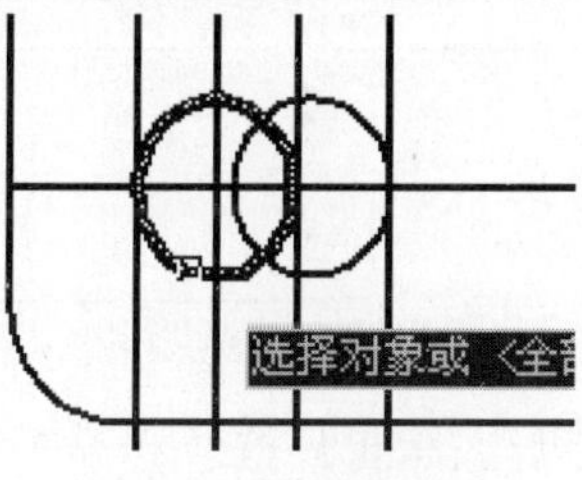

图 18-34 选择边界

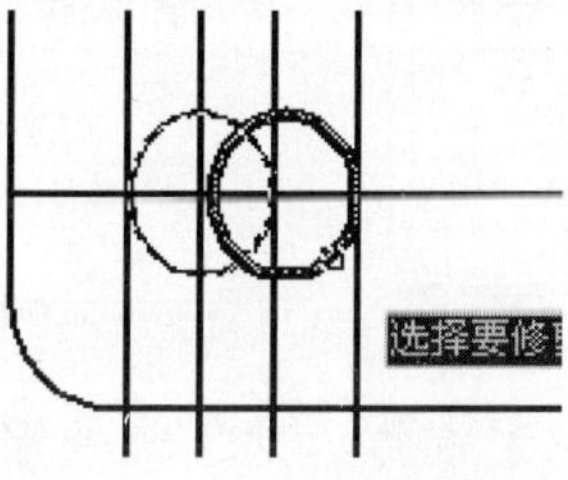

图 18-35 指定修剪位置

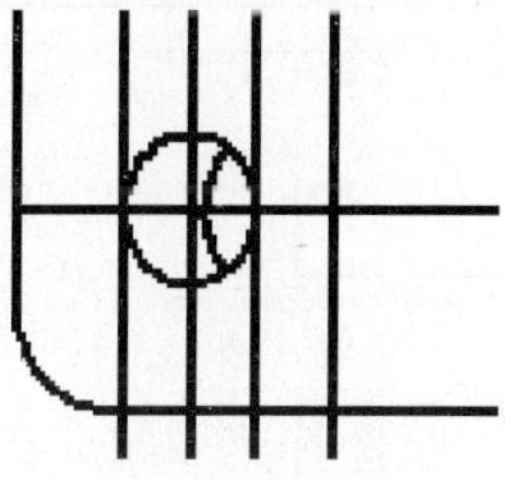

图 18-36 修剪结果

⑫使用快捷键“E”激活【删除】命令，删除不需要的构造线，结果如图 18-37 所示。

⑬使用快捷键“O”激活【偏移】命令，将椭圆向外偏移 3 个绘图单位，结果如图 18-38 所示。

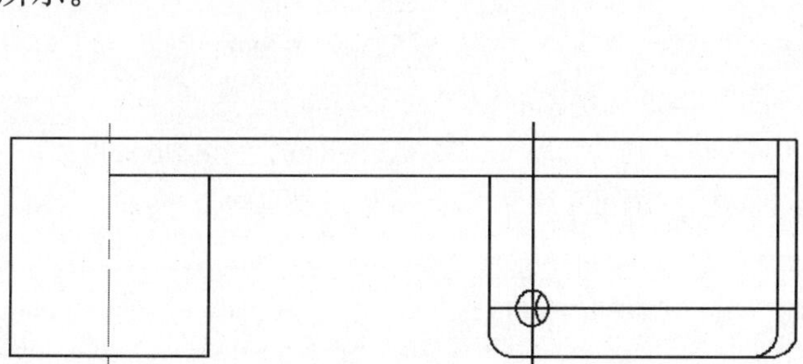

图 18-37 删除结果

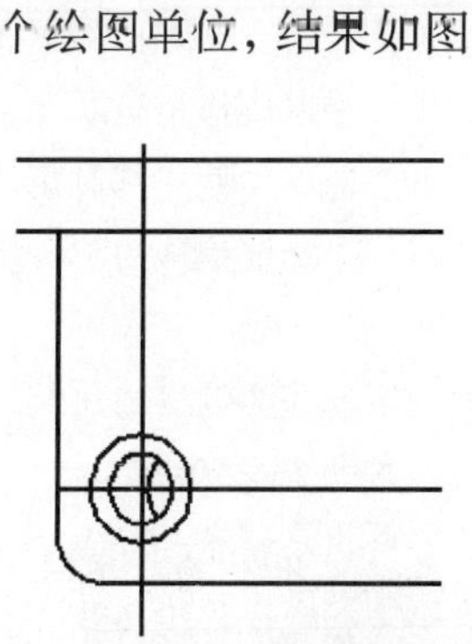

图 18-38 偏移结果

⑭使用快捷键“TR”激活【修剪】命令，以偏移出的椭圆作为边界，对图线进行修剪，结果如图 18-39 所示。

⑮将偏移出的椭圆删除，结果如图 18-40 所示。

⑯夹点显示修剪出的两条图线，然后使用【特性】命令修改其图层为“点划线”，结果如图 18-41 所示。

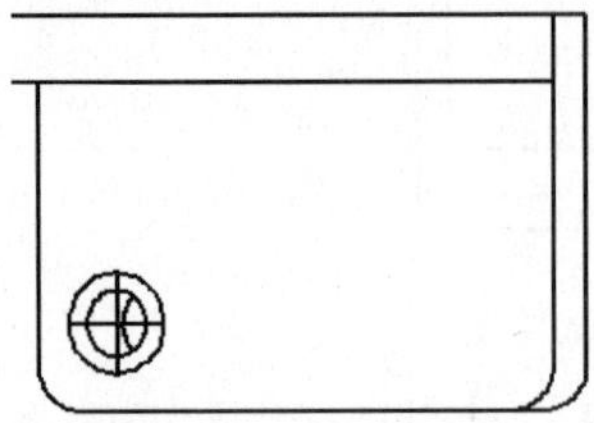
图 18-39　修剪结果

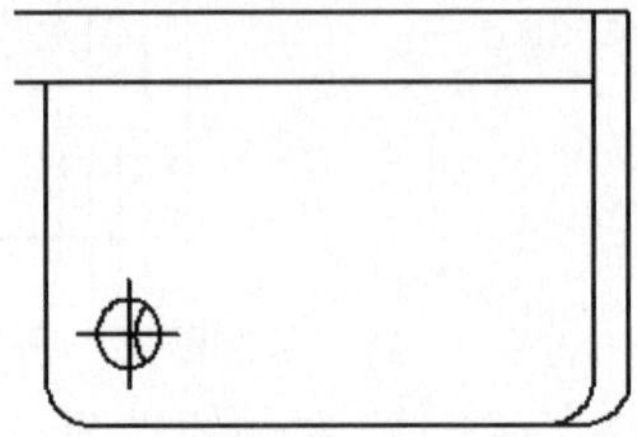
图 18-40　删除结果

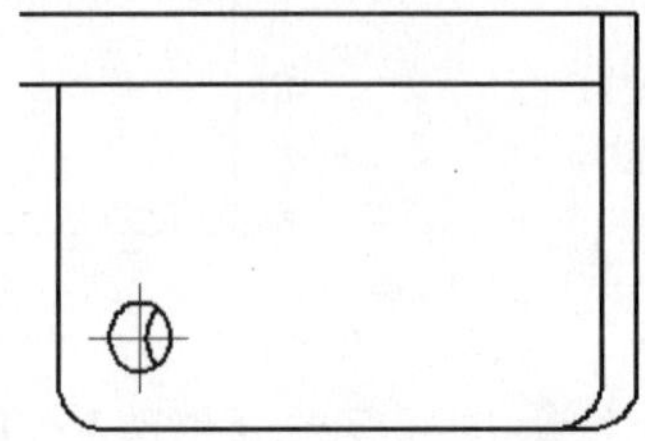
图 18-41　修改后的显示效果

⑰使用快捷键“CO”激活【复制】命令，对刚创建的孔洞轮廓和中心线进行复制。命令行操作如下：

```
命令: co                                          // Enter，激活【复制】命令
  COPY 选择对象:                                  //拉出如图 18-42 所示的窗口选择框
  选择对象:                                       // Enter，结束选择
  当前设置:  复制模式 = 多个
  指定基点或 [位移(D)/模式(O)] <位移>:             //捕捉椭圆中心点作为目标点
  指定第二个点或 [退出(E)/放弃(U)] <退出>:         //@0,26 Enter
  指定第二个点或 [退出(E)/放弃(U)] <退出>:         // Enter，绘制结果如图 18-43 所示
```

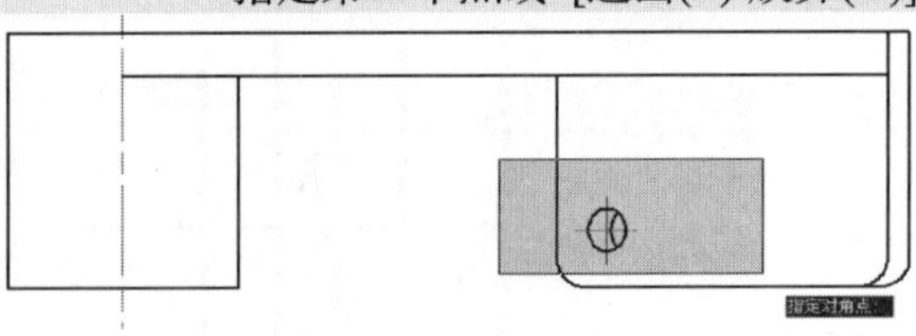
图 18-42　窗口选择

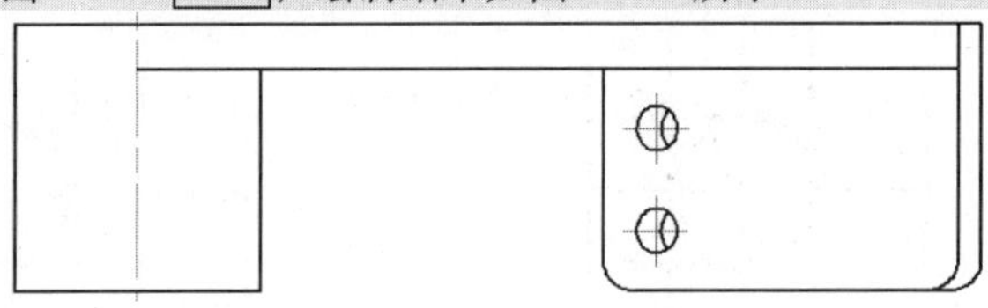
图 18-43　复制结果

⑱选择菜单【修改】|【偏移】命令，对下侧的水平图线进行多重偏移。命令行操作如下：

```
命令: _offset
  当前设置: 删除源=否   图层=当前   OFFSETGAPTYPE=0
  指定偏移距离或 [通过(T)/删除(E)/图层(L)]:               //15 Enter
  选择要偏移的对象，或 [退出(E)/放弃(U)] <退出>:          //选择如图 18-44 所示的图线
  指定要偏移的那一侧上的点，或 [退出(E)/多个(M)/放弃(U)] <退出>:
                                                          //在所选图线的上侧拾取一点
  选择要偏移的对象，或 [退出(E)/放弃(U)] <退出>:          // Enter，结束命令。
  命令: _offset
  当前设置: 删除源=否   图层=当前   OFFSETGAPTYPE=0
  指定偏移距离或 [通过(T)/删除(E)/图层(L)]:               //26 Enter
  选择要偏移的对象，或 [退出(E)/放弃(U)] <退出>:          //选择刚偏移出的水平图线
  指定要偏移的那一侧上的点，或 [退出(E)/多个(M)/放弃(U)] <退出>:
                                                          //在所选图线的上侧拾取一点
  选择要偏移的对象，或 [退出(E)/放弃(U)] <退出>:          // Enter，偏移结果如图 18-45 所示
```

⑲使用快捷键“XL”激活【构造线】命令，根据视图间的对正关系，绘制如图 18-46 所示的垂直构造线。

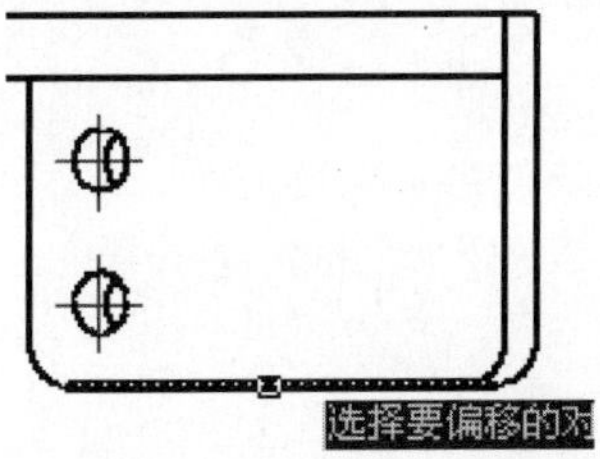

图 18-44　选择偏移对象

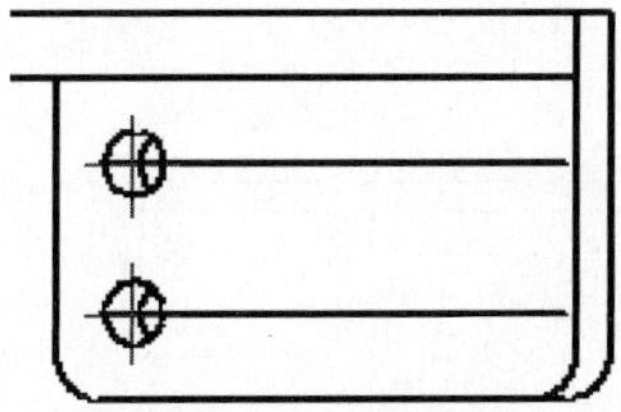
图 18-45　偏移结果

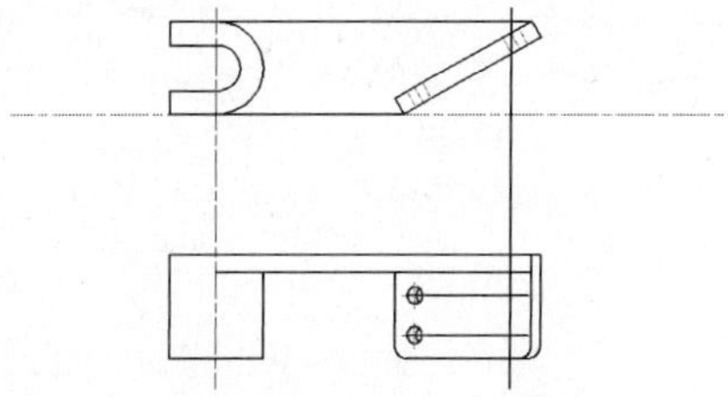
图 18-46　绘制结果

⑳使用快捷键“CO”激活【复制】命令，对孔洞轮廓和中心线进行复制。命令行操作如下：

```
命令: co                                              // Enter，激活【复制】命令
    COPY 选择对象:                                    //拉出如图 18-47 所示的窗口选择框
    选择对象:                                         / Enter，结束选择
    当前设置:  复制模式 = 多个
    指定基点或 [位移(D)/模式(O)] <位移>:              //捕捉如图 18-48 所示的交点作为基点
    指定第二个点或 [退出(E)/放弃(U)] <退出>:          //捕捉如图 18-49 所示的交点作为目标点
    指定第二个点或 [退出(E)/放弃(U)] <退出>:          // Enter，复制结果如图 18-50 所示
```

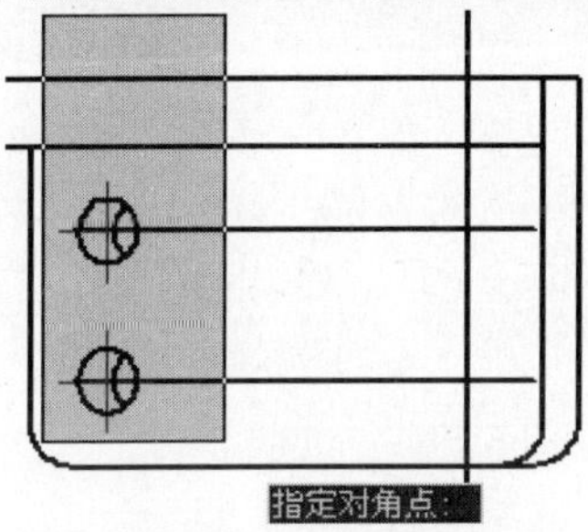

图 18-47　窗口选择

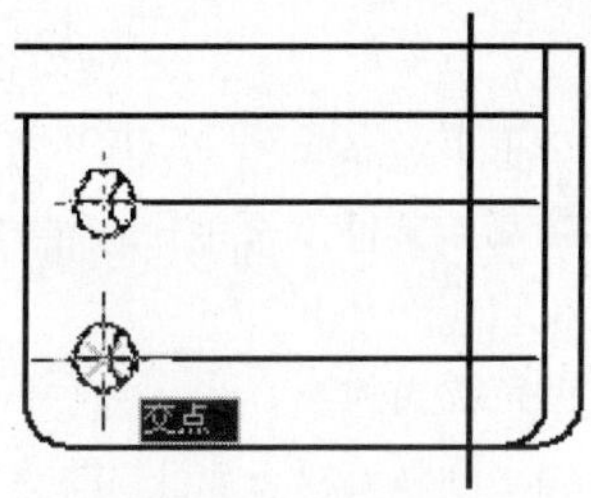

图 18-48　定位基点

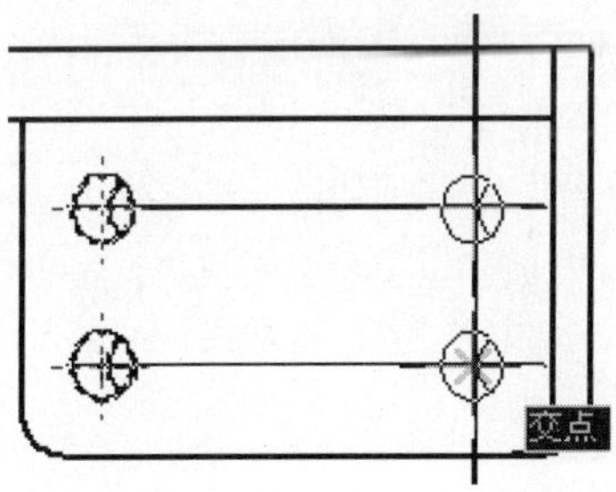

图 18-49　定位目标点

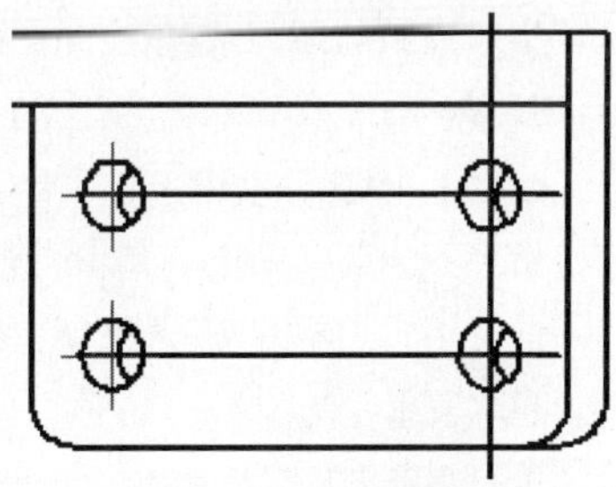
图 18-50　复制结果

㉑使用【删除】命令，将刚绘制的垂直构造线和刚偏移出的两条图线删除，结果如图 18-51 所示。

㉒最后使用【另存为】命令将图形另存储为“拔叉俯视图.dwg”。

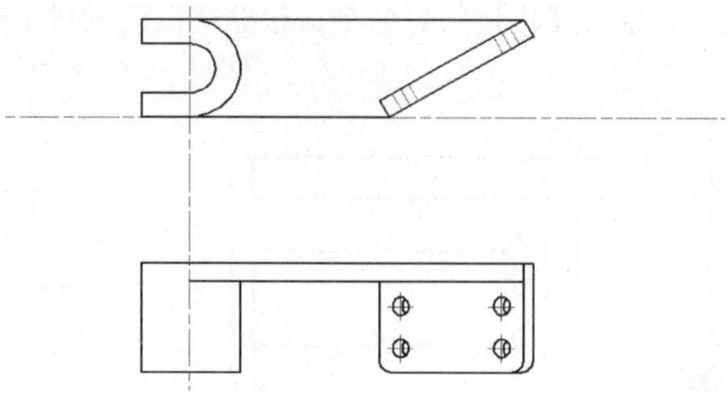

图 18-51　删除结果

18.4.3　拔叉斜视图设计

操作步骤如下。

❶继续上例操作。

❷使用快捷键“PL”激活【多段线】命令，配合坐标输入功能，绘制斜视图外轮廓。命令行操作如下：

```
命令: _pline
    指定起点:                                          //在绘图区拾取一点
    当前线宽为 0.0
    指定下一个点或 [圆弧(A)/半宽(H)/长度(L)/放弃(U)/宽度(W)]:            //@100,0 Enter
    指定下一点或 [圆弧(A)/闭合(C)/半宽(H)/长度(L)/放弃(U)/宽度(W)]:  //@0,52.5 Enter
    指定下一点或 [圆弧(A)/闭合(C)/半宽(H)/长度(L)/放弃(U)/宽度(W)]:  //a Enter
    指定圆弧的端点或[角度(A)/圆心(CE)/闭合(CL)/方向(D)/半宽(H)/直线(L)/半径(R)/第二个点
(S)/放弃(U)/宽度(W)]:                                  //ce Enter
    指定圆弧的圆心:                                    //@-15,0 Enter
    指定圆弧的端点或 [角度(A)/长度(L)]:                //a Enter
    指定包含角:                                        //90 Enter，输入弧的角度
    指定圆弧的端点或[角度(A)/圆心(CE)/闭合(CL)/方向(D)/半宽(H)/直线(L)/半径(R)/第二个点
(S)/放弃(U)/宽度(W)]:                                  //l Enter，转入画线模式
    指定下一点或 [圆弧(A)/闭合(C)/半宽(H)/长度(L)/放弃(U)/宽度(W)]:    //@-70,0 Enter
    指定下一点或 [圆弧(A)/闭合(C)/半宽(H)/长度(L)/放弃(U)/宽度(W)]: //a Enter
    指定圆弧的端点或[角度(A)/圆心(CE)/闭合(CL)/方向(D)/半宽(H)/直线(L)/半径(R)/第二个点
(S)/放弃(U)/宽度(W)]:                                  //ce Enter
    指定圆弧的圆心:                                    //@0,-15 Enter
    指定圆弧的端点或 [角度(A)/长度(L)]:                //a Enter
    指定包含角:                                        //90 Enter
    指定圆弧的端点或[角度(A)/圆心(CE)/闭合(CL)/方向(D)/半宽(H)/直线(L)/半径(R)/第二个点
(S)/放弃(U)/宽度(W)]:                                  //l Enter，转入画线模式
    指定下一点或 [圆弧(A)/闭合(C)/半宽(H)/长度(L)/放弃(U)/宽度(W)]:
                                                       //c Enter，闭合对象，绘制结果如图 18-52 所示
```

❸使用快捷键“C”激活【圆】命令，以多段线圆弧的圆心作为圆心，绘制直径为 11.25 的圆，如图 18-53 所示。

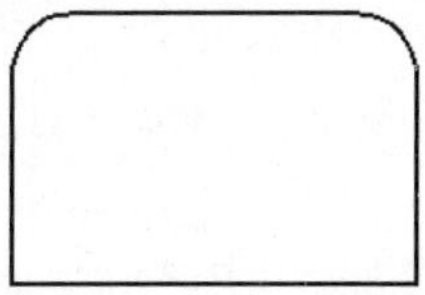

图 18-52　绘制外轮廓

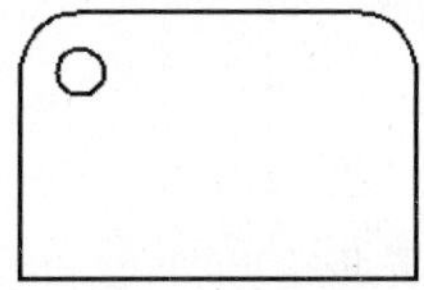

图 18-53　绘制圆

❹使用快捷键“AR”激活【阵列】命令，设置行数为 2、列数为 2、行偏移为-26、列偏移为 70，对刚绘制的圆进行阵列，结果如图 18-54 所示。

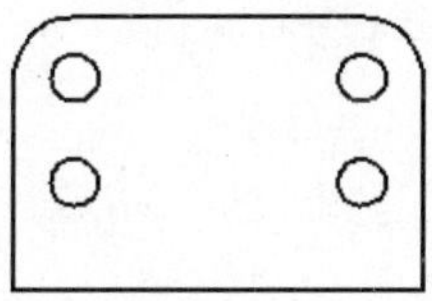

图 18-54　阵列结果

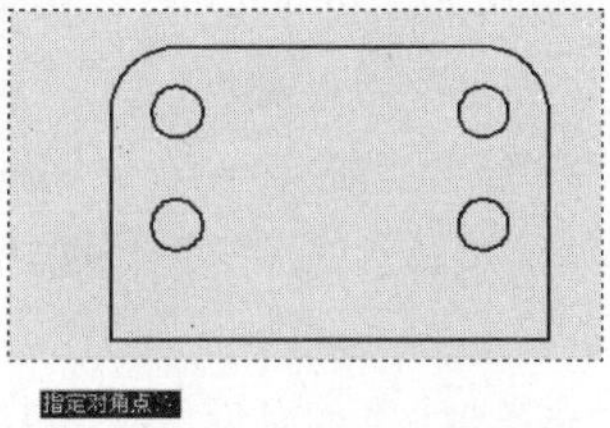

图 18-55　窗交选择

❺选择菜单【修改】|【旋转】命令，对斜视图进行旋转。命令行操作如下：

命令: _rotate

UCS 当前的正角方向:　ANGDIR=逆时针　ANGBASE=0.0

选择对象:　　//拉出如图 18-55 所示的窗交选择框

选择对象:　　// Enter，结束选择

指定基点:　　//捕捉如图 18-56 所示的端点

指定旋转角度，或 [复制(C)/参照(R)] <330.0>:　　//30 Enter，旋转结果如图 18-57 所示

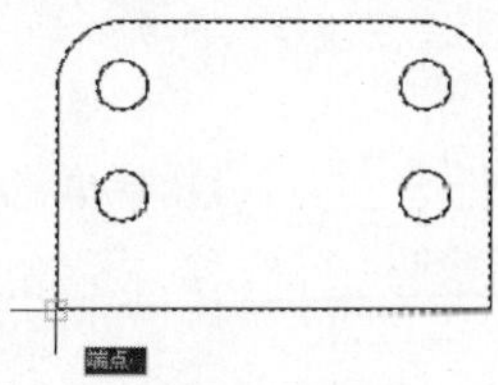

图 18-56　捕捉端点

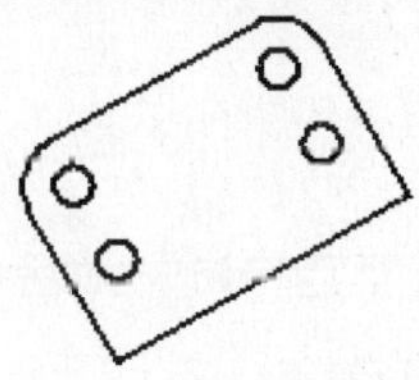

图 18-57　旋转结果

❻选择菜单【修改】|【圆角】命令，将圆角半径设置为 7.5，对俯视图外轮廓线进行圆角。命令行操作如下：

命令: _fillet

当前设置: 模式 = 修剪，半径 = 0.0

选择第一个对象或 [放弃(U)/多段线(P)/半径(R)/修剪(T)/多个(M)]:　//r Enter

指定圆角半径 <0.0>:　　//7.5 Enter，重新设置圆角半径

选择第一个对象或 [放弃(U)/多段线(P)/半径(R)/修剪(T)/多个(M)]:

//选择如图 18-58 所示的轮廓线

选择第二个对象，或按住 Shift 键选择要应用角点的对象:

//选择图 18-59 所示的轮廓线，圆角结果如图 18-60 所示

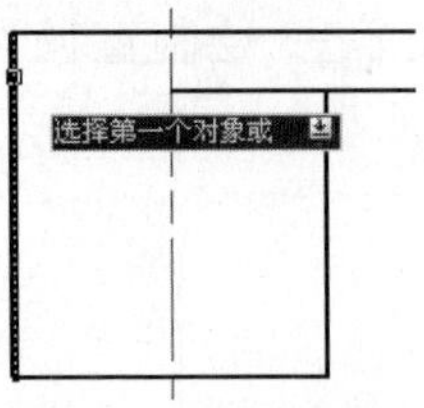

图 18-58　选择轮廓线

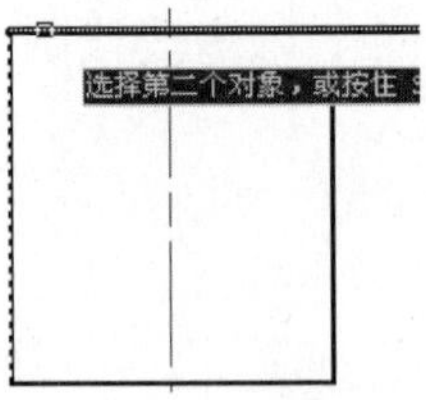

图 18-59　选择轮廓线

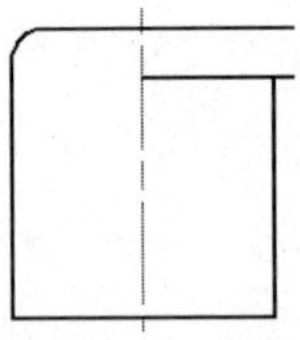

图 18-60　圆角结果

⑦选择菜单【修改】|【偏移】命令，对主视图中的构造线和轮廓线进行偏移。命令行操作如下：

```
命令: _offset
    当前设置: 删除源=否　图层=当前　OFFSETGAPTYPE=0
    指定偏移距离或 [通过(T)/删除(E)/图层(L)]:            //10 Enter，设置偏移距离
    选择要偏移的对象，或 [退出(E)/放弃(U)] <退出>:  //选择主视图最上侧的水平图线
    指定要偏移的那一侧上的点，或 [退出(E)/多个(M)/放弃(U)] <退出>:
                                                        //在所选图线的上侧拾取一点
    选择要偏移的对象，或 [退出(E)/放弃(U)] <退出>: //选择水平的构造线
    指定要偏移的那一侧上的点，或 [退出(E)/多个(M)/放弃(U)] <退出>:
                                                        //在所选构造线的下侧拾取一点
    选择要偏移的对象，或 [退出(E)/放弃(U)] <退出>: // Enter，结束命令。
    命令: _offset
    当前设置: 删除源=否　图层=当前　OFFSETGAPTYPE=0
    指定偏移距离或 [通过(T)/删除(E)/图层(L)]:            //40 Enter，设置偏移距离
    选择要偏移的对象，或 [退出(E)/放弃(U)] <退出>: //选择垂直的构造图线
    指定要偏移的那一侧上的点，或 [退出(E)/多个(M)/放弃(U)] <退出>:
                                                        //在所选构造线的左侧拾取一点
    选择要偏移的对象，或 [退出(E)/放弃(U)] <退出>:
                                // Enter，结束命令，偏移结果如图 18-61 所示
```

⑧使用快捷键“M”激活【移动】命令，将水平的构造线进行位移。命令行操作过程如下：

```
命令: _move
    选择对象:                                           //选择如图 18-62 所示的水平构造线
    选择对象:                                           // Enter，结束选择
    指定基点或 [位移(D)] <位移>:                        //捕捉如图 18-63 所示的端点
    指定第二个点或 <使用第一个点作为位移>:              //捕捉如图 18-64 所示的圆心
```

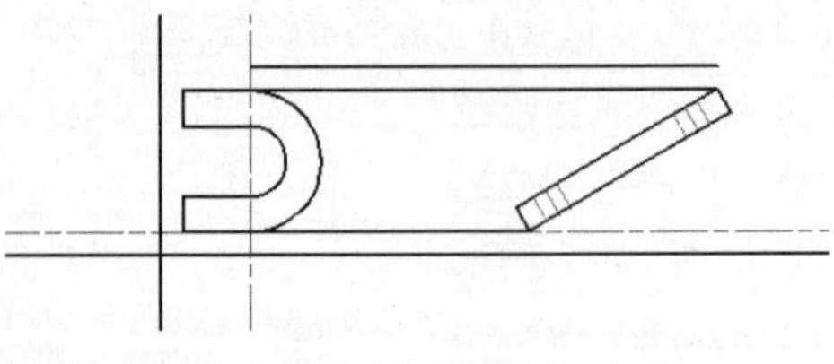

图 18-61　偏移结果

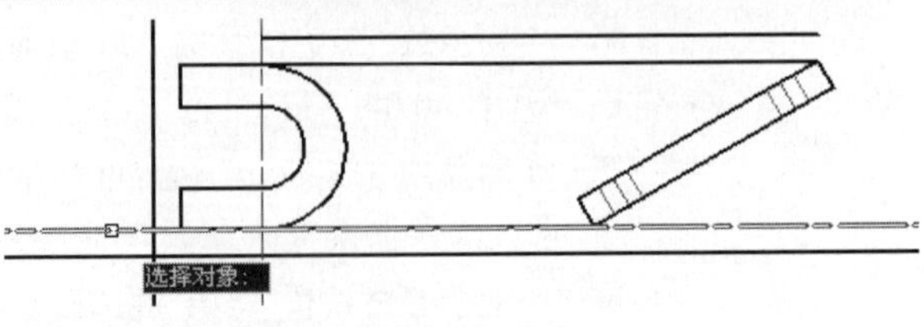

图 18-62　选择对象

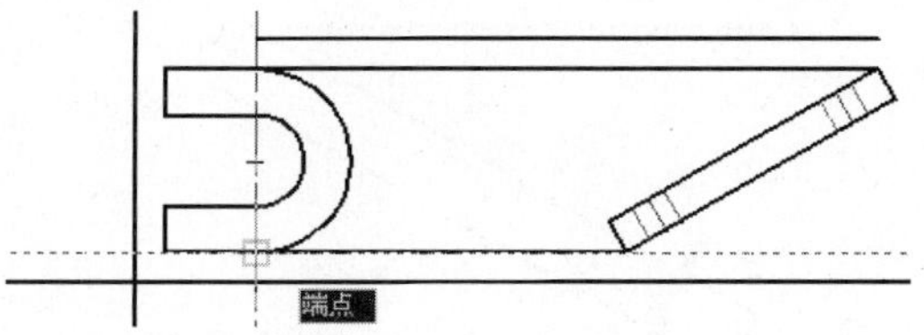

图 18-63 捕捉端点

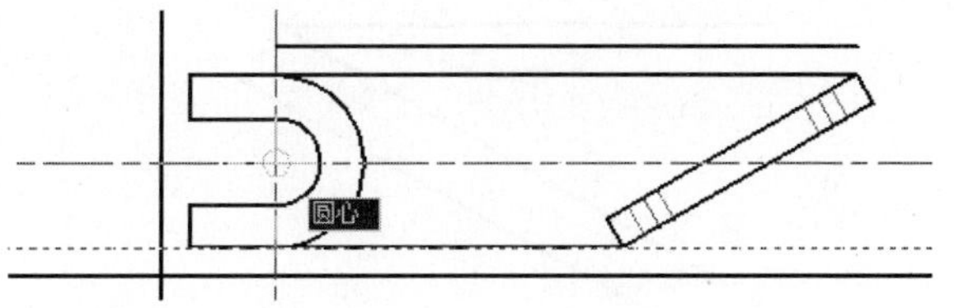

图 18-64 定位目标点

⑨使用快捷键“O”激活【偏移】命令，选择如图 18-65 所示的图线进行向外偏移，结果如图 18-66 所示。

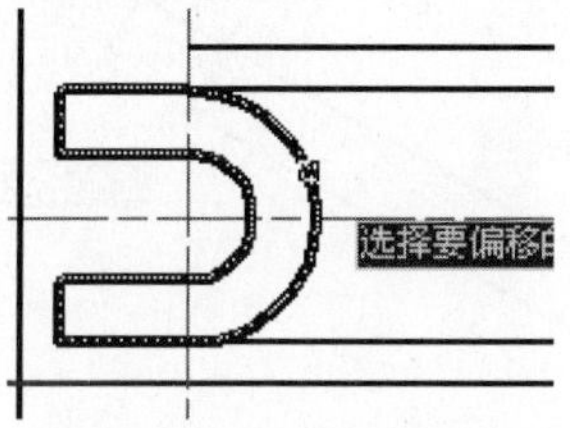

图 18-65 选择对象

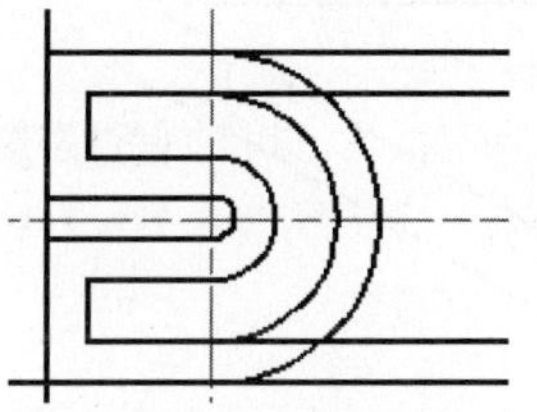

图 18-66 偏移结果

⑩使用快捷键“TR”激活【修剪】命令，以如图 18-67 所示的虚线显示对象作为边界，对构造线进行修剪，结果如图 18-68 所示。

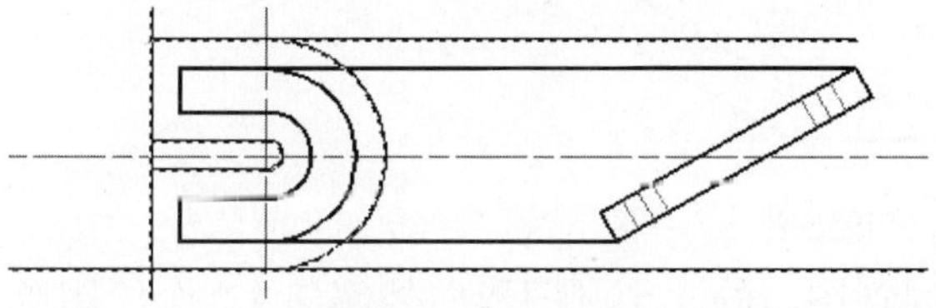

图 18-67 选择边界

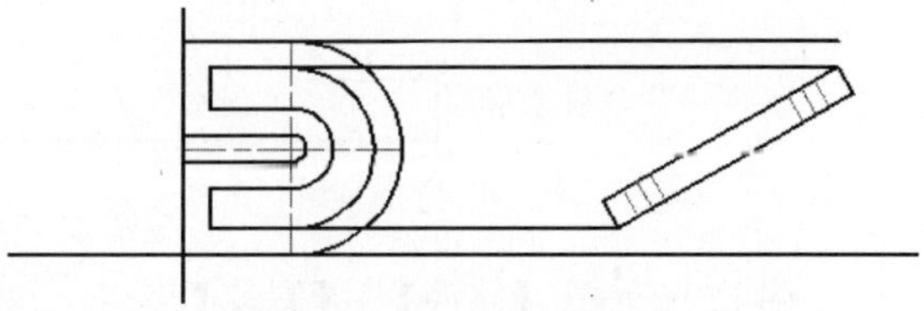

图 18-68 修剪结果

⑪使用快捷键“E”激活【删除】命令，将偏移出的辅助线删除，结果如图 18-69 所示。

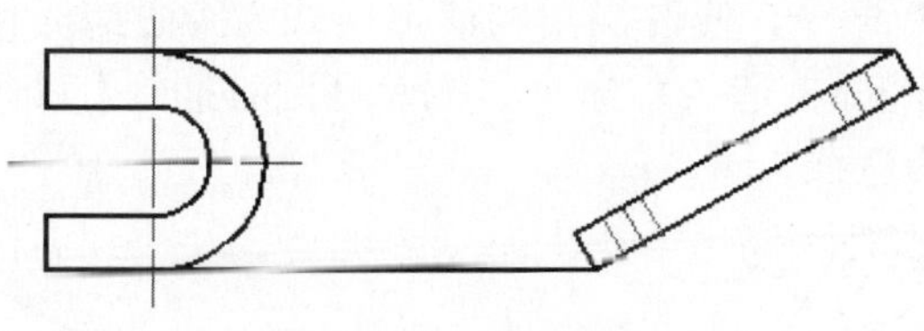

图 18-69 删除结果

⑫选择菜单【修改】|【拉长】命令，对右端的中心线进行两端拉长。命令行操作如下：

命令: _lengthen

选择对象或 [增量(DE)/百分数(P)/全部(T)/动态(DY)]: //de Enter

输入长度增量或 [角度(A)] <4.5>: //8 Enter，设置长度增量

选择要修改的对象或 [放弃(U)]: //在如图 18-70 所示的位置单击

选择要修改的对象或 [放弃(U)]: //在如图 18-71 所示的位置单击

选择要修改的对象或 [放弃(U)]: //在如图 18-72 所示的位置单击

选择要修改的对象或 [放弃(U)]: //在如图 18-73 所示的位置单击

选择要修改的对象或 [放弃(U)]: // Enter，拉长结果如图 18-74 所示

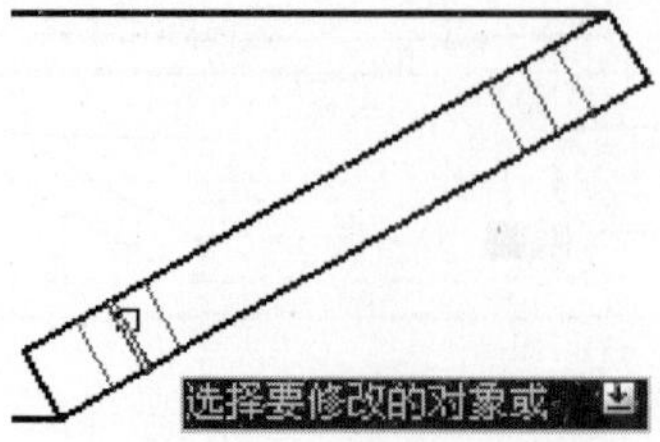

图 18-70　指定拉长位置

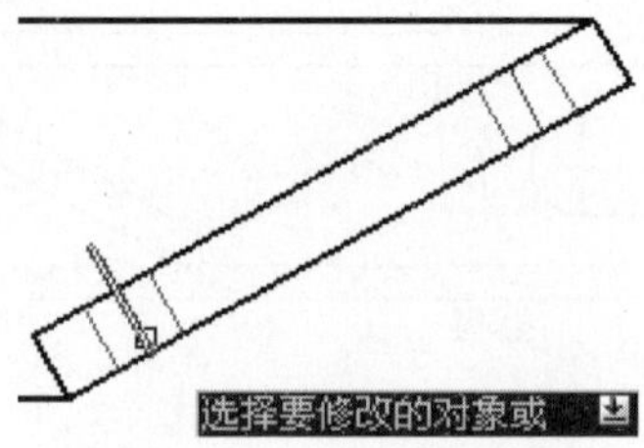

图 18-71　指定拉长位置

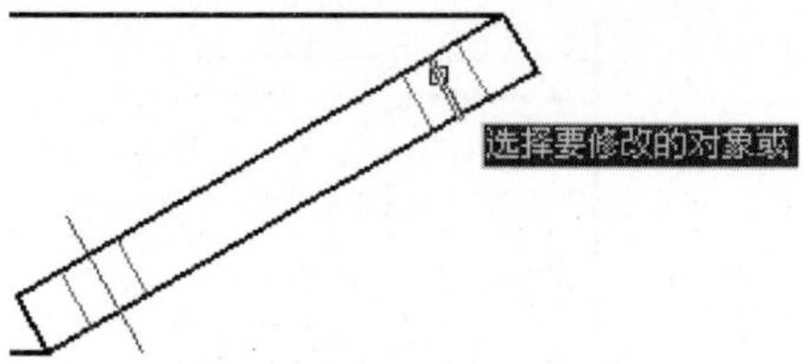

图 18-72　指定拉长位置

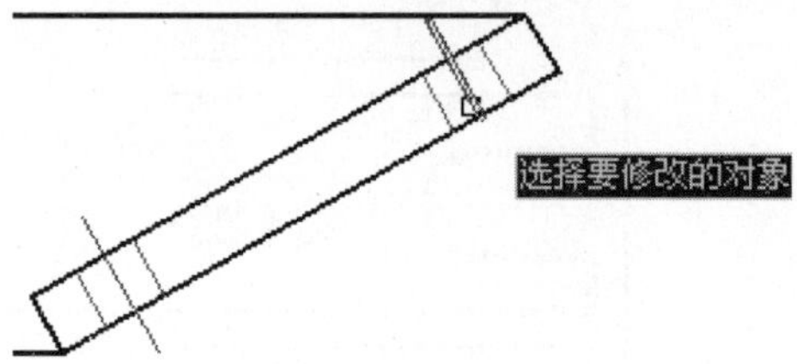

图 18-73　指定拉长位置

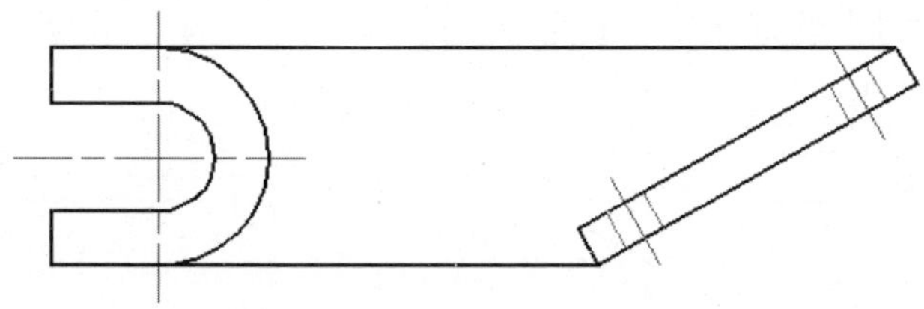

图 18-74　拉长结果

⑬选择菜单【修改】|【偏移】命令，将斜视图内的 4 个圆图形向外偏移 4.5 个绘图单位，如图 18-75 所示。

⑭使用快捷键“LA”激活【图层】命令，将“点划线”设置为当前图层。

⑮执行【草图设置】命令，修改当前的捕捉模式为圆心捕捉和象限点捕捉。

⑯选择菜单【绘图】|【构造线】命令，配合【圆心捕捉】功能，分别通过圆的圆心，绘制如图 18-76 所示的构造线。

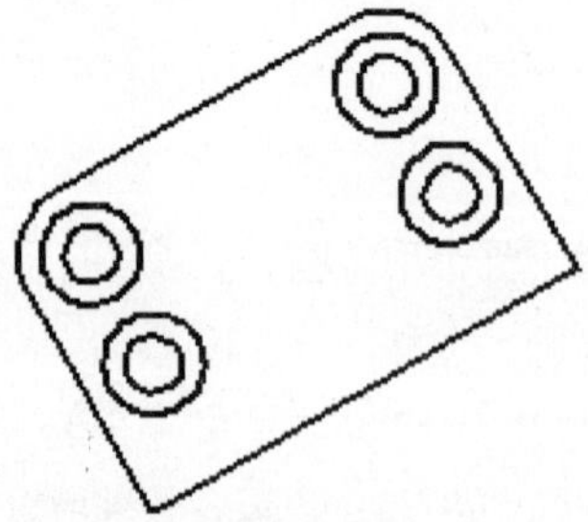

图 18-75　偏移结果

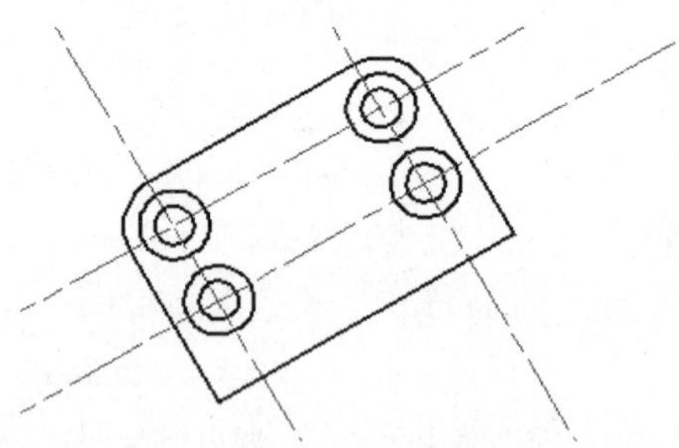

图 18-76　绘制结果

⑰选择菜单【修改】|【修剪】命令，以外侧的大圆作为修剪边界，对 4 条构造线进行修剪，结果如图 18-77 所示。

⑱选择菜单【修改】|【删除】命令，将外侧的大圆删除，结果如图 18-78 所示。

⑲调整视图，使图形全部显示，结果如图 18-79 所示。

⑳最后执行【另存为】命令，将图形另存储为“拔叉三视图.dwg”。

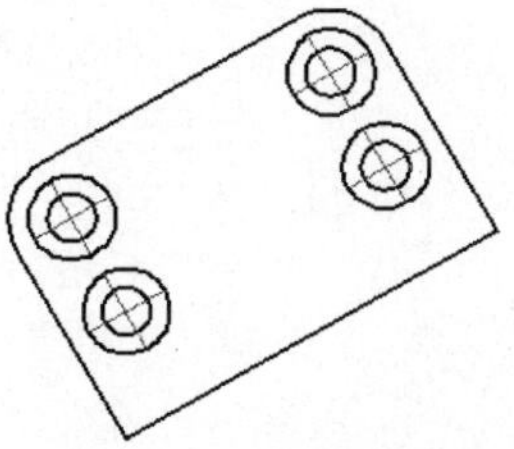

图 18-77 修剪结果

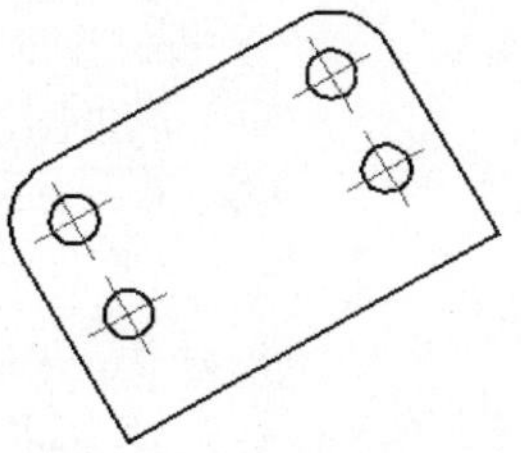

图 18-78 删除结果

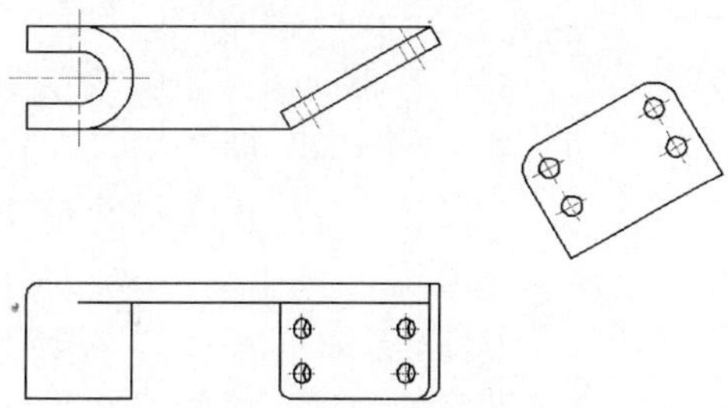

图 18-79 最终结果

18.4.4 阀杆主视图设计

操作步骤如下。

❶以附增样板“机械样板.dwt”作为基础样板，新建空白文件。

❷使用快捷键“Z”激活【缩放】命令，将视图高度调整为 150 个单位。

❸启用【编放】功能和【对象捕捉】功能，并设置对象捕捉模式为端点捕捉、交点捕捉和垂足点捕捉。

❹展开【图层控制】列表，将“点划线”设置当前图层。

❺选择菜单【绘图】|【构造线】命令，绘制水平和垂直的构造线作为定位辅助线，如图 18-80 所示。

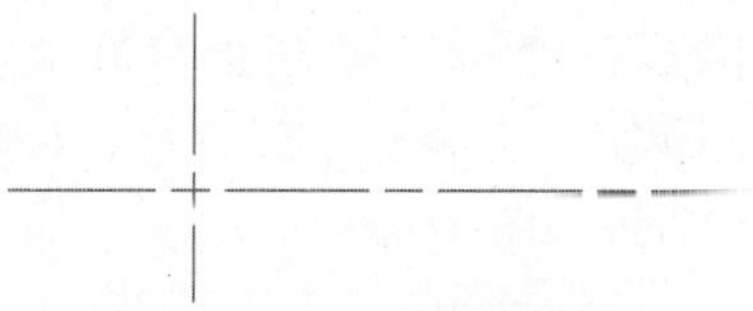

图 18-80 绘制基准线

❻将“轮廓线”设置为当前图层。

❼选择菜单【绘图】|【直线】命令，配合点的坐标输入功能，绘制主视图轮廓线。命令行操作如下：

```
命令: _line
    指定第一点:                                   //捕捉辅助线交点
    指定下一点或 [放弃(U)]:                       //@0,1Enter
    指定下一点或 [放弃(U)]:                       //@7,4Enter
    指定下一点或 [放弃(U)]:                       //@4,0 Enter
    指定下一点或 [闭合(C)/放弃(U)]:               //@0,4 Enter
    指定下一点或 [闭合(C)/放弃(U)]:               //@4,0 Enter
    指定下一点或 [闭合(C)/放弃(U)]:               //@0,-2 Enter
    指定下一点或 [闭合(C)/放弃(U)]:               //@3,0 Enter
    指定下一点或 [闭合(C)/放弃(U)]:               //@0,2 Enter
    指定下一点或 [闭合(C)/放弃(U)]:               //@4,0 Enter
    指定下一点或 [闭合(C)/放弃(U)]:               //@0,-2 Enter
    指定下一点或 [闭合(C)/放弃(U)]:               //@3,0 Enter
    指定下一点或 [闭合(C)/放弃(U)]:               //@0,2 Enter
    指定下一点或 [闭合(C)/放弃(U)]:               //@4,0 Enter
    指定下一点或 [闭合(C)/放弃(U)]:               //@0,-3 Enter
    指定下一点或 [闭合(C)/放弃(U)]:               //@5,0 Enter
```

```
指定下一点或 [闭合(C)/放弃(U)]:              //@2,2 Enter
指定下一点或 [闭合(C)/放弃(U)]:              //@20,0 Enter
指定下一点或 [闭合(C)/放弃(U)]:              //@2,-2 Enter
指定下一点或 [闭合(C)/放弃(U)]:              //@11,0 Enter
指定下一点或 [闭合(C)/放弃(U)]:              //@0,-2 Enter
指定下一点或 [闭合(C)/放弃(U)]:              //@9,0 Enter
指定下一点或 [闭合(C)/放弃(U)]:              //@2,-2 Enter
指定下一点或 [闭合(C)/放弃(U)]:              //@0,-2 Enter
指定下一点或 [闭合(C)/放弃(U)]:              // Enter，绘制结果如图 18-81 所示
```

❽重复执行【直线】命令，配合【垂足捕捉】功能，绘制内部的垂直轮廓线，结果如图 18-82 所示。

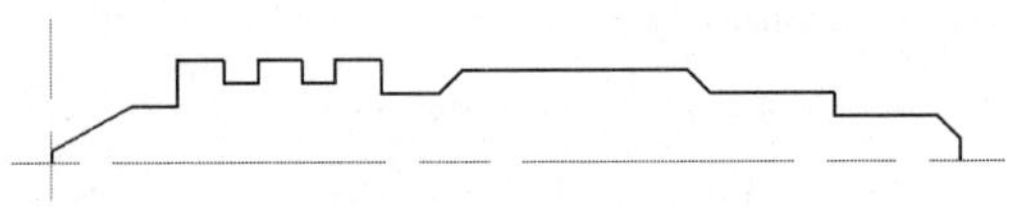

图 18-81　绘制结果

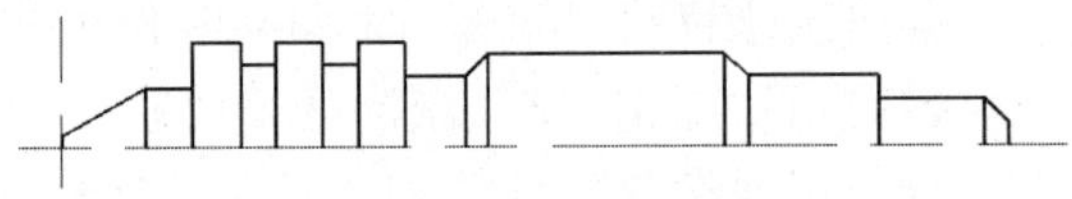

图 18-82　绘制垂直图线

❾使用快捷键“O”激活【偏移】命令，将水平辅助线向上偏移 1 个绘图单位，然后使用【直线】命令绘制如图 18-83 所示的轮廓线。

❿使用快捷键“E”激活【删除】命令，删除左侧的垂直构造线和偏移出的水平构造线，结果如图 18-84 所示。

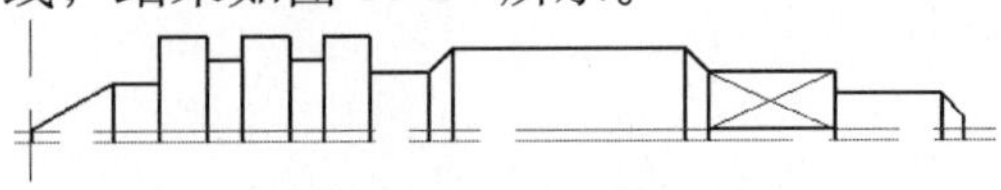

图 18-83　绘制结果

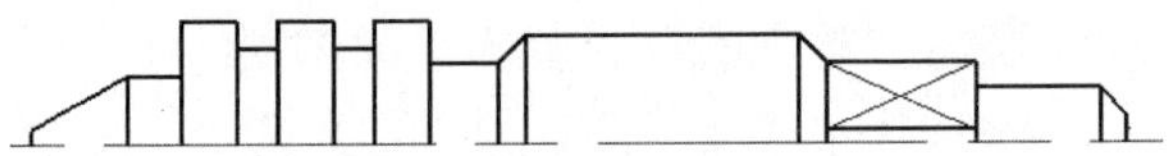

图 18-84　删除结果

⓫选择菜单【修改】|【镜像】命令，以水平构造线作为镜像轴，对上侧的所有图线进行镜像，结果如图 18-85 所示。

⓬最后使用【保存】命令将图形存储为“阀杆主视图.dwg”。

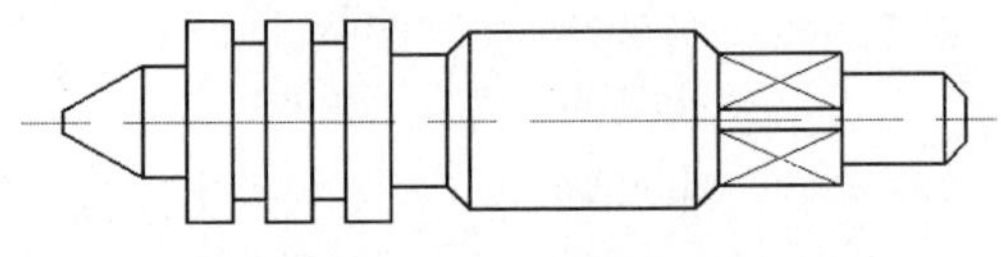

图 18-85　镜像结果

18.4.5　阀杆辅视图设计

操作步骤如下。

❶继续上例操作。

❷展开【图层控制】下拉列表，将“点划线”设置为当前图层。

❸选择菜单【绘图】|【构造线】命令，配合交点捕捉功能，绘制如图 18-86 所示的构造线。

❹将“轮廓线”设置为当前图层。

❺使用快捷键“C”激活【圆】命令，以两条构造线的交点为圆心，绘制直径为 12 的圆，如图 18-87 所示。

❻使用【直线】命令，配合【交点捕捉】功能，在圆内部绘制如图 18-88 所示的四边形轮廓线。

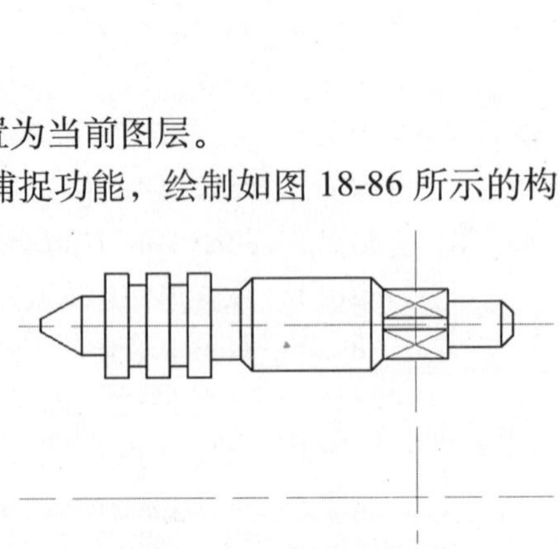

图 18-86　绘制构造线

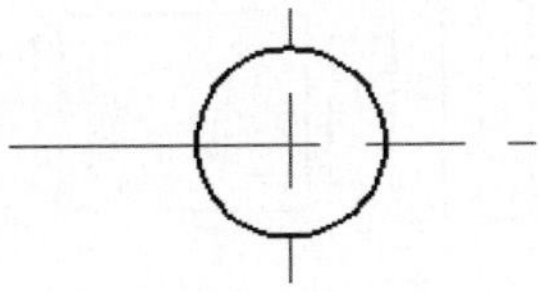

图 18-87　绘制圆

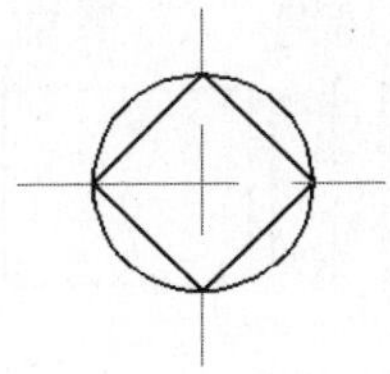

图 18-88　绘制结果

❼使用快捷键“O”激活【偏移】命令，将两条构造线对称偏移 5.5 个绘图单位，结果如图 18-89 所示。

❽使用快捷键“TR”激活【修剪】命令，以偏移出的构造线作为修剪边界，对内部的四边形轮廓进行修剪，结果如图 18-90 所示。

❾使用快捷键“E”激活【删除】命令，删除偏移出的构造线。

❿使用快捷键“L”激活【直线】命令，连接修剪后的轮廓线端点，绘制如图 18-91 所示的轮廓线。

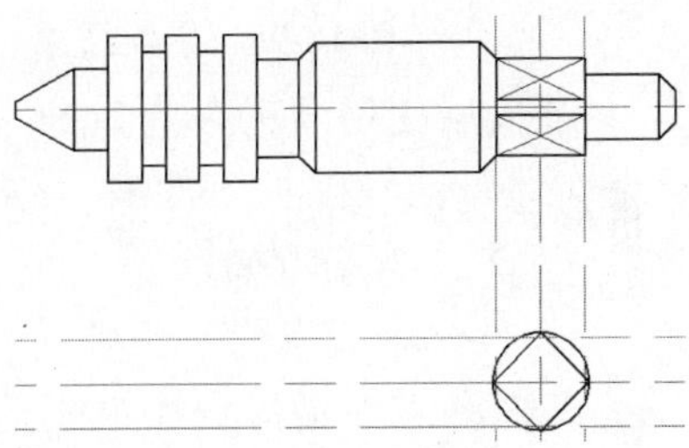

图 18-89　偏移结果

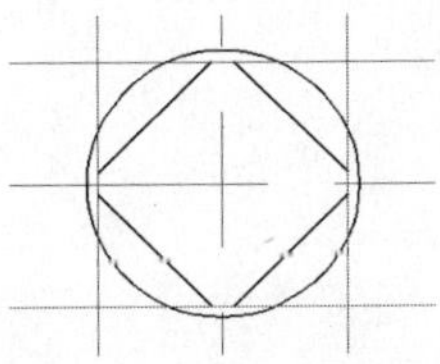

图 18-90　修剪操作

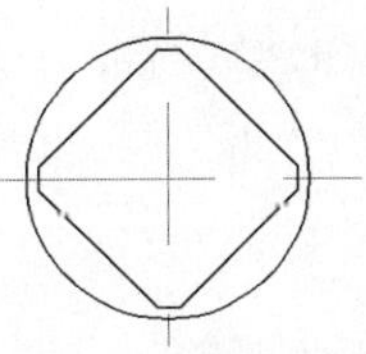

图 18-91　绘制结果

⓫将“剖面线”设置为当前图层。

⓬选择菜单【绘图】|【图案填充】命令，设置填充图案和填充参数如图 18-92 所示，为剖面图填充剖面线，填充结果如图 18-93 所示。

⓭选择菜单【修改】|【偏移】命令，将剖面图和主视图两端的轮廓线向外偏移 3 个绘图单位，结果如图 18-94 所示。

⓮使用快捷键“TR”激活【修剪】命令，以偏移出的轮廓线作为剪切边界，对构造线进行修剪，结果如图 18-95 所示。

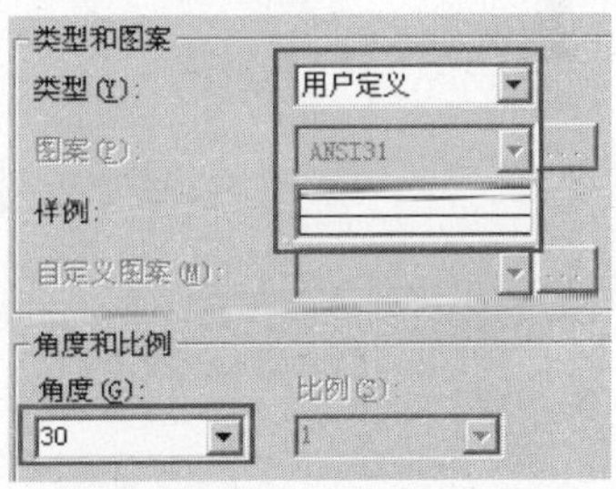

图 18-92　设置填充参数

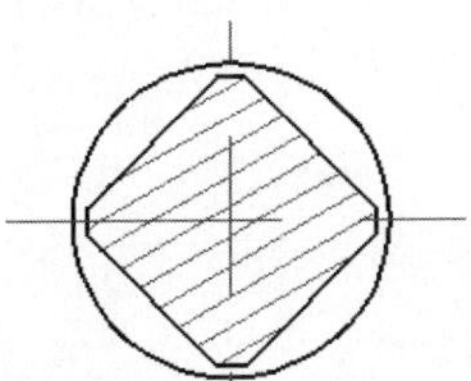

图 18-93　填充结果

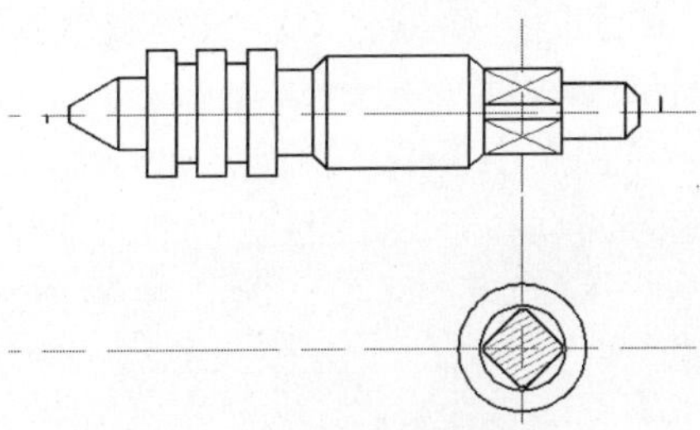

图 18-94　偏移结果

⑮使用快捷键“E”激活【删除】命令，将偏移出的图线删除，结果如图 18-96 所示。

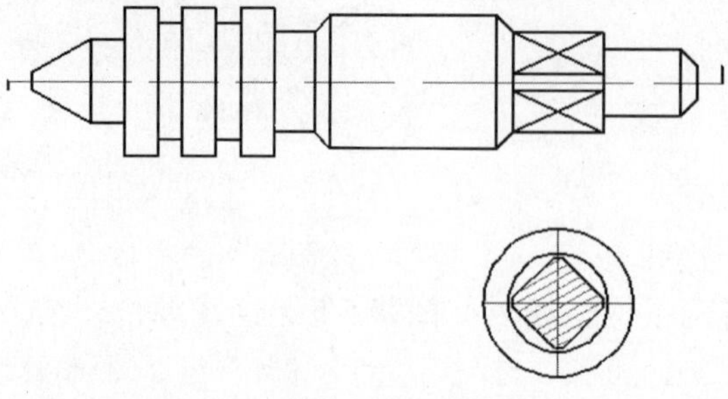

图 18-95　修剪结果

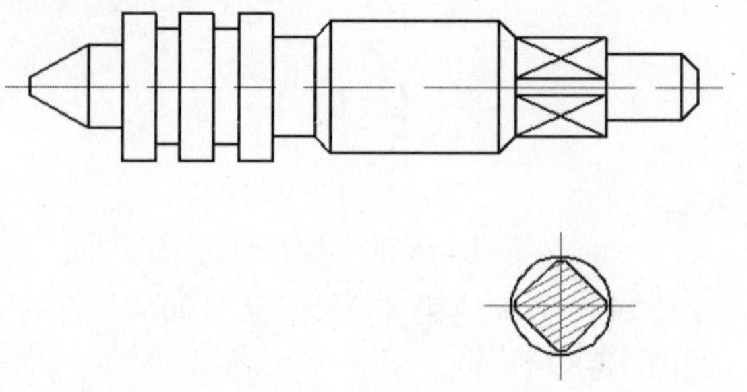

图 18-96　删除结果

⑯最后使用【另存为】命令将图形另存储为“阀杆二视图.dwg”。

18.5　本章小结

叉杆类零件是机器操纵机构中，起操纵、支撑作用的一种零件。本章主要综合多种常用制图命令以及捕捉、追踪等辅助绘图功能，以拔叉零件和阀杆零件为例，详细讲述了叉杆零件种种视图的表达、定位、绘制方法及绘制技巧。另外，在绘图过程中，充分使用了点的坐标输入和捕捉功能，进行点的精确定位。

第19章

箱壳类零件设计——机箱

箱壳类零件的结构形体一般比较复杂，而且多由曲面和平面构成半封闭的空腔，支撑轴类零件和容纳安装其他零件，如机座、泵体、箱体和壳体等。根据功能要求，此类零件上常有成对出现的轴孔、平面、螺孔以及油孔、油槽、凸台、凹坑、肋板等结构。

19.1 箱壳类零件概述

箱壳类零件的毛坯多为铸件，经过多种机床多道工序加工而成。本节将从两个方面对箱壳类零件进行概述。

1．视图表达

由于箱壳类零件的形状结构比较复杂，视图的选择和配置要特别慎重，一般在照顾主要加工位置的情况下，常按照工作位置的端正摆放来确定主视图的投影方向，并采用至少两个、甚至更多的基本视图以及剖视、剖面等多种表达方式，才能把其形状结构表达清楚。因此，看图时，需要将几个视图结合起来分析，逐个弄懂各部分的形状。

2．尺寸标注

由于箱壳类零件的结构复杂，尺寸数量较多且有的尺寸精度要求较高，所以更需要认真确定长、宽、高3个方向的基准，然后按照形体分析和结构分析的方法，确定各定位尺寸和定形尺寸的总格局。

一般采用安装底平面为高度方向的基准，使设计基准与工艺基准尽可能得到统一；长和宽方向的基准，常选用对称平面、与邻件的结合面或重要孔的轴线（点画线）；为了加工测量方便和装配需要，还常选用一些轴线、端面作为辅助基准。对于重要孔间的中心距。重要轴线与重要平面间的尺寸以及将会影响产品规格的质量的尺寸，一定要直接标出。

19.2 箱壳类零件效果

本例通过绘制零件主视图、左视图和俯视图，主要学习箱壳类零件视图的绘制方法和具体的绘制技巧。本例效果如图 19-1 所示。

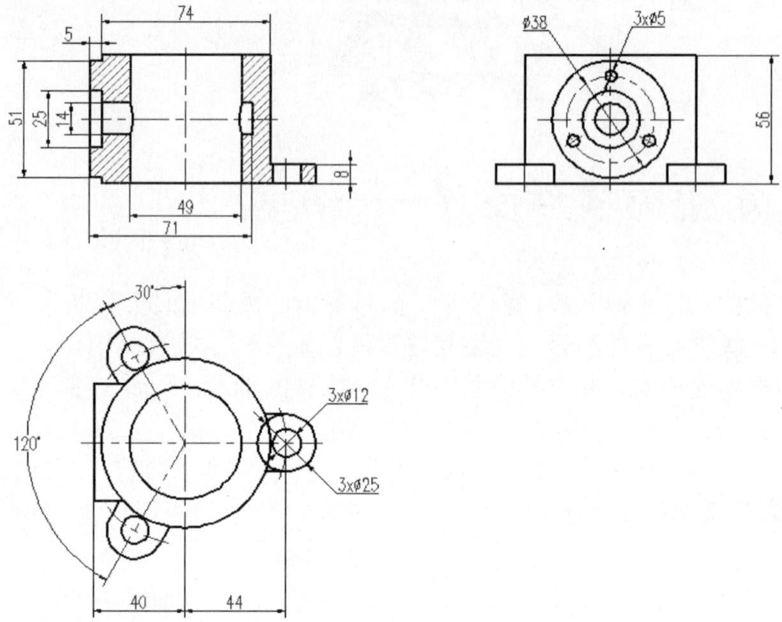

图 19-1　零件效果

19.3 箱壳类零件设计思路

- 以“机械样板.dwt”作为基础样板，新建文件。
- 快速设置新文件的绘图环境。
- 使用【构造线】、【偏移】等命令绘制三视图定位辅助线。
- 使用【圆】、【阵列】、【修剪】等命令绘制壳体俯视图。
- 使用【多段线】、【圆】、【阵列】、【修剪】等命令绘制壳体左视图。
- 使用【构造线】、【修剪】、【圆弧】和【图案填充】命令绘制壳体主视图。
- 使用【修剪】、【偏移】和【拉长】命令绘制壳体三视图点画线。
- 最后使用【保存】命令将图形存盘。

19.4 箱壳类零件设计过程

本节将学习箱壳类零件各种视图的绘制方法和具体的绘制技巧。

19.4.1 箱壳俯视图设计

操作步骤如下。

❶以附增样板“机械样板.dwt”作为基础样板，新建空白文件。

❷启用线宽的显示功能，设置对象捕捉模式为端点捕捉、圆心捕捉、交点捕捉和延伸捕捉。

③将视图调整为 160 个绘图单位。将“点画线”设置为当前图层，如图 19-2 所示。

④选择菜单【绘图】|【构造线】命令，绘制两条相互垂直的构造线作为定位辅助线，如图 19-3 所示。

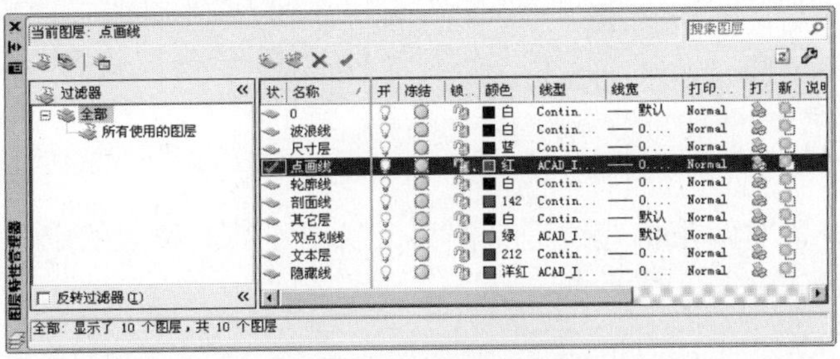

图 19-2 设置当前图层

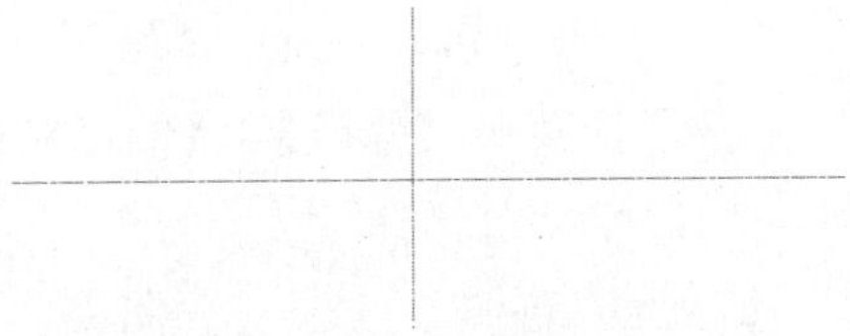

图 19-3 绘制结果

⑤设置“轮廓线”为当前图层。使用快捷键“C”激活【圆】命令，以辅助线的交点为圆心，绘制同心圆。命令行操作如下：

```
命令: c                                              // Enter，激活画圆命令
    CIRCLE
    指定圆的圆心或 [三点(3P)/两点(2P)/相切、相切、半径(T)]:  //捕捉构造线的交点
    指定圆的半径或 [直径(D)]:                        //d Enter
    指定圆的直径:                                    //49 Enter
    命令: circle                                     // Enter，重复执行此命令
    指定圆的圆心或 [三点(3P)/两点(2P)/相切、相切、半径(T)]:  //捕捉构造线的交点
    指定圆的半径或 [直径(D)] <24.5.0>:               //d Enter
    指定圆的直径 <49.0>:                             //74 Enter
    命令: circle                                     // Enter，重复执行此命令
    指定圆的圆心或 [三点(3P)/两点(2P)/相切、相切、半径(T)]:  //捕捉构造线的交点
    指定圆的半径或 [直径(D)] <37.0>:                 //d Enter
    指定圆的直径 <74.0>:                             //88 Enter，绘制结果如图 19-4 所示
```

⑥重复执行【圆】命令，以大圆右象限点为圆心，绘制直径为 12 和 25 的同心圆。命令行操作如下：

```
命令: c                                              // Enter，重复执行命令
    指定圆的圆心或 [三点(3P)/两点(2P)/相切、相切、半径(T)]:
                                                     //按住 Shift 键右击，选择【象限点】选项
    _qua 于                                          //捕捉大圆的右象限点
    指定圆的半径或 [直径(D)] <44.0>:                 //d Enter
    指定圆的直径 <88.0>:                             //12 Enter
    命令: circle                                     // Enter，重复执行此命令
    指定圆的圆心或 [三点(3P)/两点(2P)/相切、相切、半径(T)]:  //捕捉大圆的右象限点
    指定圆的半径或 [直径(D)] <6.0>:                  //d Enter
    指定圆的直径 <12.0>:                             //25 Enter，绘制结果如图 19-5 所示
```

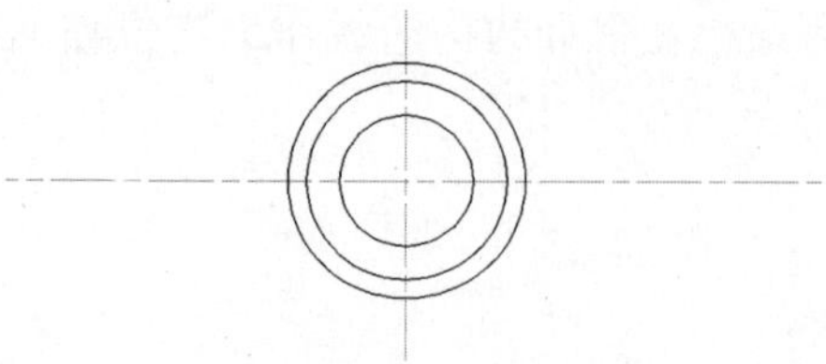

图 19-4　绘制同心圆

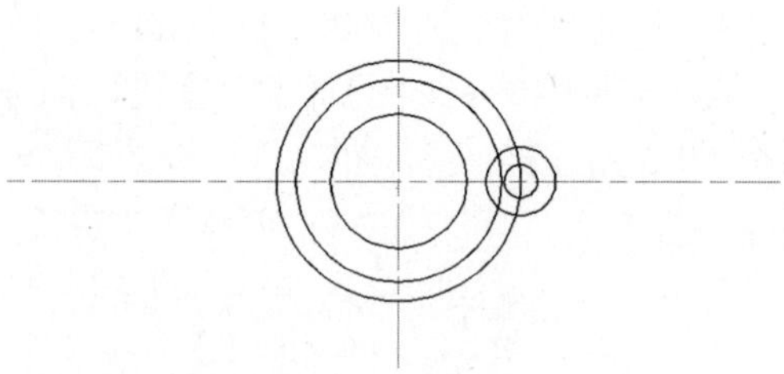

图 19-5　绘制结果

⑦选择菜单【修改】|【偏移】命令，对两条构造线进行偏移，以创建其他位置的定位辅助线。命令行操作如下：

```
命令: _offset
    当前设置: 删除源=否  图层=源  OFFSETGAPTYPE=0
    指定偏移距离或 [通过(T)/删除(E)/图层(L)] <24.0>:        //40 Enter
    选择要偏移的对象，或 [退出(E)/放弃(U)] <退出>:          //选择垂直构造线
    指定要偏移的那一侧上的点，或 [退出(E)/多个(M)/放弃(U)] <退出>:
                                                            //在所选构造线的左侧拾取一点
    选择要偏移的对象，或 [退出(E)/放弃(U)] <退出>:          // Enter，结束命令
    命令:  offset                                           // Enter，重复执行此命令
    当前设置: 删除源=否  图层=源  OFFSETGAPTYPE=0
    指定偏移距离或 [通过(T)/删除(E)/图层(L)] <40.0>:        //12.5 Enter
    选择要偏移的对象，或 [退出(E)/放弃(U)] <退出>:          //选择水平构造线
    指定要偏移的那一侧上的点，或 [退出(E)/多个(M)/放弃(U)] <退出>:
                                                            //在水平构造线的上侧拾取一点
    选择要偏移的对象，或 [退出(E)/放弃(U)] <退出>:          //再次选择源水平构造线
    指定要偏移的那一侧上的点，或 [退出(E)/多个(M)/放弃(U)] <退出>:
                                                            //在水平构造线的下侧拾取一点
    选择要偏移的对象，或 [退出(E)/放弃(U)] <退出>:          // Enter，结束命令
    命令: offset                                            // Enter，重复执行此命令
    当前设置: 删除源=否  图层=源  OFFSETGAPTYPE=0
    指定偏移距离或 [通过(T)/删除(E)/图层(L)] <12.5.0>:      //25.5 Enter，设置偏移距离
    选择要偏移的对象，或 [退出(E)/放弃(U)] <退出>:          //再次选择源水平构造线
    指定要偏移的那一侧上的点，或 [退出(E)/多个(M)/放弃(U)] <退出>:
                                                            //在水平构造线的上侧拾取一点
    选择要偏移的对象，或 [退出(E)/放弃(U)] <退出>:          //再次选择源水平构造线
    指定要偏移的那一侧上的点，或 [退出(E)/多个(M)/放弃(U)] <退出>:
                                                            //在水平构造线的下侧拾取一点
    选择要偏移的对象，或 [退出(E)/放弃(U)] <退出>:
                                    // Enter，结束命令，偏移结果如图 19-6 所示
```

⑧使用快捷键“TR”激活【修剪】命令，对各图形进行修剪，并删除移余图线，结果如图 19-7 所示。

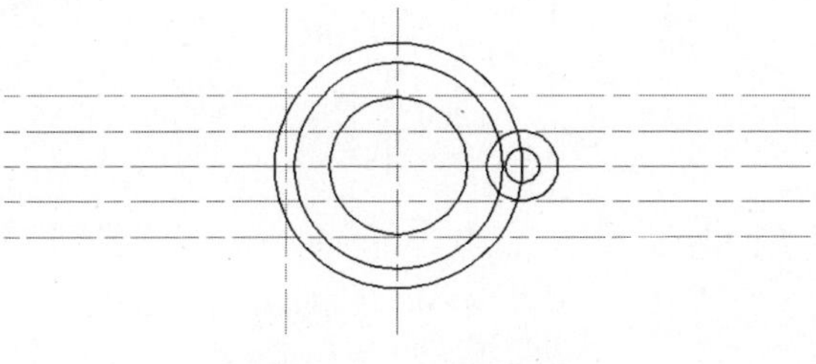

图 19-6　偏移结果

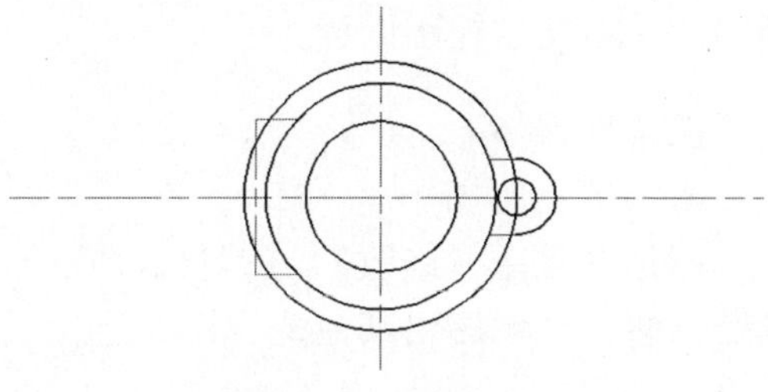

图 19-7　修剪结果

❾夹点显示如图 19-8 所示的大圆，然后展开【特性】面板，修改其图层为“点画线”，结果如图 19-9 所示。

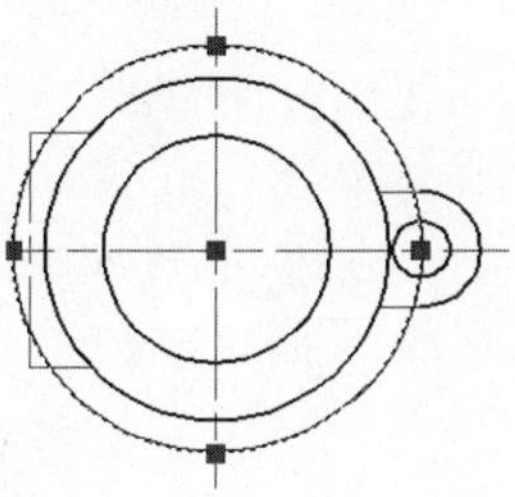

图 19-8　夹点显示大圆

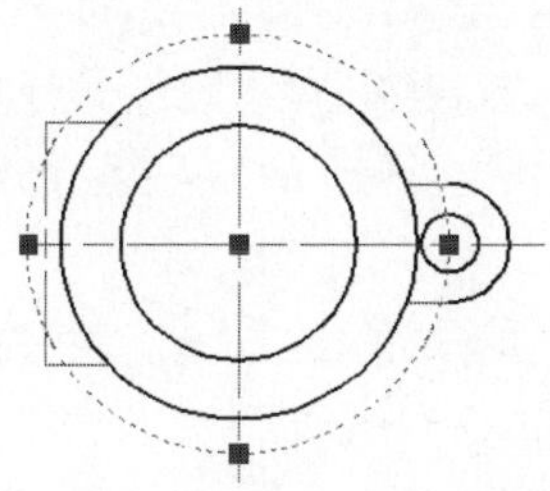

图 19-9　修改图层后的结果

❿取消圆的夹点显示，然后夹点显示如图 19-10 所示的图线，在【特性】面板中修改其图层为“轮廓线”，并取消夹点，结果如图 19-11 所示。

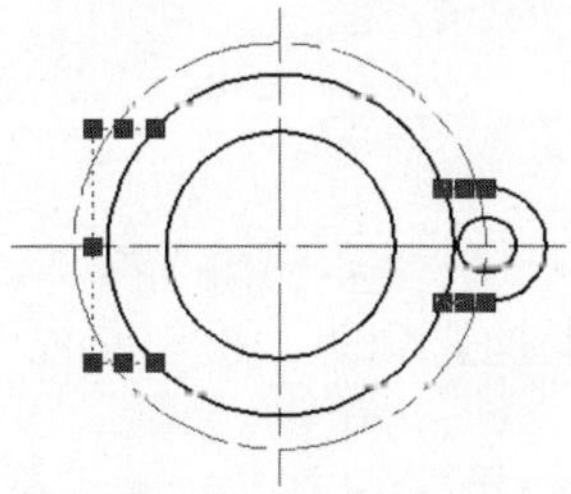

图 19-10　夹点显示对象

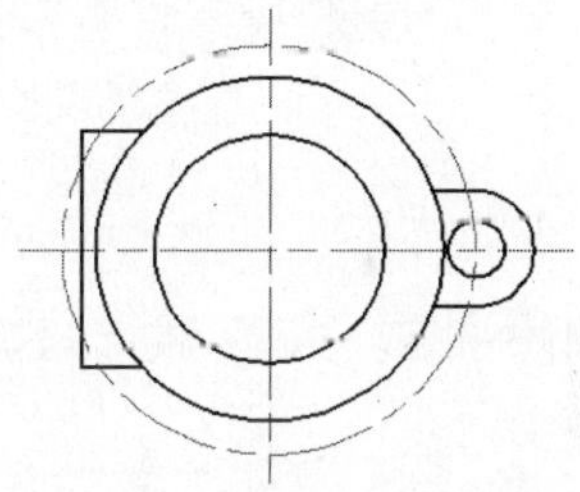

图 19-11　修改图层后的结果

⓫选择菜单【修改】|【阵列】命令，以构造线的交点作为阵列中心点，窗口选择如图 19-12 所示的图形进行阵列 3 份，结果如图 19-13 所示。

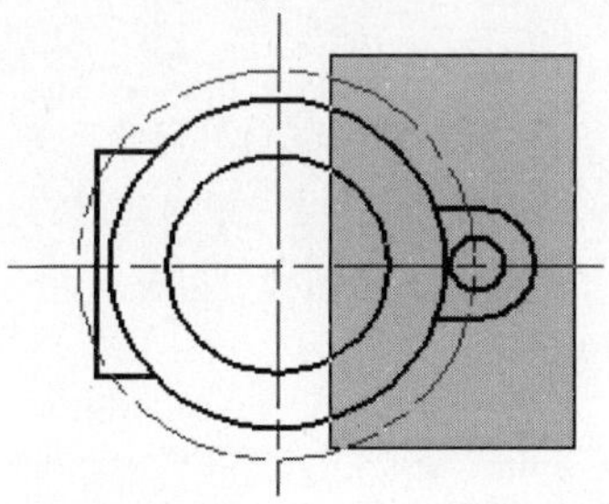

图 19-12　窗口选择对象

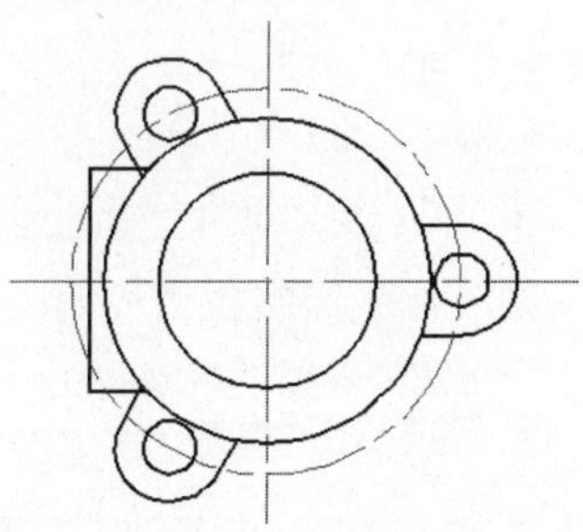

图 19-13　阵列结果

⓬使用快捷键“TR”激活【修剪】命令，对阵列出的轮廓线进行修剪，结果如图 19-14 所示。

⓭最后使用【保存】命令将图形存储为“壳体俯视图.dwg”。

19.4.2 箱壳左视图设计

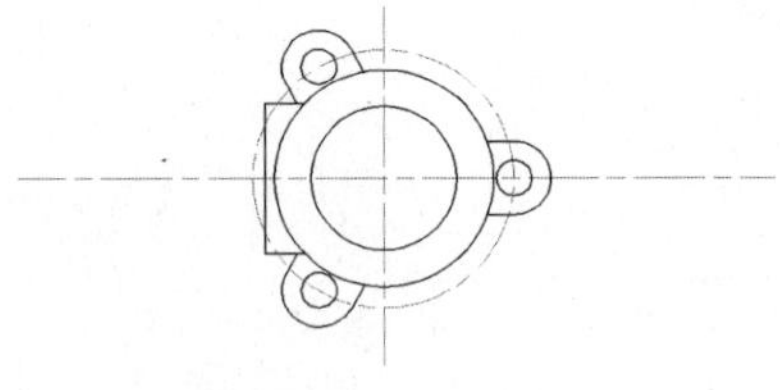

图 19-14 修剪结果

操作步骤如下。

❶继续上例操作。

❷选择菜单【修改】|【偏移】命令，将两条构造线进行偏移，以创建出其他两视图的定位线。命令行操作如下：

```
命令: _offset
    当前设置: 删除源=否  图层=源  OFFSETGAPTYPE=0
    指定偏移距离或 [通过(T)/删除(E)/图层(L)] <24.0>:          //140 Enter
    选择要偏移的对象，或 [退出(E)/放弃(U)] <退出>:             //选择水平构造线
    指定要偏移的那一侧上的点，或 [退出(E)/多个(M)/放弃(U)] <退出>:
                                                             //在所选构造线的上侧拾取一点
    选择要偏移的对象，或 [退出(E)/放弃(U)] <退出>:             // Enter，结束命令
    命令: _offset
    当前设置: 删除源=否  图层=源  OFFSETGAPTYPE=0
    指定偏移距离或 [通过(T)/删除(E)/图层(L)] <140.0>:         //180 Enter
    选择要偏移的对象，或 [退出(E)/放弃(U)] <退出>:             //选择垂直构造线
    指定要偏移的那一侧上的点，或 [退出(E)/多个(M)/放弃(U)] <退出>:
                                                             //在所选构造线的右侧拾取一点
    选择要偏移的对象，或 [退出(E)/放弃(U)] <退出>:
                                                             // Enter，偏移结果如图 19-15 所示
```

❸使用快捷键“C”激活【圆】命令，配合【交点捕捉】功能，绘制左视图轮廓线。命令行操作如下：

```
命令: c                                                // Enter，激活画圆命令
    指定圆的圆心或 [三点(3P)/两点(2P)/相切、相切、半径(T)]:
                                                       //捕捉右侧构造线的交点
    指定圆的半径或 [直径(D)]:                            //d Enter
    指定圆的直径:                                        //14 Enter
    命令:circle                                          // Enter，重复执行此命令
    指定圆的圆心或 [三点(3P)/两点(2P)/相切、相切、半径(T)]:  //捕捉右侧构造线的交点
    指定圆的半径或 [直径(D)] <7.5.0>:                    //d Enter，激活【直径】选项
    指定圆的直径 <14.0>:                                 //25 Enter
    命令: circle                                         // Enter，重复执行此命令
    指定圆的圆心或 [三点(3P)/两点(2P)/相切、相切、半径(T)]:  //捕捉大圆的上象限点
    指定圆的半径或 [直径(D)] <12.5>:                     //d Enter
    指定圆的直径 <14.0>:                                 //38 Enter
    命令: circle                                         // Enter，重复执行此命令
    指定圆的圆心或 [三点(3P)/两点(2P)/相切、相切、半径(T)]:  //捕捉大圆的上象限点
```

指定圆的半径或 [直径(D)] <19.0>: //d Enter

指定圆的直径 <38.0>: //51 Enter，绘制结果如图 19-16 所示

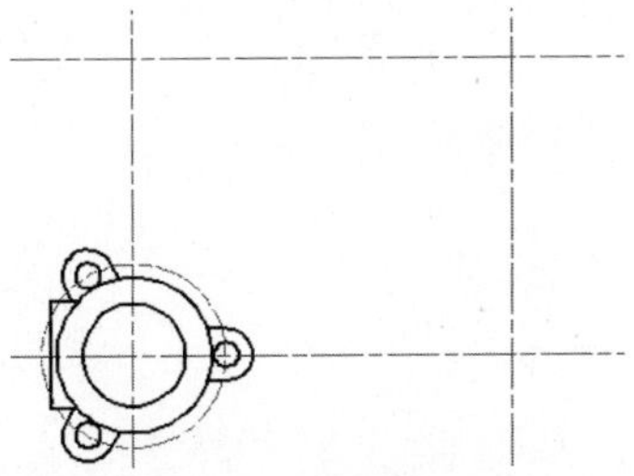

图 19-15 偏移结果

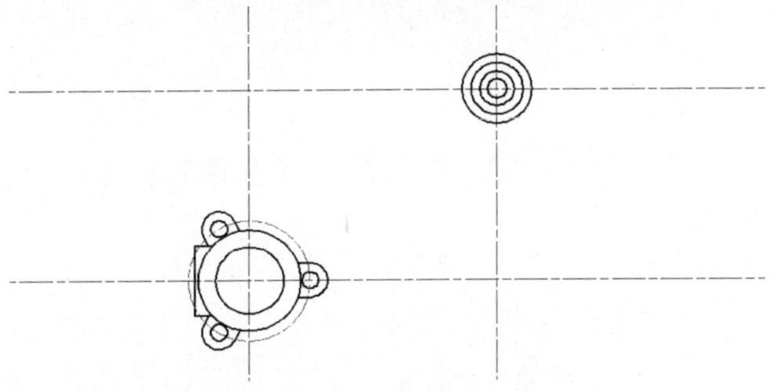

图 19-16 绘制同心圆

④重复执行【圆】命令，配合【象限点】捕捉功能，以直径为 38 的圆的上象限点为圆心，绘制直径为 5 的小圆，结果如图 19-17 所示。

⑤选择菜单【修改】|【阵列】命令，以同心圆的圆心作为阵列中心点，对刚绘制的小圆环形阵列 3 份，阵列结果如图 19-18 所示。

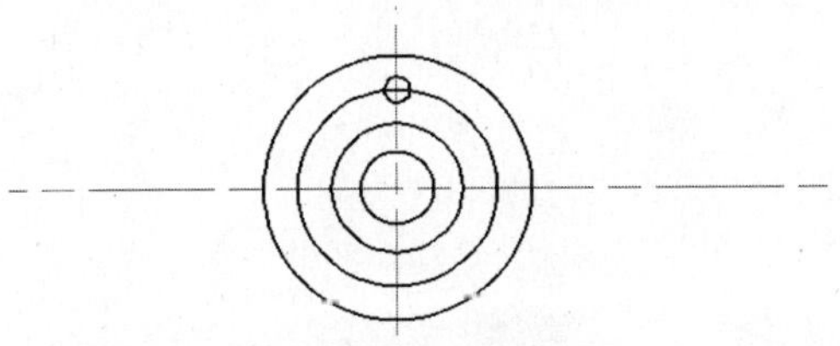

图 19-17 绘制结果

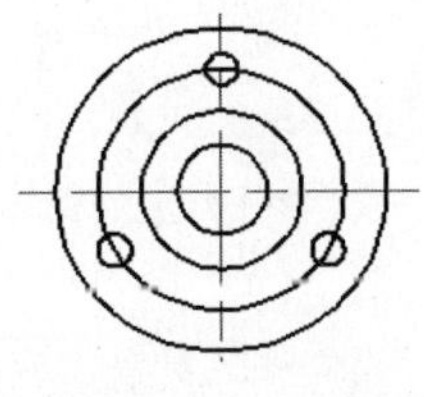

图 19-18 阵列结果

⑥使用快捷键 O 激活【偏移】命令，对两条构造线进行对象偏移。命令行操作如下：

命令: O // Enter

OFFSET 当前设置: 删除源=否 图层=源 OFFSETGAPTYPE=0

指定偏移距离或 [通过(T)/删除(E)/图层(L)] <通过>: //28 Enter

选择要偏移的对象，或 [退出(E)/放弃(U)] <退出>: //选择水平构造线

指定要偏移的那一侧上的点，或 [退出(E)/多个(M)/放弃(U)] <退出>:

//在水平构造线的上侧拾取一点

选择要偏移的对象，或 [退出(E)/放弃(U)] <退出>: //选择源水平构造线

指定要偏移的那一侧上的点，或 [退出(E)/多个(M)/放弃(U)] <退出>:

//在水平构造线的下侧拾取一点

选择要偏移的对象，或 [退出(E)/放弃(U)] <退出>: //Enter，结束命令

命令: offset //Enter

当前设置: 删除源=否 图层=源 OFFSETGAPTYPE=0

指定偏移距离或 [通过(T)/删除(E)/图层(L)] <28.0000>: //37 Enter

选择要偏移的对象，或 [退出(E)/放弃(U)] <退出>: //选择垂直构造线

指定要偏移的那一侧上的点，或 [退出(E)/多个(M)/放弃(U)] <退出>:

//在垂直构造线的左侧拾取一点

选择要偏移的对象，或 [退出(E)/放弃(U)] <退出>: //选择源垂直构造线

```
    指定要偏移的那一侧上的点，或 [退出(E)/多个(M)/放弃(U)] <退出>:
                                                  //在垂直构造线的右侧拾取一点
    选择要偏移的对象，或 [退出(E)/放弃(U)] <退出>:
                                                  //Enter，结束命令，偏移结果如图
                                                    19-19 所示
```

⑦按 Enter 键，重复执行【偏移】命令，对偏移出的构造线进行偏移。命令行操作如下：

```
命令: o                                           //Enter
    OFFSET 当前设置: 删除源=否   图层=源   OFFSETGAPTYPE=0
    指定偏移距离或 [通过(T)/删除(E)/图层(L)] <37.0000>:    //12.5 Enter
    选择要偏移的对象，或 [退出(E)/放弃(U)] <退出>:         //选择图 19-19 所示的构造线 1
    指定要偏移的那一侧上的点，或 [退出(E)/多个(M)/放弃(U)] <退出>:
                                                  //在所选构造线的左侧拾取一点
    选择要偏移的对象，或 [退出(E)/放弃(U)] <退出>:         //选择构造线 1
    指定要偏移的那一侧上的点，或 [退出(E)/多个(M)/放弃(U)] <退出>:
                                                  //在所选构造线的右侧拾取一点
    选择要偏移的对象，或 [退出(E)/放弃(U)] <退出>:         //选择构造线 2
    指定要偏移的那一侧上的点，或 [退出(E)/多个(M)/放弃(U)] <退出>:
                                                  //在所选构造线的左侧拾取一点
    选择要偏移的对象，或 [退出(E)/放弃(U)] <退出>:         //选择构造线 2
    指定要偏移的那一侧上的点，或 [退出(E)/多个(M)/放弃(U)] <退出>:
                                                  //在所选构造线的右侧拾取一点
    选择要偏移的对象，或 [退出(E)/放弃(U)] <退出>:         // Enter，结束命令
    命令: offset                                  // Enter
    当前设置: 删除源=否   图层=源   OFFSETGAPTYPE=0
    指定偏移距离或 [通过(T)/删除(E)/图层(L)] <12.5000>:    //8 Enter
    选择要偏移的对象，或 [退出(E)/放弃(U)] <退出>:
                                                  //选择图 19-19 的示的构造线 3
    指定要偏移的那一侧上的点，或 [退出(E)/多个(M)/放弃(U)] <退出>:
                                                  //在所选构造线的上侧拾取一点
    选择要偏移的对象，或 [退出(E)/放弃(U)] <退出>:         //Enter，结果如图 19-20 所示
```

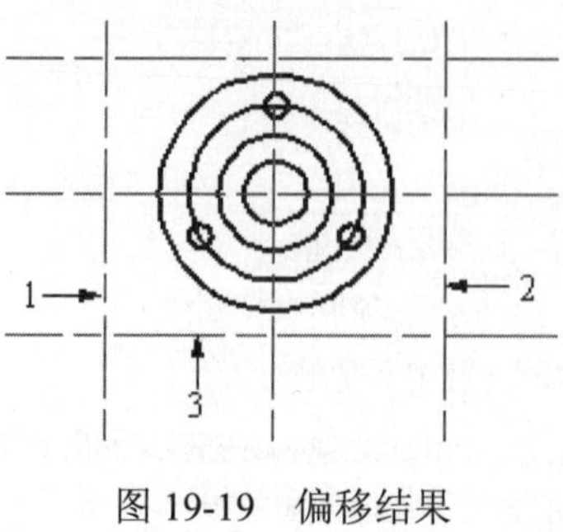

图 19-19　偏移结果

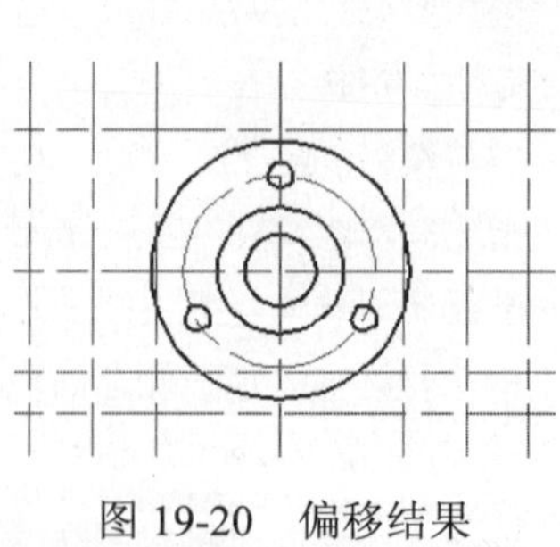

图 19-20　偏移结果

❽选择菜单【修改】|【修剪】命令，对各构造线进行修剪编辑，编辑出左视图外轮廓线，结果如图 19-21 所示。

❾按 Ctrl+1 组合键，打开【特性】窗口，然后修改部分轮廓线的图层特性，结果如图 19-22 所示。

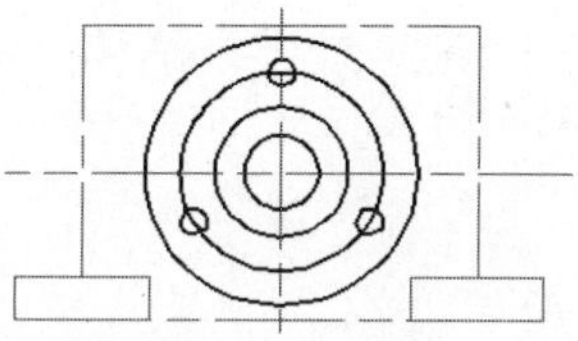
图 19-21　修剪结果

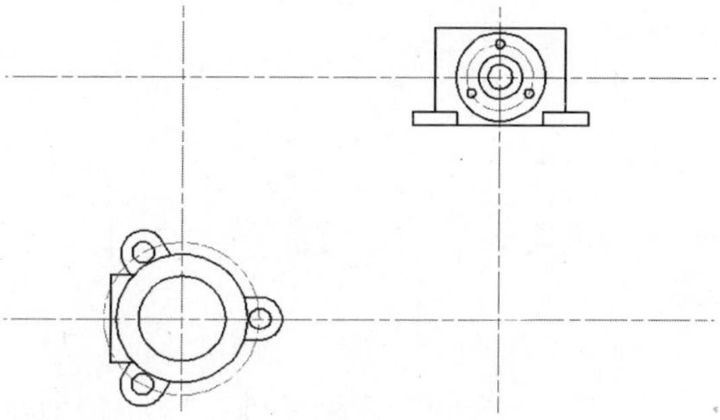
图 19-22　操作结果

❿最后使用【另存为】命令将图形另存储为“壳体左视图.dwg”。

19.4.3　箱壳剖视图设计

操作步骤如下。

❶继续上例操作。

❷选择菜单【绘图】|【构造线】命令，根据视图间的对正关系，配合【对象捕捉】功能，绘制如图 19-23 所示的水平构造线。

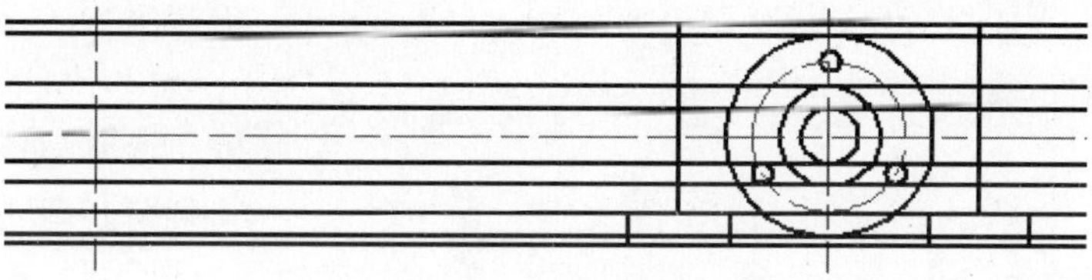
图 19-23　绘制结果

❸重复执行【构造线】命令，分别通过俯视图各特征点，配合【对象捕捉】功能，绘制如图 19-24 所示的垂直构造线。

❹选择菜单【修改】|【偏移】命令，将最左侧的垂直构造线向左偏移 5 个单位。命令行操作如下：

```
命令: _offset
    当前设置: 删除源=否　图层=源　OFFSETGAPTYPE=0
    指定偏移距离或 [通过(T)/删除(E)/图层(L)] <24.0>:          //5 Enter
    选择要偏移的对象，或 [退出(E)/放弃(U)] <退出>:          //最左侧的垂直构造线
    指定要偏移的那一侧上的点，或 [退出(E)/多个(M)/放弃(U)] <退出>:
                                                          //在所选构造线的左侧拾取一点
    选择要偏移的对象，或 [退出(E)/放弃(U)] <退出>:          // Enter，结束命令
```

❺选择菜单【修改】|【修剪】命令，对各构造线进行修剪编辑，编辑出主视图轮廓，结果如图 19-25 所示。

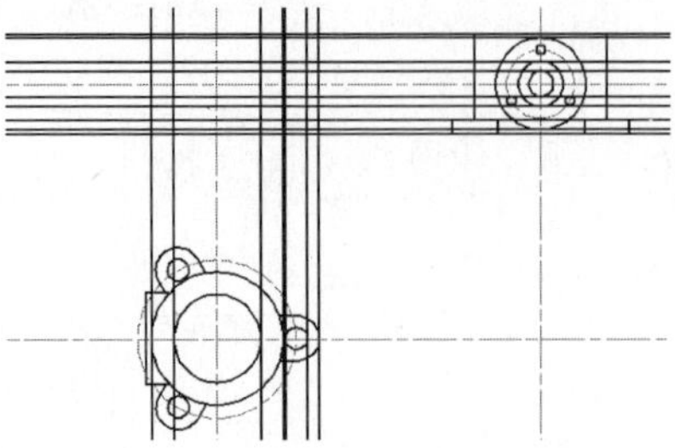

图 19-24　绘制结果

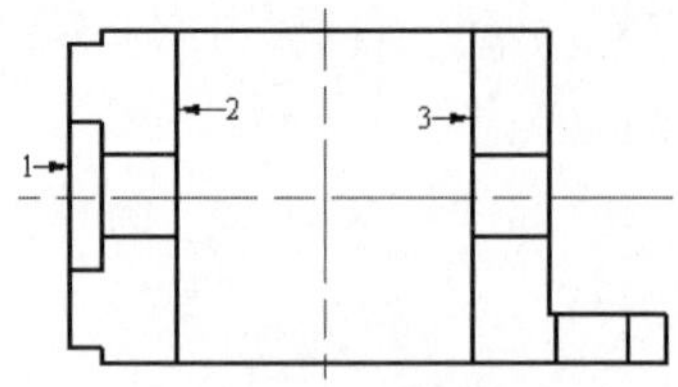

图 19-25　编辑结果

❻选择菜单【修改】|【偏移】命令，将图 19-25 所示的轮廓线进行偏移。命令行操作如下：

```
命令: _offset
    当前设置: 删除源=否    图层=源    OFFSETGAPTYPE=0
    指定偏移距离或 [通过(T)/删除(E)/图层(L)] <24.0>:        //71 Enter
    选择要偏移的对象，或 [退出(E)/放弃(U)] <退出>:          //选择图 19-25 所示的轮廓线 1
    指定要偏移的那一侧上的点，或 [退出(E)/多个(M)/放弃(U)] <退出>:
                                                        //在所选构造线的右侧拾取一点
    选择要偏移的对象，或 [退出(E)/放弃(U)] <退出>:          // Enter，结束命令
    命令: _offset
    当前设置: 删除源=否    图层=源    OFFSETGAPTYPE=0
    指定偏移距离或 [通过(T)/删除(E)/图层(L)] <71.0>:        //1 Enter
    选择要偏移的对象，或 [退出(E)/放弃(U)] <退出>:          //选择图 19-25 所示的轮廓线 2
    指定要偏移的那一侧上的点，或 [退出(E)/多个(M)/放弃(U)] <退出>:
                                                        //在所选构造线的右侧拾取一点
    选择要偏移的对象，或 [退出(E)/放弃(U)] <退出>:          //选择图 19-25 所示的轮廓线 3
    指定要偏移的那一侧上的点，或 [退出(E)/多个(M)/放弃(U)] <退出>:
                                                        //在所选构造线的左侧拾取一点
    选择要偏移的对象，或 [退出(E)/放弃(U)] <退出>:
                                    // Enter，结束命令，偏移结果如图 19-26 所示
```

❼选择菜单【绘图】|【圆弧】|【三点】命令，配合交点捕捉功能，绘制如图 19-27 所示的两条圆弧。

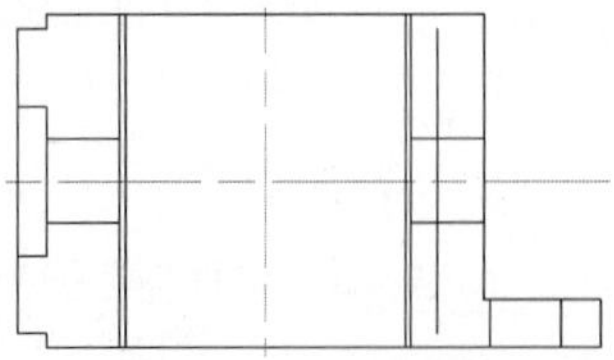

图 19-26　偏移结果

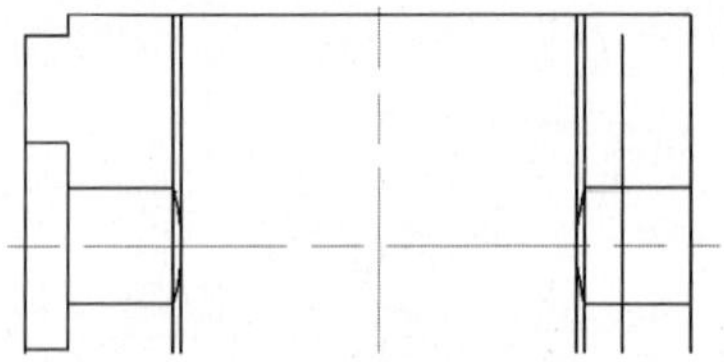

图 19-27　绘制圆弧

❽使用快捷键“E”激活【删除】命令，将内部的两条垂直图线进行删除，结果如图 19-28 所示。

❾选择菜单【修改】|【修剪】命令，对各轮廓线进行修剪编辑，结果如图 19-29 所示。

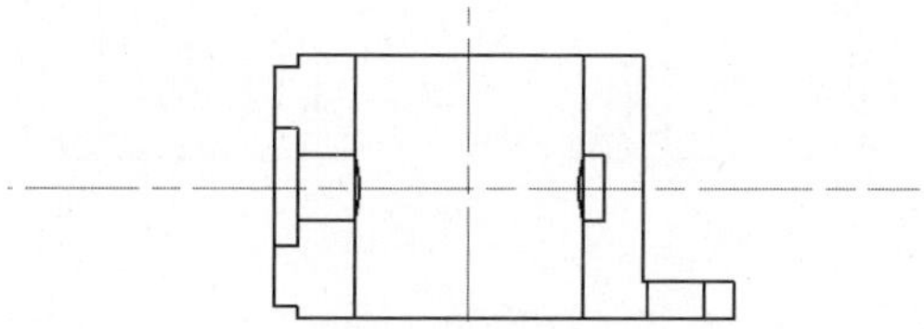

图 19-28　删除结果

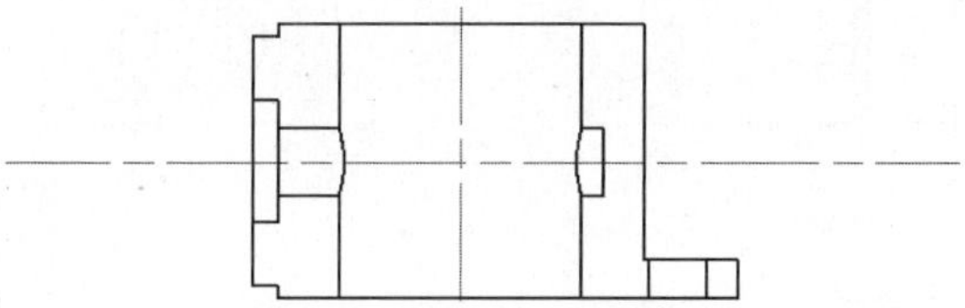

图 19-29　编辑结果

⑩将“剖面线”设置为当前图层。

⑪选择菜单【绘图】|【图案填充】命令，设置填充图案和填充参数如图 19-30 所示。为壳体剖面图填充剖面线，结果如图 19-31 所示。

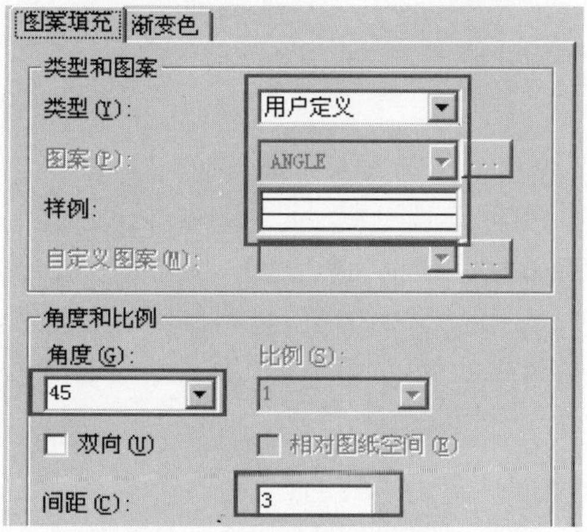

图 19-30　设置填充参数

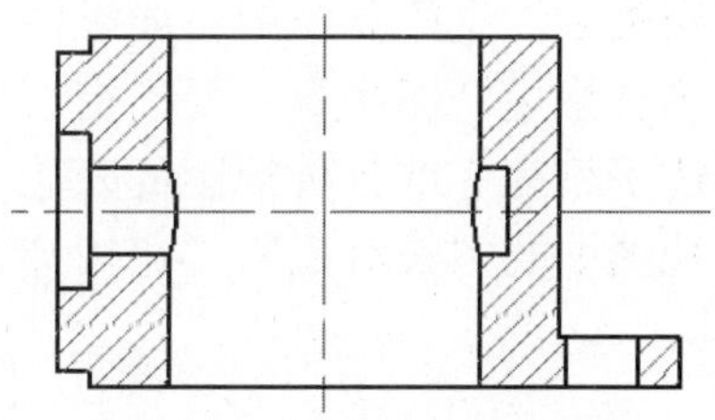

图 19-31　填充结果

⑫选择菜单【修改】|【偏移】命令，将各视图点画线位置的轮廓线向外偏移 3 个绘图单位，作为辅助线，结果如图 19-32 所示。

⑬选择菜单【修改】|【修剪】命令，以偏移出的图线作为修剪边界，对各位置的构造线进行修剪，结果如图 19-33 所示。

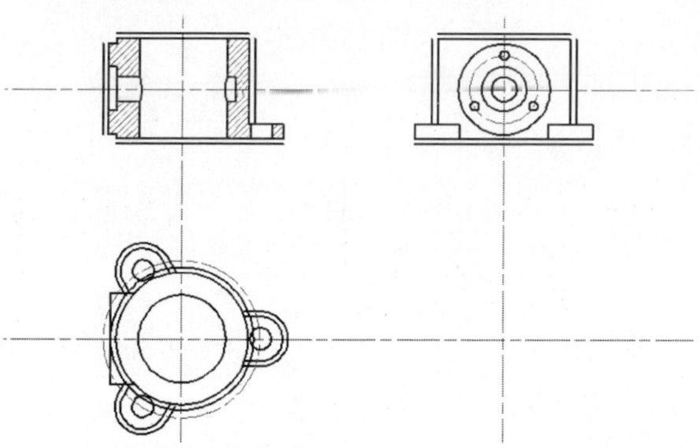

图 19-32　偏移结果

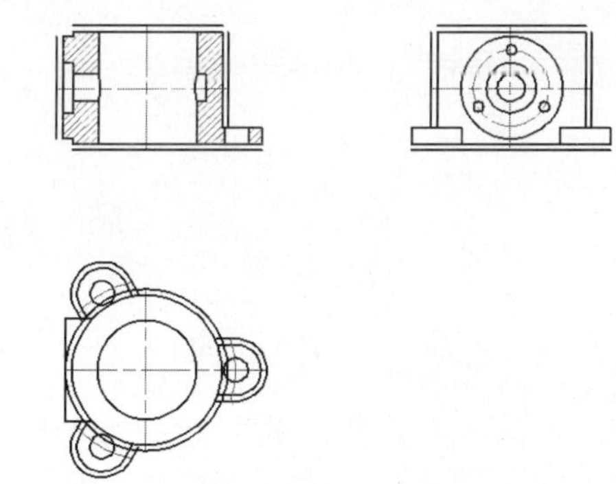

图 19-33　修剪结果

⑭将偏移出的辅助图线删除，结果如图 19-34 所示。

⑮使用【直线】命令，并配合【极轴追踪】等功能，补画其他位置的点画线，结果如图 19-35 所示。

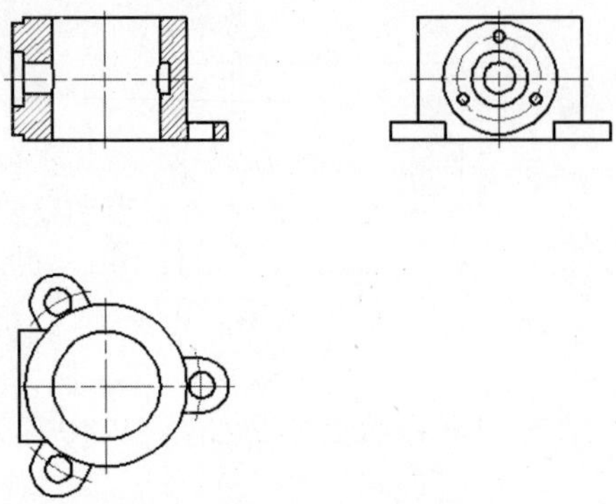

图 19-34　删除辅助图线

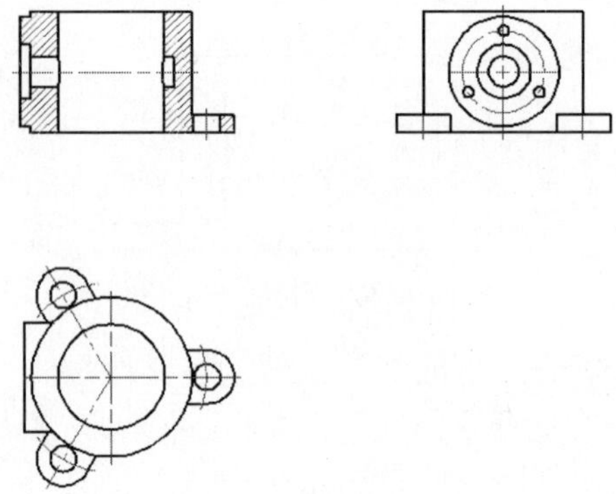

图 19-35　最终结果

⑯最后将图形另存储为“壳体三视图.dwg”。

19.5　本章小结

箱壳类零件是机器中的主要零件，其形状千变万化，是较为复杂的一种零件。本章主要综合多种常用制图命令以及捕捉、追踪等辅助绘图功能，以绘制壳体零件三视图为例，详细讲述了箱壳零件各种视图的表达、定位、绘制方法及绘制技巧。在绘制过程中，充分使用了视图中的“长对正”、“宽相等”和“高平齐”等对正关系。

第20章

零件轴测图设计

本章通过简选6个代表性的操作实例，详细讲述零件正等轴测图的基本知识以及零件正等轴测图的具体绘制过程和绘制技巧。

20.1 轴测图概述

轴测图是一种在二维绘图空间内表达三维形体的最简单的方法，它能同时反映出物体长、宽、高3个方向的尺度，立体感较强，能够以人们习惯的方式，比较完整清晰地表达出产品的形状特征，从而帮助用户以及技术人员了解产品的设计。

工程上常采用轴测图作为辅助图样，进一步说明被表达物体的结构、设计思想、工作原理等。

20.2 绘制线投影

本例通过绘制如图 20-1 所示的正等轴测零件图实例，主要对【直线】、【修剪】、直接距离输入法以及轴测图绘图环境的设置等进行综合练习和巩固。

绘图思路

- 新建文件，并设置等轴测图绘图环境。
- 使用【直线】命令配合距离输入法绘制底面轮廓。
- 使用【直线】命令配合距离输入法绘制左侧面轮廓。
- 使用【直线】命令配合距离输入法绘制右侧面轮廓。
- 综合【修剪】、【删除】命令对轴测图进行完善。
- 最后使用【保存】命令将图形命名存盘。

操作步骤

❶快速创建公制单位的空白文件。

❷选择菜单【工具】|【草图设置】命令，在打开的【草图设置】对话框中设置等轴测图绘图环境，如图 20-2 所示。

❸按 F8 功能键，打开状态栏上的【正交】功能。

❹按 Ctrl+F5 组合键，将当前轴测平面切换到上等轴测平面。

❺选择菜单【绘图】|【直线】命令，绘制轴测图的底面轮廓线。命令行操作如下：

```
命令: _line
    指定第一点:                              //在绘图区拾取一点
    指定下一点或 [放弃(U)]:                  //向右引导光标，输入 61 Enter
    指定下一点或 [放弃(U)]:                  //向上引导光标，输入 12 Enter
    指定下一点或 [闭合(C)/放弃(U)]:          //向左引导光标，输入 20 Enter
    指定下一点或 [闭合(C)/放弃(U)]:          //向上引导光标，输入 12 Enter
    指定下一点或 [闭合(C)/放弃(U)]:          //向右引导光标，输入 20 Enter
    指定下一点或 [闭合(C)/放弃(U)]:          //向上引导光标，输入 12 Enter
    指定下一点或 [闭合(C)/放弃(U)]:          //向左引导光标，输入 61 Enter
    指定下一点或 [闭合(C)/放弃(U)]:          //c Enter，闭合对象，绘制结果如图 20-3 所示
```

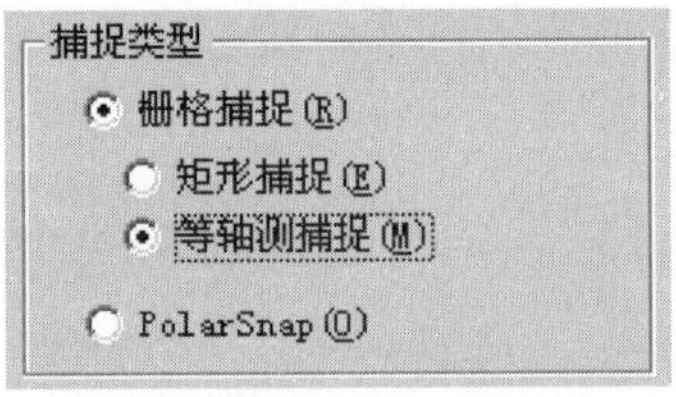

图 20-2 【草图设置】对话框

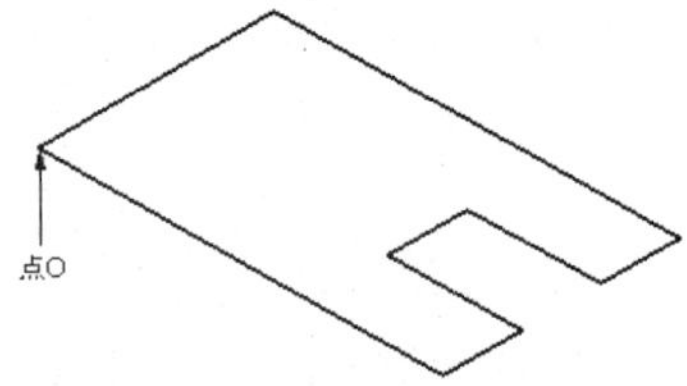

图 20-3 绘制底面轮廓

❻连续两次按 Ctrl+F5 组合键，将当前轴测平面切换到左等轴测平面。

❼选择菜单【绘图】|【直线】命令，配合【正交】功能，绘制轴测的左侧轮廓。命令行操作如下：

```
命令: _line
    指定第一点:                              //捕捉图 20-3 所示的 O 点
    指定下一点或 [放弃(U)]:                  //向上引导光标，输入 41 Enter
    指定下一点或 [放弃(U)]:                  //向右引导光标，输入 30 Enter
    指定下一点或 [闭合(C)/放弃(U)]:          //向下引导光标，输入 17 Enter
    指定下一点或 [闭合(C)/放弃(U)]:          //向右引导光标，输入 31 Enter
    指定下一点或 [闭合(C)/放弃(U)]:          //向下引导光标，输入 24 Enter
    指定下一点或 [闭合(C)/放弃(U)]:          // Enter，结束命令，绘制结果如图 20-4 所示
```

❽按 Ctrl+F5 组合键，将当前轴测平面切换到上等轴测平面。

❾选择菜单【绘图】|【直线】命令，配合【正交】功能，绘制轴测图顶部的轮廓。命令行操作如下：

```
命令: _line
    指定第一点:                              //捕捉图 20-5 所示的 P 点
    指定下一点或 [放弃(U)]:                  //向上引导光标，输入 36 Enter
    指定下一点或 [放弃(U)]:                  //向右引导光标，输入 30 Enter
    指定下一点或 [闭合(C)/放弃(U)]:          //向下引导光标，输入 36 Enter
    指定下一点或 [闭合(C)/放弃(U)]:          // Enter，绘制结果如图 20-5 所示
```

⑩按 Ctrl+F5 组合键，将当前轴测平面切换到右等轴测平面。

⑪选择菜单【绘图】|【直线】命令，配合【正交】功能，绘制轴测图顶部的轮廓。命令行操作如下：

```
命令: _line
    指定第一点:                              //捕捉图 20-5 所示的 Q 点
    指定下一点或 [放弃(U)]:                  //向下引导光标，输入 17 Enter
    指定下一点或 [放弃(U)]:                  //向左引导光标，输入 36 Enter
    指定下一点或 [闭合(C)/放弃(U)]:          // Enter，绘制结果如图 20-6 所示
```

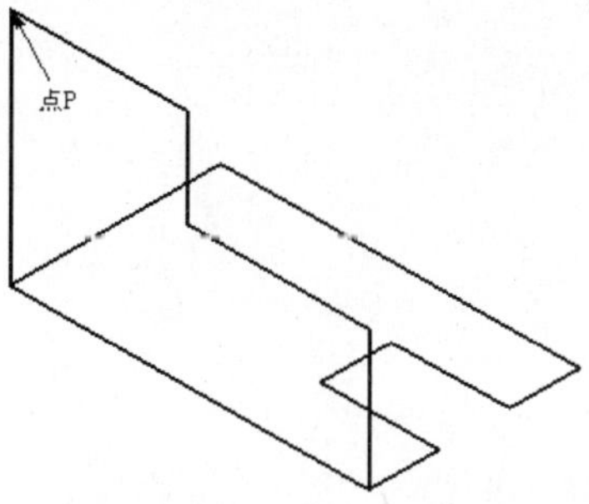

图 20-4 绘制左侧轮廓

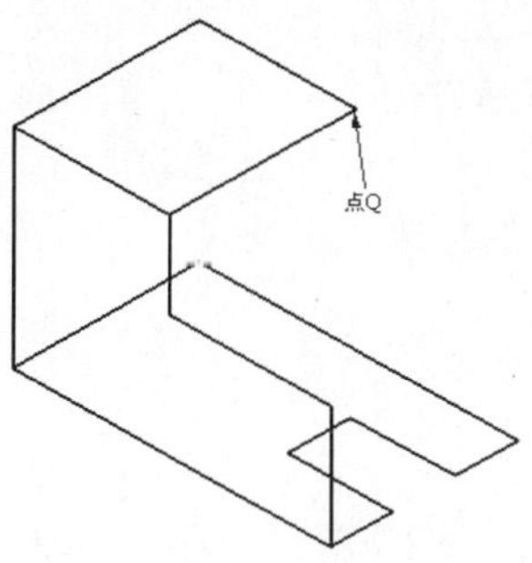

图 20-5 绘制顶部轮廓

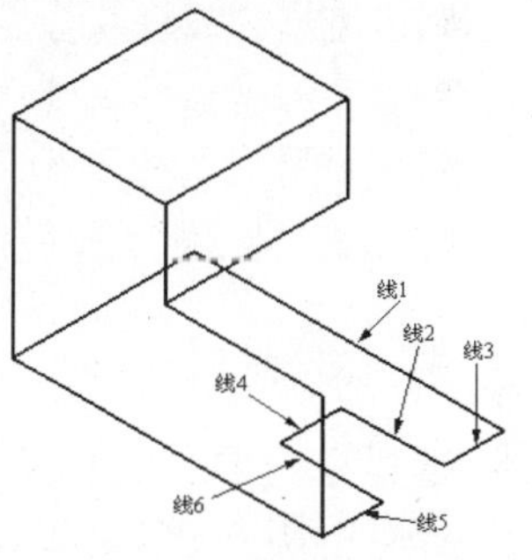

图 20-6 绘制右侧轮廓

⑫选择菜单【修改】|【复制】命令，选择图 20-6 所示的轮廓线 1、2、3、4、5、6 进行复制。命令行操作如下：

```
命令: _copy
    选择对象:                                      //选择图 20-6 所示的六条轮廓线
    选择对象:                                      // Enter，结束选择
    当前设置:  复制模式 = 多个
    指定基点或 [位移(D)/模式(O)] <位移>:           //捕捉任意一点
    指定第二个点或 <使用第一个点作为位移>:         //@24<90 Enter
    指定第二个点或 <使用第一个点作为位移>:         // Enter，复制结果如图 20-7 所示
```

⑬选择菜单【绘图】|【直线】命令，配合端点捕捉功能，连接图 20-7 所示的轮廓线的端点绘制垂直线段，结果如图 20-8 所示。

⑭综合使用【修剪】和【删除】命令，对图形进行编辑，去掉被遮挡住的轮廓线，结果如图 20-9 所示。

⑮最后使用【保存】命令将图形存储为“轴测图一.dwg”。

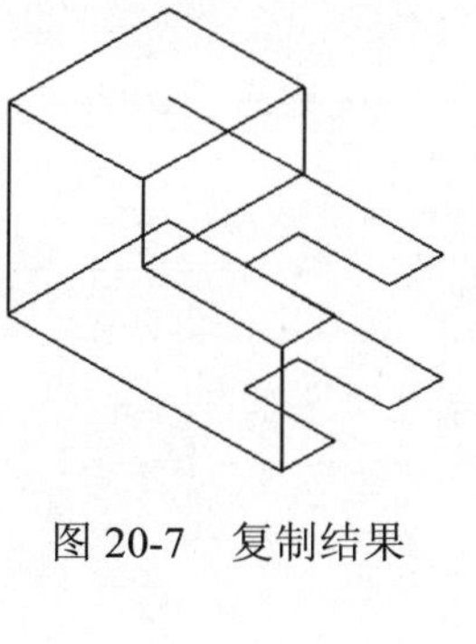

图 20-7 复制结果

图 20-8 绘制结果

图 20-9 最终结果

20.3 绘制圆与弧的投影

本例通过绘制如图 20-10 所示的正等轴测零件图，主要对【直线】、【椭圆】、【复制】、【修剪】等命令进行综合练习和巩固。

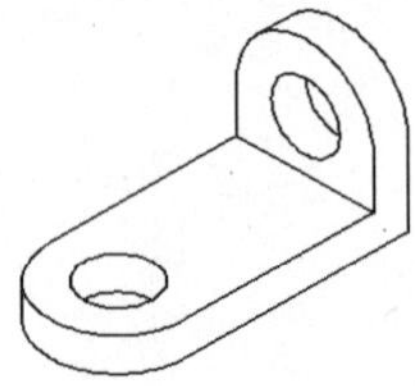

图 20-10　本例效果

绘图思路

- 打开零件三视图文件，并设置轴等轴测图绘图环境。
- 使用【直线】命令绘制定位辅助线。
- 使用【直线】、【椭圆】和【复制】命令绘制上等轴测平面。
- 使用【直线】、【椭圆】和【复制】命令绘制左等轴测平面。
- 使用【修剪】和【删除】命令对轴测图进行完善。
- 最后使用【保存】命令将图形命名存盘。

操作步骤

❶打开随书光盘中的“素材文件\三视图-2.dwg”作为当前文件，如图 20-11 所示。

❷使用快捷键“DS”激活【草图设置】命令，在打开的【草图设置】对话框中设置捕捉模式为等轴测捕捉。

❸按 F5 功能键，将当前等轴测平面转化为上等轴测平面。

❹展开【图层控制】下拉列表，设置“点划线”为当前图层。

❺选择菜单【绘图】|【直线】命令，在上等轴测平面内绘制如图 20-12 所示的定位辅助线。

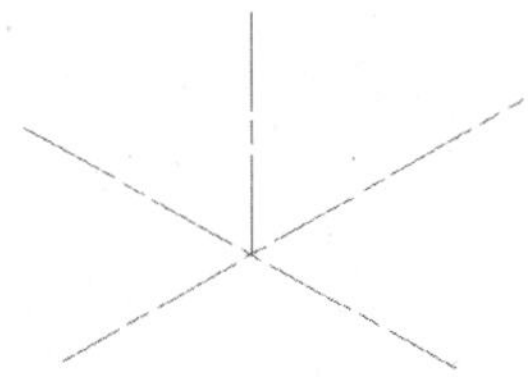

图 20-12　绘制辅助线

❻展开【图层控制】下拉列表，将“轮廓线”设置为当前图层。

❼选择菜单【绘图】|【直线】命令，配合相对坐标点的输入功能，绘制底面轮廓线。命令行操作如下：

```
命令: _line
    指定第一点:                              //捕捉辅助线的交点
    指定下一点或 [放弃(U)]:                  //@20<-30 Enter
    指定下一点或 [放弃(U)]:                  //@65<30 Enter
    指定下一点或 [闭合(C)/放弃(U)]:          //@40<150 Enter
    指定下一点或 [闭合(C)/放弃(U)]:          //@65<-150 Enter
    指定下一点或 [闭合(C)/放弃(U)]:          //c Enter，绘制结果如图 20-13 所示
```

❽单击【绘图】工具栏上的按钮，激活【椭圆】命令，在轴测图模式下绘制等轴测圆。命令行操作如下：

```
命令: _ellipse
    指定椭圆轴的端点或 [圆弧(A)/中心点(C)/等轴测圆(I)]:  //I Enter，激活【等轴测圆】选项
    指定等轴测圆的圆心:                                  //捕捉辅助线的交点
    指定等轴测圆的半径或 [直径(D)]:                      //d Enter，激活【直径】选项
```

```
    指定等轴测圆的直径:                                  //20 Enter，输入轴测圆半径
    命令: ellipse                                        // Enter，重复执行命令
    指定椭圆轴的端点或 [圆弧(A)/中心点(C)/等轴测圆(I)]:   //i Enter
    指定等轴测圆的圆心:                                  //捕捉辅助线交点
    指定等轴测圆的半径或 [直径(D)]:                      //20 Enter，绘制结果如图 20-14 所示
```

❾选择菜单【修改】|【修剪】命令，对外侧的轴测圆进行修剪，并删除不需要的轮廓线，结果如图 20-15 所示。

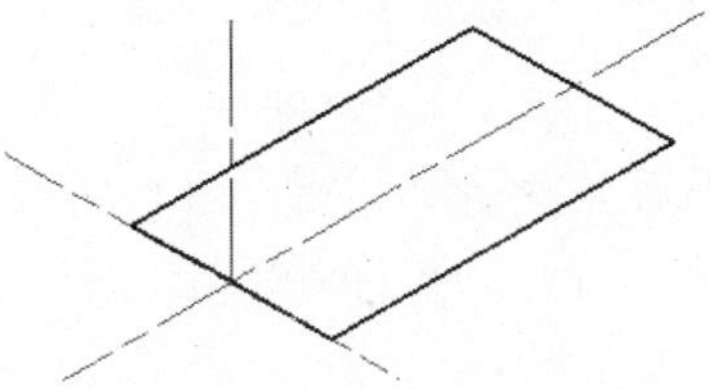

图 20-13　绘制底面轮廓

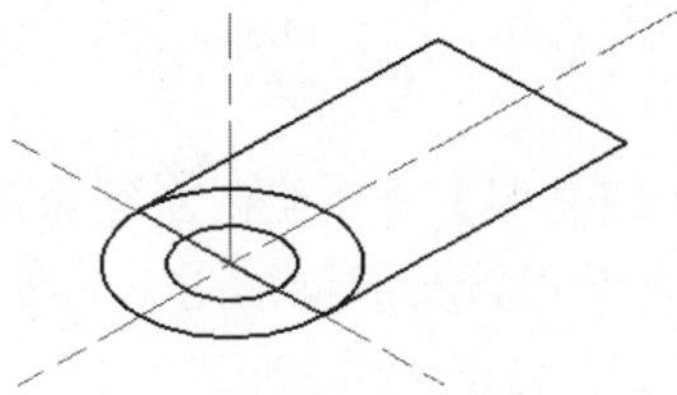

图 20-14　绘制轴测圆

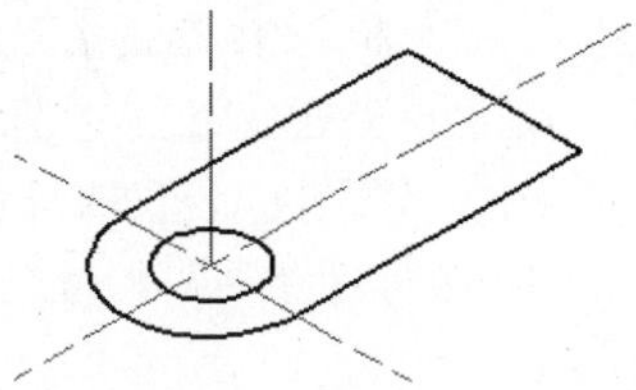

图 20-15　修剪结果

❿使用快捷键“CO”激活【复制】命令，选择底面轮廓图进行复制。命令行操作如下：

```
命令: co                                          //Enter
    选择对象:                                     //选择图 20-15 所示的底面轮廓线
    选择对象:                                     // Enter
    当前设置:  复制模式 = 多个
    指定基点或 [位移(D)/模式(O)] <位移>:          //捕捉任一点
    指定第二个点或 <使用第一个点作为位移>:        //@10<90 Enter
    指定第二个点或 [退出(E)/放弃(U)] <退出>:
                                                  //Enter，结束命令，复制结果如图 20-16 所示
```

⓫按 F5 功能键，将当前的轴测平面切换到左等轴测平面。

⓬选择菜单【绘图】|【直线】命令，以轮廓线交点 O 作为起点，绘制左等轴测平面内的轮廓。命令行操作如下：

```
命令: _line
    指定第一点:                                   //捕捉图 20-16 所示的交点 O
    指定下一点或 [放弃(U)]:                       //@25<90 Enter
    指定下一点或 [放弃(U)]:                       //@40<150 Enter
    指定下一点或 [闭合(C)/放弃(U)]:               //@25<-90 Enter
    指定下一点或 [闭合(C)/放弃(U)]:               // Enter，绘制结果如图 20-17 所示
```

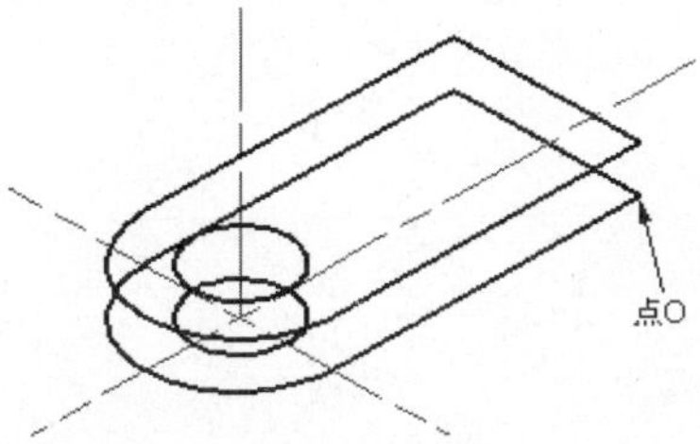

图 20-16　复制结果

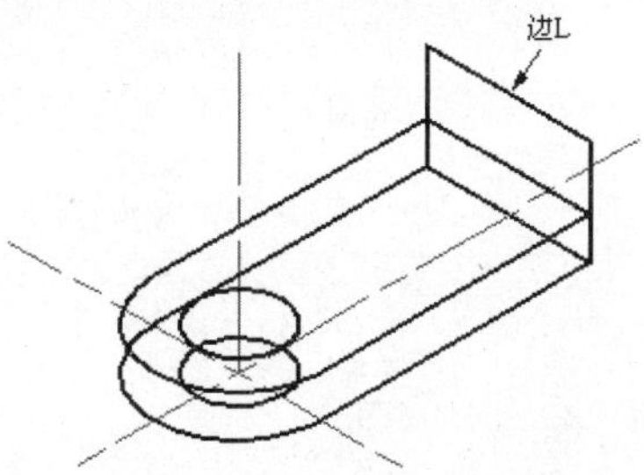

图 20-17　绘制左轴承轮廓

⑬选择菜单【绘图】|【椭圆】命令，绘制两个半径分别为 10 和 20 的等轴测圆。命令行操作如下：

```
命令: _ellipse
    指定椭圆轴的端点或 [圆弧(A)/中心点(C)/等轴测圆(I)]: //I Enter，激活【等轴测圆】选项
    指定等轴测圆的圆心:                              //捕捉图 20-17 所示轮廓线 L 的中点
    指定等轴测圆的半径或 [直径(D)]:                   //10 Enter
    命令: ellipse                                    // Enter，重复执行此命令
    指定椭圆轴的端点或 [圆弧(A)/中心点(C)/等轴测圆(I)]: //I Enter
    指定等轴测圆的圆心:                              //捕捉刚绘制的轴测圆圆心
    指定等轴测圆的半径或 [直径(D)]:                   //20 Enter，绘制结果如图 20-18 所示
```

⑭执行【修剪】和【删除】命令，将左等轴测面上的轮廓图进行修剪，结果如图 20-19 所示。

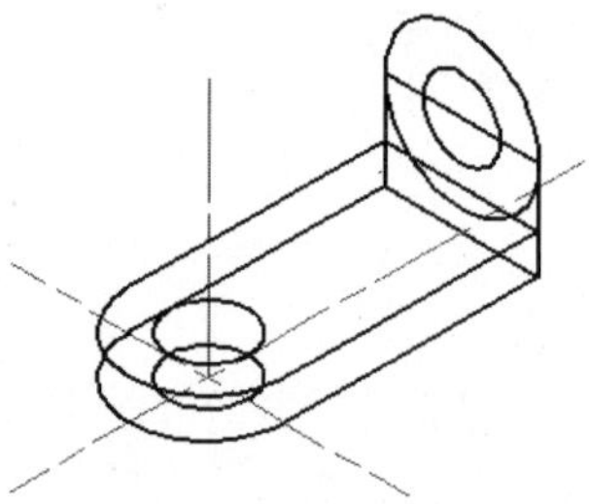

图 20-18　绘制等轴测圆

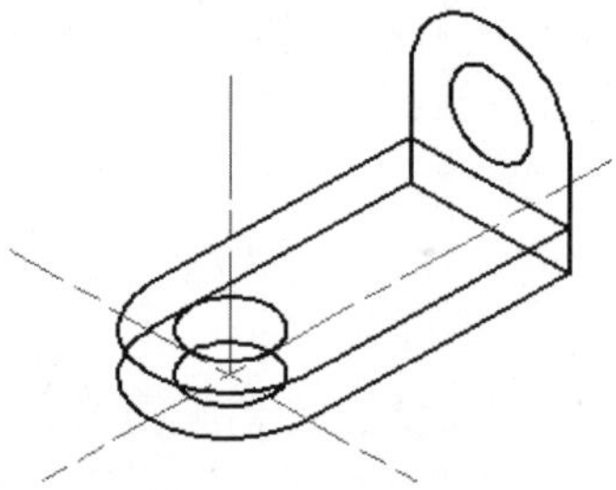

图 20-19　编辑结果

⑮使用快捷键“CO”激活【复制】命令，选择编辑后的左等轴测轮廓线进行复制。命令行操作如下：

```
命令: co                                   //Enter
    COPY 选择对象:                          //选择图 20-19 所示的左轴测面轮廓线
    选择对象:                               // Enter
    当前设置:  复制模式 = 多个
    指定基点或 [位移(D)/模式(O)] <位移>:      //捕捉任一点
    指定第二个点或 <使用第一个点作为位移>:    //@10<-150 Enter
    指定第二个点或 [退出(E)/放弃(U)] <退出>:  // Enter，复制结果如图 20-20 所示
```

⑯使用快捷键“L”激活【直线】命令，配合【切点】捕捉功能绘制轴测圆的公切线，并对绘制出交接处的轮廓线，结果如图 20-21 所示。

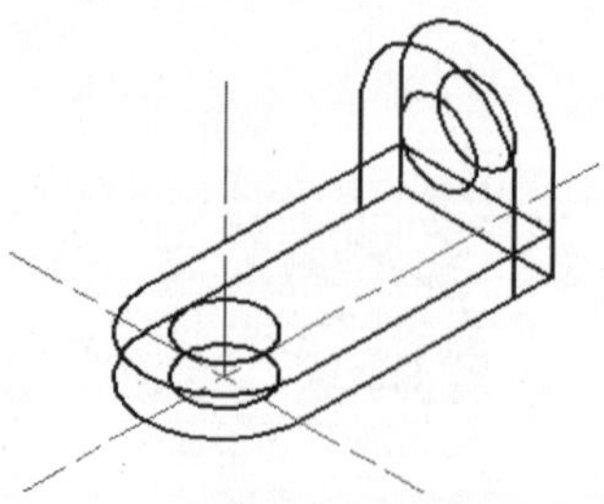

图 20-20　复制结果

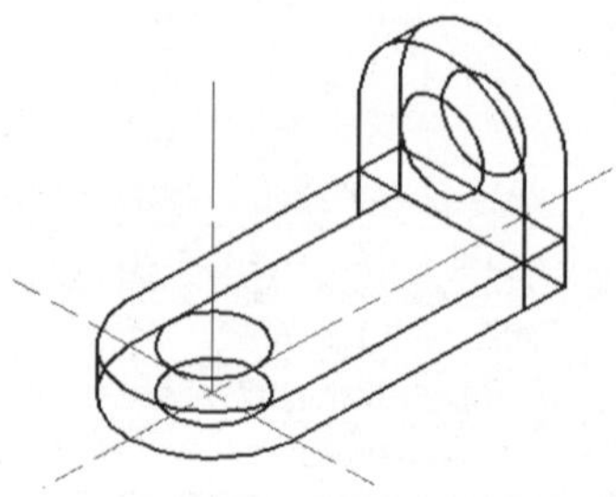

图 20-21　绘制直线段

⑰综合使用【修剪】和【删除】命令，对轮廓图进行编辑，去掉多余轮廓线，结果如图 20-22 所示。

⑱最后使用【另存为】命令将图形另存储为“轴测图二.dwg”。

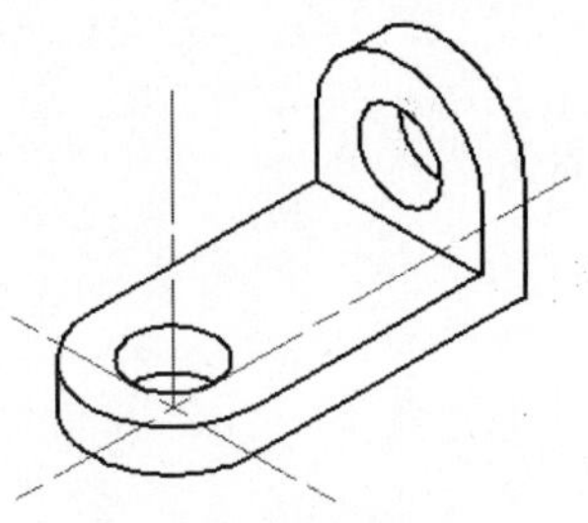

图 20-22　轴测图的完善

20.4 绘制简单零件轴测图

本例通过绘制如图 20-23 所示的正等轴测零件图，主要对【多段线】、【直线】、【椭圆】、【修剪】等命令进行综合练习和巩固。

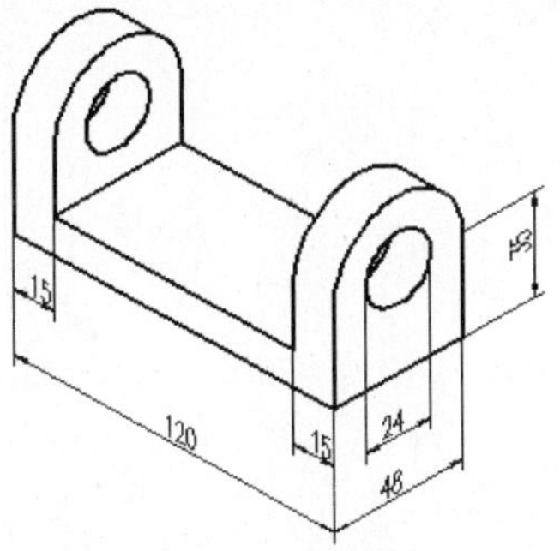

图 20-23　本例效果

绘图思路

- 新建文件，并设置等轴测绘图环境。
- 使用【多段线】命令并配合【正交】功能绘制底板轮廓线。
- 使用【椭圆】、【修剪】等命令绘制右轴测面轮廓。
- 使用【复制】命令创建其他位置的右轴测面轮廓。
- 使用【修剪】和【删除】命令对轴测图进行完善。
- 最后使用【保存】命令将图形命名存盘。

操作步骤

①快速创建公制单位的空白文件，并设置等轴测捕捉绘图环境。

②启用状态栏上的【对象捕捉】功能，并设置对象捕捉模式为端点捕捉、中点捕捉和圆心捕捉。

③按 F8 功能键，打开状态栏上的【正交】功能。

④按 F5 功能键，将当前等轴测平面切换为上等轴测平面。

⑤选择菜单【绘图】|【多段线】命令，配合【正交】功能，在上等轴测面内绘制闭合的底面轮廓线。命令行操作如下：

```
命令: _pline
    指定起点:                          //在绘图区指定一点作为起点
    当前线宽为 0.0
```

```
    指定下一个点或 [圆弧(A)/半宽(H)/长度(L)/放弃(U)/宽度(W)]:
                                        //拉出图 20-24 所示的矢量，输入 120 Enter
    指定下一点或 [圆弧(A)/闭合(C)/半宽(H)/长度(L)/放弃(U)/宽度(W)]:
                                        //拉出如图 20-25 所示的矢量，输入 48 Enter
    指定下一点或 [圆弧(A)/闭合(C)/半宽(H)/长度(L)/放弃(U)/宽度(W)]:
                                        //拉出如图 20-26 所示的矢量，输入 120 Enter
    指定下一点或 [圆弧(A)/闭合(C)/半宽(H)/长度(L)/放弃(U)/宽度(W)]:
                                        //C Enter，闭合图形，绘制结果如图 20-27 所示
```

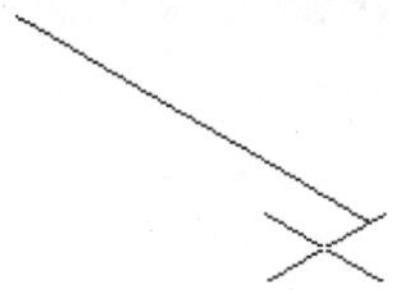

图 20-24　引出方向矢量

图 20-25　向右引出方向矢量

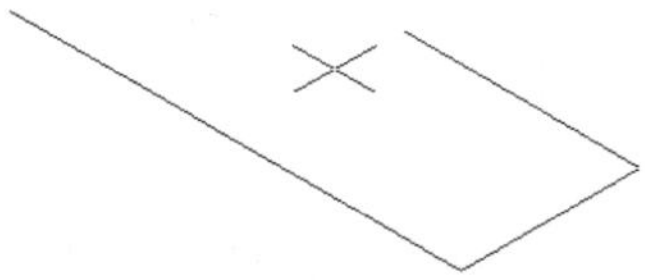

图 20-26　拉出方向矢量

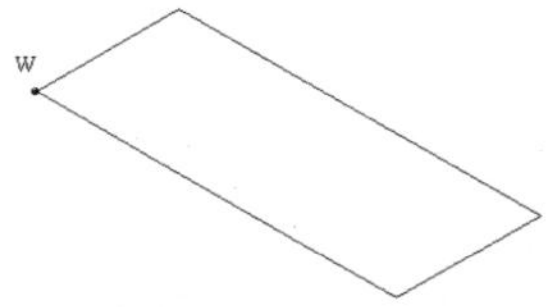

图 20-27　绘制结果

⑥按 F5 功能键，将当前轴测面切换为右等轴测平面。

⑦选择菜单【绘图】|【直线】命令，配合端点捕捉功能，在图形的右轴测轮廓线。命令行操作如下：

```
命令: _line
    指定第一点:                        //捕捉如图 20-27 所示的端点 W
    指定下一点或 [放弃(U)]:            //引出如图 20-28 所示的矢量，输入 35 Enter
    指定下一点或 [放弃(U)]:            //引出如图 20-29 所示的矢量，输入 48 Enter
    指定下一点或 [闭合(C)/放弃(U)]:    //捕捉如图 20-30 所示的端点
    指定下一点或 [闭合(C)/放弃(U)]:    // Enter，结束命令。
```

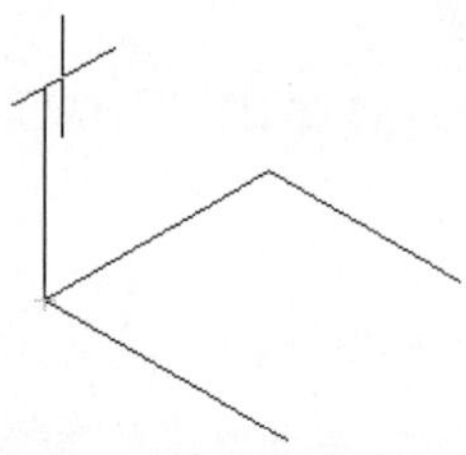

图 20-28　向上引出方向矢量

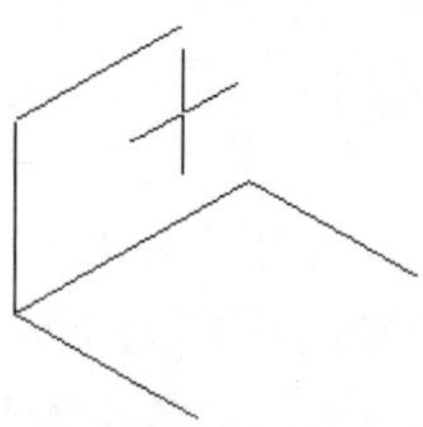

图 20-29　向右引出方向矢量

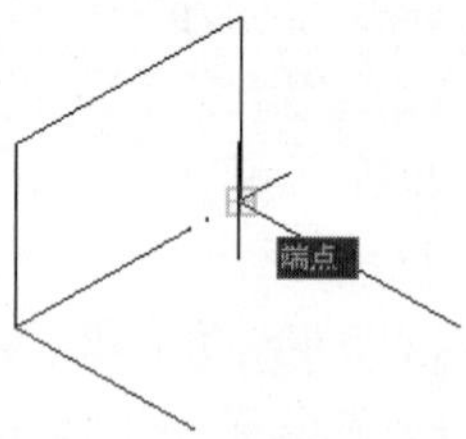

图 20-30　捕捉端点

⑧单击【绘图】工具栏上的按钮，激活【椭圆】命令，在轴测图模式下绘制等轴测圆。命令行操作如下：

```
命令: _ellipse
    指定椭圆轴的端点或 [圆弧(A)/中心点(C)/等轴测圆(I)]:    //I Enter
```

```
指定等轴测圆的圆心:                                   //捕捉如图 20-31 所示中点
指定等轴测圆的半径或 [直径(D)]:                        //d Enter
指定等轴测圆的直径:                                   //48 Enter
命令: ellipse                                        // Enter，重复执行命令
指定椭圆轴的端点或 [圆弧(A)/中心点(C)/等轴测圆(I)]:      //I Enter
指定等轴测圆的圆心:                                   //捕捉图 20-31 所示的中点
指定等轴测圆的半径或 [直径(D)]:                        //12 Enter，绘制结果如图 20-32 所示
```

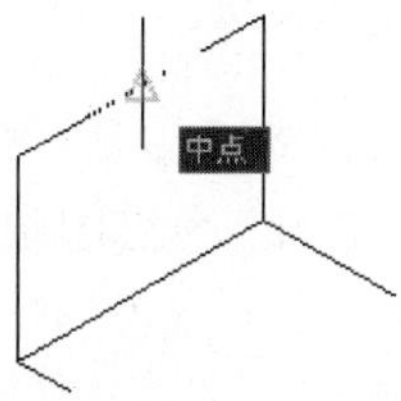

图 20-31　捕捉中点

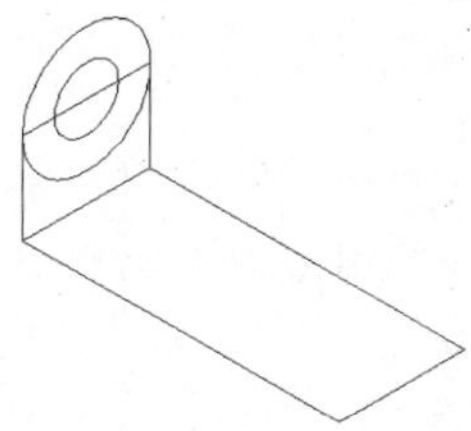

图 20-32　绘制圆的投影

❾选择菜单【修改】|【修剪】命令，对外侧的轴测圆进行修剪。命令行操作如下：

```
命令: _trim
    当前设置:投影=UCS，边=无
    选择剪切边...
    选择对象或 <全部选择>:                        //选择左侧的垂直轮廓线
    选择对象:                                     //选择右侧的垂直轮廓线
    选择对象:                                     // Enter，结束选择
    选择要修剪的对象，或按住 Shift 键选择要延伸的对象，或[栏选(F)/窗交(C)/投影(P)/边(E)/
删除(R)/放弃(U)]:                                 //在外侧轴测圆的下侧单击
    选择要修剪的对象，或按住 Shift 键选择要延伸的对象，或[栏选(F)/窗交(C)/投影(P)/边(E)/
删除(R)/放弃(U)]:                                 // Enter，修剪结果如图 20-33 所示
```

❿选择通过轴测圆圆心的水平轮廓线进行删除，结果如图 20-34 所示。

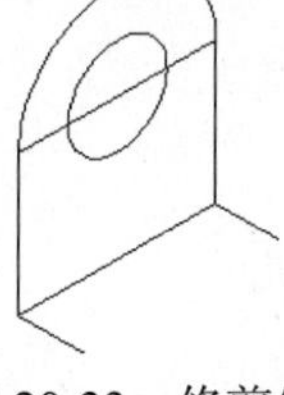

图 20-33　修剪结果

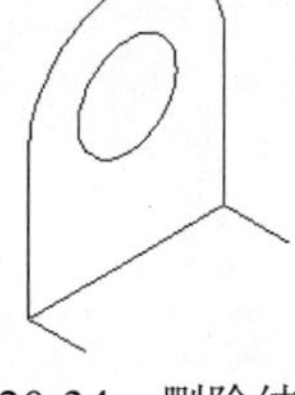

图 20-34　删除结果

⓫选择菜单【修改】|【复制】命令，选择图 20-34 所示的图形进行复制。命令行操作如下：

```
命令: _copy
    选择对象:                                     //选择如图 20-35 所示的对象
    选择对象:                                     // Enter，结束选择
    指定基点或 [位移(D)] <位移>:                   //捕捉轴测圆的圆心
```

```
    指定第二个点或 <使用第一个点作为位移>:              //@15<-30 Enter
    指定第二个点或 [退出(E)/放弃(U)] <退出>:            //@105<-30 Enter
    指定第二个点或 [退出(E)/放弃(U)] <退出>:            //@120<-30 Enter
    指定第二个点或 [退出(E)/放弃(U)] <退出>:            // Enter，复制结果如图 20-36 所示
```

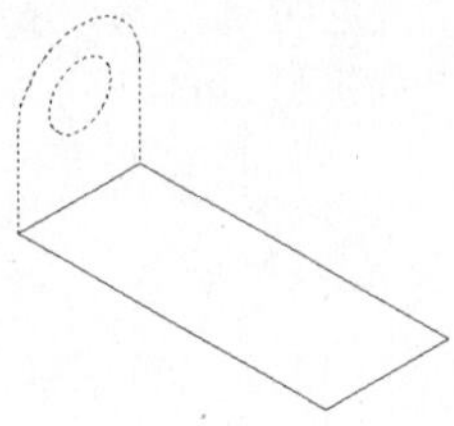

图 20-35　选择对象

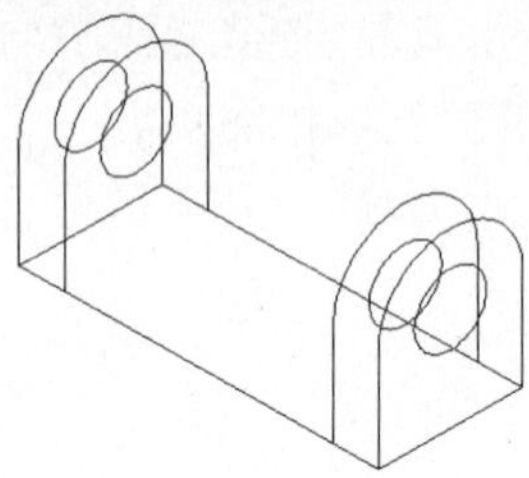

图 20-36　复制结果

⑫重复执行【复制】命令，将底面的闭合轮廓线向上复制 13 个绘图单位。命令行操作如下：

```
命令: _copy
    选择对象:                                          //选择如图 20-37 所示的对象
    选择对象:                                          // Enter，结束选择
    指定基点或 [位移(D)] <位移>:                       //拾取任一点
    指定第二个点或 <使用第一个点作为位移>:              //@13<90 Enter
    指定第二个点或 [退出(E)/放弃(U)] <退出>:            // Enter，复制结果如图 20-38 所示
```

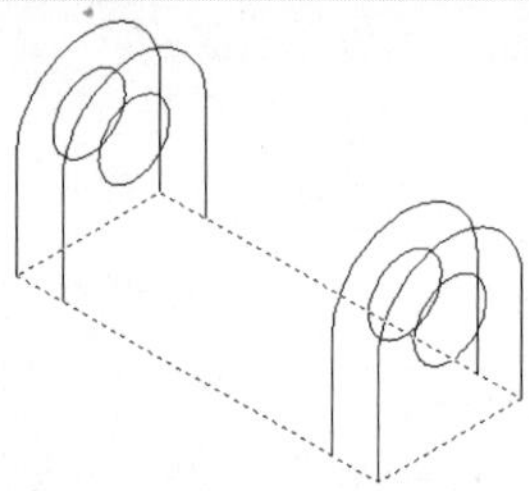

图 20-37　选择对象

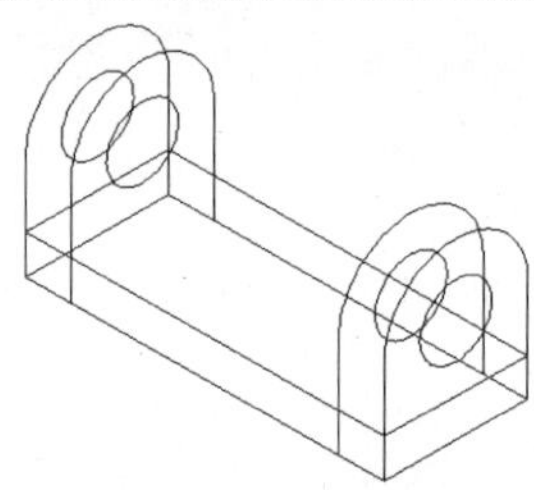

图 20-38　复制结果

⑬综合使用【修剪】和【删除】命令，删除被视线遮挡住的轮廓线，结果如图 20-39 所示。

⑭使用快捷键“L”激活【直线】命令，分别连接点 1 和点 2，绘制出图 20-40 所示的轮廓线。

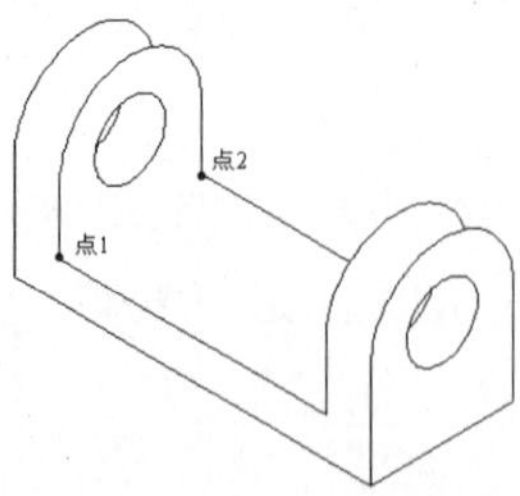

图 20-39　修饰轴测图

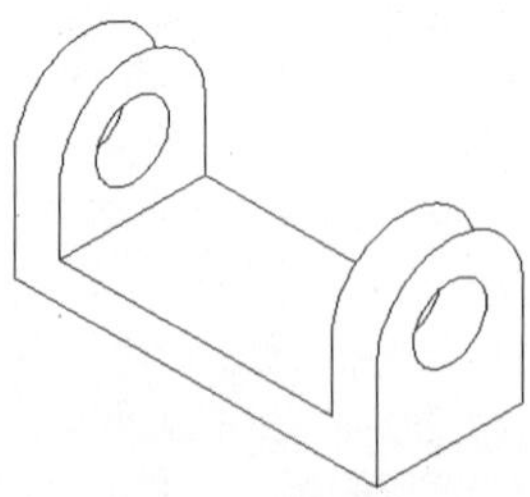

图 20-40　绘制结果

⑮修改当前捕捉模式为切点捕捉，然后选择菜单【绘图】|【直线】命令，绘制椭圆弧的切线。命令行操作如下：

```
命令: _line
    指定第一点:                        //捕捉如图 20-41 所示的切点
    指定下一点或 [放弃(U)]:             //捕捉如图 20-42 所示的切点
    指定下一点或 [放弃(U)]:             // Enter，绘制结果如图 20-43 所示
```

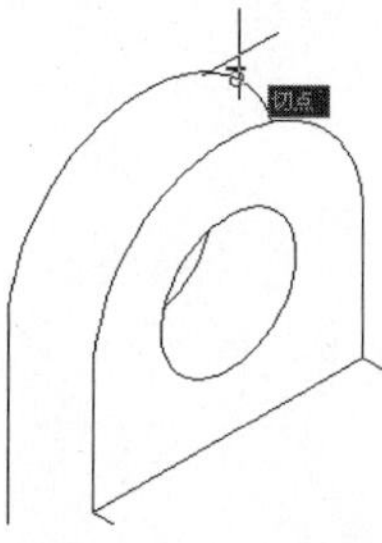

图 20-41 定位起点

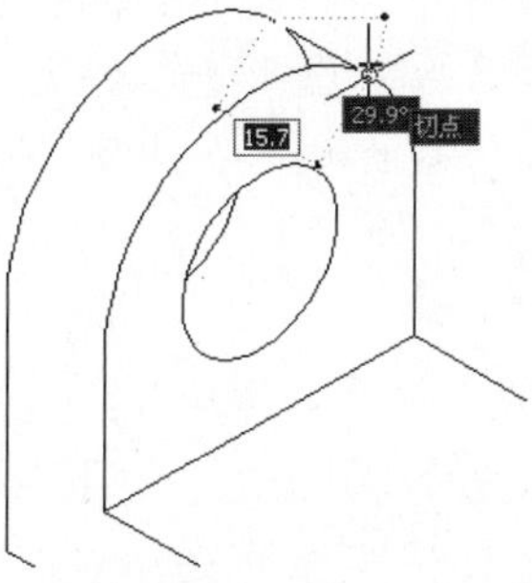

图 20-42 定位终点

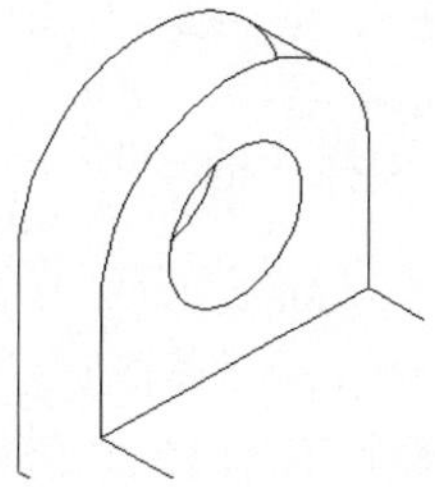

图 20-43 绘制结果

⑯重复上一操作，使用【直线】命令绘制另一端切线，如图 20-44 所示。

⑰选择菜单【修改】|【修剪】命令，以两条切线作为剪切边界，将为于切线内部的多余弧线段修剪掉，最终结果如图 20-45 所示。

图 20-44 绘制切线

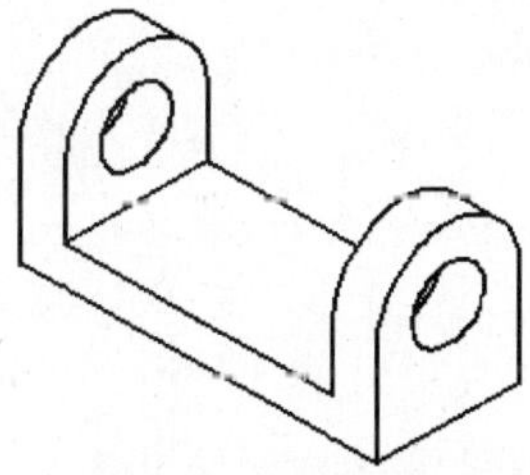

图 20-45 最终结果

⑱最后使用【保存】命令将图形存储为“轴测图三.dwg”。

20.5 根据二视图绘制轴测图

本例将根据图 20-46 所示的零件二视图，绘制零件的正等轴测投影图，绘制效果如图 20-47 所示。

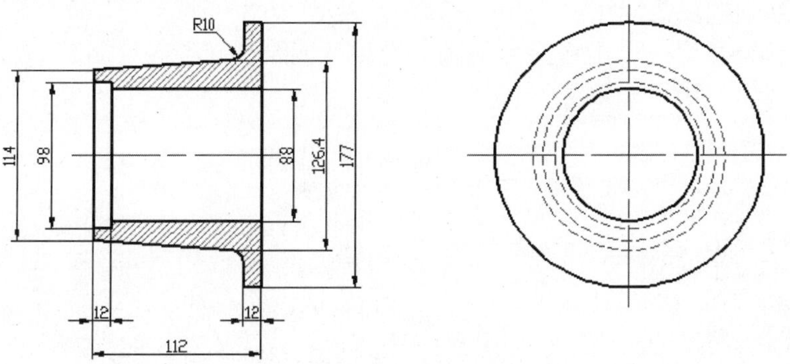

图 20-46 零件二视图

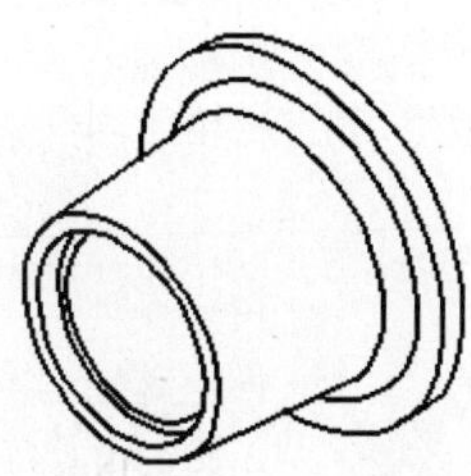

图 20-47 本例效果

绘图思路

- 首先打开零件源文件，并设置轴测图绘图环境。
- 使用【直线】命令绘制定位线。
- 使用【椭圆】和【复制】命令绘制圆的轴测投影。
- 使用【修剪】、【删除】等命令对图形进行修整。
- 最后使用【另存为】命令将图形命名另存盘。

操作步骤

❶以随书光盘中的“样板文件\机械样板.dwt”作为基础样板，新建空白文件。

❷执行【草图设置】命令，设置等轴测图绘图环境。

❸设置对象捕捉模式为圆心捕捉、交点捕捉和端点捕捉。

❹设置“点划线”为当前图层，然后在下等轴测平面内绘制如图 20-48 所示的定位辅助线。

❺重复执行【直线】命令，在左轴测平面内绘制如图 20-49 所示的垂直辅助线。

❻选择菜单【修改】|【复制】命令，对垂直轮廓线进行复制。命令行操作如下：

```
命令: _copy
    选择对象:                                    //选择垂直辅助线
    选择对象:                                    // Enter，结束选择
    指定基点或 [位移(D)] <位移>:                  //捕捉线的点
    定第二个点或 <使用第一个点作为位移>:          //@12<30 Enter
    定第二个点或 <使用第一个点作为位移>:          //@112<30 Enter
    指定第二个点或 [退出(E)/放弃(U)] <退出>:      // Enter，复制结果如图 20-50 所示
```

图 20-48　绘制结果

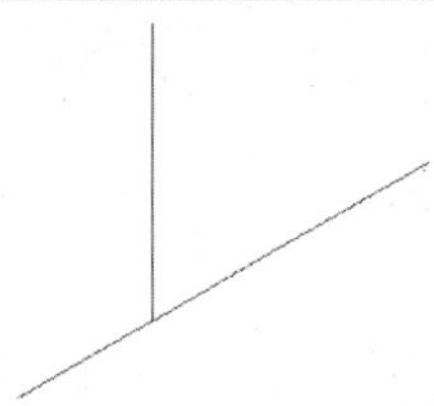

图 20-49　绘制结果

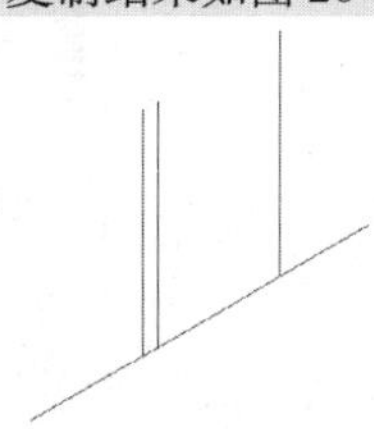

图 20-50　复制结果

❼将“轮廓线”设置为当前图层。

❽选择菜单【绘图】|【椭圆】命令，配合交点和圆心捕捉功能绘制同心等轴测圆。命令行操作如下：

```
命令: _ellipse
    指定椭圆轴的端点或 [圆弧(A)/中心点(C)/等轴测圆(I)]:   //i Enter
    指定等轴测圆的圆心:                                   //捕捉图 20-51 所示的交点
    指定等轴测圆的半径或 [直径(D)]:                       //d Enter
    指定等轴测圆的直径:                                   //114 Enter
    命令: ellipse                                         // Enter，重复执行此命令
```

```
    指定椭圆轴的端点或 [圆弧(A)/中心点(C)/等轴测圆(I)]:   //i Enter
    指定等轴测圆的圆心:                                  //捕捉圆心
    指定等轴测圆的半径或 [直径(D)]:                      //d Enter
    指定等轴测圆的直径:                                  //98 Enter，结果如图 20-52 所示
```

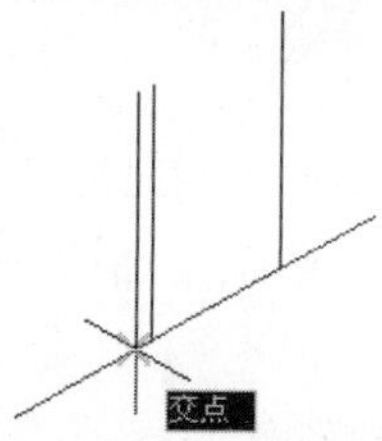

图 20-51　捕捉交点

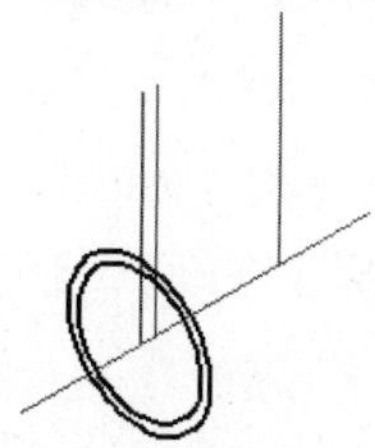

图 20-52　绘制结果

❾重复执行【椭圆】命令，配合交点捕捉功能，继续绘制等轴测圆。命令行操作如下：

```
命令: _ellipse
    指定椭圆轴的端点或 [圆弧(A)/中心点(C)/等轴测圆(I)]:   //I Enter
    指定等轴测圆的圆心:                                  //捕捉图 20-53 所示的交点
    指定等轴测圆的半径或 [直径(D)]:                      //d Enter
    指定等轴测圆的直径:                                  //98 Enter
    命令: ellipse                                        // Enter，重复命令
    指定椭圆轴的端点或 [圆弧(A)/中心点(C)/等轴测圆(I)]:   //i Enter
    指定等轴测圆的圆心:                                  //捕捉圆心
    指定等轴测圆的半径或 [直径(D)]:                      //d Enter
    指定等轴测圆的直径:                                  //88 Enter，结果如图 20 54 所示
```

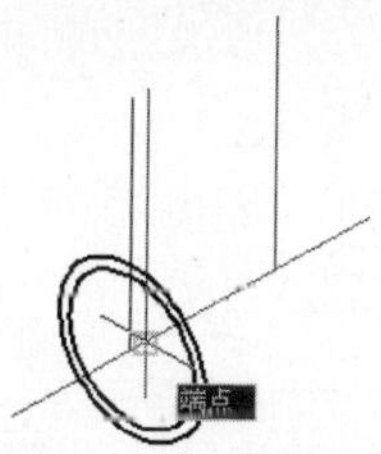

图 20-53　捕捉交点

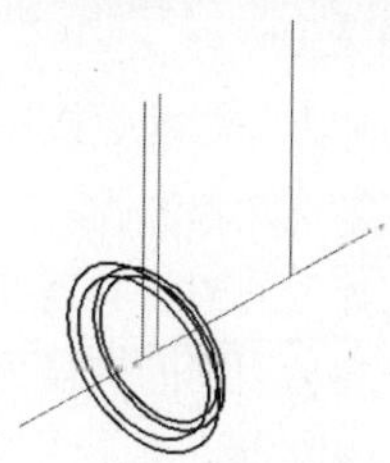

图 20-54　绘制结果

❿选择菜单【修改】|【修剪】命令，对两个轴测圆进行修剪。修剪结果如图 20-55 所示。

⓫重复执行【椭圆】命令，配合交点捕捉功能，绘制直径为 177 的等轴测圆。命令行操作如下：

```
命令: _ellipse
    指定椭圆轴的端点或 [圆弧(A)/中心点(C)/等轴测圆(I)]:   //I Enter
    指定等轴测圆的圆心:                                  //捕捉图 20-56 所示的交点
    指定等轴测圆的半径或 [直径(D)]:                      //d Enter
    指定等轴测圆的直径:                                  //177 Enter，结果如图 20-57 所示
```

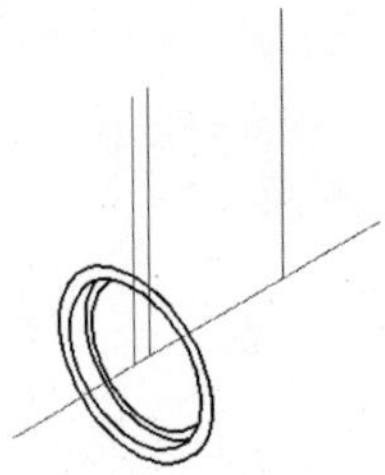

图 20-55　修剪结果

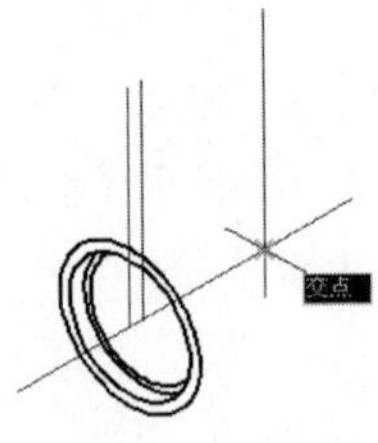

图 20-56　捕捉交点

⑫选择菜单【修改】|【复制】命令，对刚绘制的椭圆进行复制。命令行操作如下：

```
命令: _copy
    选择对象:                                   //选择刚绘制的椭圆
    选择对象:                                   // Enter，结束选择
    指定基点或 [位移(D)] <位移>:                 //捕捉轴测圆的圆心
    指定第二个点或 <使用第一个点作为位移>:        //@12<-150 Enter
    指定第二个点或 [退出(E)/放弃(U)] <退出>:      // Enter，复制结果如图 20-58 所示
```

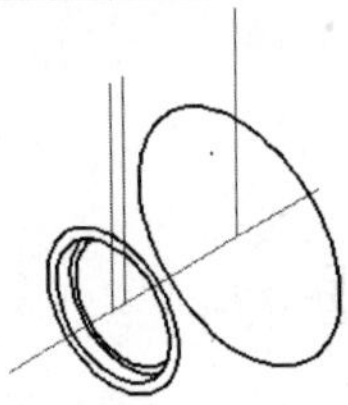

图 20-57　绘制结果

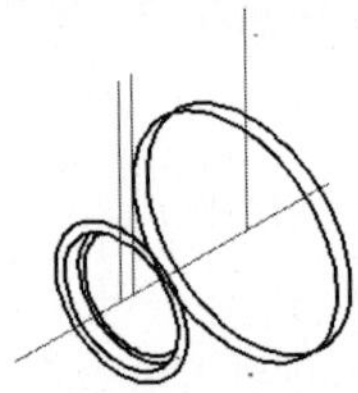

图 20-58　复制结果

⑬使用快捷键“EL”激活【椭圆】命令，以刚复制出的轴测圆圆心作为圆心，绘制同心轴测圆。命令行操作如下：

```
命令: _ellipse
    指定椭圆轴的端点或 [圆弧(A)/中心点(C)/等轴测圆(I)]:   //I Enter
    指定等轴测圆的圆心:                                  //捕捉复制出的轴测圆的圆心
    指定等轴测圆的半径或 [直径(D)]:                      //d Enter
    指定等轴测圆的直径:                                  //146.4 Enter
    命令: ellipse                                        // Enter，重复执行此命令
    指定椭圆轴的端点或 [圆弧(A)/中心点(C)/等轴测圆(I)]:   //i Enter
    指定等轴测圆的圆心:                                  //捕捉刚绘制的轴测圆的圆心
    指定等轴测圆的半径或 [直径(D)]:                      //d Enter
    指定等轴测圆的直径:                                  //126.4 Enter，结果如图 20-59 所示
```

⑭选择菜单【修改】|【移动】命令，对直径为 126.4 的轴测圆进行位移。命令行操作如下：

```
命令: _move
    选择对象:                                   //选择直径为 126.4 的轴测圆
    选择对象:                                   // Enter，结束选择
    指定基点或 [位移(D)] <位移>:                 //捕捉轴测圆的圆心
    指定第二个点或 <使用第一个点作为位移>:        //@10<-150 Enter，如图 20-60 所示
```

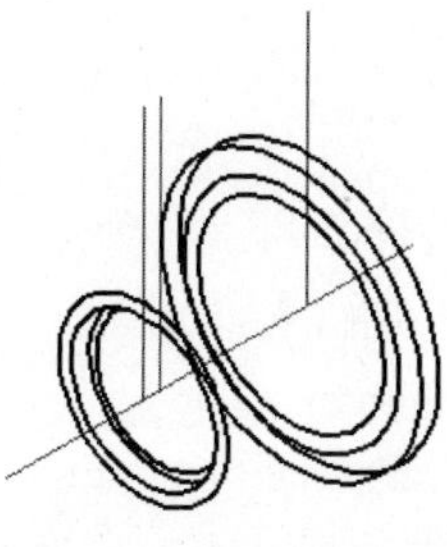

图 20-59 绘制同心轴测圆

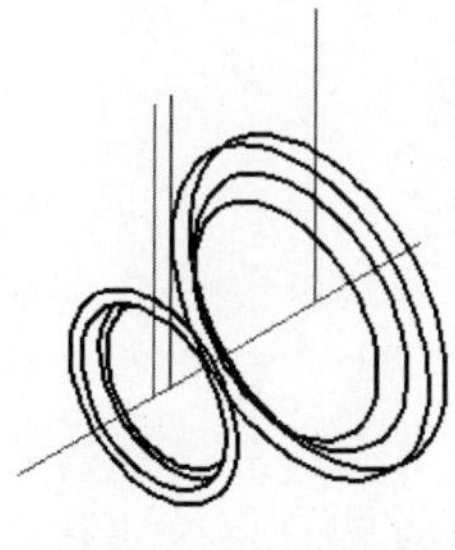

图 20-60 位移结果

⑮修改捕捉模式为切点捕捉，然后配合切点捕捉功能，绘制如图 20-61 所示的 4 条公切线。

⑯关闭“点划线”图层后，然后使用【修剪】命令，以 4 条公切线作为边界，对轴测圆进行修剪，结果如图 20-62 所示。

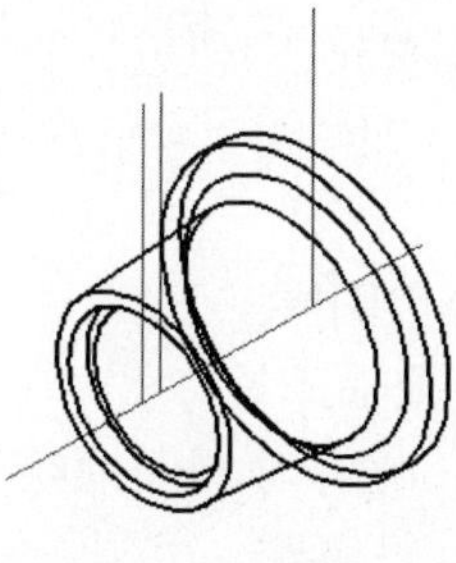

图 20-61 绘制公切线

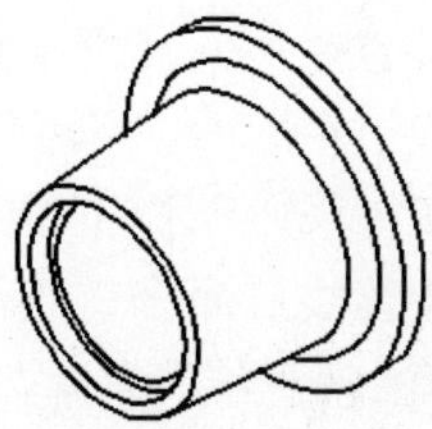

图 20-62 修剪结果

⑰最后使用【另存为】命令将图形另存储为“轴测图四.dwg”。

20.6 根据三视图绘制轴测图

本例将根据图 20-63 所示的零件三视图，绘制其正等轴测图。正等轴测图效果如图 20-64 所示。

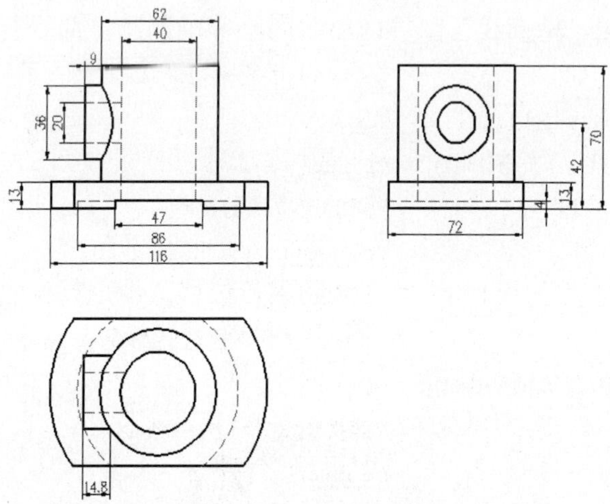

图 20-63 零件三视图

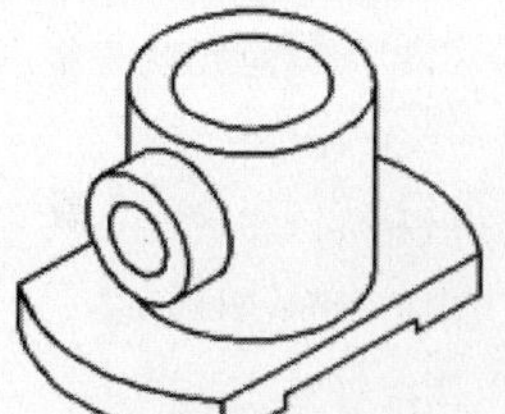

图 20-64 零件轴测图

绘图思路

- 以“机械样板.dwt”作为基础样板，新建文件。
- 使用【草图设置】命令设置轴测图绘图环境。
- 使用【直线】命令绘制定位辅助线。
- 使用【直线】、【椭圆】和【复制】命令绘制底座。
- 使用【椭圆】和【复制】命令绘制柱形圆管。
- 使用【修剪】和【删除】命令进行修整完善。
- 最后使用【保存】将图形命名存盘。

操作步骤

❶以随书光盘中的“样板文件\机械样板.dwt”作为基础样板，新建空白文件。

❷选择菜单【工具】|【草图设置】命令，设置等轴测捕捉绘制环境。

❸打开状态栏上的【正交】功能和【线宽】功能。

❹按F5功能键，将等轴测平面切换为上等轴测平面。

❺展开【图层控制】下拉列表，将“点画线”设置为当前图层。

❻单击【直线】命令，绘制如图 20-65 所示的轴测图定位辅助线。

❼重复使用【直线】命令，配合【正交】和交点捕捉功能，在左轴测面内绘制如图 20-66 所示的垂直定位线。

图 20-65　绘制定位线

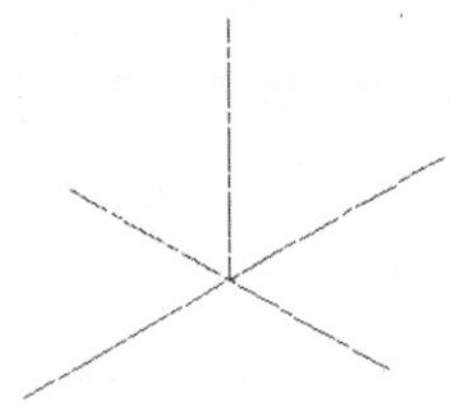

图 20-66　绘制垂直定位线

❽展开【图层控制】下拉列表，将“轮廓线”设置为当前图层。

❾单击【绘图】工具栏上的按钮，在“轮廓线”图层内绘制同心等轴测圆。命令行操作如下：

```
命令: _ellipse
    指定椭圆轴的端点或 [圆弧(A)/中心点(C)/等轴测圆(I)]:    //I Enter
    指定等轴测圆的圆心:                                    //捕捉定位线的交点
    指定等轴测圆的半径或 [直径(D)]:                         //d Enter
    指定等轴测圆的直径:                                    //116 Enter
    命令: ellipse                                          // Enter，重复执行此命令
    指定椭圆轴的端点或 [圆弧(A)/中心点(C)/等轴测圆(I)]:    //I Enter
    指定等轴测圆的圆心:                                    //捕捉图 20-67 所示圆心
    指定等轴测圆的半径或 [直径(D)]:                         //d Enter
    指定等轴测圆的直径:                                    //86 Enter，结果如图 20-68 所示
```

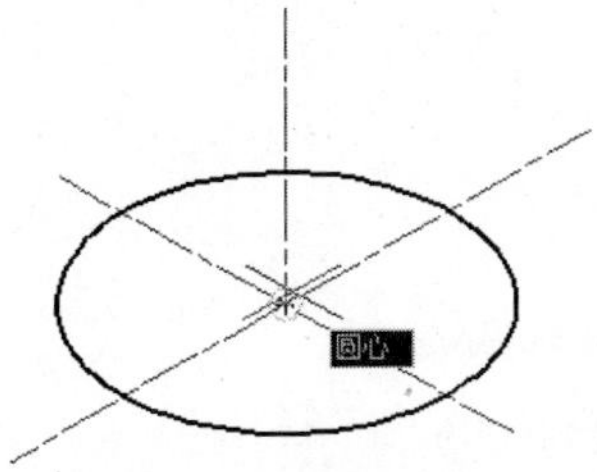

图 20-67　捕捉圆心

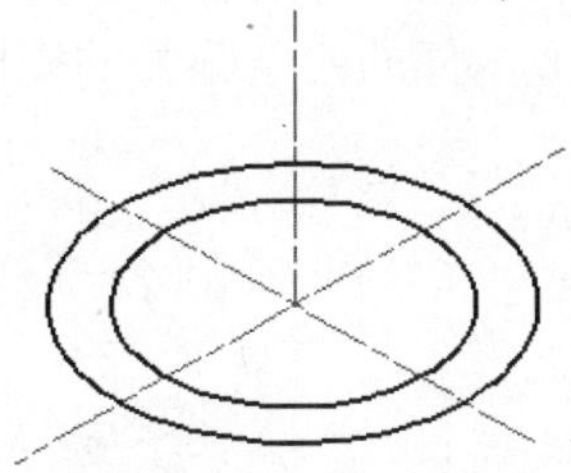

图 20-68　绘制结果

⑩选择菜单【修改】|【复制】命令，对辅助线进行对称复制。命令行操作如下：

```
命令: _copy
    选择对象:                                    //选择图 20-69 示的辅助线
    选择对象:                                    // Enter，结束选择
    指定基点或 [位移(D)] <位移>:                  //捉辅助线一端的端点
    指定第二个点或 <使用第一个点作为位移>:        //36<-30 Enter
    指定第二个点或 <使用第一个点作为位移>:        //36<150 Enter
    指定第二个点或 [退出(E)/放弃(U)] <退出>:      // Enter，复制结果如图 20-70 所示
```

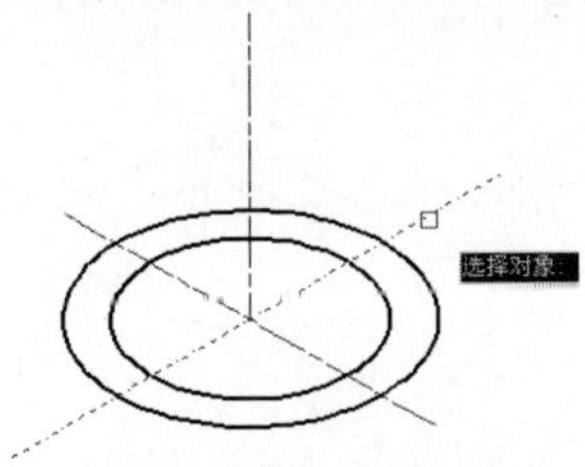

图 20-69　选择定位线

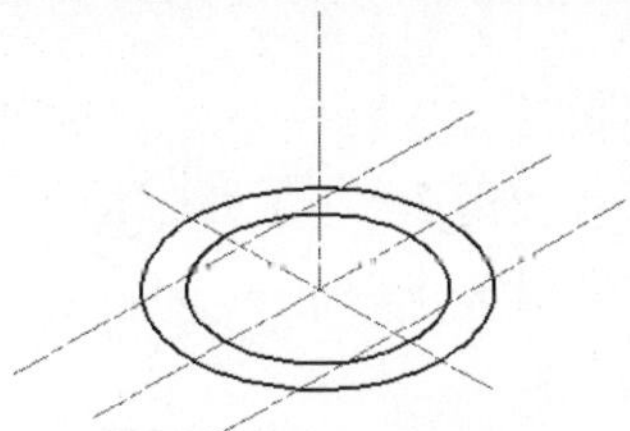

图 20-70　复制结果

⑪选择菜单【修改】|【修剪】命令，以图 20-71 所示的两条定位线为边界，对两个轴测圆进行修剪，结果如图 20-72 所示。

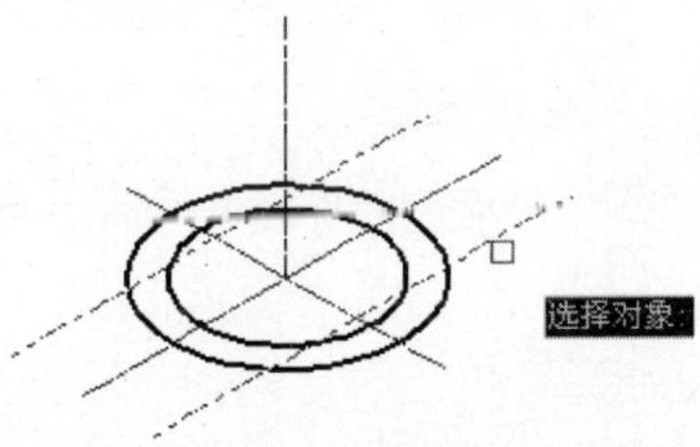

图 20-71　指定修剪位置

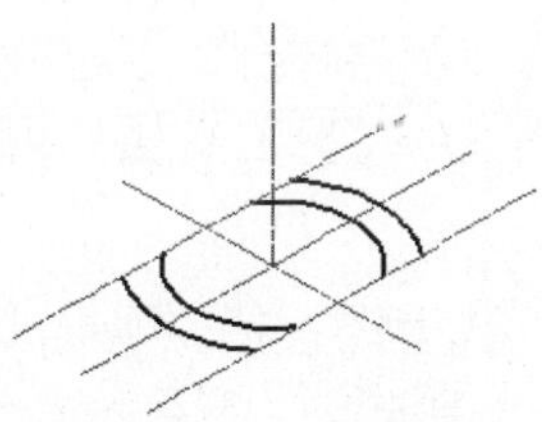

图 20-72　修剪结果

⑫重复执行【修剪】命令，以图 20-73 所示的圆弧作为边界，对两侧的定位线进行修剪，结果如图 20-74 所示。

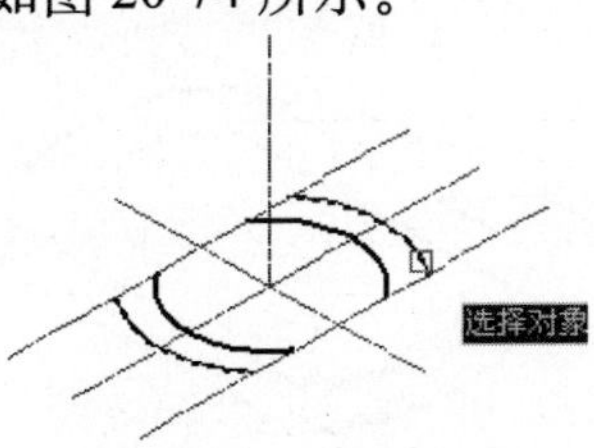

图 20-73　选择边界

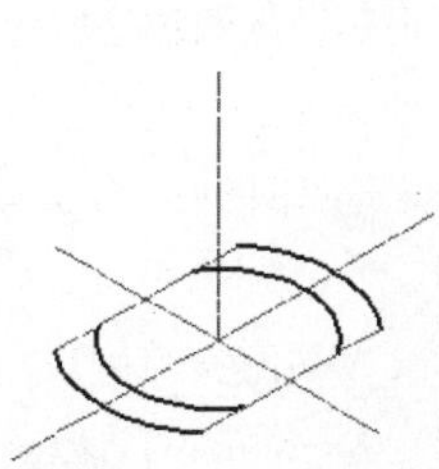

图 20-74　修剪结果

⑬修改内侧的两条圆弧的图层为“隐藏线”，修改两侧直线的图层为“轮廓线”，如图 20-75 所示。

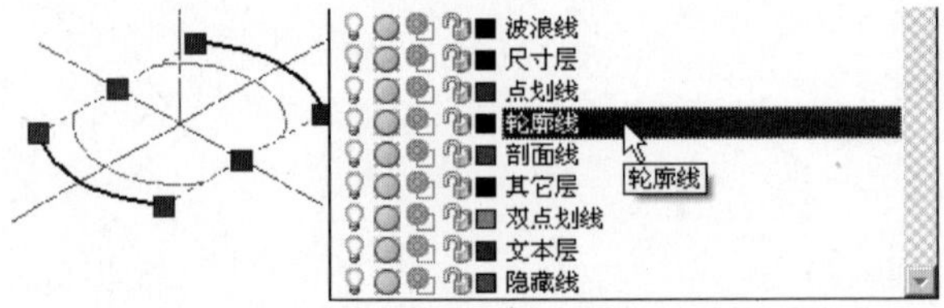

图 20-75　修改图层

⑭选择菜单【修改】|【复制】命令，对底面轮廓线进行复制。命令行操作如下：

```
命令: _copy
    选择对象:                                          //选择图 20-76 示的辅助线
    选择对象:                                          // Enter，结束选择
    指定基点或 [位移(D)] <位移>:                        //捉辅助线一端的端点
    指定第二个点或 <使用第一个点作为位移>:              //13<90 Enter
    指定第二个点或 [退出(E)/放弃(U)] <退出>:            // Enter，复制结果如图 20-77 所示。
```

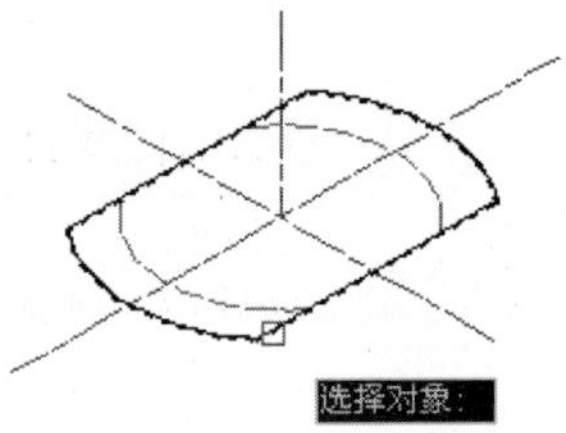

图 20-76　选择对象

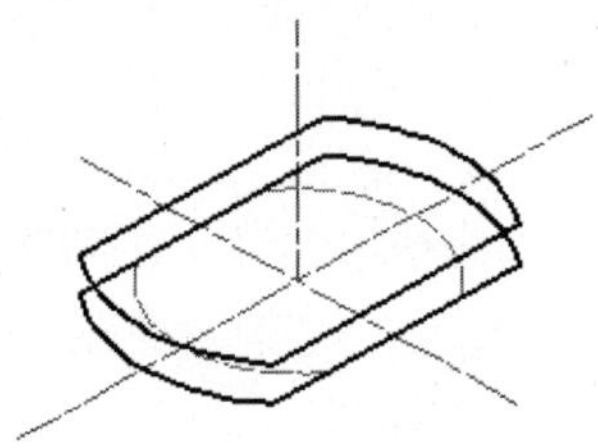

图 20-77　复制结果

⑮选择菜单【绘图】|【多段线】命令，配合坐标输入功能，绘制下侧轮廓线。命令行操作如下：

```
命令: _pline
    指定起点:                                                        //捕捉如图 20-78 所示的交点
    当前线宽为 0.0
    指定下一个点或 [圆弧(A)/半宽(H)/长度(L)/放弃(U)/宽度(W)]:            //@4<90 Enter
    指定下一点或 [圆弧(A)/闭合(C)/半宽(H)/长度(L)/放弃(U)/宽度(W)]:      //@47<30 Enter
    指定下一点或 [圆弧(A)/闭合(C)/半宽(H)/长度(L)/放弃(U)/宽度(W)]:      //@4<-90 Enter
    指定下一点或 [圆弧(A)/闭合(C)/半宽(H)/长度(L)/放弃(U)/宽度(W)]:
                                                        // Enter，绘制结果如图 20-79 所示
```

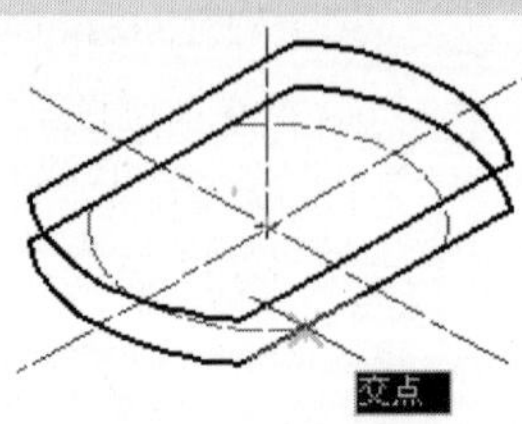

图 20-78　定位起点

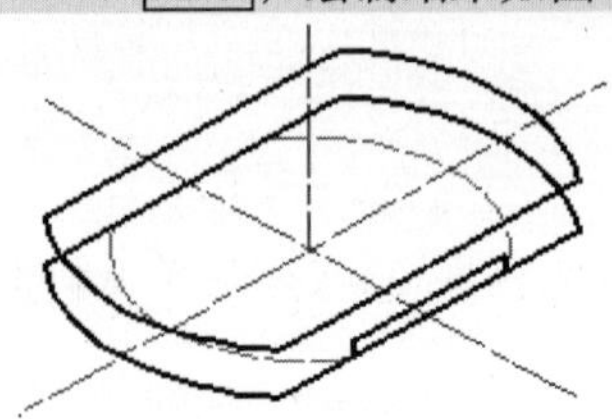

图 20-79　绘制结果

⑯重复执行【多段线】命令，配合端点捕捉功能，绘制如图 20-80 所示的垂直轮廓线。

⑰使用快捷键“TR”激活【修剪】命令，对底座进行修剪，并删除多余图线，结果如图 20-81 所示。

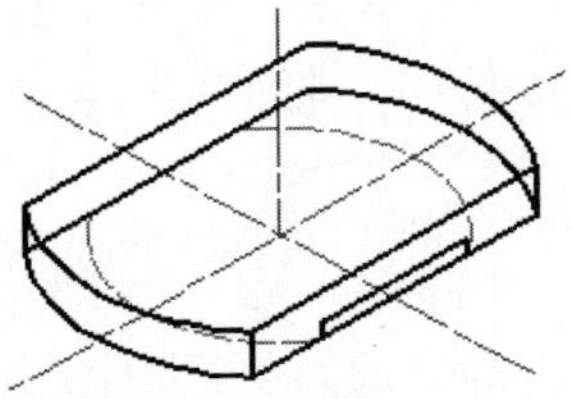

图 20-80 绘制结果

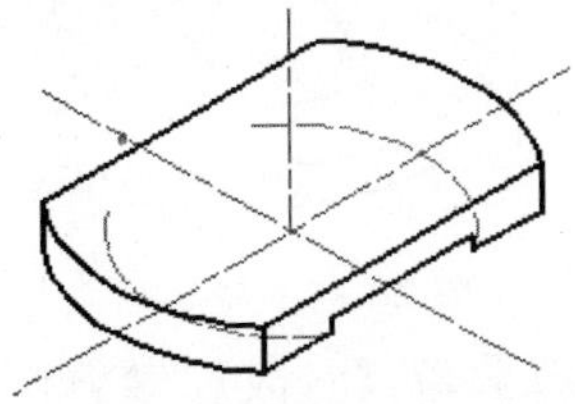

图 20-81 操作结果

⑱展开【图层控制】下拉列表，关闭“隐藏线”和“点画线”图层。

⑲选择菜单【绘图】|【椭圆】命令，在上等轴测平面内绘制同心等轴测圆。命令行操作如下：

```
命令: _ellipse
    指定椭圆轴的端点或 [圆弧(A)/中心点(C)/等轴测圆(I)]:      //I Enter
    指定等轴测圆的圆心:                                      //捕捉如图 20-82 所示圆心
    指定等轴测圆的半径或 [直径(D)]:                          //d Enter
    指定等轴测圆的直径:                                      //62 Enter
    命令: ellipse                                            // Enter，重复命令
    指定椭圆轴的端点或 [圆弧(A)/中心点(C)/等轴测圆(I)]:      //i Enter
    指定等轴测圆的圆心:                                      //捕捉刚绘制的轴测圆圆心
    指定等轴测圆的半径或 [直径(D)]:                          //d Enter
    指定等轴测圆的直径:                                      //40 Enter，绘制结果如图
                                                               20-83 所示
```

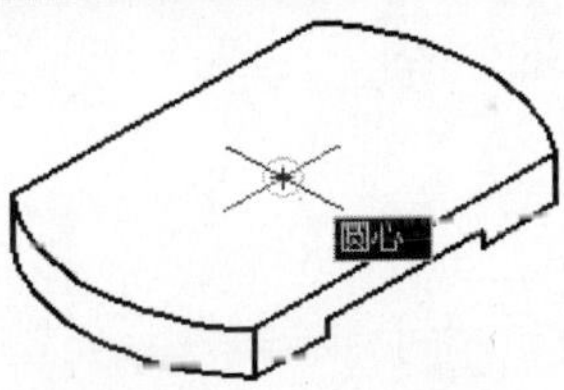

图 20-82 捕捉圆心

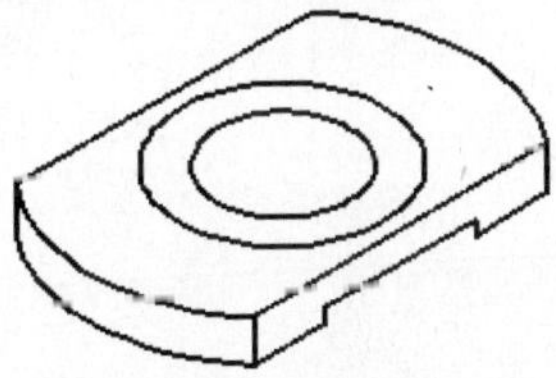

图 20-83 绘制结果

⑳选择菜单【修改】|【复制】命令，将刚绘制同心轴测圆进行复制。命令行操作如下：

```
命令: _copy
    选择对象:                                      //选择刚绘制的同心轴测圆
    选择对象:                                      // Enter，结束选择
    指定基点或 [位移(D)] <位移>:                   //捕捉轴测圆圆心
    指定第二个点或 <使用第一个点作为位移>:         //@53<90 Enter
    指定第二个点或 [退出(E)/放弃(U)] <退出>:       // Enter，结果如图 20-84 所示
```

㉑选择菜单【绘图】|【直线】命令，配合切点捕捉功能，绘制如图 20-85 所示的公切线。

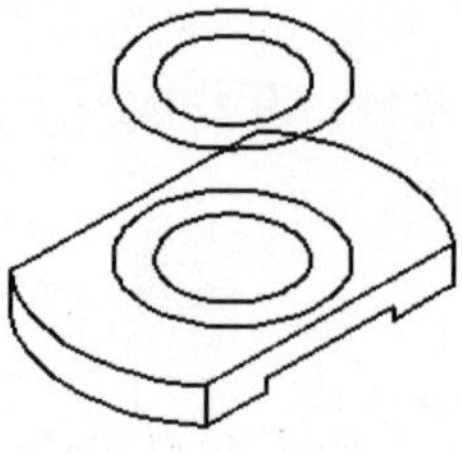

图 20-84　复制结果

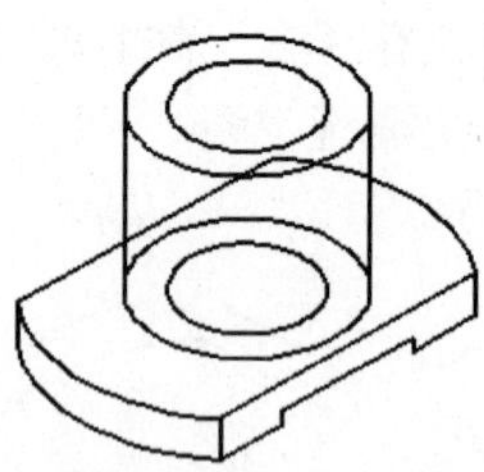

图 20-85　绘制公切线

㉒选择菜单【修改】|【修剪】命令，以两条公切线作为修剪边界，对图线进行修剪，结果如图 20-86 所示。

㉓删除下侧的小轴测圆，然后打开被关闭的“点画线”图层，结果如图 20-87 所示。

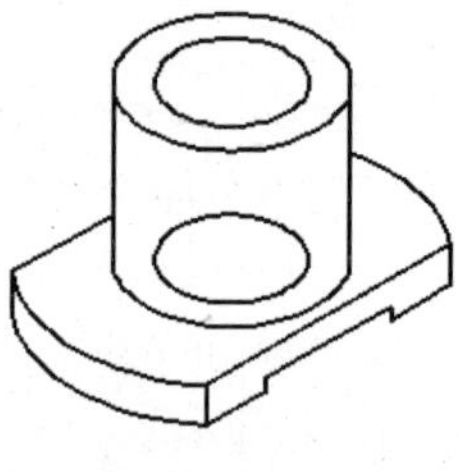

图 20-86　修剪结果

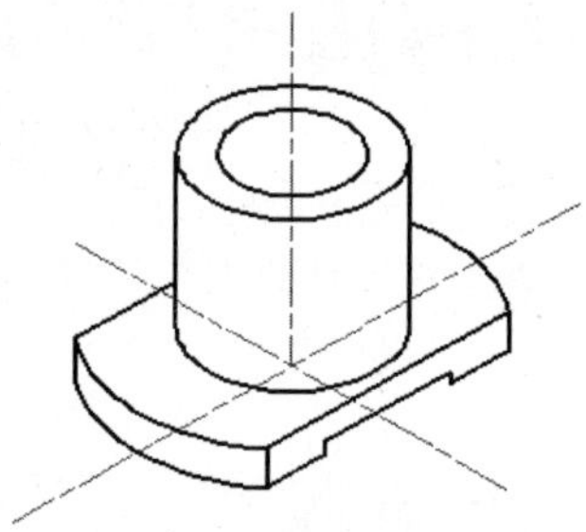

图 20-87　操作结果

㉔选择菜单【修改】|【复制】命令，对定位线进行复制。命令行操作如下：

```
命令: _copy
    选择对象:                                    //选择如图 20-88 所示的定位线
    选择对象:                                    // Enter，结束选择
    指定基点或 [位移(D)] <位移>:                  //捕捉任意点
    指定第二个点或 <使用第一个点作为位移>:         //@42<90 Enter
    指定第二个点或 [退出(E)/放弃(U)] <退出>:       // Enter，结束命令
    命令: copy
    选择对象:                                    //选择垂直定位线
    选择对象:                                    // Enter，结束选择
    指定基点或 [位移(D)] <位移>:                  //捕捉任意点
    指定第二个点或 <使用第一个点作为位移>:         //@40<-150 Enter
    指定第二个点或 [退出(E)/放弃(U)] <退出>:       // Enter，复制结果如图 20-89 所示
```

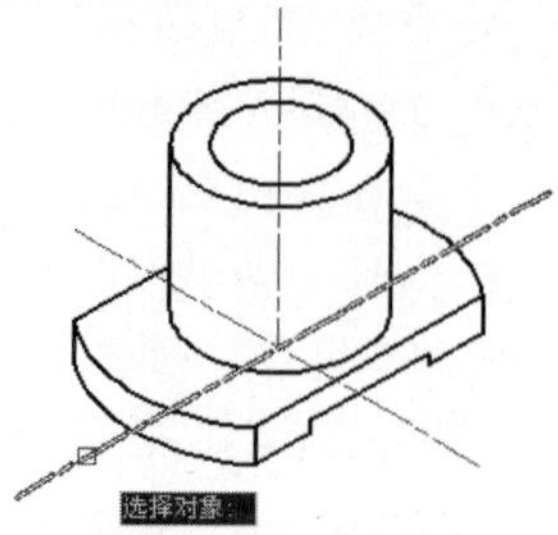

图 20-88　选择对象

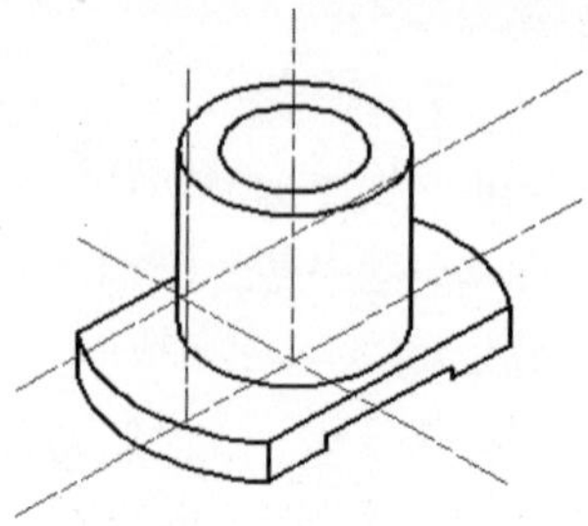

图 20-89　复制结果

㉕按 F5 功能键，将轴测面切换为左等轴测平面。

㉖选择菜单【绘图】|【复制】命令，以复制出的辅助线交点作为圆心，绘制同心等轴测圆。命令行操作如下：

```
命 令: _ellipse
    指定椭圆轴的端点或 [圆弧(A)/中心点(C)/等轴测圆(I)]:   //I Enter
    指定等轴测圆的圆心:                                  //捕捉刚复制出辅助线交点
    指定等轴测圆的半径或 [直径(D)]:                        //d Enter
    指定等轴测圆的直径:                                  //36 Enter
    命令: ellipse                                       // Enter，重复命令
    指定椭圆轴的端点或 [圆弧(A)/中心点(C)/等轴测圆(I)]:   //I Enter
    指定等轴测圆的圆心:                                  //捕捉刚绘制的轴测圆圆心
    指定等轴测圆的半径或 [直径(D)]:                        //d Enter
    指定等轴测圆的直径:                                  //20 Enter，绘制结果如图 20-90 所示
```

㉗选择菜单【修改】|【复制】命令，选择直径为 36 的等轴测圆进行复制。命令行操作如下：

```
命令: _copy
    选择对象:                               //选择直径为 36 的等轴测圆
    选择对象:                               // Enter，结束选择
    指定基点或 [位移(D)] <位移>:              //捕捉任意点
    指定第二个点或 <使用第一个点作为位移>: //@14.8<30 Enter
    指定第二个点或 [退出(E)/放弃(U)] <退出>: // Enter，结束命令，复制结果如图 20-91 所示
```

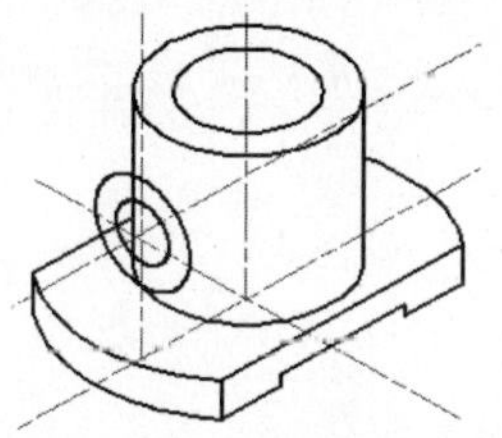

图 20-90 绘制结果

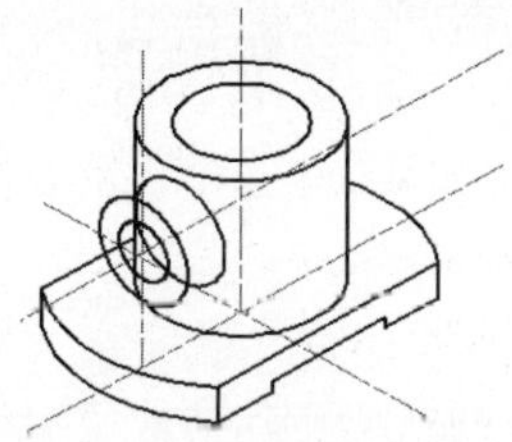

图 20-91 复制结果

㉘关闭“点画线”图层，然后使用【直线】命令，配合切点捕捉功能，绘制如图 20-92 所示的公切线。

㉙使用快捷键“TR”激活【修剪】命令，对图形进行修剪，并删除多余图线，结果如图 20-93 所示。

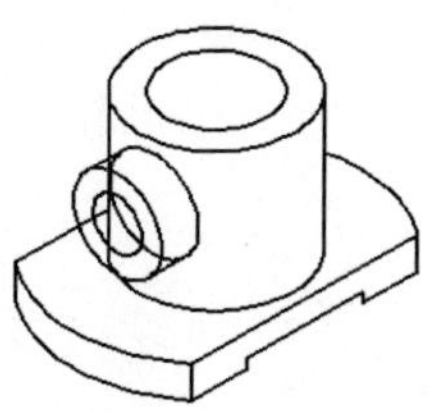

图 20-92 绘制公切线

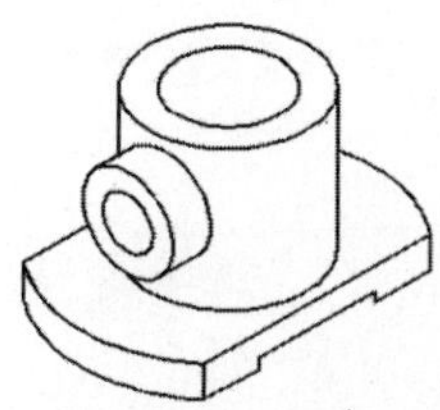

图 20-93 操作结果

㉚最后使用【保存】命令将图形存储为“轴测图五.dwg”。

20.7 本章小结

使用轴测图表达机械产品的立体形态，是一种常用的图形表达方式。本章在简述轴测图的前提下，首先学习了直线、圆、圆弧对象轴测投影图的具体绘制方法和技巧；然后通过绘制简单的零件轴测图、绘制复杂的零件轴测图等典型实例，详细讲述了零件正等轴测图的具体绘制过程和技巧。

第21章

各类零件立体图设计

本章精选 8 个代表性的实例，主要学习机械各类零件立体造型的制作方法和技巧。

21.1 螺母立体造型

本例通过制作如图 21-1 所示的螺母标准件立体造型，主要对【拉伸】、【拉伸面】、【三维镜像】、【并集】、【交集】、【差集】、【管理视觉样式】、【真实视觉样式】等命令进行综合练习和巩固。

图 21-1　本例效果

绘图思路

- 新建文件，并设置绘图环境。
- 使用【圆】和【正多边形】命令绘制螺母俯视图。
- 使用【拉伸】、【交集】和【拉伸面】命令创建下半部模型。
- 使用【三维镜像】命令创建上半部模型。
- 使用【圆柱体】、【并集】和【差集】命令创建中间的螺孔。
- 使用【管理视觉样式】和【真实视觉样式】命令对模型进行着色。
- 最后使用【保存】命令将图形命名存盘。

操作步骤

❶快速创建空白文件。

❷使用快捷键“OP”激活【选项】命令，打开【选项】对话框，在【显示】选项卡中单击 颜色(C)... 按钮，打开【图形窗口颜色】对话框，然后设置图形窗口的背景色如图 21-2 所示。

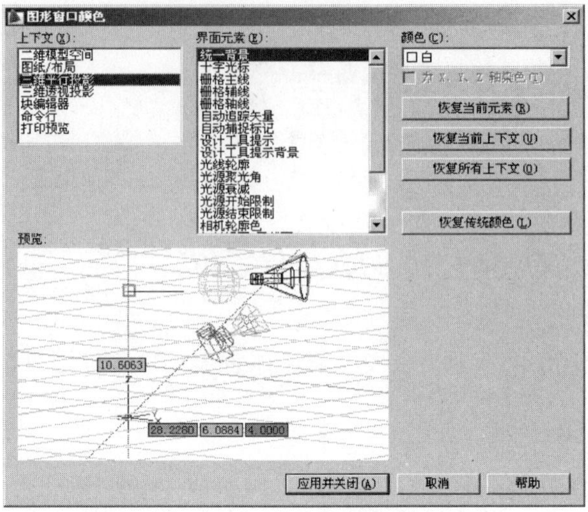

图 21-2　【图形窗口颜色】对话框

❸选择菜单【视图】|【三维视图】|【西南等轴测】命令，将当前视图切换到西南视图。

❹选择菜单【绘图】|【圆】|【圆心、半径】命令，绘制半径为 100 的圆。

❺选择菜单【绘图】|【正多边形】命令，以圆心为中心点，绘制正六边形。命令行操作如下：

```
命令: _polygon
    输入边的数目 <4>:                              //6 Enter，设置边数
    指定正多边形的中心点或 [边(E)]:                 //捕捉圆的圆心
    输入选项 [内接于圆(I)/外切于圆(C)] <I>:         // Enter，激活【内接于圆】选项
    指定圆的半径:                                   //100 Enter，绘制结果如图 21-3 所示
```

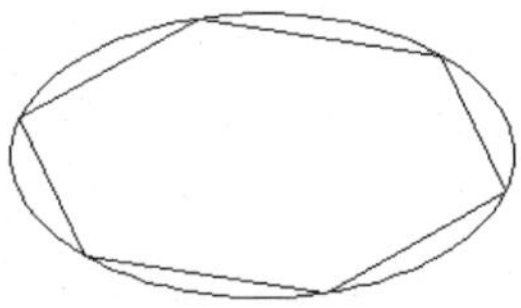

图 21-3　绘制结果

❻选择菜单【绘图】|【建模】|【拉伸】命令，将圆及正多边形拉伸为实体。命令行操作如下：

```
命令: _extrude
    当前线框密度:  ISOLINES=4
    选择要拉伸的对象:                                  //选择正多边形
    选择要拉伸的对象:                                  // Enter，结束选择
    指定拉伸的高度或 [方向(D)/路径(P)/倾斜角(T)]:       //-25 Enter
    命令: _extrude                                     // Enter，重复执行此命令
    当前线框密度:  ISOLINES=4
    选择要拉伸的对象:                                  //选择圆图形
    选择要拉伸的对象:                                  // Enter，结束选择
    指定拉伸的高度或 [方向(D)/路径(P)/倾斜角(T)]:       //T Enter
```

```
指定拉伸的倾斜角度 <0.0>:                        //45 Enter
指定拉伸的高度或 [方向(D)/路径(P)/倾斜角(T)]:
                          //-120 Enter，结束命令，拉伸结果如图 21-4 所示
```

❼选择菜单【修改】|【实体编辑】|【交集】命令，将拉伸后的两个实体创建为如图 21-5 所示的对象。

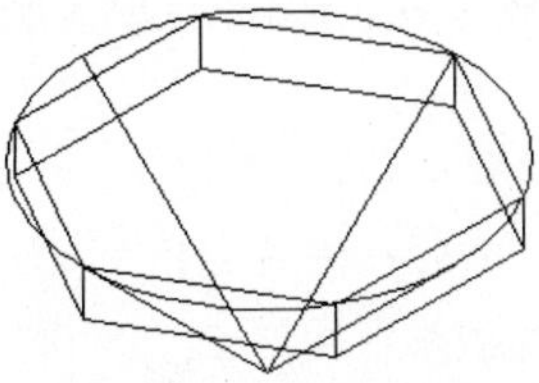

图 21-4　拉伸结果

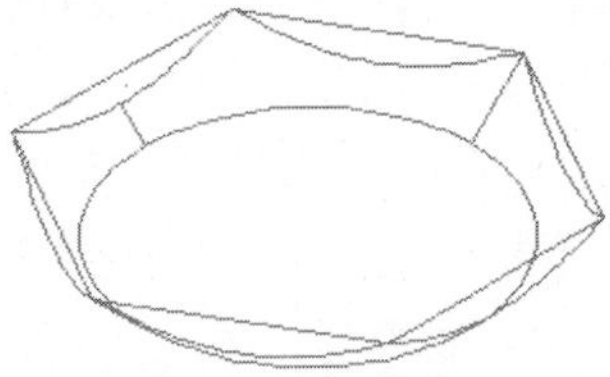

图 21-5　交集运算

❽选择菜单【修改】|【实体编辑】|【拉伸面】命令，或单击【实体编辑】工具栏上的按钮，将交集后的组合实体上顶面进行拉伸。命令行操作如下：

```
命令: _solidedit
实体编辑自动检查:  SOLIDCHECK=1
输入实体编辑选项 [面(F)/边(E)/体(B)/放弃(U)/退出(X)] <退出>: _face
输入面编辑选项[拉伸(E)/移动(M)/旋转(R)/偏移(O)/倾斜(T)/删除(D)/复制(C)/着色(L)/放弃(U)/退出(X)] <退出>: _extrude
选择面或 [放弃(U)/删除(R)]:                //在图 21-5 所示的交集实体的上顶面单击，选
                                          择此顶面作为拉伸的面
选择面或 [放弃(U)/删除(R)/全部(ALL)]:      // Enter，结束选择
指定拉伸高度或 [路径(P)]:                  //40 Enter，指定面的拉伸高度
指定拉伸的倾斜角度 <0>:                    // Enter
输入面编辑选项[拉伸(E)/移动(M)/旋转(R)/偏移(O)/倾斜(T)/删除(D)/复制(C)/着色(L)/放弃(U)/退出(X)] <退出>:      // Enter
输入实体编辑选项 [面(F)/边(E)/体(B)/放弃(U)/退出(X)] <退出>:
                                          // Enter，结束命令，拉伸结果如图 21-6 所示
```

❾选择菜单【修改】|【三维操作】|【三维镜像】命令，对拉伸后的模型进行镜像。命令行操作如下：

```
命令: _mirror3d
选择对象:                                  //选择图 21-6 所示的实体模型
选择对象:                                  // Enter，结束选择
指定镜像平面 (三点) 的第一个点或 [对象(O)/最近的(L)/Z 轴(Z)/视图(V)/XY 平面(XY)/YZ 平面(YZ)/ZX 平面(ZX)/三点(3)] <三点>:      //XY Enter，指定镜像平面
指定 XY 平面上的点 <0,0,0>:                //在顶面上拾取一点
是否删除源对象? [是(Y)/否(N)] <否>:        // Enter，镜像结果如图 21-7 所示
```

❿选择菜单【修改】|【实体编辑】|【并集】命令，将镜像后的两个实体进行合并，结果如图 21-8 所示。

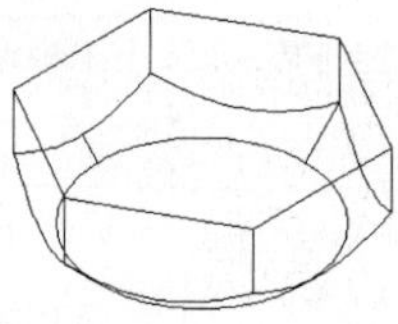

图 21-6　拉伸面

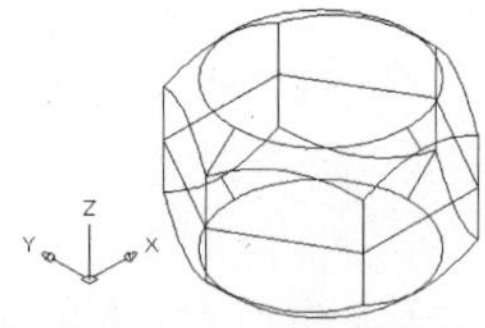

图 21-7　镜像结果

⑪选择菜单【绘图】|【建模】|【圆柱体】命令，以螺母下底面的圆心为底面中心点，创建如图 21-9 所示的圆柱体。命令行操作如下：

```
命令: _cylinder
    指定底面的中心点或 [三点(3P)/两点(2P)/切点、切点、半径(T)/椭圆(E)]:
                                            //捕捉图 21-8 所示的模型底面的圆心
    指定底面半径或 [直径(D)] <378.7>:          //60 Enter，输入底面半径
    指定高度或 [两点(2P)/轴端点(A)] <216.5>:    //150 Enter，创建结果如图 21-9 所示
```

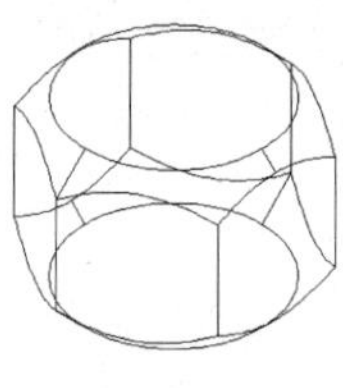

图 21-8　并集结果

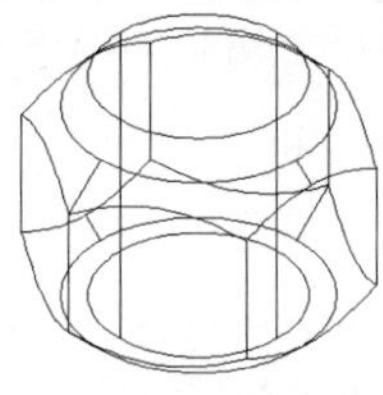

图 21-9　创建圆柱体

⑫选择菜单【修改】|【实体编辑】|【差集】命令，对两个实体进行差集，以创建出螺母中间的螺孔。命令行操作如下：

```
命令: _subtract
    选择要从中减去的实体或面域...
    选择对象:                          //选择并集后的组合实体
    选择对象:                          // Enter，结束选择
    选择要减去的实体或面域 ..
    选择对象:                          //选择刚创建的圆柱体
    选择对象:                          // Enter，差集结果如图 21-10 所示
```

⑬选择菜单【视图】|【动态观察】|【自由动态观察】命令，调整螺母造型的视点，调整结果如图 21-11 所示。

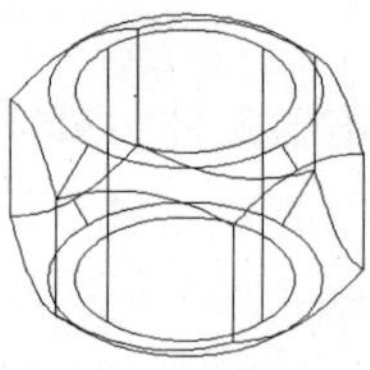

图 21-10　差集运算

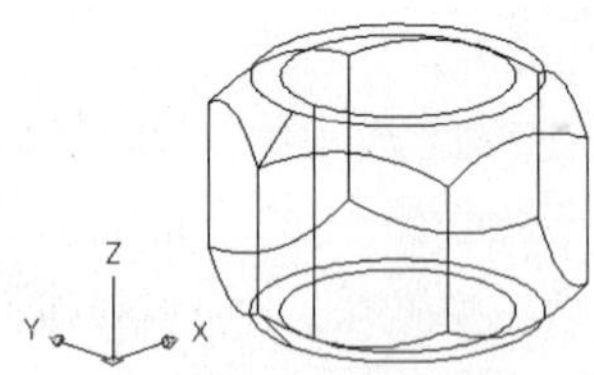

图 21-11　调整结果

⑭修改系统变量 FACETRES 的值为 5。

⑮选择菜单【视图】|【消隐】命令，对螺母模型进行消隐显示，结果如图 21-12 所示。

⑯选择菜单【视图】|【视觉样式】|【管理视觉样式】命令，在打开的面板中调整“真实视觉样式”的显示参数如图 21-13 所示。

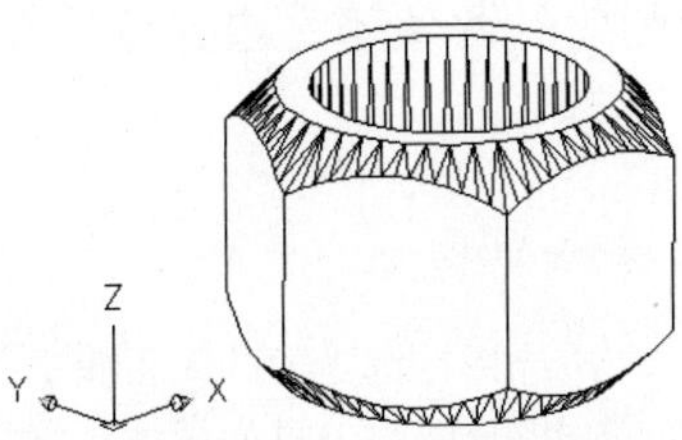

图 21-12 消隐着色

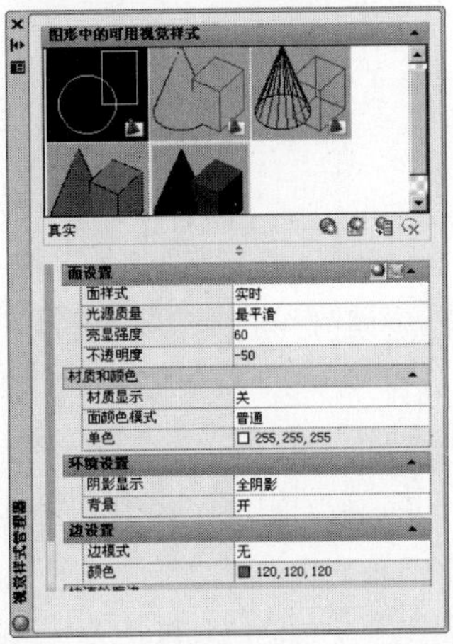

图 21-13 【视觉样式管理器】面板

⑰选择菜单【视图】|【视觉样式】|【真实】命令，对螺母模型进行着色，最终显示结果如图 21-1 所示。

⑱最后使用【保存】命令将模型存储为“螺母.dwg”。

21.2 轴零件立体造型

本例通过制作如图 21-14 所示的轴零件立体造型，主要对【边界】、【三维旋转】、【实体拉伸】、【差集】、【视点】、【真实视觉样式】等命令进行综合练习和巩固。

绘图思路

- 调用文件，并设置绘图环境。
- 使用【修剪】和【边界】命令创建轴和键槽的截面轮廓。
- 使用【旋转实体】和【拉伸】命令分别将截面轮廓创建为三维实体。
- 使用【差集】命令创建轴上的键槽。
- 使用【管理视觉样式】和【真实视觉样式】命令对模型进行着色。
- 最后使用【保存】命令将图形命名存盘。

操作步骤

❶打开随书光盘中的“素材文件\低速轴.dwg”作为当前图形文件，如图 21-15 所示。

图 21-14 本例效果

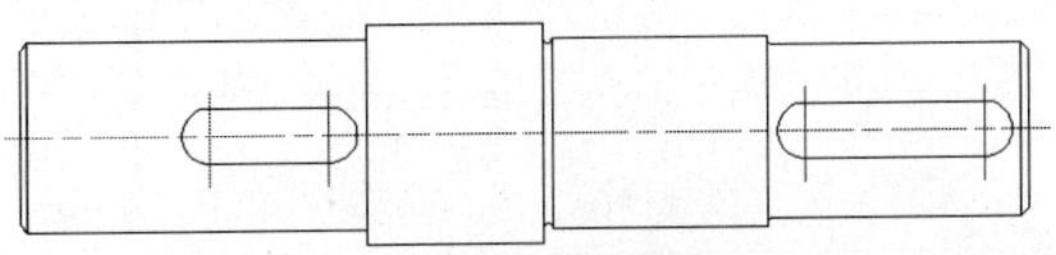

图 21-15 打开图形

❷使用快捷键“LA”激活【图层】命令，将图形的中心线隐藏，结果如图 21-16 所示。

❸选择菜单【绘图】|【边界】命令，分别在两个键槽区域内拾取一点，创建两条闭合

的多段线，如图 21-17 所示。

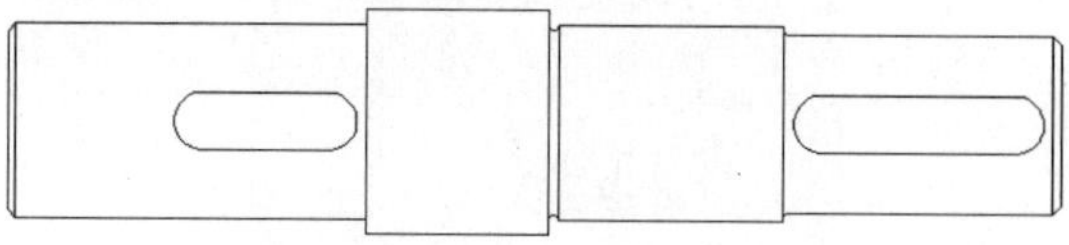

图 21-16　操作结果

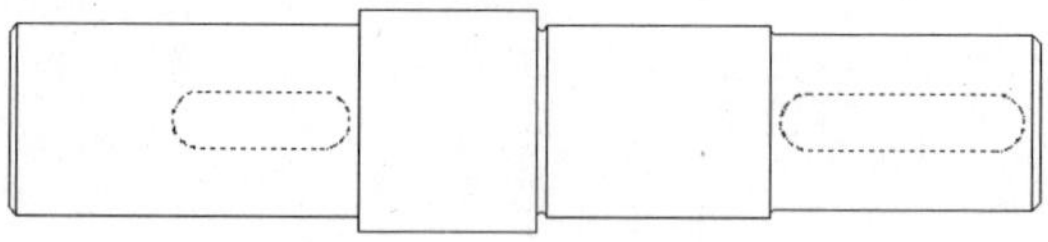

图 21-17　创建边界

❹选择菜单【绘图】|【建模】|【拉伸】命令，将刚创建的两条闭合边界拉伸 6.5 个绘图单位，创建为三维实体。命令行操作如下：

```
命令: _extrude
    当前线框密度:  ISOLINES=4
    选择要拉伸的对象:                                   //选择左侧键槽的闭合轮廓线
    选择要拉伸的对象:                                   //选择右侧键槽的闭合轮廓线
    选择要拉伸的对象:                                   //Enter，结束选择
    指定拉伸的高度或 [方向(D)/路径(P)/倾斜角(T)]:        //6.5 Enter
```

❺选择刚创建的两个拉伸实体，修改其图层为“其它层”，并把此图层关闭。

❻打开被隐藏的中心线，然后执行【修剪】和【删除】命令，将此图形编辑成如图 21-18 所示的状态。

❼使用快捷键“BO”激活【边界】命令，在图 21-18 所示的轮廓线区域内拾取一点，创建如图 21-19 所示的闭合多段线。

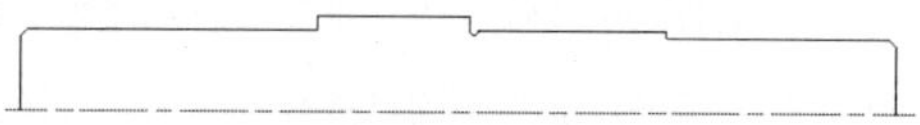

图 21-18　编辑结果

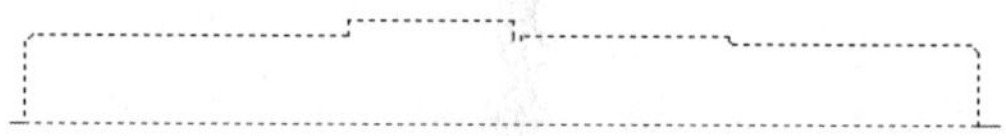

图 21-19　创建边界

❽选择菜单【绘图】|【建模】|【旋转】命令，将刚创建的闭合边界旋转为三维实体。命令行操作如下：

```
命令: _revolve
    当前线框密度:  ISOLINES=4
    选择要旋转的对象:                          //选择刚创建的闭合边界
    选择要旋转的对象:                          //Enter，结束选择
    指定轴起点或根据以下选项之一定义轴 [对象(O)/X/Y/Z] <对象>:
                                               //捕捉中心线左端点
    指定轴端点:                                //捕捉中心线右端点
    指定旋转角度或 [起点角度(ST)] <360>:       //Enter，结果如图 21-20 所示
```

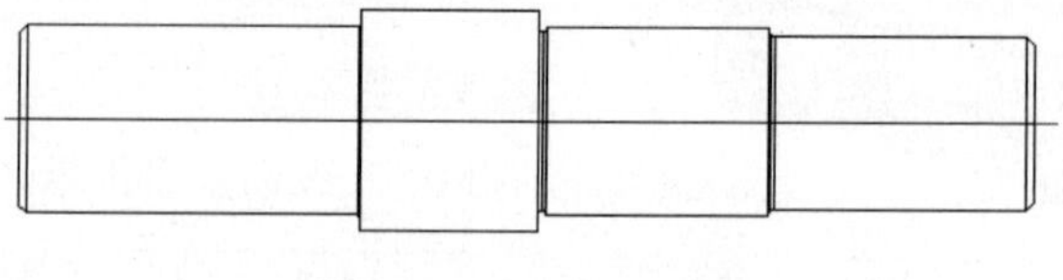

图 21-20　旋转结果

❾选择菜单【视图】|【三维视图】|【西南等轴测视图】命令，将当前视图转换为西南视图，结果如图 21-21 所示。

❿展开【图层】工具栏上的【图层控制】下拉列表，打开被关闭的“其它层”，结果如

图 21-22 所示。

⑪使用快捷键“M”激活【移动】命令，选择两个键槽拉伸实体，将其沿 Z 轴正方向移动 23.5 和 21 个绘图单位，结果如图 21-23 所示。

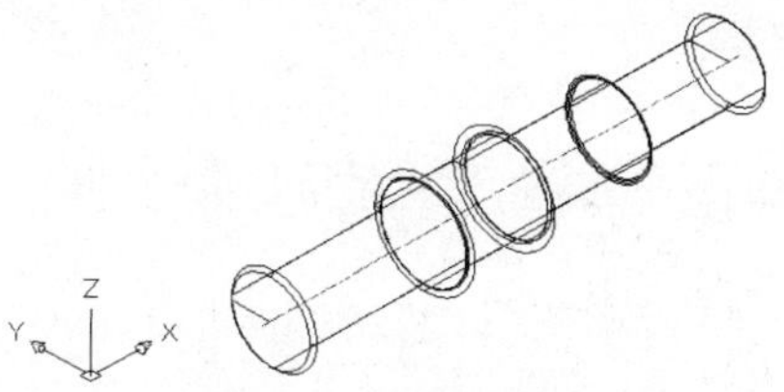

图 21-21 切换视图

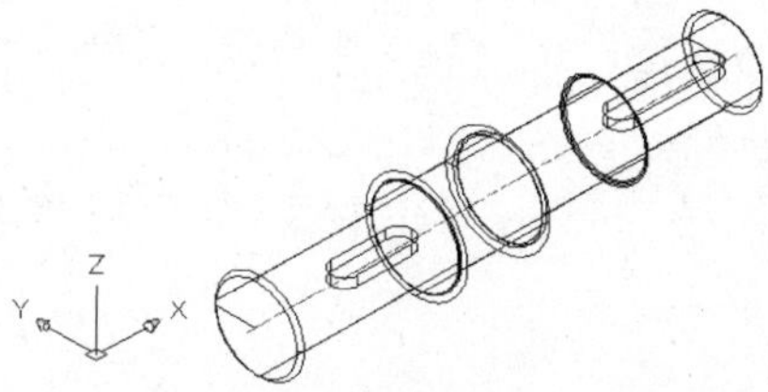

图 21-22 显示“其它层”中的图形

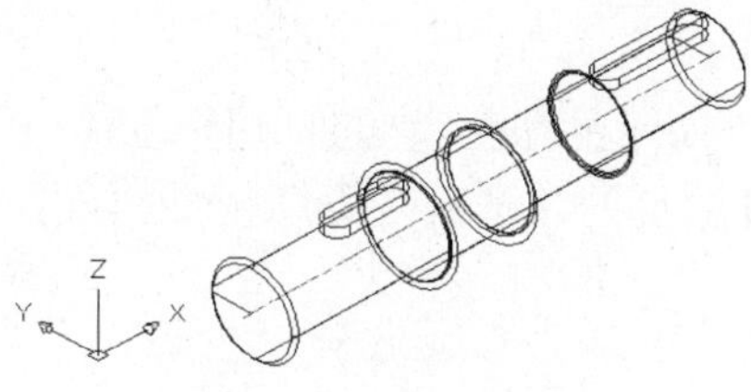

图 21-23 移动结果

⑫使用快捷键“SU”激活【差集】命令，对 3 个实体模型进行差集运算。命令行操作如下：

```
命令: su                                    // Enter，激活【差集】命令
    SUBTRACT 选择要从中减去的实体或面域...
    选择对象:                                //选择轴的选择实体
    选择对象:                                // Enter，结束选择
    选择要减去的实体或面域 ..
    选择对象:                                //选择左侧的拉伸实体
    选择对象:                                //选择右侧的拉伸实体
    选择对象:                                // Enter，结束命令，结果如图 21-24 所示
```

⑬选择菜单【修改】|【删除】命令，删除内部的中心线及轮廓线。

⑭在命令行中输入“Vpoint”激活【视点】命令，重新设置图形的视点。命令行操作如下：

```
命令: vpoint                                //Enter，激活命令
    当前视图方向: VIEWDIR=-1.0,-1.0,1.0
    指定视点或 [旋转(R)] <显示坐标球和三轴架>:
                                            //-1,-3,3 Enter，设置新视点，结果如图 21-25 所示
```

⑮修改系统变量 FACETRES 的值为 5，修改模型的颜色为 8 号色。

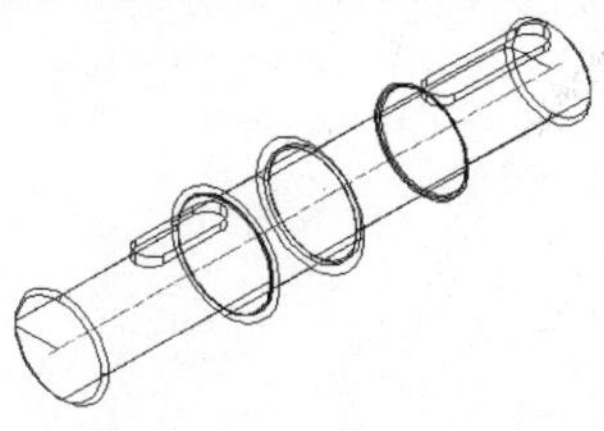

图 21-24 差集结果

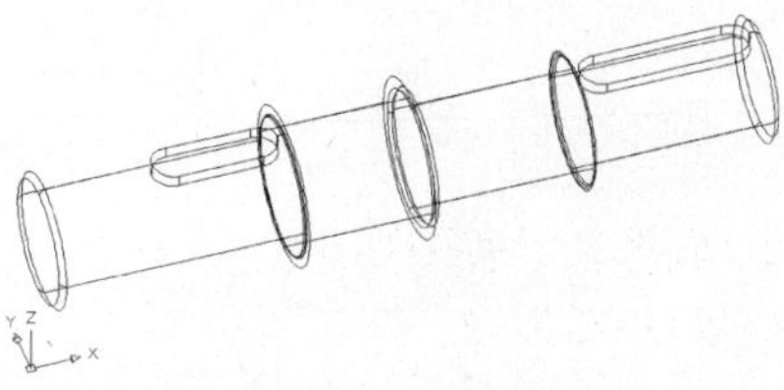

图 21-25 设置视点

⑯使用快捷键“HI”激活【消隐】命令，对视图进行消隐，结果如图 21-26 所示。

⑰选择菜单【视图】|【视觉样式】|【管理视觉样式】命令，在打开的面板中调整“真实视觉样式”的显示参数如图 21-13 所示。

⑱选择菜单【视图】|【视觉样式】|【真实】命令，对模型进行着色，最终显示结果如图 21-14 所示。

⑲最后使用【保存】命令将模型存储为“轴零件.dwg”。

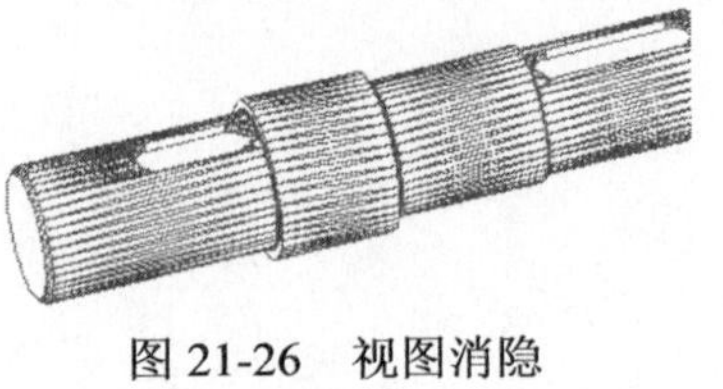

图 21-26　视图消隐

21.3 法兰盘立体造型

本例通过制作如图 21-27 所示的法兰盘零件立体造型，主要对【实体拉伸】、【三维阵列】、【三维移动】、【差集】、【倒角】、【圆】、【概念视觉样式】等命令进行综合练习和巩固。

绘图思路

- 新建文件，并设置绘图环境。
- 使用【圆】命令绘制法兰盘的平面图形。
- 使用【拉伸】命令将平面图形拉伸为三维模型。
- 综合使用【三维阵列】和【差集】命令对拉伸后的模型进行编辑。
- 使用【倒角】命令对编辑后的实体模进行倒角处理。
- 使用【管理视觉样式】和【概念视觉样式】命令对模型进行着色。
- 最后使用【保存】命令将图形命名存盘。

图 21-27　本例效果

操作步骤

①快速创建空白文件。

②使用快捷键“OP”激活【选项】命令，打开【选项】对话框，设置图形窗口的背景色为白色，如图 21-2 所示。

③使用快捷键“C”激活【圆】命令，绘制法兰盘俯视图。命令行操作如下：

```
命令: c                                          // Enter
    CIRCLE 指定圆的圆心或 [三点(3P)/两点(2P)/切点、切点、半径(T)]:  //150,150 Enter
    指定圆的半径或 [直径(D)] <40.0>:              //40 Enter
    命令: circle                                  // Enter，重复执行此命令
    指定圆的圆心或 [三点(3P)/两点(2P)/切点、切点、半径(T)]:
                                                  //@ Enter，拾取刚绘制的圆的圆心
    指定圆的半径或 [直径(D)] <40.0>:              //15 Enter
    命令: circle                                  // Enter，重复执行此命令
    指定圆的圆心或 [三点(3P)/两点(2P)/切点、切点、半径(T)]:        //@ Enter
    指定圆的半径或 [直径(D)] <15.0>:              //22 Enter
```

```
命令:                                              // Enter，重复执行此命令
指定圆的圆心或 [三点(3P)/两点(2P)/切点、切点、半径(T)]:          //150,180 Enter
指定圆的半径或 [直径(D)] <22.0>:                         //4 Enter
命令: circle                                        // Enter，重复执行此命令
指定圆的圆心或 [三点(3P)/两点(2P)/切点、切点、半径(T)]: //@ Enter
指定圆的半径或 [直径(D)] <4.0>:                          //6 Enter，绘制结果如图 21-28 所示
```

❹选择菜单【视图】|【三维视图】|【东南等轴测】命令，将当前视图调整为东南视图，结果如图 21-29 所示。

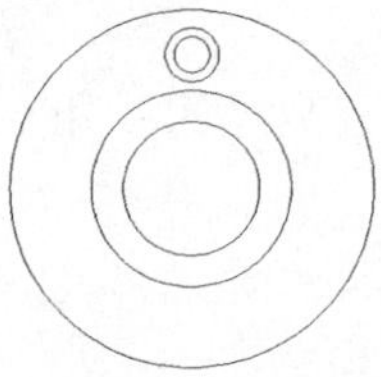

图 21-28　绘制结果

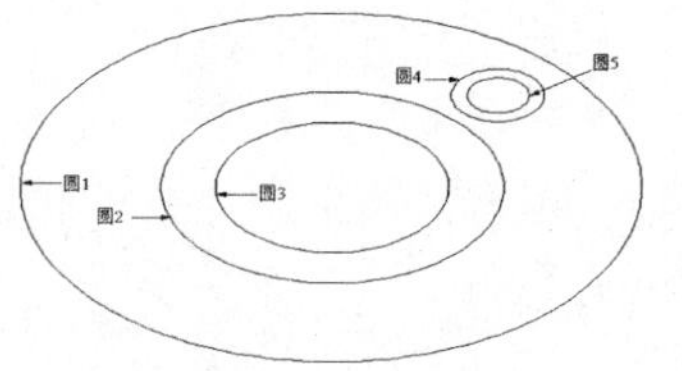

图 21-29　切换视图

❺选择菜单【绘图】|【建模】|【拉伸】命令，分别对刚绘制的各圆进行拉伸。命令行操作如下：

```
命令: _extrude
    当前线框密度:  ISOLINES=4
    选择要拉伸的对象:                                  //选择图 21-29 所示的圆 1
    选择要拉伸的对象:                                  //选择图 21-29 所示的圆 5
    选择要拉伸的对象:                                  // Enter，结束选择
    指定拉伸的高度或 [方向(D)/路径(P)/倾斜角(T)]:        //10 Enter，设置拉伸高度
    命令: extrude                                     // Enter，重复执行此命令
    当前线框密度:  ISOLINES=4
    选择要拉伸的对象:                                  //选择圆 2
    选择要拉伸的对象:                                  //选择圆 3
    选择要拉伸的对象:                                  // Enter，结束对象的选择
    指定拉伸的高度或 [方向(D)/路径(P)/倾斜角(T)]:        //30 Enter
    命令: extrude                                     // Enter，重复执行此命令
    当前线框密度:  ISOLINES=4
    选择要拉伸的对象:                                  //选择圆 4
    选择要拉伸的对象:                                  // Enter，结束对象的选择
    指定拉伸的高度或 [方向(D)/路径(P)/倾斜角(T)]:
                                   //3 Enter，结束命令，拉伸结果如图 21-30 所示
```

❻选择菜单【修改】|【三维操作】|【三维移动】命令，选择高度为 3 的拉伸实体进行位移。命令行操作如下：

```
命令: _3dmove
    选择对象:                              //选择高度为 3 的拉伸实体
    选择对象:                              // Enter，结束选择
```

```
指定基点或 [位移(D)] <位移>:                  //捕捉任意一点
指定第二个点或 <使用第一个点作为位移>:         //@0,0,7 Enter，位移结果如图 21-31 所示
```

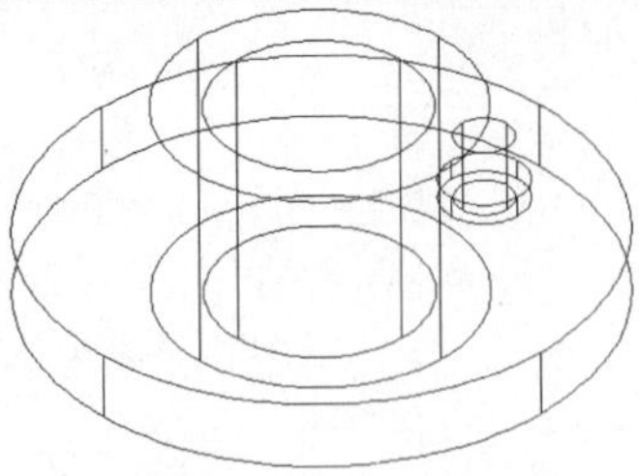

图 21-30　拉伸结果

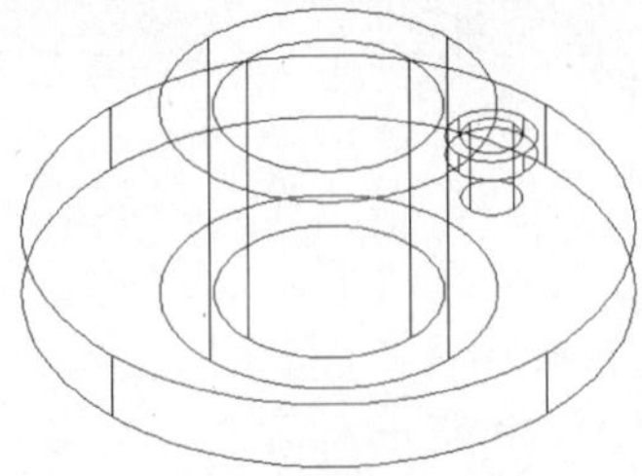

图 21-31　移动结果

❼选择菜单【修改】|【三维操作】|【三维阵列】命令，对半径为 4 和 6 的圆柱体进行环形阵列。命令行操作如下：

```
命令: _3darray
    正在初始化...  已加载 3DARRAY。
    选择对象:                                      //选择两个拉伸圆柱体
    选择对象:                                      // Enter，结束选择
    输入阵列类型 [矩形(R)/环形(P)] <矩形>:          //p Enter，设置阵列方式
    输入阵列中的项目数目:                           //6 Enter，设置阵列个数
    指定要填充的角度 (+=逆时针, -=顺时针) <360>:    // Enter，设置阵列角度
    旋转阵列对象？ [是(Y)/否(N)] <是>:              // Enter，旋转阵列对象
    指定阵列的中心点:                               //捕捉大圆柱体的底面圆心
    指定旋转轴上的第二点:                           //@0,0,1Enter，阵列结果如图 21-32 所示
```

❽选择菜单【修改】|【实体编辑】|【差集】命令，对各拉伸实体进行差集。命令行操作如下：

```
命令: _subtract
    选择要从中减去的实体或面域...
    选择对象:                                      //选择图 21-32 所示的拉伸体 O
    选择对象:                                      //选择拉伸体 W
    选择对象:                                      // Enter，结束选择
    选择要减去的实体或面域 ..
    选择对象:                                      //选择其他所有拉伸实体
    选择对象:                                      // Enter，结束命令，结果如图 21-33 所示
```

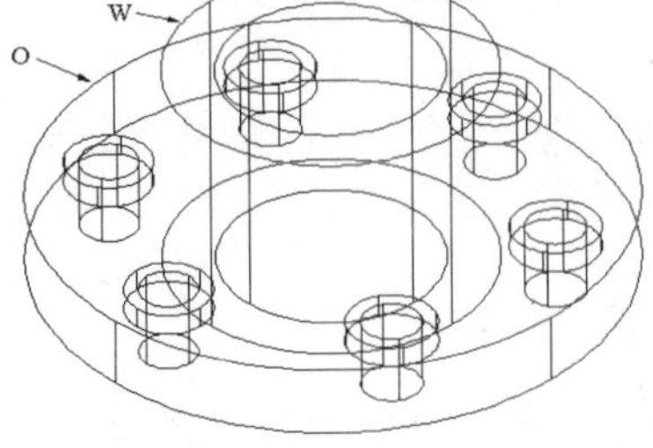

图 21-32　三维阵列

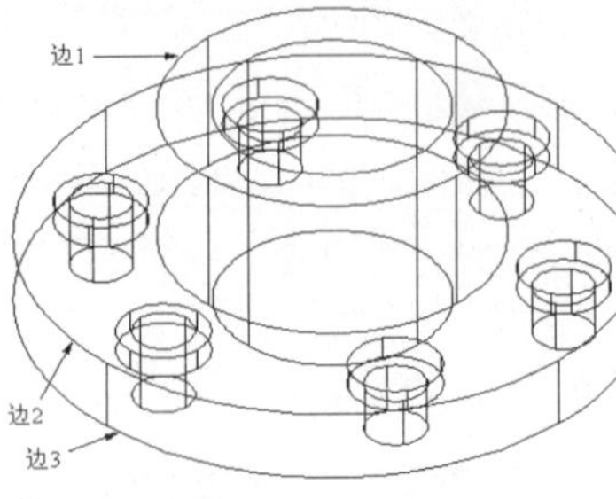

图 21-33　差集结果

❾使用快捷键“CHA”激活【倒角】命令，对法兰盘模型进行倒角处理。命令行操作如下：

```
命令: cha
    CHAMFER(“修剪”模式) 当前倒角距离 1 = 0.0，距离 2 = 0.0
    选择第一条直线或[放弃(U)/多段线(P)/距离(D)/角度(A)/修剪(T)/方式(E)/多个(M)]:
                                                    //用光标单击图 21-33 所示的边 1
    基面选择...
    输入网格选择选项 [下一个(N)/当前(OK)] <当前>:   // Enter
    指定基面的倒角距离:                             //1.5 Enter，设置基面倒角距离
    指定其他网格的倒角距离 <1.5>:                   // Enter
    选择边或 [环(L)]:                               //单击图 21-33 所示的边 1
    选择边或 [环(L)]:                               // Enter，结束命令
    命令:                                           // Enter，重复执行此命令
    CHAMFER(“修剪”模式) 当前倒角距离 1 = 1.5，距离 2 = 1.5
    选择第一条直线或 [放弃(U)/多段线(P)/距离(D)/角度(A)/修剪(T)/方式(E)/多个(M)]:
                                                    //用光标单击图 21-33 所示的边 2
    基面选择...
    输入网格选择选项 [下一个(N)/当前(OK)] <当前>:   // Enter
    指定基面的倒角距离 <1.5>:                       // Enter
    指定其他网格的倒角距离 <1.5>:                   // Enter
    选择边或 [环(L)]:                               //单击图 21-33 所示的边 2
    选择边或 [环(L)]:                               //单击图 21-33 所示的边 3
    选择边或 [环(L)]:                               // Enter，倒角结果如图 21-34 所示
```

❿修改系统变量 FACETRES 的值为 5，修改模型的颜色为 8 号色。

⓫选择菜单【视图】|【消隐】命令，对模型进行消隐显示，结果如图 21-35 所示。

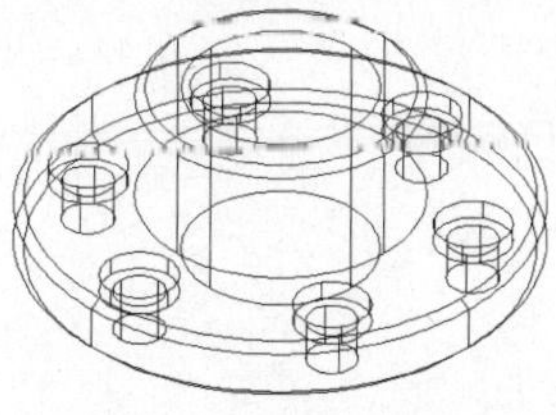

图 21-34 倒角结果

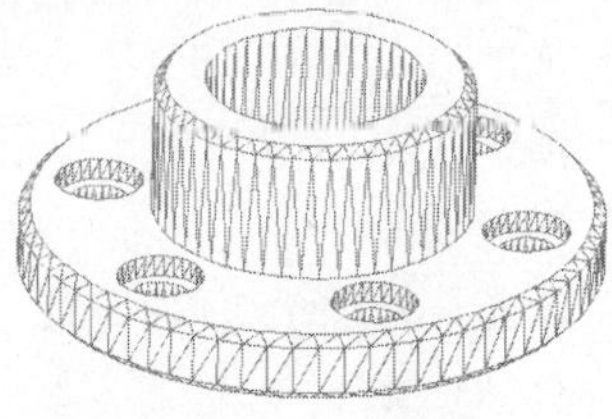

图 21-35 消隐结果

⓬选择菜单【视图】|【视觉样式】|【概念】命令，对法兰盘模型进行着色，最终结果如图 21-27 所示。

⓭最后使用【保存】命令将模型存储为“法兰盘.dwg”。

21.4 拨叉轮立体造型

本例通过制作如图 21-36 所示的拨叉轮立体造型，主要对【面域】、【差集】、【拉伸】、【真实视觉样式】等命令进行综合练习和巩固。

绘图思路

- 调用文件，并设置绘图环境。
- 使用【直线】、【圆】、【修剪】等命令完善平面图。
- 使用【面域】命令将俯视图轮廓转换成面域。
- 使用【差集】命令创建中间的键槽。
- 使用【拉伸】命令将差集后的面域拉伸为三维实体。
- 使用【真实视觉样式】命令对模型进行着色。
- 最后使用【保存】命令将模型存盘。

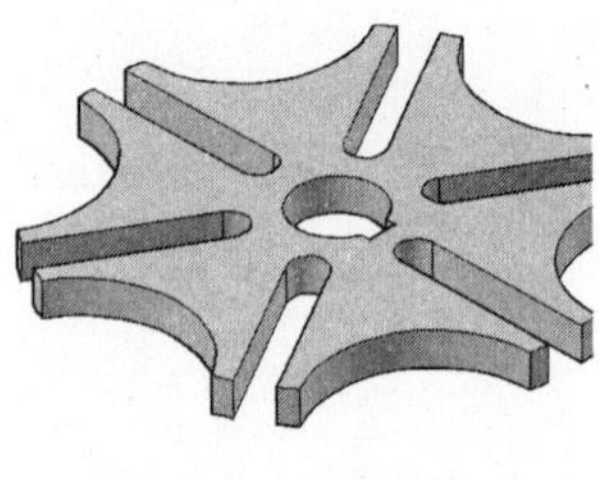

图 21-36　本例效果

操作步骤

❶打开随书光盘中的"素材文件\拔叉轮.dwg"，如图 21-37 所示。

❷使用【圆】、【直线】、【偏移】、【修剪】等命令，绘制如图 21-38 所示的键槽轮廓图，并删除多余图形。

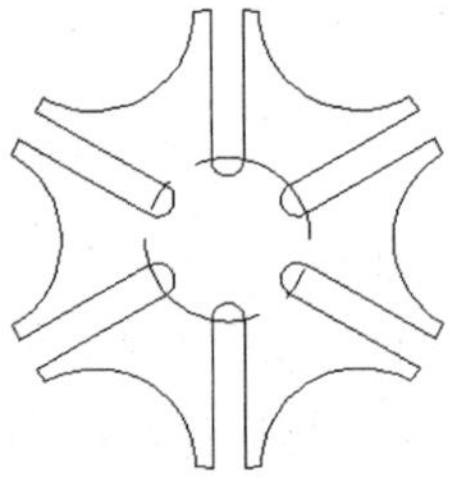

图 21-37　打开图形

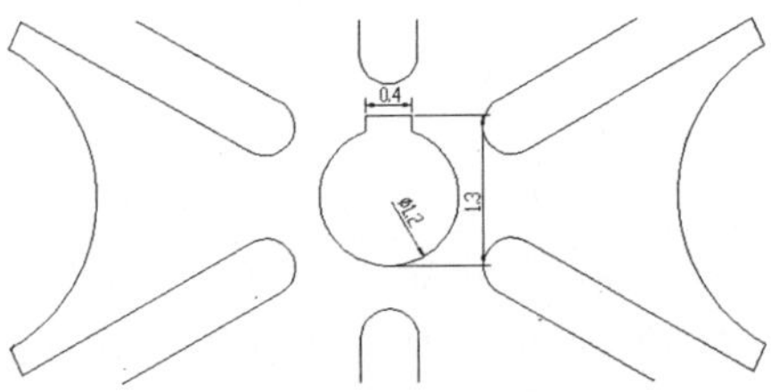

图 21-38　绘制结果

❸选择菜单【绘图】|【面域】命令，将图 21-38 所示的轮廓线创建为两个面域。

❹选择菜单【修改】|【实体编辑】|【差集】命令，将刚创建的两个面域进行差集运算。命令行操作如下：

```
命令: _subtract
    选择要从中减去的实体或面域...
    选择对象:                          //选择外部的大面域
    选择对象:                          // Enter，结束选择
    选择要减去的实体或面域 ..
    选择对象:                          //选择内部的小面域
    选择对象:                          // Enter，结束命令。
```

❺选择菜单【视图】|【三维视图】|【西南等轴测】命令，将当前视图切换为西南视图，结果如图 21-39 所示。

❻选择菜单【绘图】|【建模】|【拉伸】命令，将差集后的面域拉伸为三维实体。命令行操作如下：

```
命令: _extrude
    当前线框密度:  ISOLINES=4
    选择要拉伸的对象:                          //选择差集后的面域
```

选择要拉伸的对象: // Enter，结束对象的选择

指定拉伸的高度或 [方向(D)/路径(P)/倾斜角(T)] <10.0>:

//0.5 Enter，结束命令，拉伸结果如图 21-40 所示

❼选择菜单【视图】|【三维视图】|【东北等轴测】命令，将当前视图切换为东北视图。

❽修改模型的颜色为 254 号色。

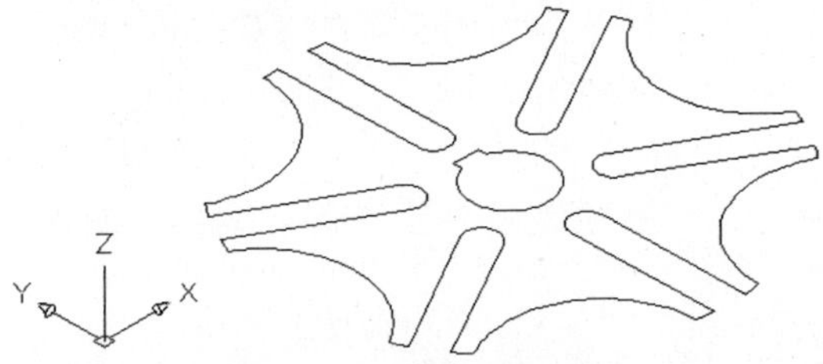

图 21-39 切换西南视图

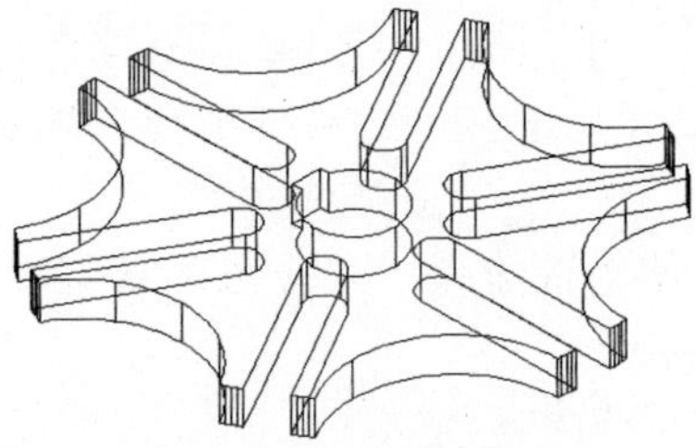

图 21-40 拉伸结果

❾选择菜单【视图】|【视觉样式】|【概念】命令，对模型进行概念着色，最终结果如图 21-36 所示。

❿最后执行【保存】命令将模型存储为“拨叉轮.dwg”。

21.5 曲连杆立体造型

本章通过制作如图 21-41 所示的曲连杆零件立体造型，主要对【多段线】、【编辑多段线】、【拉伸】、【UCS】、【圆柱体】、【差集】、【圆角】、【直实视觉样式】等命令进行综合练习和巩固。

绘图思路

图 21-41 本例效果

- 新建文件，并设置绘图环境。
- 使用【多段线】和【编辑多段线】命令创建连杆曲线。
- 使用【UCS】和【矩形】命令创建连杆截面。
- 使用【拉伸】和【圆柱体】命令创建曲柄连杆模型。
- 使用【并集】、【差集】和【圆角】命令对曲柄连杆模型进行编辑和细化。
- 使用【管理视觉样式】和【真实视觉样式】命令对模型进行着色。
- 最后使用【保存】命令将图形命名存盘。

操作步骤

❶快速创建空白文件。

❷使用快捷键“OP”激活【选项】命令，打开【选项】对话框，设置图形窗口的背景色为白色，如图 21-2 所示。

❸单击【视图】工具栏上的按钮，将当前视图切换为西南视图。

❹使用快捷键“PL”激活【多段线】命令，绘制如图 21-42 所示的多段线。命令行操作如下：

```
命令: pl                                    // Enter，激活【多段线】命令
    PLINE  指定起点:                        //0,0 Enter
    当前线宽为 0.0
    指定下一个点或 [圆弧(A)/半宽(H)/长度(L)/放弃(U)/宽度(W)]:                    //180,50 Enter
    指定下一点或 [圆弧(A)/闭合(C)/半宽(H)/长度(L)/放弃(U)/宽度(W)]:            //@-20,-180 Enter
    指定下一点或 [圆弧(A)/闭合(C)/半宽(H)/长度(L)/放弃(U)/宽度(W)]:            //@240,50 Enter
    指定下一点或 [圆弧(A)/闭合(C)/半宽(H)/长度(L)/放弃(U)/宽度(W)]:
                                            // Enter，绘制结果如图 21-42 所示
```

❺使用快捷键“PE”激活【编辑多段线】命令，对刚绘制的多段线进行编辑。命令行操作如下：

```
命令: pe                                    // Enter，激活命令
    PEDIT 选择多段线或 [多条(M)]:          //选择刚绘制的多段线
    输入选项 [闭合(C)/合并(J)/宽度(W)/编辑顶点(E)/拟合(F)/样条曲线(S)/非曲线化(D)/线型生成
(L)/放弃(U)]:                               //S Enter，激活【样条曲线】选项
    输入选项 [闭合(C)/合并(J)/宽度(W)/编辑顶点(E)/拟合(F)/样条曲线(S)/非曲线化(D)/线型生成
(L)/放弃(U)]:                               // Enter，结束命令，编辑结果如图 21-43 所示
```

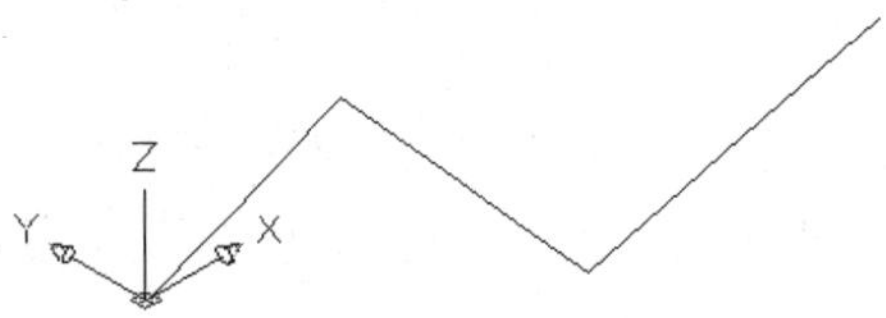

图 21-42　绘制结果

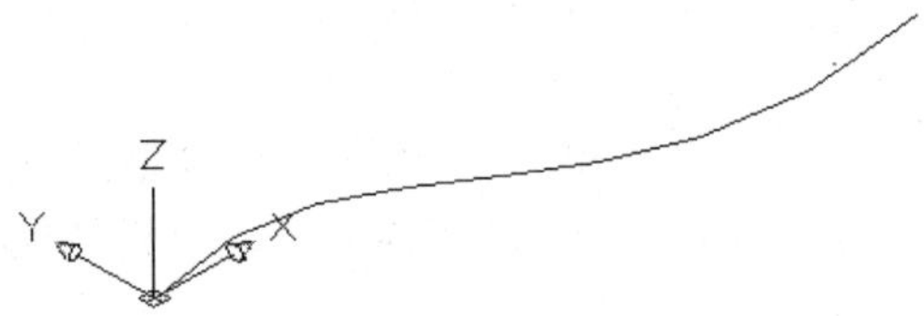

图 21-43　编辑结果

❻在命令行中输入“UCS”，将当前坐标系绕 Y 轴旋转 270°，创建新用户坐标系。命令行操作如下：

```
命令: ucs                                   // Enter，激活命令
    指定 UCS 的原点或 [面(F)/命名(NA)/对象(OB)/上一个(P)/视图(V)/世界(W)/X/Y/Z/Z 轴(ZA)]
<世界>:                                     //y Enter，指定旋转轴
    指定绕 Y 轴的旋转角度 <90.0>:  //270 Enter，结果如图 21-44 所示
```

❼选择菜单【绘图】|【矩形】命令，以当前坐标系的原点为中心点，绘制矩形截面。命令行操作如下：

```
命令: _rectang
    指定第一个角点或 [倒角(C)/标高(E)/圆角(F)/厚度(T)/宽度(W)]:  //-30,15 Enter
    指定另一个角点或 [面积(A)/尺寸(D)/旋转(R)]:   //30,-15 Enter，绘制结果如图 21-45 所示
```

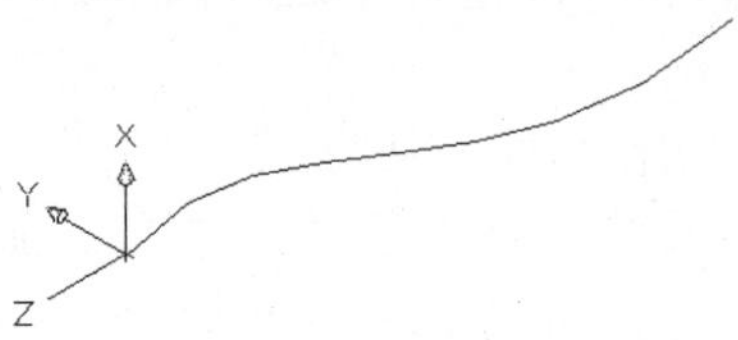

图 21-44　新建坐标系

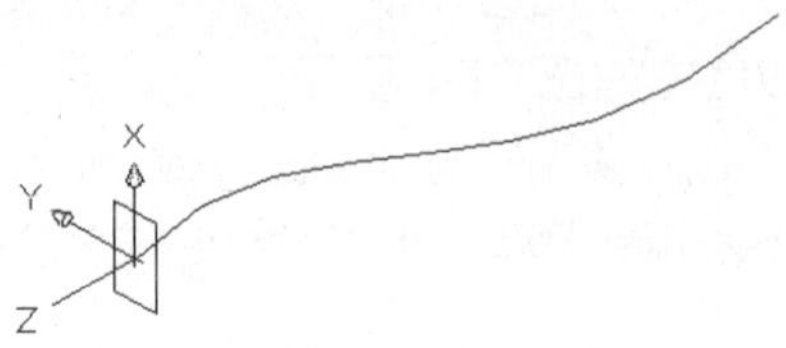

图 21-45　绘制矩形

❽单击【建模】工具栏上的按钮，激活【拉伸】命令，将矩形放样为三维实体。命令行操作如下：

```
命令: _extrude
    当前线框密度:  ISOLINES=4
    选择要拉伸的对象:                                     //选择矩形
    选择要拉伸的对象:                                     // Enter，结束选择
    指定拉伸的高度或 [方向(D)/路径(P)/倾斜角(T)] <10.0>:  //P Enter，激活【路径】选项
    选择拉伸路径或 [倾斜角(T)]:
                                                          //选择编辑后的多段线，结果创建了
                                                          如图 21-46 所示的实体模型
```

❾将当前坐标系绕 Y 轴旋转 90º，创建如图 21-47 所示的坐标系。

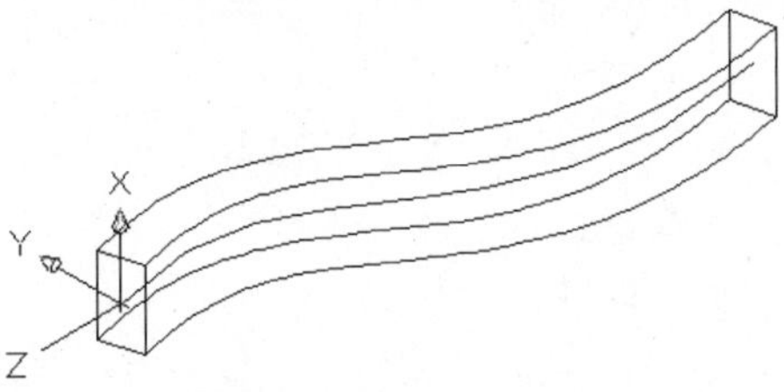

图 21-46　拉伸放样

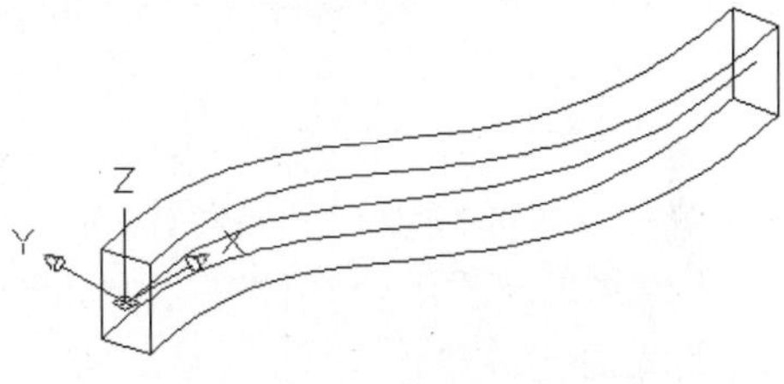

图 21-47　创建用户坐标系

❿选择菜单【绘图】|【建模】|【圆柱体】命令，创建同心圆柱体。命令行操作如下：

```
命令: _cylinder
    指定底面的中心点或 [三点(3P)/两点(2P)/切点、切点、半径(T)/椭圆(E)]:  //0,0,-45 Enter
    指定底面半径或 [直径(D)]:                          //70 Enter
    指定高度或 [两点(2P)/轴端点(A)] <-32.0>:           //90 Enter
    命令: cylinder                                     // Enter，重复执行命令
    指定底面的中心点或 [三点(3P)/两点(2P)/切点、切点、半径(T)/椭圆(E)]:
                                                       //捕捉圆柱体下底面圆心
    指定底面半径或 [直径(D)]:                          //40 Enter
    指定高度或 [两点(2P)/轴端点(A)] <-90.0>:           //90 Enter，创建结果如图 21-48 所示
```

⓫使用快捷键“CO”激活【复制】命令，选择刚创建的同心圆柱体进行复制，基点为原点，目标点为多段线右侧端点，结果如图 21-49 所示。

⓬选择菜单【修改】|【缩放】命令，选择复制出的同心圆柱体进行缩放。命令行操作如下：

```
命令: _scale
    选择对象:                                  //选择刚复制出的同心圆柱体
    选择对象:                                  // Enter，结束选择
    指定基点:                                  //捕捉多段线右端点
    指定比例因子或 [复制(C)/参照(R)] <1.0>:
                                               //0.8 Enter，结束命令，缩放结果如图 21-50 所示
```

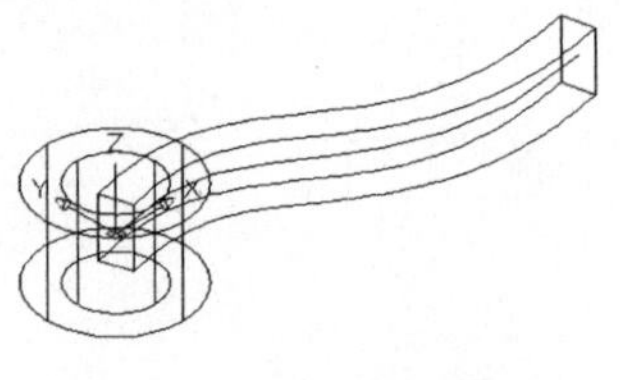

图 21-48　创建圆柱体

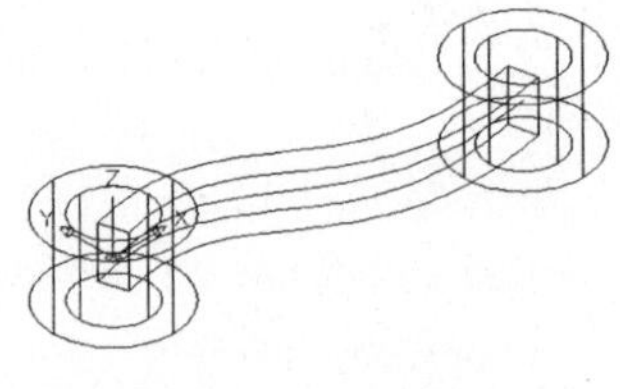

图 21-49　复制结果

⑬单击【实体编辑】工具栏上的按钮，激活【并集】命令，选择两个外侧的圆柱体和拉伸实体进行合并，结果如图 21-51 所示。

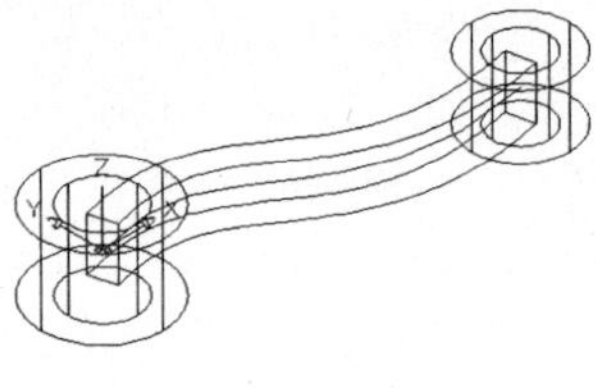

图 21-50　缩放结果

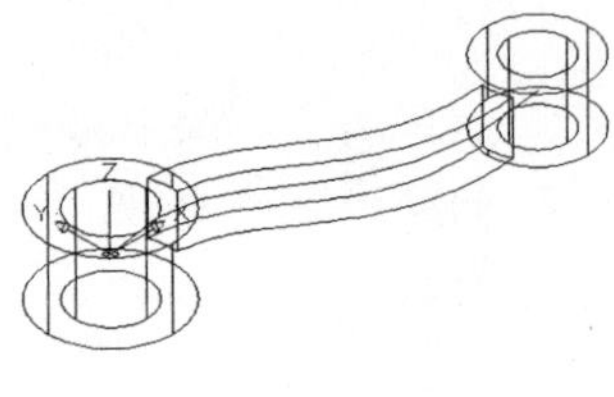

图 21-51　并集运算

⑭单击【实体编辑】工具栏上的按钮，激活【差集】命令，选择并集后的组合实体减掉内部的两个圆圆柱体，创建连杆两端的圆孔。

⑮使用快捷键“F”激活【圆角】命令，将圆角半径设置为 2.5，分别选择连杆的 4 条棱边进行圆角，结果如图 21-52 所示。

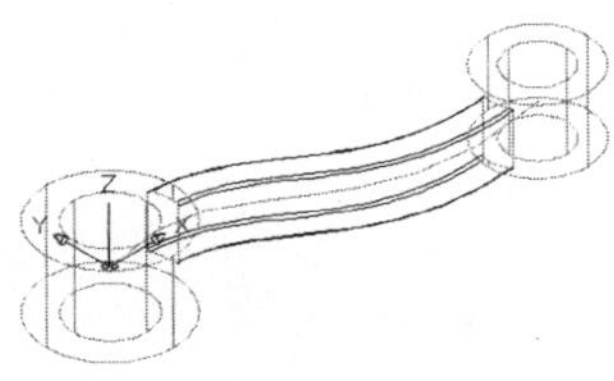

图 21-52　圆角结果

⑯修改系统变量 FACETRES 的值为 5，修改模型的颜色为 254 号色。

⑰选择菜单【视图】|【视觉样式】|【真实】命令，对模型进行着色，最终显示结果如图 21-41 所示。

⑱最后使用【保存】命令将模型存储为“连杆.dwg”。

21.6 轴底座立体造型

本例通过制作如图 21-53 所示的轴底座零件立体造型，主要对【长方体】、【圆柱体】、【三维阵列】、【差集】、【圆角】、【概念视觉样式】等命令进行综合练习和巩固。

绘图思路

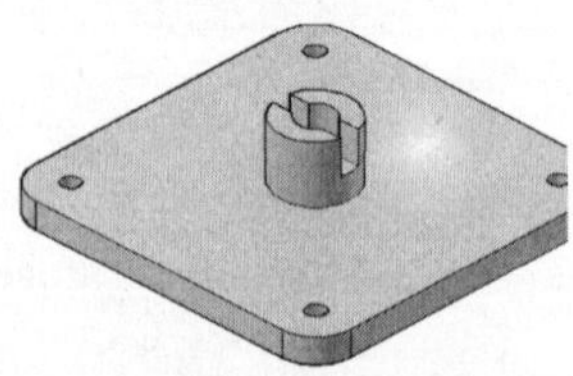

图 21-53　本例效果

- 新建文件，并设置绘图环境。
- 使用【长方体】和【圆柱体】命令创建底座。
- 使用【差集】命令创建底座孔。
- 综合使用【长方体】和【差集】命令制作顶部切口。
- 使用【圆角】命令对轴底座模型进行细化。
- 使用【管理视觉样式】和【概念视觉样式】命令对模型进行着色。
- 最后使用【保存】命令将图形命名存盘。

操作步骤

❶快速创建空白文件。

❷使用快捷键“OP”激活【选项】命令，打开【选项】对话框，设置图形窗口的背景色为白色，如图 21-2 所示。

❸将当前视图切换到西南视图

❹选择菜单【绘图】|【实体】|【长方体】命令，创建如图 21-54 所示的长方体模型。命令行操作如下：

```
命令: _box
    指定第一个角点或 [中心(C)]:                //0,0 Enter
    指定其他角点或 [立方体(C)/长度(L)]:        //l Enter
    指定长度:                                  //180 Enter
    指定宽度:                                  //180 Enter
    指定高度或 [两点(2P)]:                     //15 Enter，创建结果如图 21-54 所示
```

❺选择菜单【绘图】|【建模】|【圆柱体】命令，创建如图 21-55 所示的圆柱体。命令行操作如下：

```
命令: _cylinder
    指定底面的中心点或 [三点(3P)/两点(2P)/切点、切点、半径(T)/椭圆(E)]>:
                                               //20,20,0 Enter
    指定底面半径或 [直径(D)]:                  //5 Enter
    指定高度或 [两点(2P)/轴端点(A)]:           //15 Enter，创建结果如图 21-55 所示
```

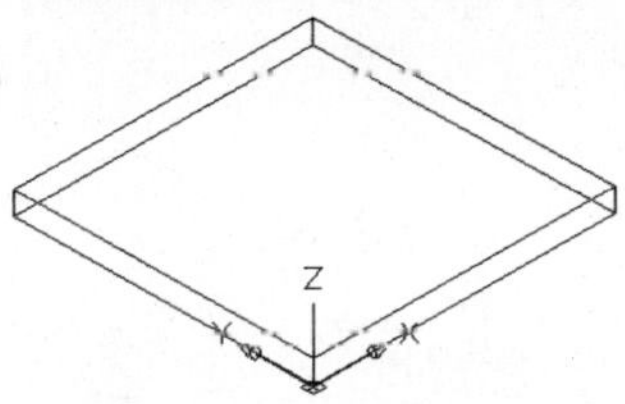

图 21 54 创建长方体

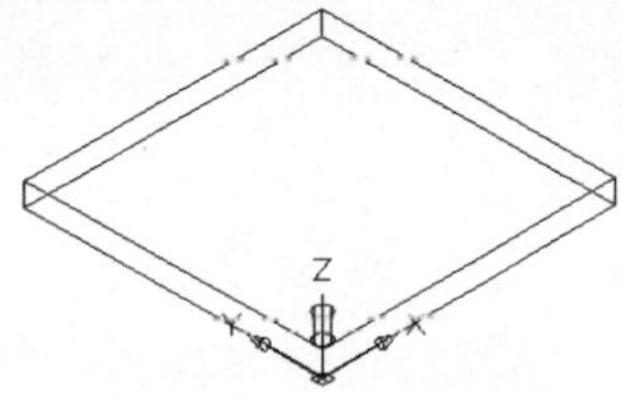

图 21-55 创建圆柱体

❻选择菜单【修改】|【三维操作】|【三维阵列】命令，选择刚创建的圆柱体进行阵列复制。命令行操作如下：

```
命令: _3darray
    正在初始化... 已加载 3DARRAY。
    选择对象:                                  //选择刚创建的圆柱体模型
    选择对象:                                  // Enter，结束选择
    输入阵列类型 [矩形(R)/环形(P)] <矩形>:     // Enter，激活【矩形】阵列方式
    输入行数 (---) <1>:                        //2 Enter
    输入列数 (|||) <1>:                        //2 Enter
    输入层数 (...) <1>:                        // Enter
    指定行间距 (---):                          //140 Enter
    指定列间距 (|||):                          //140 Enter，阵列结果如图 21-56 所示
```

❼单击【建模】工具栏上的按钮，捕捉如图 21-57 所示的长方体底面中心点作为圆柱体底面中心点，创建半径分别为 20 和 10、高度为 50 的两个圆柱体，结果如图 21-58 所示。

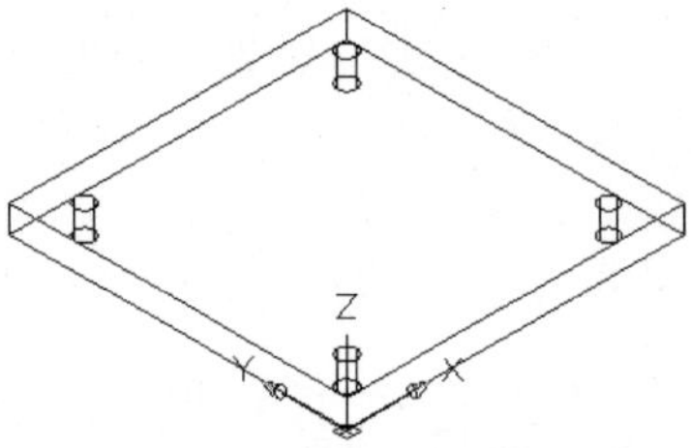

图 21-56　三维阵列

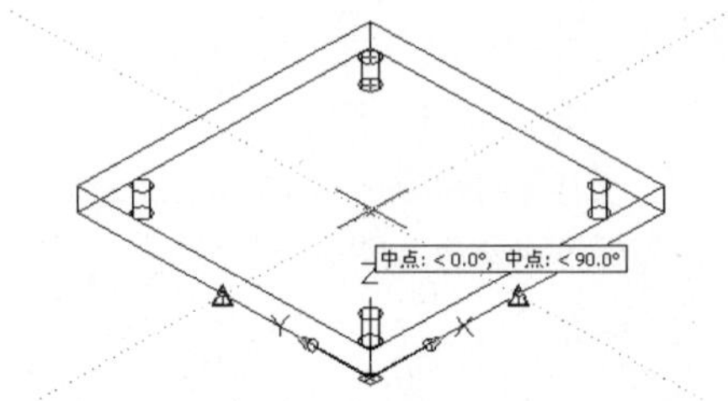

图 21-57　定位中心点

❽选择菜单【修改】|【实体编辑】|【差集】命令，对实体进行差集。命令行操作如下：

```
命令: _subtract
    选择要从中减去的实体或面域...
    选择对象:                          //选择长方体模型
    选择对象:                          //选择底面半径为 20 的大圆柱体
    选择对象:                          // Enter，结束选择
    选择要减去的实体或面域 ..
    选择对象:                          //选择其他 5 个小圆柱体
    选择对象:                          // Enter，结束命令，差集结果如图 21-59 所示
```

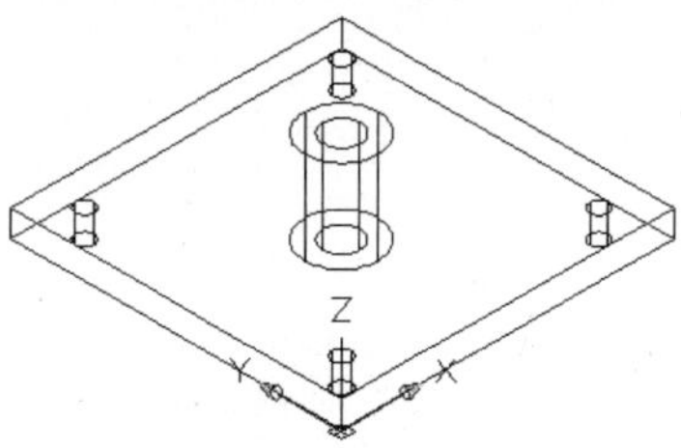

图 21-58　创建圆柱体

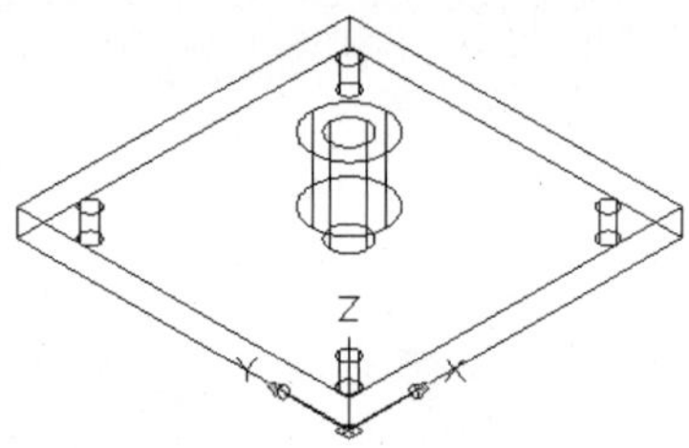

图 21-59　差集运算

❾单击【建模】工具栏上的按钮，激活【长方体】命令，以圆柱体上顶面的圆心作为中心点，创建长方体。命令行操作如下：

```
命令: _box
    指定第一个角点或 [中心(C)]:        //C Enter
    指定中心:
    指定角点或 [立方体(C)/长度(L)]:    //l Enter
    指定长度 <100.0000>:               //100 Enter
    指定宽度 <10.0000>:                //10 Enter
    指定高度或 [两点(2P)]:             //50 Enter，创建结果如图 21-60 所示
```

❿单击【实体编辑】工具栏上的按钮，激活【差集】命令，将刚创建的长方体减掉，创建底座的切口，结果如图 21-61 所示。

⓫使用快捷键“F”激活【圆角】命令，将圆角半径设置为 20，对长方体的 4 个角进行圆角。命令行操作如下：

```
命令: f
    FILLET 当前设置: 模式 = 修剪，半径 = 0.0
    选择第一个对象或 [放弃(U)/多段线(P)/半径(R)/修剪(T)/多个(M)]:
                                    //选择图 21-61 所示的棱 1
    输入圆角半径:                      //20 Enter，设置圆角半径
    选择边或 [链(C)/半径(R)]:           //c Enter，激活【链】选项
    选择边链或 [边(E)/半径(R)]:         //选择棱 2
    选择边链或 [边(E)/半径(R)]:         //选择棱 3
    选择边链或 [边(E)/半径(R)]:         //选择棱 4，圆角结果如图 21-62 所示
```

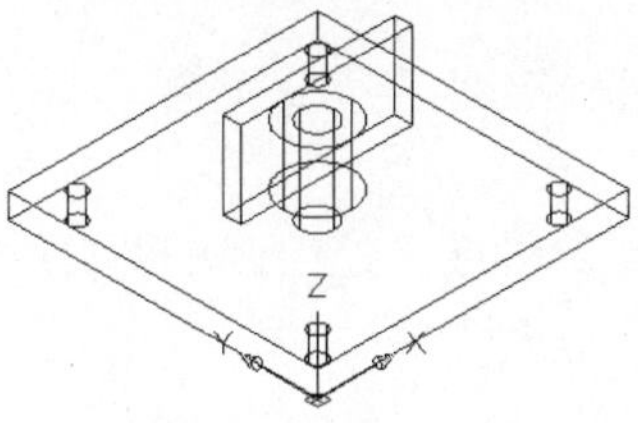

图 21-60 创建结果

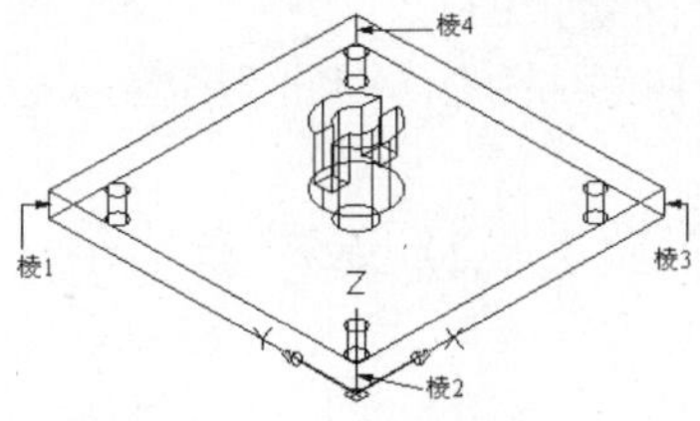

图 21-61 差集结果

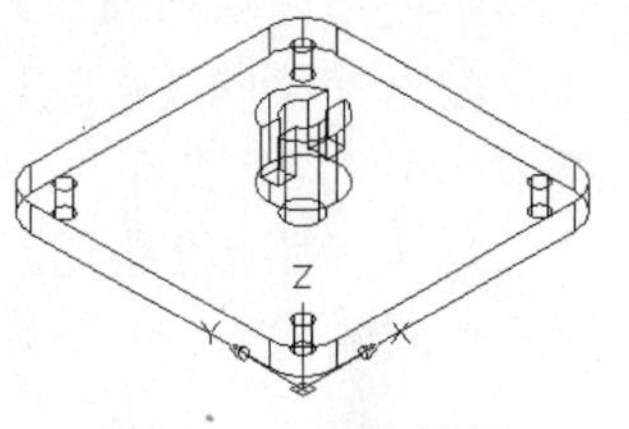

图 21-62 圆角结果

⑫修改系统变量 FACETRES 的值为 5，修改模型的颜色为 254 号色。

⑬将当前视图切换为东南等轴测视图。

⑭选择菜单【视图】|【视觉样式】|【概念】命令，对模型进行着色，最终显示结果如图 21-53 所示。

⑮最后使用【保存】命令将模型存储为“轴底座.dwg”。

21.7 柱齿轮立体造型

本例通过制作如图 21-63 所示的斜齿圆柱齿轮立体造型，主要对【编辑多段线】、【平移网格】、【直纹网格】、【边界网格】、【真实视觉样式】等命令的综合运用。

绘图思路

图 21-63 本例效果

- 新建文件，并设置绘图环境。
- 分别绘制斜齿及键槽的俯视图轮廓图。
- 使用【编辑多段线】命令将所绘制的轮廓图编辑为闭合多段线。
- 使用【平移网格】命令创建齿轮的中心孔网格。
- 使用【直纹网格】命令创建斜齿的网格模型。
- 使用【边界网格】命令创建圆柱齿轮的上下两个网格模型。
- 使用【管理视觉样式】和【真实视觉样式】命令对模型进行着色。
- 最后使用【保存】命令将图形命名存盘。

操作步骤

❶快速创建一个空白文件。

❷使用快捷键“OP”激活【选项】命令，打开【选项】对话框，设置图形窗口的背景色为白色，如图 21-2 所示。

❸使用快捷键“C”激活【圆】命令，绘制 4 个半径分别为 38、35.8、33.5 和 10 的同心圆。

❹使用【构造线】命令，绘制如图 21-64 所示的构造线作为辅助线。

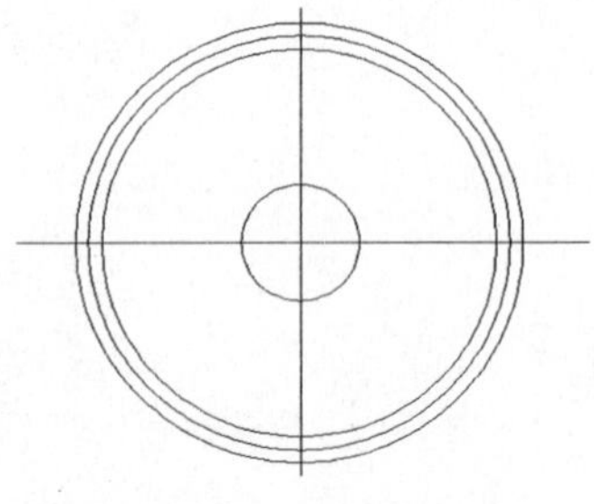

图 21-64 绘制辅助线

❺使用【窗口缩放】命令调整视图。

❻选择菜单【修改】|【偏移】命令，将水平构造线向左偏移 0.6、1.6 和 2 个绘图单位，结果如图 21-65 所示。

❼选择菜单【绘图】|【圆弧】|【三点】命令，分别在点 1、点 2 和点 3 处绘制如图 21-66 所示的圆弧。

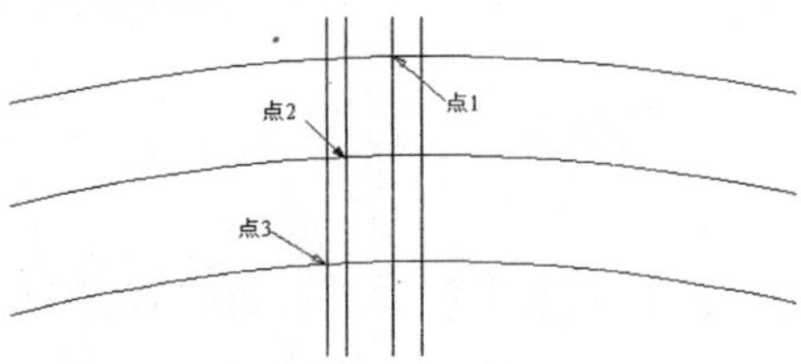

图 21-65 偏移结果

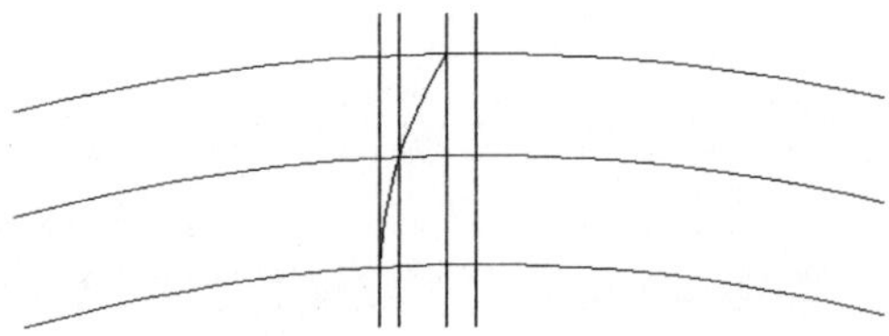

图 21-66 三点画弧

❽选择菜单【修改】|【镜像】命令，对刚绘制的圆弧进行镜像，并删除和修剪辅助线，结果如图 21-67 所示。

❾使用快捷键“AR”激活【阵列】命令，对上侧的齿轮牙进行环形阵列 36 份，阵列中心点为圆心，阵列结果如图 21-68 所示。

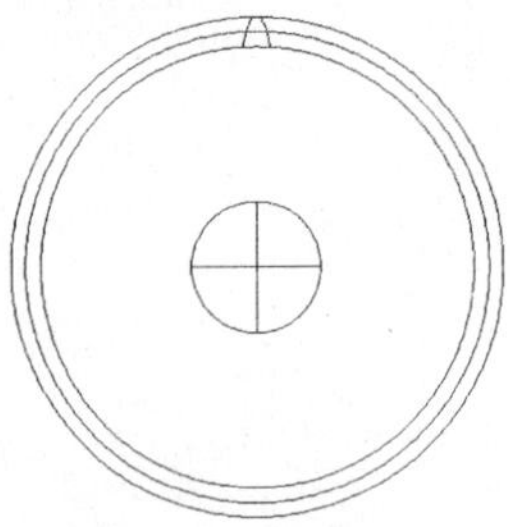

图 21-67 编辑结果

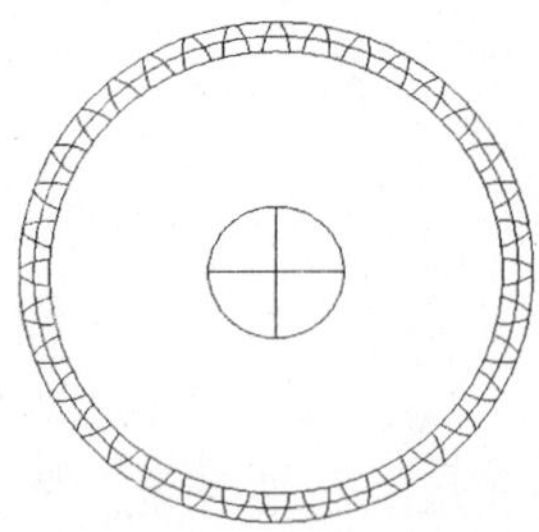

图 21-68 阵列结果

❿使用【修剪】和【删除】命令，对阵列后的图形进行编辑，结果如图 21-69 所示。

⓫综合使用【偏移】、【修剪】和【删除】命令，参照图示尺寸，绘制内部的键槽轮廓图，结果如图 21-70 所示。

⓬选择菜单【修改】|【对象】|【多段线】命令，将图 21-70 所示的轮廓图创建为两条闭合的多段线。

⓭将当前视图切换为西南视图，结果如图 21-71 所示。

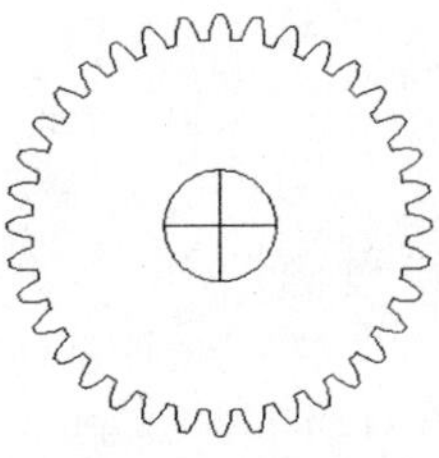
图 21-69　编辑结果

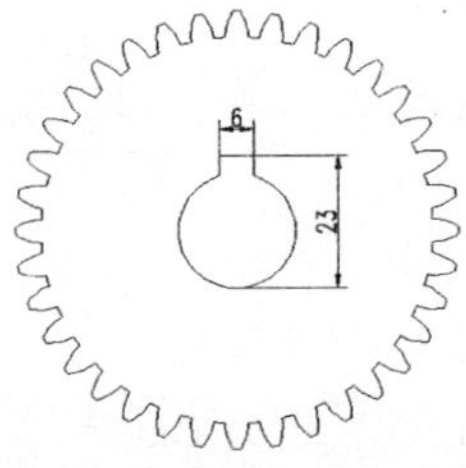

图 21-70　绘制键槽轮廓图

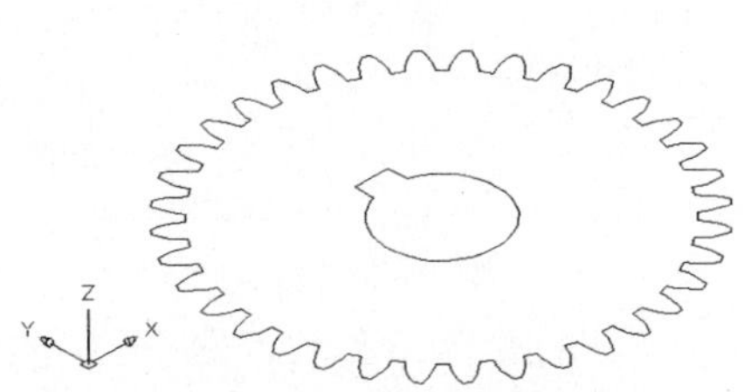

图 21-71　切换视图

⑭使用快捷键“L”激活【直线】命令，以圆的圆心为起点，以“@0,0,20”为目标点，绘制长度为 20 的垂直线段，如图 21-72 所示。

⑮分别在命令行中输入“SURFTAB1”和“SURFTAB2”，将其系统变量的值设置为 30。

⑯选择菜单【绘图】|【建模】|【网格】|【平移网格】命令，创建如图 21-73 所示的齿轮中心孔模型。命令行操作如下：

```
命令: _tabsurf
    当前线框密度: SURFTAB1=30
    选择用作轮廓曲线的对象:            //选择键槽轮廓线
    选择用作方向矢量的对象:
                                       //在垂直线侧的下侧单击左键，创建结果如图 21-73 所示
```

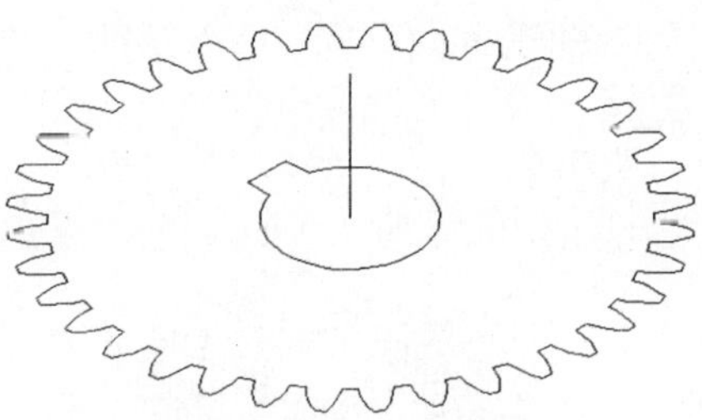
图 21-72　绘制结果

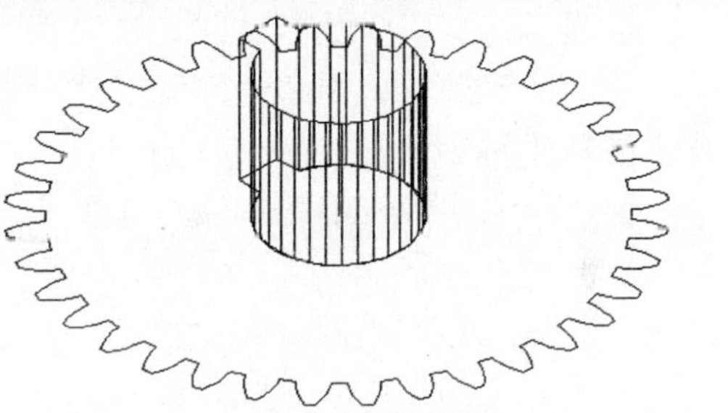
图 21-73　平移网格

⑰创建名为“网格”的新图层，把刚创建的网格放在此图层上，并关闭“网格”图层。

⑱使用快捷键“CO”激活【复制】命令，选择外侧的闭合轮廓线将其复制，基点为任一点，目标点为“@0,0,20”，复制结果如图 21-74 所示。

⑲使用快捷键“RO”激活【旋转】命令，将复制后的轮廓线旋转 6.78°，基点为垂直辅助线的上端点，结果如图 21-75 所示。

⑳在命令行中输入“SURFTAB1”，将其系统变量的值设置为 360°。

㉑选择菜单【绘图】|【网格】|【直纹网格】命令，创建直纹网格模型。命令行操作如下：

```
命令: _rulesurf
    当前线框密度: SURFTAB1=30
    选择第一条定义曲线:    //选择刚旋转后的轮廓线
    选择第二条定义曲线:
                           //选择底部的闭合轮廓线，结果创建出如图 21-76 所示的直纹网格
```

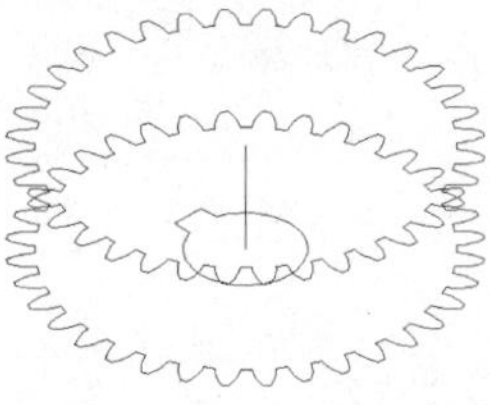

图 21-74　复制结果

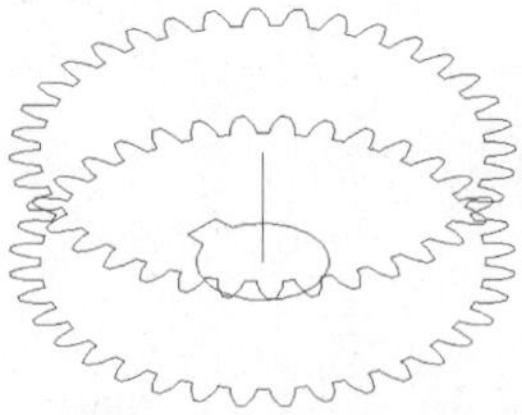

图 21-75　旋转结果

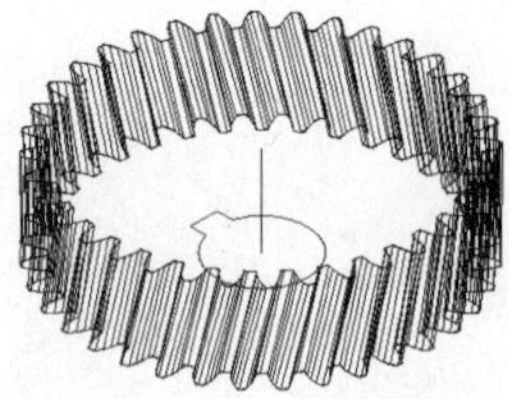

图 21-76　直纹网格

㉒选择刚创建的直纹网格，修改其图层为“网格”。

㉓使用【构造线】命令通过圆心绘制一条如图 21-77 所示的垂直辅助线。

㉔使用快捷键“BR”激活【打断】命令，以辅助线与内外轮廓线的交点作为断点，分别将内外轮廓线创建为两条多段线。

㉕重复执行【直纹网格】命令，创建如图 21-78 所示的直纹网格。

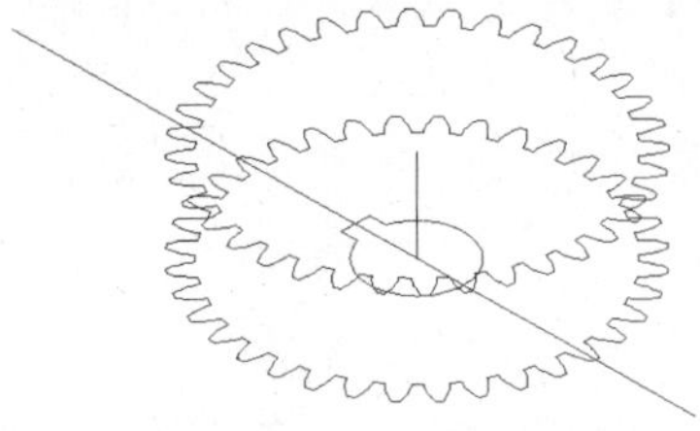

图 21-77　绘制辅助线

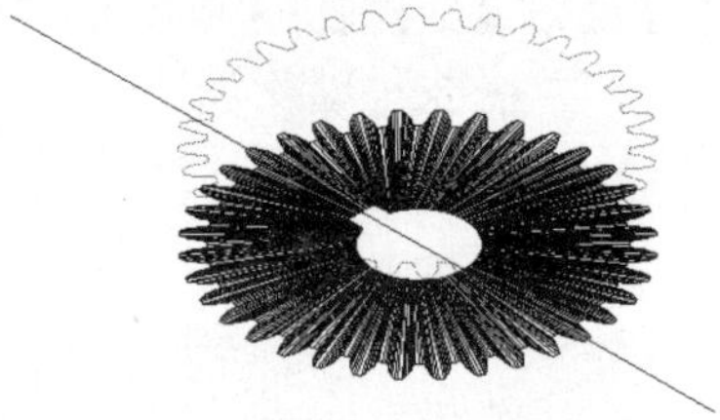

图 21-78　创建直纹网格

㉖选择刚创建的网格模型，修改其图层为“网格”。

㉗选择键槽轮廓线和辅助线进行沿当前坐标系的 Z 轴正方向移动 20 个绘图单位，结果如图 21-79 所示。

㉘参照上述操作步骤，创建如图 21-80 所示的直纹网格。

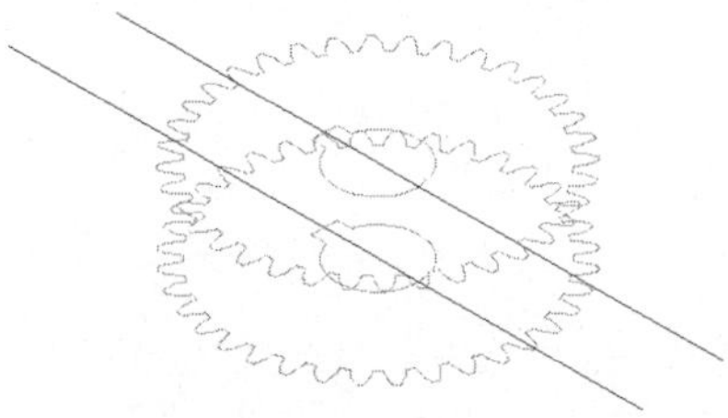

图 21-79　移动结果

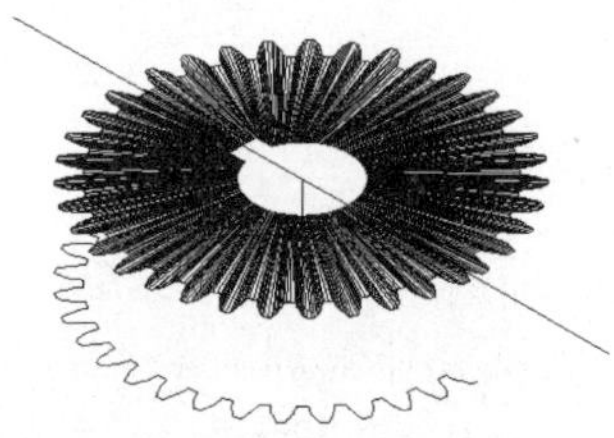

图 21-80　创建结果

㉙最后删除辅助线，并打开“网格”图层，结果如图 21-81 所示。

㉚修改模型的颜色为 254 号色，将当前视图切换为东北视图。

㉛选择菜单【视图】|【消隐】命令，对视图进行消隐显示，结果如图 21-82 所示。

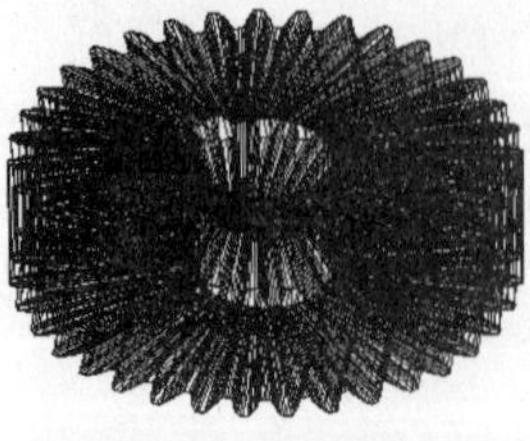

图 21-81　创建结果

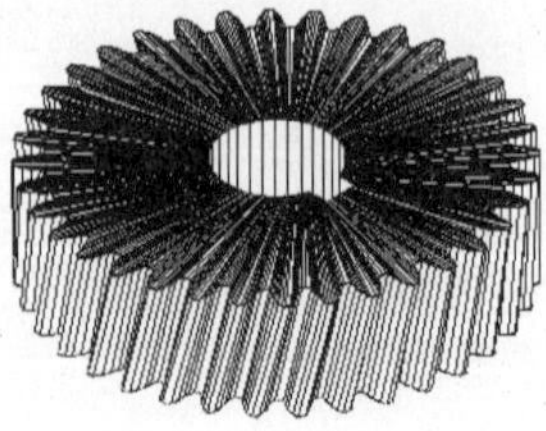

图 21-82　消隐效果

㉜选择菜单【视图】|【视觉样式】|【管理视觉样式】命令，在打开的面板中调整“真实视觉样式”的显示参数如图 21-13 所示。

㉝选择菜单【视图】|【视觉样式】|【真实】命令，对模型进行着色，最终显示结果如图 21-62 所示。

㉞最后使用【保存】命令，将图形存储为“齿轮.dwg”。

21.8 三通零件立体造型

本例通过制作如图 21-83 所示的三通零件立体造型，主要对【长方体】、【圆角】、【三维阵列】、【差集】、【拉伸】、【真实视觉样式】、【UCS】等命令进行综合练习和巩固。

绘图思路

- 调用文件，并设置绘图环境。
- 使用【长方体】、【圆角】、【三维阵列】等命令创建底板。
- 使用【圆柱体】和【差集】命令创建通孔。
- 综合使用【圆柱体】、【差集】和【UCS】命令创建接头。
- 综合使用【UCS】、【圆柱体】、【拉伸】和【差集】命令创建分支接头。
- 使用【管理视觉样式】和【真实视觉样式】命令对模型进行着色。
- 最后使用【保存】命令将图形命名存盘。

图 21-83 本例效果

操作步骤

❶快速创建空白文件。

❷使用快捷键“OP”激活【选项】命令，打开【选项】对话框，设置图形窗口的背景色为白色，如图 21-2 所示。

❸单击【视图】菜单中的【三维视图】|【西南等轴测】命令，将当前视图切换到西南视图。

❹单击【实体】工具栏上的□按钮，激活【长方体】命令，创建如图 21-84 所示的长方体。命令行操作如下：

```
命令: _box
    指定第一个角点或 [中心(C)]:          //CE Enter，激活【中心点】选项
    指定中心:                            // Enter，以原点作为中心点
    指定角点或 [立方体(C)/长度(L)]:      //L Enter，激活【长度】选项
    指定长度:                            //80 Enter
    指定宽度:                            //80 Enter
```

```
指定高度或 [两点(2P)] <100.0>:            //8 Enter，结果如图 21-84 所示
```

❺使用系统变量 ISOLINES 修改实体模型的线框密度为 20。

❻使用快捷键 F 激活【圆角】命令，对长方体的 4 条垂直棱边进行圆角。命令行操作如下：

```
命令: f                                   // Enter，激活命令
    FILLET 当前设置: 模式 = 修剪，半径 = 0.0
    选择第一个对象或 [放弃(U)/多段线(P)/半径(R)/修剪(T)/多个(M)]:
                                          //选择图 21-84 的棱 A
    输入圆角半径:                          //5 Enter，设置圆角半径
    选择边或 [链(C)/半径(R)]:              //选择棱 A
    选择边或 [链(C)/半径(R)]:              //选择棱 B
    选择边或 [链(C)/半径(R)]:              //选择棱 C
    选择边或 [链(C)/半径(R)]:              // Enter，结束命令，圆角结果如图 21-85 所示
```

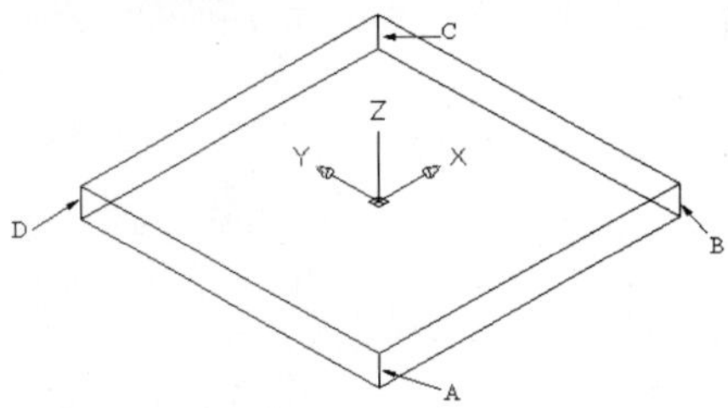

图 21-84　创建长方体

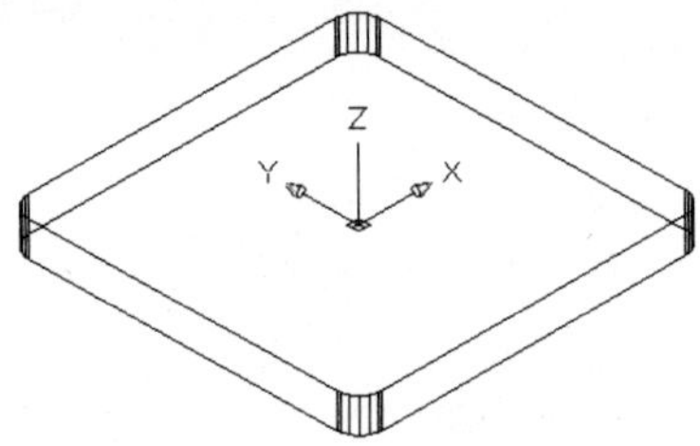

图 21-85　圆角结果

❼单击【建模】工具栏上的按钮，激活【圆柱体】命令，创建如图 21-86 所示的圆柱体。命令行操作如下：

```
命令: _cylinder
    指定底面的中心点或 [三点(3P)/两点(2P)/切点、切点、半径(T)/椭圆(E)]:
                                          //-30,-30,-4 Enter
    指定底面半径或 [直径(D)] <50.0>:        //3.5 Enter
    指定高度或 [两点(2P)/轴端点(A)] <8.0>:  //8 Enter，创建结果如图 21-86 所示
```

❽选择菜单【修改】|【三维操作】|【三维阵列】命令，选择刚创建的圆柱体进行三维阵列。命令行操作如下：

```
命令: _3darray
    正在初始化... 已加载 3DARRAY。
    选择对象:                              //选择圆柱体
    选择对象:                              // Enter，结束选择
    输入阵列类型 [矩形(R)/环形(P)] <矩形>:  // Enter，激活矩形阵列功能
    输入行数 (---) <1>:                    //2 Enter
    输入列数 (|||) <1>:                    //2 Enter
    输入层数 (...) <1>:                    // Enter
    指定行间距 (---):                      //60 Enter
    指定列间距 (|||):                      //60 Enter，阵列结果如图 21-87 所示
```

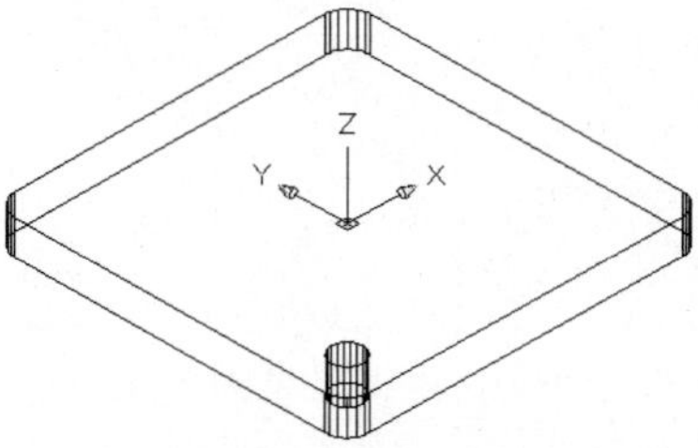

图 21-86　创建圆柱体

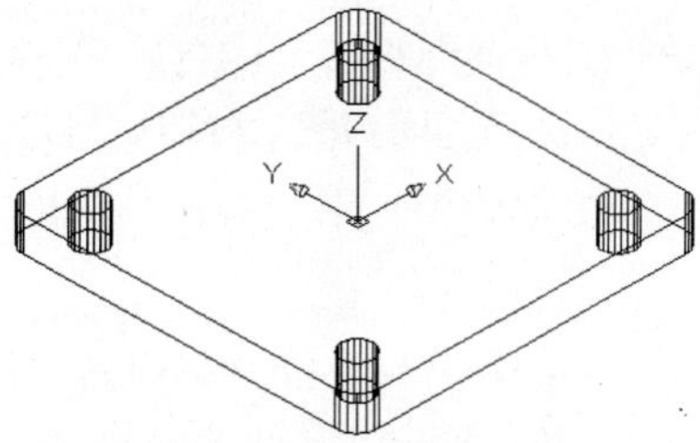

图 21-87　矩形阵列

❾选择菜单【修改】|【实体编辑】|【差集】命令，对各实体进行差集，创建底板上的螺孔。命令行操作如下：

```
命令: _subtract
    选择要从中减去的实体或面域...
    选择对象:                        //选择长方体模型
    选择对象:                        // Enter，结束选择
    选择要减去的实体或面域 ..
    选择对象:                        //选择圆柱体模型
    选择对象:                        // Enter，结束命令，结果如图 21-88 所示
```

❿单击【建模】工具栏上的按钮，激活【圆柱体】命令，创建同心圆柱体。命令行操作如下：

```
命令: _cylinder
    指定底面的中心点或 [三点(3P)/两点(2P)/切点、切点、半径(T)/椭圆(E)]:
                                             //0,0,-4 Enter
    指定底面半径或 [直径(D)] <98.0>:          //d Enter，激活【直径】选项
    指定直径 <196.1>:                         //40 Enter
    指定高度或 [两点(2P)/轴端点(A)] <182.9>:   //40 Enter
    命令: cylinder                            // Enter，重复执行此命令
    指定底面的中心点或 [三点(3P)/两点(2P)/切点、切点、半径(T)/椭圆(E)]: //0,0,-4 Enter
    指定底面半径或 [直径(D)] <20>:            //d Enter
    指定直径 <40>:                            //28 Enter
    指定高度或 [两点(2P)/轴端点(A)] <40>:     //40 Enter，创建结果如图 21-89 所示
```

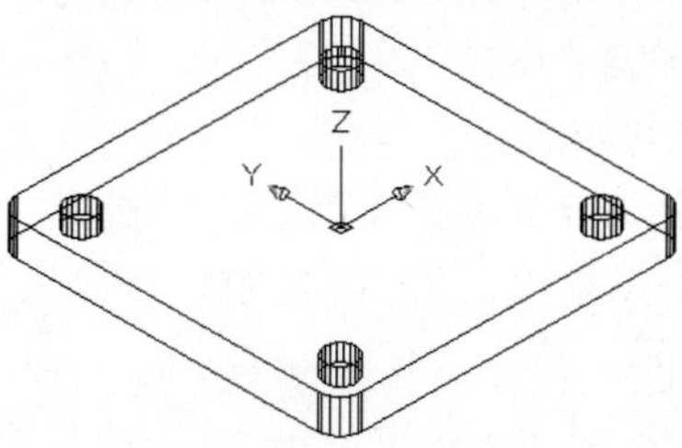

图 21-88　差集结果

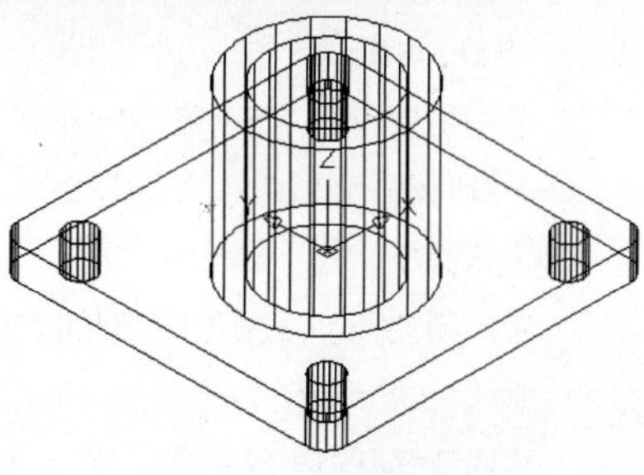

图 21-89　创建圆柱体

⓫选择菜单【修改】|【实体编辑】|【差集】命令，对刚创建的两个圆柱体进行差集。命令行操作如下：

```
命令: _subtract
    选择要从中减去的实体或面域...
    选择对象:                                    //选择大圆柱体
    选择对象:                                    //Enter，结束选择
    选择要减去的实体或面域 ..
    选择对象:                                    //选择小圆柱体
    选择对象:                                    //Enter，结束命令
```

⑫选择菜单【修改】|【实体编辑】|【并集】命令，对底板模型和通孔模型进行合并，结果如图 21-90 所示。

⑬在命令行中输入“UCS”，创建如图 21-91 所示的用户坐标系。命令行操作如下：

```
命令: ucs                                        //Enter，激活命令
    当前 UCS 名称: *世界*
    指定 UCS 的原点或 [面(F)/命名(NA)/对象(OB)/上一个(P)/视图(V)/世界(W)/X/Y/Z/Z 轴(ZA)]
<世界>:                                          // 0,0,36 Enter
    指定 X 轴上的点或 <接受>:                     //Enter，结果如图 21-91 所示
```

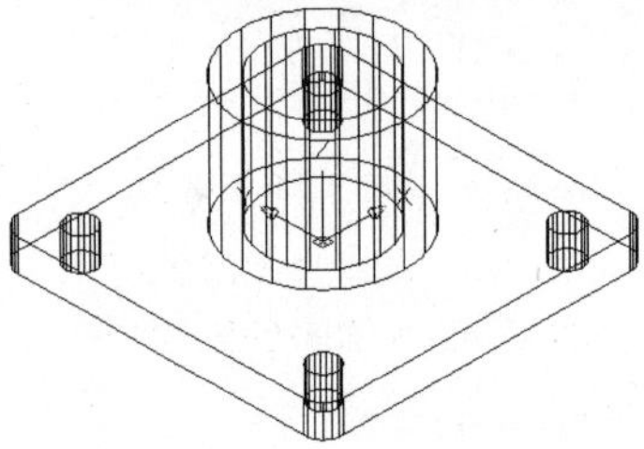

图 21-90　并集操作

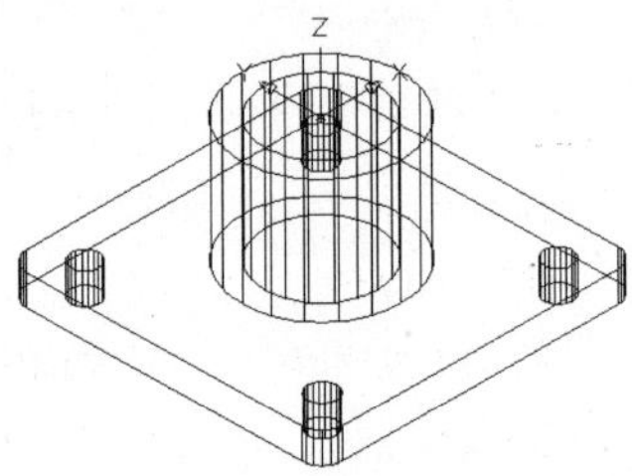

图 21-91　移动坐标系

⑭单击【实体】工具栏上的▢按钮，创建如图 21-92 所示的圆柱体。命令行操作如下：

```
命令: _cylinder
    指定底面的中心点或 [三点(3P)/两点(2P)/切点、切点、半径(T)/椭圆(E)]>:
                                                 //Enter，以原点作为中心点
    指定底面半径或 [直径(D)]:                     //d Enter，激活【直径】选项
    指定直径:                                     //40 Enter
    指定高度或 [两点(2P)/轴端点(A)] <182.9>:       //73 Enter
    命令: cylinder                                //Enter，重复执行此命令
    指定底面的中心点或 [三点(3P)/两点(2P)/切点、切点、半径(T)/椭圆(E)]>: //Enter
    指定底面半径或 [直径(D)]:                     //d Enter
    指定直径:                                     //48 Enter
    指定高度或 [两点(2P)/轴端点(A)] <73>:          //62 Enter
    命令: cylinder                                //Enter，重复执行此命令
    指定底面的中心点或 [三点(3P)/两点(2P)/切点、切点、半径(T)/椭圆(E)]>: //0,0,62 Enter
    指定底面半径或 [直径(D)]:                     //d Enter
    指定直径:                                     //80 Enter
    指定高度或 [两点(2P)/轴端点(A)] <62>:          //8 Enter
```

```
命令: cylinder                                                    // Enter，重复执行此命令
    指定底面的中心点或 [三点(3P)/两点(2P)/切点、切点、半径(T)/椭圆(E)]: //0,0,70 Enter
    指定底面半径或 [直径(D)]:                                       //d Enter
    指定直径:                                                      //52 Enter
    指定高度或 [两点(2P)/轴端点(A)] <8>:                             //3 Enter，结果如图 21-92 所示
```

⑮重复执行【圆柱体】命令，创建螺孔圆柱体。命令行操作如下：

```
命令: _cylinder
    指定底面的中心点或 [三点(3P)/两点(2P)/切点、切点、半径(T)/椭圆(E)]:    //33,0,62 Enter
    指定底面半径或 [直径(D)]:                                       //d Enter，激活【直径】选项
    指定底面直径:                                                   //7 Enter
    指定高度或 [两点(2P)/轴端点(A)] <3>:                             //8 Enter，结果如图 21-93 所示
```

⑯选择菜单【修改】|【三维操作】|【三维阵列】命令，对刚创建的螺孔圆柱进行环形阵列。命令行操作如下：

```
命令: _3darray
    选择对象:                                                      //选择螺孔圆柱体
    选择对象:                                                      // Enter，结束选择
    输入阵列类型 [矩形(R)/环形(P)] <矩形>:                            //P Enter，激活【矩形】选项
    输入阵列中的项目数目:                                            //4 Enter，设置阵列数目
    指定要填充的角度 (+=逆时针, -=顺时针) <360>:                      // Enter，设置阵列角度
    旋转阵列对象？ [是(Y)/否(N)] <是>:                               // Enter，设置旋转模式
    指定阵列的中心点:                                                //0,0,62 Enter
    指定旋转轴上的第二点:                                            //0,0,70 Enter，结果如图 21-94 所示
```

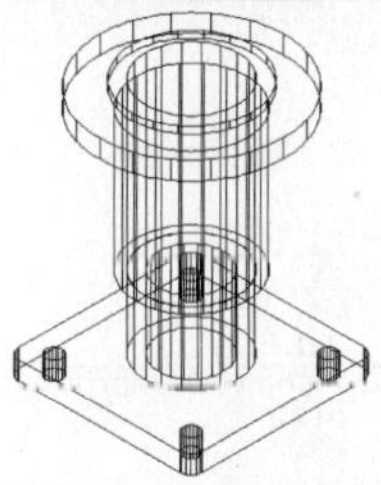

图 21-92 创建柱体

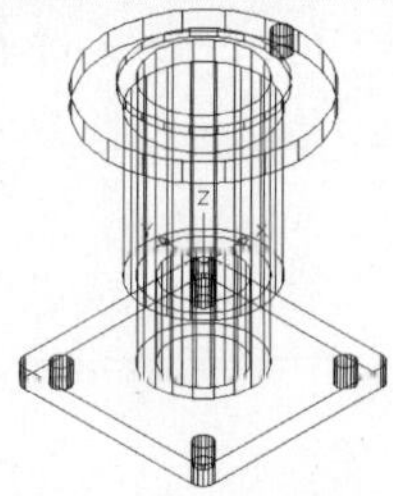

图 21-93 创建螺孔

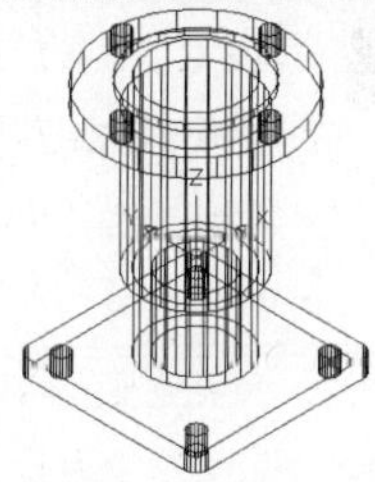

图 21-94 阵列结果

⑰选择菜单【修改】|【实体编辑】|【差集】命令，对刚创建的两个圆柱体进行差集。命令行操作如下：

```
命令: _subtract
    选择要从中减去的实体或面域...
    选择对象:                              //选择高度分别为 62 的圆柱体
    选择对象:                              //选择高度分别为 8 的圆柱体
    选择对象:                              //选择高度分别为 3 的圆柱体
    选择对象:                              // Enter，结束选择
    选择要减去的实体或面域 ..
    选择对象:                              //选择高度为 73 的圆柱体
```

选择对象:　　　　　　　　//选择 4 个螺孔圆柱体
选择对象:　　　　　　　　// Enter，结束命令。

⑱执行【圆柱体】命令，以当前坐标系的原点作为底面圆心，创建底面半径为 40、高度为 100 的圆柱体。

⑲在命令行中输入“UCS”，创建新的用户坐标系。命令行操作如下：

命令: ucs　　　　　　　　// Enter，激活命令
指定 UCS 的原点或 [面(F)/命名(NA)/对象(OB)/上一个(P)/视图(V)/世界(W)/X/Y/Z/Z 轴(ZA)] <世界>:　　//X Enter，激活【X】选项
指定绕 X 轴的旋转角度 <90.0>:　　// Enter，采用系统默认设置
命令:　　　　　　　　// Enter，重复执行此命令
指定 UCS 的原点或 [面(F)/命名(NA)/对象(OB)/上一个(P)/视图(V)/世界(W)/X/Y/Z/Z 轴(ZA)] <世界>:　　//0,31,0 Enter
指定 X 轴上的点或 <接受>:　　// Enter，结束命令，创建结果如图 21-95 所示

⑳选择菜单【绘图】|【建模】|【圆柱体】命令，创建圆柱体。命令行操作如下：

命令: _cylinder
指定底面的中心点或 [三点(3P)/两点(2P)/切点、切点、半径(T)/椭圆(E)]>:　　// Enter
指定底面半径或 [直径(D)]:　　//d Enter，激活【直径】选项
指定底面直径:　　//40 Enter
指定高度或 [两点(2P)/轴端点(A)]:　　//45 Enter
命令: cylinder　　// Enter，重复执行此命令
指定底面的中心点或 [三点(3P)/两点(2P)/切点、切点、半径(T)/椭圆(E)]>:　　// Enter
指定底面半径或 [直径(D)]:　　//d Enter，激活【直径】选项
指定底面直径:　　//30 Enter
指定高度或 [两点(2P)/轴端点(A)]:　　//45 Enter，结果如图 21-96 所示

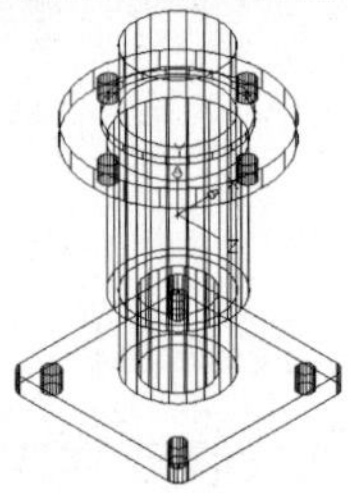
图 21-95　创建坐标系

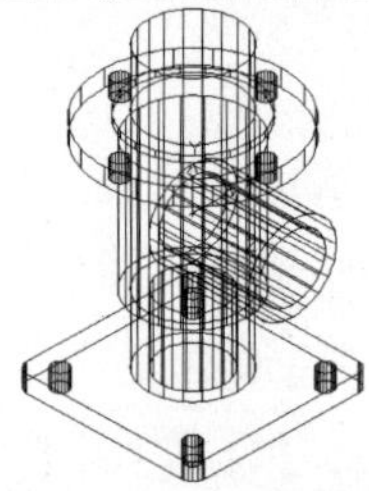
图 21-96　创建圆柱体

㉑选择菜单【修改】|【实体编辑】|【差集】命令，对刚创建的 3 个圆柱体进行差集，命令行操作如下：

命令: _subtract
选择要从中减去的实体或面域...
选择对象:　　　　　　　　//选择底面直径为 40、高度 45 的圆柱体
选择对象:　　　　　　　　//选择上端接头的组合实体
选择对象:　　　　　　　　// Enter，结束选择
选择要减去的实体或面域 ..

```
选择对象:                        //选择底面直径为 30、高度 45 的圆柱体
选择对象:                        //选择高度为 100 的圆柱体
选择对象:                        // Enter，结束命令，结果如图 21-97 所示
```

㉒在命令行中输入“UCS”，将当前用户坐标系进行位移，目标点为“0,0,45”，结果如图 21-98 所示。

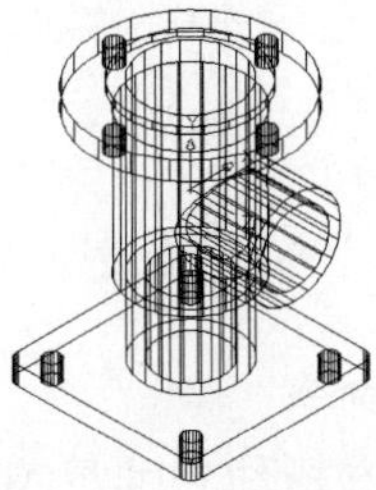

图 21-97　差集操作

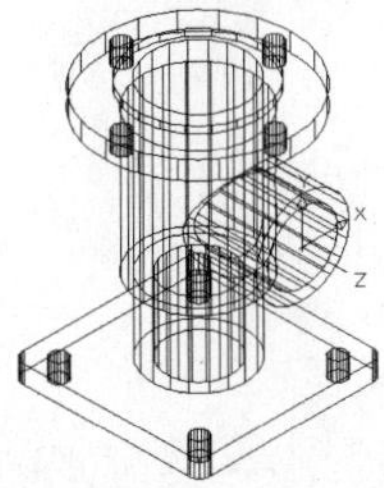

图 21-98　移动坐标系

㉓修改模型的颜色为 254 号色，然后选择菜单【视图】|【视觉样式】|【真实】命令，对当前实体进行体着色。

㉔使用快捷键“C”激活【圆】命令，分别绘制直径为 50、30、24 和 13 的圆。命令行操作如下：

```
命令: c                                  // Enter，激活命令
CIRCLE 指定圆的圆心或 [三点(3P)/两点(2P)/切点、切点、半径(T)]:  //0,0,0 Enter
指定圆的半径或 [直径(D)]:                 //d Enter
指定圆的直径:                            //50 Enter
命令: circle                             // Enter，重复执行此命令
指定圆的圆心或 [三点(3P)/两点(2P)/切点、切点、半径(T)]:  //0,0,0 Enter
指定圆的半径或 [直径(D)] <25.0>:          //d Enter
指定圆的直径 <50.0>:                     //30 Enter
命令: circle                             // Enter，重复执行此命令
指定圆的圆心或 [三点(3P)/两点(2P)/切点、切点、半径(T)]:  //35,0 Enter
指定圆的半径或 [直径(D)] <25.0>:          //d Enter
指定圆的直径 <50.0>:                     //24 Enter
命令: circle                             // Enter，重复执行此命令
指定圆的圆心或 [三点(3P)/两点(2P)/切点、切点、半径(T)]:  //35,0 Enter
指定圆的半径或 [直径(D)] <25.0>:          //d Enter
指定圆的直径 <50.0>:                     //13 Enter
命令: circle                             // Enter，重复执行此命令
指定圆的圆心或 [三点(3P)/两点(2P)/切点、切点、半径(T)]:  //-35,0 Enter
指定圆的半径或 [直径(D)] <25.0>:          //d Enter
指定圆的直径 <50.0>:                     //24 Enter
命令: circle                             // Enter，重复执行此命令
指定圆的圆心或 [三点(3P)/两点(2P)/切点、切点、半径(T)]:  //-35,0 Enter
指定圆的半径或 [直径(D)] <25.0>:          //d Enter
```

指定圆的直径 <50.0>: //13 Enter，绘制结果如图 21-99 所示

㉕使用快捷键“L”激活【直线】命令，配合切点捕捉和【三维动态观察器】等辅助功能绘制如图 21-100 所示的公切线。

图 21-99　绘制圆

图 21-100　绘制公切线

㉖使用快捷键“TR”激活【修剪】命令，以公切线作为剪切边界，修剪掉位于剪切边之间的圆弧，结果如图 21-101 所示。

㉗使用快捷键“PE”激活【编辑多段线】命令，将刚修剪的闭合轮廓编辑为一条闭合多段线。

㉘选择菜单【绘图】|【建模】|【拉伸】命令，选择闭合多段线和直径为 30、13 的圆，进行负向拉伸 8 个绘图单位，结果如图 21-102 所示。

㉙执行【差集】命令，使用椭形拉伸实体分别减去半径分别为 13 和 30 的圆柱体，结果如图 21-103 所示。

图 21-101　修剪结果

图 21-102　拉伸结果

图 21-103　差集结果

㉚执行【并集】命令，将所有实体模型进行合并为一个组合实体。

㉛选择菜单【视图】|【视觉样式】|【管理视觉样式】命令，在打开的面板中调整“真实视觉样式”的显示参数如图 21-13 所示。

㉜选择菜单【视图】|【视觉样式】|【真实】命令，对模型进行着色，最终显示结果如图 21-83 所示。

㉝最后使用【保存】命令将模型存储为“三通零件.dwg”。

21.9　本章小结

前面章节主要讲述了各类零件二维视图的绘制方法和绘制技巧，为了更加形象逼真的表达出零件的立体状态和内部结构特征，本章则通过 8 个代表性实例，详细讲述了标准件、常用件、轴类零件、盘类零件、杆类零件、腔体零件等各类机械零件立体造型的表达方法和建模技巧。

第22章

零件装配图设计

装配图的设计一般是先绘制总图，再根据总图绘制拆分零件图。拆分零件图的过程中零件的形状及尺寸有可能进行了修改，为了检验绘制的零件图装配关系是否正确，然后再将绘制的零件图按照装配关系进行组合，检验零部件之间的装配关系是否正确。

本章通过绘制二维装配图和三维装配图，学习装配图的绘制、装配和分解等知识。

22.1 二维装配与分解

本章通过绘制如图 22-1 所示的二维装配图和图 22-2 所示的分解图，主要对【基点】、【写块】、【插入块】、【图案填充】、【特性】、【直线】、【移动】等命令进行综合练习和巩固。

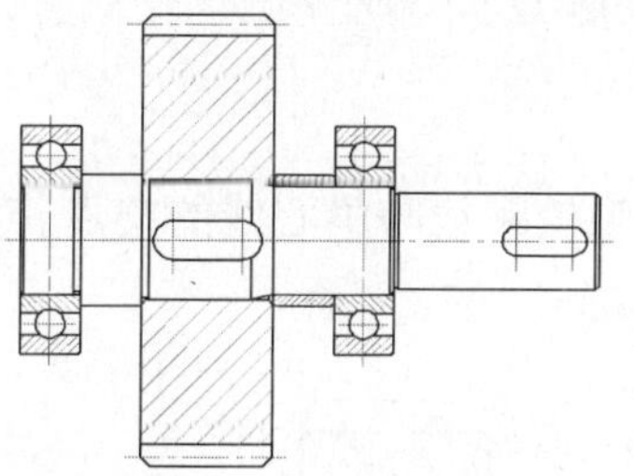

图 22-1　二维装配图

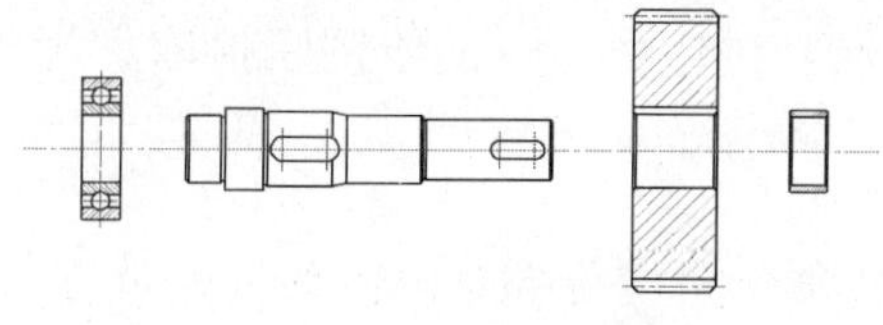

图 22-2　二维分解图

22.1.1　定义基点

操作步骤如下。

❶执行【打开】命令，打开随书光盘中的“素材文件\22-定位套.dwg”，如图 22-3 所示。

❷选择菜单【绘图】|【块】|【基点】命令，重新定义图形的基点。命令行操作如下：

```
命令: '_base
    输入基点 <0.0000,0.0000,0.0000>:
                        //激活【对象捕捉】工具栏上的【捕捉到中点】功能
    _mid 于             //捕捉如图 22-4 所示的中点。
```

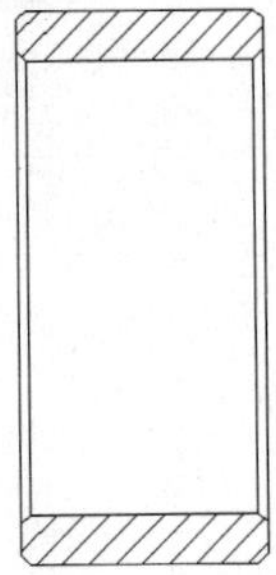

图 22-3　打开图形

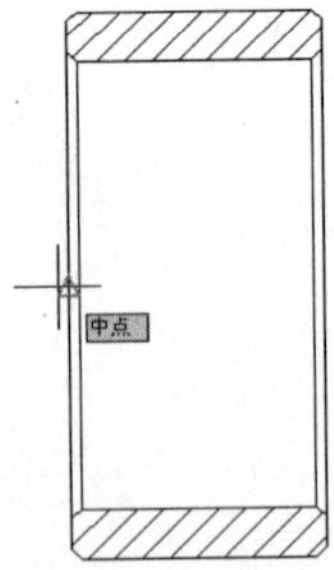

图 22-4　定义基点

❸按 Crrl+S 组合键，激活【保存】命令，将当前图形文件进行原名保存，并关闭此图形文件。

22.1.2　定义外部块

操作步骤如下。

❶按 Ctrl+O 组合键，打开随书光盘中的“素材文件”文件夹下的“22-球轴承.dwg”和“22-大齿轮.dwg”文件。

❷选择菜单【窗口】|【垂直平铺】命令，将两个图形文件垂直平铺，结果如图 22-5 所示。

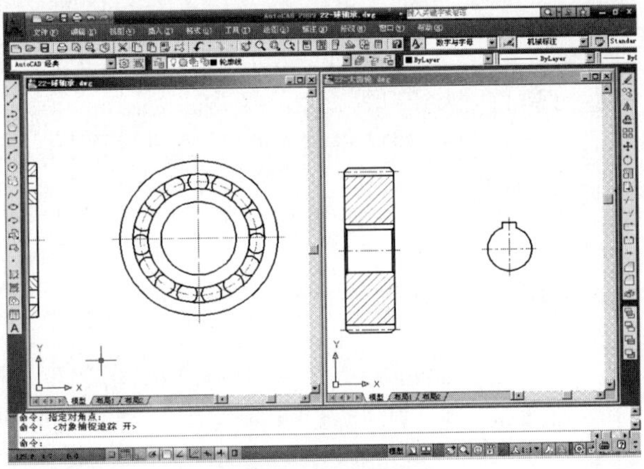

图 22-5　垂直平铺

❸使用快捷键“W”激活【写块】命令，在打开的对话框中设置块名及存储路径如图 22-6 所示。

❹单击【拾取点】按钮，返回绘图区拾取大齿轮左侧轮廓线与中心线的交点作为图块的基点，如图 22-7 所示。

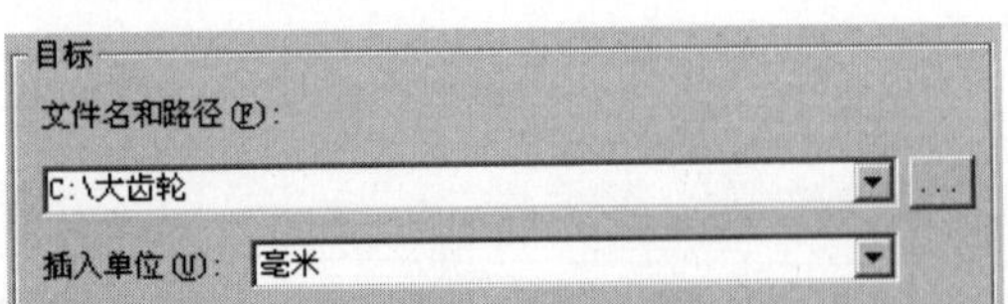

图 22-6　设置参数

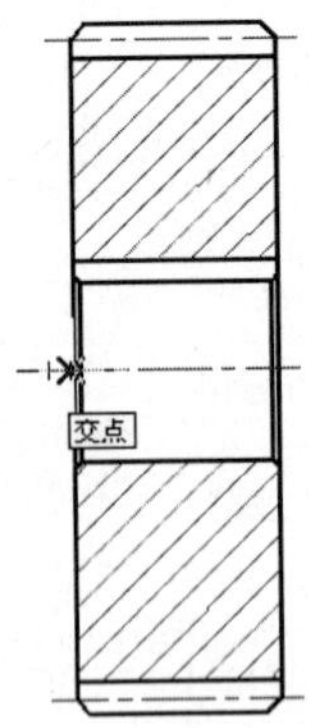

图 22-7　定义块的基点

❺拾取基点后系统自动返回【写块】对话框，单击【选择对象】按钮，返回绘图区选择大齿轮主视图轮廓线，将其创建为外部图块，存放于 C 盘根目录下，并关闭两个文件。

❻重复执行【写块】命令，将球轴承主视图创建为外部图块，块名及存储路径如图 22-8 所示。图块的基点如图 22-9 所示。

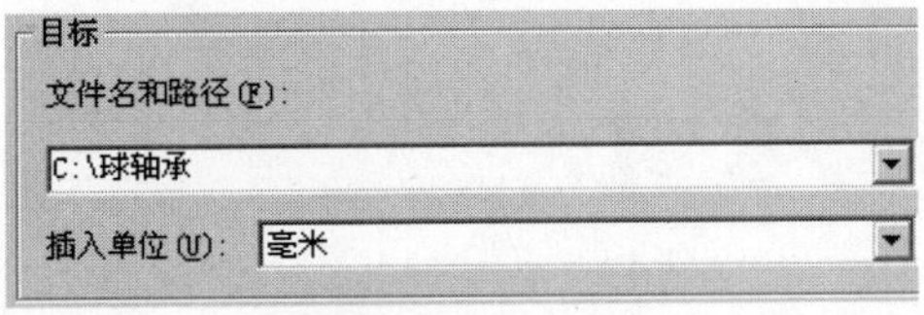

图 22-8 定义基点

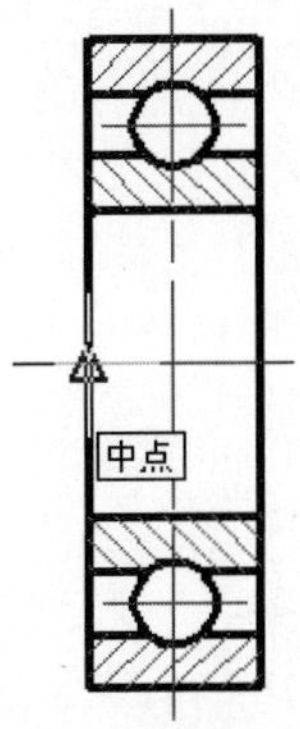

图 22-9 设置图块参数

22.1.3 零件图的装配

操作步骤如下。

❶执行【打开】命令，打开随书光盘中的“素材文件\22-阶梯轴.dwg”，如图 22-10 所示。

❷使用快捷键“E”激活【删除】命令，选择下侧的两个剖视图进行删除。

❸选择菜单【工具】|【快速选择】命令，在打开的【快速选择】对话框中设置参数如图 22-11 所示。

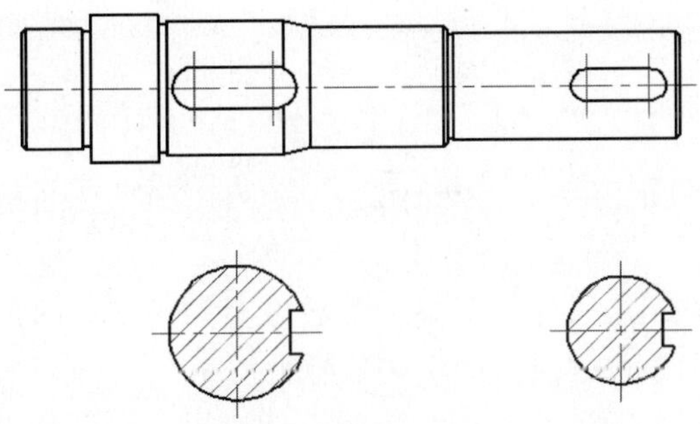

图 22-10 阶梯轴

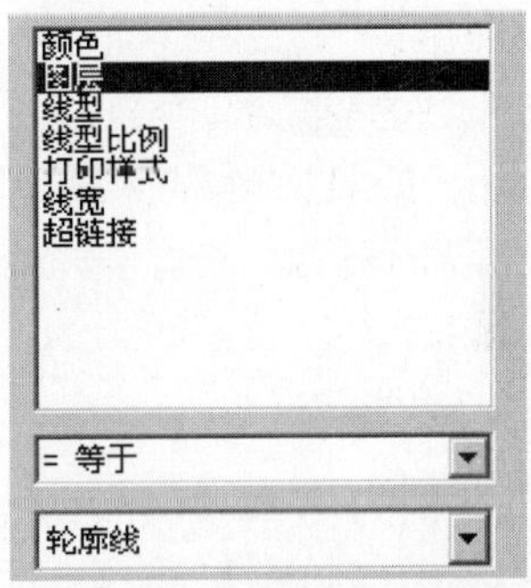

图 22-11 设置快速选择参数

❹单击 确定 按钮，结果所有符合上述过滤条件的图形都被选择，如图 22-12 所示。

❺展开【特性】工具栏上的【颜色控制】列表，将所选择对象的颜色修改为洋红，如图 22-13 所示。

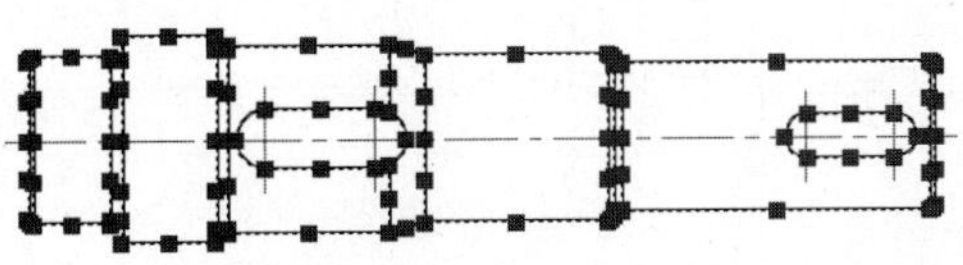

图 22-12 选择结果

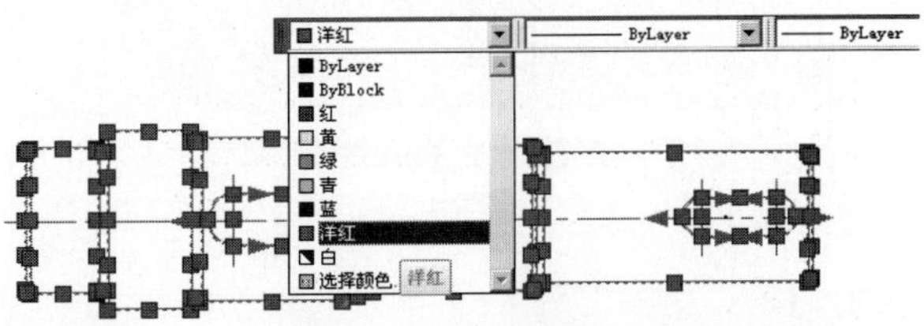

图 22-13 更改颜色

❻按 Esc 键取消对象的夹点显示，结果如图 22-14 所示。

❼选择菜单【插入】|【块】命令，插入刚定义的“大齿轮.dwg”外部图块，其参数设置如图 22-15 所示。

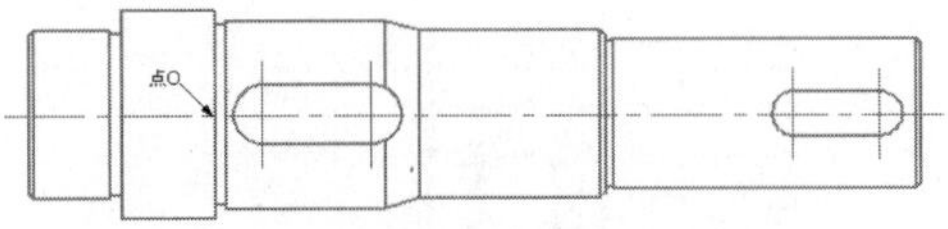

图 22-14　修改结果

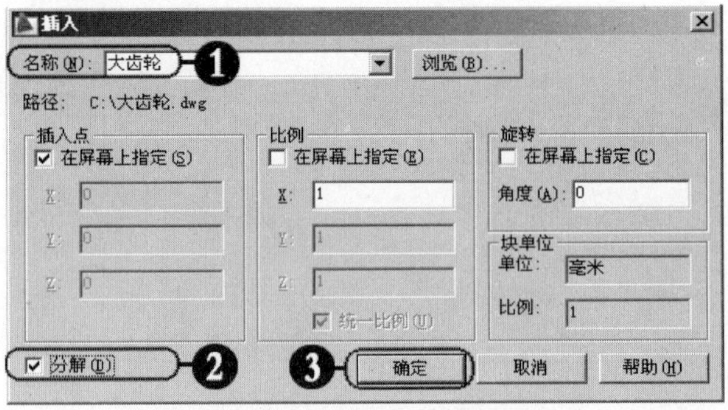

图 22-15　设置插入参数

⑧单击 确定 按钮返回绘图区，在命令行“指定块的插入点：”提示下捕捉图 22-14 所示的点 O 作为插入点，插入大齿轮图形，结果如图 22-16 所示。

⑨重复执行【插入块】命令，插入随书光盘中的“素材文件\22-定位套.dwg”图形，参数设置如图 22-15 所示，插入点为图 22-16 所示的 P 点，结果如图 22-17 所示。

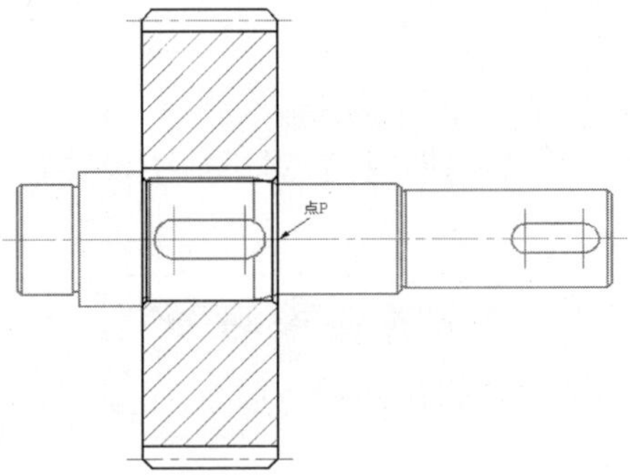

图 22-16　装配大齿轮

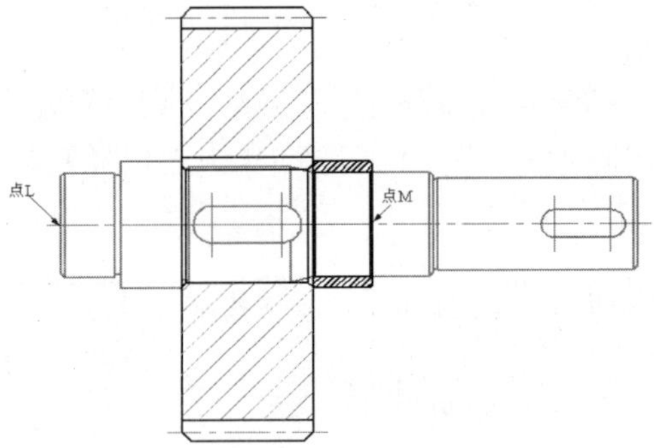

图 22-17　装配定位套

⑩重复执行【插入块】命令，插入“球轴承.dwg”外部图块，参数设置如图 22-15 所示，插入点分别为图 22-17 所示的点 L 和点 M，插入结果如图 22-18 所示。

⑪综合执行【修剪】和【删除】命令，以洋红颜色的轮廓线作为剪切边界，对装配后的各零件进行修剪，结果如图 22-19 所示。

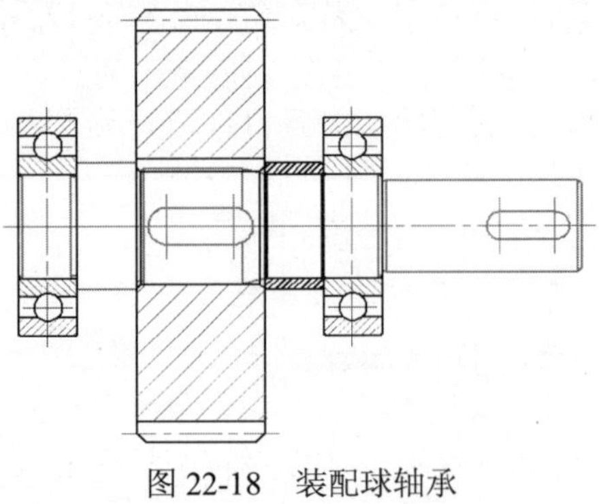

图 22-18　装配球轴承

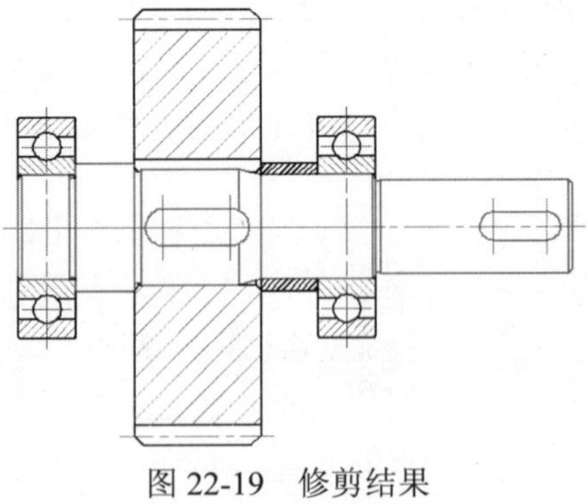

图 22-19　修剪结果

⑫综合使用【删除】和【图案填充】命令，对装配后的齿轮剖面线进行完善，并修改定位套剖面的图层为“剖面线”，结果如图 22-20 所示。

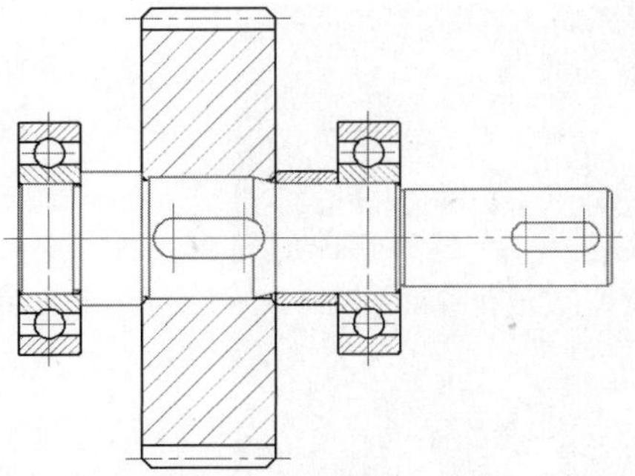

图 22-20 剖面线的完善

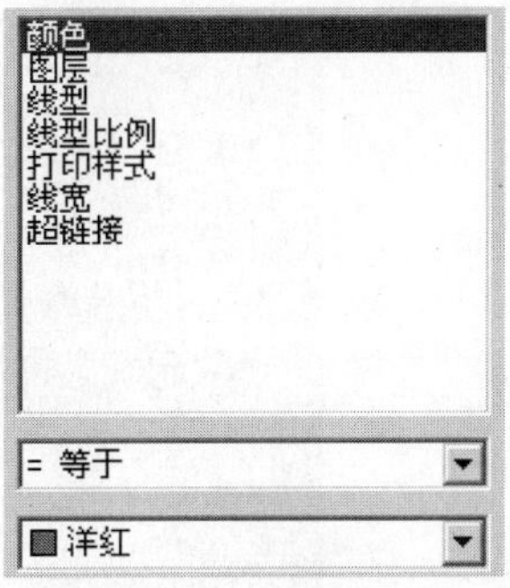

图 22-21 设置参数

⑬选择菜单【工具】|【快速选择】命令，设置参数如图 22-21 所示。选择所有颜色为洋红的对象，结果如图 22-22 所示。

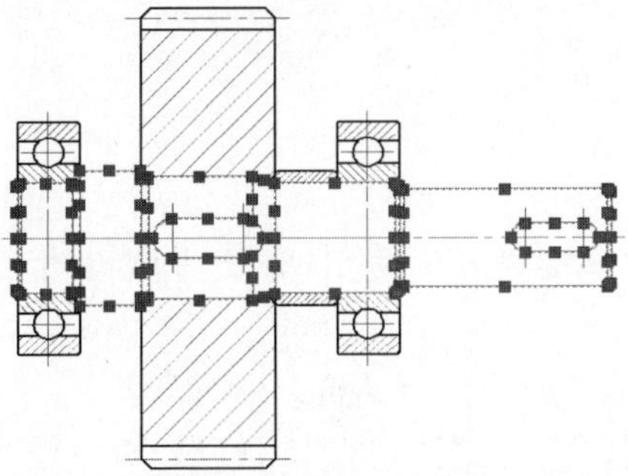

图 22-22 选择结果

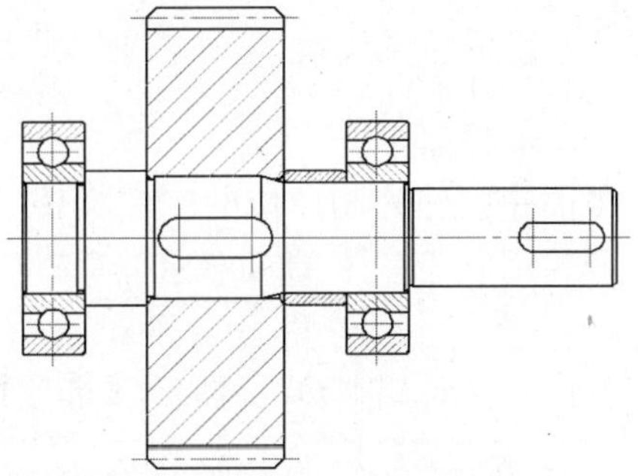

图 22-23 操作结果

⑭按 Ctrl+1 组合键，在打开的【特性】窗口中修改所选择对象的颜色为“随层”，并取消图线的夹点显示，结果如图 22-23 所示。

22.1.4 装配图的分解

操作步骤如下。

❶选择菜单【修改】|【复制】命令，将装配后的零件图复制一份。

❷设置“2-基准”为当前图层。

❸选择菜单【绘图】|【直线】命令，通过装配图的水平中心线，绘制一条水平的直线作为定位辅助线。

❹综合使用【复制】、【移动】、【修剪】等命令，对装配图中的各部件进行分解，最终结果如图 22-2 所示。

❺最后使用【另存为】命令将图形另存储为“二维装配与分解.dwg”。

22.2 三维装配与分解

本例通过绘制如图 22-24 所示的三维阀体装配图和分解图，主要对【圆柱体】、【长方体】、【球体】、【圆环体】、【新建 UCS】、【差集】、【圆角】、【三维阵列】、【三维镜像】、【干涉】、【着色】、【移动】、【渲染】等命令进行综合练习和巩固。

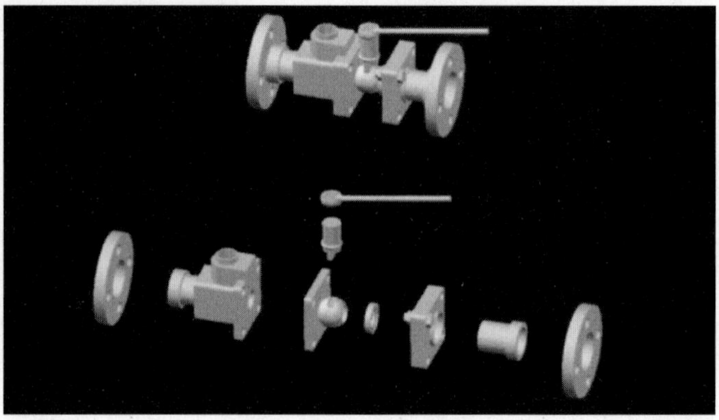

图 22-24　本例效果

22.2.1　设置绘图环境

操作步骤如下。

❶快速创建公制单位的空白文件。

❷启用状态栏上的【对象捕捉】功能，并设置捕捉模式为端点捕捉、圆心捕捉、交点捕捉等。

❸使用快捷键“OP”激活【选项】命令，打开【选项】对话框。

❹在【显示】选项卡中单击 颜色(C)... 按钮，打开【图形窗口颜色】对话框，然后设置“三维平行投影”窗口的背景色为白色。

❺选择菜单【视图】|【视觉样式】|【视觉样式管理器】命令，对“真实视觉样式”进行适当的参数调整。

> **提示**
>
> 用户可以参照第 21 章中图 21-13 的相关参数设置。

❻选择菜单【视图】|【三维视图】|【西南等轴测】命令，将当前视图切换为西南视图。

❼选择菜单【视图】|【视觉样式】|【三维线框】命令，打开三维线框着色功能。

❽使用系统变量修改实体模型表面的线框密度。命令行操作如下：

```
命令: isolines                                  //Enter，激活命令
    输入 ISOLINES 的新值 <4>:                    //24 Enter
```

22.2.2　制作法兰盘造型

操作步骤如下。

❶在命令行中输入“UCS”，将当前坐标系绕 X 轴旋转 90°。命令行操作如下：

```
命令: ucs                                       //Enter，激活命令
    当前 UCS 名称: *世界*
    指定 UCS 的原点或[面(F)/命名(NA)/对象(OB)/上一个(P)/视图(V)/世界(W)/X/Y/Z/Z 轴(ZA)]
```

<世界>: //x Enter，激活【X】选项

指定绕 X 轴的旋转角度 <90.0>: // Enter，结果如图 22-25 所示

图 22-25 新建坐标系

❷单击【建模】工具栏上的按钮，激活【圆柱体】命令，绘制如图 22-26 所示同心圆柱体。命令行操作如下：

命令: _cylinder

指定底面的中心点或 [三点(3P)/两点(2P)/切点、切点、半径(T)/椭圆(E)]:

// Enter，以坐标系原点作为底面中心

指定底面半径或 [直径(D)]: //60 Enter

指定高度或 [两点(2P)/轴端点(A)]: //15 Enter

命令: cylinder // Enter，重复执行此命令

指定底面的中心点或 [三点(3P)/两点(2P)/切点、切点、半径(T)/椭圆(E)]: // Enter

指定底面半径或 [直径(D)]: //25 Enter

指定高度或 [两点(2P)/轴端点(A)]: //15 Enter，创建结果如图 22-26 所示

❸重复执行【圆柱体】命令，创建法兰盘周边的螺孔圆柱。命令行操作如下：

命令: _cylinder

指定底面的中心点或 [三点(3P)/两点(2P)/切点、切点、半径(T)/椭圆(E)] <0,0,0>:

//43,0,0 Enter

指定底面半径或 [直径(D)]: //7 Enter

指定高度或 [两点(2P)/轴端点(A)]: //15 Enter，结果如图 22-27 所示

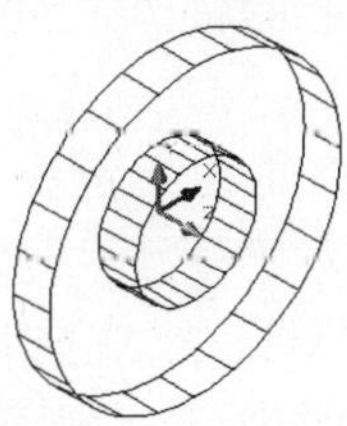

图 22-26 绘制结果

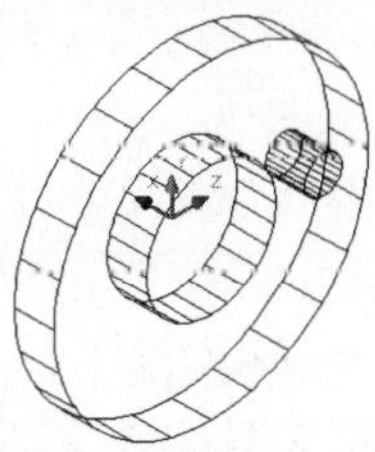

图 22-27 绘制螺孔圆柱

❹选择菜单【修改】|【三维操作】|【三维阵列】命令，选择螺孔圆柱进行阵列。命令行操作如下：

命令:_3DARRAY

正在初始化... 已加载 3DARRAY。

选择对象: //选择刚创建的螺孔圆柱

选择对象: // Enter，结束选择

输入阵列类型 [矩形(R)/环形(P)] <矩形>: //p Enter

输入阵列中的项目数目: //4 Enter，设置阵列数目

指定要填充的角度 (+=逆时针, -=顺时针) <360>: // Enter

```
旋转阵列对象？ [是(Y)/否(N)] <是>:            // Enter，采用默认设置
指定阵列的中心点:                              //0,0,0 Enter
指定旋转轴上的第二点:                          //0,0,15 Enter，阵列结果如图 22-28 所示
```

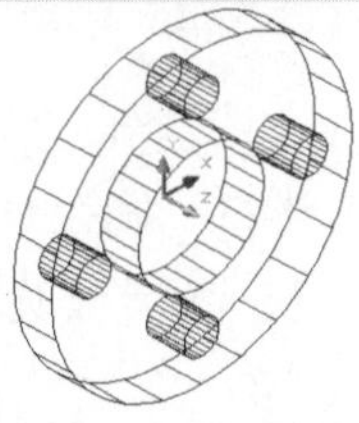

图 22-28　三维阵列

❺单击【实体编辑】工具栏上的按钮，激活【差集】命令，创建法兰盘的螺孔和通孔。命令行操作如下：

```
命令: _subtract
  选择要从中减去的实体或面域...
  选择对象:                          //选择底面半径为 60 的圆柱体
  选择对象:                          // Enter，结束选择
  选择要减去的实体或面域 ..
  选择对象:                          //选择其他圆柱体
  选择对象:                          // Enter，结束命令
```

22.2.3　制作主体造型

操作步骤如下。

❶选择菜单【工具】|【新建 UCS】|【原点】命令，以“0,0,15”作为新坐标系的原点，对当前坐标系沿 Z 轴正方向进行位移。

❷选择菜单【绘图】|【建模】|【圆柱体】命令，创建同心圆柱体。命令行操作如下：

```
命令: _cylinder
  指定底面的中心点或 [三点(3P)/两点(2P)/切点、切点、半径(T)/椭圆(E)] <0,0,0>: // Enter
  指定底面半径或 [直径(D)]:                 //25 Enter
  指定高度或 [两点(2P)/轴端点(A)]:          //15 Enter
  命令: cylinder                            // Enter，重复执行此命令
  指定底面的中心点或 [三点(3P)/两点(2P)/切点、切点、半径(T)/椭圆(E)] <0,0,0>: // Enter
  指定底面半径或 [直径(D)]:                 //20 Enter
  指定高度或 [两点(2P)/轴端点(A)]:          //35 Enter
  命令: cylinder                            // Enter，重复执行此命令
  指定底面的中心点或 [三点(3P)/两点(2P)/切点、切点、半径(T)/椭圆(E)] <0,0,0>: // Enter
  指定底面半径或 [直径(D)]:                 //15 Enter
  指定高度或 [两点(2P)/轴端点(A)]:          //35 Enter，创建结果如图 22-29 所示
```

❸选择菜单【修改】|【实体编辑】|【并集】命令，选择底面半径为 25 和 20 的圆柱体进行合并。

❹选择菜单【修改】|【实体编辑】|【差集】命令，使用合并后的组合实体减去底面半

径为 15 的圆柱体，以创建出阀体模型的边孔。

❺选择菜单【视图】|【视觉样式】|【真实】命令，对模型进行真实着色显示，结果如图 22-30 所示。

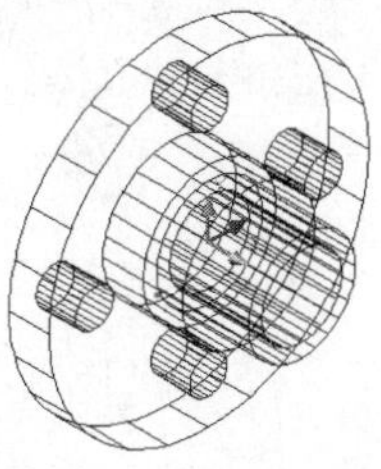

图 22-29　创建同心柱体

图 22-30　真实着色

❻在命令行中输入“UCS”，将当前坐标系绕 Z 正方向移动 63 个绘图单位，结果如图 22-31 所示。

❼选择菜单【绘图】|【建模】|【长方体】命令，创建长方体。命令行操作如下：

```
命令: _box
    指定第一个角点或 [中心(C)]:              //ce Enter，激活【中心点】选项
    指定中心:                                // Enter，以坐标系原点作为中心点
    指定角点或 [立方体(C)/长度(L)]:          //l Enter，激活【长度】选项
    指定长度:                                //50 Enter
    指定宽度:                                //56 Enter
    指定高度或 [两点(2P)]:                   //56 Enter，结果如图 22-32 所示
```

图 22-31　移动坐标系

图 22-32　创建长方体

❽使用快捷键“F”激活【圆角】命令，将圆角半径设置为 5，对长方体的边进行圆角，结果如图 22-33 所示。

❾在命令中输入“UCS”，将当前坐标系绕 Z 轴正方向移动 33 个绘图单位。

❿选择菜单【绘图】|【建模】|【长方体】命令，继续创建长方体。命令行操作如下：

```
命令: _box
    指定第一个角点或 [中心(C)]:              //ce Enter，激活【中心点】选项
    指定中心:                                // Enter，
    指定角点或 [立方体(C)/长度(L)]:          //l Enter，激活【长度】选项
    指定长度:                                //80 Enter
    指定宽度:                                //80 Enter
    指定高度或 [两点(2P)]:                   //10 Enter，结果如图 22-34 所示
```

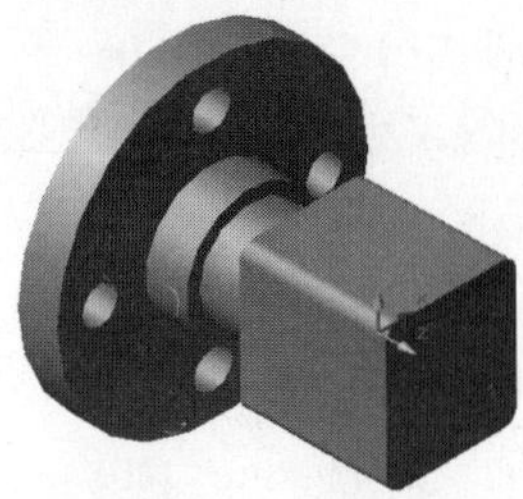

图 22-33　圆角结果

图 22-34　创建方体

⑪使用快捷键“F”激活【圆角】命令，将圆角半径设置为 5，对刚创建的长方体的边进行圆角，结果如图 22-35 所示。

⑫将当前的着色方式恢复为二维线框着色后，再对其进行消隐。

⑬选择菜单【绘图】|【建模】|【圆柱体】命令，创建的圆柱体。命令行操作如下：

```
命令: _cylinder
    指定底面的中心点或 [三点(3P)/两点(2P)/切点、切点、半径(T)/椭圆(E)] <0,0,0>:
                                                    //0,0,5 Enter
    指定底面半径或 [直径(D)]:                         //d Enter
    指定直径:                                         //25 Enter
    指定高度或 [两点(2P)/轴端点(A)]:                  // -66 Enter
    命令: cylinder                                    // Enter，重复执行此命令
    指定底面的中心点或 [三点(3P)/两点(2P)/切点、切点、半径(T)/椭圆(E)] <0,0,0>:
                                                    //30,30,5 Enter
    指定底面半径或 [直径(D)]:                         //6 Enter
    指定高度或 [两点(2P)/轴端点(A)]:                  //-10 Enter，创建结果如图 22-36 所示
```

图 22-35　圆角结果

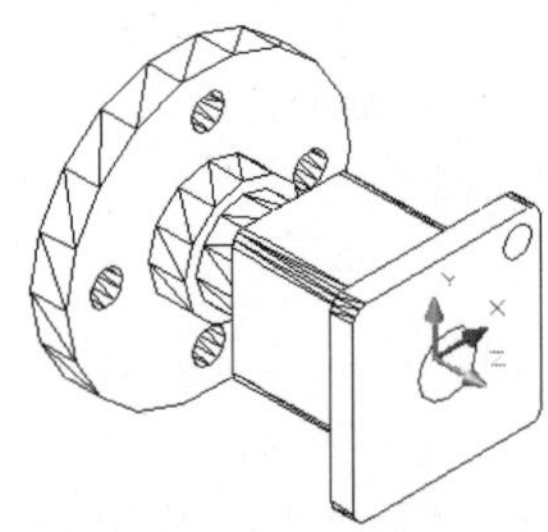

图 22-36　创建通孔圆柱

⑭选择菜单【修改】|【三维操作】|【三维阵列】命令，选择高度为 10 的螺孔圆柱进行阵列。命令行操作如下：

```
命令: _3darray
    选择对象:                                         //选择刚创建的螺孔圆柱
    选择对象:                                         // Enter，结束选择
    输入阵列类型 [矩形(R)/环形(P)] <矩形>:            // Enter，激活【矩形】选项
    输入行数 (---) <1>:                               //2 Enter
    输入列数 (|||) <1>:                               //2 Enter
    输入层数 (...) <1>:                               // Enter
```

指定行间距 (---): //-60 Enter

指定列间距 (|||): //-60 Enter，阵列结果如图 22-37 所示

⑮使用快捷键“SU”激活【差集】命令，对阀体主轮廓进行差集，创建内部的通孔及螺孔，结果如图 22-38 所示。

⑯选择菜单【工具】|【新建 UCS】命令，创建如图 22-39 所示的用户坐标系。命令行操作如下：

命令: ucs

当前 UCS 名称: *世界*

指定 UCS 的原点或 [面(F)/命名(NA)/对象(OB)/上一个(P)/视图(V)/世界(W)/X/Y/Z/Z 轴(ZA)] <世界>: //0,0,-5 Enter

指定 X 轴上的点或 <接受>: // Enter

命令: UCS // Enter

当前 UCS 名称: *没有名称*

指定 UCS 的原点或 [面(F)/命名(NA)/对象(OB)/上一个(P)/视图(V)/世界(W)/X/Y/Z/Z 轴(ZA)] <世界>: //x Enter

指定绕 X 轴的旋转角度 <90.0>: //-90 Enter，结果如图 22-39 所示

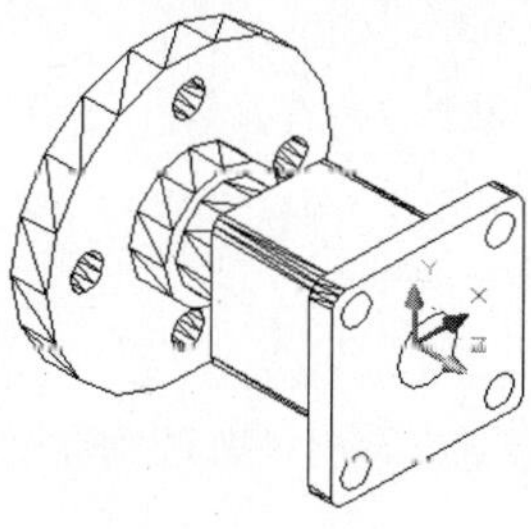

图 22-37 三维阵列

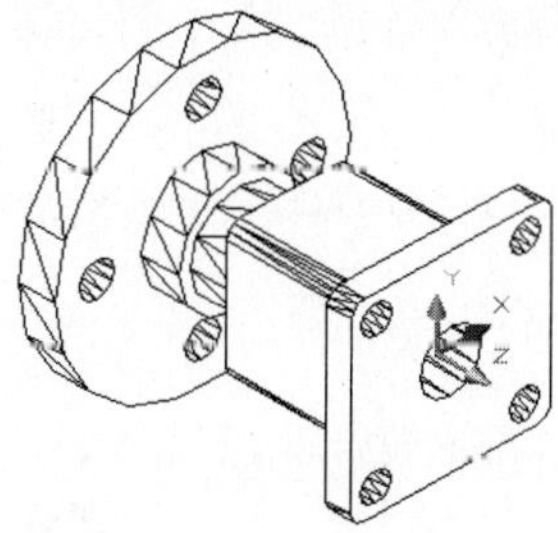

图 22-38 差集结果

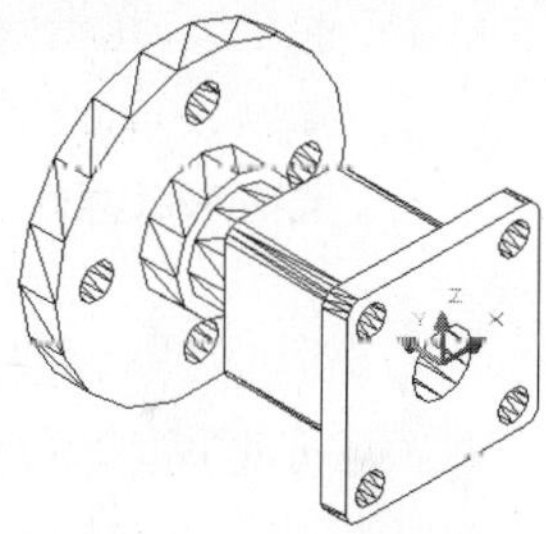

图 22-39 创建坐标系

⑰使用快捷键“PL”激活【多段线】命令，绘制闭合多段线。命令行操作如下：

命令: pl // Enter，激活命令

PLINE 指定起点: 0,0,28

当前线宽为 0.0

指定下一个点或 [圆弧(A)/半宽(H)/长度(L)/放弃(U)/宽度(W)]: //@20,0 Enter

指定下一点或 [圆弧(A)/闭合(C)/半宽(H)/长度(L)/放弃(U)/宽度(W)]: //@0,30 Enter

指定下一点或 [圆弧(A)/闭合(C)/半宽(H)/长度(L)/放弃(U)/宽度(W)]: //a Enter，激活【圆弧】选项

指定圆弧的端点或[角度(A)/圆心(CE)/闭合(CL)/方向(D)/半宽(H)/直线(L)/半径(R)/第二个点(S)/放弃(U)/宽度(W)]: //@40<180 Enter

指定圆弧的端点或[角度(A)/圆心(CE)/闭合(CL)/方向(D)/半宽(H)/直线(L)/半径(R)/第二个点(S)/放弃(U)/宽度(W)]: //l Enter，激活【直线】选项

指定下一点或 [圆弧(A)/闭合(C)/半宽(H)/长度(L)/放弃(U)/宽度(W)]: //@0,-30 Enter

指定下一点或 [圆弧(A)/闭合(C)/半宽(H)/长度(L)/放弃(U)/宽度(W)]: //c Enter，闭合对象，绘制结果如图 22-40 所示

⑱单击【建模】工具栏上的▣按钮，将刚绘制的闭合多段线垂直拉伸 27 个绘图单位，结果如图 22-41 所示。

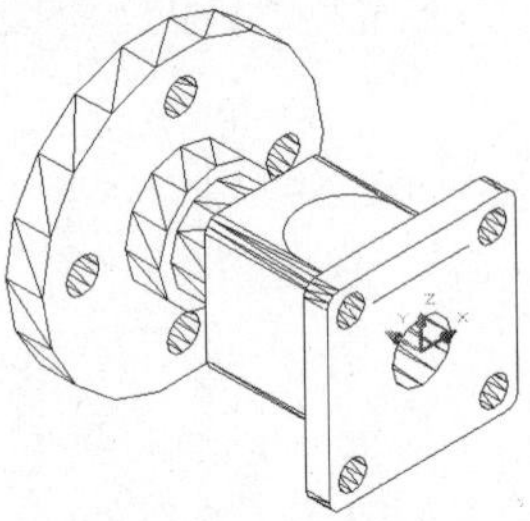

图 22-40　绘制多段线

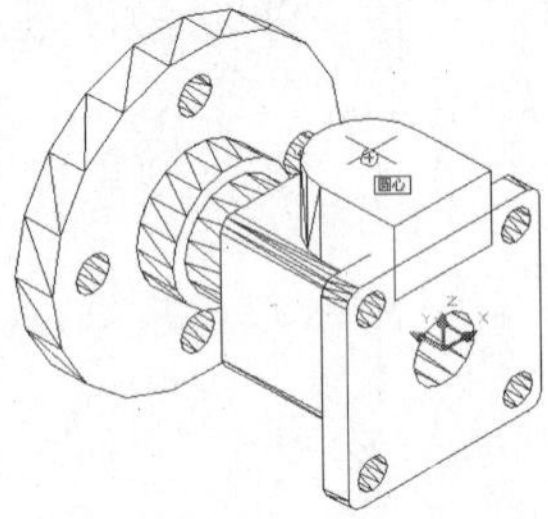

图 22-41　拉伸实体

⑲单击【建模】工具栏上的▣按钮，激活【圆柱体】命令，创建如图 22-42 所示的圆柱体。命令行操作如下：

```
命令: _cylinder
    指定底面的中心点或 [三点(3P)/两点(2P)/切点、切点、半径(T)/椭圆(E)] <0,0,0>:
                                              //捕捉图 22-41 所示的圆心
    指定底面半径或 [直径(D)]:                  //14 Enter
    指定高度或 [两点(2P)/轴端点(A)]:            //8 Enter
    命令: cylinder                             // Enter，重复执行此命令
    指定底面的中心点或 [三点(3P)/两点(2P)/切点、切点、半径(T)/椭圆(E)] <0,0,0>:
                                              //捕捉刚创建的圆柱体底面圆心
    指定底面半径或 [直径(D)]:                  //12 Enter
    指定高度或 [两点(2P)/轴端点(A)]:            //-63 Enter，结果如图 22-42 所示
```

⑳使用快捷键“SU”激活【差集】命令，对阀体模型进行差集。命令行操作如下：

```
命令: su                                       // Enter，激活命令
    SUBTRACT 选择要从中减去的实体或面域...
    选择对象:                                  //选择阀体模型
    选择对象:                                  //选择拉伸实体
    选择对象:                                  //选择刚创建的高度为 8 的圆柱体
    选择对象:                                  // Enter，结束选择
    选择要减去的实体或面域 ..
    选择对象:                                  //选择刚创建的高度为 63 的圆柱体
    选择对象:                                  // Enter，结束命令，结果如图 22-43 所示
```

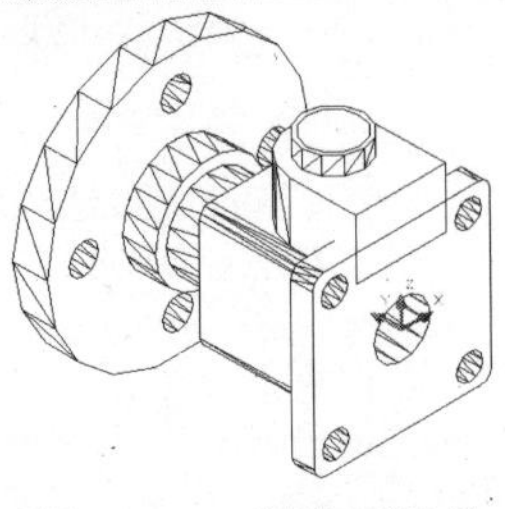

图 22-42　创建圆柱体

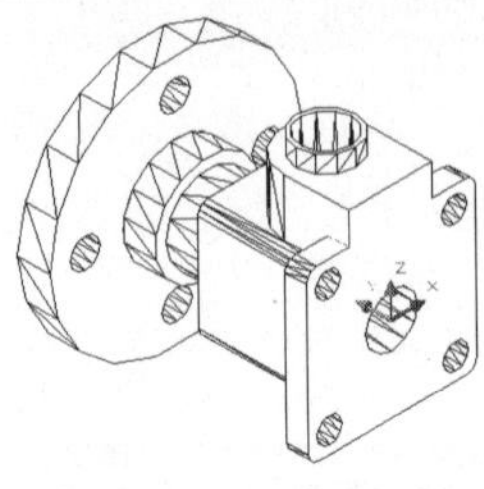

图 22-43　差集结果

22.2.4 制作球心造型

操作步骤如下。

❶在命令行中输入“UCS”，将当前坐标系绕 X 轴旋转 90°。

❷综合使用【长方体】、【圆柱体】和【差集】命令，参照上述相关的操作步骤，创建如图 22-44 所示的连接体模型。

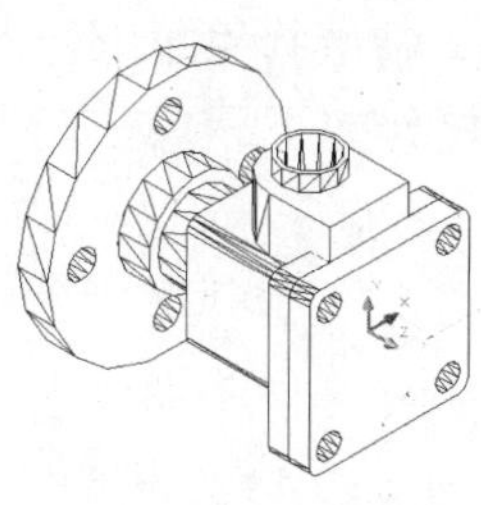

图 22-44　创建连接体模型

❸设置当前着色方式为“真实视觉样式”，并将当前坐标系沿 Z 轴正方向移动 25 个绘图单位。

❹选择菜单【绘图】|【建模】|【球体】命令，创建如图 22-45 所示的球体模型。命令行操作如下：

```
命令: _sphere
    指定中心点或 [三点(3P)/两点(2P)/切点、切点、半径(T)]:
                                        //Enter，以新坐标系的原点为球心
    指定半径或 [直径(D)]:               //20 Enter，创建结果如图 22-45 所示
```

❺单击【建模】工具栏上的按钮，激活【圆柱体】命令，创建如图 22-46 所示的圆柱体。命令行操作如下：

```
命令: _cylinder
    指定底面的中心点或 [三点(3P)/两点(2P)/切点、切点、半径(T)/椭圆(E)] <0,0,0>:
                                        //0,0,20 Enter
    指定底面半径或 [直径(D)]:           //12 Enter
    指定高度或 [两点(2P)/轴端点(A)]:    //-45 Enter
```

图 22-45　创建球体

图 22-46　创建圆柱体

❻选择菜单【实体编辑】|【差集】命令，对刚创建的连接体、球体和圆柱体进行编辑。命令行操作如下：

```
命令: _subtract
    选择要从中减去的实体或面域...
    选择对象:                           //选择连接体模型
    选择对象:                           //选球体实体
    选择对象:                           //Enter，结束选择
    选择要减去的实体或面域 ..
    选择对象:                           //选择刚创建的圆柱体
    选择对象:                           //Enter，结束命令，差集结果如图 22-47 所示
```

❼在命令行中输入“UCS”，将当前坐标系绕 X 轴旋转-90°。

⑧选择菜单【绘图】|【建模】|【长方体】命令，创建如图 22-48 所示的长方体。命令行操作如下：

```
命令: box
    指定第一个角点或 [中心(C)]:          //ce Enter，激活【中心点】选项
    指定中心:                            //0,0,20 Enter
    指定角点或 [立方体(C)/长度(L)]:      // L Enter，激活【长度】选项
    指定长度:                            //30 Enter
    指定宽度:                            //7.5 Enter
    指定高度或 [两点(2P)]:               //10 Enter，创建结果如图 22-48 所示
```

图 22-47　差集操作

图 22-48　创建长方体

⑨使用快捷键“SU”激活【差集】命令，对球体和刚创建的长方体模型进行差集操作，结果如图 22-49 所示。

⑩选择菜单【绘图】|【建模】|【长方体】命令，创建如图 22-50 所示的长方体。命令行操作如下：

```
命令: _box
    指定第一个角点或 [中心(C)]:          //捕捉如图 22-49 所示的端点 A
    指定角点或 [立方体(C)/长度(L)]:      //l Enter，激活【长度】选项
    指定长度:                            /25 Enter
    指定宽度:                            //8.25 Enter
    指定高度或 [两点(2P)]:               //10 Enter
    命令: BOX                            // Enter，重复执行此命令
    指定第一个角点或 [中心(C)]:          //捕捉如图 22-49 所示的端点 B
    指定角点或 [立方体(C)/长度(L)]:      //l Enter，激活【长度】选项
    指定长度:                            //25 Enter
    指定宽度:                            //-8.25 Enter
    指定高度或 [两点(2P)]:               //10 Enter，创建结果如图 22-50 所示
```

图 22-49　差集结果

图 22-50　创建长方体

⑪单击【建模】工具栏上的按钮，激活【圆柱体】命令，创建如图 22-51 所示的圆

柱体。命令行操作如下：

```
命令: _cylinder
    指定底面的中心点或 [三点(3P)/两点(2P)/切点、切点、半径(T)/椭圆(E)] <0,0,0>:
                                        //0,0,15 Enter
    指定底面半径或 [直径(D)]:             //12 Enter
    指定高度或 [两点(2P)/轴端点(A)]:       //50 Enter
```

⑫使用快捷键“SU”激活【差集】命令，对刚创建的两个长方体和圆柱体模型进行差集。命令行操作如下：

```
命令: su                                //Enter，激活【差集】命令
    SUBTRACT 选择要从中减去的实体或面域...
    选择对象:                            //选择刚创建的圆柱体
    选择对象:                            //Enter，结束选择
    选择要减去的实体或面域 ..
    选择对象:                            //选择刚创建的长方体
    选择对象:                            //选择另一侧的长方体
    选择对象:                            //Enter，结束命令，结果如图 22-52 所示
```

图 22-51　创建圆柱体

图 22-52　差集结果

⑬选择菜单【绘图】|【建模】|【圆环体】命令，创建如图 22-53 所示的圆环体。命令行操作如下：

```
命令: _torus
    指定中心点或 [三点(3P)/两点(2P)/切点、切点、半径(T)]:   //0,0,34 Enter
    指定体半径或 [直径(D)]:                               //11 Enter，输入环体半径
    指定圆管半径或[两点(2P)/直径(D)]:                      //3 Enter，输入圆管半径
```

22.2.5　制作密封圈模型

操作步骤如下。

❶在命令行中输入“UCS”，对当前坐标系旋转并位移，创建用户坐标系。命令行操作如下：

```
命令: ucs
    指定 UCS 的原点或 [面(F)/命名(NA)/对象(OB)/上一个(P)/视图(V)/世界(W)/X/Y/Z/Z 轴(ZA)]
<世界>:                              //x Enter
    指定绕 X 轴的旋转角度 <90.0>:       // Enter
    命令: UCS
```

指定 UCS 的原点或 [面(F)/命名(NA)/对象(OB)/上一个(P)/视图(V)/世界(W)/X/Y/Z/Z 轴(ZA)] <世界>: //捕捉如图 22-53 所示的圆心

指定 X 轴上的点或 <接受>: // Enter，结束命令，创建结果如图 22-54 所示

图 22-53 创建圆环体

图 22-54 新建坐标系

❷单击【建模】工具栏上的按钮，以当前坐标系的原点作为底面中心点，创建同心圆柱体。命令行操作如下：

命令: _cylinder

指定底面的中心点或 [三点(3P)/两点(2P)/切点、切点、半径(T)/椭圆(E)] <0,0,0>:

// Enter，以当前坐标系的原点作为中心点

指定底面半径或 [直径(D)]: //12.5 Enter

指定高度或 [两点(2P)/轴端点(A)]: //8 Enter

命令: CYLINDER // Enter，重复执行此命令

指定底面的中心点或 [三点(3P)/两点(2P)/切点、切点、半径(T)/椭圆(E)] <0,0,0>: // Enter

指定底面半径或 [直径(D)]: //20 Enter

指定高度或 [两点(2P)/轴端点(A)]: //8 Enter。

❸使用快捷键“SU”激活【差集】命令，对刚创建的两个圆柱体进行差集，结果如图 22-55 所示。

❹选择菜单【绘图】|【建模】|【球体】命令，创建球体模型。命令行操作如下：

命令: _sphere

指定中心点或 [三点(3P)/两点(2P)/切点、切点、半径(T)]: //0,0,20 Enter

指定半径或 [直径(D)]: //20 Enter

命令: SPHERE // Enter，重复执行此命令

指定中心点或 [三点(3P)/两点(2P)/切点、切点、半径(T)]: //0,0,-12 Enter

指定半径或 [直径(D)]: //20 Enter，结果如图 22-56 所示

图 22-55 差集结果

图 22-56 创建球体

❺选择菜单【实体编辑】|【差集】命令，对密封圈模型和两个球体进行差集，结果如图 22-57 所示。

图 22-57　差集结果

22.2.6　制作连接件模型

操作步骤如下。

❶在命令行中输入“UCS”，将当前坐标系绕 Z 轴正方向移动 8 个绘图单位。

❷选择菜单【绘图】|【建模】|【圆柱体】命令，创建同心圆柱体。命令行操作如下：

```
命令: _cylinder
    指定底面的中心点或 [三点(3P)/两点(2P)/切点、切点、半径(T)/椭圆(E)] <0,0,0>: // Enter
    指定底面半径或 [直径(D)]:                     //23 Enter
    指定高度或 [两点(2P)/轴端点(A)]:               //4 Enter
    命令: CYLINDER                               // Enter，重复执行此命令
    指定底面的中心点或 [三点(3P)/两点(2P)/切点、切点、半径(T)/椭圆(E)] <0,0,0>: // Enter
    指定底面半径或 [直径(D)]:                     //20 Enter
    指定高度或 [两点(2P)/轴端点(A)]:               //14 Enter，结果如图 22-58 所示
```

图 22-58　创建同心圆柱

❸单击【建模】工具栏上的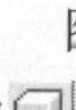按钮，以“0,0,9”点作为中心点，创建长、宽、高分别为 80、80 和 10 的长方体。

❹对刚创建的长方体和小圆柱体进行差集，结果如图 22-59 所示。

❺参照上述相关操作，综合使用【圆角】、【圆柱体】和【差集】命令创建如图 22-60 所示的螺孔。

图 22-59　差集操作

图 22-60　创建结果

22.2.7 制作螺杆模型

操作步骤如下。

❶在命令行中输入“UCS”，将当前坐标系统Z轴正方向移动14个绘图单位。

❷选择菜单【修改】|【三维操作】|【三维镜像】命令，对刚创建的方体连接件进行镜像。命令行操作如下：

```
命令: _mirror3d
    选择对象:                                  //选择最后创建的方体连接体
    选择对象:                                  // Enter，结束选择
    指定镜像平面 (三点) 的第一个点或 [对象(O)/最近的(L)/Z 轴(Z)/视图(V)/XY 平面
(XY)/YZ 平面(YZ)/ZX 平面(ZX)/三点(3)] <三点>:    //XY Enter
    指定 XY 平面上的点 <0,0,0>:                 // Enter，以当前坐标系的原点定位镜像面
    是否删除源对象？[是(Y)/否(N)] <否>:          // Enter，镜像结果如图 22-61 所示
```

❸单击【建模】工具栏上的按钮，激活【圆柱体】命令，创建如图22-62所示的圆柱体。命令行操作如下：

```
命令: _cylinder
    指定底面的中心点或 [三点(3P)/两点(2P)/切点、切点、半径(T)/椭圆(E)] <0,0,0>: // Enter
    指定底面半径或 [直径(D)]:                  //20 Enter
    指定高度或 [两点(2P)/轴端点(A)]:            //38 Enter
    命令: CYLINDER                             // Enter，重复执行此命令
    指定底面的中心点或 [三点(3P)/两点(2P)/切点、切点、半径(T)/椭圆(E)] <0,0,0>:
                                               //0,0,38 Enter
    指定底面半径或 [直径(D)]:                  //25 Enter
    指定高度或 [两点(2P)/轴端点(A)]:            //14 Enter
    命令:                                      // Enter，重复执行此命令
    指定底面的中心点或 [三点(3P)/两点(2P)/切点、切点、半径(T)/椭圆(E)] <0,0,0>: // Enter
    指定底面半径或 [直径(D)]:                  //18 Enter
    指定高度或 [两点(2P)/轴端点(A)]:            //65 Enter
```

图 22-61　三维镜像

图 22-62　创建圆柱体

❹对刚创建的3个圆柱体进行差集操作，结果如图22-63所示。

❺使用快捷键“CO”激活【复制】命令，将上述所创建的法兰盘模型进行复制，结果如图22-64所示。

图 22-63 差集操作

图 22-64 复制结果

22.2.8 制作螺母与螺栓模型

操作步骤如下。

❶在命令行中输入“UCS”，将当前坐标系绕 Z 轴正方向移动 14 个绘图单位。

❷选择菜单【绘图】|【正多边形】命令，绘制如图 22-65 所示的正六边形。命令行操作如下：

```
命令: _polygon
    输入边的数目 <4>:                                  //6 Enter
    指定正多边形的中心点或 [边(E)]:                     //-30,30,0 Enter
    输入选项 [内接于圆(I)/外切于圆(C)] <I>:             //c Enter
    指定圆的半径:                                       //8 Enter
    命令: POLYGON                                       // Enter，重复执行此命令
    输入边的数目 <6>:                                   // Enter
    指定正多边形的中心点或 [边(E)]:                     //-30,30,-20 Enter
    输入选项 [内接于圆(I)/外切于圆(C)] <C>:             //c Enter
    指定圆的半径:                                       //8 Enter，绘制结果如图 22-65 所示
```

❸将当前着色方式设置为消隐，单击【建模】工具栏上的按钮，将左侧的正六边形拉伸-7 个绘图单位，将右侧的正六边形拉伸 7 个绘图单位，结果如图 22-66 所示。

图 22-65 绘制正六边形

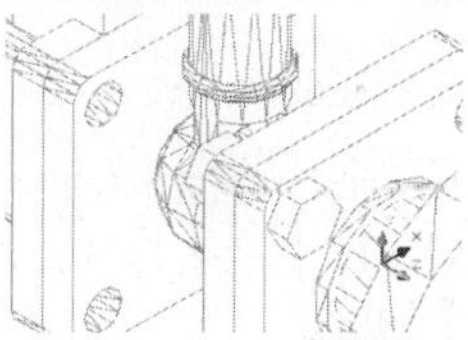

图 22-66 拉伸实体

❹使用快捷键“F”激活【圆角】命令，将圆角半径设置为 2，对六边形拉伸实体进行圆角。

❺单击【建模】工具栏上的按钮，激活【圆柱体】命令，绘制如图 22-67 所示圆柱体作为螺栓模型。命令行操作如下：

```
命令: _cylinder
    指定底面的中心点或 [三点(3P)/两点(2P)/切点、切点、半径(T)/椭圆(E)] <0,0,0>:
                                          //-30,30,0 Enter
    指定底面半径或 [直径(D)]:             //6 Enter
    指定高度或 [两点(2P)/轴端点(A)]:      //-30 Enter
```

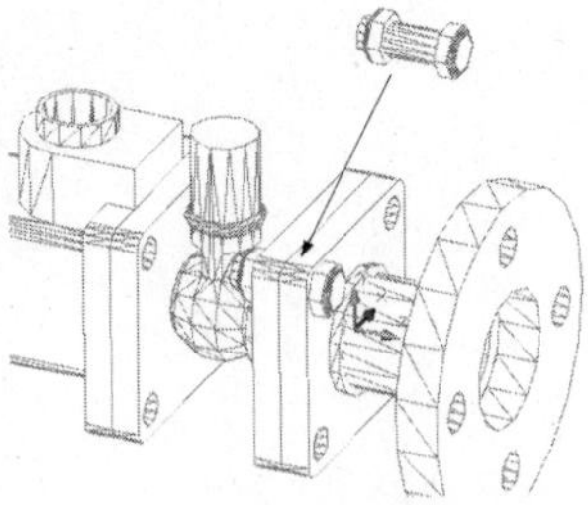

图 22-67　创建螺栓

22.2.9　制作扳手模型

操作步骤如下。

❶执行【新建 UCS】命令，将当前坐标系移至阀体球心圆柱的顶面圆心处，并将其绕 X 轴旋转 90°，结果如图 22-68 所示。

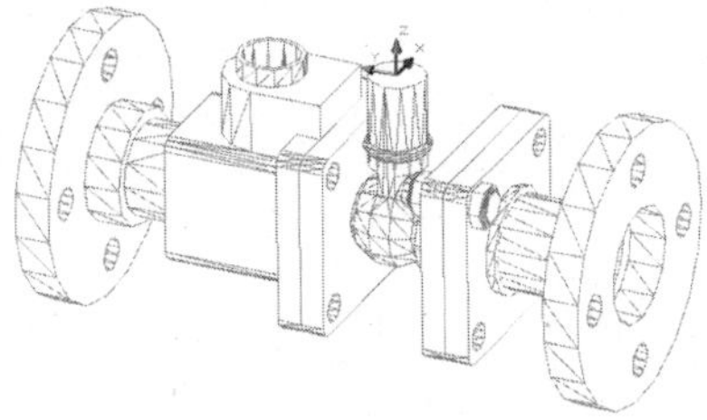

图 22-68　创建坐标系

❷单击【建模】工具栏上的按钮，激活【长方体】命令，创建长方体。命令行操作如下：

```
命令: _box
    指定第一个角点或 [中心(C)]:              //ce Enter
    指定中心:                                //0,0,5 Enter
    指定角点或 [立方体(C)/长度(L)]:          //l Enter
    指定长度:                                //17 Enter
    指定宽度:                                //17 Enter
    指定高度或 [两点(2P)]:                   //10 Enter，创建结果如图 22-69 所示
```

❸单击【建模】工具栏上的按钮，激活【球体】命令，以长方体的正中心点为球心，创建半径为 14 的球体，结果如图 22-70 所示。

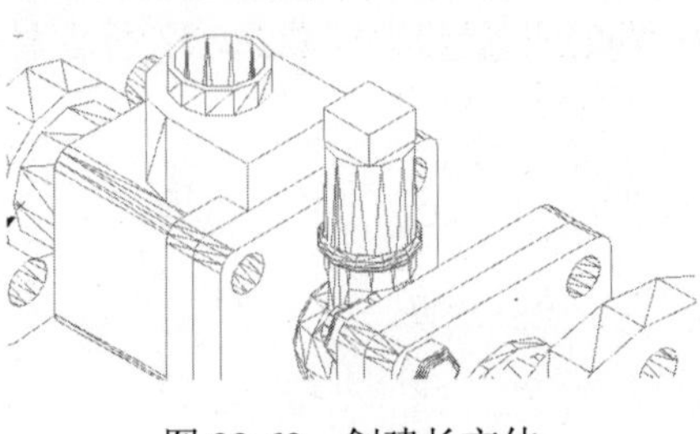

图 22-69　创建长方体

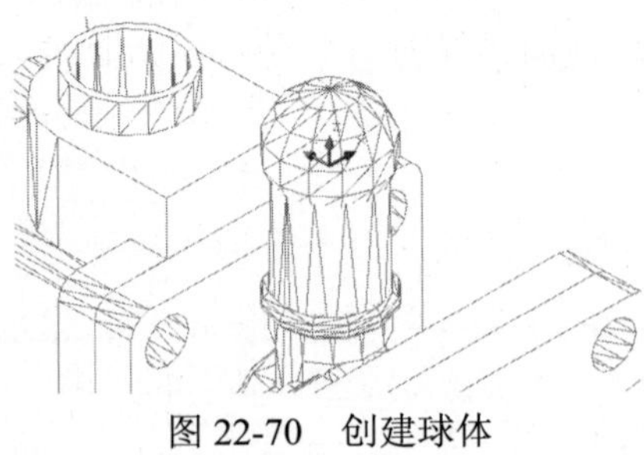

图 22-70　创建球体

❹选择菜单【修改】|【三维操作】|【剖切】命令，对刚创建的球体进行剖切。命令行操作如下：

命令: _slice
选择要剖切的对象: //选择刚创建的球体
选择要剖切的对象: // Enter，结束选择
指定 切面 的起点或 [平面对象(O)/曲面(S)/Z 轴(Z)/视图(V)/XY(XY)/YZ(YZ)/ZX(ZX)/三点(3)] <三点>: //XY Enter，激活【XY 平面】选项
指定 XY 平面上的点 <0,0,0>: //0,0,10 Enter
在所需的侧面上指定点或 [保留两个侧面(B)] <保留两个侧面>: //0,0,0 Enter
命令: SLICE // Enter，重复执行此命令
选择要剖切的对象: //选择剖切后的球体
选择要剖切的对象: // Enter，结束选择
指定 切面 的起点或 [平面对象(O)/曲面(S)/Z 轴(Z)/视图(V)/XY(XY)/YZ(YZ)/ZX(ZX)/三点(3)] <三点>: //XY Enter，激活【XY 平面】选项
指定 XY 平面上的点 <0,0,0>: // Enter
在所需的侧面上指定点或 [保留两个侧面(B)] <保留两个侧面>: //0,0,5 Enter，剖切结果如图 22-71 所示

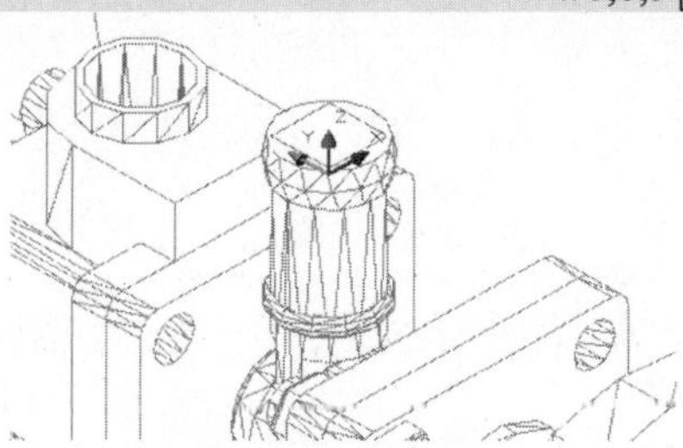

图 22-71 剖切结果

❺选择菜单【绘图】|【建模】|【干涉】命令，对剖切后的球体和长方体进行干涉。命令行操作如下：

命令: _interfere
命令: interfere
选择第一组对象或 [嵌套选择(N)/设置(S)]: //选择剖切后的球体
选择第一组对象或 [嵌套选择(N)/设置(S)]: // Enter，结束选择
选择第二组对象或 [嵌套选择(N)/检查第一组(K)] <检查>: //选择长方体模型
选择第二组对象或 [嵌套选择(N)/检查第一组(K)] <检查>: // Enter，结束选择

❻此时系统打开【干涉检查】对话框，在此对话框中设置参数如图 22-72 所示。

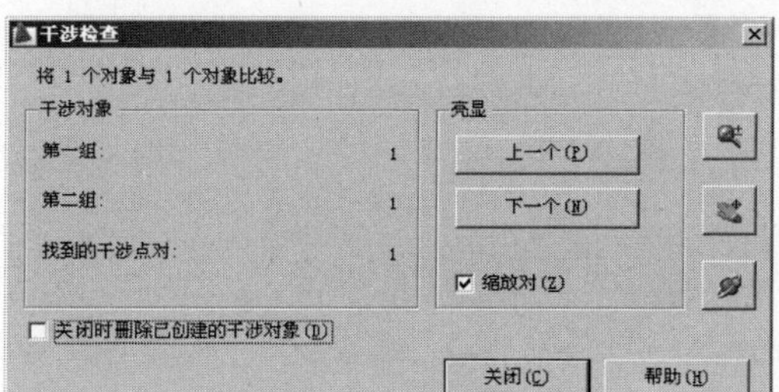

图 22-72 【干涉检查】对话框

⑦关闭【干涉检查】对话框，然后使用快捷键“SU”激活【差集】命令，从剖切后的球体中减去刚创建的干涉实体。

⑧在命令行中输入“R otate3d”，选择最后创建的长方体模型进行旋转。命令行操作如下：

```
命令: _rotate3d
    当前正向角度:  ANGDIR=逆时针  ANGBASE=0.0
    选择对象:                                   //选择长方体
    选择对象:                                   //结束选择
    指定轴上的第一个点或定义轴依据  [对象(O)/最近的(L)/视图(V)/X 轴(X)/Y 轴(Y)/Z 轴(Z)/
两点(2)]:                                       //X Enter，激活【X 轴】选项
    指定 X 轴上的点 <0,0,0>:                    //0,0,5 Enter
    指定旋转角度或 [参照(R)]:                   //10 Enter，旋转结果如图 22-73 所示
```

⑨在命令行中输入“UCS”，将当前坐标系统 X 轴旋转 90°。

⑩选择菜单【绘图】|【建模】|【圆柱体】命令，创建如图 22-74 所示的圆柱体。命令行操作如下：

```
命令: _cylinder
    指定底面的中心点或 [三点(3P)/两点(2P)/切点、切点、半径(T)/椭圆(E)] <0,0,0>:
     //0,5,8.5 Enter
    指定底面半径或 [直径(D)]:                   //4 Enter
    指定高度或 [两点(2P)/轴端点(A)]:            //150 Enter，结果如图 22-74 所示
```

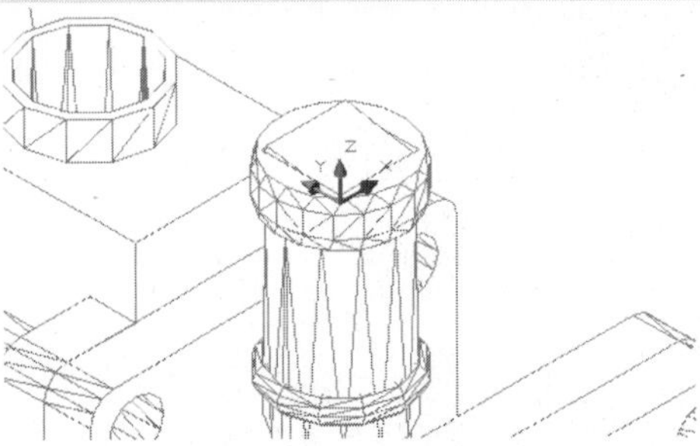

图 22-73　三维旋转

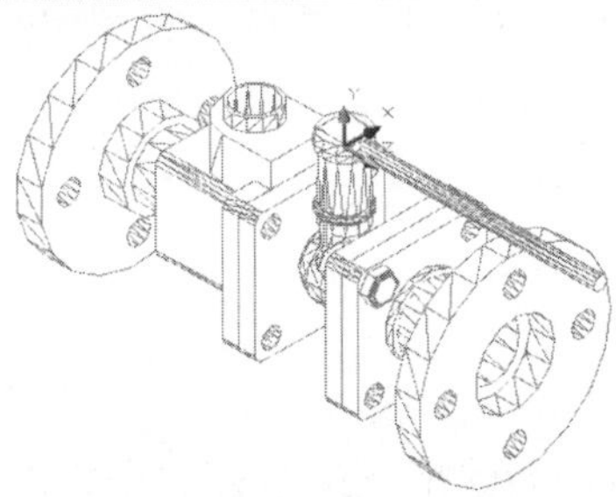

图 22-74　创建圆柱体

⑪在命令行中输入“R otate3d”，选择刚创建的圆柱体模型进行旋转。命令行操作如下：

```
命令: _rotate3d
    当前正向角度:  ANGDIR=逆时针  ANGBASE=0.0
    选择对象:                                   //选择刚创建的圆柱体
    选择对象:                                   //结束选择
    指定轴上的第一个点或定义轴依据  [对象(O)/最近的(L)/视图(V)/X 轴(X)/Y 轴(Y)/Z 轴(Z)/
两点(2)]:                                       //X Enter，激活【X 轴】选项
    指定 X 轴上的点 <0,0,0>:                    // Enter
    指定旋转角度或 [参照(R)]:                   //-10 Enter，旋转结果如图 22-75 所示
```

⑫选择菜单【视图】|【视觉样式】|【真实】命令，对阀体模型进行真实着色，结果如图 22-76 所示。

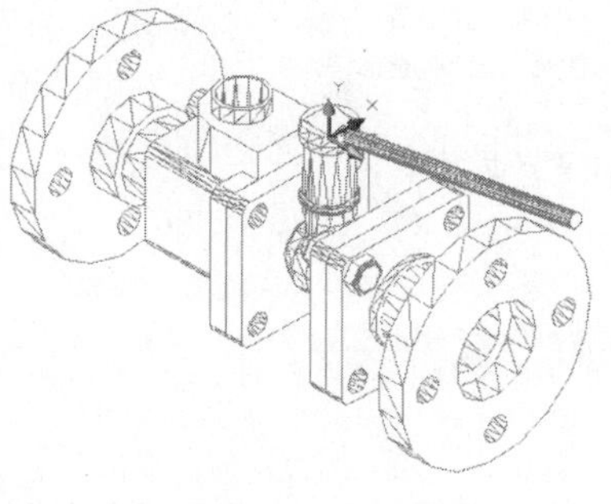

图 22-75 三维旋转

图 22-76 阀体装配图

22.2.10 装配图的分解

操作步骤如下。

❶使用快捷键“CO”激活【复制】命令，将阀体模型进行复制一份。

❷最后使用快捷键“M”激活【移动】命令，将复制出的阀体装配图进行分解，最终结果如图 22-77 所示。

图 22-77 阀体分解图

❸最后使用【保存】命令将图形存储为“三维装配与分解.dwg”。

22.3 本章小结

绘制装配图是机械设计过程中的重要环节，装配图可以表达机械产品部件与部件、部件与零件、零件与零件之间的连接关系，还可以表达装配与检验的数据及技术要求。本章通过绘制二维装配及分解图、三维装配图及分解图两个综合实例，采用两种不同的方法，详细讲述了零件装配图的绘制方法和技巧。

另外，在对装配后的零件图进行编辑完善时，巧妙配合了【快速选择】工具更改对象的颜色，加快了装配图的完善操作。

第23章

零件图的后期标注

本章将学习机械零件图尺寸、公差、粗糙度、技术要求等内容的标注方法和技巧。

23.1 标注零件尺寸与公差

本例通过为某轴零件图标注直线尺寸、曲线尺寸、引线尺寸、标注尺寸公差以及形位公差等，主要学习零件图各类尺寸、公差等的标注方法和技巧。本例效果如图 23-1 所示。

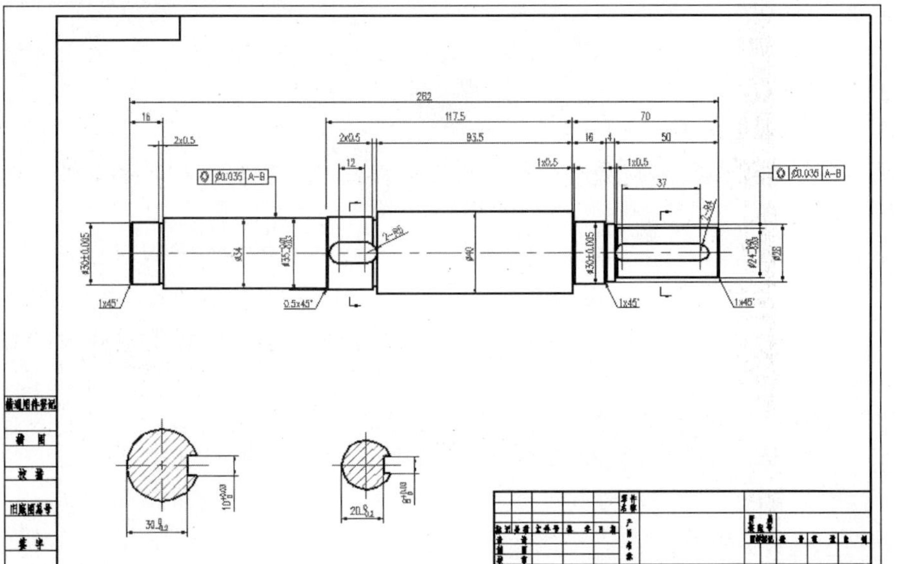

图 23-1　本例效果

23.1.1　设置尺寸样式

操作步骤如下。

❶执行【打开】命令，打开随书光盘中的“素材文件\23-轴零件.dwg”，如图 23-2 所示。

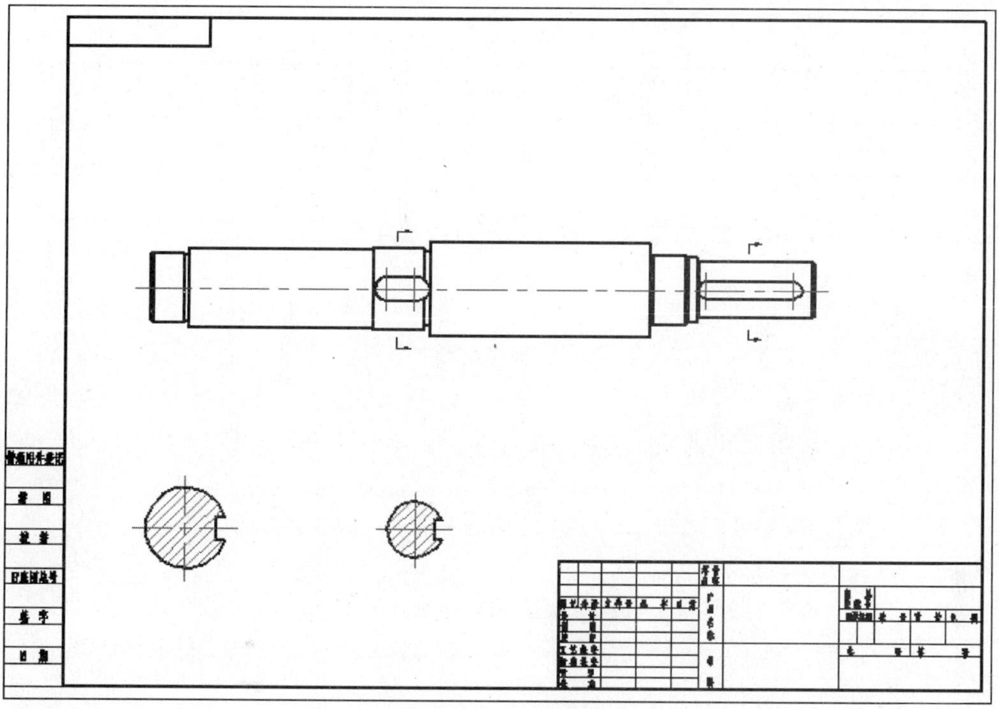

图 23-2　打开图形

❷选择菜单【标注】|【标注样式】命令，创建名为“机械标注”的样式。

❸单击 继续 按钮，打开【新建标注样式：机械标注】对话框，在【线】选项卡中设置基线间距为 10、超出尺寸线为 2、起点偏移量为 0。

❹展开【文字】选项卡，设置当前文字样式为“数字与字母”、文字高度为 3.5、颜色为红色、偏移量为 1。

❺展开【主单位】选项卡，设置线性标注和角度标注的精度为 0.0、小数分隔符为“句点”。

❻返回【标注样式管理器】对话框，将设置的“机械标注”样式设置为当前样式。

23.1.2 标注线性尺寸

操作步骤如下。

❶展开【图层控制】下拉列表，将“尺寸层”设置为当前图层。

❷选择菜单【标注】|【线性】命令，配合捕捉与追踪功能标注第一个尺寸对象。命令行操作如下：

```
命令: _dimlinear
    指定第一条延伸线原点或 <选择对象>:                //捕捉如图 23-3 所示的端点
    指定第二条延伸线原点:                             //以如图 23-4 所示的端点
    指定尺寸线位置或[多行文字(M)/文字(T)/角度(A)/水平(H)/垂直(V)/旋转(R)]:
                                    //向上引导光标，在适当位置拾取一点，结果如图 23-5 所示
```

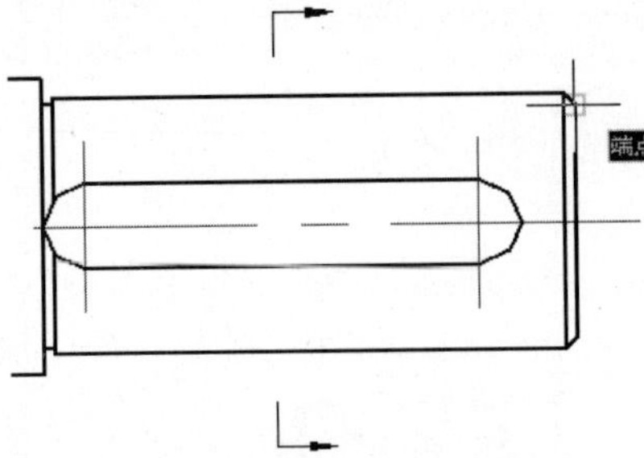

图 23-3　定位第一尺寸原点

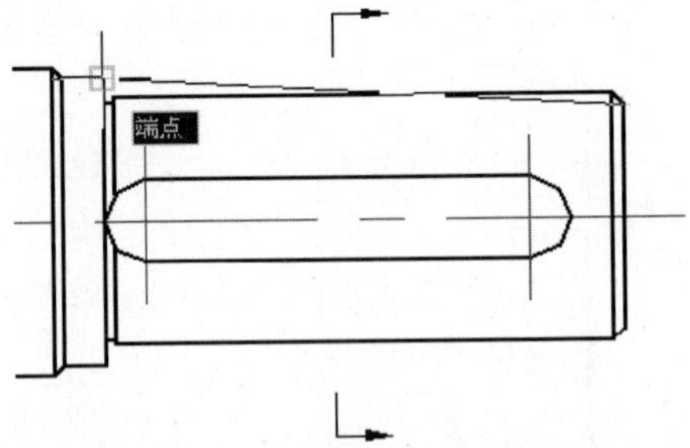

图 23-4　定位第二尺寸原点

❸选择菜单【标注】|【基线】命令，继续标注零件图尺寸。命令行操作如下：

```
命令: _dimbaseline
    指定第二条延伸线原点或 [放弃(U)/选择(S)] <选择>:   //捕捉如图 23-6 所示的端点
    标注文字 = 70
    指定第二条延伸线原点或 [放弃(U)/选择(S)] <选择>:   //捕捉如图 23-7 所示的端点
    标注文字 = 282
    指定第二条延伸线原点或 [放弃(U)/选择(S)] <选择>:   // Enter，退出基线标注状态
    选择基准标注:                                      // Enter，结束命令，标注结果如图 23-8 所示
```

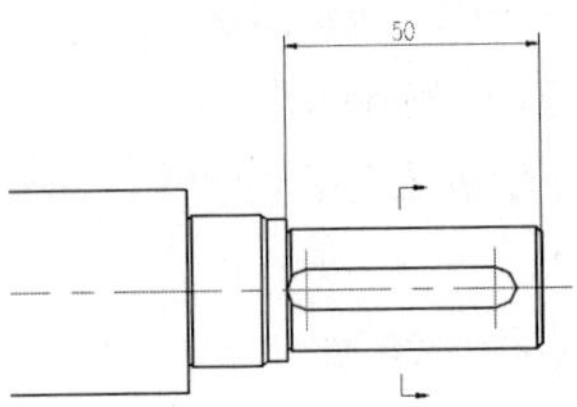

图 23-5　标注结果

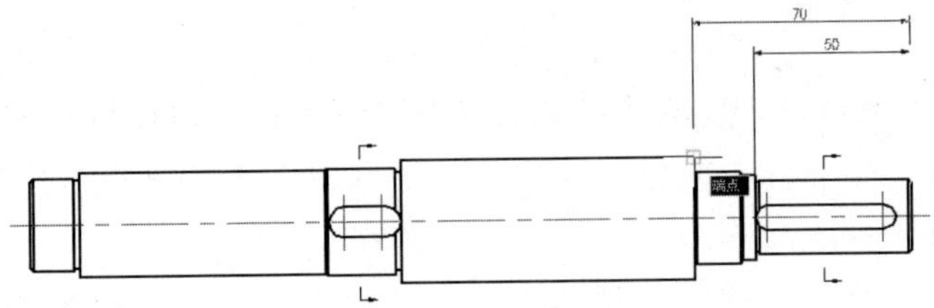

图 23-6　捕捉端点

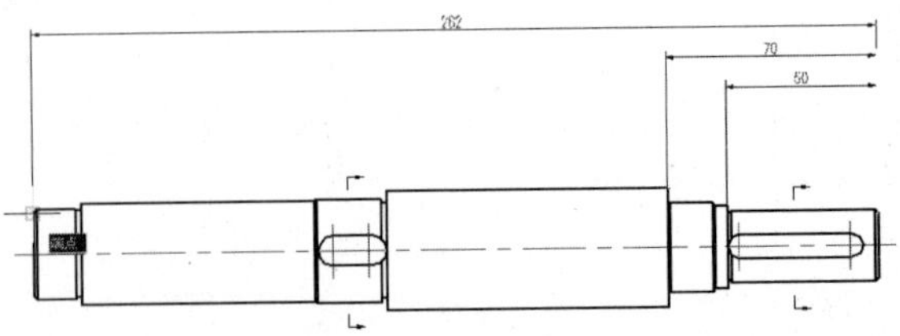

图 23-7　捕捉端点

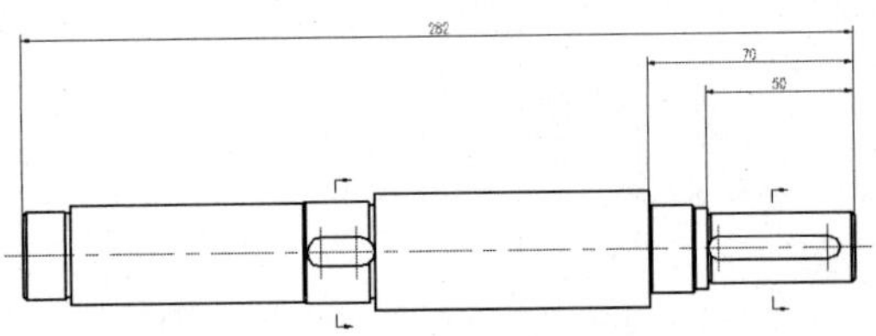

图 23-8　标注结果

❹选择菜单【标注】|【连续】命令，继续为零件图标注尺寸。命令行操作如下：

```
命令: _dimcontinue
    指定第二条延伸线原点或 [放弃(U)/选择(S)] <选择>:   // Enter，退出连续标注状态
    选择连续标注:                                      //选择如图 23-9 所示的尺寸
    指定第二条延伸线原点或 [放弃(U)/选择(S)] <选择>:   //捕捉图 23-9 所示的端点 1
    标注文字 = 4
    指定第二条延伸线原点或 [放弃(U)/选择(S)] <选择>:   //捕捉图 23-9 所示的端点 2
    标注文字 = 16
```

指定第二条延伸线原点或 [放弃(U)/选择(S)] <选择>: //捕捉端点 3

标注文字 =93.5

指定第二条延伸线原点或 [放弃(U)/选择(S)] <选择>: //捕捉端点 4

标注文字 =2

指定第二条延伸线原点或 [放弃(U)/选择(S)] <选择>: // Enter，退出连续标注状态

选择连续标注: // Enter，退出命令，标注结果如图 23-10 所示

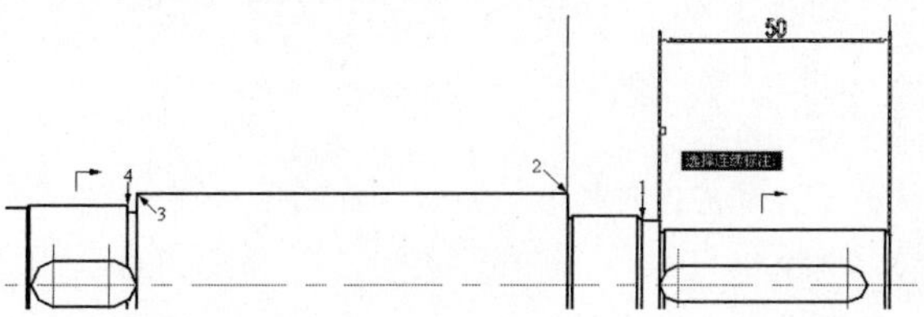

图 23-9 选择基准尺寸

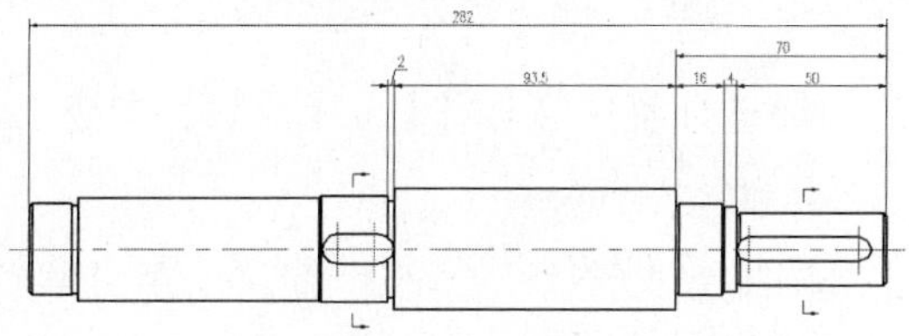

图 23-10 标注结果

❺选择菜单【标注】|【线性】命令，配合端点捕捉功能，标注传动轴左侧的直径尺寸。命令行操作如下：

命令: _dimlinear

指定第一条延伸线原点或 <选择对象>: //捕捉如图 23-11 所示的端点

指定第二条延伸线原点: //捕捉如图 23-12 所示的端点

指定尺寸线位置或[多行文字(M)/文字(T)/角度(A)/水平(H)/垂直(V)/旋转(R)]:

//t Enter，激活【文字】选项

输入标注文字 <30>: //%%C30%%P0.005 Enter

指定尺寸线位置或[多行文字(M)/文字(T)/角度(A)/水平(H)/垂直(V)/旋转(R)]:

//在适当位置拾取一点，标注结果如图 23-13 所示

标注文字 =30

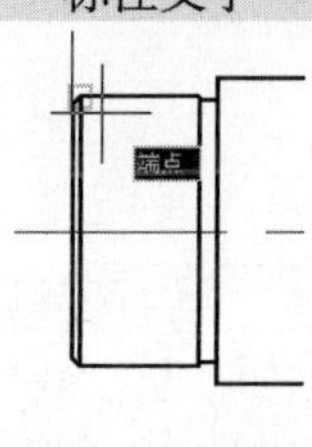

图 23-11 定位第一原点

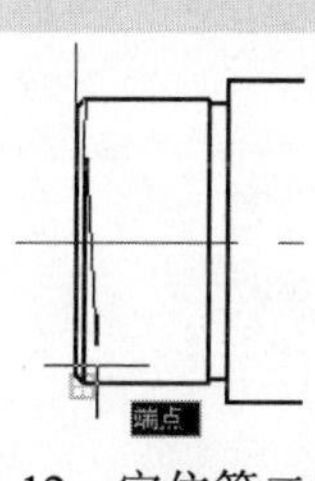

图 23-12 定位第二原点

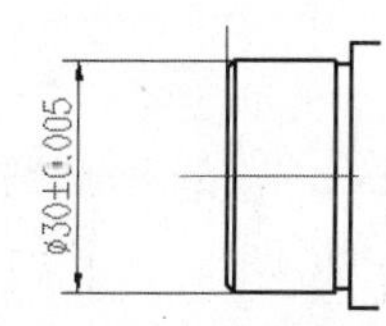

图 23-13 标注结果

❻参照上一步操作，使用【线性】命令分别标注其他位置的线性尺寸，标注结果如图 23-14 所示。

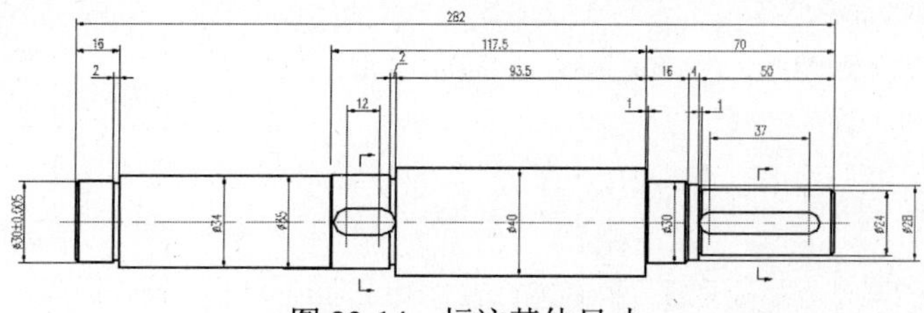

图 23-14 标注其他尺寸

23.1.3 标注半径尺寸

操作步骤如下。

❶选择菜单【标注】|【半径】命令，为零件图标注半径尺寸。命令行操作如下：

```
命令: _dimradius
    选择圆弧或圆:                                       //选择如图 23-15 所示的圆弧
    标注文字 =5
    指定尺寸线位置或 [多行文字(M)/文字(T)/角度(A)]:      //t Enter，激活【文字】选项
    输入标注文字 <5>:                                   //2-R5 Enter
    指定尺寸线位置或 [多行文字(M)/文字(T)/角度(A)]:
                                    //在适当位置拾取一点，标注结果如图 23-16 所示
```

❷重复执行上一操作步骤，使用【线性】命令标注另一侧的半径尺寸，标注结果如图 23-17 所示。

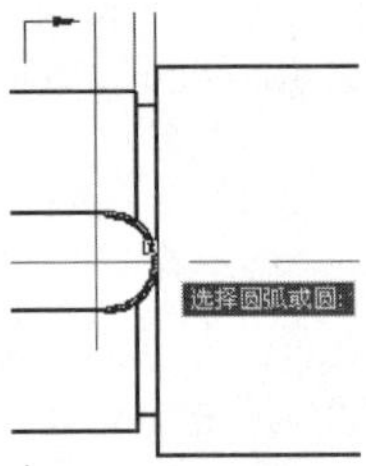

图 23-15　选择圆弧

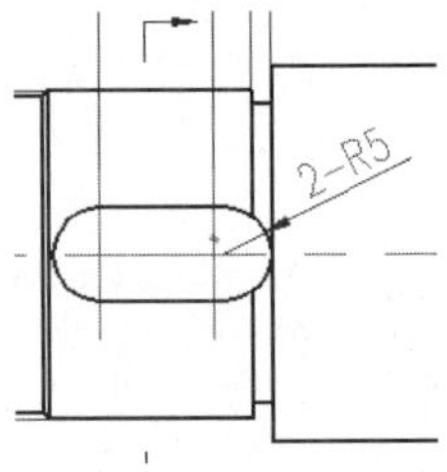

图 23-16　标注结果

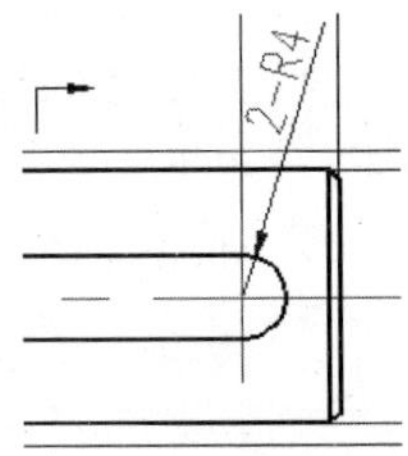

图 23-17　标注右侧半径尺寸

23.1.4 标注引线尺寸

操作步骤如下。

❶使用快捷键“LE”激活【快速引线】命令，或配合【最近点】捕捉功能标注引线尺寸。命令行操作如下：

```
命令: _qleader
    指定第一个引线点或 [设置(S)] <设置>:          //s Enter，激活【设置】选项
    指定第一个引线点或 [设置(S)] <设置>:          //捕捉如图 23-18 所示的最近点
    指定下一点:                                   //在适当位置定位第二点
    指定下一点:                                   //在适当位置定位第三点
    指定文字宽度 <0>:                             // Enter，采用默认设置
    输入注释文字的第一行 <多行文字(M)>:           //1x45%%D Enter
    输入注释文字的下一行:                         // Enter，结束命令，标注结果如图 23-19 所示
```

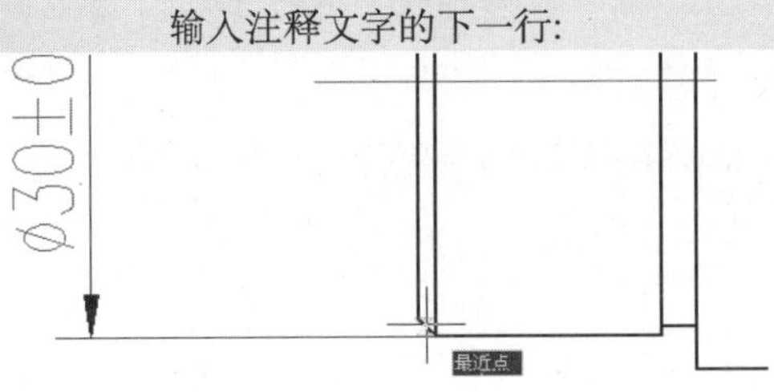

图 23-18　定位第一引线点

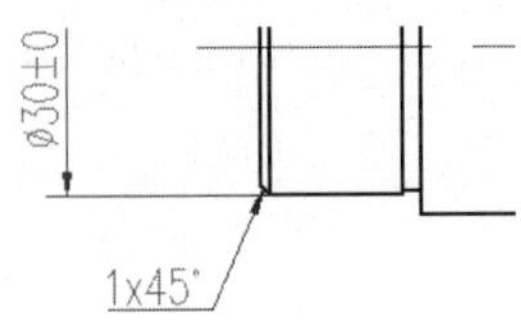

图 23-19　标注结果

❷参照上一操作步骤，使用【快速引线】命令，并配合【最近点】捕捉功能，分别标注其他位置的引线尺寸，标注结果如图 23-20 所示。

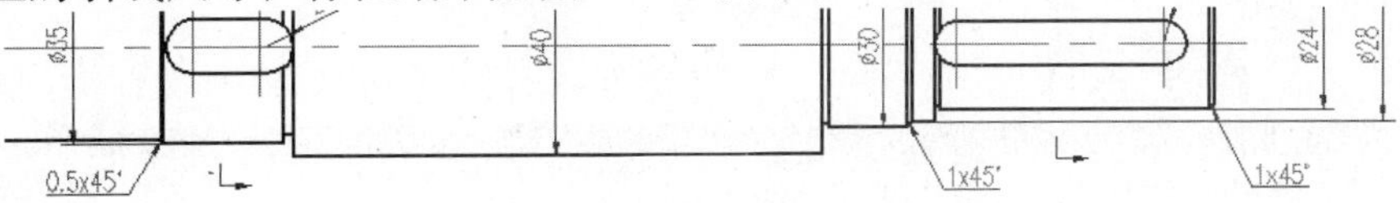

图 23-20　标注其他引线尺寸

23.1.5　标注尺寸公差

操作步骤如下。

❶选择菜单【标注】|【线性】命令，配合交点捕捉功能标注剖视图尺寸。命令行操作如下：

```
命令: _dimlinear
    指定第一条延伸线原点或 <选择对象>:                //捕捉如图 23-21 所示的交点
    指定第二条延伸线原点:                            //捕捉如图 23-22 所示的交点
    指定尺寸线位置或[多行文字(M)/文字(T)/角度(A)/水平(H)/垂直(V)/旋转(R)]:
    //MEnter，打开如图 23-23 所示的【文字格式】对话框
```

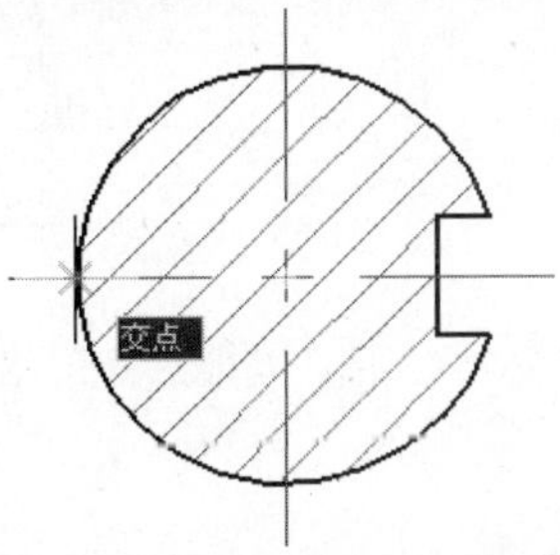

图 23-21　定位第一原点

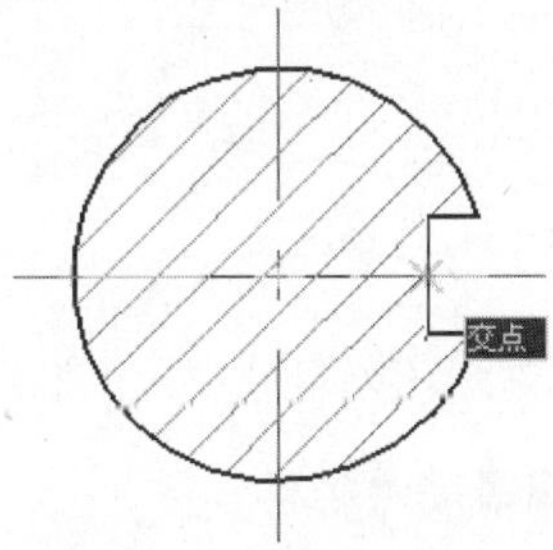

图 23-22　定位第二原点

图 23-23　【文字格式】对话框

❷在尺寸文字右侧单击左键，然后输入“ 0^-0.2”，如图 23-24 所示。

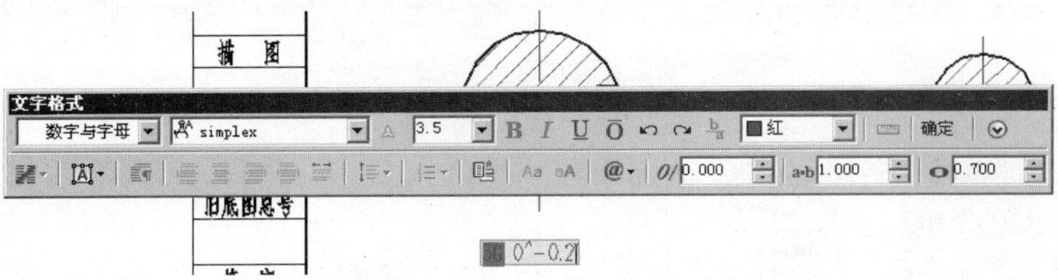

图 23-24　添加尺寸后缀

❸选择“ 0^-0.2”文字，然后单击【堆叠】按钮，使尺寸后缀进行堆叠，结果如图 23-25 所示。

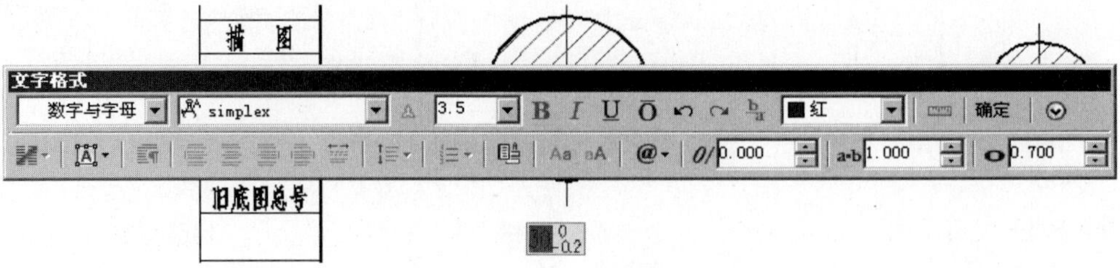

图 23-25 堆叠结果

❹单击确定按钮返回绘图区，在命令行“指定尺寸线位置或[多行文字(M)/文字(T)/角度(A)/水平(H)/垂直(V)/旋转(R)]:”提示下，在适当位置拾取一点，为尺寸定位，结果如图 23-26 所示。

❺参照第 1~4 操作步骤，使用【线性】工具标注其他位置的尺寸公差，标注结果如图 23-27 所示。

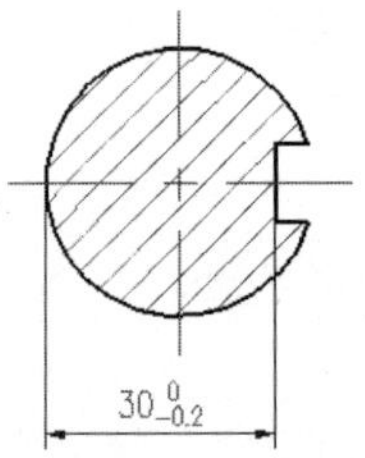

图 23-26 标注尺寸公差

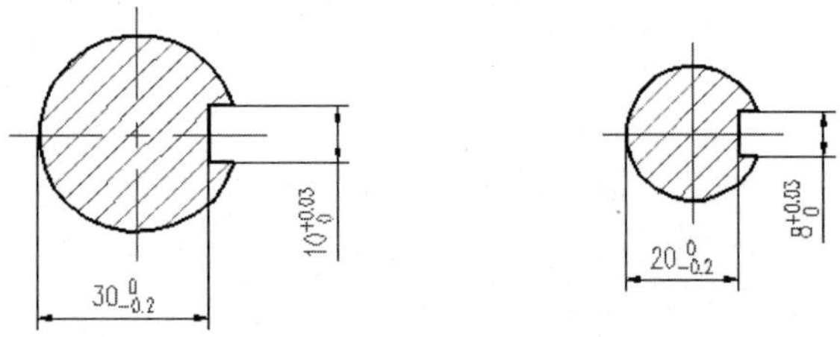

图 23-27 标注其他尺寸公差

23.1.6 编辑尺寸标注

操作步骤如下。

❶单击【标注】工具栏上的按钮，激活【编辑标注】命令，根据命令行的操作提示，对尺寸进行修改。命令行操作如下：

```
命令: _dimedit
    输入标注编辑类型 [默认(H)/新建(N)/旋转(R)/倾斜(O)] <默认>:
                    //NEnter，打开【文字格式】对话框，然后修改尺寸内容，如图 23-28 所示
```

图 23-28 输入尺寸内容

❷单击确定按钮返回绘图区，在命令行“选择对象:”提示下，选择如图 23-29 所示的尺寸对象，修改其尺寸文字。

❸继续在命令行“选择对象:”提示下，按 Enter 键来结束命令，修改结果如图 23-30 所示。

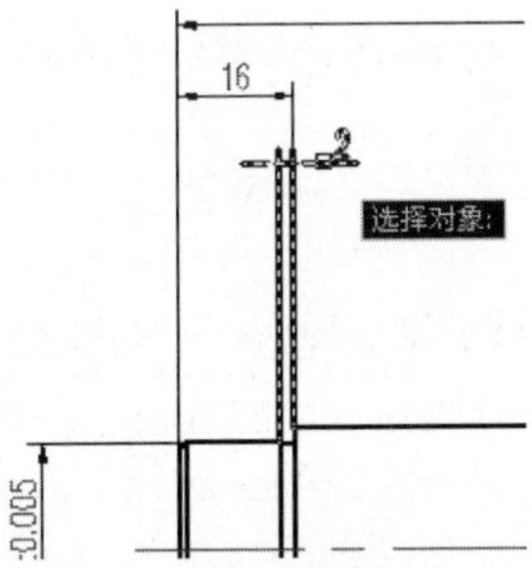

图 23-29　选择尺寸对象

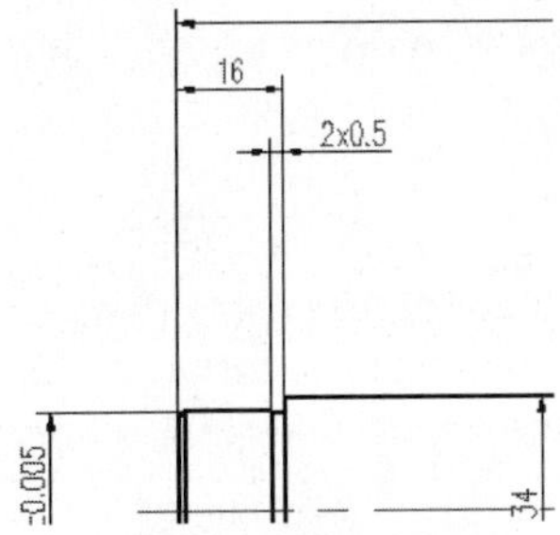

图 23-30　修改结果

❹参照第 1~3 操作步骤，使用【编辑标注】命令分别修改其他位置的尺寸文字以及为尺寸文字添加尺寸后缀，结果如图 23-31 所示。

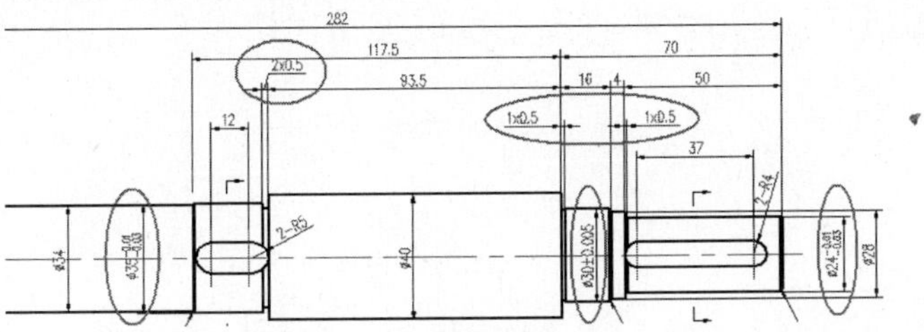

图 23-31　修改其他尺寸

❺单击【标注】工具栏上的按钮，激活【编辑标注文字】命令，对尺寸文字的位置进行调整。命令行操作如下：

```
命令: _dimtedit
    选择标注:                          //选择如图 23-32 所示的尺寸对象
    指定标注文字的新位置或 [左(L)/右(R)/中心(C)/默认(H)/角度(A)]:
                                      //在尺寸一侧的适当位置拾取一点，结果如图 23-33 所示
```

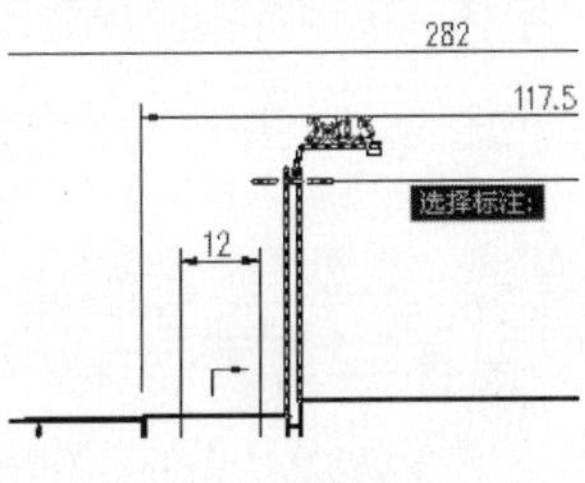

图 23-32　选择尺寸

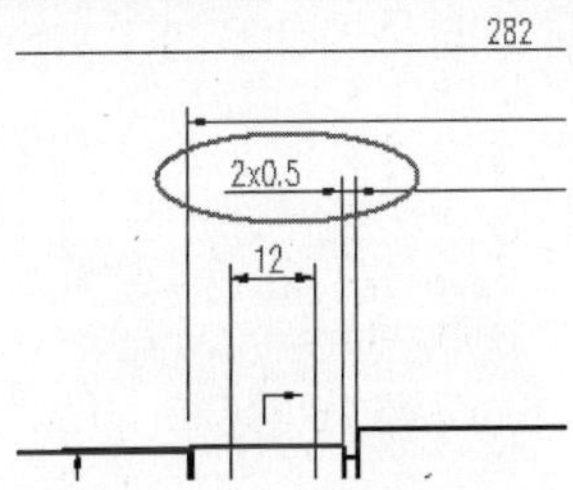

图 23-33　调整尺寸文字

23.1.7　标注形位公差

操作步骤如下。

❶执行【快速引线】命令，配合【最近点】捕捉功能标注零件图的形位公差。命令行操作如下：

```
命令: _qleader
    指定第一个引线点或 [设置(S)] <设置>:
      //S Enter，在打开的【引线设置】对话框中分别设置参数如图 23-34 和图 23-35 所示
```

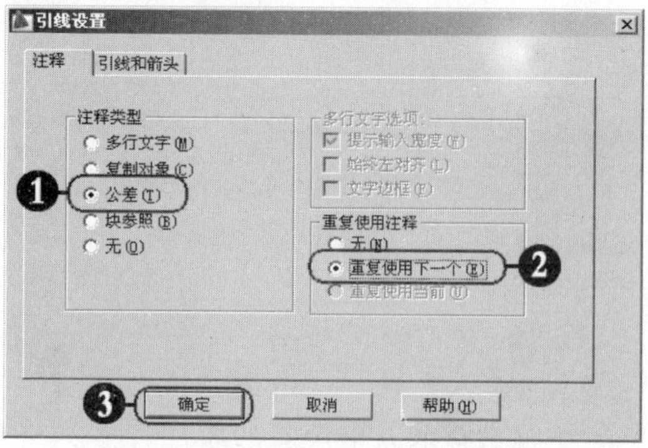

图 23-34 设置注释参数

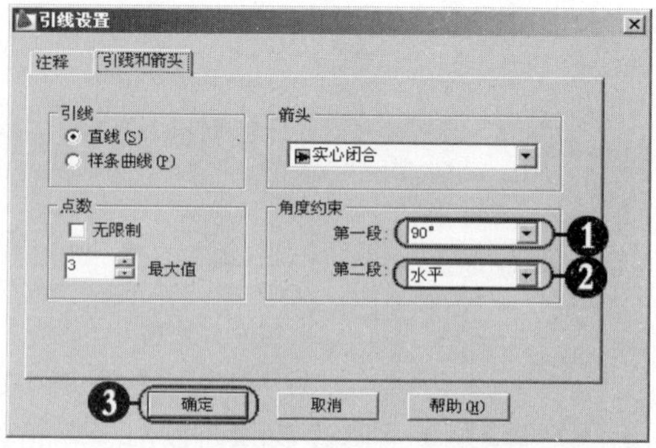

图 23-35 设置引线和箭头

❷单击 确定 按钮，然后根据命令行的提示标注零件图的形位公差。命令行操作如下：

```
指定第一个引线点或 [设置(S)] <设置>:
                              //捕捉如图 23-36 所示的最近点
指定下一点:                    //在上侧适当位置定位第二引线点
指定下一点:                    //在左侧适当位置定位第三引线点，打开【形位公差】对话框
```

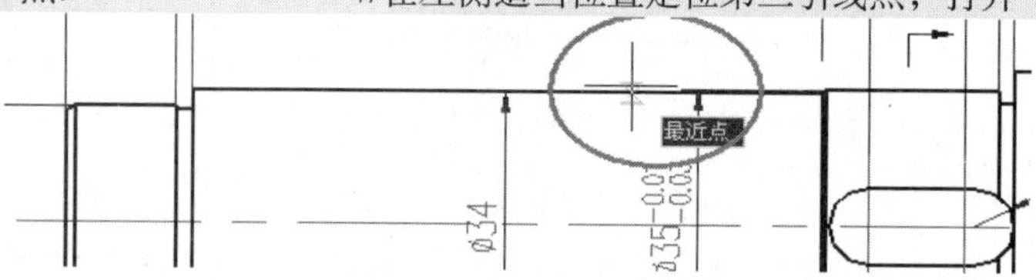

图 23-36 定位第一引线点

❸在【形位公差】对话框中单击“符号”颜色块，从打开的【特征符号】对话框中单击如图 23-37 所示的公差符号。

❹此时返回【形位公差】对话框，在“公差 1”选项组中单击颜色块，添加直径符号，然后设置其他参数，如图 23-38 所示。

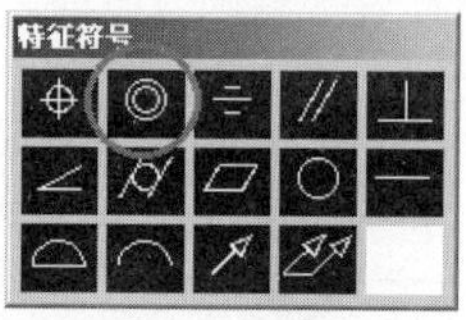

图 23-37 【特征符号】对话框

图 23-38 【形位公差】对话框

❺单击对话框中的 确定 按钮，结束命令，标注结果如图 23-39 所示。

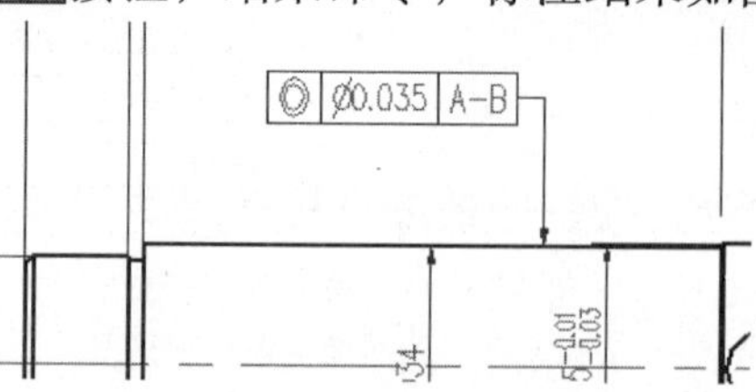

图 23-39 标注形位公差

❻按 Enter 键，重复执行【引线】命令，标注其他位置的形位公差，结果如图 23-40 所示。

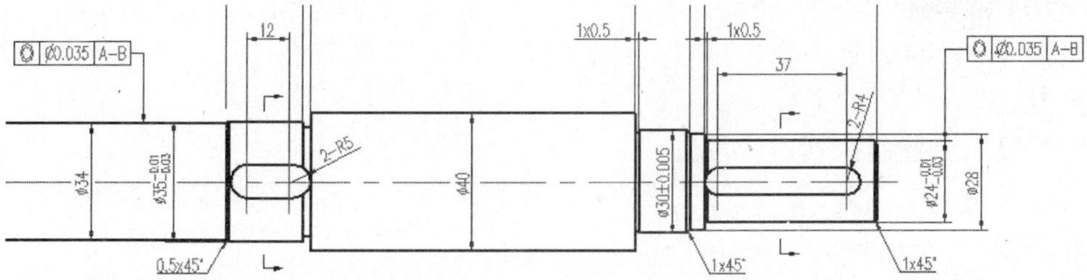

图 23-40 标注其他形位公差

⑦选择菜单【修改】|【打断】命令，将与尺寸文字重合的水平中心线进行打断，并调整视图，使图形全部显示，最终效果如图 23-1 所示。

⑧最后执行【另存为】命令，将图形另存储为“标注尺寸与公差.dwg”。

23.2 标注符号与技术要求

本例通过为某轴零件图标注粗糙度、基准代号、技术要求、填充标题栏等内容，主要学习零件图符号、文字等内容的快速标注方法和技巧。本例效果如图 23-41 所示。

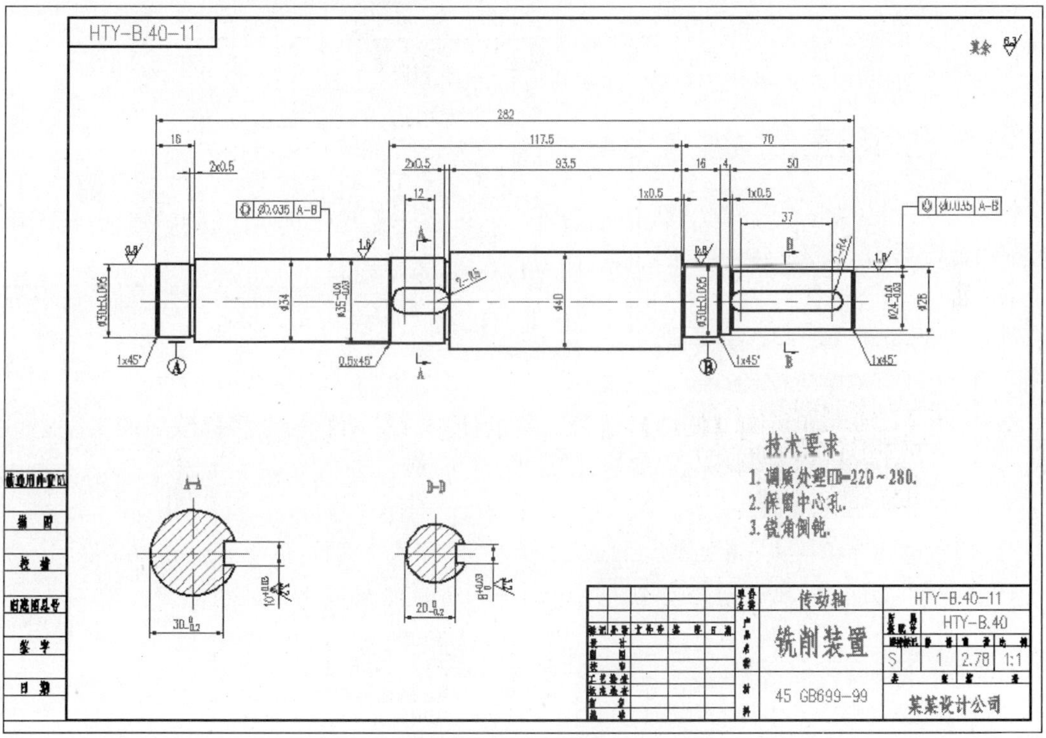

图 23-41 本例效果

23.2.1 标注技术要求

操作步骤如下。

❶继续上例操作。

❷执行【文字样式】命令，设置一种名为“仿宋体”的文字样式，字体为“仿宋体”、宽度比例为 0.7。

❸展开【图层控制】列表，设置“文字层”为当前图层。

❹选择菜单【绘图】|【文字】|【单行文字】命令，为零件图标注技术要求。命令行操作如下：

```
命令: _dtext
    当前文字样式:  仿宋体    当前文字高度:   2.500
    指定文字的起点或  [对正(J)/样式(S)]:
                                        //在标题栏上侧空白区域内拾取一点
    指定高度  <2.500>:                  //6.5 Enter，设置文字高度
    指定文字的旋转角度  <0.000>:        // Enter，设置文字的旋转角度
```

❺此时系统显示出单行文字输入框，然后输入如图 23-42 所示的四行文字注释。

❻连续两次按 Enter 键，结束【单行文字】命令。

❼选择刚标注的“技术要求”文字，然后执行【特性】命令，在打开的【特性】窗口中修改字体的高度为 8，如图 23-43 所示。

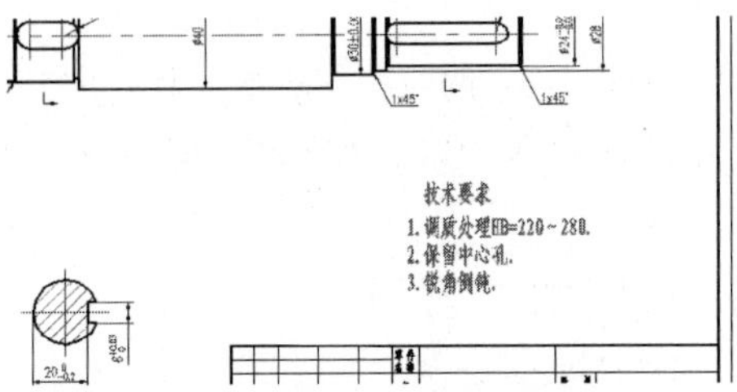

图 23-42　标注技术要求

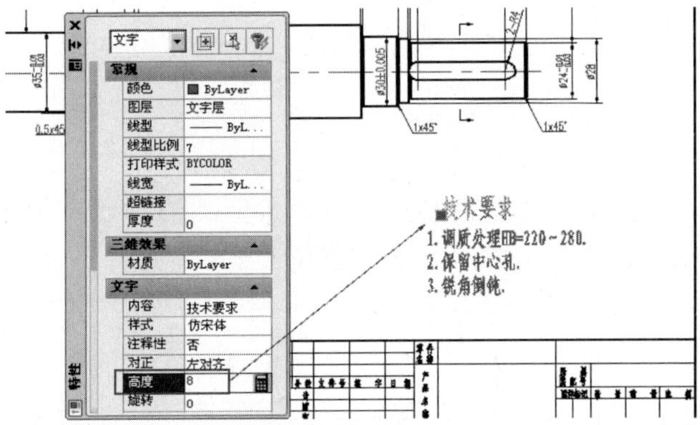

图 23-43　修改字体高度

❽按 Enter 键，并关闭【特性】窗口，然后使用【移动】命令将修改后的文字进行适当的位移，结果如图 23-44 所示。

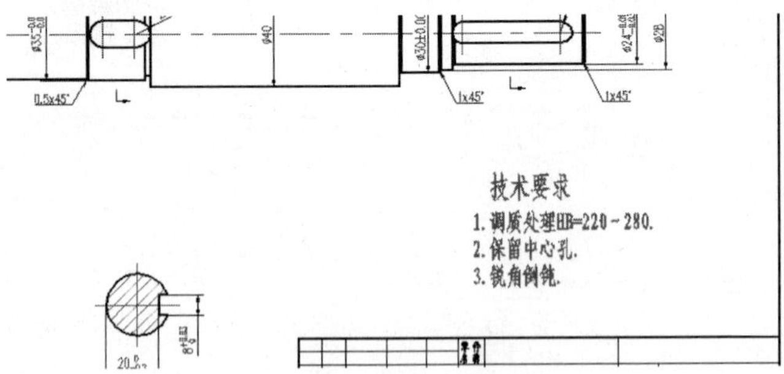

图 23-44　位移结果

❾再次使用快捷键“DT”激活【单行文字】命令，创建高度为 5 的单行文字，如图 23-45 所示。

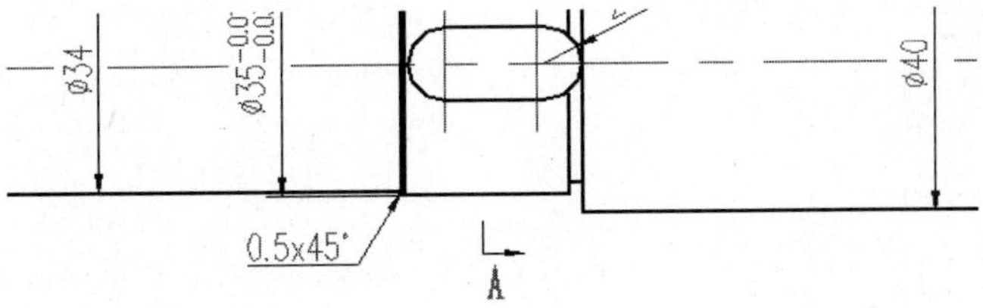

图 23-45 创建结果

⑩选择菜单【修改】|【复制】命令，将刚创建的文字分别复制到其他位置上，结果如图 23-46 所示。

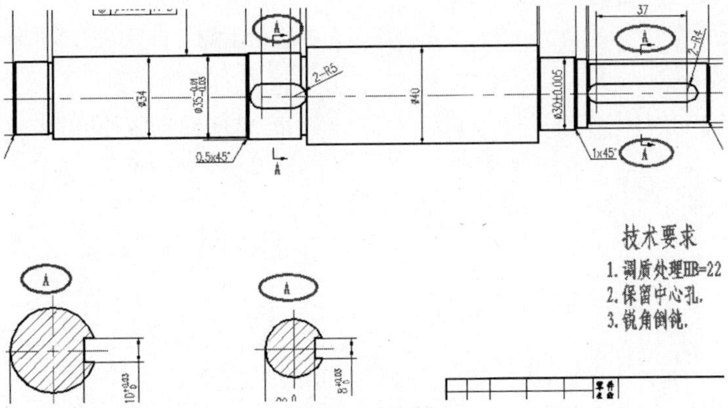

图 23-46 复制结果

⑪选择菜单【修改】|【对象】|【文字】|【编辑】命令，在命令行“选择注释对象或[放弃(U)]:”提示下，分别选择复制出的文字对象，输入正确文字内容，如图 23-47 所示。

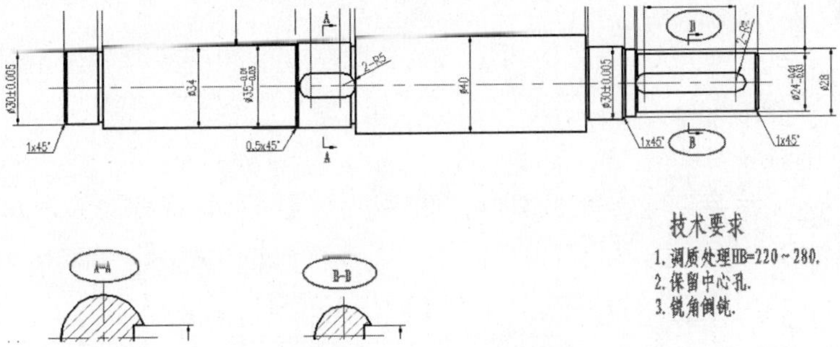

图 23-47 修改文字内容

23.2.2 标注基面代号

操作步骤如下。

❶综合使用【多段线】和【圆】命令，绘制如图 23-48 所示的基面代号，其中水平多段线的线宽为 0.4。

❷选择菜单【绘图】|【文字】|【定义属性】命令，在打开的【属性定义】对话框中设置属性的标记以及属性的文字参数等，如图 23-49 所示。

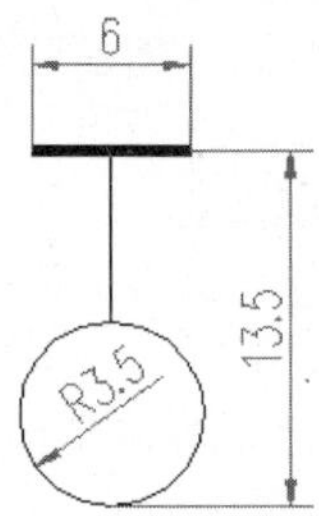

图 23-48　绘制基面代号

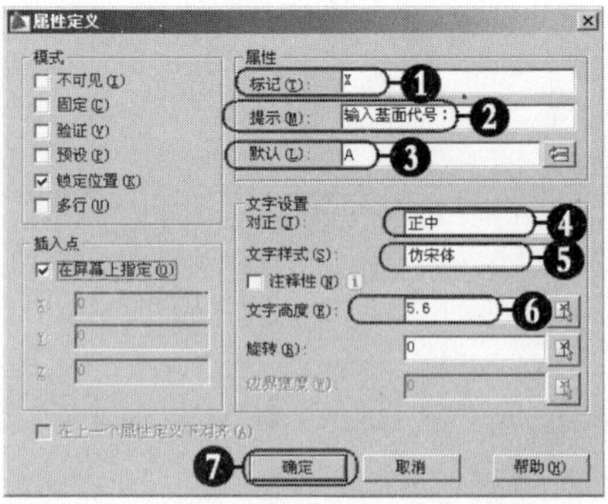

图 23-49　【属性定义】对话框

❸单击 确定 按钮返回绘图区，在命令行“指定起点：”提示下，捕捉基面代号的圆心作为属性的插入点，插入属性，结果如图 23-50 所示。

❹使用快捷键“W”激活【写块】命令，将基面代号和定义的文字属性一起创建为属性块，块的基点为图 23-51 所示的中点。

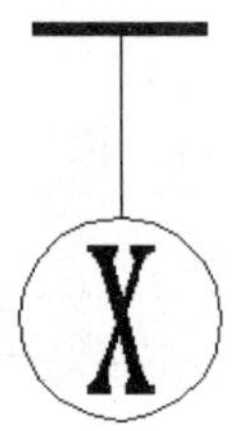

图 23-50　定义属性

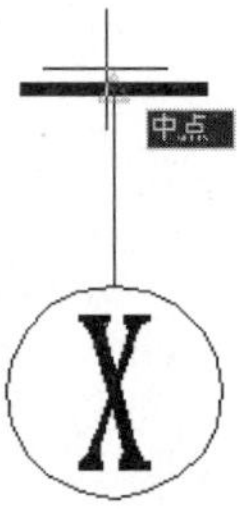

图 23-51　捕捉中点

❺单击【绘图】工具栏上的按钮，采用默认设置，插入刚定义的“基面代号”属性块。命令行操作如下：

```
命令: _insert
    指定插入点或 [基点(B)/比例(S)/X/Y/Z/旋转(R)]:
                                    //在所需位置拾取一点，定位插入点
    输入属性值
    输入基面代号： <A>:             // Enter，采用默认设置，插入结果如图 23-52 所示
```

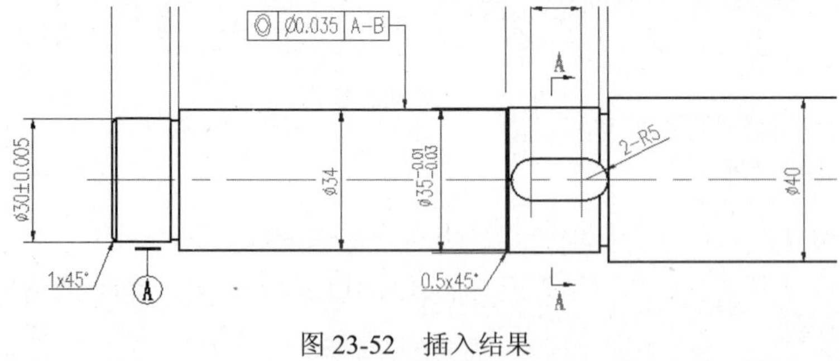

图 23-52　插入结果

❻重复执行【插入块】命令，为零件图其他位置标注基面代号。命令行操作如下：

```
命令: _insert
    指定插入点或 [基点(B)/比例(S)/X/Y/Z/旋转(R)]:      //在所需位置拾取一点，定位插入点
```

输入属性值
输入基面代号： <A>: //B Enter，插入结果如图 23-53 所示

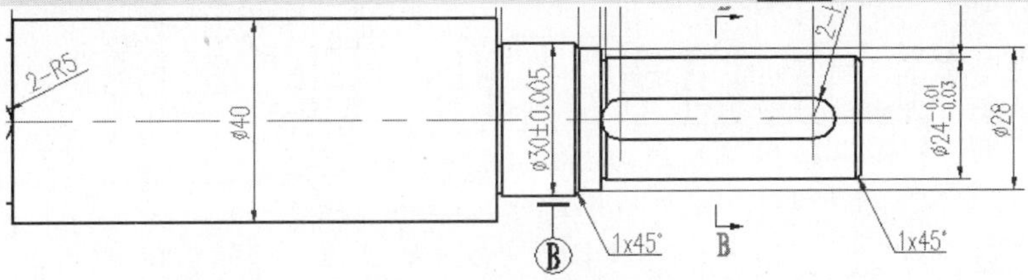

图 23-53 标注基面代号

❼选择菜单【修改】|【对象】|【属性】|【单个】命令，在命令行“选择块:”提示下，选择刚标注的基面代号属性块，在打开的【增强属性编辑器】对话框中修改属性的宽度比例，如图 23-54 所示。

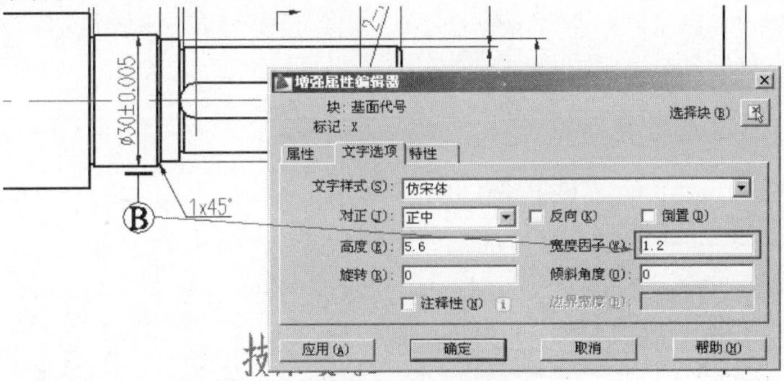

图 23-54 【增强属性编辑器】对话框

❽单击应用(A)按钮后，单击“选择块”按钮，返回绘图区，修改另一基面代号的宽度比例值为 1.2，结果如图 23-55 所示。

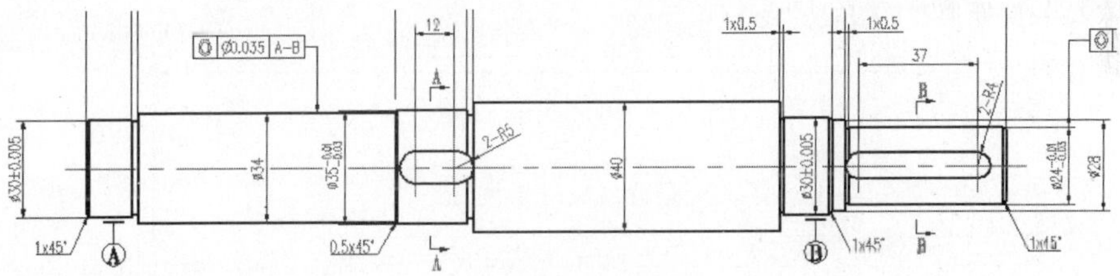

图 23-55 修改结果

23.2.3 标注表面粗糙度

操作步骤如下。

❶选择菜单【插入】|【块】命令，采用默认参数插入随书光盘中的“素材文件\粗糙度.dwg”，插入结果如图 23-56 所示。

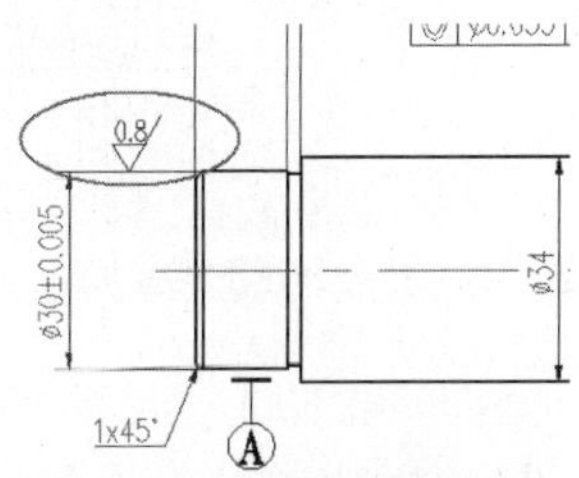

图 23-56 标注粗糙度

❷重复执行【插入块】命令，标注其他位置的粗糙度，结果如图 23-57 所示。

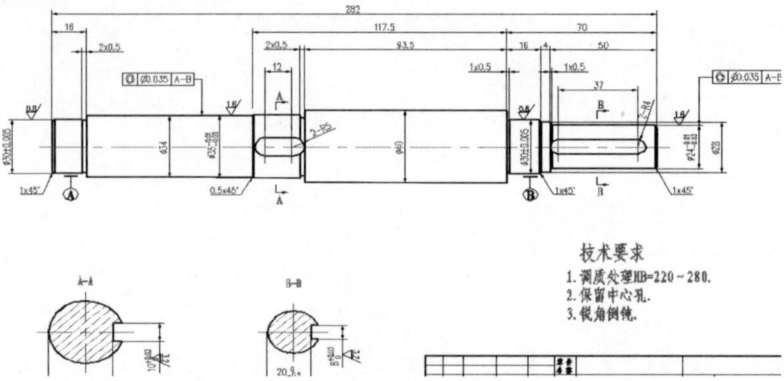

图 23-57　标注其他粗糙度

③重复执行【插入块】命令，在打开的【插入】对话框中设置插入参数如图 23-58 所示。插入结果如图 23-59 所示。

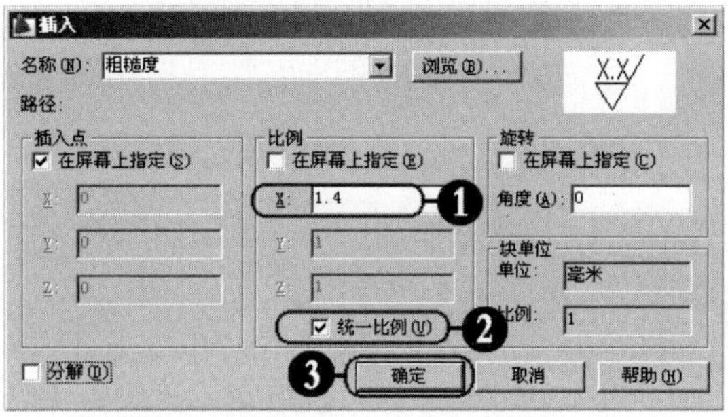

图 23-58　设置块参数

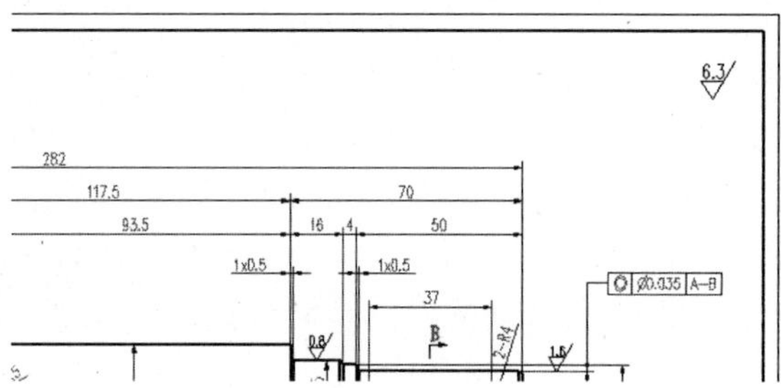

图 23-59　插入结果

④设置“文字层”为当前图层，然后使用【单行文字】命令创建如图 23-60 所示的文字，其中文件的高度为 4.5。

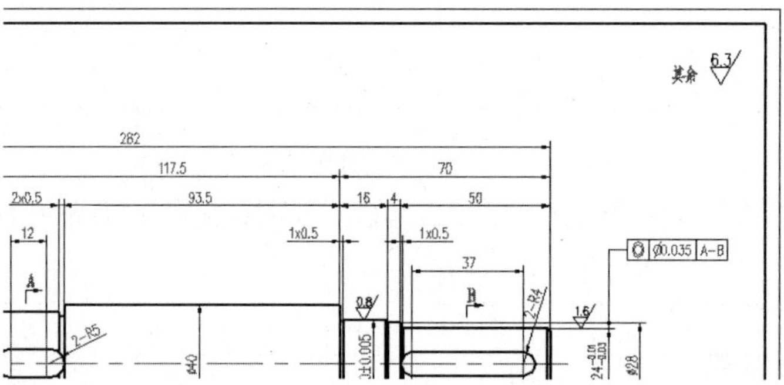

图 23-60　创建文字

23.2.4　填充标题栏内容

操作步骤如下。

①选择菜单【绘图】|【文字】|【多行文字】命令，为标题栏填充文字。命令行操作如下：

```
命令: _mtext
    当前文字样式:"仿宋体"  当前文字高度:4.5
```

```
指定第一角点:                //捕捉如图 23-61 所示的端点
指定对角点或 [高度(H)/对正(J)/行距(L)/旋转(R)/样式(S)/宽度(W)]:
                              //捕捉如图 23-62 所示的端点，此时系统打开【文字格式】对话框
```

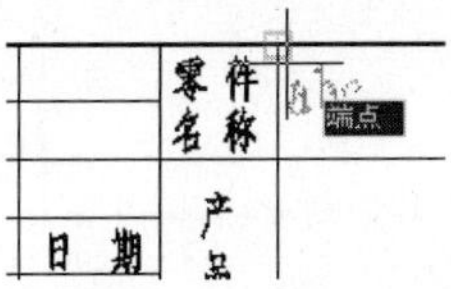

图 23-61　定位第一角点

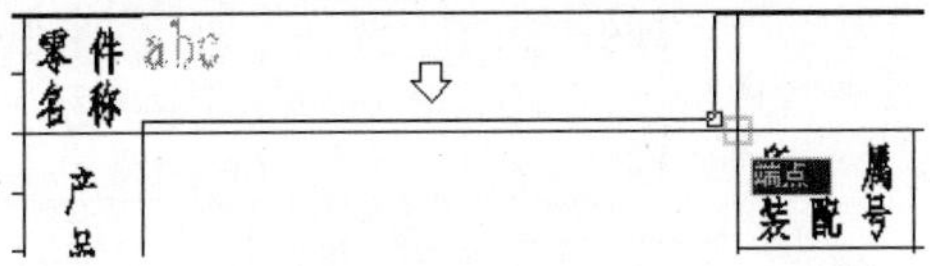

图 23-62　定位对角点

❷在【文字格式】对话框中设置字体高度为 6，对正方式为“正中”，然后在文字输入框内输入“传动轴”文字，如图 23-63 所示。

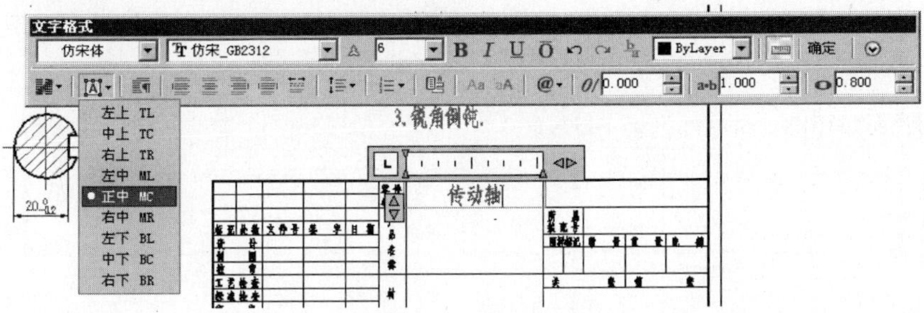

图 23-63　输入文字

❸单击对话框中的 确定 按钮，结束【多行文字】命令，结果如图 23-64 所示。

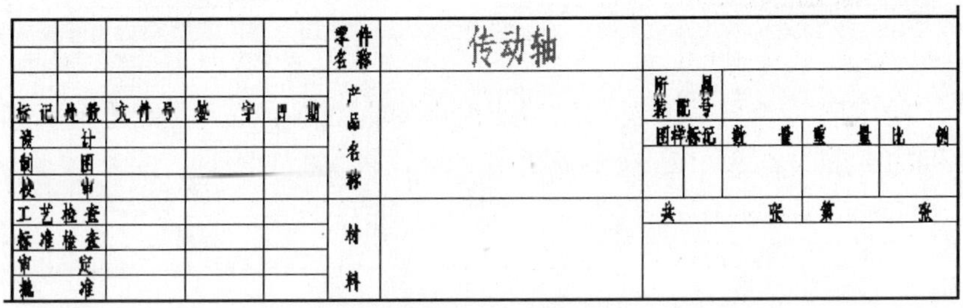

图 23-64　填充结果

❹使用【多段线】命令配合端点捕捉功能，分别连接各表格对角点，绘制其对角线作为辅助线，如图 23-65 所示。

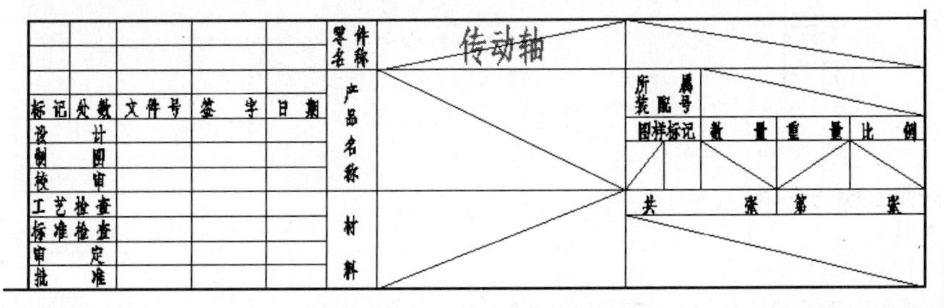

图 23-65　绘制对角线

❺选择菜单【修改】|【复制】命令，配合中点捕捉功能，将刚填充的表格文字分别复制到其他表格内，结果如图 23-66 所示。

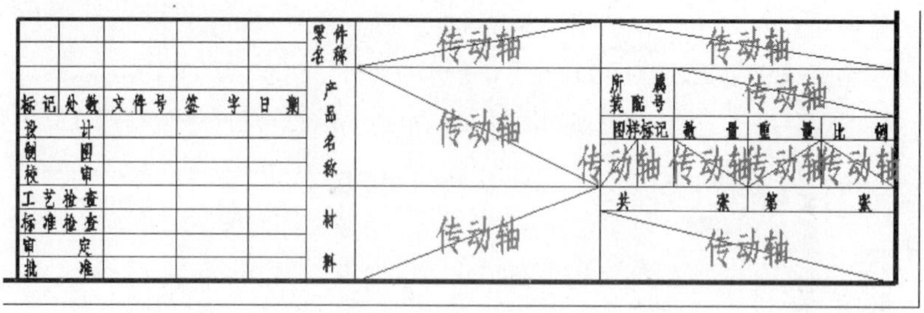

图 23-66　复制文字

❻使用快捷键“ED”激活【编辑文字】命令，选择下侧的文字对象，输入正确的文字内容，同时修改其高度为 10，如图 23-67 所示。

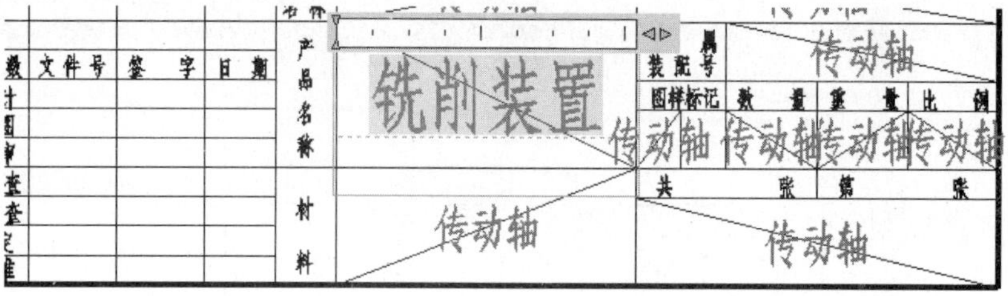

图 23-67　编辑文字

❼继续在命令行“选择注释对象或 [放弃(U)]:”提示下，单击下侧的文字对象，修改文字内容、文字样式以及文字高度等，如图 23-68 所示。

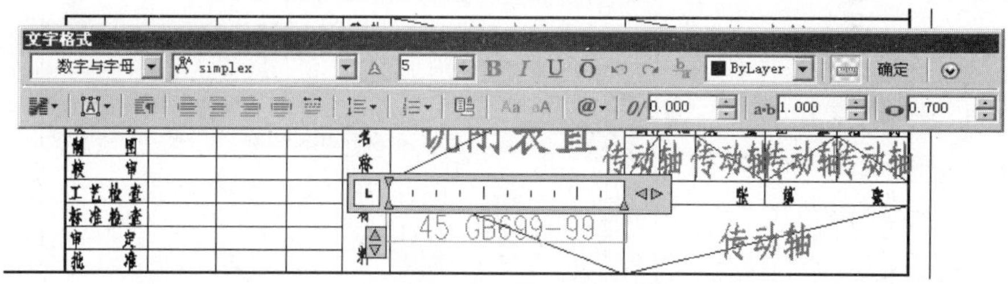

图 23-68　编辑文字

❽参照第 6 和第 7 操作步骤，继续根据命令行的提示，分别修改其他表格内的文字，结果如图 23-69 所示。

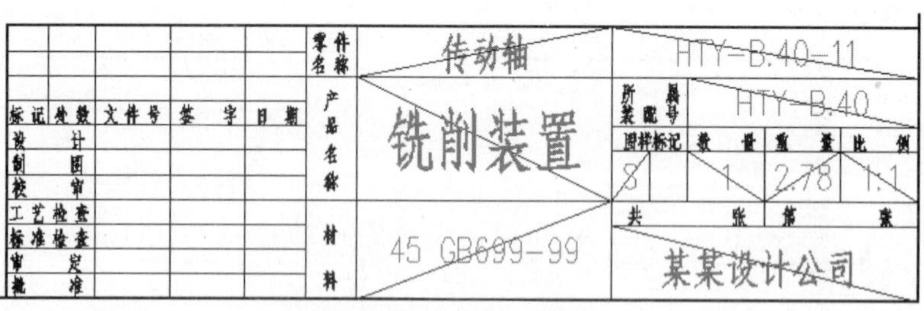

图 23-69　修改其他表格文字

❾使用【删除】命令删除表格对角线，同时调整视图，让图形全部显示，最终效果如图 23-41 所示。

❿最后将当前文件另存储为“标注符号与技术要求.dwg”。

23.3 本章小结

在机械制图中，尺寸、文字也是构图的重要元素，是图纸中不可缺少的内容。使用必要的文字注解，能更好地诠释和表达图纸的内在信息，表达出几何图形无法表达、无法传递的一些图纸信息；使用尺寸及公差，则可以表达出零件图各部件之间的实际大小及相互位置关系，以方便零件的现场加工。本章通过为轴零件标注各类尺寸、公差、符号、代号、技术要求等，详细讲述了零件图后期的标注内容、标注方法以及具体的标注过程和技巧。

第24章

零件图的后期输出

打印输出是绘制施工图的最后一个操作环节。本章主要学习输出设备的配置、模型打印以及布局打印等功能。

24.1 了解打印空间

AutoCAD 为用户提供了两种工作空间，即模型空间和布局空间。

模型空间是图形设计的主要操作空间，它与绘图输出不直接相关，仅属于一个辅助的出图空间，可以打印一些要求比较低的图形；布局空间则是图形打印的主要操作空间，它与打印输出密切相关，用户不仅可以在此空间内打印单个或多个图形，还可以使用单一比例打印、多种比例打印，在调整出图比例和协调图形位置方面比较方便。

可以粗略地说，模型空间属设计环境，布局空间属出图环境。

启动 AutoCAD 软件后，系统进入的是模型空间，如果需要进入布局空间，可以通过单击绘图区下部的切换标签来实现，单击“布局”标签，即可进入布局空间，如图 24-1 所示。

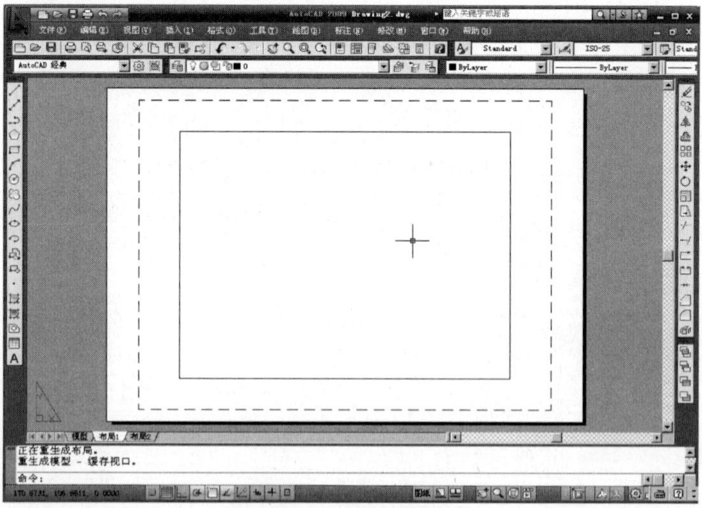

图 24-1　布局空间

默认设置下有“布局 1”和“布局 2”两个布局标签，用户可以根据需要设置多个布局。常用设置方式有以下 3 种。

- 新建布局方式：选择菜单【插入】|【布局】|【新建布局】命令，

或在绘图区下部的布局标签上右击，在弹出的快捷菜单中选择【新建布局】命令，如图 24-2 所示。

- 来自样板布局方式：选择菜单【插入】|【布局】|【来自样板的布局】命令，或在布局标签的右键快捷菜单中选择【来自样板】命令。

技巧

使用第二种方式创建布局时，系统会打开如图 24-3 所示的【从文件选择样板】对话框，选择所需样板后单击 打开(O) 按钮，在弹出的【插入布局】对话框中选择所需布局，将其插入到当前的文件中。

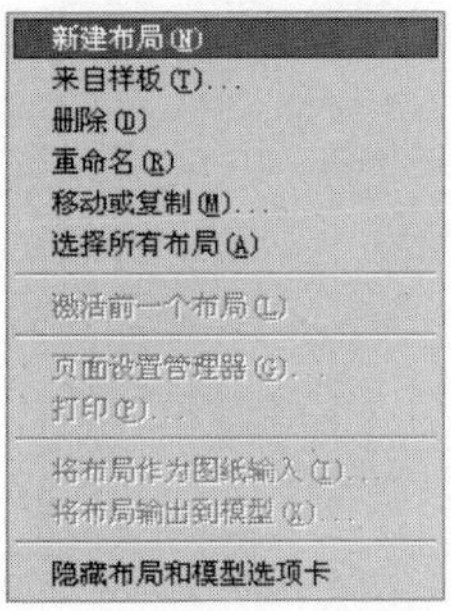

图 24-2 标签右键菜单

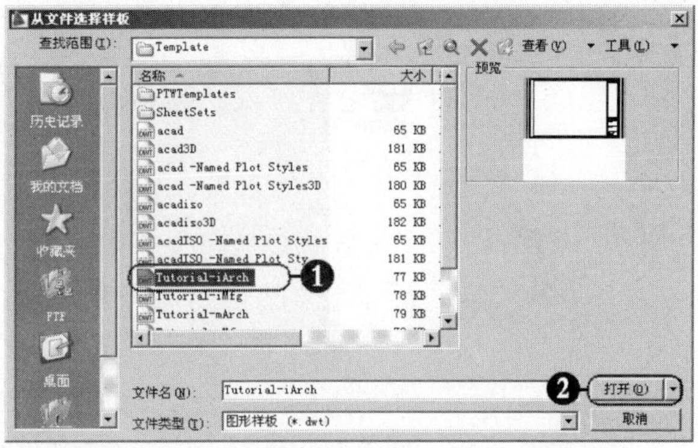

图 24-3 【从文件选择样板】对话框

- 布局向导方式：选择菜单【插入】|【布局】|【布局向导】命令，然后根据对话框向导提示，新建布局。

24.2 从模型空间打印零件图

本例将在模型空间内打印某轴类零件图，主要对【绘图仪管理器】、【页面设置管理器】、【打印预览】等命令进行综合练习和巩固。本例打印效果如图 24-4 所示。

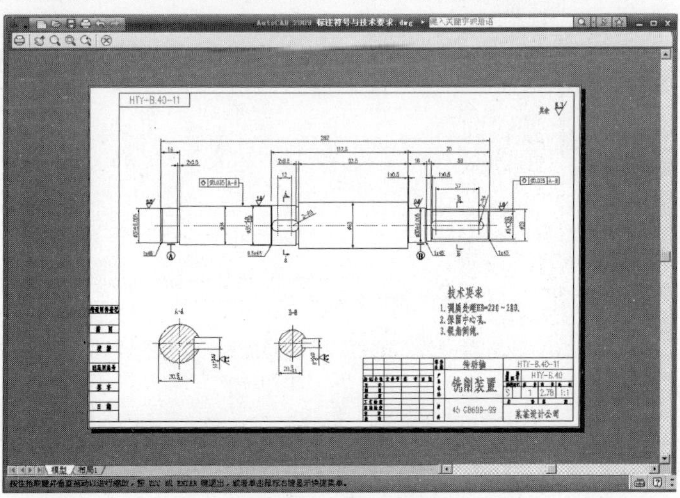

图 24-4 本例效果

绘图思路

- 首先打开图形源文件。
- 使用【绘图仪管理器】命令修改图纸的可打印区域。
- 使用【页面设置管理器】命令设置打印页面参数。
- 使用【打印预览】命令对图形进行预览和打印。
- 最后使用【另存为】命令将打印图形另存盘。

操作步骤

❶打开随书光盘中的“效果文件\第 23 章\标注符号与技术要求.dwg”，如图 24-5 所示。

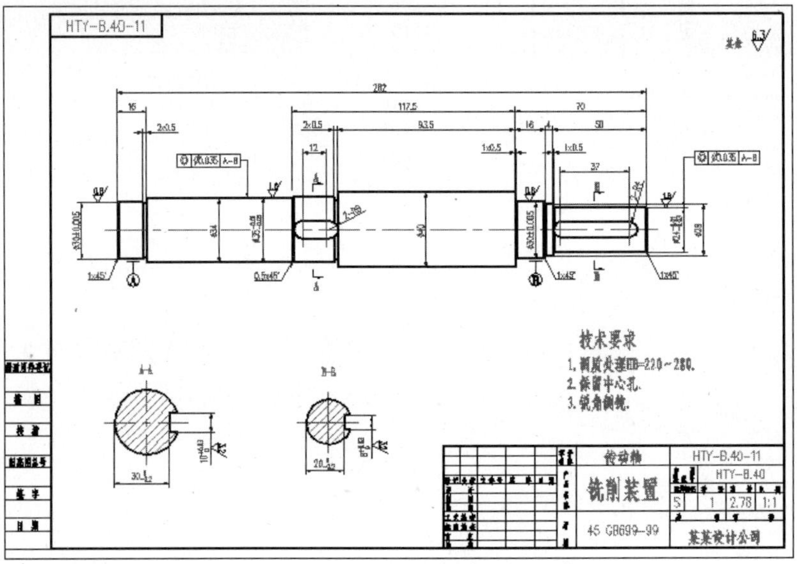

图 24-5　打开图形

❷选择菜单【文件】|【绘图仪管理器】命令，在打开的对话框中双击“DWF6 ePlot”图标，打开【绘图仪配置编辑器- DWF6 ePlot.pc3】对话框。

❸选择菜单【文件】|【绘图仪管理器】命令，在打开的对话框中双击 “DWF6 ePlot”图标，如图 24-6 所示。

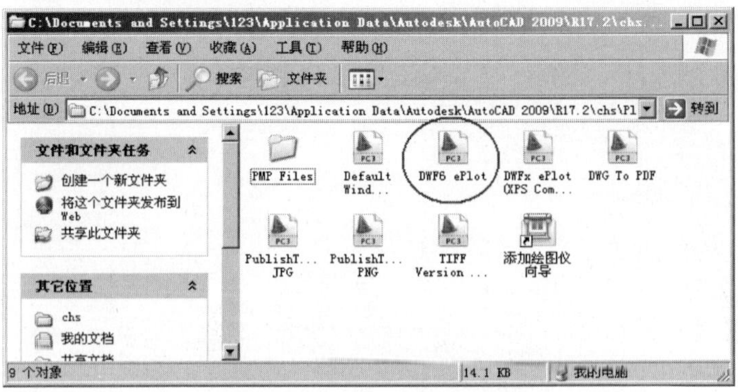

图 24-6　双击打印机图标

❹此时系统打开如图 24-7 所示的【绘图仪配置编辑器-DWF6 ePlot.pc3】对话框。

❺在此对话框中激活【设备和文档设置】选项卡，选择【修改标准图纸尺寸可打印区域】选项，如图 24-8 所示。

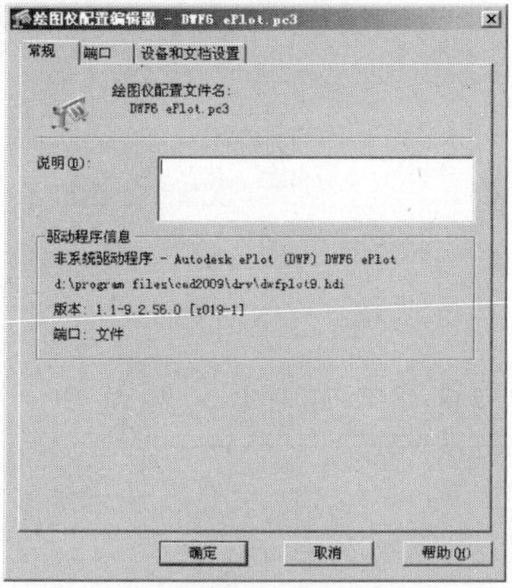

图 24-7 【绘图仪配置编辑器】对话框

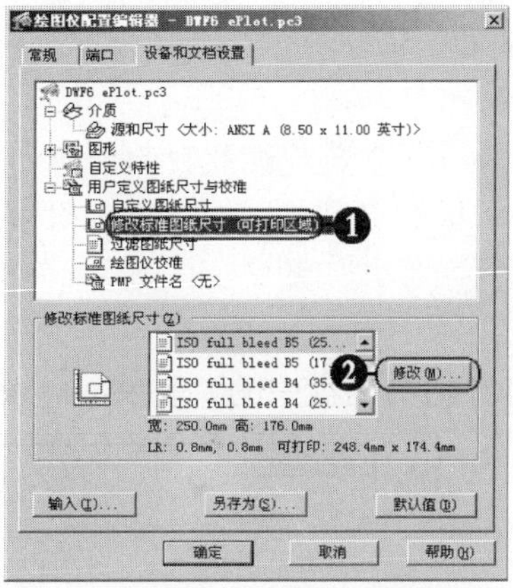

图 24-8 展开【设备和文档设置】选项卡

❻在【修改标准图纸尺寸】选项组中选择“ISO A3 图纸尺寸”，单击 修改(M)... 按钮，在打开的【自定义图纸尺寸-可打印区域】对话框中设置参数如图 24-9 所示。

❼依次单击 下一步(N) > 按钮，在打开的【自定义图纸尺寸-完成】对话框中，列出了所修改后的标准图纸的尺寸，如图 24-10 所示。

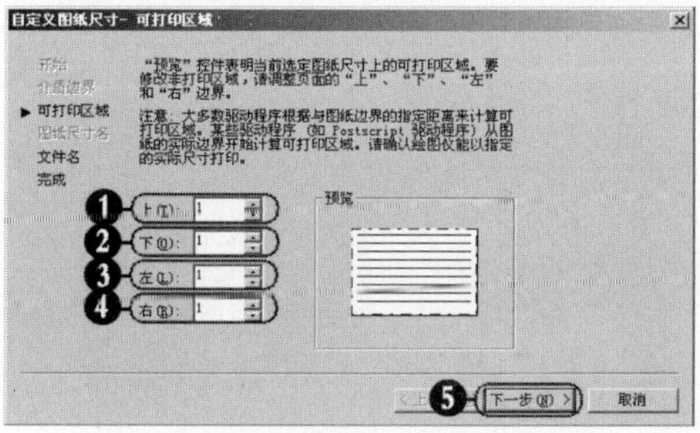

图 24-9 修改图纸打印区域

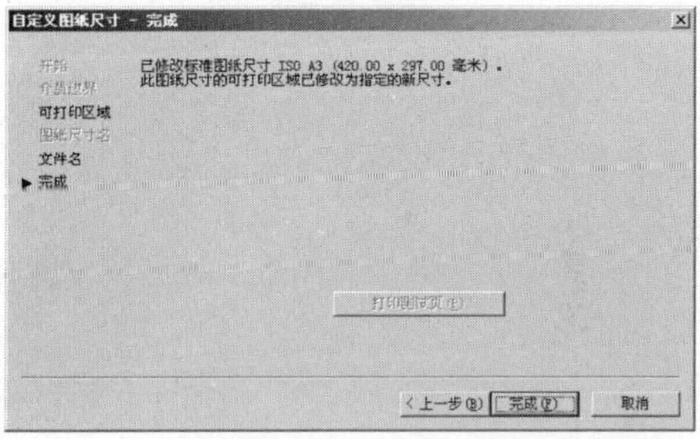

图 24-10 【自定义图纸尺寸-完成】对话框

❽单击 完成 按钮返回【绘图仪配置编辑器- DWF6 ePlot.pc3】对话框，然后单击 另存为(S)... 按钮，将当前配置进行保存，如图 24-11 所示。

图 24-11 【另存为】对话框

⑨单击保存(S)按钮返回【绘图仪配置编辑器- DWF6 ePlot.pc3】对话框，然后单击确定按钮，结束命令。

⑩选择菜单【文件】|【页面设置管理器】命令，在打开的对话框中单击新建(N)...按钮，为新页面设置赋名，如图24-12所示。

⑪单击确定按钮，打开【页面设置-模型】对话框，设置打印机的名称、图纸尺寸、打印偏移、打印比例和图形方向等页面参数如图24-13所示。

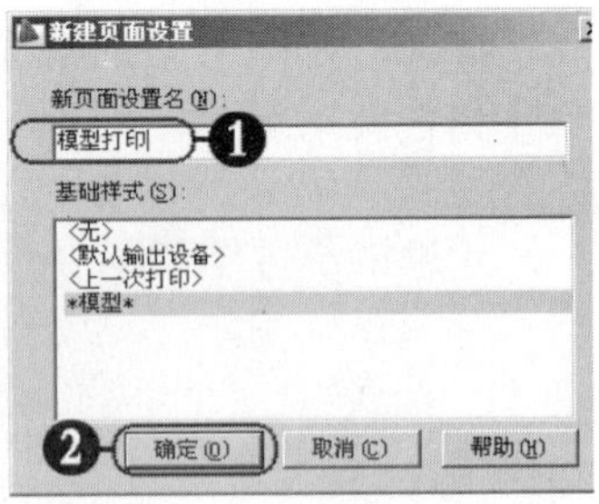

图24-12　为新页面命名

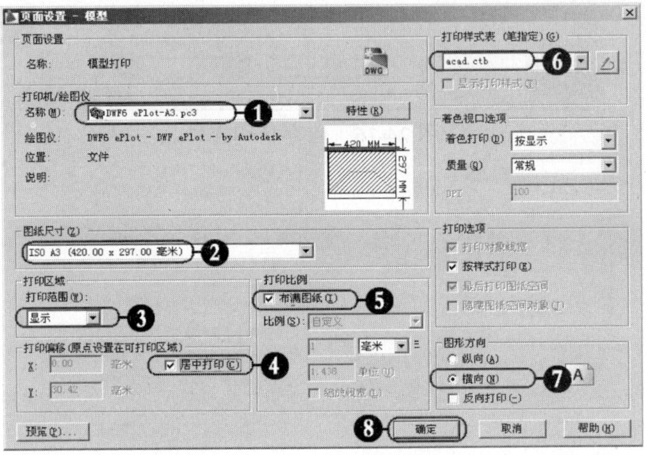

图24-13　设置页面参数

⑫单击【打印范围】下拉列表框，在展开的下拉列表内选择【窗口】选项，如图24-14所示。

⑬系统自动返回绘图区，在命令行“指定第一个角点、对角点等”提示下，捕捉图框的两个对角点。

⑭当指定打印区域后，系统自动返回【页面设置-模型】对话框，单击确定按钮，返回【新建页面设置】对话框，将刚创建的新页面置为当前，如图24-15所示。

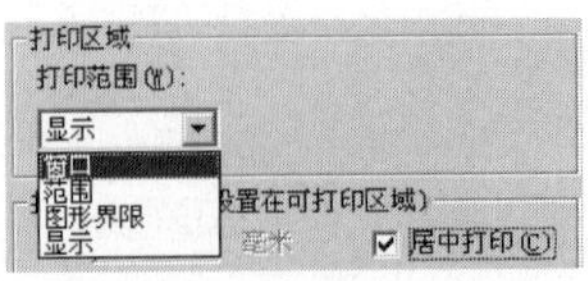

图24-14　窗口打印

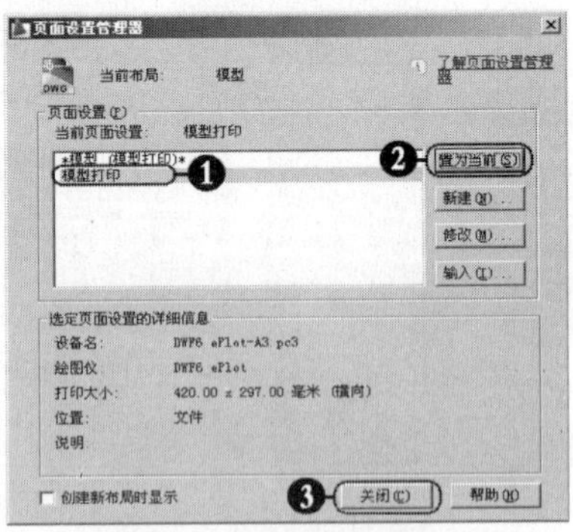

图24-15　设置当前页面

⑮选择菜单【文件】|【打印预览】命令，对当前图形进行打印预览，预览结果如图24-4所示。

⑯单击右键，在弹出的快捷菜单中选择【打印】命令，此时系统打开如图 24-16 所示的【浏览打印文件】对话框，在此对话框内设置打印文件的保存路径及文件名。

图 24-16 保存打印文件

技巧

将打印文件进行保存，可以方便用户进行网上发布、使用和共享。

⑰单击 保存... 按钮，系统弹出【打印作业进度】对话框，等此对话框关闭后，打印过程即可结束。

⑱最后使用【另存为】命令，将当前文件另存储为“模型打印.dwg”。

24.3 从布局空间打印零件图

本例将在布局空间内按照 1:2 的出图比例精确打印某复杂零件装配图，主要对【页面设置管理器】、【视口】、【插入块】、【打印】等命令进行综合练习和巩固。本例打印效果如图 24-17 所示。

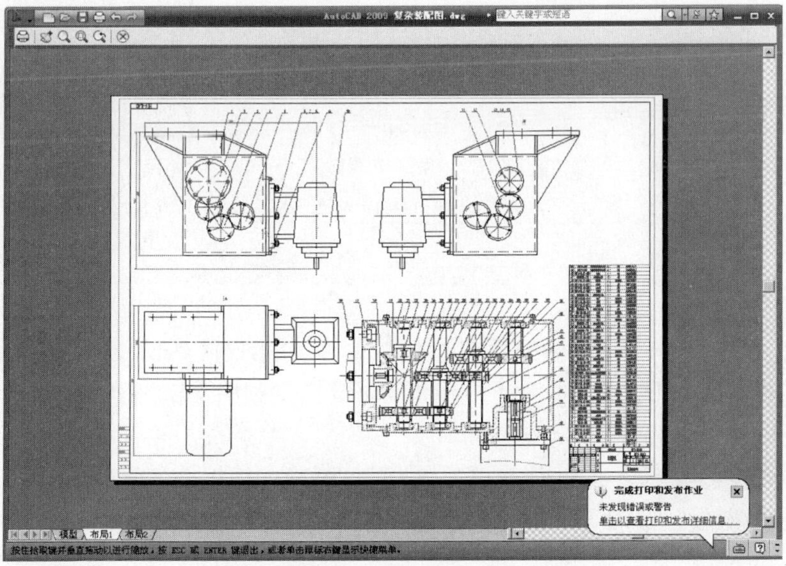

图 24-17 打印效果

绘图思路

- 打开需要打印的文件。
- 使用【页面设置管理器】命令设置打印页面。
- 使用【插入】命令布置图表框。
- 使用【视口】命令创建多边形视口。
- 使用视窗调整工具调整图形和出图比例。
- 使用【打印】命令进行预览和打印。
- 最后将图形另存盘。

操作步骤

❶执行【打开】命令，打开随书光盘中的“素材文件\复杂装配图.dwg”，如图 24-18 所示。

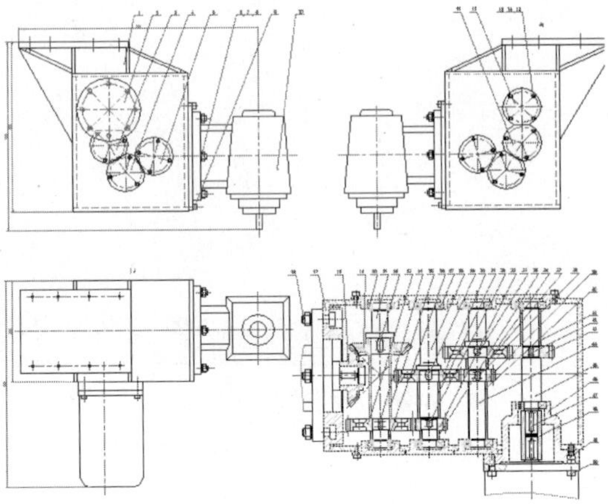

图 24-18　打开图形

❷单击绘图区下方的“布局 1”标签，进入“布局 1”图纸空间，并删除系统自动产生的视口，结果如图 24-19 所示。

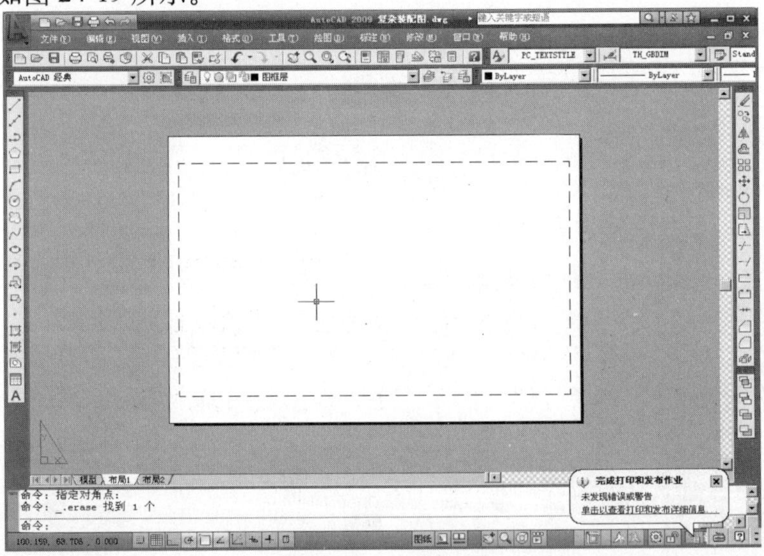

图 24-19　当前布局

❸选择菜单【文件】|【页面设置管理器】命令，打开【页面设置管理器】对话框。

❹单击 新建(N)... 按钮，在弹出的【新建页面设置】对话框中为新页面赋名，如图 24-20 所示。

❺单击 确定 按钮，在打开的【页面设置-布局 1】对话框中设置打印机名称、图纸尺寸、打印比例和图形方向等页面参数，如图 24-21 所示。

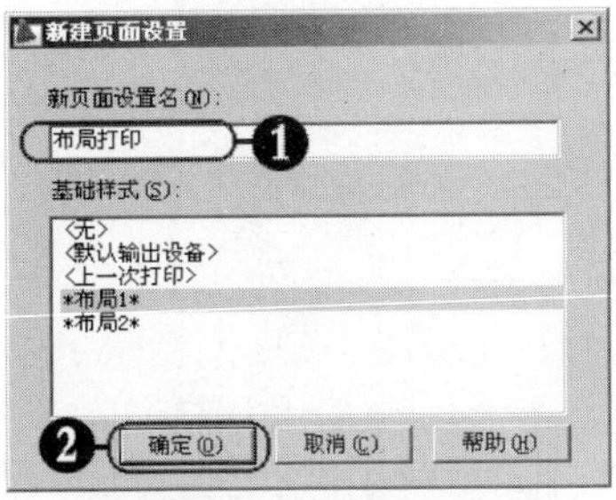

图 24-20 设置新页面

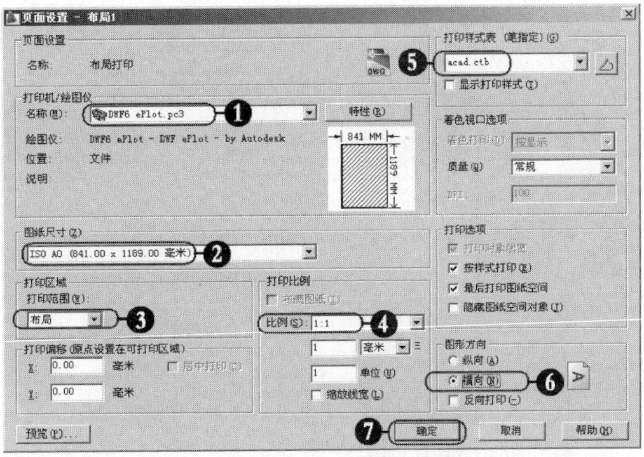

图 24-21 设置打印页面

⑥单击 确定 按钮返回【页面设置管理器】对话框，将创建的新页面置为当前，如图 24-22 所示。

⑦关闭【页面设置管理器】对话框，页面设置后的布局显示结果如图 24-23 所示。

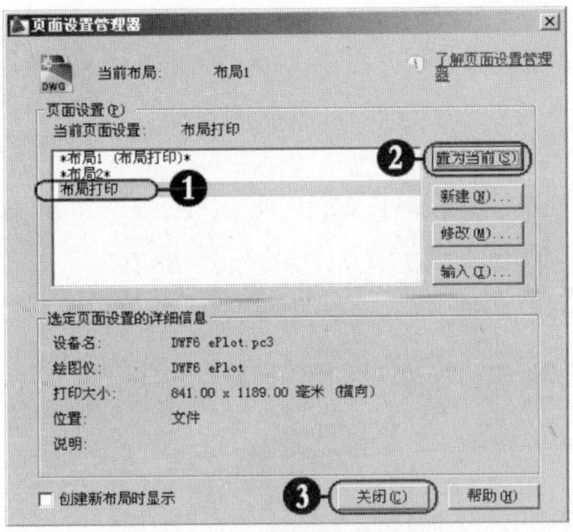

图 24-22 设置当前页面

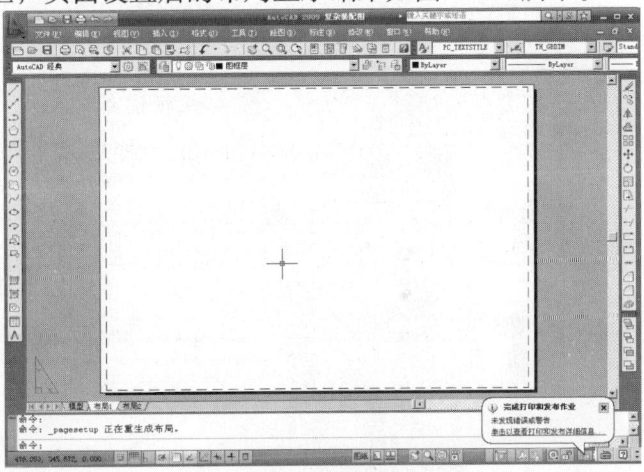

图 24-23 当前布局效果

⑧使用快捷键“I”激活【插入块】命令，插入随书光盘中的“素材文件\A0.dwg”图框，其参数设置如图 24-24 所示。在当前布局内插入此图框，结果如图 24-25 所示。

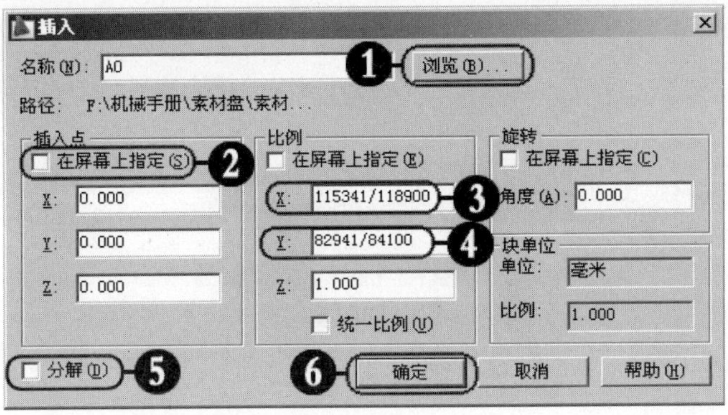

图 24-24 设置图框参数

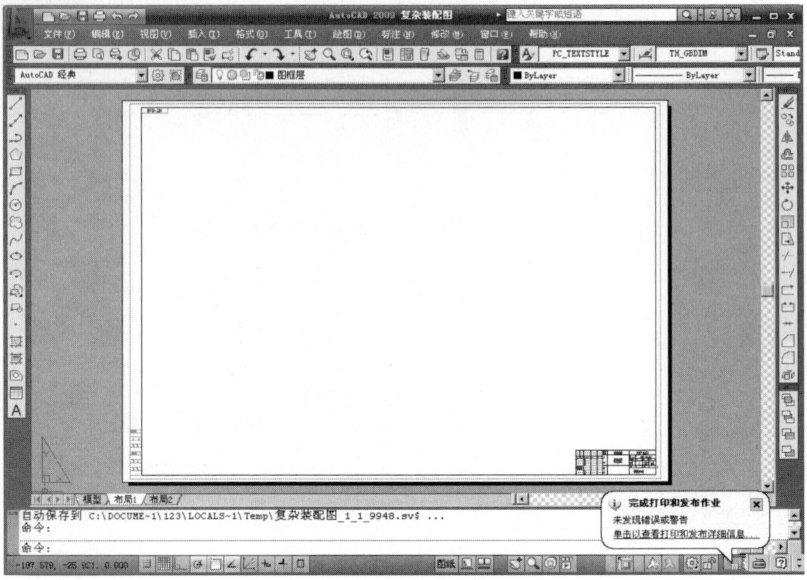

图 24-25　插入图框结果

技巧

在设置图框的缩放比例时，一定要根据图纸尺寸的可打印区域进行设置，否则打印出的图框有一部分会被“吃掉”。

⑨选择菜单【视图】|【视口】|【多边形视口】命令，分别捕捉图框内边框的角点，创建一个多边形视口，将模型空间下的图形拖入到布局空间内，结果如图 24-26 所示。

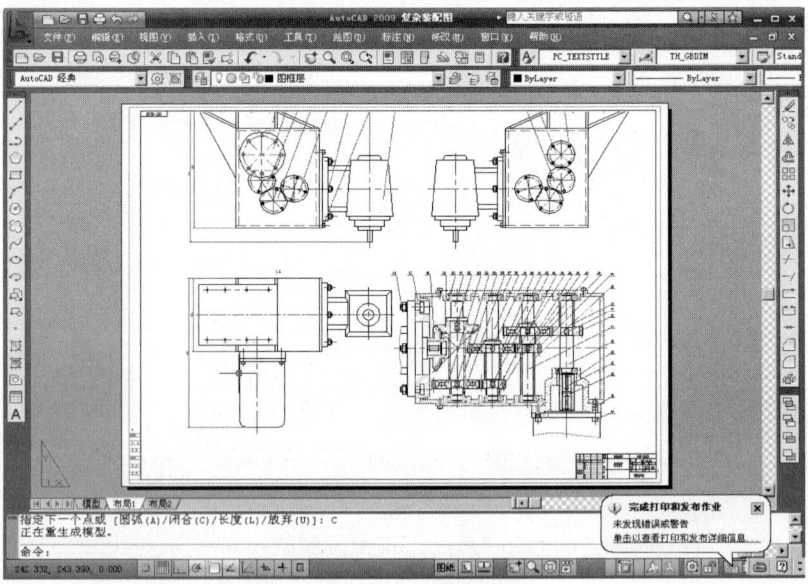

图 24-26　创建多边形视口

⑩单击状态栏上的图纸按钮，激活刚创建的视口，视口边框线变为粗线状态，如图 24-27 所示。

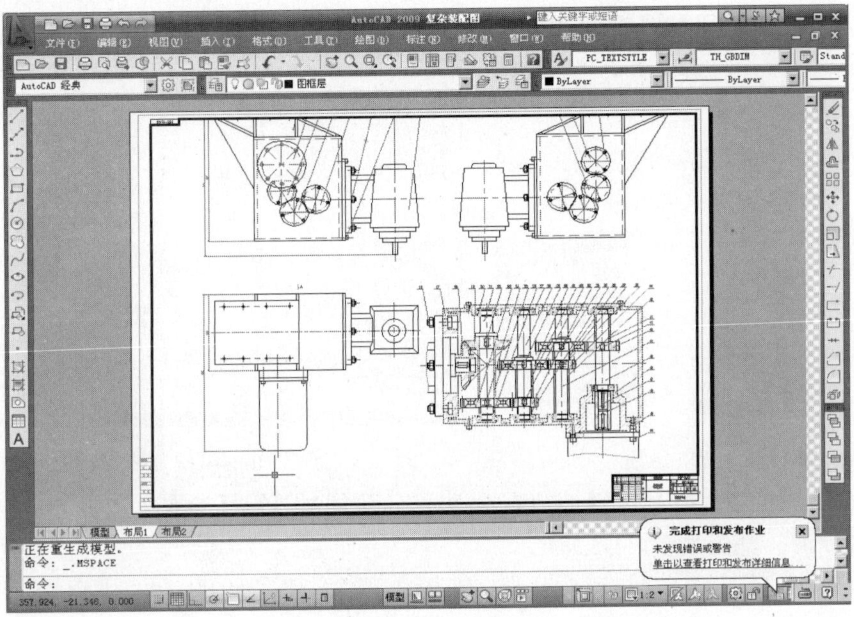

图 24-27 激活视口

⑪打开【视口】工具栏。在工具栏右侧的列表框内调整比例为 1:2，如图 24-28 所示。

图 24-28 调整比例

⑫接下来使用【实时平移】工具调整视图，结果如图 24-29 所示。

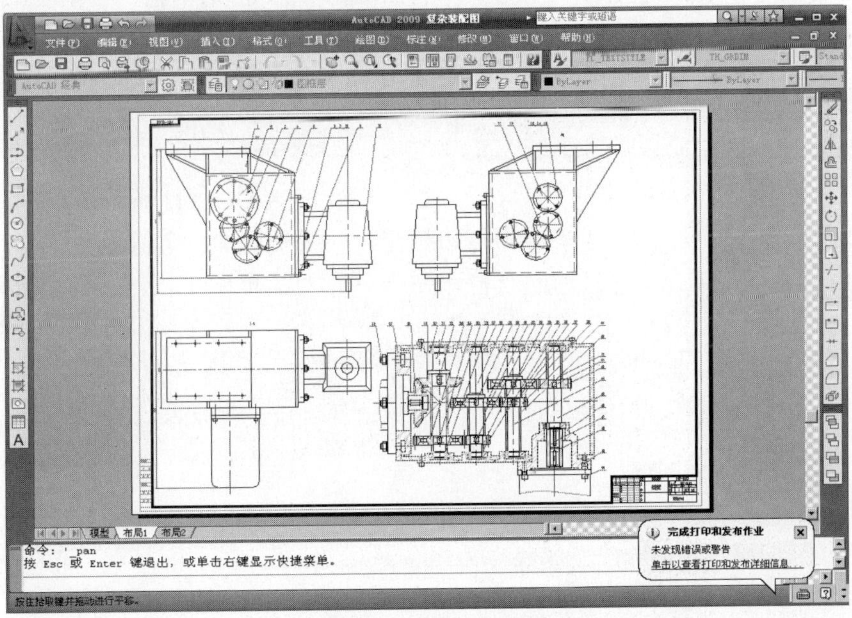

图 24-29 调整图形位置

⑬单击绘图区下方的“模型”标签，进入“模型”图纸空间。

⑭使用快捷键“I”激活【插入块】命令，设置参数如图 24-30 所示。插入“明细表”内部块，结果如图 24-31 所示。

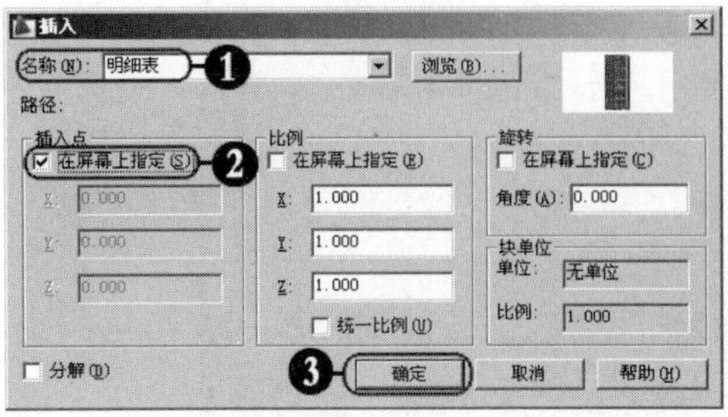

图 24-30 设置块参数

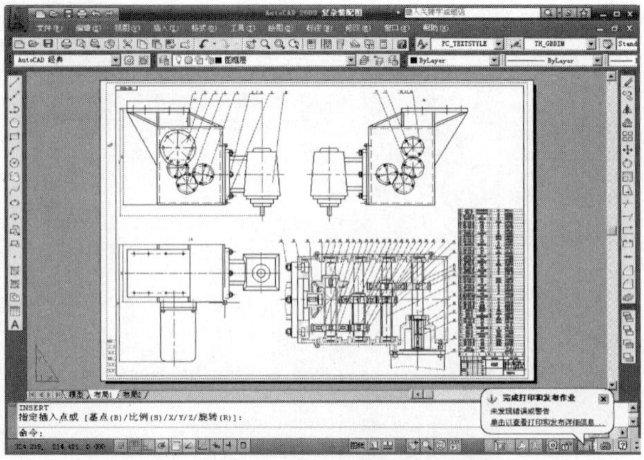

图 24-31 插入结果

⑮使用快捷键“SC”激活【缩放】命令，使用命令中的【参照缩放】功能，将明细表内部块进行缩放，结果如图 24-32 所示。

⑯选择菜单【文件】|【打印】命令，打开如图 24-33 所示的【打印-布局 1】对话框。

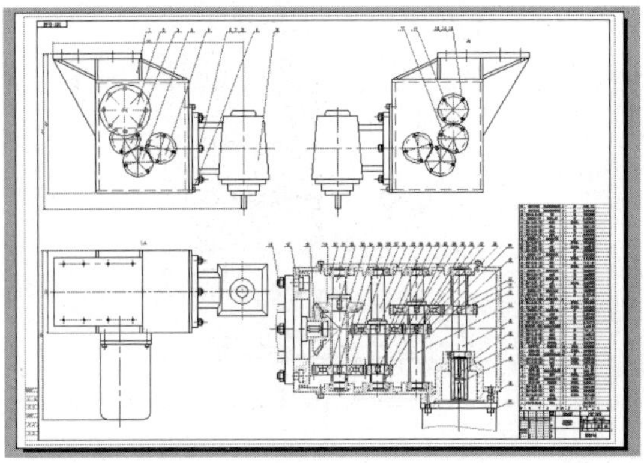

图 24-32 缩放结果

图 24-33 【打印-布局 1】对话框

⑰单击 预览(P)... 按钮，对图形进行打印预览，效果如图 24-17 所示。

⑱按 Esc 键退出预览状态，返回【打印-布局 1】对话框中单击 确定 按钮，在打开的【浏览打印文件】对话框中设置打印文件的保存路径及文件名，如图 24-34 所示。

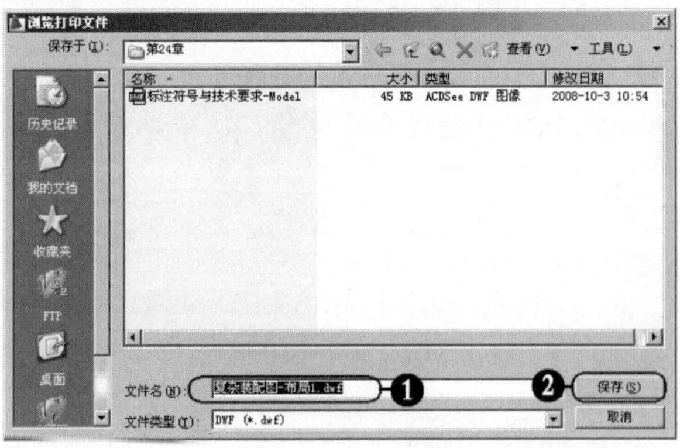

图 24-34 【浏览打印文件】对话框

⑲单击 保存... 按钮，可将此平面图输出到相应图纸上。

⑳最后将当前文件另存储为“布局打印.dwg”。

24.4 以多视口打印零件视图

本例将在布局空间内，将某阀体三维装配图与分解图打印输出到 4 号图纸上，主要对【页面设置管理器】、【视口】、【插入块】以及视图的切换等命令进行综合练习和巩固。本例打印效果如图 24-35 所示。

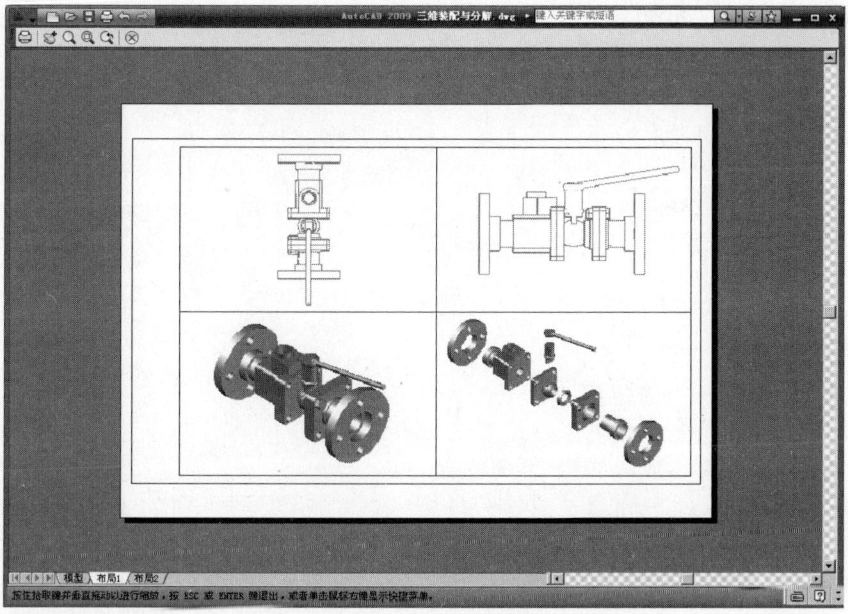

图 24-35 打印效果

绘图思路

- 首先打开需要打印的图形文件。
- 使用【页面设置】命令进行打印设置。
- 使用【插入】命令布置图表框。
- 使用【矩形】和【视口】命令创建 4 个矩形视口。
- 使用视图切换工具和线框着色命令调整视口及视口显示。
- 使用【消隐】命令为各视口内的模型进行着色。
- 使用【打印】命令对图形进行打印和预览。
- 最后使用【另存为】命令将图形另存盘。

操作步骤

❶打开随书光盘中的“效果文件\第 22 章\三维装配与分解.dwg”，如图 24-36 所示。

❷单击“布局 1”标签，进入布局空间，如图 24-37 所示。

图 24-36 打开图形

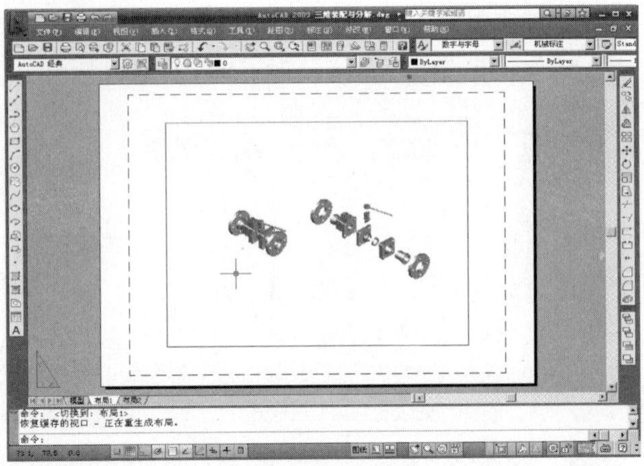

图 24-37 进入布局

❸使用快捷键“E”激活【删除】命令，删除系统自动产生的矩形视口。

❹选择菜单【文件】|【页面设置管理器】命令，在弹出的【页面设置管理器】对话框中单击 新建(N)... 按钮，为新页面赋名，如图 24-38 所示。

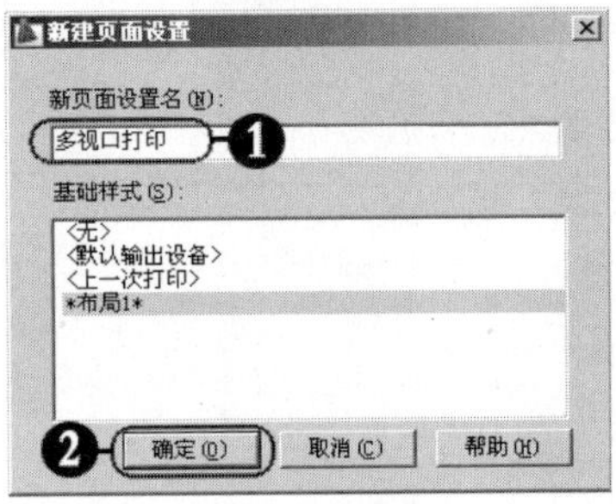

图 24-38 为新页面命名

❺单击 确定 按钮，在打开的【页面设置-布局 1】对话框中设置打印机名称、图纸尺寸、打印偏移、打印比例和图形方向等页面参数，如图 24-39 所示。

❻单击 确定 按钮返回【页面设置管理器】对话框，将创建的新页面置为当前，如图 24-40 所示。

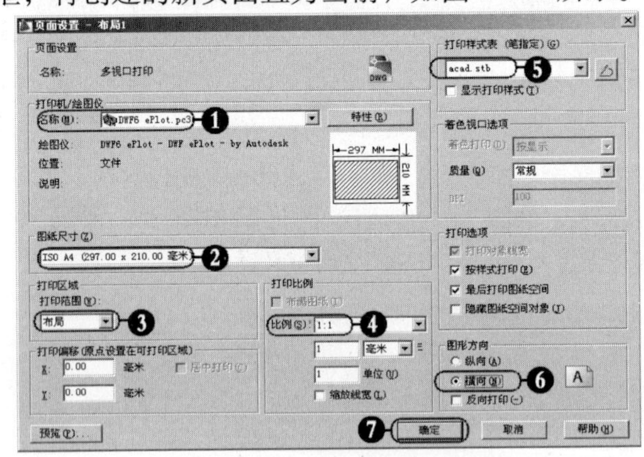

图 24-39 设置打印页面

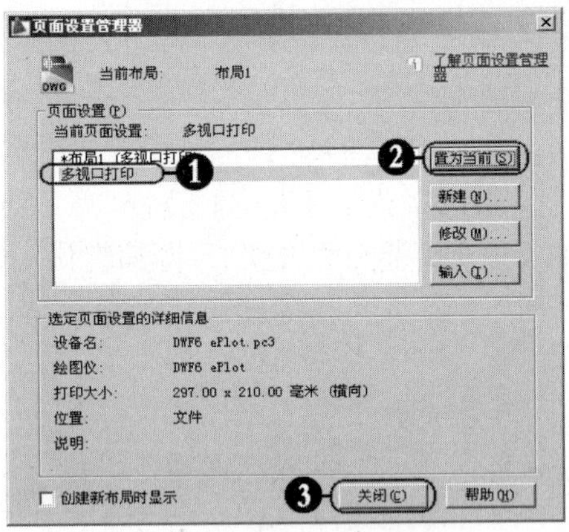

图 24-40 设置当前页面

❼关闭【页面设置管理器】对话框，返回布局空间，页面设置后的布局显示如图 24-41 所示。

❽使用快捷键“I”激活【插入块】命令，插入随书光盘中的“素材文件\A4-H.dwg”，为图纸布置图表框，块参数设置如图 24-42 所示。插入结果如图 24-43 所示。

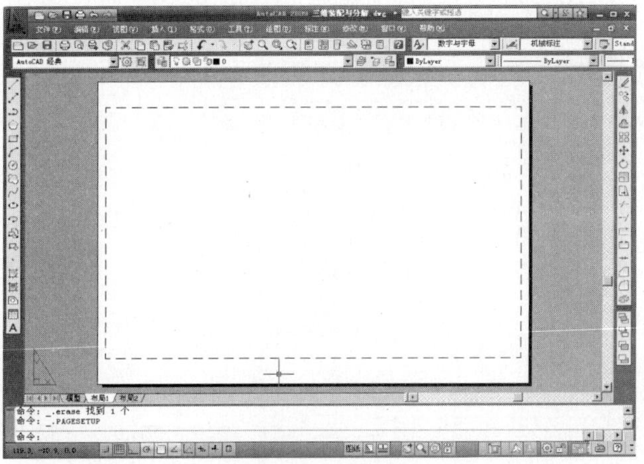

图 24-41 布局显示

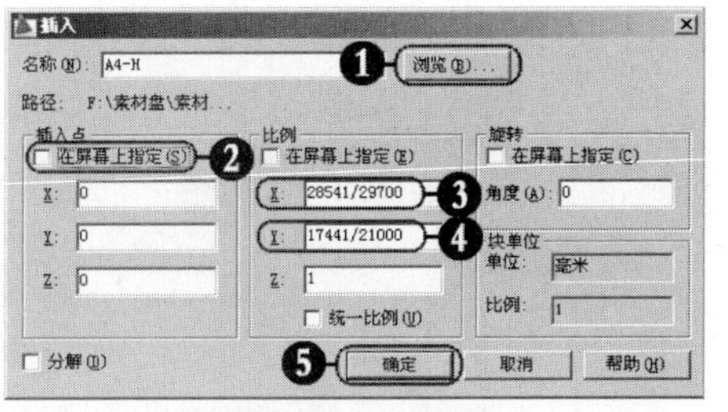

图 24-42 设置参数

⑨选择菜单【绘图】|【矩形】命令，配合中点捕捉功能在图框的内侧绘制 4 个等大矩形，结果如图 24-44 所示。

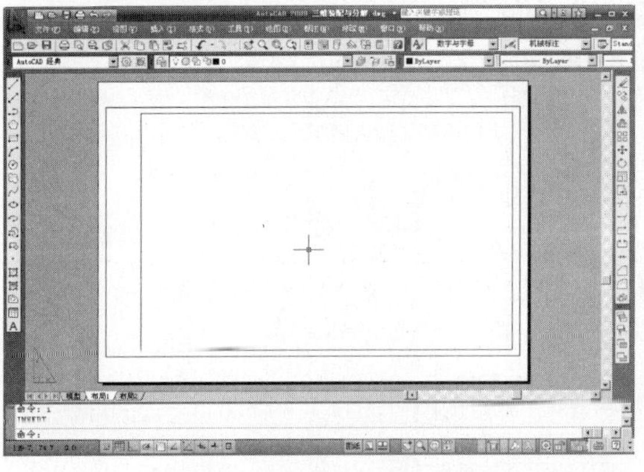

图 24-43 插入 A4-H 图框

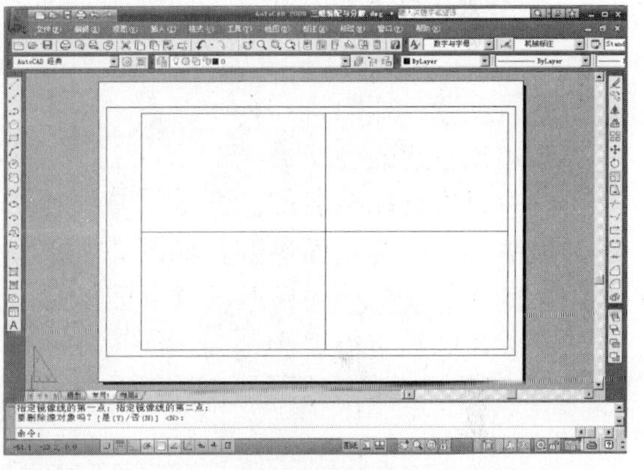

图 24-44 绘制矩形

⑩选择菜单【视图】|【视口】|【对象】命令，在命令行提示“选择要剪切视口的对象:”下，选择左上侧的矩形，将其转化为矩形视口，纳入需要打印的图形，如图 24-45 所示。

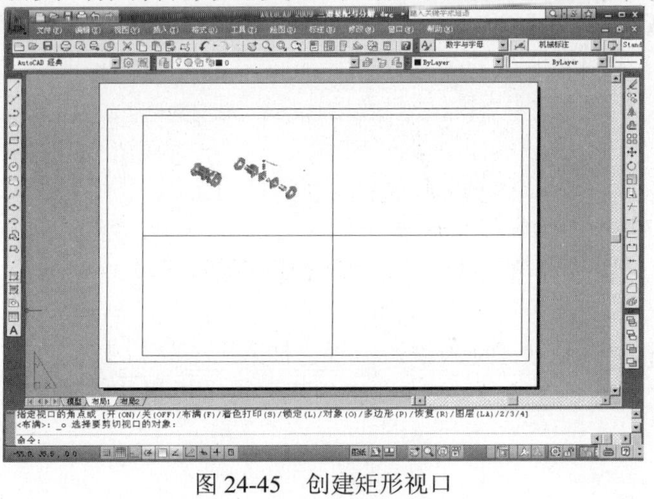

图 24-45 创建矩形视口

⑪重复上一步，分别将其他 3 个矩形转化为矩形视口，如图 24-46 所示。

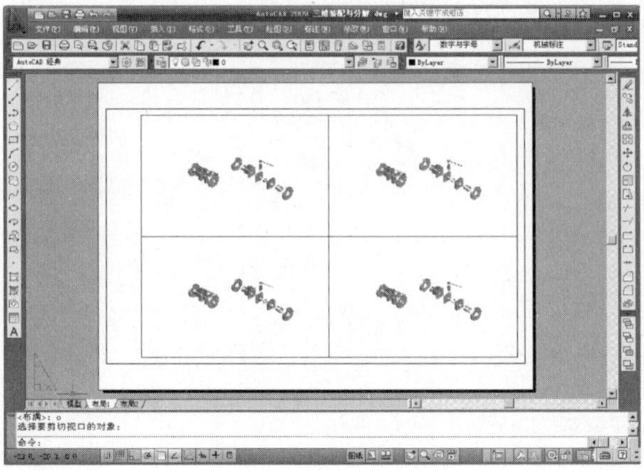

图 24-46　创建矩形视口

⑫单击状态栏上的图纸按钮，进入浮动式的模型空间。

⑬单击右下角的矩形视口，使其成为当前被激活的视口，如图 24-47 所示。

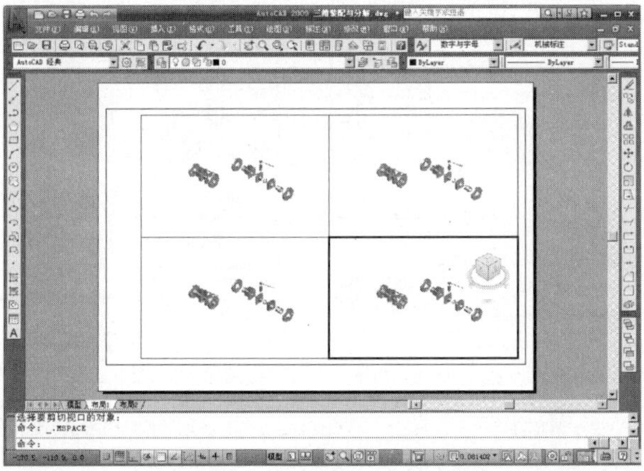

图 24-47　激活矩形视口

⑭选择菜单【视图】|【缩放】|【窗口】命令，调整视图如图 24-48 所示。

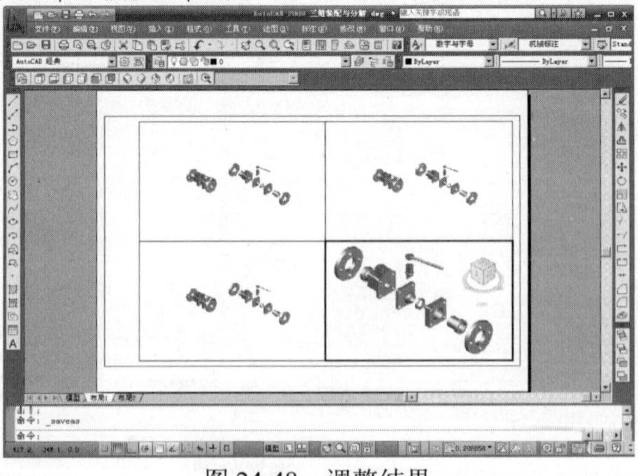

图 24-48　调整结果

⑮激活左下角矩形视口，然后使用【窗口缩放】功能调整视图，结果如图 24-49 所示。

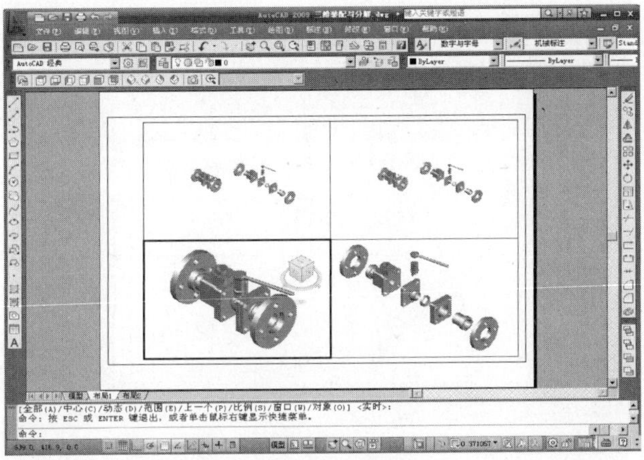

图 24-49　调整结果

⑯激活左上角的矩形视口，然后选择菜单【视图】|【三维视图】|【俯视】命令，将视图切换为俯视图，如图 24-50 所示。

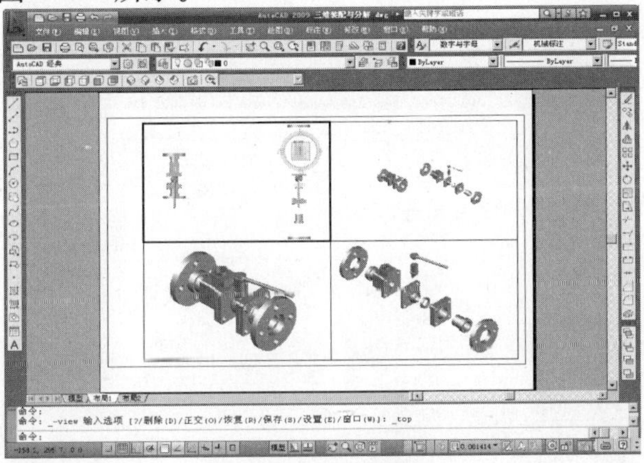

图 24-50　切换视图

⑰选择菜单【视图】|【视觉样式】|【消隐】命令，对该视口进行消隐着色，并使用【窗口缩放】功能调整视图，结果如图 24-51 所示。

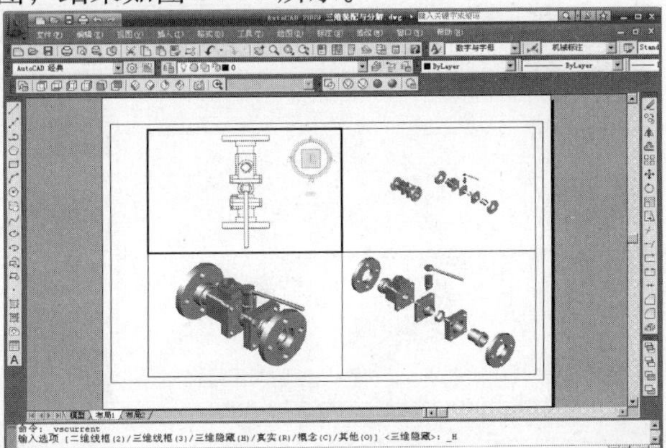

图 24-51　调整结果

⑱激活右上角的矩形视口，然后选择菜单【视图】|【三维视图】|【左视】命令，将视图切换为左视图，如图 24-52 所示。

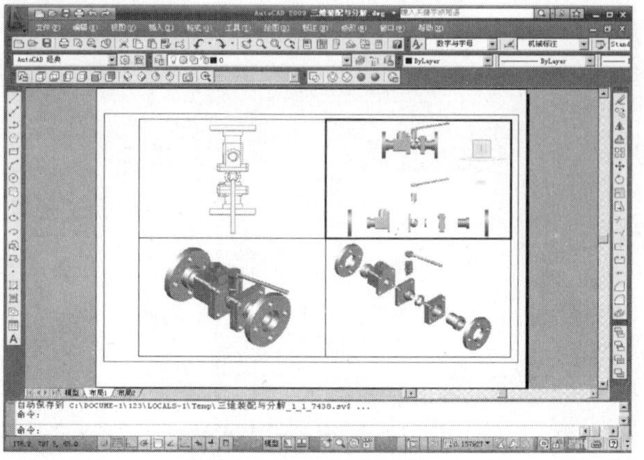

图 24-52　切换视图

⑲选择菜单【视图】|【视觉样式】|【消隐】命令，对该视口进行消隐着色，并使用【窗口缩放】功能调整视图，结果如图 24-53 所示。

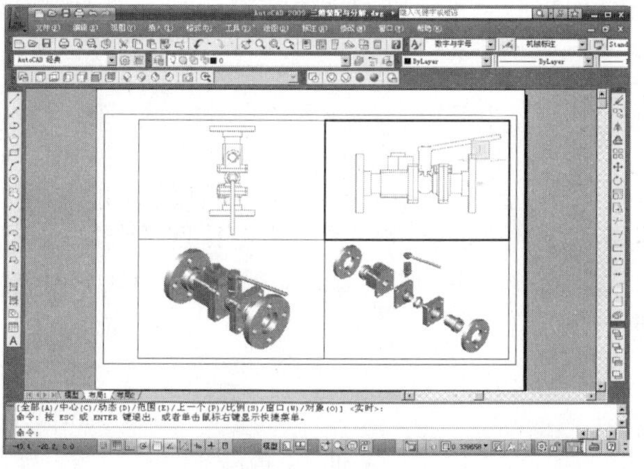

图 24-53　调整结果

⑳单击状态栏上的模型按钮转为布局空间，各视口内的图形调整结果如图 24-54 所示。

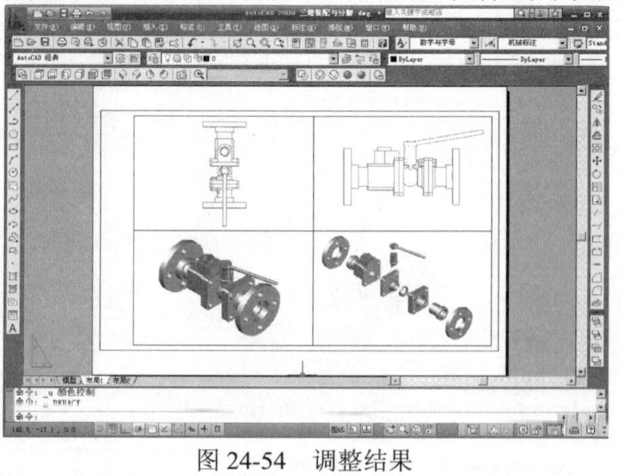

图 24-54　调整结果

㉑选择菜单【文件】|【打印预览】命令，对图形进行打印预览，效果如图 24-35 所示。

㉒单击右键，选择快捷菜单中的【打印】命令，在打开的【浏览打印文件】对话框中设置打印文件的保存路径及文件名，如图 24-55 所示。

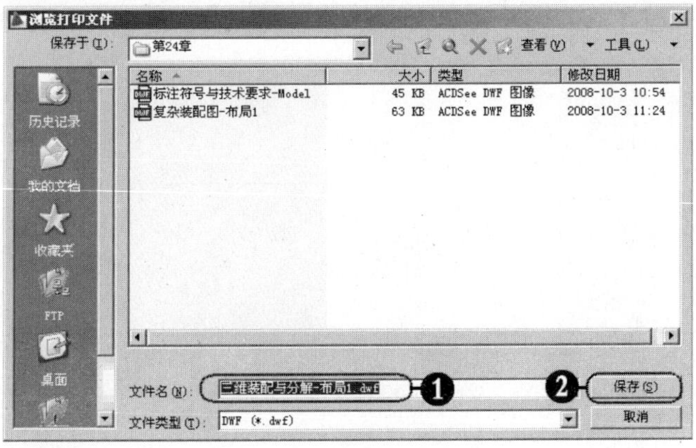

图 24-55 保存打印文件

㉓然后单击 保存... 按钮，即可进行打印图形。

㉔最后单击【另存为】命令，将当前图形另存储为“多视口打印.dwg”。

24.5 本章小结

本章通过 3 个典型实例，主要学习了 AutoCAD 的图形输出功能，具体包括打印设备的配置、打印页面的设置、图表框的合理配置、出图比例的调整、图形预览及打印等知识。希望用户在理解本章知识的前提下，掌握 AutoCAD 的后期输出功能，以使打印出的图纸能够完整准确地表达设计的结果。